教育部高等学校电子信息类专业教学指导委员会规划教材
高等学校电子信息类专业系列教材

Digital Design of Xilinx FPGA

Dual-HDL Description from Gate to Behavior

Xilinx FPGA数字设计

从门级到行为级双重HDL描述

（立体化教程）

何宾　编著

He Bin

清華大學出版社

北京

内 容 简 介

本书是为高等学校电子信息类和其他相关专业而编写的数字系统设计课程教材。本书共分为11章，主要内容包括数字逻辑基础、可编程逻辑器件工艺和结构、Xilinx ISE设计流程、VHDL语言规范、Verilog HDL语言规范、基本数字逻辑单元HDL描述、基于HDL数字系统实现、数字系统高级设计技术、基于IP核数学系统实现、数模混合系统设计、软核处理器PicoBlaze原理及应用。

根据数字系统相关课程的教学要求和实际教学实践体会，本书将传统本科的数字电子技术、数字逻辑课程和基于HDL的复杂数字系统设计课程相融合，遵循循序渐进、由浅入深的原则，内容从最基础的数字逻辑理论、组合逻辑和时序逻辑电路，到HDL语言和基于HDL语言的复杂数字系统设计。为了方便教师教学和学生自学，书中给出了大量的设计实例。

本书可作为本科生和研究生相关课程的教材，也可作为从事Xilinx可编程逻辑器件设计的设计人员的参考用书，同时也可作为Xilinx相关培训的授课教材。

图书在版编目(CIP)数据

Xilinx FPGA数字设计：从门级到行为级双重HDL描述：立体化教程/何宾编著. --北京：清华大学出版社，2014（2016.2重印）
高等学校电子信息类专业系列教材
ISBN 978-7-302-36670-6

Ⅰ. ①X…　Ⅱ. ①何…　Ⅲ. ①可编程序逻辑器件—系统设计—教材　Ⅳ. ①TP332.1

中国版本图书馆CIP数据核字(2014)第113236号

责任编辑：盛东亮
封面设计：李召霞
责任校对：焦丽丽
责任印制：宋　林

出版发行：清华大学出版社
　网　　址：http://www.tup.com.cn，http://www.wqbook.com
　地　　址：北京清华大学学研大厦A座　**邮　　编**：100084
　社 总 机：010-62770175　**邮　　购**：010-62786544
　投稿与读者服务：010-62776969，c-service@tup.tsinghua.edu.cn
　质 量 反 馈：010-62772015，zhiliang@tup.tsinghua.edu.cn
　课 件 下 载：http://www.tup.com.cn，010-62795954
印 刷 者：清华大学印刷厂
装 订 者：北京市密云县京文制本装订厂
经　　销：全国新华书店
开　　本：185mm×260mm　**印　　张**：42.5　**字　　数**：1030千字
版　　次：2014年11月第1版　**印　　次**：2016年2月第2次印刷
印　　数：2501～4000
定　　价：79.00元

产品编号：057257-01

高等学校电子信息类专业系列教材

序

FOREWORD

我国电子信息产业销售收入总规模在2013年已经突破12万亿元，行业收入占工业总体比重已经超过9%。电子信息产业在工业经济中的支撑作用凸显，更加促进了信息化和工业化的高层次深度融合。随着移动互联网、云计算、物联网、大数据和石墨烯等新兴产业的爆发式增长，电子信息产业的发展呈现了新的特点，电子信息产业的人才培养面临着新的挑战。

(1) 随着控制、通信、人机交互和网络互联等新兴电子信息技术的不断发展，传统工业设备融合了大量最新的电子信息技术，它们一起构成了庞大而复杂的系统，派生出大量新兴的电子信息技术应用需求。这些“系统级”的应用需求，迫切要求具有系统级设计能力的电子信息技术人才。

(2) 电子信息系统设备的功能越来越复杂，系统的集成度越来越高。因此，要求未来的设计者应该具备更扎实的理论基础知识和更宽广的专业视野。未来电子信息系统的设计越来越要求软件和硬件的协同规划、协同设计和协同调试。

(3) 新兴电子信息技术的发展依赖于半导体产业的不断推动，半导体厂商为设计者提供了越来越丰富的生态资源，系统集成厂商的全方位配合又加速了这种生态资源的进一步完善。半导体厂商和系统集成厂商所建立的这种生态系统，为未来的设计者提供了更加便捷却又必须依赖的设计资源。

教育部2012年颁布了新版《高等学校本科专业目录》，将电子信息类专业进行了整合，为各高校建立系统化的人才培养体系，培养具有扎实理论基础和宽广专业技能的、兼顾“基础”和“系统”的高层次电子信息人才给出了指引。

传统的电子信息学科专业课程体系呈现“自底向上”的特点，这种课程体系偏重对底层元器件的分析与设计，较少涉及系统级的集成与设计。近年来，国内很多高校对电子信息类专业课程体系进行了大力度的改革，这些改革顺应时代潮流，从系统集成的角度，更加科学合理地构建了课程体系。

为了进一步提高普通高校电子信息类专业教育与教学质量，贯彻落实《国家中长期教育改革和发展规划纲要(2010—2020年)》和《教育部关于全面提高高等教育质量若干意见》(教高【2012】4号)的精神，教育部高等学校电子信息类专业教学指导委员会开展了“高等学校电子信息类专业课程体系”的立项研究工作，并于2014年5月启动了《高等学校电子信息类专业系列教材》(教育部高等学校电子信息类专业教学指导委员会规划教材)的建设工作。其目的是为推进高等教育内涵式发展，提高教学水平，满足高等学校对电子信息类专业人才培养、教学改革与课程改革的需要。

本系列教材定位于高等学校电子信息类专业的专业课程，适用于电子信息类的电子信息工程、电子科学与技术、通信工程、微电子科学与工程、光电信息科学与工程、信息工程及其相近专业。经过编审委员会与众多高校多次沟通，初步拟定分批次(2014—2017年)建设约100门课程教材。本系列教材将力求在保证基础的前提下，突出技术的先进性和科学的前沿性，体现创新教学和工程实践教学；将重视系统集成思想在教学中的体现，鼓励推陈出新，采用“自顶向下”的方法编写教材；将注重反映优秀的教学改革成果，推广优秀的教学经验与理念。

为了保证本系列教材的科学性、系统性及编写质量，本系列教材设立顾问委员会及编审委员会。顾问委员会由教指委高级顾问、特约高级顾问和国家级教学名师担任，编审委员会由教育部高等学校电子信息类专业教学指导委员会委员和一线教学名师组成。同时，清华大学出版社为本系列教材配置优秀的编辑团队，力求高水准出版。本系列教材的建设，不仅有众多高校教师参与，也有大量知名的电子信息类企业支持。在此，谨向参与本系列教材策划、组织、编写与出版的广大教师、企业代表及出版人员致以诚挚的感谢，并殷切希望本系列教材在我国高等学校电子信息类专业人才培养与课程体系建设中发挥切实的作用。

吕志伟 教授

前言
FOREWORD

随着半导体技术的不断发展，数字系统的设计向着系统化和集成化的方向发展，而目前国内电子信息类专业学生所学的传统数字逻辑理论和设计方法远远不能应对这种挑战。为了应对这种挑战，很多学校的电子信息类专业又单独开设了基于 HDL 语言的数字系统设计课程。这种授课方式不利于知识的衔接，也加重了学生的学习负担；同时，也不利于梳理数字系统设计的理论知识和设计方法。

国内越来越多的电子信息类专业授课教师希望将传统数字逻辑课程和基于 HDL 语言的数字系统设计课程进行整合，作者根据多年的授课经验和学生实训成果，将传统的数字逻辑课程和基于 HDL 语言的数字系统设计课程进行融合。本着由浅入深、由易到难的原则，在参考国外已经出版的数字设计教材和作者已经出版的《EDA 原理及 VHDL 实现》、《EDA 原理及 Verilog HDL 实现》教材的基础上，对数字系统设计所需要的知识点进行重新整合，从最基本的数字半导体器件、布尔逻辑、组合逻辑和时序逻辑电路，到 VHDL/Verilog HDL 以及使用 HDL 实现复杂数字系统的设计，其目的是打通数字设计相关课程的知识通道，使学生能系统、全面、扎实地掌握数字设计相关的理论知识和设计方法，为高等学校电子信息类数字设计相关课程的教学改革和课程整合提供完整的教学资源。

本书共 11 章，内容包括数字逻辑基础、可编程逻辑器件工艺和结构、Xilinx ISE 设计流程、VHDL 语言规范、Verilog HDL 语言规范、基本数字逻辑单元 HDL 描述、基于 HDL 数字系统实现、数字系统高级设计技术、基于 IP 核数字系统实现、数模混合系统设计、软核处理器 PicoBlaze 原理及应用。

第 1 章　数字逻辑基础　内容主要包括数字逻辑的发展史、开关系统、半导体数字集成电路、基本逻辑门电路分析、逻辑代数理论、逻辑表达式的化简、毛刺产生及消除、数字码制表示和转换、组合逻辑电路、时序逻辑电路、有限自动状态机。

第 2 章　可编程逻辑器件工艺和结构　内容主要包括可编程逻辑器件发展历史、可编程逻辑器件工艺、可编程逻辑器件结构、Xilinx 可编程逻辑器件。

第 3 章　Xilinx ISE 设计流程　内容主要包括 ISE 设计套件介绍、创建新的设计工程、ISE 开发平台主界面及功能、创建并添加新源文件、添加设计代码、设计综合、设计行为仿真、添加引脚约束文件、设计实现、布局布线后仿真、产生比特流文件、下载比特流文件到 FPGA、生成存储器配置文件并烧写存储器。

第 4 章　VHDL 语言规范　内容主要包括 VHDL 程序结构和配置、VHDL 语言描述风格、VHDL 语言要素、VHDL 设计资源共享、VHDL 类型、VHDL 声明、VHDL 说明、VHDL 名字、VHDL 表达式、VHDL 顺序描述语句、VHDL 并发描述语句。

第 5 章　Verilog HDL 语言规范　内容主要包括 Verilog HDL 语言发展、Verilog

HDL 程序结构、Verilog HDL 描述方式、Verilog HDL 语言要素、Verilog HDL 数据类型、Verilog HDL 表达式、Verilog HDL 分配、Verilog HDL 门级和开关级描述、Verilog HDL 用户自定义原语、Verilog HDL 行为描述语句、Verilog HDL 任务和函数、Verilog HDL 层次化结构、Verilog HDL 设计配置、Verilog HDL 指定块、Verilog HDL 时序检查、Verilog HDL SDF 逆向注解、Verilog HDL 系统任务和函数、Verilog HDL 的 VCD 文件、Verilog HDL 编译器指令、Verilog HDL 编程语言接口。

第 6 章　基本数字逻辑单元 HDL 描述　内容主要包括组合逻辑电路的 HDL 描述、数据运算操作 HDL 描述、时序逻辑电路 HDL 描述、存储器 HDL 描述、有限自动状态及 HDL 描述。

第 7 章　基于 HDL 数字系统实现　内容主要包括设计所用外设的原理、系统设计原理、建立新的设计工程、基于 VHDL 的系统设计实现、基于 Verilog HDL 的系统设计实现。

第 8 章　数字系统高级设计　内容主要包括 HDL 高级设计技巧、IP 核设计技术、可编程逻辑器件调试。

第 9 章　基于 IP 核数字系统实现　内容主要包括建立新的设计工程、添加和配置时钟 IP 核、添加和配置计数器 IP 核、生成顶层设计文件、生成时钟资源模块例化模板、生成计数器模块例化模板、创建 HDL 时钟分频模块、完成顶层设计文件、添加顶层引脚约束文件。

第 10 章　数模混合系统设计　内容主要包括模数转换器原理、数模转换器原理、基于并行 ADC 的数字电压表的设计、基于串行 ADC 的数字电压表的设计、基于 DAC 的信号发生器的设计。

第 11 章　软核处理器 PicoBlaze 原理及应用　内容主要包括片上可编程系统概论、PicoBlaze 处理器原理及结构分析、PicoBlaze 处理器指令集、PicoBlaze 处理器汇编程序。

在讲授和学习本书内容时，可以根据教学时数和内容有所侧重，适当调整和删减相关章节的内容。为了让读者更好地掌握相关内容，本书还给出了大量设计示例程序和习题。本书不仅可以作为大学信息类专业讲授数字电子线路、数字逻辑和复杂数字系统设计相关课程的教学用书，也可以作为从事相关课程教学和科研工作者的参考用书。

为了方便老师的教学和学生的自学，提供了该教材的教学课件和所用设计实例的完整设计文件，这些设计资源可以在清华大学出版社的网站(http://www.tup.com.cn)下载。

在本书的编写过程中引用和参考了许多著名学者和专家的研究成果，同时也参考了 Xilinx 公司的技术文档和手册，在此向他们表示衷心的感谢。北京联合大学信息学院章学静老师参与编写了书中第 4 章和第 5 章的内容。西南科技大学信息工程学院郭海燕老师参与编写了书中第 6 章和第 7 章的内容。集宁师范学院物理系聂阳老师参与编写了书中第 10 章的内容。作者的研究生李宝隆、张艳辉参加部分章节的编写工作，在此一并向他们表示感谢。在本书的出版过程中，得到了 Xilinx 公司大学合作计划和美国 Digilent 公司的大力支持和帮助，在本书出版的过程中也得到了清华大学出版社编辑的帮助和指导，在此也表示深深的谢意。

由于编者水平有限，编写时间仓促，书中难免有疏漏之处，敬请读者批评指正。

作　者

2014 年 10 月于北京

目录

CONTENTS

第1章 数字逻辑基础

CHAPTER 1

本章主要介绍数字逻辑的发展史、开关系统、半导体数字集成电路、基本逻辑门电路分析、逻辑代数理论、逻辑表达式的化简、毛刺产生及消除、数字码制表示和转换、组合逻辑电路、时序逻辑电路和有限自动状态机。

本章内容是数字系统的设计基础，读者必须理解并掌握本章的内容，为后续学习现代数字系统设计方法打下坚实的基础。

1.1 数字逻辑的发展史

在过去的60年中，数字逻辑改变了整个世界，整个世界朝着数字化方向发展。今天我们所熟悉的计算机在第二次世界大战后才出现在人类世界中。表1.1给出了在计算机和数字逻辑发展历史上的重大事件，从该表可以看出数字逻辑设计技术近400年逐步进化的过程。

公元前3000年出现的算盘是最早帮助人类进行计算的工具，直到今天它仍然还发挥着重要的作用。但是直到16世纪，人类才开始真正的设计帮助人类进行计算机的机器。这些计算机器中，最著名的是Blaise Pasacal于19岁时发明的Pascaline，用于帮助其父亲进行税务计算工作。Pascal建立了5～8个数字版本的Pascaline，每个数字和一个表盘、轴和齿轮关联，该计算器能进行加法和减法(通过生成减数的9位补码进行加法运算)计算。该计算器由于机械故障导致失败，其运算能力是有限的。

Charles Babbage被认为是“计算机之父”，他在1822年建立了差分机工作模型，这个机器能用于计算数学表(比如对数)，通过差分方法来计算在一个表中的6位数字。Babbage为全面的差分机制定了详细的计划，该机器可以最多计算到20位，并且，可以生产一个金属盘用于打印表格。这个机器使用蒸气运行，10英尺高，10英尺宽，5英尺深。通过英国政府的资助，Babbage和他的主要机械工程师一起工作，尝试建立差分机器。这里有很多技术和个人问题(当前的机器工具不能满足Babbage的精度要求、她妻子的病逝和机械师的意见不一致)，一直妨碍着这个机器的建成。在1834年，Babbage设想了一种更强的分析机，该分析机用于解决数学问题。但是，政府于1842年终止了这个项目。尽管，Babbage知道在那个时代不可能建立分析机，但是在他余生致力于设计这种机器，他给出了分析机的大量的注释，包含成百个轴和上千个齿轮和轮子，它有今天计算机的很多元件，包括存储器和CPU，其中的打孔卡用于机器的外部编程。

表 1.1 计算机和数字逻辑发展历史上的重大事件

年 代	事 件
公元前 3000 年	巴比伦王国开发了算盘。这个装置使用线(棍子)上的一列珠子表示数字,今天仍然在远东地区的一些地方使用,用于执行计算
1614—1617 年	John Napier,苏格兰数学家,发明了对数,允许通过加来进行乘法和通过减进行除法。他发明了棒子或者数支,这样可以通过一种特殊的方法移动棍子来实现对大数的乘或者除运算
1623 年	Wilhelm Schickard,德国教授,发明了第一个机械式计算器,称为"计算钟"
1630 年	William Oughtred,英国数学家和牧师,发明了计算尺
1642—1644 年	Blaise Pascal,法国数学家、物理学家和宗教哲学家,发明了第一个机械计算器 Pascaline
1672—1674 年	Gottfried Wilhelm Von Leibniz,德国数学家、外交官、历史学家、法学家和微分的发明家,发明了一个称为步进式计算器的机械计算器。计算器有一个独一的齿轮——莱布尼茨轮,用于机械式的乘法器。尽管没有使用这个计算器,但是该设计对未来的机械式计算器的发展产生了深远的影响
1823—1839 年	Charles Babbage,英国数学家和发明家,开始在他的差分机上工作,该机器设计用于自动的处理对数计算。由于有大量来自政府的工作和资金,但最终没有完成差分机。1834 年,Babbage 开始在一个功能更强的机器上工作,称为分析机,它被称为第一个通用计算机。由于不能在时间上准确地产生所要求精度的机械齿轮,因此没有工作。所以,Babbage 被认为是"计算机之父"
1854 年	George Boole,英国逻辑学家和数学家,出版了 *Investigation of the Law of Thought*,给出了逻辑的数学基础
1890 年	Herman Hollerith,美国发明家,使用打孔卡片制表用于 1890 年的普查。1896 年,他成立了打卡机公司,最终于 1924 年演变成了 IBM 公司
1906 年	Lee De Forest,美国物理学家,发明了三极管。直到 1940 年前,这些管子没有用于计算机中
1936 年	Alan M Turing,英国逻辑学家,发表了一篇论文 *On Computable Numbers*,说明任意的计算都可以使用有限状态机实现。Turing 在第二次世界大战后英国早期的计算机研制中扮演了重要的角色
1937 年	George Stibitz,贝尔电话实验室的一个物理学家,使用继电器建立了二进制电路,能进行加、减、乘和除运算
1938 年	Konrad Zuse,德国工程师,构建了 Z1——第一个二进制计算机器。1941 年,完成了 Z3——通用的电子机械式计算机器
1938 年	Claude Shannon,基于他在 MIT 的硕士论文,发表了 *A Symbolic Analysis of Relay and Switching Circuits*,在该著作中,他说明了将符号逻辑和二进制数学应用到继电器电路中的方法
1942 年	John V. Atanasoff,爱荷华州立大学教授,完成了一个简单的电子计算机器
1943 年	IBM-Harvard Mark Ⅰ,一个大型的可运行的电子机械式计算器
1944—1945 年	J Presper Eckert 和 John W Mauchly,在宾夕法尼亚大学的电气工程摩尔学院,设计和建立了 EMIAC,它是首个全功能的电子计算器
1946 年	John von Neumann,ENIAC 项目的顾问,在该工程后,写了一个很有影响力的报告,之后,在普林斯顿高等研究院开始他自己的计算机项目
1947 年	Walter Brattain, John Bardeen 和 William Schockley 在贝尔实验室发明了晶体管
1948 年	在英国,在 Manchester Mark Ⅰ电子计算机上运行第一个存储程序

续表

年　代	事　件
1951 年	发布第一个商业制造的计算机,Ferranti Mark Ⅰ 和 UNIVAC
1953 年	IBM 发布了一个电子计算机-701
1958 年	Kack kilby,德州仪器公司的一名工程师,建立一个可移相的振荡器,作为第一个集成电路(Integrated Circuit, IC)
1959 年	Robert Noyce, 1958 年所建立的仙童半导体公司联合创始人,生产了第一个集成电路平面工艺,这导致实际大规模的生产可靠的集成电路。1968 年,Noyce 成立了 Intel 公司
1963 年	数字设备公司 DEC 生产了首个小型计算机
1964 年	IBM 生产了 System/360 系列电脑主机
1965 年	在电子杂志上,Gordon Moore 预测一个集成芯片上的元件数量在每一年翻一倍。这就是著名的"摩尔定律"。在 1975 年,修改该定律,每两年翻一倍
1969 年	IBM 的研究人员开发了第一个片上可编程逻辑阵列(programmable logic array, PLA)
1971 年	Marcian E Hoff, Jr,Intel 公司的工程师,发明了第一个微处理器
1975 年	Intersil 生产了第一片现场可编程逻辑阵列(field programmable logic array, FPLA)
1978 年	单片存储器引入了可编程阵列逻辑(programmable array logic,PAL)
1981 年	IBM 个人电脑诞生。美国国防部开始开发 VHDL。VHDL 中的 V 表示 VHSIC (very high speed integrated circuit, 超高速集成电路), HDL 代表(hardware description language, 硬件描述语言)
1983 年	Intermetric,IBM 和 TI 授权开发 VHDL
1984 年	Xilinx 成立,并发明了现场可编程门阵列(field programmable gate array, FPGA) Gateway 设计自动化公司,引入了硬件描述语言 Verilog HDL
1987 年	VHDL 成为 IEEE 标准(IEEE 1076)
1990 年	Cadence Design System 收购 Verilog HDL
1995 年	Verilog HDL 成为 IEEE 标准

使用自动织机打孔进行编程的灵感由 Joseph Marie Jacquard 于 1801 年发明。在 1880 年,Herman Hollerith 作为美国人口普查的代理人开始工作,1880 年普查的数据将花很多年进行制表。在此期间的 1882 年,他成为 MIT 的机械工程教员,随后发明了一个电子机械式系统,该系统能用于对包含统计数据的打孔卡进行计算和分类。该系统用于在 6 个星期内对 1890 年的人口统计数据进行制表。1896 年,Hollerith 成立了制表机器公司,后来成为 IBM 公司。

在研制计算机方面的下一个主要的推动力是在第二次世界大战,在宾夕法尼亚大学的电气工程摩尔学院,J. Presper Eckert 和 John W. Mauchly 开始电子数字积分器和微分器 ENIAC 的研制,他们是这个大型电子计算器的主要设计者。从 1944 年开始,他们专注下一个计算机,即电子离散变量计算机 EDVAC 的研制,这是首个存储程序计算机。然而,由于在专利权方面的意见不一,他们于 1946 年离开了摩尔学院,建立他们自己的公司——电子控制公司,其目的是生产通用的自动化计算机 UNIVAC。由于资金问题所困,他们于 1948 年重新组建了 Eekert-Mauchly 计算机公司,并于 1950 年将其卖给了 Remington Rand。

IBM 公司于 1953 年发布了首台电子计算机,比贝尔实验室发明晶体管提早了 6 年。

晶体管的出现对数字逻辑和计算机产生了深远的影响。半导体内的电子能控制电流和电压的思想,对现代半导体的发展产生了深远的影响。固态技术的不断推进,使得在20世纪60年代产生了集成电路,并分别在70和80年代诞生了微处理器和可编程逻辑器件。

1965年戈登·摩尔提出了世界上著名的"摩尔定律",并且于1975年进行了修正。在过去的38年被证明是非常正确的。该定律的主要内容包括:大约每隔18个月,集成电路上可容纳的晶体管数目就会增加一倍,性能也将提升一倍。也就是说,当价格不变时,每一美元所能买到的电脑性能,将每隔18个月翻两倍以上。这一定律成为半导体工艺不断发展的指南。如图1.1所示,该图给出了Intel公司CPU的发展路线,该路线清楚地表明了半导体发展趋势和摩尔定律相吻合。

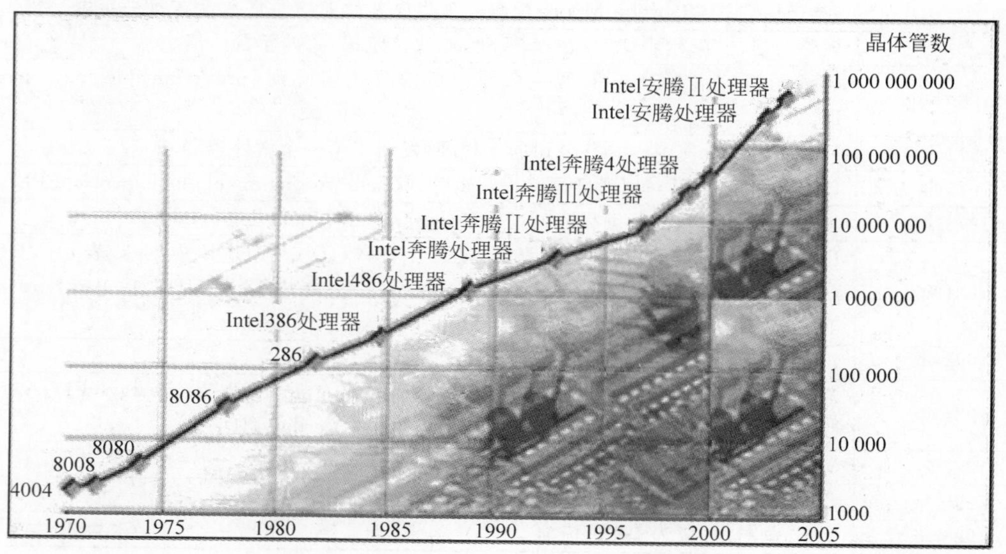

图1.1 摩尔定律与集成电路的发展趋势

微处理器的发展,对人类的生活产生了重要的影响。今天,处理器几乎嵌入到所有的产品中,范围从手机到汽车等方面。通用微处理器执行保存在存储器里的程序指令,用于实现特定的算法。

随着现场可编程门阵列(field programmable gate array,FPGA)的发展,很多算法可以在硬件中直接实现,而不需要在存储器中保存程序指令。当使用硬件直接实现时,算法的实现更快。

思考与练习1 请说明数字系统发展史上的一些重大事件。

思考与练习2 请说明摩尔定律的内容。

1.2 开关系统

开关系统是构成数字逻辑的最基本的结构,它通过半导体物理器件,实现数字逻辑中的开关功能。

所谓的开关系统，实际上就是常说的由工作在0或者1状态下的物理器件所构成的数字电路。典型的如家里的普通电灯，通过开关的控制，要么闭合（灯亮），要么断开（灯灭）。此外，用于强电设备控制的继电器也是典型的数字器件，要么处于常开状态，要么处于常闭状态。

1.2.1 0和1的概念

数字电路中的信号是一个电路网络，通过这个网络，将一个元件的输出电压传送到所连接的另一个元件或者更多其他元件的输入。与模拟电路中的信号变化具有连续性相比，数字电路中的信号变化是不连续的，在数字电路中，信号的电压值取值只有两种情况，即V_{dd}或者GND。V_{dd}表示逻辑高电平，GND表示逻辑低电平。这样，数字电路中用于表示所有的数据的信号只有两个取值状态。只使用两个状态来表示数据的系统，称为二进制系统；具有两个状态的信号称为二进制信号。所有由二进制构成的输入信号，其操作产生二进制的输出结果。电压值的集合$\{V_{dd},\text{GND}\}$定义了数字系统中一个信号线的状态，通常表示为$\{1,0\}$，其中"1"表示V_{dd}，"0"表示GND。因此，数字系统只能表示两个状态的数据，并且，已经给这两个状态分配了数字符号"0"和"1"，于是出现了用二进制数表示数字系统的数据。数字电路中的一条信号线携带着信息的一个二进制数字，也称为比特位(bit)。所谓的总线是由多个工作在开关状态下的信号线构成，因此，总线可以携带多个比特，可以定义一个二进制数。在数字电路中，使用比特表示数据可以让人们在学习数字电路时能够很容易地接受现存的数字和逻辑技术。如图1.2所示，很明显，要让灯泡点亮，K_1和K_2键必须同时闭合。如果只闭合K_1，而断开K_2；或者只闭合K_2，而断开K_1；或者K_1和K_2都断开时，不会点亮灯泡。这样一种关系，可以表示为一个AND（与）的关系。假设，将K_1当成变量A，K_2当成变量B，变量A和变量B其取值只有两种状态，即闭合或者断开。我们将其闭合的状态表示为"1"，而将其断开的状态表示为"0"。此外，将灯当成变量Y，并且定义灯亮的情况表示为"1"，灯灭的时候表示为"0"，这个典型的开关系统可以用表1.2表示。表1.2所表示的关系，是一种典型的逻辑与关系。在后面会详细的说明。也就是，当A和B的条件同时成立，即为"1"的时候，Y状态才为"1"；否则为0。

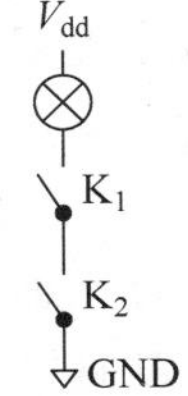

图1.2 典型开关系统

表1.2 开关系统的关系

A	B	Y	A	B	Y
0	0	0	1	0	0
0	1	0	1	1	1

1.2.2 开关系统的优势

与数字电路相比，模拟电路使用的信号电压值并不限定在V_{dd}和GND两个不同的值，而是可以在V_{dd}和GND之间的任何值。许多输入元件，特别是那些用作电传感器的元件（例如麦克风、照相机、温度计、压力传感器、运动和接近传感器等），在它们的输出端产生模拟电压。现代电子设备中，在元件使用信号前，将这样的信号转换为数字信号是有可能的。例如,一个数字语音备忘录,通过一个模拟麦克风电路记录元件设备,在内部电路节点将声压波转换成电压波。在数字电路中,一种称作模数转换器或ADC的特殊器件,将模拟电压转换成数字总线能够表示的数字电压。ADC的功能是,通过采样输入的模拟信号,测量输入电压信号的大小(通常以GND作为参考),然后为这个测量的值分配一个二进制数。只要将一个模拟信号转换成所对应的一个二进制数,总线就能够携带这个数字信息并贯穿于电路中。同样的方式,通过使用数模转换器可以将数字信号重新恢复成模拟信号。因此,可以将一个表示音频波形采样值的二进制数转换成模拟信号,例如,驱动扬声器。

模拟信号对噪声源敏感,信号强度随着时间的推移和传输距离的增大会衰减。但是,数字信号对噪声和信号强度的衰减相对不是很敏感。这是因为数字信号有定义为“0”和“1”的两个宽电压带,在一个电压带内的任何电压都有可接受的编码。如图1.3所示,一个拥有数十、数百毫伏噪声的数字信号,可以忽略噪声定义成稳定的0和1。如果同样是这个数量级的噪声出现在模拟信号中,这个模拟电路将不能正常地工作。正是由于数字信号更稳定、更容易工作的特点,使得全世界的电子产业已走向了数字化。

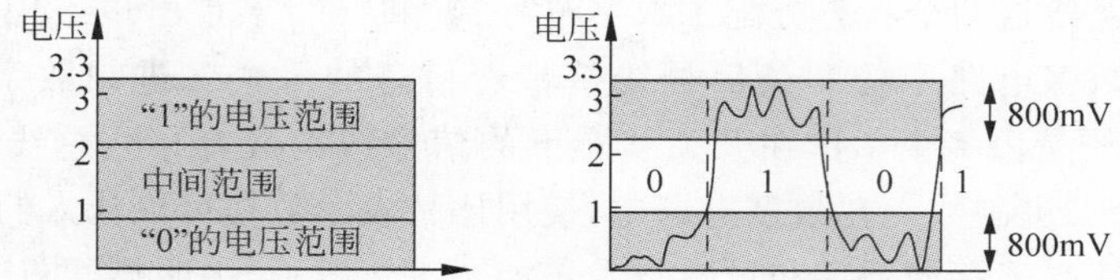

图1.3 拥有数十、数百毫伏噪声的数字信号

数字电路的研究方法是逻辑分析和逻辑设计,所需要的工具是逻辑代数。

1.2.3 晶体管作为开关

正如前面所提到的典型开关系统,它是通过机械开关进行控制。很明显,使用机械开关控制灵活性差,而且切换系统的速度很低,开关的工作寿命也十分有限。因此,人们就使用半导体器件作为电子开关来取代前面提到的机械开关,用于对开关系统进行控制。与机械开关不一样的是,半导体物理器件的导通和截止是靠外面施加的电压进行控制的。用于现代数字电路的晶体管开关称为金属氧化物半导体场效应晶体管(metal oxide semiconductor field effect transistor,MOSFET)。如图1.4所示,MOSFET是三端口器件,当在第三个端口(栅极)施加合适的逻辑信号时可以在两个端口(源极和漏极)之间流通电流。在最简单的FET模型中,源极和漏极之间的电阻是一个栅-源电压的函数,即栅极电压越高,这个电阻就越小。因此,就可以通过越大的电流。当应用在模拟电路中,比如音频放大器,栅-源电压值可以取GND和V_{dd}之间的任何值。但是,在数字电路中,栅-源电压值只能是V_{dd}或GND(当然,当栅极电压从V_{dd}变化到GND或从GND变化到V_{dd}时,必须假定电压在V_{dd}和GND之间)。这里,假设状态变化的过程非常快,所以忽略栅极电压在这段变化时间的FET特性。

在一个简单的数字电路模型中,可以将MOSFET当作一个可控的断开(截止)或者闭合(导通)的电子开关。如图1.4所示,根据不同的物理结构,FET包含两种类型,即nFET和pEET。

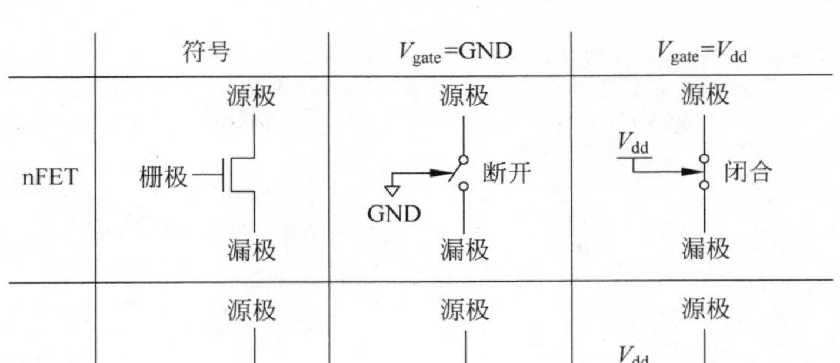

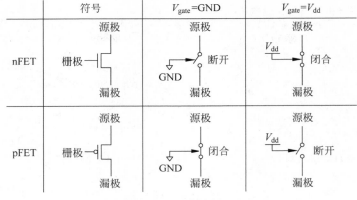

图 1.4　nFET 和 pFET 的电路特征和等效开关

1. nFET

当栅极输入信号为 V_{dd}时，栅极和漏极导通，即闭合；否则，当栅极输入信号为 GND 时，栅极和漏极断开，即截止。

2. pFET

当栅极输入信号为 GND 时，栅极和漏极导通，即闭合；否则，当栅极输入信号为 V_{dd}时，栅极和漏极断开，即截止。

单个的 FETs 经常用作独立的电子可控开关，例如，对于一个 pFET，将电源接到源极，负载（如发动机、灯或其他应用中的电子元件）接到漏极。在该应用中，pFET 可以断开或闭合开关。当栅极接入 GND 时，导通负载元件；而栅极接入 V_{dd}时，断开负载元件。典型地，打开一个 FET 需要一个相对小的电压（几伏特的量级），即使这个 FET 正在切换的是一个大电压和大电流。用于这种目的的单个 FET 通常是相当大的（巨大的）设备。

FET 也可以用于电路中实现有用的逻辑功能，如 AND、OR、NOT 等。在这种应用中，几个非常小的 FET 组成一个简单的小硅片（或硅芯片）。然后，用同样大小的金属导线将它们互连起来。典型地，这些微小的 FET 占用的空间小于 $1\times10^{-7}\,m^2$。因此，一个硅芯片的一端可以是几个毫米，一个单芯片上可以集成数百万的 FET。当所有的电路元件整合集成到同一块硅片上时，将这种形式组成的电路称为集成电路。

1.2.4　半导体物理器件

大多数的 FET 使用半导体硅制造，如图 1.5(a)所示，制造过程中，植入离子的硅片在这个区域的导电性能更好，用作 FET 源极和漏极区域，这些区域通常称作扩散区。接下来，如图 1.5(b)所示，在这些扩散区的中间创建一个绝缘层；并且，在这个绝缘材料的上面“生长”另一个导体。

这个“被生长”的导体（典型的用硅）形成了栅极，如图 1.5(c)和图 1.5(d)所示，位于栅极之下、扩散区之间的区域称为沟道。最后，用导线连接源极、漏极和栅极，于是这个 FET 就可以连接到一个大的电路中。生产晶体管需要几个条件，包括高温、精确的物理布局和各种材料。

实际上，FET 基本工作原理非常直观。下面仅对 nFET 最基本的应用进行介绍。pFET 的工作原理完全相似，但是必须将电压颠倒过来。

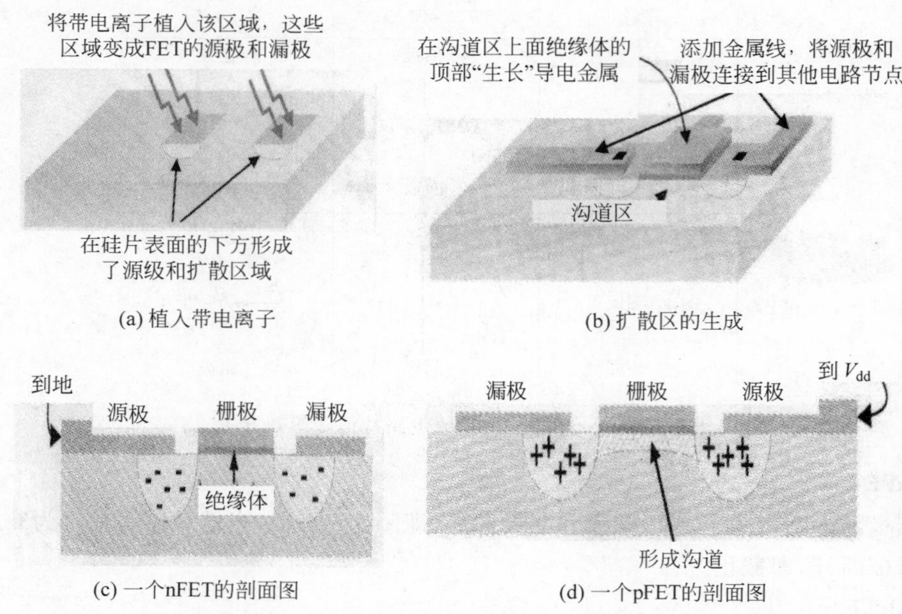

(a) 植入带电离子 (b) 扩散区的生成

(c) 一个nFET的剖面图 (d) 一个pFET的剖面图

图 1.5 FET 的制造工艺

如图 1.6 所示，一个 nFET 的源极和漏极扩散区都植入带负电荷的粒子。当一个 nFET 用于逻辑电路时，它的源极接到 GND；于是，nFET 的源极像 GND 节点一样，拥有丰富的带负电荷的粒子。如果 nFET 的栅极电压和源极电压一样(如 GND)，那么栅极上存在的带负电荷的粒子立刻排斥栅极下面来自带沟道区域的负电荷的粒子(注意，在半导体(如硅)中，正负电荷子是可以移动的，在带电粒子形成的电场影响下，移动半导体晶格)。正电荷聚集在栅极下面，形成两个反向的正-负结(称为 PN 结)，这些 PN 结阻止任何一个方向的电流流过。如果栅极上的电压上升超过源极电压，并且超过了阈值电压(或 V_{th}，大于等于 0.5V)时，正电荷开始在栅极聚集，并且立即排斥栅极下沟道区域的正电荷。负电荷聚集在栅极下时，在栅极下面及源极和漏极扩散区域之间形成一个连续的导电区域。当栅极电压达到 V_{dd}时，形成一个大的导电沟道，并且 nFET 处于强导通状态。

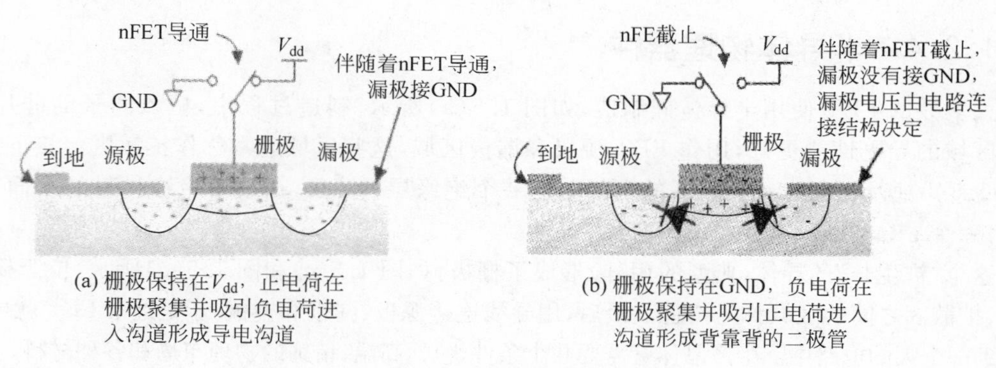

(a) 栅极保持在V_{dd}，正电荷在栅极聚集并吸引负电荷进入沟道形成导电沟道

(b) 栅极保持在GND，负电荷在栅极聚集并吸引正电荷进入沟道形成背靠背的二极管

图 1.6 nFET 的导通与截止

如图 1.7 所示，用于逻辑电路中的 nFET，把其源极接到 GND，栅极接到 V_{dd}，就可以使它导通（闭合），而对于 pFET，将其源极接 V_{dd}，栅极接 GND，就可以使它导通（闭合）。

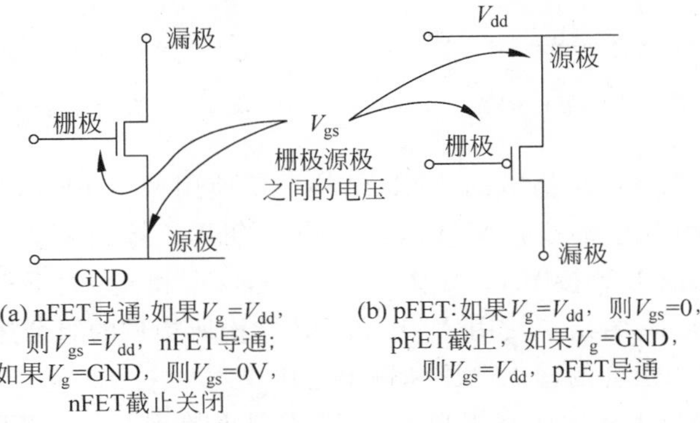
漏极
栅极
源极
GND
V_{gs}
栅极源极
之间的电压
V_{dd}
源极
栅极
漏极
(a) nFET导通，如果$V_g=V_{dd}$，则$V_{gs}=V_{dd}$，nFET导通；如果V_g=GND，则V_{gs}=0V，nFET截止关闭
(b) pFET：如果$V_g=V_{dd}$，则V_{gs}=0，pFET截止，如果V_g=GND，则$V_{gs}=V_{dd}$，pFET导通

图 1.7 逻辑电路中的 nFETs 和 pFETs

根据上述原理可知，一个源极接 V_{dd} 时，不会强行打开 nFET。所以，很少将 nFET 的源极连接到 V_{dd}。类似的，一个源极接到 GND 时，也不能很好的打开 pFET。所以，很少将 pFET 的源极接到 GND。

注： 这就是常说的，nFET 传输强 0 和弱 1；而 pFET 传输强 1 和弱 0。

思考与练习 1 简述 nFET 与 pFET 的工作原理。

1.2.5 半导体逻辑电路

只要掌握 FET 工作的基本原理，就可以构建基本逻辑电路，这样，就可以实现所有的数字和运算。根据逻辑功能要求，这些逻辑电路组合一个或多个逻辑输入信号，并且产生一个逻辑输出信号。接下来讨论最基本的逻辑功能（如 AND、OR 和 INV）电路，但是 FET 电路也能容易地构建更复杂的逻辑电路。

当构建一个 FET 电路用来实现逻辑关系时，必须注意下面的四个基本规则：

(1) pFET 的源极必须连接到 V_{dd}，nFET 的源极必须连接到 GND；

(2) 电路输出必须通过一个 pFET 连接到 V_{dd}，电路输出必须通过一个 nFET 连接到 GND（例如，电路输出永远不能悬空）；

(3) 逻辑电路的输出不能同时连接到 V_{dd} 和 GND（例如，电路输出不能短路）；

(4) 电路尽量使用最少数量的 FET。

遵循这四个原则，构造一个两输入信号的“与（AND）”关系的电路。但是，首先要注意在如图 1.8 所示的电路中，当且仅当两个输入 A 和 B 都接 V_{dd} 时，输出（标记为 Y）才连接到 GND，也就是 Q_1 和 Q_2 是导通的。这个逻辑关系可以描述如下：

当 A 和 B 都连接逻辑高电平（logic high voltage，LHV），即 V_{dd} 时，Y 的输出为逻辑低电平（logic low voltage，LLV）。

在如图 1.9 所示的电路中，构造一个两输入信号的“或（OR）”关系的电路。如果 A 或者 B 连接到 V_{dd}，输出 Y 连接到 GND，也就是 Q_3 和 Q_4 两个 nFET 中的一个是导通的。这个逻辑关系可以描述如下：

当 A 或者 B 连接逻辑高电平（logic high voltage，LHV），即 V_{dd} 时，Y 的输出为逻辑低电平（logic low voltage，LLV）。

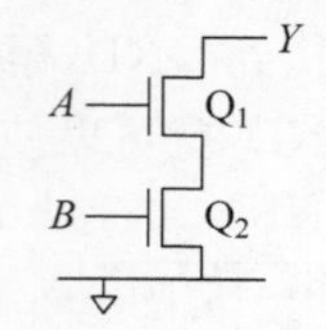

图 1.8　串行配置

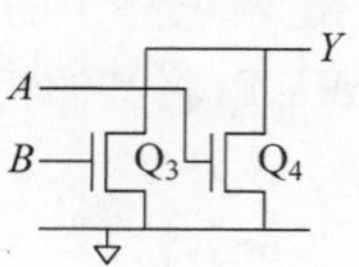

图 1.9　并行配置

如图 1.10 所示，Q_1 和 Q_2 组成的 AND 结构。仅使用两个 FET，当 A 和 B 都接到 V_{dd} 时，Y 接到地。当 A 和 B 不都接到 V_{dd} 时，必须确保输出 Y 接到 V_{dd}；换句话说，当 A 或 B 接 GND 时，必须确保输出 Y 接 V_{dd}。如图 1.11 所示，Q_3 和 Q_4 的 FET 可以实现一个 OR 的结构。如图 1.12 所示，给出了使用 AND 和 OR 结构所构成的组合逻辑电路，表 1.3 给出了所有四种可能的输入组合的输入电压和输出电压。

注意，这个电路遵循上述的所有规则——pFET 只连接到 V_{dd}，nFET 只连接到地，输出总是连接到 V_{dd} 或连接到 GND，但绝不同时连接到 V_{dd} 和 GND，并且尽可能地使用最少数量的 FET。

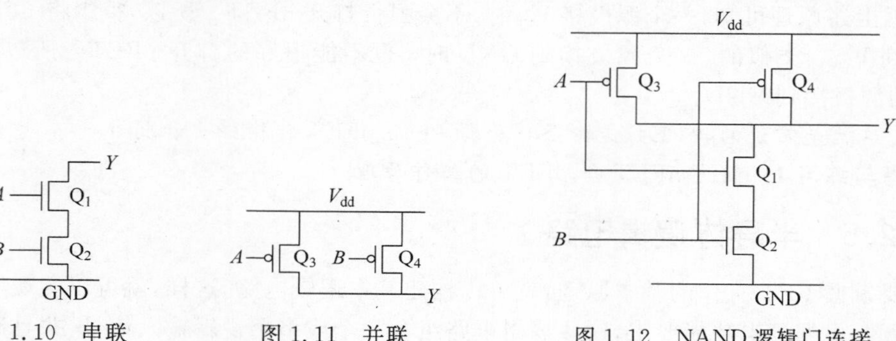

图 1.10　串联　　图 1.11　并联　　图 1.12　NAND 逻辑门连接

表 1.3　NAND 逻辑门运算表

A	B	Y	A	B	Y
GND	GND	V_{dd}	V_{dd}	GND	V_{dd}
GND	V_{dd}	V_{dd}	V_{dd}	V_{dd}	GND

下面对这个逻辑门电路进行分析：

(1) 当两个输入 A 和 B 都接到 V_{dd} 时，Q_1 和 Q_2 同时导通，而 Q_3 和 Q_4 截止。因此，Y 的输出电压为 GND。

(2) 当输入 A 接到 GND 和输入 B 接到 V_{dd} 时，Q_3 和 Q_2 同时导通，而 Q_1 和 Q_4 截止。因此，Y 的输出为 V_{dd}。

(3) 当输入 A 接到 V_{dd} 和输入 B 接到 GND 时，Q_1 和 Q_4 同时导通，而 Q_2 和 Q_3 截止。因此，Y 的输出为 V_{dd}。

(4) 当输入 A 接到 GND 和输入 B 接到 GND 时，Q_3 和 Q_4 同时导通，而 Q_1 和 Q_2 截止。因此，Y 的输出为 V_{dd}。

为了让电路的性能匹配上述的 AND 的逻辑真值表，规定输入信号为 V_{dd} 时，表示逻辑“1”；输入信号为 GND 时，表示逻辑“0”。并且，必须使输出信号为 GND 时，表示逻辑“1”。这就构成了一个潜在的矛盾，即：“1”表示一个门的输入信号为 V_{dd}，并且同样的“1”也表示门的输出信号为 GND。

注意，如果将真值表 Y 列的输出翻转（也就是，如果 V_{dd} 变为 GND，GND 变为 V_{dd}），那么，逻辑“1”可以同时代表输入和输出的 V_{dd}，结果符合前面的 AND 的真值表。由于这个原因，以上所述的电路称为 NOT AND（与非）门（NOT 意为取反），简写为 NAND 门。为了构建一个可以将输入信号和输出信号与 V_{dd} 信号和逻辑“1”关联的 AND 电路，NAND 门的输出必须加上一个取反电路，即：当一个取反电路的输入为 GND 时，产生输出为 V_{dd}，反之亦然。如图 1.13 所示，列出了 5 个基本的逻辑电路：NAND、NOR、AND、OR 和 INV（取反电路）。这些基本的逻辑电路通常称为逻辑门。读者可以验证所有的真值表，以确认正确的电路操作。

注：*用于表示一个逻辑门电路输入和输出关系的表格，称之为真值表。*

这些逻辑门中的每一个，使用最少数量的 FET 产生所要求的逻辑功能。如图 1.14 所示，每个逻辑电路由下面的 n 个 nFET 和上面的 n 个 pFET 构成，它们执行互补的操作。当 nFET 表示或关系时，pFET 表示与关系。显示出互补特性的 FET 电路也称为互补金属氧化物半导体（complementary metal oxide semiconductor，CMOS）电路。迄今为止，在数字和计算机电路中，CMOS 电路占有统治地位。MOS 名字是指以前的半导体工艺，门的材料是由金属构成，门下面的绝缘体是由硅氧化物构成。这些基本的逻辑电路是构成数字和计算机电路的基础。

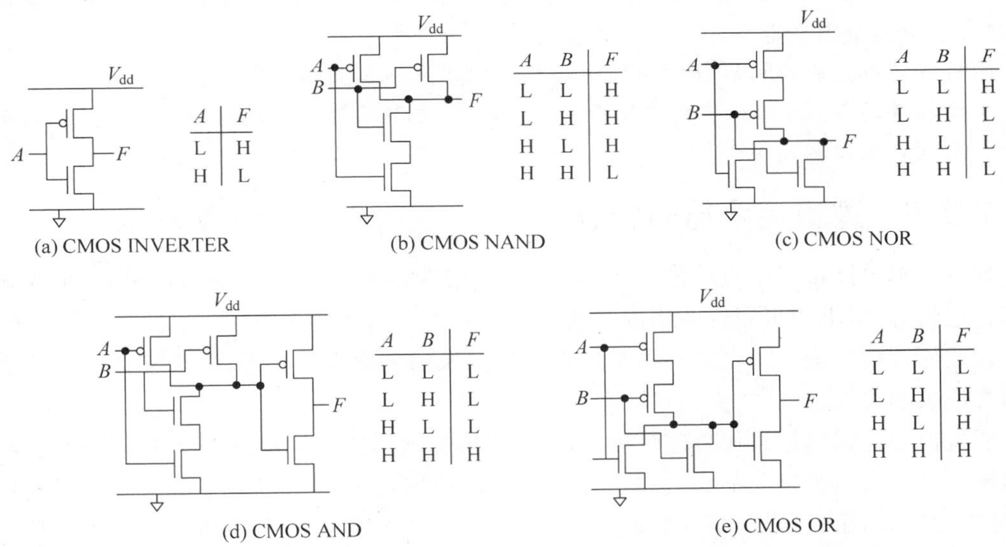

图 1.13　5 个基本逻辑电路

当在原理图中绘制这些电路时，使用如图 1.15 所示的符号，而不是 FET 电路结构。这是由于直接绘制 FET 电路显得太过于冗长乏味，而且对整个逻辑电路的分析来说显得很不方便。

注：

① 一个符号的输入端是一直角，输出端是一个光滑的曲线表示 AND；

② 在输入端是曲线边且指向输出端的是 OR；

③ 输入端的小圆圈表示输入必须是逻辑低电平时，才能产生所表示的逻辑功能的输出；

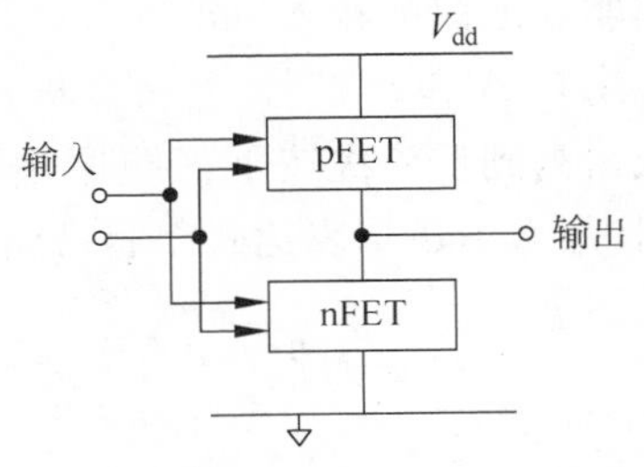

图 1.14　pFET 和 nFET 构成的逻辑电路

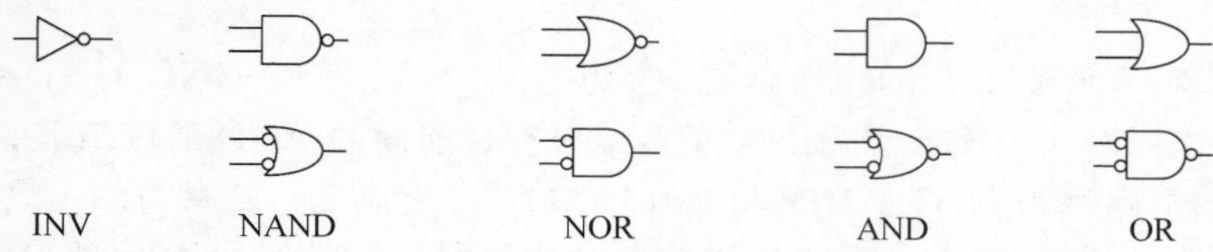

图 1.15　原理图中基本电路图形

④ 输出端的小圆圈表示逻辑功能的结果产生一个逻辑低电平输出信号；输出端没有小圆圈时，表示逻辑功能产生一个逻辑高电平信号；

⑤ 输入端没有小圆圈表示信号必须是逻辑高电平，才能实现所需要表示的功能。

图 1.15 所示的每一个符号都有两个表现形式。上方的符号是基本的符号，下方的符号是共轭符号(正常情况，每个符号都是其他的共轭)。共轭符号交换 AND 和 OR 的形状，并且输入和输出变换电平。读者应该验证这两个适合于底层 COMS 电路的符号。例如：

(1) AND 形状的符号用于 NAND 电路时，表示如果输入 A 和 B 都是逻辑高电平，那么输出是逻辑低电平。

(2) OR 形状的符号用于 NOR 电路时，表示如果两个输入 A 和 B 中的一个是逻辑低电平，那么输出是逻辑高电平。

两种描述都正确，所以，任何逻辑电路都可以描述成其共轭的形式。

思考与练习 2　为什么使用共轭形式？(提示：在某些设置中，使用合适的符号，人们能够更容易理解原理图)。

1.2.6　逻辑电路符号描述

数字逻辑电路可以由单独的逻辑芯片构成，或者由更大的芯片(例如 Xilinx 的大规模可编程逻辑芯片)上的可用资源构成。忽略逻辑电路的具体实现方式，其可以用真值表、逻辑方程或原理图完全表示出来。本节将介绍如何识别逻辑电路原理图，后面用实验研究电路和真值表的关系。

通过使用逻辑门符号代替逻辑操作，可以很容易地描述任何逻辑方程的逻辑电路原理。逻辑输入表示到达逻辑门的信号线。在构建逻辑电路的原理图时需要确定哪个逻辑操作(即逻辑门)驱动输出信号，哪些逻辑操作驱动内部电路节点。如果在逻辑等式中需要明确表示逻辑操作的顺序，那么可以在逻辑表达式中通过使用括号实现这一目的。例如，如图 1.16(a)所示，逻辑等式“$F=A\cdot B+C\cdot B$”的原理图使用 OR 门驱动输出信号 F，两个与门驱动或门的输入；如图 1.16(b)所示，使用一个三输入的与门驱动 F，其中：两个输入直接来自 A 和 B 信号，另一个输入由“$B+C$(或)”后的或门驱动。如果没有使用圆括号，优先级由高到低依次按下面顺序排列：与非/与、异或、或非/或，取反。通常地，如果先画输出门，那么由逻辑表达式很容易绘制出电路。

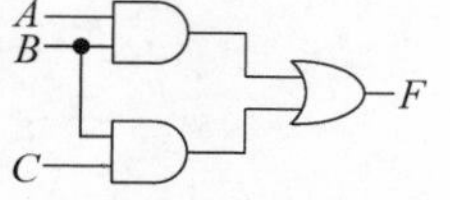

(a) 两个两输入与门驱动一个两输入或门

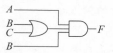

(b) 一个两输入或门驱动一个三输入的与门

图 1.16　$F=A\cdot B+C\cdot B$ 的两种不同的理解方式

在逻辑等式中，反相器用来表示在驱动一个逻辑门之前输入信号必须取反。例如，逻辑表达式

$$F=\overline{A}\cdot B+C$$

注：在逻辑表达式或者逻辑等式中，符号“·”表示逻辑与关系，符号“+”表示逻辑或关系。

在逻辑信号 A 输入到一个 2 输入的 AND 门之前加上一个非门。逻辑等式也可表示逻辑功能输出取反，在这种情况下，可以使用一个非门，或使用前面介绍的电路符号表示一个反相的输出(例如前面介绍的输出有一个小圆圈的符号)。

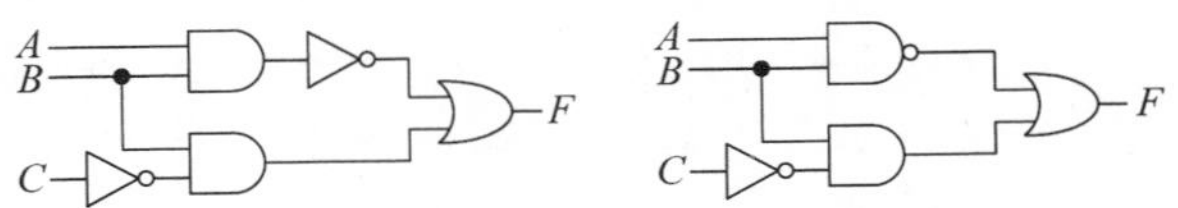

图 1.17 $F=\overline{A\cdot B}+\overline{C}\cdot B$ 的两种不同实现方式

如图 1.17 所示，从原理图去理解逻辑表达式比较直观。驱动输出信号的逻辑门定义了主要的逻辑操作，并且决定了怎么样去组合等式中的其他项。如图 1.18 所示，反相器(或者是输出一个有小圆圈的逻辑门)表示要求取反的信号或功能，其作为“下游”门的输出。如图 1.19 所示，一个逻辑门的输入端添加有一个小圆圈可以认为信号在进入这个门之前取反。

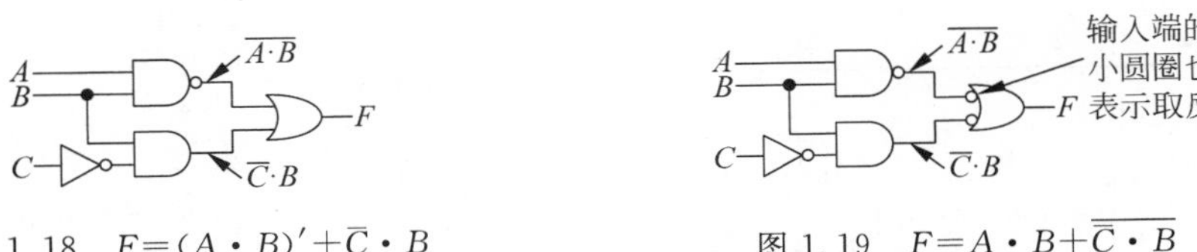

图 1.18 $F=(A\cdot B)'+\overline{C}\cdot B$

图 1.19 $F=A\cdot B+\overline{\overline{C}\cdot B}$

两个“背靠背”的信号取反相互抵消。这就是说，如果一个信号取了反，然后在任何使用到这个信号的位置又立即对信号再次取反，那么这个电路与同时移除这两个取反的电路等效。如图 1.20 所示，两个电路都具有等效的逻辑功能，图 1.20(b)的电路是简化了的电路，去掉了图 1.20(a)信号 C 上的两个非门。并且，通过在内部节点增加取反使所实现的逻辑电路更高效，所以，一个包含 4 个晶体管的 NAND 门可以用来代替包含 6 个晶体管的 AND/OR 门。

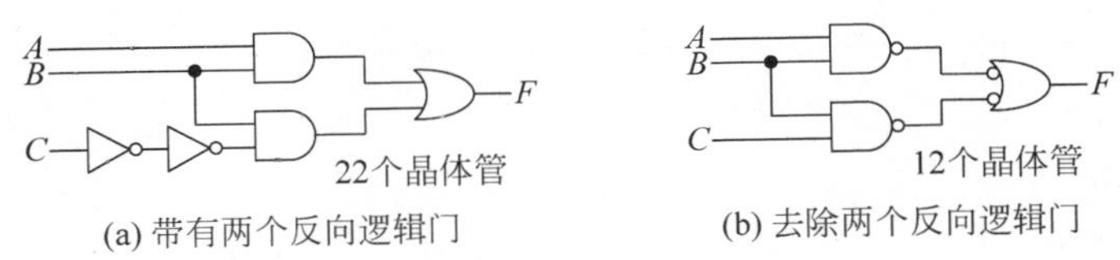

(a) 带有两个反向逻辑门

(b) 去除两个反向逻辑门

图 1.20 $F=A\cdot B+C\cdot B$

思考与练习 3 请根据给出的逻辑表达式，画出真值表。并画出其门电路的实现结构。

(1) $X=\overline{A}\cdot B+C$

(2) $X=A\cdot B\cdot\overline{C}+B\cdot C$

(3) $X=B\cdot\overline{C}+\overline{B}\cdot C$

思考与练习 4 使用开关和电阻实现下面的电路：当两个信号 A 和 B 都为“0”，或者第

三个信号 C 为“1”的时候(不考虑 A 和 B 的状态),将输出 X 驱动到 LHV(规定开关闭合为“1”,开关断开为“0”)。并使用真值表说明其逻辑关系。

思考与练习 5 分析图 1.21～图 1.25 给出的半导体晶体管电路结构,完成表 1.4～表 1.8,并说明所实现的逻辑关系。

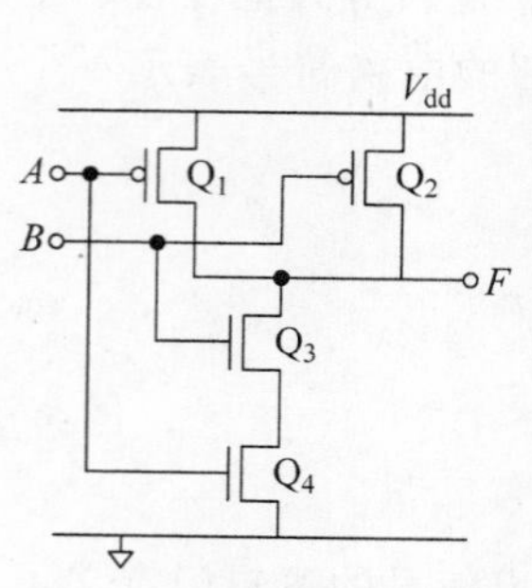

图 1.21 晶体管构成逻辑电路 1

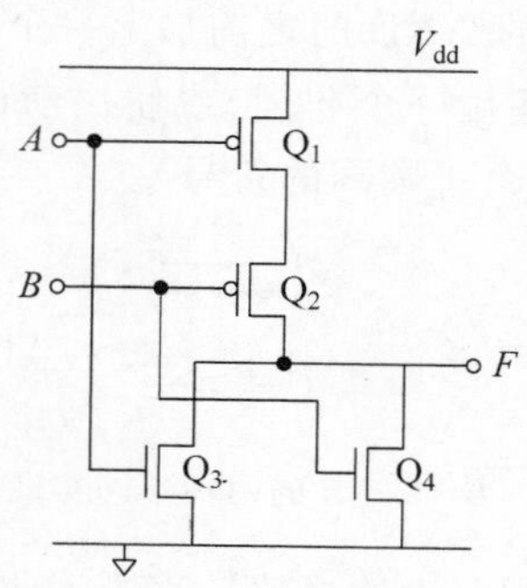

图 1.22 晶体管构成逻辑电路 2

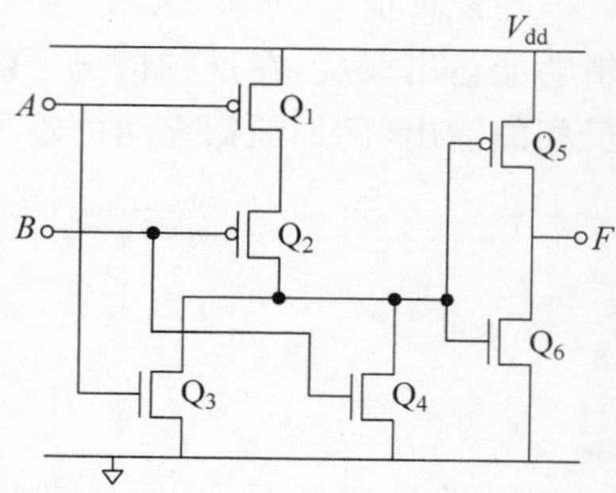

图 1.23 晶体管构成逻辑电路 3

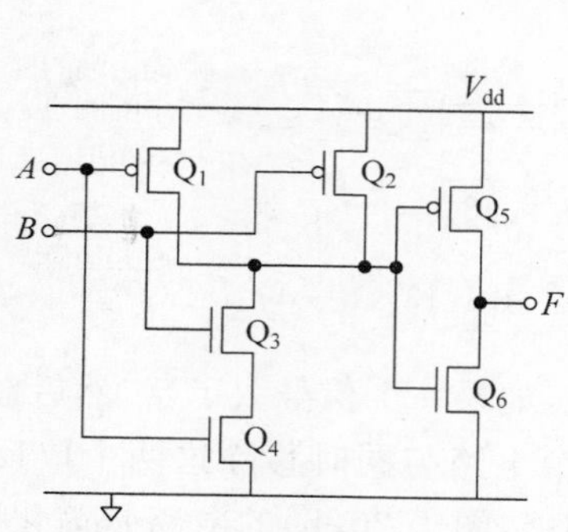

图 1.24 晶体管构成逻辑电路 4

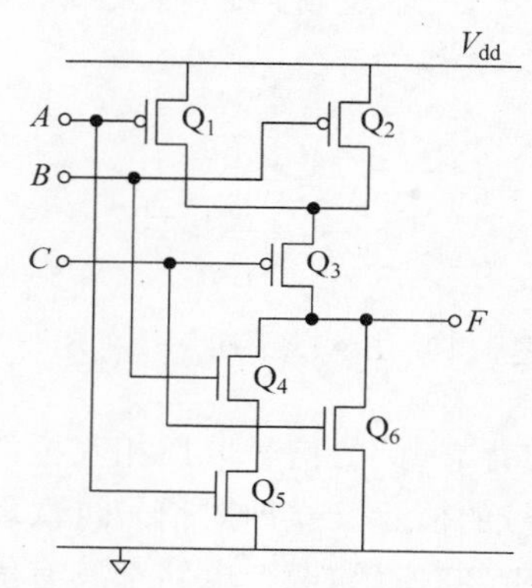

图 1.25 晶体管构成逻辑电路 5

表 1.4 晶体管功能表(1)

A	B	Q_1	Q_2	Q_3	Q_4	F
0	0					
0	1					
1	0					
1	1					

表 1.5 晶体管功能表(2)

A	B	Q_1	Q_2	Q_3	Q_4	F
0	0					
0	1					
1	0					
1	1					

表 1.6 晶体管功能表(3)

A	B	Q_1	Q_2	Q_3	Q_4	Q_5	Q_6	F
L	L							
L	H							
H	L							
H	H							

表 1.7 晶体管功能表(4)

A	B	Q_1	Q_2	Q_3	Q_4	Q_5	Q_6	F
L	L							
L	H							
H	L							
H	H							

表 1.8 晶体管功能表(5)

A	B	C	Q_1	Q_2	Q_3	Q_4	Q_5	Q_6	F
L	L	L							
L	L	H							
L	H	L							
L	H	H							
H	L	L							
H	L	H							
H	H	L							
H	H	H							

思考与练习 6 请说明为实现下面的逻辑运算关系，所需要的最小的晶体管的个数。

NAND ________，OR ________，INV ________，AND ________，NOR ________

思考与练习 7 如图 1.26 所示，分别写出下面逻辑电路所实现的逻辑表达式。

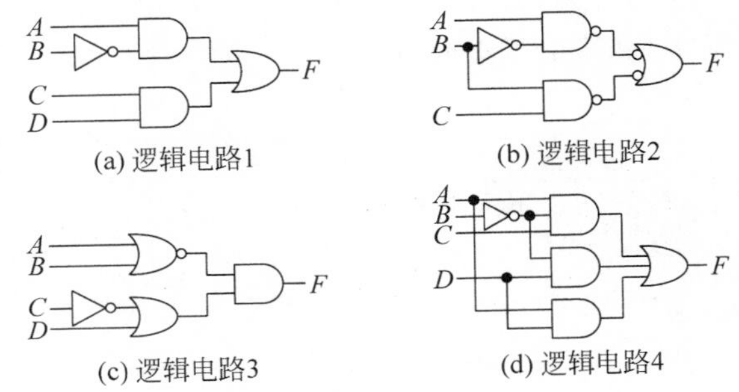

图 1.26 不同逻辑电路

1.3 半导体数字集成电路

本节将介绍集成电路的发展、构成和集成电路版图。

1.3.1 集成电路的发展

从数字逻辑发展图可以知道集成电路的发展分为四个主要的阶段：

(1) 20 世纪 60 年代早期出现了第一片集成电路，其集成的晶体管数量少于 100 个，该集成电路称为小规模集成电路(small-scale integrated circuit, SSI)。

(2) 60 年代后期出现了中规模集成电路(medium-scale integrated circuit, MSI)，其集成的晶体管数量达到几百个。

(3) 70 年代中期，出现了大规模集成电路(large-scale integrated circuit, LSI)，其集成的晶体管数量达到几千个。

(4) 80 年代早期，出现了超大规模集成电路(very-large-scale-integrated, VLSI)，其集成的晶体管的数量超过了 100 000 个。80 年代后期，集成的晶体管数量超过了 1 000 000 个。到 90 年代，集成的晶体管数量超过了 10 000 000，而到了 2004 年，这一数量已经超过了 100 000 000 个。现在这一数量已突破 1 000 000 000 个。

1.3.2 集成电路构成

术语"芯片"和集成电路都是指半导体电路，即在一个硅片上，集成了大量的微型晶体管。这些芯片的功能有些只能实现很简单的逻辑开关功能，有些则可以实现非常复杂的处理功能。对于实现比较简单逻辑功能的芯片来说，一个硅片上可能只集成了少量的晶体管；而对于功能比较复杂的芯片来说，一个硅片上可能集成了几百万个晶体管。有些已经存在了很长时间的芯片，只实现最基本的功能，如"74XXX"系列芯片，是最简单的小规模集成电路，只集成了少量的逻辑电路，其中 7400 芯片，包含四个独立的与非门逻辑电路。

如图 1.27(a)和(b)所示，芯片本身，即芯片裸片远远小于其外部的封装。在制造芯片的过程中，这个小的、脆弱的芯片被粘到(使用环氧树脂)封装中间的底部，将键合线连接到器件裸片，并且和外部的引脚进行连接，然后，将封装的上半部分进行永久粘合。对于小的集成电路来说，只有几个外部引脚，而对于规模较大的集成电路，引脚的个数可能超过几百个，甚至达到几千个。图 1.28 给出了集成电路的另一种常用的 LQFP 封装的内部结构。

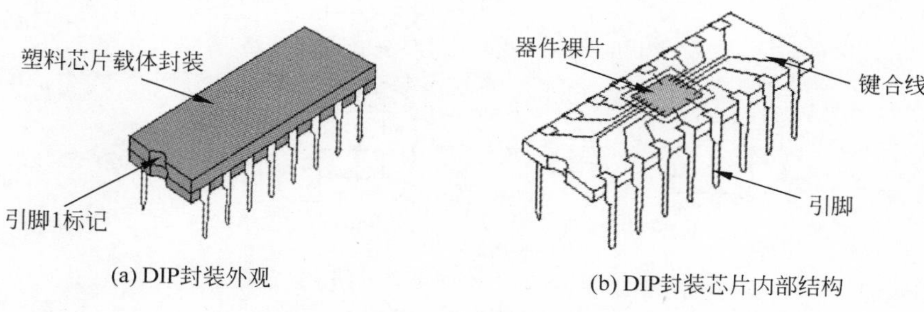

(a) DIP封装外观　　(b) DIP封装芯片内部结构

图 1.27　集成电路的 DIP 封装

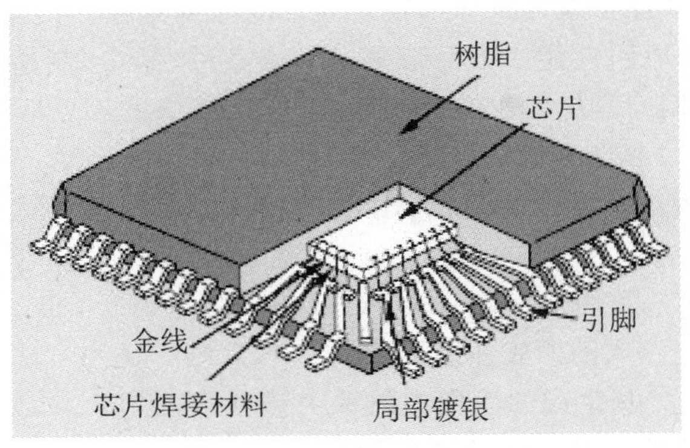

图 1.28 集成电路的 LQFP 封装

1.3.3 集成电路版图

集成电路版图(integrated circuit layout),是真实集成电路物理情况的平面几何形状描述,图 1.29 所示集成电路版图是集成电路设计中最底层步骤物理设计的成果,物理设计通过布局、布线技术将逻辑综合的成果——门级的网表转换成物理版图文件,这个文件包含了各个硬件单元在芯片上的形状、面积和位置信息。版图设计的结果必须遵守制造工艺、时序、面积、功耗等的约束,版图设计是借助电子设计自动化工具来完成的。集成电路版图完成后,整个集成电路设计流程基本结束,随后,半导体加工厂会接收版图文件,使用具体的半导体器件制造技术制造实际的硬件电路。

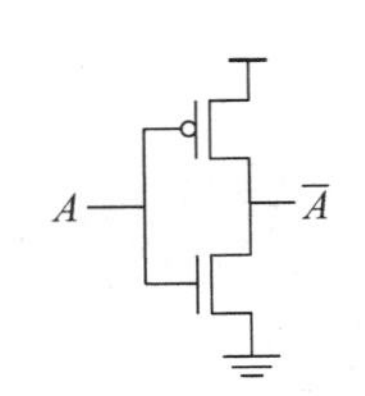

(a) 反相器的电路原理

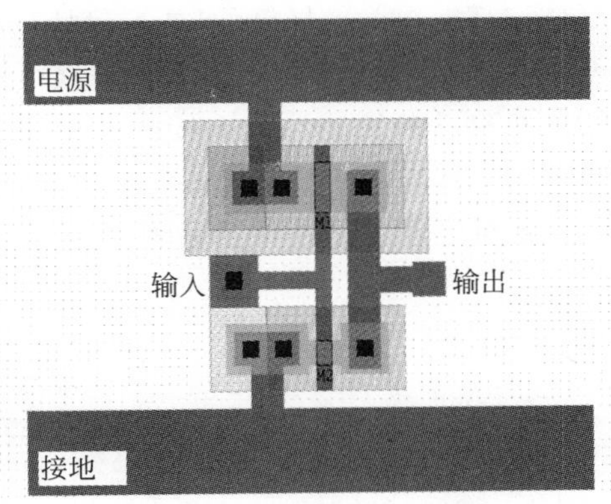

(b) 反相器的集成电路版图

图 1.29 反相器的电路原理和集成电路版图

如果以标准的工业流程进行集成电路制造,即化学、热学以及一些与光刻有关的变量可以得到精确控制,那么最终制造出的集成电路的行为在很大程度上取决于不同“几何形状”之间的相互连接以及位置决定。集成电路布局工程师的工作是将组成集成电路芯片的所有组件安置和连接起来,并符合预先的技术要求,通常这些技术要求包括性能、尺寸和制造可行性。在版图图形中,不同颜色图形形状可以分别代表金属、二氧化硅或组成集成电路组件的其他半导体层。同时,版图可以提供导体、隔离层、接触、通孔、掺杂注入层等方面的信息。

生成的版图必须经过一系列被称为物理验证的检查流程。设计人员必须使版图满足制造工艺、设计流程和电路性能三方面带来的约束条件，其中，制造工艺往往要求电路符合最小线宽等工艺限制，而功率消耗、占用面积也是考虑的因素。验证流程中常见的步骤如下：

(1) 设计规则检查(design rule checking，DRC) 通常会对宽度、间距、面积等进行检验。

(2) 版图与电路图一致性检查(layout versus schematic，LVS) 将原始电路图的网表与版图中提取出来的电路图的网表加以比较。

(3) 版图参数提取 从生成的版图中提取关键参数，例如CMOS的长宽比、耦合电容等。另外可以获得电路的逻辑门延迟和连线延迟参数，从而进行更精确的仿真。

(4) 电学规则检查 检查是否存在通路、短路、孤立节点等情况。

在所有的验证完成之后，版图数据会转换成一种在工业界通用的标准格式，通常是GDSII格式，然后将它送到半导体硬件厂商进行制造。这一数据传送过程被称为下线，这一术语源于这些数据以往是通过磁带运输到工厂的。半导体硬件厂商进一步将标准格式的数据转换成另一种格式，并用它来生产用于进行半导体器件制造中光刻步骤的掩膜等精密规格的器材。

在集成电路发展的早期，集成电路的复杂程度较低，因此设计任务也没如今那么困难，其版图设计主要依靠人工在不透明的磁带和胶片上完成，这在一定程度上类似人们使用印刷电路板来完成中小型电路的设计。现代超大规模集成电路的版图设计通常需要在集成电路版图编辑器等软件的辅助下完成，大多数复杂的步骤都可以使用电子设计自动化工具代替人工劳动，包括布局、布线工具等，但是工程师也必须掌握操作这些软件的技术。整个有关版图的物理设计、仿真往往涉及大量文件格式。随着计算机功能的不断强化，自动化集成电路版图工具软件也不断发展，如Synopsys、Mentor Graphics、Cadence、Compass和Daisy等公司的产品占据了相当的市场份额。

为了帮助读者对集成电路设计的理解，图1.30给出了其他基本逻辑单元集成电路的版图表示方法。

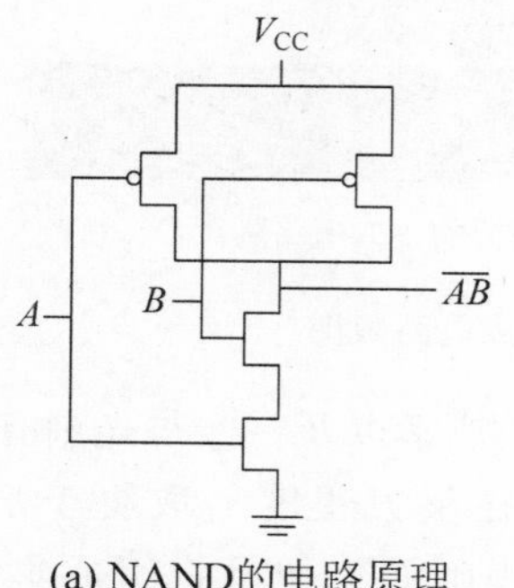

(a) NAND的电路原理

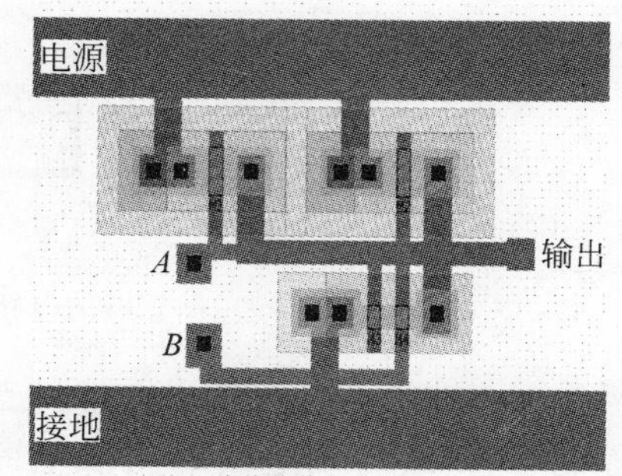

(b) NAND的集成电路版图描述

图1.30 NAND的电路原理和集成电路版图描述

思考与练习8 请说明一个芯片包含哪些部分。

思考与练习9 请说明集成电路版图的作用。

1.4 基本逻辑门电路分析

在数字电路中，所谓的基本逻辑门就是实现基本逻辑关系的电路，包括逻辑非门、逻辑与门、逻辑与非门、逻辑或门、逻辑或非门、逻辑异或门、逻辑同或门。本节对这些门进行分析。

1.4.1 基本逻辑门电路的描述

1. 逻辑非门（反相器）

图 1.31 给出了逻辑非门的符号，英文称为 NOT 或者 INV。逻辑非门的特性是逻辑输出电平和逻辑输入电平相反。

表 1.9 给出了非门输入和输出关系真值表描述，图 1.32 给出了逻辑非门的输入和输出关系图（在本节中，1 表示逻辑高电平，0 表示逻辑低电平）。

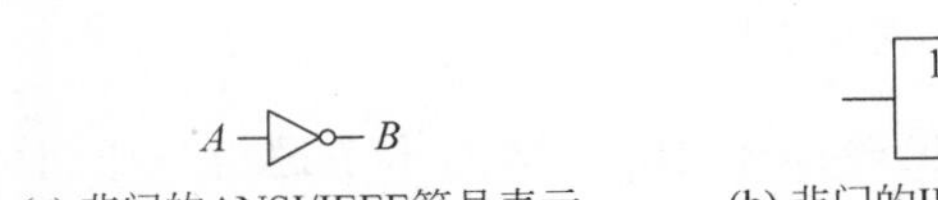

(a) 非门的ANSI/IEEE符号表示 (b) 非门的IEC符号表示

图 1.31 非门的不同符号表示

表 1.9 逻辑非门输入和输出的真值表

逻辑输入	逻辑输出
1	0
0	1

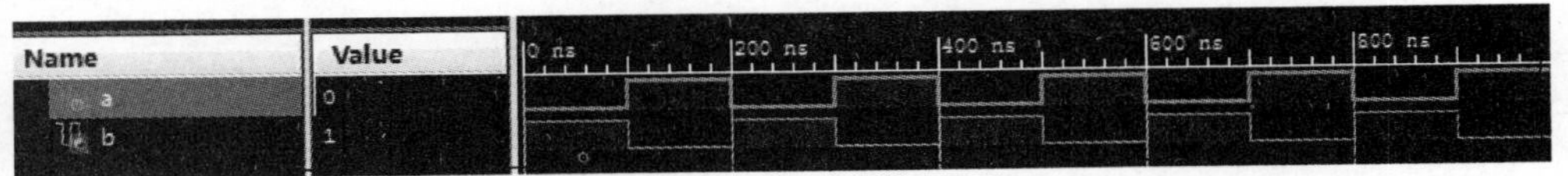

图 1.32 逻辑非门的输入和输出关系

注：在本书中，除非有特别声明外，1 表示逻辑高电平，0 表示逻辑低电平。

2. 逻辑与门

图 1.33 给出了逻辑与门的符号，英文称为 AND。逻辑与门的特性是当所有逻辑输入的电平为高的时候，输出才为高电平；否则，在其他逻辑输入情况下，输出均为低电平。

(a) 与门的ANSI/IEEE符号表示 (b) 与门的IEC符号表示

图 1.33 逻辑与门的不同符号表示

表 1.10 给出了逻辑与门输入和输出关系真值表描述，图 1.34 给出了逻辑与门的输入和输出关系图。

表 1.10 逻辑与门输入和输出的真值表

逻辑输入		逻辑输出
A	B	X
0	0	0
0	1	0
1	0	0
1	1	1

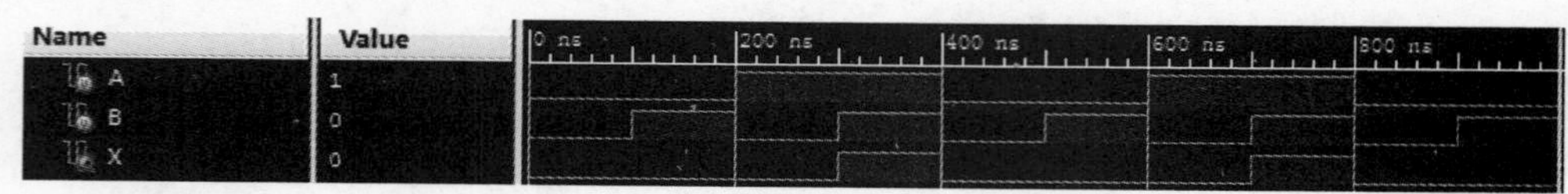

图 1.34　逻辑与门的输入和输出关系

3. 逻辑与非门

图 1.35 给出了逻辑与非门的符号，英文称为 NAND。逻辑与非门与逻辑与门的特性相反，逻辑与非门的特性是当所有逻辑输入的电平为高的时候，输出为低电平；否则，在其他逻辑输入情况下，输出均为高电平。

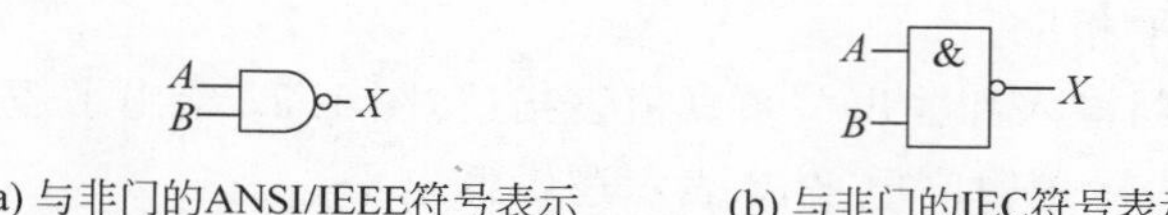

(a) 与非门的ANSI/IEEE符号表示　　(b) 与非门的IEC符号表示

图 1.35　逻辑与非门的不同符号表示

表 1.11 给出了逻辑与非门输入和输出关系真值表描述，图 1.36 给出了逻辑与非门的输入和输出关系图。

表 1.11　逻辑与非门输入和输出的真值表

逻辑输入		逻辑输出
A	*B*	*X*
0	0	1
0	1	1
1	0	1
1	1	0

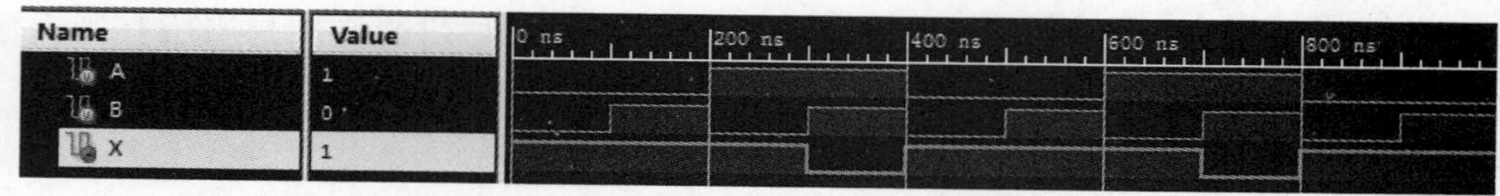

图 1.36　逻辑与非门的输入和输出关系

4. 逻辑或门

图 1.37 给出了逻辑或门的符号，英文称为 OR。逻辑或门的特性是当逻辑输入存在高电平的时候，输出就为高电平；只有在所有逻辑输入都为低电平情况下，输出才为低电平。

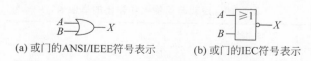

(a) 或门的ANSI/IEEE符号表示　　(b) 或门的IEC符号表示

图 1.37　逻辑或门的不同符号表示

表 1.12 给出了逻辑或门输入和输出关系真值表描述，图 1.38 给出了逻辑或门的输入和输出关系图。

表 1.12 逻辑或门输入和输出的真值表

逻辑输入		逻辑输出
A	B	X
0	0	0
0	1	1
1	0	1
1	1	1

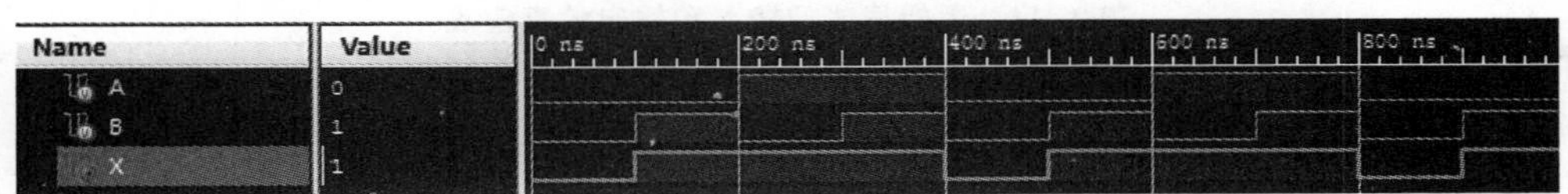

图 1.38 逻辑或门的输入和输出关系

5. 逻辑或非门

图 1.39 给出了逻辑或非门的符号，英文称为 NOR。逻辑或非门和逻辑或门的输出特性相反，逻辑或非门的特性是当逻辑输入存在高电平的时候，输出就为低电平；只有在所有逻辑输入都为低电平情况下，输出才为高电平。

(a) 或非门的ANSI/IEEE符号表示 (b) 或非门的IEC符号表示

图 1.39 逻辑或非门的不同符号表示

表 1.13 给出了逻辑或非门输入和输出关系真值表描述，图 1.40 给出了逻辑或非门的输入和输出关系图。

表 1.13 逻辑或非门输入和输出的真值表

逻辑输入		逻辑输出
A	B	X
0	0	1
0	1	0
1	0	0
1	1	0

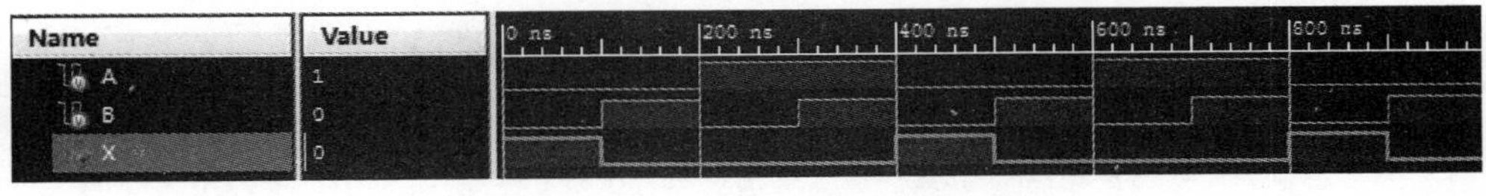

图 1.40 逻辑或非门的输入和输出关系

6. 逻辑异或门

图 1.41 给出了逻辑异或门的符号，英文称为 XOR。逻辑异或门的特性是当逻辑输入电平不相同的时候，输出为高电平；否则，当逻辑输入电平相同的时候，输出为低电平。

(a) 异或门的ANSI/IEEE符号表示　　(b) 异或门的IEC符号表示

图 1.41　逻辑异或门的不同符号表示

表 1.14 给出了逻辑异或门输入和输出关系真值表描述，图 1.42 给出了逻辑异或门的输入和输出关系图。

表 1.14　逻辑异或门输入和输出的真值表

逻 辑 输 入		逻 辑 输 出
A	*B*	*X*
0	0	0
0	1	1
1	0	1
1	1	0

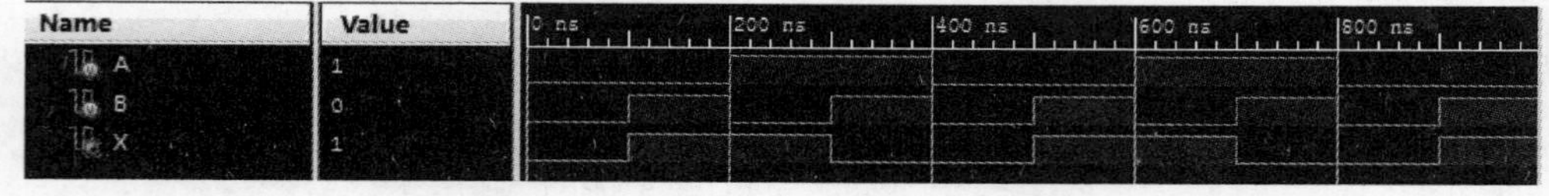

图 1.42　逻辑异或门的输入和输出关系

7. 逻辑异或非门(逻辑同或门)

图 1.43 给出了逻辑异或非门的符号，英文称为 XNOR。逻辑异或非门的输出特性和逻辑异或门的输出特性相反，逻辑异或非门的特性是当逻辑输入电平相同的时候，输出为高电平；否则，当逻辑输入电平不相同的时候，输出为低电平。

(a) 异或非门的ANSI/IEEE符号表示　　(b) 异或非门的IEC符号表示

图 1.43　逻辑异或非门的不同符号表示

表 1.15 给出了逻辑异或非门输入和输出关系真值表描述，图 1.44 给出了逻辑异或非门的输入和输出关系图。

表 1.15　逻辑异或非门输入和输出的真值表

逻 辑 输 入		逻 辑 输 出
A	*B*	*X*
0	0	1
0	1	0
1	0	0
1	1	1

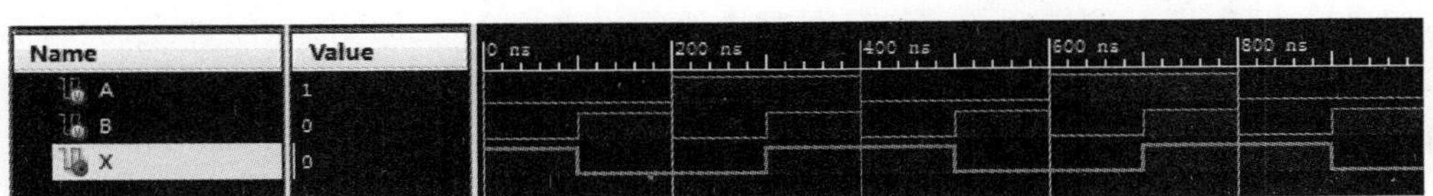

图 1.44　逻辑异或非门的输入和输出关系

1.4.2　逻辑门电路的传输特性

逻辑门电路的传输特性主要包括逻辑电平、噪声容限、传输延迟、扇入和扇出、功耗等指标。

1. 逻辑高电平和逻辑低电平

逻辑门电路的输入和输出只有两种类型的信号，即“高(1)”和“低(0)”，它们通过一个变化的电压表示：一个满的供电电压用于表示“高”状态，而零电压用于表示“低”状态。在一个理想的世界中，所有的逻辑电路信号只存在这些电压的极值，不会和它们不同(比如“高”状态小于满供电电压，“低”状态高于零电压)。然而，在实际中，由于晶体管本身的原因，逻辑信号的电平很少能达到这些理想的极限。因此，需要理解门电路信号电平的限制。

1) TTL 逻辑高电平和逻辑低电平

图 1.45 给出了一个 TTL 半导体工艺生成的非逻辑门的内部结构，其供电电压 V_{cc} 为 5±0.25V。理想情况，一个 TTL 的信号逻辑高电平为5.00V，逻辑低电平为 0.00V。然而，一个真实的 TTL 门不能输出这样完美的电压值。所以，如图 1.46 所示，需要接受 TTL 的输出的“高”和“低”状态，偏离这些理想值的事实。

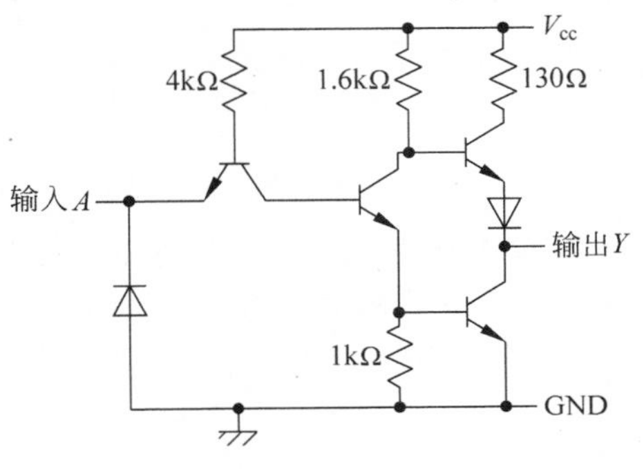

图 1.45　74LS04 非门的 TTL 内部结构

(1) 对于输入信号来说，可以接受的“低”逻辑状态范围为 0～0.8V，表示为 V_{IL}(输入逻辑低门限)；可以接受的“高”逻辑状态范围为 2～5V，表示为 V_{IH}(输入逻辑高门限)。

(2) 对于输出信号来说，可以接受的范围由芯片的制造厂商，在一个给定的负载条件范围给定。输出为“低”状态范围为 0～0.5V，表示为 V_{OL}(输出逻辑低门限)；输出为“高”状态范围为 2.7～5V，表示为 V_{OH}(输出逻辑高门限)。

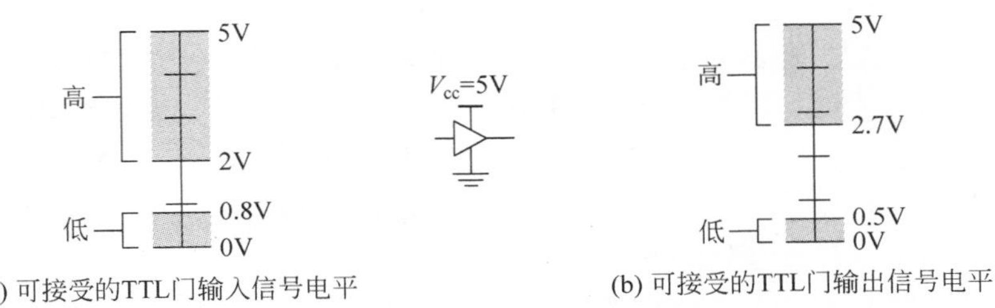

图 1.46　TTL 逻辑门输入和输出信号电平

如果输入到 TLL 逻辑门的逻辑信号的电平在 0.8～2V 之间，将只能确定逻辑门的输出状态。此时，将逻辑门输出的信号称为不确定的，芯片制造厂商没有对这个电平范围的逻辑信号进行明确的定义。

由上面很明显地看出，输出信号电平的允许范围比输入信号电平的允许范围要窄。这样，当把一个 TTL 逻辑门的输出送入到另一个 TTL 门的输入时，保证其范围在另一个 TTL 逻辑门可接受的范围内。将所允许的输入和输出范围之间的不同称为逻辑门的噪声容限。如图 1.47 所示，对于 TTL 逻辑门来说，低电平噪声容限为

$$0.8V-0.5V=0.3V$$

高电平噪声容限为

$$2.7V-2V=0.7V$$

简单地说，噪声容限是虚假的或者“噪声”电压的峰值量，它是叠加在一个弱的门输出电压上，接收逻辑门可能错误地理解它。

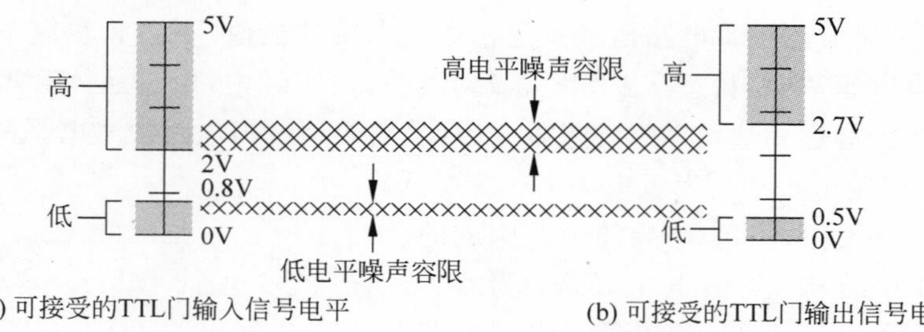

(a) 可接受的TTL门输入信号电平　(b) 可接受的TTL门输出信号电平

图 1.47　TTL 逻辑门噪声容限

2) CMOS 逻辑高电平和逻辑低电平

CMOS 半导体工艺的逻辑门，其输入和输出规范不同于 TTL，图 1.48 为工作在供电电压为 5V 的 CMOS 逻辑门。

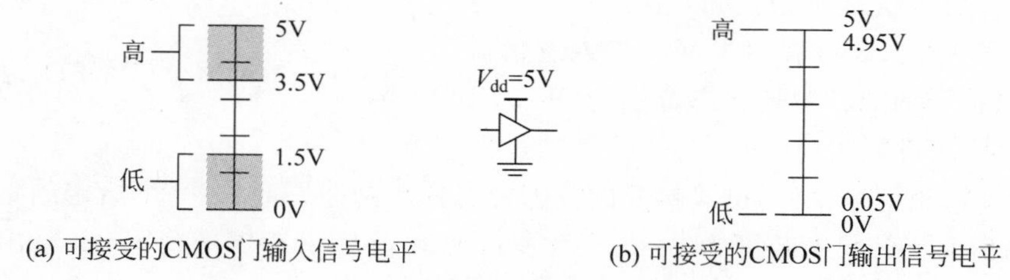

(a) 可接受的CMOS门输入信号电平　(b) 可接受的CMOS门输出信号电平

图 1.48　5V CMOS 逻辑门输入和输出信号电平

(1) 对于输入信号来说，可以接受的“低”逻辑状态范围为 0～1.5V，表示为 V_{IL}(输入逻辑低门限)；可以接受的“高”逻辑状态范围为 3.5～5V，表示为 V_{IH}(输入逻辑高门限)。

(2) 对于输出信号来说，可以接受的范围由芯片的制造厂商，在一个给定的负载条件范围给定。输出的“低”状态范围为 0～0.05V，表示为 V_{OL}(输出逻辑低门限)；输出的“高”状态范围为 4.95～5V，表示为 V_{OH}(输出逻辑高门限)。

从图中可以看出，CMOS 门电路的噪声容限要大于 TTL 的噪声容限，CMOS 低电平和高电平的噪声容限为 1.45V，远远大于 TTL 门电路的噪声容限。换句话说，在不发生逻辑理解错误的前提下，CMOS 电路可容忍叠加的噪声电压是 TTL 的两倍。

当工作在更高的工作电压时，CMOS 噪声容限将更大。不像 TTL，其供电电压限制在 5V。而 CMOS 的供电电压最高可以达到 15V(一些 CMOS 可以达到更高的 18V)。图 1.49 给出了当供电电压为 10V 时的输入和输出信号电平，图 1.50 给出了当供电电压为 15V 时的输入和输出信号电平。图中，可接受的"高"和"低"信号的容限更大。基于制造商给出的规范，它表示了输入信号性能的"最坏情况"。

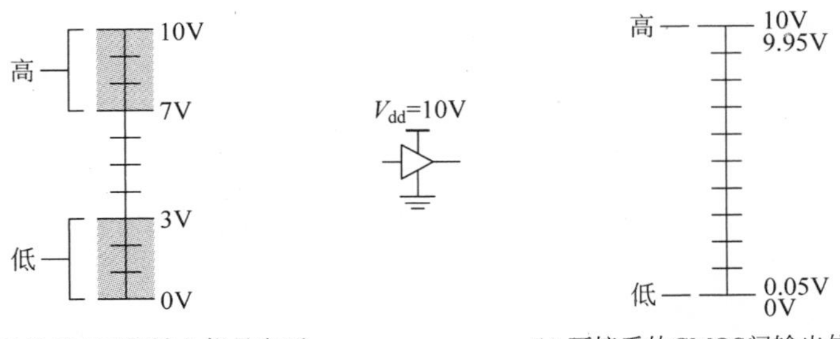

图 1.49　10V CMOS 逻辑门输入和输出信号电平

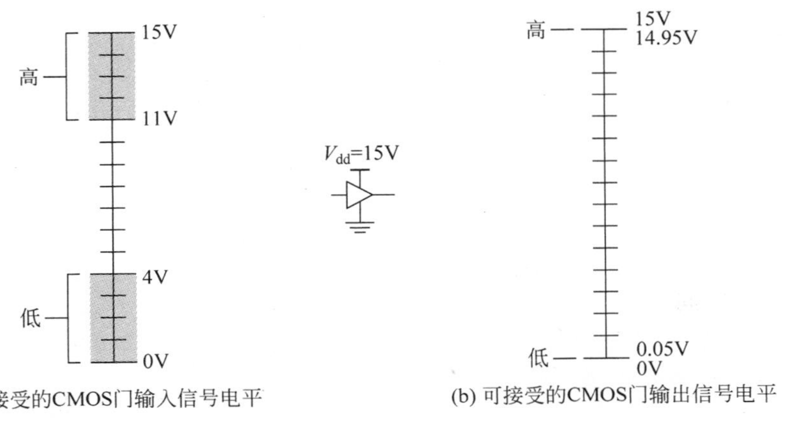

图 1.50　15V CMOS 逻辑门输入和输出信号电平

3）逻辑电路对一个可变输入电压的响应

由上面的分析可以知道，所谓的逻辑高电平和逻辑低电平用于控制逻辑门的状态发生翻转变化。逻辑门的翻转变化，主要是逻辑高到逻辑低，以及从逻辑低到逻辑高；当然，还允许出现高阻和不确定状态。如图 1.51 所示，当输入电压大于高或者低于低逻辑输入门限时，逻辑门的输出电平在 5V 和 0V 这两个状态值上变化。

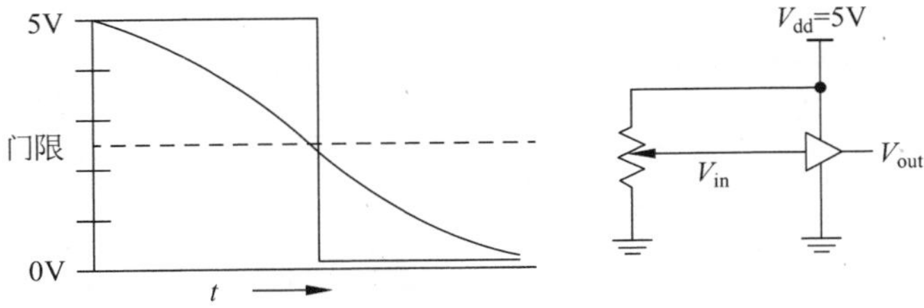

图 1.51　TTL 逻辑门对可变连续输入电压的响应

4）逻辑电路对噪声的容限

如图 1.52 所示，在直流输入信号上叠加了交流噪声电压。当交流噪声电压超过噪声容限时，将造成对输入信号错误的理解。

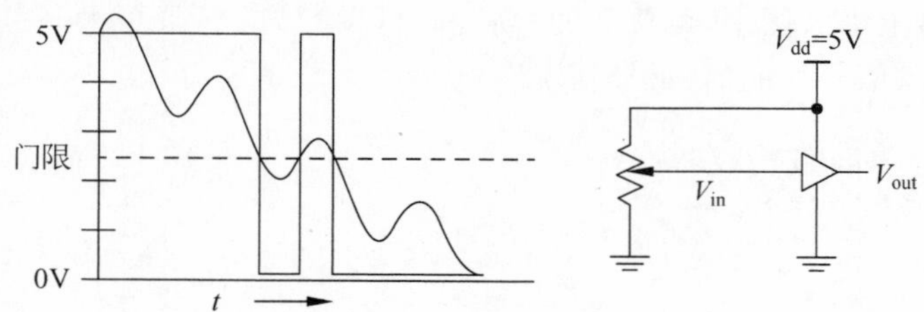

图 1.52　叠加在直流上的交流噪声造成信号的错误理解

2. 逻辑门上升和下降时间

1）上升沿时间

如图 1.53 所示，从脉冲信号上升沿 10%上升到 90%所经历的时间，表示从逻辑低到逻辑高变化的快慢，用 t_r 表示。

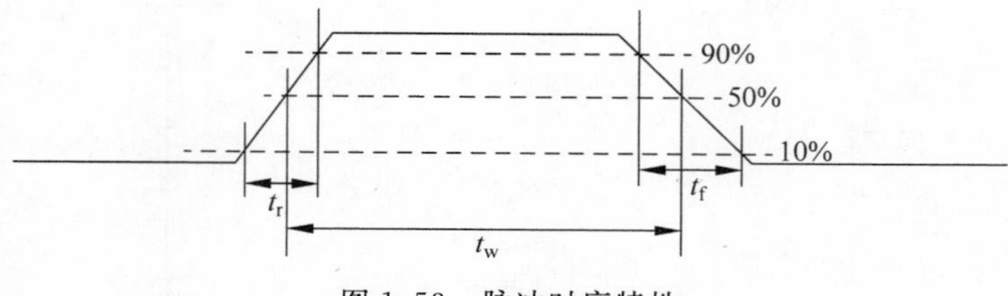

图 1.53　脉冲时序特性

2）下降沿时间

如图 1.53 所示，从脉冲信号下降沿 90%下降到 10%所经历的时间，表示从逻辑高到逻辑低变化的快慢，用 t_f 表示。

3. 脉冲宽度

如图 1.53 所示，两个脉冲幅值的 50%的时间点之间所跨越的时间，用 t_w 表示。脉冲宽度的最小值受到半导体器件工艺特性的约束。当脉冲宽度的最小值小于半导体器件导通或者截止的时间要求时，输入脉冲的状态变化不会反映到逻辑门的输出。

4. 逻辑门传输延迟

传输延迟时间是衡量门电路开关速度的重要参数，用于说明当给逻辑门输入脉冲时，需要用多长时间，才能在逻辑门的输出反映出来。如图 1.54 所示，很明显，不管什么样的半导体工艺，逻辑门从输入到输出一定会存在着传输延时。传输延迟的表示方法是：

(1) 输出波形下降沿与输入波形下降沿中点之间的时间间隔，用 t_{PHL}表示。

(2) 输出波形上升沿与输入波形上升沿中点之间的时间间隔，用 t_{PLH}表示。

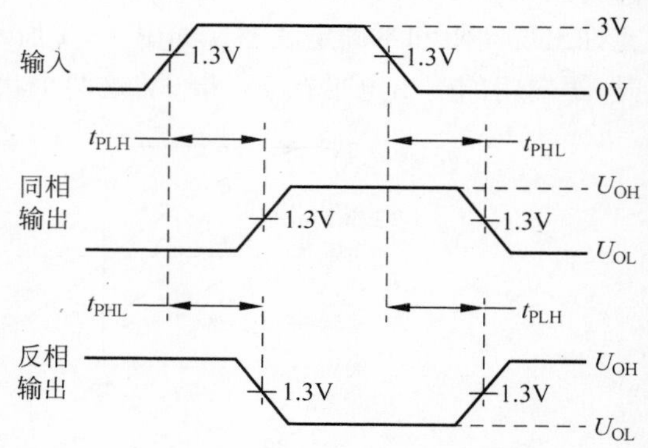

图 1.54　逻辑门传输延迟特性

下面通过一个具体的例子，说明传输延迟对数字逻辑的影响。如图1.55所示，假设每个逻辑门的延迟都是相同的，表示为τ_D。逻辑信号B在进入与非门前，通过了一个反相器，结果$\overline{B}$比C延迟τ_D到达逻辑门，其最后的结果在延迟$2\tau_D$时间后，输入的变化才反应到输出，然后输入给最后一个与非门。

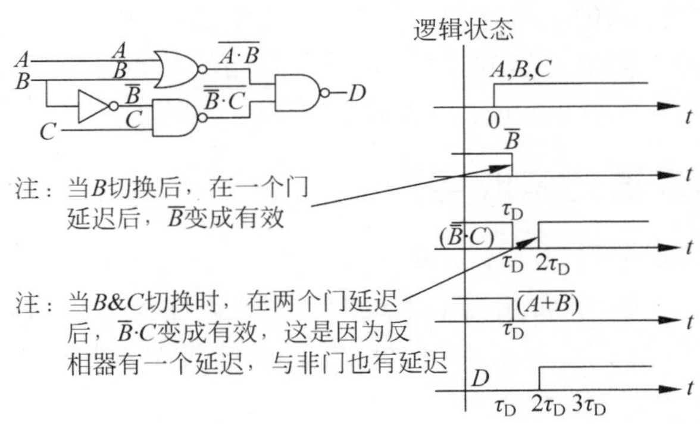
逻辑状态
A
B
C
D
A,B,C
0
t
注：当B切换后，在一个门延迟后，B变成有效
注：当B&C切换时，在两个门延迟后，B·C变成有效，这是因为反相器有一个延迟，与非门也有延迟

图1.55　传输延迟对数字逻辑的影响

5. 功耗

功耗是衡量逻辑门的一个重要指标。典型地，比如我们知道CPU在工作的时候，需要带一个风扇散热。如果散热不好，则会导致CPU温度过高，计算机死机情况发生。任何逻辑门，必须解决好功耗问题，否则会严重影响半导体器件的“寿命”。一个逻辑门的功耗包含两部分，即静态功耗和动态功耗。

1）静态功耗

是指逻辑电路没有发生逻辑状态翻转时，所消耗的能量。对于TTL工艺的半导体器件，存在较大的静态功耗，而对于CMOS工艺来说，静态功耗几乎为零。所以，在半导体数字集成电路中，多采用CMOS工艺来制造半导体集成电路。

2）动态功耗

是指逻辑电路发生逻辑状态翻转时，所消耗的能量。通常，CMOS的动态功耗用下式表示

$$P_T = (C_{PD} + C_L)V_{DD}^2 f$$

其中，f为输出信号的翻转频率，单位为Hz；V_{DD}为逻辑门的供电电压，单位为V；C_{PD}为功耗电容，单位为F；C_L为负载电容，单位为F。

很明显，降低器件的翻转速度和逻辑门的供电电压就可以显著的降低逻辑门的功耗，这就是为什么近年来，半导体厂商不断改进工艺，降低供电电压的重要原因。比如，CMOS的最低供电电压已经降低到1V以下。

6. 扇入和扇出

1）扇入

逻辑门输入端口的个数，比如一个2输入的与门，其扇入数为2。

2）扇出

在逻辑门正常工作下，所能驱动同类型的门电路的最大个数。扇出数越大，表示逻辑门的驱动能力越强。扇出驱动能力受到下面两个因素的限制：

（1）拉电流：是指负载电流从驱动门流向外部电路。当负载的个数增加时，总的拉电

流将增加，会引起输出高电压的降低，但不能低于输出高电平的下限值，这就限制了负载门的个数。可用下面的公式表示

$$N_{OH} = I_{OH}(\text{驱动门})/I_{IH}(\text{负载门})$$

(2) 灌电流：是指负载电流从外部电路流入驱动门。当驱动门的输出为低电压时，负载电流流入驱动门。当负载的个数增加时，灌电流将增加，会引起输出低电压的升高，但是，不能高于输出低电平的上限值。这样，也限制了负载门的个数。可以用下面的公式表示

$$N_{OL} = I_{OL}(\text{驱动门})/I_{IL}(\text{负载门})$$

1.4.3 基本逻辑门集成电路

很多小规模的集成电路可以用于实现基本的逻辑门功能，典型的如 74LSXX 系列的器件。如图 1.56 和图 1.57 所示，常用的基本逻辑门集成电路大多采用 DIP 封装，引脚的个数为 14。这些 DIP 封装的电源引脚在第 14 个引脚，标记为 V_{cc}，地引脚在第 7 个引脚，标记为 GND。

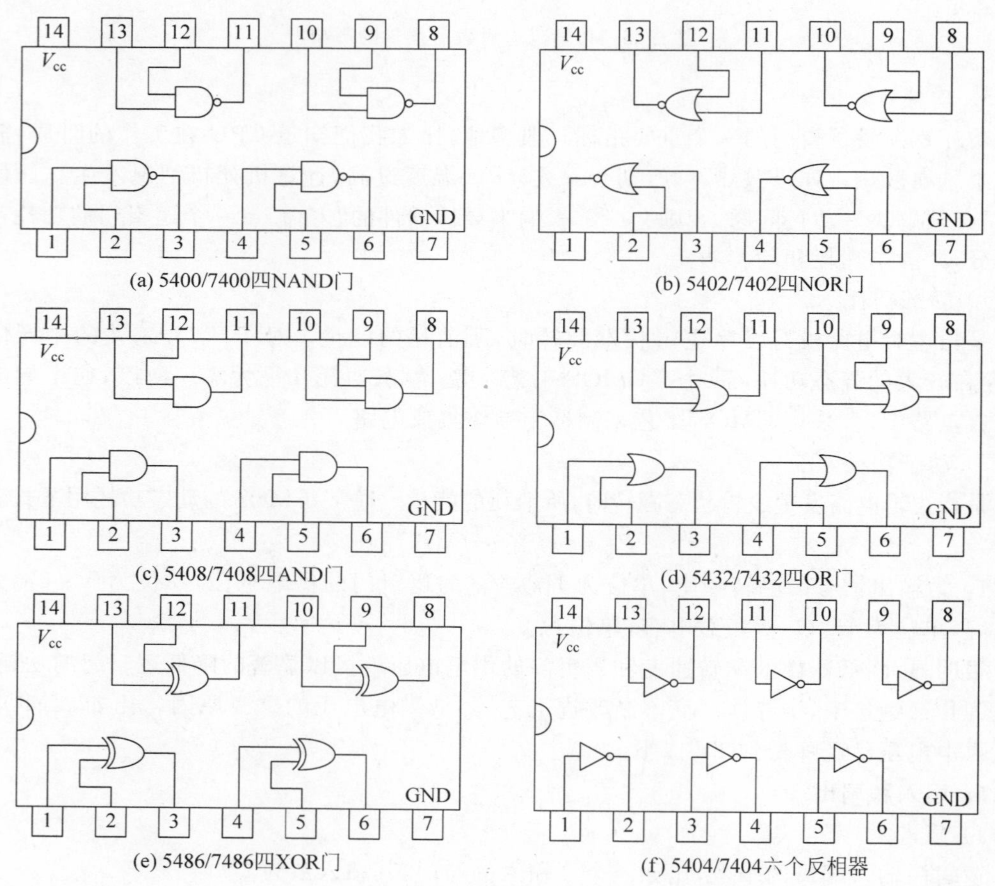

(a) 5400/7400四NAND门　(b) 5402/7402四NOR门

(c) 5408/7408四AND门　(d) 5432/7432四OR门

(e) 5486/7486四XOR门　(f) 5404/7404六个反相器

图 1.56　基本逻辑门集成电路(1)

当器件型号以 74 开头时，表示是商用级 TTL。如果器件型号以 54 开头，表示是军用级，其工作温度更宽，典型的，如对允许的供电电压和信号电平有更好的鲁棒性。

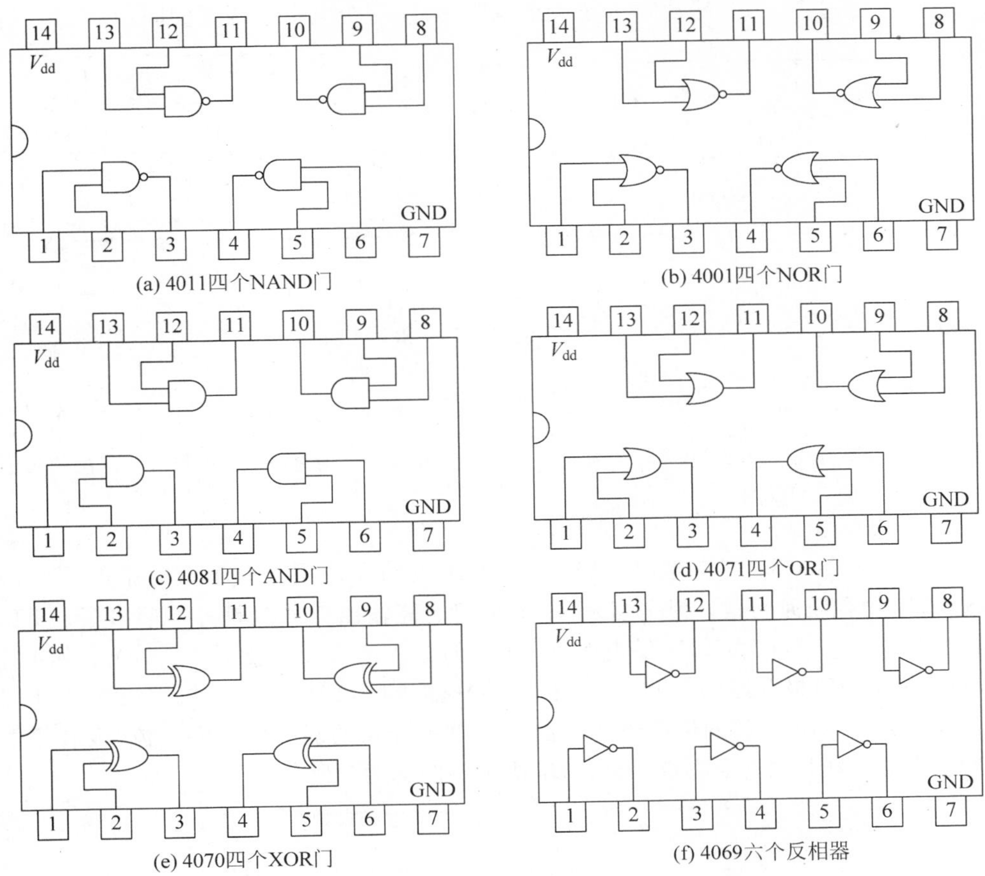

图 1.57 基本逻辑门集成电路(2)

在 74/54 后面的字母"LS"表示是"低功耗的肖特基"电路，使用了肖特基势垒二极管和晶体管，用于降低功耗。不使用肖特基的门电路，将消耗更多的功耗，但是由于更快的切换时间，因此器件可以工作在更高的工作频率上。

1.4.4 不同工艺逻辑门的连接

由于 TTL 和 CMOS 技术所要求的电平不一样，因此当在一个系统中使用两种不同工艺制造的逻辑门时，会出现问题。尽管 TTL 和 CMOS 都可以在 5V 供电电压下正常工作，但是 TTL 输出电平和 CMOS 输入电平的要求并不一致。

1. TTL 逻辑门驱动 CMOS 逻辑门

如图 1.58 所示，一个 TTL NAND 门的输出，送给一个 CMOS 的反相器。所有的逻辑门都是通过 5V 供电(V_{cc})。如果 TTL 门输出一个"低"信号(在 0～0.5V 之间)，CMOS 逻辑门输入将正确地理解这个 TTL 的输出低信号，将其作为 CMOS 逻辑门的低输入信号(CMOS 的期望低电压输入范围 0～1.5V)。然而，如果 TTL 逻辑门输出一个高信号(范围 2.7～5V 之间)，可能 CMOS 门输入就不能正确地理解这个高输出(CMOS 的高输入范围 3.5～5V 之间)。TTL 的输出在 2.7～3.5V 之间时，将认为是 CMOS 的不确定区域。如

图 1.59 所示，通过在 TTL 输出端上拉一个电阻，解决这个电平不匹配的问题。

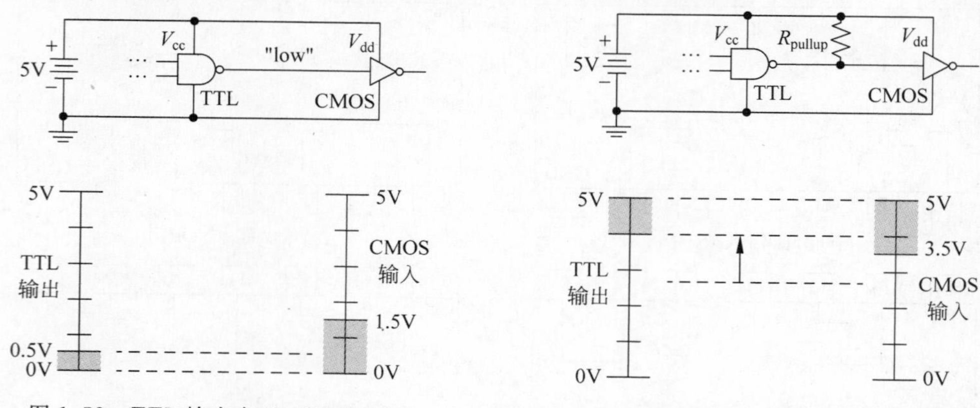

图 1.58 TTL 输出在 CMOS 输入可接受的范围

图 1.59 通过电阻上拉解决不匹配的问题

当使用 10V 给 CMOS 供电时，这种处理方法也同样适用。对于低电平的理解，对于 CMOS 来说，没有任何问题。但是当来自 TTL 门的高输出信号就是另一回事了。TTL 的高输出范围 2.7～5V，而在 10V 供电时，CMOS 的输入高有效范围是 7～10V。如图 1.60 所示，如果使用集电极开路的 TTL 门代替图腾柱输出门，10V 的上拉电阻会抬高 TTL 门的高输出电压到 CMOS 门的供电电压。由于集电极开路的门只能是灌电流，没有拉电流，高状态电平完全由上拉电阻决定。这样，解决了不匹配的问题。

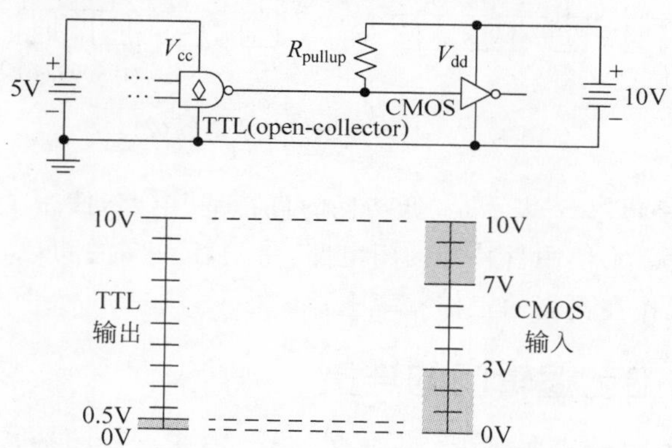

图 1.60 TTL 的高低输出都在 CMOS 的输入范围

2. CMOS 逻辑门驱动 TTL 逻辑门

由于 CMOS 门优良的输出电压特性，当 CMOS 输出连接到 TTL 输入时没有任何问题。唯一需要注意的问题是 TTL 输入端的电流负载。当在低状态时，对于每个 TTL 输入来说，CMOS 输出必须是灌电流。

当 CMOS 由超过 5V 的电源供电时，将导致一个问题，即 CMOS 的高输出将大于 5V，将大于 TTL 门输入允许的高信号范围。如图 1.61 所示，解决这个问题的方法是使用一个分立的 NPN 晶体管，来构造一个集电极开路的反相器。用于将 CMOS 逻辑门连接到 TTL 逻辑门。

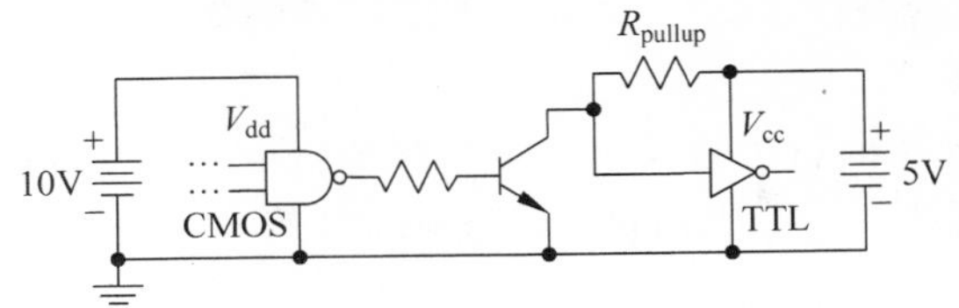

图 1.61　CMOS 逻辑门驱动 TTL 逻辑门

思考与练习 10　根据图 1.45，分析 74LS04 非门的工作原理。

思考与练习 11　请说明用于描述逻辑门传输特性的指标。

思考与练习 12　请解释噪声容限，并说明计算方法。

思考与练习 13　对于 5V 供电的 TTL 和 CMOS 电路来说，分别说明对于输入和输出端，其逻辑高电平和逻辑低电平门限。

思考与练习 14　请说明逻辑门上升时间和下降时间的定义及计算方法。

思考与练习 15　请说明逻辑门脉冲宽度的定义及计算方法。

思考与练习 16　请说明逻辑门延迟的定义及计算方法。

思考与练习 17　请说明逻辑电路功耗的定义及计算方法。

思考与练习 18　请说明逻辑电路扇入和扇出的定义及计算方法。

思考与练习 19　请说明 74 系列和 54 系列数字集成电路的区别。

思考与练习 20　请举例说明 TTL 和 CMOS 电路之间的连接方法。

1.5　逻辑代数理论

逻辑代数，也叫做开关代数。起源于英国数学家乔治·布尔(George Boole)于 1849 年创立的布尔代数，是数字电路设计理论中的数字逻辑科目的重要组成部分。逻辑变量之间的因果关系以及依据这些关系进行的布尔逻辑的推理，可用代数运算表示出来，这种代数称为逻辑代数。其定义为：逻辑代数是一个由逻辑变量集、常量 0 和 1 及“与”、“或”、“非”三种运算所构成的代数系统，其中，逻辑变量集是指逻辑代数中所有变量的集合。

1.5.1　逻辑代数中运算关系

参与逻辑运算的变量叫逻辑变量，用字母 $A,B,\cdots$ 表示。每个变量的取值非 0 即 1。0、1 不表示数的大小，而是代表两种不同的逻辑状态。

1. 正、负逻辑规定

(1) 正逻辑体制。高电平为逻辑 1，低电平为逻辑 0。

(2) 负逻辑体制。低电平为逻辑 1，高电平为逻辑 0。

除非特殊的说明，本书使用的都是正逻辑体制。

2. 逻辑函数

如果有若干个逻辑变量(如 A、B、C、D)按与、或、非三种基本运算组合在一起，得到一个表达式 L。对逻辑变量的任意一组取值(如 0000、0001、0010)L 有唯一的值与之对应，则称 L 为逻辑函数。由逻辑变量 A、B、C、D 所表示的逻辑函数记为

$$L=f(A、B、C、D)$$

3. 逻辑运算与性质

两个主要的二元运算的符号定义为∧（逻辑与）和∨（逻辑或），把单一的一元运算的符号定义为¬（逻辑非）；还使用值 0（逻辑假）和 1（逻辑真）。逻辑代数有下列性质：

1）结合律

$$a \wedge (b \wedge c) = (a \wedge b) \wedge c$$
$$a \vee (b \vee c) = (a \vee b) \vee c$$

2）交换律

$$a \vee b = b \vee a$$
$$a \wedge b = b \wedge a$$

3）吸收律

$$a \vee (a \wedge b) = a$$
$$a \wedge (a \vee b) = a$$

4）分配律

$$a \vee (b \wedge c) = (a \vee b) \wedge (a \vee c)$$
$$a \wedge (b \vee c) = (a \wedge b) \vee (a \wedge c)$$

5）互补律

$$a \vee \neg a = 1$$
$$a \wedge \neg a = 0$$

6）幂等律

$$a \vee a = a$$
$$a \wedge a = a$$

7）有界律

$$a \vee 0 = a$$
$$a \vee 1 = 1$$
$$a \wedge 1 = a$$
$$a \wedge 0 = 0$$

8）德-摩根定律

$$\neg (a \vee b) = \neg a \wedge \neg b$$
$$\neg (a \wedge b) = \neg a \vee \neg b$$

9）对合律

$$\neg \neg a = a$$

为了和目前各种教科书的表示方法进行兼容，在本书后面将逻辑与表示成“·”，逻辑或表示为“＋”，逻辑非表示为“—”，异或表示为⊕。

4. 逻辑代数的基本规则

1）代入规则

任何一个含有变量 X 的等式，如果将所有出现 X 的位置，都用一个逻辑函数 F 进行替换，此等式仍然成立。例如，等式

$$B \cdot (A + C) = B \cdot A + B \cdot C$$

将所有出现 A 的地方，用函数 $E+F$ 代替，则等式仍然成立

$$B \cdot [(E+F)+C] = B \cdot (E+F) + B \cdot C = B \cdot E + B \cdot F + B \cdot C$$

2）对偶规则

设 F 是一个逻辑函数式，如果将 F 中的所有的 · 变成 +，+ 变成 ·，0 变成 1，1 变成 0，而变量保持不变。那么就得到了一个逻辑函数式 $\overline{F}$，这个 $\overline{F}$ 就称为 F 的对偶式。如果两个逻辑函数 F 和 G 相等，则它们各自的对偶式 $\overline{F}$ 和 $\overline{G}$ 也相等。例如

$$F = A + B$$

使用对偶规则将上式改写为

$$\overline{F} = A \cdot B$$

吸收律 $A+\overline{A} \cdot B=A+B$ 成立，则它们的对偶式

$$A \cdot (\overline{A} + B) = A \cdot B$$

也是成立的。

3）反演规则

当已知一个逻辑函数 F，求 $\overline{F}$ 时，只要把 F 中的所有 · 变成 +，+ 变成 ·，0 变成 1，1 变成 0，原变量变成反变量，反变量变成原变量，即得 $\overline{F}$。例如，等式

$$F = \overline{A} \cdot \overline{B} + C \cdot D$$

使用反演规则，得到 $\overline{F}$ 表示为

$$\overline{F} = (A + B) \cdot (\overline{C} + \overline{D})$$

1.5.2 逻辑函数表达式

所有的逻辑函数表达式，不管逻辑关系多复杂，一定可以使用“与或”表达式或者“或与”表达式表示。由于在逻辑函数表达式中，逻辑与关系用符号“·”表示，逻辑或关系用符号“+”表示。所以，与或表达式也称之为积之和（sum of product，SOP）表达式，或与表达式也称之为和之积（product of sum，POS）表达式。

1. “与或”表达式

“与或”表达式指由若干“与项”进行“或”运算构成的表达式。每个“与项”可以是单个变量的原变量或者反变量，也可以由多个原变量或者反变量相“与”组成。例如：AB、$\overline{A}BC$、$\overline{C}$ 均为“与项”。“与项”又被称为“乘积项”。将这 3 个“与项”相“或”便可构成一个 3 变量函数的“与或”表达式，表示为

$$F(A,B,C) = A \cdot B + \overline{A} \cdot B \cdot C + \overline{C}$$

更进一步地，用真值表确切地来表示“与或”表达式，如表 1.16 所示。对于 SOP 表达式来说：

（1）有 3 个输入变量 A、B 和 C 的真值表，可以使用带有 3 个输入变量的逻辑与门。对于真值表中，Y 输出为“1”的每一行要求一个 3 输入的逻辑与门。

（2）如果该行的某个输入出现“0”，表示对该输入取反。

（3）所有的逻辑与项连接到一个 M 输入的逻辑或门（M 为 Y 输出为“1”的行的个数，在

此处 $M=3$)。

(4) 逻辑或门的输出是该逻辑函数的输出。

所以,最后 Y 的输出用下面的逻辑等式表示

$$Y=A\cdot\overline{B}\cdot C+\overline{A}\cdot B\cdot C+\overline{A}\cdot\overline{B}\cdot C$$

表 1.16 真值表

A	B	C	Y	最小项
0	0	0	0	
0	0	1	1	$\overline{A}\cdot\overline{B}\cdot C$
0	1	0	0	
0	1	1	1	$\overline{A}\cdot B\cdot C$
1	0	0	0	
1	0	1	1	$A\cdot\overline{B}\cdot C$
1	1	0	0	
1	1	1	0	

2. "或与"表达式

指由若干"或项"进行"与"运算构成的表达式。每个"或项"可以是单个变量的原变量或者反变量,也可以由多个原变量或者反变量相"或"组成。例如:$A+B$、$B+C$、$A+\overline{B}+C$、D 均为"或项"。将这 4 个"或项"相"与"便可构成一个 4 变量函数的"或与"表达式,表示为

$$F(A,B,C,D)=(A+B)\cdot(B+C)\cdot(A+\overline{B}+C)\cdot D$$

更进一步地,用真值表确切地来表示"或与"表达式,如表 1.17 所示。对于 POS 表达式来说:

表 1.17 真值表

A	B	C	Y	最大项
0	0	0	0	$A+B+C$
0	0	1	1	
0	1	0	0	$A+\overline{B}+C$
0	1	1	1	
1	0	0	0	$\overline{A}+B+C$
1	0	1	1	
1	1	0	0	$\overline{A}+\overline{B}+C$
1	1	1	0	$\overline{A}+\overline{B}+\overline{C}$

(1) 有 3 个输入变量 A、B 和 C 的真值表,可以使用带有 3 个输入变量的逻辑或门。对于真值表中,Y 输出为"0"的每一行要求一个 3 输入的逻辑或门。

(2) 如果该行的某个输入出现"1",表示对该输入取反。

(3) 所有的逻辑或项连接到一个 M 输入的逻辑与门(M 为 Y 输出为"0"的行的个数,在

此处 $M=5$）。

(4) 逻辑与门的输出是该逻辑函数的输出。

所以，最后 Y 的输出用下面的逻辑等式表示

$$Y=(A+B+C)\cdot(A+\overline{B}+C)\cdot(\overline{A}+B+C)\cdot(\overline{A}+\overline{B}+C)\cdot(\overline{A}+\overline{B}+\overline{C})$$

通常，逻辑函数表达式可以被表示成任意的混合形式，例如

$$F(A,B,C)=(A\cdot\overline{B}+C)(A+\overline{B}\cdot C)+B$$

该逻辑函数既不是“与或”式也不是“或与”式。但不论什么形式都可以变换成 SOP 或者 POS 这两种最基本的形式。

3. 最小项和最大项

在上面的 SOP 表达式中，每个乘积项包含所有三个输入变量。同样，在 POS 表达式中，每个和项包含所有三个输入变量。包含三个输入变量的乘积项称为最小项，包含三个输入变量的和项称为最大项。如果将一个给定行上的输入 1 或者 0 当作一个二进制数，则最大项或者最小项的数字可以分配到真值表中的每一行。因此，上面的 SOP 等式包含最小项 1，3 和 5；POS 等式包含最大项 0，2，4，6 和 7。在 SOP 等式内的最小项中，输入值为 1 表示取输入变量的原值，而输入为 0 表示取输入变量的反值。如表 1.18 所示，为上面的真值表加入最小项和最大项的表示。

表 1.18　用最小项和最大项表示

A	B	C	#	最小项	最大项	F
0	0	0	0	$\overline{A}\cdot\overline{B}\cdot\overline{C}$	$A+B+C$	0
0	0	1	1	$\overline{A}\cdot\overline{B}\cdot C$	$A+B+\overline{C}$	1
0	1	0	2	$\overline{A}\cdot B\cdot\overline{C}$	$A+\overline{B}+C$	0
0	1	1	3	$\overline{A}\cdot B\cdot C$	$A+\overline{B}+\overline{C}$	1
1	0	0	4	$A\cdot\overline{B}\cdot\overline{C}$	$\overline{A}+B+C$	0
1	0	1	5	$A\cdot\overline{B}\cdot C$	$\overline{A}+B+\overline{C}$	1
1	1	0	6	$A\cdot B\cdot\overline{C}$	$\overline{A}+\overline{B}+C$	0
1	1	1	7	$A\cdot B\cdot C$	$\overline{A}+\overline{B}+\overline{C}$	0

对最小项和最大项编码，这样将 SOP 和 POS 等式用简化方式表示。SOP 等式使用符号 $\sum$，表示乘积项求和；POS 等式使用 $\prod$，表示和项求积。真值表内输出为 1 的一行定义了一个最小项，输出为 0 的一行定义了最大项。下面给出使用最小项和最大项的简单表示方法

$$F=\sum m(1,3,5)$$

$$F=\prod M(0,2,4,6,7)$$

思考与练习 21　请画出下面等式所表示的逻辑电路。

$$F=\sum m(1,2,6)$$

$$G=\prod M(0,7)$$

思考与练习 22 请画出下面等式所表示的逻辑电路。

$$F = \sum m(1,5,9,11,13)$$

$$G = \prod M(0,4,7,10,14)$$

1.6 逻辑表达式的化简

一个数字逻辑电路是由很多逻辑门构成的,这些逻辑门由输入信号驱动,然后,由这些逻辑门产生输出信号。逻辑电路的行为要求可以通过真值表或者逻辑表达式进行描述。这些方式定义了逻辑电路的行为,即:如何对逻辑输入进行组合,然后驱动输出。但是,它们并没有说明如何构建一个电路以满足这些要求。

对于任何特定的逻辑关系来说,只存在一个真值表,但是可以找到很多的逻辑等式和逻辑电路来描述和实现相同的关系。为什么会存在很多的逻辑等式呢?这是由于这些逻辑等式可能存在多余的、不必要的逻辑门。这些逻辑门的存在和消除,并不会改变逻辑输出。如图 1.62 所示,图中只有一个真值表,但是存在不同的电路描述,分成 POS 和 SOP 两种方式,这些表达式有些是最简的,有些不是最简的,即存在冗余的逻辑门。

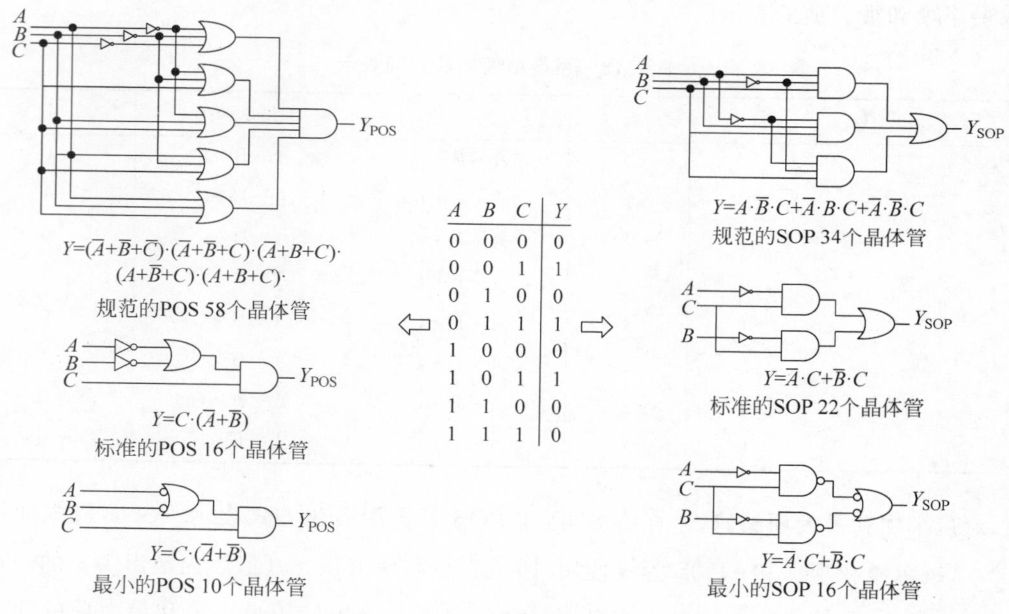

A	B	C	Y
0	0	0	0
0	0	1	1
0	1	0	0
0	1	1	1
1	0	0	0
1	0	1	1
1	1	0	0
1	1	1	0

图 1.62 逻辑关系的不同电路表示方式

逻辑表达式化简的目的是使实现要求的逻辑功能所消耗的逻辑门的个数最少,也就是所消耗的晶体管的个数是最少的。通过得到最简的逻辑表达式,使得实现所要求的逻辑功能的物理成本降到最低。逻辑表达式的化简可以通过下面的两种方式实现:

(1) 运用逻辑代数的基本公式及规则可以对逻辑函数进行变换,从而得到表达式的最简形式。这里所谓的最简形式是指最简"与或"逻辑表达式或者是最简"或与"逻辑表达式,它们的判别标准有两条,即①项数最少;②在项数最少的条件下,项内的文字最少。

（2）卡诺图是遵循一定规律构成的。由于这些规律，使逻辑代数的许多特性在图形上得到形象而直观的体现，从而使它成为公式证明、函数化简的有力工具。

1.6.1 使用运算律化简逻辑表达式

布尔代数也许是化简逻辑方程的最古老的方法。它提供一个正式的算术系统，使用这个算术系统来化简逻辑方程，尝试找到用于表达逻辑功能的最简方程。这是一个有效的算术系统：

（1）它有三个元素集{"0"，"1"，"A"}，其中"A"是可以假设为"0"或"1"的任意变量。

（2）两个二进制操作（"逻辑与"或交集，"逻辑或"或并集）。

（3）一个一元运算（取反或互补）。

集合之间的操作通过三种运算实现，很容易就能从这些运算的逻辑真值表得出基本的与、或、非运算规则，结合律、交换律和分配律可以直接使用真值表证明。下面只列出分配律的真值表，如表 1.19 所示，深色的列使用了分配律，两边等效。这里没有列出用真值表证明简单的结合律和交换律，但是能够简单地推导出来。

表 1.19 真值表验证分布律

A	B	C	$A+B$	$B+C$	$A+C$	$A \cdot B$	$B \cdot C$	$A \cdot C$	$A \cdot (B+C)$	$(A \cdot B)+(A \cdot C)$	$A+(B \cdot C)$	$(A+B) \cdot (A+C)$
0	0	0	0	0	0	0	0	0	0	0	0	0
0	0	1	0	1	1	0	0	0	0	0	0	0
0	1	0	1	1	0	0	0	0	0	0	0	0
0	1	1	1	1	1	0	1	0	0	0	1	1
1	0	0	1	0	1	0	0	0	0	0	1	1
1	0	1	1	1	1	0	0	1	1	1	1	1
1	1	0	1	1	1	1	0	0	1	1	1	1
1	1	1	1	1	1	1	1	1	1	1	1	1

"逻辑与"运算优先于"逻辑或"运算，使用括号可以指定逻辑运算的优先级。因此，下面的两个方程是两个等效的逻辑方程。

$$A \cdot B + C = (A \cdot B) + C$$

$$A + B \cdot C = A + (B \cdot C)$$

在定义共轭逻辑门运算时，为了观察其特性，德-摩根定律提供了一个规范的代数描述方法，即同一个逻辑电路可以用 AND 或 OR 功能实现来表示，这取决于输入和输出电压值的表示方式。德-摩根定律适用于任意多个输入的逻辑系统中，表现形式为

$$\overline{A \cdot B} = \overline{A} + \overline{B} \quad \text{(NAND 形式)}$$

$$\overline{A + B} = \overline{A} \cdot \overline{B} \quad \text{(NOR 形式)}$$

德-摩根定律一般也适用于 XOR 功能，只是使用了一个不同的形式。当 XOR 奇数个输入信号有效时，那么 XOR 的输出也是有效的；对于 XNOR 来说，当偶数个输入信号有效

时，其输出也是有效的。因此，对 XOR 功能的单个输入取反，或者对它的输出取反，等效于 XNOR 的功能；同样地，对 XNOR 功能的单个输入取反，或者对它的输出取反，等效于 XOR 功能。对一个输入及输出取反，或者对两个输入取反，XOR 的功能将变为 XNOR，反之亦然。观察这些结果推导出一个适用于输入为任意数目的 XOR 功能的德-摩根定律

$$F = A \text{ xnor } B \text{xnor } C \Leftrightarrow F = (\overline{A \oplus B \oplus C}) \Leftrightarrow F = \overline{A} \oplus B \oplus C \Leftrightarrow F = (\overline{\overline{A} \oplus \overline{B} \oplus C})$$

$$F = A \text{ xor } B \text{ xor } C \Leftrightarrow F = A \oplus B \oplus C \Leftrightarrow F = \overline{A} \oplus \overline{B} \oplus C \Leftrightarrow F = (\overline{A \oplus \overline{B} \oplus C})$$

注意：在多输入的 XOR 电路中，单个输入取反可以移动到任何一个其他的信号线上且不会改变逻辑结果。其次是任何信号取反都可以用一个同相信号和一个 XNOR 功能代替。在后续的内容中这些性质将非常有用。

如图 1.63、图 1.64、图 1.65 和图 1.66 所示的电路都表明了布尔代数的规则。

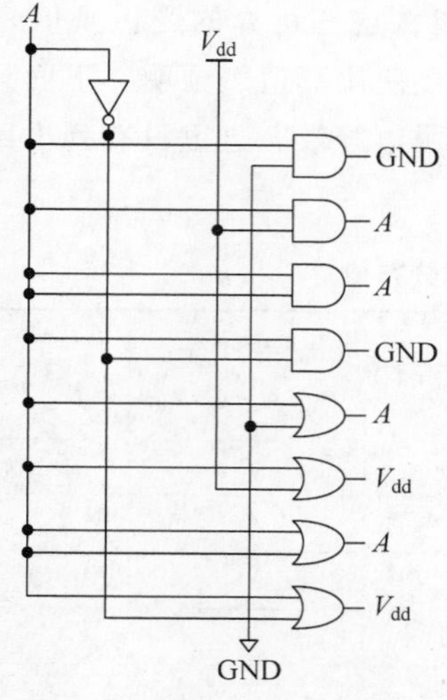

图 1.63　AND/OR 规则

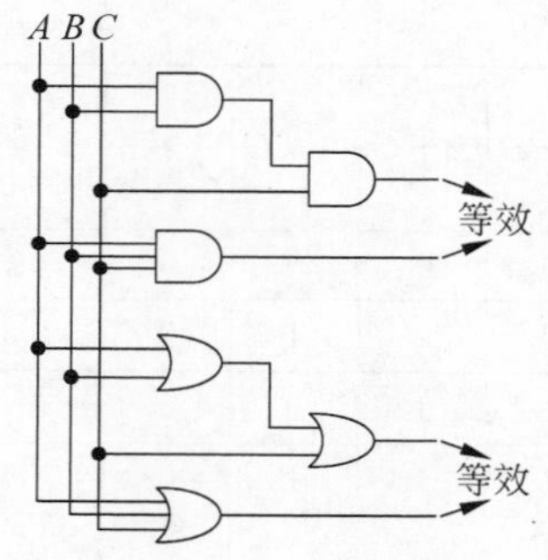

图 1.64　结合律

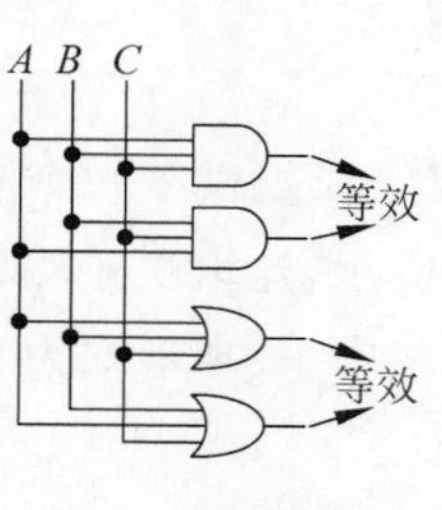

图 1.65　交换律

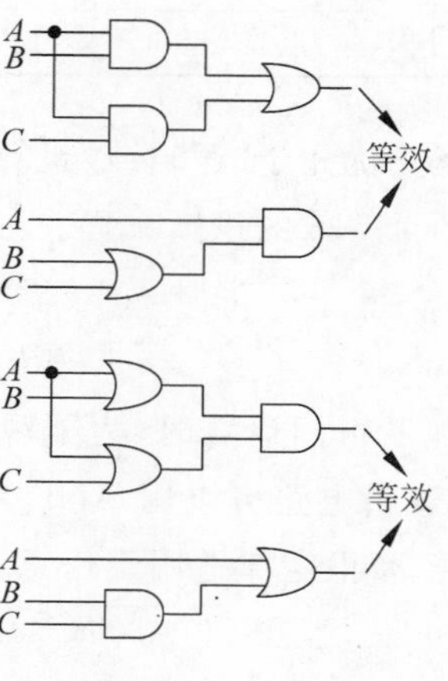

图 1.66　分配律

下面的例子说明了使用布尔代数寻找较为简化的逻辑方程。

$F=A\cdot B\cdot C+A\cdot B\cdot \overline{C}+\overline{A}\cdot B\cdot C+\overline{A}\cdot B$	
$F=A\cdot B\cdot (C+\overline{C})+\overline{A}\cdot B\cdot (C+1)$	因式分解
$F=A\cdot B\cdot (1)+\overline{A}\cdot B\cdot (1)$	OR 规则
$F=A\cdot B+\overline{A}\cdot B$	AND 规则
$F=B\cdot (A+\overline{A})$	因式分解
$F=B\cdot (1)$	OR 规则
$F=B$	AND 规则

$F=(A+B+C)\cdot (A+B+\overline{C})\cdot (A+\overline{C})$	
$F=(A+B+C)\cdot (A+\overline{C})\cdot (B+1)$	因式分解
$F=(A+B+C)\cdot (A+\overline{C})\cdot (1)$	OR 规则
$F=(A+B+C)\cdot (A+\overline{C})$	AND 规则
$F=A+((B+C)\cdot (\overline{C}))$	因式分解
$F=A+(B\cdot \overline{C}+C\cdot \overline{C})$	分配律
$F=A+(B\cdot \overline{C}+0)$	AND 规则
$F=A+(B\cdot \overline{C})$	OR 规则

$F=(\overline{A\cdot B\cdot C})+\overline{A}\cdot B\cdot C+(\overline{A\cdot C})$	
$F=(\overline{A}+\overline{B}+\overline{C})+\overline{A}\cdot B\cdot C+(\overline{A}+\overline{C})$	德-摩根定律
$F=\overline{A}+\overline{A}+(\overline{A}\cdot B\cdot C)+\overline{B}+\overline{C}+\overline{C}$	交换律
$F=\overline{A}(1+1+B\cdot C)+\overline{B}+\overline{C}$	因式分解
$F=\overline{A}(1)+\overline{B}+\overline{C}$	OR 规则
$F=\overline{A}+\overline{B}+\overline{C}$	AND 规则

$F=(A\oplus B)+(A\oplus \overline{B})$	
$F=\overline{A}\cdot B+A\cdot \overline{B}+\overline{A}\cdot \overline{B}+A\cdot B$	XOR 扩展
$F=\overline{A}\cdot B+\overline{A}\cdot \overline{B}+A\cdot B+A\cdot \overline{B}$	交换律
$F=\overline{A}(B+\overline{B})+A(B+\overline{B})$	因式分解
$F=\overline{A}(1)+A(1)$	OR 规则
$F=\overline{A}+A$	AND 规则
$F=1$	

$F=A+\overline{A}\cdot B=A+B$	
$F=(A+\overline{A})\cdot (A+B)$	因式分解
$F=(1)\cdot (A+B)$	OR 规则
$F=A+B$	AND 规则

$F=A\cdot (\overline{A}+B)=A\cdot B$	
$F=(A\cdot \overline{A})+(A\cdot B)$	交配律
$F=(0)+(A\cdot B)$	AND 规则
$F=A\cdot B$	OR 规则

$F=\overline{(A\oplus B)}+A\cdot B\cdot C+\overline{(A\cdot B)}$	
$F=\overline{A}\cdot \overline{B}+A\cdot B+A\cdot B\cdot C$ $+(\overline{A}+\overline{B})$	德-摩根定律
$F=\overline{A}\cdot \overline{B}+\overline{A}+\overline{B}+A\cdot B+A\cdot B\cdot C$	交换律
$F=\overline{A}(\overline{B}+1)+\overline{B}+A\cdot B(1+C)$	因式分解
$F=\overline{A}+\overline{B}+A\cdot B$	OR 规则
$F=\overline{A}+(\overline{B}+A)\cdot (\overline{B}+B)$	因式分解
$F=\overline{A}+(\overline{B}+A)\cdot (1)$	OR 规则
$F=\overline{A}+\overline{B}+A$	AND 规则
$F=1$	OR 规则

$F=\overline{(\overline{A}+\overline{B})}+\overline{(A+B)}+\overline{(A+\overline{B})}$	
$F=\overline{(\overline{A})}\cdot \overline{(\overline{B})}+(\overline{A}\cdot \overline{B})+(\overline{A}\cdot B)$	德-摩根定律
$F=A\cdot B+\overline{A}\cdot \overline{B}+\overline{A}\cdot B$	NOT 规则
$F=A\cdot B+\overline{A}\cdot (\overline{B}+B)$	因式分解
$F=A\cdot B+\overline{A}\cdot (1)$	OR 规则
$F=A\cdot B+\overline{A}$	AND 规则
$F=(A+\overline{A})\cdot (B+\overline{A})$	因式分解
$F=(1)\cdot (B+\overline{A})$	OR 规则
$F=\overline{A}+B$	AND 规则/交换律

$F=A\cdot \overline{B}+\overline{B}\cdot C+\overline{A}\cdot C=A\cdot \overline{B}+\overline{A}\cdot C$	
$F=A\cdot \overline{B}+\overline{B}\cdot C\cdot 1+\overline{A}\cdot C$	AND 规则
$F=A\cdot \overline{B}+\overline{B}\cdot C\cdot (A+\overline{A})+\overline{A}\cdot C$	OR 规则
$F=A\cdot \overline{B}+A\cdot \overline{B}\cdot C+\overline{A}\cdot \overline{B}\cdot C+\overline{A}\cdot C$	分配律
$F=A\cdot \overline{B}\cdot (1+C)+\overline{A}\cdot C\cdot (\overline{B}+1)$	因式分解
$F=A\cdot \overline{B}\cdot (1)+\overline{A}\cdot C\cdot (1)$	OR 规则
$F=A\cdot \overline{B}+\overline{A}\cdot C$	AND 规则

例如 $F=A+\overline{A}\cdot B=A+B$ 和 $F=A\cdot(\overline{A}+B)=A\cdot B$ 的关系也称为“吸收”规则；$F=A\cdot\overline{B}+\overline{B}\cdot C+\overline{A}\cdot C=A\cdot\overline{B}+\overline{A}\cdot C$ 经常称为“一致”规则。所谓的吸收规则很容易用其他的规则进行证明，所以没有必要使用这些关系作为规则，特别是当使用规则时不同的等式形式使验证变得困难。一致规则也很容易证明。

1.6.2 使用卡诺图化简逻辑表达式

在最小化逻辑系统时，真值表不是很有用，并且布尔代数的应用也有限制。逻辑图为一个逻辑系统的最小化提供了一个非常简单实用的方法。逻辑图和真值表一样，包含了相同的信息。但是，逻辑图更容易表示出冗余的输入。逻辑图是一个二维(或三维)结构，它包含了真值表所包含的确切的、同样的信息。但是，它以数组结构排列来遍历所有的逻辑域，因此，很容易验证逻辑关系。真值表的信息也能很容易地使用逻辑图表示。如图 1.67 所示，将一个三输入的真值表映射到一个八单元的逻辑图；逻辑图单元内的数字是真值表每行的数字。

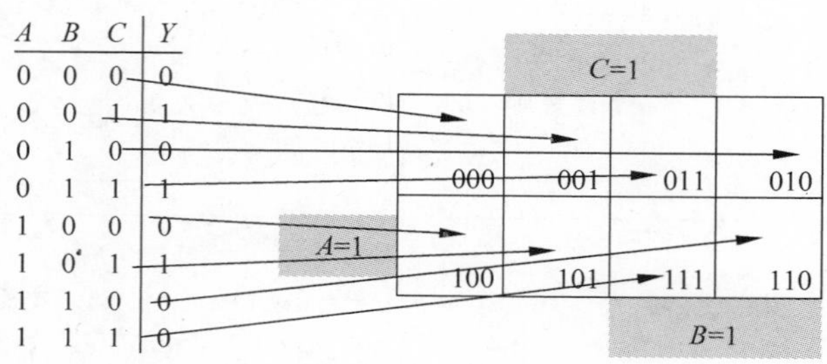

图 1.67　三输入的真值表映射到八单元的逻辑图

在图 1.67 中，逻辑图的每个单元和真值表的每一列之间存在一对一的对应关系，并且，编排了单元的数字。因此，每一个逻辑变量域由一组四个连续的单元表示(A 域是一行四单元，B 和 C 域是一个四个单元的方块)。逻辑图内的单元排列并不是只有一种可能，但是它拥有在两个单元内让每一个域重叠其他的域的有用属性。如图 1.67 所示，逻辑域在逻辑图中连续，但是在真值表中不连续。由于在逻辑图中，逻辑域是连续的。因此，使得它们非常有用。

典型地，在表示逻辑图时，在逻辑图的边缘标出变量名，相邻单元行和列的值 0 或者 1 表示行和列的变量值。

可以从左到右读取逻辑图边缘的变量值，以便寻找相应给定单元所对应真值表中的一行。如图 1.68 所示，真值表中 $A=1$ 的行、$B=0$ 的行、$C=1$ 的行，对应逻辑图的阴影单元。

如图 1.69 所示，将真值表输出列的信息转换到逻辑图的单元中，所以，真值表和逻辑图包含了同样的信息。在逻辑图中，相邻的(要么垂直要么水平)1 称为“逻辑相邻”，这些“相邻”表示可以找到并且消除多余输入的机会。以这种方式使用的逻辑图称为卡诺图(或者 K-映射)。

如图 1.70 所示，一个四输入的真值表映射到一个 16 单元的卡诺图中。

在一个逻辑系统中，使用卡诺图来找到和消除多余输入的关键是：确定真值为 1 的组的积之和(SOP)表达式或真值为 0 的和之积(POS)表达式。一个有效的组合必须是 2 的幂

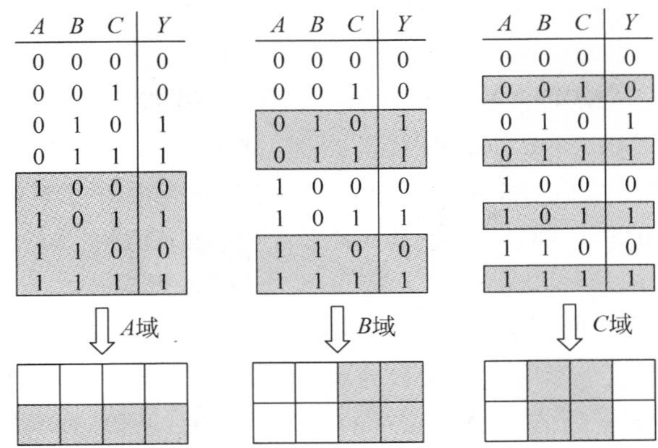

图 1.68　逻辑图的典型形式

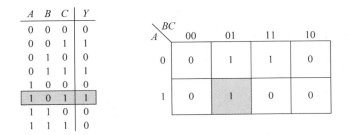

A	B	C	Y
0	0	0	0
0	0	1	1
0	1	0	0
0	1	1	1
1	0	0	0
1	0	1	1
1	1	0	0
1	1	1	0

A \ BC	00	01	11	10
0	0	1	1	0
1	0	1	0	0

图 1.69　真值表信息转换到逻辑图单元

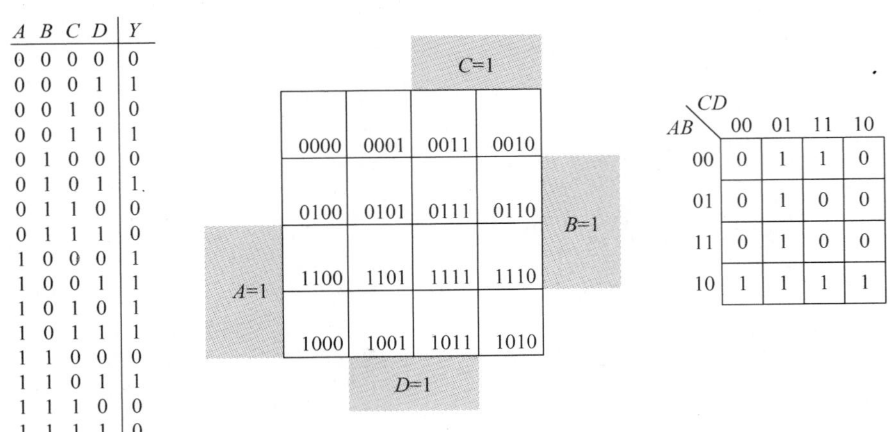

图 1.70　四输入的真值表映射到 16 单元的卡诺图

次方大小(意思就是只允许有 1、2、4、8 或 16 的组合),它必须是正方形或长方形,但不能是斜角、弯角或其他的不规则的图形。在一个 SOP 的卡诺图中,每一个"1"必须至少出现在一组里面,每一个"1"必须出现在最大可能的组里面(同理,POS 卡诺图中的"0")。要求所有的 1 项(或 0 项)组合在最大可能的组,这意味着 1 项(或 0 项)可以出现在几个组里面。实际上,在卡诺图中画一个圈去包括给定的组里 1 项(或 0 项)。一旦在卡诺图中,将所有的 1 项(或 0 项)组合在一个尽可能大的组合圈中,那么就完成了分组过程。并且,可以直接从卡诺图中读取逻辑表达式。如果正确地执行了前面的过程,可以保证得到一个最小的逻辑表达式。

首先,写出所画圈内所确定的每一个乘积项;然后,用或关系将这些乘积项连接起来,这样就可以从卡诺图中得到 SOP 逻辑等式。同理,首先,写出所画圈内所确定的每一个和项,用与关系把这些和项连接起来,这样可以从卡诺图中得到 POS 逻辑等式。由卡诺图外围逻辑变量确定圈起来的项。SOP 使用最小项编译(例如,变量的"0"域表示对圈内乘积项的取补),POS 使用最大项编译(例如,输入变量的"1"域表示对圈内和项的取补)。如果一个圈内同时包含了一个给定的逻辑变量的"1"和"0"域,那么这个变量是多余的,其不会出现在圈定的项内。但是,当这个圈内只包含该变量的"1"或"0"域时,该逻辑变量则出现在圈内所包含相应逻辑项里。卡诺图的一边和相对的边是连续的,所以一个圈在中间不组合"1"或"0"的情况下可以从一边到跨越另一边。如图 1.71 所示,说明了这个过程。

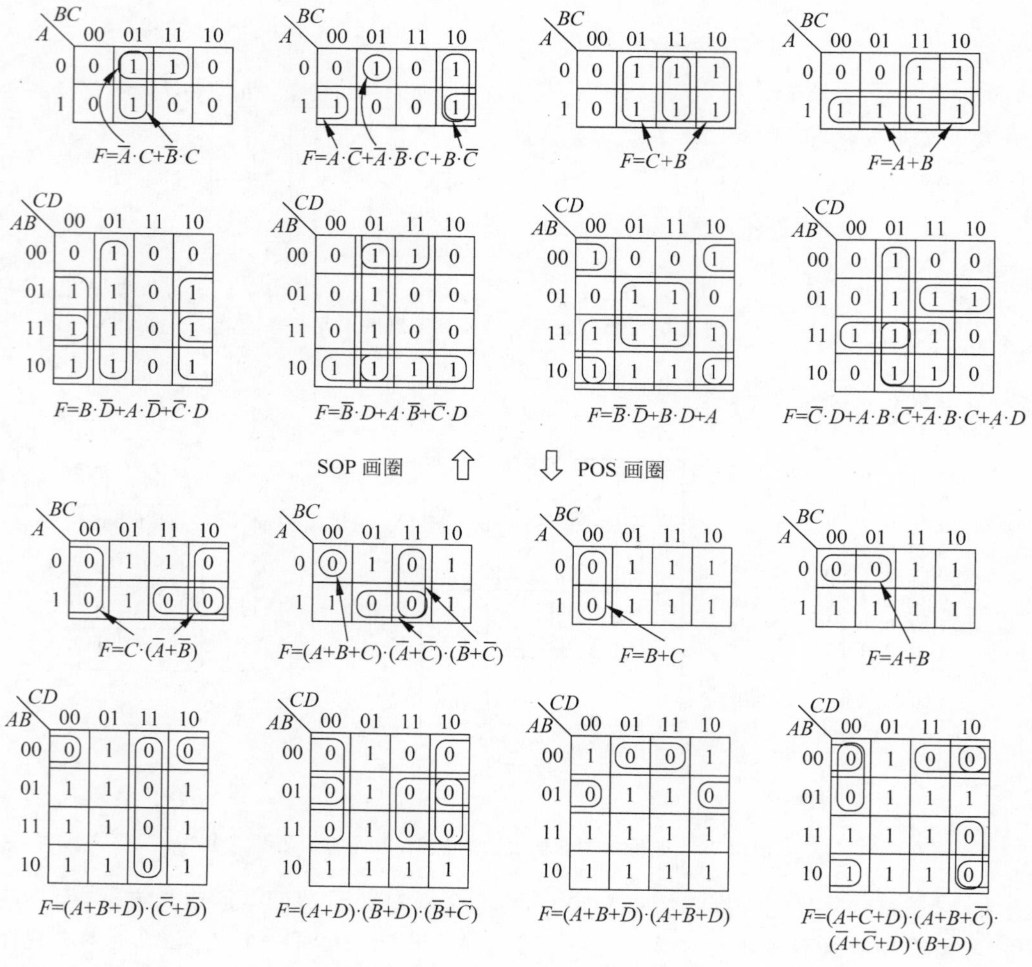

图 1.71 卡诺图化简系统最小逻辑表达式

卡诺图可用于求解 2、3、4、5 或 6 输入变量的系统的最小逻辑表达式(如果超过 6 个变量,这个方法就变得复杂)。对于 2、3 或 4 变量的系统,这个方法比较直观,如图 1.71 所示,下面的几个例子将对其进行说明。一般情况下，画圈的过程应以“1”(或“0”)开始，这个“1”(或“0”)只被一个可能圈圈在内。画圈时，确保所有的“1”(或“0”)都已经分配到每一个圈内。

将等式中的“1”(对于 SOP 等式)和“0”(对于 POS 等式)简单地分配到逻辑单元中，就可以很容易地将最小项 SOP 等式和最大项 POS 等式映射到卡诺图中。对于 SOP 等式，没有列出“1”的任何单元都写成“0”，对于 POS 等式也可以用这种方式实现。如图 1.72 所示，对这个过程进行了说明。

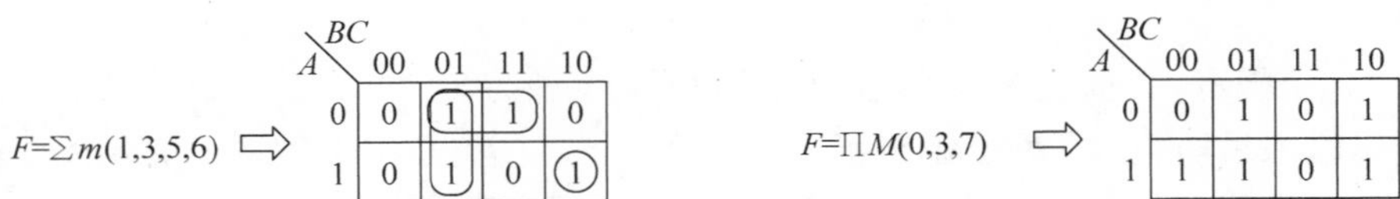

图 1.72 逻辑等式转换到卡诺图过程

对于 5 变量或 6 变量的系统，可以用两种不同的方法。一个方法使用 4 变量卡诺图嵌套在 1 变量或 2 变量的超图中，另一种方法使用“输入变量图”。如图 1.73 所示，超图方法求解 5 变量或 6 变量最小方程式近似于使用 2、3、或 4 变量求解的方法，但是 4 变量卡诺图必须内嵌于 1 变量或 2 变量的超图。在相邻的超图单元中，子图之间逻辑相邻可以通过在相同编号中识别 1 或(0)寻找。这个图的模式表示了卡诺图中相邻单元的例子。

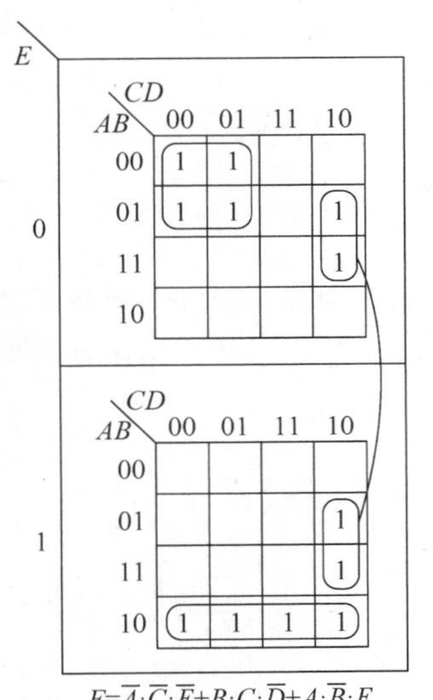

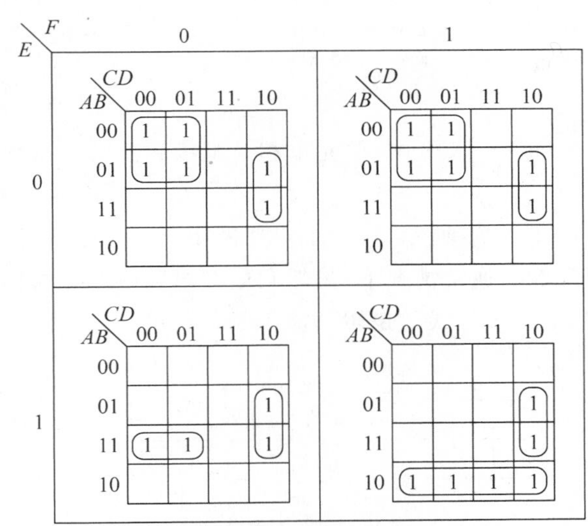

$F=\overline{A}\cdot\overline{C}\cdot\overline{E}+B\cdot C\cdot\overline{D}+A\cdot\overline{B}\cdot E\cdot F+A\cdot B\cdot\overline{C}\cdot E\cdot\overline{F}$

图 1.73 超图中逻辑相邻的寻找

注： 当 1 位于子图的相同编号单元时，超图的变量不出现在乘积项中。

1.6.3 不完全指定逻辑功能的化简

当电路有 N 输入信号，但并不是所有的 2^N 输入组合都是有用的时候，会出现不完全指定逻辑功能的情况。或者说，如果所有的 2^N 组合都可以，但一些组合是不相关的。例如，假设一个远程电视遥控器能够在电视、VCR 或 DVD 之间进行控制，有些遥控器可能有像快进的操作模式按钮的物理切换电路；其他遥控器可能使用相同的模型，将这个按钮放置在电路的左边，但是它们的功能完全不同。不管怎么样，一些输入信号的组合对于电路的正确操作完全是无关紧要的。这就可以利用这些有利条件对逻辑电路进一步地最小化。

输入组合不影响逻辑系统的功能时,可能用来驱动电路的输出高或低。这就是说,设计人员并不关注这些不可能或无关的输入对电路的影响。在真值表和卡诺图中,这个信息使用特殊的"无关项"符号表示,表明这个信号可以是"1"或"0"时,并不影响电路的功能。一些教科书使用"X"来表示无关项,但是这会和名字为"X"的信号(表示信号的不确定状态)产生混淆。也可以使用一个更好的、与标准信号名没有联系的符号来表示,这里使用符号"Φ"表示无关项。

如图 1.74 所示,真值表的右侧表示使用相同的三个逻辑输入后,产生的两个输出函数 F 和 G,两个输出各自都包含两个无关项。同样地,用卡诺图表示相关的信息。在表示函数 F 逻辑功能的卡诺图中,对于最小项 2 和 7,设计者不关心是否输出是"1"还是"0"。因此在卡诺图的 2、7 单元可以是"1"或"0"。很明显,把圈到的单元 7 作为"1",单元 2 作为"0"将得到更简的逻辑电路。在这样的情况下,SOP 与 POS 都能得到相同的表达方式。

A	B	C	F	G
0	0	0	0	1
0	0	1	1	ϕ
0	1	0	ϕ	1
0	1	1	0	ϕ
1	0	0	1	1
1	0	1	0	0
1	1	0	0	0
1	1	1	ϕ	0

F:

A \ BC	00	01	11	10
0	0	1	0	ϕ
1	1	0	ϕ	0

G:

A \ BC	00	01	11	10
0	1	ϕ	ϕ	1
1	1	0	0	0

图 1.74 三输入的两个函数 F 和 G

在函数 G 的卡诺图中,单元 1 和 3 中的无关项可以圈作 1 或 0。在 SOP 中,两个无关项都可以圈作"1",得到逻辑函数

$$G=\overline{A}+\overline{B}\cdot\overline{C}$$

然而,在 POS 中,单元 1 和 3 可以圈作"0",得到逻辑函数

$$G=\overline{C}\cdot(\overline{A}+\overline{B})$$

如图 1.75 所示,说明了卡诺图中无关项的应用。由布尔代数可知,这两个函数等式是不相等的。通常情况下,虽然它们在电路中功能相同,但是由具有无关项的卡诺图所得到的 SOP 和 POS 等式的逻辑功能不是等价的。

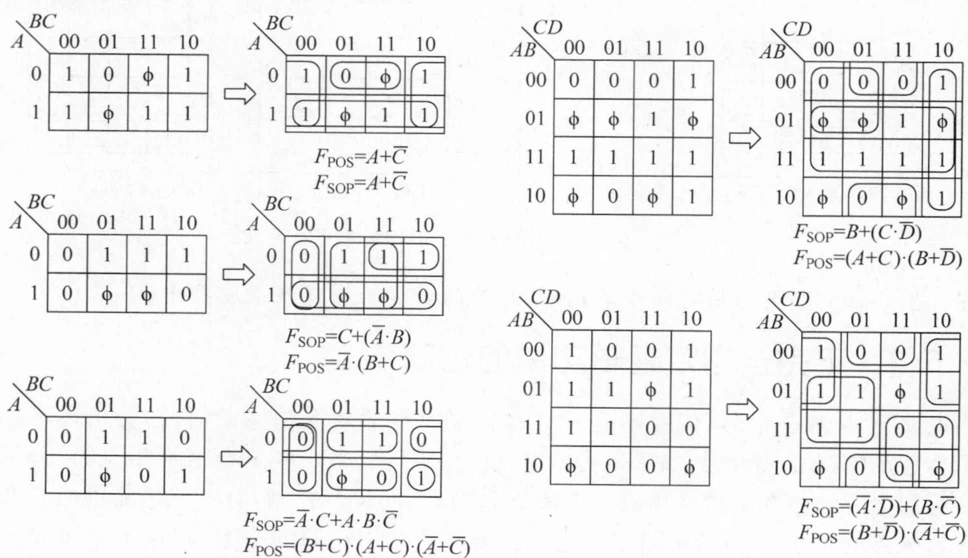

图 1.75 卡诺图中无关项的应用

1.6.4 输入变量的卡诺图表示

真值表为实现一个给定的组合逻辑电路的具体行为提供了最好的机制，卡诺图为表示和最小化数字逻辑电路的输入-输出关系提供了最好的机制。到目前为止，在真值表左上方和卡诺图周围表示出输入变量。这样，允许将输出信号的每一个状态定义为一个真值表中给定行上"0"和"1"项的输入模式的函数，或定义为给定卡诺图单元的二进制编码。在不丢失任何信息的情况下，通过将真值表的左上方的输入变量移动到真值表输出列，或通过将卡诺图单元从外部移动到内部，这样就可以将真值表和卡诺图转换成更简洁的形式。尽管到了后面的模块才变得清晰，但是输入变量的使用以及真值表和卡诺图简化使得一个多变量系统看上去更加直观和简洁。

图 1.76 说明了传输机制，一个 16 行的真值表被化简成两个 8 行和 4 行的真值表。如图 1.76(b)所示，在 8 行的真值表中，输入列不再使用变量 D。取而代之的是，它出现在了输出列中，表示输出逻辑值的两行和输入 D 之间的关系。如图 1.76(c)所示，在 4 行的真值表中，输入列不再使用变量 C 和 D，它们出现在输出列中，表示输出逻辑值和输入 C、D 的关系。

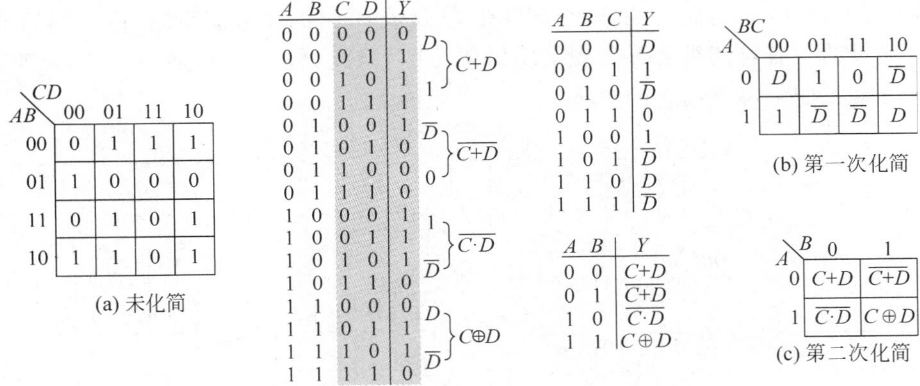

图 1.76 真值表和卡诺图的化简

如图 1.77 所示，给出四单元的卡诺图。从图中可以看出隐含的子图，对于 A 和 B 变量的每个确定的逻辑值，它表示了 C 和 D 之间的关系。对于任何输入变量的卡诺图，考虑子图可以用于帮助对输入变量进行正确的编码。

通过读取卡诺图中索引编码，真值表的行号可以映射到子图中的单元。编码从子图外的映射开始，后面添加子图编码。比如图中子图中阴影块的编码为 1110。

最小项 SOP 表达式和最大项 POS 表达式也可以直接翻译成输入变量的卡诺图。如图 1.78 所示，图中卡诺图每个单元下面较小的数字表示分配给该单元的最小项或者最大项。

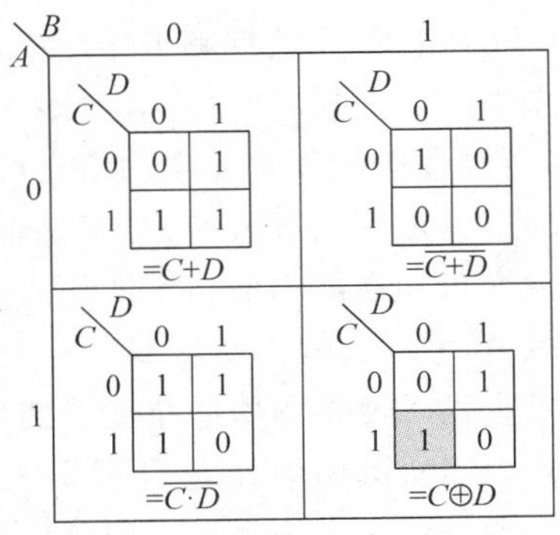

图 1.77 包含子图的卡诺图

当把最小项和最大项编码到卡诺图中时，取输入变量的最小二进制编码。比如，如果最大的最小项用14 表示，则假设为四个输入变量。

AB\CD	00	01	11	10
00	$\overline{E}$ 0,1	$\overline{E}$ 2,3	1 6,7	$\overline{E}$ 4,5
01	E 8,9	0 10,11	E 14,15	1 12,13
11	1 24,25	1 26,27	0 30,31	0 28,29
10	0 16,17	$\overline{E}$ 18,19	1 22,23	E 20,21

A\BC	00	01	11	10
0	$\overline{E}$ 0-3	$\overline{E}+D$ 4-7	$\overline{D}+E$ 12-15	$\overline{D}\cdot E$ 8-11
1	$D\cdot\overline{E}$ 16-19	$D+E$ 20-23	0 28-31	1 24-27

$F=\sum m(0,2,4,6,7,9,12,13,15,18,21,22,23,24,25,26,27)$

A\BC	00	01	11	10
0	$\overline{D}$ 0,1	D 2,3	0 6,7	$\overline{D}$ 4,5
1	1 8,9	1 10,11	D 14,15	0 12,13

A\B	0	1
0	$\overline{C\oplus D}$ 0-3	$\overline{C}\cdot\overline{D}$ 4-7
1	1 8-11	$C\cdot D$ 12-15

$F=\prod M(1,2,5,6,7,12,13,14)$

图 1.78　SOP 和 POS 输入变量卡诺图

循环输入变量卡诺图遵循相同的原则，即：循环“1-0”映射，寻找 1 构成的最优组和输入变量(enter variable，EV)用于 SOP 电路；寻找 0 构成的最优组合输入变量用于 POS 电路。规则是相似的，即所有输入变量和所有的 1(或者 0)必须被分组到最大可能的 2 幂次方的长方形或者正方形框中。当所有的输入变量和所有的 1(或者 0)被包含在一个最优的框中时，该过程结束。不同之处在于，相似的输入变量本身或者 1(或者 0)可以包含在圈中。如图 1.79 所示，特别需要注意的是，当圈住带有 1(或者 0)的输入变量时，由于“1”(或者 0)表示输入变量的所有可能组合都出现在映射单元中，因此，包含 1(或者 0)和输入变量的圈经常只包含输入变量可能组合的子集。

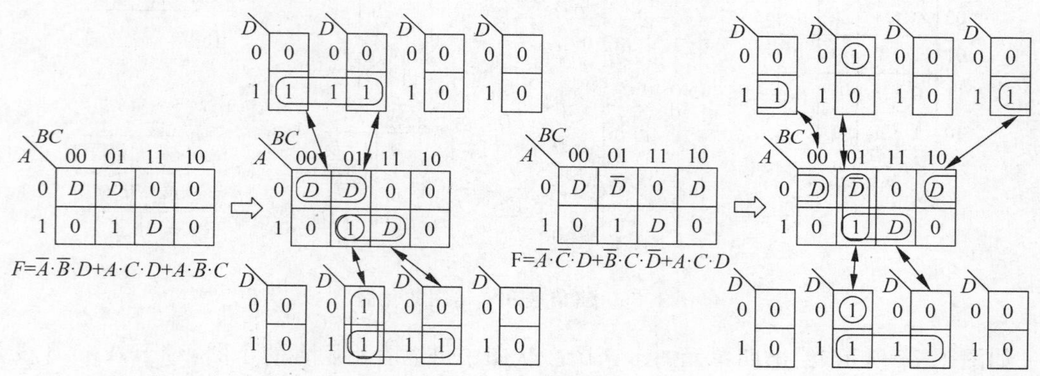

图 1.79　输入变量的化简

为了进一步地理解卡诺图中的输入变量画圈的方法，从每个卡诺图单元中所隐含的子图中考虑。通过将“1-0”信息圈入到隐含的子图中，产生卡诺图中的变量。在卡诺图变量中，所圈住的相邻单元中的信息可以包含出现在子图中相同位置的“1”(或者“0”)。

当读取圈内等式时，对于每个圈的 SOP 乘积项(或者 POS 和项)必须包含定义了圈范围的变量和在圈内所包含的输入变量。比如，图 1.79 内的第一个乘积项 $\overline{A}'\cdot\overline{B}'\cdot D$ 包含圈域 $\overline{A}'\cdot\overline{B}'$ 和输入变量 D。

在输入变量图中的单元可能包含一个单个的输入变量或者包含两个以上变量的逻辑表达式。当所圈的单元包含逻辑表达式时，它可以帮助识别 SOP 和 POS 画圈的机制。如图 1.80 所示，与一个卡诺图单元的单个输入变量相比，一个单元内的乘积项表示一个较小的 SOP 域。这是由于在一个乘积项的“逻辑与”变量越多，其所定义的逻辑域就越小。一个单元内的和项表示一个较大的 SOP 域。这是由于在一个和项的“逻辑或”变量越多，其所定义的逻辑域就越大。当从一个输入变量图圈 SOP 等式时，与包含单个输入变量的单元相比，包含乘积项的单元在它们的子图中有很少的 1。类似地，当从一个输入变量图圈 POS 等式时，与包含单个输入变量的单元相比，包含和项的单元在它们的子图中有很少的 0，而包含乘积项的单元在它们的子图中有更多的 0。

$F_{SOP}=C\cdot D+\overline{A}\cdot C+B\cdot D$

$F_{POS}=(C+D)\cdot(B+C)\cdot(\overline{A}+D)\cdot(\overline{A}+\overline{B})$

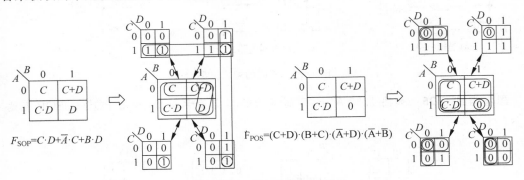

图 1.80 输入变量化简子图说明

在输入变量卡诺图中的无关项和在“1-0”图中的目的相同。它们表示输入条件不会发生或者它们是无关的，它们能包含在 1、0 或者输入变量中，用于最小化逻辑。

如图 1.81 所示，一个给定的无关项可以作为“1”、“0”或者输入变量，用于任何特定的圈内。

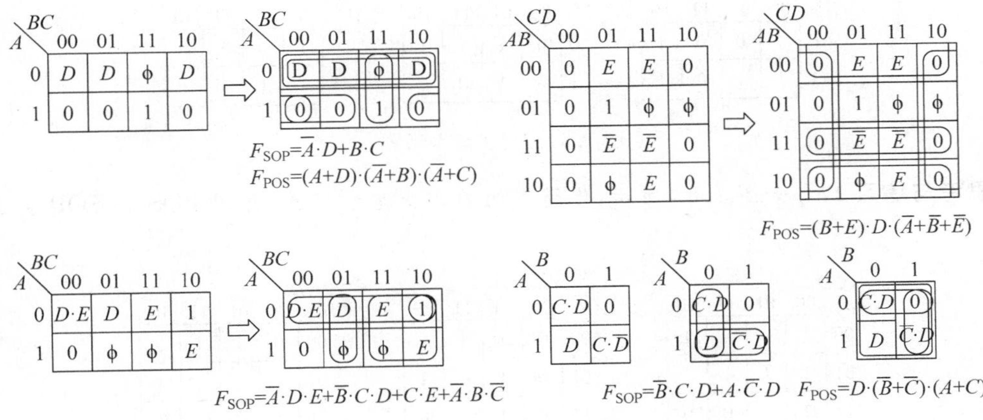

图 1.81 包含无关项的输入变量化简子图说明

思考与练习 23 如图 1.82 所示，请分别说明下面的电路所使用的晶体管的数量。

思考与练习 24 使用布尔代数化简下面的逻辑表达式：

(1) $X=(A\oplus\overline{B}\cdot C)+A\cdot(B+\overline{C})$

(2) $X=A\cdot\overline{B}\cdot C+\overline{A}\cdot\overline{B}\cdot C\cdot D+\overline{(A\cdot B\cdot D)}+\overline{A}\cdot B\cdot C\cdot D$

(3) $X=((A\oplus\overline{B})\cdot C)+A\cdot\overline{B}\cdot C+A\cdot B\cdot C+\overline{\overline{A}+\overline{C}}$

(4) $X=\overline{\overline{A\cdot\overline{A\cdot\overline{B}}}\cdot\overline{B\cdot\overline{A\cdot\overline{B}}}}$

(5) $X=\overline{A\cdot\overline{B}}\oplus\overline{B+C}$

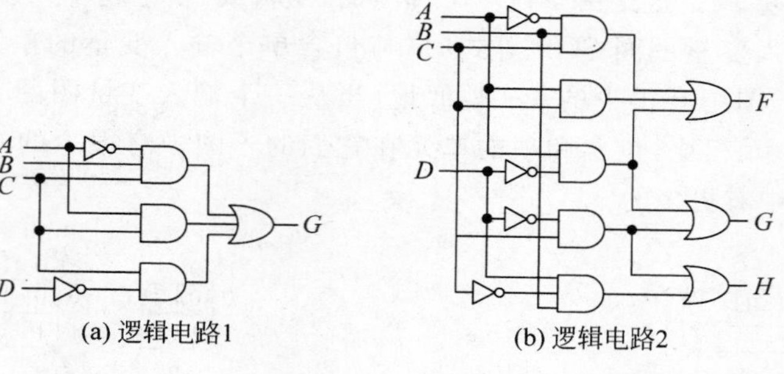

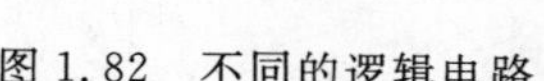
图 1.82 不同的逻辑电路

思考与练习 25 如图 1.83 所示，化简下面的二变量卡诺图，并用 POS 和 SOP 表达式表示。

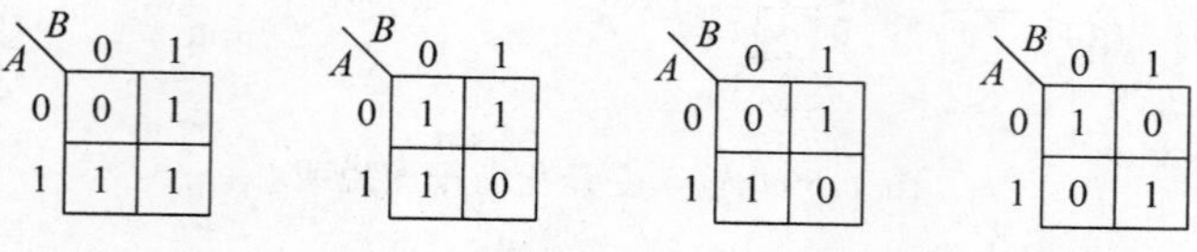

图 1.83 二变量卡诺图

思考与练习 26 如图 1.84 所示，化简下面的三变量卡诺图，并用 POS 和 SOP 表达式表示。

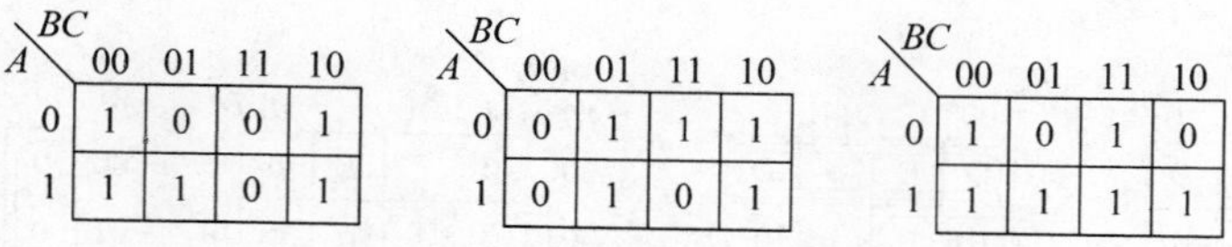

图 1.84 三变量卡诺图

思考与练习 27 如图 1.85 所示，化简下面的四变量卡诺图，并用 POS 和 SOP 表达式表示。

AB\CD	00	01	11	10
00	1	0	0	1
01	1	1	1	1
11	1	1	0	0
10	1	0	0	1

AB\CD	00	01	11	10
00	0	1	1	1
01	0	1	1	1
11	0	1	1	0
10	0	1	0	0

AB\CD	00	01	11	10
00	0	1	1	0
01	1	0	1	1
11	1	0	1	1
10	0	1	1	0

图 1.85 四变量卡诺图

思考与练习 28 如图 1.86 所示，化简下面的多变量卡诺图，并用 POS 和 SOP 表达式表示。

思考与练习 29 根据下面的等式，画出并化简卡诺图，然后 POS 和 SOP 表达式表示。

$$F=\sum m(0,1,4,5)$$

E=0, F=0

AB\CD	00	01	11	10
00	0	0	1	1
01	0	0	1	1
11	0	1	1	1
10	0	1	1	1

E=0, F=1

AB\CD	00	01	11	10
00	1	1	0	0
01	1	1	0	0
11	0	1	1	1
10	0	1	1	1

E=1, F=0

AB\CD	00	01	11	10
00	0	0	1	1
01	1	0	1	1
11	1	1	0	1
10	0	1	0	1

E=1, F=1

AB\CD	00	01	11	10
00	1	1	0	1
01	1	1	0	0
11	1	1	0	0
10	0	1	1	1

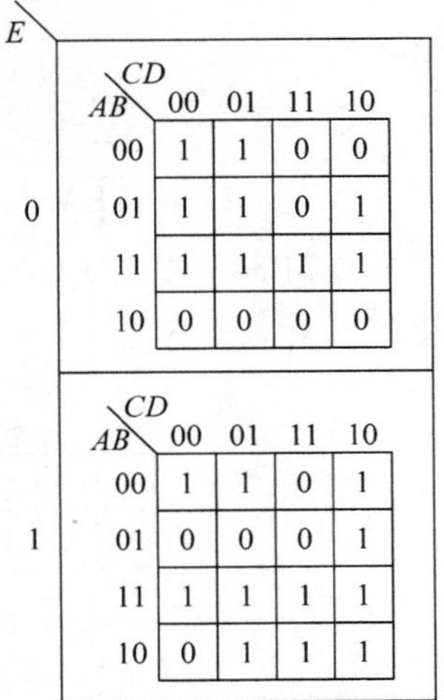

E=0

AB\CD	00	01	11	10
00	1	1	0	0
01	1	1	0	1
11	1	1	1	1
10	0	0	0	0

E=1

AB\CD	00	01	11	10
00	1	1	0	1
01	0	0	0	1
11	1	1	1	1
10	0	1	1	1

图 1.86 多变量卡诺图

$$G=\prod M(0,1,3,4,5,7,13,15)$$

思考与练习 30 如图 1.87 所示，化简下面包含无关项的二变量卡诺图，并用 POS 和 SOP 表达式表示。

A\B	0	1
0	0	1
1	1	ϕ

A\B	0	1
0	1	1
1	1	ϕ

A\B	0	1
0	0	1
1	ϕ	0

A\B	0	1
0	1	0
1	ϕ	1

图 1.87 包含无关项二变量卡诺图

思考与练习 31 如图 1.88 所示，化简下面包含无关项的三变量卡诺图，并用 POS 和 SOP 表达式表示。

A\BC	00	01	11	10
0	1	0	ϕ	1
1	1	ϕ	0	1

A\BC	00	01	11	10
0	ϕ	1	1	1
1	0	ϕ	0	1

A\BC	00	01	11	10
0	1	ϕ	1	0
1	1	1	1	1

图 1.88 包含无关项三变量卡诺图

思考与练习 32 如图 1.89 所示，化简下面包含无关项的四变量卡诺图，并用 POS 和 SOP 表达式表示。

AB\CD	00	01	11	10
00	1	0	ϕ	1
01	1	ϕ	1	1
11	ϕ	1	0	0
10	1	0	0	1

AB\CD	00	01	11	10
00	ϕ	1	1	1
01	0	1	1	1
11	0	1	ϕ	0
10	ϕ	1	0	0

AB\CD	00	01	11	10
00	0	1	1	0
01	1	ϕ	1	1
11	1	ϕ	1	1
10	0	1	1	0

图 1.89 包含无关项四变量卡诺图

思考与练习 33 根据下面包含无关项的等式,画出并化简卡诺图,然后用 POS 和 SOP 表达式表示。

$$F=\sum m(0,1,4,5)+\phi(2,7)$$

$$G=\prod M(0,1,3,4,5,7,13,15)+\phi(2,3,11,12,14)$$

思考与练习 34 如图 1.90 所示,化简下面包含输入变量的多变量卡诺图,并用 POS 和 SOP 表达式表示。

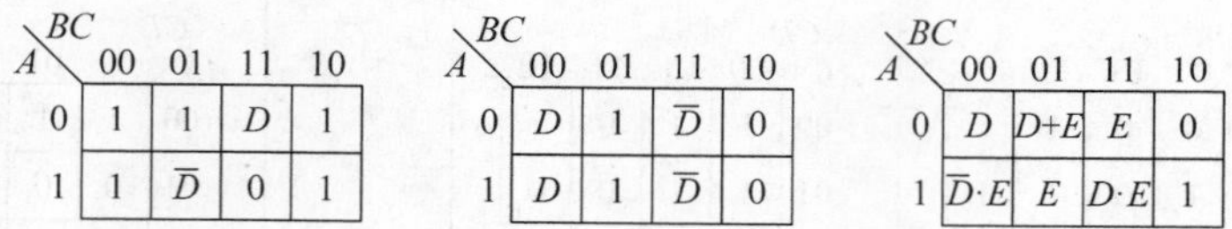

A \ BC	00	01	11	10
0	1	1	D	1
1	1	$\overline{D}$	0	1

A \ BC	00	01	11	10
0	D	1	$\overline{D}$	0
1	D	1	$\overline{D}$	0

A \ BC	00	01	11	10
0	D	$D+E$	E	0
1	$\overline{D}\cdot E$	E	$D\cdot E$	1

图 1.90 包含输入变量的多变量卡诺图(1)

思考与练习 35 如图 1.91 所示,化简下面包含输入变量的多变量卡诺图,并用 POS 和 SOP 表达式表示。

AB \ CD	00	01	11	10
00	1	1	D	D
01	1	D	D	D
11	1	D	D	0
10	1	1	0	0

AB \ CD	00	01	11	10
00	1	1	1	1
01	0	D	D	D
11	0	1	1	0
10	0	$\overline{D}$	$\overline{D}$	0

AB \ CD	00	01	11	10
00	$\overline{D}$	1	1	E
01	$\overline{D}\cdot E$	$\overline{D}$	1	$D\cdot\overline{E}$
11	E	0	D	$D+E$
10	$\overline{D}$	1	1	E

图 1.91 包含输入变量的多变量卡诺图(2)

思考与练习 36 如图 1.92 所示,化简下面包含无关项和输入变量的多变量卡诺图,并用 POS 和 SOP 表达式表示。

A \ BC	00	01	11	10
0	1	ϕ	D	1
1	1	$\overline{D}$	ϕ	1

A \ BC	00	01	11	10
0	D	1	$\overline{D}$	0
1	ϕ	ϕ	$\overline{D}$	ϕ

A \ BC	00	01	11	10
0	D	$D+E$	E	ϕ
1	$\overline{D}\cdot E$	E	ϕ	1

图 1.92 包含无关项和输入变量的多变量卡诺图(1)

思考与练习 37 如图 1.93 所示,化简下面包含无关项和输入变量的多变量卡诺图,并用 POS 和 SOP 表达式表示。

AB \ CD	00	01	11	10
00	ϕ	1	$\overline{D}$	D
01	1	D	ϕ	D
11	1	ϕ	$\overline{D}$	0
10	1	ϕ	1	ϕ

AB \ CD	00	01	11	10
00	1	ϕ	ϕ	1
01	0	D	D	D
11	ϕ	1	1	0
10	0	$\overline{D}$	$\overline{D}$	0

AB \ CD	00	01	11	10
00	$\overline{D}$	1	ϕ	E
01	$\overline{D}\cdot E$	$\overline{D}$	1	$D\cdot E$
11	ϕ	0	ϕ	1
10	$\overline{D}$	1	1	E

图 1.93 包含无关项和输入变量的多变量卡诺图(2)

1.7 毛刺产生及消除

传播延迟不仅限制电路工作的速度，它们也会在输出端引起不期望的多余跳变，这些多余的跳变，称为“毛刺”。当其中一个信号发生改变时，这将给信号提供两条或更多的流过电路的路径，并且其中一条路径的延迟时间比其他路径长。当多个信号路径在输出门重组时，这个在一条路径上增加的时间延迟会产生毛刺。如图 1.94(a)所示，当一个输入信号通过两条路径或多条路径驱动的一个输出，其中一条路径有反相器而另外一条没有时，通常会出现非对称的延迟。

如图 1.94(b)所示，这个毛刺(输出端 Y 的 1-0-1 跳变)和反相器有相同的延迟。

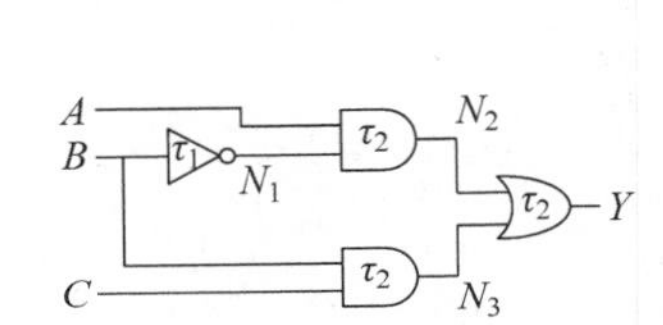

(a) 包含反相器会产生毛刺的组合逻辑结构

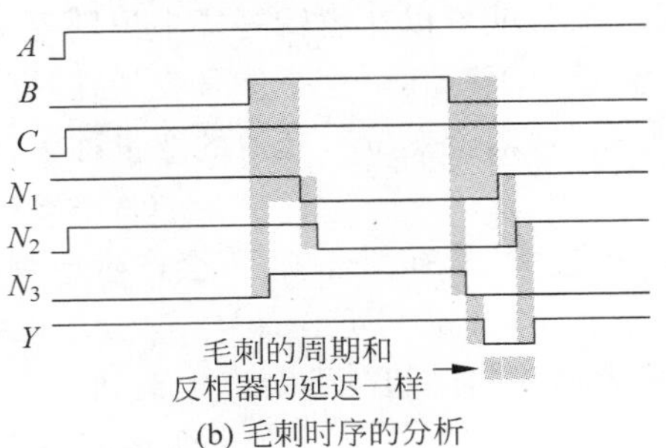

(b) 毛刺时序的分析

图 1.94 毛刺生成逻辑结构和时序分析

所有的逻辑门都会对输入逻辑信号添加一些延迟，延迟量由它们的结构和输出时延决定。如图 1.94 所示，反相器比其他的门(由 τ_2 表示)具有更高的时延(由 τ_1 表示)。这个精心设计的例子使用了一个较长的反相器延迟来清楚地表示反相器在产生输出毛刺时的作用。

不管延迟时间是多少，都会有毛刺产生。仔细观察这个时序图，可以清楚地知道反相器时延如何与输出毛刺相关联。

如图 1.95 所示，当一个输入用于两个乘积项(或者和之积等式的两个和项)，以及在其中一项中有反相器而另一项中没有反相器时，将会产生毛刺。在该卡诺图中，两个圆圈决定了最小逻辑表达式。$B \cdot C$ 独立于 A，即如果 B 和 C 都是“1”时，那么不管 A 怎么变化输出都为“1”。同样，$A \cdot \overline{B}$ 也是独立于 C 的，即如果 A 是“1”且 B 是“0”时，不管 C 怎么变化输出都是“1”。但是，假若 A 是“1”，且 C 是“1”时，输出总是“1”，且和 B 无关。但是，没有任何一个驱动输出的信号项独立于 B。这是问题所在之处，当 A 和 C 都是“1”时，两种不同的积项使输出保持为“1”，即一种是当 B 为“1”($B \cdot C$)；另一种是当 B 为“0”($A \cdot \overline{B}$)。所以，当 B 变化时，两种不同的乘积项必须在输出时重组以保持输出为高，这就是引起毛刺的原因。

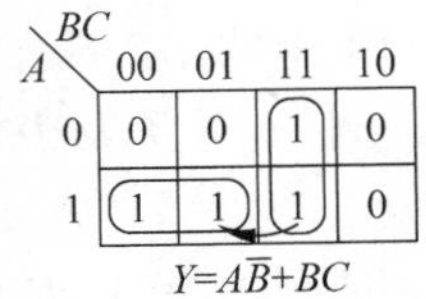

图 1.95 毛刺的卡诺图表示

可以通过原理图、卡诺图或者是逻辑等式，验证电路产生毛刺。在原理图中，输入后面有多条到达输出的路径，并且其中一条有反相器而其他路径没有就会产生毛刺。在卡诺图中，假如画的圈是相邻的但不重叠，那么那些没有被圈圈住的相邻项将有可能产生短时脉冲干扰。如图 1.96 所示，只有图 1.96(a)将会产生毛刺，而图 1.96(b)和图 1.96(c)不会产生毛刺。

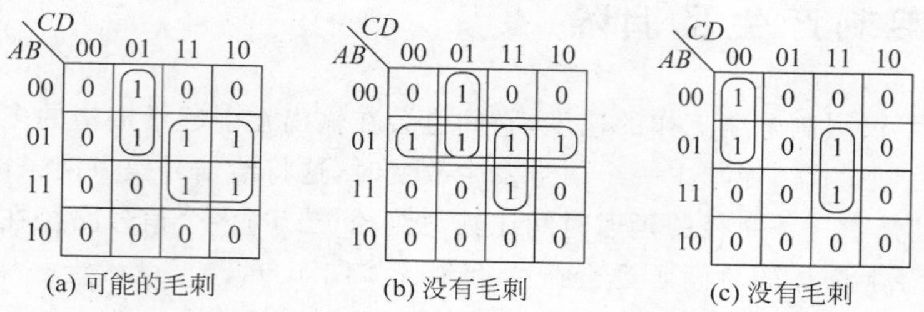

图 1.96　毛刺的卡诺图分析

如果两项或更多的项包含了同一个逻辑信号，并且这个信号在一项中取反，但在其他项不取反，那么就可以在逻辑等式中识别毛刺。为讨论这个问题，每一对包含一个信号变量的项称为"耦合项"，其中这个信号变量在其中一项里取反在另一项里不取反，这个取反/不取反的变量是"耦合变量"，其他的变量称为"残留项"。下面给出例子

$$X=(A+\overline{B})\cdot(A+C)\cdot(\overline{B}+C)$$

该逻辑表达式，没有耦合项，不会产生毛刺。

$$X=A\cdot\overline{B}+\overline{A}\cdot C$$

该逻辑表达式，有耦合项，会产生毛刺。

$$X=\overline{A}\cdot\overline{C}+A\cdot B+\overline{B}\cdot C$$

该逻辑表达式，有耦合项，会产生毛刺。

在某些应用中，当耦合变量改变状态时，期望清除毛刺以保持输出稳定。如图 1.97 所示，只有当 B 和 C 同时为高才会使 Y 产生毛刺。这种情况可以推广，对于毛刺的产生，一个逻辑电路必须对驱动所有输入到适当的水平的耦合变量"很敏感"，这样就只有耦合变量可以影响输出。在一个 SOP 电路中，这意味着除了耦合输入外的所有的输入必须被驱动到"1"，这样它们对第一级与门的输出就不会产生影响。

这种情况为逻辑电路消除毛刺提供了一个直观的方法，即将所有多余的输入信号组合到一个新的第一级的逻辑输入(例如 SOP 电路的与门)，并将这个新增加的门添加到电路中。例如，逻辑表达式

$$F=\overline{A}\cdot B+A\cdot C$$

耦合项是 A，多余项可以组合成 $B\cdot C$ 项的形式，将这项添加到电路组成方程式 $F=\overline{A}\cdot B+A\cdot C+B\cdot C$。如图 1.97 所示，这个逻辑等式的卡诺图，原等式是最小逻辑表达式，为了不产生毛刺，在最小逻辑表达式中添加了一个冗余项。

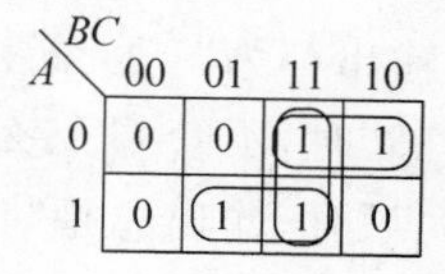

图 1.97　添加冗余项消除毛刺

总是这样，即消除毛刺需要一个更大的具有冗余逻辑项的电路。实际中，大多数设计都偏向于设计一个最小电路，并用其他方法(后面的模型中讨论)处理毛刺。也许最好的教学是意识到在一般情况下，组合电路的输入无论何时变化，都可能产生毛刺(至少，在未证明之前)。

在如图 1.96(a)所示的问题中，原始的 SOP 表达式画圈并没有重叠，这就是毛刺潜在的特点。当增加了冗余项的圈时，每个圈至少重叠其他一项，那就不会产生毛刺。

如图 1.96(c)所示，如果在不相邻的卡诺图单元中存在不重叠的圈，即没有耦合项，没

有耦合变量，那就不可能增加一个或多个圈使所有的圈至少有一个和其他的圈重叠。在这样的情况下，信号输入改变不会引起毛刺。在这种类型的电路中，两个或更多的输入可能"在同一时刻"直接改变状态。该图所表示的方程式为

$$F=\overline{A}\cdot\overline{C}\cdot\overline{D}+B\cdot C\cdot D$$

在电路中，可能希望所有的输入同时从"0"变化到"1"。作为响应，输出保持连续为"1"。实际中，不可能同时改变所有的输入（至少，在一个皮秒内）。因此，输出会在输入信号不同时变化的时间段出现毛刺跳变。像这样的不期望的跳变不能通过增加多余项消除。当然，必须通过重定义电路或采样进行处理。在这里，将进一步处理由于多输入变化引起的不期望的输出跳变。

到目前为止，大部分讨论的毛刺都是关于 SOP 的电路。但是，POS 的电路现象也是一样的。POS 电路出现毛刺的原因与 SOP 电路（到达多输入门的一个输入的不对称的路径延迟）一样。正如所期望的，需要的条件相似，但是和 SOP 情况不完全相同。

这些简单的实验证明了门延迟对数字电路的基本影响，即输入的跳变可能产生输出毛刺，通过不对称电路路径延迟提供输入形成输出。在更一般的情况下，任何时候一个输入通过两个不同的电路路径，并且这两个路径在电路的"下游"节点重组，就可能产生像毛刺一样的时间问题。再者，这里是为了意识到信号在逻辑电路中传输消耗时间，不同的电路路径具有不同的延迟。在某些特定的情况下，这些不同的延迟可能出现问题。

思考与练习 38 请分析下面的逻辑表达式，是否会产生毛刺以及能否消除毛刺。

$$Y=\overline{A}\cdot B+A\cdot C$$

1.8 数字码制表示和转换

本节将介绍不同数字码制的表示以及不同码制之间的转换方法。

1.8.1 数字码制表示

正如前面所介绍的那样，数字逻辑工作在开关状态下，即二进制状态。为了满足不同的运算需求，人们又定制了使用八进制、十进制和十六进制表示数字的规则，其中十进制是日常生活中经常使用的一种表示数字的方法。

1. 二进制码制

二进制是以 2 为基数的进位制，即逢 2 进位；在二进制中，0 和 1 是基本的数字。现代的电子计算机全部采用二进制体系。因为只使用 0 和 1 两个数字符号，所以非常简单方便，易于用半导体元器件实现。

2. 十进制码制

十进制是以 10 为基数的进位制，即逢 10 进位。在十进制表示的数字中，只出现 0～9 这十个数字，0～9 的数字组合就可以用于表示任何一组数字。用十进制码制表示的数字，其运算规律满足"逢十进一"的规则。

3. 八进制码制

八进制是以 8 为基数的进位制，即逢 8 进位。在八进制表示的数字中，只使用数字 0～7。从二进制的数转换到八进制的数，可以将 3 个连续的数字拼成 1 组，再独立转成八进制的数

字。例如$(74)_{10}$即为二进制的 1001010,3 个二进制位为 1 组变成 1,001,010,表示为$(112)_8$。

4. 十六进制码制

十六进制是以 16 为基数的进位制,即逢 16 进位。在十六进制表示的数字中,用数字 0～9 和字母 A～F 表示(其中: A～F 对应于十进制数的 10～15)。

表 1.20 给出了不同进制数之间的对应关系。这种对应关系,只限制在非负的整数范围。对于负数整数的描述,将在后面介绍加法器时,进行详细的说明。

表 1.20 不同进制数之间的对应关系

十进制数	二进制数	八进制数	十六进制数
0	0000	0	0
1	0001	1	1
2	0010	2	2
3	0011	3	3
4	0100	4	4
5	0101	5	5
6	0110	6	6
7	0111	7	7
8	1000	10	8
9	1001	11	9
10	1010	12	A
11	1011	13	B
12	1100	14	C
13	1101	15	D
14	1110	16	E
15	1111	17	F
16	1,0000	20	10
17	1,0001	21	11
18	1,0010	22	12
19	1,0011	23	13
20	1,0100	24	14

为了方便理解,下面说明不同进制的表示方法:

(1) 对于一个四位十进制数 7531,用 10 的幂表示为

$$7\times10^3+5\times10^2+3\times10^1+1\times10^0$$

(2) 对于一个五位二进制数 10101,用 2 的幂表示为

$$1\times2^4+0\times2^3+1\times2^2+0\times2^1+1\times2^0$$

其等效于十进制数 21。

(3) 对于一个四位十六进制数 13AF,用 16 的幂表示为

$$1\times16^3+3\times16^2+10(\text{等效于 A})\times16^1+15(\text{等效于 F})\times16^0$$

其等效于十进制数 5039。

推广总结：

(1) 对于一个 N 位的 2 进制数，最低位为第 0 位，最高位为第 $N-1$ 位。其计算公式为

$$Y = S_{N-1} \cdot 2^{N-1} + S_{N-2} \cdot 2^{N-2} + \cdots + S_1 \cdot 2^1 + S_0$$

其中，S_i 为第 i 位二进制数的值，取值范围为 0 或者 1；2^i 为第 i 位二进制数的权值；Y 为等效的十进制数。

(2) 对于一个 N 位的 16 进制数，最低位为第 0 位，最高位为第 $N-1$ 位。其计算公式为

$$Y = S_{N-1} \cdot 16^{N-1} + S_{N-2} \cdot 16^{N-2} + \cdots + S_1 \cdot 16^1 + S_0$$

其中，S_i 为第 i 位十六进制数的值，取值范围为 0～9，A～F；16^i 为第 i 位十六进制数的权值；Y 为等效的十进制数。

前面介绍了对于 10 进制整数，使用其他进制表示的方法。那么，对于一个十进制的小数，又该如何表示呢?

(1) 对于一个三位十进制小数 0.714，用 10 的幂表示为

$$7 \times 10^{-1} + 1 \times 10^{-2} + 4 \times 10^{-3}$$

(2) 对于一个五位二进制小数 0.10101，用 2 的幂表示为

$$1 \times 2^{-1} + 0 \times 2^{-2} + 1 \times 2^{-3} + 0 \times 2^{-4} + 1 \times 2^{-5}$$

其等效于十进制小数 0.65625。

推广总结：

(1) 对于一个 N 位的 2 进制小数，最高位为第 0 位，最低位为第 $N-1$ 位。其计算公式为

$$Y = S_0 \cdot 2^{-1} + S_1 \cdot 2^{-2} + \cdots + S_{N-2} \cdot 2^{-(N-1)} + S_{N-1} \cdot 2^{-N}$$

其中，S_i 为第 i 位二进制小数的值，取值范围为 0 或者 1；$2^{-(i+1)}$ 为第 i 位二进制小数的权值；Y 为等效的十进制小数。

从上面可以看出，二进制整数和二进制小数的区别是二进制整数的权值为整数，而二进制小数的权值为小数。

对于一个即包含整数又包含小数的二进制数来说，就是将整数部分和小数部分分别用整数二进制计算公式和小数二进制计算公式表示。

1.8.2 数字码制转换

整数部分，把十进制转成二进制一直分解至商数为 0。从最低左边数字开始读，之后读右边的数字，从下读到上。小数部分，则用其乘 2，取其整数部分的结果，再用计算后的小数部分依此重复计算，算到小数部分全为 0 为止，之后读所有计算后整数部分的数字，从上读到下。

1. 将十进制数 59.8125 转成二进制

1) 整数部分的计算方法

$59 \div 2 = 29 \cdots 1$ （前面表示商，后面表示余数）

$29 \div 2 = 14 \cdots 1$

$14 \div 2 = 7 \cdots 0$

$7 \div 2 = 3 \cdots 1$

$$3 \div 2 = 1 \cdots 1$$
$$1 \div 2 = 0 \cdots 1$$

即整数部分59的二进制是111011。

2）小数部分的计算方法

0.8125 * 2 = 1.625	取整是1
0.625 * 2 = 1.25	取整是1
0.25 * 2 = 0.5	取整是0
0.5 * 2 = 1.0	取整是1

即0.8125的二进制是0.1101(第一次所得到为最高位,最后一次得到为最低位)。因此,$(59.8125)_{10}=(111011.1101)_2$。

2. 十进制数487710转成十六进制数的计算方法

$$4877 \div 16 = 304 \cdots 13(D)$$
$$304 \div 16 = 19 \cdots 0$$
$$19 \div 16 = 1 \cdots 3$$
$$1 \div 16 = 0 \cdots 1$$

因此,$(4877)_{10}=(130D)_{16}$

注：还有更简单的方法,通过比较权值,可以直接求取。请读者自行推导。

思考与练习39 完成下面整数的转换(使用最少的位数)：

(1) $(35)_{10}=(\_\_\_\_\_\_)_2=(\_\_\_\_\_\_)_{16}=(\_\_\_\_\_\_)_8$

(2) $(213)_{10}=(\_\_\_\_\_\_)_2=(\_\_\_\_\_\_)_{16}=(\_\_\_\_\_\_)_8$

(3) $(1034)_{10}=(\_\_\_\_\_\_)_2=(\_\_\_\_\_\_)_{16}=(\_\_\_\_\_\_)_8$

思考与练习40 完成下面定点数的转换(使用最少的位数)：

(1) $(13.076)_{10}=(\_\_\_\_\_\_)_2$

(2) $(247.0678)_{10}=(\_\_\_\_\_\_)_2$

1.9 组合逻辑电路

从前面的逻辑表达式的化简过程可以很清楚地知道下面的事实,即不管数字系统有多复杂,总可以用SOP或者POS的表达式表示。

我们都知道人的大脑具有复杂的推理和记忆功能,人的大脑可以指挥人的四肢进行工作。人是在不断地记忆新知识的过程中成长的。数字系统和人的大脑和四肢有些相似,即一个完整的数字系统应该包含有推理部分,又应该包含有记忆部分,还有执行部分。在数字系统中,所谓的推理和执行部分称之为组合逻辑电路；而记忆部分称之为时序逻辑电路。

组合逻辑电路是一种逻辑电路,即它任一时刻的输出,只与当前时刻逻辑输入变量的取值有关。图1.98给出了组合逻辑电路的结构原理,图中组合逻辑电路的输入和输出可以用下面的关系描述

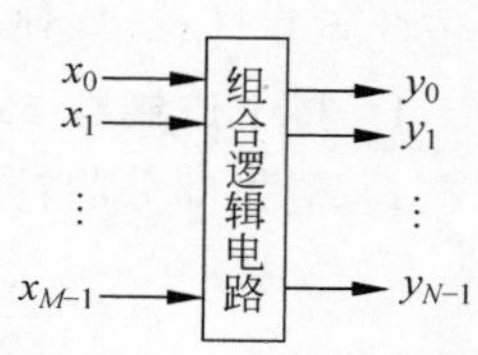

图1.98 组合逻辑电路原理

$$y_0 = f_0(x_0, x_1, \cdots, x_{M-1})$$
$$y_1 = f_1(x_0, x_1, \cdots, x_{M-1})$$
$$\vdots$$
$$y_{N-1} = f_{N-1}(x_0, x_1, \cdots, x_{M-1})$$

其中，$x_0, x_1, \cdots, x_{M-1}$为 M 个逻辑输入变量；$y_0, y_1, \cdots, y_{N-1}$为 N 个逻辑输出变量；$f_0()$，$f_1(), \cdots, f_{N-1}()$表示 M 个输入和 N 个输出的布尔逻辑表达式。

换句话说，如果我们可以通过测试仪器确定输入和输出逻辑变量的关系，就可以通过真值表描述它们之间的关系；然后，通过卡诺图化简，就可以得到 $f_0(), f_1(), \cdots, f_{N-1}()$所表示的逻辑关系。

时序逻辑电路是一种特殊的逻辑电路，即它任何一个时刻的输出，不仅与当前时刻逻辑输入变量的取值有关，而且还和前一时刻的输出状态有关。其具体的原理将在后面详细说明。

典型地，组合逻辑电路包含编码器、译码器、数据选择器、数据比较器、加法器、减法器和乘法器。

1.9.1 编码器

在数字系统中，编码器用于对原始逻辑信息进行变换，例如8-3线编码器。

本节将以74LS148 8-3线编码器为例，说明编码器的实现原理。图1.99给出了74LS148编码器的符号描述。其中，E_I（芯片上的第5个引脚）为选通输入端，低电平有效。E_O（芯片的第15引脚）为选通输出端，高电平有效。GS（芯片的第14引脚）为组选择输出有效信号，用作片优先编码输出端。当EI有效，并且有优先编码输入时，该引脚输出为低。A_0、A_1、A_2（芯片的第9、7和6引脚）为编码输出端，低电平有效。

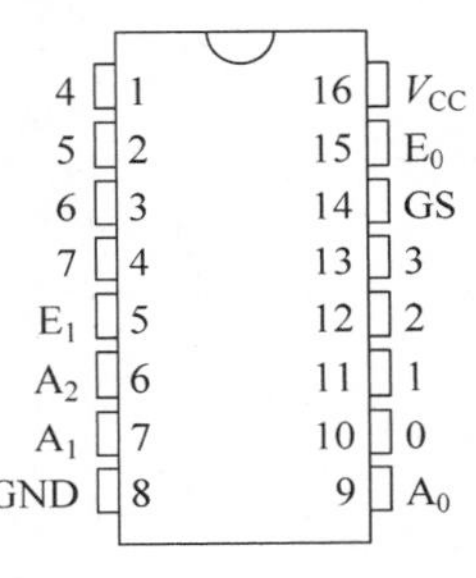

图1.99 编码器符号

表1.21给出了编码器的真值表描述，表中X表示无关项。下面对该表的逻辑功能进行分析：

（1）当 E_I 为低有效时，编码器才能正常工作。

（2）74LS148输入端优先级别的次序依次为7,6,…,0；当某一输入端有低电平输入，且比它优先级别高的输入端没有低电平输入时，输出端才输出相应该输入端的代码。例如，当输入5为逻辑0，且输入6和输入7为逻辑高时，则此时输出代码010，为5(101)的反码表示。

表1.21 8-3线编码器的真值表

E_I	0	1	2	3	4	5	6	7	A_2	A_1	A_0	GS	E_O
1	X	X	X	X	X	X	X	X	1	1	1	1	1
0	1	1	1	1	1	1	1	1	1	1	1	1	0
0	X	X	X	X	X	X	X	0	0	0	0	0	1
0	X	X	X	X	X	X	0	1	0	0	1	0	1
0	X	X	X	X	X	0	1	1	0	1	0	0	1
0	X	X	X	X	0	1	1	1	0	1	1	0	1
0	X	X	X	0	1	1	1	1	1	0	0	0	1
0	X	X	0	1	1	1	1	1	1	0	1	0	1
0	X	0	1	1	1	1	1	1	1	1	0	0	1
0	0	1	1	1	1	1	1	1	1	1	1	0	1

注：表中X表示无关项。

对表 1.21 的真值表使用布尔代数进行化简，得到下面的逻辑表达式

$$A_0 = \overline{(\overline{1} \cdot 2 \cdot 4 \cdot 6 + \overline{3} \cdot 4 \cdot 6 + \overline{5} \cdot 6 + \overline{7}) \cdot \overline{E}_1}$$

$$A_1 = \overline{(\overline{2} \cdot 4 \cdot 5 + \overline{3} \cdot 4 \cdot 5 + \overline{6} + \overline{7}) \cdot \overline{E}_1}$$

$$A_2 = \overline{(\overline{4} + \overline{5} + \overline{6} + \overline{7}) \cdot \overline{E}_1}$$

$$E_0 = \overline{0 \cdot 1 \cdot 2 \cdot 3 \cdot 4 \cdot 5 \cdot 6 \cdot 7 \cdot \overline{E}_1}$$

$$GS = \overline{E_0 \cdot \overline{E}_1}$$

图 1.100 给出了 74LS148 8-3 线编码器的内部逻辑结构。

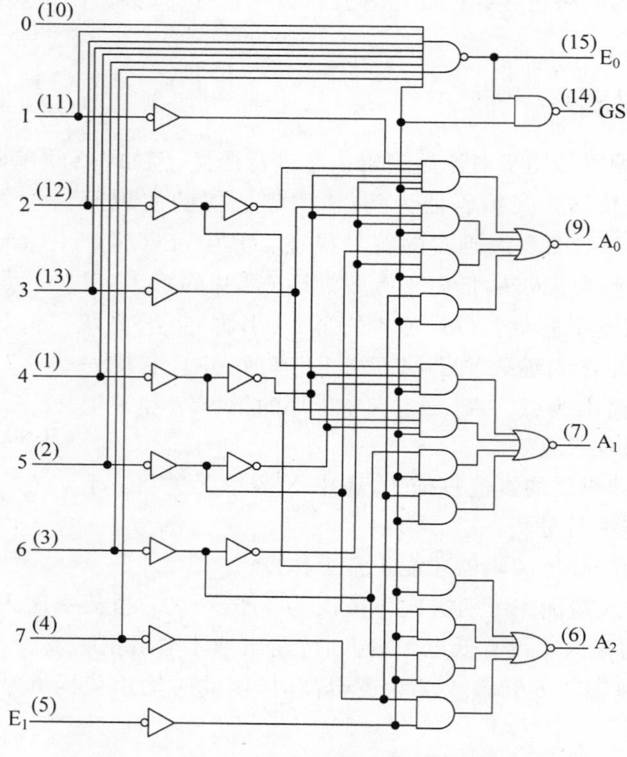

图 1.100　74LS148 8-3 线编码器内部结构

1.9.2　译码器

译码器是电子技术中一种多输入多输出的组合逻辑电路，负责将二进制代码翻译为特定的对象(如逻辑电平等)，功能与编码器相反。典型的如 3-8 译码器，7 段码译码器。

1. 3-8 译码器

本节将介绍 74LS138 3-8 译码器的实现原理。图 1.101 给出了 74LS138 译码器的符号描述。表 1.22 给出了编码器的真值表描述。编码从 C，B，A 引脚输入。输出 $Y_7 \sim Y_0$ 用来表示输入编码的组合。在一个时刻输出引脚 $Y_7 \sim Y_0$ 中只有一位为低，其余输出均为高，即当 $CBA = n$ 时，$n \subseteq \{0,1,2,3,4,5,6,7\}$，输出满足

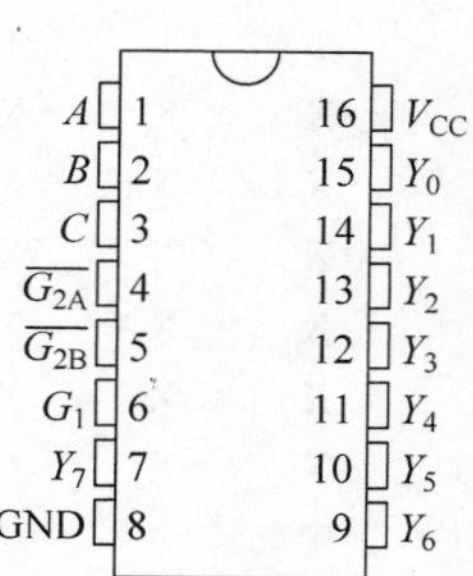

图 1.101　74LS138 符号

表 1.22 74LS138 译码器的真值表

G_1	G_{2A}	G_{2B}	C	B	A	Y_0	Y_1	Y_2	Y_3	Y_4	Y_5	Y_6	Y_7
X	1	X	X	X	X	1	1	1	1	1	1	1	1
X	X	1	X	X	X	1	1	1	1	1	1	1	1
0	X	X	X	X	X	1	1	1	1	1	1	1	1
1	0	0	0	0	0	0	1	1	1	1	1	1	1
1	0	0	0	0	1	1	0	1	1	1	1	1	1
1	0	0	0	1	0	1	1	0	1	1	1	1	1
1	0	0	0	1	1	1	1	1	0	1	1	1	1
1	0	0	1	0	0	1	1	1	1	0	1	1	1
1	0	0	1	0	1	1	1	1	1	1	0	1	1
1	0	0	1	1	0	1	1	1	1	1	1	0	1
1	0	0	1	1	1	1	1	1	1	1	1	1	0

$$Y_n = 0,\quad Y_m = 1,\quad m \subseteq \{0,1,2,3,4,5,6,7\} \text{ 且 } m \neq n$$

从表 1.22 可以看出，74LS138 译码器正常工作的前提条件是 $G_1=1,\overline{G}_{2A}=0,\overline{G}_{2B}=0$ 同时有效。

根据表 1.22 给出的 3-8 译码器的真值表，通过化简得到输出 $Y_0 \sim Y_7$ 的逻辑表达式为

$$Y_0 = \overline{(G_1 \cdot \overline{G_{2A}} \cdot \overline{G_{2B}}) \cdot \overline{C} \cdot \overline{B} \cdot \overline{A}}$$

$$Y_1 = \overline{(G_1 \cdot \overline{G_{2A}} \cdot \overline{G_{2B}}) \cdot \overline{C} \cdot \overline{B} \cdot A}$$

$$Y_2 = \overline{(G_1 \cdot \overline{G_{2A}} \cdot \overline{G_{2B}}) \cdot \overline{C} \cdot B \cdot \overline{A}}$$

$$Y_3 = \overline{(G_1 \cdot \overline{G_{2A}} \cdot \overline{G_{2B}}) \cdot \overline{C} \cdot A \cdot B}$$

$$Y_4 = \overline{(G_1 \cdot \overline{G_{2A}} \cdot \overline{G_{2B}}) \cdot C \cdot \overline{B} \cdot \overline{A}}$$

$$Y_5 = \overline{(G_1 \cdot \overline{G_{2A}} \cdot \overline{G_{2B}}) \cdot C \cdot \overline{B} \cdot A}$$

$$Y_6 = \overline{(G_1 \cdot \overline{G}_{2A} \cdot \overline{G}_{2B}) \cdot C \cdot B \cdot \overline{A}}$$

$$Y_7 = \overline{(G_1 \cdot \overline{G_{2A}} \cdot \overline{G_{2B}}) \cdot C \cdot B \cdot A}$$

图 1.102 给出了 74LS138 译码器的内部结构图。

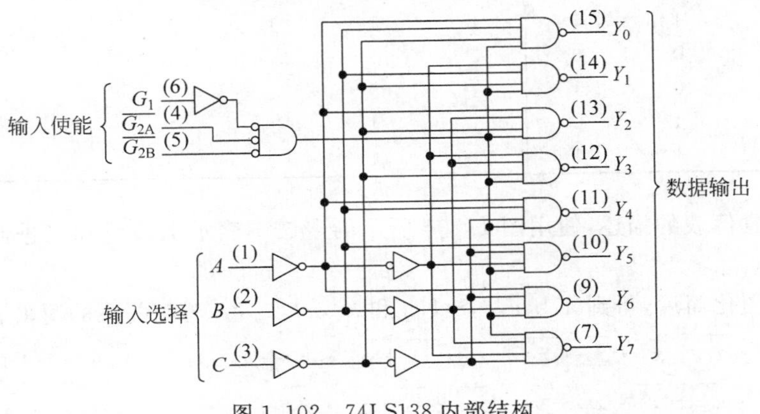

图 1.102 74LS138 内部结构

2. 七段码编码器

七段数码管亮灭控制的最基本原理就是当有电流流过七段数码管a,b,c,d,e,f,g的某一段时,该段就发光。图1.103给出了共阴极七段数码管的控制原理。当:

(1) $V_{CA}-V_{公共端}<V_{th}$时,a段灭;否则,a段亮。

(2) $V_{CB}-V_{公共端}<V_{th}$时,b段灭;否则,b段亮。

(3) $V_{CC}-V_{公共端}<V_{th}$时,c段灭;否则,c段亮。

(4) $V_{CD}-V_{公共端}<V_{th}$时,d段灭;否则,d段亮。

(5) $V_{CE}-V_{公共端}<V_{th}$时,e段灭;否则,e段亮。

(6) $V_{C}-V_{公共端}<V_{th}$时,f段灭;否则,f段亮。

(7) $V_{CG}-V_{公共端}<V_{th}$时,g段灭;否则,g段亮。

注:V_{th}为七段数码管各段的门限电压。

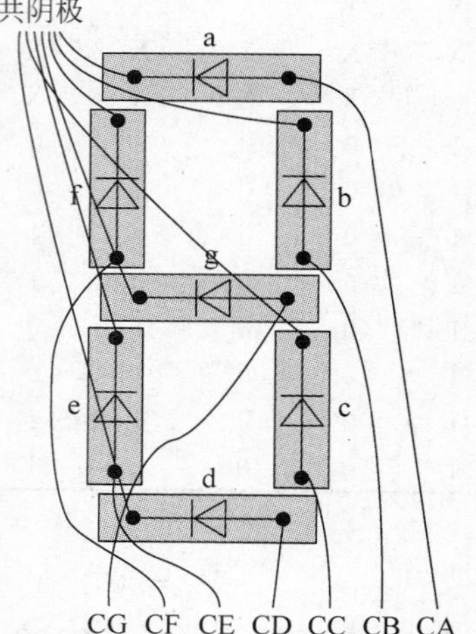

图1.103 共阴极七段数码管原理

控制七段数码管显示不同的数字和字母时,只要给不同段的阳极高电平即可。下面将设计二进制码到七段码转换的逻辑电路。该逻辑电路将二进制数所表示的数字或字符,显示在七段数码管上。表1.23给出了二进制码编码为七段码的真值表描述。

表1.23 二进制码到七段码转换的真值表

x_3	x_2	x_1	x_0	g	f	e	d	c	b	a
0	0	0	0	0	1	1	1	1	1	1
0	0	0	1	0	0	0	0	1	1	0
0	0	1	0	1	0	1	1	0	1	1
0	0	1	1	1	0	0	1	1	1	1
0	1	0	0	1	1	0	0	1	1	0
0	1	0	1	1	1	0	1	1	0	1
0	1	1	0	1	1	1	1	1	0	1
0	1	1	1	0	0	0	0	1	1	1
1	0	0	0	1	1	1	1	1	1	1
1	0	0	1	1	1	0	1	1	1	1
1	0	1	0	1	1	1	0	1	1	1
1	0	1	1	1	1	1	1	1	0	0
1	1	0	0	0	1	1	1	0	0	1
1	1	0	1	1	0	1	1	1	1	0
1	1	1	0	1	1	1	1	0	0	1
1	1	1	1	1	1	1	0	0	0	1

根据这个真值表的描述,使用图1.104所示的卡诺图表示七段码和二进制码的对应关系,并进行化简。

使用卡诺图化简后,得到a,b,c,d,e,f,g和x_3,x_2,x_1,x_0对应关系的逻辑表达式为

$$a=\overline{x_2}\cdot\overline{x_0}+x_3\cdot\overline{x_2}\cdot\overline{x_1}+x_3\cdot\overline{x_0}+x_2\cdot x_1+\overline{x_3}\cdot x_1+\overline{x_3}\cdot x_2\cdot x_0$$

$$b=\overline{x_3}\cdot\overline{x_2}+\overline{x_2}\cdot\overline{x_1}+\overline{x_2}\cdot\overline{x_0}+\overline{x_3}\cdot x_1\cdot x_0+x_3\cdot\overline{x_1}\cdot x_0+\overline{x_3}\cdot\overline{x_1}\cdot\overline{x_0}$$

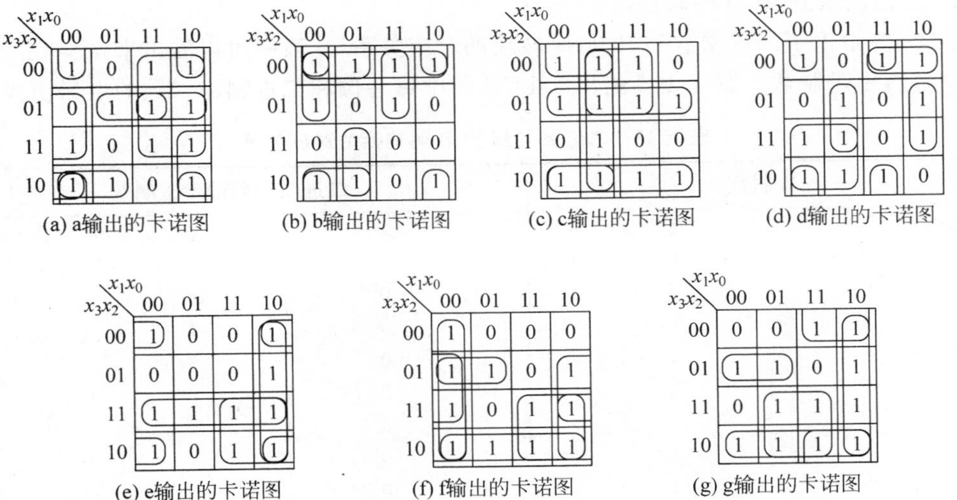

图 1.104　7段码逻辑的卡诺图化简

$$c = \overline{x_2} \cdot \overline{x_1} + x_3 \cdot \overline{x_2} + \overline{x_1} \cdot x_0 + \overline{x_3} \cdot x_2 + \overline{x_3} \cdot x_0$$

$$d = \overline{x_2} \cdot \overline{x_1} \cdot \overline{x_0} + x_3 \cdot \overline{x_1} + \overline{x_2} \cdot x_1 \cdot x_0 + x_2 \cdot \overline{x_1} \cdot x_0 + \overline{x_3} \cdot \overline{x_2} \cdot x_1 + x_2 \cdot x_1 \cdot \overline{x_0}$$

$$e = \overline{x_2} \cdot \overline{x_0} + x_1 \cdot \overline{x_0} + x_3 \cdot x_2 + x_3 \cdot x_1$$

$$f = \overline{x_1} \cdot \overline{x_0} + x_3 \cdot \overline{x_2} + x_3 \cdot x_1 + \overline{x_3} \cdot x_2 \cdot \overline{x_1} + \overline{x_0} \cdot x_2$$

$$g = \overline{x_2} \cdot x_1 + x_1 \cdot \overline{x_0} + x_3 \cdot \overline{x_2} + x_3 \cdot x_0 + \overline{x_3} \cdot x_2 \cdot \overline{x_1}$$

1.9.3　码转换器

本节将学习码转换器的实现。典型的如格雷码转换器和二进制数到BCD码的转换器。

1. 格雷码转换器

Gray(格雷码)的编码特点是相邻的两个编码中，只有一位不同。表1.24给出了二进制码和相对应的格雷码的真值表表示。

表 1.24　二进制码对应的 Gray 码真值表映射关系

x_3	x_2	x_1	x_0	g_3	g_2	g_1	g_0	x_3	x_2	x_1	x_0	g_3	g_2	g_1	g_0
0	0	0	0	0	0	0	0	1	0	0	0	1	1	0	0
0	0	0	1	0	0	0	1	1	0	0	1	1	1	0	1
0	0	1	0	0	0	1	1	1	0	1	0	1	1	1	1
0	0	1	1	0	0	1	0	1	0	1	1	1	1	1	0
0	1	0	0	0	1	1	0	1	1	0	0	1	0	1	0
0	1	0	1	0	1	1	1	1	1	0	1	1	0	1	1
0	1	1	0	0	1	0	1	1	1	1	0	1	0	0	1
0	1	1	1	0	1	0	0	1	1	1	1	1	0	0	0

对上面的真值表进行化简，得到二进制码到Gray码转换的逻辑表达式为

$$g_i = x_{i+1} \oplus x_i$$

2. 二进制数到 BCD 码转换器

表 1.25 给出了二进制数到 BCD 码转换的对应关系，从表中可以看出来，实际上就是十六进制数转十进制数。图 1.105 给出了 BCD 码中每一位和二进制输入数的卡诺图描述。

表 1.25 二进制数到 BCD 码转换的对应关系

二进制数					二进制编码的十进制数					
十六进制	b_3	b_2	b_1	b_0	p_4	p_3	p_2	p_1	p_0	BCD
0	0	0	0	0	0	0	0	0	0	00
1	0	0	0	1	0	0	0	0	1	01
2	0	0	1	0	0	0	0	1	0	02
3	0	0	1	1	0	0	0	1	1	03
4	0	1	0	0	0	0	1	0	0	04
5	0	1	0	1	0	0	1	0	1	05
6	0	1	1	0	0	0	1	1	0	06
7	0	1	1	1	0	0	1	1	1	07
8	1	0	0	0	0	1	0	0	0	08
9	1	0	0	1	0	1	0	0	1	09
A	1	0	1	0	1	0	0	0	0	10
B	1	0	1	1	1	0	0	0	1	11
C	1	1	0	0	1	0	0	1	0	12
D	1	1	0	1	1	0	0	1	1	13
E	1	1	1	0	1	0	1	0	0	14
F	1	1	1	1	1	0	1	0	1	15

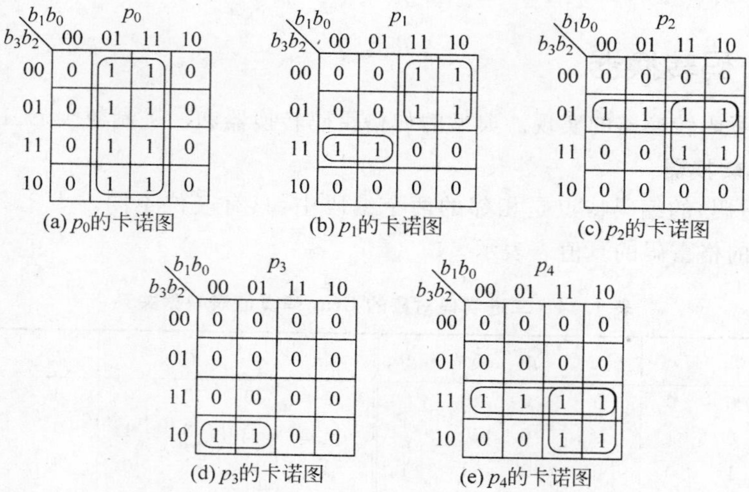

p_0

b_3b_2 \ b_1b_0	00	01	11	10
00	0	1	1	0
01	0	1	1	0
11	0	1	1	0
10	0	1	1	0

(a) p_0的卡诺图

p_1

b_3b_2 \ b_1b_0	00	01	11	10
00	0	0	1	1
01	0	0	1	1
11	1	1	0	0
10	0	0	0	0

(b) p_1的卡诺图

p_2

b_3b_2 \ b_1b_0	00	01	11	10
00	0	0	0	0
01	1	1	1	1
11	0	0	1	1
10	0	0	0	0

(c) p_2的卡诺图

p_3

b_3b_2 \ b_1b_0	00	01	11	10
00	0	0	0	0
01	0	0	0	0
11	0	0	0	0
10	1	1	0	0

(d) p_3的卡诺图

p_4

b_3b_2 \ b_1b_0	00	01	11	10
00	0	0	0	0
01	0	0	0	0
11	1	1	1	1
10	0	0	1	1

(e) p_4的卡诺图

图 1.105 逻辑的卡诺图化简

$$p_0 = b_0$$

$$p_1 = b_3 \cdot b_2 \cdot \overline{b}_1 + \overline{b}_3 \cdot b_1$$

$$p_2 = \overline{b}_3 \cdot b_2 + b_2 \cdot b_1$$

$$p_3 = b_3 \cdot \overline{b}_2 \cdot \overline{b}_1$$

$$p_4 = b_3 \cdot b_2 + b_3 \cdot b_1$$

1.9.4 数据选择器

在数字逻辑中，数据选择器也称为多路复用器，它从多个输入的逻辑信号中选择一个逻辑信号输出。

1. 多路复用器的实现原理

图 1.106 给出了 2-1 多路复用器的符号描述，表 1.26 给出了 2-1 多路复用器功能的真值表描述。使用图 1.107 所示的卡诺图对表 1.26 的逻辑功能进行化简，得到 2-1 多路复用器的最简逻辑表达式为

$$y = a \cdot \overline{s} + b \cdot s$$

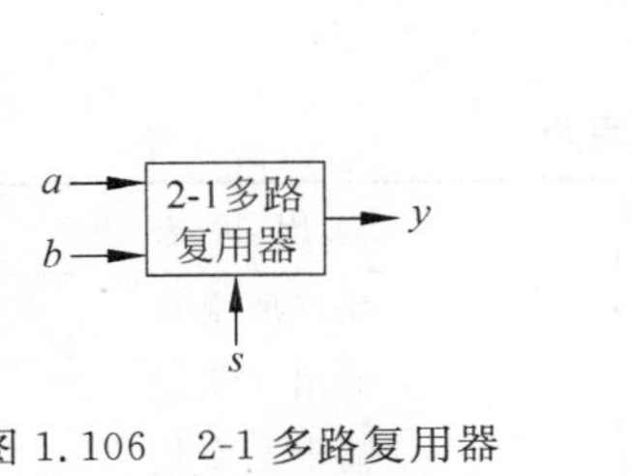

图 1.106 2-1 多路复用器符号描述

表 1.26 2-1 多路复用器真值表

s	a	b	y
0	0	0	0
0	0	1	0
0	1	0	1
0	1	1	1
1	0	0	0
1	0	1	1
1	1	0	0
1	1	1	1

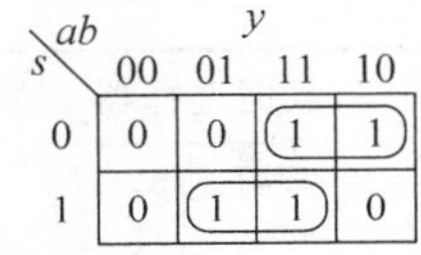

图 1.107 多路复用器的卡诺图映射

2. 4-1 多路复用器的实现原理

图 1.108 给出了 4-1 多路复用器的符号描述，表 1.27 给出了 4-1 多路复用器的真值表描述。下面使用三个 2-1 的多路复用器实现 4-1 多路复用器。图 1.109 给出了级联 2-1 多路复用器实现 4-1 多路复用器的内部结构。然后通过表 1.27 给出的 2-1 多路复用器的逻辑功能真值表得到 4-1 多路复用器的最简逻辑表达式为

$$v = c_0 \cdot \overline{s}_0 + c_1 \cdot s_0$$

$$w = c_2 \cdot \overline{s}_0 + c_3 \cdot s_0$$

$$z = v \cdot \overline{s}_1 + w \cdot s_1$$

得到：

$$\begin{aligned} z &= (c_0 \cdot \overline{s_0} + c_1 \cdot s_0) \cdot \overline{s_1} + (c_2 \cdot \overline{s_0} + c_3 \cdot s_0) \cdot s_1 \\ &= c_0 \cdot \overline{s_0} \cdot \overline{s_1} + c_1 \cdot s_0 \cdot \overline{s_1} + c_2 \cdot \overline{s_0} \cdot s_1 + c_3 \cdot s_0 \cdot s_1 \end{aligned}$$

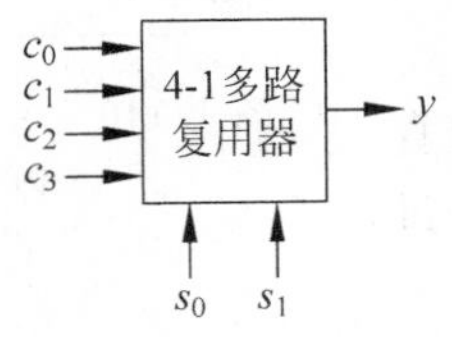

图 1.108 4-1 多路复用器符号描述

表 1.27 4-1 多路复用器真值表

s_1	s_0	y
0	0	c_0
0	1	c_1
1	0	c_2
1	1	c_3

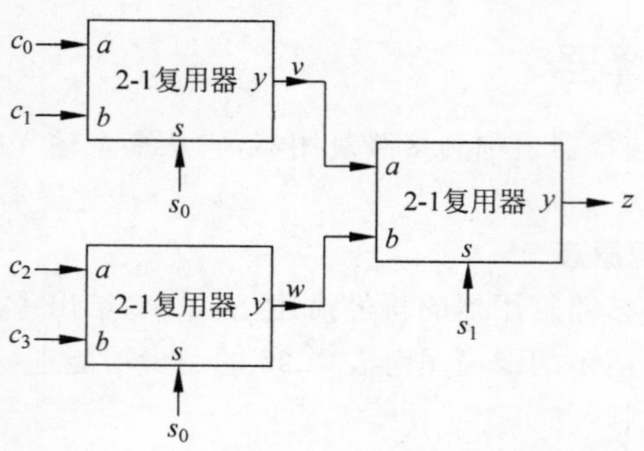

图 1.109　4-1 多路复用器的级联实现

3. 数据选择器集成电路

74LS00 系列集成电路提供了一些专用的数据选择器，表 1.28 给出了典型的数据选择器专用集成电路。

表 1.28　典型的数据选择器专用集成电路

数据选择器	功　能	输出状态
74LS157	四 2 选 1 数据选择器	输出原变量
74LS158	四 2 选 1 数据选择器	输出反变量
74LS153	双 4 选 1 数据选择器	输出原变量
74LS352	双 4 选 1 数据选择器	输出反变量
74LS151	8 选 1 数据选择器	输出反变量
74LS150	16 选 1 数据选择器	输出反变量

1.9.5 数据比较器

本节主要介绍多位数字比较器的设计及实现。多位数字比较器的实现通过两步实现：

(1) 首先实现一位数字比较器；

(2) 然后通过级联一位数字比较器，实现多位数字比较器。

1. 一位比较器的实现原理

图 1.110 给出了一位比较器的符号描述，比较器的功能满足下面的条件：

(1) 如果 $x>y$，或者 $x=y$ 且 $G_{in}=1$，则 $G_{out}=1$。

(2) 如果 $x=y$ 且 $G_{in}=0$，$L_{in}=0$，则 $E_{out}=1$。

(3) 如果 $x<y$，或者 $x=y$ 且 $L_{in}=1$，则 $L_{out}=1$。

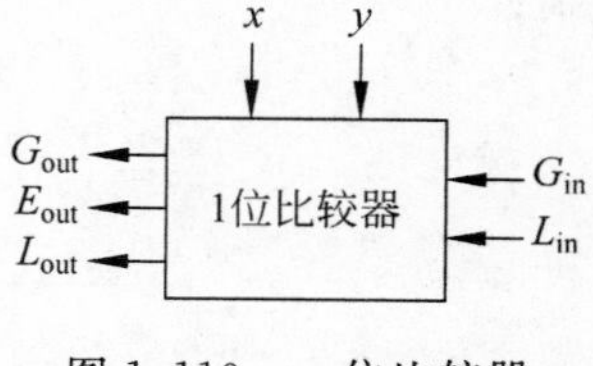

图 1.110　一位比较器符号描述

则根据上面的三个条件，则得到表 1.29 一位比较器的真值表描述。如图 1.111 所示，对表 1.29 给出的逻辑关系通过卡诺图进行化简，得到最简的逻辑表达式

$$G_{out} = x \cdot \overline{y} + x \cdot G_{in} + \overline{y} \cdot G_{in}$$

$$E_{out} = \overline{x} \cdot \overline{y} \cdot \overline{G_{in}} \cdot \overline{L_{in}} + x \cdot y \cdot \overline{G_{in}} \cdot \overline{L_{in}}$$

$$L_{out} = \overline{x} \cdot y + \overline{x} \cdot L_{in} + y \cdot L_{in}$$

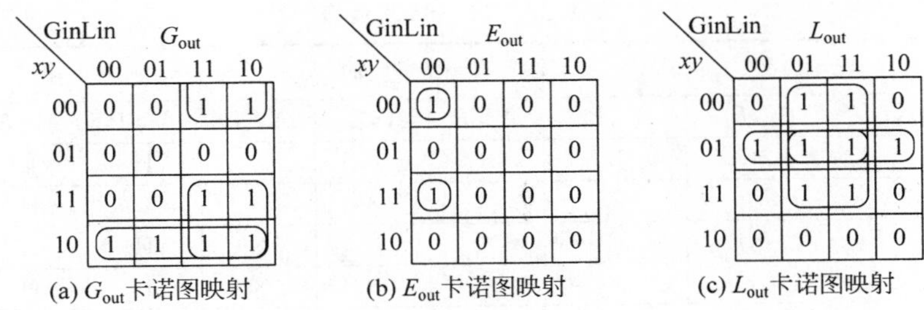

图 1.111 一位比较器输出的卡诺图映射

表 1.29 一位比较器的真值表描述

x	y	G_{in}	L_{in}	G_{out}	E_{out}	L_{out}	x	y	G_{in}	L_{in}	G_{out}	E_{out}	L_{out}
0	0	0	0	0	1	0	1	0	0	0	1	0	0
0	0	0	1	0	0	1	1	0	0	1	1	0	0
0	0	1	0	1	0	0	1	0	1	0	1	0	0
0	0	1	1	1	0	1	1	0	1	1	1	0	0
0	1	0	0	0	0	1	1	1	0	0	0	1	0
0	1	0	1	0	0	1	1	1	0	1	0	0	1
0	1	1	0	0	0	1	1	1	1	0	1	0	0
0	1	1	1	0	0	1	1	1	1	1	1	0	1

2. 多位比较器的实现原理

多位比较器可以由一位比较器级联得到，图 1.112 给出了使用 4 个一位比较器级联得到 1 个四位比较器的实现结构。

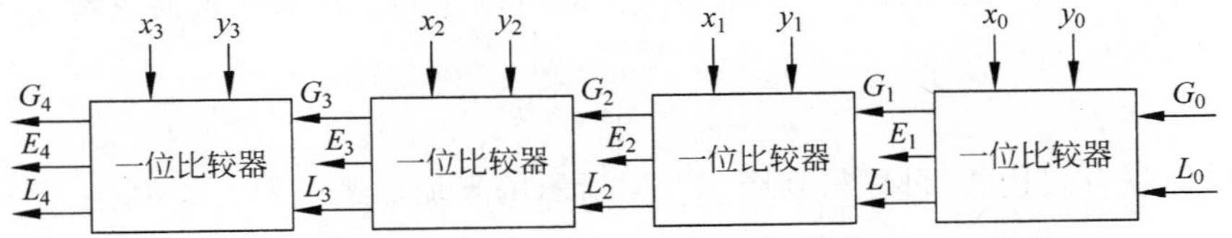

图 1.112 四位比较器的实现

此外，74LS85 是一个专用的四位比较器芯片，图 1.113 给出了其符号描述。表 1.30 给出了该比较器的真值表。

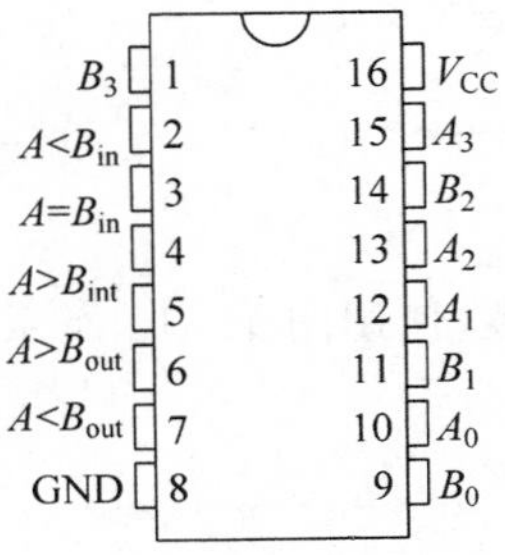

图 1.113 74LS85 符号

表 1.30 74LS85 真值表

比较输入				级连输入			输出		
A_3,B_3	A_2,B_2	A_1,B_1	A_0,B_0	$A>B$	$A<B$	$A=B$	$A>B$	$A<B$	$A=B$
$A_3>B_3$	×	×	×	×	×	×	H	L	L
$A_3<B_3$	×	×	×	×	×	×	L	H	L
$A_3=B_3$	$A_2>B_2$	×	×	×	×	×	H	L	L
$A_3=B_3$	$A_2<B_2$	×	×	×	×	×	L	H	L
$A_3=B_3$	$A_2=B_2$	$A_1>B_1$	×	×	×	×	H	L	L
$A_3=B_3$	$A_2=B_2$	$A_1<B_1$	×	×	×	×	L	H	L
$A_3=B_3$	$A_2=B_2$	$A_1=B_1$	$A_0>B_0$	×	×	×	H	L	L
$A_3=B_3$	$A_2=B_2$	$A_1=B_1$	$A_0<B_0$	×	×	×	L	H	L
$A_3=B_3$	$A_2=B_2$	$A_1=B_1$	$A_0=B_0$	H	L	L	H	L	L
$A_3=B_3$	$A_2=B_2$	$A_1=B_1$	$A_0=B_0$	L	H	L	L	H	L
$A_3=B_3$	$A_2=B_2$	$A_1=B_1$	$A_0=B_0$	×	×	H	L	L	H
$A_3=B_3$	$A_2=B_2$	$A_1=B_1$	$A_0=B_0$	H	H	L	L	L	L
$A_3=B_3$	$A_2=B_2$	$A_1=B_1$	$A_0=B_0$	L	L	L	H	H	L

1.9.6 加法器

在电子学中，加法器是一种用于执行加法运算的数字电路部件，是构成电子计算机核心微处理器中算术逻辑单元的基础。在这些电子系统中，加法器主要负责计算地址、索引数据等。除此之外，加法器也是其他一些硬件，例如二进制数乘法器的重要组成部分。

1. 一位半加器的实现

表 1.31 给出了半加器的真值表，根据真值表可以得到半加器的最简逻辑表达式：

$$s_0 = \bar{a}_0 \cdot b_0 + a_0 \cdot \bar{b}_0 = a_0 \oplus b_0$$

$$c_1 = a_0 \cdot b_0$$

根据最简逻辑表达式，可以得到图 1.114 所示的半加器逻辑图。

表 1.31 半加器真值表

a_0	b_0	s_0	c_1
0	0	0	0
0	1	1	0
1	0	1	0
1	1	0	1

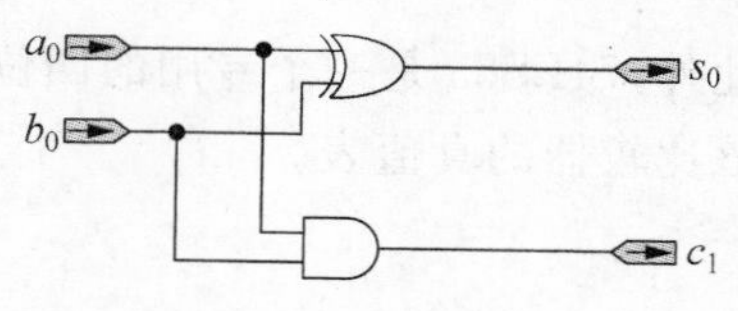

图 1.114 半加器逻辑图

2. 一位全加器的实现

表 1.32 给出了全加器的真值表，使用图 1.115 所示的卡诺图映射，可以得到全加器的最简逻辑表达式

$$\begin{aligned} s_i &= \bar{a}_i \cdot b_i \cdot \bar{c}_i + a_i \cdot \bar{b}_i \cdot \bar{c}_i + \bar{a}_i \cdot \bar{b}_i \cdot c_i + a_i \cdot b_i \cdot c_i \\ &= \bar{c}_i \cdot (a_i \oplus b_i) + c_i \cdot \overline{(a_i \oplus b_i)} \\ &= (a_i \oplus b_i \oplus c_i) \end{aligned}$$

$$
\begin{aligned}
c_{i+1} &= a_i \cdot b_i + b_i \cdot c_i + a_i \cdot c_i \\
&= a_i \cdot b_i + c_i \cdot (a_i + b_i) \\
&= a_i \cdot b_i + c_i \cdot (a_i \cdot (b_i + \overline{b}_i) + b_i \cdot (a_i + \overline{a}_i)) \\
&= a_i \cdot b_i + c_i \cdot (a_i \cdot \overline{b}_i + b_i \cdot \overline{a}_i) \\
&= a_i \cdot b_i + c_i \cdot (a_i \oplus b_i)
\end{aligned}
$$

表 1.32 全加器真值表

c_i	a_i	b_i	s_i	c_{i+1}	c_i	a_i	b_i	s_i	c_{i+1}
0	0	0	0	0	1	0	0	1	0
0	0	1	1	0	1	0	1	0	1
0	1	0	1	0	1	1	0	0	1
0	1	1	0	1	1	1	1	1	1

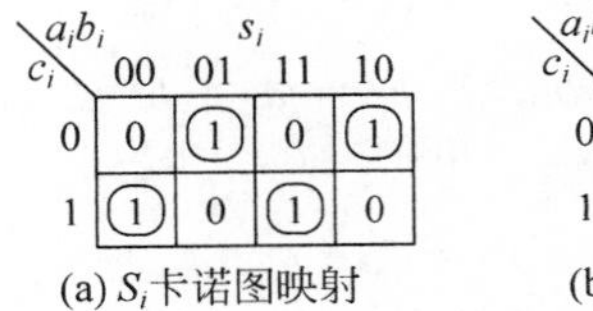

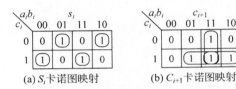

(a) S_i卡诺图映射　(b) C_{i+1}卡诺图映射

图 1.115 卡诺图化简

根据最简逻辑表达式,可以得到图 1.116 所示的全加器逻辑图。

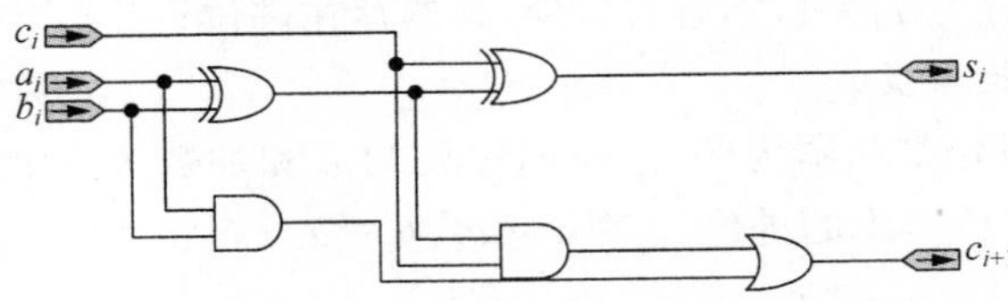

图 1.116 一位全加器逻辑图

对图 1.116 进一步观察可以得到图 1.117 所示的全加器结构,可以看到全加器实际上是由两个半加器和一个或逻辑门构成。

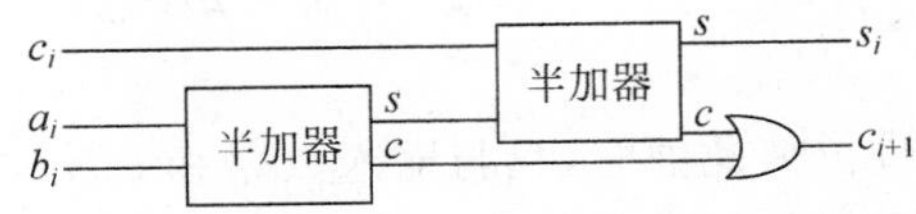

图 1.117 由半加器构成的全加器结构

3. 多位全加器的实现

1）串行进位加法器

多位全加器可以由一位全加器级联而成。图 1.118 给出了一位全加器级联生成 4 位全加器的结构。前一级全加器的进位作为下一级进位的输入。很显然,串行进位加法器需要一级一级的进位,有很大的进位延迟。

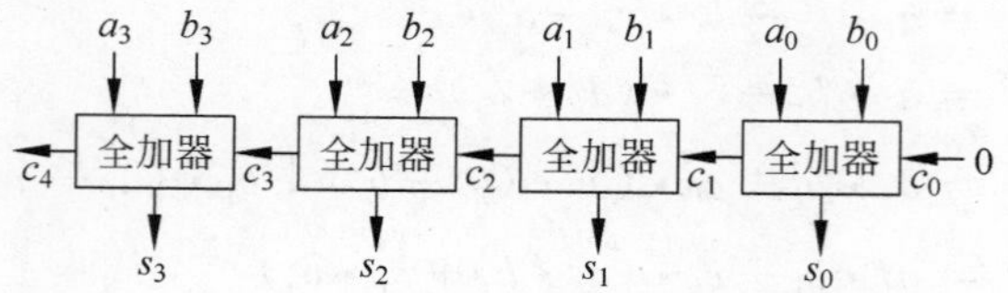

图 1.118　四位全加器结构

2）超前进位加法器

为了减少多位二进制数加减计算所需的时间，出现了一种比串行进位加法器速度更快的加法器，这种加法器称为超前进位加法器。

假设二进制加法器的第 i 为输入为 a_i 和 b_i，输出为 s_i，进位输入为 c_i，进位输出为 c_{i+1}。则有

$$s_i = a_i \oplus b_i \oplus c_i$$

$$c_{i+1} = a_i \cdot b_i + a_i \cdot c_i + b_i \cdot c_i = a_i \cdot b_i + c_i \cdot (a_i + b_i)$$

令

$$g_i = a_i \cdot b_i, \quad p_i = a_i + b_i$$

则

$$c_{i+1} = g_i + p_i \cdot c_i$$

(1) 当 a_i 和 b_i 都为 1 的时候，$g_i=1$，产生进位 $c_{i+1}=1$；

(2) 当 a_i 或 b_i 为 1 的时候，$p_i=1$，传递进位 $c_{i+1}=c_i$。

因此，g_i 定义为进位产生信号，p_i 定义为进位传递信号。g_i 的优先级高于 p_i，也就是说，当 $g_i=1$ 的时候，必然存在 $p_i=1$，不管 c_i 多少，必然存在进位；当 $g_i=0$，而 $p_i=1$ 时，进位输出为 c_i，跟 c_i 之前的逻辑有关。

下面以 4 位超前进位加法器为例，假设四位被加数和加数为 a 和 b，进位输入为 c_{in}，进位输出为 c_{out}，对于第 i 位产生的进位，$g_i=a_i \cdot b_i$，$p_i=a_i+b_i$ $(i=0,1,2,3)$

$c_0 = c_{in}$

$c_1 = g_0 + p_0 \cdot c_0$

$c_2 = g_1 + p_1 \cdot c_1 = g_1 + p_1 \cdot (g_0 + p_0 \cdot c_0) = g_1 + p_1 \cdot g_0 + p_1 \cdot p_0 \cdot c_0$

$c_3 = g_2 + p_2 \cdot c_2 = g_2 + p_2 \cdot g_1 + p_2 \cdot p_1 \cdot g_0 + p_2 \cdot p_1 \cdot p_0 \cdot c_0$

$c_4 = g_3 + p_3 \cdot c_3 = g_3 + p_3 \cdot g_2 + p_3 \cdot p_2 \cdot g_1 + p_3 \cdot p_2 \cdot p_1 \cdot g_0 + p_3 \cdot p_2 \cdot p_1 \cdot p_0 \cdot c_0$

$c_{out} = c_4$

由此可以看出，各级的进位彼此独立，只与输入数据和 c_{in} 有关，消除各级之间进位级联的依赖性。因此，大大降低了串行进位产生的延迟。

每个等式与只有三级延迟的电路对应，第一级延迟对应进位产生信号和进位传递信号，后两级延迟对应上面的积之和。

同时，可以得到第 i 位的和为

$$s_i = a_i \oplus b_i \oplus c_i = g_i \oplus p_i \oplus c_i$$

图 1.119 给出了四位超前进位加法器的结构。

如图 1.120 所示，给出了 74LS283 超前进位加法器的符号。图 1.121 给出了该超前进位加法器的内部逻辑电路结构。

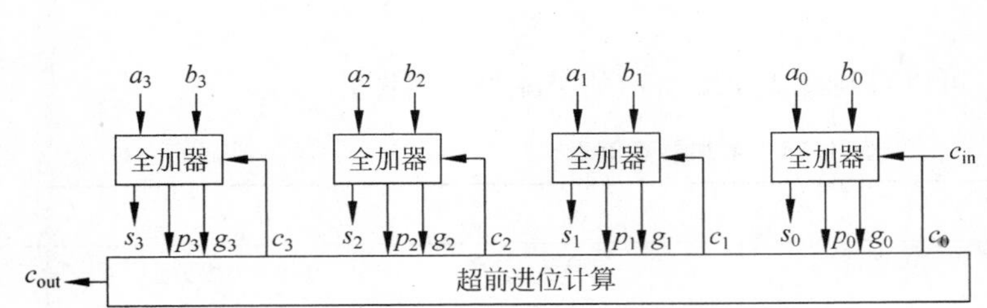

图 1.119　四位超前进位全加器结构

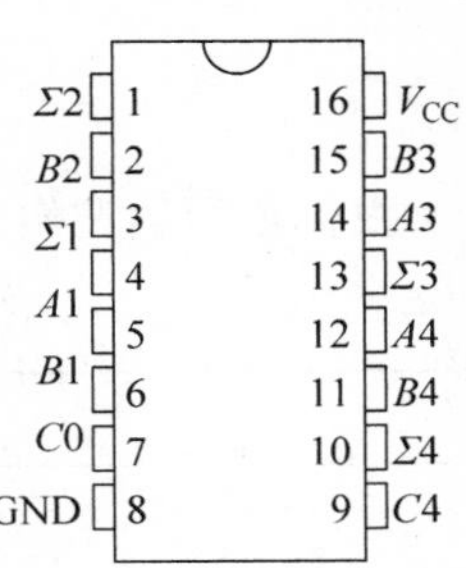

图 1.120　74LS283 全加器

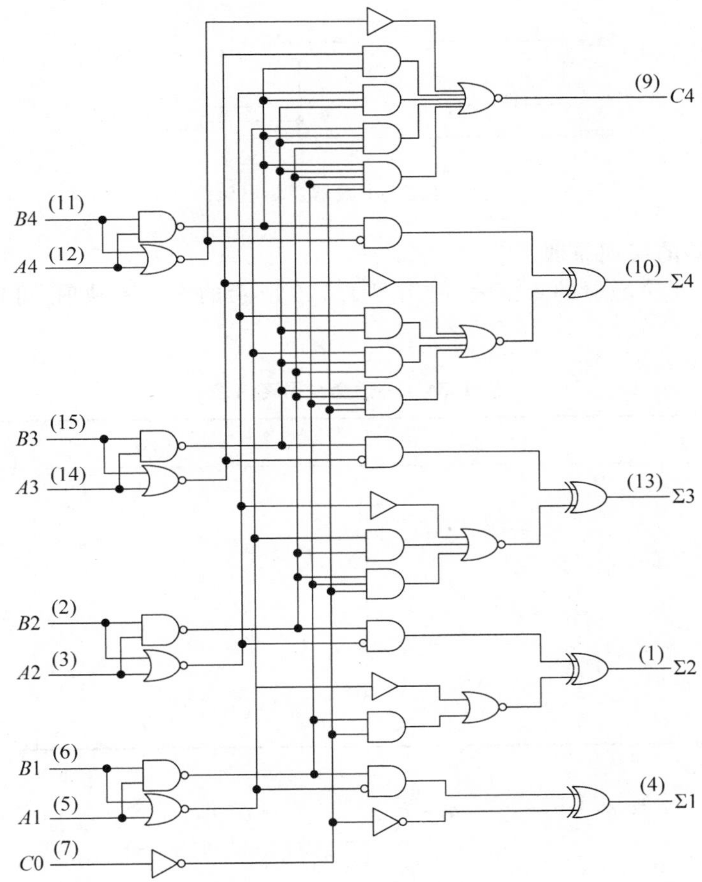

图 1.121　74LS283 全加器内部逻辑电路结构

1.9.7　减法器

减法器的设计类似于加法器的设计方法，可以通过真值表实现。一旦设计了一位片减法器电路，就可以将其复制 N 次，创建一个 N 位的减法器。

1. 一位半减器的实现原理

表 1.33 给出了半减器的真值表，根据真值表可以得到半减器的最简逻辑表达式

$$d_0 = \overline{a_0} \cdot b_0 + a_0 \cdot \overline{b_0} = a_0 \oplus b_0$$

$$c_1 = \overline{a_0} \cdot b_0$$

根据最简的逻辑表达式,可以得到图 1.122 所示的半减器逻辑图。

表 1.33 半加器真值表

a_0	b_0	d_0	c_1
0	0	0	0
0	1	1	1
1	0	1	0
1	1	0	0

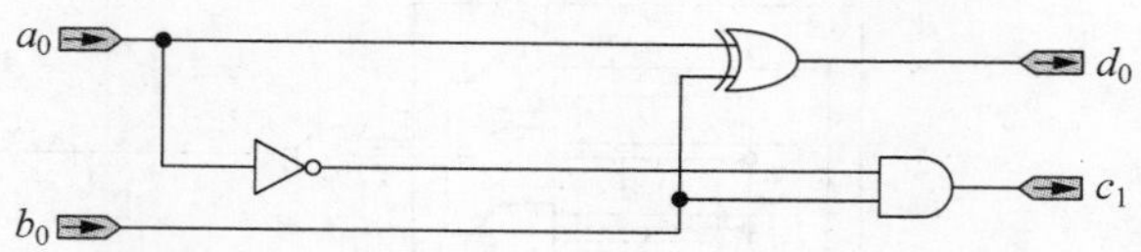

图 1.122 半减器逻辑电路

2 一位全减器的实现原理

表 1.34 给出了全减器的真值表,使用图 1.123 所示的卡诺图映射,可以得到全减器的最简逻辑表达式

表 1.34 一位全减器真值表

c_i	a_i	b_i	d_i	c_{i+1}
0	0	0	0	0
0	0	1	1	1
0	1	0	1	0
0	1	1	0	0
1	0	0	1	1
1	0	1	0	1
1	1	0	0	0
1	1	1	1	1

$$\begin{aligned} d_i &= \bar{a}_i \cdot b_i \cdot \bar{c}_i + a_i \cdot \bar{b}_i \cdot \bar{c}_i + \bar{a}_i \cdot \bar{b}_i \cdot c_i + a_i \cdot b_i \cdot c_i \\ &= \bar{c}_i \cdot (a_i \oplus b_i) + c_i \cdot \overline{(a_i \oplus b_i)} \\ &= (a_i \oplus b_i \oplus c_i) \\ c_{i+1} &= c_i \cdot b_i + \bar{a}_i \cdot b_i + \bar{a}_i \cdot c_i \\ &= \bar{a}_i \cdot b_i + c_i \cdot (\bar{a}_i + b_i) \\ &= \bar{a}_i \cdot b_i + c_i \cdot (\bar{a}_i \cdot (b_i + \bar{b}_i) + b_i \cdot (a_i + \bar{a}_i)) \\ &= \bar{a}_i \cdot b_i + c_i \cdot (\bar{a}_i \cdot \bar{b}_i + b_i \cdot a_i) \\ &= \bar{a}_i \cdot b_i + c_i \cdot \overline{(a_i \oplus b_i)} \end{aligned}$$

根据最简的逻辑表达式,可以得到图 1.124 所示的全减器逻辑图。

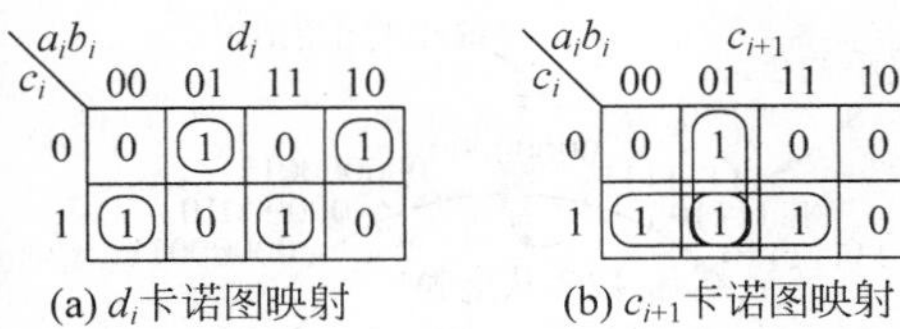

aibi di
ci 00 01 11 10
0 0 1 0 1
1 1 0 1 0
aibi ci+1
ci 00 01 11 10
0 0 1 0 0
1 1 1 1 0

(a) d_i卡诺图映射　　(b) c_{i+1}卡诺图映射

图 1.123　卡诺图映射

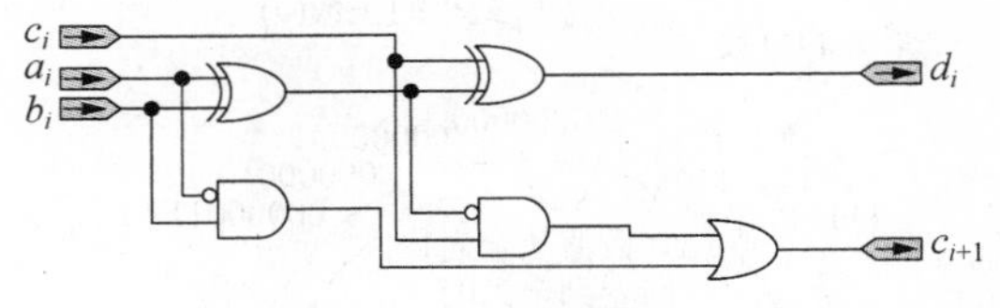

图 1.124　全减器逻辑电路

3. 负数的表示

对于一个减法运算，比如 5－3，我们可以重写成 5＋(－3)。这样，减法运算就变成了加法运算。但是，正数变了负数。因此，在数字电路中必须有表示负数的方法。

数字系统中有固定数目的信号来表示二进制数，较小的简单系统可能使用 8 位总线(即多位二进制信号线的集合)，而较大的系统可能使用 16、32、甚至 64 位的总线。不管多少位，但是信号线、存储元素和处理元素所表示和操作的数字数据的位数是有限的。可用的位数决定了在一个给定的系统中，可以表示多少个不同的数。在数字电路中，用于执行算术功能的部件经常需要处理负数。所以，必须要定义一种表示负数的方法。一个 N 位的系统总共可以表示 2^N 个数，因此一个有用的编码就是使用一半可用的编码($2^N/2$)表示正数，另一半表示负数。可以将一个比特位设计成一个符号位，用于区分正数和负数。如果符号位是"1"，则所表示的数为负数；否则，所表示的数为正数。最高有效位(most significant bit，MSB)可以作为符号位，因为如果该位为"0"，表示是一个正数，在配置数的幅度时，可以将其忽略。

在所有可能的负数编码方案中，经常使用两种，即符号幅度和二进制补码。符号幅度就是简单地用 MSB 表示符号位，剩下的位表示幅度。在一个 8 位的符号幅度系统中，$(16)_{10}$ 表示为"00010000"，而$(-16)_{10}$表示为"10010000"。这种表示方法，很容易理解。但是，用于数字电路的最不利的方面表现在，如果 0 到 2^N 的计数范围从最小到最大，则最大的正数将出现在所表示范围的一半的地方，然后，跟随最小的负数。而且，最大的负数出现在范围的末尾，更多的计数将出现"回卷"。这是由于不能表示 2^N+1。因此，在计数范围内，2^N 后面跟着 0，这样最大的负数就立即调整到最小的正数。由于这个原因，一个简单的操作"2-3"，其要求计数返回两三次，将不产生所希望的结果"－1"，它是系统中的最大负数。一个更好的系统应该将最小的正数和负数放在相邻的位置。因此，引入了二进制补码的概念。图 1.125(a)给出了 8 位数的符号幅度表示法，图 1.125(b)给出了 8 位数二进制补码表示法。

在二进制补码编码中，MSB 仍是符号位，"1"表示负数，"0"表示正数。在二进制补码中，"0"由一个包含所有"0"的比特模式所定义；其余的 2^N-1 个数表示非零的正数和负数。由于 2^N-1 是奇数，$(2^N-1)/2$ 个编码表示负数，$(2^N-1)/2$-1 个编码表示正数。换句话说，可以表示的负数比正数要多一个。最大负数的幅度要比最大正数的幅度多一。

二进制补码编码的不利的地方是，不容易理解负数。一个简单的算法，用于将一个正数转换为一个二进制补码编码同样幅度的负数。负数的二进制补码算法描述是：将该负数所对应的正数按位全部取反；将取反后的结果加 1。

例如，＋17 转换为－17 的二进制补码计算公式：

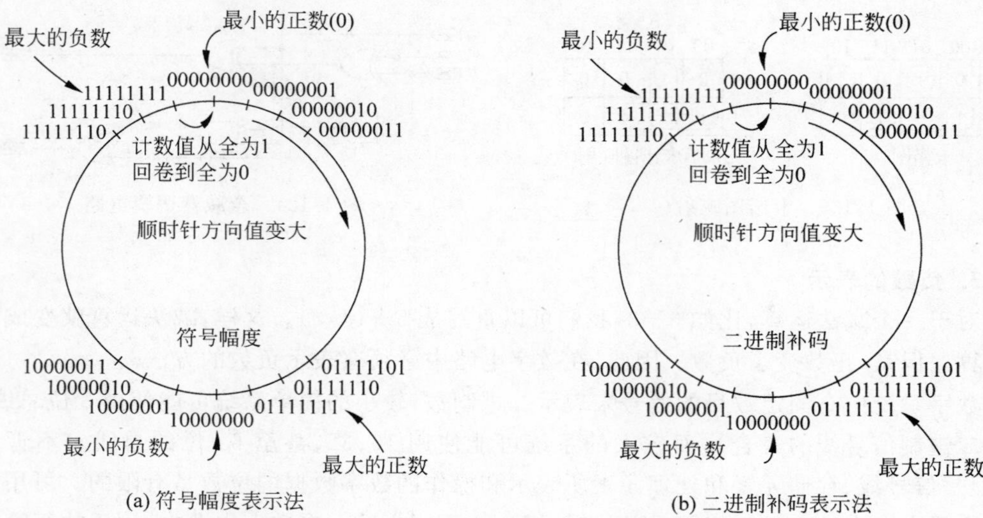

图 1.125　8 位负数表示法

(1) 对应的 17 的原码为 00010001;

(2) 按位取反后变成 11101110;

(3) 结果加 1,变成 11101111。

例如,－35 转换为＋35 的二进制补码计算公式:

(1) 对应的－35 的补码为 11011101;

(2) 按位取反后变成 00100010;

(3) 结果加 1,变成 00100011。

例如,－127 转换为＋127 的二进制补码计算公式:

(1) 对应的－127 的补码为 10000001;

(2) 按位取反后变成 01111110;

(3) 结果加 1,变成 01111111。

例如,＋1 转换为－1 的二进制补码计算公式:

(1) 对应的＋1 的原码为 00000001;

(2) 按位取反后变成 11111110;

(3) 结果加 1,变成 11111111。

1.9.8　加法器/减法器

比较前面给出的一位半加器和一位半减器的结构,二者的差别只存在于:

(1) 当结构是半加器时,取 a 参与半加器内的逻辑运算;

(2) 当结构是半减器时,对 a 进行逻辑"非"后参与半减器内的逻辑运算。

1. 一位加法器/减法器的实现原理

假设一个逻辑变量 E,用来选择是半加器还是半减器功能,规定 $E=0$ 时,为半加器,否则为半减器。则二者之间的差别可以用下面的逻辑关系式表示

$$\overline{E} \cdot a + E \cdot \overline{a}$$

这样,半加器和半减器就可以使用一个逻辑结构实现。图 1.126 给出了半加/半减器的统一结构。

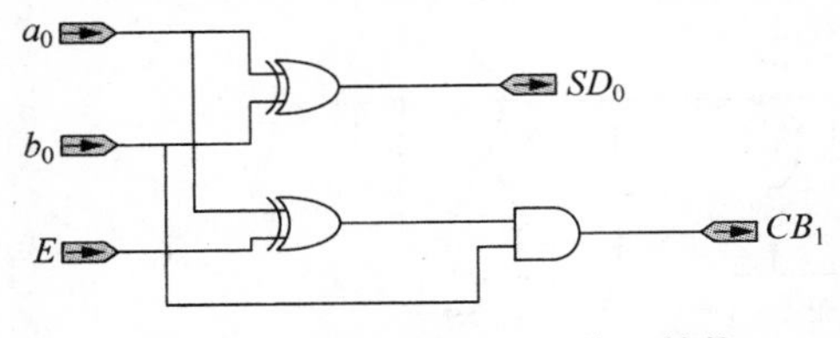

图 1.126 半加器/半减器统一结构

图中 SD_0 为半加器/半减器的和/差结果,CB_1 为半加器/半减器的进位/借位。

也可以采用另一种结构实现 4 位加法器/减法器结构。将表 1.32 全加器的真值表重新写成表 1.36 的形式,并与表 1.35 所示的全减器真值表进行比较。可以很直观地看到全减器和全加器的 c_i 和 c_{i+1} 互补,b_i 也互补。如图 1.127 所示,可以得到这样的结果,如果对 c_i 和 b_i 进行求补,则全加器可以用作全减器使用。

表 1.35 全减器真值表

c_i	a_i	b_i	d_i	c_{i+1}
0	0	0	0	0
0	0	1	1	1
0	1	0	1	0
0	1	1	0	0
1	0	0	1	1
1	0	1	0	1
1	1	0	0	0
1	1	1	1	1

表 1.36 重排的全加器真值表

c_i	a_i	b_i	s_i	c_{i+1}
1	0	1	0	1
1	0	0	1	0
1	1	1	1	1
1	1	0	0	1
0	0	1	1	0
0	0	0	0	0
0	1	1	0	1
0	1	0	1	0

2. 多位加法器/减法器的实现原理

下面介绍多位加法器/减法器的实现原理。如果把图 1.127 的结构级联可以生成一个 4 位的减法器。但是将取消进位输出和下一个进位输入的取补运算,这是因为最终的结果只是需要对最初的进位输入 c_0 取补。对于加法器来说 c_0 为 0;而对于减法器来说,c_0 为 1。这就等效于 a 和 $\sim b$ 的和加 1,这其实就是补码的运算。这样,使用加法器进行相减运算,只需要用减数的补码,然后相加。图 1.128 给出了使用全加器实现多位加法和减法的结构。

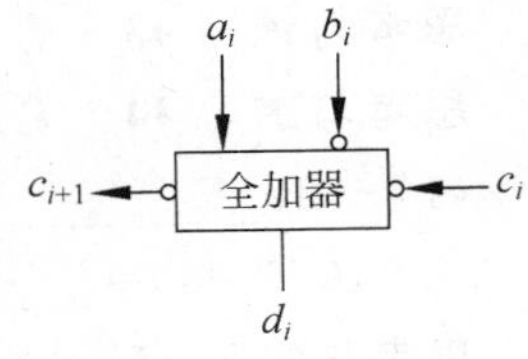

图 1.127 全加器用作全减器

注意当用作减法时($E=1$),则输出进位 c_4 是输出借位的补码。

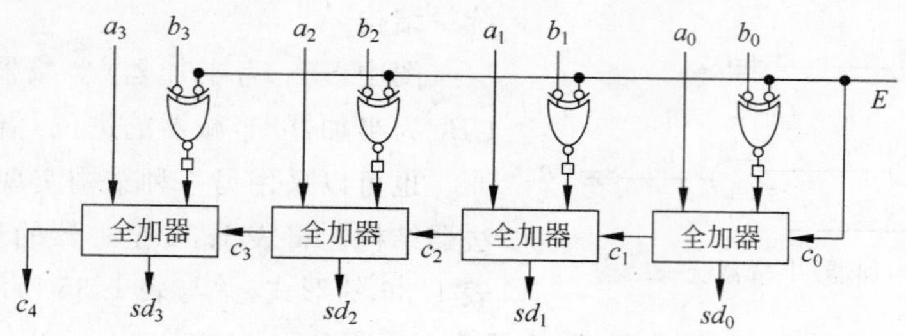

图 1.128 全加器实现加法和减法运算

1.9.9 乘法器

二进制的乘法器是数字电路的一种元件,它可以将两个二进制数相乘。乘法器是由更基本的加法器组成的。

可以使用很多方法来实现数字乘法器。大多数方法涉及对部分积的计算,然后,将部分积相加。这一过程与多位十进制数乘法的过程类似,不过在这里根据二进制的情况进行了修改。

本节将介绍乘法器的实现原理。图 1.129(a)给出了 4×4 二进制乘法实现的一个具体的例子,并对这个例子进行扩展给出了形式化的图 1.129(b)所示的一般结构。对这个结构进行进一步的分析,乘法运算的本质实际上是“部分乘积移位求和”的过程。图 1.130(a)给出了 A×B 得到的部分积,图 1.130(b)给出了部分积相加的过程。

```
   1001
   1011
-------
   1001
  1001
 0000
1001
-------
1100011
```

(a) 4×4 二进制乘法实现例子

				A_3	A_2	A_1	A_0
				$\times B_3$	B_2	B_1	B_0
				P_{03}	P_{02}	P_{01}	P_{00}
			P_{13}	P_{12}	P_{11}	P_{10}	
		P_{23}	P_{22}	P_{21}	P_{20}		
	P_{33}	P_{32}	P_{31}	P_{30}			
R_7	R_6	R_5	R_4	R_3	R_2	R_1	R_0

(b) 4×4 二进制乘法实现一般结构

图 1.129 乘法器原理

思考与练习 41 请用基本门电路实现上面的二进制数到七段码的译码器电路。

思考与练习 42 请根据共阴极七段数码管的原理,实现共阳极七段数码管的译码电路。

思考与练习 43 请用基本门电路实现上面的二进制数到 BCD 码的逻辑电路。

思考与练习 44 完成下面数的转换:

(1) −19=________ (2) 10011010=________

(3) 10000000=________ (4) −101=________

思考与练习 45 完成下面的 8 位二进制补码的运算,并对结果进行判断:

(1) 17−11

(2) −22+6

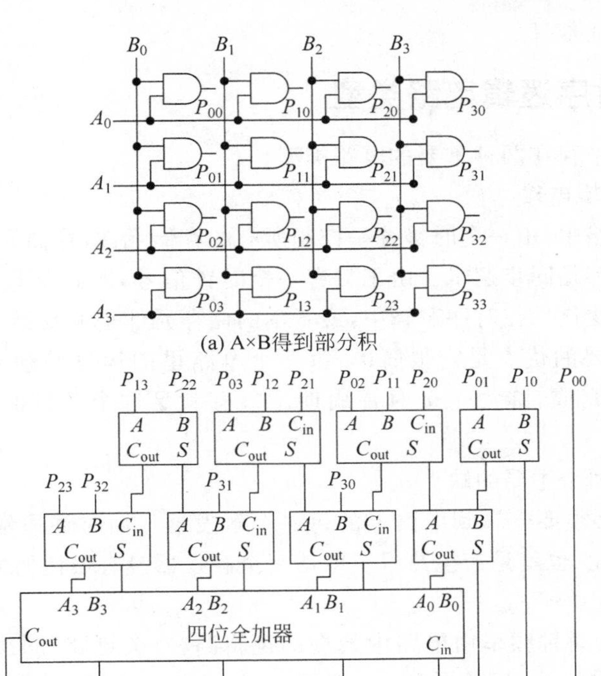

(a) A×B得到部分积

(b) 部分积相加得到结果

图 1.130　A×B 的具体实现过程

(3) 35－42

(4) 19－(－7)

思考与练习 46　算术逻辑单元(ALU)是计算机中央处理器(CPU)的重要功能部件，请用门电路，设计一个组合逻辑电路，实现表 1.37 所示的 8 位算术逻辑功能。

表 1.37　ALU 功能描述

操作码	ALU 功能	操作码	ALU 功能
000	A+B	100	A XOR B
001	A+1	101	$\overline{A}$
010	A－B	110	A OR B
011	A－1	111	A AND B

1.10　时序逻辑电路

在数字电路中，时序逻辑电路是指电路当前时刻的稳态输出不仅取决于当前时刻的输入，还与前一时刻输出的状态有关。这跟组合逻辑电路不同，组合逻辑的输出只会跟当前的输入成一种逻辑函数关系。换句话说，时序逻辑包含用于存储信息的存储元件，而组合逻辑则没有。这就是两者的本质区别。但是，需要注意的是，构成时序电路的基本存储元件也都是由组合逻辑电路实现的，只不过是由于这些组合逻辑电路存在“闭环”。所以，就成为具有记忆信息的特殊功能部件。

1.10.1 时序逻辑电路类型

时序逻辑电路中存在两种重要的电路类型。

1. 同步时序逻辑电路

在同步时序电路中,由一个时钟统一控制所有的存储元件,存储元件由触发器构成。绝大多数的时序逻辑都是同步逻辑。由于只有一个时钟信号,因此所有内部的状态只会在时钟的边沿时候发生变化。在时序逻辑中,最基本的储存元件是触发器。

同步逻辑最主要的优点是它很简单,每一个电路里的运算必须要在时钟的两个脉冲之间固定的间隔内完成,称为一个时钟周期。只有满足这个条件时,才能保证电路是可靠的。

同步逻辑也有两个主要的缺点:

(1) 时钟信号必须要分布到电路上的每一个触发器。而时钟通常都是高频率的信号,这会导致功率的消耗,也就是产生热量。即使每个触发器没有做任何的事情,也会消耗少量的能量。

(2) 最大可能的时钟频率由电路中最慢的逻辑路径(关键路径)决定。也就是说,从最简单到最复杂的逻辑运算,都必须在一个时钟周期内完成。一种用来消除这种限制的方法,是将复杂的运算分成若干个简单的运算,这种方法称为流水线,这种技术在微处理器中非常显著,可用来提高处理器的时钟频率。

2. 异步时序逻辑电路

异步时序逻辑是时序逻辑的普遍本质。由于它的不同步关系,所以它也是设计上难度最高的。最基本的储存元件是锁存器,锁存器可以在任何时间改变它的状态。根据其他锁存器信号的变化,产生新的状态。随着逻辑门的增加,异步电路的复杂性也迅速增加。因此,大部分异步时序电路仅仅使用在小的应用中。然而,计算机辅助设计工具可以简化这些工作,因而允许更复杂的设计。

也可能建造出混合的电路,包含有同步触发器和异步锁存器(它们都是双稳态元件)。

对于构成时序电路的那些基本存储元件来说,至少需要两个输入信号,一个是需要保存的数据;另一个是时序控制信号,该信号用于准确地指示将要保存数据的时间。在操作过程中,当控制输入有效时,数据输入信号驱动存储电路保存节点为“1”或者“0”。一旦存储电路翻转到新的状态,就重新保存这个状态。

1.10.2 时序逻辑电路特点

由于时序逻辑电路有“记忆”信息的功能,因此它可以用来保存数字系统的工作状态。大量的电子设备包含数字系统,数字系统使用存储电路来定义它们的工作状态。事实上,任何能够创建或者响应事件序列的电子设备必须要包含存储电路。典型地,这样的设备有手表和定时器、家电控制器、游戏设备和计算设备。如果一个数字系统包含 N 个存储器件,并且每个存储器件存储一个“1”或者“0”,则可以使用 N 位的二进制数来定义系统的工作状态。带有 N 个存储器件的数字系统最多有 2^N 个状态,每个状态的值由系统中存储器件所创建的二进制数定义。

在任何一个时刻，保存在内部存储器件的二进制数定义了一个数字系统的当前状态。输入到数字系统的逻辑信号可能引起一个或者多个存储器件的状态发生改变(从“1”变化到“0”，或者从“0”变化到“1”)。因此，引起数字系统的状态发生改变。这样，当保存在内部存储器的二进制数发生变化时，就会引起数字系统状态改变或者状态跳变。通过直接状态到状态的跳变，数字系统就能创建或者响应事件序列。

在数字系统中，主要关心两状态或者双稳态电路。双稳态电路有两个稳定的工作状态，一个状态是输出逻辑“1”(或者 V_{DD})，另一个是输出逻辑“0”(或者 GND)。当双稳态存储电路处于这两个状态中的一个状态时，需要外界施加能量，使其从一种状态变化到另一种状态。在两个状态跳变期间，输出信号必须跨越不稳定状态区域。因此，将存储电路设计成不允许在不稳定区域内无限停留。一旦它们进入不稳定状态，则立即尝试重新进入两个稳定状态中的一个。

如图 1.131 所示，给出了状态变迁的示意图。图中小球表示保存在存储电路中的值，山表示不稳定区域，表示存储电路从保存的一个值跳变到另一个值所穿越的区域。在这个图中，有第三个潜在的稳定状态，有可能在山顶上球处于平衡状态。同样地，存储电路也有第三个潜在的稳定状态，当存储电路在两个稳定状态之间进行跳变时，确保为电路施加足够的能量，使得其可以穿越不稳定区域。

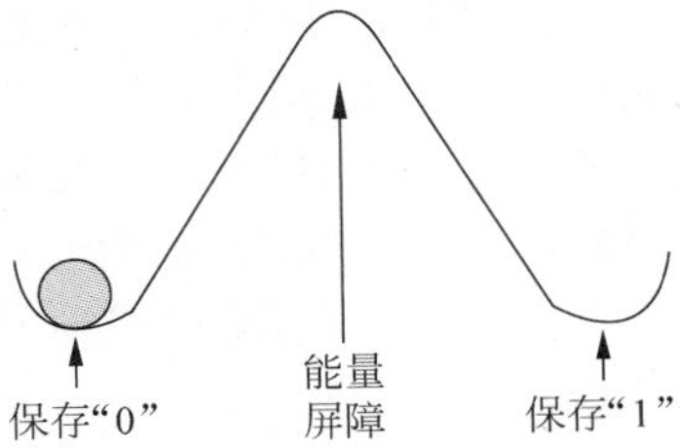

不稳定区域
能量屏障
保存“0”
保存“1”

图 1.131　状态变迁

在双稳态电路中，一旦得到了“0”或者“1”的状态，则很容易地维持这个状态。用于改变电路状态的控制信号必须满足最小的能量，用于穿过不稳定区域。如果所提供的能量大于所需的最小能量，则跳变过程很快；如果所提供的能量小于所需的最小能量，则重新返回到最初的状态。如果输入给出了错误的能量大小，即足够引起跳变的开始，但不足以使得它快速通过不稳定区域，则电路可以暂时处于不稳定区域。所以，存储电路的设计要尽可能地减少产生这种情况的发生。如果存储器件处于不稳定区域的时间太长，则输出可能产生振荡，或者呆在“0”和“1”的中间，将使得数字系统经历意外的或者不期望的行为。一个处于不稳定区域的状态，称为亚稳定状态。一旦进入亚稳定状态存储器件将出现时序问题。

一个静态存储电路要求反馈，任何带有反馈的电路是存储器。如果输出信号简单的反馈，并且连接到输入，则称为带有反馈的逻辑电路。大多数的反馈电路，输出要不就是“1”或者“0”，要不就是永无停止振荡。一些反馈电路是双稳态的和可控的，这些电路就可作为存储电路的备选电路。图 1.132 给出了简单的反馈电路，它们标记为可控的/不可控的和双稳态/非双稳态。

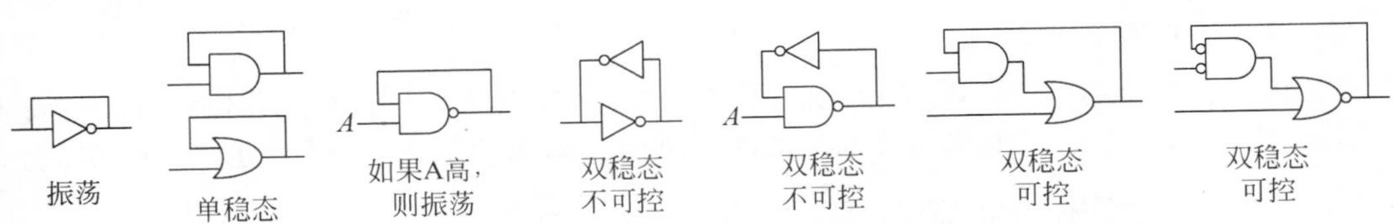

图 1.132　不同的反馈电路

1.10.3 基本 SR 锁存器

图 1.133 给出了基本 SR 锁存器的结构，其中$\overline{Q}$和 Q 呈现互补的逻辑关系。表 1.38 给出了基本 SR 锁存器的真值表。

注： 表中 Q_0 表示前一个 Q 的输出，$\overline{Q}_0$ 表示前一个$\overline{Q}$的输出。

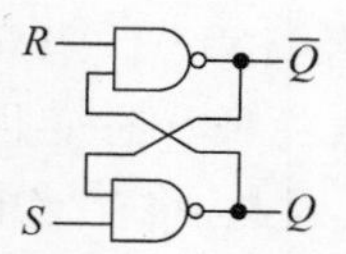

图 1.133　基本 SR 锁存器的结构

表 1.38　基本 SR 锁存器的真值表

S	R	Q	$\overline{Q}$	状态
0	0	1	1	不期望
0	1	1	0	置位
1	0	0	1	复位
1	1	Q_0	$\overline{Q}_0$	保持

仔细观察图 1.133，虽然基本 SR 锁存器还是由基本的逻辑门组成，但是和前面的组合逻辑电路最大的不同点是，锁存器增加了输出到基本逻辑门的"反馈"，而前面的组合逻辑电路并不存在输出到输入的"反馈"。这个反馈的重要作用表明在有反馈的逻辑电路中，当前时刻逻辑电路的状态，是由当前时刻逻辑电路的输入和前一时刻逻辑电路的输出状态共同确定。

如图 1.134 所示，通过对基本 SR 锁存器的时序分析，帮助读者理解基本 SR 锁存器的工作原理。

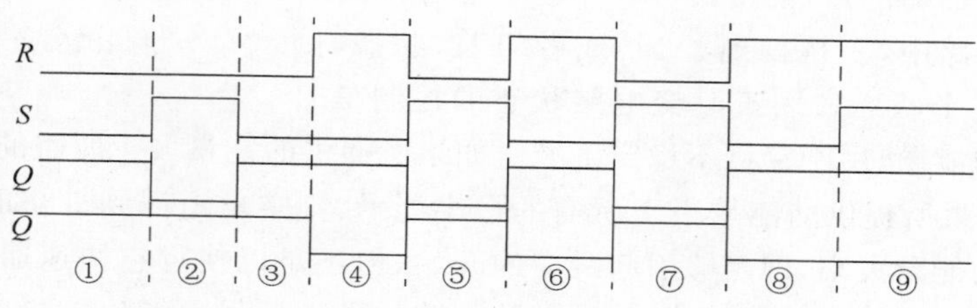

图 1.134　基本 SR 锁存器时序

① R="0"并且 S="0"时，很明显 Q 和 $\overline{Q}$ 的输出均为"1"。注意这是不期望的状态，这是因为期望 Q 和 $\overline{Q}$ 的状态始终是相反的。

② R="0"并且 S="1"时，很明显 $\overline{Q}$="1"，Q= "0"，称为基本 SR 锁存器的复位状态。

③ 和①的条件相同。

④ R="1"并且 S="0"时，很明显 Q="1"，$\overline{Q}$="0"，称为基本 SR 锁存器的置位状态。

⑤ 和②的条件相同。

⑥ 和④的条件相同。

⑦ 和②的条件相同。

⑧ 和④的条件相同。

⑨ 由于⑧的 Q 输出为高，对应于当前 R="1"和 S="1"输入，当前$\overline{Q}$="0"，Q= "1"。这个和⑧的输出相同。称为基本 SR 锁存器的保持状态，即当前输出状态和前一个输出状态保持一致。

1.10.4 同步 SR 锁存器

图 1.135 给出了同步 SR 锁存器的结构，这个锁存器增加了两个与非逻辑门。表 1.39 给出了同步锁存器的真值表。同步 SR 锁存器是在基本 SR 锁存器的前面增加了 CLK 控制

的与非门电路。

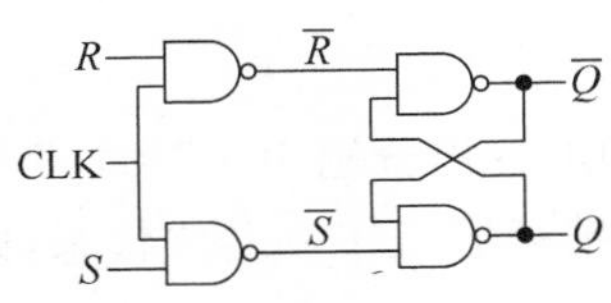

图 1.135　同步 SR 锁存器结构

表 1.39　同步 SR 锁存器的真值表

CLK	S	R	Q	$\overline{Q}$	状态
0	×	×	Q_0	$\overline{Q_0}$	保持
1	0	0	Q_0	$\overline{Q_0}$	保持
1	0	1	0	1	复位
1	1	0	1	0	置位
1	1	1	1	1	不期望

从图中，可以得到下面的分析结果：

(1) 当 CLK 为逻辑低时，R 和 S 连接到前端与非门的输入不会送到基本 RS 锁存器中，此时后面基本 RS 锁存器的输入为高。所以，同步 SR 锁存器处于保持状态。

(2) 当 CLK 为逻辑高时，R 和 S 的输入端通过前面的与非门逻辑，送入到后面的基本 SR 锁存器中，其分析方法和前面基本 SR 锁存器相同。

(3) 根据前面的分析，CLK 控制逻辑拥有最高优先级，即当 CLK 为逻辑低的时候，不管 R 和 S 的输入逻辑处于何种状态，同步 SR 锁存器都将处于保持状态。

1.10.5　D 锁存器

为了避免在 SR 锁存器中所出现的不允许的状态，确保 S 和 R 总是处于相反的逻辑值。如图 1.136 所示，在先前的同步 SR 锁存器前面添加反相器，这样的结构叫做 D 锁存器。表 1.40 给出了 D 锁存器的真值表。

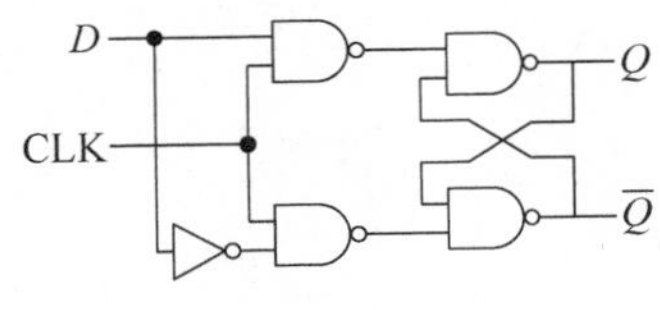

图 1.136　D 锁存器原理

表 1.40　D 锁存器真值表

D	CLK	Q	$\overline{Q}$	状态
0	1	0	1	复位
1	1	1	0	置位
×	0	Q_0	$\overline{Q_0}$	保持

下面通过对图 1.137 所示的 D 锁存器的时序分析，帮助读者理解 D 锁存器的工作原理。

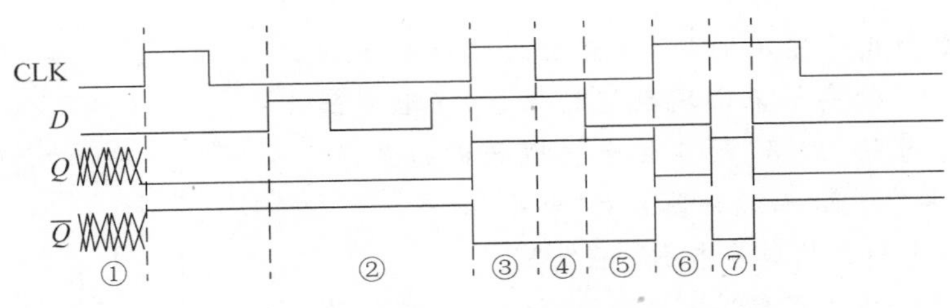

图 1.137　D 锁存器时序

① 当 CLK="0"，且 D="0"时，D 锁存器前端的两个与非门输出为"1"。这样，D 锁存器后端的基本 SR 锁存器保持前面的状态不变。

② 和①的结果相同，由于②前面的 Q 输出为低，所以在②时，Q 的输出仍然保持为低。

③ 当 CLK＝“1”，且 D＝“1”时，D 锁存器的前端与非门的输出分别为“0”和“1”，参考基本 RS 锁存器的结构，Q 输出为“1”，$\overline{Q}$ 输出为“0”。此时，D 锁存器工作在置位状态，即 Q 输出为“1”。

④ 当 CLK＝“0”时，D 锁存器处于保持③输出的状态。

⑤ 当 CLK＝“0”时，D 锁存器处于保持④输出的状态。

⑥ 当 CLK＝“1”，且 D＝“0”时，D 锁存器的前端与非门的输出分别为“1”和“0”，参考基本 RS 锁存器的结构，Q 输出为“0”，$\overline{Q}$ 输出为“1”。此时，D 锁存器工作在复位状态，即 Q 输出为“0”。

⑦ 和③的条件相同。此时，D 锁存器工作在置位状态，即 Q 输出为“1”。

典型地，如图 1.138 所示，SN74LS373 是八 D 锁存器专用芯片。表 1.41 给出了该芯片的真值表。

引脚	名称	引脚	名称
1	$\overline{OC}$	20	V_{CC}
2	1Q	19	8Q
3	1D	18	8D
4	2D	17	7D
5	2Q	16	7Q
6	3Q	15	6Q
7	3D	14	6D
8	4D	13	5D
9	4Q	12	5Q
10	GND	11	C

图 1.138　SN74LS373 引脚图

表 1.41　SN74LS373 的真值表

输入			输出 Q
$\overline{OC}$	C	D	
L	H	H	H
L	H	L	L
L	L	×	Q_0
H	×	×	Z

1.10.6　D 触发器

本节将介绍基本 D 触发器和带置位/复位 D 触发器。

1. 基本 D 触发器

图 1.139 给出了基本边沿触发 D 触发器的结构。该触发器在时钟 CLK 的上升沿将 D 的值锁存到 Q。

注：

（1）触发器和锁存器不同的是，前面的锁存器是靠控制信号的“电平”的高低来实现数据的保存，而触发器是靠时钟控制信号的“边沿”的变化来实现数据的保存。触发器只对“边沿”敏感，而锁存器只对“电平”敏感。

（2）与非门 1 和 2 构成基本 RS 触发器。

（3）当 $\overline{S}$ 和 $\overline{R}$ 均为逻辑“高”时（F_4 和 F_5 反馈线连在这两个输入端），处于保存数据状态。

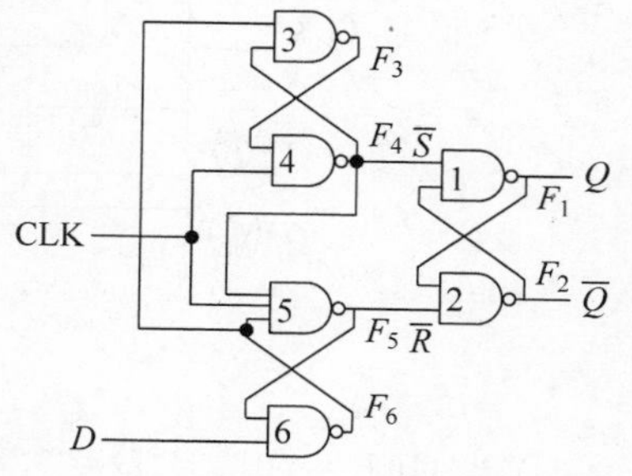

图 1.139　D 触发器结构

为了更清楚地掌握图 1.139 所示 D 触发器的工作原理。如图 1.140 所示，下面对其结构进行详细的分析：

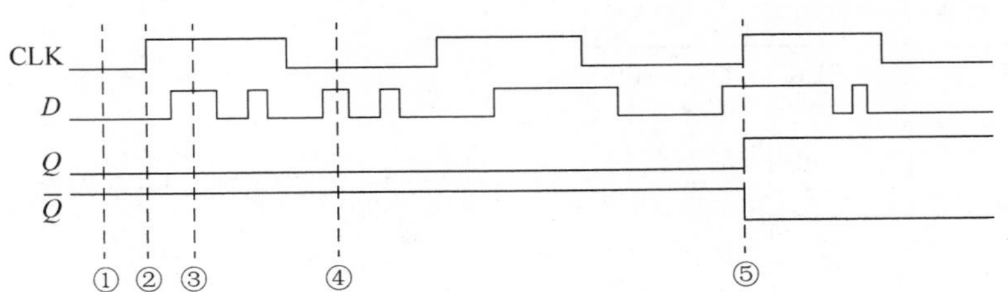

图 1.140　D 触发器时序

① CLK=“0”且 D=“0”，则 F_4=“1”，F_5=“1”，F_6=“1”，F_3=“0”。此时，D 触发器处于保持状态。

② CLK 变成“1”，F_5 变成“0”，F_4 保持不变，其仍然为“1”，复位 SR 触发器，此时，Q=“0”。

③ CLK=“1”且 D=“1”，则 F_6=“1”，F_5=“0”，F_4 保持不变，其仍然为“1”，复位 SR 触发器，此时，Q=“0”。

④ CLK=“0”且 D=“1”，则 F_4=“1”，F_5=“1”，F_6=“0”，F_3=“1”。此时，D 触发器处于保持状态。

⑤ CLK 变成“1”，F_4=“0”，F_5=“1”，置位 SR 触发器，此时，Q=“1”。

综合上述分析，可以得出下面重要的结论：

对于该 D 触发器来说，总是在时钟上升沿（有些设计可以是时钟下降沿），将当前 D 输入的状态保存到输出端 Q。如果不满足上升沿的条件，则输出端 Q 保持其原来的输出状态。

2. 带置位/复位 D 触发器

图 1.141 给出了带置位(S)/复位(R)D 触发器的结构。图中在基本 D 触发器的结构中添加了异步置位/复位信号。表 1.42 给出了带置位/复位 D 触发器真值表。

(1) 当 S=“1”，R=“0”时，输出 Q 立即为逻辑“高”，并不需要等待下一个时钟上升沿。

(2) 当 S=“0”，R=“1”时，输出 Q 立即为逻辑“低”，并不需要等待下一个时钟上升沿。

图 1.142 给出了带置位/复位 D 触发器的符号描述。

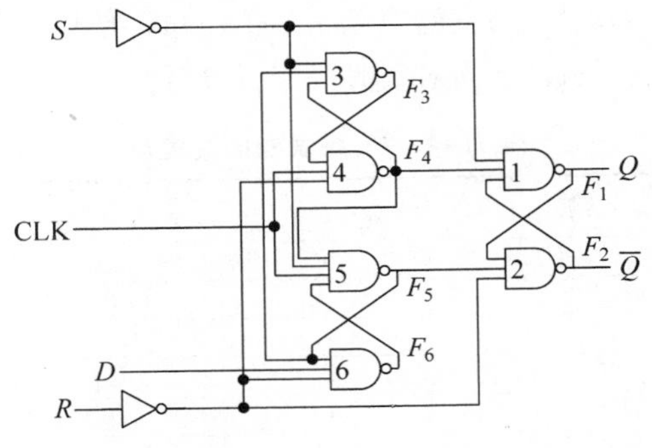

图 1.141　D 触发器原理

表 1.42 带置位/复位 D 触发器真值表

S	R	D	CLK	Q	$\overline{Q}$
0	0	0	↑	0	1
0	0	1	↑	1	0
1	0	×	×	1	0
0	1	×	×	0	1
0	0	×	0	Q_0	$\overline{Q_0}$

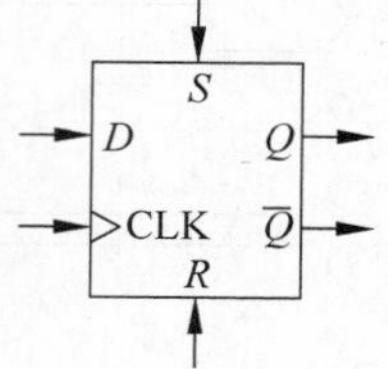

图 1.142 带置位/复位 D 触发器符号

3. 专用 D 触发器芯片

表 1.43 给出 74LS 系列中用于 D 触发器的专用芯片列表。

表 1.43 74LS 中 D 触发器芯片

芯片型号	功 能
SN74LS173	带有 3 态输出的 4 位 D 寄存器
SN74LS174	带有清零的 6 个 D 触发器
SN74LS175	带有清零的 4 个 D 触发器
SN74LS273	带有清零的 8 个 D 触发器
SN74LS374	带有 3 态输出的 8 个 D 触发器
SN74LS377	带有时钟使能的 8 个 D 触发器
SN74LS378	带有时钟使能的 6 个 D 触发器
SN74LS74A	带有置位和复位的双 D 触发器

1.10.7 其他触发器

D 触发器是最简单和最有用的边沿触发存储器件，它的输出取于数据的输入和时钟的输入。在时钟的边沿(上升沿或者下降沿)，将数据的输入保存到数据的输出。D 触发器可以用于任何需要触发器的场合。多年来，出现的其他触发器的逻辑行为类似于 D 触发器。

1. JK 触发器

JK 触发器器件使用两个输入控制状态的变化，即 J 输入端设置输出，K 输入复位输出。当 J 和 K 处于有效输入时，输出将在“0”和“1”之间进行切换。图 1.143 给出了 JK 触发器的符号表，表 1.44 给出了 74LS112 JK 触发器真值表，图 1.144 给出了该 JK 触发器的一个时序关系。下面对其时序进行分析。

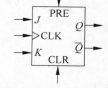

图 1.143 带置位/复位 JK 触发器符号

表 1.44 JK 触发器的真值表

输入					输出	
PRE	CLR	CLK	J	K	Q	$\overline{Q}$
L	H	×	×	×	H	L
H	L	×	×	×	L	H
H	H	↓	L	L	Q_0	$\overline{Q_0}$
H	H	↓	L	H	L	H
H	H	↓	H	L	H	L
H	H	↓	H	H	翻转	
L	L	×	×	×	H①	H①

注：①当输出端都为 H 时，表示不期望的状态。

① PRE＝“1”，CLR＝“0”，JK 触发器处于复位状态，Q＝“0”。

② PRE＝“0”，CLR＝“1”，JK 触发器处于置位状态，Q＝“1”。

③ J＝“0”，K＝“0”，在 CLK 下降沿处 Q 输出为保持状态，即 Q 的输出保持和下降沿前的输出状态一样，Q＝“0”。

④ J＝“1”，K＝“0”，在 CLK 下降沿处 Q 输出为高，即 Q＝“1”。

⑤ J＝“0”，K＝“1”，在 CLK 下降沿处 Q 输出为低，即 Q＝“0”。

⑥ 和③的条件一样，Q＝“0”。

⑦ J＝“1”，K＝“1”，在 CLK 下降沿处 Q 状态发生翻转，即 Q 的输出是对下降沿前的输出状态进行取反，Q＝“1”。

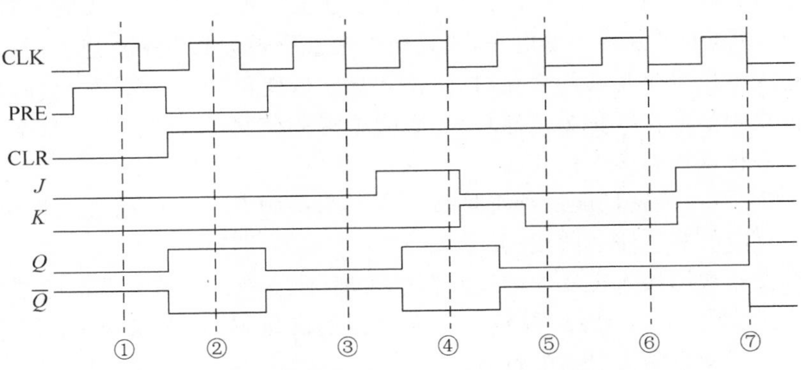

图 1.144 带置位/复位 JK 触发器时序

2. T 触发器

当 T 输入有效时，在每个时钟到来时，输出将在“0”和“1”之间进行切换。图 1.145 给出了 T 触发器的符号，表 1.45 给出了 T 触发器真值表，表中 Q_P 表示 CLK 上升沿到来之前 Q 的输出状态；Q_N 表示 CLK 上升沿到来之后 Q 的输出状态。图 1.146 给出了 T 触发器的一个时序关系，下面对其时序进行分析。

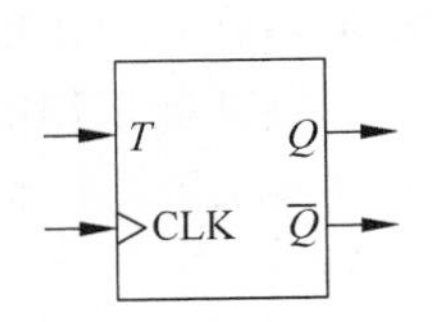

图 1.145 T 触发器符号

表 1.45 T 触发器的真值表

CLK	T	Q_P	Q_N
↑	L	L	L
↑	L	H	H
↑	H	L	H
↑	H	H	L

图 1.146 T 触发器时序

① T=“0”,且 Q_P=“0”,所以 Q_N=“0”。

② T=“1”,且 Q_P=“0”,所以 Q_N=“1”。

③ T=“1”,且 Q_P=“1”,所以 Q_N=“0”。

④ T=“0”,且 Q_P=“0”,所以 Q_N=“0”。

⑤ T=“1”,且 Q_P=“0”,所以 Q_N=“1”。

⑥ T=“0”,且 Q_P=“1”,所以 Q_N=“1”。

⑦ T=“0”,且 Q_P=“1”,所以 Q_N=“1”。

3. 施密特触发器

对于标准施密特触发器,当输入电压高于正向阈值电压时,输出为高;当输入电压低于负向阈值电压时,输出为低;当输入在正负向阈值电压之间时,输出不改变。对于施密特触发器来说,输出由高电平翻转为低电平,或是由低电平翻转为高电平对应的阈值电压是不同的。只有当输入电压发生足够的变化时,输出才会发生变化,因此将这种元件命名为施密特触发器。这种双阈值动作被称为迟滞现象,表明施密特触发器有记忆性。从本质上来说,施密特触发器是一种双稳态多谐振荡器。

如图 1.147 所示,施密特触发器符号是一个三角中画有一个反相或同相滞回符号。这一符号说明了对应的理想滞回曲线。

施密特触发器常用接入正反馈的比较器来实现,而不像运算放大器电路常接入负反馈。如图 1.148 所示,对于这一电路,翻转发生在接近地的位置,迟滞量由 R_1 和 R_2 的阻值控制。比较器提取了两个输入之差的符号。

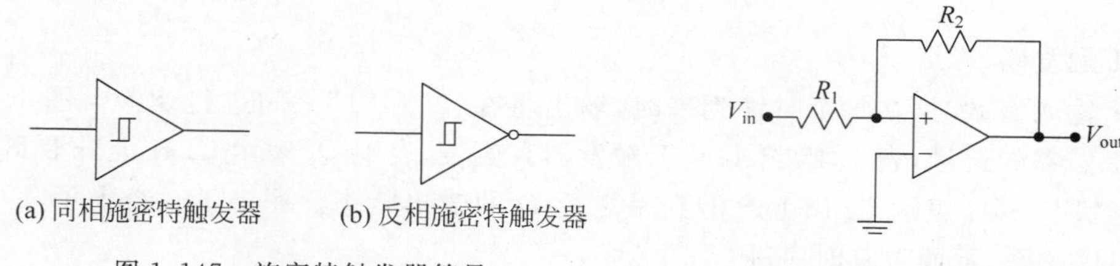

(a) 同相施密特触发器　(b) 反相施密特触发器

图 1.147　施密特触发器符号

图 1.148　正反馈的比较器

(1) 当同相输入的电压高于反相输入的电压时,比较器输出翻转到高工作电压 $+V_S$。

(2) 当同相输入的电压低于反相输入的电压时,比较器输出翻转到低工作电压 $-V_S$。

在正反馈比较器中,反相输入接地。因此,该比较器实现了符号函数,具有两态输出特性,即只有高和低两种状态。当同相端连续输入时,总有相同的符号。

由于电阻网络将施密特触发器的输入端(即比较器的同相端)和比较器的输出端连接起来,施密特触发器的表现类似比较器,即能在不同的时刻翻转电平,这取决于比较器的输出是高还是低。

(1) 若输入是绝对值很大的负输入,输出将为低电平。

(2) 若输入是绝对值很大的正输入,输出将为高电平。

这就实现了非反相施密特触发器的功能。不过对于取值处于两个阈值之间的输入,输出状态同时取决于输入和输出。例如,如果施密特触发器的当前状态是高电平,输出会处于正电源轨($+V_S$)上。这时 $V+$ 就会成为 V_{in} 和 $+V_S$ 间的分压器。在这种情况下,只有当 $V+=0$(接地)时,比较器才会翻转到低电平。由电流守恒,可知此时满足下列关系

$$\frac{V_{\text{in}}}{R_1}=-\frac{V_S}{R_2}$$

因此，V_{in}必须降低到低于$-\frac{R_1}{R_2}V_S$时，输出才会翻转状态。一旦比较器的输出翻转到$-V_S$，翻转回高电平的阈值就变成了$\frac{R_1}{R_2}V_S$。

图 1.149 给出了施密特触发器的迟滞回线特性图，其中 M 是电源电压，T 是阈值电压。这样，电路就形成了一段围绕原点的翻转电压带，而触发电平是$\pm\frac{R_1}{R_2}V_S$。

(1) 只有当输入电压上升到电压带的上限，输出才会翻转到高电平。

(2) 只有当输入电压下降到电压带的下限，输出才会翻转回低电平。

若 R_1 为 0，R_2 为无穷大(即开路)，电压带的宽度会压缩到 0，此时电路就变成一个标准比较器 。图 1.149 中的阈值 T 的值由$\frac{R_1}{R_2}V_S$给出，输出 M 的最大值是电源电压。

如图 1.150 所示，给出实际配置的非反相施密特触发电路。

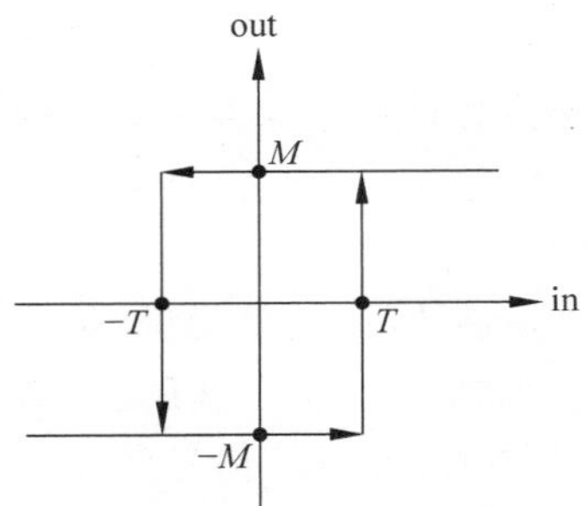

图 1.149　施密特触发器的迟滞回线特性

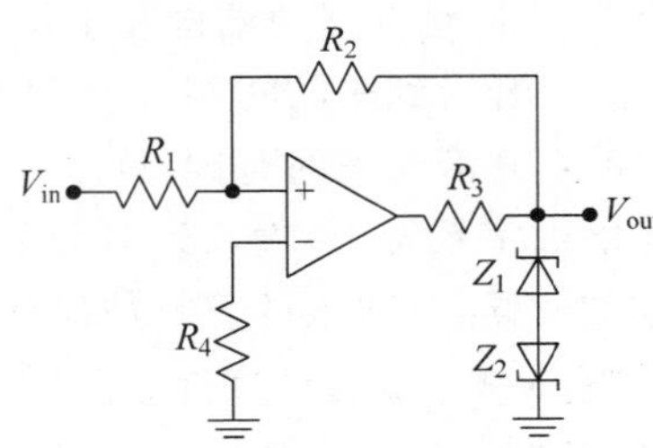

图 1.150　实际的施密特触发器

输出特性曲线与上述基本配置的输出曲线形状相同，阈值大小也与上述配置满足相同的关系。不同点在于上例的输出电压取决于供电电源，而这一电路的输出电压由两个齐纳二极管(也可用一个双阳极齐纳二极管代替)确定。在这一配置中，输出电平可以通过选择适宜的齐纳二极管来改变，而输出电平对于电源波动具有抵抗力，也就是说输出电平提高了比较器的电源电压抑制比。电阻 R_3 用于限制通过二极管的电流，电阻 R_4 将比较器的输入漏电流引起的输入失调电压降低到最小(参见实际运算放大器的限制)。表 1.46 所示，给出了 7400 系列元件。这些器件在其全部输入部分都包含施密特触发器。

表 1.46　包含施密特触发器的 74 系列的器件

类　　型	功　　能
7413	4 输入端双与非施密特触发器
7414	六反相施密特触发器
7418	双 4 输入与非门(施密特触发)
7419	六反相施密特触发器
74121	单稳态多谐振荡器(具施密特触发器输入)

续表

类　型	功　能
74132	2输入端四与非施密特触发器
74221	双单稳态多谐振荡器(具施密特触发器输入)
74232	四或非施密特触发器
74310	八位缓冲器(具施密特触发器输入)
74340	八总线反相缓冲器(三态输出)(具施密特触发器缓冲)
74341	八总线非反相缓冲器(三态输出)(具施密特触发器缓冲)
74344	八总线非反相缓冲器(三态输出)(具施密特触发器缓冲)
74540	八位三态反相输出总线缓冲器(具施密特触发器输入)
74541	八位三态非反相输出总线缓冲器(具施密特触发器输入)
74(HC/HCT)7541	八位三态非反相输出总线缓冲器(具施密特触发器输入)
SN74LV8151	具有三态输出的10位通用施密特触发缓冲器

1.10.8 普通寄存器

前面介绍了D触发器的结构和工作原理,一个D触发器能用来保存一个比特位。

(1) 时钟上升沿到来的时候,D="1",则Q="1"。

(2) 时钟上升沿到来的时候,D="0",则Q="0"。

在真正的数字系统中,输入到D触发器的时钟信号是连续的,这就是说,每当一个时钟上升沿到来的时候,D输入的值就被保存到Q输出。在前面D触发器基础上,添加另一个称为load的输入线。如图1.151所示,当load信号线为高时,inp0的信号就在下一个时钟上升沿到来的时候,保存到输出q_0。否则,当load信号为低时,接入反馈通道。

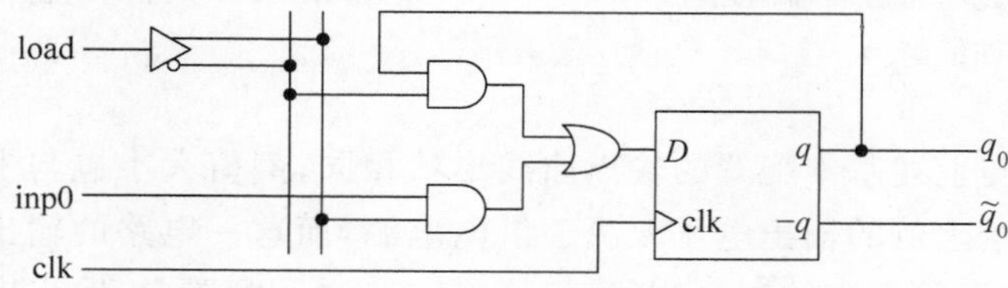

图1.151　一位寄存器的结构

假设时钟信号连续运行,为了保证在每个周期q的值不变,则q的值反馈到逻辑与门,通过load信号进行逻辑"与"运算后,经过逻辑"或"运算,送到D触发器的输入端。

1.10.9 移位寄存器

N个D触发器可以构成N位的移位寄存器。图1.152给出了4位移位寄存器的结构。当每个时钟上升沿来时,数据向右移动一位。在每个时钟脉冲到来时,当前data_in数据移动到q_3,前一时刻q_3的值移动到q_2,前二个时刻q_2的值移动到q_1,前三个时刻的q_1的值移动到q_0。如图1.153所示给出了4位移位寄存器的时序图。

注:在每一个时钟沿到来时,四个移位寄存器的移位过程是同时完成的。

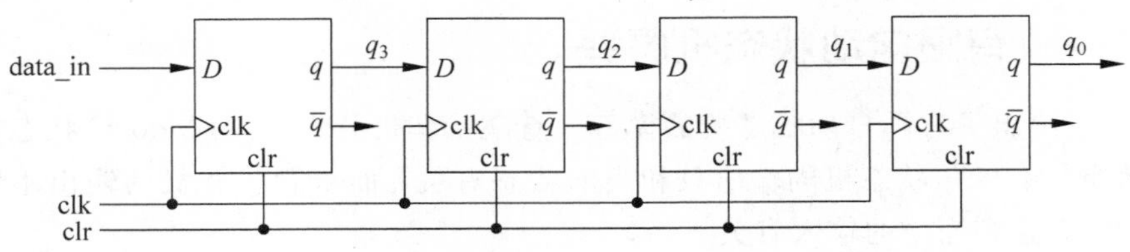

图 1.152 4 位移位寄存器的结构

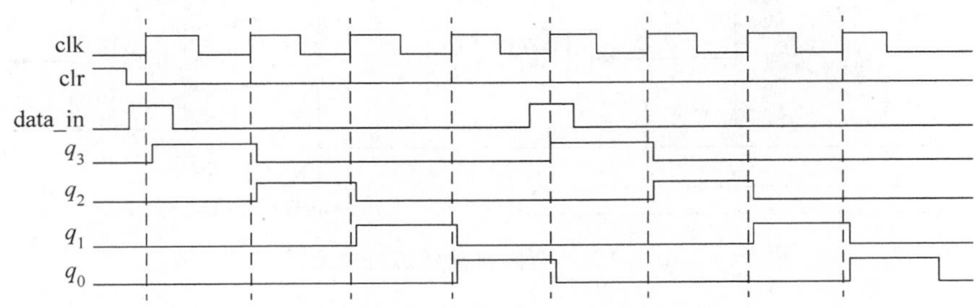

图 1.153 4 位移位寄存器的时序

注 1：在例子中，clr 信号为清零信号，该信号为高有效。

注 2：在图 1.153 中，将 D 触发器时延迟表示出来。

1.10.10 存储器

目前，常用的两类专用存储器芯片有两种，一种是动态存储器，另一种是静态存储器。

1. 动态存储器

动态存储器的每个单元使用一个微型电容来保存一个信号的电压，它们使用最小的和最廉价的存储器电路。由于在一段时间后，电容上的电压会衰减，所以动态存储器的每个单元必须进行周期性地刷新，否则它将丢失保存在电容内的值。尽管所要求周期性的刷新明显地增加了时间开销，但是由于动态存储器的单元面积很小，因此动态存储器电路中被广泛使用。

2. 静态存储器

大多数的静态存储器使用两个背靠背的反相器来保存一个逻辑值。静态存储器不需要进行刷新，因此静态存储器的工作速度要高于动态存储器。但是，它们所使用的硅片的面积要远远大于动态存储器。因此，它们只用于必须使用的场合，即高速存储器，或需要少量的存储器的应用。

思考与练习 47 请说明组合逻辑电路和时序逻辑电路的区别。

思考与练习 48 请说明同步系统和异步系统的区别。

思考与练习 49 使用 D 或 JK 触发器设计一个 6 分频的分频电路。

思考与练习 50 使用 D 或 JK 触发器设计一个 8 位循环左移的移位寄存器电路。

1.11 有限自动状态机

在数字系统中，有限自动状态机（finite state machine, FSM）有着非常重要的应用。只有掌握了 FSM 的原理和实现方法，才能说真正的掌握了数字电路。

1.11.1 有限自动状态机原理

图 1.154 给出了有限自动状态机的模型。有限状态机分为摩尔(Moore)状态机和米勒(Mealy)状态机。摩尔状态机的输出只和当前状态有关;而米勒状态机的输出不但和当前的状态有关,而且和当前的输入有关。

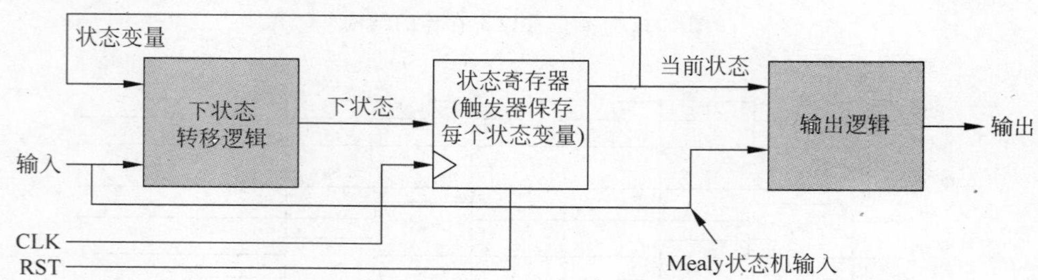

图 1.154 有限自动状态机模型

对于最简单的 FSM 模型来说,可以不出现输出逻辑,即当前状态可以直接送到输出。

从宏观上来说,有限自动状态机由组合逻辑电路和时序逻辑电路共同构成。其中:

(1) 组合逻辑电路构成下状态转移逻辑和输出逻辑,下状态转移逻辑控制数据流的方向。

(2) 时序逻辑电路构成状态寄存器,状态寄存器是状态机中的记忆(存储)电路。

图 1.155 给出了一个具体的有限自动状态机模型,图中:

(1) 下标 PS 表示当前的状态(previous state,PS)。

(2) 下标 NS 表示下一个状态(next state,NS)。

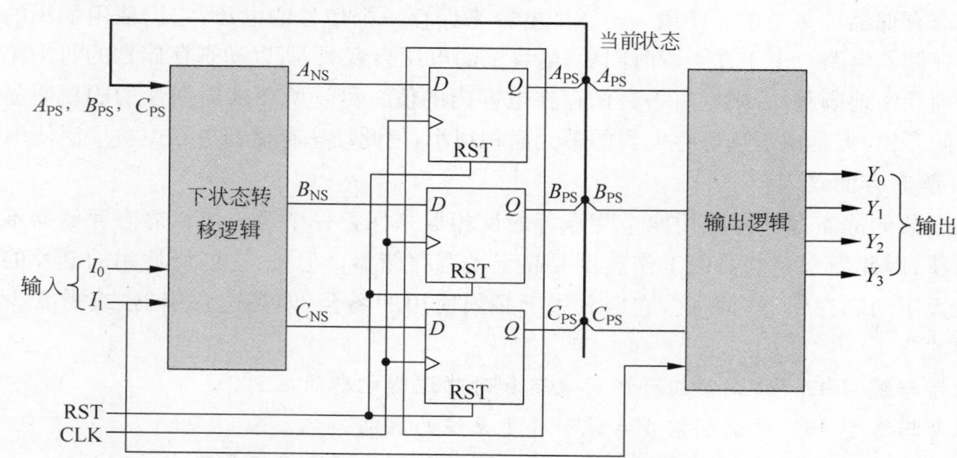

图 1.155 有限自动状态机具体模型

从构成要素上来说,该状态机模型包含:

(1) 输入逻辑变量的集合。在该模型中,输入逻辑变量集合为$\{I0,I1\}$。

(2) 状态集合。因为 $A_{NS},A_{PS}\in\{0,1\}$,$B_{NS},B_{PS}\in\{0,1\}$,$C_{NS},C_{PS}\in\{0,1\}$。所以

$$A_{PS}B_{PS}C_{PS}\in\{000,001,010,011,100,101,110,111\}$$

$$A_{NS}B_{NS}C_{NS}\in\{000,001,010,011,100,101,110,111\}$$

该状态机模型最多可以有 8 个状态，每个状态可以表示为{000,001,010,011,100,101,110,111}集合中的任意编码组合。

(3) 状态转移函数。用来控制下状态转移逻辑，状态转移逻辑可以表示为当前状态和当前输入逻辑变量的函数，对于该模型来说：

$$A_{NS} = f_1(A_{PS}B_{PS}C_{PS}, I_0, I_1)$$
$$B_{NS} = f_2(A_{PS}B_{PS}C_{PS}, I_0, I_1)$$
$$C_{NS} = f_3(A_{PS}B_{PS}C_{PS}, I_0, I_1)$$

(4) 输出变量集合。在该模型中，输出变量的集合为$\{Y_0, Y_1, Y_2, Y_3\}$。

(5) 输出函数。用来确定在当前状态下，各个输出逻辑变量的值，即：输出变量可以表示为当前状态和当前输入逻辑变量的函数。对于该模型来说，输出函数可以表示为

$$Y_0 = h_1(A_{PS}B_{PS}C_{PS}, I_1);$$
$$Y_1 = h_2(A_{PS}B_{PS}C_{PS}, I_1);$$
$$Y_2 = h_3(A_{PS}B_{PS}C_{PS}, I_1);$$
$$Y_3 = h_4(A_{PS}B_{PS}C_{PS}, I_1);$$

1.11.2　状态图表示及实现

下面以图 1.156 所示的状态图为例，详细介绍有限状态机的实现过程。

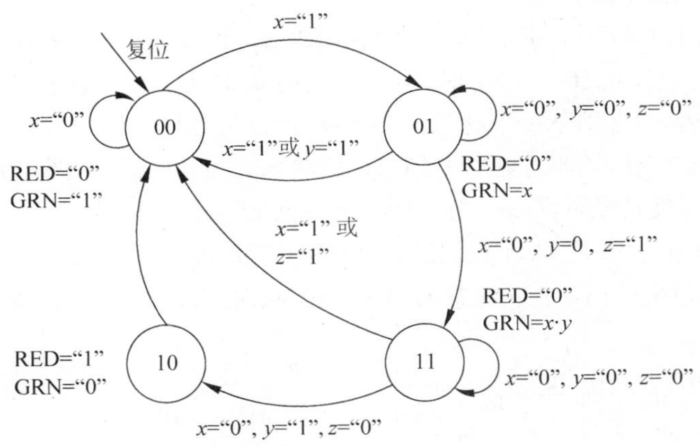

图 1.156　FSM 的状态图描述

1. 状态机的状态图表示

状态图是有限状态机最直观和最直接的表示方法。图中：

(1) 每个圆圈表示一个状态，圆圈内的二进制数的组合表示状态的编码。

(2) 两个圆圈之间的连线表示从一个状态转移到另一个状态。连线上方为状态转移条件。

(3) 每个状态旁给出当前状态下的输出变量。

从状态图中，可以很直观地知道有限自动状态机的状态集合、输入变量和输出变量，因此，只要从状态图中得到具体的状态转移函数和输出函数，就可以实现有限自动状态机。

该有限自动状态机模型描述如下：

(1) 状态集合

该状态机包含四个状态，四个状态分别编码为：00,01,11,10。其中：

① 状态变量 $A_{NS}B_{NS} \subseteq \{00,01,10,11\}$；

② 状态变量 $A_{PS}B_{PS} \subseteq \{00,01,10,11\}$。

(2) 输入变量

该状态机中包含三个输入变量，即 x,y,z。

(3) 系统的状态迁移和在各个状态下的输出描述为：

① 当复位系统时，系统处于状态“00”。该状态下，驱动逻辑输出变量 RED 为低，驱动逻辑输出变量 GRN 为高。此外，当 x=“0”时，系统一直处于状态“00”；当 x=“1”时，系统迁移到状态“01”。

② 当系统处于状态“01”时，驱动逻辑输出变量 RED 为低，由逻辑输入变量 X 驱动逻辑输出变量 GRN。此外，当 x=“0”，y=“0”和 z=“0”时，系统一直处于状态“01”；当 x=“1”或者 y=“1”时，系统迁移到状态“00”；当 x=“0”，y=“0”和 z=“1”时，系统迁移到状态“11”。

③ 当系统处于状态“11”时，驱动逻辑输出变量 RED 为低，由逻辑输入变量 X 和 Y 共同驱动逻辑输出变量 GRN，即 GRN=$x \cdot y$。当 x=“0”，并且 y=“0”和 z=“0”时，系统一直处于状态“11”；当 x=“1”或者 z=“1”时，系统迁移到状态“00”；当 x=“0”，y=“1”和 z=“0”时，系统迁移到状态“10”。

④ 当系统处于状态“10”时，驱动逻辑输出变量 RED 为高，驱动逻辑输出变量 GRN 为低。在该状态下，系统无条件的迁移到状态“00”。

2. 推导状态转移函数

图 1.157(a)和 1.157(b)分别给出了下状态编码 B_{NS} 和 A_{NS} 的卡诺图映射。下面举例说明卡诺图的推导过程。当 $A_{PS}B_{PS}$=“00”时，表示当前的状态是“00”。要想 B_{NS} 为“1”，则 $A_{NS}B_{NS}$ 编码组合为“01”或者“11”，即下一个状态是“01”或者“11”。但是，从图 1.156 可以看出，只存在从“00”到“01”的状态变化，而不存在“00”到“11”的状态变化。此外，从图 1.156 可以看出，从状态“00”到“01”的状态变迁条件是 x=“1”，即 y 和 z 可以是任意的情况。所以，在图 1.157(a)中，第一行的 zyx 分别为“001”、“011”、“111”和“101”的列下，填入“1”，该行的其他列都填入“0”。

依次类推，完成图 1.157 中下状态编码 B_{NS} 和 A_{NS} 的卡诺图映射关系。

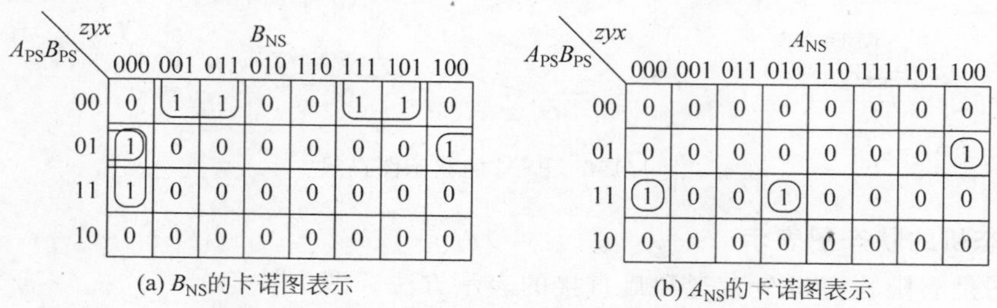

$A_{PS}B_{PS}$ \ zyx (B_{NS})	000	001	011	010	110	111	101	100
00	0	1	1	0	0	1	1	0
01	1	0	0	0	0	0	0	1
11	1	0	0	0	0	0	0	0
10	0	0	0	0	0	0	0	0

(a) B_{NS}的卡诺图表示

$A_{PS}B_{PS}$ \ zyx (A_{NS})	000	001	011	010	110	111	101	100
00	0	0	0	0	0	0	0	0
01	0	0	0	0	0	0	0	1
11	1	0	0	1	0	0	0	0
10	0	0	0	0	0	0	0	0

(b) A_{NS}的卡诺图表示

图 1.157　状态转移函数的卡诺图表示

得到状态转移函数的布尔逻辑表达式为

$$B_{NS} = \overline{A_{PS}} \cdot \overline{B_{PS}} \cdot x + \overline{A_{PS}} \cdot B_{PS} \cdot \bar{x} \cdot \bar{y} + B_{PS} \cdot \bar{x} \cdot \bar{y} \cdot \bar{z}$$

$$A_{NS} = \overline{A_{PS}} \cdot B_{PS} \cdot \bar{x} \cdot \bar{y} \cdot z + A_{PS} \cdot B_{PS} \cdot \bar{x} \cdot \bar{z}$$

3. 推导输出函数

图 1.158(a)和 1.158(b)分别给出了 GRN 和 RED 的卡诺图映射。下面举例说明输出函数卡诺图的推导过程。当 $A_{PS}B_{PS}$=“00”时，GRN=“1”，与 x,y,z 的输入无关。

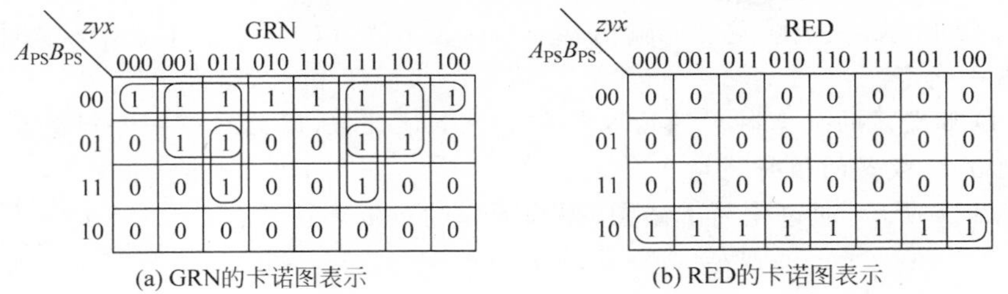

(a) GRN的卡诺图表示

$A_{PS}B_{PS}$ \ zyx	000	001	011	010	110	111	101	100
00	1	1	1	1	1	1	1	1
01	0	1	1	0	0	1	1	0
11	0	0	1	0	0	1	0	0
10	0	0	0	0	0	0	0	0

(b) RED的卡诺图表示

$A_{PS}B_{PS}$ \ zyx	000	001	011	010	110	111	101	100
00	0	0	0	0	0	0	0	0
01	0	0	0	0	0	0	0	0
11	0	0	0	0	0	0	0	0
10	1	1	1	1	1	1	1	1

图 1.158　FSM 的卡诺图映射

其逻辑关系可用下面逻辑等式表示

$$GRN = \overline{A_{PS}} \cdot \overline{B_{PS}} + \overline{A_{PS}} \cdot x + B_{PS} \cdot x \cdot y$$

$$RED = A_{PS} \cdot \overline{B_{PS}}$$

4. 状态机逻辑电路的实现

图 1.159 给出了图 1.156 状态机模型的具体实现电路。

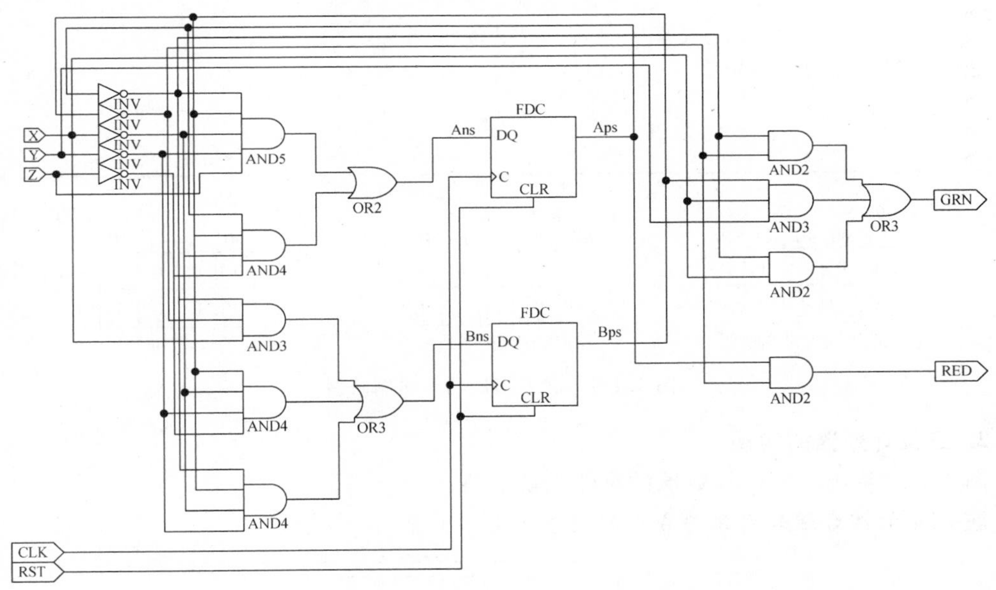

图 1.159　FSM 的实现电路

1.11.3　三位计数器

本节将使用前面介绍的 FSM 的实现方法设计一个三位八进制的计数器。

1. 三位计数器原理

三位八进制计数器可以从 000 计数到 111。图 1.160 给出了三位八进制计数器的状态图描述。

在时钟的每个上升沿到来时，计数器从一个状态转移到另一个状态，计数器的输出从 000 到 111，然后返回 000。由于状态编码反映了输出逻辑变量的变化规律，所以在该设计中将状态编码作为输出逻辑变量输出。

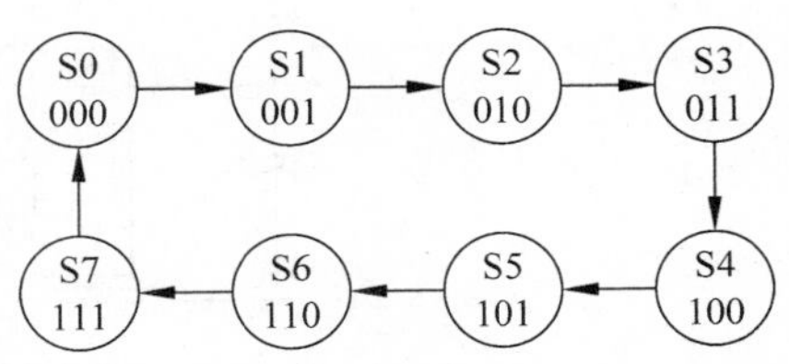

图 1.160　三位八进制计数器的状态图描述

如表 1.47 所示，三个触发器的输出 q_2, q_1, q_0 表示当前的状态。下一个状态由到 D 触发器的三个输入确定。

注意：D 触发器的任意时刻的输入包含下一个计数值，因此在下一个时钟上升沿，这个值就锁存到 q，计数器的值将递增 1。

如图 1.161 所示，通过化简卡诺图，得到下面的逻辑表达式：

$$D_2 = q_2 \cdot \bar{q}_1 + q_2 \cdot \bar{q}_0 + \bar{q}_2 \cdot q_1 \cdot q_0$$

$$D_1 = q_0 \cdot \bar{q}_1 + \bar{q}_0 \cdot q_1 = q_0 \oplus q_1$$

$$D_0 = \bar{q}_0$$

表 1.47　3 位计数器的真值表

状态	当前状态			下一状态		
	q_2	q_1	q_0	D_2	D_1	D_0
S0	0	0	0	0	0	1
S1	0	0	1	0	1	0
S2	0	1	0	0	1	1
S3	0	1	1	1	0	0
S4	1	0	0	1	0	1
S5	1	0	1	1	1	0
S6	1	1	0	1	1	1
S7	1	1	1	0	0	0

q_2 \ q_1q_0 (D_2)	00	01	11	10
0	0	0	1	0
1	1	1	0	1

(a) D_2的卡诺图映射

q_2 \ q_1q_0 (D_1)	00	01	11	10
0	0	1	0	1
1	0	1	0	1

(b) D_1的卡诺图映射

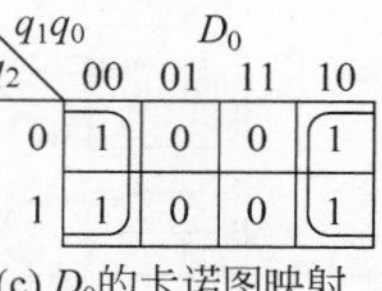

(c) D_0的卡诺图映射

图 1.161　状态编码的卡诺图映射

2. 三位计数器的实现

图 1.162 给出了三位计数器的具体实现电路。

注：D_1 的组合逻辑可用异或逻辑门表示。

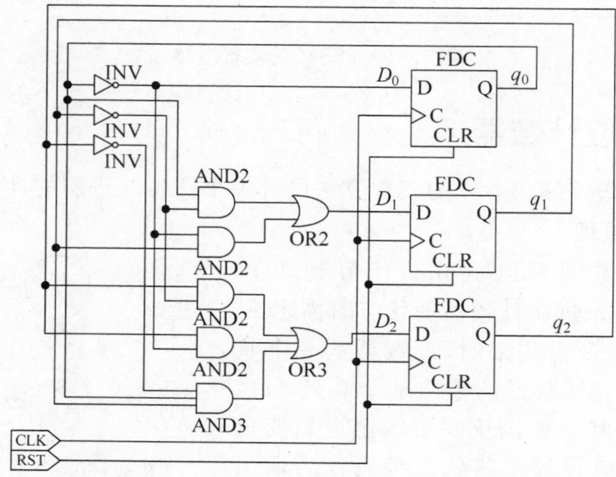

图 1.162　三位八进制计数器实现电路

思考与练习 51　如图 1.163 所示，为下面的状态图分配状态编码，并说明编码规则。

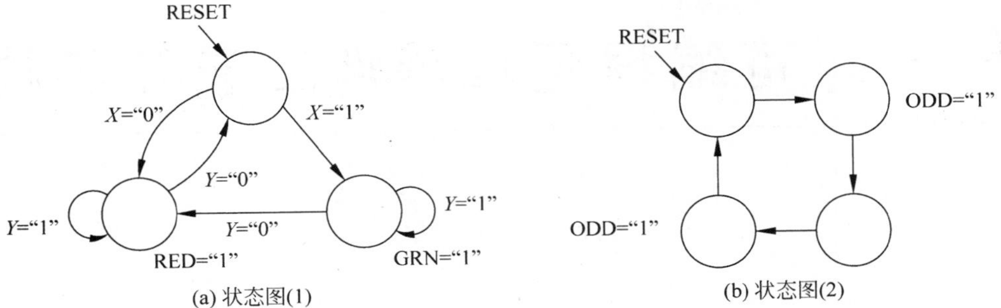

图 1.163　需要编码的状态图

思考与练习 52　如图 1.164 所示，设计实现该状态图的 FSM。

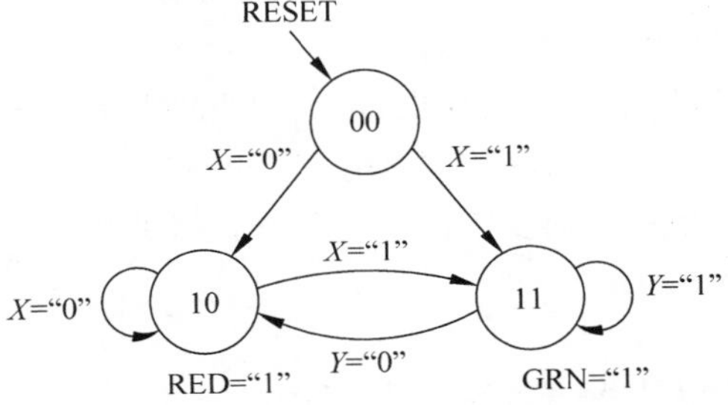

图 1.164　状态图描述

思考与练习 53　如图 1.165 所示，设计实现该计数功能的计数器。

思考与练习 54　将上题的计数值显示在共阳/共阴极七段数码管。

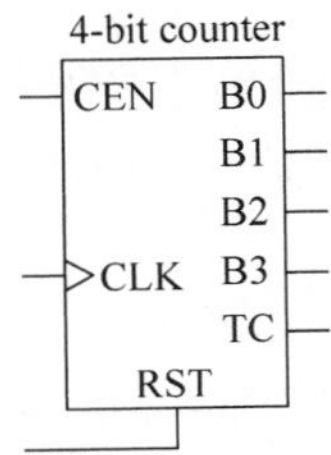

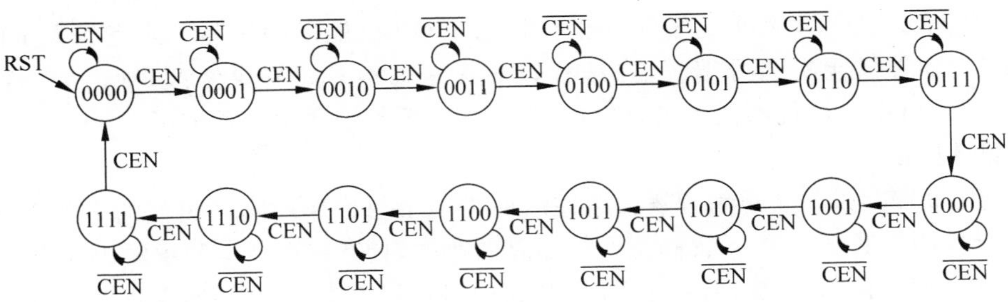

图 1.165　计数器状态图描述

第 2 章 可编程逻辑器件工艺和结构

CHAPTER 2

可编程逻辑器件(programmable logic device,PLD)产生于 20 世纪 70 年代,是在专用集成电路(application specific integrated circuit,ASIC)基础上发展起来的一种新型逻辑器件,是当今数字系统设计的主要硬件平台,其主要特点就是由用户通过硬件描述语言和相关电子设计自动化软件对其进行配置和编程。

本章首先介绍可编程逻辑器件发展历史、可编程逻辑器件工艺,在此基础上介绍可编程逻辑器件结构,最后对 Xilinx 可编程逻辑器件进行了介绍。

读者通过对该章内容的学习,初步掌握可编程逻辑器件的结构及功能,为学习后续章节的内容打下基础。

2.1 可编程逻辑器件发展历史

可编程逻辑器件的发展伴随着半导体集成电路的发展而不断发展,其发展可以划分为以下 4 个阶段。

1. 第 1 阶段

20 世纪 70 年代,可编程器件只有简单的可编程只读存储器(PROM)、紫外线可擦除只读存储器(EPROM)和电可擦只读存储器(EEPROM)3 种,由于结构的限制,它们只能完成简单的数字逻辑功能。

2. 第 2 阶段

20 世纪 80 年代,出现了结构上稍微复杂的可编程阵列逻辑(PAL)和通用阵列逻辑(GAL)器件,被正式称为 PLD,能够完成各种逻辑运算功能。典型的 PLD 由"与"、"非"阵列组成,用"与或"表达式来实现任意组合逻辑,所以 PLD 能以乘积和形式完成大量的逻辑组合。PAL 器件只能实现可编程,在编程以后无法修改;如需要修改,则需要更换新的 PAL 器件。但 GAL 器件不需要进行更换,只要在原器件上再次编程即可。

3. 第 3 阶段

20 世纪 90 年代,众多可编程逻辑器件厂商推出了与标准门阵列类似的 FPGA 和类似于 PAL 结构的扩展性 CPLD,提高了逻辑运算的速度,具有体系结构和逻辑单元灵活、集成度高以及适用范围宽等特点,兼容了 PLD 和通用门阵列的优点,能够实现超大规模的电路,编程方式也很灵活,成为产品原型设计和中小规模(一般小于 10000)产品生产的首选。

4. 第 4 阶段

21 世纪初,将现场可编程门阵列和 CPU 相融合,并且集成到一个单个的 FPGA 器件中,如 Xilinx 推出了两种基于 FPGA 的嵌入式解决方案：

(1) FPGA 器件内嵌了时钟频率高达 500MHz 的 PowerPC 硬核微处理器和 1GHz 的 ARM Cortex-A9 双核硬核嵌入式处理器。

(2) 低成本的嵌入式软核处理器，如 MicroBlaze、Picoblaze。

通过这些嵌入式解决方案，实现了软件需求和硬件设计的完美结合，使 FPGA 的应用范围从数字逻辑扩展到嵌入式系统领域。

2.2 可编程逻辑器件工艺

1. 熔丝连接工艺

最早允许对器件进行编程的技术是熔丝连接技术，在这种技术的器件中，所有逻辑的连接都是靠熔丝连接的。熔丝器件只可编程一次，一旦编程，永久不能改变。

图 2.1 给出了熔丝的编程原理，如果进行编程时，需要将熔丝烧断。如图 2.2 所示，编程完成后，将相应的熔丝烧断。

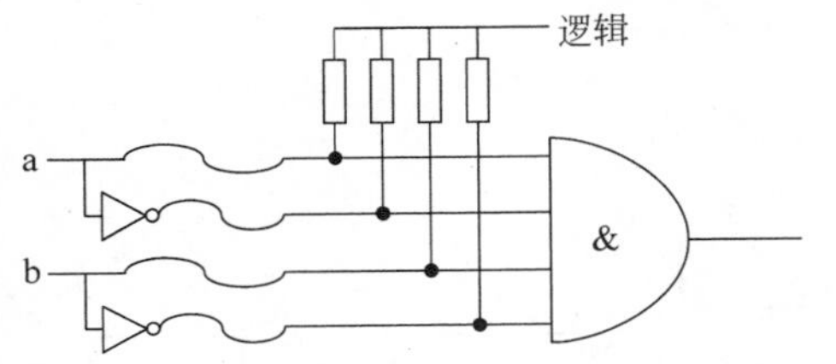

图 2.1　熔丝未编程的结构

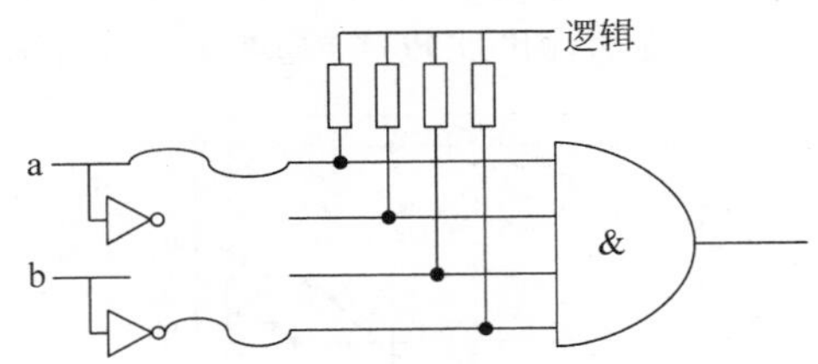

图 2.2　熔丝编程后的结构

2. 反熔丝连接工艺

反熔丝技术和熔丝技术相反，在未编程时，熔丝没有连接。如果编程后，熔丝将和逻辑单元连接。反熔丝开始是连接两个金属连接的微型非晶硅柱，未编程时，成高阻状态；编程结束后，形成连接。反熔丝器件可编程一次，一旦编程，永久不能改变。

图 2.3 给出了反熔丝的编程原理，如果进行编程时，需要将熔丝连接。如图 2.4 所示，编程完成后，相应的熔丝被连接。

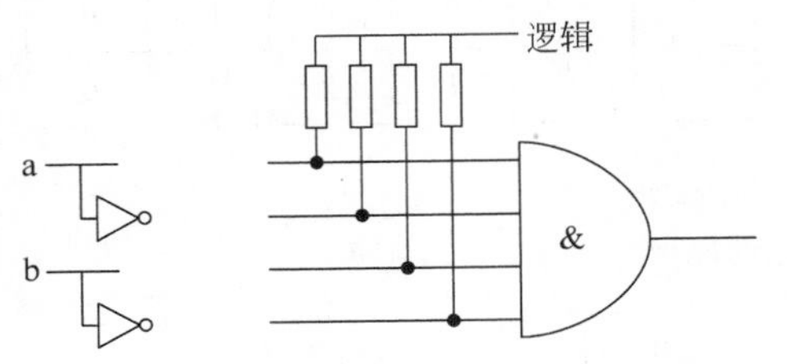

图 2.3　熔丝未编程的结构

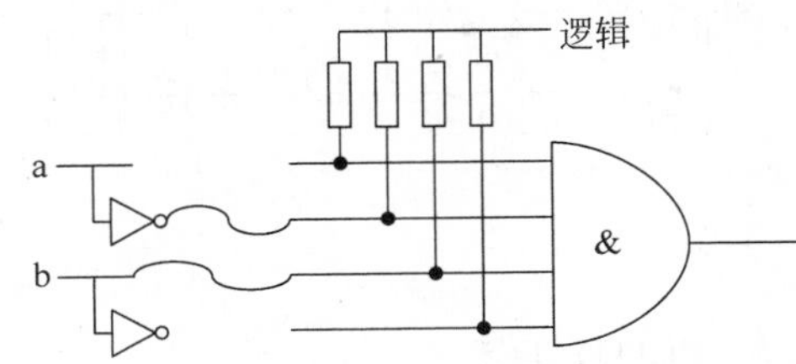

图 2.4　熔丝编程后的结构

3. SRAM 工艺

图 2.5 给出了 SRAM 的结构。基于静态存储器 SRAM 的可编程器件，值被保存在 SRAM 中时，只要系统正常供电信息就不会丢失，否则信息将丢失。SRAM 存储数据需要消耗大量的硅面积，且断电后数据丢失。但是，这种器件可以反复地编程和修改。

绝大多数的 FPGA 都采用这种工艺，这就是为什么 FPGA 外部都需要有一个 PROM 芯片来保存设计代码的原因。

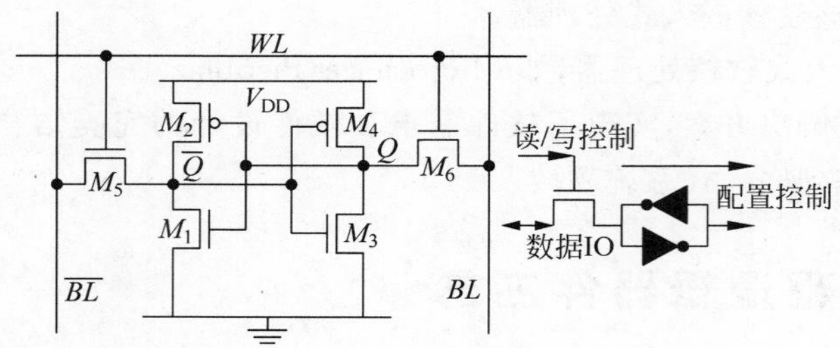

图 2.5 SRAM 的内部结构

4. 掩膜工艺

ROM 是非易失性的器件，系统断电后，将信息保留在存储单元中。以掩膜器件可以读出信息，但是不能写入信息。如图 2.6 所示，ROM 单元保存了行和列数据，形成一个阵列，每一列有负载电阻使其保持逻辑 1，每个行列的交叉有一个关联晶体管和一个掩膜连接。

这种技术代价比较高，基本上很少使用。

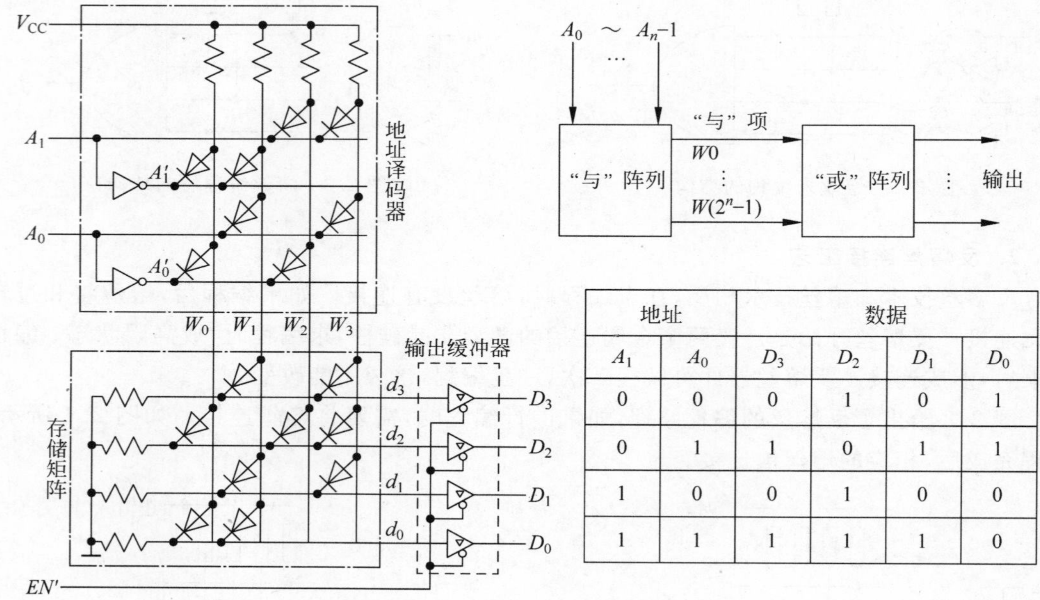

地址		数据			
A_1	A_0	D_3	D_2	D_1	D_0
0	0	0	1	0	1
0	1	1	0	1	1
1	0	0	1	0	0
1	1	1	1	1	0

图 2.6 掩膜工艺的原理

5. PROM 工艺

PROM 是非易失性的，系统断电后，信息被保留在存储单元中。PROM 器件可以编程一次，以后只能读数据而不能写入新的数据。如图 2.7 所示，PROM 单元保存了行和列数据，形成一个阵列，每一列有负载电阻使其保持逻辑 1，每个行列的交叉有一个关联晶体管和一个掩膜连接。

如果可以多次编程，就称为 EPROM 或 EEPROM 技术。

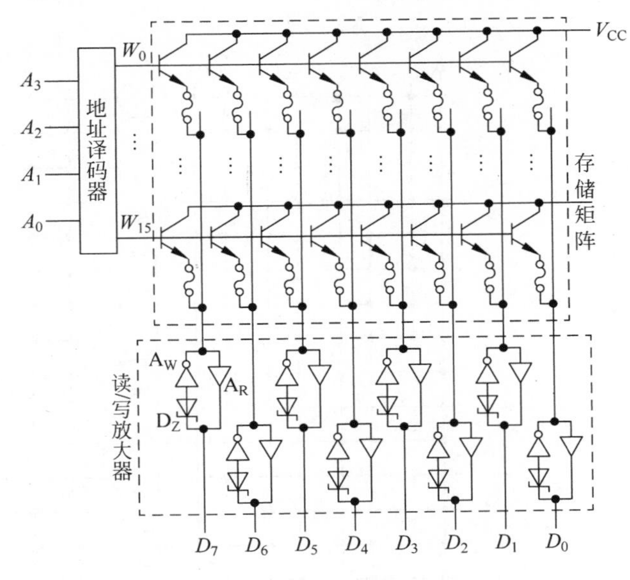

图 2.7 PROM 的内部结构

6. FLASH 工艺

采用 FLASH 技术的芯片其擦除速度比 PROM 技术要快得多。FLASH 技术可采用多种结构，与 EPROM 单元类似的具有一个浮置栅晶体管单元和 EEPROM 器件的薄氧化层特性。

思考与练习 1 请分析 SRAM 内部结构，并说明其工作原理。

思考与练习 2 请分析掩模技术内部结构，并说明其工作原理。

2.3 可编程逻辑器件结构

可编程逻辑分为 PROM、PAL、PLA、CPLD 和 FPGA 等，目前，在数字系统设计中广泛使用的是 CPLD 和 FPGA。

2.3.1 PROM 原理及结构

可编程只读存储器(programmable read-only memory，PROM)是一种可编程逻辑器件，如图 2.8 所示，可以看出 PROM 内部由固定的“与”阵列和可编程的“或”阵列构成。

PROM 以最小项“和”的方式，实现布尔逻辑函数功能。

2.3.2 PAL 原理及结构

可编程阵列逻辑(programmable array logic，PAL)是一种可编程逻辑器件，如图 2.9 所示，可以看出 PAL 内部由固定的“或”阵列和可编程的“与”阵列构成。

可以对每个 AND 门编程，用于生成输入变量的一个乘积项。

通过使用积之和方式实现指定的布尔函数功能。

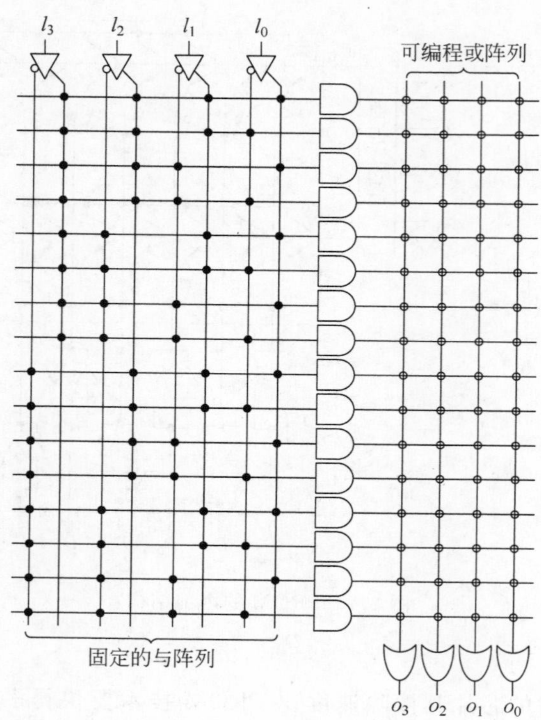

图 2.8 PROM 的内部结构

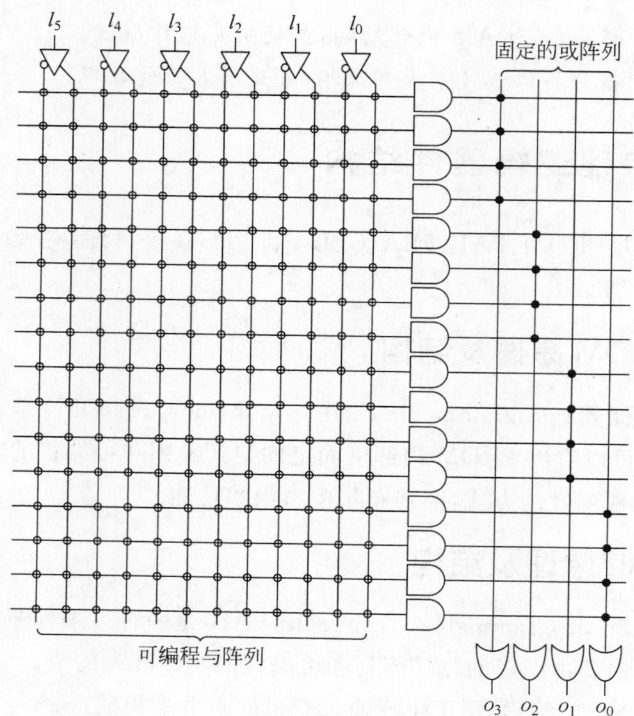

图 2.9 PAL 的内部结构

2.3.3　PLA 原理及结构

编程逻辑阵列(programmable logic array,PLA)是一种可编程逻辑器件,如图 2.10 所示,可以看出 PLA 内部由可编程的"或"阵列和可编程的"与"阵列构成。

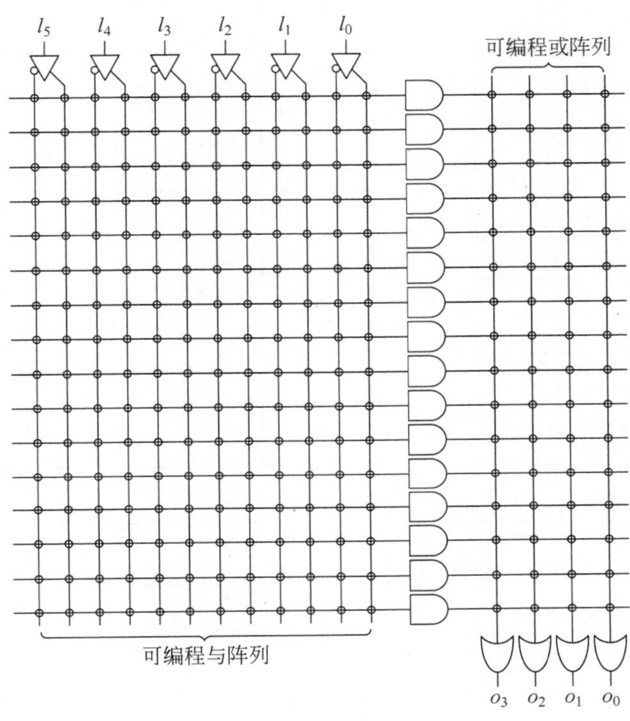

图 2.10　PLA 的内部结构

很明显,其灵活性要远远高于 PROM 和 PAL。

2.3.4　CPLD 原理及结构

CPLD 由完全可编程的与/或阵列以及宏单元库构成,与/或阵列是可重新编程的,可以实现多种逻辑功能;宏单元则是可实现组合或时序逻辑的功能模块,同时还提供了真值或补码输出和以不同的路径反馈等额外的灵活性。图 2.11 给出了 Xilinx XC9500 系列 CPLD 的内部结构图,从图中可以看到 XC9500 CPLD 由多个功能块(function block,FB)和 IO 块(I/O block, IOB)通过快速连接的开关矩阵连接起来。IOB 提供了缓冲区用于器件的输入和输出。每个 FB 提供了可编程逻辑的能力,提供了 36 个输入和 18 个输出。开关矩阵将所有 FB 的输出和输入信号和 FB 的输入信号连接在一起。

1. 功能块

图 2.12 给出了 CPLD 的功能块 FB 的内部结构,FB 是由 18 个独立的宏单元构成,每个宏单元可以实现一个组合逻辑或者寄存器功能。FB 也接收全局时钟,输出使能和置位/复位信号。FB 产生 18 个输出用于驱动快速连接开关矩阵,18 个输出和它们相对应的输出

使能信号也驱动 IOB。

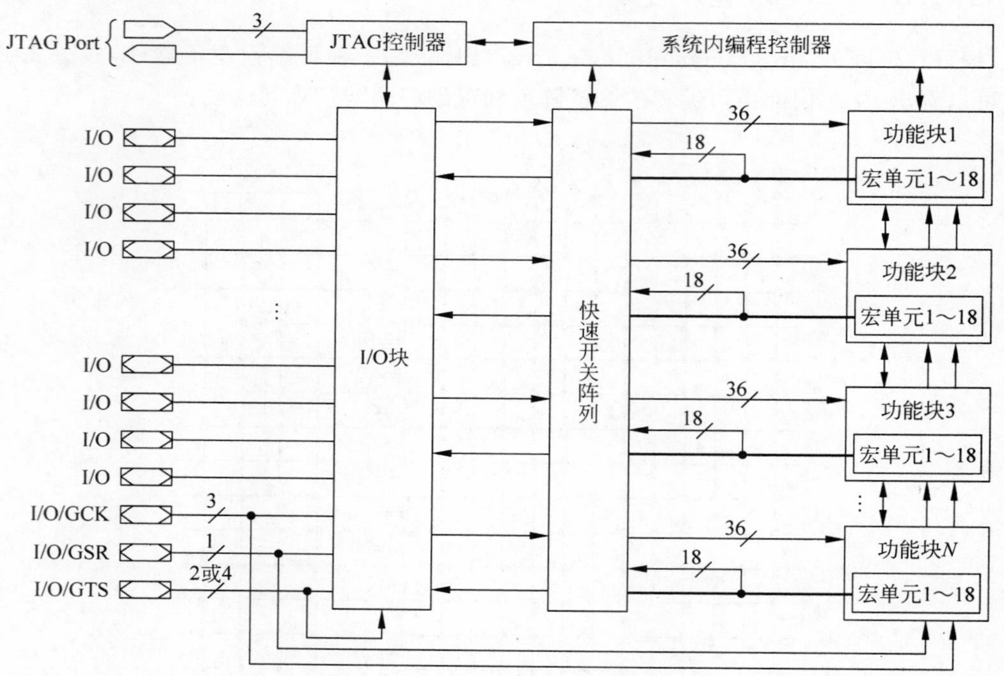

图 2.11 XC9500 CPLD 内部结构

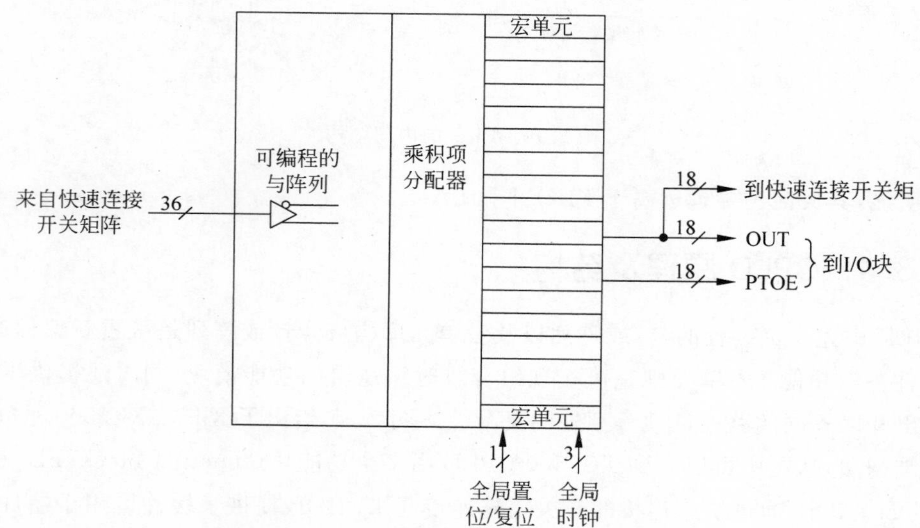

图 2.12 FB 块的内部结构

FB 内部的逻辑使用积之和 SOP 描述，36 个输入提供了 72 个真和互补信号，它们可以连接到可编程的“与”阵列，生成 90 个乘积项。最多可用的 90 个乘积项可以通过乘积项分配器分配到每个宏单元。

每个宏单元也支持本地反馈路径，这样允许任何数量的FB输出来驱动它自己的“与”阵列，这些路径可用来创建快速的计数器和状态机，在状态机内的状态寄存器也在相同的FB内部。

2. 宏单元

图2.13给出了FB内宏单元的结构，可以单独配置每个宏单元，用于实现组合逻辑或者寄存器功能。来自“与”阵列的5个直接的乘积项可用作基本的数据输入(到OR和XOR门)来实现组合逻辑功能，或者作为控制输入，包括时钟、置位/复位和输出使能。乘积项分配器和每个宏单元相连接用于选择使用5个直接项的方式。

宏单元的寄存器能配置成D型、T型触发器，或者也可以旁路用于组合逻辑操作。每个寄存器支持异步置位和复位操作。在上电时，所有的用户寄存器初始化为用户定义的预加载状态。

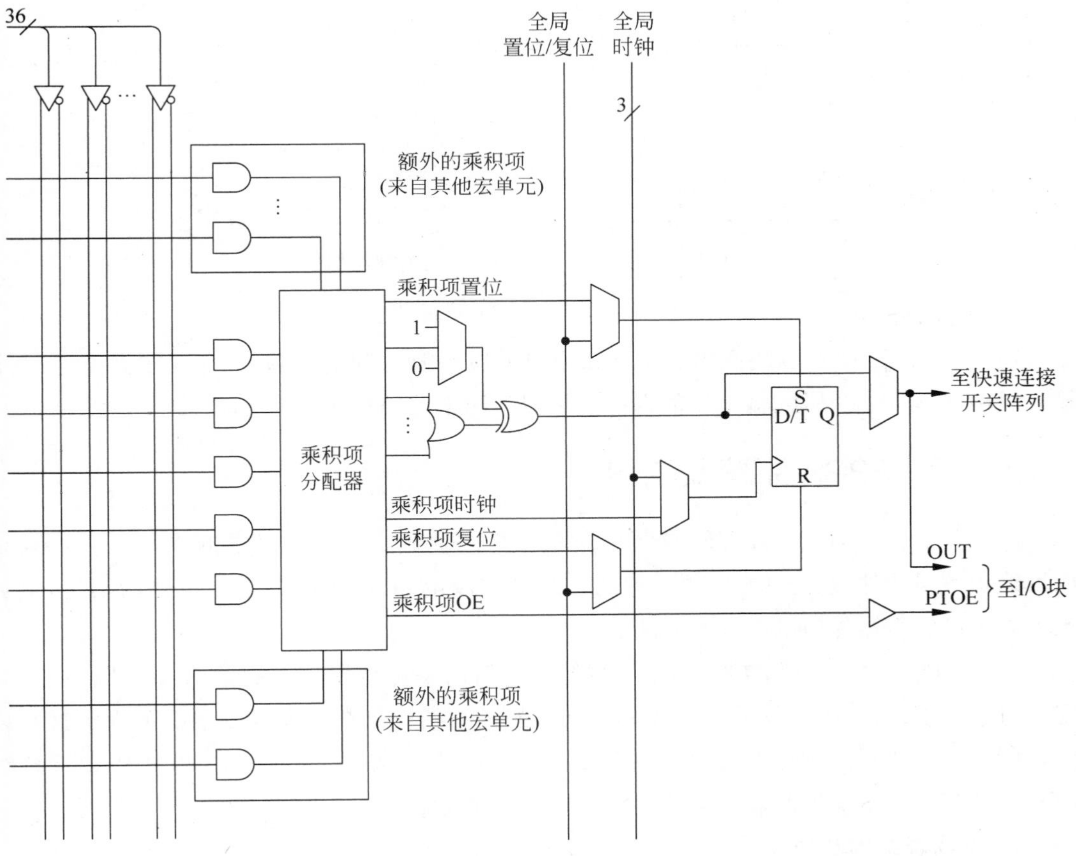

图2.13 宏单元的内部结构

3. 快速连接矩阵

图2.14给出了快速连接开关矩阵的结构图，快速连接矩阵将信号连接到FB输入，所有的IOB输出和FB输出驱动快速连接矩阵。通过用户的编程，可以选择它们中任何一个以相同的延迟来驱动FB。快速连接矩阵能将多个内部的信号连接到一个“线与”输出，用于驱动目的FB。

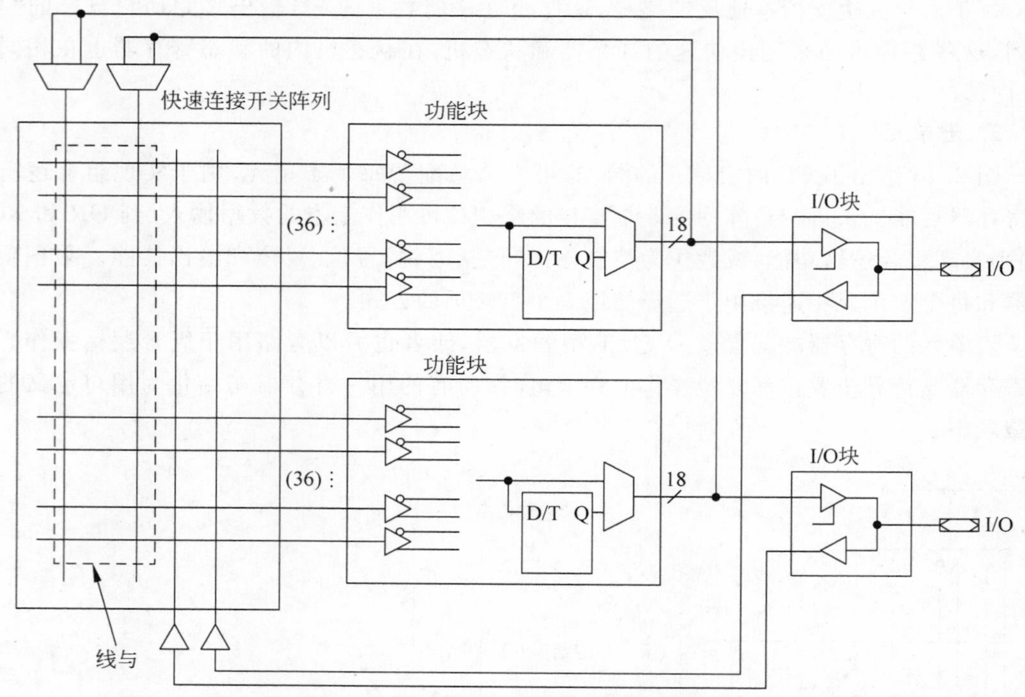

图 2.14　快速连接开关矩阵的内部结构

4. 输入输出块

如图 2.15 所示，I/O 块是内部逻辑和用户 I/O 引脚之间的接口，每个 I/O 块包含一个输入缓冲区、输出驱动器、输出使能选择复用器和用于可编程地的控制。

2.3.5 FPGA 原理及结构

FPGA 是在 PAL、PLA、CPLD 等可编程器件的基础上进一步发展起来的一种更复杂的可编程逻辑器件，它是 ASIC 领域中的一种半定制电路，既解决了定制电路的不足，又克服了原有可编程器件门电路有限的缺点。

由于 FPGA 需要被反复烧写，它实现组合逻辑的基本结构不可能像 ASIC 那样通过固定的与非门来完成，而只能采用一种易于反复配置的结构。查找表可以很好地满足这一要求，目前主流 FPGA 都采用了基于 SRAM 工艺的查找表结构，也有一些军品和宇航级 FPGA 采用 FLASH 或者熔丝与反熔丝工艺的查找表结构。

1. 查找表结构及功能

由布尔代数理论可知，对于一个 n 输入的逻辑运算，不管是与或非运算还是异或运算等，最多只可能存在 2^n 种结果，所以如果事先将相应的结果存放于一个存储单元，就相当于实现了与非门电路的功能。FPGA 的原理也是如此，它通过烧写文件去配置查找表的内容，从而在相同的电路情况下实现了不同的逻辑功能。

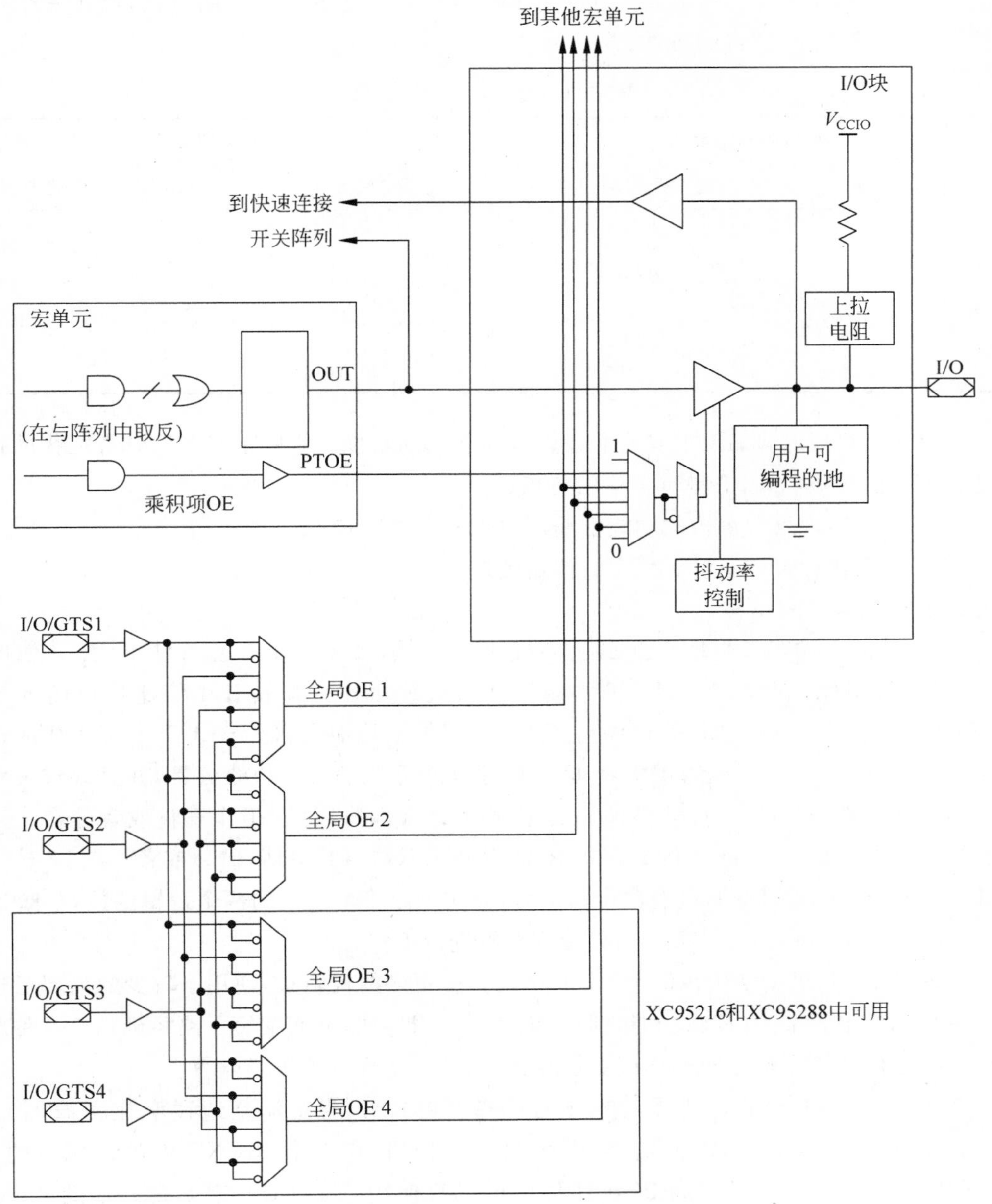

图 2.15　I/O 块内部逻辑

1) 4 输入查找表结构

查找表(look-up-table,LUT)本质上就是一个 RAM。目前,FPGA 中多使用 4 输入的 LUT,所以每一个 LUT 可以看成一个有 4 位地址线的 RAM。当用户通过原理图或 HDL 语言描述了一个逻辑电路以后,FPGA 开发软件会自动计算逻辑电路的所有可能结果,并把真值表(即结果)事先写入 RAM。这样,每输入一个信号进行逻辑运算就等于输入一个地址进行查表,找出地址对应的内容,然后输出内容即可。

表 2.1 给出一个 4 与门电路的例子来说明 LUT 实现逻辑功能的原理，给出一个使用 LUT 实现 4 输入与门电路的真值表。

表 2.1　输入与门的真值表

实际逻辑电路		LUT 实现方式	
a,b,c,d 输入	逻辑输出	RAM 地址	RAM 中存储内容
0000	0	0000	0
0001	0	0001	0
....	.	...	.
1111	1	1111	1

从表 2.1 可以看到，LUT 具有和逻辑电路相同的功能。实际上，LUT 具有更快的执行速度和更大的规模。LUT 具有下面的特点：

(1) LUT 实现组合逻辑的功能由输入逻辑的个数决定；

(2) LUT 实现组合逻辑有固定的传输延迟；

2) 6 输入查找表结构

多年以来，4 输入 LUT 一直是业界标准。但是，在 65nm 工艺条件下，与其他电路(特别是互连电路)相比较，LUT 的常规结构大大缩小。一个具有 4 倍比特位的 6 输入 LUT (6-LUT) 仅仅将 CLB 面积提高了 15%，但是平均而言，每个 LUT 上可集成的逻辑数量却增加了 40%。更高的逻辑密度通常可以降低级联 LUT 的数目，并且改进关键路径延迟性能。新一代的 FPGA 提供了真正的 6-LUT，可以将它用作逻辑或者分布式存储器。这时，LUT 是一个 64 位的分布式 RAM (甚至双端口或者四端口)或者一个 32 位可编程移位寄存器。每个 LUT 具有两个输出，从而实现了五个变量的两个逻辑函数，存储 32×2 RAM 比特，或者作为 16×2 位的移位寄存器进行工作。

新的 6-LUT 逻辑结构在每个 LUT 中融合了更多的逻辑块，使用了较少的局部互连节点和更少的高电容节点(逻辑功能之间)，降低了逻辑层次，从而缩短了路径延迟。这种新的对称布线还使相邻逻辑之间的连接更加直接，这进一步降低了布线电容。

使用 4 输入和 6 输入 LUT 实现多路选择器(MUX)就是清楚地说明在 4 输入 LUT 的架构中实现一个 4-1 MUX 需要两个 4 输入 LUT 和 1 个 MUXF 模块；同样的 4-1 MUX 结构在 6 输入 LUT 的 FPGA 器件中可以只使用一个 LUT 来实现。如图 2.16 所示，在 4 输入 LUT 结构的 FPGA 内实现一个 8-1 MUX 需要 4 个 LUT 和 3 个 MUXF 模块；而在 6 输入 LUT 架构的 FPGA 内仅仅需要 2 个 6-LUT。因此，性能更高且逻辑利用更佳。

图 2.17 给出了 Xilinx 最新一代 Spartan-6 FPGA 芯片的内部版图结构，随着 FPGA 集成度的不断增加，其功能不断增强，新一代的 FPGA 芯片内部结构包含 GTP 收发器、CLB 单元、PCI-E 块、IO 组、存储器控制块、块存储器、DSP 模块、时钟管理模块等资源。下面通过对重要模块的介绍，进一步了解 FPGA 的内部结构。

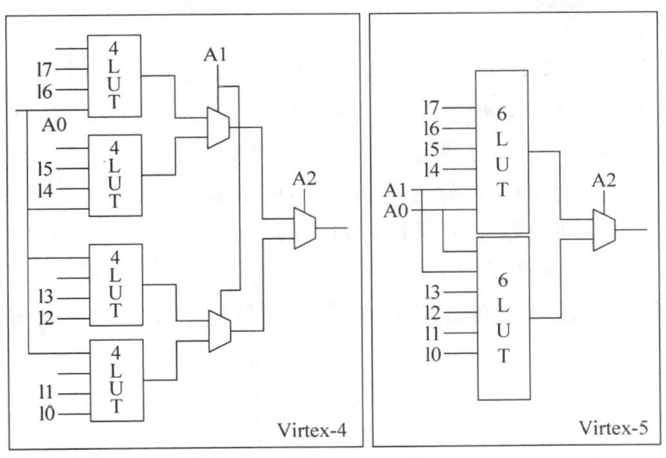

图 2.16 4/6 输入 LUT 实现 8-1 多路复用器的原理

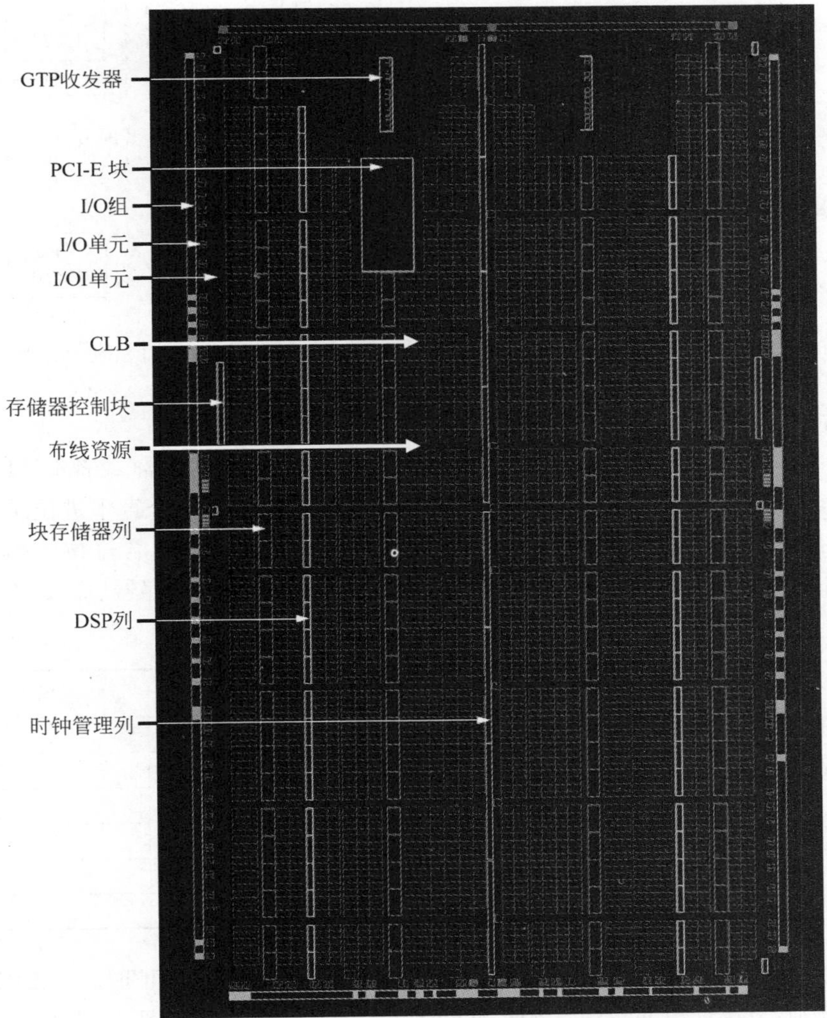

图 2.17 Spartan-6 FPGA 的版图

2. 可配置逻辑块

可配置的逻辑块(configurable logic block，CLB)是主要的逻辑资源，用于实现时序和组合逻辑电路。如图 2.18 所示，每个 CLB 连接到一个开关矩阵用于访问通用的布线资源。一个 CLB 包含一对切片(slice)。这两个切片没有直接的相互连接，每个切片通过列组织在一起。对于每个 CLB,CLB 底下的切片标号为 SLICE(0),CLB 上面的切片标号为 SLICE(1)。

如图 2.19 所示，X 后面的数字标识切片对内每个切片的位置以及切片列的位置。X 编号表示从底部以顺序 0,1(第 1 列 CLB)开始计算切片位置；然后是 2,3(第 2 列 CLB)。Y 编号后的数字标识切片的行位置。图中的 4 个 CLB 位于硅片的左下角的位置。

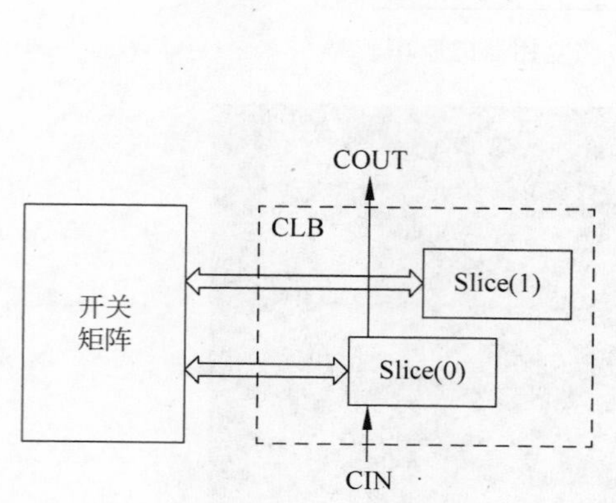

图 2.18 CLB 内的 Slice 排列

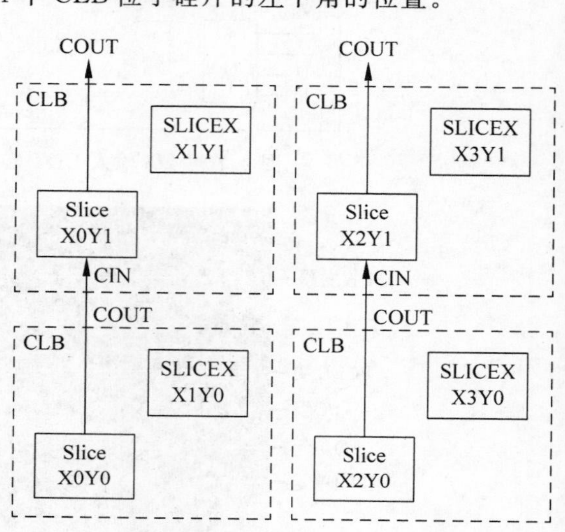

图 2.19 CLB 和 Slice 的位置关系

3. 切片

表 2.2 给出了切片的特性。每个切片包含 10 个逻辑函数发生器(或者 LUT)和 8 个存储元素。SLICEXs 是基本的切片。一些称为 SLICEL 切片包含一个算术进位结构，通过切片列和多功能的多路复用器和上面的切片串联在一起。SLICEM 包含进位结构、多路复用器，通过使用 LUT 作为 64 位的分布式 RAM 和可变长度的移位寄存器(最大 32 位)。

表 2.2 切片特征

特 性	SLICEX	SLICEL	SLICEM
6 输入查找表	√	√	√
8 个触发器	√	√	√
宽多路复用器		√	√
进位逻辑		√	√
分布式 RAM			√
移位寄存器			√

每个 CLB 包含两个切片列。一列称为 SLICEX 列，另一列在 SLICEL 和 SLICEM 交替。可用的切片中有 50%的 SLICEX，25%的 SLCEL 和 25%的 SLCEM。图 2.20 给出了 SLICEM 的内部结构，图 2.21 给出了 SLICEL 的内部结构，图 2.22 给出了 SLICEX 的内部结构。

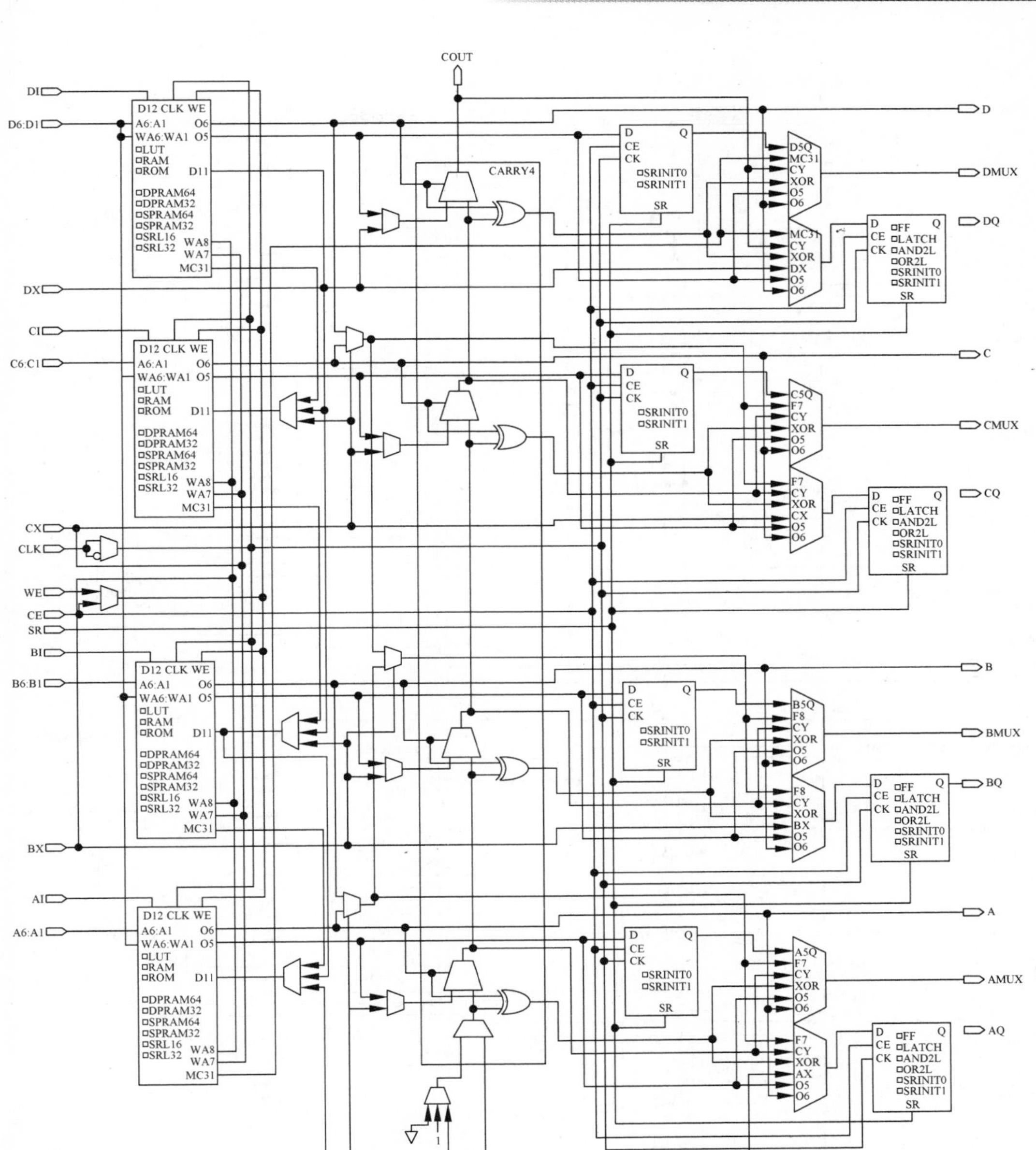

图 2.20　SLICEM 的内部结构

4. 时钟资源和时钟管理单元

Spartan-6 的 FPGA 时钟资源包含下面 4 种类型：

(1) 全局时钟输入引脚(GCLK)；

(2) 全局时钟复用开关(BUFG,BUFGMUX)；

(3) I/O 时钟缓冲区(BUFIO2,BUFIO2_2CLK，BUFPLL)；

(4) 水平的时钟布线缓冲区(BUFH)。

Spartan-6 的 FPGA 包含两种类型的时钟网络：

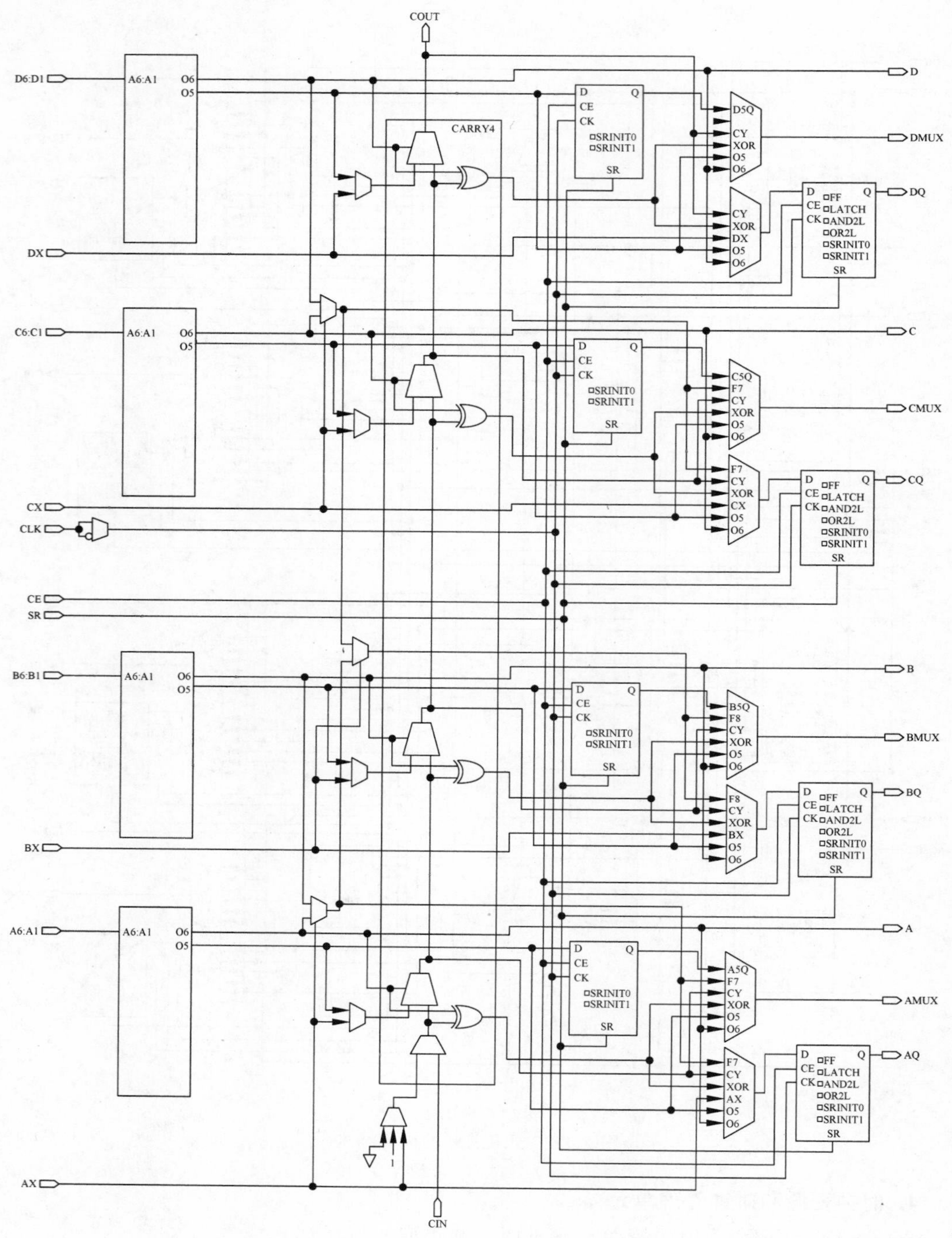

图 2.21　SLICEL 的内部结构

(1) 提供了 16 个高速、低抖动的全局时钟资源来优化性能，通过软件工具自动地使用这些资源。

(2) 提供了 40 个超高速、低抖动的 I/O 区域时钟资源，用于本地的 I/O 串行/解串行电路。

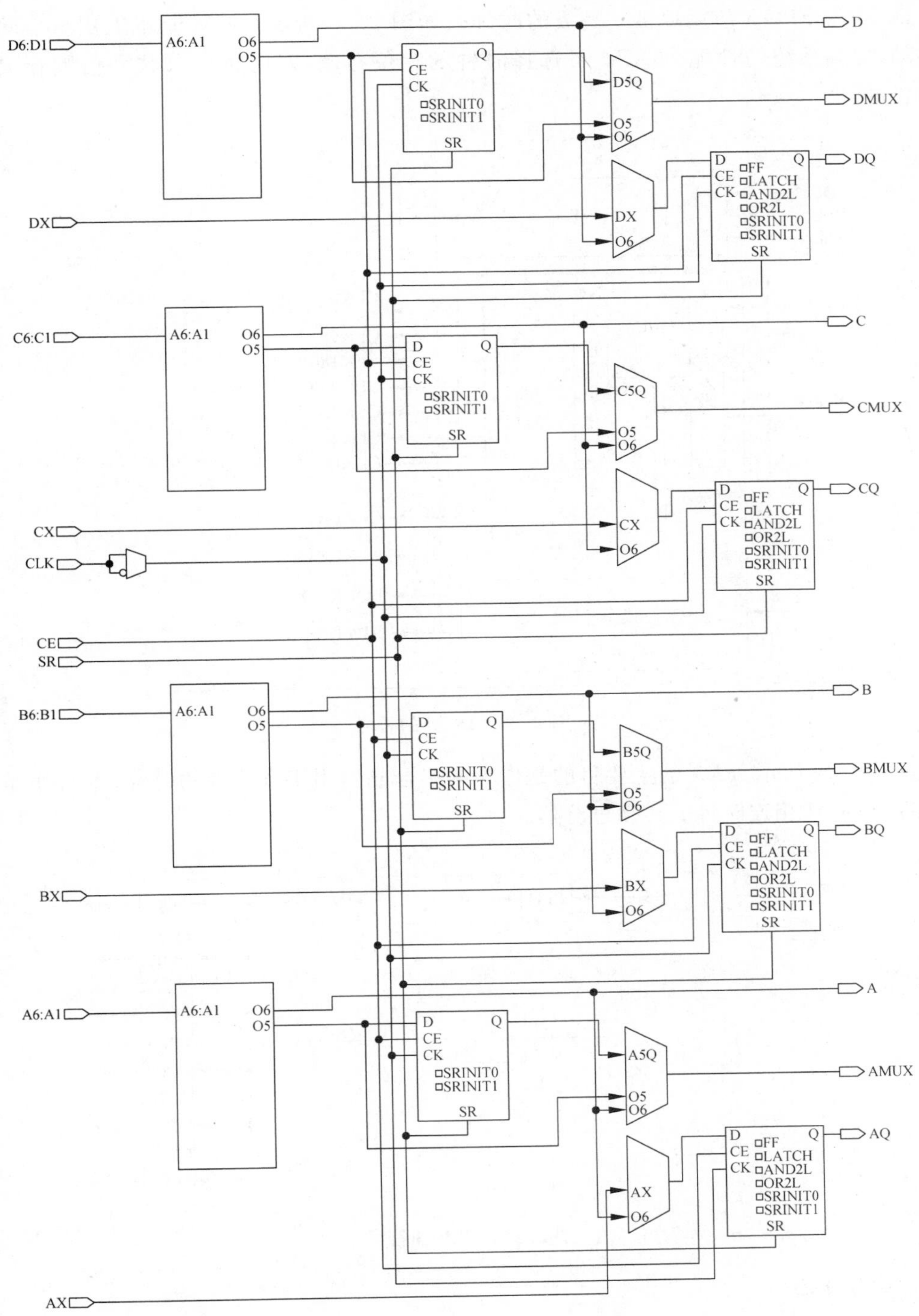

图 2.22 SLICEX 的内部结构

Spartan-6 系列 FPGA 的每个时钟管理模块(clock management tile，CMT)包含两个数字时钟管理模块(digital clock management，DCM)和一个相位锁相环(phase lock loop，PLL)。

DCM 为 FPGA 应用提供了高级的时钟。如图 2.23 所示,DCM 基本上用来消除时钟的抖动,提高系统的性能。DCM 可选择时钟的相位移动,对时钟的分频和倍频合成新的时钟。

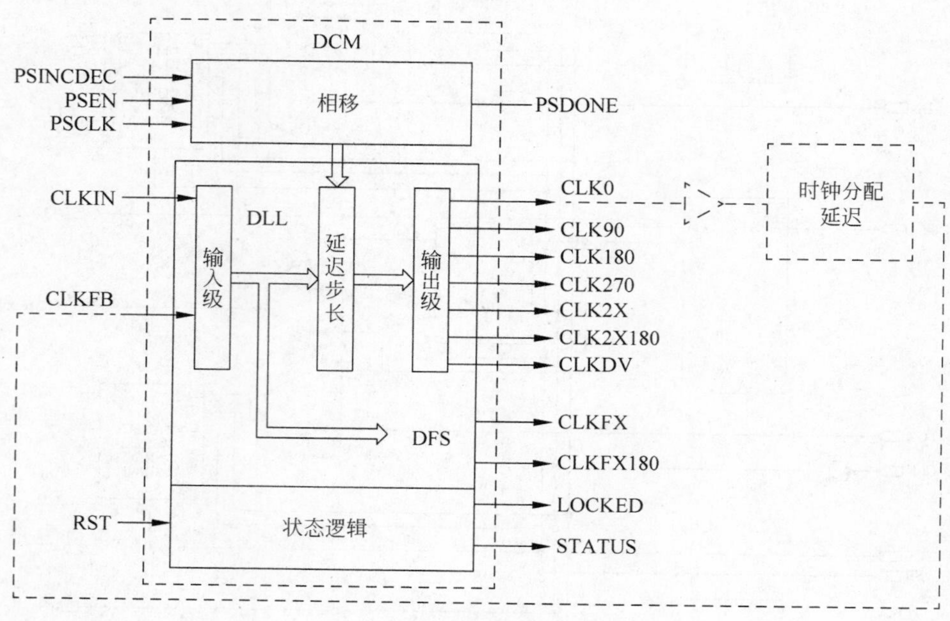

图 2.23　DCM 的符号

如图 2.24 所示,PLL 的主要目的是作为频率合成器用于宽范围的时钟,作为外部时钟和内部与 DCM 相连时钟的抖动过滤器。

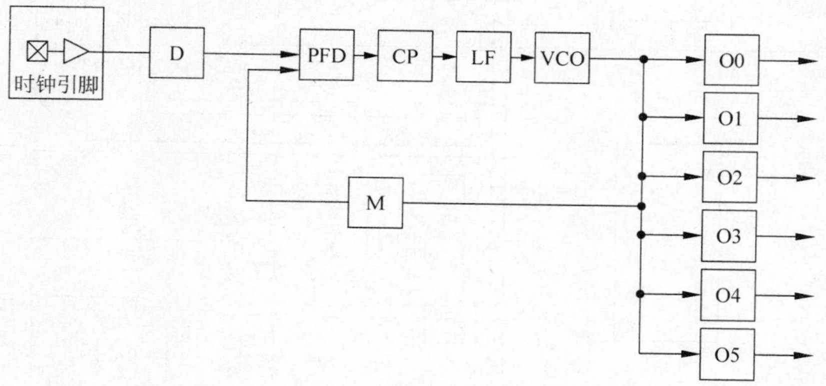

图 2.24　PLL 的符号

5. 块存储器

大多数 FPGA 都具有内嵌的块 RAM,这大大拓展了 FPGA 的应用范围和灵活性。BRAM 用于高效的数据存储或者缓冲,可用于高性能的状态机、FIFO 缓冲区、大的移位寄存器、大的 LUT 或者 ROM。图 2.25 给出了 18Kb 块 RAM 的结构图。

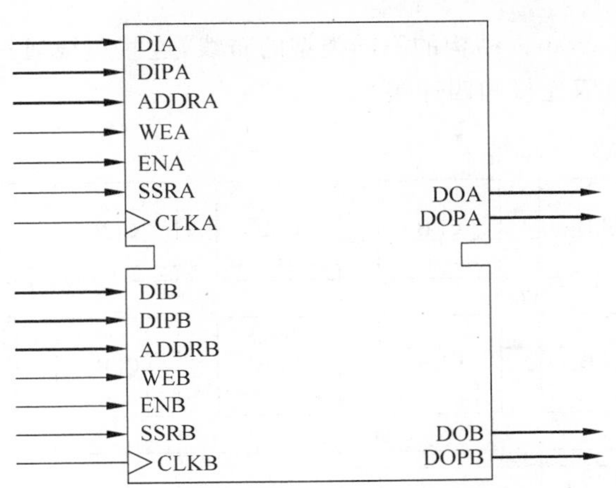

图 2.25 双端口 18Kb 的块 RAM

单片块 RAM 的容量为 18Kb，即位宽为 18 比特、深度为 1024。可配置为两个独立的 9Kb RAM，或者一个 18Kb RAM。每个 BRAM 可通过两个端口进行寻址，但是它也能被配置为一个单端口 RAM。BRAM 包含输出寄存器，以增加流水线性能。FPGA 内的 BRAM 以列的方式排列。总的 BRAM 的数量取决于 FPGA 芯片的规模。

与其他系列的 FPGA 的 BRAM 类似，Spartan-6 FPGA 内的 BRAM 读和写也是同步操作。BRAM 的两个端口对称，并且相互独立，共享存储数据；能独立地配置每个端口的宽度；能通过配置比特流初始化或者清除存储器的内容。当写操作时，存储器的输出保持不变或反映新写入的数据，或以前的数据。

可以通过使用 IP 核生成器，很容易地使 BRAM 实现双/单端口 RAM、ROM，同步 FIFO 和数据宽度转换器，双时钟 FIFO。

6. 互连资源

互连是 FPGA 内用于在功能元件(如 IOB、CLB、DSP 和 BRAM)的输入和输出信号提供通路的可编程网络。互连也称为布线，在 FPGA 内被分段用于最优的连接。

Spartan-6 FPGA CLB 在 FPGA 内以规则的阵列排列，如图 2.26，每个到开关矩阵的连接用来访问通用的布线资源。

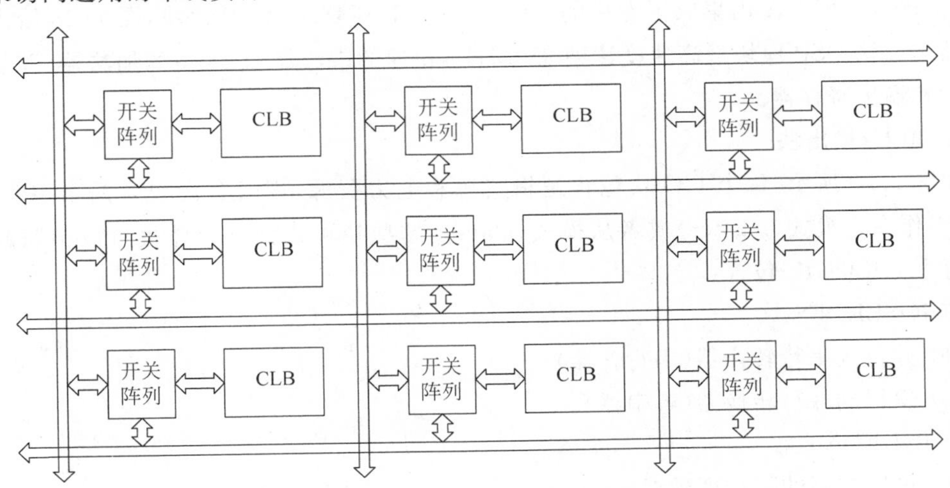

图 2.26 FPGA 内的布线资源

图 2.27 定义了 Spartan-6 结构的不同类型的布线，这些布线通过长度来定义。互连类型有快速连接、单连接、双连接和四连接。

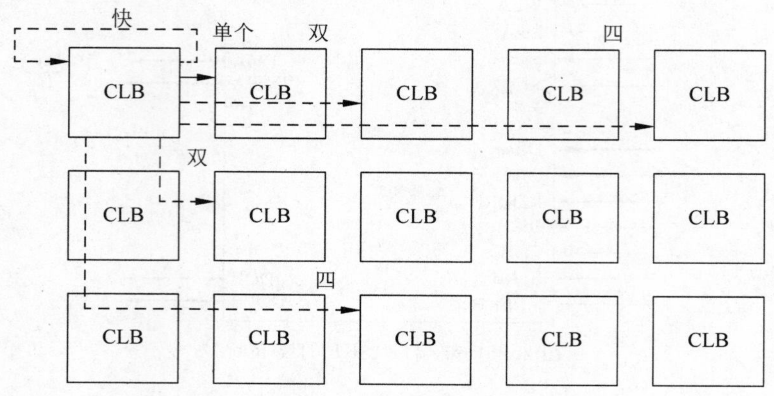

图 2.27 不同类型的布线

7. 存储器控制器

Spartan-6 FPGA 内集成了硬核存储器控制器，表 2.3 给出了该硬核存储器控制器的特点。FPGA 内集成的硬核存储器控制器减少了设计的时间，并且支持 DDR、DDR2、DDR3 和 LP DDR。

表 2.3 硬核存储器控制器的特点

特点	具体体现
高性能	最大 800Mbps
低成本	节约软件逻辑，较小的晶圆
低功耗	专用的逻辑
容易设计	时间收敛不再是一个问题；可配置的多端口用户接口；核生成器/MIG 向导和 EDK 支持

8. 专用的 DSP 模块

Spartan-6 FPGA 内集成了专用的 XtremeDSP DSP48A1 DSP 模块，图 2.28 给出了其内部结构。该 DSP 模块最高速度达到 250MHz，快速的乘法器和 48 位的加法器，并且集成了输入和输出寄存器。

9. 输入/输出块

如图 2.29 所示，每个 I/O 块包含逻辑资源和电力资源，逻辑资源包含两个 IOLOGIC 块，其工作在主模式(master)或者从模式(slave)，这些块可以独立工作也可以串联起来工作。每个 IOLOGIC 包含：

1) IOSERDES

(1) 并行到串行转换器(串行化器)。

(2) 串行到并行转换器(解串器)。

2) IODELAY

(1) 可以控制的细粒度延迟。

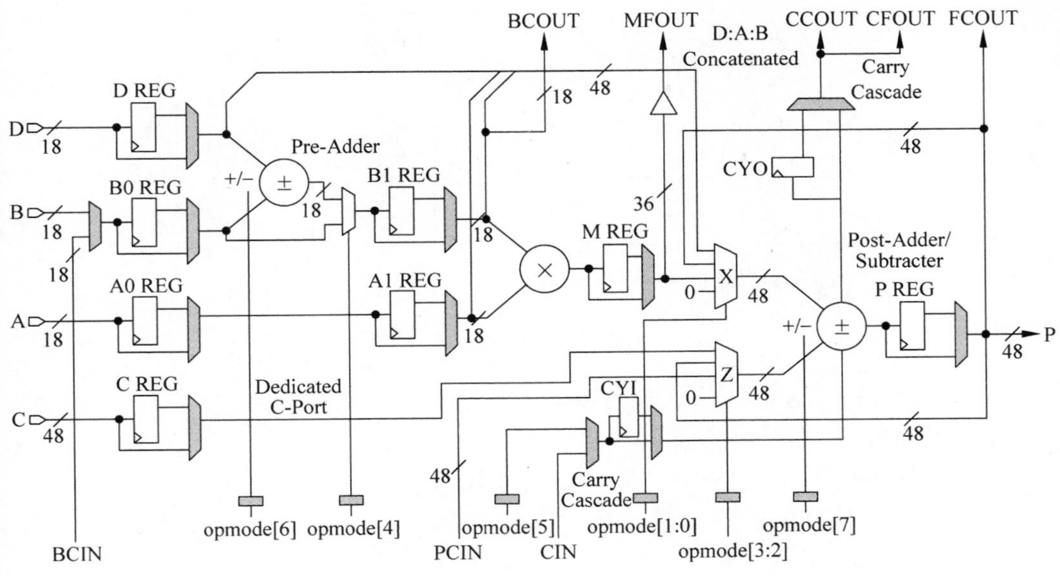

图 2.28　XtremeDSP DSP48A1 DSP 模块内部结构

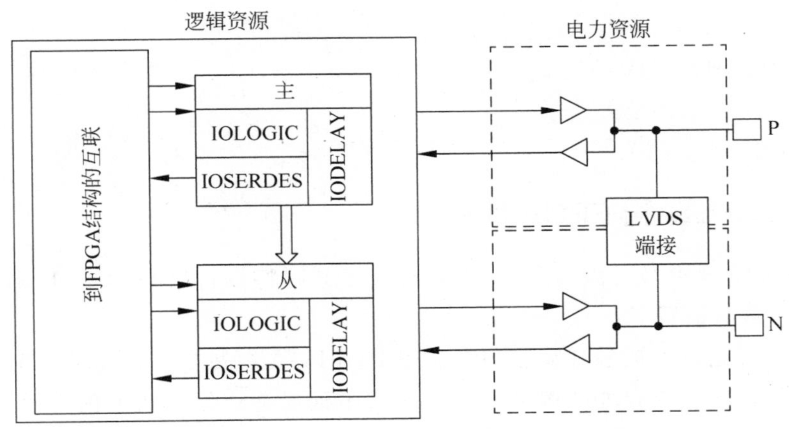

图 2.29　I/O 块内部结构

3）提供了单数据率 SDR 和双数据率 DDR 寄存器资源。

此外，如图 2.30 所示，FPGA 内的 I/O 分组管理。如 LX45/T 系列的器件，其 I/O 分成四组：BANK0～BANK3；LX100/T 系列的器件，其 I/O 分成六组 BANK0～BANK5。

(1) 每组包含 30～83 个 I/O

① 每组边上有 8 个时钟引脚。

② 每个 IO 组包含公共的 VCCO，VREF。

③ 在一个组内，只允许一个电气标准，不允许出现不同的电气标准。

(2) 只能在 Bank0 和 Bank2 使用差分驱动器

① 所有块能使用差分接收器。

② 所有的块能使用片上端接。

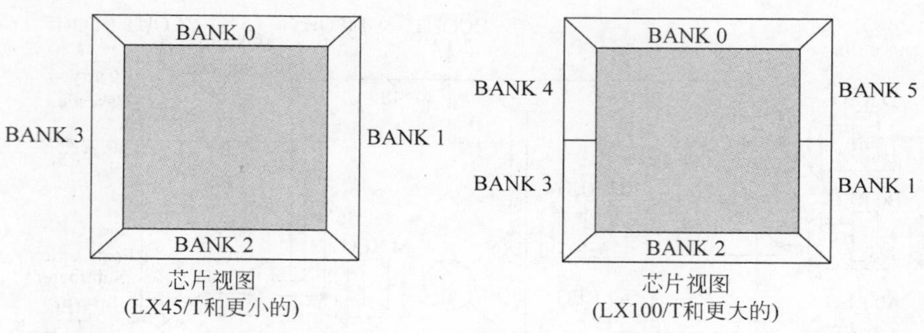

图 2.30　I/O 分组

(3) I/O 块支持多达 40 多种 I/O 标准。主要包括：

① 3.3V 兼容；

② LVCMOS(3.3V，2.5V，1.8V，1.5V 和 1.2V)；

③ LVCMOS_JEDEC；

④ LVPECL(3.3V，2.5V)；

⑤ PCI；

⑥ I^2C；

⑦ HSTL(1.8V，1.5V；Classes Ⅰ，Ⅱ，Ⅲ，Ⅳ)；

⑧ SSTL(2.5V，1.8V；Classes Ⅰ，Ⅱ)；

⑨ LVDS，Bus LVDS；

⑩ RSDS_25(点对点)。

2.3.6　CPLD 和 FPGA 比较

FPGA 和 CPLD 都是可编程逻辑器件，有很多共同特点，但由于 CPLD 和 FPGA 结构上的差异，具有各自的特点：

(1) CPLD 更适合完成各种算法和组合逻辑，FPGA 更适合于完成时序逻辑。

(2) CPLD 的连续式布线结构决定了它的时序延迟是均匀的和可预测的，而 FPGA 的分段式布线结构决定了其延迟的不可预测性。

(3) 在编程上，FPGA 比 CPLD 具有更大的灵活性。

(4) FPGA 的集成度比 CPLD 高，具有更复杂的布线结构和逻辑实现。

(5) CPLD 比 FPGA 使用起来更方便。

(6) CPLD 的速度比 FPGA 快，并且具有较大的时间可预测性。FPGA 是门级编程，CLB 之间采用分布式互连；CPLD 是逻辑块级编程，其逻辑块之间的互连是集总式的。

(7) 在编程方式上，CPLD 主要是基于 EEPROM 或 FLASH 存储器编程。FPGA 大部分是基于 SRAM 编程，每次上电时，需从器件外部编程。

(8) 相比较来说，CPLD 保密性好，FPGA 保密性差。

(9) 一般情况下，CPLD 的功耗要比 FPGA 大，且集成度越高越明显。

思考与练习 3　请使用 PAL 实现下面的逻辑表达式：

(1) $W(A, B, C, D) = \sum m(2, 12, 13)$

(2) $X(A, B, C, D) = \sum m(7, 8, 9, 10, 11, 12, 13, 14, 15)$

(3) $Y(A, B, C, D) = \sum m(0, 2, 3, 4, 5, 6, 7, 8, 10, 11, 15)$

(4) $Z(A, B, C, D) = \sum m(1, 2, 8, 12, 13)$

思考与练习 4 请说明 CPLD 和 FPGA 的原理。

思考与练习 5 请说明 CPLD 内最基本的逻辑资源及其特点。

思考与练习 6 请说明 FPGA 内最基本的逻辑资源及其特点。

思考与练习 7 请说明 FPGA 内时钟管理单元的功能。

思考与练习 8 请说明 FPGA 内专用 DSP 模块的结构特点，为什么这种结构特点和数字信号处理算法相对应？

2.4 Xilinx 可编程逻辑器件

Xilinx 作为全世界最大的可编程逻辑器件厂商，其 CPLD 芯片和 FPGA 芯片被广泛地应用在数字系统设计中，熟悉了解其可编程逻辑器件性能指标是使用其进行数字系统开发和设计所需要的。通过了解这些芯片的性能，使设计者可以更充分地利用这些芯片的固有特性，实现高性能的数字系统。

2.4.1 Xilinx CPLD 芯片介绍

Xilinx 公司目前有两大类 CPLD 产品，CoolRunner 和 XC9500 系列两大类。CoolRunner 系列中又包含 CoolRunner-Ⅱ和 CoolRunnerXPLA3 两个系列，XC9500 系列中包含 XC9500XL 和 XC9500 两个系列。

2.4.2 Xilinx FPGA 芯片介绍

Xilinx 公司目前有两大类 FPGA 产品，Spartan 类和 Virtex 类，前者主要面向低成本的中低端应用，是目前业界成本最低的一类 FPGA；后者主要面向高端应用，属于业界的顶级产品。

1. Spartan 类

Spartan 系列适用于普通的工业、商业等领域，目前主流的芯片包括 Spartan-2、Spartan-2E、Spartan-3、Spartan-3A 以及 Spartan-3E 等种类，其中 Spartan-2 最高可达 20 万系统门，Spartan-2E 最高可达 60 万系统门，Spartan-3 最高可达 500 万门，Spartan-3A 和 Spartan-3E 不仅系统门数更大，还增强了大量的内嵌专用乘法器和专用块 RAM 资源，具备实现复杂数字信号处理和片上可编程系统的能力。

2. Virtex 类

Virtex 系列是 Xilinx 的高端产品，也是业界的顶级产品，Xilinx 公司正是凭借 Virtex 系列产品赢得市场，从而获得 FPGA 供应商领头羊的地位，可以说 Xilinx 以其 Virtex-6、Virtex-5、Virtex-4、Virtex-Ⅱ Pro 和 Virtex-Ⅱ系列 FPGA 产品引领现场可编程门阵列行业，主要面向电信基础设施、汽车工业、高端消费电子等应用。

3. 7 系列 FPGA 器件

Xilinx 的 7 系列产品充分利用 28nm 工艺技术所具备的全新高介金属栅及高性能、低功耗等众多优异特性，7 系列 FPGA 使设计人员能够针对每个市场的目标应用以适当的价格匹配合适的 I/O 支持、性能、特性量、封装及功耗等；使设计人员不但能够实现低功耗，最大限度地发挥工艺技术的可用性能，而且还能够使生产率实现最大化。图 2.31 给出了该系列 FPGA 芯片的资源和性能，其不同系列的 FPGA 包括：

(1) Artix-7 FPGA 最低功耗与最低成本。

(2) Kintex-7 FPGA 业界最佳性价比。

(3) Virtex-7 FPGA 业界最高系统性能与容量。

(4) EasyPath™-7 FPGA 一款针对 Virtex-7 FPGA 设计的快速、简单而无风险的成本降低解决方案。

最高功能	ARTIX-7 系列	KINTEX-7 系列	VIRTEX-7 系列
逻辑单元	352K	407K	1,955K
Block RAM	12Mb	29Mb	65Mb
DSP SLICE	700	1,540	3,960
DSP 峰值性能（对称 FIR）	504 GMACS	1,848 GMACS	4,752 GMACS
收发器数量	4	16	80
收发器峰值速度	3.75Gbps	10.3125Gbps	13.1Gbps+
串行带宽峰值（全双工）	30Gbps	330Gbps	1,886Gbps
PCI Express® 接口	Gen1 x4	Gen2 x8	Gen3 x8
存储器接口	800Mbps	2,133Mbps	2,133Mbps
I/O 引脚	450	500	1,200
I/O 电压	1.2V, 1.5V, 1.8V, 2.5V, 3.3V	1.2V, 1.35V, 1.5V, 1.8V, 2.5V, 3.3V	1.2V, 1.35V, 1.5V, 1.8V, 2.5V, 3.3V
封装选项	低成本焊线	低成本无罩倒装片与高性能倒装片	最高性能倒装片
目标应用	• 便携式超声波设备 • 数字 SLR 镜头控制模块 • 软件无线电系统	• 无线 LTE 基础设施 • 10G PON OLT 线路卡 • LED 背光与 3D 视频显示设备 • 医疗影像 • 航空电子影像	• 100GE 线路卡 • 300G 桥接器 • 千兆位级交换结构 • 雷达 • ASIC 仿真

图 2.31 7 系列 FPGA 的性能

7 系列 FPGA 的特点主要有：

(1) 业界最低功耗。功耗仍是大多数设计所关切的主要问题。降低功耗不仅能够满足电源和散热要求，而且还有助于减少成本、提高可靠性与性能。Xilinx 7 系列 FPGA 在降低功耗方面取得了突破性成果，能够满足日益多样化的应用设计目标。随着 ASIC 和 ASSP 设计领域面临的挑战越来越严峻，对功耗要求最严格的系统可以率先发挥 FPGA 的灵活性及加速产品上市进程的优势。赛灵思解决方案可同时降低静态功耗和动态功耗，使设计人员能够充分利用 7 系列 FPGA 的更高逻辑密度、更强信号处理性能以及更高 I/O 带宽，从而显著提升系统性能。

(2) 突破系统限制。精心优化的 28nm 系列产品建立在 Virtex 系列 FPGA 的逻辑架构和技术基础上，不仅可将密度提高 2 倍，达到 200 万个逻辑单元，同时还能将 I/O 带宽提升至 2.4Tbps、DSP 性能提升至 4.7TMAC。7 系列 FPGA 突破了此前的系统限制，可实现 2 倍的性价比提升。

(3) 多个系列，统一架构。在过去，要想使高性能设计满足低成本、低功耗应用的要求，或者使低成本、低功耗设计转而满足高性能设计要求，基本都需要重新创建设计方案。Xinlinx 7 系列 FPGA 能够保护 IP 投资，确保基于 FPGA 设计方案的可移植性，无论对于高销量的大众化产品还是对于超高端应用都能一应俱全地满足。赛灵思 Artix-7、Kintex-7 以及 Virtex-7 FPGA 均采用基于 Virtex 系列的统一架构，既能大幅加速衍生应用的上市进程，同时还有助于将更多精力集中于实现解决方案。

2.4.3　Xilinx PROM 芯片介绍

Xilinx 公司的平台 Flash 能为所有型号的 Xilinx FPGA 提供非易失性存储。Xilinx 配置存储器主要分为两类：①平台 Flash 系统内可编程配置 PROM；②平台 Flash 高密度存储和配置器件。

1. 平台 Flash 系统内可编程 PROM

全系列 PROM 的容量范围为 1～32Mb，兼容任何一款 Xilinx 的 FPGA 芯片，具备完整的工业温度特性(－40～85℃)，支持 IEEE1149.1 所定义的 JTAG 边界扫描协议。

PROM 芯片可以分成 3.3V 核电压的 S 系列和 1.8V 核电压的 P 系列两大类，前者主要面向底端应用，串行传输数据，且容量较小，不具备数据压缩的功能；后者主要面向高端的 FPGA 芯片，支持并行配置、设计修订和数据压缩等高级功能，以容量大、速度快著称，其详细参数如表 2.4 所示。

表 2.4　Xilinx 公司 PROM 芯片总结

型号	容量/b	V_{CCINT}	封装	JTAG 配置	串行配置	并行配置	设计修订	数据压缩
XCF01S	1M	3.3V	VO20/VOG20	√	√			
XCF02S	2M	3.3V	VO20/VOG20	√	√			
XCF04S	4M	3.3V	VO20/VOG20	√	√			
XCF08P	8M	1.8V	VO48/VOG48/FS48/FSG48	√	√	√	√	√
XCF16P	16M	1.8V	VO48/VOG48/FS48/FSG48	√	√	√	√	√
XCF32P	32M	1.8V	VO48/VOG48/FS48/FSG48	√	√	√	√	√

XCFXXS 系列包含 XCF01S、XCF02S 和 XCF04S(容量分别为 1Mb、2Mb 和 4Mb)，其共同特征有 3.3V 核电压、串行配置接口以及 SOIC 封装的 VO20 封装，图 2.32 给出了 XCFXXS 系列 PROM 内部控制信号、数据信号、时钟信号和 JTAG 信号的整体结构。

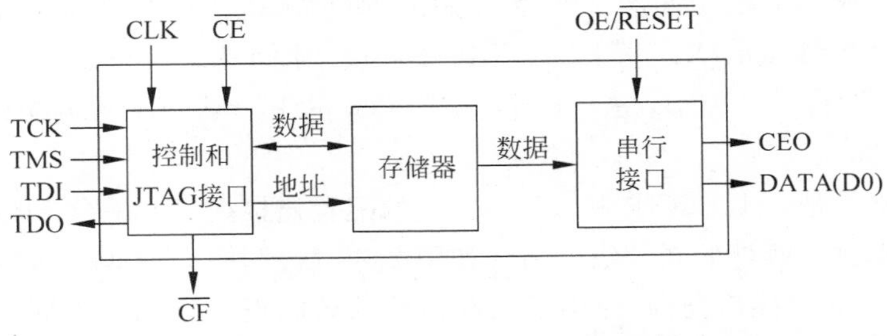

图 2.32　XCF01S/XCF02S/XCF04S PROM 结构组成框图

XCFXXP系列有XCP08P、XCF16P和XCF32P(容量分别为8Mb、16Mb和32Mb)，其共同特征有1.8V核电压、串行或并行配置接口、设计修订、内嵌的数据压缩器、FS48封装或VQ48封装和内嵌振荡器，图2.33给出了内部控制信号、数据信号、时钟信号和JTAG信号的整体结构，其先进的结构和更高的集成度在使用中带来了极大的灵活性。

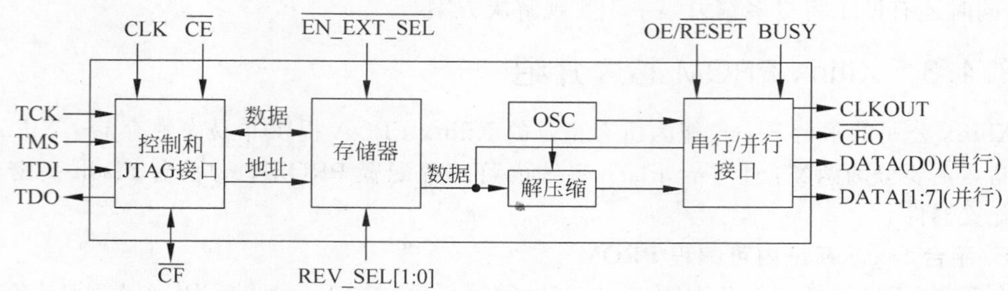

图2.33 XCP08P/XCF16P/XCF32P PROM结构组成

值得一提的是P系列PROM提供的设计修正和数据压缩这两个功能。设计修订功能是指在FPGA加电启动时改变其配置数据，根据所需来改变FPGA的功能，允许用户在单个PROM中将多种配置存储为不同的修订版本，从而简化FPGA配置更改，在FPGA内部加入少量的逻辑，用户就能在PROM中存储多达4个不同修订版本之间的动态切换。数据压缩功能可以节省PROM的空间，最高可节约50%的存储空间，从而降低成本，是一项非常实用的技术。当然如果编程时在软件端采用了压缩模式，则需要一定的硬件配置来完成相应的解压缩。

2. 平台Flash高密度存储和配置器件

对于高密度的Virtex-5 FPGA，一个可靠的紧凑型高性能配置比特流存储和交付解决方案是必不可少的。

平台Flash XL是业内性能最高的配置和存储设备，专门优化用于高性能Virtex-5 FPGA的配置，并且易于使用。

在一个小巧的FT64封装内，平台XL集成128Mb的系统内可编程Flash存储和性能特性，用以配置高密度FPGA。上电猝发读取模式和专用的I/O电源，使平台的Flash XL与Virtex-5 FPGA的SelectMap本地端口无缝连接。一个16位宽度的数据总线提供了FPGA的配置比特流，其速度可达800Mb/s，而不需要等待状态。

平台Flash XL是一种非易失性闪存的存储解决方案，优化用于FPGA配置。该设备提供了READY_WAIT信号同步FPGA开始配置过程，提高两个系统的可靠性和简化电路板设计。平台的Flash XL可以在不到100ms时间内，下载XC5VLX330比特流(79704832位)。平台Flash XL是Virtex-5 FPGA的PCI Express端点和其他高性能应用的理想解决方案。

图2.34给出了平台FlashXL和V5 FPGA的配置连接接口。平台Flash XL是一个单片的解决方案，提供了额外的系统级能力。如图2.35所示，一个标准的NOR Flash接口和支持用于通用Flash的接口查询，提供了工业标准的访问设备存储器空间。128Mb容量的平台Flash XL能保存一个或多个比特流。

如图 2.36 所示，Xilinx ISE 软件支持通过 Virtex-5 上的 JTAG 端口，对平台 Flash XL 间接的系统内编程。

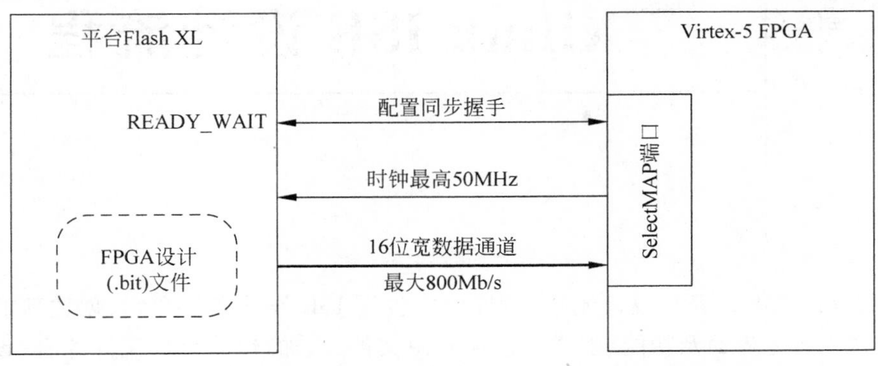

图 2.34　平台 Flash XL 和 V5 FPGA 的配置连接接口

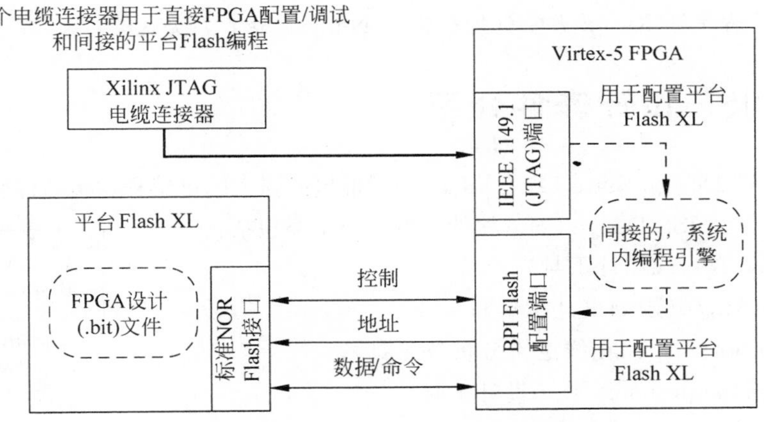

图 2.35　对平台 Flash 的间接编程方案

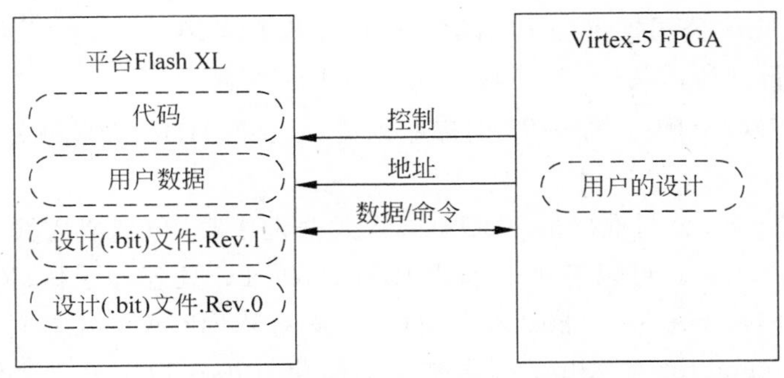

图 2.36　标准的 NOR Flash 接口用于用户访问存储器

思考与练习 9　查阅 Xilinx 提供的数据手册，计算 Xilinx 现场可编程门阵列各种逻辑资源之间关系，并详细描述。

思考与练习 10　说明 Xilinx 的可编程逻辑器件的分类，并举例说明其性能。

第3章 Xilinx ISE设计流程

CHAPTER 3

本章将介绍Xilinx ISE设计流程，设计内容包括ISE设计套件介绍、创建新的设计工程、ISE开发平台主界面及功能、创建并添加新源文件、添加设计代码、设计综合、设计行为仿真、添加引脚约束文件、设计实现、布局布线后仿真、产生比特流文件、下载比特流文件到FPGA芯片、生成和烧写PROM文件。

本设计流程是在Xilinx大学计划提供的Nexys3板卡上实现的。

3.1 ISE设计套件介绍

Xilinx ISE Design Suite 14是Xilinx公司推出的强大的可编程逻辑器件软件开发平台工具，如图3.1所示，ISE Design Suite软件开发平台主要包括：

(1) EDK(嵌入式设计工具)；

(2) PlanAhead(规划设计工具)；

(3) ChipScope Pro(在线逻辑分析仪工具)；

(4) ISE Design Tools(ISE设计工具)；

(5) System Generator(数字信号处理设计工具)。

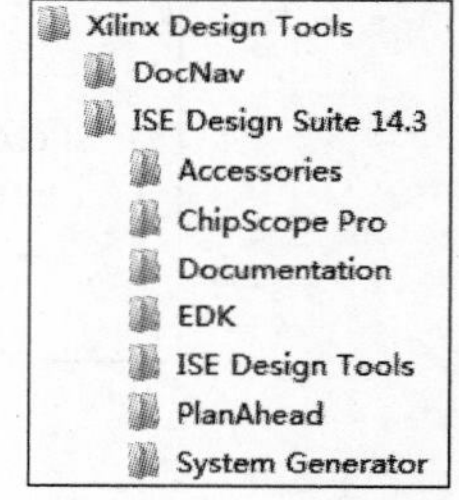

图3.1 ISE Design Suite 14设计套件

下面简单介绍一下这些工具的功能。

(1) ISE是Xilinx公司推出的FPGA/CPLD集成开发环境，不仅包括逻辑设计所需的一切，还具有简便易用的内置式工具和向导，使得I/O分配、功耗分析、时序驱动设计收敛、HDL仿真等关键步骤变得容易而直观。

(2) EDK是Xilinx公司推出的FPGA嵌入式开发工具，包括嵌入式硬件平台开发工具、嵌入式软件开发工具。可以基于嵌入式IBM PowerPC处理器硬核、Xilinx MicroBlaze处理器软核、ARM Cortex-A9双核处理器硬核，开发基于FPGA的片上嵌入式系统。

(3) System Generator是Xilinx公司推出的简化FPGA数字处理系统的集成开发工具，快速、简易地将DSP系统的抽象算法转化成可综合的、可靠的硬件系统，为DSP设计者扫清了编程的障碍。System Genetator和Mathworks公司的Simulink实现无缝连接，在Simulink中实现信号的建模、仿真和处理的所有过程。

(4) Chpscope Pro是Xilinx公司推出的在线逻辑分析仪工具，通过软件方式为用户提供稳定和方便的解决方案。该在线逻辑分析仪工具不仅具有逻辑分析仪的功能，而且成本低廉、操作简单，因此具有极高的实用价值。

Chipscope Pro 既可以独立使用，也可以在 ISE 集成环境中使用，非常灵活，它为用户提供方便和稳定的逻辑分析解决方案，支持 Spartan 和 Virtex 全系列 FPGA 芯片。

Chipscope Pro 将逻辑分析器、总线分析器和虚拟 I/O 小型软件核直接插入到用户的设计中，设计者可以直接查看任何内部信号和节点，包括嵌入式硬核或软核处理器。

(5) PlanAhead 工具简化了综合与布局布线之间的设计步骤，能够将大型设计划分成较小的、更易于管理的模块，并集中精力优化各个模块。

此外，还提供了一个直观的环境，为用户设计提供原理图、平面布局规划或器件图，可快速确定和改进设计的层次，以便获得更好的结果和更有效地使用资源，从而获得最佳的性能和更高的利用率，极大地提升了整个设计的性能和质量。

PlanAhead 的另一大亮点就是提供了动态可重配置的能力。

Vivado 是 Xilinx 公司推出的新一代集成开发环境。目前，只支持 7 系列以上 FPGA 的开发和设计。

思考与练习 1 请说明 Xilinx ISE 设计套件主要包含哪些设计工具？

3.2 创建新的设计工程

本节将介绍创建新的设计工程的步骤，其步骤主要包括：

(1) 打开 ISE Project Navigator 开发环境主界面，下面给出两种操作方法：①如图 3.2 所示，在 Windows 7 操作系统桌面上，鼠标双击 Xilinx ISE Design Suite14.3 图标。②在 Windows 7 操作系统的左下角，选择开始→所有程序→Xilinx ISE Design Suite 14.3→ISE Design Tools→Project Navigator。

图 3.2 ISE 图标

(2) 打开 ISE 设计软件。在 ISE 主界面主菜单下，选择 File→New Project。

(3) 出现 New Project Wizard(新工程向导界面)。对于使用 Verilog HDL 的设计者，如图 3.3 所示，按下面参数设置：①Name：gate_Verilog；②Location：D:\EDA_Example\gate_verilog；③Work Directory：D：\EDA_Example\gate_Verilog。对于使用 VHDL 的设计者，如图 3.4 所示，按下面参数设置：①Name：gate_VHDL；②Location：D:\EDA_Example\gate_VHDL；③Work Directory：D：\EDA_Example\gate_VHDL；④Top-level source type：HDL。下面对 top-level source type 下拉框的内容说明如下：①HDL：顶层设计使用 HDL 语言实现；②Schematic：顶层设计使用原理图实现；③EDIF：顶层设计使用电子设计交换格式(electronic design interchange format，EDIF)实现；④NGC/NGD：顶层设计使用 Xilinx 的 NGC/NGD 网表实现。单击 Next 按钮。

(4) 如图 3.5 所示，出现 New Project Wizard 界面，该界面用于选择所使用的 FPGA 器件的具体型号和设置设计环境参数。按下面参数设置：①product Category(产品范围)：All；②Family(芯片所属系列)：Spartan6；③Device(具体的芯片型号)：XC6SLX16；④Package(封装类型)：CSG324；⑤Speed(速度信息)：－3；⑥Synthesis Tool(综合工具)：XST(VHDL/Verilog)；⑦Simulator(仿真工具)：ISim(VHDL/Verilog)；⑧Preferred Language(设计语言)：Verilog。对于 VHDL 设计者，选择 VHDL。

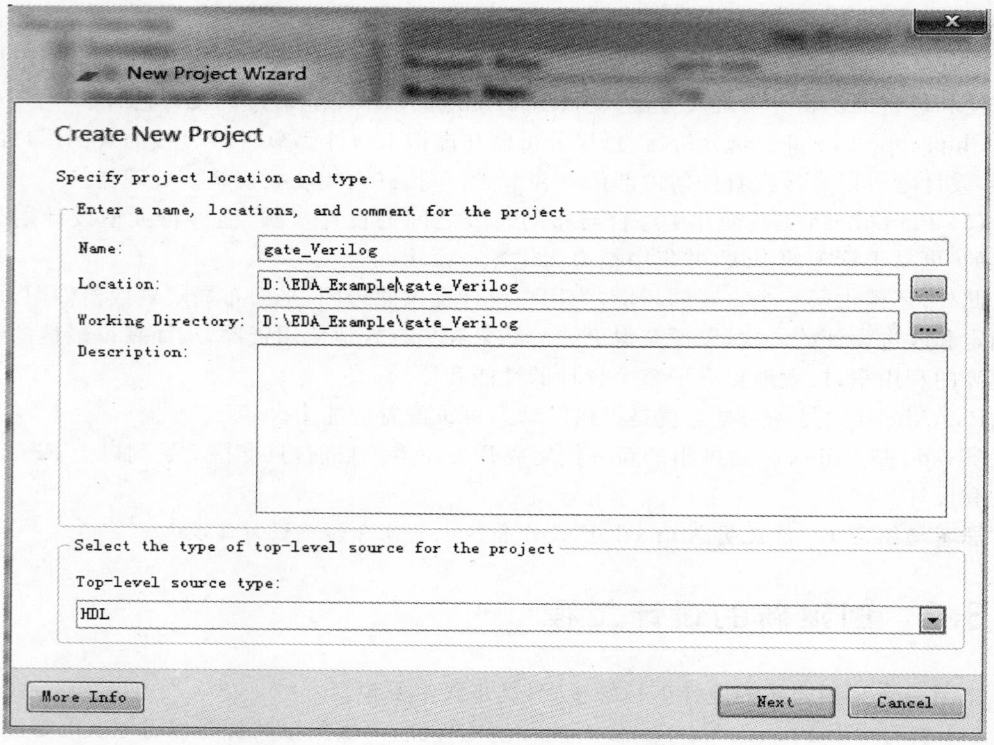

New Project Wizard

Create New Project

Specify project location and type.

Enter a name, locations, and comment for the project

Name: gate_Verilog

Location: D:\EDA_Example\gate_Verilog

Working Directory: D:\EDA_Example\gate_Verilog

Description:

Select the type of top-level source for the project

Top-level source type:

HDL

More Info　Next　Cancel

图 3.3　建立工程向导界面(Verilog)

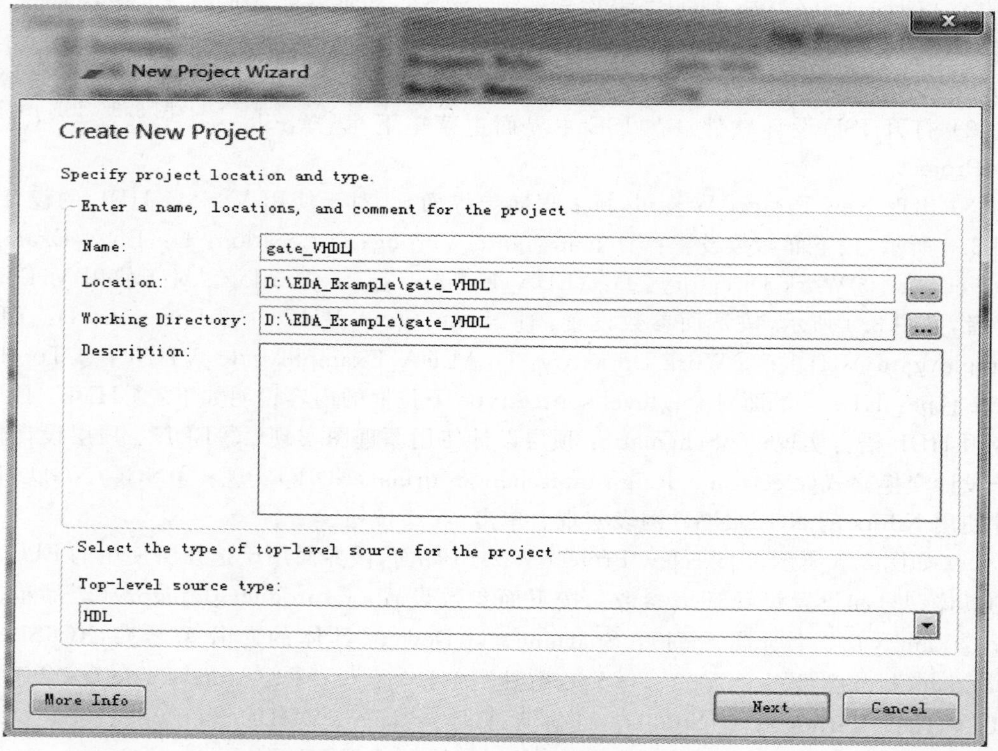

New Project Wizard

Create New Project

Specify project location and type.

Enter a name, locations, and comment for the project

Name: gate_VHDL

Location: D:\EDA_Example\gate_VHDL

Working Directory: D:\EDA_Example\gate_VHDL

Description:

Select the type of top-level source for the project

Top-level source type:

HDL

More Info　Next　Cancel

图 3.4　建立工程向导界面(VHDL)

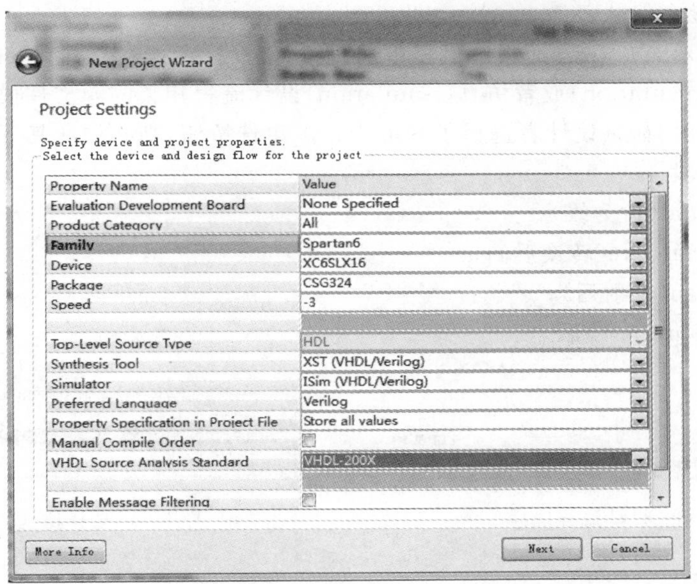

图 3.5 新建工程-设置器件参数和设计参数界面

(5) 单击 Next 按钮。

(6) 出现 New Project Wizard-Project Summary(新工程向导-工程总结)界面，该界面总结了前面设置的参数。

(7) 单击 Finish 按钮。

3.3 ISE 开发平台主界面及功能

ISE 的主界面可以分为 3 个子窗口。

(1) 在主界面窗口的左上面是设计(Design)面板，其中包括：①Start 面板；②Design 面板；③File 面板；④Library 面板。

通过选择不同的面板来显示和访问工程的源文件以及访问当前所选择源文件的运行处理。Start 面板提供了快速访问打开的工程和经常访问的参考资料、文件和教程。

(2) 在 ISE 主界面的底部是控制台(Console)面板，包括：①Console 面板；②Error 面板；③Warnings 面板。显示了状态信息，错误和警告等信息。

(3) ISE 主界面的右边是多文档界面 MDI 窗口，称为工作空间(workspace)。工作空间使设计者可以查看设计报告、文本文件、原理图和仿真波形。每个窗口的大小都可改变，从 ISE 离开；在主界面窗口新的位置，可以平铺、分层或者关闭窗口。

设计者可以在主界面的主菜单下选择 View→Panels 命令，打开或者关闭面板。设计者还可以在主界面的主菜单下选择 Layout→Load Default Layout 恢复默认的窗口布局。

3.3.1 Design(设计)面板

设计面板提供对 View、Hierarchy 和 Processes 面板的访问功能。

1. View 面板

如图 3.6 所示，在 View 面板提供了单选按钮，使设计者能在层次(hierarchy)面板下查看与实现(implementation)或者仿真(simulation)设计流程相关的源文件模块。

如图 3.7 所示，如果设计者选择了 Simulation 单选按钮，则必须从其下方的下拉框中选择一个仿真的阶段：

(1) Behavioral(行为级)；

(2) Post-Translate(转换后)；

(3) Post-Map(映射后)；

(4) Post-Route(布线后)。

图 3.6 设计流程选择

图 3.7 选择仿真的阶段

2. 层次面板

如图 3.8 所示，层次(Hierarchy)面板显示了工程的名字、目标器件、用户文档，以及在图 3.7 中 View 面板内选择设计流程相关的设计源文件。在设计面板中，允许设计者只查看与所选择设计流程(实现或者仿真)相关的那些文件。

在层次面板中的每个文件都有一个相关的图标，图标表示了文件的类型(HDL 文件、原理图、IP 核或者文本文件)。

如图 3.8 所示，如果设计文件包含一个低层次的设计模块，则图标的左边前加“+”符号。通过单击“+”符号，可以展开层次。通过鼠标双击图 3.8 中的文件名字，可以打开文件进行编辑。

3. 处理面板

如图 3.9 所示，处理(Process)面板对上下文敏感。基于在 Source 面板中所选源文件的类型，可以改变处理面板的内容。从处理面板中，设计者可以运行功能，这些功能用来定义、运行和分析设计。处理面板提供了下面的功能：

(1) Design Summary/Report(设计总结/报告)。用于访问设计报告、消息和结果数据的总结，也能执行消息过滤器。

(2) Design Utility(设计工具)。用于访问符号生成、例化模板，察看命令行历史和仿真库编译。

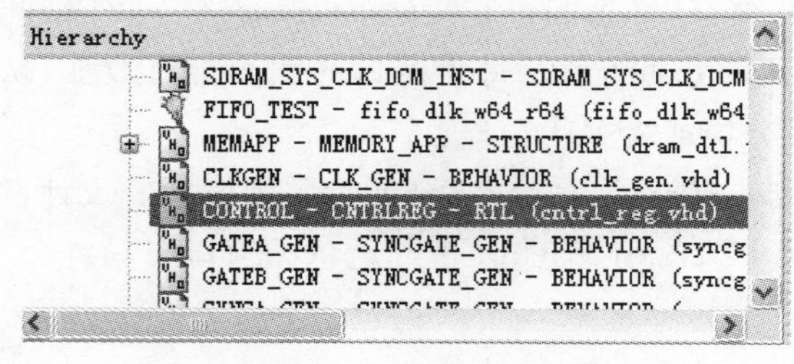

图 3.8 层次面板

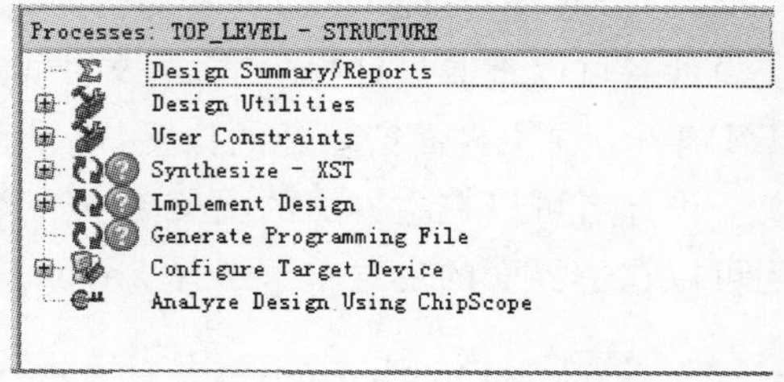

图 3.9 处理面板窗口

(3) User Constraints(用户约束)。用于访问位置和时序约束。

(4) Synthesis(综合)。用于访问检查语法、综合、查看 RTL 原理图和技术原理图，以及查看综合报告，取决于所选择的综合工具，可用的综合过程也不一样。

(5) Implement Design(实现设计)。提供访问实现工具和实现后分析工具。

(6) Generate Programming File(生成编程文件)。访问比特流生成。

(7) Configure Target Device(配置目标器件)。访问配置工具，用于创建可编程的文件和对目标器件编程。

处理面板结合相互依赖的处理技术和工具跟踪所运行的处理过程以及必须要运行的处理。如图 3.9 所示，图形化的状态指示器显示了任意给定时间的流程状态。当选择流程的一个处理时，软件自动运行所需要的处理过程，以便得到所期望的步骤。比如，当设计者运行 Implement Design 处理时，ISE 也运行综合过程，这是由于实现设计过程依赖于最新的综合结果。

查看当前工程命令行参数的运行日志，展开 Design Utility，并且选择 View Command Line Log File。

4. 文件面板

如图 3.10 所示，文件(File)面板提供了一个平面的、排序的工程内所有文件的源文件列表，文件可以通过列表栏的任何一类进行分类。通过使用鼠标单击文件名字，选择 Source Properities 选项，查看每个文件的属性以及修改文件。

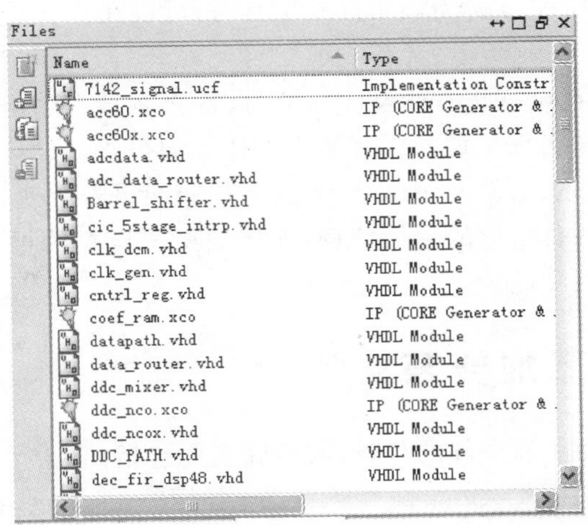

图 3.10 文件面板界面

5. 库面板

库(Library)面板使设计者能管理 HDL 库和它们相关的 HDL 源文件，设计者可以创建、查看和编辑库以及相关的源文件。

3.3.2 Console(控制台)面板

控制台提供了所有来自处理运行的标准输出，窗口显示了错误、警告和消息信息，错误用红色的“x”表示，警告用“!”表示。

1. 错误面板

错误(Error)面板只显示错误信息,过滤掉其他控制台信息。

2. 警告面板

警告(Warings)面板只显示警告信息,过滤掉其他控制台消息。

(1) Error Navigation to Source(错误导航到源代码)。设计者可以从控制台、错误或者警告面板的综合错误或者警告信息导航到 HDL 文件出错的位置。选择错误或者警告信息,单击鼠标右键,出现浮动菜单,选择 Go to Source 选项,就可以打开 HDL 源文件,将光标移动到出错的那一行。

(2) Error Navigation to Record(错误导航到记录)。设计者可以从控制台、错误或者警告面板的综合错误或者警告信息导航到 Xilinx 网站的支持页面相关的回答记录。选择错误或者警告信息,单击鼠标右键,出现浮动菜单,选择 Go to Answer Record 选项,就可以打开默认的 Web 浏览器,显示出对该条信息的所有回答记录。

3.3.3 Workspace

在工作空间(Workspace)可以打开设计编辑器、查看器和分析工具,这些包含 ISE 的文本编辑器、原理图编辑器、约束编辑器、设计总结/报告查看器、RTL 及技术原理图查看器和时序分析器。

其他工具,如用于 I/O 规划和布局的 PlanAhead 软件、Isim 软件、第三方的文本编辑器、XPower 分析器和 iMPACT。当调用这些工具时,可以在 ISE 主窗口界面外独立地打开这些工具。

Design Summary/ReportViewer(设计总结/报告查看器)。设计总结提供了关键设计数据的总结和来自综合和实现工具的所有消息和详细的报告。设计总结列出了关于工程的高级信息,包括信息的概述、器件利用总结、来自布局布线报告所搜集的性能数据、约束信息和来自所有报告连接到各自报告的总结信息,连接到系统设置的报告提供了环境变量的信息和设计实现过程中的工具设置。

3.4 创建并添加新源文件

本节给出创建并添加新源文件的步骤,其步骤主要包括:

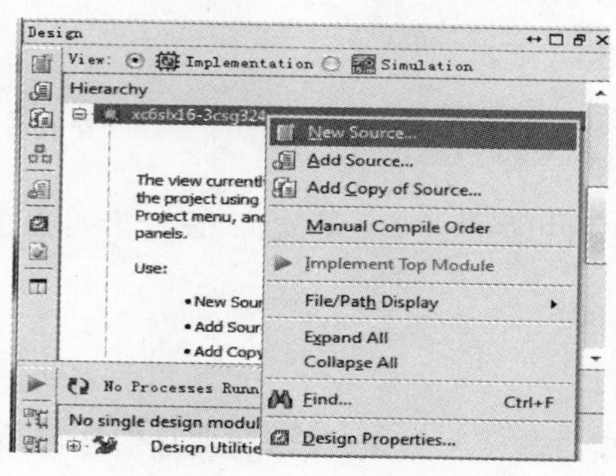

图 3.11 新建一个文件

(1) 如图 3.11 所示,在 Hierarchy 面板内,选中 xc6slx16-3csg324,单击右键,出现浮动菜单,在浮动菜单内选择 New Source。

(2) 如图 3.12 所示,出现 New Source Wizard-Select Source Type(新源文件向导-选择源文件类型)界面。这个界面用于生成新文件,在该界面中选择不同的文件类型,ISE 就可以生成各种源文件的模板。

使用源文件设计向导的好处是设计者不用输入所有的设计代码,只需要修改向导生成的模板文件即可。

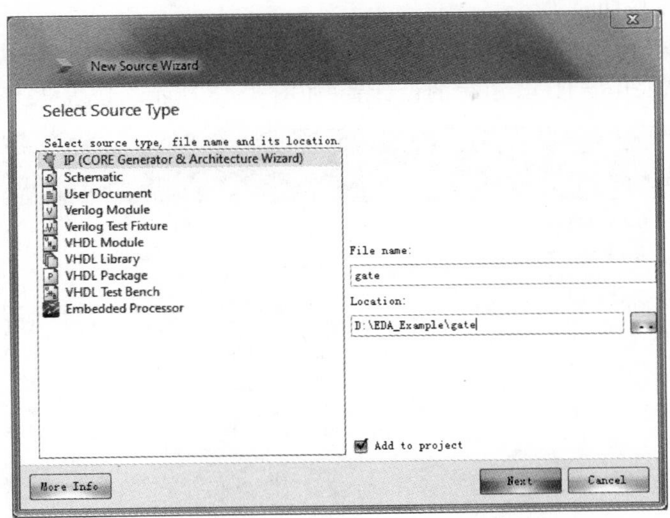

图 3.12 New Source Wizard 界面-选择文件类型

为了方便起见，下面对各个模板的功能进行简要说明。

① IP(CORE Generator & Architecture Wizard)。IP 核生成向导，帮助设计者选择需要的 IP 核类型，并对 IP 核进行配置，然后生成 IP 核。

② Schematic。原理图设计向导，系统的设计采用原理图输入方式实现。

③ System Generator Project。系统生成器工程向导，使用 Xilinx 提供的 System Generator 软件工具和 MATLAB Simulink 工具实现数字信号处理系统的设计。

④ User Document。用户文档，帮助用户编写一些该设计的相关文档说明。

⑤ Verilog Module。Verilog 模块生成向导，帮助设计者生成 Verilog 的 Module 模板。

⑥ Verilog Test Fixture。Verilog 测试平台向导，帮助设计者生成 Verilog 软件仿真测试平台。

⑦ VHDL Module。VDHL 模块生成向导，帮助设计者生成 VHDL 设计模版。

⑧ VHDL Libraray。VHDL 库生成向导，帮助设计者生成 VHDL 语言描述的库模版。

⑨ VHDL Package。VHDL 包生成向导，帮助设计者生成 VHDL 语言描述的包模版。

⑩ VHDL Test Bench。VHDL 测试平台生成向导，帮助设计者生成 VHDL 描述的仿真平台。

⑪ Embedded Processor。嵌入式系统生成向导，帮助设计者在 ISE 工程中插入 EDK 生成的嵌入式设计。

注：设计新文件时，一定要根据设计需要，正确选择生成源文件模板的设计向导。

在该设计中，正确地选择源文件类型：

① 源文件类型：选择 Verilog Module。如果是使用 VHDL 语言完成设计，则在此选择 VHDL Module。

② File(文件名)：gate。

(3) 单击 Next 按钮。

(4) 出现 New Source Wizard-Define Module(新源文件向导-定义模块)界面。

① 对于使用 Verilog HDL 语言的设计者(如图 3.13 所示),按表 3.1 进行参数设置。

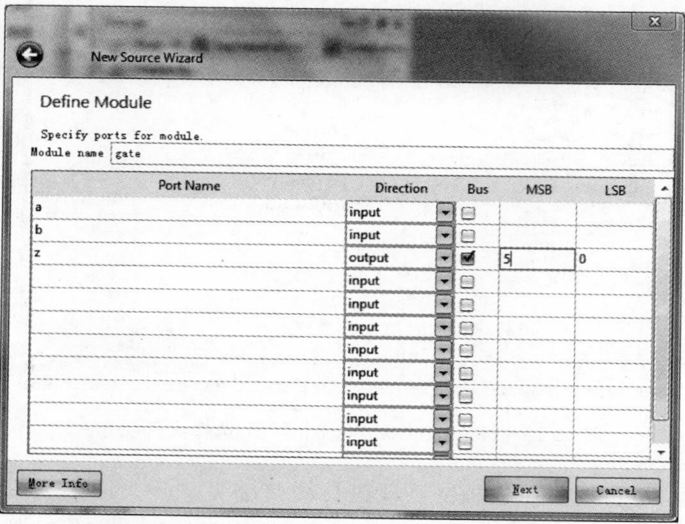

图 3.13 New Source Wizard-Define Module-Verilog 对话框界面

表 3.1 参数端口定义-Verilog

Port Name (端口名)	Direction (方向)	Bus(总线)	
		MSB(最高有效位)	LSB(最低有效位)
a	input	—	—
b	input	—	—
z	output	5	0

② 对于使用 VHDL 语言的设计者(如图 3.14 所示),按表 3.2 进行参数设置。

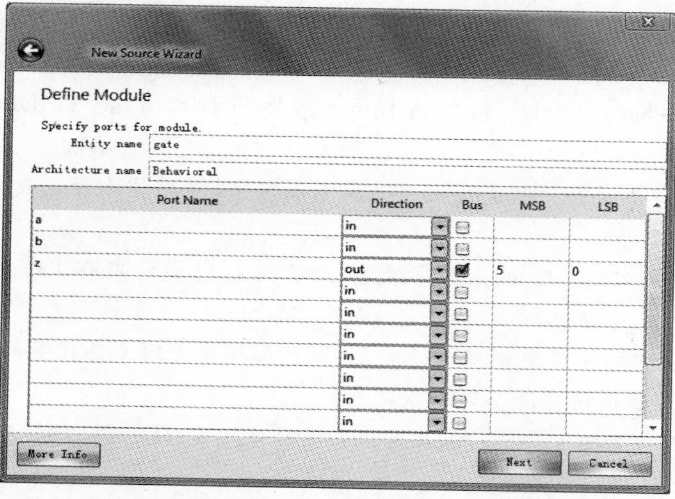

图 3.14 New Source Wizard-DefineModule-VHDL 对话框界面

表 3.2 参数端口定义-VHDL

Port Name (端口名)	Direction (方向)	Bus(总线)	
		MSB(最高有效位)	LSB(最低有效位)
a	in	—	—
b	in	—	—
z	out	5	0

(5) 单击 Next 按钮。

(6) 出现 New Source Wizard-Summary(新源文件向导-总结)界面。

① 对于 VHDL 来说,生成的源文件为 gate. vhd。

② 对于 Verilog HDL 来说,生成的源文件为 gate. v。

(7) 单击 Finish 按钮。

3.5 添加设计代码

本节将在新生成的设计模板中添加设计代码。下面分别介绍 Verilog HDL 设计代码和 VHDL 设计代码的添加。对使用不同语言的读者,分别参考这两部分内容,完成设计代码的添加。

3.5.1 Verilog HDL 设计代码的添加

下面给出添加 Verilog HDL 设计代码的步骤,其步骤主要包括:

(1) 如图 3.15 所示,在 ISE 主界面的左上角的 Hierarchy 面板内,添加 gate. v 文件。此时,ISE 自动打开该文件。

如果没有自动打开该文件,则双击图 3.15 内的 gate(gate. v)图标。

(2) 如图 3.16 所示,ISE 生成了 gate. v 的模板文件,module 为 Verilog HDL 语言的基本设计单元。

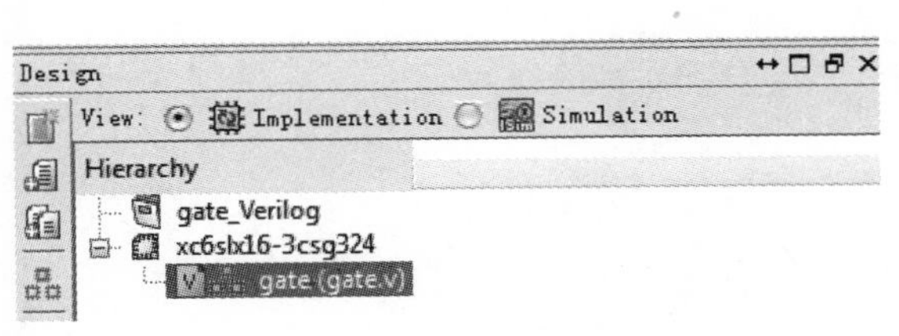

图 3.15 gate. v 文件

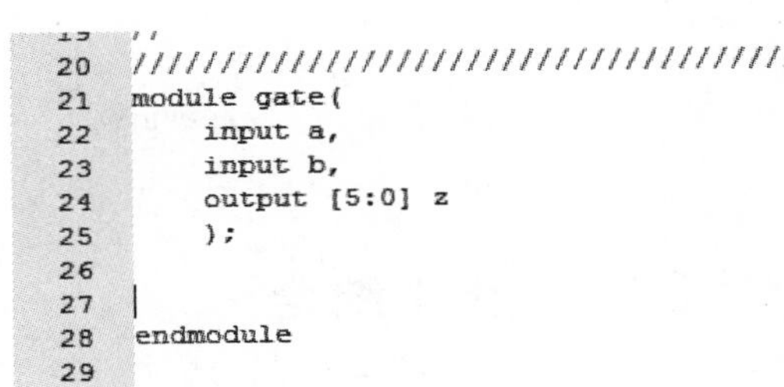

图 3.16 gate. v 文件模板

(3) 如图 3.17 所示,添加 Verilog HDL 设计代码。

(4) 保存设计代码。

```
//////////////////////////
module gate(
        input a,
        input b,
        output [5:0] z
        );

  assign z[0]=a & b;
  assign z[1]=~(a & b);
  assign z[2]=a | b;
  assign z[3]=~(a | b);
  assign z[4]=a ^ b;
  assign z[5]=a ~^ b;

endmodule
```

图 3.17 添加 Verilog HDL 设计代码

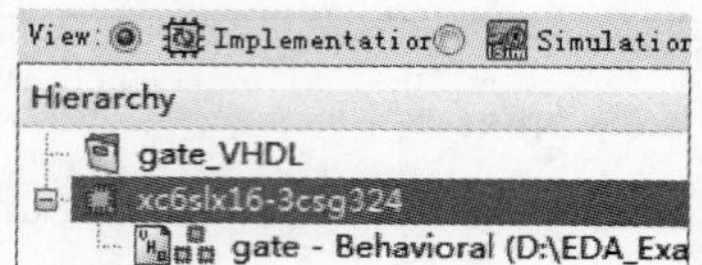

图 3.18 gate. vhd 文件

3.5.2 VHDL 设计代码的添加

下面给出添加 VHDL 设计代码的步骤，其步骤主要包括：

(1) 如图 3.18 所示，在 ISE 主界面的左上角的 Hierarchy 面板内，添加 gate. vhd 文件。此时，ISE 自动打开该文件。

如果没有自动打开该文件，则双击图 3.18 内的 gate(gate. vhd)图标。

(2) 如图 3.19 所示，ISE 生成了 gate. vhd 的模板文件。entity 为 VHDL 语言的基本设计单元。

(3) 如图 3.20 所示，添加 VHDL 设计代码。

(4) 保存设计代码。

```
entity gate is
    Port ( a : in  STD_LOGIC;
           b : in  STD_LOGIC;
           z : in  STD_LOGIC_VECTOR (5 downto 0));
end gate;

architecture Behavioral of gate is

begin


end Behavioral;
```

图 3.19 gate. vhd 文件模板

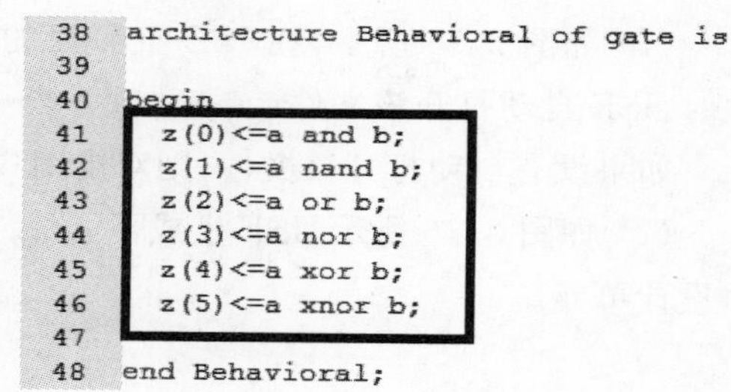

```
architecture Behavioral of gate is

begin
  z(0)<=a and b;
  z(1)<=a nand b;
  z(2)<=a or b;
  z(3)<=a nor b;
  z(4)<=a xor b;
  z(5)<=a xnor b;

end Behavioral;
```

图 3.20 添加 VHDL 设计代码

3.6 设计综合

行为级综合可以自动将系统直接从行为级描述综合为寄存器传输级描述。行为级综合的输入为系统的行为级描述，输出为寄存器传输级描述的数据通路。行为级综合工具可以让设计者从更加接近系统概念模型的角度来设计系统；同时，行为级综合工具能让设计者对最终设计电路的面积、性能、功耗以及可测性进行很方便地优化。

3.6.1 Xilinx 综合工具功能

从广义上来说，行为级综合所需要完成的任务包括分配、调度以及绑定。

Xilinx 综合工具在对设计的综合过程中，主要执行以下三个步骤：

(1) 语法检查过程。检查设计文件语法是否有错误。

(2) 编译过程。翻译和优化 HDL 代码，将其转换为综合工具可以识别的元件序列。

(3) 映射过程。将这些可以识别的元件序列转换为可识别的目标技术的术语。

如图 3.21 所示，在 ISE 主界面处理子窗口内的 synthesis 工具可以完成下面的任务：

(1) View RTLschematic (查看 RTL 原理图)；

(2) View Technology Schematic(查看技术原理图)；

(3) Check Syntax (检查语法)；

(4) Generate Post-Synthesis Simulation Model (产生综合后仿真模型)。

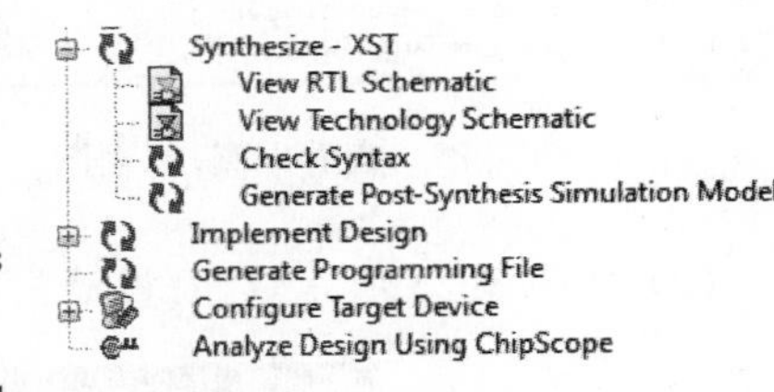

图 3.21 ISE 综合工具

3.6.2 设计综合

本节将介绍设计综合的过程以及查看综合结果的步骤，其步骤主要包括：

(1) 选中要综合的设计文件

① 对于 Verilog HDL 的设计者，在图 3.15 中，选中 gate.v 文件。

② 对于 VHDL 的设计者，在图 3.18 中，选中 gate.vhd 文件。

(2) 在图 3.21 内，双击 Synthesize-XST 选项。此时，XST 工具开始对设计进行综合。

(3) 如图 3.22 所示，双击 Design Summary/Reports，查看报告，了解资源的使用情况。

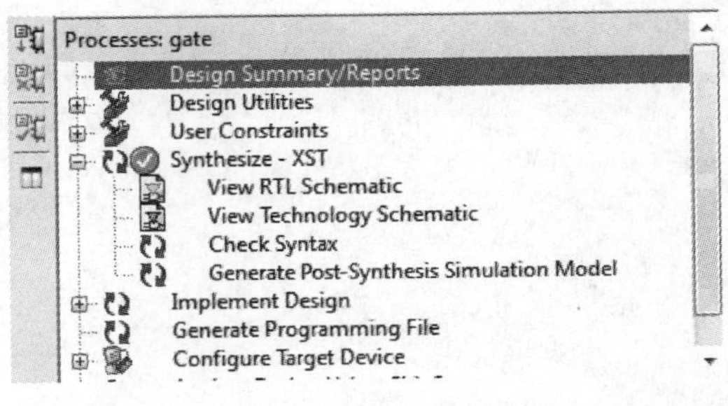

图 3.22 查看综合报告

(4) 查看综合后的门级结构。如图 3.23 所示，双击 View Technology Schematic(查看技术符号)选项。

(5) 出现 Select how the RTL/Tech Viewer behaves when it is initially invoked 界面，在该界面中选择 Start with a schematic of the top-level block 选项。

(6) 单击 OK 按钮。

(7) 如图 3.24 所示，显示出设计模块的顶层端口。

(8) 在图 3.24 内的界面内，双击顶层端口符号。

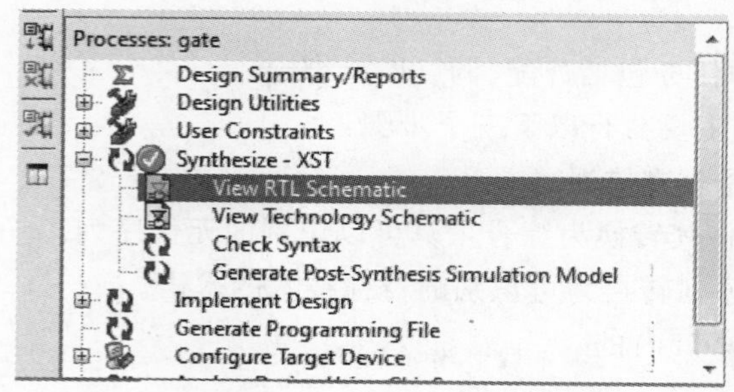

图 3.23 查看 RTL 原理图

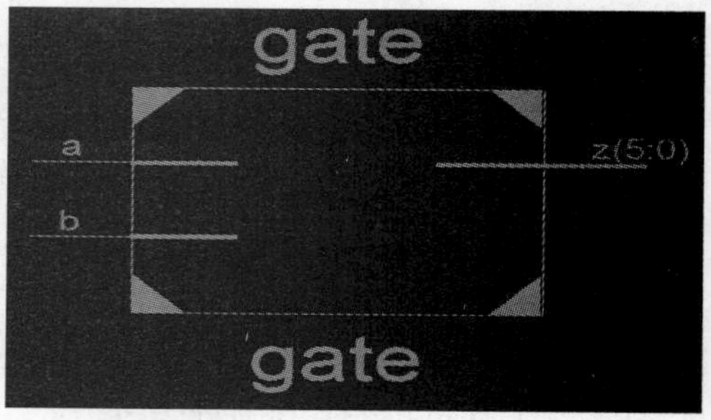

图 3.24 设计顶层端口

(9) 如图 3.25 所示，打开设计的内部结构图。

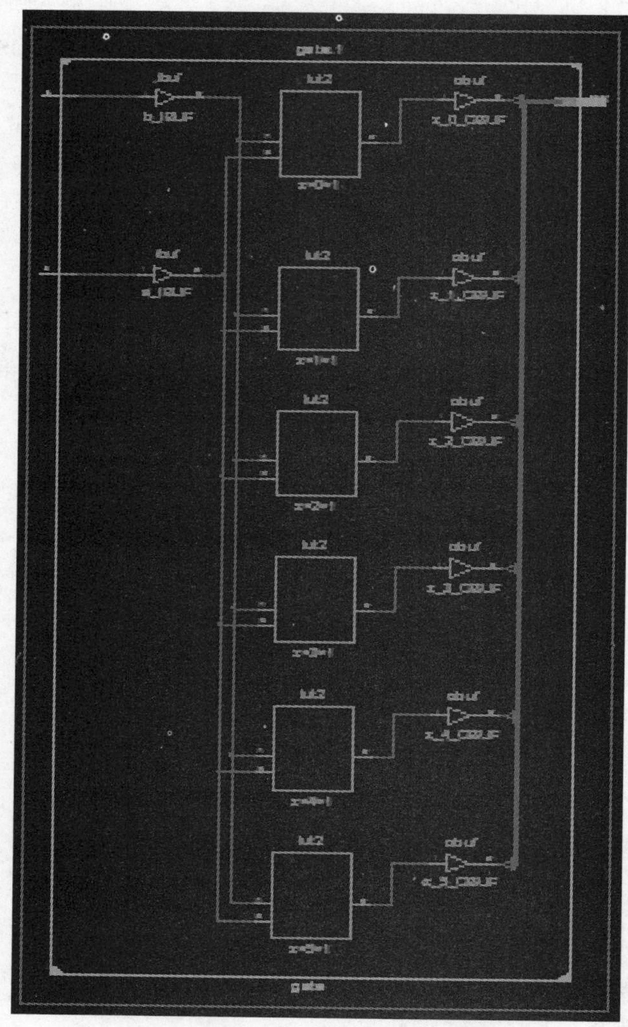

图 3.25 设计的内部结构

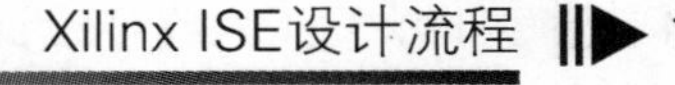

(10) 双击其中一个 LUT 图标，打开如图 3.26 所示界面。

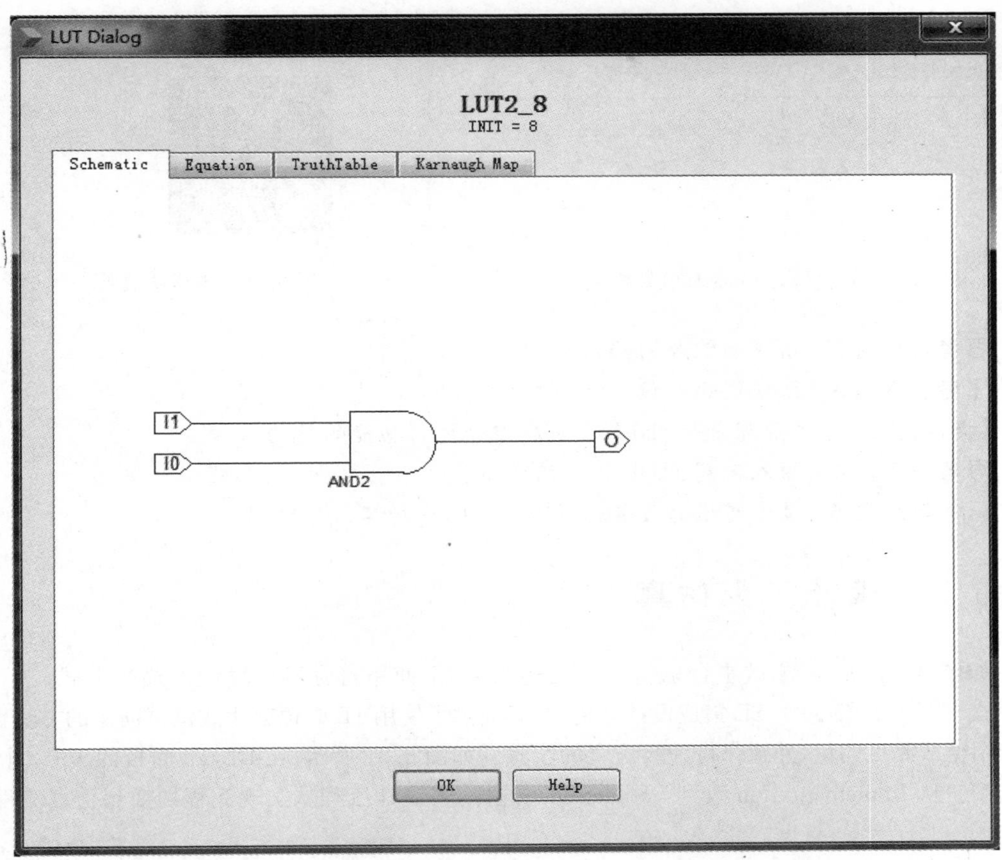

图 3.26 LUT 内部结构

(11) 在图 3.26 所示的界面内，单击 Equation 标签。

(12) 如图 3.27 所示，给出了该 LUT 内部逻辑关系的布尔逻辑表达式。

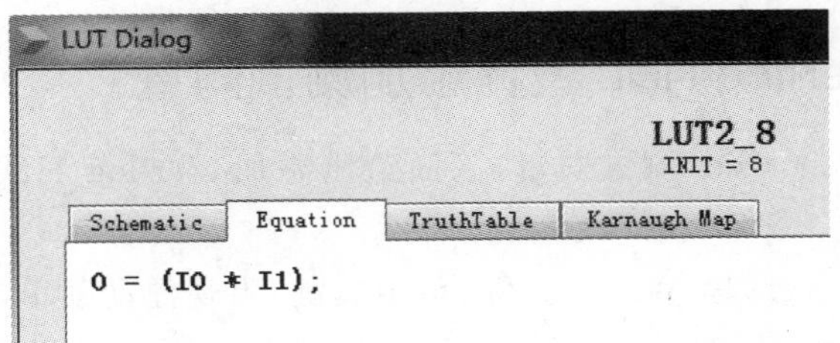

图 3.27 逻辑表达式

(13) 在图 3.27 所示的界面内，单击 TruthTable 标签。

(14) 如图 3.28 所示，给出了该 LUT 内部逻辑关系的真值表。

(15) 在图 3.28 所示的界面内，单击 Karnaugh Map 标签。

(16) 如图 3.29 所示，给出了该 LUT 内部逻辑关系的卡诺图的表示。

(17) 单击 OK 按钮，退出查看 LUT 内部结构界面。

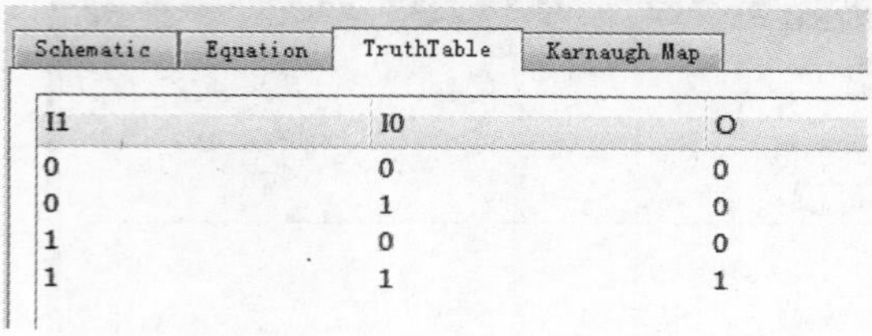

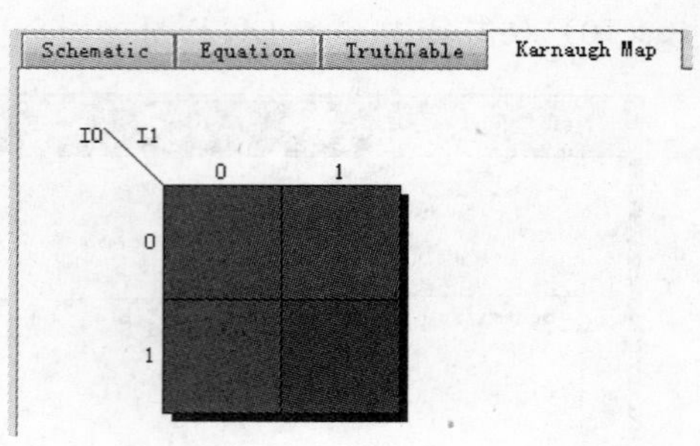

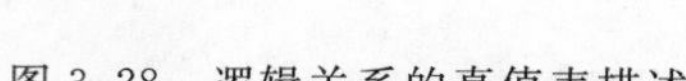

I1	I0	O
0	0	0
0	1	0
1	0	0
1	1	1

图 3.28 逻辑关系的真值表描述

图 3.29 卡诺图表示

思考与练习 2 请说明综合的作用。

思考与练习 3 请观察说明该设计的整体结构。

(提示：FPGA 的原理是使用 LUT 实现组合逻辑功能的结构)。

思考与练习 4 深入理解 HDL 语言的作用。

思考与练习 5 读者可以打开其他 5 个 LUT，分析其内部结构。

3.7 设计行为仿真

如图 3.30 所示，测试平台以行为级描述为主，不使用寄存器传输级的描述形式。

在 Xilinx 高版本的 ISE 集成设计环境中，只提供了使用 HDL 语言生成测试向量的方法。下面介绍生成测试向量，并执行行为级仿真的步骤。如图 3.31 所示，在 Design 面板的 View 中，将单选按钮从 Implementation 改到 Simulation。这样，将设计流程从实现流程切换到仿真流程。

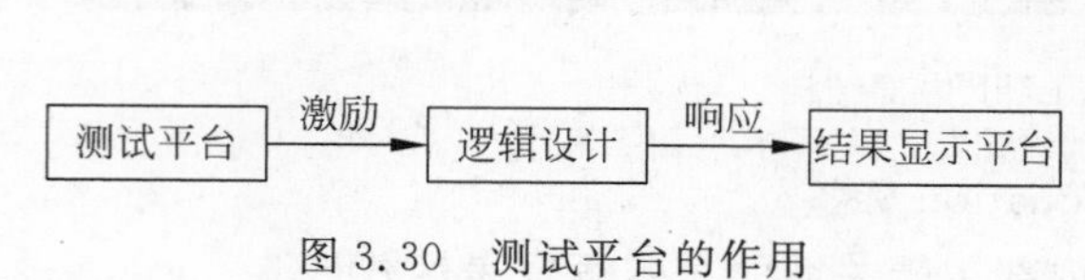

图 3.30 测试平台的作用

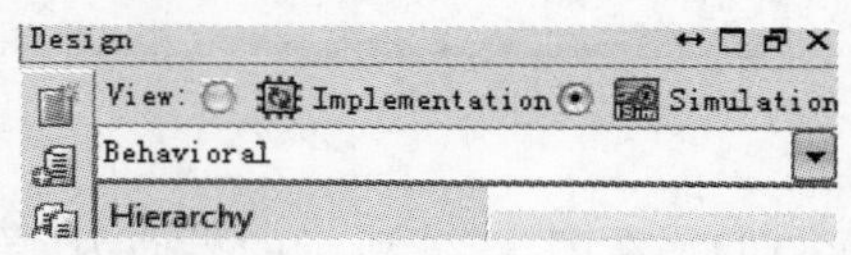

图 3.31 切换设计流程

3.7.1 为 Verilog HDL 设计添加测试向量

本节将添加 Verilog HDL 测试向量，下面给出添加 Verilog HDL 测试向量的步骤，其步骤主要包括：

(1) 如图 3.32 所示，选择 gate. v 文件，单击右键，出现浮动菜单，选择 New Source。

(2) 如图 3.33 所示，出现 New Source Wizard-Select Source Type 界面，在该界面内按如下参数设置：①在左侧选择 Verilog Test Fixture；②File name：test。

(3) 单击 Next 按钮。

(4) 如图 3.34 所示，出现 New Source-Associate Source(新源文件-关联源文件)界面，选择需要仿真的设计文件，在该设计中，只有一个设计文件 gate。如果一个设计中，有多个设计文件，则需要手工选择要仿真的设计文件。

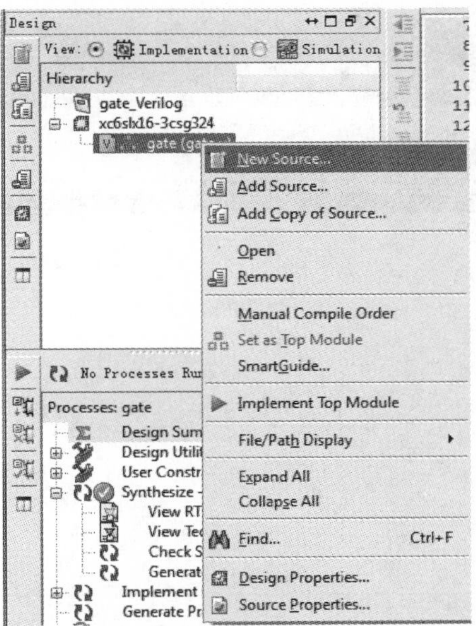

图 3.32 添加 gate.v 文件

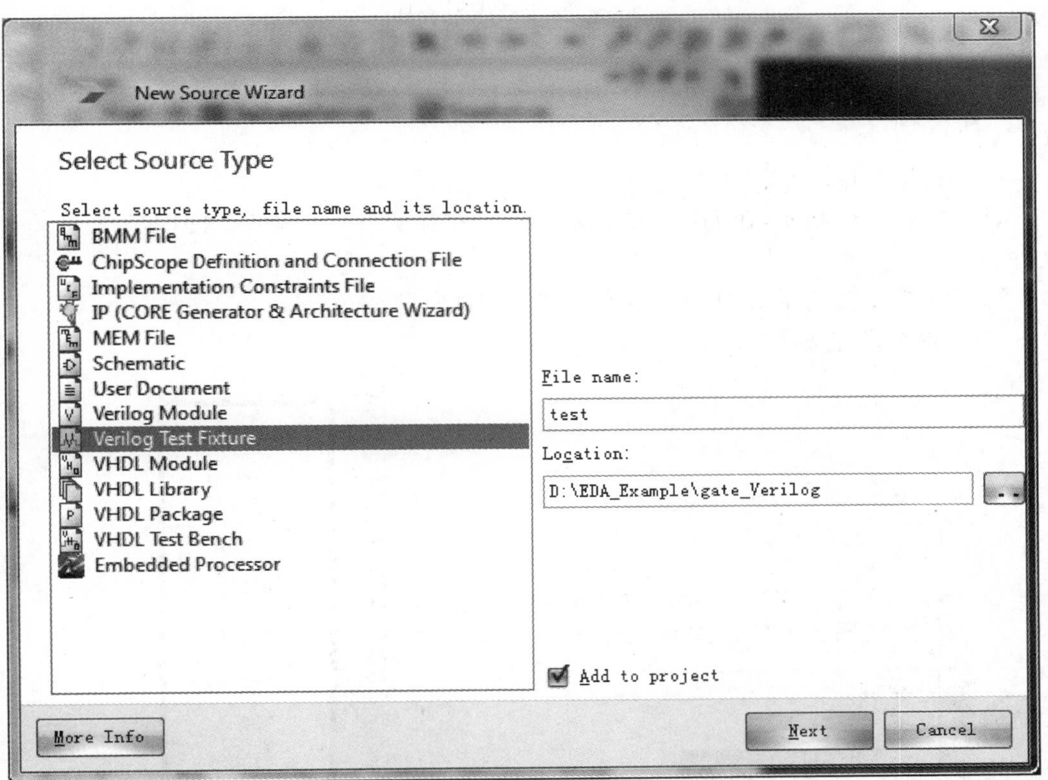

图 3.33 添加 test .v 仿真文件

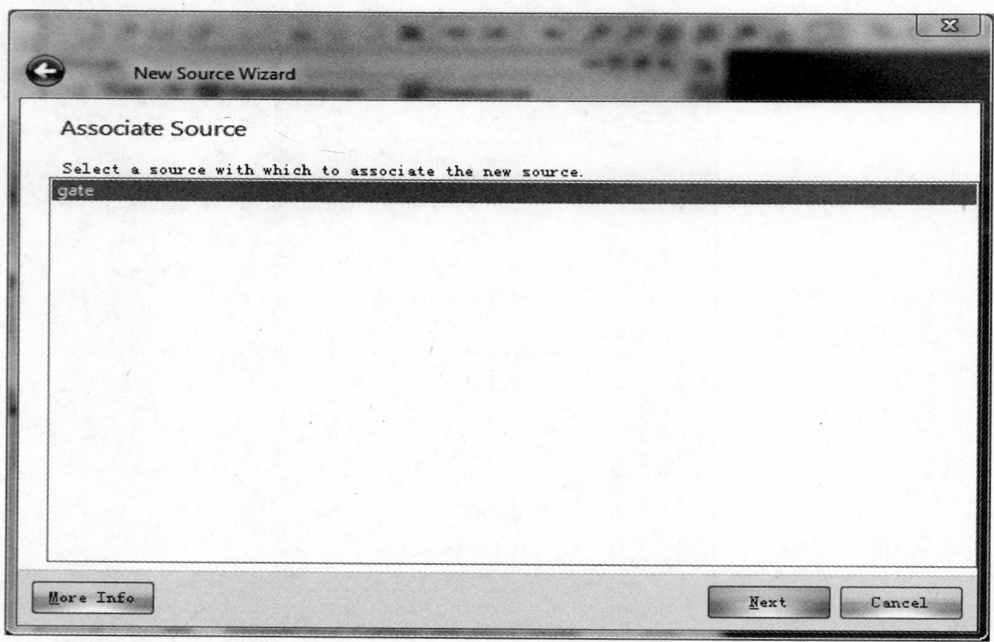

图 3.34　关联设计文件

(5) 单击 Next 按钮。

(6) 出现 New Source-Summary(新源文件-总结)界面,生成的仿真文件的名字为 test. v。

(7) 单击 Finish 按钮。

(8) 如图 3.35 所示,在 Hierarchy 窗口下,新添加了 test. v 文件,并且自动打开 test. v 文件。

(9) 如图 3.36 所示,在 test. v 文件中添加测试向量。

(10) 保存设计文件 test. v。

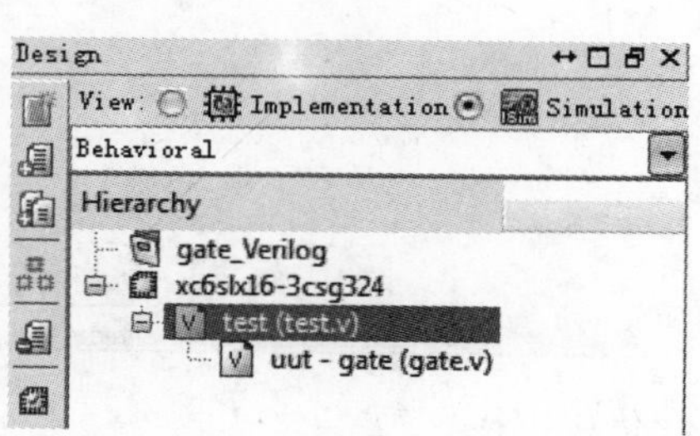

图 3.35　新添加了 test. v 文件

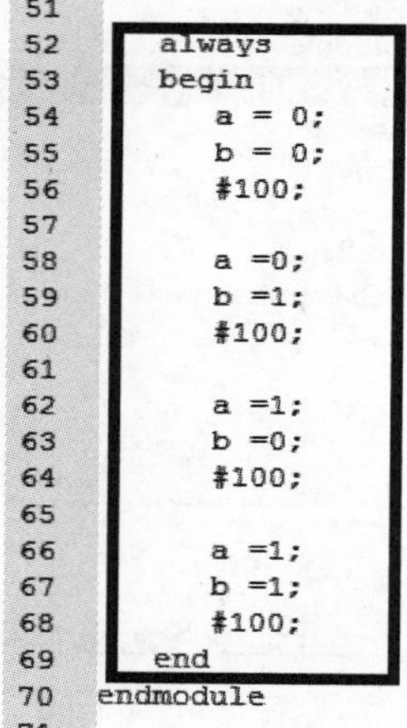

图 3.36　添加 verilog 测试向量

3.7.2 为 VHDL 设计添加测试向量

本节将添加 VHDL 测试向量，下面给出添加 VHDL 测试向量的步骤，其步骤主要包括：

(1) 类似地，选择 gate.vhd 文件，单击右键，出现浮动菜单，选择 New Source。

(2) 如图 3.33 所示，出现 New Source Wizard-Select Source Type 界面，在该界面内按如下参数设置：①在左侧选择 VHDL Test Bench；②File name：test。

(3) 单击 Next 按钮。

(4) 如图 3.34 所示，出现 New Source-Associate Source（新源文件-关联源文件）界面，选择需要仿真的设计文件，在该设计中，只有一个设计文件 gate。如果一个设计中，有多个设计文件，则需要手工选择要仿真的设计文件。

(5) 单击 Next 按钮。

(6) 出现 New Source-Summary（新源文件-总结）界面。生成的仿真文件的名字为 test.vhd。

(7) 单击 Finish 按钮。

(8) 如图 3.37 所示，在 Hierarchy 窗口下，新添加了 test.vhd 文件，并且自动打开 test.vhd 文件。

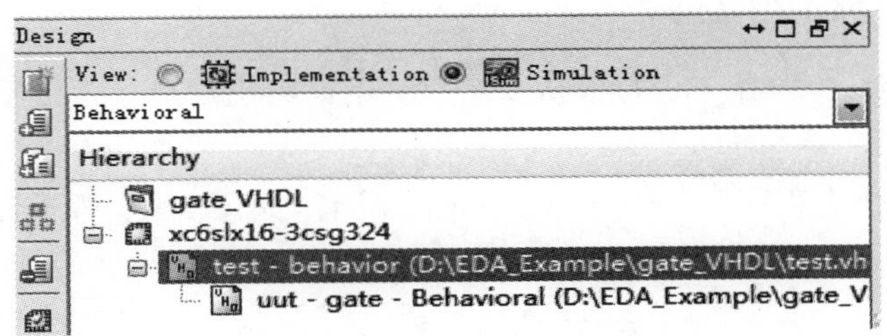

图 3.37 新添加了 test.vhd 文件

(9) 如图 3.38 所示，在 test.vhd 文件中注释掉第 61 行、第 71～92 行的内容。

```
59
60  --   constant <clock>_period : time := 10 ns;
61

71  --   -- Clock process definitions
72  --   <clock>_process :process
73  --   begin
74  --    <clock> <= '0';
75  --    wait for <clock>_period/2;
76  --    <clock> <= '1';
77  --    wait for <clock>_period/2;
78  --   end process;
79  --
80  --
81  --   -- Stimulus process
82  --   stim_proc: process
83  --   begin
84  --      -- hold reset state for 100 ns.
85  --      wait for 100 ns;
86  --
87  --      wait for <clock>_period*10;
88  --
89  --      -- insert stimulus here
90  --
91  --      wait;
92  --   end process;
```

图 3.38 注释掉和本设计无关的测试代码

(10) 如图 3.39 所示，在 test. vhd 文件中添加测试向量。

(11) 保存测试文件 test. vhd。

```
    process
    begin
      a<='0';
      b<='0';
      wait for 100 ns;
      a<='0';
      b<='1';
      wait for 100 ns;
      a<='1';
      b<='0';
      wait for 100 ns;
      a<='1';
      b<='1';
      wait for 100 ns;
    end process;

END;
```

图 3.39 添加 VHDL 测试向量

3.7.3 运行行为仿真

本节将运行行为仿真，并分析行为仿真结果。下面给出运行行为仿真的步骤，其步骤主要包括：

(1) 启动 ISim 仿真程序。①对于 Verilog 设计者，如图 3.40 所示，选择 test. v 文件；②对于 VHDL 设计者，如图 3.41 所示，选择 test. vhd 文件。

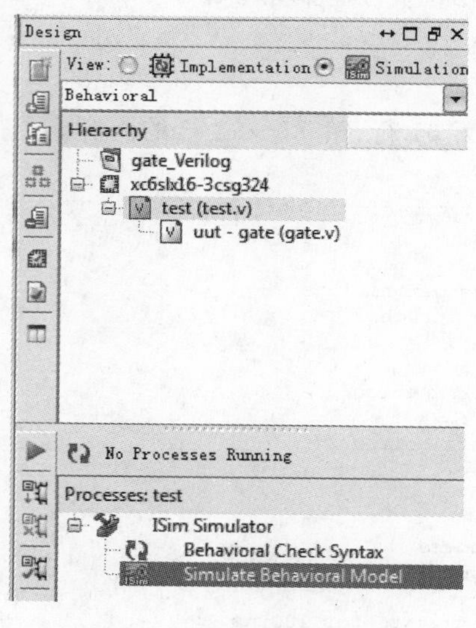

图 3.40 运行仿真 test. v

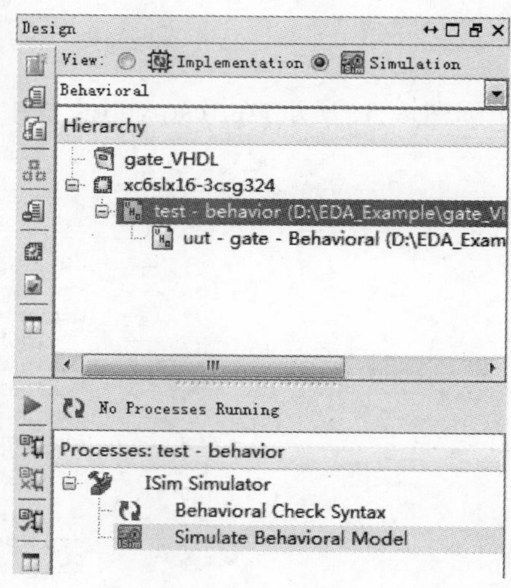

图 3.41 运行仿真 test. vhd

(2) 在图 3.40 或者图 3.41 内下方的处理子窗口中，选择并展开 Isim Simulator。

(3) 在展开项中，双击 Simulate Behavioral Model(仿真行为模型)。

(4) 出现如图 3.42 所示的界面。

(5) 在该界面的工具栏内，单击 按钮，对波形进行缩小直到出现如图 3.43 所示的波形。

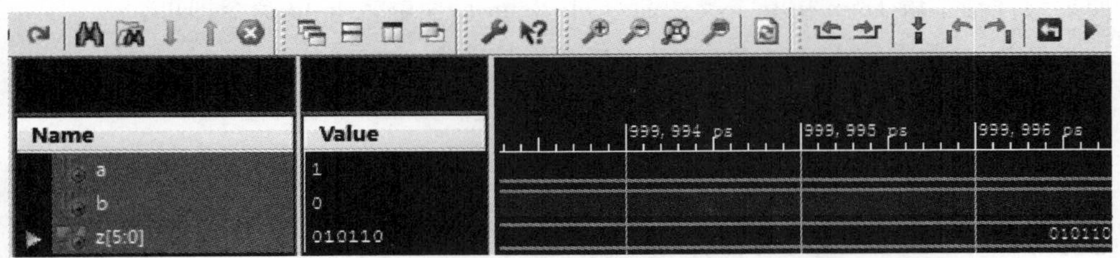

图 3.42　仿真波形界面 1

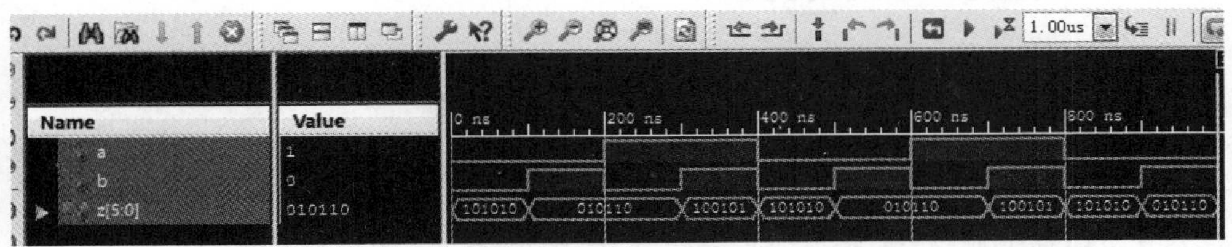

图 3.43　仿真波形界面 2

(6) 展开图 3.43 内的 z[5:0]，出现如图 3.44 所示的波形界面。

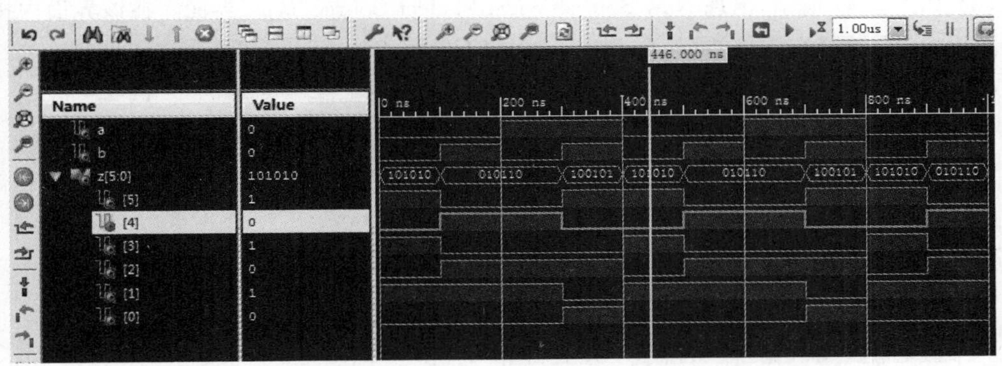

图 3.44　仿真波形界面 3

(7) 如图 3.45 所示，在仿真界面下方的 Console(控制台)界面内，可以通过输入不同的命令对仿真进行控制。

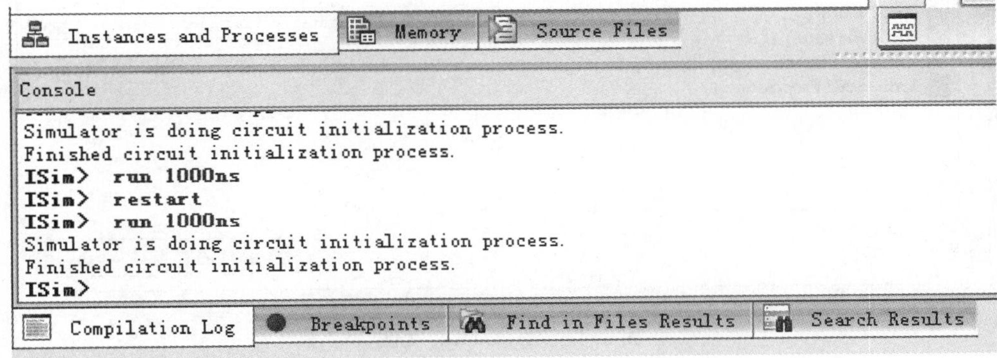

图 3.45　Console 界面

如果想详细了解 ISim 仿真工具的命令，在 Isim 后面输入 help 命令即可。

(8) 在 ISim 后面输入 quit 命令，退出仿真工具界面。

(9) 出现 Quit Simulation(退出仿真)对话框界面。

(10) 单击 Yes 按钮。

思考与练习 6 请说明进行仿真所需要的条件。

思考与练习 7 请说明行为仿真的功能。

3.8 添加引脚约束文件

本节将添加引脚约束文件。下面给出添加引脚约束文件的步骤，其步骤主要包括：

(1) 如图 3.46 所示，在 Design 面板下，将单选按钮，从 Simulation 切换到 Implementation。

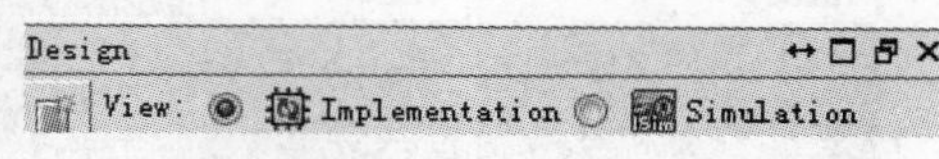

图 3.46 View 面板

(2) 在 Hierarchy 窗口下，选择器件名字 xc6slx16-3csg324。单击右键，出现浮动菜单。选择 New Source。

(3) 如图 3.47 所示，出现 New Source Wizard-Select Source Type 界面。在该界面内按如下参数设置：①选择源文件类型：Implementation Constraints File；②File name：gate。

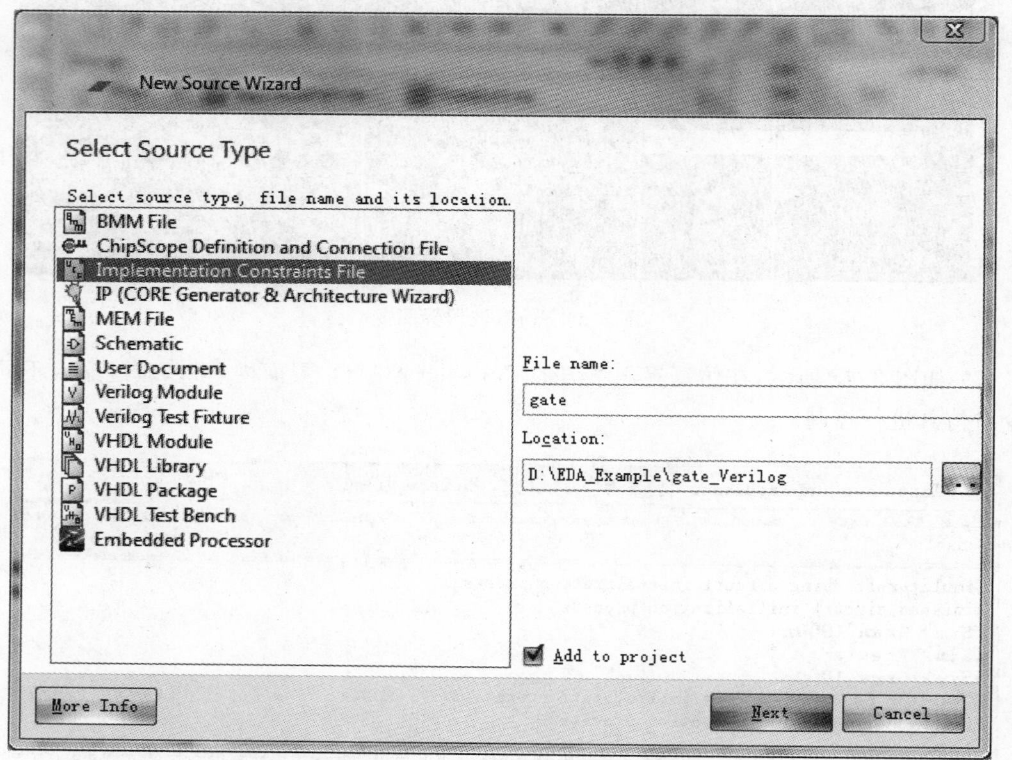

图 3.47 新建.UCF 文件

(4) 出现 New Source Wizard-summary 界面。新添加的用户约束文件为 gate. ucf。

(5) 单击 Finish 按钮。

(6) 如图 3.48 所示，在主界面的 Hierarchy 窗口下，添加 gate. ucf 文件。系统自动打开了空的 gate. ucf 文件，手动关闭该文件。

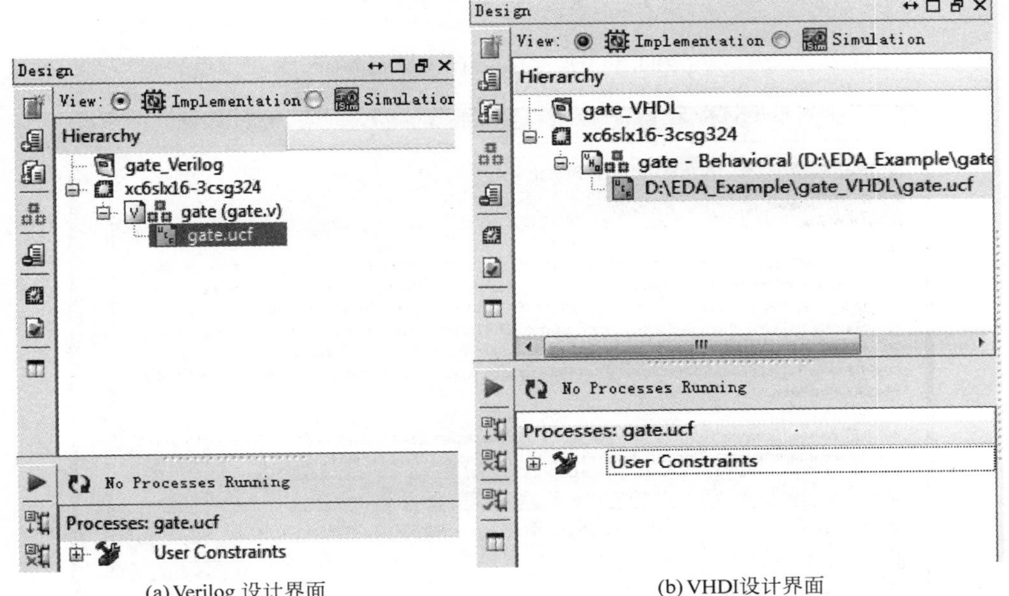

(a) Verilog 设计界面　　(b) VHDI设计界面

图 3.48　出现. ufc 界面

(7) 在图 3.48(a)所示的界面内选中 gate. v 文件。对于使用 VHDL 的读者，在图 3.48(b)所示的界面内选中 gate. vhd 文件。

(8) 如图 3.49 所示，在图 3.48(a)或者图 3.48(b)的下方窗口中，选择并展开 User Constraints。

(9) 在展开项中，选择并双击 I/O Pin Planning(PlanAhead)-Post-Synthesis。

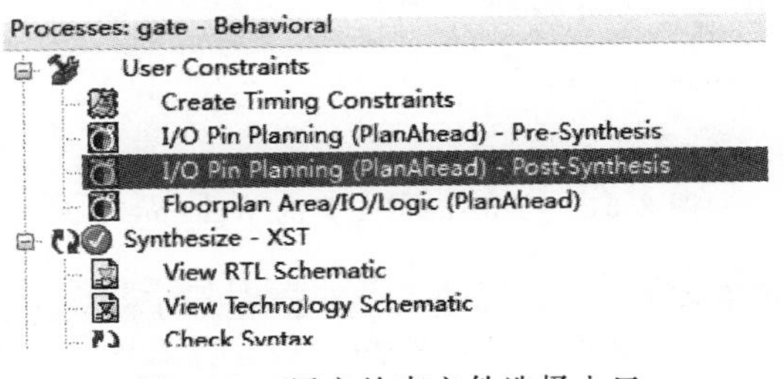

图 3.49　用户约束文件选择入口

(10) 如图 3.50 所示，出现提示对话框界面，询问是否继续打开 PlanAhead 设计界面。单击 Yes 按钮。

(11) 出现如图 3.51 所示界面，等待网表导入完成后，单击图中的 Close 按钮。

(12) 对引脚位置进行约束。如图 3.52 所示，展开 z 和 Scalar ports。①在 Site 栏下，对所对应行的引脚位置进行约束；②在 I/O Std 栏下，对所对应行的引脚电气标准进行约束。表 3.3 给出了所约束引脚的位置和对应的电气标准。

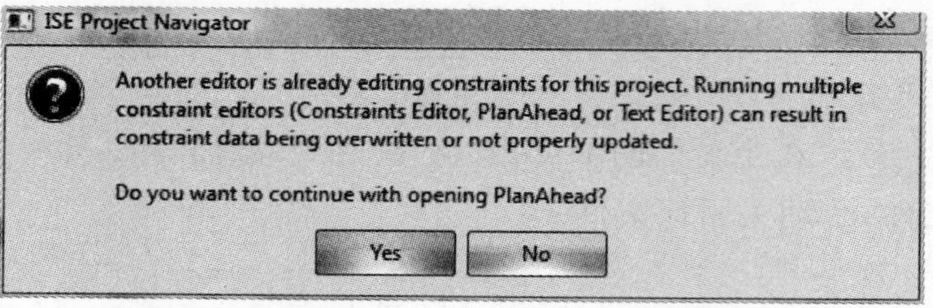

图 3.50　提示存在 ucf 对话框界面

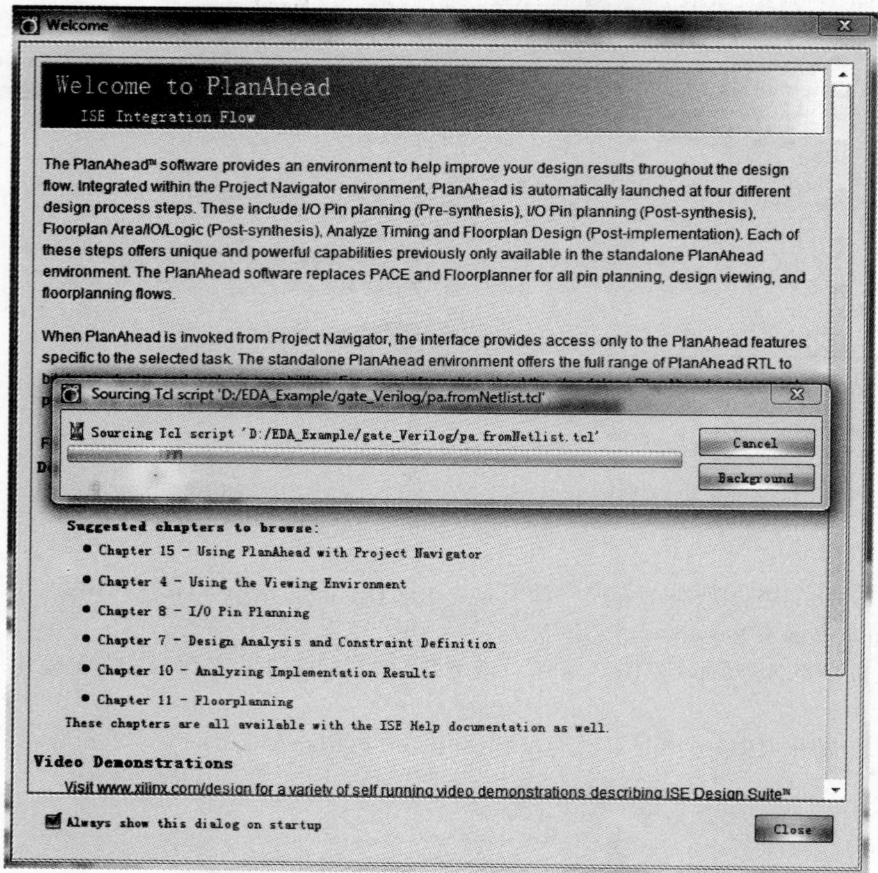

图 3.51　PlanAhead 工具的 Welcome 界面

I/O Ports

Name	Direction	Neg Diff Pair	Site	Fixed	Bank	I/O Std
All ports (8)						
z (6)	Output				2	LVCMOS33*
z[5]	Output		N11	✓	2	LVCMOS33*
z[4]	Output		M11	✓	2	LVCMOS33*
z[3]	Output		V15	✓	2	LVCMOS33*
z[2]	Output		U15	✓	2	LVCMOS33*
z[1]	Output		V16	✓	2	LVCMOS33*
z[0]	Output		U16	✓	2	LVCMOS33*
Scalar ports (2)						
a	Input		T10	✓	2	LVCMOS33*
b	Input		T9	✓	2	LVCMOS33

图 3.52　对应引脚约束

表 3.3 约束引脚的位置和电气标准

网络名	FPGA 引脚位置	电气标准
a	T10	LVCMOS33
b	T9	LVCMOS33
z[5]	N11	LVCMOS33
z[4]	M11	LVCMOS33
z[3]	V15	LVCMOS33
z[2]	U15	LVCMOS33
z[1]	V16	LVCMOS33
z[0]	U16	LVCMOS33

(13) 保存并退出约束编辑器界面。

思考与练习 8 如图 3.53 所示，单击 Package 标签，查看 FPGA I/O 分布特性、电气特性和分组管理特性。

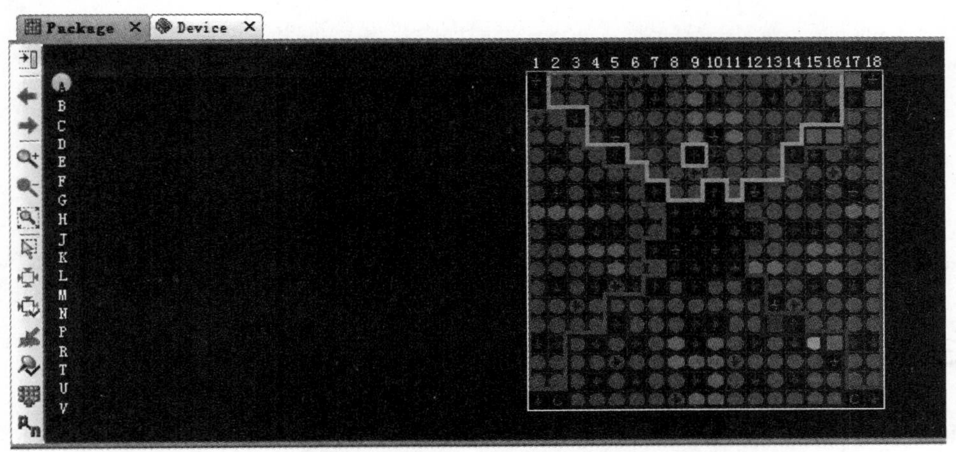

图 3.53 FPGA I/O 封装图

思考与练习 9 如图 3.54 所示，单击 Device 标签，查看 FPGA 内的片内逻辑资源。

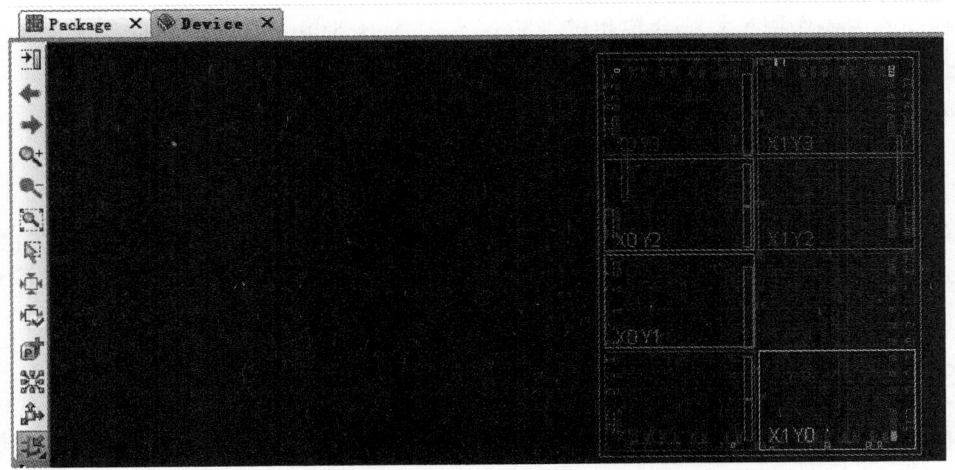

图 3.54 FPGA 内部结构图

提示：在查看内部结构的时候，单击放大按钮。

(14) 双击图 3.48 Hierarcy 面板内的 gate. ucf 文件图标，查看或修改管脚约束文件。

(15) 如图 3.55 所示，给出了 gate. ucf 文件的文本描述格式。

```

# PlanAhead Generated physical constraints

NET "z[5]" LOC = N11;
NET "z[4]" LOC = M11;
NET "z[3]" LOC = V15;
NET "z[2]" LOC = U15;
NET "z[1]" LOC = V16;
NET "z[0]" LOC = U16;
NET "a" LOC = T15;
NET "b" LOC = T9;

# PlanAhead Generated IO constraints

NET "z[5]" IOSTANDARD = LVCMOS33;
NET "z[4]" IOSTANDARD = LVCMOS33;
NET "z[3]" IOSTANDARD = LVCMOS33;
NET "z[2]" IOSTANDARD = LVCMOS33;
NET "z[1]" IOSTANDARD = LVCMOS33;
NET "z[0]" IOSTANDARD = LVCMOS33;
NET "a" IOSTANDARD = LVCMOS33;

```

图 3.55　约束文件代码

(16) 关闭 gate. ucf 文件。

思考与练习 10　分析该约束文件，了解和掌握 Xilinx 约束文件的格式(该文件非常重要)。

3.9　设计实现

ISE 中的实现(Implement)过程，是将综合输出的逻辑网表翻译成所选器件的底层模块与硬件原语，将设计映射到器件结构上，并在所选的器件上进行布局布线，达到在选定器件上最终实现设计的目的。实现过程主要分为下面 3 个步骤：

1) Translate(翻译)

翻译的主要作用是将综合输出的逻辑网表翻译为 Xilinx 特定器件的底层结构和硬件原语。

2) Map(映射)

映射的主要作用是将设计映射到具体型号的器件上。

3) Place&Route(布局布线)

布局布线的主要作用是调用 Xilinx 布局布线器，根据用户约束和物理约束，对设计模块进行实际的布局，并根据设计连接，对布局后的模块进行布线，产生 FPGA 配置文件。

3.9.1　运行设计实现工具

本节将运行实现工具对设计进行实现。下面给出对设计进行实现的步骤，其步骤主要包括：

(1) 选择将要实现的文件。对于 Verilog HDL 的设计者，选择 gate.v 文件。对于 VHDL 的设计者，选择 gate.vhd 文件。

(2) 如图 3.56 所示，在处理子窗口下，选择并双击 Implement Design 选项。

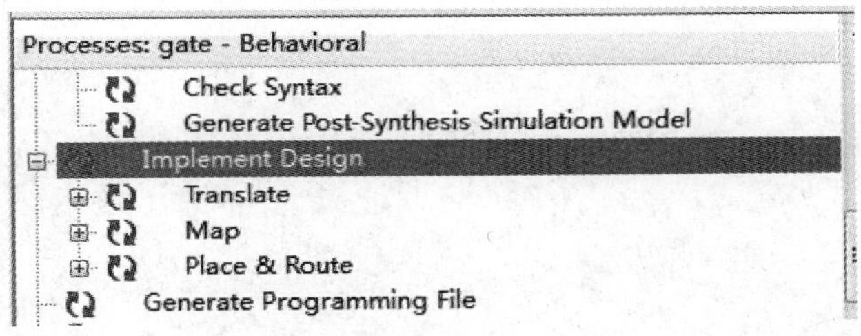

图 3.56 调用实现工具

(3) 开始运行实现工具。

(4) 如图 3.57，给出实现完成后的界面。

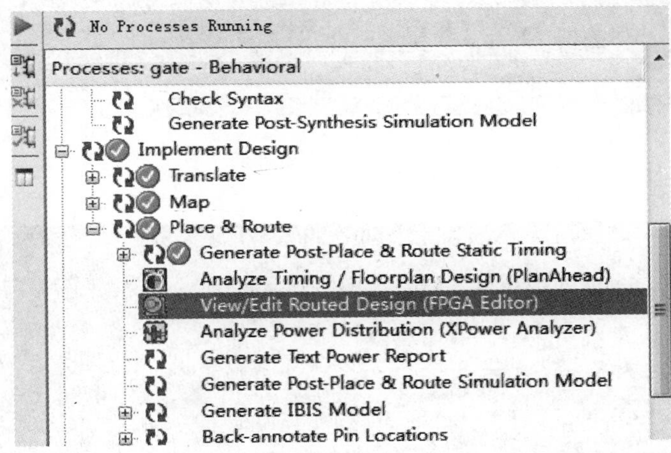

图 3.57 实现完成后的界面

3.9.2 查看布局布线结果

本节将查看布局布线后的结果。下面给出查看布局布线后结果的步骤，其步骤主要包括：

(1) 如图 3.57 所示，找到并展开 Implement Design 选项。

(2) 在展开项中找到 Place & Route 选项。

(3) 展开 Place & Route 选项。

(4) 在展开项中，找到并双击 View/Edit Routed Design(FPGA Editor)选项。

(5) 如图 3.58 所示，给出了 FPGA Editor 主界面。

(6) 单击图内的🔍按钮，放大视图。

(7) 如图 3.59 所示，找到图中标记为蓝色的位置。表示使用的引脚和内部的 slice 资源。绿线表示用于互联当前设计资源的连线。

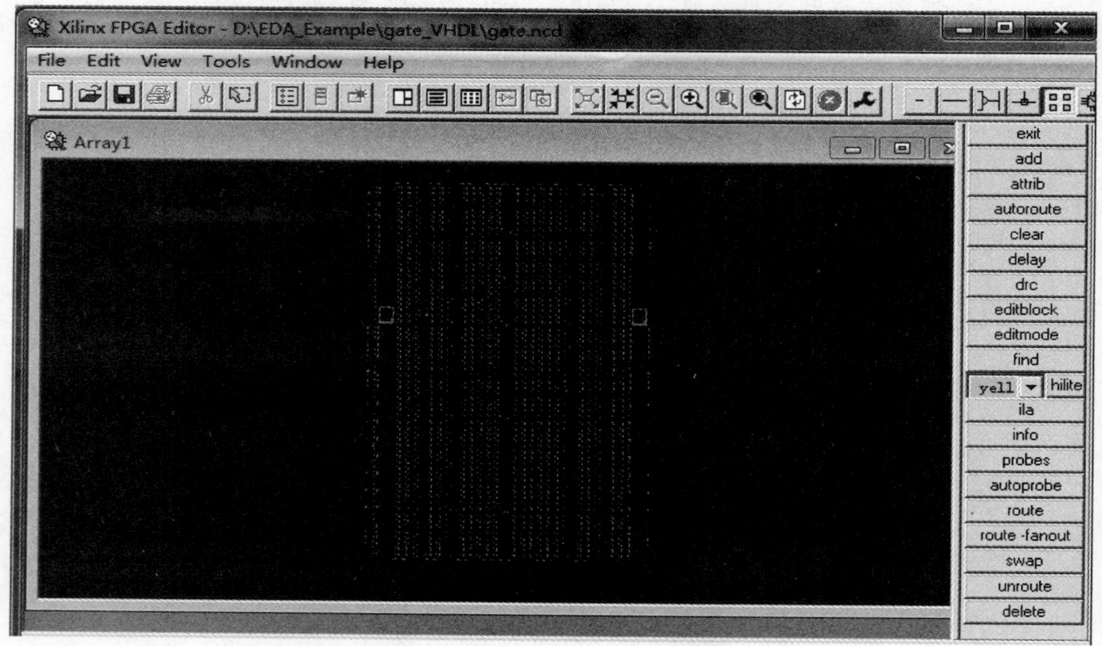

图 3.58 FPGA 主界面

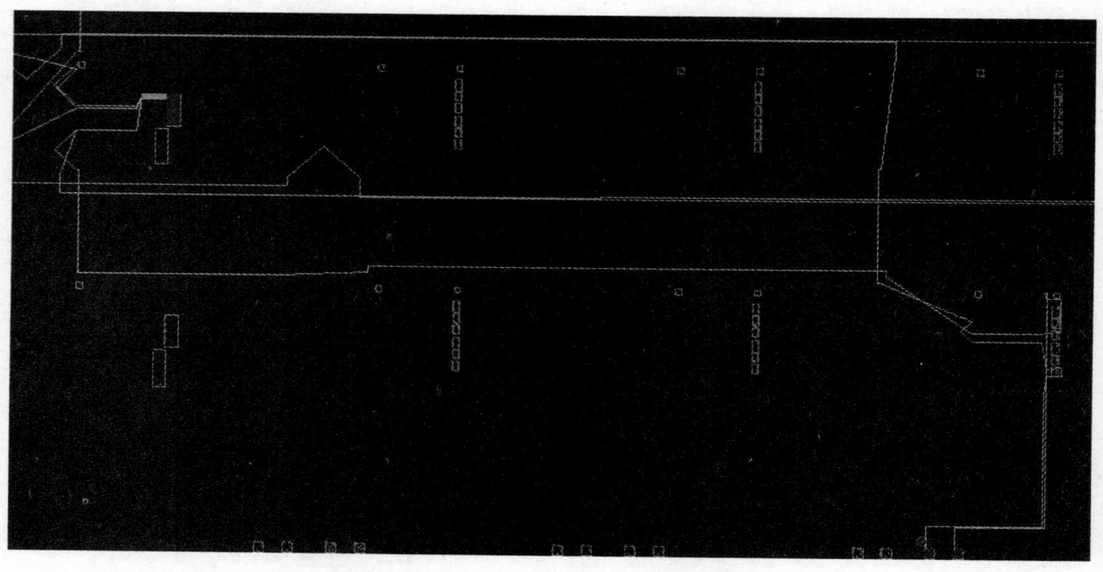

图 3.59 FPGA 内部互联结构

思考与练习 11 如图 3.60 所示，双击图中蓝色的 Slice，打开内部结构。如图 3.61 所示，根据第 2 章所介绍的 FPGA 的内部结构原理，对其结构进行分析。

(8) 退出 FPGA Editor 编辑器界面。

思考与练习 12 请说明设计实现所包含的主要过程以及每个过程实现的功能。

图 3.60 所使用的 Slice

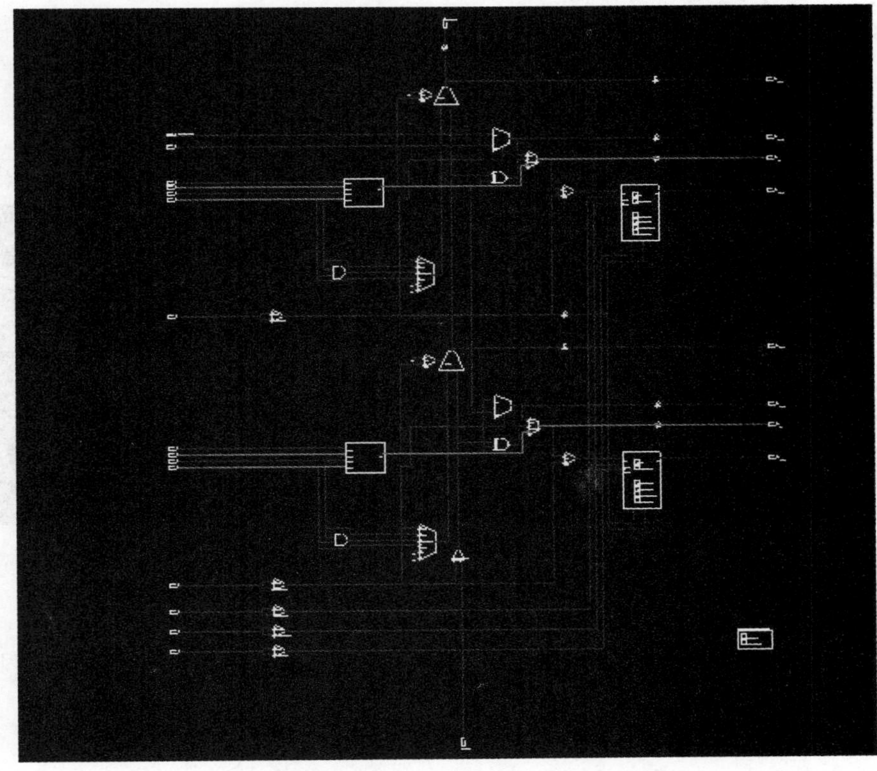

图 3.61 Slice 内部结构

3.10 布局布线后仿真

本节将执行布局布线后仿真，并分析时序仿真后的结果。下面给出执行时序仿真的步骤，其步骤主要包括：

(1) 如图 3.62 所示，在 Design 面板的 View 中，将单选按钮从 Implementation 改到 Simulation。这样，将设计流程从实现流程切换到仿真流程。

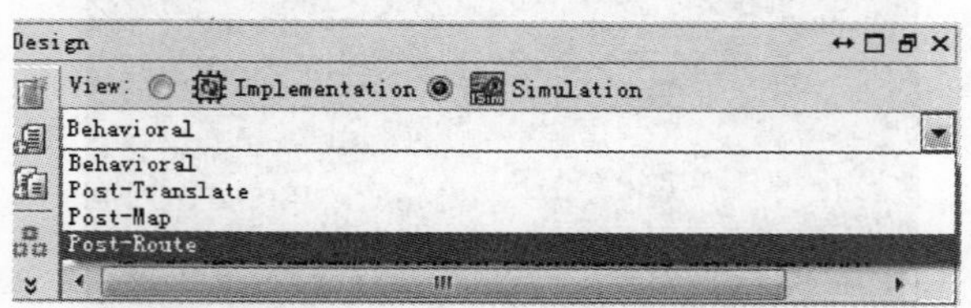

图 3.62 切换设计流程

(2) 在下拉框中，选择 Post-Route(布线后)选项。

(3) 选择 test.v(对于 Verilog HDL 设计者)或者 test.vhd 文件(对于 VHDL 设计者)。

(4) 如图 3.63 所示，在处理子窗口内选择并展开 Isim Simulator。

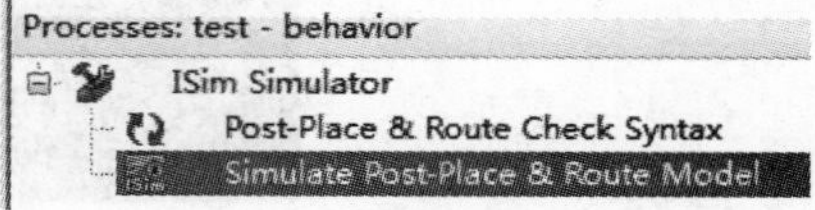

图 3.63 时序仿真入口

(5) 在展开项中，选择并双击 Simulate Post-Place & Route Model(仿真布局和布线后模型)选项。

(6) 打开 ISim 工具，调整波形窗口，使得波形进入观察窗口中。

(7) 如图 3.64 所示，查看图中白色画圈的地方。

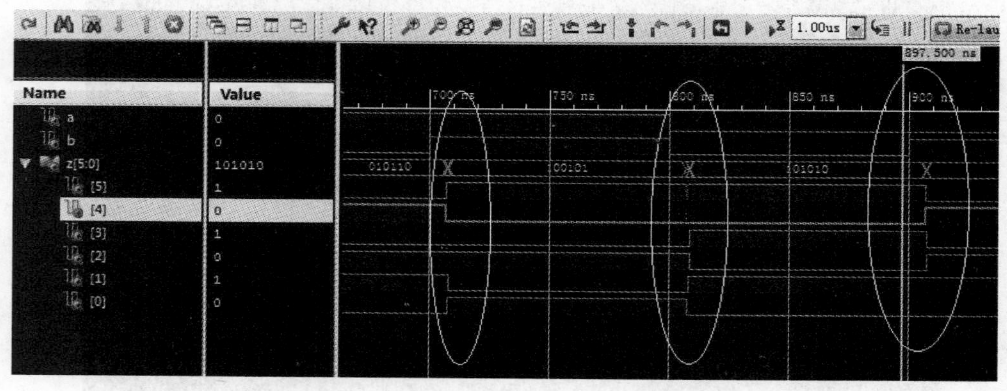

图 3.64 时序仿真波形

思考与练习 13 仔细观察和分析下面的情况。

① 输入和输出之间存在延迟，延迟在波形上面如何体现？以及形成延迟的原因。

② 不同输出之间的延迟并不相同，如何表现在波形上？以及原因。

③ 在 z[5:0]每个数据之间，存在毛刺，如何表现在波形上？以及原因。

④ 这些时序因素，如何影响在 FPGA 上所设计数字系统的工作速度？

(8) 退出 ISim 时序仿真界面。

思考与练习 14 请说明布局布线后仿真所实现的功能。

3.11 产生比特流文件

本节将生成比特流文件。下面给出生成比特流文件的步骤,其步骤主要包括:

(1) 在 View 面板中,将单选按钮从 Simulation 切换到 Implementation。

(2) 选择 gate. v 文件(对于 Verilog HDL 设计者)或者 gate. vhd 文件(对于 VHDL 设计者)。

(3) 如图 3.65 在处理子窗口中,双击 Generate Programming File(生成编程文件)。

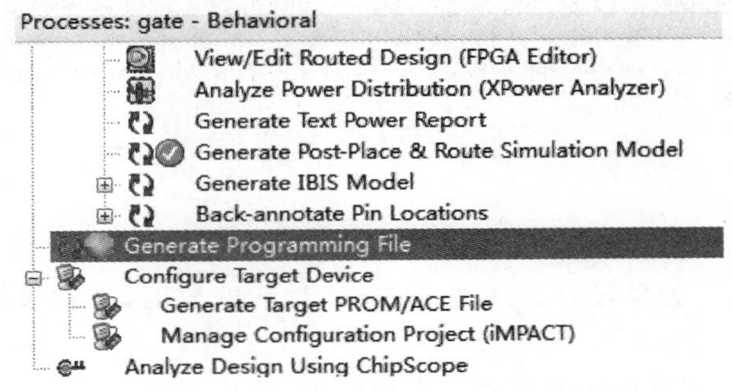

图 3.65 产生比特流选项

(4) 等待生成编程文件的过程结束。

3.12 下载比特流文件到 FPGA

JTAG 是最基本的一种用来配置 FPGA 的模式,通过它可以对 FPGA 进行在线调试。当使用 JTAG 完成对 FPGA 的调试后,根据不同 FPGA 的类型,需要选择使用外部的存储器保存配置文件代码(Spartan-3AN FPGA 采用了非易失性的 Flash 工艺,因此不需要外部 Flash 保存代码)。

下面给出使用 JTAG 实现对 Xilinx XUP 提供的 Nexys3 开发板进行配置的步骤。在将配置文件下载到 FPGA 器件前,必须将 USB 电缆连接到 PC 或笔记本电脑的 USB 接口,另一侧连接到 Nexys3 浇板卡的 J3(USB PROG)接口。并打开板上的 SW8 开关,给 Nexys3 浇板卡上电。其配置步骤如下:

(1) 在 Hierarchy 窗口下,选择 gate. v 文件(对于 Verilog HDL 设计者)或者 gate. vhd 文件(对于 VHDL 设计者)。

(2) 如图 3.66 所示,在 Processes 窗口中,找到并展开 Configure Target Deivce(配置目标器件)选项。在展开项中,找到并双击 Manage Configuration Project(iMPACT)(管理配置工程(iMPACT))选项。

(3) 如图 3.67 所示,打开 iMPACT 工具主界面,出现 Feedback Request 界面。

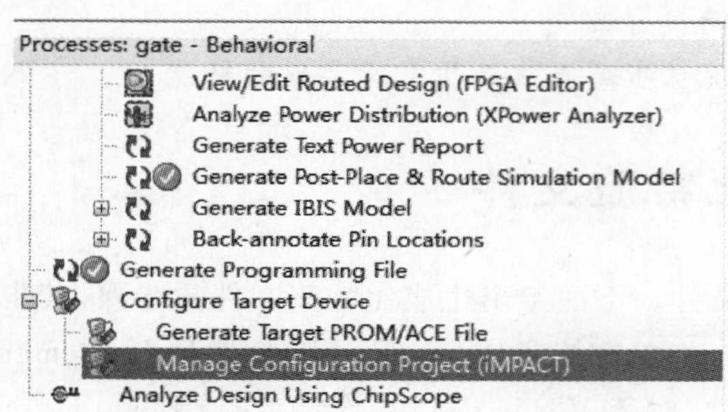

图 3.66　下载比特流到 FPGA 入口

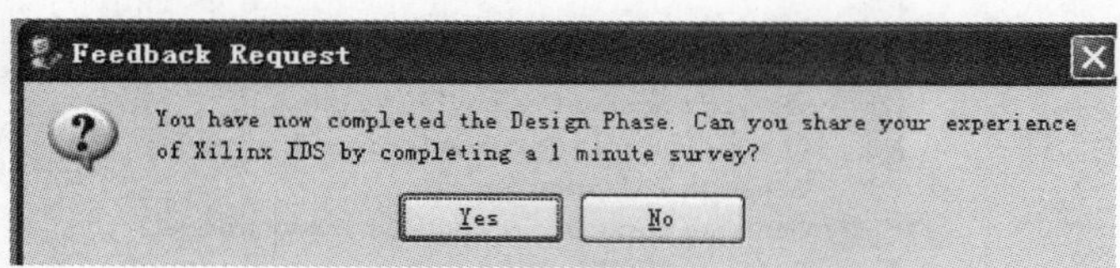

图 3.67　调查对话框窗口界面

(4) 单击 No 按钮。如果没有出现图 3.67 的对话框界面,则跳过(3)和(4)步,直接到(5)步。

(5) 如图 3.68 所示,在 iMPACT Flows 面板窗口下,选中并双击 Boundary Scan(边界扫描)选项,在右侧出现空白窗口界面。

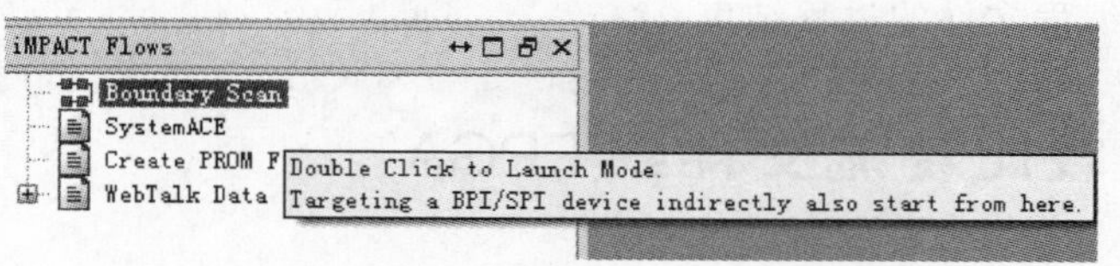

图 3.68　iMPACT 设计流程界面

(6) 如图 3.69 所示,在该空白界面下,单击右键,出现浮动菜单,选择 Initialize Chain(初始化 JTAG 链)选项。

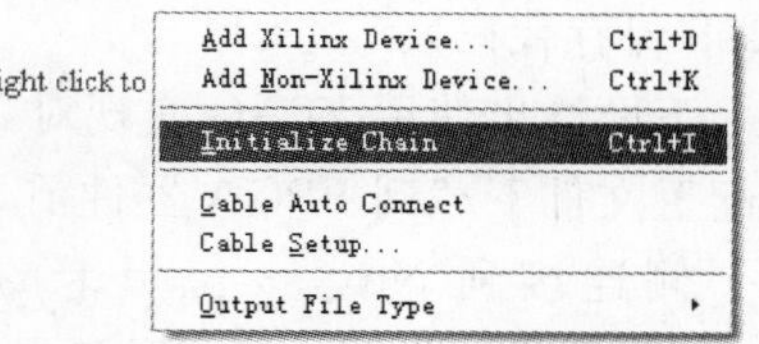

图 3.69　初始化 JTAG 链选项

(7) 出现进度条,扫描 JTAG 链路上的器件。当 JTAG 扫描成功时,出现图 3.70 所示的界面。从图中可以看到设计所选择的器件 xc6slx16 出现在扫描链路中,表示扫描数据由 TDI 输入,TDO 输出,并且提示 Identify Succeeded(识别成功)标志。

如果没有扫描到任何器件,请仔细检查硬件连接,并且确认开发平台正确上电。

(8) 弹出 Auto Assign Configuration Files Query Dialog(自动分配配置文件查询对话框)界面。单击 Yes 按钮,使用自动分配方式。

(9) 出现如图 3.71 所示的 Assign New Configuratior File(分配新配置文件)对话框界面,对于 VHDL 的设计者定位到下面目录

```
D:\EDA_Example\gate_VHDL
```

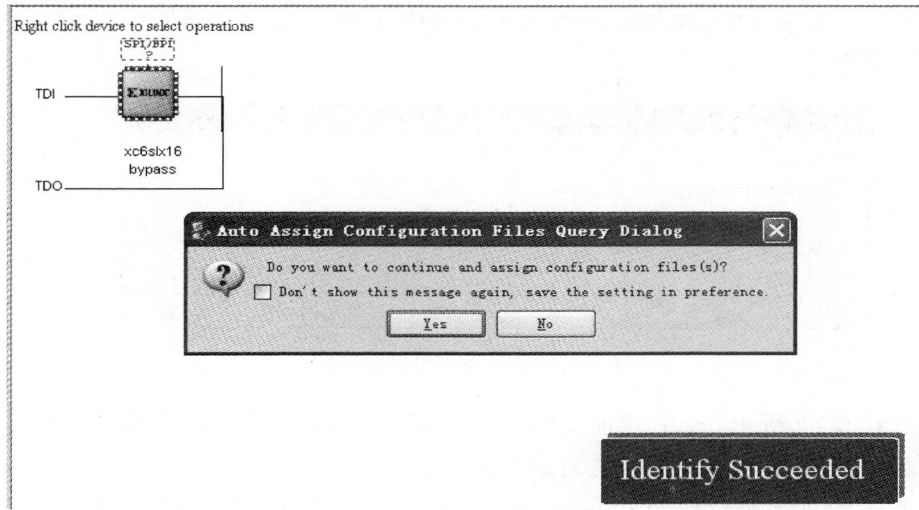

图 3.70 JTAG 链路扫描 FPGA 器件

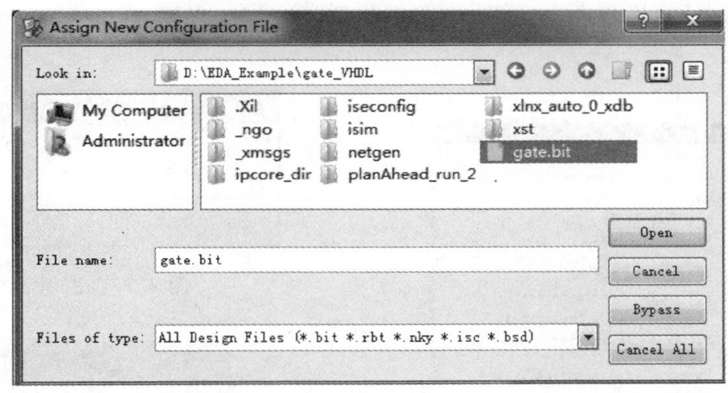

图 3.71 打开比特流文件

对于 Verilog HDL 的设计者定位到下面目录

D:\EDA_Example\gate_Verilog

(10) 在对应的目录下，选择 gate. bit 文件，该文件是前面所生成的 FPGA 配置文件该文件用于对 FPGA 进行配置。

(11) 单击 Open 按钮，为 FPGA 分配该配置文件。

(12) 如图 3.72 所示，出现 Attach SPI or BPI PROM(添加 SPI 或者 BPI PROM)对话框界面，该对话框界面询问是否为该 FPGA 分配 SPI 或者 BPI PROM。单击 No 按钮。这是因为现在使用的是 JTAG 模式，不使用 SPI 或 BPI PROM 存储器配置 FPGA。

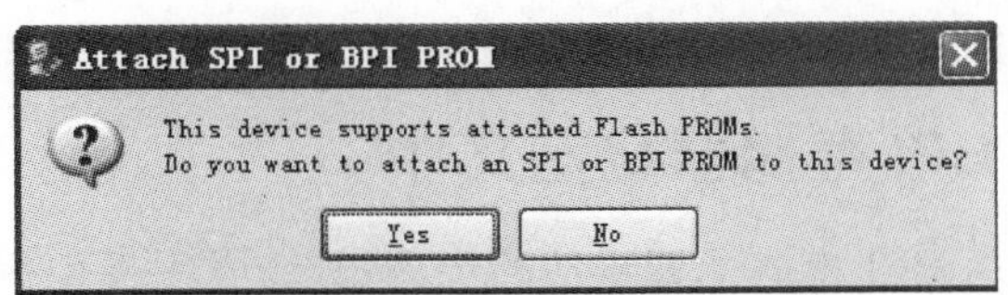

图 3.72 添加 SPI 或 BPI PROM 对话框

(13) 如图 3.73 所示,出现 Device Programing Properties(器件编程属性)对话框界面,在该界面内,单击 OK 按钮。

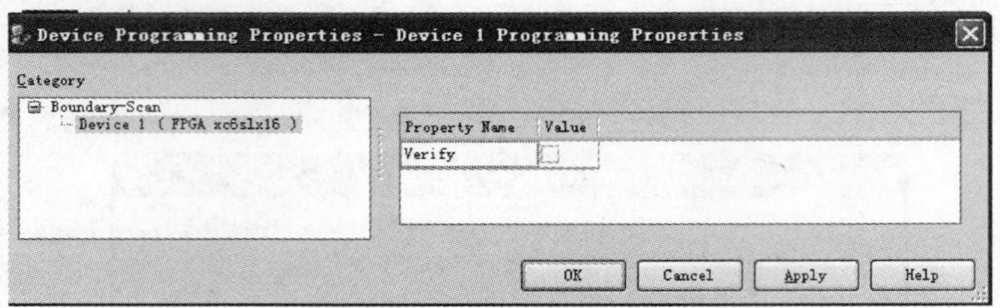

图 3.73 编程属性对话框

(14) 如图 3.74 所示,选中当前 FPGA 器件图标,单击右键,出现浮动菜单,选择 Program(编程)选项,开始对 FPGA 进行编程和配置。

(15) 如图 3.75 所示,出现 Configuration Operation Status(配置操作状态)对话框界面,表示了编程的进度。

(16) 编程结束后,出现图 3.76 所示的编程成功的提示界面。

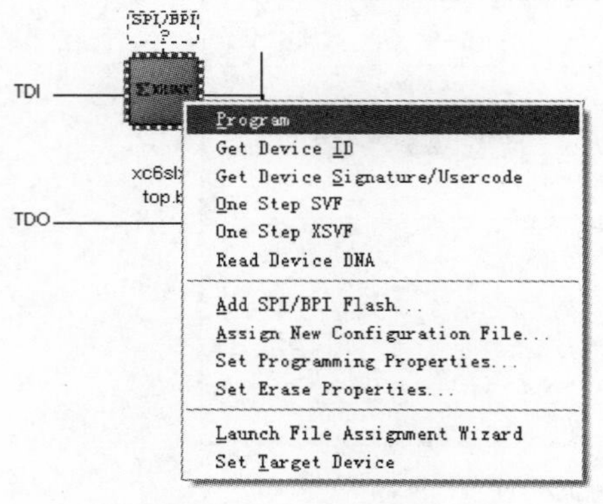

图 3.74 选择编程选项

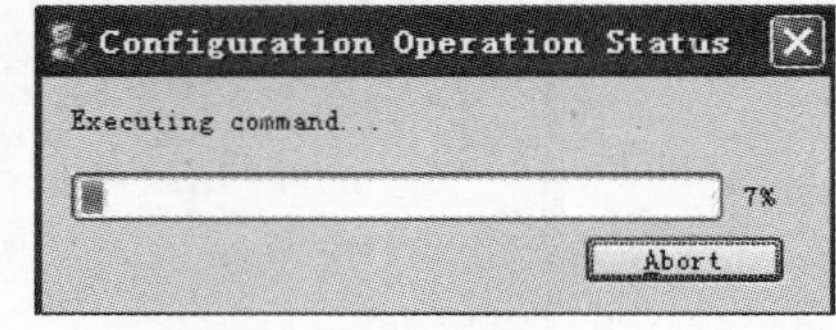

图 3.75 进度条界面

图 3.76 编程成功提示

(17) 拨动 Nexys3 浇开发版上的 SW0 和 SW1 开关,观察灯的状态变化。对 HDL 设计进行验证是否符合逻辑对应关系。

(18) 至此,完成了代码设计、综合、仿真、实现、编程文件生成和下载的所有设计流程。

(19) 不保存任何设计,退出 iMPACT 工具。

思考与练习 15 请说明所生成比特流文件的作用。

3.13 生成存储器配置文件并烧写存储器

本节将介绍生成存储器配置文件,并将存储器配置文件烧写到存储器中的方法。

3.13.1 生成 BPI 存储器配置文件

下面将详细介绍使用 BPI 模式配置器件的步骤,其步骤主要包括:

(1) 在 Hierarchy 面板窗口下,选择 gate.v 文件(对于 Verilog HDL 设计者)或者 gate.vhd

文件(对于 VHDL 设计者)。

(2) 如图 3.77 所示,在 Processes 窗口下,找到 Configure Target Device(配置目标器件)选项,并展开。在展开项中,选择并双击 Generate Target PROM/ACE File(生成目标 PROM/ACE 文件)选项。

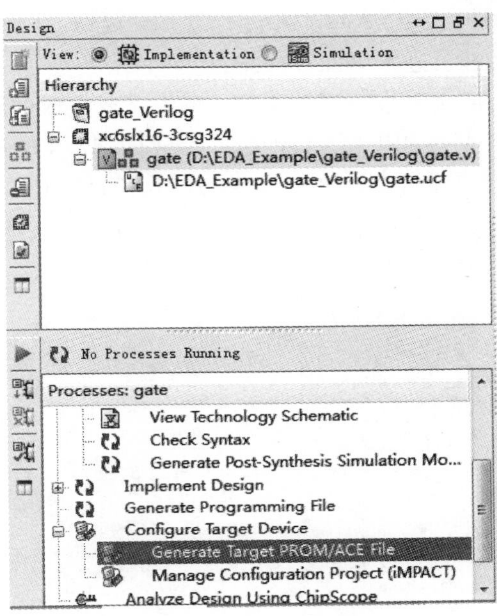

图 3.77 进入生成 PROM 文件界面入口

(3) 出现 Warning 窗口,单击 OK 按钮。

(4) 出现 Feedback Request 对话框窗口,单击 No 按钮。

(5) 如图 3.78 所示,在 iMPACT Flows 窗口下,选择 Create PROM File(PROM File Formatter)(创建 PROM 文件(PROM 文件格式器))选项,并双击该选项,打开生成 PROM 文件窗口界面。

(6) 如图 3.79 所示,在 Step 1. Select Storage Target(步骤一. 选择存储目标)面板窗口下,找到并展开 BPI Flash 选项。

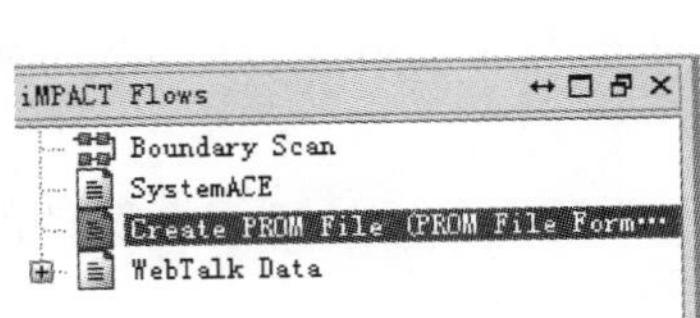

图 3.78 打开配置 PROM 文件界面选项

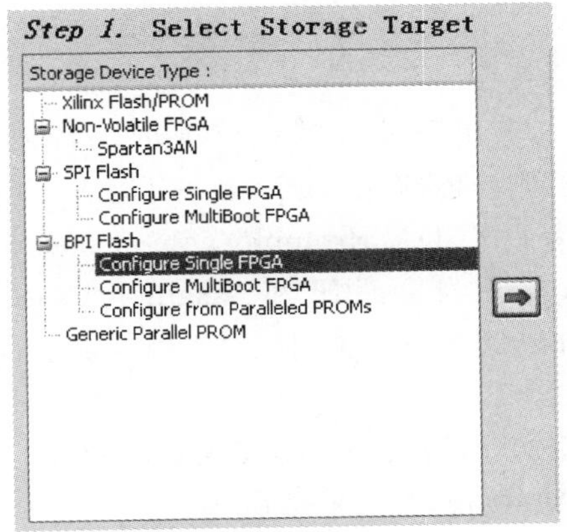

图 3.79 生成 BPI Flash 文件第一步操作

(7) 在展开项中,选择 Configure Single FPGA(配置单个 FPGA)选项,然后单击➡按钮。

(8) 如图 3.80 所示,在 Step 2. Add Storage Device(s)(步骤二. 添加存储设备)面板窗口下,依次完成下面的步骤:①在 Target FGPA 右侧的下拉框中选择 Spartan-6,作为要配置的目标器件;②在 Storage Device(Bytes)选择 16M(单位是字节)(Nexys3 板卡上配置了 128Mb 的 RAM 存储器);③单击 Add Storage Device 按钮,然后在窗口中出现 16M 的标记;④然后单击➡按钮,准备进入第三步操作。

(9) 如图 3.81 所示,依次完成下面的步骤:①为将要生成的 BPI 配置文件命名:BPI_DATA。②为将来所要生成的 BPI_DATA,指定存放的路径,在此将该文件保存到当前的工程目录下:对于 Verilog HDL 设计来说,目录为 D:\EDA_Example\gate_Verilog;对于 VHDL 设计来说,目录为 D:\EDA_Example\gate_VHDL;在 Data Width(数据宽度)右侧,通过下拉框,将其指定为(x16),表示数据宽度是 16 位的。

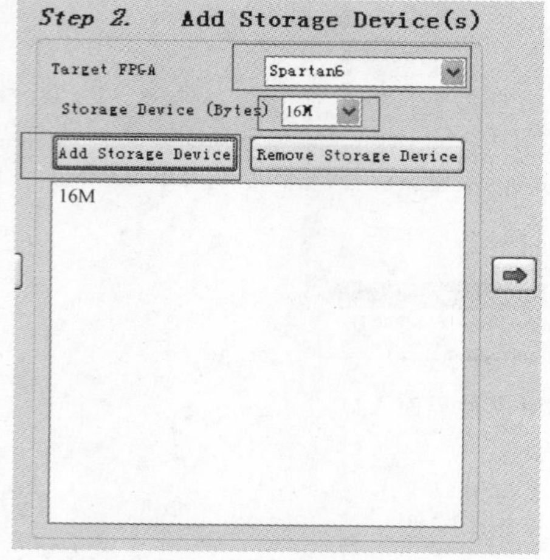

图 3.80 生成 BPI Flash 文件第二步操作

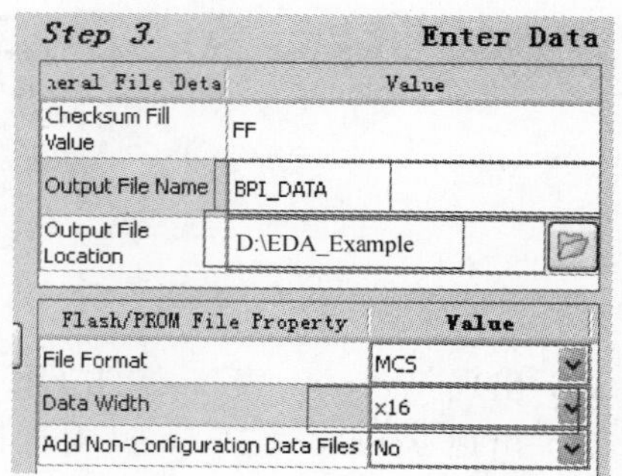

图 3.81 生成 BPI Flash 文件第三步操作

更详细的资料可以查看本书附录所提供的 NEXYS 的原理图,该设计中所用 FLASH 为 16 位宽度,128Mb 容量。

(10) 单击 OK 按钮。

(11) 如图 3.82 所示,出现 Add Device 对话框界面,单击 OK 按钮。

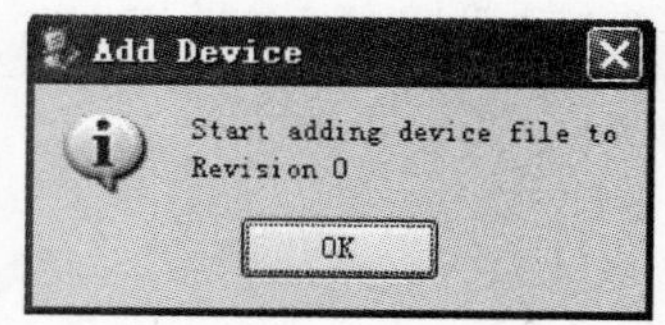

图 3.82 添加器件对话框

(12) 出现选择需要选换的比特流文件对话框界面。①定位到当前的工作目录下:对于 Verilog HDL 设计来说,目录为 D:\EDA_Example\gate_Verilog;对于 VHDL 设计来说,目录为 D:\EDA_Example\gate_VHDL。②找到 gate.bit,表示该二进制配置文件将被进行格式转换,将来编程到 BPI Flash。③单击 Open 按钮。

(13) 如图 3.83 所示,出现 Add Device 对话框界面,询问是否添加另一个器件的文件,单击 No 按钮,表示不添加其他文件。

(14) 弹出一个对话框界面,单击 OK 按钮。

(15) 弹出 MultiBoot BPI Revision and Data File Assignment 对话框界面，单击 OK 按钮。

(16) 如图 3.84 所示，在主界面左下角的 iMPACT Processes 窗口下，找到并双击 Generate File 选项。

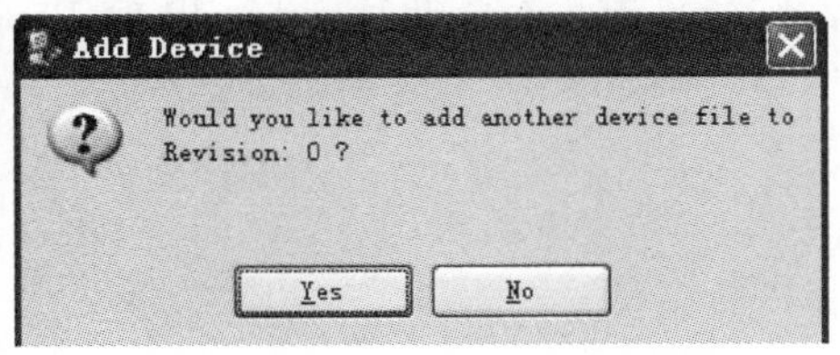

图 3.83　添加其他文件对话框

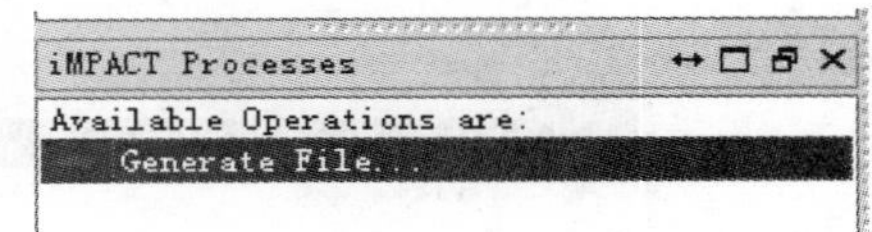

图 3.84　生成文件选项

(17) 在主界面右侧窗口，出现 Generate Succeeded 提示信息，表示成功生成 BPI_DATA.mcs 文件。

(18) 不保存任何信息，退出 iMPACT 工具。

3.13.2　编程 BPI 文件到 BPI 存储器

下面给出编程.mcs 文件到 BPI Flash 存储器的步骤，其步骤主要包括：

(1) 再次进入 iMPACT 工具。在 iMPACT 主界面内的 iMPACT Flows 面板下，选择并双击 Boundary Scan 选项。

(2) 在右侧窗口中，单击右键，出现浮动菜单，选择 Initialize Chain(初始化 JTAG 链)选项。

(3) 当出现 Auto Assign Configuration Files Query Dialog(自动分配配置文件对话框)界面时，单击 No 按钮。

(4) 然后单击 OK 按钮。

(5) 如图 3.85 所示，在 SPI/BPI 字符区域内，单击右键，出现浮动菜单。在浮动菜单内，选择 Add SPI/BPI Flash(添加 SPI/BPI Flash)选项。

(6) 定位到前面所指定的输出 BPI_DATA 文件的目录，然后在该目录下找到 BPI_DATA.mcs 文件。①对于 Verilog HDL 设计来说，目录为 D:\EDA_Example\gate_Verilog。②对于 VHDL 设计来说，目录为 D:\EDA_Example\gate_VHDL。

(7) 单击打开按钮。

(8) 如图 3.86 所示，从下拉菜单选择“28F128P30”(和 Nexys3 开发平台上所用的 BPI Flash 兼容)。单击 OK 按钮。

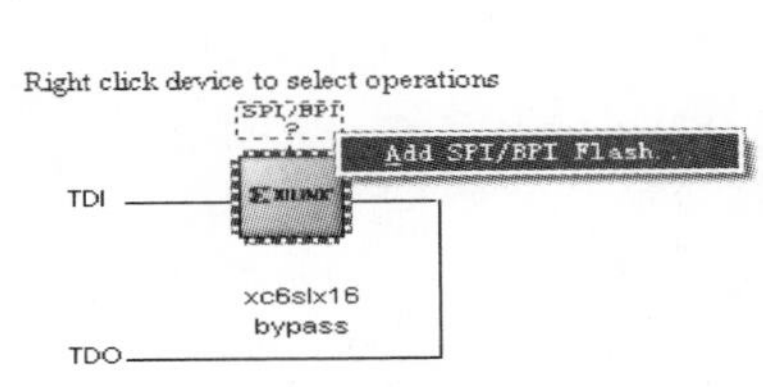

图 3.85　准备添加 BPI 文件

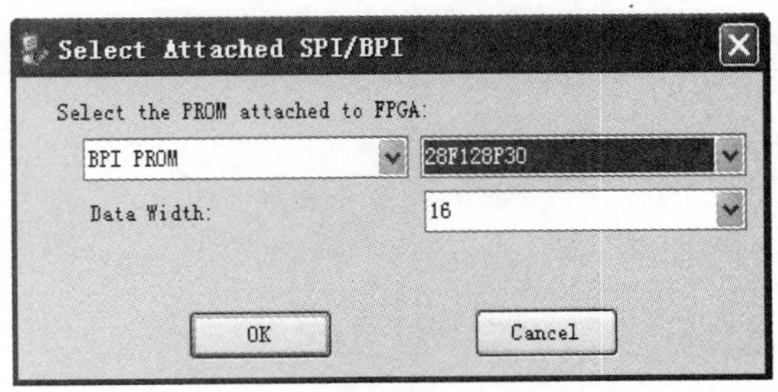

图 3.86　选择 BPI 存储器类型

(9) 如图 3.87 所示,选择标记为 FLASH 的区域,鼠标右键单击该区域,出现浮动菜单。在浮动菜单内,选择 Program 选项。

(10) 出现编程对话框界面。在该对话框界面内单击 OK 按钮,接受编程属性设置。

(11) 如图 3.88 所示,出现 BPI Flash 编程进度界面,当编程结束后,出现 Program Succeeded(编程成功)提示。

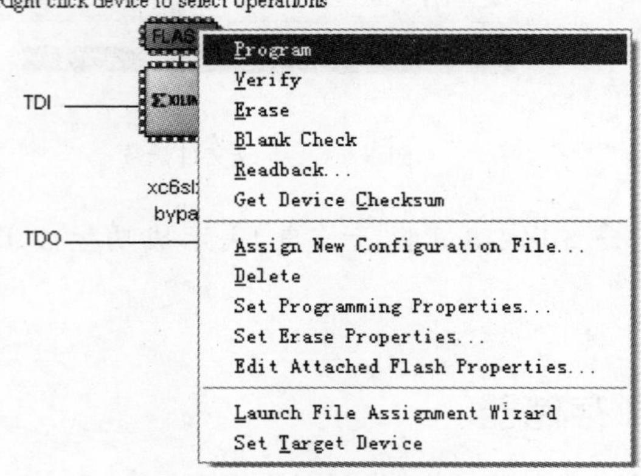

图 3.87 编程 BPI Flash 界面

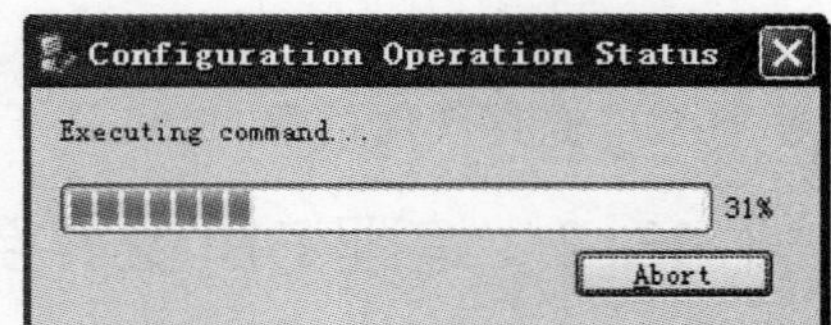

图 3.88 编程进度提示

(12) 退出 ISE 设计界面。

思考与练习 16 请查阅 Xilinx 手册,说明 Spartan-6 FPGA 所支持的下载模式。提示:支持的下载模式包括 JTAG 模式、串行模式、SelectMAP 模式、主 SPI 模式和主 BPI 模式。

第 4 章 VHDL 语言规范

CHAPTER 4

本章详细介绍 VHDL 硬件描述语言的词法和句法，内容包括 VHDL 程序结构和配置、VHDL 语言描述风格、VHDL 语言要素、VHDL 设计资源共享、VHDL 类型、VHDL 声明、VHDL 说明、VHDL 名字、VHDL 表达式、VHDL 顺序描述语句和 VHDL 并发描述语句。

VHDL 语言是实现复杂数字系统设计的一种常用硬件描述语言。读者需要熟练地掌握 VHDL 语言规范，并通过后续数字逻辑单元设计内容的学习，掌握数字系统自动化设计方法和技巧。

4.1 VHDL 程序结构和配置

本节内容包括 VHDL 程序结构框架、VHDL 实体、VHDL 结构体和配置声明四部分内容。

4.1.1 VHDL 程序结构框架

图 4.1 给出了 VHDL 的基本结构示意图，该图表明一个完整的 VHDL 程序所应该包含的部分。设计实体是 VHDL 程序的基本单元，是电子系统的抽象，根据所设计的数字系统的复杂度的不同，其规模也不相同。实体由实体说明和结构体说明两部分组成，具体来说，一个完整的 VHDL 设计应该包括：

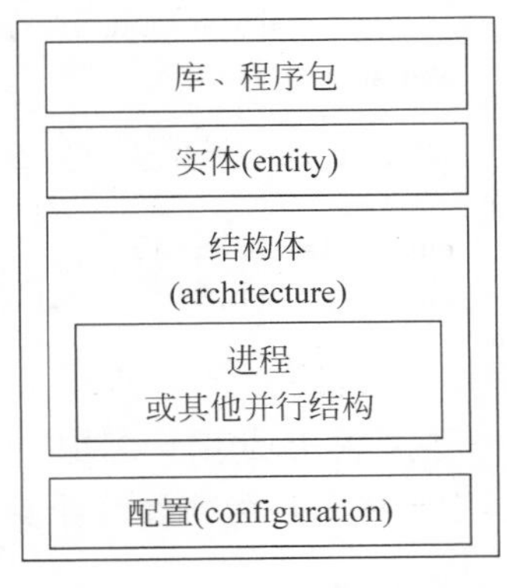

图 4.1 VHDL 程序的结构图

(1) 实体(entity)。主要是用于描述和外部设备的接口信号以及类属等。

(2) 结构体(architecture)。用于描述系统的具体逻辑行为功能。

(3) 配置(configuration)。配置用来从库中选择所需单元来组成系统设计的不同版本。

(4) 包集合(package)。包存放设计使用到的公共数据类型、常数和子程序等。

(5) 库(library)。库存放已经编译的实体、构造体、包集合和配置等。

4.1.2 VHDL 实体

VHDL 程序设计中的实体,描述一个元件或一个模块与设计系统的其余部分(其余元件、模块)之间的连接关系。一个实体由实体头部和实体声明部分构成。其语法格式为:

```
entity identifier is
    entity_header                          -- 实体头部
    entity_declarative_part                -- 实体声明部分
  begin
    [entity_statement_part ]               -- 实体的描述部分
end [ entity ] [ entity_simple_name ]
```

注:

(1) 如果出现 entity_simple_name,该名字必须和 identifier 一致。

(2) 如没有特殊说明,[]表示可选的参数。

1. 实体头部

实体头部由类属说明列表和端口列表说明两个部分组成。

例 4.1 只带有端口声明的一个实体声明。

```
entity Full_Adder is
  port( X, Y, Cin : in Bit; Cout, Sum: out Bit);
end Full_Adder;
```

例 4.2 带有端口和类属声明的一个实体声明。

```
entity AndGate is
  generic
        (N: Natural: = 2);
port
        (Inputs : in Bit_Vector(1 to N);
        Result : out Bit);
end entity AndGate;
```

例 4.3 不带有端口和类属声明的一个实体声明。

```
entity TestBench is
end TestBench;
```

1) 类属说明

类属说明是实体说明中的可选项,放在端口说明之前,用于指定参数。它提供了一个通道,用于将来自当前设计环境中的静态信息,传递到某个或者某些模块中。其书写格式为

```
generic (
 generic_name : type : = value;
 other generics…
);
```

类属说明常用来定义实体端口的大小、设计实体的物理特性、总线宽度、元件例化的数量等。

2）端口说明

定义实体的一组端口称作端口说明。端口说明是对设计实体与外部接口的描述，是设计实体和外部环境动态通信的通道，其功能对应于电路图符号的一个引脚。实体说明中的每一个I/O信号被称为一个端口，一个端口就是一个数据对象。端口可以被赋值，也可以当作变量用在逻辑表达式中。

端口说明中必须有端口名、端口方向和数据类型。端口说明的语法格式为

```
port (
        port_name_1 : port_mode port_type;
                ...
        port_name_n : port_mode port_type
    );
```

其中，port_name（端口名）是赋予每个外部引脚的名称，名称的含义要明确，如D开头的端口名表示数据，A开头的端口名表示地址等。端口名通常用几个英文字母或一个英文字母加数字表示。下面是合法的端口名：CLK，RESET，A0，D3。

port_mode（模式）用来说明数据、信号通过该端口的传输方向。端口模式有in、out、inout、buffer和linkage。

(1) in（输入模式）。输入仅允许数据流入端口，输入信号的驱动源由外部提供。输入模式主要用于时钟输入、控制输入（如Load、Reset、Enable、CLK）和单向的数据输入，如地址信号（address）。

(2) out（输出模式）。输出仅允许数据流从实体内部输出，如图4.2(a)所示，端口的驱动源由设计实体内部提供。输出模式不能用于被设计实体的内部反馈，因为在实体的输出端口是不可读的。输出模式常用于计数输出、单向数据输出、设计实体产生的控制其他实体的信号等。

(3) buffer（缓冲模式）。缓冲模式的端口与输出模式的端口类似，只是缓冲模式允许内部引用该端口的信号。缓冲端口既能用于输出，也能用于反馈。缓冲端口的驱动源可以是设计实体的内部信号源，其他实体的缓冲端口。缓冲不允许多重驱动，不与其他实体的双向端口和输出端口相连。如图4.2(b)所示，缓冲模式用于在实体内部建立一个可读的输出端口，如计数器输出，计数器的现态用来决定计数器的次态。当实体既需要输出又需要反馈时，端口模式应为缓冲模式。

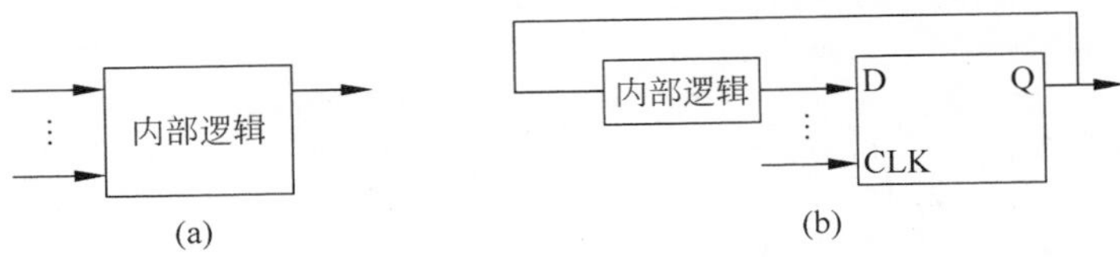

图4.2 OUT和BUFFER的区别

(4) inout（双向模式）。双向模式可以代替输入模式、输出模式和缓冲模式。在设计实体的数据流中，有些数据是双向的，数据可以输入该设计实体，也有数据从设计实体输出，这时需要将端口模式设计为双向端口。双向模式的端口允许引入内部反馈，所以双向模式端口也可以作为缓冲模式用。由上述分析可见，双向端口是一个完备的端口模式。常见的

SRAM 和 SDRAM 芯片的数据端口就是双向的。第 5 章将详细地说明双向端口的控制方法。

(5) linkage(连接模式)。连接模式没有方向。用于表示诸如电阻这种没有方向的器件。

port_type(数据类型)说明出入端口数据的类型。VHDL 语言的标准规定,EDA 综合工具支持的数据类型为:

(1) boolean(布尔型);

(2) bit(比特位型)/std_logic(标准位型);

(3) bit_vector(位矢量型)和 std_logic_vector(标准位矢量型);

(4) integer(整数型)。

为了使 EDA 工具能够对这些逻辑类型进行综合或者仿真,必须在实体中声明或在 USE 语句中调用这些标准库。

2. 实体声明部分

一个给定实体的实体声明部分,声明了对于所有设计实体公共的条目。实体声明部分可以包括子程序的声明、子程序体、类型声明、子类型声明、常数声明、信号声明、共享变量声明、文件声明、别名声明、属性声明、属性规范、非连接规范、use 条目、组模板声明、组声明。

(1) 在一个给定实体声明的实体声明部分中,由声明条目给出的名字在设计实体对应的结构体中以及在相应的配置声明中的某部分中可以看到。

(2) 一个设计实体的实体声明部分,其所对应的结构体如果使用'FOREIGN 属性修饰,则需要特殊的描述规则。

例 4.4 带有实体声明条目的一个实体声明。

```
entity ROM is
    port (
          Addr: in Word;
          Data: out Word;
          Sel: in Bit
        );
    type Instruction is array (1 to 5) of Natural;
    type Program is array (Natural range <>) of Instruction;
    use Work.OpCodes.all, Work.RegisterNames.all;
    constant ROM_Code: Program : =
          (
            (STM, R14, R12, 12, R13) ,
            (LD, R7, 32, 0, R1 ) ,
            (BAL, R14, 0, 0, R7 ) ,
                      ⋮
        ) ;
end ROM;
```

3. 实体描述部分

实体描述部分包含并发描述语句,它们对于带有这个接口的每个设计实体来说,是公共的。

例 4.5 带有实体描述的一个实体声明。

```
entity Latch is
    port (
        Din: in Word;
        Dout: out Word;
        Load: in Bit;
        Clk: in Bit
        );
      constant Setup: Time := 12 ns;
      constant PulseWidth: Time := 50 ns;
    use Work.TimingMonitors.all;
    begin
        assert Clk = '1' or Clk'Delayed'Stable (PulseWidth);
        CheckTiming (Setup, Din, Load, Clk);
end ;
```

4.1.3 VHDL 结构体

结构体具体指明了该设计实体的行为,定义了该设计实体的逻辑功能和行为,规定了该设计实体的内部模块及其内部模块的连接关系。VHDL 对构造体的描述通常有三种方式进行描述,即行为描述、寄存器传输描述和结构描述,这三种描述方式将在后面进行详细的说明。

由于结构体是对实体功能的具体描述,所以结构体一定在实体的后面。

一个结构体的 VHDL 的描述为

```
architecture arch_name of entity_name is
   -- declarative_items (signal declarations, component declarations, etc.)
begin
   -- architecture body
end arch_name;
```

其中,arch_name 为结构体的名字; entity_name 为实体的名字。

结构体名称由设计者自由命名,是结构体的唯一名称。of 后面的实体名称表明该结构体属于哪个设计实体,有些设计实体中可能含有多个结构体,这些结构体的命名可以从不同侧面反映结构体的特色,让其他设计者一目了然。

1. 结构体声明部分

在关键字 architecture 和 begin 之间为结构体的声明部分。通常,是对设计内部的信号或者元件进行声明。结构体的声明部分包括: ①子程序的声明; ②子程序体; ③类型声明; ④子类型声明; ⑤常数声明; ⑥信号声明; ⑦共享变量声明; ⑧文件声明; ⑨别名声明; ⑩属性声明; ⑪属性规范; ⑫非连接规范; ⑬use 条目; ⑭组模板声明; ⑮组声明。

特别需要注意的是,这些声明用于结构体内部,而不能用于实体内部,因为一个实体中可能有几个结构体相对应。另外,实体说明中所定义的 I/O 信号为外部信号,而结构体内定义的信号为内部信号。

结构体的信号定义和实体的端口说明一样,应有信号名称和数据类型定义。由于这些结构体的内部信号是用来描述结构体内部的连接关系,不需要说明信号方向,所以,不需要定义信号模式。

2. 结构体描述部分

从 begin 到结构体结束之间是对实体逻辑行为的具体描述。该部分由顺序语句和并发语句构成。

例 4.6 Full_Adder 实体的结构体。

```
architecture DataFlow of Full_Adder is
    signal A,B: Bit;
begin
    A <=  X xor Y;
    B <=  A and Cin;
    Sum <=  A xor Cin;
    Cout <=  B or (X and Y);
end architecture DataFlow ;
```

例 4.7 TestBench 实体的结构体。

```
library Test;
use Test.Components.all;
architecture Structure of TestBench is
    component Full_Adder
        port (X, Y, Cin: Bit; Cout, Sum: out Bit);
    end component;
    signal A,B,C,D,E,F,G: Bit;
    signal OK: Boolean;
begin
    UUT: Full_Adder port map (A,B,C,D,E);
    Generator: AdderTest port map (A,B,C,F,G);
    Comparator: AdderCheck port map (D,E,F,G,OK);
end Structure;
```

例 4.8 AndGate 实体的结构体。

```
architecture Behavior of AndGate is
begin
  process (Inputs)
      variable Temp: Bit;
  begin
    Temp : = '1';
        for i in Inputs'Range loop
              if Inputs(i)  =  '0' then
                  Temp : =  '0';
                  exit;
              end if;
        end loop;
        Result <=  Temp after 10 ns;
  end process;
end Behavior;
```

4.1.4 配置声明

通过配置说明，将元件实例和设计实体绑定在一起，这些说明出现在块的声明部分。在块内创建相应的元件例化。然而，在某些情况下，在一个给定块内保留没有指定的元件例化绑定，而将其延后进行指定。在对设计进行仿真时，经常会使用元件配置语句。

1. 配置声明语句格式

配置声明语句的语法格式为

```
configuration configuration_identifier of entity_name is
    configuration_declarative_part
    block_configuration
  end for;
end [configuration] configuration_identifier;
```

其中，configration_identifier，配置声明的标识符。entity_name，配置声明所使用的实体名字。configuration_declarative_part，配置声明的声明部分，可包含：use 语句、attribute 说明、group 声明。block_configuration，配置声明中的块配置语句。具体见后面描述。

例 4.9 一个微处理器的结构体。

```
architecture Structure_View of Processor is
    component ALU port ( … ); end component;
    component MUX port ( … ); end component;
    component Latch port ( … ); end component;
begin
    A1: ALU port map ( … ) ;
    M1: MUX port map ( … ) ;
    M2: MUX port map ( … ) ;
    M3: MUX port map ( … ) ;
    L1: Latch port map ( … ) ;
    L2: Latch port map ( … ) ;
end Structure_View ;
```

例 4.10 微处理器的一个配置。

```
library TTL, Work ;
configuration V4_27_87 of Processor is
    use Work.all ;
    for Structure_View
      for A1: ALU
          use configuration TTL.SN74LS181 ;
      end for ;
      for M1,M2,M3: MUX
          use entity Multiplex4 (Behavior) ;
      end for ;
      for all: Latch
          -- use defaults
      end for ;
    end for ;
  end configuration V4_27_87 ;
```

2. 块和元件配置

块配置给定了一个块的配置,这样一个块可以是一个块语句定义的内部块,也可以是一个设计实体定义的外部块。如果块是一个内部的块,定义模块的语句可能是一个明确的块语句或者一个隐含块语句,这种块语句本身是由一个生成语句定义。其格式如下

```
for block_specification
      {use_clause}
     {configuration_item}
end for;
```

其中,block_specification,块说明语句。可以是结构体名字、块语句标号、生成语句标号。configuration_item,为块配置(block_configuration)或者元件配置(component_configuration)。block_specification,配置声明中命名实体所对应的结构体的名字。元件配置定义了在一个对应块中,一个或多个元件例化的配置。

```
for component_specification
    [binding_indication;]
    [block_configutation]
end for;
```

注:

(1) 如果一个块配置立即出现在一个配置声明中,则块配置中的块说明必须是一个结构体的名字,必须指向一个设计实体的结构体,其接口由配置声明中括起来的实体名字所表示的实体声明所定义。

(2) 如果一个块配置立即出现在一个元件配置中,则必须充分地绑定相应的元件,块配置的块说明必须是一个结构体的名字。结构体的名字必须表示相同结构体。

(3) 如果一个块配置立即出现在另一个块配置中,则包含块的块说明必须是一个块语句或者生成语句标号,标号必须表示一个块语句或者生成语句,它们立即被包含在包含块配置的块说明所表示的块中。

例 4.11 一个配置声明的 VHDL 描述的例子。

```
use Work.Types.all;
entity Top is              -- 顶层 H/W 描述
    port (A, B: in Int8; F, G: out Int8);
end Top;
architecture Structure of Top is
    component Blk
        port (A: in Int8; F: out Int8);
    end component;
begin
  B1: Blk port map (A, F);
  B2: Blk port map (B, G);
end Structure;

use Work.Types.all;
entity Blk is              -- 综合前
  port (A: in Int8; F: out Int8);
```

```
end Blk;
architecture RTL of Blk is
begin
        ...
end RTL;

library IEEE;
use IEEE.Std_logic_1164.all;
entity GateLevelBlk is-- 综合后
  port (IP: in Std_logic_vector(7 downto 0);
      OP: out Std_logic_vector(7 downto 0));
  end GateLevelBlk;
architecture Synth of GateLevelBlk is
begin
      ...
end Synth;

use Work.Types.all;
configuration TopMixed of Top is
for Structure
  for B1: Blk
    use entity Work.Blk(RTL);
  end for;
  for B2: Blk
    use entity Work.GateLevelBlk(Synth)
    port map (IP => To_Vector(A),
            To_Int8(OP) => F);
  end for;
end for;
end TopMixed;

use Work.Types.all;
entity Test is          --用于 Top 的测试平台
end Test;
architecture Bench of Test is
  component Top
    port (A, B: in Int8;
          F, G: out Int8);
    end component;
    signal A, B, F, G: Int8;
begin
      ...
  Inst: Top port map (A, B, F, G);
end Bench;

configuration TestMixed of Test is
  for Bench
    for all: Top
      useconfiguration Work.TopMixed;
    end for;
  end for;
end TestMixed;
```

4.2 VHDL 语言描述风格

VHDL 语言主要有三种描述风格：

(1) 行为描述。

(2) 数据流(RTL 寄存器传输)描述。

(3) 结构化描述。

4.2.1 行为描述

行为描述是以算法形式对系统模型、功能的描述，与具体硬件结构无关。行为描述的抽象程度最高。行为描述中的常用语句主要有进程、过程和函数。

例 4.12 2 输入或门的行为描述。

```
entity and2 is
port(a, b : in std_logic;
        c : out std_logic);
end and2;
architecture behave of and2 is
begin
    c<= a and b after 5 ns;
end behave;
```

4.2.2 数据流描述

数据流描述又称为寄存器传输级 RTL 描述，RTL 级描述是以寄存器为特征，在寄存器之间插入组合逻辑电路，即以描述数据流的流向为特征。数据流描述如图 4.3 所示。

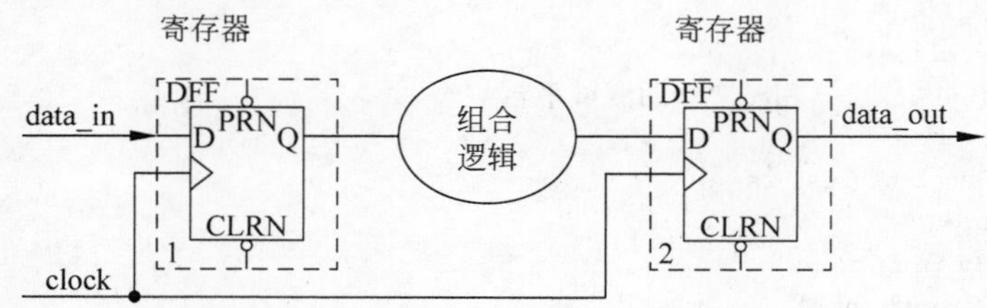

图 4.3 结构体的数据流描述

例 4.13 四选一数据选择器的数据流(RTL)描述。

```
library IEEE;
use IEEE.STD_LOGIC_1164.ALL;
use IEEE.STD_LOGIC_UNSIGNED.ALL;
entity mux4 is
  port (x   :  in   std_logic_vector(3 downto 0);
       sel  :  in   std_logic_vector(1 downto 0);
         y  :  out  std_logic);
end mux4;
architecture rtl of mux4 is
```

```
begin
  y<=x(0) when sel="00" else
      x(1) when sel="01"else
      x(2) when sel="10"else
      x(3);
 end rtl;
```

这种基于RTL级的描述，虽然具体了一些，但仍没有反映出实体内的具体结构。

讲完数据流描述方式，经常有读者就会问行为级描述方式到底和数据流描述方式的本质区别在什么地方？下面对其进行分析。

(1) 行为级描述中，包含一些设计元素，这些设计元素在FPGA内无法找到相应的逻辑单元来实现；而数据流描述中，只包含可以在FPGA内实现的设计元素。

(2) 行为级描述，一般只用于对设计进行仿真，也就是生成对设计的测试向量，通过特定的仿真软件来测试设计有无设计缺陷，但是不能转换成FPGA的具体物理实现；而数据流描述，可以用于对设计进行综合，最后下载到FPGA器件进行具体的物理实现。

4.2.3 结构化描述

在多层次的设计中，高层次的设计模块调用低层次的设计模块，构成模块化的设计。如图4.4所示，全加器由两个半加器和一个或门构成，元件之间、元件与实体端口之间通过信号连接。知道了他们的构成方式，那么就可以通过元件例化语句进行描述。

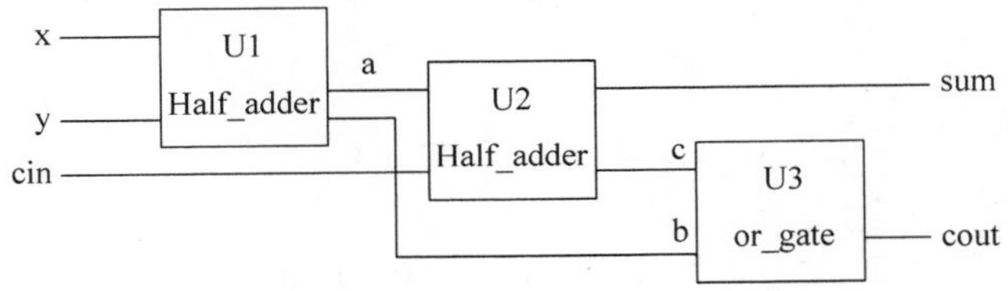

图4.4 全加器的结构化描述

例4.14 全加器的结构化的描述。

```
architecture structure_view of full_adder is
  component half_adder
   port(a,b : in std_logic; s,c : outstd_logic);
end component;
component or_gate
     port(a,b : in std_logic; c: out std_logic);
end component;
 signal a,b,c : std_logic;
begin
Inst_half_adder1 :  port map(x,y,a,b);
Inst_half_adder2 :  port map(a,cin,sum,c);
Inst_or_gate:       port map(b,c,cout);
end structure_view;
```

结构层次化编码是模块化设计思想的一种体现。目前大型设计中必须采用结构层次化编码风格,以提高代码的可读性,易于分工协作,易于设计仿真测试向量。最基本的结构化层次是由一个顶层模块和若干个子模块构成,每个子模块还可以包含自己的子模块。

4.3 VHDL 语言要素

基于 VHDL 的设计中,一个完整的设计由一个或者多个设计文件构成,一个设计文件的正文由一系列语法要素构成,每个语法要素又是由文本构成。下面给出构成的规则。

4.3.1 字符集

在一个 VHDL 描述的正文中,允许的字符包括图形(显示)字符和格式控制字符。每个图形(显示)字符对应于 ISO 八比特编码字符集[ISO 8859-1:1987(E)]的一个唯一的编码,它由一个图形符号表示。图形(显示)字符包括

(1) 基本图形(显示)字符;

(2) 小写字符;

(3) 其他特殊字符。

其中基本的图形(显示)字符包括:①大写字符;②数字;③特殊字符;④空格字符。

基本的字符集对于书写任何描述已经足够了。基本字符集的每个类别所包含的字符如下。

1) 大写字母

A B C D E F G H I G K L M N O P Q R S T U V W X Y Z À Á Â
Ã Ä Å Æ Ç È É Ê Ë Ì Í Î Ï Đ Ñ Ò Ó Ô Õ Ö ∅ Ù Ú Û Ü Ý Þ

2) 数字

0 1 2 3 4 5 6 7 8 9

3) 特殊字符

" # & ' ( ) * + , - . / : ; < = > [ ] _ |

4) 空格字符

SPACE NBSP

格式化控制字符是 ISO(和 ASCII)字符,称为横向制表符、垂直制表符、回车符、换行符和换页符。

包含在图形字符每个剩余分类的字符定义为:

1) 小写字母

a b c d e f g h i g k l m n o p q r s t u v w x y z ß à á
â ã ä å æ ç è é ê ë ì í î ï ð ñ ò ó ô õ ö ø ú ù û ü ý þ ÿ

2）其他特殊字符

! $ % @ ? \ ^ ` { } ~ ¡ ¢ £ ¤ ¥ ¦ § ¨ © ª « ¬ - ®
¯ ° ± ^{2} ^{3} ´ µ ¶ · ¸ ^{1} º » ¼ ½ ¾ ¿ × ÷ -（软连字符）

可允许替换的特殊字符为垂直线（|）、数字符号（#）和引号（‘’）。

表 4.1 给出了每个字符的符号和称谓。

表 4.1 每个字符的符号和称谓

字符	名 字	字符	名 字
“	引号	¢	分符号
#	数字符号	£	磅字符
&	与号	¤	货币符号
‘	撇号	¥	日元符号
(	左括号	¦	竖杠
)	右括号	§	分段符号，管界符，
*	星号，乘	¨	分音符号
+	加号	©	版权符号
,	逗号	ª	女性序号指标
—	连字符，减号	«	左角引号
.	点，句号	¬	不签
/	斜线，除	-	软连字符
:	冒号	®	注册商标符号
;	分号	¯	长音符号
<	小于号	°	环上方，度符号
=	等号	±	加减符号
>	大于号	^{2}	上标 2
_	下划线	^{3}	上标 3
|	竖线，竖条	´	重音符
!	感叹号	µ	微标记
$	金额符号	¶	段落符号
%	百分号	·	中间点
?	问号	¸	变音符号
@	单价记号	^{1}	上标 1
[	左方括号	º	男性序号指标
\	反斜线	»	右角引号
]	右方括号	¼	普通分数四分之一
^	抑扬音符号	½	普通分数二分之一
`	重音符	¾	普通分数四分之三
{	左花括号	¿	倒问号
}	右花括号	×	乘号
~	波浪线	÷	除号
¡	倒感叹号		

4.3.2 语言要素、分隔符和分界符

每个设计单元的正文是所分割的语言要素的序列，每个语言要素可以是分隔符、标识符(可能是保留字)、抽象的文字、字符串文字、比特字符串文字或者注释。

一些情况下，需要明确的分割符(separator)来分割相邻的语言要素。一个分割符可以是空格字符、格式控制符、行的结束，除了用在注释、字符文字或者一个空格字符文字外，一个空格字符是一个分隔符。

一行的结束总是一个分割符，语言没有定义引起行结束的原因。然而，对于一个给定的实现来说，行的结束由一个或者多个字符进行标识，这些字符必须是格式控制符，而不是水平制表符。在任何情况下，一个或者多个格式控制符，而不是水平制表符，将引起至少一行的结束。

在一个标识符/抽象文字和相邻的一个标识符/抽象文字之间，至少要有一个分隔符。

一个分界符为下面特殊字符中的一个

```
&' () * + , - . / : ; < = > [] |
```

或者是下面的复合分隔符

```
=>(箭头)
**(双星,指数)
:=(变量赋值)
/=(不等于)
>=(大于等于)
<=(小于等于; 信号赋值)
<>(盒子)
```

4.3.3 标识符

标识符用于名字和保留字。标识符由基本标识符或者扩展标识符构成。

1. 基本标识符

基本标识符由字母、数字和下划线构成。语法格式为

```
letter{[underline]letter_or_digit}
```

其中，基本标识符必须以字母开头；标识符之间的数字或者字母可以通过下划线(underline)连接；字母可以是大写字母或者小写字母；基本标识符只是相应的大小写字符不同，则认为是相同的；在基本标识符中不能使用空格，因为空格符就是分隔符。

例 4.15 VHDL 中基本标识符的描述的例子。

```
COUNT X c_out FFT Decoder
VHSIC X1 PageCount STORE_NEXT_ITEM
```

2. 扩展标识符

扩展的标识符，包含一些图形字符。语法格式为

```
\graphic_character{graphic_character}\
```

其中，如果"\"符号用在一个扩展字符中作为一个字符使用时，必须是两个\\字符；在扩展标识符中，如果只是相应的大小写字符不同，则认为它们是不同的；每个扩展标识符和任何基本标识符都是不同的。

例 4.16　VHDL 中扩展标识符的描述的例子。

```
\BUS\  \bus\              -- 两个不同的标识符，它们中没有任何一个是保留字 bus
\a\\b\                    -- 一个标识符包含三个字符
VHDL  \VHDL\  \vhdl\      -- 三个不同的标识符
```

4.3.4　抽象文字

VHDL 中有两类抽象文字：

(1) 实数文字。一个实数文字是一个包含.字符的抽象文字。

(2) 整数文字。一个整数文字是一个不包含.字符的抽象文字。

抽象文字由十进制文字或者基于基数的文字表示。

1. 十进制文字

十进制文字的语法标识格式为

```
integer[.integer][exponent]
```

其中，(1) interger(整数)由数字、下划线、数字构成。在数字之间插入下划线并不影响这个抽象文字的值。

(2) exponent(指数)的表示格式为

```
E[+]integer|E-integer
```

也可以使用小写字母 e，E 和 e 同等含义，表示 10 的整数次幂。

(3) 不能使用空格，因为空格符就是分隔符。

例 4.17　十进制文字 VHDL 描述的例子。

```
12  0  1E6  123_456
12.0  0.0  0.456  3.14159_26
1.34E-12  1.0E+6  6.023E+24
```

2. 基数文字

一个基数文字，是用一个明确标识基数形式所表示的抽象文字。基数最小是 2，最大是 16，其表示格式为

```
base # based_integer [ . based_integer ] # [ exponent ]
```

其中，(1)base 基数，其值为整数。

(2) base_integer 基本整数，用下面的格式表示

```
extended_digit { [ underline ] extended_digit }
```

其中，extend_digit 由数字或者字符表示，允许的字符是 A、B、C、D、E、F；在数字之间插入下划线并不影响这个抽象文字的值；其中的字符由大写或小写字母表示，其意义一样；用于基数整数文字的指数，不能使用"一"符号。

例 4.18 基数文字的 VHDL 描述的例子。

```
-- 整数文字 255:
   2#1111_1111#      16#FF#      016#0FF#
-- 整数文字 224:
   16#E#E1      2#1110_0000#
-- 实数文字 4095.0:
   16#F.FF#E+2      2#1.1111_1111_111#E11
```

4.3.5 字符文字

通过两个单引号(撇号)括住 191 个图形字符中的一个字符文字,生成一个字符。一个字符文字有一个值,它属于一个字符类型,其表示格式为

```
'graphic_character'
```

例 4.19 字符文字的 VHDL 描述的例子。

```
'A'  '*'  '''  ' '
```

4.3.6 字符串文字

一个字符串文字由两个双引号括起来的一个图形字符序列构成,其表示格式为

```
"{graphic_character}"
```

例 4.20 字符串文字的 VHDL 描述的例子。

```
"Setup time is too short"
""
" " "A" """"
"Characters such as $, %, and } are allowed in string literals."
```

4.3.7 比特字符串文字

一个比特字符串文字是由两个引号括起来的扩展数字(可能没有)构成。作为一个比特字符串文字,由一个基数描述符开始,其格式如下

```
base_specifier"bit_value"
```

其中:

(1) base_specifier 为基数指示符,为 B、O、X 中的一个。①B 表示二进制数,取值为 0 或者 1。②O 表示八进制数,取值为 0~7。③X 表示十六进制数,取值为 0~9、A~F。

(2) bit_value 比特位的值,由数字/字母、下划线、数字/字母构成。①在数字之间插入下划线并不影响这个抽象文字的值。②其中的字符由大写或小写字母表示,其意义一样。

例 4.21 比特字符串文字的 VHDL 描述的例子 1。

```
B"1111_1111_1111"          -- 等效于"111111111111"
X"FFF"                     -- 等效于 B"1111_1111_1111"
O"777"                     -- 等效于 B"111_111_111"
X"777"                     -- 等效于 B"0111_0111_0111"
```

例 4.22 比特字符串文字的 VHDL 描述的例子 2。

```
constant c1: STRING := B"1111_1111_1111";
constant c2: BIT_VECTOR := X"FFF";
```

例 4.23 比特字符串文字的 VHDL 描述的例子 3。

```
type MVL is ('X', '0', '1', 'Z');
type MVL_VECTOR is array (NATURAL range <>) of MVL;
constant c3: MVL_VECTOR := O"777";
assert c1'LENGTH = 12 and c2'LENGTH = 12 and c3 = "111111111";
```

4.3.8 注释

一个注释用两个连续的连字符“--”开始。注释可以出现在 VHDL 描述的任何一行。有无注释对 VHDL 的功能描述没有影响。而且，注释不影响仿真模块的执行，注释是为了便于对 VHDL 描述的理解。在注释中，可以使用水平制表符。

例 4.24 注释的 VHDL 描述的例子

```
-- The last sentence above echoes the Algol 68 report.
end; -- Processing of LINE is complete
-- A long comment may be split onto
-- two or more consecutive lines.
------- The first two hyphens start the comment.
```

4.3.9 保留字

表 4.2 给出了 VHDL 提供的保留字，这些保留字针对 IEEE Std 1076-1993 标准。

表 4.2 VHDL 关键字列表

abs	file	nand	select
access	for	new	severity
after	function	next	signal
alias		nor	shared
all	generate	not	sla
and	generic	null	sll
architecture	group		sra
array	guarded	of	srl
assert		on	subtype
attribute	if	open	
	impure	or	then
begin	in	others	to
block	inertial	out	transport

续表

body	inout		type
buffer	is	package	
bus		port	unaffected
	label	postponed	units
case	library	procedure	until
component	linkage	process	use
configuration	literal	pure	
constant	loop		variable
		range	
disconnect	map	record	wait
downto	mod	register	when
		reject	while
else		rem	with
elsif		report	
end		return	xnor
entity		rol	xor
exit		ror	

4.3.10 允许替换的字符

允许下面的替换规则：

(1) 一个竖线(|),可以用感叹号(!)替换。

(2) 一个用于表示基数的数字符号(#),可以用冒号(:)替换。

(3) 用于字符串首尾的双引号“”,可以用百分号(%)替换。

这些替换并不影响所描述的含义。

4.4 VHDL 设计资源共享

通过使用库、子程序、包集合和配置,可以实现在不同设计之间的资源共享。库、子程序和包之间的逻辑关系：库是由若干的包集合构成,包集合由若干的子程序和数据类型构成。

4.4.1 库的声明和调用

一个库中可以存放集合定义、实体定义、结构体定义和配置定义。目前,VHDL 语言中的库可以分为以下几类。

1. IEEE 库

定义了以下常用的程序包：

(1) fix_float_types_c 定义了浮点和定点数据类型。

(2) fixed_pkg_c 定义了用于定点数学运算的操作。

(3) float_pkg_c 定义了用于浮点数学运算的操作。

(4) math_complex 定义了用于复数数学运算的操作。

(5) math_real 定义了用于实数数学运算的操作。

(6) numeric_bit 定义标量数值类型和算术函数，可用于综合工具。

(7) numeric_std 定义了矢量数值类型和算术函数，可用于综合工具。

(8) std_logic_1164(std_logic types & related functions)定义了 std_logic 类型和相关的函数，可用于综合工具。

(9) std_logic_arith 定义了相关的数学函数。

(10) std_logic_signed 定义了有符号的数学运算操作。

(11) std_logic_unsigned 定义了无符号的数学运算操作。

(12) std_logic_misc 定义了用于 std_logic_1164 包的补充类型、子类型、常数和函数。

(13) std_logic_textio 重载标准的 TEXIO 程序中的 READ 和 WRITE。

2. STD 库

STD 库是 VHDL 的标准库。包含下面的包集合：

(1) STANDARD 包集合可定义最基本的数据类型包括 Bit、bit_vector、Boolean、Integer、Real and Time 等。由于它是 VHDL 的标准库，当设计人员调用 STANDARD 包内的数据时，可以不进行标准格式的说明。

(2) TEXTIO 包集合定义了对文件存取操作的函数和类型。在使用这部分包时，必须说明库和包集合名，然后才能使用该包集合中的数据。

```
LIBRARY STD;
USE STD.TEXTIO.ALL;
```

(3) ENV 包集合定义了子程序 stop、finish 以及函数 resolution_limit。

3. 面向 ASIC 的库

在 VHDL 中，为了门级仿真的要求，各公司提供面向 ASIC 的逻辑门库，在该库中存放着与逻辑门一一对应的实体。为了使用它，必须对库进行说明。

4. WORK 库

是存放设计数据的库，设计所描述的 VHDL 语句并不需要说明，将自动存放到 WORK 中库。当使用该库的时候，无须进行格式的说明。

5. 用户定义库

用户定义库是设计人员根据设计需要所开发的包集合和实体等，可以将它们汇集在一起定义成一个库。在使用库时必须要说明库名称，然后才能调用包内的数据等。

当需要引用除 WORK 和 STD 库以外的其他库时，需要先对库名进行说明，其语法格式为

```
library  library_identifier;
```

其中 library_identifier 为库的名字。

然后通过 USE 语句对库中集合包的访问才能打开，其语法格式为

```
use library_identifier.package_name.all;
```

其中 package_name 为程序包的名字。

库说明语句的作用范围从一个实体说明开始到所属的构造体、配置为止。当一个文件

中出现两个以上的实体时,应在每个实体说明语句前,重复书写使用库的说明语句。

4.4.2 子程序和函数声明

子程序和函数是 VHDL 语言中一种重要的代码共享方式,通过使用子程序或者函数可以大大减少代码的书写量。

在 VHDL 语言中,需要先声明子程序或者函数,其作用是定义了它的调用规则;然后,在子程序或者函数体中定义其实现的具体功能。

一个子程序调用是一个语句,而一个函数调用是一个表达式以及一个返回值。

子程序和函数声明可以是全局的或者本地的。

(1) 全局声明就是函数或者子程序的声明,在包声明中进行定义。

例 4.25 全局声明和调用子程序/函数的 VHDL 描述的例子。

```
package my_package is
function my_global_function( … )
return bit;
end my_package;

package body my_package is
function my_global_function( … )
return bit is
begin
    . . .
end my_global_function;
end my_package;
    . . .
use work.my_package.my_global_function;
entity my_design is
begin
. . .
end my_design;
```

(2) 本地声明就是函数或者子程序的声明,在实体的结构体、块和配置中进行定义。

例 4.26 本地声明函数/子程序的 VHDL 描述的例子。

```
architecture my_architecture of my_design is
begin
  my_process: process( … )
    function my_local_function( … )
    return bit is
    begin
      . . .
    end my_local_function;
    begin
    . . .
  end process my_process;
end my_architecture
```

注意,对于子程序和函数都可以进行递归调用。

1. 函数的声明

VHDL 语言中函数声明的语法格式如下

```
[pure|impure]function designator[(formal_parameter_list)] return type_mark;
```

其中,

(1) impure/pure 可选的关键字。①pure 表示当每次调用使用相同的值作为真正的参数时,总是返回相同的值。②impure 表示当每次调用使用相同的值作为真正的参数时,总是返回不同的值。此外,这种类型的函数,可以更新它范围外的对象;与 pure 函数相比,impure 函数可以访问更多的数据类。

(2) designator 为函数的名字。一个函数的名字为一个标识符或者一个操作符。名字为一个操作符时,表示对一个操作符的重载。对一个操作符的重载时,操作符必须是 VHDL 语言中所定义的操作符类型。

(3) formal_parammeter_list 形参列表。形参列表定义了函数中使用的参数,通过逗号分割列表中的形参。

形参可以是常数、变量、信号或者文件,前面 3 个参数模式确定如何访问函数内的形参、形参的模式和它的类别、如何实现访问,第 4 个参数没有模式。对于带有模式的参数,不管是否明确还是没有明确声明,模式只能是 in,对象类型必须是 constant、signal 或者 file。如果没有明确声明,则默认为 constant。调用函数时的实际参数的类型,必须和形参保持一致。

当形参为信号时,在函数中,对任何模式下的信号属性'STABLE、'QUIET 和'TRASACTION 和'DELAY 的读取都是错误的。

例 4.27 函数声明的 VHDL 描述的例子。

```
function AnyZeros(constant v : inBIT_VECTOR) return BOOLEAN;
function "AND"( … ) return … ; -- A userdefined operator
function " + "( … ) return … ; -- Another one
```

2. 子程序的声明

VHDL 语言中子程序的声明语法格式如下

```
procedure designator [ ( formal_parameter_list ) ]
```

其中,

(1) designator 为子程序的名字。一个子程序的名字总是一个标识符。

(2) formal_parameter_list 形参列表,形参列表定义了子程序中使用的形参,通过逗号“,”分割列表中的形参。

形参可以是常数、变量、信号或者文件,前面 3 个参数模式确定如何访问函数内的形参、形参的模式和它的类别、如何实现访问,第 4 个参数没有模式。如果带有模式,允许的模式是 in、inout 和 out。如果模式是 in,但又没有明确指定对象类,假设为 constant;如果模式是 inout 或者 out,但又没有明确指定对象类,假设为 variable。调用子程序时的实际参数的类型,必须和形参保持一致。

当形参为信号时,在函数中,对任何模式下的信号属性'STABLE、'QUIET、'TRASACTION 和'DELAY 的读取都是错误的。

例 4.28 子程序声明的 VHDL 描述的例子。

```
procedure AnyZeros(constant inArray : in BIT_VECTOR;
                   variable result : out BOOLEAN);
```

4.4.3 函数体和子程序体

本节介绍函数体和子程序体的语法格式。

1. 函数体

VHDL 语言中函数体的语法格式如下

```
function designator[(formal_parameter_list)] return type is
      function_declarative_part
begin
      function_statement_part
      renturn val;
end function designator;
```

其中,

(1) designator 为函数的名字,该名字和函数声明中的 designator 一致。

(2) formal_parameter_list 为形参列表,和函数声明中的形参列表一致。

(3) function_declarative_part 函数声明部分,为可选部分。根据需要使用。声明可以包含类型声明、子类型声明、常数声明、变量声明、文件声明、别名声明、属性声明、属性描述、use 声明、组模板声明、组声明。

在变量声明中,不允许声明共享变量。

(4) function_statement_part 函数描述部分。用于描述一个算法的实现过程。

return 用于函数,并且必须返回一个值,该值的类型必须和声明的返回类型一致。

注:

(1) 对于一个外部函数/子程序,可以通过使用 STANDARD 包内的预定义'FOREIGN 属性标记。属性的 STRING 值指定了关于外部子程序的依赖信息,外部子程序不一定使用 VHDL 实现,其算法的执行由实现来定义。

(2) 函数体中,不能包含 wait 语句和信号赋值语句。

例 4.29 函数体的 VHDL 描述的例子 1。

```
function maxval (arg1, arg2: integer) return integer is
    variable result: integer;
begin
    if arg1 > arg2 then
        result : = arg1;
    else
        result : = arg2;
    end if;
return result;
end maxval;
```

例 4.30 函数体的 VHDL 描述的例子 2。

```
function rising_edge (signal s: std_logic) return boolean is
```

```
begin
return (s'event and (To_X01(s) = '1') and(To_X01(s'last_value) = '0'));
end;
```

2. 子程序体

VHDL 语言中子程序体的语法格式如下

```
procedure designator[(formal_parameter_list)] is
      procedure_declarative_part
begin
      procedure_statement_part
end procedure designator;
```

其中,

(1) designator 为子程序的名字,该名字和子程序声明中的 designator 一致。

(2) formal_parameter_list 为形参列表,和子程序声明中的形参列表一致。

(3) procedure_declarative_part 子程序声明部分,为可选部分,根据需要使用。声明可以包含类型声明、子类型声明、常数声明、变量声明、文件声明、别名声明、属性声明、属性描述、use 声明、组模板声明、组声明。

变量声明中,不允许声明共享变量。

(4) procedure_statement_part 子程序描述部分,用于描述一个算法的实现过程。

子程序体中,可以包含 wait 语句和信号赋值语句。

例 4.31 子程序的声明和实现部分。

```
procedure jkff (signal Rst, Clk: in std_logic;
  signal J, K: in std_logic;
  signal Q,Qbar: inout std_logic) is
begin
  if Rst = '1' then
      Q <= '0';
  elsif Clk = '1' and Clk'event then
      if J = '1' and K = '1' then
          Q <= Qbar;
      elsif J = '1' and K = '0' then
          Q <= '1';
      elsif J = '0' and K = '1' then
          Q <= '0';
      end if;
  end if;
      Qbar <= not Q;
end jkff;
```

4.4.4 子程序和函数重载

一个给定子程序的描述符(名字),可以在几个子程序描述中使用。当在其他子程序描述中使用一个已经存在的描述符时,称为重载子程序描述符。已经表示的子程序也称为重载,并且是互相重载。当两个子程序互相重载时,如果两个子程序有相同的参数和结果类型概要,则它们中的一个隐藏另一个。

例 4.32 重载子程序的声明和调用 VHDL 描述的例子。

```
procedure Dump(F: inout Text; Value: Integer);
procedure Dump(F: inout Text; Value: String);
procedure Check (Setup: Time; signal D: Data; signal C: Clock);
procedure Check (Hold: Time; signal C: Clock; signal D: Data);
  -- 调用重载子程序
Dump (Sys_Output, 12) ;
Dump (Sys_Error, "Actual output does not match expected output") ;
```

1. 操作符重载

当函数的标识符是符号时,可以对操作符进行重载。操作符中的字符序列必须是 VHDL 已定义操作符类中的一个。

对于一元操作和二元操作来说,"+"和"−"都允许重载操作。

例 4.33 重载操作符 VHDL 描述的例子。

```
type MVL is ('0', '1', 'Z', 'X') ;
function "and" (Left, Right: MVL) return MVL ;
function "or" (Left, Right: MVL) return MVL ;
function "not" (Value: MVL) return MVL ;
signal Q,R,S: MVL ;
Q <= 'X' or '1';
R <= "or" ('0','Z');
S <= (Q and R) or not S;
```

2. 识别标志

基于它们的参数和结果类型,一个识别标志用于区分重载子程序/函数或者重载枚举文字。一个识别标志可以用在属性名、实体标识符或者别名声明中,其语法格式为

```
[[type_mark{,type_mark}][return type_mark]]
```

此处的[]符号是识别标志语法格式中的一部分,不表示可选参数的意思。

当且仅当满足下面的条件时,就说识别标志匹配一个给定子程序的参数和结果类型概要:

(1) 如果有,保留字 return 前的 type_mark 的个数,应匹配子程序形参的个数。

(2) 在每个参数的位置,识别标志 type_mark 所表示的基本类型和子程序相应的形式参数的基本类型一致。

(3) 如果出现保留字 return,子程序则是函数,并且,在识别标志内,跟随关键字 type_mark 的基本类型和函数返回类型的基本类型一致。当没有 return 时,为子程序。

类似地,如果识别标志配置等效于枚举文字子程序的参数和结果类型概要,则说识别标志匹配一个给定枚举文字的参数和结果类型概要。

例 4.34 识别标志 VHDL 描述的例子 1。

```
procedure Sub_values (a, b : in Integer; result: out Integer);
procedure Sub_values (a, b : in Bit_vector; result: out Bit_vector);
attribute Description : String;
attribute Description of
```

```
    Sub_values [Integer, Integer, Integer]:procedure is "Integer_sub_values";
attribute Description of
    Sub_values [Bit_vector, Bit_vector, Bit_vector] :
    procedure is "Bit_vector_sub_values";
```

属性描述规范用于重载子程序 Sub_values，该子程序用于两个整数或者比特向量进行相减，要求识别标志规范。这些识别标志(简化的列表参数)能区分子程序的版本。

例 4.35 识别标志 VHDL 描述的例子 2。

```
function " - " (a, b : New_logic) return New_logic;
attribute Characteristic : String;
attribute Characteristic of
" - " [ New_logic, New_logic return New_logic]: function is "New_logic_op";
```

为了识别用于两个类型的 New_logic 的重载操作符"—"，必须要使用识别标志，以便清楚地识别重载函数。

例 4.36 识别标志 VHDL 描述的例子 3。

```
type Three_level_logic is (Low, High, Idle);
type Four_level_logic is (Low, High, Idle, Uninitialized);
attribute Hex_value : string (1 to 2);
attribute Hex_value of Low [return Four_level_logic]: literal is "F0";
attribute Hex_value of High [return Four_level_logic]: literal is "F1";
attribute Hex_value of Idle [return Four_level_logic]: literal is "F2";
attribute Hex_value of Uninitialized: literal is "F3";
```

由于重载了文字 Low、High 和 Idle，需要使用识别标志标明属性 Hex_value 规范内用于这些文字的类型。然而，对于没有初始化的文字，由于没有被重载，所以这是没必要的。

4.4.5 解析函数

解析函数是一个函数，这种函数定义了将一个给定信号的多个驱动源的值如何解析变成一个用于该信号单个值的方法。解析函数和需要解析的信号进行关联。

解析函数必须是 pure 类型的函数，而且它必须是 constant 类的单个输入参数，它是一维的，没有约束的数组元素类型是解析信号的类型。函数返回参数的类型，也是解析信号的类型。

解析函数从信号的多个驱动源中得到一个信号的解析值。如果解析信号是复合类型，并且该类型的子元素也有一个相关的解析函数，这样的解析函数对于确定解析的值没有影响。

在每个仿真周期内，当相应的解析信号活动时，隐含地调用解析函数。当每次调用解析函数时，给该函数传递一个数组值，其中的每个元素由解析信号对应的源确定，但是不包括这些源，即这些源的值由 null 交易所驱动，将其称为驱动器关闭。对于某些调用(特别是使用 bus 声明的信号调用的解析源)，一个解析函数调用带有 null 数组的一个输入参数。当所有的 bus 源为驱动器时，它们都将关闭。在这种情况下，解析函数返回一个值，表示当前没有源用于驱动总线。

例 4.37 解析函数和解析信号的 VHDL 描述的例子。

该例子中,一个解析信号 wire 用于建模一个互连线;通过该互连线,将一个设备的输出连接在一起,每个设备由一个进程建模。解析函数用于实现一个“线或”功能。

```
architecture Example of … is
  type Bit4 is ('X','0','1','Z');
  type B_Vector is array(Integer range <>)of Bit4;

function Wired_Or(Input: B_Vector)return Bit4 is
    variable Result: Bit4: = '0';
begin
    for I in Input'Range loop
      if Input(I)= '1' then
          Result: = '1';
      exit;
      elsif Input(I) = 'X' then
            Result: = 'X';
      end if;
    end loop;
    return Result;
end Wired_or;

signal Line: Wired_Or Bit4;
begin
  P1: process
  begin
      _ _ _ _ _ _
      Line <= '1';
      _ _ _ _ _ _
  end process;
  P2: process
  begin
      _ _ _ _ _ _
    Line <= '0';
      _ _ _ _ _ _
  end process;
end Example.
```

4.4.6 包声明

包集合(package)说明像 C 语言中的 include 语句一样,程序包包括程序包声明(包首)和程序包主体(包体)两个部分。

包的声明定义了一个包的接口。对于一个包内的某个声明,其范围可以扩展到其他设计单元,其语法格式为

```
package identifier is
package_declarative_part
end [ package ] [ package_simple_name ] ;
```

其中

(1) identifier 包的标识符,名字和 package_simple_name 一致。

(2) package_declarative_part 包的声明部分，包括子程序声明、类型声明、子类型声明、常数声明、信号声明、共享变量声明、文件声明、别名声明、元件声明、属性声明、属性描述、无连接描述、使用描述、组模板声明、组声明。

例 4.38 包声明 VHDL 描述的例子 1。

```
package TimeConstants is
  constant tPLH : Time := 10 ns;
  constant tPHL : Time := 12 ns;
  constant tPLZ : Time := 7 ns;
  constant tPZL : Time := 8 ns;
  constant tPHZ : Time := 8 ns;
  constant tPZH : Time := 9 ns;
end TimeConstants ;
```

例 4.39 包声明 VHDL 描述的例子 2。

```
package TriState is
  type Tri is ('0', '1', 'Z', 'E');
  function BitVal (Value: Tri) return Bit ;
  function TriVal (Value: Bit) return Tri;
  type TriVector is array (Natural range <>) of Tri ;
  function Resolve (Sources: TriVector) return Tri ;
end package TriState ;
```

4.4.7 包体

包体定义了子程序/函数的子程序体和函数体以及与包接口内被延缓声明的常数值。包体的语法格式如下

```
package body package_simple_name is
                    package_body_declarative_part
end [ package body ] [ package_simple_name ] ;
```

其中，

(1) package_simple_name 包的名字，该名字和包声明中对应的 identifier 一致。

(2) package_boady_decalarative_part 包体的声明部分，其中可以包括子程序声明、子程序体、类型声明、字类型声明、常数声明、共享变量声明、文件声明、别名声明、使用说明、组模板声明、组声明。

除了子程序体和常数声明条目外，一个包体还可以包含某些其他声明条目，为了便于定义接口内声明的子程序体/函数体。注意，在包体内声明的条目对包体外是不可见的。

如果在一个给定的包声明中，包含一个延迟的常数声明，则在相应的包体内必须出现相同标识符的常数声明。这个对象声明，也称为延迟常数的充分声明。

包的声明部分以 package <Package_Name> is 开头，以 end<Package_Name>结束，中间为包的具体声明部分。

例 4.40 一个完整程序包的 VHDL 描述的例子。

```
package P is
function To_Std_logic_vector (Value, Width: INTEGER)return Std_logic_vector;
```

```
function " + " (A, B: Std_logic_vector)return Std_logic_vector ;
end;
package body P is
function To_Std_logic_vector (Value, Width: INTEGER)return Std_logic_vector is
    variable V: INTEGER : = Value;
    variable Result: Std_logic_vector (1 to Width);
begin
    for I in Result'REVERSE_RANGE loop
        if V mod 2 = 1 then
            Result(I) : = '1';
        else
            Result(I) : = '0';
        end if;
        if V >= 0 then
            V : = V / 2;
        else
            V : = (V - 1) / 2;
        end if;
    end loop;
  return Result;
end To_Std_logic_vector;

function " + " (A, B: Std_logic_vector)return Std_logic_vector is
    variable LV: Std_logic_vector(A'Length - 1 downto 0);
    variable RV: Std_logic_vector(B'Length - 1 downto 0);
    variable Result:Std_logic_vector(A'Length - 1 downto 0);
    variable Carry: Std_logic : = '0';
begin
    LV : = A;
    RV : = B;
    assert A'Length = B'Length
      report "function + : operands have different widths"
      severity Failure;
    for I in Result'Reverse_range loop
        Result(I) : = LV(I) xor RV(I) xor Carry;
        Carry : = (LV(I) and RV(I)) or (LV(I) and Carry) or(RV(I) and Carry);
    end loop;
  return Result;
  end " + ";
end P;
```

4.5 VHDL 类型

本节讨论 VHDL 提供的不同类型,包括标量类型、复合类型、访问类型、文件类型和保护类型。

4.5.1 标量类型

标量类型包括枚举类型、整数类型、物理类型和浮点类型,枚举类型和整数类型称为离散类型,整数类型、物理类型和浮点类型称为数值类型。

对于有范围要求的标量类型，通过 range 关键字指定范围，通过表达式指定范围，其方向用关键字 to 或者 downto 来表示。

1. 枚举类型

一个枚举类型定义，定义了有限个离散量的集合，其语法格式为

```
type type_name is (string1, string2, … );
```

其中，type_name 为类型名字；string 为字符组合的名字。

枚举类型的编码方法：综合器自动实现对枚举类型元素的编码，一般将第一个枚举量（最左边）编码为 0，以后的依次加 1。编码用位矢量表示，位矢量的长度将取所需表达的所有枚举元素的最小值。

例 4.41 颜色枚举类型语句。

```
type color is(blue,green,yellow, red);
```

预定义的枚举类型是 CHARACTER、BIT、BOOLEAN、SEVERITY_LEVEL、FILE_OPEN_KIND 和 FILE_OPEN_STATUS。这些预定义枚举类型保存在 STANDARD 包中。除此以外，还预定义了 9 值系统的枚举类型。

```
type std_logic is('U','X','0','1','Z','W','L','H','-');
```

其中，'U'表示初始值；'0'表示强 0；'Z'表示高阻；'L'表示弱信号 0；'X'表示不确定状态；'1'表示强 1；'W'表示弱信号不定；'H'表示弱信号 1；'_'表示不考虑。

在使用该类型数据时，必须指定库的名字 IEEE 和包的名字 std_logic_1164。

2. 整数类型

一个整数类型定义，定义了一个整数类型。它的取值为指定范围内的值，其语法格式为

```
type type_name is array integer range lower_limit to upper_limit;
```

其中，type_name 为类型名字；lower_limit 为整数的下限值；upper_limit 为整数的上限值。

一个整数类型定义定义了该类型的一个类型和子类型。预定义整数的类型是 INTEGER，范围包括－2147483647～＋2147483647。

在一个特殊实现中，INTEGER 的范围通过'LOW 和'HIGH 属性确定。

例 4.42 整数类型定义的 VHDL 描述的例子。

```
type TWOS_COMPLEMENT_INTEGER is range - 32768 to 32767;
type BYTE_LENGTH_INTEGER is range 0 to 255;
type WORD_INDEX is range 31 downto 0;
subtype HIGH_BIT_LOW is BYTE_LENGTH_INTEGER range 0 to 127;
```

3. 物理类型

一个物理类型的值表示一些数量的测量，物理类型的任何一个值是该类型测量单位和整数的乘积，其语法格式为

```
type type_name is range constant_expression_1 to constant_expression_2
    units
```

```
    primiary_unit_declaration
    {second_unit_declaration}
  end unit [phycial_type_simple_name];
```

其中，type_name 为声明物理类型；constant_expression_1 和 constant_expression_2 确定物理类型的范围；primary_unit_declaration 基本单位声明。

例 4.43 物理类型定义 VHDL 描述的例子 1。

```
type DURATION is range -1E18 to 1E18
units
    fs;                -- femtosecond
    ps = 1000 fs;      -- picosecond
    ns = 1000 ps;      -- nanosecond
    us = 1000 ns;      -- microsecond
    ms = 1000 us;      -- millisecond
    sec = 1000 ms;     -- second
    min = 60 sec;      -- minute
end units;
```

例 4.44 物理类型定义 VHDL 描述的例子 2。

```
type DISTANCE is range 0 to 1E16
units
 -- 基本单位:
    A;                   -- 埃
 -- 公制长度:
    nm = 10 A;           -- nanometer
    um = 1000 nm;        -- micrometer (or micron)
    mm = 1000 um;        -- millimeter
    cm = 10 mm;          -- centimeter
    m = 1000 mm;         -- meter
    km = 1000 m;         -- kilometer
 --英制长度:
    mil = 254000 A;      -- mil
    inch = 1000 mil;     -- inch
    ft = 12 inch;        -- foot
    yd = 3 ft;           -- yard
    fm = 6 ft;           -- fathom
    mi = 5280 ft;        -- mile
    lg = 3 mi;           -- league
end units DISTANCE;
```

注：

（1）可以使用`POS 和`VAL 属性，将抽象值和物理值进行转换。

（2）唯一预定义的物理类型是 TIME，在 STANDARD 中声明了 TIME。

4. 浮点类型

浮点类型提供了对实数的近似。在精确建模浮点计算时，浮点类型是非常有用的，其语法格式为

```
type type_name is range real_number_left_bound downto real_number_right_bound;
```

例 4.45 浮点类型定义 VHDL 描述的例子。

```
type Voltage_Level is range -5.5 to +5.5;
type Int_64K is range - 65536.00 to 65535.00;
```

唯一预定义的浮点类型是 REAL。其范围取决于主机。使用升序排列。但是，一定包含－1.0E38～＋1.0E38。

4.5.2 复合类型

复合类型用于定义值的集合，包含数组类型和记录类型。复合类型的元素只能包含标量、复合类型或者访问类型。在复合类型里，不允许使用文件类型。这样，一个复合类型的对象最终表示标量或者访问类型的对象集合。

1. 数组类型

数组对象是一个复合类型，由相同子类型的元素构成。用于一个数组元素的名字，使用了属于指定范围内的一个或者多个索引的值。一个数组对象的值是由其元素值所构成的复合类型值。数组类型的语法格式为：

(1) 无限制的数组类型定义

定义一个数组类型和表示类型的名字，其语法格式表示为

```
type array_identifier is array ( index_subtype_definition { , index_subtype_definition } )
of element_subtype_indication;
```

(2) 有限制的数组类型定义

定义了一个数组类型和这个类型的一个子类型，其格式为

```
type array_identifier is array index_constraint of element_subtype_indication;
```

其中，array_identifier 标识数组的名字；index_subtype_definiton 索引子类型定义；element_subtype_indication 元素子类型表示；index_constraint 索引约束。

例 4.46 有限制数组类型定义 VHDL 描述的例子。

```
type MY_WORD is array (0 to 31) of BIT ;
type DATA_IN is array (7 downto 0) of FIVE_LEVEL_LOGIC ;
```

例 4.47 无限制数组类型定义 VHDL 描述的例子。

```
type MEMORY is array (INTEGER range <>) of MY_WORD ;
```

例 4.48 存储器对象声明 VHDL 描述的例子。

```
signal DATA_LINE : DATA_IN ;
variable MY_MEMORY : MEMORY (0 to 2 * * n - 1) ;
```

例 4.49 数组对象声明 VHDL 等效描述的例子。

```
type T is array (POSITIVE range MINIMUM to MAX) of ELEMENT;
```

等效于

```
subtype index_subtype is POSITIVE range MINIMUM to MAX;
```

```
type array_type is array (index_subtype range <>) of ELEMENT;
subtype T is array_type (index_subtype);
```

例 4.50 数组对象限制范围 VHDL 等效描述的例子。

```
type Word is array (NATURAL range <>) of BIT;
type Memory is array (NATURAL range <>) of Word (31 downto 0);
constant A_Word: Word := "10011";

entity E is
  generic (ROM: Memory);
  port (Op1, Op2: in Word; Result: out Word);
end entity E;

signal A, B: Word (1 to 4);
signal C: Word (5 downto 0);
Instance: entity E
    generic map ((1 to 2) => (others => '0'))
    port map (A, Op2(3 to 4) => B (1 to 2), Op2(2) => B (3), Result => C (3 downto 1));
```

数组的预定义类型是 STRING 和 BIT_VECTOR，在 STANDARD 中定义。此外，在 IEEE 库中的 STD_LOGIC_1164 包定义 STD_LOGIC_VECTOR。

2. 记录类型

记录类型是一个由多个命名元素所构成的复合类型，其语法格式如下

```
type recoder_identifier is
record
    identifier_list_1 : element_subtype_definition_1;
    identifier_list_2 : element_subtype_definition_2;
         ⋮
    identifier_list_n : element_subtype_definition_n;
end record [record_type_simple_name];
```

其中，identifier_list 为标识符列表，每个标识符用，分隔；可以用"：="为不同类型的标识符分配初值；recoder_identifier 和 record_type_simple_name 名字保持一致；访问记录类型中元素的方式：recorder_identifier. identifier。

例 4.51 定义记录类型 VHDL 描述的例子。

```
type rec is
  record
      a : BIT;
      b : INTEGER;
      c : REAL;
      d : bit_vector(0 TO 2);
end record;
```

例 4.52 声明记录类型 VHDL 描述的例子。

```
VARIABLE rec_var : rec := ('0', 34, -123.4, (OTHERS => '0'));
```

例 4.53 访问记录类型 VHDL 描述的例子。

```
rec_var := (a=>'1', d=>('0','1','0'), b=>-1, c=>12.45);
rec_var.a := '0';
rec_var.b := 111;
```

4.5.3 访问类型

该类型提供了对一个给定类型的访问,通过访问一个分配器返回的值,实现对这个对象的访问。访问类型的语法格式如下

```
type access_type_identifier is access subtype_indication
```

访问类型的值是指针,它指向(连接到)动态分配的、无名字的、其他类型的对象。访问类型可以保存在访问类型的对象中,保留字 null 用于表示访问值为空。

在声明一个访问类型对象时,可以用关键字 new 来为其分配一个空间并为其指定一个初始值。

(1) 如果访问对象后面添加.all,将会访问该访问对象所指向对象的值。

(2) 如果访问对象是数组类型,则带下标的对象名引用该访问对象所指向对象的元素。

(3) DEALLOCATE 释放动态分配的空间。

注: 综合工具不支持访问类型,访问类型就像 C 语言中的指针。

例 4.54 访问类型 VHDL 描述的例子 1。

```
variable root : node_ptr := new node'("xyz", 0, null, null, red);
variable item : node :=、root.all
```

例 4.55 访问类型 VHDL 描述的例子 2。

```
process …
  type twobits is array(0 to 1)of bit;
  type twobits_pointer_type is accrss twobits;
  variable p1, p2 : twobits_pointer_type;
begin
      …
    p1 := new twobits;
    p1.all := ('0','1');
    p1.all(0) := p1.all(1);
    p1(0) := p1(1);
    p2 := p1;
    DEALLOCATE(p2);
    p1 := null;
end process;
```

4.5.4 文件类型

VHDL 语言中提供了一个预先定义的文本输入输出包集合(TEXTIO),该包集合中包含有对文件文本进行读写操作的过程和函数。这些文本文件是 ASCII 码文件,其格式由设计人员根据实际情况确定。

包集合按行对文件进行处理，一行为一个字符串，并以回车、换行符作为行结束符。TEXTIO包集合提供了读、写一行的过程及检查文件结束的函数。表4.3给出了Xilinx工具所支持的类型及其操作。

表4.3 Xilinx工具支持的类型及操作

函数	包
file (type text only)	standard
access (type line only)	standard
file_open (file, name, open_kind)	standard
file_close (file)	standard
endfile (file)	standard
text	std. textio
line	std. textio
width	std. textio
readline (text, line)	std. textio
readline (line, bit, boolean)	std. textio
readline (line, bit_vector, boolean)	std. textio
read (line, bit)	std. textio
read (line, bit_vector)	std. textio
read (line, boolean, boolean)	std. textio
read (line, boolean)	std. textio
read (line, character, boolean)	std. textio
read (line, character)	std. textio
read (line, string, boolean)	std. textio
read (line, string)	std. textio
write (file, line)	std. textio
write (line, bit, boolean)	std. textio
write (line, bit)	std. textio
write (line, bit_vector, boolean)	std. textio
write (line, bit_vector)	std. textio
write (line, boolean, boolean)	std. textio
write (line, boolean)	std. textio
write (line, character, boolean)	std. textio
write (line, character)	std. textio
write (line, integer, boolean)	std. textio
write (line, integer)	std. textio
write (line, string, boolean)	std. textio
write (line, string)	std. textio
read (line, std_ulogic, boolean)	ieee. std_logic_textio
read (line, std_ulogic)	ieee. std_logic_textio
read (line, std_ulogic_vector), boolean	ieee. std_logic_textio
read (line, std_ulogic_vector)	ieee. std_logic_textio
read (line, std_logic_vector, boolean)	ieee. std_logic_textio
read (line, std_logic_vector)	ieee. std_logic_textio

续表

函　　数	包
write (line, std_ulogic, boolean)	ieee. std_logic_textio
write (line, std_ulogic)	ieee. std_logic_textio
write (line, std_ulogic_vector, boolean)	ieee. std_logic_textio
write (line, std_ulogic_vector)	ieee. std_logic_textio
write (line, std_logic_vector, boolean)	ieee. std_logic_textio
write (line, std_logic_vector)	ieee. std_logic_textio
hread	ieee. std_logic_textio

例 4.56　对文件进行写操作 VHDL 描述的例子。

```
library IEEE;
use IEEE.STD_LOGIC_1164.all;
use IEEE.STD_LOGIC_arith.all;
use IEEE.STD_LOGIC_UNSIGNED.all;
use STD.TEXTIO.all;
use IEEE.STD_LOGIC_TEXTIO.all;
entity file_support_1 is
  generic (data_width: integer: = 4);
  port( clk, sel: in std_logic;
        din: in std_logic_vector (data_width - 1 downto 0);
        dout: out std_logic_vector (data_width - 1 downto 0));
  end file_support_1;
  architecture Behavioral of file_support_1 is
    file results : text is out "test.dat";
    constant base_const: std_logic_vector(data_width - 1 downto 0): = conv_std_logic_vector
(3,data_width);
    constant new_const: std_logic_vector(data_width - 1 downto 0): = base_const + "1000";
begin
  process(clk)
    variable txtline : LINE;
  begin
    write(txtline,string'(" ---------------------- "));
    writeline(results, txtline);
    write(txtline,string'("Base Const: "));
    write(txtline,base_const);
    writeline(results, txtline);
    write(txtline,string'("New Const: "));
    write(txtline,new_const);
    writeline(results, txtline);
    write(txtline,string'(" ---------------------- "));
    writeline(results, txtline);
      if (clk'event and clk = '1') then
          if (sel = '1') then
              dout <= new_const;
          else
```

```
                dout <= din;
            end if;
        end if;
end process;
end Behavioral;
```

4.5.5 保护类型

一个保护类型定义了一个被保护的类型；一个被保护的类型实现顺序语句可例化的区域，保证每个顺序语句互斥访问共享的数据。共享的数据是变量对象的一个集合，它作为一个单元潜在地被多个进程访问，其包含两部分：

(1) 保护类型声明部分由保留字 protected 和 end protected 标识。

(2) 保护类型体(是可选的部分)由保留字 protected body 和 end protected body 标识。

保护类型的语法格式表示为：

```
type type_identifier is protected
    protected_type_declarative_part
end protected [ protected_type_simple_name ]
type type_identifier is protected body
    protected_type_body_declarative_part
end protected body [ protected_type_simple name ]
```

其中，type_identifier 为类型标识符，表示一个保护类型的名字；protected_type_declarative_part 为保护类型的声明部分，可以包含子程序/函数声明、属性说明和 use 语句；protected_type_body_declarative_part 为保护类型体声明部分，可以包含子程序/函数声明、子程序/函数体、类型声明、子类型声明、常数声明、变量声明、文件声明、别名声明、属性声明、属性说明、use 语句、组模板声明、组声明。

例 4.57 保护类型 VHDL 描述的例子 1。

```
type SharedCounter is protected
  procedure increment (N: Integer := 1);
  procedure decrement (N: Integer := 1);
  impure function value return Integer;
end protected SharedCounter;

type SharedCounter is protected body
  variable counter: Integer := 0;
  procedure increment (N: Integer := 1) is
  begin
      counter := counter + N;
  end procedure increment;

  procedure decrement (N: Integer := 1) is
  begin
      counter := counter  - N;
  end procedure decrement;

  impure function value return Integer is
```

```
    begin
      return counter;
    end function value;
end protected body SharedCounter;
```

例 4.58 保护类型 VHDL 描述的例子 2。

```
type ComplexNumber is protected
  procedure extract (variable r, i: out Real);
  procedure add (variable a, b: inout ComplexNumber);
end protected ComplexNumber;

type ComplexNumber is protected body
  variable re, im: Real;
  procedure extract (r, i: out Real) is
  begin
    r := re;
    i := im;
  end procedure extract;

  procedure add (variable a, b: inout ComplexNumber) is
  variable a_real, b_real: Real;
  variable a_imag, b_imag: Real;
  begin
    a.extract (a_real, a_imag);
    b.extract (b_real, b_imag);
    re := a_real + b_real;
    im := a_imag + b_imag;
  end procedure add;
end protected body ComplexNumber;
```

例 4.59 保护类型 VHDL 描述的例子 3。

```
type VariableSizedBitArray is protected
  procedure add_bit (index: Positive; value: Bit);
  impure function size return Natural;
end protected VariableSizedBitArray;

type VariableSizeBitArray is protected body
  type bit_vector_access is access Bit_Vector;
  variable bit_array: bit_vector_access := null;
  variable bit_array_length: Natural := 0;
  procedure add_bit (index: Positive; value: Bit) is
    variable tmp: bit_vector_access;
  begin
    if index > bit_array_length then
        tmp := bit_array;
        bit_array := new bit_vector (1 to index);
        if tmp /= null then
            bit_array (1 to bit_array_length) := tmp.all;
            deallocate (tmp);
        end if;
```

```
            bit_array_length := index;
        end if;
        bit_array (index) := value;
    end procedure add_bit;

    impure function size return Natural is
    begin
        return bit_array_length;
    end function size;
    end protected body VariableSizeBitArray;
```

4.6 VHDL 声明

VHDL 提供的声明类型除了前面介绍的实体声明、配置声明、子程序声明和包声明以外，还包含子类型声明、对象声明、接口声明、别名声明、属性声明、元件声明、组模板声明和组声明。下面对这些声明类型进行介绍。

4.6.1 类型声明

类型声明用于声明一个类型，类型声明的语法格式为

```
type identifier is type_defination ;
```

其中，identifier 为类型名字；type_defination 为类型的定义。包含类型定义、符合类型定义、访问类型定义、文件类型定义。

例 4.60 类型的声明语句。

```
type byte is array(7 downto 0) of bit;
type week is (sun, mon, tue, wed, thu, fri, sat);
type byte is array(7 downto 0) of bit;
type vector is array(3 downto 0) of byte;
```

4.6.2 子类型声明

SUBTYPE 实现用户自定义数据子类型，SUBTYPE 主要有三种描述格式：

(1) 整数子类型描述，其语法格式如下

```
subtype subtype_name is integer range lower_limit to upper_limit;
```

例 4.61 子类型声明的 VHDL 描述的例子。

```
subtype digits is integer range 0 to 9;
```

(2) 数组子类型描述，其语法格式如下

```
subtype subtype_name is array range lower_limit to upper_limit;
```

(3) 通用子类型描述，其语法格式如下

```
subtype subtype_name is subtype subtype_definition;
```

4.6.3 对象

一个对象是一个命名的实体，它包含一个给定类型的一个值。一个对象可以是下面其中的一个：

(1) 由一个对象声明的一个对象。

(2) 一个循环或者生成参数。

(3) 一个子程序的一个正式参数。

(4) 一个正式的端口。

(5) 一个正式的类属。

(6) 一个本地端口。

(7) 一个本地类属。

(8) 由一个块描述的 guard 表达式所定义的一个隐含信号 GUARD。

此外，下面各项也是对象，但不是命名的实体：

(1) 由预定义属性'DELAY、'STABLE、'QUIET 和'TRANSACTION。

(2) 另一个对象的一个元素或者切片。

(3) 由一个访问类型值所指示的一个对象。

VHDL 有四类对象，即常数、信号、变量和文件。

1. 对象声明

一个对象声明声明了一个指定类型的对象，这样一个对象称为一个显式声明的对象，包括常数声明、信号声明、变量声明和文件声明。

1) 常数声明

常量(常数)是一个固定的值，主要是为了使设计实体中的常量更容易阅读和修改。常量一旦被赋值就不能再改变，为常量所分配的值应与所定义的数据类型一致。

常量声明的语法格式为

```
constant identifier: subtype_indication[:= expression];
```

其中，identifier 为声明常数的标识符；subtype_indication 为声明常数的类型；expression 为常数表达式，用于给常数分配一个值。

常量的使用范围取决于定义它的位置。程序包中所定义的常量具有最大的全局化特性，可以用在调用此程序包的所有设计实体中；在设计实体的某个结构体中所定义的常量只能用于此结构体；结构体中某一单元定义的常量，如一个进程，这个常量只能用在该进程中。

如果在常数声明语句中，后面没有出现":=表达式"，则声明了一个延迟常数。这样一个常数声明只能出现在一个包声明中。用于定义常数值所对应的完整常数声明，必须出现在包体中。

例 4.62 常数声明 VHDL 描述的例子。

```
constant TOLERANCE : DISTANCE := 1.5 nm;
constant PI : REAL := 3.141592 ;
constant CYCLE_TIME : TIME := 100 ns;
```

例 4.63 延缓常数声明 VHDL 描述的例子。

```
package pack is
  constant c_normal :integer := 100;
  constant c_deffered : integer;
end pack;
package body pack is
  constant c_deffered : integer:= -99;
end pack;
```

2）变量声明

变量声明一般格式为

```
[ shared ] variable identifier_list : subtype_indication [ := expression ] ;
```

其中，shared 是 VHDL 的保留关键字，如果声明变量的时候，包含了该关键字，就表示该变量是个共享变量的声明；多个进程可以访问一个给定的共享变量；如果在仿真周期，多个进程同时访问一个变量，VHDL 语言没有定义访问后变量的值，也没有定义从共享变量读取的值；共享变量不能用于综合，只能用于仿真。如果在声明语句中包含表达式，则该表达式用于给变量分配初值；表达式的类型必须是变量的类型；当没有初始化表达式时，使用默认的初始化值；变量是一个局部变量，它只能在进程语句、函数语句和进程语句结构中使用，用作局部数据存储；在仿真过程中，它不像信号那样，到了规定的仿真时间才进行赋值，变量的赋值是立即生效的；变量常用在实现某种算法的赋值语句中。通过变量分配语句，实现变量值的修改。一旦分配，立即生效；变量赋值语句的语法格式如下

```
目标变量:=表达式;
```

在实体声明、结构体、包、包体和块中声明的必须是共享变量；在子程序和进程中，不能声明共享变量；若将变量用于进程之外，该值必须赋给一个相同的类型的信号，即进程之间传递数据的信号。变量不能用于硬件连线和存储元件。

例 4.64 共享变量声明 VHDL 描述的例子。

```
architecture UseSharedVariables of SomeEntity is
    subtype ShortRange is INTEGER range 0 to 1;
    shared variable Counter: ShortRange := 0;
begin
PROC1: process
    begin
      Counter := Counter + 1;
      wait;
    end process PROC1;
    PROC2: process
      begin
        Counter := Counter - 1;
    end process PROC2;
end architecture UseSharedVariables;
```

例 4.65 变量声明 VHDL 描述的例子。

```
variable INDEX : INTEGER range 0 to 99 := 0 ;
variable COUNT : POSITIVE ;
variable MEMORY : BIT_MATRIX (0 to 7,0 to 1023) ;
```

3) 信号声明

信号声明为一个指定类型的声明，这样的信号称为一个显式声明的信号。信号声明的语法格式为

```
signal identifier_list : subtype_indication [ signal_kind ] [ := expression ] ;
```

其中，identifier_list 为信号的标识符，也就是信号的名字；如果一个解析函数的名字出现在信号声明中，或者子类的声明用于信号，则解析函数和声明的信号相关联，这样一个信号称为解析信号：①解析信号是指存在多个驱动器的信号(即有多个进程为该信号分配值)。②对于每个解析信号，设计者为其指定一个解析函数，根据驱动器真正的值，使用解析函数，计算出对当前信号将要更新的值。当更新当前值的时候，由仿真内核自动调用解析函数。③一个保护信号(guarded signal)是一个解析信号，只有解析信号才能用于保护信号，解析信号是指在信号声明语句中，将 signal_kind 明确声明为 register 或者 bus：bus 用一个空的参数激活解析函数，函数的返回值表示信号新的当前值；register 没有激活解析函数，信号保持当前的值。

注：图 4.5 给出了解析信号和解析函数之间的关系图。

关于解析信号的特殊情况：

(1) 被保护的信号(只有它们)可以不连接驱动器，可以用于建模设备，它们由一些源驱动，这些源可以暂时关闭。

(2) 在一个连续信号分配中，对于一个没有连接的驱动器，将其分配保护的信号值 null。在一个块语句中，当和保护信号关联的块条件为假时，在被保护的信号分配后，一个驱动器可以自动取消连接。

例 4.66 保护信号的 VHDL 描述的例子。

```
architecture Example of … is
subtype BIT_8 is BIT_VECTOR(7 downto 0);
type B8_Vector is array(Integer range <>)of Bit_8;
function Bus_resolution(Input: B8_Vector)return Bit_8 is
  variable Result: Bit_8:= '00000000';
  begin
  -- 如果输入为空(Input'Range = 0),
  -- 由于没有连接所有的驱动器,所以不执行 for 循环
  for I in Input'Range loop
        …
        Result := …
        …
  end loop;
  return Result;
end Bus_resolution;
```

```
signal Connect: Bus_resolution BIT_8 bus;
begin
  P1: process
  begin
      ...
      Connect <= null after 10ns;
      ...
  end process;
  P2: process
  begin
      ...
      Connect <= '01010010' after 20ns;
      ...
  end process;
end Example.
```

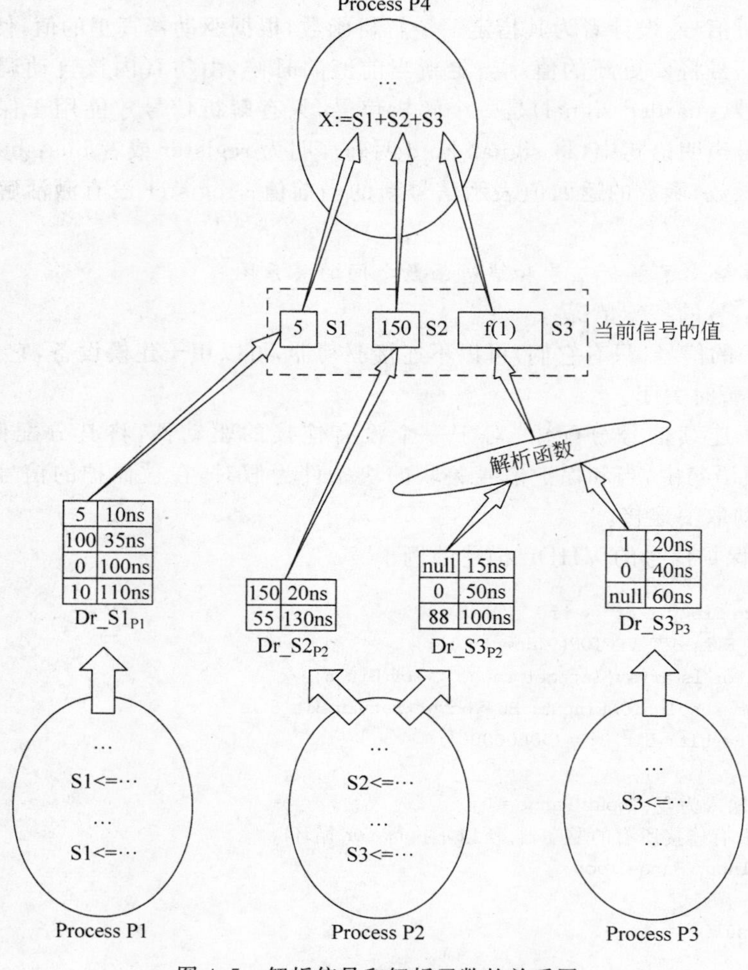

图 4.5　解析信号和解析函数的关系图

信号是描述硬件系统的基本数据对象，它类似于连接线，它除了没有数据流动方向说明以外，其他性质与实体端口的概念一致。变量的值可以传递给信号，而信号的值不能传递给变量。通常地，在构造体、包集合和实体中说明信号。对信号设置初始值不是必需的，信号是电子系统内部硬件连接和硬件特性抽象的表示，用来描述硬件系统的基本特性，信号赋值语句的语法格式如下

```
目标信号<= 表达式;
```

信号是一个全局量，可以用来实现进程之间的通信。下面对信号和变量的一些不同特性进行详细说明：①信号赋值可以有延迟时间，变量赋值无时间延迟；②信号除当前值外还有许多相关值，如历史信息等，变量只有当前值；③进程对信号敏感，对变量不敏感；④信号可以是多个进程的全局信号，但变量只在定义它之后的顺序域可见；⑤信号可以看作硬件的一根连线，但变量无此对应关系。

例 4.67 信号声明 VHDL 描述的例子。

```
signal S : STANDARD.BIT_VECTOR (1 to 10) ;
signal CLK1, CLK2 : TIME ;
signal OUTPUT : WIRED_OR MULTI_VALUED_LOGIC;
```

4）文件声明

文件声明指定类型的文件，这种文件称为显式声明的文件，其语法格式为

```
file identifier_list : subtype_indication [ file_open_information ] ;
```

其中，identifier_list 为标识符列表。

file_open_information(可选)，文件打开信息。该信息的语法格式为

```
[ open file_open_kind_expression ] is file_logical_name
```

一旦在文件声明中包含该信息，则打开了该文件；否则，文件处于关闭状态。file_logical_name 为文件的逻辑名字，其类型为 STRING。

如果多个文件对象和一个外部文件进行关联，则每个文件对象的访问模式为只读。

例 4.68 文件声明 VHDL 描述的例子。

```
type IntegerFile is file of INTEGER;
file F1: IntegerFile; -- No implicit FILE_OPEN is performedduring elaboration.
file F2: IntegerFile is "test.dat"; -- At elaboration, an implicit call is performed:
                                    -- FILE_OPEN (F2, "test.dat");
                                    -- The OPEN_KIND parameter defaults toREAD_MODE.
file F3: IntegerFile open WRITE_MODE is "test.dat";
                                    -- At elaboration, an implicit call is performed:
                                    -- FILE_OPEN (F3, "test.dat", WRITE_MODE);
```

2. 接口声明

一个接口声明声明了一个指定类型的接口对象。接口对象包括：

(1) 接口常数声明。作为一个设计实体、一个元件、一个块的类属，或者作为一个子程序的常数参数。其语法格式为

```
[constant] identifier_list : [ in ] subtype_indication [ := static_expression ]
```

(2) 接口信号声明。作为一个设计实体、元件或者块的端口,或者一个子程序的信号参数。其语法格式为

```
[signal] identifier_list : [ mode ] subtype_indication [ bus ] [ : = static_expression ]
```

(3) 接口变量声明。作为一个子程序的变量参数。其语法格式为

```
[variable] identifier_list : [ mode ] subtype_indication [ : = static_expression ]
```

(4) 接口文件声明。作为一个子程序的文件参数。其语法格式为

```
file identifier_list subtype_indication
```

1) 接口列表

对于接口列表来说,必须要满足:

(1) 接口的类属接口列表,完全由常数声明构成。

(2) 接口的端口接口列表,完全由接口信号声明。

(3) 接口的参数接口列表,可以包括接口常数声明、接口信号声明、接口变量声明、接口文件声明和其任意组合。

用于表示一个接口对象的名字,不能出现在包含表示接口对象(除了声明该对象外)的接口列表内的任何接口声明中。

例 4.69 接口列表非法声明的 VHDL 描述的例子。

```
entity E is
    generic (G1: INTEGER; G2: INTEGER : = G1); -- 非法
    port (P1: STRING; P2: STRING(P1'RANGE)); -- 非法
    procedure X (Y1, Y2: INTEGER; Y3: INTEGER range Y1 to Y2); -- 非法
end E;
```

例 4.70 接口列表合法声明的 VHDL 描述的例子。

```
entity E is
    generic (G1, G2, G3, G4: INTEGER);
    port (P1, P2: STRING (G1 to G2));
    procedure X (Y3: INTEGER range G3 to G4);
end E;
```

2) 关联列表

一个关联列表用于在一侧的形式/本地类属、端口/参数名字和另一侧的本地/真实名字/表达式之间建立对应关系。其语法格式为

```
association_element { , association_element }
```

其中,

(1) association_element 表示为

```
[ formal_part => ] actual_part
```

(2) formal_part 可以是形式化的指示符、函数名字(形式化的指示符)、类型标记(形式化的指示符)。

(3) 形式化的指示符可以是类属名字、端口名字、参数名字。

(4) actual_part 可以是真实的指示符、函数名字(真实的指示符)、类型标记(真实的指示符)。

(5) 真实的指示符可以是表达式、信号名字、变量名字、文件名字和 open。

关联的方式有两种,一种是名字关联,而另一种是位置关联。当使用位置关联时,关联的顺序必须与形式化指示符的顺序一致;而采用名字关联时,不要求顺序一致。

3. 别名声明

一个别名声明声明了用于一个已经存在实体的其他可用的名字。别名声明的语法格式为

```
alias alias_designator [ : subtype_indication ] is name [ signature ] ;
```

其中,alias_designator 为别名标识符。它可以是标识符、字符和操作符符号。

别名包含两类:

(1) 对象别名。应该是标识符的其他名字,表示一个对象(即常数、变量、信号、文件)。

(2) 非对象别名。应该是标识符的其他名字,表示一个命名的实体,而不是对象。除了标号、循环参数和生成参数以外,可以为所有命名的实体起别名。

例 4.71　别名声明的 VHDL 描述的例子。

```
alias rs is my_reset_signal ; -- bad use of alias
alias mantissa:std_logic_vector(23 downto 0) is my_real(8 to 31);
alias exponent is my_real(0 to 7);
alias "<" is my_compare [ my_type, my_type, return boolean ] ;
alias 'H' is STD.standard.bit.'1' [ return bit ] ;
```

4.6.4　属性声明

属性是一个值、函数、类型、范围、信号或者是一个常数,它们与描述中一个或者多个命名的实体关联。VHDL 提供了两种属性:

(1) 预定义的属性。提供了描述中所命名实体的信息,在后面会详细介绍预定义属性的使用。

(2) 用户定义的属性。用户定义的属性是任意类型的常数,由属性声明语句定义。属性声明的语法语式为:

```
attribute identifier: type_mark ;
```

其中,identifier 是标识符,用于表示用户定义的一个属性,一个属性可以和实体声明、结构体、配置、程序、函数、包、类型、子类型、常数、信号、变量、元件、标号、文字、单位、组或者文件进行关联。type_mark 表示一个子类,它既不是一个访问类型,也不是一个文件类型。

例 4.72　属性声明 VHDL 描述的例子。

```
type COORDINATE is
record
      X,Y: INTEGER;
end record;
subtype POSITIVE is INTEGER range 1 to INTEGER'HIGH;
attribute LOCATION: COORDINATE;
attribute PIN_NO: POSITIVE;
```

4.6.5 元件声明

一个元件声明用于声明一个虚拟的设计实体接口，它用在一个元件例化语句中；一个元件配置或者一个元件描述可以用来将一个元件例化和存在于一个库中的设计实体进行关联。元件声明语句的格式为

```
component identifier [ is ]
    [ local_generic_clause ]
    [ local_port_clause ]
end component [ component_simple_name ] ;
```

其中，identifier 为所要声明的元件的名字，与 component_simple_name 相同。local_generic_clause 为元件的本地类属说明部分。local_port_clause 为元件的本地端口说明部分。

例 4.73 元件声明的 VHDL 描述的例子。

```
component reg32 is
generic (
        setup_time : time := 50 ps;
        pulse_width : time := 100 ps
        );
port (
        input : in std_logic_vector(31 downto 0);
        output: out std_logic_vector(31 downto 0);
        Load   : in  std_logic_vector;
        Clk    : in  std_logic_vector
        );
end component reg32;
```

4.6.6 组模板声明

一个组模板声明用于声明一个组模板，它定义了可以显示在组内的，命名实体可允许的类。其语法格式为

```
group identifier is ( entity_class_entry_list );
```

一个组模板由实体类入口构成，该实体类入口定义了可以出现在组类型中的位置，一个组类型入口由<>符号进行区分。

例 4.74 组模板声明的 VHDL 描述的例子。

```
group PIN2PIN is (signal, signal); -- 这个类型的组由两个信号构成
group RESOURCE is (label <>);      -- 这个类型的组由任何数量的标号构成
group DIFF_CYCLES is (group <>);   -- 一个组的组
```

4.6.7 组声明

一个组声明声明了一个组，即命名实体的一个命名的集合。其语法格式表示为

```
group identifier : group_template_name ( group_constituent_list ) ;
```

例 4.75 组声明的 VHDL 描述的例子。

```
group G1: RESOURCE (L1, L2); -- A group of two labels.
group G2: RESOURCE (L3, L4, L5);    -- A group of three labels.
group C2Q: PIN2PIN (PROJECT.GLOBALS.CK, Q);      -- Groups may associate -- namedentities in
different declarative parts (and regions).
group CONSTRAINT1: DIFF_CYCLES (G1, G3);         -- A group of groups.
```

例 4.76 组模板声明和组声明 VHDL 描述的例子 1。

```
function Compute_Values (A, B:Integer) return BOOLEAN is
variable A1, A2: Integer;
group Variable_group is ( variable, variable );
group Input_pair : Variable_group ( A1, A2 );
attribute Input_name: String;
attribute Input_name of Input_pair : group is "Input variables";
begin
 …
end function;
```

例 4.77 组模板声明和组声明 VHDL 描述的例子 2。

```
ENTITY Mux IS
    PORT(a, b, c : IN STD_ULOGIC;
          choose : IN STD_ULOGIC_VECTOR(1 DOWNTO 0);
          q : OUT STD_ULOGIC);
    END ENTITY Mux;
ARCHITECTURE Behave OF Mux IS
    GROUP Ports IS (SIGNAL <>); -- Create a group template
    GROUP InPorts : Ports (a,b,c); -- Create a group of the template
    GROUP OutPort : Ports (q); -- Create another group
    GROUP InToOut IS (GROUP,GROUP); -- A 2-dim group template
    GROUP Timing : InToOut (InPorts,OutPort); -- The final group
    ATTRIBUTE synthesis_maxdelay : TIME; -- Use the groups
    ATTRIBUTE synthesis_maxdelay OF Timing : GROUP IS 9 ns;
BEGIN
    PROCESS(a,b,c,choose)
    BEGIN
      CASE choose IS
        WHEN "00" => q <= a;
        WHEN "01" => q <= b;
        WHEN "10" => q <= c;
        WHEN OTHERS => NULL;
      END CASE;
    END PROCESS;
END ARCHITECTURE Behave;
```

4.7 VHDL 说明

说明用于将额外的信息和一个 VHDL 描述进行关联。一个说明用于将前面已经命名的实体和额外的信息进行关联。VHDL 提供了三种类型的说明：

(1) 属性说明(attribute specification)。

(2) 配置说明(configuation specification)。

(3) 断开说明(disconnect specification)。

4.7.1 属性说明

一个属性说明将一个用户定义的属性与一个或者多个命名的实体进行关联,并且为这些实体定义属性值;属性说明也称为对命名实体的修饰,其语法格式为

```
attribute attribute_designer of entity_name_list [Signature] : entity_class is expression
```

其中,attribute_designer 为属性标识符。entity_name_list 表示实体名字列表。可以为下面实体标识符、others、all。①如果提供了一个实体标识符列表,将属性说明应用于这些标识所表示的命名实体。②如果提供了保留字 others,属性说明适用于一个给定实体类的剩余可见的命名实体,这些实体没有分配属性值。这样一个属性说明必须是指向这个属性的最后一个声明。③如果提供了保留字 all,属性说明适用于给定类的所有命名的实体。这样一个属性说明必须是声明部分内该属性相关的第一个。entity_class 为实体描述,包含的实体类包括 entity、architecture、configuration、procedure、function、package、type、subtype、constant、signal、variable、component、label、literal、units、group、file。

expression 为属性表达式,用于给属性分配具体的值。如果实体名字列表表示一个实体接口、结构体或者配置声明,则要求表达式是本地静态的。

注:

(1) 如果属性名字列表中的一个名字指向一个子程序或者包,它表示一个子程序声明或者包声明。不允许给子程序体或者包体分配属性。

(2) 如果一个实体标识符表示一个对象的一个别名,则要求表示整个对象,而不是对象其中的一个成员。

(3) 如果出现标识标志(signature),必须表示一个/多个子程序或枚举文字的名字。

(4) 用于一个设计单元(比如实体、接口、结构体、配置或者包)某个属性的一个属性说明,必须立即出现在该设计单元的一个声明部分。类似地,用于一个设计实体、子程序或者块语句属性的属性说明必须立即出现在设计单元、子程序或者块语句的声明部分。用于一个子程序、类型、子类型或者一个对象(比如常数、文件、信号或者变量)、元件、文字、单元名字、组或者一个标识实体属性的一个属性描述必须出现在这些应用对象的声明部分。

此外,还需要注意下面的一些规则:

(1) 用户定义的属性代表本地信息,不能将信息从一个说明传递到另一个说明。

(2) 由于元件声明缺少声明部分,所以一个元件声明的本地端口和类属不能带有属性。

(3) 如果一个属性说明用于一个可重载的命名实体,则允许在当前声明部分内,声明带有相同简单名字额外命名的实体(除非前面提到的说明描述有带有保留字 others 或者 all 的实体名字列表)。

例 4.78 属性说明 VHDL 描述的例子 1。

```
type fruit is (apple, orange, pear, mango);
attribute enum_encoding : string;
```

```
attribute enum_encoding of fruit : type is "11 01 10 00";
```

结果是

```
apple = "11"
orange = "01"
pear = "10"
mango = "00"
```

例 4.79 属性声明和说明 VHDL 描述的例子 2。

```
type fruit is (apple, orange, pear, mango);
attribute enum_encoding : string;
attribute enum_encoding of fruit : type is "gray";
```

例 4.80 属性说明 VHDL 描述的例子 3。

```
attribute PIN_NO of CIN: signal is 10;
attribute PIN_NO of COUT: signal is 5;
attribute LOCATION of ADDER1: label is (10,15);
attribute LOCATION of others: label is (25,77);
attribute CAPACITANCE of all: signal is 15 pF;
attribute IMPLEMENTATION of G1: group is "74LS152";
attribute RISING_DELAY of C2Q: group is 7.2 ns;
```

例 4.81 属性声明和说明 VHDL 描述的例子 4。

```
package Some_declarations is
use Work.Attr_pkg.Component_symbol,
  Work.Attr_pkg.Coordinate,
  Work.Attr_pkg.Pin_code,
  Work.Attr_pkg.Max_delay;
  constant Const_1: Positive := 10;
  signal Sig_1: Bit_vector (0 to 31);
  component Comp_1 is
  port ( … );
  end component;
  attribute Component_symbol of Comp_1: component is "Counter_16";
  attribute Coordinate of Comp_1: component is (0.0, 17.5);
  attribute Pin_code of Sig_1: signal is 17;
  attribute Max_delay of Const_1: constant is 10 ns;
  …
  end package Some_declarations;
```

4.7.2 配置说明

一个配置说明将元件标号和绑定信息进行关联，元件标号表示一个给定元件声明实例。配置声明和配置说明的位置是不同的，即配置声明是一个独立的设计单元，用于层次化配置一个实体所选择的结构体；而配置说明被包含在一个结构体内的 architecture～begin 之间的声明部分。配置说明的语法格式为

```
for instantiation_list : component_name
```

```
use entity entity_name[(architecture_identifier)]
|use configuration configuration_name
| use open
[generic map (generic_association_list)]
[port map (port_association_list)];]
```

其中：

(1) instantiation_list 为例化列表，可以是例化标号、others 和 all。①如果提供了一个例化标号的列表，则配置描述应用到相应的元件例化。这个标号必须立即在括起来的声明部分中声明。②如果提供了一个保留字 others，假设在一个前面的配置说明的例化列表中没有明确的命名这些元件的例化，则配置说明应用到所标识元件声明的例化，这些元件声明的标号立即在括起来的声明部分中进行了(不明确)的声明。③如果提供了一个保留字 all，则配置说明应用到标识元件声明的所有例化，这些元件声明的标号立即在括起来的声明部分中进行了(不明确)的声明。这个规则只应用于元件例化语句，这些例化语句相应的例化单元命名元件。

(2) component_name 为元件名字。

(3) entity_name 为实体的名字。

(4) architecture_identifier 为结构体名字。

(5) config_name 为配置的名字。

注：当使用 use open 时，表示延缓识别设计实体。

例 4.82 配置声明 VHDL 描述的例子 1。

```
entity INVERTER is
  generic (PropTime : TIME := 5 ns);
  port ( IN1 : in BIT; OUT1 : out BIT);
end INVERTER;
architecture STRUCT_I of INVERTER is
  begin
   OUT1 <= not IN1 after PropTime;
end STRUCT_I;

entity TEST_INV is end TEST_INV;
architecture STRUCT_T of TEST_INV is
  signal S1, S2 : BIT := '1';
  -- INV_COMP 元件的声明:
  component INV_COMP is
    generic (TimeH : TIME);
    port ( IN_A : in BIT; OUT_A : out BIT );
  end component;
  for LH : INV_COMP
    use entity INVERTER (STRUCT_I)
    -- 表示类属和端口
    generic map (PropTime => TimeH)
    port map (IN1 => IN_A, OUT1 => OUT_A);
begin
  -- INV_COMP 元件的例化:
  LH : INV_COMP
```

```
        generic map (10 ns)
        port map (S1, S2);
end STRUCT_T;
```

例 4.83 配置声明 VHDL 描述的例子 2。

```
entity LargeFlipFlop is
    generic(t : TIME; n : NATURAL);
    port(clk : inBIT);
          d : inBIT_VECTOR(n downto 0);
          q, qinv : outBIT_VECTOR(n downto 0));
end entity LargeFlipFlop;

architecture Behave of LargeFlipFlop is…
  entity Design is…
  archiecture Behave of Design is
  component LargeFlipFlop is
      generic(n : NATURAL; t : TIME);
      port(d : inBIT_VECTOR(n downto 0);
          clk : in BIT;
          q : outBIT_VECTOR(n downto 0));
  end component LargeFlipFlop;
  for C1 : LargeFlipFlopuse entity WORK.LargeFlipFlop(Behave)
        genetic map(12 ns, 5)
        port map(clk, d, q, open);
  for others: LargeFlipFlop use…
begin
    C1 : LargeFlipFlop generic map (n => 5, t => 12 ns) port map…
    C2 : LargeFlipFlop generic map(…) port map(…);
end architecture Behave;
```

注：端口映射中的 open 表示无连接。

4.7.3 断开说明

一个断开说明定义了一个时间延迟，用于表示在一个保护信号内隐含地断开一个保护信号驱动器的时间延迟。其语法格式如下

```
disconnect guarded_signal_list : type_mark after time_expression
```

其中，guarded_signal_list 为保护信号列表，可以是信号名字、others 或 all。type_mark 为类型标志。time_expression 为信号表达式。

例 4.84 断开说明 VHDL 描述的例子。

```
signal memory_data_bus : resolved_word bus;
disconnect memoy_data_bus : resolved_word after 3 ns;
```

4.8 VHDL 名字

名字可以用于表示声明的实体。其中包括简单名字、选择名字、索引名字、切片名字和属性名字。

4.8.1 简单名字

简单名字一般用于表示一个实体接口、一个配置、一个包、一个子程序、一个函数。

4.8.2 选择名字

选择名字用于表示命名的实体,该命名实体的声明存在于另一个命名实体或者在一个设计库中。VHDL 语言中选择名字的格式为

前缀.后缀

例 4.85 选择名字 VHDL 描述的例子 1。

```
--给出下面的声明
type INSTR_TYPE is
record
    OPCODE: OPCODE_TYPE;
end record;
signal INSTRUCTION: INSTR_TYPE;
-- 名字 INSTRUCTION.OPCODE 表示记录中的一个元素

-- 给出下面的声明
type INSTR_PTR is access INSTR_TYPE;
variable PTR: INSTR_PTR;
-- 名字 PTR.all 是由 PTR 指向对象的名字

-- 给出下面的库语句
library TTL, CMOS;
-- 名字 TTL.SN74LS221 是包含在一个库中的一个设计单元的名字
-- 名字 CMOS.all 是包含在一个库中的所有设计单元的名字

-- 给出下面的声明和 use 语句
library MKS;
use MKS.MEASUREMENTS, STD.STANDARD;
-- 名字 MEASUREMENTS.VOLTAGE 标识一个包中的一个命名实体的名字
--名字 STANDARD.all 表示在一个包中所有的命名实体的名字

--给出下面进程的标号和声明部分
P: process
      variable DATA: INTEGER;
begin
--在进程内,名字 P.DATA 表示在进程 P 中声明的一个命名实体的名字
end process;
```

例 4.86 选择名字 VHDL 描述的例子 2。

```
type rec;
type recptr is access rec;
type rec is
  record
    value : INTEGER;
```

```
    \next\ : recptr;
  end record;
variable list1, list2: recptr;
variable recobj: rec;
list2 := list1;
list2 := list1.\next\;
recobj := list2.all;
```

4.8.3 索引名字

索引名字用于表示一个数组中某个元素。

例 4.87 索引名字 VHDL 描述的例子。

```
REGISTER_ARRAY(5)                              -- 一维数组中的一个元素
MEMORY_CELL(1024,7)                            -- 二维数组中的一个元素
```

4.8.4 切片名字

切片名字(片段名字)用于表示一个一维数组,是由另一个一维数组连续元素的一个序列构成。

例 4.88 切片名字 VHDL 描述的例子。

```
signal R15: BIT_VECTOR (0 to 31) ;
constant DATA: BIT_VECTOR (31 downto 0) ;
R15(0 to 7)
DATA(24 downto 1)
```

4.8.5 属性名字

VHDL 中的预定义属性包括数组支持的预定义属性、对象支持的预定义属性、信号支持的预定义属性和类型支持的预定义属性。用户定义的属性在前面进行了详细地介绍,这里详细介绍 VHDL 支持的预定义属性。

1. 数组支持的预定义属性

数组支持的预定义属性格式为

```
array_id'attribute
```

其中 array_id 为该属性所属的数组的名称。attribute 为数组所支持的属性。

数组支持的预定义属性有以下几类:

(1) array_id'range(expr),表示得到数组的范围。

(2) array_id'left(expr),表示得到数组的左限值。

(3) array_id'length(expr),表示得到数组的范围个数。

(4) array_id'lower(expr),表示得到数组的下限值。

(5) array_id'ascending(expr),表示数组索引范围的升序判断。

(6) array_id'reverse_range(expr),表示得到数组的反向范围。

(7) array_id'right(expr),表示得到数组的右限值。

(8) array_id'upper(expr),表示得到数组的上限值。

例 4.89 数组属性 VHDL 描述的例子。

首先定义数组 x,y,z:

```
signal x : std_logic_vector(7 downto 0);
signal y : std_logic_vector(0 to 8);
type z is array(0 to 5,0 to 8) of std_logic;
```

下面使用数组的属性:

```
x'left = 7      y'left = 0
x'right = 0     y'right = 8      z'right(2) = 8
x'high = 7      y'high = 8       y'high(1) = 5
x'range = 7 downto 0             x'reverse_range = 0 to 7
x'lengh = 8     y'lengh = 9
```

2. 对象支持的预定义属性

对象支持的预定义属性格式为

```
object_id'attribute
```

其中,object_id 为属性所属对象的名字;attribute 为对象所支持的属性。

对象支持的预定义属性有以下几类:

(1) object_id'simple_value,该属性将取得所指定命名项的名字,如标号名、变量名、信号名、实体名和文件名等。

(2) object_id'instance_name,该属性将给出指定项的路径。

(3) object_id'path_name,该属性将给出指定项的路径,但不说明设计单元。

例 4.90 对象属性 VHDL 描述的例子 1。

```
signal clk : std_logic;
type state is(ini,work1,finish);
clk'simple_value—"clk";
work1'simple_value—"work1"
```

例 4.91 对象属性 VHDL 描述的例子 2。

```
full_adder'instance_name—":full_adder(dataflow):"
full_adder'path_name—"full_adder:"
```

3. 信号支持的预定义属性

信号支持的预定义属性格式为

```
signal_id'attribute
```

其中,signal_id 为该属性所属信号的名字;attribute 为信号所支持的属性。

信号支持的预定义属性有以下几类:

(1) signal_id'driving,得到当前进程中的信号值如果存在,则为真,否则为假。

(2) signal_id'active,如果在当前一个相当小的时间间隔内,信号发生了改变,则函数将返回一个为"真"的布尔量;否则就返回"假"。

(3) signal_id'delayed(TIME),该属性产生一个延迟的信号,该信号类型与该属性所对应的信号相同，即以属性所对应的信号为参考信号，经过括号内时间表达式所确定的时间进行延迟。

(4) signal_id'event，如果在当前一个相当小的时间间隔内发生了事件，则函数将返回一个为“真”的布尔量；否则就返回“假”。

(5) signal_id'quiet(TIME)，该属性建立一个布尔信号，在括号内时间表达式所说明的时间内，如果参考信号没有发生转换或其他事件，则该属性得到“真”的结果。

(6) signal_id'stable(TIME)，该属性建立一个布尔信号，在括号内的时间表达式所确定的时间内，如果参考信号没有发生事件，则该属性得到“真”的结果。

(7) signal_id'last_active，该属性返回一个时间值，即从信号前一次变化到现在所经过的时间。

(8) signal_id'last_event，该属性返回一个时间值，即从信号前一个事件发生到现在所经过的时间。

(9) signal_id'transaction，该属性可以建立一个 BIT 型的信号，当属性所加的信号发生转换或事件时，其值都将发生变化。

(10) signal_id'last_value，该属性返回一个值，该值是信号最后一次变化以前的值。

(11) signal_id'driving_value，该属性返回信号当前的驱动值。

例 4.92 时钟上升沿不同 VHDL 描述的例子

```
if(clk = 1'and clk'event and clk'last_value = '0') then
if(not(clk'stable)and(clk = '1') and (clk'last_value = '0')) then
```

4. 类型支持的预定义属性

类型支持的预定义属性格式为

```
type_id'attribute
```

其中，type_id 为属性所属类型的名字；attribute 为类型所支持的属性。

类型支持的预定义属性有以下几类：

(1) type_id'ascending，数据类或子类的索引范围的升序判断。

(2) type_id'base，得到数据的类型或子类型。

(3) type_id'left，得到数据类或子类区间的最左端的值。

(4) type_id'low，得到数据类或子类区间的高端值。

(5) type_id'succ(expr)，得到输入 expr 值的下一个值。

(6) type_id'pos(expr)，得到输入 expr 值的位置序号。

(7) type_id'pred(expr)，得到输入 expr 值的前一个值。

(8) type_id'right，得到数据类或子类区间的最右端的值。

(9) type_id'image(expr)，得到数据类或子类的一个标量值并产生一个串描述。

(10) type_id'high，得到数据类或子类区间的高端值。

(11) type_id'val(expr)，得到输入位置序号 expr 的值。

(12) type_id'value(string)，取一个标量的值的串描述并产生其等价值。

(13) type_id'leftof(expr)，得到相邻输入 expr 值左边的值。

(14) type_id'rightof(expr)，得到相邻输入 expr 值右边的值。

例 4.93 类型属性 VHDL 描述的例子 1。

```
type counter is integer range 255 downto 0;
counter'high = 255          counter'low = 0
counter'left = 255          counter'right = 0
```

例 4.94 类型属性 VHDL 描述的例子 2。

```
type color is (red,green,blue,yellow);
color'succ(green) -- blue;     color'rightof(green)—blue;
color'pred(green)—red;     color'leftof(green)—red;
color'image(green)—"green" color'value("green") -- green
```

4.9 VHDL 表达式

本节将介绍 VHDL 表达式，内容包括 VHDL 操作符和 VHDL 操作数。

4.9.1 VHDL 操作符

在 VHDL 语言中提供了大量的操作符，用于满足不同操作的要求。注意，不同厂商的 EDA 综合工具对操作符支持程度各不相同，使用时应参考综合工具说明。

1. 逻辑操作符

VDHL 提供的逻辑运算符号共有 7 种：

(1) and(与逻辑操作)；

(2) nand(与非逻辑操作)；

(3) or(或逻辑操作)；

(4) nor(或非逻辑操作)；

(5) xor(异或逻辑操作)；

(6) xnor(异或非逻辑操作)；

(7) not(取反逻辑操作)。

逻辑运算可操作的数据类型：

(1) bit/std_logic；

(2) bit_vector/std_logic_vector；

(3) boolean。

注：

(1) 当逻辑操作的操作数为数组时，数组操作数的维数、大小必须相同。

(2) 当有两个以上的逻辑表达式，左右没有优先级差别时，必须使用括号。

(3) 逻辑操作中的二元逻辑操作的优先级最低，而一元逻辑操作的优先级最高。

例 4.95 逻辑运算的描述。

```
x <= ( a and b )or( not c and d );
```

例外：当逻辑表达式中只有 and、or、xor 运算符时，可以省去括号。

例 4.96 逻辑运算的描述。

```
a <= b  and  c  and  d  and  e;
a <= b  or  c  or  d  or  e;
a <= b  xor  c  xor  d  xor  e;
```

2. 关系操作符

关系运算符号用于比较相同父类的两个操作数，返回布尔值。VHDL 提供的关系操作符共有 6 种：

(1) =(等于)；

(2) /=(不等于)；

(3) <(小于)；

(4) <=(小于等于)；

(5) >(大于)；

(6) >=(大于等于)。

表 4.4 给出了关系操作符的操作数类型和关系运算的结果。

表 4.4 关系操作数类型和关系运算的结果

操作符	操作	操作数类型	操作结果类型
=	相等	任何类型	BOOLEAN
/=	不相等	任何类型	BOOLEAN
< <= > >=	排序	任何标量类型或者离散的数组类型	BOOLEAN

3. 移位操作符

移位操作符用于任何一维的数组类型，其类型是预定义的 BIT/STD_LOGIC 或者 BOOLEAN。VHDL 提供了 6 种移位操作符：

(1) sll(逻辑左移)；

(2) srl(逻辑右移)；

(3) sla(算术左移)；

(4) sra(算术右移)；

(5) rol(循环左移)；

(6) ror(循环右移)。

语法格式为

```
data shift_keyword shift_amount_in_integer;
```

其中，data 表示要移动的数据，它可以是任何一维数组，其数据元素是 BIT/BOOLEAN；shift_keyword 表示移位操作符；shift_amount_in_integer 表示移位次数，是一个整数值；移位后结果的类型和左操作数的类型一致。

4. 加法操作符

VHDL 提供了下面的操作符用于加法操作：

(1) +,加操作符。

(2) -,减操作符。

(3) &,并置操作符(串联操作符)。

注:

(1) 对于+和-操作来说,左操作数可以是任何数据类型,右操作数的类型和左操作数相一致。

(2) 对于 & 操作来说,左操作数可以是任何数组类型或者数组中的元素类型,右操作数可以是任何数组类型或者数组中的元素类型,操作结果是任何数组类型。

例 4.97 +和-操作符 VHDL 描述的例子。

```
variable SUM1, SUM2, A, B : integer;
SUM1 : = A + B;
SUM2 : = A - B;
```

例 4.98 串联操作符 VHDL 描述的例子 1。

```
signal a,d: bit_vector (3 downto 0);
signal b,c,g: bit_vector (1 downto 0);
signal e: bit_vector(2 downto 0);
signal  f,  h,  i : bit;
a <= not b & not c; -- array & array
d <= not e & not f; -- array & element
g <= not h & not i; -- element & element
```

例 4.99 串联操作符 VHDL 描述的例子 2。

```
constant S1 : string : = "abc";
constant S2 : string : = "def";
constant S3 : string : = S1 & S2; -- "abcdef"
```

5. 符号操作符

符号+和-用于任何数学类型,其用于表示正数和负数;符号操作符是一元操作符。

例 4.100 符号操作符 VHDL 描述的例子。

```
A/( + B)
A * * ( - B)
```

6. 乘法操作符

VHDL 提供了下面的操作符,用于乘法操作。

(1) * 为乘法操作符;

(2) /为除法操作符;

(3) mod 为取模操作符;

(4) rem 为取余操作符。

注:

(1) *和/用于任何整数和浮点数类型。

(2) mod 和 rem 用于任何整数类型。

(3) 整数除法和余数的关系由下面等式确定

```
A = (A/B) * B + (A rem B)
```

(4) 整数除法满足下面的关系

```
(-A)/B = -(A/B) = A/(-B)
```

(5) A mod B 的符号由 B 的符号确定。

(6) A rem B 的符号由 A 的符号确定。

(7) 操作符 * 和/也用于任何物理类型。表 4.5 给出了操作的类型。

表 4.5 * 和/号涉及的物理类型

操作符	操作	左操作数类型	右操作数类型	结果类型
*	乘法	任何物理类型	整数	和左操作数一致
		任何物理类型	实数	和左操作数一致
		整数	任何物理类型	和右操作数一致
		实数	任何物理类型	和右操作数一致
/	除法	任何物理类型	整数	和左操作数一致
		任何物理类型	实数	和左操作数一致
		任何物理类型	任何物理类型	通用的整数

7. 其他操作符

VHDL 提供其他操作符包括：abs 和 ** 。

(1) abs,求绝对值,操作类型为任意的数学类型,结果是相同的数学类型。

(2) **,幂乘运算。预定义其右操作数,即指数为整数;而其左操作数可以是整数或者浮点数。幂乘结果的类型和左操作数的类型一致,只有左操作数是浮点数时,指数才可以为负数。指数为零时,幂乘的结果是 1。

4.9.2 VHDL 操作数

表达式中的操作数包括名字(用于标识对象、值或者属性)、文字、集合、函数调用、限定表达式、类型转换和分配器,此外,一个括号括起来的表达式是一个表达式中的操作数。前面已经说明名字,下面将详细说明其他几类操作数。

1. 文字

一个文字可以是数字文字、枚举文字、字符串文字、比特字符串、字符或者 null 文字,null 文字表示用于任何访问类型的空访问值。

例 4.101 文字 VHDL 描述的例子。

```
3.14159_26536              -- 实数类型文字.
5280                       -- 整数类型文字.
10.7 ns                    -- 物理类型文字.
O"4777"                    -- 比特位字符串文字.
"54LS281"                  -- 字符串文字.
""                         -- 表示空数组的字符串文字.
```

2. 聚集

一个聚集(aggregate)是一个基本的操作,用于给数组和记录分配值(赋值)。通过聚集,所有的类型和对象都可以得到值。可以使用名字关联或者位置关联,推荐使用名字关联,这样参数的顺序不影响值的分配。

OTHERS 用于给没有分配值的元素分配值,必须将 OTHERS 放置在聚集的最后一个关联位置。对于记录来说,可以混合使用位置和名字关联,唯一的规则是,位置关联必须放在名字关联之前。

聚类关联的语法格式为

```
aggregate -'('element-association { ','element-association } ')'
element-association -[ choices '=>' ]
 expression choices - choice { | choice }
choice - simple-expression | discrete-range | element-simple-name | others
```

例 4.102 聚集 VHDL 描述的例子。

```
TYPE Clock IS RECORD
    Hour : INTEGER RANGE 0 TO 23;
    Min : INTEGER RANGE 0 TO 59;
    Sec : INTEGER RANGE 0 TO 59;
END RECORD Clock;
TYPE Matrix IS ARRAY (0 TO 1, 0 TO 1) OF BIT;
SUBTYPE MyArray IS BIT_VECTOR(2 TO 5);
CONSTANT allZero : MyArray := (OTHERS => '0');
…
SIGNAL currentTime, alarmTime : Clock;
…
VARIABLE m1, m2 : Matrix;
VARIABLE v1, v2 : MyArray;
…
currentTime <= (10,15,5);
alarmTime <= (Hour => 10, Min => 15, Sec => 5);
m1 := (('0','1'),(OTHERS => '0')); -- "01","00"
m2 := (OTHERS => (OTHERS => '1')); -- "11", "11"
v1 := ('0', '1', '1', '1'); -- "0111"
v2 := (3 => '0', OTHERS => '1'); -- "1011"
(v1,v2) := ("0000","1111"); -- v1 = "0000", v2 = "1111"
-- 对于 BIT_VECTO,分配表示为:
v2 := "1011";
```

3. 函数调用

函数调用将执行函数体,调用函数的格式为

```
function_name[(actual_parameter_1, …,actual_parameter_2)];
q <= Func(p1 => v1, p2 => v2);  -- 名字关联
q <= Func(v1, v2);              -- 位置关联
```

4. 限定表达式

一个限定表达式是一个基本的操作。用于说明类型、子类型、一个表达式或者一个聚类的一个操作数,其语法格式为

```
type_mark'(expression)
```

或

```
type_mark'aggregate
```

其中，type_mark 为类型标号；expression 为表达式，其类型必须和 type_mark 一致；aggregate 为聚集。

例 4.103　限定表达式 VHDL 描述的例子 1。

```
string'("0010")
bit_vector'("0010")
std_logic_vector'("0010")
```

例 4.104　限定表达式 VHDL 描述的例子 2。

```
architecture OVER of A is
signal P_STD : std_logic;
signal P_BIT : bit;
function PARITY
      (X : bit_vector) return bit is
  begin
      -- function code
    end PARITY;
  function PARITY
      (X : std_logic_vector)
        return std_logic is
    begin
      -- function code
    end PARITY;
begin
  P_BIT <= PARITY(bit_vector'("00100"));
  P_STD <= PARITY(std_logic_vector'("10101"));
end OVER;
```

例 4.105　限定表达式 VHDL 描述的例子 3。

```
entity CONCAT is
  port(A,B : in  std_ulogic;
      VALUE: out integer range 0 to 9);
end CONCAT;

architecture BEHAVIOURAL of CONCAT is
  subtype T_2 is
    std_ulogic_vector(1 downto 0);
begin
  process(A,B)
  begin
    case T_2'(A & B) is
      when "00"    => VALUE <=  0;
      when "01"    => VALUE <=  1;
      when "10"    => VALUE <=  2;
```

```
      when "11"    => VALUE <= 3;
      when others  => VALUE <= 9;
    end case;
  end process;
end BEHAVIOURAL;
```

5. 类型转换

VHDL是一种强类型语言，不同类型的数据对象必须经过类型转换，才能相互操作。下面给出常用的数据对象转换函数。

1）IEEE. numeric_std. all 中常用的几种转换函数

（1）整数转有符号数的函数

```
signed_sig = To_SIGNED(int_sig, integer_size);
```

（2）整数转无符号数的函数

```
unsigned_sig = To_UNSIGNED(int_sig, integer_size);
```

（3）有符号数转整数的函数

```
int_sig = To_INTEGER(signed_sig);
```

（4）无符号数转整数的函数

```
int_sig = To_INTEGER(unsigned_sig);
```

2）IEEE. std_logic_1164. all 中常用的几种转换函数

（1）bit 转 StdUlogic 的函数

```
sul_sig = To_StdUlogic(bit_sig);
```

（2）bit_vector 转 std_logic_vector 的函数

```
slv_sig = To_StdLogicVector(bv_sig);
```

（3）bit_vector 转 std_ulogic_vector 的函数

```
sulv_sig = To_StdULogicVector(bv_sig);
```

（4）std_logic_vector 转 bit_vector 的函数

```
bv_sig = To_bitvector(slv_sig);
```

（5）std_logic_vector 转 std_ulogic_vector 的函数

```
sulv_sig = To_StdULogicVector(slv_sig);
```

（6）std_ulogic 转 bit 函数

```
bit_sig= To_bit(sul_sig);
```

（7）std_ulogic_vector 转 bit_vector 的函数

```
bv_sig = To_bitvector(sulv_sig);
```

(8) std_ulogic_vector 转 std_logic_vector 的函数

```
slv_sig = To_StdLogicVector(sulv_sig);
```

3) IEEE. std_logic_arith. all 中常用的几种转换函数

(1) integer 转 signed 的函数

```
signed_sig = CONV_SIGNED(int_sig, integer_size);
```

(2) integer 转 std_logic_vector 的函数

```
slv_sig = CONV_STD_LOGIC_VECTOR(int_sig, integer_size);
```

(3) integer 转 unsigned 的函数

```
unsigned_sig = CONV_UNSIGNED(int_sig, integer_size);
```

(4) signed 转 integer 的函数

```
int_sig = CONV_INTEGER(signed_sig);
```

(5) signed 转 std_logic_vector 的函数

```
slv_sig = CONV_STD_LOGIC_VECTOR(signed_sig, integer_size);
```

(6) signed 转 unsigned 的函数

```
unsigned_sig = CONV_UNSIGNED(signed_sig, integer_size);
```

(7) std_logic_vector 转 std_logic_vector(符号扩展)的函数

```
slv_sxt_sig = SXT(slv_sig, integer_size);
```

(8) std_logic_vector 转 std_logic_vector(零位扩展)的函数

```
slv_ext_sig = EXT(slv_sig, integer_size);
```

(9) std_ulogic 转 signed 的函数

```
signed_sig = CONV_SIGNED(sul_sig, integer_size);
```

(10) std_ulogic 转 small_int 的函数

```
int_sig = CONV_INTEGER(sul_sig);
```

(11) std_ulogic 转 std_logic_vector 的函数

```
slv_sig = CONV_STD_LOGIC_VECTOR(sul_sig, integer_size);
```

(12) std_ulogic 转 unsigned 的函数

```
unsigned_sig = CONV_UNSIGNED(sul_sig, integer_size);
```

(13) unsigned 转 integer 的函数

```
int_sig = CONV_INTEGER(unsigned_sig);
```

(14) unsigned 转 signed 的函数

```
signed_sig = CONV_SIGNED(unsigned_sig, integer_size);
```

(15) unsigned 转 std_logic_vector 的函数

```
slv_sig = CONV_STD_LOGIC_VECTOR(unsigned_sig, integer_size);
```

4) IEEE. std_logic_signed. all 中常用的转换函数
std_logic_vector 转 integer 的函数

```
int_sig = CONV_INTEGER(slv_sig);
```

5) IEEE. std_logic_unsigned. all 中常用的转换函数
std_logic_vector 转 integer 的函数

```
int_sig = CONV_INTEGER(slv_sig);
```

例 4.106 类型转换函数应用例子 1。

```
signal u1 : unsigned (3 downto 0);
signal s1 : signed (7 downto 0);
signal v1, v2 : std_logic_vector (3 downto 0);
signal v3, v4 : std_logic_vector (7 downto 0);
signal i1, i2 : integer;
u1 <= "1101";
s1 <= "1101";
i1 <= 13;
i2 <= -2;
wait for 10 ns;
v1 <= conv_std_logic_vector(u1, 4);    -- = "1101",
v2 <= conv_std_logic_vector(s1, 4);    -- = "1101",
v3 <= conv_std_logic_vector(i1, 8);    -- = "00001101",
v4 <= conv_std_logic_vector(i2, 8);    -- = "00001110",
```

例 4.107 类型转换函数应用例子 2。

```
signal b : std_logic;
signal u1 : unsigned (3 downto 0);
signal s1 : signed (3 downto 0);
signal i1, i2 : integer;
u1 <= "1001";
s1 <= "1001";
b <= 'X';
wait for 10 ns;
i1 <= conv_integer(u1);   -- 9
i2 <= conv_integer(s1);   -- -7
```

6. 分配器

分配器创建一个对象,并且生成对指向对象的访问,分配器是不可以综合的。其语法格式为

```
new subtype_indication;
```

或者

```
new qualified_expression;
```

例 4.108 分配器 VHDL 描述的例子 1。

```
type Table is array (1 to 8) of Natural;
type TableAccess is access Table;
variable y : TableAccess;
…
y : = new Table;                    -- 用 (0, 0, 0, 0, 0, 0, 0, 0)初始化
```

例 4.109 分配器 VHDL 描述的例子 2。

```
z: = new BIT_VECTOR(1 to 3);
```

例 4.110 分配器 VHDL 描述的例子 3。

```
type test_record is record
    test_time : time;
    test_value : Bit_Vector (0 to 3);
end record test_record;
type AccTR is access test_record;
variable x,z : AccTR;
x : = new test_record'(30 ns, B"1100"); -- 记录的聚类分配
z : = new test_record;
z.test_time : = 30 ns;
z.test_value : = B"1100";
```

例 4.111 分配器 VHDL 描述的例子 4。

```
type AccBV is access Bit_Vector(7 downto 0);
variable Ptr1, Ptr2 : AccBV;
Ptr1 : = new Bit_Vector(7 downto 0);
Ptr2 : = Ptr1;
```

4.10 VHDL 顺序描述语句

常用的顺序描述语句有以下几大类：wait 语句、assert 语句、report 语句、信号分配(赋值)语句、变量分配(赋值)语句、过程调用语句、if 语句、case 语句、loop 语句、next 语句、exit 语句、return 语句、null 语句。

4.10.1 wait 语句

在仿真时，进程状态的变化受 wait 语句或敏感信号量变化的控制。进程包括两个状态：

(1) 执行；

(2) 挂起。

注：

- wait 语句可以出现在 begin 和 end process 之间的任何地方。
- 当 process 描述中出现 wait 语句时，process 后不能出现任何敏感向量。

1. wait on 语句

wait on 语句是可综合的。其语法格式为

```
wait on signal_name;
```

例 4.112 wait on 语句 VHDL 描述的例子。

```
signal S1, S2 : Std_Logic;
   …
process
begin
   …
wait on S1, S2;
end process;
```

2. wait until 语句

wait until 语句是可综合的，其语法格式为

```
wait until expresion;
```

其中，expression 为判断表达式。当表达式的值为“真”时，启动进程，否则挂起进程。

下面的描述语句可实现相同的硬件电路结构，即：

(1) wait until clk = '1';

(2) wait until rising_edge(clk);

(3) wait until clk'event and clk = '1';

(4) wait until not(clk'stable) and clk='1'。

例 4.113 wait until 语句 VHDL 描述的例子。

```
architecture rtl of d is
begin
  process
  begin
    wait until clk'event and clk = '1';
    q <= d;
  end process;
  end rtl;
```

3. wait for 语句

wait for 语句是不可综合的，其语法格式为

```
wait for time;
```

其中，time 为时间长度。

4. wait 语句

wait 关键字后不带有任何其他语句或者参数时，表示无限等待，其语法格式为

```
wait;
```

例 4.114 wait for 和 wait 语句 VHDL 描述的例子。

```
STIMULUS: process
begin
    EN_1 <= '0';
    EN_2 <= '1';
wait for 10 ns;
    EN_1 <= '1';
    EN_2 <= '0';
wait for 10 ns;
    EN_1 <= '0';
  wait for 10 ns;
  wait; -- end of test
end process STIMULUS;
```

4.10.2 断言和报告语句

为了能得到更多信息，经常要用到断言语句。断言语句能够监测到在 VHDL 设计中不希望的条件，比如在 generic 中错误的值、常数和生成条件，或者在调用函数时出现错误的调用参数等。当 condition(条件)为假时，将报告信息。其语法格式为

```
assert condition
 [report string]
 [severity expression];
```

对于在断言语句中的任何错误条件，综合工具根据错误的级别，产生警告信息，或者拒绝设计和产生错误信息。出错级别共有 5 种：

(1) Note;

(2) Warning;

(3) Error;

(4) Failure;

(5) Fatal。

需要注意的是，XST 的综合工具对断言语句只支持静态的条件。

例 4.115 断言描述语句 VHDL 描述的例子。

```
use ieee.std_logic_1164.all;
entity SINGLE_SRL is
generic (SRL_WIDTH : integer := 16);
port (
    clk : in std_logic;
    inp : in std_logic;
    outp : out std_logic);
end SINGLE_SRL;
architecture beh of SINGLE_SRL is
  signal shift_reg : std_logic_vector (SRL_WIDTH - 1 downto 0);
begin
  assert SRL_WIDTH <= 17
  report "The size of Shift Register exceeds the size of a single SRL"
```

```
    severity FAILURE;
    outp <= shift_reg(SRL_WIDTH - 1);
    process (clk)
    begin
        if (clk'event and clk = '1') then
          shift_reg <= shift_reg (SRL_WIDTH - 1 downto 1) & inp;
        end if;
    end process;
end beh;

library ieee;
use ieee.std_logic_1164.all;
entity TOP is
    port (
          clk : in std_logic;
          inp1, inp2 : in std_logic;
          outp1, outp2 : out std_logic);
end TOP;
architecture beh of TOP is
    component SINGLE_SRL is
      generic (SRL_WIDTH : integer := 16);
      port(
          clk : in std_logic;
          inp : in std_logic;
          outp : out std_logic);
    end component;
begin
    inst1: SINGLE_SRL
    generic map(SRL_WIDTH => 13)
      port map(
            clk => clk,
            inp => inp1,
            outp => outp1);
    inst2: SINGLE_SRL
        generic map(SRL_WIDTH => 18)
        port map(
          clk => clk,
            inp => inp2,
            outp => outp2 );
    end beh;
```

使用 XST 综合工具时，显示下面的信息。

```
Analyzing Entity <top> (Architecture <beh>).
Entity <top> analyzed. Unit <top> generated.
Analyzing generic Entity <single_srl> (Architecture <beh>).
SRL_WIDTH = 13
Entity <single_srl> analyzed. Unit <single_srl> generated.
Analyzing generic Entity <single_srl> (Architecture <beh>).
SRL_WIDTH = 18
ERROR:Xst - assert_1.vhd line 15: FAILURE: The size of Shift Register
exceeds the size of a single SRL
```

4.10.3 信号分配语句

信号分配语句用于修改包含一个或者多个信号驱动器的输出波形，语法格式为

```
[ label : ] target <= [delay_mechanism ] waveform;
delay_mechanism::= transport| [ reject time_expression ] inertial
wavewaveform ::= waveform_element { , waveform_element }| unaffected
```

其中，transport 关键字指定和第一个波形元素(waveform_element)相关的延迟，即传输延迟。reject 关键字指定脉冲的最小宽度，即当波形元素的脉冲宽度小于指定宽度时，该脉冲不会分配给 target。inertial 关键字指定用于表示惯性延迟，用于对器件进行建模，即比惯性延迟指定还小的切换时间，将不能分配给 target。

例 4.116 信号分配 VHDL 描述的例子 1。

```
B_OUT <= transport B_IN after 1 ns;
```

图 4.6 给出了该分配语句的时序描述。

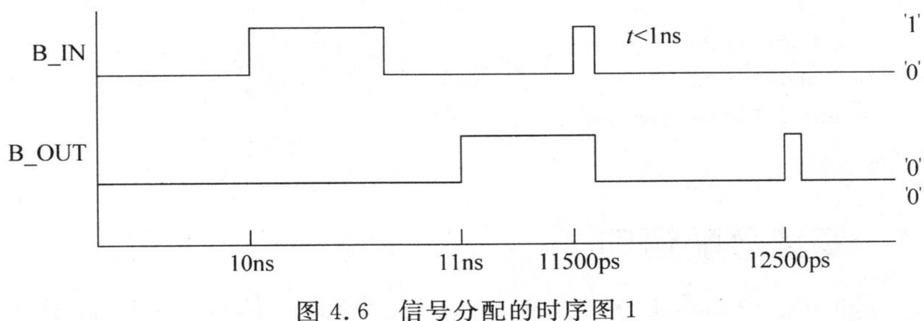

图 4.6 信号分配的时序图 1

例 4.117 信号分配 VHDL 描述的例子 2。

```
L_OUT <= inertial L_IN after 1 ns;
```

图 4.7 给出了该分配语句的时序描述。

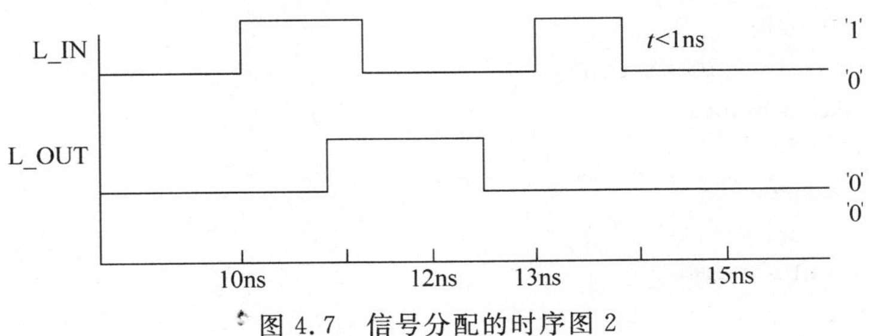

图 4.7 信号分配的时序图 2

例 4.118 信号分配 VHDL 描述的例子 3。

```
Q_OUT <= reject 500 ps inertial Q_IN after 1 ns;
```

图 4.8 给出了该分配语句的时序描述。

下面的语句用于更新目标信号的值，其语法格式为

```
signal_name <= value_expression [after time_expression];
```

或者

```
signal_name <= null [after time_expression];
```

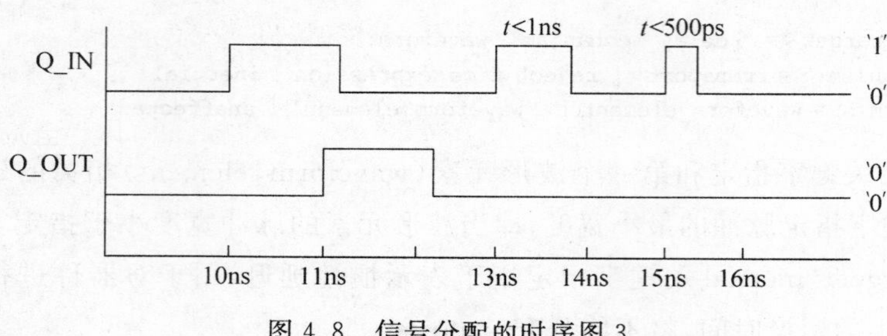

图 4.8 信号分配的时序图 3

例 4.119 信号更新 VHDL 描述的例子。

```
architecture DELAYS of X is
    constant PERIOD : time : = 10 ns;
begin
    SUM   <= A xor B after 5 ns;
    CARRY <= A and B after 3 ns;
    CLK   <= not CLK after PERIOD/2;
end DELAYS;
```

4.10.4 变量分配语句

一个变量分配语句用一个表达式所指定的新值代替变量当前的值,命名的变量和右侧表达式必须是相同的类型,其语法格式表示为

```
[label:]  target: = expression;
```

例 4.120 变量更新 VHDL 描述的例子。

```
variable X, Y : REAL;
variable A, B : BIT_VECTOR (0 to 7);
type BIT_RECORD is record
 bitfield : BIT;
 intfield : Integer;
end record;
variable C, D : BIT_RECORD;
X : = 1000.0;
A : = B;
A : = "11111111";
A (3 to 6) : = ('1','1','1','1');
A (0 to 5) : = B (2 to 7);
A (7) : = '0';
B (0) : = A (6);
C.bitfield : = '1';
D.intfield : = C.intfield;
```

变量分配(赋值)与信号分配(赋值)的比较:

(1) 在对象赋值语句中,主要分为对变量赋值操作或信号赋值操作,其不同点主要表现在以下两个方面:①赋值方式的不同。信号赋值的方式为"<=",变量赋值的方式为":="。②硬件实现的功能不同。信号代表电路单元、功能模块间的互连,代表实际的硬件连线;变量代表电路单元内部的操作,代表暂存的临时数据。

(2) 有效范围的不同:①信号的作用范围是程序包、实体、结构体;全局量。②变量的作用范围是进程、子程序;局部量。当需要将变量的值传递到变量的作用范围外时,需要将变量的值赋值给信号。

(3) 赋值行为的不同:①信号赋值延迟更新数值、时序电路。②变量赋值立即更新数值、组合电路。

(4) 信号的多次赋值。对一个进程多次赋值时,只有最后一次赋值有效。多个进程的赋值表示多源驱动、线与、线或、三态。

例 4.121 变量和信号赋值 VHDL 描述的例子 1。

```
signal a,b : std_logic_vector(0 to 4);
    process (CLK)
variable var : std_logic_vector(0 to 4);
begin
    if (rising_edge(clk)) then
         var := '11111';
         a <= var;
         b <= var;
    end if;
end process;
```

例 4.122 变量和信号赋值 VHDL 描述的例子 2。

```
-- 在某个进程中
-- 假设 varA = sigA = 0. sigB = 2
varA := sigB + 1;                    // varA 现在为 3
sigC <= varA + 1;                    // sigC 将要变成 4
sigA <= sigB + 1;                    // sigA 将要变成 3
sigD <= sigA + 1;                    // sigD 将要变成 1
```

4.10.5 子程序调用语句

子程序调用将执行一个子程序体,其语法格式为

```
[label:] procedure_name [(actural_parameter_part)];
```

其中,procedure_name 为子程序的名字。actual_parameter_part 为实际的参数部分。

例 4.123 子程序调用 VHDL 描述的例子。

```
procedure Procedure_1 (variable X, Y: inout Real);
procedure Proc_1 (constant In1: in Integer; variable O1: out Integer);
procedure Proc_2 (signal Sig: inout Bit);
```

4.10.6 if 语句

if 语句是转向控制语句中最基本的语句之一，if 语句的语法格式为

```
if condition then
     sequence_of_statements;
elsif condition then
    sequence_of_statements;
else
    sequence_of_statements;
end if;
```

其中，condition 为判断条件的描述；sequence_of_statements 为在该判断条件成立的条件下的顺序描述语句。

例 4.124 if 语句 VHDL 描述的例子 1。

```
signal Code_of_Operation : Bit_Vector(1 downto 0);
if Code_of_Operation(1) = '1' then
   F := Operand_1 + Operand_2;
elsif Code_of_Operation(0) = '1' then
  F := Operand_1 - Operand_2;
else
  F := "00000000";
end if;
```

例 4.125 if 语句 VHDL 描述的例子 2。

```
if Status = RUN then
    if Code_of_Operation = CONC then
      F := Operand_1 & Operand_2 ;
    else
      F := "00000000";
    end if;
Output_1 <= F;
 end if;
```

4.10.7 case 语句

case 语句常用来描述总线或编码、译码行为，可读性比 if 语句强，其语法格式为

```
case expression is
  when condition =>
                  sequential sentence;
  when condition =>
                  sequential sentence;
                  …
  when condition =>
                  sequential sentence;
end case;
```

其中，expression 为判断的条件表达式；condition 为判断条件的一个特定的值；sequential

sentence 在该判断条件的某一特定值成立的情况下，通过顺序描述语句所描述的逻辑行为。

在 case 语句中的分支条件可有以下的形式：

(1) when value=>sequential sentence；

(2) when value to value=>sequential sentence；

(3) when value | value | value |…| value =>sequential sentence；

(4) when others =>sequential sentence。

case 语句使用时需注意：

(1) 分支条件的值必须在表达式的取值范围内；

(2) 两个分支条件不能重叠；

(3) 执行 case 语句时，只能选中一个分支条件；

(4) 如果没有 others 分支条件存在，则分支条件必须覆盖表达式所有可能的值，对 std_logc，std_logic_vector 数据类型要特别注意使用 others 分支条件。

例 4.126 case 语句 VHDL 描述的例子 1。

```
P1:process
  variable x: Integer range 1 to 3;
  variable y: BIT_VECTOR (0 to 1);
begin
C1: case x is
    when 1 => Out_1 <= 0;
    when 2 => Out_1 <= 1;
    when 3 => Out_1 <= 2;
    end case C1;
C2: case y is
    when "00" => Out_2 <= 0;
    when "01" => Out_2 <= 1;
    when "10" => Out_2 <= 2;
    when "11" => Out_2 <= 3;
    end case C2;
end process;
```

例 4.127 case 语句 VHDL 描述的例子 2。

```
P2:process
  type Codes_Of_Operation is (ADD,SUB,MULT,DIV);
  variable Code_Variable: Codes_Of_Operation;
begin
  C3: case Code_Variable is
      when ADD | SUB => Operation := 0;
      when MULT | DIV => Operation := 1;
    end case C3;
  end process;
```

例 4.128 case 语句 VHDL 描述的例子 3。

```
P3:process
      type Some_Characters is ('a','b','c','d','e');
      variable Some_Characters_Variable: Some_Characters;
```

```
begin
    C4: case Some_Characters_Variable is
            when 'a' to 'c' => Operation := 0;
            when 'd' to 'e' => Operation := 1;
    end case C4;
end process;
```

例 4.129 case 语句 VHDL 描述的例子 4。

```
P5:process
      variable Code_of_Operation : INTEGER range 0 to 2;
      constant Variable_1 : INTEGER := 0;
  begin
      C6: case Code_of_Operation is
             when Variable_1 | Variable_1 + 1 => Operation := 0;
             when Variable_1 + 2 => Operation := 1;
      end case C6;
end process;
```

例 4.130 case 语句 VHDL 描述的例子 5。

```
P6:process
      type Some_Characters is ('a','b','c','d','e');
      variable Code_of_Address : Some_Characters;
  begin
    C7:case Code_of_Address is
             when 'a' | 'c' => Operation := 0;
             when others => Operation := 1;
      end case C7;
  end process;
```

4.10.8 loop 语句

loop 语句与其他高级语言中的循环语句相似。loop 语句有三种语法格式。

1. 无限 loop 语句

VHDL 重复执行 loop 循环内的语句,直至遇到 exit 语句所满足的结束条件时退出循环,其语法格式为

```
[loop_label]: loop
                    -- sequential statement
                         exit loop_label when condition;
              end loop;
```

例 4.131 无限 loop 语句 VHDL 描述的例子。

```
L2: loop
      a: = a + 1;
      exit L2 when a > 10;
    end loop L2;
```

在该例子中,当 a>10 时,退出无限循环条件。

2. for loop 语句

for loop 语句无限次数的执行循环体内的语句，其语法格式为

```
for variable_name in lower_limit to upper_limit loop
    statement;
    statement;
end loop;
```

其中，variable_name 为循环变量的名字；lower_limit 为变量的下限值；upper_limit 为变量的上限值。statement 为该循环语句中的行为描述语句。

for loop 语句具有如下的特点：

(1) 循环变量是 loop 内部自动声明的局部量，仅在 loop 内可见；不需要指定其变化方式。

(2) 离散范围从 lower_limit 到 upper_limit，必须是可计算的整数范围：

```
integer_expression to integer_expression
integer_expression downto integer_expression
```

其中，integer_expression 为整数表达式，在该式中确定表达式的上限值和下限值。

例 4.132　for loop 语句 VHDL 描述的例子。

该例子描述了 8 位奇偶校验电路。

```
library ieee;
use ieee.std_logic_1164.all;
entity parity_check is
  port(a      :  in   std_logic_vector(7 downto 0);
      y      :  out   std_logic);
end parity_check;
architecture rtl of parity_check is
begin
 process(a)
   variable  tmp   :   std_logic;
 begin
    tmp: = '1';
    for i in 0 to 7 loop
        tmp: = tmp xor a(i);
    end loop;
  y <= tmp;
  end process;
end rtl;
```

3. while loop 语句

当满足 while 内的循环条件时，执行该循环语句，其语法格式为

```
while condition loop
  statement;
  statement;
end loop;
```

其中，condition 为循环成立的条件表达式。statement 为该循环语句中的行为描述语句。

在使用该语句时，需要预先定义循环变量，并赋初值。在 while loop 中需要指定循环变量的变化方式。一般综合工具不支持 while loop 语句。

例 4.133 while loop 语句 VHDL 描述的例子。

```
sum: = 0;
i: = 0;
aaa: while (i<10)  loop
      sum: = sum + i;
       i: = i + 1;
  end loop aaa;
```

4.10.9 next 语句

在 loop 语句中 next 语句用来跳出本次循环，其格式为

```
[label:] next [loop_label] [when condition];
```

该语句的使用可以分成三种情况：

(1) next，无条件终止当前的循环，跳回到本次循环 loop 语句开始处，开始下次循环。

(2) next [label]；无条件终止当前的循环，跳转到 lable(指定标号)的 LOOP 语句开始处，重新开始执行循环操作。

(3) next [label] [when condition]；当 conditon 的值为 true 时，则执行 next 语句，进入跳转操作，否则继续向下执行。

例 4.134 next 语句 VHDL 描述的例子 1。

```
Loop_Z: for count_value in 1 to 8 loop
    Assign_1: A(count_value) := '0';
        next when condition_1;
    Assign_2: A(count_value + 8) := '0';
        end loop Loop_Z;
```

例 4.135 next 语句 VHDL 描述的例子 2。

```
Loop_X: for count_value in 1 to 8 loop
    Assign_1: A(count_value) := '0';
    k := 0;
    Loop_Y:   loop
        Assign_2: B(k) := '0';
          next Loop_X when condition_1;
            Assign_3: B(k + 8) := '0';
            k := k + 1;
          end loop Loop_Y;
    end loop Loop_X;
```

4.10.10 exit 语句

exit 语句将结束循环状态，其语法格式为

```
[label:] exit[loop_lable] [when condition];
```

next 语句与 exit 语句的格式及操作功能类似，区别是：

(1) next 语句是跳向 loop 语句的起始点；

(2) exit 语句则是跳向 loop 语句的终点。

例 4.136 exit 语句 VHDL 描述的例子。

```
Loop_1: for count_value in 1 to 10 loop
    exit Loop_1 when reset = '1';
    A_1: A(count_value) := '0';
end loop Loop_1;
A_2: B <= A after 10 ns;
```

4.10.11 return 语句

return 语句用于完成最里面的函数体或者子程序体的执行，其语法格式为

```
[label:] return [expression];
```

例 4.137 return 语句 VHDL 描述的例子 1。

```
procedure RS ( signal S, R: in BIT; signal Q, NQ: inout BIT) is
begin
  if (S = '1' and R = '1') then
      report "forbidden state: S and R are equal to '1'";
      return;
  else
      Q <= S and NQ after 5 ns;
      NQ <= R and Q after 5 ns;
  end if;
end procedure RS;
```

例 4.138 return 语句 VHDL 描述的例子 2。

```
P1: process
      type REAL_NEW is range 0.0 to 1000.0;
      variable a, b : REAL_NEW := 2.0;
      variable c: REAL;
    function Add (Oper_1, Oper_2: REAL_NEW) return REAL is
      variable result : REAL;
    begin
        result := REAL(Oper_1) + REAL(Oper_2);
        return result;
    end function Add;
    begin
      c:= Add(a,b);
  end process;
```

4.10.12 null 语句

一个 null 语句不执行任何操作，其语法格式为

```
[label:] null;
```

例 4.139 null 语句 VHDL 描述的例子。

```
case OPCODE is
    when "001" => TmpData := RegA and RegB;
    when "010" => TmpData := RegA or RegB;
    when "100" => TmpData := not RegA;
    when others => null;
end case;
```

4.11 VHDL 并发描述语句

常用的并发描述语句有下面几类：块语句、进程描述语句、并行过程调用语句、并行调用语句、并行信号分配(赋值)语句、元件例化语句、生成语句。

4.11.1 块语句

块语句将一系列并行描述语句进行组合，目的是改善并行语句及其结构的可读性，可使结构体层次鲜明，结构明确。块语句的语法为

```
block_label: block [(guard_expression)] [is]
        block_header
        block_declarative_part
    begin
        block_statement_part
  end block [block_label];
```

其中，guard_expression 为保护表达式；block_header 为块头部，可以包含 generic 语句、generic map 语句、port 语句、port map 语句；block_declarative_part 为块声明部分；block_statement_part 为块语句部分，由并行语句组成。

1. 基本块

例 4.140 块语句 VHDL 描述的例子 1。

```
A1: OUT1 <= '1' after 5 ns;
LEVEL1 : block
begin
    A2: OUT2 <= '1' after 5 ns;
    A3: OUT3 <= '0' after 4 ns;
end block LEVEL1;
  A1: OUT1 <= '1' after 5 ns;
  A2: OUT2 <= '1' after 5 ns;
  A3: OUT3 <= '0' after 4 ns;
```

例 4.141 块语句 VHDL 描述的例子 2。

```
entity X_GATE is
    generic (LongTime : Time; ShortTime : Time);
    port (P1, P2, P3 : inout BIT);
end X_GATE;
architecture STRUCTURE of X_GATE is
```

```
signal A, B : bit;
begin
  LEVEL1 : block
    generic (GB1, GB2 : Time);
    generic map (GB1 => LongTime, GB2 => ShortTime);
    port (PB1: in BIT; PB2 : inout BIT );
    port map (PB1 => P1, PB2 => B);
    constant Delay : Time := 1 ms;
    signal S1 : BIT;
  begin
    S1 <= PB1 after Delay;
    PB2 <= S1 after GB1, P1 after GB2;
  end block LEVEL1;
end architecture STRUCTURE;
```

2. 嵌套块

子块声明与父块声明的对象同名时，子块声明将忽略掉父块声明。

例 4.142 嵌套块 VHDL 描述的例子。

```
B1:block
  signals:bit;
  begin
    s<=a and b;
     B2:block
      signal s:bit;
      begin
          s<=c and d;
        B3:block
         begin
            z<=s;
        end block B3;
    end block B2;
    y<=s;
end block B1;
```

3. 保护块

由保护表达式值的真、假决定是否执行块语句。综合工具不支持该语句。

例 4.143 保护块 VHDL 描述的例子 1。

```
RISING_EDGE : block (CLK'EVENT and CLK = '1')
begin
      OUT_1 <= guarded not IN_1 after 5 ns;
    ...
end block RISING_EDGE;
```

例 4.144 保护块 VHDL 描述的例子 2。

```
ALU : block
     signal GUARD: Boolean := False;
begin
   OUT_1 <= guarded not IN_1 after 5 ns;
```

```
    …
P_1: process
  begin
    GUARD <= True;
    …
  end process P_1;
  end block ALU;
```

4.11.2 进程描述语句

进程描述语句是 VHDL 语言中最基本的也是最常用的并发描述语句，多个进程语句可以并发执行。进程描述语句提供了一种用算法描述硬件行为的方法。其语法格式为

```
[process_label:] [postponed] process[(sensitivity_list)][is]
     process_declarative_part
begin
    process_statement_part
end [postponed]process[process_label];
```

其中，sensitivity_list 称为敏感向量列表，敏感向量列表是由影响 process 模块输出的所有输入信号的集合构成，这些输入信号之间用“,”隔开。process_declarative_part 进程声明部分。process_statement_part 进程语句描述部分。如果在进程的描述结束时，出现了该关键字 postponed，必须延缓处理该进程，其典型的应用是执行时序检查。它允许所有的输入短暂的“死亡”，这样在执行进程前，让所有的输入稳定。在一个实体设计中，这是最后一个执行的进程，一直等待其他非延迟进程执行完成后，才执行该进程。

进程语句有以下几个方面的特点：

(1) 进程与进程，或其他并发语句之间可以并发执行；

(2) 在进程内部所有语句按照顺序执行；

(3) 由其敏感向量表内的敏感向量或者 WAIT 语句确定进程的启动；

(4) 通过传递信号量实现进程与进程，或其他并发语句之间的通信。

(5) 同步进程的敏感信号表中只有时钟信号。

例 4.145 同步复位进程 VHDL 描述的例子。

```
process(clk)
begin
  if(clk'event and clk = '1')  then
      if reset = '1'then
        data <= "00";
      else
        data <= in_data;
      end if;
    end if;
end process;
```

例 4.146 异步复位进程 VHDL 描述的例子。

```
process(clk,reset)
begin
```

```
  if reset = '1'then
      data <= "00";
  elsif(clk'event and clk = '1') then
      data <= in_data;
  end if;
end process;
```

例 4.147 包含 wait 语句的进程 VHDL 描述的例子。

```
process
begin
-- sequential statements
wait on(a,b) ;
end process;
```

例 4.148 包含 postponed 保留字的进程 VHDL 描述的例子。

```
entity sr_ff is
 port (
        s_n, r_n : in bit;
        q,q_n : in out bit
          );
begin
 postponed process(q,q_n) is
 begin
     assert now = 0 fs or q = not q_n;
     report "implementation error :q/ = not q_n";
end postponed process;
end entity sr_ff;
```

4.11.3 并行过程调用语句

一个并行过程调用语句，表示包含相应顺序过程调用语句的一个进程。并行过程调用语句的语法格式为

```
[label1:] [postponed] procedure_call;
```

例 4.149 并行过程调用与串行过程调用 VHDL 描述的例子。

```
procedure ADD(signal A, B: in BIT;
              signal SUM: out BIT);
           …
        ADD(A, B, SUM);           -- 并行过程调用.
           …
     process(A, B)                -- 等效的进程
     begin
        ADD(A, B, SUM);           -- 顺序的过程调用
     end process;
```

例 4.150 并行过程调用 VHDL 描述的例子。

```
procedure CHECK(signal A: in BIT_VECTOR;
```

```
                signal ERROR: out BOOLEAN) is
        variable FOUND_ONE: BOOLEAN : = FALSE;
begin
        for I in A'range loop
            if A(I) = '1' then
                if FOUND_ONE then
                  ERROR <= TRUE;
                  return;
                end if;
                FOUND_ONE : = TRUE;
            end if;
          end loop;

        ERROR <= not FOUND_ONE;
end;
  signal S1: BIT_VECTOR(0 to 0);
  signal S2: BIT_VECTOR(0 to 1);
  signal S3: BIT_VECTOR(0 to 2);
  signal S4: BIT_VECTOR(0 to 3);
  signal E1, E2, E3, E4: BOOLEAN;
begin
  CHECK(S1, E1);
  CHECK(S2, E2);
  CHECK(S3, E3);
  CHECK(S4, E4);
end block BLK;
```

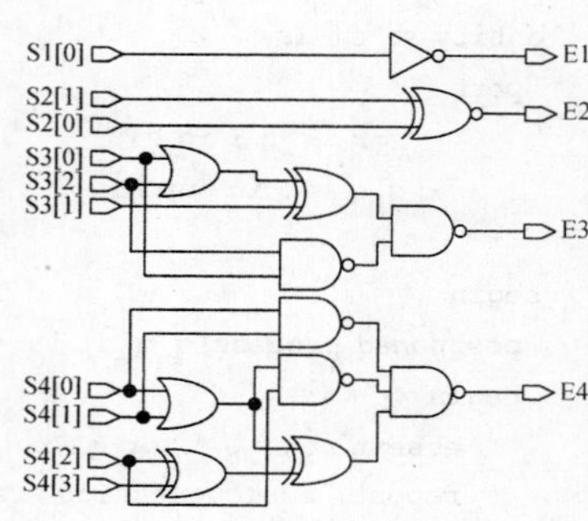

图 4.9 并行过程调用的结构

图 4.9 给出了并行过程调用的结构。

4.11.4 并行断言语句

并行断言语句表示一个包含断言语句的被动过程，其语法格式为

```
[label :][postponed] assertion;
```

例 4.151 并行断言 VHDL 描述的例子。

```
entity s_r_ff is
  port(
        s,r : in bit;
        q,q_n : out bit
        );
end entity s_r_ff;
architecture rtl of s_r_ff is
begin
  q <= '1' when s else
        '0' when r;
        q_n <= '0' when s else
          '1' when r;
        check : assert not (s and r)
          report "Incorrect use of s_r_ff: " &
              "s and r both '1'";
end architecture rtl;
```

4.11.5 并行信号分配语句

信号分配语句可以在进程内部使用,此时它以顺序语句的形式出现。当在结构体的进程外使用信号分配语句时,该语句将作为并行语句出现。并行信号分配语句的格式为:

```
target_signal <= [postponed] expression;
```

例 4.152 并行信号分配 VHDL 描述的例子。

```
architecture behav of a_var is        --并行信号赋值语句
begin
   output <= (a and b) or c;
end behav;

architecture behav of a_var is        —进程内部信号赋值语句
begin
 process(a, b,c)
 begin
 output <= (a and b) or c;
 end process;
end behav;
```

从该例子可以看出,一个简单并行信号分配语句实际上是一个进程的缩写。

(1) 并行信号分配语句中的任何一个信号值发生变化时,就会立即执行分配(赋值)操作。

(2) 在进程内,只有当敏感向量表中的敏感向量发生变化时,才会执行赋值操作。

1. 条件信号分配语句

条件信号分配语句是并发描述语句,它可以根据不同的条件将多个不同表达式中的一个值带入信号量。条件信号分配语句和 if 语句等价,条件信号分配语句的描述的格式为

```
signal_name <=  expression when condition else
                  expression when condition else
                       …
                  expression;
```

其中,signal_name 为目标信号的名字;expression 为用于对目标信号分配(赋值)的表达式;condition 表示不同的选择条件。

例 4.153 条件信号赋值 VHDL 描述的例子。

```
entity mux4 is
  port(i0, i1, i2, i3  :   in   std_logic;
                 sel :   in   std_logic_vector(1 downto 0);
                  q:     out std_logic);
 end mux4;
architecture rtl of mux4 is
begin
    q <= i0  when  sel  =  "00"else
         i1  when  sel  =  "01"else
         i2  when  sel  =  "10"else
```

```
        i3  when  sel = "11";
end rtl;
```

2. 选择信号分配语句

选择信号分配语句格式为

```
with choice_expression select
    name <= expression when choices,
            expression when choices,
              …
            expression when others;
```

其中,choice_expression 为选择条件的表达式;name 为分配过程的目标信号;expression 为赋值过程的源表达式;choices 为条件表达式的具体的条件值。

在应用选择信号分配(赋值)语句的时候应注意:

(1) 不能有重叠的条件分支。

(2) 最后条件可为 others。否则,其他条件必须包含表达式所有可能的值。

(3) 选择信号赋值语句与进程中的 case 语句等价。

例 4.154 选择信号赋值 VHDL 描述的例子。

```
entity mux4 is
    port(i0, i1, i2, i3   :   in   std_logic;
                    sel:      in   std_logic_vector(1 downto 0);
                      q :     out  std_logic);
 end mux4;
architecture rtl of mux4 is
begin
      with sel select
            q<= i0   when"00" ,
                i1   when  "01" ,
                i2   when  "10" ,
                i3   when  "11" ,
                'X'   when others;
end rtl;
```

4.11.6 元件例化语句

元件例化是将低层元件安装(调用)到当前层次的设计实体内部,元件例化语句的语法格式为:

```
instantiation_label :instantiated_unit
[ generic_map]
[ port_map] ;
instantiated_unit : : =
[ component ] component_name
| entity entity_name [ ( architecture_identifier ) ]
| configuration configuration_name
```

例 4.155 元件声明、例化和对应配置 VHDL 描述的例子。

```
component
    COMP port (A,B : inout BIT);
end component;
for C: COMP use
    entity X(Y)
    port map (P1  => A, P2  => B) ;
      ⋮
  C: COMP port map (A  => S1, B  => S2);
```

例 4.156 实体例化 VHDL 描述的例子。

```
entity X is
    port (P1, P2 : inout BIT);
    constant Delay: Time := 1 ms;
begin
    CheckTiming (P1, P2, 2 * Delay);
end X ;
architecture Y of X is
    signal P3: Bit;
begin
    P3 <=  P1 after Delay;
    P2 <=  P3 after Delay;
    B: block
      ⋮
    begin
      ⋮
    end block;
end Y;
```

通过下面的元件例化语句,来例化这个设计实体。

```
C: entity Work.X (Y) port map (P1  => S1, P2  => S2);
```

例 4.157 配置声明 VHDL 描述的例子。

```
configuration Alpha of X is
        for Y
         ⋮
      end for;
  end configuration Alpha;
```

使用下面的语句实现元件例化

```
C: configuration Work.Alpha port map (P1  => S1, P2  => S2);
```

4.11.7 生成语句

生成语句主要用于生成 0 个或多个器件,其实质就是一种并行结构。

1. for generate 语句

for generate 语句的语法格式为

```
generate_label:for name in lower_limit to upper_limit generate
               [block_declarative_item
               begin]
                    concurrent_statement
               end generate [generate_label] ;
```

其中,generate_label 为生成语句的标号。name 为循环变量的名字；lower_limit 和 upper_limit 分别为整数表达式的下限和上限；block_declarative_item 为块声明条目；concurrent_statement 为并行描述语句。

例 4.158 for generate 语句 VHDL 描述的例子。该例子用于创建 8 比特加法器。

```
entity EXAMPLE is
port (
      A,B : in BIT_VECTOR (0 to 7);
      CIN : in BIT;
      SUM : out BIT_VECTOR (0 to 7);
      COUT : out BIT
      );
end EXAMPLE;
architecture ARCHI of EXAMPLE is
signal C : BIT_VECTOR (0 to 8);
begin
    C(0) <= CIN;
    COUT <= C(8);
    LOOP_ADD : for I in 0 to 7 generate
               SUM(I) <= A(I) xor B(I) xor C(I);
               C(I+1) <= (A(I) and B(I)) or (A(I) and C(I)) or (B(I) and C(I));
    end generate;
end ARCHI;
```

2. if generate 语句

if generate 语句是有条件地生成 0 个或 1 个器件,if generate 为并行语句,if generate 语句的语法格式为

```
generate_label: if condition generate
                begin
                   concurrent_statement;
                end generate;
```

其中,generate_label 为生成语句的标号；condition 为产生语句的运行条件；concurrent_statement 为并行描述语句。

例 4.159 if generate 语句 VHDL 描述的例子,该例子创建 8 位加法器。

```
entity EXAMPLE is
    generic (N : integer := 8);
    port (
         A,B : in BIT_VECTOR (N downto 0);
         CIN : in BIT;
         SUM : out BIT_VECTOR (N downto 0);
         COUT : out BIT );
```

```
end EXAMPLE;
architecture ARCHI of EXAMPLE is
  signal C : BIT_VECTOR (N + 1 downto 0);
begin
    L1: if (N >= 4 and N <= 32) generate
        C(0) <= CIN;
        COUT <= C(N + 1);
      LOOP_ADD : for I in 0 to N generate
           SUM(I) <= A(I) xor B(I) xor C(I);
           C(I + 1) <= (A(I) and B(I)) or (A(I) and C(I)) or (B(I) and C(I));
      end generate;
   end generate;
end ARCHI;
```

第5章 Verilog HDL 语言规范

CHAPTER 5

本章介绍 IEEE Std 1364-2005 版本的 Verilog HDL 语言规范，其中包括 Verilog HDL 语言发展、Veriog HDL 程序结构、Verilog HDL 描述方式、Verilog HDL 语言要素、Verilog HDL 数据类型、Verilog HDL 表达式、Verilog HDL 分配、Verilog HDL 门级和开关级描述、Verilog HDL 用户自定义原语、VerilogHDL 行为描述语句、Veilog HDL 任务和函数、Verilog HDL 层次化结构、Verilog 设计配置、Verilog HDL 指定块、Verilog HDL 时序检查、Verilog HDL SDF 逆向注解、Verilog HDL 系统任务和函数、Verilog HDL 编译指示语句、Verilog HDL 编程语言接口 PLI。

5.1 Verilog HDL 语言发展

Verilog HDL(以下简称 Verilog)是一种硬件描述语言，支持从晶体管级到行为级的数字系统建模。

Verilog 最早是由 Gateway 设计自动化公司的工程师于 1983 年底创立的，当时 Gateway 设计自动化公司还叫做自动集成设计系统(Automated Integrated Design Systems)公司，1985 年公司将名字改成了前者，该公司的菲尔·莫比(Phil Moorby)完成了 Verilog 的主要设计工作。1990 年，Cadence 公司收购 Gateway 设计自动化公司。

Open Verilog International(OVI)是促进 Verilog 发展的国际性组织。1992 年，OVI 决定致力于推广 Verilog OVI 标准使其成为电气电子工程师学会(IEEE)标准。通过不懈的努力，Verilog 语言于 1995 年成为 IEEE 标准，称为 IEEE Std 1364-1995。

设计人员在使用 Verilog 这个版本的过程中发现了一些改进之处。为了解决设计者在使用此版本 Verilog 过程中遇到的问题，对 Verilog 标准进行了修正和扩展，后来这部分内容被再次提交给 IEEE。这个扩展后的版本后来成为 IEEE Std 1364-2001，即通常所说的 Verilog-2001。Verilog-2001 是对 Verilog-95 的一个重大改进版本，它具备一些新的实用功能，如敏感列表、多维数组、生成语句块、命名端口连接等。目前，Verilog-2001 是 Verilog 的最主流版本，被大多数商业电子设计自动化软件包支持。

2005 年，Verilog 再次进行了更新，即 IEEE Std 1364-2005，该版本只是对上一版本的细微修正，这个版本还包括了一个相对独立的新部分，即 Verilog-AMS，这个扩展使得传统的 Verilog 可以对集成的模拟和混合信号系统进行建模。容易与电气电子工程师学会 1364-2005 标准混淆的是 SystemVerilog 硬件验证语言(IEEE Std 1800-2005)，它是 Verilog-2005

的一个超集，它是对硬件描述语言、硬件验证语言的一个集成。

2009 年，将 IEEE 1364-2005 和 IEEE 1800-2005 两个部分合并为 IEEE 1800-2009，成为一个新的、统一的 SystemVerilog 硬件描述验证语言（hardware description and verification language，HDVL）。

本书所介绍的 Veilog HDL 基于 IEEE Std 1364-2005 版本。

5.2 Verilog HDL 程序结构

描述复杂的硬件电路，设计人员总是将复杂的功能划分为简单的功能，模块是提供每个简单功能的基本结构。设计人员可以采取“自顶向下”的思路，将复杂的功能模块划分为低层次的模块。这一步通常是由系统级的总设计师完成，而低层次的模块则由下一级的设计人员完成。自顶向下的设计方式有利于系统级的层次划分和管理，提高了设计效率、降低了设计成本。

使用 Verilog 描述硬件的基本设计单元是模块（module）。复杂电子电路的构建，主要是通过模块间的相互连接调用来实现的。在 Verilog 中将模块包含在关键字 module、endmodule 之内。Verilog 中的模块类似 C 语言中的函数，它能够提供输入、输出端口，并且可以通过例化调用其他模块。当然，该模块也可以被其他模块例化调用，模块中可以包括组合逻辑部分和时序逻辑部分。

在 Verilog 中，通常需要一个高层模块通过调用其他模块的实例来定义一个封闭的系统，包括测试数据和硬件描述。一个模块通过它的端口（输入/输出端口）为更高层的设计模块提供必要的连通性，但是又隐藏了其内部的具体实现。这样，在修改其模块的内部结构时不会对整个设计的其它部分造成影响。

图 5.1 给出了 Verilog 模块的程序结构图表示，Verilog 结构位于 module 和 endmodule 声明语句之间，每个 Verilog 程序包括端口定义、数据类型说明和逻辑功能定义部分。其中模块名是模块唯一的标识符；端口列表是由模块各个输入、输出和双向端口组成的一个端口列表，这些端口用来与其他模块进行通信；数据类型说明用来说明模块内用到的数据对象是网络类型还是变量类型；逻辑功能定义是通过使用逻辑功能语句实现具体的逻辑功能。

图 5.1 Verilog 程序的结构

对于 Verilog 语言来说，有下面的特征：

（1）每个 Verilog HDL 源文件都以.v 作为文件扩展名。

（2）Verilog HDL 区分大小写，也就是说大小写不同的标识符是不同的。

（3）Verilog HDL 程序的书写与 C 语言类似，一行可以写多条语句，也可以一条语句分成多行书写。

（4）每条语句以分号结束，endmodule 语句后不加分号。

（5）空白（新行、制表符和空格）没有特殊意义。

5.2.1 模块声明

模块声明包括模块名字、模块的输入和输出端口列表,模块定义的语法格式如下

```
module < module_name >(port_name1, …,port_namen);
….
….
….
endmodule
```

其中,module_name 为模块名,是该模块的唯一标识; port_name 为端口名,这些端口名使用“,”分割。

5.2.2 模块端口定义

端口是模块与外部其他模块进行信号传递的通道(信号线),模块端口分为输入、输出或双向端口。

(1) 输入端口定义的语法格式如下:

```
input < input_port_name >, …< other_inputs >…;
```

其中,input 为关键字,用于声明后面的端口为输入端口; input_port_name 为输入端口名字; other_inputs 为用逗号分割的其他输入端口的名字。

(2) 输出端口定义的语法格式如下:

```
output < output_port_name >, …< other_outputs >…;
```

其中,output 为关键字,用于声明后面的端口为输出端口; output_port_name 为输出端口名字; other_outputs 为逗号分割的其他输出端口的名字。

(3) 输入输出端口(双向端口)的定义格式如下

```
inout < inout_port_name >, …< other_inouts >…;
```

其中,inout 为关键字,用于声明后面的端口为输入输出类型的端口; inout_port_name 为输入输出端口的名字; other_inouts 为逗号分割的其他输入/输出端口的名字。

在声明端口的时候,除了声明其输入/输出外,还需要注意以下几点:

(1) 在声明输入端口、输出端口或者输入输出端口时,还要声明其数据类型。对于端口来说,可用的数据类型是网络型(net)或者寄存器(reg)型。当没有明确指定端口类型时,将端口默认为网络类型。

(2) 可以将输出端口重新声明为寄存器类型。无论是在网络类型说明还是寄存器类型说明中,网络类型或寄存器类型必须与端口说明中指定的宽度相同。

(3) 不能将输入端口和双向端口指定为寄存器型。

例 5.1 端口声明实例。

```
module test(a,b,c,d,e,f,g,h);
input [7:0] a;                    // 没有明确的说明 - 网络是无符号的
input[7:0] b;
```

```
input signed [7:0] c;
input signed [7:0] d;                // 明确的网络说明 - 网络是有符号的
output [7:0] e;                      // 没有明确的说明 - 网络是无符号的
output[7:0] f;
output signed [7:0] g;
output signed [7:0] h;               //明确的网络说明 - 网络是有符号的
wire signed [7:0] b;                 // 从网络声明中,端口 b 继承了有符号的属性
wire [7:0] c;                        // 网络 c 继承了来自端口的有符号的属性
reg signed [7:0] f;                  //从寄存器声明中,端口 f 继承了有符号的属性
reg [7:0] g;                         //寄存器类型的 g 继承了来自端口的有符号的属性
endmodule
```

注意,在 verilog 中,也可以使用 ANSI C 风格声明端口。这种风格声明的优点是避免了在端口列表和端口声明语句中重复端口名。如果声明中未指明端口的数据类型,那么默认端口为 wire 数据类型。下面给出前面模块的另一种声明方法。

例 5.2 ANSI C 风格的端口说明实例。

```
module test (
input[7:0] a,
input signed [7:0] b, c, d,          // 多个共享所有属性的端口,可以一起声明
output [7:0] e,                      // 必须在每个端口声明中,单独声明每个端口的属性
output reg signed [7:0] f, g,
output signed [7:0] h) ;             // 在模块体中重新声明模块的任何端口都是非法的
endmodule
```

5.2.3 逻辑功能定义

逻辑功能定义是 Verilog 程序结构中最重要的部分,逻辑功能定义用于实现模块中的具体逻辑功能。在逻辑功能定义部分,可以使用多种方法实现逻辑功能,主要包含以下四种。

1. 分配语句实现逻辑定义

分配语句是最简单的逻辑功能描述,由 assign 分配语句定义逻辑功能。

例 5.3 分配语句用于逻辑功能定义的例子。

```
assign F =~((A&B)|(~(C&D)));
```

2. 模块调用

所谓模块调用,是指来自模块模板所生成实际电路结构对设计中其他对象的操作,这样的电路结构对象称之为模块实例,模块调用也被称为实例化(例化)。每一个实例都有它自己的名字、变量、参数和 I/O 接口。此外,一个 Verilog 模块可以由任意多个其他模块调用。

在 Verilog HDL 语言中,不能嵌套定义模块,即在一个模块的定义内不能包含另一模块的定义,但是却可以包含对其他模块的复制,即调用其他模块的例化。模块的定义和模块的例化是两个不同的概念。在一个设计中,只有通过模块调用(例化)才能使用一个模块,后续章节将详细介绍模块的例化和调用方法。下面给出一个模块调用的例子。

例 5.4 顶层模块调用底层模块的例子。

```
module top;
reg clk;
reg[0:4] in1;
```

```
reg[0:9] in2;
wire[0:4] o1;
wire[0:9] o2;
vdff m1 (o1, in1, clk);
vdff m2 (o2, in2, clk);
endmodule
```

3. 在 always 过程赋值

always 块经常用来描述时序逻辑电路。下面给出一个使用 always 过程实现计数器的例子，在后续章节会详细地说明 always 过程。

例 5.5 always 过程实现计数器的例子。

```
always @(posedge clk)
begin
    if(reset) out <= 0;
    else out <= out + 1;
end
```

4. 函数和任务调用

模块调用和函数调用非常相似，但是在本质上又有很大差别。

(1) 一个模块代表拥有特定功能的一个电路块。每当一个模块在其他模块内被调用一次时，就会在调用模块内复制一次被调用模块所表示的电路结构(即生成被调用模块的一个实例)。

(2) 模块调用不像函数调用那样具有“退出调用”的操作，因为硬件电路结构不会随着时间而发生变化，被复制的电路块将一直存在。

后续章节会详细介绍函数和任务的声明和调用方法。下面给出一个函数调用的例子，用于帮助读者了解函数调用方法。

例 5.6 函数调用的例子。

```
module tryfact;
// 定义函数
function automatic integer factorial;
input[31:0] operand;
integer i;
if(operand >= 2)
    factorial = factorial (operand - 1) * operand;
else
    factorial = 1;
endfunction
// 测试函数
integer result;
integer n;
initial
  begin
    for(n = 0; n <= 7; n = n+1)
    begin
        result = factorial(n);
        $display(" %0d factorial = %0d", n, result);
```

```
    end
  end
endmodule
```

注：在 Verilog 语言中，begin end 关键字的功能类似于 C 语言中的{ }，在 begin end 中间是一系列的逻辑行为的描述语句。

5.3 Verilog HDL 描述方式

模块内具体逻辑行为的描述方式又称为建模方式。根据设计的不同要求，每个模块内部具体的逻辑行为描述方式可以分为四种抽象级别。对于外部来说，看不到逻辑行为的具体实现方式。因此，模块内部的具体逻辑行为描述相对于外部其他模块来说是不可见的。改变一个模块内部逻辑行为的描述方式，并不会影响该模块与其他模块的连接关系。Verilog HDL 提供了下面四种方式描述具体的逻辑行为：

(1) 行为级描述方式；

(2) 数据流描述方式；

(3) 结构级描述方式；

(4) 开关级描述方式。

5.3.1 行为级描述方式

Verilog HDL 的行为级描述是最能体现电子设计自动化风格的硬件描述方式，它既可以描述简单的逻辑门，也可以描述复杂的数字系统乃至微处理器；既可以描述组合逻辑电路，也可以描述时序逻辑电路。因此，它是 Verilog HDL 最高抽象级别的描述方式。可以按照要求的设计算法来实现一个模块，而不用关心该模块具体硬件实现的细节。这种抽象级别描述方式非常类似 C 编程。行为级描述只能用于对设计进行仿真，而不能用于对设计进行综合；逻辑行为的描述是通过行为描述语句来实现的。可使用下述过程语句结构描述行为功能。

(1) initial 语句，该语句只执行一次。

(2) always 语句，该语句循环执行若干次。

只有寄存器类型的数据能够在这两种语句中被复制。在被赋新值前，寄存器型数据保持原有值不变。所有的 initial 语句和 always 语句在零时刻并行执行。

例 5.7 Verilog HDL 行为级描述的例子。

```
module behave;
reg[1:0] a, b;
initial begin
    a = 'b1;
    b = 'b0;
end
always begin
    #50 a = ~a;
end
always begin
```

```
        #100 b = ~b;
    end
    endmodule
```

在仿真这个模型时，在0时刻，分别将寄存器型的变量a和b初始化为1和0。在仿真的过程中，只执行一次这个初始的结构(initial)，这个初始的结构存在于begin-end之间。在这个模块中，首先初始化a，后面跟随b。

在0时刻，开始always结构；但是，并不改变变量的值，一直持续到指定的延迟控制时间为止(#后的数字控制时间长度)。

在50个时间单位后，寄存器型变量a翻转；在100个时间单位后，寄存器型变量b翻转。

由于总是重复执行always结构，因此，这个模型将生成两个方波。每到50个时间单位时，就切换寄存器型变量a。每到100个时间单位时，就切换寄存器型变量b。在整个仿真的过程中，并发执行两个always结构。

5.3.2 数据流描述方式

数据流描述方式，也称为RTL(寄存器传输级)描述方式。如图5.2所示，所谓的数据流描述可以这样理解，即在一个复杂的数字系统中，应该包含有数据流和控制流。控制流用于控制数据的"流向"，即数据将要到达的地方。

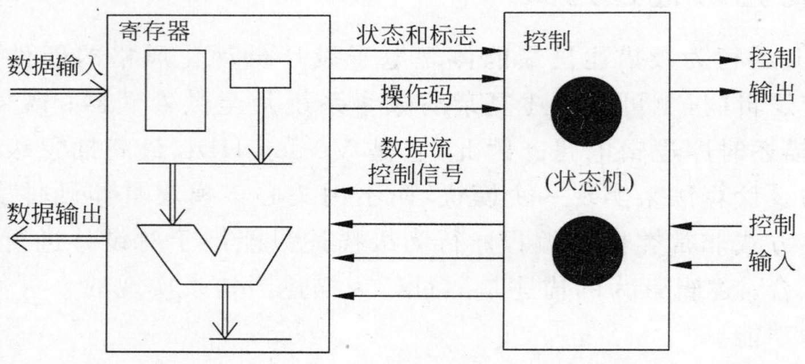

图5.2 RTL级描述原理

如图5.3所示，从寄存器传输级的角度，可以这样理解，即在寄存器之间插入组合逻辑电路。在一个复杂的数字系统中，任何数据从输入到输出，都需要经过寄存器，寄存器用于在复杂数字系统中重定序和记忆。这样，就能保证数据从输入到输出满足时序收敛条件，不会出现竞争冒险和亚稳定状态。

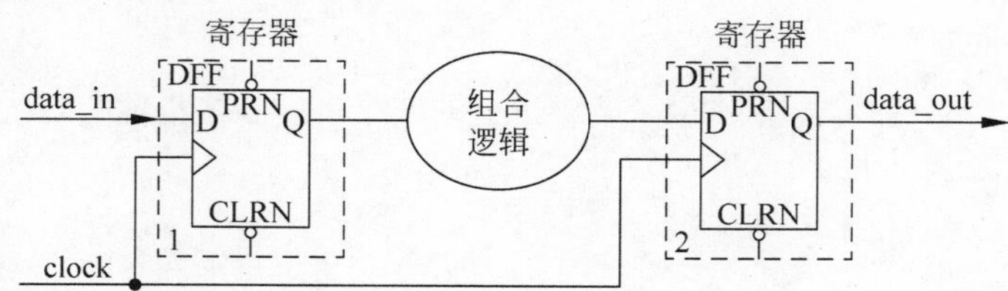

图5.3 数据流描述原理

例 5.8 2：1 多路复用器 Verilog HDL 数据流描述方式例子。

图 5.4 给出了 2：1 多路复用器的原理图。下面给出 Verilog HDL 数据流描述代码。

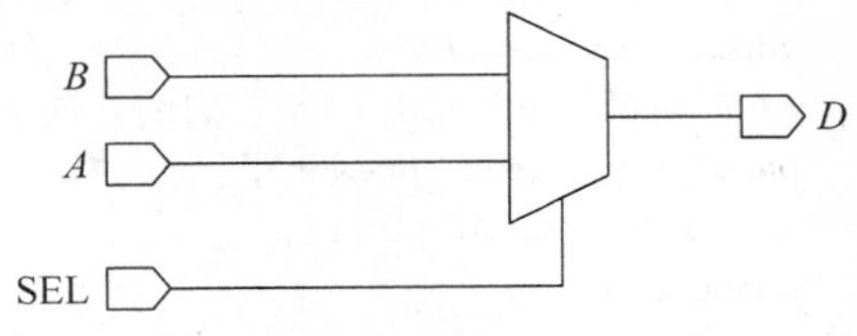

图 5.4 2：1 多路复用器原理

```
always @(SEL or A or B)
if (SEL)
 D<= A;
else
 D<= B;
```

讲完数据流描述方式，经常有读者会问行为级描述方式到底和数据流描述方式的本质区别在什么地方？下面对其进行分析：

(1) 行为级描述中，包含一些设计元素，在 FPGA 内无法找到相应的逻辑单元来实现这些设计元素。而在数据流描述中，只包含可以在 FPGA 内实现的设计元素。

(2) 行为级描述，一般只用于对设计进行仿真，也就是生成对设计的测试向量，通过特定的仿真软件来测试设计有无设计缺陷。但是，不能转换成 FPGA 的具体物理实现；而数据流描述，用于对设计进行综合，最后下载到 FPGA 器件进行具体的物理实现。

5.3.3 结构级描述方式

结构描述就是在设计中，通过调用库中的元件或者是已经设计好的模块来完成设计实体功能的描述。通常情况下，在使用层次化设计时，一个高层次模块会调用一个或者多个低层次模块。这种模块的调用是通过模块例化语句实现的。

模块例化语句的基本格式如下

```
<module_name><list_of_variable><module_example_name>(<list_of_port>);
```

其中，

(1) module_name 是指被调用模块指定的模块名字。

(2) list_of_variable 是可选项，它是由一些参数值组成的一个有序列表，将这些参数值传递给被调用模块实例内的各个参数。

(3) module_example_name 是调用该模块时所生成的模块实例所命名的一个名字，它是被调用模块实例的唯一标识。

在某一模块内，可以多次调用同一模块。但是，每次调用生成的模块实例名不能重复。实例名和模块名的区别是，模块名表示不同的模块，即用来区分电路单元的不同种类；而实例名则表示不同的模块实例，用来区分电路系统中的不同硬件电路单元。

(4) list_of_port 是由外部信号组成的一个有序列表，这些外部信号端口表示与模块实例各个端口的相连。所以，<list_of_port>指明了模块实例端口与外部电路的具体连接情况。

注： 在 Verilog HDL 中，提供两种方法用于端口信号的连接。可以按照端口列表的顺序进行端口的映射，也可以通过端口的名字进行映射。下面的例子将说明这两种方法实现端口信号的连接。

例 5.9 Verilog HDL 结构化描述例子，在该例子中采用位置关联端口。

```
// 低层次模块
// 一个与非门触发电路的模块描述
```

```
module ffnand (q, qbar, preset, clear);
output q, qbar;                    //声明两个电路输出网络
input preset, clear;               //声明两个电路输入网络
//声明两个 nand 门,以及它们的互连
nand g1 (q, qbar, preset),
    g2 (qbar, q, clear);
endmodule

//较高层次模块
//用于与非触发器的一个波形描述
module ffnand_wave;
wire out1, out2;                   //来自电路的输出
reg in1, in2;                      //到输出的驱动变量
parameter d = 10;
//例化电路 ffnand,并将其命名为"ff",并且指定端口互连
    ffnand ff(out1, out2, in1, in2);
//定义用于仿真电路的波形
initial begin
    #d in1 = 0; in2 = 1;
    #d in1 = 1;
    #d in2 = 0;
    #d in2 = 1;
end
endmodule
```

思考与练习 1　请画出生成的 ffnand 的结构。并分析其测试原理。

例 5.10　Verilog HDL 结构化描述例子,在该例子中采用名字关联端口。

```
//用于测试 ffnand 电路的波形描述,没有输出端口
module ffnand_wave;
reg in1, in2;                      //驱动电路的两个变量
parameter d = 10;
    //例化 ffnand 模块两次
//ff1 的 qbar 没有连接, ff2 的 q 没有连接
ffnand ff1(out1, , in1, in2),
ff2(.qbar(out2), .clear(in2), .preset(in1), .q());
//定义仿真电路的波形
initial begin
    #d in1 = 0; in2 = 1;
    #d in1 = 1;
    #d in2 = 0;
    #d in2 = 1;
end
endmodule
```

5.3.4 开关级描述方式

从本质上来说,开关级属于结构化描述方式,但是其描述更接近于底层的门级和开关级电路。在本书中突出说明开关级描述方式,是为了说明 Verilog HDL 对底层强大的描述功能。

对于一个门或者开关例化来说,包含下面的描述:

(1) 关键字命名了门或者开关原语的类型。

(2) 可选的驱动强度。

(3) 可选的传播延迟。

(4) 可选的标识符,命名了每个门或者开关例化的名字。

(5) 可选的用于例化阵列的范围。

(6) 终端连接列表。

例 5.11 Verilog HDL 开关级描述例子。

```
module driver (in, out, en);
input[3:0] in;
output[3:0] out;
input en;
bufif0 ar[3:0] (out, in, en);     // 三态缓冲器阵列
endmodule

module driver_equiv (in, out, en);
input[3:0] in;
output[3:0] out;
input en;
bufif0 ar3 (out[3], in[3], en);  // 独立声明每个缓冲区
bufif0 ar2 (out[2], in[2], en);
bufif0 ar1 (out[1], in[1], en);
bufif0 ar0 (out[0], in[0], en);
endmodule
```

5.4 Verilog HDL 语言要素

Verilog 语言要素主要包括注释、间隔符、标识符、关键字、系统任务和函数、编译器命令、运算符、数字、字符串和属性。

5.4.1 注释

在 Verilog HDL 中有两种形式的注释。该语法规定和 C 语言一致。

(1) 单行注释,起始于双斜杠"//",表示该行结束以及新的一行开始。单行注释符号"//"在块注释语句内并无特定含义。

(2) 多行注释(块注释),以符号单斜杠星号"/ * "作为开始标志,以星号单斜杠" * /"作为结束标志。块注释不能嵌套。

5.4.2 间隔符

间隔符包括空格字符(\b)、制表符(\t)、换行符(\n)以及换页符,这些字符除了起到与其他词法标识符相分隔的作用外,可以被忽略。

间隔符除起到分隔的作用外,在必要的地方插入相应的空格或换行符,可以使程序文本易于用户阅读与修改。

在字符串中,将空白和制表符认为是有意义的字符。

5.4.3 标识符

Verilog HDL 中的标识符可以是任意一组字母、数字、$ 符号和_(下划线)符号的组合，是一个对象唯一的名字。对于标识符来说：

(1) 标识符的第一个字符必须是字母或者下划线。

(2) 标识符区分大小写。

在 Verilog HDL 中，标识符分为简单标识符、转义标识符。

1. 简单标识符

简单标识符是由字母、数字、货币符号($)、下划线构成的任意序列。简单标识符的第一个符号不能使用数字或 $ 符号，且简单标识符对大小写敏感。

例 5.12 简单标识符定义的例子。

```
shiftreg_a
busa_index
error_condition
merge_ab
_bus3
n$657
```

2. 转义标识符

转义标识符可以在一条标识符中包含任何可打印字符，转义标识符以\(反斜线)符号开头，以空白结尾。

空白可以是一个空格、一个制表字符或换行符。

例 5.13 下面给出转义标识符的例子。

```
\busa + index
\ - clock
\ *** error - condition ***
\net1/\net2
\{a,b}
\a * (b + c)
```

5.4.4 关键字

Verilog HDL 语言内部所使用的词称为关键字或保留字，不能随便使用这些保留字。所有的关键字都使用小写字母。本章附录 5-1 给出了关键字列表。

注： 如果关键字前面带有转义标识符，则不再作为关键字使用。

5.4.5 系统任务和函数

为了便于设计者对仿真过程进行控制以及对仿真结果进行分析，Verilog HDL 提供了大量的系统功能调用，大致可以分为两类：

(1) 任务型功能调用，称为系统任务。

(2) 函数型功能调用，称为系统函数。

Verilog HDL 中以 $ 字符开始的标识符表示系统任务或系统函数，它们的区别主要包含：(1)系统任务可以返回0个或多个值。

(2) 系统函数只有一个返回值。

(3) 系统函数在0时刻执行，即不允许延迟；而系统任务可以带有延迟。

例 5.14 系统任务 Verilog HDL 描述例子。

```
$display ("display a message");
$finish;
```

5.4.6 编译器命令

同C语言中的编译预处理指令一样，Verilog HDL也提供了大量编译指令。通过这些编译指令，使得EDA工具厂商用他们的工具解释Verilog HDL模型变得相当容易。以`(重音符号)开始的某些标识符是编译器指令。在编译Verilog HDL语言时，特定的编译器指令均有效，即编译过程可跨越多个文件，直到遇到其他不同编译指令为止。

例 5.15 编译器命令的 Verilog HDL 描述例子。

```
`define wordsize 8
```

5.4.7 运算符

Verilog提供了丰富的运算符，关于运算符的内容将在后面详细介绍。

5.4.8 数字

本节主要介绍整数型常量和实数型常量。

1. 整数型常量

整数型常量可以按如下方式表示。

1) 简单的十进制格式

这种形式的整数定义为带有一个可选的“＋”(一元)或“－”(一元)操作符的数字序列。

2) 基数表示法

这种形式的整数格式为

```
<size><'base_format><number>
```

其中，

(1) <size>。定义将数字(number)转换为二进制数后得到的位宽。该参数是一个非零的无符号十进制常数。

(2) <'base_format>。撇号是指定位宽格式表示法的固有字符，不能省略。base_format是用于表示数的基数格式(进制)的一个字母，对大小写不敏感。在撇号后可以添加下面的基数标识：①字母s/S，表示该数为有符号数。②字母o/O，表示八进制数。③字母b/B，表示二进制数。④字母d/D，表示十进制数。⑤字母h/H，表示十六进制数。

注： 撇号和基数标识之间不能有空格。

(3) <number>。是基于基数值的无符号数字序列,由基数格式所对应的数字串组成。数值 x 和 z 以及十六进制中的 a 到 f 不区分大小写。每个数字之间,可以通过"_"符号连接。

对于没有位宽和基数的十进制数,将其作为有符号数。然而,如果带有基数的十进制数包含了 s,则认为是有符号数;如果只带有基数,则认为是无符号数。s 指示符,不影响指定的比特符号,只是它的理解问题。

在位宽常数前的"+"或者"−"号,是一个一元的加或者减操作符。

注:负数应该用二进制的补码表示。

3) 非对齐宽度整数的处理

对于非对齐宽度整数的处理,遵循下面的规则:

(1) 当位宽小于无符号数的实际位数时,截断相应的高位部分。

(2) 当位宽大于无符号数的实际位数,且数值的最高位是 0 或 1 时,相应的高位部分补 0 或 1。

(3) 当位宽大于无符号数的实际位数,且数值的最高位是 x 或 z 时,相应的高位部分补 x 或 z。

(4) 如果未指定无符号数的位宽,那么默认的位宽至少为 32 位。

例 5.16 未指定位宽常数的例子。

```
659                          // 十进制数
'h 837FF                     // 十六进制数
'o7460                       // 八进制数
```

例 5.17 指定位宽常数的例子。

```
4'b1001                      // 四位二进制数
5 'D 3                       // 五位十进制数
3'b01x                       //三位数,其最低有效位未知(x 表示不确定)
12'hx                        // 十二位数,其值不确定
16'hz                        // 十六位数,其值为高阻(z 表示高阻状态)
```

例 5.18 带符号常数的例子。

```
8 'd - 6                     //非法声明
- 8 'd 6                     //定义了 6 的二进制补码,共 8 位,等效于 - (8'd6)
4 'shf                       // 定义了 4 位数,将其理解为 - 1 的二进制补码,等效于 - 4'h 1
- 4 'sd15                    //这个等效于 - ( - 4'd 1),或者 '0001'
16'sd?                       //和 16'sbz 相同
```

注:? 符号用于替换 z,对于十六进制,设置为四位;对于八进制,设置为三位;对于二进制,设置为一位。

例 5.19 自动左对齐的常数例子。

```
reg[11:0] a, b, c, d;
initial begin
    a = 'h x;                //生成 xxx
    b = 'h 3x;               //生成 03x
    c = 'h z3;               //生成 zz3
    d = 'h 0z3;              //生成 0z3
```

```
end
reg[84:0] e, f, g;
    e = 'h5;                    // 生成{82{1'b0},3'b101}
    f = 'hx;                    // 生成{85{1'hx}}
    g = 'hz;                    // 生成{85{1'hz}}
```

例 5.20　带下划线的常数例子。

```
27_195_000
16'b0011_0101_0001_1111
32 'h 12ab_f001
```

注：当分配 reg 数据类型时，带宽度限制的负常数和带宽度限制的有符号数都是符号扩展，而不考虑 reg 本身是否是有符号的。

2. 实数型常量

在 IEEE Std 754—1985 中，对实数的表示进行了说明。该标准用于双精度浮点数。实数可以用十进制计数法或者科学计数法表示。

注：十进制小数点两边，至少要有一个数字。

例 5.21　实数常量有效表示的例子。

```
1.2
0.1
2394.26331
1.2E12                          //指数符号为 e 或者 E
1.30e-2
0.1e-0
23E10
29E-2
236.123_763_e-12                //忽略下划线
```

例 5.22　实数常量无效表示的例子。

```
.12
9.
4.E3
.2e-7
```

3. 实数到整数的转换

Verilog HDL 语言规定，通过四舍五入到最近整数的方法，将实数转换为整数。

例 5.23　对实数四舍五入后的表示。

```
42.446 和 42.45 转换为整数 42
92.5 和 92.699 转换为整数 93
-15.62 转换为整数 -16
-26.22 转换为整数 -26
```

5.4.9　字符串

字符串是双引号内的字符序列，用一串 8 位二进制 ASCII 码的形式表示，每一个 8 位二进制 ASCII 码代表一个字符，例如字符串“ab”等价于 16'h5758。如果字符串被用作 Verilog 表达式或复制语句的操作数时，字符串被当作无符号整数序列。

1. 字符串变量声明

字符串变量是寄存器型变量,它的位宽等于字符串的字符个数乘以 8。

例 5.24 字符串变量的声明。

典型地,存储 12 个字符的字符串"Hello China!"需要 8×12(即 96 位)宽的寄存器。

```
reg[8 * 12:1] str1;
  initial
    begin
      str = "Hello China!";
    end
```

2. 字符串操作

可以使用 Verilog HDL 的操作符对字符串进行处理,被操作符处理的数据是 8 位 ASCII 码的序列。对于非对齐宽度的情况,采用下面的方式进行处理:

(1) 在操作过程中,如果声明的字符串变量位数大于字符串实际长度,则在赋值操作后,字符串变量的左端(即高位)补 0。这一点与非字符串值的赋值操作是一致的。

(2) 如果声明的字符串变量位数小于字符串实际长度,那么截断字符串的左端,这样就丢失了高位字符。

例 5.25 字符串操作的例子。

```
module string_test;
     reg[8 * 14:1] stringvar;
initial
begin
    stringvar = "Hello China";
    $display(" % s is stored as % h",stringvar,stringvar);
    stringvar = {stringvar."!!!"};
    $display(" % s is stored as % h",stringvar,stringvar);
end
endmodule
```

输出结果为

```
Hello China is stored as 00000048656c6c6f20776f726c64
Hello China!!! is stored as 48656c6c6f20776f726c64212121
```

3. 特殊字符

在某些字符之前可以加上一个引导性的字符(转义字符),这些的字符只能用于字符串中。表 5.1 列出了这些特殊字符的表示和意义。

表 5.1 特殊字符的表示和意义

特殊字符表示	意 义
\n	换行符
\t	Tab 键
\\	符号\
\"	符号"
\ddd	3 位八进制数表示的 ASCII 值(0<<d<<7)

5.4.10 属性

随着工具的扩展，除了仿真器使用 Verilog HDL 作为其输入源外，还包含另外一个机制，即在 Verilog HDL 源文件中指定对象、描述和描述组的属性。这些属性可以用于各种工具中，包括仿真器、控制工具的操作行为，这些属性称为 attribute。

指定属性的格式为

```
(* attribute_name = constant_expression *)
```

或者

```
(* attribute_name *)
```

例 5.26 将属性添加到 case 描述的 Verilog HDL 描述例子。

```
(* full_case, parallel_case *)
case (foo)
            <rest_of_case_statement>
(* full_case = 1 *)
(* parallel_case = 1 *)          // 多个属性
case (foo)
  <rest_of_case_statement>
```

或者

```
(* full_case,                    // 没有分配值
  parallel_case = 1 *)
case (foo)
    <rest_of_case_statement>
```

例 5.27 添加 full_case 属性，但是没有 parallel_case 属性的 Veriog HDL 描述。

```
(* full_case *)                  // 没有声明 parallel_case
case (foo)
    <rest_of_case_statement>
```

或者

```
(* full_case = 1, parallel_case = 0 *)
case (foo)
    <rest_of_case_statement>
```

例 5.28 将属性添加到模块定义的 Verilog HDL 描述例子。

```
(* optimize_power *)
module mod1 (<port_list>);
```

或者

```
(* optimize_power = 1 *)
module mod1 (<port_list>);
```

例 5.29 将属性添加到模块例化 Verilog HDL 描述例子。

```
(* optimize_power = 0 *)
  mod1 synth1 (<port_list>);
```

例 5.30 将属性添加到 reg 声明 Verilog HDL 描述例子。

```
(* fsm_state *) reg [7:0] state1;
  (* fsm_state = 1 *) reg [3:0] state2, state3;
  reg [3:0] reg1;                          // 这个 reg 没有 fsm_state 设置
  (* fsm_state = 0 *) reg [3:0] reg2;     // 这个也没有
```

例 5.31 将属性添加到操作符 Verilog HDL 描述例子。

```
a = b + (* mode = "cla" *) c;          //将属性模式的值设置为字符串 cla。
```

例 5.32 将属性添加到一个 Verilog 函数调用 Verilog HDL 描述例子。

```
a = add (* mode = "cla" *) (b, c);
```

例 5.33 将属性添加到一个有条件操作符 Verilog HDL 描述例子。

```
a = b ? (* no_glitch *) c : d;
```

5.5 Verilog HDL 数据类型

Verilog HDL 数据类型包括值的集合、网络和变量、向量、强度、隐含声明、网络类型、寄存器类型、整数/实数/时间、数组、参数和 Verilog 名字空间。

5.5.1 值的集合

Verilog HDL 有下列四种基本的值：

(1) 0，逻辑 0 或“假”状态。

(2) 1，逻辑 1 或“真”状态。

(3) x(X)，未知状态，对大小写不敏感。

4) z(Z)，高阻状态，对大小写不敏感。

注：

(1) 对这四种基本值的解释都内置于 Vevilog HDL 中，如一个为 z 的值总是意味着高阻抗，一个为 0 的值通常是指逻辑 0。

(2) 通常地，将门输入或一个表达式中的“z”解释成“x”，在 MOS 原语中例外。

5.5.2 网络和变量

在 Verilog HDL 中，根据赋值和保持值方式不同，可将数据类型主要分为两大类，即网络型和变量型。这两种数据类型也代表了不同的硬件结构。

1. 网络声明

网络类型表示器件之间的物理连接，需要门和模块的驱动。网络类型不保存值(除

trireg 以外)，其输出始终根据输入的变化而变化。

对于没有声明的网络，默认为一位(标量)wire 类型；Verilog HDL 禁止再次声明已经声明过的网络、变量或参数。下面给出声明网络类型的语法格式

```
<net_type> [range] [delay] <net_name>[,net_name];
```

其中，

(1) net_type 表示网络类型数据。

(2) range 用来表示数据为标量或矢量。若没有声明范围，则表示数据为 1 位的标量；否则，由该项指定数据的矢量形式。

(3) delay 指定仿真延迟时间。

(4) net_name 为网络名字，可以一次定义多个网络，多个网络之间用逗号隔开。

例 5.34 声明网络类型 Verilog HDL 描述的例子。

```
wand w;                                 // 一个标量 wand 网络类型
tri [15: 0] bus;                        // 16 位三态总线网络类型
wire [0: 31] w1, w2;                    // 两个 32 位网络类型,MSB 为 bit0
```

2. 变量声明

变量是对数据存储元件的抽象。从当前赋值到下一次赋值之前，变量应当保持当前的值不变。程序中的赋值语句将引起保存在数据元件中值的改变。

(1) 对于 reg、time 和 integer 这些变量类型数据，它们的初始值应当是未知(x)。

(2) 对于 real 和 realtime 变量类型数据，默认的初始值是 0.0。

(3) 如果使用变量声明赋值语句，那么变量将声明赋值语句所赋的值作为初值，这与 initial 结构中对变量的赋值等效。

注：在变量数据类型中，只有 reg 和 integer 变量类型数据是可综合的，其他是不可综合的。

5.5.3 向量

在一个网络或寄存器类型的声明中，如果没有指定其范围，默认将其当作 1 比特位宽。也就是通常所说的标量。通过指定范围，声明多位的网络类型或寄存器类型数据，则称为矢量(也叫做向量)。

1. 向量声明

向量范围由常量表达式来说明，msb_constant_expression(最高有效位常量表达式)代表范围的左侧值，lsb_constant_expression(最低有效位常量表达式)代表范围的右侧值，右侧表达式的值可以大于、等于、小于左侧表达式的值。

网络型和寄存器型向量遵循以 2 为模(2^n)的幂乘算术运算法则，此处的 n 值是向量的位宽。如果没有将网络型和寄存器型向量声明为有符号量或者将其连接到一个已声明为有符号的数据端口，则该向量作无符号的向量。

例 5.35 向量声明 Verilog HDL 描述的例子。

```
wand w;                          // wand 类型的标量
tri [15:0] busa;                 // 一个三态 16 位总线
trireg (small) storeit;          // 低强度的一个充电保存点
```

```
reg a;                          // 寄存器类型的标量
reg[3:0] v;                     // 4 位的寄存器类型的向量,由 v[3], v[2], v[1]和 v[0]构成
reg signed [3:0] signed_reg;    //一个四位的有符号向量,其范围为 -8 到 7
reg [-1:4] b;                   // 一个 6 位寄存器类型的向量
wire w1, w2;                    // 声明两个线网络
reg [4:0] x, y, z;              // 声明 3 个 5 位的寄存器类型变量
```

2. 向量网络型数据的可访问性

vectored 和 scalared 是矢量网络型或矢量寄存器型数据声明中的可选择关键字,如果使用这些关键字,那么矢量的某些操作就会受约束。

(1) 如果使用关键字 vectored,则禁止矢量的位选择或部分位选择以及指定强度,而 PLI 就会认为未展开数据对象。

(2) 如果使用关键字 scalared,则允许矢量的位或部分位选择,PLI 认为展开数据对象。

例 5.36 关键字 vectored 和 scalared 的 Verilog HDL 描述例子。

```
tri scalared[63:0] bus64;       //一个将被展开的数据总线
tri vectored[31:0] data;        //一个未被展开的数据总线
```

5.5.4 强度

在一个网络类型数据声明中,可以指定两类强度:

(1) 电荷量强度。只有在 trireg 网络类型的声明中,才可以使用该强度。一个 trireg 网络型数据用于模拟一个电荷存储节点,该节点的电荷量将随时间而逐渐衰减。在仿真时,对于一个 trireg 网络型数据,其电荷衰减时间应当指定为延迟时间。电荷量强度可由下面的关键字来指定电容量的相对大小:① small; ② medium; ③ large。默认的电荷强度为 medium。

(2) 驱动强度。在一个网络型数据的声明语句中,如果对数据对象进行了连续赋值,就可以为声明的数据对象指定驱动强度。门级元件的声明只能指定驱动强度。根据驱动源的强度,其驱动强度可以是 supply、strong、pull 或 weak。

例 5.37 强度 Verilog HDL 描述的例子。

```
trireg a;                       // trireg 网路,其电荷量强度为 medium
trireg (large) #(0,0,50) cap1;  // trireg 网络,其电荷量强度为 large,电荷衰减时间为 50 个时间
单位
trireg (small)signed [3:0] cap2; // 有符号的 4 位 trireg 向量,其电荷强度为 small
```

5.5.5 隐含声明

如果没有显式声明网络类型或者变量类型,则在下面的情况中,默认将其指定为网络类型:

(1) 在一个端口表达式的声明中,如果没有对端口的数据类型进行显式说明,则默认的端口数据类型就为网络类型;并且,默认的网络类型矢量的位宽与矢量型端口声明的位宽相同。

(2) 在例化基本元件时，在模块例化的端口列表中，如果事先没有对端口的数据类型进行显式说明，则默认端口数据类型为网络型标量。

(3) 如果一个标识符出现在连续赋值语句的左侧，而事先未声明该标识符，则将该标识符的数据类型隐式声明为网络型标量。

5.5.6 网络类型

网络类型包括不同的种类。表 5.2 给出了常用网络类型的功能及其可综合性。

表 5.2 常用网络类型

类 型	功 能	可综合性
wire,tri	标准内部连接线	√
supply1,supply0	电源和地	√
wor,trior	多驱动源线或	×
wand,triand	多驱动源线与	×
trireg	能保存电荷的网络	×
tri1,tri0	无驱动时上拉/下拉	×

简单的网络类型说明格式为

```
net_kind[msb:lsb]net1,net2, … , netN;
```

其中，

(1) net_kind 是常用网络类型中的一种。

(2) msb 和 lsb 定义网络范围的常量表达式，其范围定义是可选的。如果没有定义范围，默认的网络类型为 1 位。

默认地，网络类型数据的初始化值为 z，带有驱动的网络型数据应当为它们的驱动输出指定默认值。

注： trireg 网络型数据是一个例外，它的默认初始值为 x，并且在声明语句中应当为其指定电荷量强度。

1. wire 和 tri 网络类型

用于连接逻辑单元的连线是最常见的网络类型，连线（wire）网络与三态（tri）网络语法和语义一致。

三态网络可以用于描述多个驱动源驱动同一根线的网络类型，没有其他特殊的意义。如果多个驱动源驱动一个连线（或三态网络），由表 5.3 确定网络的有效值。

表 5.3 网型数据类型 wier 和 tri 的真值表

wire/tri	0	1	x	z
0	0	x	x	0
1	x	1	x	1
x	x	x	x	x
z	0	1	x	z

由关键词 wire 定义常用的网络类型，wire 型网络的定义格式如下

```
wire [n-1:0] <name1>,<name2>, …<namen>;
```

其中 name1,…,namen 表示 wire 型网络的名字。

例 5.38 wire 型的说明。

```
wire L;                         //将上述电路的输出信号 L 声明为网络类型
wire [7:0] data bus;            //声明一个 8 位宽的网络类型总线
```

2. wor 和 trior 网络类型

线或(wor)和三态线或(trior)用于为连线型逻辑结构建模，当有多个驱动源驱动 wor 和 trior 型数据时，将产生线或结构，线或与三态线或在语法和功能上是一致的。如果驱动源中任一个为“1”，那么网络型数据的值也为“1”。如果多个驱动源驱动这类网络，表 5.4 决定了网络的有效值。

表 5.4 wor 和 trior 网络类型有效值

wor 或 trior	0	1	x	z
0	0	1	x	0
1	1	1	1	1
x	x	1	x	x
z	0	1	x	z

3. wand 和 triand 网络类型

线与(wand)网络和三态线与(triand)网络用于为连线型逻辑结构建模，如果某个驱动源为“0”，那么网络的值为“0”。当有多个驱动源驱动 wand 和 triand 型网络时，将产生线与结构，线与网络和三态线与网络在语法和功能上是一致的。如果这类网络存在多个驱动源，由表 5.5 决定网络的有效值。

表 5.5 wand 和 triand 网络类型有效值

wand/triand	0	1	x	z
0	0	0	0	0
1	0	1	x	1
x	0	x	x	x
z	0	1	x	z

4. trireg 网络类型

此网络存储数值，其功能类似于寄存器，该网络用于对电容节点的建模。

(1) 当三态寄存器的所有驱动源都处于高阻态时，三态寄存器网络保存作用在网络上的最后一个值。

(2) 默认地，三态寄存器网络的初始值为 x。

一个三态寄存器网络型数据可以处于驱动状态或者电容性状态：

(1) 驱动状态。当至少有一个驱动源驱动时，trireg 网型数据有一个值(1、0、x)。将判决值导入 trireg 型数据，也就是 trireg 型网络的驱动值。图 5.5 给出了 trireg 和它驱动器的仿真的值。

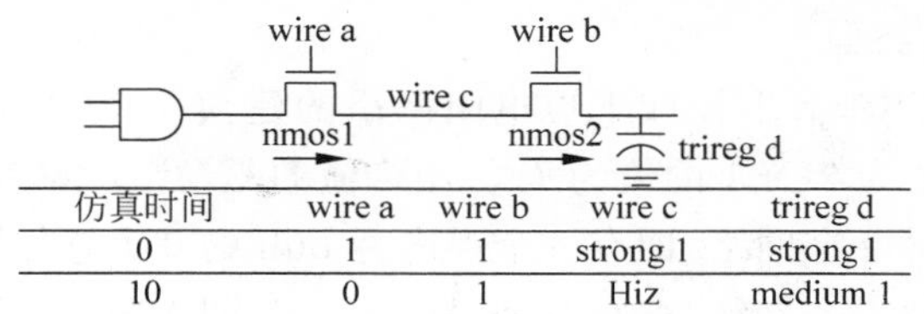

仿真时间	wire a	wire b	wire c	trireg d
0	1	1	strong 1	strong 1
10	0	1	Hiz	medium 1

图 5.5 trireg 和它驱动器的仿真的值

思考与练习 2 请分析图 5.5 的仿真结果。

(2) 电容性状态。如果所有驱动源都处于高阻状态(z),trireg 网络型数据则保持它最后的驱动值。高阻值不会从驱动源导入 trireg 网络型数据。图 5.6 给出了电容网络的仿真值。

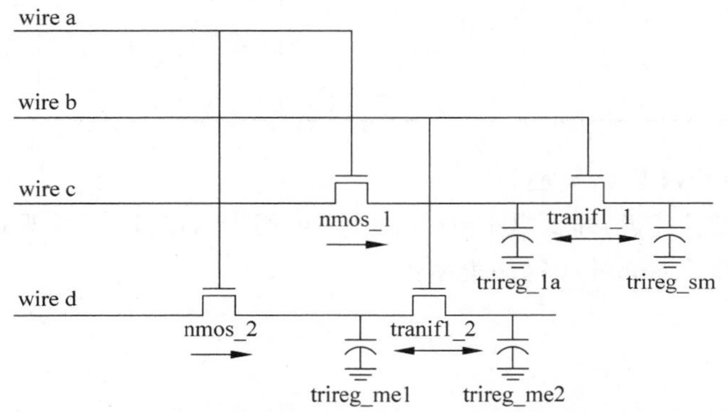

仿真时间	wire a	wire b	wire c	wire d	trireg_la	trireg_sm	trireg_me1	trireg_me2
0	1	1	1	1	1	1	1	1
10	1	0	1	1	1	1	1	1
20	1	0	0	1	0	1	1	1
30	1	0	0	0	0	1	0	1
40	0	0	0	0	0	1	0	1
50	0	1	0	0	0	0	×	×

图 5.6 电容网络仿真的值

思考与练习 3 请分析图 5.6 的仿真结果。

思考与练习 4 请分析图 5.7 的仿真结果。

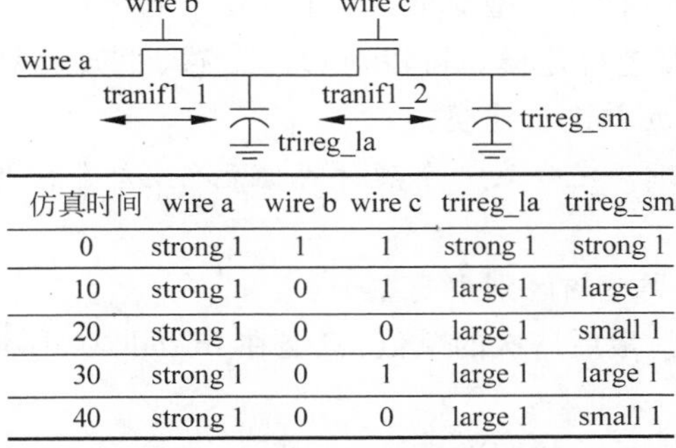

仿真时间	wire a	wire b	wire c	trireg_la	trireg_sm
0	strong 1	1	1	strong 1	strong 1
10	strong 1	0	1	large 1	large 1
20	strong 1	0	0	large 1	small 1
30	strong 1	0	1	large 1	large 1
40	strong 1	0	0	large 1	small 1

图 5.7 共享电荷仿真的值

5. tri0 和 tri1 网络类型

这类网络类型可用于带有上拉或下拉电阻网络的建模。tri0/tri1 网络的特征是,无驱动源驱动该网络,它的值为 0(tri1 的值为 1)。网络值的驱动强度都为 pull。

(1) tri0 相当于这样一个网络,即有一个强度为 pull 的 0 值连续驱动该网络。

(2) tri1 相当于这样一个网络,即有一个强度为 pull 的 1 值连续驱动该网络。

表 5.6 给出在多个驱动源情况下,tri0 或 tri1 网的有效值。

表 5.6 tri0 和 tri1 网络类型的有效值

tri0/tri1	0	1	x	z
0	0	x	x	0
1	x	1	x	1
x	x	x	x	x
z	0	1	x	0/1

6. supply0 和 supply1 网络类型

supply0 用于对“地”建模,即低电平 0;supply1 网用于对电源建模,即高电平 1。

例 5.39 supply0 和 supply1 网络类型说明。

```
supply0 Gnd,ClkGnd;
supply1[2:0] Vcc;
```

7. 未说明的网络

在 Verilog HDL 中,有可能不必声明某种网络类型。在这样的情况下,网络类型为 1 位网络。可以使用`default_nettype 编译器指令改变这一隐式网络说明方式,使用方法如下

```
`default_nettype net_kind
```

例如,带有下列编译器指令

```
`default_nettype wand
```

将任何未说明的网络默认为 1 位线与网络。

5.5.7 寄存器类型

通过过程分配语句给寄存器类型变量分配值。由于在分配的过程中间,寄存器保持值;所以,它用于对硬件寄存器进行建模。可以对边沿敏感(比如触发器)和电平敏感(比如置位/复位和锁存器)的存储元件进行建模。

注:一个寄存器变量不一定代表一个硬件存储元件,这是因为它也能用于表示一个组合逻辑。

寄存器型变量与网络类型的区别主要在于:

(1) 寄存器型变量保持最后一次的赋值,只能在 initial 或 always 内部对寄存器型变量进行赋值操作。

(2) 网络型数据需要有连续的驱动源。

寄存器型变量声明的格式如下

```
<reg_type> [range] <reg_name>[, reg_name];
```

其中,reg_type 为寄存器类型；range 为矢量范围,[MSB:LSB]格式只对 reg 类型有效；reg_name 为寄存器类型变量的名字,一次可定义多个寄存器型变量,使用逗号隔开。

例 5.40 寄存器型变量 Verilog HDL 描述例子。

```
module mult(clk, rst, A_IN, B_OUT);
    input clk,rst,A_IN;
    output B_OUT;
    reg arb_onebit = 1'b0;
    always @(posedge clk or posedge rst)
    begin
      if (rst)
          arb_onebit <= 1'b1;
      else
          arb_onebit <= A_IN;
    end
          B_OUT <= arb_onebit;
    endmodule
```

5.5.8 整数、实数、时间和实时时间

1. 整数型变量声明

整数型变量常用于对循环控制变量的声明。在算术运算中,将其看作二进制补码形式的有符号数。整数型变量和 32 位的寄存器型数据在实际意义上相同,只是将寄存器型数据当做无符号数来处理。

例 5.41 整数变量的声明。

```
integer i,j;
integer[31:0] D;
```

注： 虽然 interger 有位宽度的声明,但是 integer 型变量不能作为位向量访问；D[6]和 D[16:0]的声明都是非法的；在综合时,integer 型变量的初始值是 x。

2. 实数型变量声明

在机器码表示法中,实数型数据是浮点型数值,该变量类型可用于对延迟时间的计算,实数型变量是不可综合的。对于实数来说：

(1) 不是所有的 Verilog HDL 操作符都能用于实数值。

(2) 不使用范围声明实数变量。

(3) 默认地,实数变量的初始值为 0。

3. 时间型变量声明

时间型变量与整型变量类似,只是它是 64 位的无符号数。时间型变量主要用于对仿真时间的存储与计算处理,常与系统函数 $ time 一起使用。

4. 实时时间变量声明

实时时间变量声明和实数型变量声明进行同样的处理,能交换使用。

5.5.9 数组

向量(数组)可以将已声明过类型的元素组合成多维的数据对象。

(1) 声明向量时,应当所在声明数据标识符的后面指定元素的地址范围,每个维度代表一个地址范围。

(2) 数组可以是一维向量(一个地址范围),也可以是多维向量(多重地址范围)。

(3) 向量的索引表达式应当是常量表达式,该常量表达式的值应当是整数。

(4) 可以通过一条赋值语句对一个数组元素赋值,但是不能为整个向量或向量的一部分赋值。

(5) 要给一个向量元素赋值,需要为该向量每个维度指定索引。向量索引可以是一个表达式,这就为向量元素的选择提供了一种机制,即根据电路中其他网络或变量的值来引用向量元素。

如果一个向量的元素类型为寄存器型,那么这样的一维向量也称为存储器,存储器只用于对ROM(只读存储器)、RAM(随机存取存储器)和寄存器组建模。

(1) 向量中的每一个寄存器称为元素或字,并且通过一个索引实现寻址。可以通过一条单独的赋值语句对一个 n 位寄存器赋值,但是整个存储器并不能通过这样的一条语句进行赋值。

(2) 为了对存储器的某个字赋值,需要为该字指定数组索引;该索引可以是一个表达式,该表达式中含有其他的变量或网络数据,通过对该表达式的运算,得到一个结果值,从而定位存储器中的某个字。

例 5.42 数组声明 Verilog HDL 描述的例子。

```
reg [7:0] mema[0:255];  // 声明一个数组 mema 为 256×8 比特寄存器,其索引为 0～255,宽度为 8 位
reg arrayb[7:0][0:255];           // 声明一个二维数组,其数据宽度为 1 位寄存器
wire w_array[7:0][5:0];           // 声明线类型网络数组
integer inta[1:64];               // 64 个整数值的数组
time chng_hist[1:1000]            // 有 1000 个时间值的数组
integer t_index;
```

例 5.43 分配数组元素 Verilog HDL 的描述例子。

```
mema = 0;                          /// 非法的描述,尝试给整个数组写 0
arrayb[1] = 0;                     /// 非法的描述,尝试写元素[1][0]..[1][255]
arrayb[1][12:31] = 0;              /// 非法的描述,尝试写元素[1][12]..[1][31]
mema[1] = 0;                       /// 给 mema 的第二个元素分配 0
arrayb[1][0] = 0;                  /// 给索引[1][0]指向的元素分配 0
inta[4] = 33559;                   ///给数组中的某个元素分配整数值 33559
chng_hist[t_index] = $time;        //给当前索引指向的元素分配时间
```

例 5.44 不同存储器 Verilog HDL 描述的例子。

```
reg [1:n] rega;                    // 一个 n 位的 1 个深度的寄存器(存储器)
reg mema [1:n];                    // 一个 1 位的 n 个深度的寄存器(存储器)
```

5.5.10 参数

Verilog HDL 中的参数既不属于变量类型,也不属于网络类型范畴。参数不是变量,而

是常量。Verilog HDL 中,提供了两种类型的参数:

(1) 模块参数;

(2) 指定参数。

这些参数可以指定范围。默认地,为 parameter 和 specparams 保持必要的宽度,用于保存常数的值。当指定范围时,按照指定的范围确定。

1. 模块参数

模块参数定义的格式为

```
parameter par_name1 = expression1, ......., par_namen = expression;
```

其中,par_name1,…par_namen 为参数的名字;expression1,…,expression 为表达式;可一次定义多个参数,用逗号隔开。参数的定义范围是局部的,只在当前模块中有效。

一个模块参数可以指定类型和范围。根据下面的规则指定模块参数类型和范围:

(1) 对于没有指定类型和范围的参数,将根据分配给参数的最终值来确定其类型和范围。

(2) 一个指定范围,但没有指定类型的参数,将是参数声明的范围,并且是无符号的。符号和范围将不受到后面覆盖值的影响。

(3) 一个指定类型,但没有指定范围的参数,将是参数指定的类型。对于一个有符号的参数,默认为分配给参数最后值的范围。

(4) 一个指定有符号类型和范围的参数,将是有符号的,并且是参数指定的范围,其符号和范围将不受后面覆盖值的影响。

(5) 一个没有指定范围,但是说明有符号类型或者没有指定类型的参数,有一个隐含的范围,其 lsb 为 0,msb 等于或者小于为分配给参数最后的值。

在编译时,可以改变参数值。当改变参数值时,可以使用参数定义语句或通过在模块初始化语句中定义参数值。

例 5.45 参数的 Verilog HDL 描述的例子。

```
parameter msb = 7;                          // 定义 msb 为常数值 7
parameter e = 25, f = 9;                    // 定义两个常数
parameter r = 5.7;                          // 定义 r 为实数参数
parameter byte_size = 8,byte_mask = byte_size - 1;
parameter average_delay = (r + f) / 2;
parameter signed [3:0] mux_selector = 0;
parameter real r1 = 3.5e17;
parameter p1 = 13'h7e;
parameter [31:0] dec_const = 1'b1;          // 值转换到 32 位
parameter newconst = 3'h4;                  // 暗示其范围[2:0]
parameter newconst = 4;                     // 暗示其范围[31:0]
```

2. 本地参数

除了本地参数不能直接被 defparam 描述符修改,或者模块例化参数分配以外,本地参数(localparam)和参数是一致的。本地参数可以分配包含参数的常数表达式,这些参数可以通过 defparam 描述符或者模块例化参数值分配进行修改。

3. 指定参数

关键字 specparam 声明了一个特殊类型的参数，这个参数专用于提供时序和延迟值，但是能出现在任何没有分配给一个参数的表达式内，它不是一个声明范围描述的一部分。在指定的块内以及在主模块内，允许指定参数。

当声明了一个指定的参数在一个指定块的外部时，在引用之前必须声明。分配给指定参数的值可以是任何常数表达式。不像模块参数那样，不能在语言内修改一个指定的参数。但是，可以通过 SDF 注解修改指定参数。

指定参数和模块参数是不能互相交换的，此外，模块参数不能分配一个包含指定参数的常数表达式。表 5.7 给出了 specparams 和 parameters 的不同之处。

表 5.7 specparams 和 parameters 的不同之处

指定参数	模块参数
使用关键字 specparam	使用关键字 parameter
在一个模块内或者指定的块内声明	在一个指定的块外声明
只能在一个模块内或者指定的块内使用	不能在指定的块内使用
可以被分配指定参数和模块参数	不能分配指定参数
使用 SDF 注解覆盖值	使用 defparam 或者例化声明参数值传递来覆盖值

例 5.46 声明 specparam 的 Verilog HDL 描述。

```
specify
specparam tRise_clk_q = 150, tFall_clk_q = 200;
specparam tRise_control = 40, tFall_control = 50;
endspecify
```

例 5.47 声明 parameter 和 specparam 的 Verilog HDL 描述。

```
module RAM16GEN (output [7:0] DOUT, input [7:0] DIN, input [5:0] ADR,input WE, CE);
specparam dhold = 1.0;
specparam ddly = 1.0;
parameter width = 1;
parameter regsize = dhold + 1.0;      //非法 - 不能将指定参数分配给模块参数
endmodule
```

5.5.11 Verilog HDL 名字空间

在 Verilog HDL 中有几类名字空间，其中两类为全局名字空间，其余为局部名字空间。

1. 全局名字空间

全局名字空间包括定义和文本宏：

(1) 定义名字空间包括所有 module(模块)、marcomodule(宏模块)、primitive(基本原语)的定义。一旦某个名字用于定义一个模块、宏模块或基本原语，那么它将不能再用于声明其他模块、宏模块或基本原语，也就是这个名字在定义名字空间具有唯一性。

(2) 文本宏名字空间也是全局的，由于文本宏名由重音符号(`)引导，因此它与别的名字空间有明显的区别。文本宏名的定义逐行出现在设计单元源程序中，可以重复定义文本宏。也就是说，同一宏名后面的定义将覆盖其先前的定义。

2. 局部名字空间

局部名字空间包括 block（块）、module（模块）、generate block（生成块）、port（端口）、specify block（延时说明块）和 attribute（属性）。一旦在这几个名字空间中的任意一个空间内定义了某个名字，就不能在该空间中重复定义这个名字。

(1) 语句块名字空间（由命名块，函数和任务结构引入），包括语句块、函数、任务、参数、事件和变量类型声明，其中变量类型声明包括 reg、integer、time、real 和 realtime 声明。

(2) 模块名字空间（由 module 和 primitive 结构引入），包括函数、任务、例化、生成模块、参数、命名的事件、生成变量和网络类型声明与变量类型声明，其中网络类型声明包括 wire、wor、wand、tri、trior、triand、tri0、tri1、trireg、supply0 和 supply1。

(3) 生成块名字空间（由生成模块引入），包括函数、任务、命名的块、模块例化、生成块、本地参数、命名事件、生成变量、网络类型声明和变量类型声明。

(4) 端口名字空间（由 module、primitive、function 和 task 结构引入），用于连接两个不同名字空间中的数据对象，连接可以是单向的或双向的。端口名字空间是模块名字空间与语句块名字空间的交集。从本质上说，端口名字空间规定了不同空间中两个名字的连接类型。端口类型声明包括 input、output 和 inout。只需要在模块名字空间中声明一个与端口名同名的变量或 wire 型数据，就可以在模块名字空间中再次引用端口名字空间中所定义的端口名。

(5) 指定块名字（由 specify 结构引入），用来说明模块内的时序信息，specparam 用来声明延迟常数，很像模块内的一个普通的参数，但是不能被覆盖。指定块以 specify 开头，以 endspecify 结束。

(6) 属性名字空间是由符号(* *)所包含的语言结构，只能在属性名字空间中定义和使用，在属性名字空间中不能定义其他任何名字。

5.6 Verilog HDL 表达式

表达式是将操作数和操作符组合在一起产生结果的一种结构，它可以出现在有数值运算的任何地方。

5.6.1 操作符

Verilog HDL 中的操作符按功能可以分为下述类型：

(1) 算术操作符；

(2) 关系操作符；

(3) 相等操作符；

(4) 逻辑操作符；

(5) 按位操作符；

(6) 归约操作符；

(7) 移位操作符；

(8) 条件操作符;

(9) 连接和复制操作符。

按运算符所带操作数的个数可分为三类:

(1) 单个操作符;

(2) 双操作符;

(3) 三操作符。

1. Verilog HDL 支持的操作符列表

表 5.8 给出了 Verilog HDL 支持的操作符列表。

表 5.8 Verilog HDL 支持的操作符

{} {{}}	并置和复制	|	按位或
一元+ 一元-	一元操作符	^	按位异或
+ - * / **	算术运算符	^~或者~^	按位异或非
%	取模运算符	&	规约与
>>= <<=	关系操作符	~&	规约与非
!	逻辑非	|	规约或
&&	逻辑与	~|	规约或非
||	逻辑或	^	规约异或
==	逻辑相等	^~或者~^	规约异或非
!=	逻辑不相等	<<	逻辑左移
===	条件(case)相等	>>	逻辑右移
!==	条件(case)不相等	<<<	算术左移
~	按位取反	>>>	算术右移
&	按位与	?:	条件

2. 实数支持的操作符

表 5.9 给出了用于实数表达式的有效操作符列表。

表 5.9 Verilog HDL 支持的操作符

一元"+"和一元"-"	一元操作符	! && ||	逻辑
+ - * / **	算术运算符	== !=	逻辑相等
> >= < <=	关系操作符	?:	条件

3. 操作符的优先级

表 5.10 给出了所有操作符的优先级,同一行内的操作符具有相同的优先级。表中优先级从高向低进行排列。

(1) 除条件操作符从右向左关联外,其余所有操作符自左向右关联。

(2) 当表达式中有不同优先级的操作符时,先执行高优先级的操作符。

(3) 圆括号能够用于改变优先级顺序。

表 5.10 操作符的优先级

操作符	优先级
+ - ! ~ & ~& | ~| ^~ ^^~ (一元)	最高优先级
**	
* / %	
+ -(二元)	↓
<< >> <<< >>>	
< <= > >=	
== != === !==	
&(二元)	
^ ^~ ~^(二元)	
|(二元)	
&&	
||	
?:(条件操作符)	
{} {{}}	最低优先级

4. 表达式中使用整数

在表达式中，可以使用整数作为操作数，一个整数可以表示为：

(1) 没有宽度，没有基数的整数，比如：12。

(2) 没有宽度，有基数的整数，比如：'d12，'sd12。

(3) 有宽度，有基数的整数，比如：16'd12，16'sd12。

对于一个没有基数标识的整数的负数值的理解不同于一个带有基数标识的整数，对于没有基数标识的整数，将其理解为以二进制补码存在的负数；带有无符号基数标识的一个整数，将其理解为一个无符号数。

例 5.48 整数表达式中使用整数的 Verilog HDL 描述例子。

```
integer IntA;
IntA =- 12 / 3;        // 结果是 - 4
IntA =- 'd 12 / 3;     // 结果是 1431655761, - 12 的 32 位补码是 FFFFFFF4,FFFFFFF4/3 = 1431655761.
IntA =- 'sd 12 / 3;    // 结果是 - 4
IntA =- 4'sd 12 / 3;  // - 4'sd12 是四位的负数 1100,等效于 - 4。 - ( - 4) = 4。4/3 = 1
```

5. 算术操作符

表 5.11 给出了二元操作符的定义列表。

表 5.11 二元操作符的定义列表

a+b	a 加 b	a/b	a 除 b
a-b	a 减 b	a%b	a 模 b
a * b	a 乘 b	a ** b	a 的 b 次幂乘

(1) 整数除法截断任何小数部分，例如 7/4 结果为 1。

(2) 对于除法和取模运算，如果第二个操作数为 0，则整个结果的值为 x。

(3) 对于取模操作，取第一个操作数的符号。

(4) 取模操作符求出与第一个操作符符号相同的余数，7%4 结果为 3，而－7%4 结果为－3。

(5) 对于幂乘运算，当其中的任何一个数是实数时，结果的类型也为实数。如果幂乘的第一个操作数为 0，并且第二个操作数不是正数，或者第一个操作数是负数，第二个操作数不是整数，则没有定义其结果。

表 5.12 给出了幂乘操作符规则。

表 5.12 幂乘操作符规则

op2 \ op1	负数<－1	－1	零	1	正数>1
正数	op1 ** op2	op2 是奇数->－1 op2 是偶数->1	0	1	op1 ** op2
零	1	1	1	1	1
负数	0	op2 是奇数->－1 op2 是偶数->1	x	1	0

(6) 对于一元操作，其优先级大于二元操作。表 5.13 给出了一元操作符。

表 5.13 一元操作符

＋m	一元加 m(和 m 一样)
－m	一元减 m

(7) 在算术操作符中，如果任何操作数的位值是 x 或 z，那么整个结果为 x。

(8) 算术表达式结果的长度由最长的操作数决定。在赋值语句中，算术操作结果的长度由操作符左端目标长度决定。考虑如下实例。

例 5.49 算术操作的 Verilog HDL 描述例子。

```
10 % 3 = 1
11 % 3 = 2
12 % 3 = 0
- 10 % 3 =-1
11 % - 3 = 2
- 4'd12 % 3 = 1
3 ** 2 = 9
2 ** 3 = 8
2 ** 0 = 1
0 * 0 = 1
2.0 ** - 3'sb1 = 0.5
2 ** - 3'sb1 = 0
0 ** - 1 = x
9 ** 0.5 = 3.0
9.0 ** (1/2) = 1.0
- 3.0 ** 2.0 = 9.0
```

表 5.14 给出了算术操作数对数据类型的理解。

表 5.14 算术操作数对数据类型的理解

数据类型	理解
无符号网络	无符号
有符号网络	有符号,二进制补码
无符号寄存器	无符号
有符号寄存器	有符号,二进制补码
整数	有符号,二进制补码
时间	无符号
实数、实时时间	有符号,浮点

例 5.50 在表达式中使用整数和寄存器数据类型 Verilog HDL 描述的例子。

```
integer intA;
reg [15:0] regA;
reg signed [15:0] regS;
intA =- 4'd12;
regA = intA / 3;          //表达式是 - 4, intA 是整数数据类型,regA 的值是 65532
regA =- 4'd12;            // regA 是 65524
intA = regA / 3;          //表达式的值为 21841,regA 是寄存器类型的数据
intA =- 4'd12 / 3;        // 表达式的结果为 1431655761,是一个 32 位的寄存器数据
regA =- 12 / 3;           // 表达式结果 - 4,一个整数类型,regA 是 65532
regS =- 12 / 3;           // 表达式结果 - 4。regS 是有符号寄存器
regS =- 4'sd12 / 3;       // 表达式结果 1。 - 4'sd12 为 4
```

6. 关系操作符

表 5.15 给出了关系操作符列表。关系操作符有下面特点:

(1) 关系操作符的结果为真("1")或假("0")。

(2) 如果操作数中有一位为 x 或 z,那么结果为 x。

(3) 如果关系运算存在无符号数时,将表达式看作是无符号数。当操作数长度不同时,位宽较短的操作数将 0 扩展到位宽较大操作数的宽度范围。

(4) 如果关系运算都是有符号数,将表达式看作是有符号的。当操作数长度不同时,位宽较短的操作数将符号扩展到位宽较大操作数的宽度范围。

(5) 所有关系运算符的优先级相同,但是比算术运算符的优先级要低。

(6) 如果操作数中有实数,则将所有操作数转换为实数,然后进行关系运算。

表 5.15 关系操作符列表

a<b	a 小于 b	a<=b	a 小于等于 b
a>b	a 大于 b	a>=b	a 大于等于 b

例 5.51 关系操作符 Verilog HDL 描述例子。

```
a < foo - 1 等价于 a < (foo - 1)
foo - (1 < a)不等价于 foo - 1 < a
```

7. 相等操作符

表 5.16 给出了相等关系操作符列表,相等关系操作符有下面特点:

(1) 相等操作符有相同的优先级。

(2) 如果相等操作中存在无符号数，当操作数长度不同时，长度较短的操作数将0扩展到较大的操作数的范围。

(3) 如果相等操作中都是有符号数，当操作数长度不同时，长度较短的操作数将符号扩展到较大的操作数的范围。

(4) 如果操作数中间有实数，则将所有的操作数都转换为实数，然后进行相等运算。

(5) 如果比较结果为假，则结果为"0"；否则结果为"1"。①在===和!==比较中，值x和z严格按位比较，也就是说，不进行解释，并且结果一定可知。这个比较可用于case语句描述中。②在==和!=比较中，值x和z具有通常的意义，且结果可以不为x。也就是说，在逻辑比较中，如果两个操作数之一包含x或z，结果为未知的值(x)。这个用于逻辑比较中。

表 5.16 相等操作符列表

a===b	a等于b，包含x和z
a!==b	a不等于b，包含x和z
a==b	a等于b，结果可能未知(比较不包括x和z)
a!=b	a不等于b，结果可能未知(比较不包括x和z)

例 5.52 相等关系操作符 Verilog HDL 描述的例子。

```
Data = 'b11x0;
Addr = 'b11x0;
```

那么Data==Addr比较结果不定，也就是说值为x。但Data===Addr比较值为真，也就是说值为"1"。

如果操作数的长度不相等，长度较小的操作数在左侧添0补位，例如2'b10 == 4'b0010，与后面的表达式相同：4'b0010 == 4'b0010，结果为真("1")。

8. 逻辑操作符

符号&&(逻辑与)和符号||(逻辑或)用于逻辑的连接，逻辑比较的结果为"1"(真)或者"0"(假)；当结果模糊的时候，为x。&&(逻辑与)的优先级大于||(逻辑或)，逻辑操作的优先级低于关系操作和相等操作。

符号!(逻辑非)是一元操作符。

这些操作符在逻辑值"0"或"1"上操作，逻辑操作的结果为"0"或"1"。

例 5.53 逻辑关系操作 Verilog HDL 描述的例子1。

```
假设 alpha = 237, beta = 0
   regA = alpha && beta;            // regA 设置为 0
   regB = alpha || beta;            // regB 设置为 1
```

例 5.54 逻辑关系操作的 Verilog HDL 描述例子2。

```
a < size - 1 && b != c && index != lastone
```

为了便于理解和查看设计，推荐使用下面的方法描述上面的逻辑操作

```
(a < size - 1) && (b != c) && (index != lastone)
```

例 5.55 逻辑关系操作的 Verilog HDL 描述的例子 3。

```
if (!inword)
```

也可以表示为

```
if (inword == 0)
```

9. 按位操作符

表 5.17 给出对于不同操作符按位操作的结果。

表 5.17 不同操作符按位操作的结果

&(二元按位与)	0	1	x	z	|(二元按位或)	0	1	x	z
0	0	0	0	0	0	0	1	x	x
1	0	1	x	x	1	1	1	1	1
x	0	x	x	x	x	x	1	x	x
z	0	x	x	x	z	x	1	x	x
^(二元按位异或)	0	1	x	z	^~(二元按位异或非)	0	1	x	z
0	0	1	x	x	0	1	0	x	x
1	1	0	x	x	1	0	1	x	x
x	x	x	x	x	x	x	x	x	x
z	x	x	x	x	z	x	x	x	x
~(一元非)	1	0	x	x					

如果操作数长度不相等，长度较小的操作数在最左侧添 0 补位。例如'b0110 ^'b10000，与如下式的操作相同，'b00110 ^'b10000，结果为'b10110。

10. 归约操作符

归约操作符在单一操作数的所有位上操作，并产生 1 位结果。归约操作符有：

1) & (归约与)

(1) 如果存在位值为 0，那么结果为 0。

(2) 否则如果存在位值为 x 或 z，结果为 x。

(3) 否则结果为 1。

2) ~& (归约与非)

与归约操作符 & 相反。

3) | (归约或)

(1) 如果存在位值为 1，那么结果为 1。

(2) 否则如果存在位 x 或 z，结果为 x。

(3) 否则结果为 0。

4) ~| (归约或非)

与归约操作符|相反。

5) ^(归约异或)

(1) 如果存在位值为 x 或 z，那么结果为 x。

(2) 否则如果操作数中有偶数个 1，结果为 0。

(3) 否则结果为 1。

6）～^（归约异或非）

与归约操作符^正好相反。

归约异或操作符用于决定向量中是否有位为 x。

表 5.18 给出了一元规约操作结果的列表。

表 5.18　一元规约操作结果的列表

操作数	&	～&	|	～|	^	～^
4'b0000	0	1	0	1	0	1
4'b1111	1	0	1	0	0	1
4'b0110	0	1	1	0	0	1
4'b1000	0	1	1	0	1	0

例 5.56　归约异或操作符 Verilog HDL 描述的例子。

假定

```
MyReg = 4'b01x0;
```

则

```
^MyReg 结果为 x
```

上述功能使用如下的 if 语句检测

```
if (^MyReg === 1'bx)
 $ display("There is an unknown in the vector MyReg !")
```

注：逻辑相等（==）操作符不能用于比较操作，这是因为逻辑相等操作符比较操作将只会产生结果 x；全等操作符期望的结果为值 1。

11. 移位操作符

移位操作符包括：

(1) <<（逻辑左移）；

(2) >>（逻辑右移）；

(3) <<<（算术左移）；

(4) >>>（算术右移）。

移位操作符左侧的操作数将移动右侧操作数所指定的位数，它是一个逻辑移位，空闲位补 0。如果右侧操作数的值为 x 或 z，则移位操作的结果为 x。

例 5.57　移位操作符 Verilog HDL 描述的例子 1。

```
module shift;
reg [3:0] start, result;
initial begin
start = 1;
result = (start << 2);                    //结果是 4'b0100
end
endmodule
```

例 5.58 移位操作符 Verilog HDL 描述的例子 2。

```
module ashift;
reg signed [3:0] start, result;
initial begin
start = 4'b1000;
result = (start >>> 2);                //结果是 1110
end
endmodule
```

12. 条件操作符

条件操作符将根据条件表达式的值来选择表达式,格式如下

```
cond_expr ? expr1:expr2
```

(1) 如果 cond_expr 为真(值为 1),选择 expr1。

(2) 如果 cond_expr 为假(值为 0),选择 expr2。

(3) 如果 cond_expr 为 x 或 z,结果将是按以下逻辑 expr1 和 expr2 按位操作的值:0 与 0 得 0,1 与 1 得 1,其余情况为 x。

例 5.59 条件操作符 Verilog HDL 描述的例子 1。

```
wire[0:2]Student = Marks > 18 ? Grade_A:Grade_C;
```

计算表达式 Marks>18 的值:

(1) 如果结果为真,则将 Grade_A 赋值给 Student。

(2) 如果结果为假,则将 Grade_C 赋值给 Student。

例 5.60 条件操作符 Verilog HDL 描述的例子 2。

```
always # 5 Ctr = (Ctr!= 25)?(Ctr + 1):5;
```

过程赋值中的表达式表明:

(1) 如果 Ctr 不等于 25,则将 Ctr0 的值加 1 赋值 Ctr。

(2) 如果 Ctr 值等于 25,则将 Ctr 值重新置为 5。

13. 连接和复制操作

连接操作是将位宽小的表达式合并形成位宽较大的表达式的一种操作,其描述格式如下

```
{expr1,expr2,...,exprN}
```

由于非定长常数的位宽未知,所以不允许连接非定长常数。

复制操作就是将一个表达式复制多次的操作,其描述格式如下

```
{ replication_constant {expr}}
```

其中,replication_constant 为非负数、非 z 和非 x 的常数,表示复制的次数。expr 为需要复制的表达式。

注: 包含有复制的连接表达式,不能出现在分配的左侧操作数,也不能连接到 output 或者 input 端口上。

例 5.61 连接操作 Verilog HDL 描述的例子。

```
{a, b[3:0], w, 3'b101}
```

等效于

```
{a, b[3], b[2], b[1], b[0], w, 1'b1, 1'b0, 1'b1}
```

例 5.62 复制操作 Verilog HDL 描述的例子。

```
{4{w}}
```

等效于

```
{w, w, w, w}
```

例 5.63 复制和连接操作 Verilog HDL 描述的例子。

```
{b, {3{a, b}}}
```

等效于

```
{b, a, b, a, b, a, b}
```

复制操作可以复制值为 0 的常数,在参数化代码时,这是非常有用的。带有 0 复制常数的复制,被认为是大小为 0,并且被忽略。这样一个复制,只能出现在至少有一个连接操作数是正数的连接中。

例 5.64 复制和连接操作分配限制 Verilog HDL 描述的例子。

```
parameter P = 32;
// 下面对于 1 到 32 是合法的
assign b[31:0] = { {32 - P{1'b1}}, a[P - 1:0] } ;
// 对于 P = 32 来说,下面是非法的,因为 0 复制单独出现在一个连接中
assign c[31:0] = { {{32 - P{1'b1}}}, a[P - 1:0] }
// 对 P = 32 来说,下面是非法的
initial
    $ displayb({32 - P{1'b1}}, a[P - 1:0]);
```

例 5.65 复制操作 Verilog HDL 描述的例子。

```
result = {4{func(w)}} ;
```

等效为

```
y = func(w) ;
result = {y, y, y, y} ;
```

5.6.2 操作数

在表达式中需要指定一些类型的操作数。最简单的操作数包括网络、变量、参数,还包括以下:

(1) 如果要求一个向量网络、向量寄存器、整数或者时间变量或者参数的单个比特位时,则需要使用位选择操作数。

(2) 如果要求引用一个向量网络、向量寄存器、整数、时间变量或者参数的某些相邻的比特位时，则需要使用部分选择操作数。

(3) 可以引用数组元素或者一个数组元素的位选择/部分选择，将其作为一个操作数。

(4) 其他操作数的一个连接(包括嵌套连接)，也可以作为一个操作数。

(5) 一个函数调用是一个操作数。

1. 向量位选择和部分选择寻址

如果位选择/部分选择超出地址范围，或者位选择为 x/z，则返回的结果为 x。对于一个标量，或者一个类型为实数或者实时时间的变量或参数来说，位选择或者部分选择是无效的。

对于部分选择，有两种类型：

(1) 一个向量寄存器类型或者网络类型的常数部分选择，表示为

```
vect[msb_expr:lsb_expr]
```

其中，msb_expr 和 lsb_expr 为常数的整数表达式。

(2) 一个向量网络类型、向量寄存器类型、时间变量或者参数的索引部分选择，表示为

```
reg [15:0] big_vect;
reg [0:15] little_vect;
big_vect[lsb_base_expr + : width_expr]
little_vect[msb_base_expr + : width_expr]
big_vect[msb_base_expr - : width_expr]
little_vect[lsb_base_expr - : width_expr]
```

其中 msb_expr 和 lsb_expr 为常数的整数表达式，可以在运行时改变值；width_expr 为正的常数表达式。

例 5.66 数组部分选择 Verilog HDL 描述的例子。

```
reg [31: 0] big_vect;
reg [0 :31] little_vect;
reg[63:0]dword;
integer sel;
big_vect[ 0 + : 8]                // == big_vect[ 7 : 0]
big_vect[15 - : 8]                // == big_vect[15 : 8]
little_vect[ 0 + : 8]             // == little_vect[0 : 7]
little_vect[15 - : 8]             // == little_vect[8 :15]
dword[8 * sel + : 8]              // 带有固定宽度的变量部分选择
```

例 5.67 数组初始化、位选择和部分选择 Verilog HDL 描述的例子。

```
reg [7:0] vect;
vect = 4;                         // 用 00000100 填充,msb 是 7,lsb 是 0
```

(1) 如果 adder=2，则 vect[addr]返回 1。

(2) 如果 addr 超过边界，则 vect[addr]返回 x。

(3) 如果 addr 是 0、1、3～7，则 vect[addr]返回 0。

(4) vect[3:0]返回 0100。

(5) vect[5:1]返回 00010。

(6) vect[返回 x 的表达式]返回 x。

(7) vect[返回 z 的表达式]返回 x。

(8) 如果 addr 的任何一位是 x 或者 z,则 addr 的值为 x。

2. 数组和存储器寻址

对于下面这个存储器声明,表示为 8 位宽度,1024 个深度

```
reg [7:0] mem_name[0:1023];
```

存储器地址表示为

```
mem_name[addr_expr]
```

其中,addr_expr 为任意整数表达式；mem_name[mem_name[3]]表示存储器间接寻址。

例 5.68 存储器寻址 Verilog HDL 描述的例子。

```
reg [7:0] twod_array[0:255][0:255];
wire threed_array[0:255][0:255][0:7];
twod_array[14][1][3:0]                  //访问字的低四位
twod_array[1][3][6]                     //访问字的第 6 位
twod_array[1][3][sel]                   // 使用可变的位选择
threed_array[14][1][3:0]                // 非法
```

3. 字符串

字符串是双引号内的字符序列,用一串 8 位二进制 ASCII 码的形式表示,每一个 8 位二进制 ASCII 码代表一个字符。Verilog HDL 的任何操作符均可操作字符串。当给字符串所分配的值小于所声明字符串的位宽时,用 0 补齐左侧。

例 5.69 字符串的 Verilog HDL 描述例子。

```
module string_test;
reg [8 * 14:1] stringvar;
initial begin
      stringvar = "Hello world";
      $display(" %s is stored as %h", stringvar, stringvar);
      stringvar = {stringvar,"!!!"};
      $display(" %s is stored as %h", stringvar, stringvar);
end
endmodule
```

仿真结果表示为

```
Hello world is stored as 00000048656c6c6f20776f726c64
Hello world!!! is stored as 48656c6c6f20776f726c64212121
```

Verilog HDL 中,所支持的字符串操作包括复制、连接和比较。①通过分配实现复制；②通过连接操作符实现连接；③通过相等操作符实现比较。

当操作向量寄存器内字符串的值时,寄存器的位宽应该至少为 8 * n 比特(n 是 ASCII 字符的个数),用于保存 n 个 8 位的 ASCII 码。

例 5.70 字符串连接的 Verilog HDL 描述。

```
initial begin
s1 = "Hello";
s2 = " world!";
if ({s1,s2} == "Hello world!")
$display("strings are equal");
end
```

其中

```
s1 = 000000000048656c6c6f
s2 = 00000020776f726c6421
{s1,s2} = 000000000048656c6c6f00000020776f726c6421
```

注：对于空字符串“”来说，将其看作 ASCII 中的 NUL(“\0”)，其值为 0，而不是字符串“0”。

5.6.3 延迟表达式

Verilog HDL 中，延迟表达式的格式为用圆括号括起来的三个表达式，这三个表达式之间用冒号分隔开，三个表达式依次代表最小、典型、最大延迟时间值。下面举例说明延迟表达式的用法。

例 5.71 延迟表达式的 Verilog HDL 描述例子。

```
(a:b:c) + (d:e:f)
```

表示

（1）最小延迟值为 a+d 的和。

（2）典型延迟值为 b+e 的和。

（3）最大延迟值为 c+f 的和。

例 5.72 分配 min:typ:max 格式值 Verilog HDL 描述的例子。

```
val - (32'd 50: 32'd 75: 32'd 100)
```

5.6.4 表达式的位宽

为了对表达式求值时得到可靠的结果，控制表达式的位宽是非常重要的。在某些情况下采取最简单的解决方法，比如，如果指定了两个 16 位的寄存器矢量的位排序方式和操作，那么结果就是一个 16 位的值。然而，在某些情况下，究竟有多少位参与表达式求值或者结果有多少位，并不容易看出来。例如两个 16 位操作数之间的算术加法，是应该使用 16 位求值还是该使用 17 位(允许进位位溢出)求值？答案取决于建模器件的类型以及该器件是否处理进位位溢出。Verilog HDL 通过操作数的位宽来确定参与表达式求值的位数。

例 5.73 表达式长度 Verilog HDL 描述的例子。

```
reg [15:0] a, b;                    // 16 位寄存器类型
reg [15:0] sumA;                    // 16 位寄存器类型
reg [16:0] sumB;                    // 17 位寄存器类型
sumA = a + b;                       //结果 16 位
sumB = a + b;                       //结果 17 位
```

控制表达式位宽的规则已经公式化。因此，在大多数实际情况下，都有一个简单的解决

方法,即:

(1) 表达式位宽由包含在表达式内的操作数和表达式的上下文决定。

(2) 自主表达式的位宽由它自身单独决定,比如延迟表达式。

(3) 由上下文所确定表达式的位宽由该表达式的位宽和它是其他表达式一部分这样一个事实决定,比如一个赋值操作中右侧表达式的位宽由它自己的位宽和赋值符左侧的位宽来决定。

表 5.19 说明了表达式的形式如何决定表达式结果的位宽,表中 i、j、k 表示一个操作数的表达式,而 L(i)表示 i 的位宽,op 表示操作符。

表 5.19 表达式位宽规则

表达式	位宽	说明
不定长常数	与整数相同	
定长常数	与给定的位宽相同	
i op j,操作符 op 为:+ - * / % & | ^ ^~ 或 ~^	max(L(i),L(j))	
op i,操作符 op 为:+ - ~	L(i)	
i op j,操作符 op 为:=== !== == != > >= < <=	1 位	在求表达式值时,每个操作数的位宽都先变为 max(L(i),L(j))
i op j,操作符 op 为 && ||	1 位	所有操作数都是自主表达式
op i,操作符 op 为:& ~& | ~| ^^~ 或~^!	1 位	所有操作数都是自主表达式
i op j,操作符 op 为:>> << ** >>> <<<	L(i)	j 是自主表达式
i? j:k	max(L(j),L(k))	i 是自主表达式
{i,…,j}	L(i)+...+L(j)	所有操作数都是自主表达式
{i{j,…,k}}	i*(L(j)+...+L(k))	所有操作数都是自主表达式

在表达式求值过程中,中间结果应当使用具有最大位宽操作数(如果是在复制语句中,也包括赋值符的左侧)的位宽,在表达式求值过程中要注意避免数据的丢失。

例 5.74 保护进位位 Verilog HDL 描述的例子。

```
reg [15:0] a, b, answer;                //16-bit 寄存器类型
answer = (a + b) >> 1;                  //不能正常操作,a+b会溢出
```

例 5.75 自主表达式 Verilog HDL 描述的例子。

```
reg [3:0] a;
reg [5:0] b;
reg [15:0] c;
initial begin
    a = 4'hF;
    b = 6'hA;
    $display("a*b= %h", a*b);           //表达式的长度由自己确定
    c = {a**b};                         //,由于使用连接符,表达式的长度由 a**b 自己确定
    $display("a**b= %h", c);
    c = a**b;                           //表达式的长度由 c 确定
    $display("c= %h", c);
end
```

仿真器的输出结果

```
a * b = 16                              // 由于位宽为 6,所以'h96 被截断到'h16。
a ** b = 1                              // 表达式的宽度为 4(a 的位宽)
c = ac61                                //表达式的位宽为 16(c 的位宽)
```

5.6.5 有符号表达式

为了得到可靠的结果,控制表达式的符号是非常重要的。可以使用两个系统函数来处理类型的表示:

(1) $ signed(),返回相同位宽的有符号数。

(2) $ unsigned(),返回相同位宽的无符号数。

例 5.76 调用系统函数进行符号转换 Verilog HDL 描述的例子。

```
reg [7:0] regA, regB;
reg signed [7:0] regS;
regA =  $unsigned( - 4);               // regA  =  8'b11111100
regB =  $unsigned( - 4'sd4);           // regB  =  8'b00001100
regS =  $signed (4'b1100);             // regS  =- 4
```

下面是表达式结果类型时确定规则:

(1) 表达式的类型仅仅取决于操作数,与左侧值无关。

(2) 十进制数是有符号数。

(3) 基数格式数值是无符号数,除非符号(s)用于基数说明。

(4) 无论操作数是何类型,其位选择结果为无符号型。

(5) 无论操作数是何类型,其部分位选择结果为无符号型,即使部分位选择指定了一个完整的矢量。

(6) 无论操作数是何类型,连接(或复制)操作的结果为无符号型。

(7) 无论操作数是何类型,比较操作的结果(1 或 0)为无符号型。

(8) 通过强制类型转换为整型的实数为有符号型。

(9) 任何自主操作数的符号和位宽由操作数自己决定,不取决于表达式的其余部分。

(10) 对于非自主操作数遵循下面的规则:①如果有操作数为实数类型,则结果为实数类型。②如果有任何操作数为无符号类型,则结果为无符号类型。③如果所有操作数为有符号类型,则结果为有符号类型。

5.6.6 分配和截断

如果右操作数的位宽大于左操作数的位宽时,则右操作数的最高有效位会丢失,以进行位宽匹配。当出现位宽不匹配时,并不要求实现过程警告或者报告和分配位宽不匹配的任何错误。截断符号表达式的符号位,可能会改变结果的符号。

例 5.77 位宽不匹配分配 Verilog HDL 描述的例子 1。

```
reg [5:0] a;
reg signed [4:0] b;
initial begin
```

```
  a = 8'hff;                             //分配完后,a = 6'h3f
  b = 8'hff;                             //分配完后,b = 5'h1f
end
```

例 5.78 位宽不匹配分配 Verilog HDL 描述的例子 2。

```
reg [0:5] a;
reg signed [0:4] b, c;
initial begin
  a = 8'sh8f;                            //分配完后,a = 6'h0f
  b = 8'sh8f;                            //分配完后,b = 5'h0f
  c =- 113;                              //分配完后,c = 15
end
```

例 5.79 位宽不匹配分配 Verilog HDL 描述的例子 3。

```
reg [7:0] a;
reg signed [7:0] b;
reg signed [5:0] c, d;
initial begin
  a = 8'hff;
  c = a;                                 //分配完后,c = 6'h3f
  b =- 113;
  d = b;                                 //分配完后,d = 6'h0f
end
```

5.7 Verilog HDL 分配

分配(也称为赋值)是最简单的机制,用于给网络和变量设置相应的值。Verilog HDL 提供了两种基本形式的分配:

(1) 连续分配,用于给网络分配值。

(2) 过程分配,用于给变量分配值。

Verilog HDL 还额外提供了两种分配形式,assign/deassign 和 force/release,称之为过程连续分配。

一个分配由两部分构成,包括左侧和右侧,它们通过"="隔开,或者在非阻塞过程赋值中,使用"<="隔开。右侧可以是任意表达式。根据连续分配或者过程分配,左边的赋值(分配)类型遵守表 5.20 的规则。

表 5.20 分配描述中的有效的左侧格式

描述类型	左侧
连续分配	(1) 网络(标量或者矢量) (2) 一个向量网络的常数位选择 (3) 一个向量网络的常数部分选择 (4) 一个向量网络的常数索引的部分选择 (5) 以上任何左侧的连接或者嵌套的连接

续表

描述类型	左 侧
过程分配	(1) 变量(标量或者矢量) (2) 一个向量寄存器、整数或者时间变量的比特选择 (3) 一个向量寄存器、整数或者时间变量的部分选择 (4) 一个向量寄存器,整数或者时间变量索引的部分选择 (5) 存储器字 (6) 以上任何左侧的连接或者嵌套的连接

5.7.1 连续分配

连续分配包括网络声明分配和连续分配描述。

1. 网络声明分配

前面讨论了声明网路的两种方法,这里给出第三种方法,即网络声明分配。在声明网络的相同描述中,允许在网络上使用连续分配。

例 5.80 连续分配的网络声明格式 Verilog HDL 描述的例子。

```
wire (strong1, pull0) mynet = enable;
```

注: 由于一个网络只能声明一次,所以对于一个特定的网络来说,只能有一个网络声明分配,这和连续分配描述是不一样的。连续分配描述中,一个网络可以接受连续分配形式的多个分配。

2. 连续分配描述

连续分配将为一个网络数据类型设置一个值,网络可能明确的声明,或者根据隐含声明规则继承一个隐含声明。

给一个网络进行分配是连续的和自动的。换句话说,任何时候,只要右边的一个操作表达式的操作数发生变化,则将改变整个右边表达式。如果右边表达式新的值和以前的值不一样,则将给左边分配新的值。

连续分配描述格式为

```
assign variable = expression;
```

其中,variable 为网络数据类型; expression 为赋值表达式。

例 5.81 使用连续分配实现带进位的四位加法器 Verilog HDL 描述的例子。

```
module adder (sum_out, carry_out, carry_in, ina, inb);
output [3:0] sum_out;
output carry_out;
input [3:0] ina, inb;
input carry_in;
wire carry_out, carry_in;
wire [3:0] sum_out, ina, inb;
assign {carry_out, sum_out} = ina + inb + carry_in;
endmodule
```

例 5.82 使用连续分配实现 4:1 的 16 位总线多路选择 Verilog HDL 描述的例子。

```
module select_bus(busout, bus0, bus1, bus2, bus3, enable, s);
parameter n = 16;
parameter Zee = 16'bz;
output [1:n] busout;
input [1:n] bus0, bus1, bus2, bus3;
input enable;
input [1:2] s;
tri [1:n] data;                              // 声明网络
tri [1:n] busout = enable ? data : Zee;      // 带有连续分配的网络声明
//带有四个连续分配的分配描述
assign
    data = (s == 0) ? bus0 : Zee,
    data = (s == 1) ? bus1 : Zee,
    data = (s == 2) ? bus2 : Zee,
    data = (s == 3) ? bus3 : Zee;
endmodule
```

3. 延迟

在连续分配中,延迟由于指定将右边操作数的变化分配到左边的时间间隔。如果左边引用一个标量网络,这种分配的效果和用于门的延迟是一样的,即可以为输出上升、下降和变为高阻指定不同的延迟。如果左边是一个向量网络,则可以应用最多三个延迟。下面的规则用于确定哪个延迟用于控制分配:

(1) 如果右边从非零变化到零,则应该使用下降延迟。

(2) 如果右边变化到高阻,则应该使用关闭延迟。

(3) 对于其他情况,应该使用上升延迟。

注:在连续分配中所指定的延迟,是网络声明的一部分,它用于指定一个网络延迟。这与指定一个延迟再为网络进行连续分配是不同的。在一个网络声明中,可以将一个延迟值用于一个网络中。

例 5.83 一个延迟值应用到一个网络 Verilog HDL 描述的例子。

```
wire #10 wireA;
```

这描述了任何变换的值,需要延迟 10 个时间单位后,才能应用到 wireA 网络。

注:对于一个向量网络的分配,当在声明中包含分配时,不能将上升延迟和下降延迟应用到单个的位。

4. 强度

用户可以在一个连续分配中指定驱动强度,这只应用于为下面类型的标量网络进行分配的情况,即

```
wire    tri      trireg
wand    triand   tri0
wor     trior    tri1
```

连续分配驱动强度可以在网络声明中指定,也可以通过使用 assign 关键字在一个单独的分配中指定。

如果提供了强度说明的话,应该紧跟关键字(用户网络类型的关键字或者 assign),并且

在任何指定的延迟前面。当连续分配驱动网络时，应该按照指定的值进行仿真。

一个驱动强度描述应该包含一个强度值，当给网络分配的值是“1”的时候使用第一个强度值；当给分配的值是“0”的时候使用第二个强度值。下面的关键字，用于为分配“1”指定强度值

```
supply1  strong1  pull1  weak1  highz1
```

下面的关键字，用于为分配“0”指定强度值

```
supply0  strong0  pull0  weak0  highz0
```

两个强度说明的顺序是任意的。下面两个规则将约束强度说明：

(1) 强度描述(highz1，highz0)和(highz0，highz1)认为是非法的结构。

(2) 如果没有指定驱动强度，则默认为(strong1，strong0)。

5.7.2 过程分配

连续分配驱动网络的行为类似于逻辑门驱动网络，右边的分配表达式可以认为是连续驱动网路的组合逻辑电路；不同的，过程分配为变量赋值。过程分配没有连续性，变量一直保存着上一次分配的值，直到下一次为变量进行了新的过程分配为止。

过程分配发生在下面的过程中，比如 always、initial、task 和 function 中，可以认为是触发式的分配。

变量声明分配是过程分配的一个特殊情况，用于给变量分配一个值。它允许在用于声明变量的相同描述中，给一个变量设置一个初始值。过程分配应该是一个常数表达式，该分配没有连续性，取而代之的是，变量一直保持该分配值，直到下一个新的分配到来。不能对一个数组使用变量声明分配，此外变量声明分配只能用于模块级。如果在 initial 模块和变量声明分配中，为相同的变量分配了不同的值，没有定义分配的顺序。

例 5.84 定义一个 4 位变量并且分配初值 Verilog HDL 描述的例子。

```
reg[3:0] a = 4'h4;
```

这等价于

```
reg[3:0] a;
initial a = 4'h4;
```

例 5.85 为数组分配初值是非法的。

```
reg [3:0] array [3:0] = 0;
```

例 5.86 声明两个整数，第一个分配值为 0 的 Verilog HDL 描述的例子。

```
integer i = 0, j;
```

例 5.87 声明两个实数变量，为其分配值 2.5 和 300000 的 Verilog HDL 描述的例子。

```
real r1 = 2.5, n300k = 3E6;
```

例 5.88 声明一个时间变量和一个实时时间变量,并分配初值 Verilog HDL 描述的例子。

```
time t1 = 25;
realtime rt1 = 2.5;
```

5.8 Verilog HDL 门级和开关级描述

本节介绍 Verilog HDL 语言提供的内置门级和开关级电路建模原语以及在一个设计中使用这些原语的方法。Verilog HDL 预定义了 14 个逻辑门和 12 个开关原语,用于提供门级和开关级电路建模工具。使用门级和开关级建模的优势包括:

(1) 在真实门电路和模型之间,门提供了接近于一对一的映射。

(2) 这里没有连续的分配,这等效于双向的传输门。

5.8.1 门和开关声明

对一个门或者开关的例化声明应该包含下面的说明:

(1) 用于命名开关或者原语类型的关键字;

(2) 一个可选的驱动强度;

(3) 一个可选的传输延迟;

(4) 用于命名门或者开关例化的可选标识符;

(5) 一个可选的例化数组范围;

(6) 终端连接列表。

1. 门类型说明

表 5.21 给出了 Verilog HDL 提供的内建门和开关的列表。

表 5.21 Verilog HDL 提供的内建门和开关的列表

n 输入门	n 输出门	三态门	pull 门	MOS 开关	双向开关
and	**buf**	**bufif0**	**pulldown**	**cmos**	**rtran**
nand	**not**	**bufif1**	**pullup**	**nmos**	**rtranif0**
nor		**notif0**		**pmos**	**rtranif0**
or		**notif1**		**rcmos**	**tran**
xnor				**rnmos**	**tranifo**
xor				**rpmos**	**tranif1**

2. 驱动强度说明

驱动强度说明指定了门例化输出终端逻辑值的强度,表 5.22 给出了可以使用驱动强度描述的门类型。

表 5.22 可以使用驱动强度描述的门类型

and	nand	buf	not	pulldown
or	nor	bufif0	notif0	pullup
xor	xnor	bufif1	notif1	

用于一个门例化的驱动强度说明，除了 pullup 和 pulldown 以外，应该有 strength1 说明和 strength0 说明。strength1 说明指定了逻辑 1 的信号强度；strength0 说明指定了逻辑 0 的信号强度。驱动强度跟在门类型关键字后，在延迟说明的前面。strength0 说明可以在 strength1 说明之后，也可以在其之前。在圆括号内，通过逗号，将 strength0 说明和 strength1 说明隔开。

(1) pullup 门只有 strength1 说明；strength0 说明是可选的。

(2) pulldown 门只有 strength0 说明；strength1 说明是可选的。

strength1 描述包含下面的关键字

```
supply1    strong1    pull1    weak1
```

strength0 描述包含下面的关键字

```
supply0    strong0    pull0    weak0
```

将 strength1 指定为 highz1，将引起门或者开关输出一个逻辑值 z，而不是 1；将 strength0 指定为 highz0，将引起门或者开关输出一个逻辑值 z，而不是 0。强度说明 (highz0，highz1) 和(highz1，highz0)是无效的。

例 5.89 下面给出了一个集电极开路 nor 门 Verilog HDL 描述的例子。

```
nor (highz1,strong0) n1(out1,in1,in2);
```

在这个例子中，nor 逻辑门输出 z，而不是 1。

3. 延迟说明

在一个声明中，可选的延迟说明指定了贯穿门和开关的传播延迟。如果在声明中，没有指定门和开关延迟描述，则没有传播延迟。根据门的类型，一个延迟说明最多包含三个延迟值。pullup 和 pulldown 例化声明，将不包含延迟说明。

4. 原语例化标识符

可以为一个门或者开关例化指定一个可选的名字。如果声明了多个例化作为一组例化，则需要使用一个标识符来命名例化。

5. 范围说明

当要求重复例化的时候，这些例化之间是不同的。通过向量索引的连接来区分它们。

为了指定一个例化数组，例化的名字后面应该跟着范围，使用两个常数表达式指定范围、左侧索引(lhi)和右侧索引(rhi)，它们通过“[ ]”符号中的“：”符号隔开。范围[lhi：rhi]，表示 abs(lhi-rhi)+1 宽度的例化数组。

注：一个例化数组的范围应该是连续的，一个例化标识符只关联一个范围，用于声明例化数组。

下面的声明是非法的

```
nand #2 t_nand[0:3] ( ... ), t_nand[4:7] ( ... );
```

例 5.90 例化数组声明的 Verilog HDL 描述例子。

```
nand #2 t_nand[0:7]( ... );
nand #2 x_nand[0:3] ( ... ), y_nand[4:7] ( ... );
```

6. 原语例化连接列表

终端列表描述了门或者开关如何连接模型的剩余部分，门和开关的类型限定了表达式。连接列表通过()符号括起来，()符号内的终端通过“,”符号进行分割。输出或者双向终端总是出现在连接列表的开始，后面跟着输入终端。

对于

```
nand #2 nand_array[1:4]( ... ) ;
```

声明了四个例化，作为 nand_array[1]、nand_array[2]、nand_array[3]和 nand_array[4]标识符进行引用。

例 5.91 两个等效门例化 Verilog HDL 描述的例子 1。

```
module driver (in, out, en);
input [3:0] in;
output [3:0] out;
input en;
bufif0 ar[3:0] (out, in, en);                    // 三态缓冲区数组
endmodule

module driver_equiv (in, out, en);
input [3:0] in;
output [3:0] out;
input en;
bufif0 ar3 (out[3], in[3], en);                  // 每一个单独的声明
bufif0 ar2 (out[2], in[2], en);
bufif0 ar1 (out[1], in[1], en);
bufif0 ar0 (out[0], in[0], en);
endmodule
```

例 5.92 两个等效门例化 Verilog HDL 描述的例子 2。

```
module busdriver (busin, bushigh, buslow, enh, enl);
input [15:0] busin;
output [7:0] bushigh, buslow;
input enh, enl;
driver busar3 (busin[15:12], bushigh[7:4], enh);
driver busar2 (busin[11:8], bushigh[3:0], enh);
driver busar1 (busin[7:4], buslow[7:4], enl);
driver busar0 (busin[3:0], buslow[3:0], enl);
endmodule

module busdriver_equiv (busin, bushigh, buslow, enh, enl);
input [15:0] busin;
output [7:0] bushigh, buslow;
input enh, enl;
driver busar[3:0] (.out({bushigh, buslow}), .in(busin),.en({enh, enh, enl, enl}));
endmodule
```

思考与练习 5 给出下面 Verilog HDL 描述所给出的门级设计结构：

```
module dffn (q, d, clk);
parameter bits = 1;
input [bits - 1:0] d;
output [bits - 1:0] q;
input clk ;
DFF dff[bits - 1:0] (q, d, clk);              // 创建一行 D 触发器
endmodule

module MxN_pipeline (in, out, clk);
parameter M = 3, N = 4;                       // M = 宽度,N = 深度
input [M - 1:0] in;
output [M - 1:0] out;
input clk;
wire [M * (N - 1):1] t;
// #(M) 重新定义了 dffn 的比特参数
// 创建 p[1:N]列 columns 的 dffn 行 (流水)
dffn #(M) p[1:N] ({out, t}, {t, in}, clk);
endmodule
```

5.8.2 逻辑门

逻辑门的例化,使用下面关键字

and **nand** **nor** **or** **xor** **xnor**

表 5.23 给出了多个逻辑输入门的真值表。

表 5.23 多个逻辑输入门的真值表

and	0	1	x	z	or	0	1	x	z
0	0	0	0	0	0	0	1	x	x
1	0	1	x	x	1	1	1	1	1
x	0	x	x	x	x	x	1	x	x
z	0	x	x	x	z	x	1	x	x
nand	0	1	x	z	nor	0	1	x	z
0	1	1	1	1	0	1	0	x	x
1	1	0	x	x	1	0	0	0	0
x	1	x	x	x	x	x	0	x	x
z	1	x	x	x	z	x	0	x	x
xor	0	1	x	z	xnor	0	1	x	z
0	0	1	x	x	0	1	0	x	x
1	1	0	x	x	1	0	1	x	x
x	x	x	x	x	x	x	x	x	x
z	x	x	x	x	z	x	x	x	x

门级逻辑设计描述中可使用具体的门例化语句,简单的门实例语句的格式

```
gate_type[instance_name](term1, term2, … ,termN) ;
```

其中,gate_ type 为前面所列出门的关键字; instance_name 为例化标识符; term1,…,termN 用于表示与门的输入/输出端口相连的网络可选的。

延迟描述应该是 0 个、1 个或者 2 个延迟,如果描述中包含 2 个延迟,则第一个延迟确定输出上升延迟; 第二个延迟确定输出下降延迟。2 个延迟中较小的一个应用于输出跳变为 x 的延迟。如果只有一个延迟,将应用到上升和下降延迟。如果没有指定则没有传播延迟。

注: 这六种类型的逻辑门,有多个输入,但只有一个输出。终端列表的第一个终端将连接到门的输出; 其他终端将连接到门的输入。

例 5.93 两输入与门 Verilog HDL 描述的例子。

```
and a1(out,in1,in2);
```

其中,该与门例化标识符为 a1,输出为 out,带有两个终端输入 in1 和 in2。

5.8.3 输出门

多输出逻辑门的例化,使用下面的关键字

```
buf    not
```

其延迟特性同逻辑门的延迟描述,表 5.24 给出了输出门的真值表。

表 5.24 输出门的真值表

buf		not	
输入	输出	输入	输出
0	0	0	1
1	1	1	0
x	x	x	x
z	x	z	x

这些门只有一个输入,一个/多个输出。输出门的实例语句的基本语法如下

```
multiple_output_gate_type[instance_name] (out1,out2,...,outn,inputA);
```

其中,multiple_output_gate_type 为输出门的关键字; instance_name 为可选的例化标识符; out1,out2,...,outn,inputA 为输出/输入端口。只有 inputA 是输入端口,其余端口为输出端口。

例 5.94 多输出门的 Verilog HDL 描述。

```
buf b1(out1,out2,in);
```

该门实例语句中,in 是缓冲门的输入; out1 和 out2 是输出; b1 是例化标识符。

5.8.4 三态门

三态逻辑门的例化,使用下面的关键字

```
bufif0    bufif1    notif1    notif0
```

其延迟特性同逻辑门的延迟描述。这些门除了逻辑 1 和逻辑 0 外，还可以输出 z。

这些门用于对三态驱动器建模，这些门有一个数输出、一个数据输入和一个控制输入，表 5.25 给出了三态逻辑门的真值表。

表 5.25 三态逻辑门的真值表

bufif0		控制				bufif1		控制			
		0	1	x	z			0	1	x	z
数据	0	0	z	L	L	数据	0	z	0	L	L
	1	1	z	H	H		1	z	1	H	H
	x	x	z	x	x		x	z	x	x	x
	z	x	z	x	x		z	z	x	x	x
notif0		控制				notif1		控制			
		0	1	x	z			0	1	x	z
数据	0	1	z	H	H	数据	0	z	1	H	H
	1	0	z	L	L		1	z	0	L	L
	x	x	z	x	x		x	z	x	x	x
	z	x	z	x	x		z	z	x	x	x

注：

（1）符号 L，表示结果为 0 或 z。

（2）符号 H，表示结果为 1 或 z。

（3）跳变到 H 或者 L 的延迟与跳变到 x 的延时是一样的。

三态门例化语句的基本语法如下

```
tristate_gate[instance_name](outputA,inputB,control);
```

其中，tristate_gate 为三态门的关键字；instance_name 为可选的例化标识符；outputA 是输出端口；inputB 是数据输入端口；control 是控制输入端口。根据控制输入的值，可以将输出驱动到高阻状态，即值 z。

三态门的延迟描述应该是 0 个、1 个、2 个或者 3 个延迟：

（1）如果描述中包含 3 个延迟，则第一个延迟确定输出上升延迟，第二个延迟确定输出下降延迟，第三个延迟确定跳变到 x 的延迟。

（2）如果描述中包含 2 个延迟，则第一个延迟确定输出上升延迟，第二个延迟确定输出下降延迟，2 个延迟中较小的一个延迟用于确定跳变到 x 和 z 的延迟。

（3）如果只有 1 个延迟，将应用到所有的输出跳变延迟。

（4）如果没有指定延迟，则门没有传播延迟。

例 5.95 三态门 bufif1 的 Verilog HDL 描述的例子。

```
bufif1 BF1 (Dbus,MemData,Strobe);
```

在该门例化语句中：

（1）当 Strobe 为 0 时，bufif1 驱动输出 Dbus 为高阻。

（2）否则 Strobe 为 1 时，将 MemData 传输到 Dbus。

5.8.5 MOS 开关

MOS 开关的例化，使用下面的关键字

cmos nmos pmos rcmos rnmos rpmos

其中：

(1) pmos 表示 p 型金属氧化物半导体场效应(PMOS)晶体管。

(2) nmos 表示 n 型金属氧化物半导体场效应(PMOS)晶体管。

当导通时，pmos 和 nmos 晶体管的源级和漏级之间阻抗相对较低。

(3) rpmos 表示电阻型 PMOS 晶体管。

(4) rnmos 表示电阻型 NMOS 晶体管。

与 pmos 和 nmos 相比，在导通的时候，rpmos 和 rnmos 在源级和漏级之间的阻抗明显要高。静态 MOS 网络之间的负载器件是 rpmos 和 rnmos 晶体管的一个例子。

这四个开关对数据来说是单向通道，类似于 bufif 门。

MOS 开关的延迟描述应该是 0 个、1 个、2 个或者 3 个延迟。

(1) 如果描述中包含三个延迟，则第一个延迟确定输出上升延迟，第二个延迟确定输出下降延迟，第三个延迟确定跳变到 z 的延迟。

(2) 如果描述中包含两个延迟，则第一个延迟确定输出上升延迟，第二个延迟确定输出下降延迟，两个延迟中较小的一个延迟用于确定跳变到 x 和 z 的延迟。

(3) 如果只有一个延迟，将应用到所有的输出延迟。

(4) 如果没有指定延迟，则开关没有传播延迟。

表 5.26 给出了 MOS 开关的真值表。

表 5.26 三态逻辑门的真值表

pmos rpmos		控制				nmos rnmos		控制			
		0	1	x	z			0	1	x	z
数据	0	0	z	L	L	数据	0	z	0	L	L
	1	1	z	H	H		1	z	1	H	H
	x	x	z	x	x		x	z	x	x	x
	z	z	z	z	z		z	z	z	z	z

注：

(1) 符号 L，表示结果为"0"或 z。

(2) 符号 H，表示结果为"1"或 z。

(3) 跳变到 H 或者 L 的延迟与跳变到 x 的延时是一样的。

这 4 个开关有 1 个数据输出、1 个数据输入和 1 个控制输入。

MOS 开关例化语句的基本语法如下

```
mos_switch_type[instance_name](outputA,inputB,control);
```

其中，mos_switch_type 为 MOS 开关的关键字；instance_name 为可选例化标识符；outputA 是数据输出端口；inputB 是数据输入端口；control 是控制输入端口。

例 5.96 MOS 开关 pmos Verilog HDL 描述的例子。

```
pmos p1 (out, data, control);
```

在该门例化语句中：数据 out 为输出；data 为数据输入；control 为控制输入；p1 为例化标识符。

5.8.6 双向传输开关

双向传输开关的例化，使用下面的关键字

tran	**tranif1**	**tranif0**
rtran	**rtranif1**	**rtranif0**

双向传输开关没有延迟信号传输，当 tranif0、tranif1、rtranif0 和 rtranif1 关闭时，将阻塞信号；当它们打开时，信号当通过双向传输开关。不能关闭 tran 和 rtran 器件，它们总是能通过信号。

对于 tranif0、tranif1、rtranif0 和 rtranif1 来说，其延迟描述应该是 0 个、1 个或者 2 个延迟。

(1) 如果描述中包含 2 个延迟，则第一个延迟确定打开开关延迟，第二个延迟确定输出关闭开关延迟，2 个延迟中较小的一个确定跳变到 x 和 z 的延迟。

(2) 如果描述中包含 1 个延迟，则用于确定打开和关闭开关延迟。

(3) 如果没有指定延迟，双向开关没有打开和关闭延迟。

注：对于 tran 和 rtran 器件，不接受延迟描述。

双向传输开关例化语句的基本语法如下

```
pass_switch_type[instance_name](inout1,inout2,control);
```

其中，pass_switch_type 为双向开关的关键字；instance_name 为可选的例化标识符；inout1 和 inout2 是连接信号的 2 个双向端口；control 是控制输入。

注：所有 6 个器件的双向终端，只能连接到标量网络或者向量网络的位选择。

5.8.7 CMOS 开关

cmos 开关的例化，使用下面的关键字

cmos **rcmos**

cmos 开关可以看作是 pmos 开关和 nmos 开关的组合，rcmos 开关可以看作是 rpmos 开关和 rnmos 开关的组合。

cmos 开关的延迟描述应该是 0 个、1 个、2 个或者 3 个延迟。

(1) 如果描述中包含 3 个延迟，则第一个延迟确定输出上升延迟，第二个延迟确定输出下降延迟，第三个延迟确定跳变到 z 的延迟，3 个延迟中最小的延迟将作为跳变到 x 的延迟。跳变到 H 或者 L 的延迟与跳变到 x 的延迟是相同的。

(2) 如果描述中包含 2 个延迟，则第一个延迟确定输出上升延迟，第二个延迟确定输出下降延迟，2 个延迟中较小的一个延迟用于确定跳变到 x 和 z 的延迟。

(3) 如果只有一个延迟，将应用到所有的输出跳变延迟。

(4) 如果没有指定延迟，则开关没有传播延迟。

如图 5.8 所示，给出了 cmos 的符号，cmos 和 rcmos 有一个数据输入 datain，一个数据输出，2 个控制输入 pcontrol 和 ncontrol。

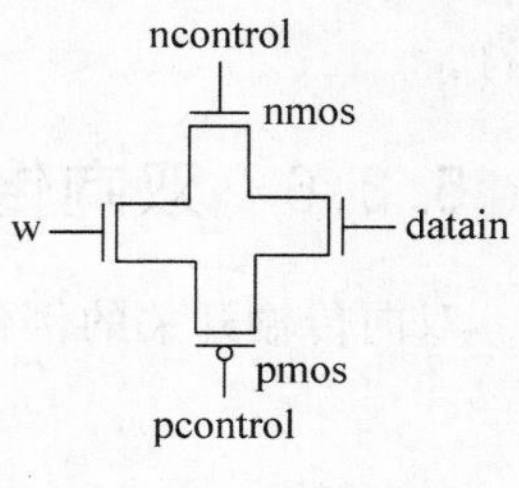

图 5.8 cmos 的符号

CMOS 开关例化语句的基本语法如下

```
cmos_switch_type[instance_name](w,datain,ncontrol,pcontrol);
```

其中，cmos_switch_type 为 cmos 开关的关键字；instance_name 为可选的例化标识符；w 为数据输出；datain 为数据输入；ncontrol 是 nmos 的控制输入；pcontrol 是 pmos 的控制输入。表达式 cmos(w,datain,ncontrol,pcontrol)等效于

```
nmos (w, datain, ncontrol);
pmos (w, datain, pcontrol);
```

5.8.8 pull 门

例化上拉和下拉源使用下面关键字

```
pullup        pulldown
```

上拉源 pullup 将终端列表中的网络置为 1，下拉源 pulldown 将终端列表中的网络置为 0。在没有强度说明的情况下，放置在网络上的这些信号源，将为 pull 强度。如果在 pullup 源上有 strength1 说明或者在 pulldown 源上有 strength0 说明，则信号应该有强度说明，将忽略在 pullup 上的 strength0 说明或者在 pulldown 上的 strength1 说明。

这些源没有延迟说明。

这类门没有输入只有输出，门实例的端口表只包含一个输出。

例 5.97 pullup 门 Verilog HDL 描述的例子。

```
pullup (strong1) p1 (neta), p2 (netb);
```

在该例化语句中，p1 例化驱动 neta，p2 例化驱动 netb，并且为 strong1 强度。

5.8.9 逻辑强度建模

通过允许标量网络值有宽范围的未知值和不同级的强度或者强度的组合，Verilog HDL 为信号竞争、双向传输门、电阻 MOS 器件、动态 MOS、电荷共享和其他依赖于技术的网络配置提供了精确的模型。通过多层次的逻辑强度建模，解决了当信号组合进入已知或者未知值的时候，改善硬件行为的精度。

提供两个元件用于强度描述：

(1) 网络值的 strength0，通过下面表示

```
supply0    strong0    pull0    weak0    highz0
```

(2) 网络值的 strength1,通过下面表示

```
supply1    strong1    pull1    weak1    highz1
```

注:(highz0 ,highz1)和(highz1,highz0)的组合是非法的。

表 5.27 给出了用于网络信号值的驱动层次。从表中可以看出:

表 5.27 用于网络信号值的驱动层次

	强度名字	强度极
strength0	supply0	7
	strong0	6
	pull0	5
	large0	4
	weak0	3
	medium0	2
	small0	1
	highz0	0
strength1	highz1	0
	small1	1
	medium1	2
	weak1	3
	large1	4
	pull1	5
	strong1	6
	supply1	7

(1) 有 4 个驱动强度

```
Supply    strong    pull    weak
```

带有强度的信号,将从门的输出进行传播,并且连续地分配输出。

(2) 有 3 个电荷存储强度

```
large    medium    small
```

带有电荷存储强度的信号将出现在 trireg 网络类型中。

注:

(1) 如果一个网络的信号值是已知的,则它的强度级是 strength0 或者是 strength1。

(2) 如果一个网络的信号值是未知的,则它的强度层次在所有的 strength0 或者 strength1 中。

(3) 如果一个网络的信号值是 z,则它的强度级是标量部分 0 划分的一个。

5.8.10 组合信号的强度和值

除了一个信号值外,一个网络应该有明确的强度级或者由多个层次构成的模糊强度级。

当对信号进行组合时，根据下面的规则，将确定最终信号的强度和值。

1. 明确强度的组合信号

这里针对的是每个有确定值和单个强度级的信号的组合。如果在一个连线网络配置中，有两个或者多个不同强度的组合，较强强度的信号将支配所有较弱的驱动器，并确定最终的结果。两个或多个具有相似值的信号组合，将使得相同的值带有更大的强度。强度和值相同的信号组合，将产生相同的信号。

对于不同值信号和相同强度信号的组合，可能有三种结果：两个结果出现在布线逻辑中，第三个结果产生在非连线逻辑中。

如图 5.9 所示，括号内的数字表示信号的相对强度。pull1 和 strong0 的结果是 strong0，即两个信号中较强的。

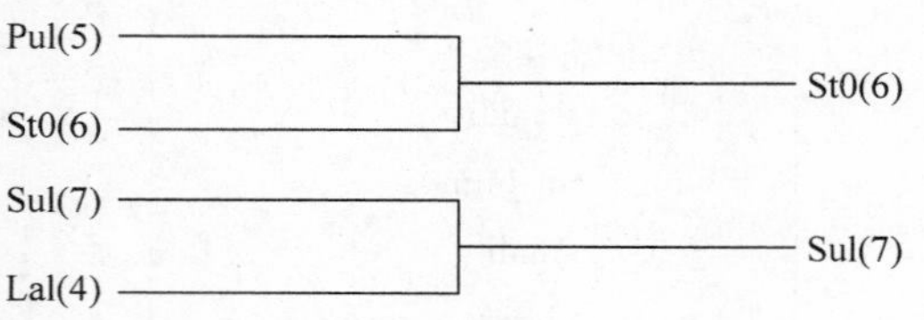

图 5.9　不同强度信号组合

2. 不确定强度：源和组合

对于不确定强度信号，给出了下面的分类：

(1) 带有确定值和多个强度级的信号。

(2) 带有 x 的信号，其信号强度由 strength1 部分和 strength 部分范围的子分类构成。

(3) 带有 L 的信号，其信号强度由高阻和 strength0 部分的强度级构成。

(4) 带有 H 的信号，其信号强度由高阻和 strength1 部分的强度级构成。

多个配置可以产生不确定强度的信号，如图 5.10 所示，当两个相同强度和相反值的信号组合在一起时，导致 x 的值，其强度包含所有信号的强度和所有更小的强度级。

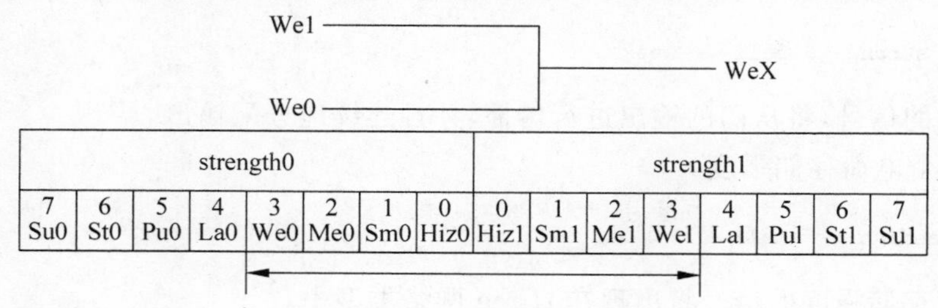

图 5.10　弱 x 信号强度

一个不确定信号的强度可以是一个范围内可能的值，如图 5.11 给出了从三态驱动器的输出强度，其控制端的输入未知。

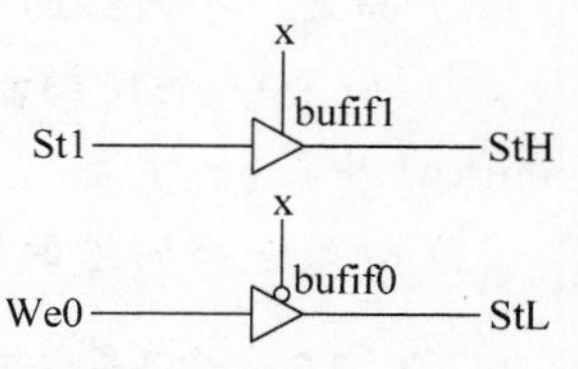

图 5.11　带有 x 控制输入的 bufif

(1) bufif1 的输出是 Strong H，如图 5.12 所示，给出了取值的范围。

(2) bufif0 的输出是 Strong L，如图 5.13 所示，给出了取值的范围。

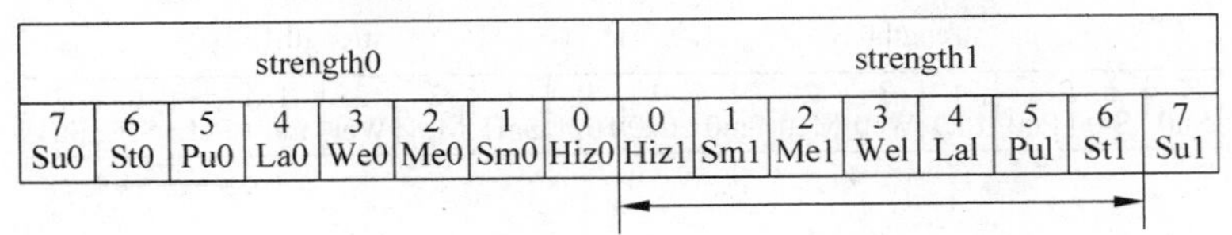

图 5.12 强 H 范围的值

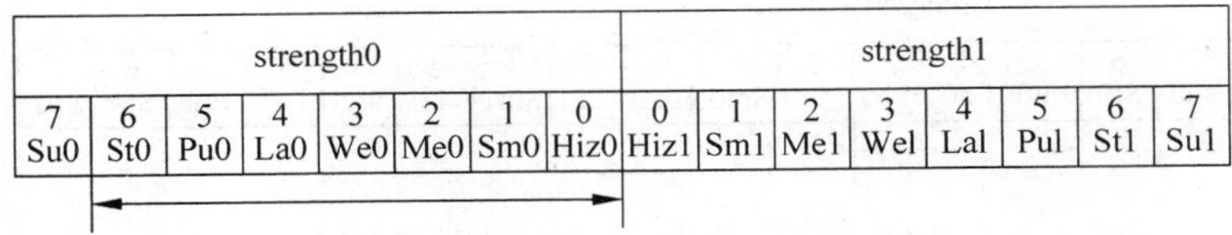

图 5.13 强 L 范围的值

两个不确定强度的信号的组合将导致一个不确定强度的信号。最终的信号将是一个强度级范围，其中包含了它元件内信号的强度级。如图 5.14 所示，不确定强度的信号组合，将产生一个范围。如图 5.15 所示，包含信号的极限值和极限值之间的取值。

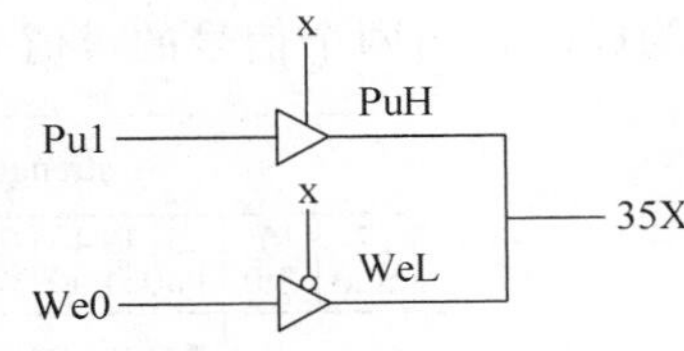

图 5.14 不确定强度的组合信号

因为其范围包含 1 和 0，所以结果是一个值 x。x 前面的数字 35，是两位的连接。第一个 3，对应于用于结果的最高的 strength0 级；第二个 5，对应于用于结果的最高的 strength1 级。

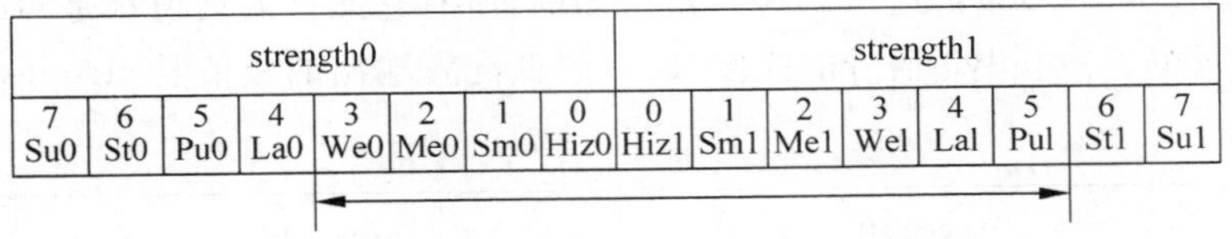

图 5.15 不确定信号的强度范围

如图 5.16 所示，开关网络产生相同值和一个强度范围，比如来自上面和下面配置的信号。一个寄存器的上半部分组合，由一个未指定值的寄存器所控制的门，一个上拉电阻产生一个值为 1 的信号。如图 5.17 所示，强度范围(651)。一个 pulldown 的下半部分组合。由一个未指定值的寄存器控制的门和一个 and 门生成一个值为零的信号。如图 5.18 所示，强度范围(530)。

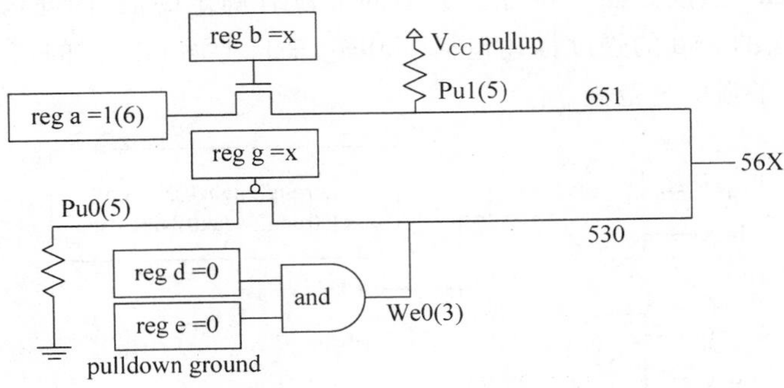

图 5.16 来自开关网络的不确定强度

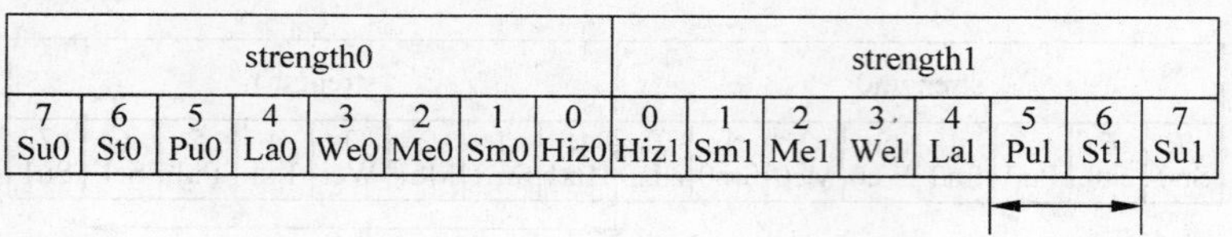

strength0								strength1							
7 Su0	6 St0	5 Pu0	4 La0	3 We0	2 Me0	1 Sm0	0 Hiz0	0 Hiz1	1 Sm1	2 Me1	3 Wel	4 Lal	5 Pul	6 St1	7 Su1

图 5.17　一个定义值的两个强度范围

strength0								strength1							
7 Su0	6 St0	5 Pu0	4 La0	3 We0	2 Me0	1 Sm0	0 Hiz0	0 Hiz1	1 Sm1	2 Me1	3 Wel	4 Lal	5 Pul	6 St1	7 Su1

图 5.18　一个定义值的三个强度范围

当把上部分和下部分的信号进行组合时，结果是一个不确定的值。如图 5.19 所示，范围为(56x)，由两个信号的极值确定。

strength0								strength1							
7 Su0	6 St0	5 Pu0	4 La0	3 We0	2 Me0	1 Sm0	0 Hiz0	0 Hiz1	1 Sm1	2 Me1	3 Wel	4 Lal	5 Pul	6 St1	7 Su1

图 5.19　未知值的强度范围

如果将下部分的配置中的 pulldown 用 supply0 代替，如图 5.20 所示，将范围改变为(Stx)。图中结果是 Strongx，这是因为它是未知的，所有它元件的极值都是 strong。由于较低部分 pmos 减少了 supply0 信号的强度，所以较低配置输出的极值是 strong。在后面会讨论其模型特性。

strength0								strength1							
7 Su0	6 St0	5 Pu0	4 La0	3 We0	2 Me0	1 Sm0	0 Hiz0	0 Hiz1	1 Sm1	2 Me1	3 Wel	4 Lal	5 Pul	6 St1	7 Su1

图 5.20　强 x 范围

如图 5.21 所示，逻辑门产生不确定的强度和三态驱动器。与门 N1 声明了 highz0 强度，N2 声明了 weak0 强度。图中寄存器类型的 b 没有确定的值，因此，输入到上面的 and 门是 stong x。上面的 and 的强度描述包括 highz0，来自上面 and 门的信号是 strong H，如图 5.22 所示，给出了强度的范围。

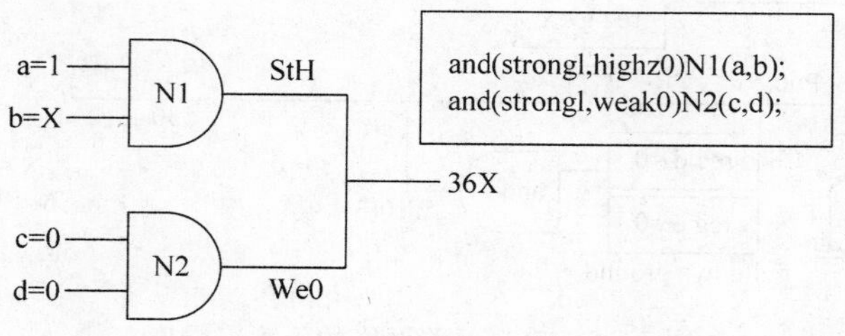

图 5.21　来自门的不确定强度

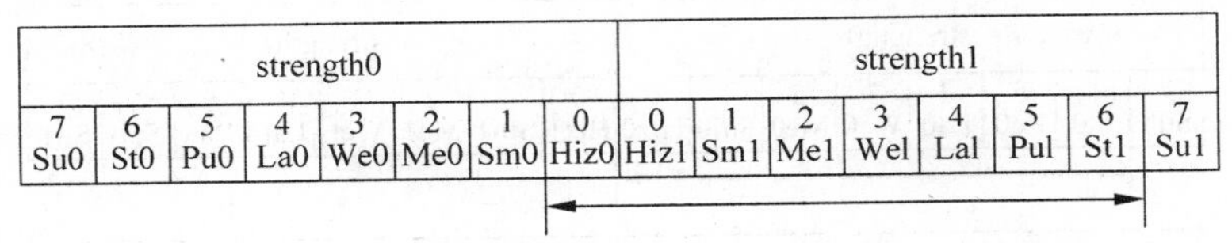

图 5.22 来自门的不确定强度信号

因为所考虑门，强度说明中用于一个输出的指定强度中有一个值为 0，所以，Hiz0 是结果的一部分。用于 0 值输出的一个强度描述不同于高阻时，将使得一个门的输出值为 x。

如图 5.23 所示，下面与门的输出是 weak0。如图 5.24 所示，将信号进行组合时，结果是(36x)。

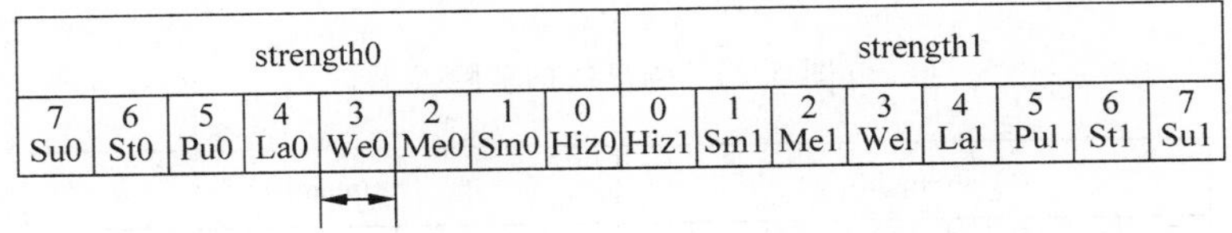

图 5.23 weak0

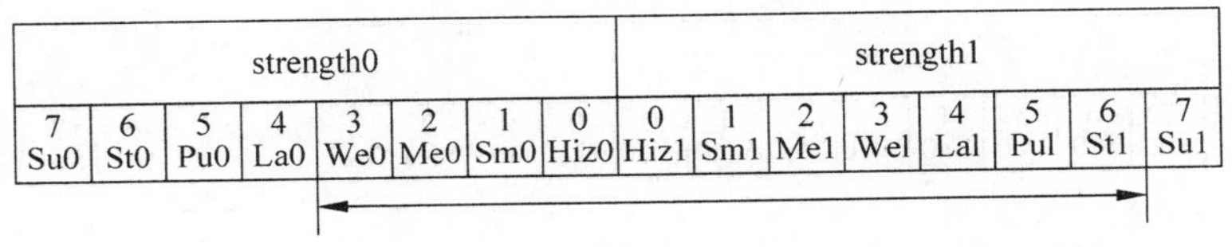

图 5.24 组合门信号中的不确定强度

3. 模糊强度信号和明确信号

一个带有明确强度和值的信号和其他带有未确定强度信号的组合，将导致几种可能的情况。为了理解用于这种类型组合的规则集，需要分开考虑每个未确定强度信号相对于确定强度信号的强度级。当一个带有明确强度和值的信号和其他带有未确定强度信号组合时，存在下面的规则：

(1) 不确定信号的强度级大于确定信号的强度级时，将保留在结果中。

(2) 不确定信号的强度级小于或者等于确定信号的强度级时，将从结果中消失，服从规则(3)。图 5.25 说明了这个规则。

(3) 如果规则(1)和规则(2)的操作，由于信号的值相反，而导致强度级的空隙，空隙中的信号也将是结果的一部分。图 5.26 说明了这个规则。

图 5.26 所示，应用规则(1)、(2)和(3)，具有相反值的不确定强度信号，比确定强度信号强度小的信号强度从结果中消失了。确定强度信号的强度和不确定强度信号中较大的极值，定义了结果的范围。

图 5.27 所示，应用规则(1)、(2)。不确定强度信号中，比确定强度信号强度小的强度从结果中消失了。确定强度信号的强度和不确定强度信号中较大的极值，定义了结果的范围。

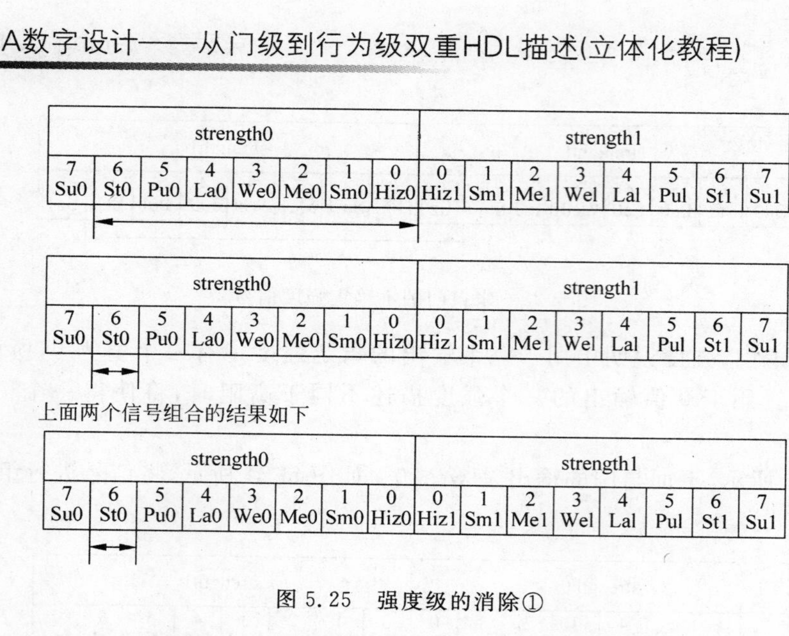

图 5.25　强度级的消除①

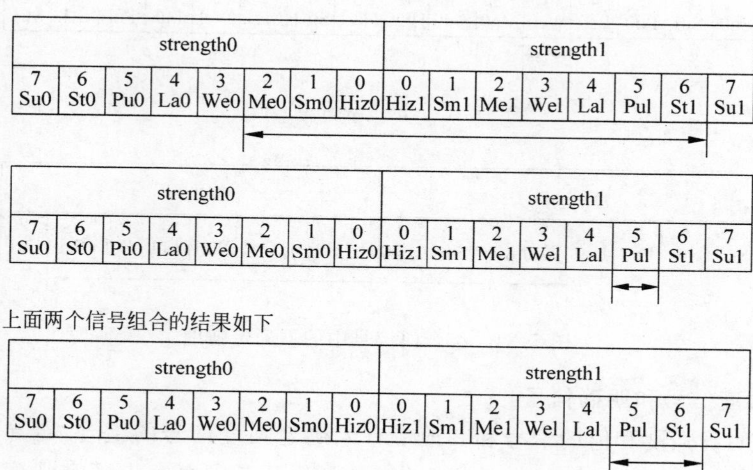

图 5.26　强度级的消除②

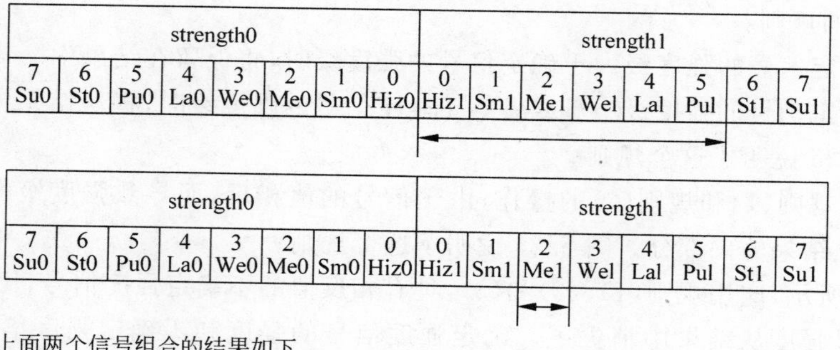

上面两个信号组合的结果如下

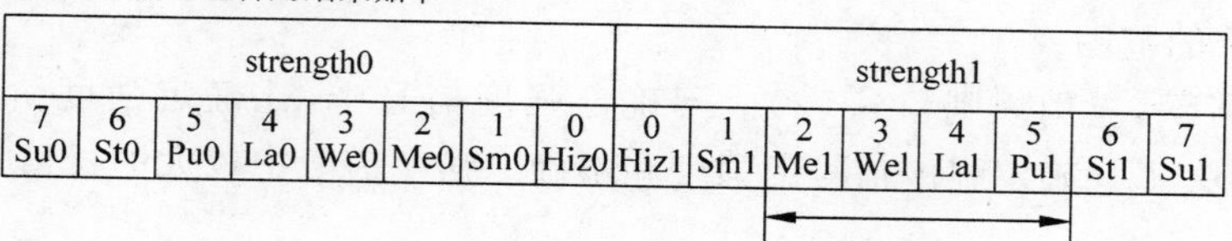

图 5.27　强度级的消除③

图 5.28 所示，应用规则(1)、(2)和(3)。不确定强度信号的强度范围有较大的极值，比确定强度信号的强度级要大。确定强度信号的强度和不确定强度信号中最大的极值，定义了结果的范围。

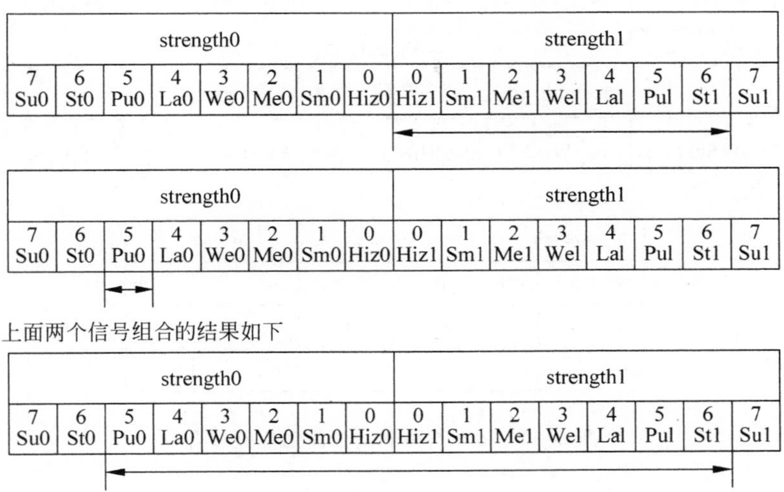

图 5.28　强度值的消除

4. 连线逻辑网络类型

当多个驱动器有相同的强度时，网络类型 triand、wand、trior 和 wor 可以用于解决冲突。通过将信号看作是逻辑功能的输入，这些网络类型将用于解决信号的值。

如图 5.29 所示，给出了两个确定信号的组合。使用“线与”逻辑产生的结果，与两个信号作为与门的输入所产生的结果相同。使用“线或”逻辑产生的结果，与两个信号作为或门的输入所产生的结果相同。在所有情况下，结果的强度和组合信号的强度相同。

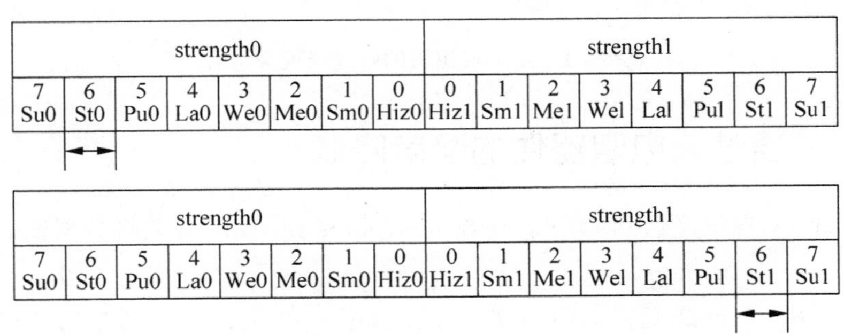

线与逻辑值的结果：0
线或逻辑值的结果：1

图 5.29　带有确定强度的布线逻辑

如图 5.30 和图 5.31 所示，当在连线逻辑中，对不确定强度信号组合时，需要考虑第一个信号的每个强度级和第二个信号的每个强度级所有组合的结果。

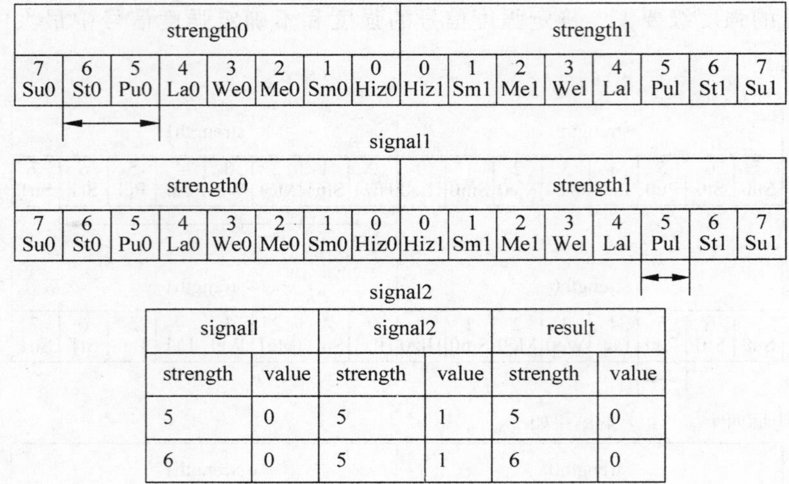

signal1		signal2		result	
strength	value	strength	value	strength	value
5	0	5	1	5	0
6	0	5	1	6	0

图 5.30 用于与逻辑的强度强度级组合

signal1		signal2		result	
strength	value	strength	value	strength	value
5	0	5	1	5	1
6	0	5	1	6	0

strength0								strength1							
7 Su0	6 St0	5 Pu0	4 La0	3 We0	2 Me0	1 Sm0	0 Hiz0	0 Hiz1	1 Sm1	2 Me1	3 We1	4 La1	5 Pu1	6 St1	7 Su1

图 5.31 用于或逻辑的强度强度级组合

5.8.11 通过非电阻器件的强度降低

除了将 supply 强度降低到 strong 外，nmos、pmos 和 cmos 开关将数据输入的强度传输到输出。

除了将 supply 强度降低到 strong 外，tran、tranif0 和 tranif1 开关不影响穿越双向终端的信号强度。

5.8.12 通过电阻器件的强度降低

如表 5.28 所示，rmos、rpmos、rcmos、rtran、rtranif1 和 rtranif0 器件，将减少通过这些器件的信号强度。

表 5.28 强度降低规则

输入强度	输出强度	输入强度	输出强度
Supply 驱动	Pull 驱动	Weak 驱动	Medium 电容
Strong 驱动	Pull 驱动	Meaium 电容	Small 电容
Pull 驱动	Weak 驱动	Small 电容	Small 电容
Large 电容	Medium 电容	高阻	高阻

5.8.13 网络类型强度

tri0、tri1、supply0、supply1 网络类型将产生指定强度级生成信号，trireg 声明能指定两个信号强度级中的一个，而不是一个默认的强度级。

1. tri0 和 tri1 网络强度

tri0 网络类型用于建模一个连接到一个电阻 pulldown 器件的网络，在缺少一个覆盖信号源时，这样一个信号的值为 0 强度为 pull。tri1 网络类型用于建模一个连接到一个电阻 pullup 器件的网络，在缺少一个覆盖信号源时，这样一个信号其值为 1 强度为 pull。

2. trireg 强度

trireg 网络类型，用于建模电荷存储点。由一个 trireg 网络产生的驱动强度，即在电荷存储状态(即一个驱动器对一个网络进行充电，然后转为高阻)，应该是三种状态的其中一个，即 large、medium 和 small。和一个特殊 trireg 网络相关的指定强度，应该在网络声明中由设计者指定。默认地，强度为 medium。

3. supply0 和 supply1 网络强度

supply0 用于对地连接进行建模，supply1 网络类型用于对电源连接进行建模，supply0 和 supply1 网络类型应该有 supply 驱动强度。

5.8.14 门和网络延迟

可以使用门时延定义门从任何输入到其输出的信号传输时延，门时延可以在门例化语句中定义。带有时延定义的门实例语句的语法如下

```
gate_type [delay] [instance_name] (terminal_list) ;
```

其中，gate_type 为门的类型；instance_name 为可选的例化标识符；delay 指定了门时延，即从门的任意输入到输出的传输时延。

用于输出的门时延最多有三类时延值，即上升时延、下降时延、高阻时延。

当没有强调门和网络时延时，默认的时延值为 0。

(1) 当指定一个延迟时，这个值用于和门或者网络相关的所有传输延迟。

(2) 当指定两个延迟时，第一个延迟指定上升延迟，第二个延迟指定下降延迟。当信号变为高阻或者不确定时，延迟是两个延迟中较小的一个。

(3) 对于三个延迟描述：①第一个延迟指的是跳变到值 1(上升延迟)。②第二个延迟指的是跳变到值 0(下降延迟)。③第三个延迟指的是跳变到高阻值。当跳变到未确定值的时候，值是三个延迟中最小的一个。输入信号的强度不影响从一个输入到输出的传播延迟。

表 5.29 为不同个数时延值条件下，各种具体的时延取值情形。

表 5.29　传播延迟的规则

从一个值	到另一个值	如果有，使用的延迟	
		2 个时延	3 个时延
0	1	d1	d1
0	x	min(d1,d2)	min(d1,d2,d3)
0	z	min(d1,d2)	d3
1	0	d2	d2
1	x	min(d1,d2)	min(d1,d2,d3)
1	z	min(d1,d2)	d3
x	0	d2	d2
x	1	d1	d1
x	z	min(d1,d2)	d3
z	0	d2	d2
z	1	d1	d1
z	x	min(d1,d2)	min(d1,d2,d3)

注：Verilog HDL 模型中的所有时延都以单位时间表示，可以通过`timescale 编译器指令实现单位时间与实际时间的关联。

例 5.98　指定延迟 Verilog HDL 描述的例子。

```
and #(10) a1 (out, in1, in2);                    //只有一个延迟
and #(10,12) a2 (out, in1, in2);                 //上升和下降延迟
bufif0 #(10,12,11) b3 (out, in, ctrl);           // 上升、下降和截止延迟
```

例 5.99　简单锁存器 Verilog HDL 描述的例子。

```
module tri_latch (qout, nqout, clock, data, enable);
output qout, nqout;
input clock, data, enable;
tri qout, nqout;
not #5 n1 (ndata, data);
nand #(3,5) n2 (wa, data, clock),
n3 (wb, ndata, clock);
nand #(12,15) n4 (q, nq, wa),
n5 (nq, q, wb);
bufif1 #(3,7,13) q_drive (qout, q, enable),
                 nq_drive (nqout, nq, enable);
endmodule
```

1. min:typ:max 延迟

门延迟也可采用 min:typ:max 形式定义。格式如下

```
minimum: typical: maximum
```

注：最小值、典型值和最大值必须是常数表达式。

例 5.100 带有 min：typ：max 的上升、下降和截止延迟 Verilog HDL 描述的例子。

```
module iobuf (io1, io2, dir);
…
bufif0 #(5:7:9, 8:10:12, 15:18:21) b1 (io1, io2, dir);
bufif1 #(6:8:10, 5:7:9, 13:17:19) b2 (io2, io1, dir);
…
endmodule
```

例 5.101 在过程描述中控制延迟 Veriog HDL 描述的例子。

```
parameter min_hi = 97, typ_hi = 100, max_hi = 107;
reg clk;
always begin
    #(95:100:105) clk = 1;
    #(min_hi:typ_hi:max_hi) clk = 0;
end
```

2. trireg 网络电荷衰减

trireg 网络声明中，最多可以包含 3 个延迟。当一个驱动器将 trireg 网络驱动到 1 和 0 状态时，前两个延迟指定了跳变到 1 和 0 的逻辑状态的延迟，第三个延迟指定了电荷衰减的时间，而不是跳变到 z 逻辑状态的延迟。

电荷衰减时间是指当驱动一个 trireg 网络关闭到不再确定它所存储的电荷的延迟，由于 trireg 网络从来不会跳变到 z 逻辑状态，所以 trireg 网络不需要说明截止延迟。当一个 trireg 网络的驱动器将 1、0 或者 x 逻辑状态改变为关闭时，trireg 将保持前面驱动器的 1、0 或者 x 状态。z 值不会从一个 trireg 网络的驱动器传播到一个 trireg 网络。当 z 是 trireg 网络的初始状态时，或者使用 force 语句强迫 trireg 网络到 z 状态时，trireg 才能保持一个 z 逻辑状态。

电荷衰减的一个延迟说明，用于建模一个非理想的电荷存储节点，比如一个电荷存储节点，通过它周围的器件和连接，泄露电荷。

电荷衰减是在一个指定延迟后，引起 trireg 网络内保存的 1 或者 0 跳变到未确定值 x 的原因。当关闭 trireg 网络的驱动器时，开始电荷衰减过程。并且，trireg 网络开始保持电荷。在下面两种条件下，结束电荷衰减的过程：

(1) 到达由电荷衰减指定的延迟，并且 trireg 网络从 1 或者 0 跳变到 x。

(2) 打开 trireg 网络的驱动器，将 1、0 或者 x 传播到 trireg 网络。

在 trireg 网络声明中，一个三值延迟描述的形式为

```
#(d1, d2, d3)
```

其中，d1 为上升延迟；d2 为下降延迟；d3 为电荷衰减时间。

例 5.102 三值 trireg 网络声明 Verilog HDL 描述的例子。

```
trireg (large) #(0,0,50) cap1;
```

例 5.103 如图 5.32 所示，给出三值 trireg 网络声明的 Veriog HDL 描述的例子。

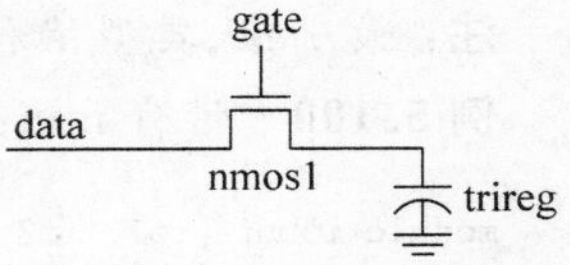

图 5.32 带有电容的 trireg 网络

```
module capacitor;
reg data, gate;
// 声明 trireg,其电荷衰减时间为 50 个时间单位
trireg (large) #(0,0,50) cap1;
nmos nmos1 (cap1, data, gate);                                    // nmos 驱动 trireg
initial begin
    $monitor("%0d data=%v gate=%v cap1=%v", $time, data, gate, cap1);
    data = 1;
    // 切换控制驱动器的输入到 nmos 开关
    gate = 1;
    #10 gate = 0;
    #30 gate = 1;
    #10 gate = 0;
    #100 $finish;
end
endmodule
```

5.9 Verilog HDL 用户自定义原语

本部分讲述 Verilog HDL 提供用户定义原语(user-defined primitives, UDP)的功能，UDP 的例化语句与基本门的例化语句完全相同。

5.9.1 UDP 定义

在 UDP 中可以描述下面两类行为：

(1) 组合电路。组合逻辑 UDP 使用它输入的值，来确定它输出的下一个值。

(2) 时序电路。时序逻辑 UDP 使用它输入值和当前的输出值，来确定它下一个输出的值。时序 UDP 提供了一个用来对时序电路(比如触发器和锁存器)进行建模的方法。一个时序 UDP 能建模电平敏感和边沿敏感行为。

每个 UDP 只能有一个输出以及一个或者多个输入，第一个端口必须是输出端口。此外，输出可以取值 0、1 或 x，但不允许取 z 值。凡是在输入中出现值 z 时，均以 x 进行处理。

UDP 的语法格式如下

```
primitive UDP_name (OutputName,List_of_inputs)
  output_declaration
  input_declarations
  [reg_declaration]
  [initial_statement]
  table
    List_of_table_entries
  endtable
endprimitive
```

其中,OutputName 为输出端口名；UDP_name 为 UDP 的标识符；List_of_inputs 为用“,”号分割的输入端口名字；output_delarations 为输出端口的类型声明；input_declarations 为输入端口的类型声明；reg_declaration 为可选的输出寄存器类型数据的声明；initial_statement 为可选的元件的初始状态声明；table…endtable 为关键字；List_of_table_entries 为表项 1 到 n 的声明。

UDP 的定义不依赖于模块定义。因此,UDP 定义出现在模块定义以外。此外,也可以在单独的文本文件中定义 UDP。

注:

(1) UDP 包含输入和输出端口声明。①输出端口声明以关键字 ouput 开头,后面跟着输出端口的名字。②输入端口声明以关键字 input 开头,后面跟着输入端口的名字。③时序 UDP,包含用于输出端口的 reg 声明。可以在时序 UDP 的 initial 语句中指定输出端口的初始值。④实现过程约束了 UDP 的最大输入,但是允许时序 UDP 中存在至少 9 个输入,组合 UDP 中存在至少 10 个输入。

(2) UDP 的行为以 table 的形式描述,以 table 关键字开始,以 endtable 关键字结束。表 5.30 给出了表中符号的含义。

表 5.30　UDP 表的符号

符号	理　解	注　释
0	逻辑 0	
1	逻辑 1	
x	未知	允许出现在所有 UDP 的输入和输出域,以及时序 UDP 的当前状态中。
?	逻辑 0,1 或 x	不允许出现在输出域中。
b	逻辑 0 和 1	允许出现在所有 UDP 的输入域和时序 UDP 的当前状态中,不允许出现在输出域中。
—	没有变化	只允许出现在一个时序 UDP 的输出域中。
(vw)	值从 v 变化到 w	v 和 w 可以是 0、1、x、? 或 b 中的任何一个,只能出现在输入域中。
*	同(??)	在输入的任何值变化。
r	同(01)	输入的上升沿。
f	同(10)	输入的下降沿。
p	(01)、(0x)和(x1)	输入潜在的上升沿。
n	(10)、(1x)和(x0)	输入潜在的下降沿。

5.9.2 组合电路 UDP

在组合电路 UDP 中,表规定了不同输入的组合和所对应的输出值；如果没有指定输入的组合,则输出为 x。

例 5.104　两个数据输入和一个控制输入多路选择器 UDP Verilog HDL 描述的例子。

```
primitive multiplexer (mux, control, dataA, dataB);
output mux;
input control, dataA, dataB;
table
    // control dataA dataB mux
```

```
        0       1       0 : 1 ;
        0       1       1 : 1 ;
        0       1       x : 1 ;
        0       0       0 : 0 ;
        0       0       1 : 0 ;
        0       0       x : 0 ;
        1       0       1 : 1 ;
        1       1       1 : 1 ;
        1       x       1 : 1 ;
        1       0       0 : 0 ;
        1       1       0 : 0 ;
        1       x       0 : 0 ;
        x       0       0 : 0 ;
        x       1       1 : 1 ;
endtable
endprimitive
```

注：由于没有指定输入的组合 0xx(control＝0，dataA＝x，dataB＝x)，则在仿真的时候，输出端口 mux 的值将变成 x。

该例子也可以表示为

```
primitive multiplexer (mux, control, dataA, dataB);
output mux;
input control, dataA, dataB;
table
  // control dataA dataB mux
        0     1     ? : 1 ;     //? = 0 1 x
        0     0     ? : 0 ;
        1     ?     1 : 1 ;
        1     ?     0 : 0 ;
        x     0     0 : 0 ;
        x     1     1 : 1 ;
endtable
endprimitive
```

5.9.3 电平触发的时序 UDP

电平敏感时序的行为和组合逻辑的行为表示方法一样，只是将输出声明为 reg。并且，在每个表入口有一个额外的域，用于表示 UDP 的当前状态。此外，时序 UDP 的输出域表示下一个状态。

例 5.105 锁存器 UDP Verilog HDL 描述的例子。

```
primitive latch (q, clock, data);
output q;
reg q;
input clock, data;
table
  // clock data q     q+
       0    1 :  ?  :  1 ;
       0    0 :  ?  :  0 ;
```

```
    1   ? : ? :  - ; // -= no change
endtable
endprimitive
```

5.9.4 边沿触发的时序电路 UDP

在电平敏感行为中，输入的值和当前状态足以用于确定输出的值。与电平触发行为的不同之处在于，边沿触发输出是由输入指定的跳变来触发的。

在最多一个输入上，每个表的入口有一个跳变说明。一个跳变是由括号括起来的一对值表示，比如(01)或者 r 表示。

应该明确说明没有影响输出的所有跳变。否则，这些跳变将使得输出的值变为 x。对于所有没有指定的跳变来说，输出默认为 x。

如果 UDP 的行为对任何输入的边沿敏感，应该为所有输入的所有边沿说明所希望的输出状态。

例 5.106 边沿触发的时序电路 UDP Verilog HDL 描述的例子。

```
primitive d_edge_ff (q, clock, data);
output q; reg q;
input clock, data;
table
// clock  data  q  q+               // 上升沿得到输出
   (01)   0   : ? : 0 ;
   (01)   1   : ? : 1 ;
   (0?)   1   : 1 : 1 ;
   (0?)   0   : 0 : 0 ;
   (?0)   ?   : ? : - ;             //忽略下降沿
   ?      (??) :? : - ;             //在稳定时钟的时候忽略数据变化
endtable
endprimitive
```

5.9.5 初始化状态寄存器

可以使用带有一条过程赋值语句的初始化语句实现时序电路 UDP 的状态初始化，形式如下

```
initial reg_name = 0,1,or x;
```

初始化语句在 UDP 定义中出现。

例 5.107 包含初始化的时序电路 UDP Verilog HDL 描述的例子。

```
primitive srff (q, s, r);
output q; reg q;
input s, r;
initial q = 1'b1;
table
//  s  r    q    q+
    1  0 :  ? :  1 ;
    f  0 :  1 :  - ;
```

```
    0  r :  ? :  0 ;
    0  f :  0 :  - ;
    1  1 :  ? :  0 ;
endtable
endprimitive
```

例 5.108 给出如何在 module 中使用在 UDP 中所指定初值 Verilog HDL 描述的例子。

```
primitive dff1 (q, clk, d);
input clk, d;
output q; reg q;
initial q = 1'b1;
table
    //clk  d    q    q  +
       r    0 :  ? :  0  ;
       r    1 :  ? :  1  ;
       f    ? :  ? :  -  ;
       ?     * : ? :  -  ;
endtable
endprimitive

module dff (q, qb, clk, d);
input clk, d;
output q, qb;
    dff1 g1 (qi, clk, d);
    buf #3 g2 (q, qi);
    not #5 g3(qb,qi);
endmodule
```

图 5.33 给出了该描述的原理图结构以及仿真的结果。

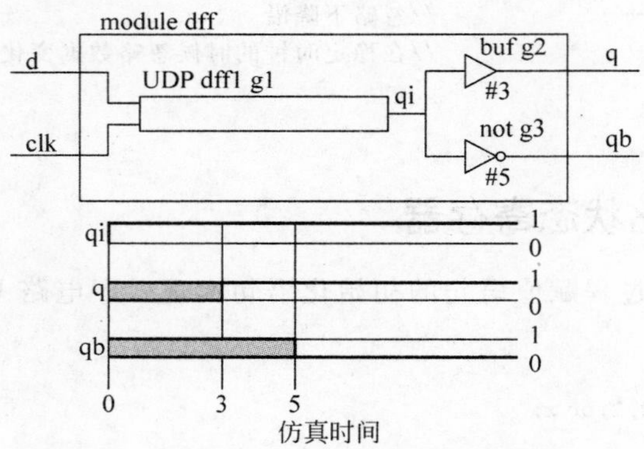

图 5.33 UDP 结构和仿真结果描述

5.9.6 UDP 例化

在 module 中例化 UDP 的方法和例化门的方法一样，端口连接顺序由 UDP 定义顺序指定。由于 UDP 不支持 z，所以只允许指定两个延迟。可选的范围用于指定 UDP 例化数组。

例 5.109 在 module 中例化 D 触发器 UDP Verilog HDL 描述的例子。

```
module flip;
reg clock, data;
```

```
parameter p1 = 10;
parameter p2 = 33;
parameter p3 = 12;
d_edge_ff #p3 d_inst (q, clock, data);
initial begin
    data = 1;
    clock = 1;
    #(20 * p1) $finish;
end
always #p1 clock = ~clock;
always #p2 data = ~data;
endmodule
```

5.9.7 边沿触发和电平触发的混合行为

在 UDP 中，允许在同一个表中混合电平触发结构和边沿触发结构。在输入变化时，先处理边沿敏感事件，然后再处理电平敏感事件。这样，当电平敏感事件和边沿敏感事件指定不同的输出值时，结果由电平敏感事件确定。

例 5.110 带异步清空的 D 触发器的 UDP 的 Verilog HDL 描述。

```
primitive jk_edge_ff (q, clock, j, k, preset, clear);
output q; reg q;
input clock, j, k, preset, clear;
table
  // clock  jk  pc  state output/next state
       ?    ??  01 :  ? : 1 ; // 置位逻辑
       ?    ??  *1 :  1 : 1 ;
       ?    ??  10 :  ? : 0 ; // 复位逻辑
       ?    ??  1* :  0 : 0 ;
       r    00  00 :  0 : 1 ; // 正常的时钟情况
       r    00  11 :  ? : - ;
       r    01  11 :  ? : 0 ;
       r    10  11 :  ? : 1 ;
       r    11  11 :  0 : 1 ;
       r    11  11 :  1 : 0 ;
       f    ??  ?? :  ? : - ;
       b    *?  ?? :  ? : - ; // j 和 k 跳变的情况
       b    ?*  ?? :  ? : - ;
endtable
endprimitive
```

5.10 Verilog HDL 行为描述语句

本节介绍行为描述语句。通过行为级建模把一个复杂的系统分解成可操作的若干个模块，每个模块之间的逻辑关系通过行为模块的仿真加以验证。同时，行为级建模还可以用来生成仿真激励信号，对已设计模块进行仿真验证。

5.10.1 过程语句

过程分配用于更新 reg、integer、time、real、realtime 和存储器数据类型，对于过程分配和连续分配来说有下面的不同之处：

(1) 连续分配。连续分配驱动网络，只要一个输入操作数的值发生变化，则更新和求取所驱动网络的值。

(2) 过程分配。在过程流结构的控制下，过程分配更新流结构内变量的值。

过程分配的右边可以是求取值的任何表达式，左边应该是一个变量，它用于接收右边表达式所引用分配的值。过程分配的左边可以是下面的一种形式：

(1) reg、integer、real、realtime 或者 time 数据类型，分配给这些数据类型所引用的名字。

(2) reg、integer、real、realtime 或者 time 数据类型的位选择，分配到单个的比特位。

(3) reg、integer、real、realtime 或者 time 数据类型的部分选择，一个或者多个连续的比特位的部分选择。

(4) 存储器字，存储器的单个字。

(5) 任何上面的并置(连接)或者嵌套的并置(连接)，上面四种形式的并置或者嵌套的并置。这些语句对右边的表达式进行有效的分割，将分割的部分按顺序分配到并置或者嵌套并置的不同部分中。

Verlig HDL 包含两种类型的过程赋值语句：

(1) 阻塞过程分配(赋值)语句；

(2) 非阻塞过程分配(赋值)语句。

1. 阻塞过程分配

以分配操作符“＝”来标识的分配操作称为阻塞过程分配，阻塞分配语句不会阻止并行块内阻塞过程分配语句后面语句的执行。

例 5.111 阻塞过程分配 Verilog HDL 描述的例子。

```
rega = 0;
rega[3] = 1;                          //位选择
rega[3:5] = 7;                        //部分选择
mema[address] = 8'hff;                //分配到一个存储器元素
{carry, acc} = rega + regb;           //并置(连接)
```

2. 非阻塞过程分配

非阻塞过程分配允许分配调度，但不会阻塞过程内的流程。在相同的时间段内，当有多个变量分配时，使用非阻塞过程分配。这个分配不需要考虑顺序或者互相之间的依赖性。

以操作符“＜＝”来标识非阻塞过程分配，其形式和小于等于操作符是一样的。

过程赋值操作出现在 initial 和 always 块语句中。在非阻塞赋值语句中，赋值等号“＜＝”左边的赋值对象必须是寄存器类型变量，不像阻塞过程赋值语句那样在语句结束时即刻得到值，非阻塞过程赋值在该块语句结束才可得到值。

也可以这样理解这两种语句，阻塞过程分配没有“时序的概念”，这一点和 C 语言是一致的；而非阻塞过程分配有“时序的概念”，这一点和 C 语言是有区别的。

例 5.112 非阻塞过程分配 Verilog HDL 描述的例子。

```
module block(a3,a2,a1,clk);
input clk,a1; output reg a3,a2;
```

```
always @(posedge clk)
begin
  a2 <= a1;
  a3 <= a2;
end
endmodule
```

如图 5.34 所示,给出了使用 Xilinx ISE 综合工具,对该 Verilog HDL 描述进行综合后生成的模块结构。

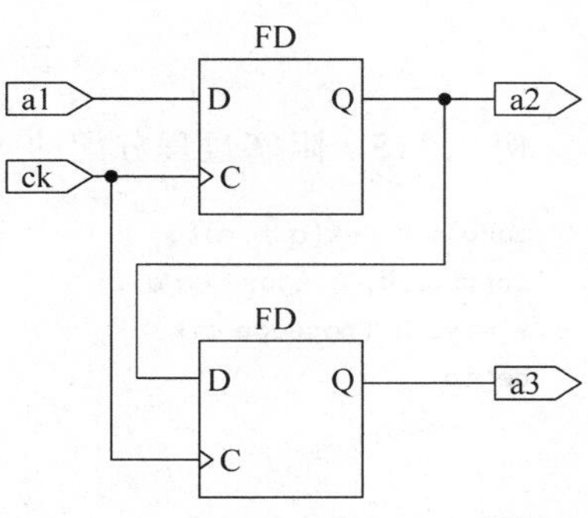

图 5.34 非阻塞赋值综合后的结构

例 5.113 阻塞过程分配 Verilog HDL 描述的例子 1。

```
module block(a3,a2,a1,clk);
input clk,a1; output reg a3,a2;
always @(posedge clk)
begin
  a2 = a1;
  a3 = a2;
end
endmodule
```

如图 5.35 所示,给出了使用 Xilinx ISE 综合工具,对该 Verilog HDL 的描述进行综合后生成的模块结构。

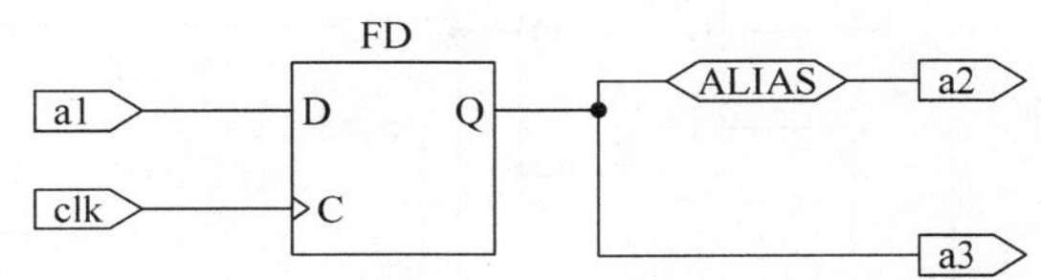

图 5.35 阻塞赋值综合后的结构 1

从上述两个例子中,可以清楚地看到两种过程分配语句的明显不同:

(1) 对于非阻塞过程分配语句,是并发执行的。

(2) 对于阻塞过程分配语句,是按照指定顺序执行的,分配的书写顺序对执行的结果也有着直接的影响。

例 5.114 阻塞过程分配 Verilog HDL 描述的例子 2。

```
module block(q,b,clk);
input clk; output reg q,b;
always @(posedge clk)
begin
  q =~q;
  b =~ q;
end
endmodule
```

如图 5.36 所示,给出了使用 Xilinx ISE 综合工具,对该 Verilog HDL 的描述进行综合后生成的模块结构。

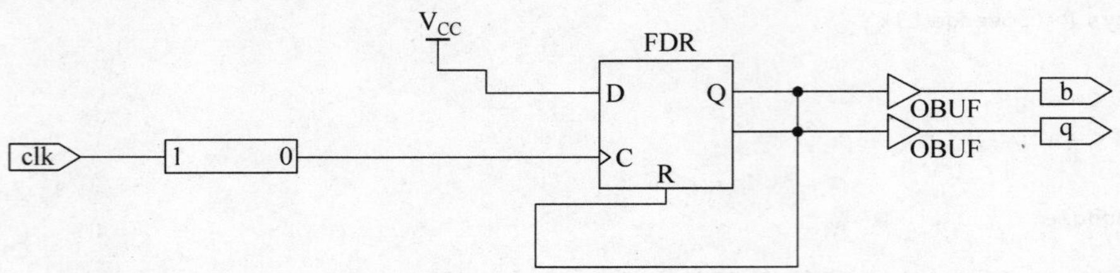

图 5.36　阻塞赋值综合后的结构 2

例 5.115　阻塞过程分配的 Verilog HDL 描述的例子 3。

```
module block(q,b,clk);
input clk; output reg q,b;
always @(posedge clk)
begin
  b =- q;
  q =~q;
end
endmodule
```

如图 5.37 所示，给出了使用 Xilinx ISE 综合工具，对该 Verilog HDL 的描述进行综合后生成的模块结构。

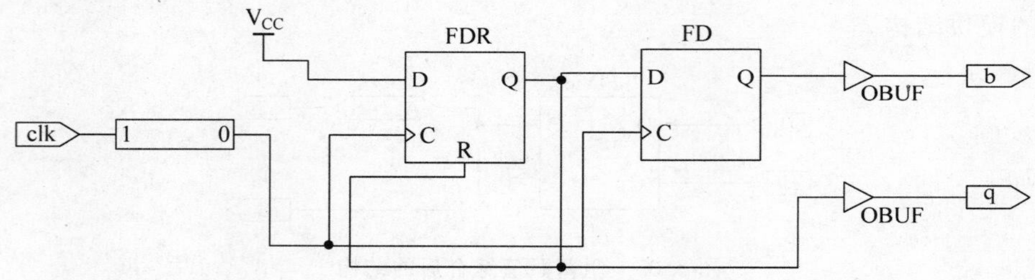

图 5.37　阻塞赋值综合后的结构 3

例 5.116　阻塞和非阻塞过程分配 Verilog HDL 描述的例子 1。

```
module evaluates2 (out);
output out;
reg a, b, c;
initial
begin
  a = 0;                    在 0 时刻,初始化后 a = 0,b = 1
  b = 1;
  c = 0;
end
always c =#5 ~c;
always @(posedge c)
begin
  a <= b;                   在 5 个时间单位后,a = 1,b = 0
  b <= a;
end
endmodule
```

例 5.117 阻塞和非阻塞过程分配 Verilog HDL 描述的例子 2。

```
module non_block1;
reg a, b, c, d, e, f;
//阻塞分配
initial begin
    a =#10 1;              //在第 10 个时间单位时,给 a 分配 1。
    b =#2 0;               //在第 12 个时间单位时,给 b 分配 0。
    c =#4 1;               //在第 16 个时间单位时,给 c 分配 1。
end
//非阻塞分配
initial begin
    d <=#10 1;             //在第 10 个时间单位时,给 d 分配 1。
    e <=#2 0;              //在第 2 个时间单位时,给 e 分配 0。
    f <=#4 1;              //在第 4 个时间单位时,给 F 分配 1。
end
endmodule
```

例 5.118 阻塞和非阻塞过程分配 Verilog HDL 描述的例子 3。

```
module non_block1;
reg a, b;
initial begin
    a = 0;                          a = 1,b = 0
    b = 1;
    a <= b;
    b <= a;
end
initial begin
    $monitor ($time, ,"a =%b b =%b", a, b);
    #100 $finish;
    end
endmodule
```

例 5.119 阻塞和非阻塞过程分配 Verilog HDL 描述的例子 4。

```
module multiple;
reg a;
initial a = 1;
initial begin
    a <=#4 0;              //在第 4 个时间单位,调度 a = 0
    a <=#4 1;              //在第 4 个时间单位,调度 a = 1,结果 a = 1
end
endmodule
```

例 5.120 阻塞和非阻塞过程分配 Verilog HDL 描述的例子 5。

```
module multiple1;
reg a;
initial a = 1;
initial begin
    a <=#4 0;              //在第 4 个时间单位,调度 a = 0
```

```
    a <=#5 1;           //在第 5 个时间单位,调度 a = 1
end
endmodule
```

例 5.121 阻塞和非阻塞过程分配的 Verilog HDL 描述的例子 6。

```
module multiple2;
reg a;
initial a = 1;
initial a <=#4 0;       //在第 4 个时间单位,调度 a = 0
initial a <=#4 1;       //在第 4 个时间单位,调度 a =1
// 在第 4 个时间单位, a = ??
// 寄存器分配的值是不确定的。
endmodule
```

注:如果仿真器同时执行两个过程模块,如果过程模块包含对相同变量的非阻塞分配操作符,则变量最终的值是不确定的。

例 5.122 阻塞和非阻塞过程分配 Verilog HDL 描述的例子 7。

```
module multiple3;
reg a;
initial #8 a <=#8 1;     //在第 8 个时间单位执行,在第 16 个时刻更新为 1。
Initial #12 a <=#4 0;    //在第 12 个时间单位执行,在第 16 个时刻更新为 0。
endmodule
```

例 5.123 阻塞和非阻塞过程分配 Verilog HDL 描述的例子 8。

```
module multiple4;
reg r1;
reg [2:0] i;
initial begin
for (i = 0; i <= 5; i = i+1)
    r1 <=# (i*10) i[0];
end
endmodule
```

图 5.38 给出了仿真结果的波形图。

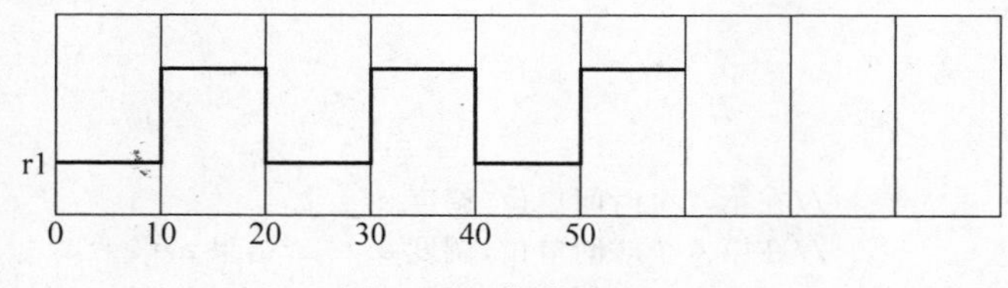

图 5.38 仿真波形图

5.10.2 过程连续分配

使用关键字 assign 和 force 的过程连续分配是过程语句。在变量或者网络上,允许连续驱动表达式。其语法格式如下

```
assign variable_assignment
deassign variable_assignment
```

```
force variable_assignment
force net_assignment
release variable_lvalue
release net_lvalue
```

(1) 对于 assign 语句的左边应该是一个变量引用或者变量并置，它不能是存储器字（数组引用）或者一个变量的比特位选择或者部分选择。

(2) 对于 force 语句的左边应该是一个变量引用或者网络引用，它也可以是变量或者网络的并置；它不允许一个向量变量的比特位选择或者部分选择。

1. assign 和 deassign 过程语句

assign 过程连续分配语句将覆盖对变量的所有过程分配。deassign 过程分配将终止对一个变量的过程连续分配。变量将保持相同的值，直到通过一个过程分配或者一个过程连续分配语句，给变量分配一个新的值为止，例如 assign 和 deassign 过程语句允许对一个带异步清除/置位端的 D 触发器进行建模。

例 5.124 assign 和 deassign Verilog HDL 描述的例子。

```
module dff (q, d, clear, preset, clock);
output q;
input d, clear, preset, clock;
reg q;
always @(clear or preset)
    if (!clear)
        assign q = 0;
    else if (!preset)
        assign q = 1;
    else
        deassign q;

always @(posedge clock)
    q = d;
endmodule
```

注： 该描述在 ISE 工具中不可综合。

2. force 和 release 过程语句

force 和 release 过程语句提供了另一种形式的过程连续分配，这些语句的功能和 assign/deassign 类似，但是 force 可以用于网络和变量。左边的分配可以是一个变量、网络、一个向量网络的常数比特位选择和部分选择、并置，它不能是一个存储器字（数组引用）或者一个向量变量的比特位选择和部分选择。

对一个变量的 force 操作将覆盖对变量的一个过程分配或者一个分配过程的连续分配，直到对该变量使用了 release 过程语句为止。当 release 时，如果当前变量没有一个活动的分配过程连续分配的话，不会立即改变变量的值，变量将保留当前的值，直到对该变量的下一个过程分配或者过程连续分配为止。release 一个当前有一个活动分配过程的连续分配的变量时，将立即重新建立那个分配。

对一个网络的 force 过程语句，将覆盖网络所有驱动器的门输出，模块输出和连续分配，直到在该网络上执行一个 release 语句为止。当 release 时，网络将立即分配由网络驱动器所分配的值。

例 5.125 force 和 release Verilog HDL 描述的例子。

```
module test;
reg a, b, c, d;
wire e;
and and1 (e, a, b, c);
initial begin
    $monitor("%d d=%b,e=%b", $stime, d, e);
    assign d = a & b & c;
    a = 1;
    b = 0;
    c = 1;
    #10;
    force d = (a | b | c);
    force e = (a | b | c);
    #10;
    release d;
    release e;
    #10 $finish;
end
endmodule
```

最终的结果

```
0   d=0,e=0
10  d=1,e=1
20  d=0,e=0
```

5.10.3 条件语句

条件语句(或者 if-else 语句)用于确定是否执行一个语句。

if-else 语句有下面的三种表示方法：

```
(1) if(condition_1)
        procedural_statement1;

(2) if(condition_1)
        procedural_statement1;
    else
        procedural_statement2;

(3) if(condition_1)
        procedural_statement_1;
    else if(condition_2)
        procedural_statement_2;
    ……
    else if(condition_n)
        procedural_statement_n;
    else
        procedural_statement_n+1;
```

其中，

(1) conditon_1,…. ,condition_n 为条件表达式。

(2) procedural_statement_1,….,procedural_ statement_n+1 为描述语句。

(3) 如果对 condition_1 求值的结果为一个真值,那么执行 procedural_statement_1。如果 condition_1 的值为 0、x 或 z,那么不执行 procedural_statement_1。

(4) 描述语句可以是一个,也可以是多个。当有多个描述语句时,用"begin-end"语句将其包含进去。

注:在 if 语句中,不要缺少 else 分支,否则会出现不同的综合结果,在后续章节会详细说明这个问题。

例 5.126 if-else 语句 Verilog HDL 描述的例子。

```
if (index > 0)
begin
    if (rega > regb)
        result = rega;
end
else
    result = regb;
```

例 5.127 if-else-if 语句的 Verilog HDL 描述的例子。

```
// 声明寄存器和参数
reg [31:0] instruction, segment_area[255:0];
reg [7:0] index;
reg [5:0] modify_seg1,
        modify_seg2,
        modify_seg3;
parameter
        segment1 = 0, inc_seg1 = 1,
        segment2 = 20, inc_seg2 = 2,
        segment3 = 64, inc_seg3 = 4,
        data = 128;
// 测试索引变量
if (index < segment2) begin
    instruction = segment_area [index + modify_seg1];
    index = index + inc_seg1;
end
else if (index < segment3) begin
    instruction = segment_area [index + modify_seg2];
    index = index + inc_seg2;
end
else if (index < data) begin
    instruction = segment_area [index + modify_seg3];
    index = index + inc_seg3;
end
else
    instruction = segment_area [index];
```

5.10.4 case 语句

case 语句是一个多条件分支语句,用于测试一个表达式是否匹配相应的其他表达式和分支。

其语法如下

```
case(case_expr)
  case_item_expr_1:  procedural_statement_1;
  case_item_expr_2:  procedural_statement_2;
    …
  case_item_expr_n:  procedural_statement_n;
  default:procedural_statement_n+1;
endcase
```

其中,case_expr 为条件表达式; case_item_expr_1,...,case_item_expr_n 为条件值; procedual_statement_1,…,procedual_statement_n+1 为描述语句。

case 语句的规则包括:

(1) case 语句首先对条件表达式 case_expr 求值,然后依次对各分支项求值并进行比较。将执行第一个与条件表达式值相匹配的分支中的语句。

(2) 可以在一个分支中定义多个分支项。

(3) 默认分支覆盖所有没有被分支表达式覆盖的其他分支。

(4) 分支表达式和各分支项表达式不必都是常量表达式。

例 5.128 case 语句 Verilog HDL 描述的例子 1。

```
reg [15:0] rega;
reg [9:0] result;
case (rega)
    16'd0: result = 10'b0111111111;
    16'd1: result = 10'b1011111111;
    16'd2: result = 10'b1101111111;
    16'd3: result = 10'b1110111111;
    16'd4: result = 10'b1111011111;
    16'd5: result = 10'b1111101111;
    16'd6: result = 10'b1111110111;
    16'd7: result = 10'b1111111011;
    16'd8: result = 10'b1111111101;
    16'd9: result = 10'b1111111110;
    default result = 'bx;
endcase
```

例 5.129 case 语句 Verilog HDL 描述的例子 2。

```
case (select[1:2])
    2'b00: result = 0;
    2'b01: result = flaga;
    2'b0x,
    2'b0z: result = flaga ? 'bx : 0;
    2'b10: result = flagb;
    2'bx0,
    2'bz0: result = flagb ? 'bx : 0;
    default result = 'bx;
endcase
```

该例子中，如果 select[1]=0 并且 flaga=0 时，即使 select[2]='x'/'z'，结果也是 0。

例 5.130 case 中 x 和 z 条件 Verilog HDL 描述的例子。

```
case (sig)
  1'bz: $display("signal is floating");
  1'bx: $display("signal is unknown");
  default: $display("signal is %b", sig);
endcase
```

Verilog HDL 提供了 case 语句的其他两种形式：

(1) casex，将 x 和 z 值都看作是无关位。

(2) casez，将 z 值看作是无关值。

这些形式对 x 和 z 值使用不同的解释，除关键字是 casex 和 casez 以外，语法与 case 语句完全一致。

例 5.131 casez 语句 Verilog HDL 描述的例子。

```
reg [7:0] ir;
casez (ir)
8'b1???????: instruction1(ir);
8'b01??????: instruction2(ir);
8'b00010???: instruction3(ir);
8'b000001??: instruction4(ir);
endcase
```

例 5.132 casex 语句 Verilog HDL 描述的例子。

```
reg [7:0] r, mask;
mask = 8'bx0x0x0x0;
casex (r ^ mask)
    8'b001100xx: stat1;
    8'b1100xx00: stat2;
    8'b00xx0011: stat3;
    8'bxx010100: stat4;
endcase
```

此外，常数表达式也可以作为 case 表达式。常数表达式的值将要和 case 条目中的表达式进行比较，寻找匹配的条件。

例 5.133 case 中常数表达式 Verilog HDL 描述的例子

```
reg [2:0] encode ;
case (1)
    encode[2] : $display("Select Line 2") ;
    encode[1] : $display("Select Line 1") ;
    encode[0] : $display("Select Line 0") ;
    default:   $display("Error: One of the bits expected ON");
endcase
```

5.10.5 循环语句

Verilog HDL 提供了四类循环语句，用于控制执行语句次数，这四种循环语句包括：

(1) forever 循环;

(2) repeat 循环;

(3) while 循环;

(4) for 循环。

1. forever 循环语句

此循环语句连续执行过程语句,这一形式的循环语句语法格式如下

```
forever
    procedural_statement;
```

为了退出这样的循环,可以共同使用中止语句和过程语句,同时,在过程语句中必须使用某种形式的时序控制,否则,forever 循环将在 0 时延后永远循环下去。下一节会详细说明。

2. repeat 循环语句

这种循环语句执行指定循环次数的过程语句,repeat 循环语句语法格式如下

```
repeat(loop_count)
    procedural_statement;
```

其中,loop_count 为循环次数;procedural_statement 为描述语句;如果循环计数表达式的值不确定,即:为 x 或 z 时,则循环次数按 0 处理。

例 5.134 repeat 循环 Verilog HDL 描述的例子。

```
parameter size = 8, longsize = 16;
reg [size:1] opa, opb;
reg [longsize:1] result;
begin : mult
    reg [longsize:1] shift_opa, shift_opb;
    shift_opa = opa;
    shift_opb = opb;
    result = 0;
    repeat (size) begin
        if (shift_opb[1])
            result = result + shift_opa;
        shift_opa = shift_opa << 1;
        shift_opb = shift_opb >> 1;
    end
end
```

3. while 循环语句

该循环语句循环执行过程赋值语句,直到指定的条件为假。while 循环语句语法如下

```
while(condition)
    procedural_statement;
```

其中,condition 为循环的条件表达式;procedural_statement 为描述语句;如果表达式在开始时为假,那么永远不会执行过程语句;如果条件表达式为 x 或 z,也同样按 0(假)处理。

例 5.135 while 循环 Verilog HDL 描述的例子。

```
begin : count1s
  reg [7:0] tempreg;
  count = 0;
  tempreg = rega;
while (tempreg) begin
  if (tempreg[0])
    count = count + 1;
  tempreg = tempreg >> 1;
  end
end
```

4. for 循环语句

该循环语句按照指定的次数重复执行过程赋值语句若干次，for 循环语句的形式如下

```
for(initial_assignment;condition;step_assignment)
        procedural_statement;
```

其中，initial_addignment 为初始值，用于提供循环变量的初始值；condition 为循环条件表达式，条件表达式指定结束循环的条件；step_assigment 给出要修改的赋值，通常是增加或减少循环变量计数；procedural_statement 为描述语句。只要循环条件为真，就执行循环中的语句。

例 5.136 for 循环的 Verilog HDL 描述的例子。

```
module countzeros (a, Count);
input [7:0] a;
output reg[2:0] Count;
reg [2:0] Count_Aux;
integer i;
always @(a)
begin
    Count_Aux = 3'b0;
       for (i = 0; i < 8; i = i + 1)
       begin
         if (!a[i])
             Count_Aux = Count_Aux + 1;
         end
         Count = Count_Aux;
end
endmodule
```

5.10.6 过程时序控制

当执行过程语句时，Verilog HDL 提供了两种类型的明确时钟控制，即延迟控制和事件表达式。

1. 延迟控制

延迟控制由 # 开头。

例 5.137 延迟控制 Verilog HDL 的描述例子 1。

```
#10 rega = regb;
```

例 5.138 延迟控制的 Verilog HDL 描述的例子 2。

```
#d rega = regb;                //定义 d 为一个参数
#((d+e)/2) rega = regb;        //延迟为 d 和 e 的平均值
#regr regr = regr + 1;         // 延迟在 regr 寄存器中
```

2. 事件控制

通过一个网络、变量或者一个声明事件的发生，来同步一个过程语句的执行。网络和变量值的变化可以作为一个事件，用于触发语句的执行，这就称为检测一个隐含事件。事件基于变化的方向，即朝着值 1(posedge)或者朝着 0(negedge)。即：

(1) negedge：①检测到从 1 跳变到 x、z 或者 0，②检测到从 x 或 z 跳变到 0。

(2) posedge：①检测到从 0 跳变到 x、z 或者 1，②检测到从 x 或 z 跳变到 1。

例 5.139 边沿控制语句 Verilog HDL 描述的例子。

```
@r rega = regb;                          // 由寄存器 r 中值的变化控制
@(posedge clock) rega = regb;            //时钟上升沿控制
forever @(negedge clock) rega = regb;    // 由时钟下降
```

3. 命名事件

除了网络和变量外，可以声明一种新的数据类型-事件，一个用于声明事件数据类型的标识符称为一个命名的事件，它可以用在事件表达式内，用于控制过程语句的执行。命名的事件可以来自一个过程。这样，运行控制其他过程中的多个行为。

4. 事件或者操作符

可以表示逻辑或者任何数目的事件，这样任何一个事件的发生将触发跟随在该事件后的过程语句。用“,”分割的 or 关键字，用于一个事件逻辑或操作符，它们的组合可以同样用于事件表达式中；逗号分割的敏感列表和 or 分割的敏感列表是同步的。

例 5.140 多个事件逻辑关系 Veirlog HDL 描述的例子。

```
@(trig or enable) rega = regb;          //由 trig 或者 enable 控制
@(posedge clk_a or posedge clk_b or trig) rega = regb;
```

例 5.141 使用逗号作为事件逻辑或者操作符 Veirlog HDL 描述的例子。

```
always @(a, b, c, d, e)
always @(posedge clk, negedge rstn)
always @(a or b, c, d or e)
```

5. 隐含的表达式列表

在 RTL 级仿真中，一个事件控制的事件表达式列表是一个公共的漏洞。在时序控制描述中，设计者经常忘记添加需要读取的一些网络或者变量。当比较 RTL 和门级版本的设计时，经常可以发现这个问题。隐含的表达式，@ * 是一个简单的方法，用于解决忘记添加网络或者变量的问题。

例 5.142 隐含事件 Verilog HDL 描述的例子 1。

```
always @( * )                        // 等效于@(a or b or c or d or f)
    y = (a & b) | (c & d) | myfunction(f);
```

例 5.143 隐含事件 Verilog HDL 描述的例子 2。

```
always @ * begin                     // 等效于@(a or b or c or d or tmp1 or tmp2)
    tmp1 = a & b;
    tmp2 = c & d;
    y = tmp1 | tmp2;
end
```

例 5.144 隐含事件 Verilog HDL 描述的例子 3。

```
always @ * begin                     // 等效于@(b)
    @(i) kid = b;                    // i 没有添加到@*
end
```

例 5.145 隐含事件 Verilog HDL 描述的例子 4。

```
always @ * begin                     //等效于@(a or b or c or d)
      x = a ^ b;
      @ *                            // 等效于@(c or d)
          x = c ^ d;
end
```

例 5.146 隐含事件 Verilog HDL 描述的例子 5。

```
always @ * begin                     // 和 @(a or en)一样
    y = 8'hff;
    y[a] = !en;
end
```

例 5.147 隐含事件 Verilog HDL 描述的例子 6。

```
always @ * begin                     // 等效于 @(state or go or ws)
    next = 4'b0;
case (1'b1)
    state[IDLE]: if (go) next[READ] = 1'b1;
                 else next[IDLE] = 1'b1;
    state[READ]: next[DLY ] = 1'b1;
    state[DLY ]: if (!ws) next[DONE] = 1'b1;
                 else next[READ] = 1'b1;
    state[DONE]: next[IDLE] = 1'b1;
endcase
end
```

6. 电平敏感的事件控制

可以延迟一个过程语句的执行，直到一个条件变成真。使用 wait 语句可以实现这个延迟控制，它是一种特殊形式的事件控制语句。等待语句的本质对电平敏感。

等待语句对条件进行评估。当条件为假时，在等待语句后面的过程语句将保持阻塞状态,直到条件变为真为止。

例 5.148 等待事件 Verilog HDL 描述的例子。

```
begin
wait (!enable) #10 a = b;
    #10 c = d;
end
```

7. 内部分配时序控制

前面介绍的延迟和事件控制结构,是在一个语句和延迟执行的前面。相比较而言,在一个分配语句中包含内部分配延迟和事件控制,以不同的方式修改活动的顺序。

内部分配时序控制可以用于阻塞分配和非阻塞分配,repeat 事件控制说明在一个事件发生了指定数目后的内部分配延迟。如果重复计数的数字有符号寄存器中所保存的重复次数,小于或者等于 0,将立即产生分配过程,这就就好像不存在重复结构。

表 5.31 给出了内部分配时序控制的等效性比较。

表 5.31 内部分配时序控制的等效性比较

带有内部分配时序控制结构	没有内部分配时序控制结构

a = #5 b;	**begin**
	temp = b;
	#5 a = temp;
	end

a = @(**posedge** clk) b;	**begin**
	temp = b;
	@(**posedge** clk) a = temp;
	end

a = **repeat**(3)
@(**posedge** clk) b;
	begin
	temp = b;
	@(**posedge** clk);
	@(**posedge** clk);
	@(**posedge** clk) a = temp;
	end

下面使用 fork-join 行为结构,所有在 fork-join 结构之间的语句都是并发执行的。

例 5.149 fork-join 结构 Verilog HDL 描述的例子 1。

```
fork
    #5 a = b;
    #5 b = a;
join
```

上面的例子产生了竞争条件。

下面的描述消除了竞争条件。

```
fork            // 数据交换
   a =#5 b;
   b =#5 a;
join
```

例 5.150 fork-join 结构 Verilog HDL 描述的例子 2。

```
fork              // 数据移位
    a = @(posedge clk) b;
    b = @(posedge clk) c;
join
```

例 5.151 fork-join 结构 Verilog HDL 描述的例子 3。

```
a <= repeat(5) @(posedge clk) data;
```

图 5.39 给出了仿真波形图，在 5 个上升沿后给 a 分配值。

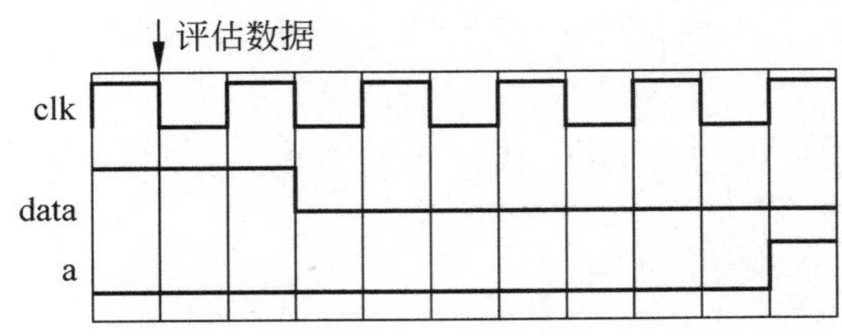

图 5.39 仿真波形图

例 5.152 fork-join 结构 Verilog HDL 描述的例子 4。

```
a <= repeat(a + b) @(posedge phi1 or negedge phi2) data;
```

5.10.7 语句块

语句块提供一个方法，可以将多条语句组合在一起。这样，它们看上去好像一个语句。VerilogHDL 中有两类语句块，即：

(1) 顺序语句块(begin…end)，语句块中的语句按给定次序顺序执行。

(2) 并行语句块(fork…join)，语句块中的语句并行执行。

1. 顺序语句块

顺序语句块中的语句按顺序方式执行，每条语句中的时延值与其前面的语句执行的仿真时间相关。一旦顺序语句块执行结束，继续执行顺序语句块过程的下一条语句。顺序语句块的语法格式如下

```
begin: <block_name>
  //declaration
  //behavior statement1
  …
  //behavior statementn
end
```

其中，block_name 为模块的标识符，该标识符是可选的；declaration 为块内局部变量的声明，这些声明可以是 reg 型变量声明、integer 型变量声明及 real 型变量声明；behavior statement 为行为描述语句。

例 5.153 顺序语句块 Verilog HDL 描述的例子 1。

```
begin
```

```
    #2 Stream = 1;
    #5 Stream = 0;
    #3 Stream = 1;
    #4 Stream = 0;
    #2 Stream = 1;
    #5 Stream = 0;
end
```

如图 5.40 所示,假定顺序语句块在第 10 个时间单位开始执行。两个时间单位后,执行第 1 条语句,即在第 12 个时间单位执行第 1 条语句。当执行完该条语句后,在第 17 个时间(延迟 5 个时间单位)单位执行下一条语句。然后,在第 20 个时间单位执行下一条语句,以此类推。

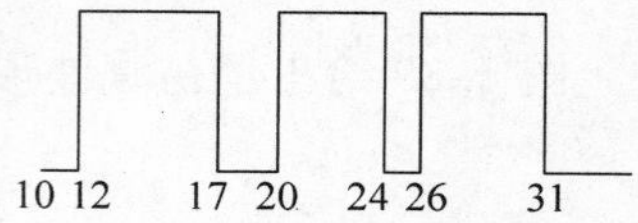

10 12 17 20 24 26 31

图 5.40 顺序语句产生波形

例 5.154 顺序语句块 Verilog HDL 描述的例子 2。

```
begin
  pat = mask|mat;
  @ (negedge clk) ;
  ff = &pat;
end
```

在该例中,首先执行第 1 条语句,然后执行第 2 条语句。当然,只有在 clk 上出现下降沿时才执行第 2 条语句中的赋值过程。

2. 并行语句块

并行语句块内的各条语句并行执行。并行语句块内的各条语句指定的时延值都与语句块开始执行的时间相关。当并行语句块中最后的动作执行完成后(执行的并不一定是最后的语句),继续执行顺序语句块的语句,换一种说法就是并行语句块内的所有语句必须在控制转出语句块前完成执行。并行语句块语法如下

```
fork: <block_name>
  //declaration
  //behavior statement1
  … …
  //behavior statement2
join
```

其中,block_name 为模块标识符; declaration 为块内局部变量声明,声明可以是 reg 型变量声明、integer 型变量声明、real 型变量声明、time 型变量声明和事件声明语句。

例 5.155 并行语句块 Verilog HDL 描述的例子。

```
fork
  #2 Stream  =  1;
  #7 Stream  =  0;
  #10 Stream  =  1;
  #14 Stream  =  0;
  #16 Stream  =  1;
  #21 Stream  =  0;
join
```

如图 5.41 所示，如果在第 10 个时间单位开始执行并行语句块，所有的语句并行执行。并且，所有的时延都是相对于第 10 个时刻。例如，在第 20 个时间单位执行第 3 个赋值，在第 26 个时间单位执行第 5 个赋值，以此类推。

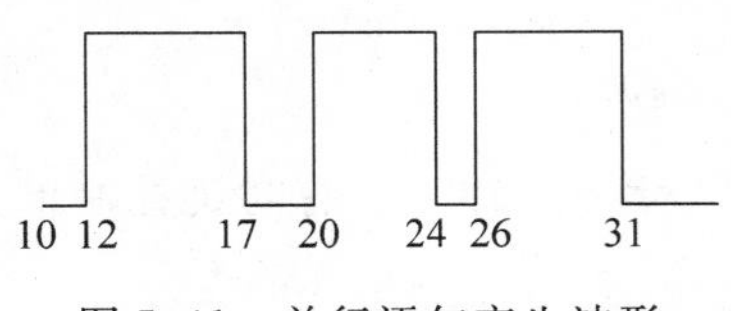

图 5.41 并行语句产生波形

例 5.156 混合顺序语句块和并行语句块 Verilog HDL 描述的例子。

```
fork
@enable_a
begin
    #ta wa = 0;
    #ta wa = 1;
    #ta wa = 0;
end
@enable_b
begin
    #tb wb = 1;
    #tb wb = 0;
    #tb wb = 1;
end
join
```

5.10.8 结构化的过程

在 Verilog HDL 中所有的过程由下面四种语句指定：

(1) initial 结构；

(2) always 结构；

(3) 任务；

(4) 函数。

1. initial 语句

initial 语句只执行一次，在仿真开始时执行，initial 语句通常用于仿真模块对激励向量的描述，或用于给寄存器变量分配初值。initial 语句的语法如下

```
initial
 begin
   statement1;                    //描述语句 1
   statement2;                    //描述语句 2
      … …
end
```

例 5.157 initial 语句 Verilog HDL 描述的例子。

```
initial begin
    areg = 0;                     // 初始化一个寄存器
for (index = 0; index < size; index = index + 1)
```

```
    memory[index] = 0;            //初始化存储数字
  end
```

例 5.158 带有时延控制的 initial 语句 Verilog HDL 描述的例子。

```
initial begin
  inputs = 'b000000;              //在 0 时刻初始化
  #10 inputs = 'b011001;          //第一个模式
  #10 inputs = 'b011011;          //第二个模式
  #10 inputs = 'b011000;          //第三个模式
  #10 inputs = 'b001000;          //第四个模式
  end
```

2. always 语句

在仿真期间内,always 结构连续地重复。always 结构由于其循环本质,当和一些形式的时序控制一起使用时,它是非常有用的。如果一个 always 结构没有控制达到仿真时间,将引起死锁条件。

例 5.159 带有零时延控制的 always 语句 Verilog HDL 描述的例子。

```
always areg =~areg;
```

例 5.160 带有时延控制的 always 语句 Verilog HDL 描述的例子。

```
always #half_period areg =~areg;
```

5.11 Verilog HDL 任务和函数

任务和函数提供了在一个描述中,从不同位置执行公共程序的能力,它们也提供了将一个大的程序分解成较小程序的能力。这样,更容易阅读和调试源文件描述。

5.11.1 任务和函数的区别

下面给出了任务和函数的区别规则:

(1) 在一个仿真时间单位内执行函数,任务可以包含时间控制语句。

(2) 函数不能使能任务。但是,一个任务可以使能其他任务和函数。

(3) 函数至少有一个 input 类型的参数,没有 ouput 或者 input 类型的参数;而一个任务可以有零个或者更多任意类型的参数。

(4) 一个函数返回一个单个的值,而任务不返回值。

(5) 函数的目的是通过返回一个值来响应一个输入的值。一个任务可以支持多个目标,可以计算多个结果的值。

(5) 通过一个任务调用,只能返回传递的 output 和 inout 类型的参数结果。

(6) 使用函数作为表达式内的一个操作数,由函数返回操作数的值。

(7) 函数定义中,不能包含任何时间控制的语句,比如 #、@或者 wait;而任务无此限制。

(8) 函数定义中必须包含至少一个输入参数，而任务无此限制。

(9) 函数不能有任何非阻塞分配或者过程连续分配。

(10) 函数不能有任何事件触发器。

一个任务可以声明为下面的格式

```
switch_bytes (old_word, new_word);
```

一个函数可以声明为下面的格式

```
new_word = switch_bytes (old_word);
```

5.11.2 任务和任务使能

本节将介绍任务定义和任务使能。

1. 定义任务

定义任务的格式如下

```
task <task_name>;
    input automatic <input_name>;
    <more_inputs>
    output <output_name>;
    <more_outputs>
    begin
        <statements>;
    end
endtask
```

其中，automatic 为可选的关键字，用于声明一个自动的任务，表示该任务是可重入的，用于动态分配每一个并发执行的任务入口。当没有该关键字时，表示一个静态的任务。在层次中，不能访问自动任务条目。可以通过使用它们的层次化名字来调用自动化任务。task_name 为任务名。input_name 为输入端口的名字。output_name 为输出端口的名字。statements 为描述语句。任务可以没有参数或有一个或多个参数。

2. 任务使能和参数传递

一个任务由任务使能语句调用，任务使能语句给出传入任务的参数值和接收结果的变量值。任务使能语句是过程性语句，可以在 always 语句或 initial 语句中使用，任务使能语句形式如下

```
<task_name>(<comma_separated_inputs>,<comma_separated_outputs>);
```

其中，task_name 为任务的名称；comma_separated_inputs 为“,”号分割的输入端口的名字；comma_separated_outputs 为“,”号分割的输出端口的名字。

任务使能语句中参数列表必须与任务定义中的输入、输出和输入输出参数说明的顺序一致，任务可以没有参数。

例 5.161 带有五个参数的 task 基本结构 Verilog HDL 描述的例子。

```
task my_task;
input a, b;
```

```
inout c;
output d, e;
begin
…                                       // 执行任务的语句
…
c = foo1;                               // 分配用于初始化结构寄存器
d = foo2;
e = foo3;
end
endtask
```

或者采用下面的描述方式

```
task my_task (input a, b, inout c, output d, e);
begin
   …                                    //执行任务的语句
   …
   c = foo1;                            //分配用于初始化结果寄存器
   d = foo2;
   e = foo3;
end
endtask
```

下面的语句使能任务

```
my_task (v, w, x, y, z);
```

其中,任务使能参数(v,w,x,y,z)对应于任务所定义的参数(a,b,c,d,e)。在使能任务期间,input和inout类型的参数(a,b,c)接受传递的值(v,w,x)。这样,执行任务使能调用产生下面的分配

```
a = v;
b = w;
c = x;
```

作为任务处理的一部分,任务定义my_task将计算的结果分配到c,d,e。当任务完成时,下面的分配将计算得到的值,返回到被执行的调用过程。

```
x = c;
y = d;
z = d;
```

例5.162 描述交通灯时序task语句Verilog HDL描述的例子。

```
module traffic_lights;
reg clock, red, amber, green;
parameter on = 1, off = 0, red_tics = 350,
          amber_tics = 30, green_tics = 200;
// 初始化颜色.
initial red = off;
initial amber = off;
```

```
initial green = off;
always begin                          //控制灯的时序
    red = on;                         //打开红灯
    light(red, red_tics);             //等待
    green = on;                       //打开绿灯
    light(green, green_tics);         //等待
    amber = on;                       //打开琥珀色灯
    light(amber, amber_tics);         //等待
end
//等待'tics'的任务,上升沿时钟
task light;
output color;
input [31:0] tics;
begin
repeat (tics) @ (posedge clock);
color = off;                          //关闭灯
end
endtask

always begin                          //时钟波形
#100 clock = 0;
#100 clock = 1;
end
endmodule                             //traffic_lights 模块结尾
```

3. 任务存储器使用和并行运行

可以多次并行使能一个任务，将并行调用的每个自动任务的所有变量进行复制，用于保存该调用的状态。静态任务的所有变量是静态的，即在一个模块例化中，有一个单个的变量对应于每个声明的本地变量，而不管并行运行的任务个数。然而，对于静态任务来说，一个模块的不同例化，将有用于每个例化的单独的存储空间。

在静态任务里声明的变量，包含 input，output 和 inout 类型的参数，在调用时，将保留它们的值。

在自动任务里声明的变量，包含 output 类型的变量，当进入任务时，将其初始化为默认的初始化值。根据任务使能语句中所列出的参数，将 input 和 inout 类型参数初始化为来自表达式传递的值。

因为在自动任务中声明的变量在任务调用结束时，解除分配。因此，它们不能用于某个结构中，这个结构在该点后可以引用它们：

(1) 不能使用非阻塞分配或者过程连续分配，分配值。

(2) 过程连续分配或者过程 **force** 语句，不能引用它们。

(3) 在内部分配事件控制的非阻塞分配语句，不能引用它们。

(4) 系统任务 **$ monitor** 和 **$ dunpvars** 不能跟踪它们。

5.11.3 禁止命名的块和任务

disable 语句提供了一种能力，用于终止和并行活动程序相关的活动，而保持 Verilog

HDL过程描述的本质。disable语句提供了用于在执行所有任务语句前,终止一个任务的一个机制,比如退出一个循环语句;或者跳出语句,用于继续一个循环语句的其他循环。在处理异常条件时,是非常有用的,比如硬件中断和全局复位。

disable语句的格式如下

```
disable hierarchical_task_identifier(任务标识符)
disable hierarchical_block_identifier(块标识符)
```

例5.163 disable块Verilog HDL描述的例子1。

```
begin : block_name
    rega = regb;
    disable block_name;
    regc = rega;                          //不执行该分配
end
```

例5.164 disable块Verilog HDL描述的例子2。

```
begin : block_name
...
if (a == 0)
disable block_name;
⋮
end // 结束命名的块
// 继续下面块的代码
...
```

例5.165 disable任务Verilog HDL描述的例子。

```
task proc_a;
begin
    ...
    ...
if (a == 0)
    disable proc_a;                       // 如果真,则返回
    ...
    ...
end
endtask
```

例5.166 disable块Verilog HDL描述的例子3。

```
begin : break
  for (i = 0; i < n; i = i + 1) begin : continue
    @clk
      if (a == 0)                         // "continue" loop
          disable continue;
        statements
        statements
    @clk
    if (a == b) // "break" from loop
          disable break;
```

```
        statements
        statements
    end
end
```

在该例子中，disable 的功能就相当于 C 语言中的 contine 和 break 语句。

例 5.167　在 fork-join 块中的 disable 语句 Verilog HDL 描述的例子。

```
fork
  begin : event_expr
    @ev1;
    repeat (3) @trig;
    #d action (areg, breg);
  end
    @reset disable event_expr;
join
```

例 5.168　disable 在 always 块中的 disable 语句 Verilog HDL 描述的例子。

```
always begin : monostable
    #250 q = 0;
end
always @retrig begin
    disable monostable;
    q = 1;
end
```

5.11.4　函数和函数调用

本节将介绍函数声明和函数调用。

1. 函数声明

函数声明部分可以发现在模块说明中的任何位置，函数的输入参数由输入说明指定，形式如下

```
function [<lower>:<upper>] <output_name> ;
    input <name>;
    begin
        <statements>
    end
endfunction
```

其中，lower:upper 声明了函数输出的数据宽度；output_name 为函数输出(即返回值)的名字；name 为输入参数的名字；statements 为描述语句。

注：

(1) 如果函数说明部分中没有指定函数取值范围，则其默认为 1 位二进制数。

(2) 和任务一样的，函数也可以使用 automatic 关键字。

(3) 函数返回值的名字是 output_name 所定义的标识符。

例 5.169　函数声明 Verilog HDL 描述的例子。

```
function [7:0] getbyte;
```

```
input [15:0] address;
begin
  …
  getbyte = result_expression;
end
endfunction
```

也可以用下面的函数格式

```
function [7:0] getbyte (input [15:0] address);
begin
    …
    getbyte = result_expression;
end
endfunction
```

2. 函数调用

由函数调用语句调用一个函数,函数调用语句的语法格式如下

```
<signal> = <function_name>(<comma_separated_inputs>);
```

其中,signal 为与调用函数返回参数宽度一样的信号名字;function_name 为函数名字;comma_separated_inputs 为“,”分割的输入信号的名字。

例 5.170 函数调用 Verilog HDL 描述的例子。

```
word = control ? {getbyte(msbyte), getbyte(lsbyte)}:0;
```

例 5.171 可重入函数调用 Verilog HDL 描述的例子。

```
module tryfact;
//定义函数
function automatic integer factorial;
input [31:0] operand;
integer i;
if (operand >= 2)
    factorial = factorial (operand - 1) * operand;
else
    factorial = 1;
endfunction

// 测试函数
integer result;
integer n;
initial begin
for (n = 0; n <= 7; n = n+1) begin
    result = factorial(n);
    $display("%0d factorial= %0d", n, result);
    end
end
endmodule                              // tryfact 结尾
```

仿真结果是：

```
0 factorial = 1
1 factorial = 1
2 factorial = 2
3 factorial = 6
4 factorial = 24
5 factorial = 120
6 factorial = 720
7 factorial = 5040
```

3. 常数函数

常数函数的调用支持在对设计进行详细的描述时，建立复杂计算的值。对于一个常数函数的调用，模块所调用函数的参数是一个常数表达式，常数函数是 Verilog HDL 普通函数的子集，应该满足以下的约束：

(1) 它们没有包含层次引用。

(2) 在一个常数函数内的任意函数调用，应该是当前模块的本地函数。

(3) 它可以调用任何常数表达式中所允许的系统函数，对其他系统函数的调用是非法的。

(4) 忽略在一个常数函数内的所有系统任务。

(5) 在使用一个常数函数调用前，应该定义函数内所有的参数值。

(6) 所有不是参数和函数的标识符，应该在当前函数内本地声明。

(7) 如果使用了 defparam 语句直接或者间接影响的任何参数值，则结果是未定义的。这将导致一个错误，或者函数返回一个未确定的值。

(8) 它们不应该在一个生成模块内声明。

(9) 在任何要求一个常数表达式的上下文中，它们本身不能使用常数函数。

下面的例子定义了一个常数函数 clogb2，根据 ram 来确定一个 ram 地址线的宽度。

例 5.172　常数函数调用的 Verilog HDL 描述的例子。

```
module ram_model (address, write, chip_select, data);
    parameter data_width = 8;
    parameter ram_depth = 256;
    localparam addr_width = clogb2(ram_depth);
    input [addr_width - 1:0] address;
    input write, chip_select;
    inout [data_width - 1:0] data;
//定义 clogb2 函数
    function integer clogb2;
        input [31:0] value;
      begin
        value = value - 1;
        for (clogb2 = 0; value > 0; clogb2 = clogb2 + 1)
            value = value >> 1;
      end
    endfunction
reg [data_width - 1:0] data_store[0:ram_depth - 1];
    //ram_model 剩余部分
```

例化这个 ram_model,带有参数分配

```
ram_model #(32,421) ram_a0(a_addr,a_wr,a_cs,a_data);
```

5.12 Verilog HDL 层次化结构

Verilog HDL 支持通过将一个模块嵌入到其他模块的层次化描述结构,高层次模块创建低层次模块的例化,并且通过 input、output 和 inout 端口进行通信。这些模块的端口为标量或者矢量。

5.12.1 模块和模块例化

在 Verilog HDL 的描述中对模块和模块例化的方法进行了简单的说明,下面介绍模块例化中涉及到的一些其他问题。

5.12.2 覆盖模块参数值

Verilog HDL 提供了两种定义参数的方法,一个模块声明中可以包含一个或多个类型的参数定义,或者不包含参数定义。

模块参数可以有一个类型说明和一个范围说明,根据下面的规则,确定参数对一个参数类型和范围覆盖的结果:

(1) 默认地,对于一个没有类型和参数说明的参数说明由最终参数的值确定参数值的类型和范围。

(2) 一个带有范围说明,但没有类型说明的参数声明,其范围是参数所声明的范围,类型是无符号的。一个覆盖的值将转换到参数的类型和范围。

(3) 一个带有类型说明,但没有范围说明的参数声明,其类型是参数声明的类型。一个覆盖的值将转换到参数的类型,一个有符号的参数将默认到分配参数最终覆盖的范围。

(4) 一个带有有符号类型说明和范围说明的参数声明,其类型是有符号的,范围是参数声明的范围。一个覆盖的值将最终转换到参数的类型和范围。

例 5.173 参数的 Verilog HDL 描述的例子。

```
module generic_fifo
#(parameter MSB = 3, LSB = 0, DEPTH = 4)
//可以覆盖这些参数
(input [MSB:LSB] in,
input clk, read, write, reset,
output [MSB:LSB] out,
output full, empty );
localparam FIFO_MSB = DEPTH * MSB;
localparam FIFO_LSB = LSB;
// 这些参数是本地的,不能被覆盖
// 通过修改上面的参数,影响它们,模块将正常的工作。
reg [FIFO_MSB:FIFO_LSB] fifo;
    reg [LOG2(DEPTH):0] depth;
always @(posedge clk or reset) begin
  casex ({read,write,reset})
```

```
    // 实现 fifo
  endcase
  end
endmodule
```

Verilog HDL 提供了两种方法,用于修改非本地参数的值:

(1) defparam 语句,允许使用层次化的名字,给参数分配值。

(2) 模块例化参数值分配,允许在模块例化行内,给参数分配值。通过列表的顺序或者名字,分配模块例化参数的值。

如果 defparam 分配和模块例化参数冲突时,模块内的参数将使用 defparam 指定的值。

1. defparam 分配参数值

例 5.174 参数定义对分配值类型和范围影响的 Verilog HDL 描述的例子。

```
module foo(a,b);
  real r1,r2;
  parameter [2:0] A = 3'h2;
  parameter B = 3'h2;
  initial begin
    r1 = A;
    r2 = B;
    $display("r1 is %f r2 is %f",r1,r2);
  end
endmodule                               // foo

module bar;
    wire a,b;
    defparam f1.A = 3.1415;
    defparam f1.B = 3.1415;
    foo f1(a,b);
endmodule                               // bar
```

(1) 该例子中,A 指定了范围,B 没有。所以,将 f1.A=3.1415 的浮点数,转换为定点数 3。3 的低三位赋值给 A;而 B 由于没有说明范围和类型,所以没有进行转换。

(2) 使用 defparam 语句,通过在设计中使用参数的层次化名字,在任何模块例化中,均可修改参数的值。defparm 语句对于一个模块内一组参数值同时进行覆盖是非常有用的。

但是,一个层次内的 defparam 语句,或者在一个生成模块下的 defparam 语句,或者一组例化的 defparam 语句,均不能改变当前层次外的参数值。

例 5.175 下面的 Verilog HDL 描述将不会修改参数的值。

```
genvar i;
generate
for (i = 0; i<8; i = i + 1) begin : somename
    flop my_flop(in[i], in1[i], out1[i]);
    defparam somename[i+1].my_flop.xyz = i ;
end
endgenerate
```

对于多个 defparam 语句用于单个参数的情况,参数只使用最后一个 defparam 语句所分配的值。当在多个源文件中存在 defparam 时，没有定义参数所使用的值。

例 5.176 下面的 Verilog HDL 将无法定义参数使用的值。

```
module top;
reg clk;
reg [0:4] in1;
reg [0:9] in2;
wire [0:4] o1;
wire [0:9] o2;
vdff m1 (o1, in1, clk);
vdff m2 (o2, in2, clk);
endmodule

module vdff (out, in, clk);
parameter size = 1, delay = 1;
input [0:size-1] in;
input clk;
output [0:size-1] out;
reg [0:size-1] out;
always @(posedge clk)
    # delay out = in;
endmodule

module annotate;
defparam
    top.m1.size = 5,
    top.m1.delay = 10,
    top.m2.size = 10,
    top.m2.delay = 20;
endmodule
```

模块 annotate 有 defparam 语句，其覆盖 top 模块中例化 m1 和 m2 的 size 和 delay 参数的值，模块 top 和 annotate 都将被认为顶层模块。

2. 通过列表顺序分配参数值

采用这种方式分配参数，其分配的顺序应该和模块内声明参数的顺序一致。当使用这种方法时，没有必要为模块内的所有参数分配值。然而，不可能跳过一个参数。因此，给模块内声明参数的子集分配值的时候，组成这个子集的参数声明将在剩余参数声明的前面。一个可选的方法是，给所有的参数分配值，但是对那些不需要新值的参数使用默认的值(即与模块定义内的参数声明中所分配的值一样)。

例 5.177 按顺序分配参数值 Verilog HDL 描述的例子。

```
module tb1;
wire [9:0] out_a, out_d;
wire [4:0] out_b, out_c;
reg [9:0] in_a, in_d;
reg [4:0] in_b, in_c;
reg clk;
// 测试平台和激励生成代码…
// 通过列表顺序对带有参数值分配的四个 vdff 例化
```

```
// mod_a 有新的参数值,size = 10 and delay = 15
// mod_b 为默认的参数值(size = 5, delay = 1)
// mod_c 有默认的参数值 size = 5 和新的参数值 delay = 12
// 为了改变延迟的值,也需要说明默认宽度值.
// mod_d 有新的参数值 size = 10,延迟为默认值
  vdff #(10,15) mod_a (.out(out_a), .in(in_a), .clk(clk));
  vdff mod_b (.out(out_b), .in(in_b), .clk(clk));
  vdff #( 5,12) mod_c (.out(out_c), .in(in_c), .clk(clk));
  vdff #(10) mod_d (.out(out_d), .in(in_d), .clk(clk));
endmodule

module vdff (out, in, clk);
parameter size = 5, delay = 1;
output [size - 1:0] out;
input [size - 1:0] in;
input clk;
reg [size - 1:0] out;
always @(posedge clk)
   #delay out  =  in;
endmodule
```

不能覆盖本地参数值。因此,不能将其作为覆盖参数值列表的一部分。

例 5.178 对于本地参数处理 Verilog HDL 描述的例子

```
module my_mem (addr, data);
parameter addr_width  =  16;
localparam mem_size  =  1 << addr_width;
parameter data_width  =  8;
…
endmodule
module top;
…
my_mem #(12, 16) m(addr,data);
endmodule
```

在本例中,addr_width 的值分配了 12,data_width 的值分配了 16。由于列表的顺序,不能显式的为 mem_size 分配值,由于声明表达式,mem_size 的值分配为 4096。

3. 通过名字分配参数值

通过名字分配参数,是将参数的名字和它新的值明确地进行连接,参数的名字是被例化模块内所指定参数的名字。当使用这种方法的时候,不需要给所有参数分配值。只指定需要分配新值的参数。

例 5.179 通过名字分配部分参数值 Verilog HDL 描述的例子。

```
module tb2;
wire [9:0] out_a, out_d;
wire [4:0] out_b, out_c;
reg [9:0] in_a, in_d;
reg [4:0] in_b, in_c;
reg clk;
// 测试平台和激励生成代码…
```

```
// 通过名字分配带有参数值的四个例化 vdff
// mod_a 有新的参数值 size = 10 和 delay = 15
// mod_b 有默认的参数值 (size = 5, delay = 1)
// mod_c 有默认的参数值 size = 5 和新的参数值 delay = 12
// mod_d 有一个新的参数值 size = 10,延迟保持它的默认参数值
  vdff #(.size(10),.delay(15)) mod_a (.out(out_a),.in(in_a),.clk(clk));
  vdff mod_b (.out(out_b),.in(in_b),.clk(clk));
  vdff #(.delay(12)) mod_c (.out(out_c),.in(in_c),.clk(clk));
  vdff #(.delay( ),.size(10) ) mod_d (.out(out_d),.in(in_d),.clk(clk));
endmodule

module vdff (out, in, clk);
parameter size = 5, delay = 1;
output [size - 1:0] out;
input [size - 1:0] in;
input clk;
reg [size - 1:0] out;
always @(posedge clk)
  #delay out = in;
endmodule
```

相同顶层模块中,在例化模块时,使用参数重新定义的不同类型,这样做是合法的。

例 5.180 混合使用不同参数定义类型 Verilog HDL 描述的例子。

```
module tb3;
// 声明和代码
// 使用位置参数例化和名字参数例化的混合声明是合法的
  vdff #(10, 15) mod_a (.out(out_a), .in(in_a), .clk(clk));
  vdff mod_b (.out(out_b), .in(in_b), .clk(clk));
  vdff #(.delay(12)) mod_c (.out(out_c), .in(in_c), .clk(clk));
endmodule
```

但是,不允许在一个例化模块中,同时使用两种混合参数分配的方法,比如

```
vdff #(10, .delay(15)) mod_a (.out(out_a), .in(in_a), .clk(clk));
```

这个描述是非法的。

5.12.3 端口

端口提供了内部互连硬件描述的模块和原语的构成,比如模块 A 可以例化模块 B,通过适当的端口连接到模块 A,这些端口的名字可以不同于在模块 B 内所指定的内部网络和变量的名字。

在顶层模块内的每个模块的声明中,用于端口列表中的每个端口的引用可以是:

(1) 一个简单的标识符或者转义标识符。

(2) 在模块内声明的一个向量的比特选择。

(3) 上面形式的并置。

端口表达式是可选择的,这是由于定义的端口可能不会连接到模块内部。所以,一旦定义了端口,不能使用相同的名字定义其他端口。在例化模块内的端口声明,可以是显式的或者隐含的。

1. 端口声明

如果端口声明中包含一个网络或者变量类型，则将端口看作是完全的声明。如果在一个变量或者网络数据类型声明中重复声明端口，则会出现错误。由于这个原因，端口的其他内容也应该在这样一个端口声明中进行声明，包括有符号和范围定义(如果需要的话)。

如果端口声明中不包含一个网络或者变量类型，则可以在变量或者网络数据类型声明中再次声明端口。如果将网络或者变量声明为一个向量，则在一个端口中的两次声明中应该保持一致。一旦在端口定义中使用了该名字，则不允许在其他端口声明或者在数据类型声明中再次进行声明该名字。

实现可能限制一个模块定义中端口的最大个数，但至少为256。

例5.181　端口不同声明方式Verilog HDL描述的例子。

```
module test(a,b,c,d,e,f,g,h);
input [7:0] a;                  //没有明确的声明——网络a是无符号的
input [7:0] b;
input signed [7:0] c;
input signed [7:0] d;           //明确的网络声明——网络d是有符号的
output [7:0] e;                 //没有明确的网络声明——网络e是无符号的
output [7:0] f;
output signed [7:0] g;
output signed [7:0] h;          //明确的网络声明——网络h是有符号的
wire signed [7:0] b;            //从网络声明中，端口b继承有符号属性
wire [7:0] c;                   //从端口中，网络c继承有符号属性
reg signed [7:0] f;             //从寄存器声明中，端口f继承有符号属性
reg [7:0] g;                    //从端口中，寄存器g继承有符号属性
endmodule
module complex_ports ({c,d}, .e(f));
        //网络{c,d}接收到第一个端口比特位
        //在模块内声明了名字'f'
        //在模块外声明了名字'e'
        //不能使用第一个端口命名的端口连接
module split_ports (a[7:4], a[3:0]);
        //第一个端口是'a'的高四位
        //第二个端口是'a'的低四位
        //由于a是部分选择，不能使用命名的端口连接
module same_port (.a(i), .b(i));
        //在模块内声明名字'i'为输入端口
        //声明名字'a'和'b'用于端口连接
module renamed_concat (.a({b,c}), f, .g(h[1]));
        // 在模块内声明名字'b', 'c', 'f', 'h'
        // 声明名字'a', 'f', 'g'用于端口连接
        // 能使用命名的端口连接
module same_input (a,a);
    input a;                    // 这是有效的. 将输入绑定到一起
    module mixed_direction (.p({a, e}));
    input a;                    // p包含所有输入和输出的方向
    output e;
```

前面例子,端口定义的另一种形式

```
module test (
input [7:0] a,
input signed [7:0] b, c, d,       // 可以一次声明多个相同属性的端口
output [7:0] e,                   // 必须在一个声明中,声明每个属性
output reg signed [7:0] f, g,
output signed [7:0] h) ;
                                  // 在模块的其他地方重新声明模块的任何端口都是非法的
endmodule
```

2. 通过列表顺序连接模块例化

一种连接端口的方法,就是在例化模块的时候,端口连接的顺序和定义模块内端口的顺序相一致。

例 5.182 通过列表顺序连接端口 Verilog HDL 描述的例子。

```
module topmod;
    wire [4:0] v;
    wire a,b,c,w;
    modB b1 (v[0], v[3], w, v[4]);
endmodule

module modB (wa, wb, c, d);
inout wa, wb;
input c, d;

tranif1 g1 (wa, wb, cinvert);
not #(2, 6) n1 (cinvert, int);
and #(6, 5) g2 (int, c, d);
endmodule
```

该例子中,实现下面的端口连接:

(1) 模块 modB 内定义的端口 wa,连接到 topmod 模块的比特选择 v[0]。

(2) 端口 wb 连接到 v[3]。

(3) 端口 c 连接到 w。

(4) 端口 d 连接到 v[4]。

在仿真时,modB 的例化 b1,首先激活 and 门 g2,在 int 上产生一个值,这个值触发 not 门 n1,在 cinvert 上产生输出,然后激活 tranif1 门 g1。

3. 通过名字连接模块例化

另一种将模块端口和例化模块端口连接的方法是通过名字,下面将给出通过名字连接模块例化的几种方式。

例 5.183 通过名字连接的 Verilog HDL 描述的例子 1。

```
ALPHA instance1 (.Out(topB),.In1(topA),.In2());
```

在该例子中,例化模块将其信号 topA 和 topB 连接到模块 ALPHA 所定义的 In1 和 Out。ALPHA 提供的端口中,至少没有其中一个端口使用,该端口的名字为 In2。该例化中,没有提到例化中没有使用的其他端口。

例 5.184 通过名字连接 Verilog HDL 描述的例子 2。

```
module topmod;
    wire [4:0] v;
    wire a,b,c,w;
    modB b1 (.wb(v[3]),.wa(v[0]),.d(v[4]),.c(w));
endmodule
module modB(wa, wb, c, d);
    inout wa, wb;
    input c, d;
    tranif1 g1(wa, wb, cinvert);
    not #(6, 2) n1(cinvert, int);
    and #(5, 6) g2(int, c, d);
endmodule
```

例 5.185 通过名字连接 Verilog HDL 描述的不合法例子。

```
module test;
a ia (.i (a), .i (b),          //非法连接输入端口两次.
.o (c), .o (d),                //非法连接输出端口两次.
.e (e), .e (f));               //非法连接输入输出端口两次.
endmodule
```

4. 端口连接中的实数

real 数据类型不能直接连接到端口上，应该采用间接的方式进行连接，系统函数 **$realtobits** 和 **$bitstoreal** 用于在模块端口之间传递比特位。

例 5.186 通过系统函数传递实数 Verilog HDL 描述的例子。

```
module driver (net_r);
  output net_r;
  real r;
  wire [64:1] net_r = $realtobits(r);
endmodule

module receiver (net_r);
  input net_r;
  wire [64:1] net_r;
  real r;
  initial assign r = $bitstoreal(net_r);
endmodule
```

5. 端口连接规则

一个模块的端口看作两个条目(比如网络、寄存器和表达式)之间的链路或连接。即内部到模块实例，或者一个外部到模块实例。

下面的端口连接规则给出了条目通过端口接收的值(内部条目用于输入，外部条目用于输出)。

一个声明为 input(output)，但是用于 output(input)或者 inout，应该强制为 inout。如果没有强制到 inout，将产生警告信息。

1）规则一

一个 input 或者 inout 端口是网络类型。

2）规则二

从源端口到目的端口的分配是连续的，用于 input 端口的分配是没有降低强度的晶体管连接。在一个分配中，只有目的端口是网络或者结构化的网络表达式。

一个结构化的网络表达式是一个端口表达式，其操作数可以是：

(1) 一个标量网络；

(2) 一个向量网络；

(3) 一个向量网络的常数比特位选择；

(4) 一个向量网络的部分选择；

(5) 结构化网络表达式的并置。

下面的外部条目不能连接到模块的 output 或者 inout 端口：

(1) 变量；

(2) 不同于下面的其他表达式：①一个标量网络；②一个向量网络；③一个向量网络的常数比特位选择；④一个向量网络的部分选择；⑤上述表达式的并置。

3）规则三

如果一个端口两侧的任何一个网络类型是 uwire，如果没有将网络合并为一个网络，则会出现警告信息。

如果通过一个模块端口将不同的网络类型连接到了一起，则两侧的端口会是同一种类型。表 5.32 给出了不同网络类型连接后最后类型的确定列表。

表 5.32　不同网络类型连接后最后类型的确定列表

内部网络	外部网络								
	wire，tri	wand，triand	wor，trior	trireg	tri0	tri1	uwire	supply0	supply1
wire，tri	ext	ext	ext	ext	ext	ext	ext	ext	ext
wand，triand	int	ext	ext warn	ext warn	ext warn	ext warn	ext warn	ext	ext
wor，trior	int	ext warn	ext	ext warn	ext warn	ext warn	ext warn	ext	ext
trireg	int	ext warn	ext warn	ext	ext	ext	ext warn	ext	ext
tri0	int	ext warn	ext warn	int	ext	ext warn	ext warn	ext	ext
tri1	int	ext warn	ext warn	int	ext warn	ext	ext warn	ext	ext
uwire	int	int warn	int warn	int warn	int warn	int warn	ext	ext	ext
supply0	int	int	int	int	int	int	int	ext	ext warn
supply1	int	int	int	int	int	int	int	ext warn	ext

注：

(1) ext 表示将使用外部网络类型；

(2) int 表示将使用内部网络类型；

(3) warn 表示产生一个警告。

4）规则四

符号属性不可以跨越层次，为了让符号类型跨越层次，在不同层次级的对象声明中，使用 signed 关键字。

5.12.4 生成结构

Verilog HDL 生成结构用于在一个模型中，有条件或者成倍的例化生成模块，一个例化模块是一个或者多个模块条目的集合，一个生成模块不包含端口声明、参数声明、指定块或者 specparam 声明。在一个生成块中，允许包含其他模块条目，这些条目又包括其他生成结构。生成结构提供了通过参数值影响模型结构的能力，这也允许更简单的描述带有重复结构的模块，这使得可以递归的实现模块例化。

Verilog HDL 提供了两种生成结构类型：

(1) 循环生成结构。允许单个生成模块可以被多次例化到一个模型。

(2) 条件生成结构。包含 if-generate 或者 case-generate 结构，从一堆可以选择的生成模块中例化出最多一个生成模块。

术语生成策略是指确定例化哪个生成模块或者生成多少个模块的方法，它包含出现在一个生成结构中的条件表达式、case 表达式和循环控制语句。

在对模型进行详细说明(elaboration，计算机综合过程的一部分)的过程中，评估生成策略。当分析完 HDL 后，仿真之前进行详细的说明。详细说明涉及到展开模块例化，计算参数值，解析层次的名字，建立网络连接和准备用于仿真的模型。尽管生成策略的使用和行为语句类似的语法，但是重要的是要承认仿真的时候并不执行它们。因此，在生成策略中的所有表达式必须是常数表达式。

对生成结构的详细描述产生 0 个或者多个生成模块。在某些方面，对一个生成模块的一个例化类似于一个模块的例化。它创建了一个新的层次级。它将模块内的对象、行为结构和模块例化引入到实体中。

在模块内使用 generate 和 endgenerate 关键字定义生成区域。当使用一个生成区域时，在模块内没有语义上的差别。

1. 循环生成结构

一个循环生成结构允许单个生成模块被多次例化，循环生成结构的语法如下

```
genvar < var >;
generate
    for (< var > = 0; < var ><< limit >; < var > = < var > + 1)
    begin: < label >
        < instantiation >
    end
endgenerate
```

其中，var 为循环索引的变量，使用 genvar 关键字定义。在使用循环生成语句前，进行定义。genvar 后的 var 用于评估循环的次数和生成模块例化的个数，不可以在循环生成语句外的其他地方使用 genvar 定义的关键字，并且 var 的值不允许为 x 或者 z。instantiation 为例化模块的描述。label 为生成模块使用的标识符。

在一个循环生成结构的内部，有一个隐含的 localparam 声明，这是一个整数参数，它和

循环索引变量有相同的名字和类型,在生成模块内该参数的值是当前详细描述中索引变量的值。这个参数可以用于生成模块内的任何地方。在该生成模块中,可以使用带有一个整数值的普通参数,它可以被引用(带有一个参数名字)。

由于这个隐含的 localparam 和 genvar 有相同的名字,任何对循环生成块内名字的引用都是对 localparam 的一个引用,而不是对 genvar 的引用,结果是不可能使用相同的 genvar,将其用于两个嵌套的循环生成结构中。

可以命名或者不命名一个生成结构,它们可以只有一个条目,此时不需要 begin/end 关键字。即使没有 begin/end 关键字,其仍然为一个生成模块。

如果命名了一个生成模块,它是一组生成模块例化的声明,这个组内的索引值是详细描述期间所假定的值。

例 5.187 合法和非法生成循环结构 Verilog HDL 描述的例子。

```
module mod_a;
genvar i;
// 不要求"generate", "endgenerate"
for (i = 0; i < 5; i = i + 1) begin:a
    for (i = 0; i < 5; i = i + 1) begin:b
     … // 错误——使用"i"或为两个嵌套生成循环的索引
    end
end
endmodule
------
module mod_b;
genvar i;
reg a;
for (i = 1; i < 0; i = i + 1) begin: a
  … // 错误—— "a"和寄存器类型"a"冲突
end
endmodule
------
module mod_c;
genvar i;
for (i = 1; i < 5; i = i + 1) begin: a
…
end
for (i = 10; i < 15; i = i + 1) begin: a
  … //错误—— "a"和前面的名字冲突
end
endmodule
```

例 5.188 实现格雷码到二进制码的转换 Verilog HDL 描述的例子。

使用一个循环生成连续赋值。

```
module gray2bin1 (bin, gray);
  parameter SIZE = 8;          //该模块参数化
  output [SIZE - 1:0] bin;
  input [SIZE - 1:0] gray;
  genvar i;
```

```
  generate
    for (i = 0; i < SIZE; i = i + 1) begin:bit
      assign bin[i]  =  ^gray[SIZE - 1:i];
    end
endgenerate
endmodule
```

例 5.189 循环生成逐位进位加法器 Verilog HDL 描述的例子 1。

```
module addergen1 (co, sum, a, b, ci);
  parameter SIZE  =  4;
  output [SIZE - 1:0] sum;
  output co;
  input [SIZE - 1:0] a, b;
  input ci;
  wire [SIZE :0] c;
  wire [SIZE - 1:0] t [1:3];
  genvar i;
  assign c[0]  =  ci;
        //层次化的门例化名字:
        // xor 门: bit[0].g1 bit[1].g1 bit[2].g1 bit[3].g1
        // bit[0].g2 bit[1].g2 bit[2].g2 bit[3].g2
        //与门: bit[0].g3 bit[1].g3 bit[2].g3 bit[3].g3
        // bit[0].g4 bit[1].g4 bit[2].g4 bit[3].g4
        //或门: bit[0].g5 bit[1].g5 bit[2].g5 bit[3].g5
        //使用多维网络进行连接 t[1][3:0] t[2][3:0] t[3][3:0](总共 12 个网络)
      for(i = 0; i < SIZE; i = i + 1) begin:bit
        xor g1 ( t[1][i], a[i], b[i]);
        xor g2 ( sum[i], t[1][i], c[i]);
        and g3 ( t[2][i], a[i], b[i]);
        and g4 ( t[3][i], t[1][i], c[i]);
        or g5 ( c[i + 1], t[2][i], t[3][i]);
      end
    assign co  =  c[SIZE];
endmodule
```

例 5.190 循环生成加法器 Verilog HDL 描述的例子 2。

```
module addergen1 (co, sum, a, b, ci);
  parameter SIZE  =  4;
  output [SIZE - 1:0] sum;
  output co;
  input [SIZE - 1:0] a, b;
  input ci;
  wire [SIZE :0] c;
  genvar i;
  assign c[0]  =  ci;
  //层次化的门例化名字:
  // xor 门: bit[0].g1 bit[1].g1 bit[2].g1 bit[3].g1
  // bit[0].g2 bit[1].g2 bit[2].g2 bit[3].g2
  // 与门: bit[0].g3 bit[1].g3 bit[2].g3 bit[3].g3
  // bit[0].g4 bit[1].g4 bit[2].g4 bit[3].g4
```

```
  // 或门: bit[0].g5 bit[1].g5 bit[2].g5 bit[3].g5
  //使用下面的网络名字连接:
  // bit[0].t1 bit[1].t1 bit[2].t1 bit[3].t1
  // bit[0].t2 bit[1].t2 bit[2].t2 bit[3].t2
  // bit[0].t3 bit[1].t3 bit[2].t3 bit[3].t3
    for(i = 0; i < SIZE; i = i + 1) begin:bit
        wire t1, t2, t3;
        xor g1 ( t1, a[i], b[i]);
        xor g2 ( sum[i], t1, c[i]);
        and g3 ( t2, a[i], b[i]);
        and g4 ( t3, t1, c[i]);
        or g5 ( c[i + 1], t2, t3);
    end
  assign co = c[SIZE];
endmodule
```

例 5.191 多层生成模块 Verilog HDL 描述的例子。

```
parameter SIZE = 2;
  genvar i, j, k, m;
  generate
    for (i = 0; i < SIZE; i = i + 1) begin:B1                  // 范围 B1[i]
      M1 N1();                                                 // 例化 B1[i].N1
        for (j = 0; j < SIZE; j = j + 1) begin:B2              // 范围 B1[i].B2[j]
          M2 N2();                                             // 例化 B1[i].B2[j].N2
              for (k = 0; k < SIZE; k = k + 1) begin:B3        // 范围 B1[i].B2[j].B3[k]
                  M3 N3();                                     // 例化 B1[i].B2[j].B3[k].N3
              end
        end
        if (i > 0) begin:B4                                    // 范围 B1[i].B4
          for (m = 0; m < SIZE; m = m + 1) begin:B5            //范围 B1[i].B4.B5[m]
              M4 N4();                                         //例化 B1[i].B4.B5[m].N4
          end
        end
    end
endgenerate
```

2. 条件生成结构

条件生成结构包含 if-generate 和 case-generate。在工具详细描述的过程中，基于给出的常数表达式，从可替换的生成模块集合中，选择产生最多一个生成模块。如果存在选择需要生成的块，则将其例化到模型中。

包含 case 语句的有条件 generate 语句的格式为

```
generate
    case (<constant_expression>)
        <value>: begin: <label_1>
                        <code>
                 end
        <value>: begin: <label_2>
                        <code>
```

```
                    end
          default: begin:< label_3 >
                          < code >
                    end
      endcase
   endgenerate
```

其中，constant_expression 为常数表达式；value 为 case 的取值；label 为标号。

包含 if-else 语句的有条件的 generate 语句的格式为

```
      generate
      if (< condition >) begin: < label_1 >
         < code >;
      end
      else if (< condition >) begin: < label_2 >
         < code >;
   end
      else begin:< label_3 >
         < code >;
      end
   endgenerate
```

其中，condition 为条件表达式；label 为标号。

可以命名/不命名条件生成结构内的生成块，它们可以只由一个条目构成，不需要使用 begin/end 关键字，即使缺少 begin/end 关键字，它仍然是一个生成模块。它就像所有生成模块一样，当对其进行例化时，构成一个单独的范围和构成一个新的层次级。

由于最多只例化了一个生成模块，因此允许在单个条件生成结构中，存在具有相同名字的两个或更多数目的块。

注：

(1) 不允许任何命名的生成块和其他任何条件生成的块，或者在相同范围内的循环生成结构有相同的名字，即使没有选择例化有相同名字的块。

(2) 不允许任何命名的生成块和相同范围内的其他声明有相同的名字，即使没有选择例化该块。

(3) 如果命名了用于例化的块，则该名字声明了一个生成块的例化，这个名字也作为创建块的名字范围。如果没有命名用于例化的块，它将创建一个范围，但是在该块内的声明不能使用层次化的名字引用。

(4) 如果在条件生成结构中的一个生成块只由一个条目构成，而它本身是一个条件生成结构时，如果没有 begin/end 关键字则这个生成块不能当作一个单独的范围，在这个块内的生成结构被称为是被直接嵌套，直接嵌套生成结构的生成块看作是属于外部的结构。因此，它们可以和外部结构的生成块有相同的名字，并且它们不能和外部由 begin/end 所包含结构范围内的任何声明有相同的名字。这样，允许表达复杂的条件生成策略，而不需要创建不必要的生成块层次级。

(5) Verilog HDL 允许在相同复杂生成策略中，使用 if-generate 和 case-generate 的组合。直接嵌套只能用于条件生成结构内的嵌套条件生成结构，而不能用于循环生成结构中。

例 5.192 if-else 生成策略 Verilog HDL 描述的例子。

```
module test;
parameter p = 0, q = 0;
wire a, b, c;
//------------------------------------------------------------
// 代码或者生成 u1.g1 例化或者没有生成例化.
// u1.g1 例化下面的一个门{and, or, xor, xnor) ,根据条件
// {p,q} == {1,0}, {1,2}, {2,0}, {2,1}, {2,2}, {2, default}
//------------------------------------------------------------
if (p == 1)
    if (q == 0)
        begin : u1                  // 如果 p == 1 和 q == 0, 则例化
            and g1(a, b, c);        // AND 的层次名字为 test.u1.g1
        end
    else if (q == 2)
        begin : u1                  // 如果 p == 1 和 q == 2, 则例化
            or g1(a, b, c);         // OR 的层次名字为 test.u1.g1
          end
    // 添加"else"结束"(q == 2)" 的描述
    else ;                          // 如果 p == 1 和 q!= 0 或 2, 则没有例化
else if (p == 2)
  case (q)
              0, 1, 2:
    begin : u1                      // 如果 p == 2 和 q == 0,1, 或者 2,则例化
      xor g1(a, b, c);              // XOR 层次名字为 test.u1.g1
    end
  default:
    begin : u1                      // 如果 p == 2 and q!= 0,1, 或者 2,则例化
      xnor g1(a, b, c);             // XNOR 的层次名字为 test.u1.g1
    end
endcase
endmodule
```

例 5.193 一个参数化的乘法器 Verilog HDL 描述的例子。

```
module multiplier(a,b,product);
parameter a_width = 8, b_width = 8;
localparam product_width = a_width + b_width;
      // 不能通过 defparam 描述或者例化语句直接修改 #
input [a_width - 1:0] a;
input [b_width - 1:0] b;
output [product_width - 1:0] product;
generate
    if((a_width < 8) || (b_width < 8)) begin: mult
        CLA_multiplier #(a_width,b_width) u1(a, b, product);
        // 例化一个 CLA 乘法器
    end
    else begin: mult
        WALLACE_multiplier #(a_width,b_width) u1(a, b, product);
        // 例化一个 Wallace 树乘法器
```

```
    end
endgenerate
      // 层次化的例化名字为 mult.u1
endmodule
```

例 5.194 一个 case 生成结构 Verilog HDL 描述的例子。

```
generate
  case (WIDTH)
    1: begin: adder                //实现 1 比特加法器
        adder_1bit x1(co, sum, a, b, ci);
    end
    2: begin: adder                //实现 2 比特加法器
        adder_2bit x1(co, sum, a, b, ci);
    end
    default:
      begin: adder                 //其他超前进位加法器
        adder_cla #(WIDTH) x1(co, sum, a, b, ci);
      end
    endcase
// 这个层次例化的名字是 adder.x1
endgenerate
```

例 5.195 for 循环生成结构 Verilog HDL 描述的例子。

```
module dimm(addr, ba, rasx, casx, csx, wex, cke, clk, dqm, data, dev_id);
parameter [31:0] MEM_WIDTH = 16, MEM_SIZE = 8; // in mbytes
input [10:0] addr;
input ba, rasx, casx, csx, wex, cke, clk;
input [ 7:0] dqm;
inout [63:0] data;
input [ 4:0] dev_id;
genvar i;
    case ({MEM_SIZE, MEM_WIDTH})
      {32'd8, 32'd16}:             // 8M×16 位宽
      begin: memory
        for (i = 0; i < 4; i = i + 1) begin:word
          sms_08b216t0 p(.clk(clk), .csb(csx), .cke(cke),.ba(ba),
                         .addr(addr), .rasb(rasx), .casb(casx),
                         .web(wex), .udqm(dqm[2 * i + 1]), .ldqm(dqm[2 * i]),
                         .dqi(data[15 + 16 * i:16 * i]), .dev_id(dev_id));
          //层次化例化名字是 memory.word[3].p,
          //memory.word[2].p, memory.word[1].p, memory.word[0].p,
          //和任务 memory.read_mem
      end
      task read_mem;
        input [31:0] address;
        output [63:0] data;
        begin                      //在 sms 模块内调用 read_mem
            word[3].p.read_mem(address, data[63:48]);
            word[2].p.read_mem(address, data[47:32]);
            word[1].p.read_mem(address, data[31:16]);
```

```
            word[0].p.read_mem(address, data[15: 0]);
          end
        endtask
      end
      {32'd16, 32'd8}:                    // 16Meg x 8 位宽度
      begin: memory
        for (i = 0; i < 8; i = i + 1) begin:byte
          sms_16b208t0 p(.clk(clk), .csb(csx), .cke(cke),.ba(ba),
                         .addr(addr), .rasb(rasx), .casb(casx),
                         .web(wex), .dqm(dqm[i]),
                         .dqi(data[7 + 8 * i:8 * i]), .dev_id(dev_id));
            // 层次化的例化名字 memory.byte[7].p,memory.byte[6].p, … , memory.byte[1].p,
memory.byte[0].p
            // 和任务 memory.read_mem
        end
        task read_mem;
          input [31:0] address;
          output [63:0] data;
          begin                         //在 sms 模块 A 调用 read_mem
              byte[7].p.read_mem(address, data[63:56]);
              byte[6].p.read_mem(address, data[55:48]);
              byte[5].p.read_mem(address, data[47:40]);
              byte[4].p.read_mem(address, data[39:32]);
              byte[3].p.read_mem(address, data[31:24]);
              byte[2].p.read_mem(address, data[23:16]);
              byte[1].p.read_mem(address, data[15: 8]);
              byte[0].p.read_mem(address, data[ 7: 0]);
          end
        endtask
      end
        // 其存储器情况
      endcase
endmodule
```

3. 用于未命名生成块的外部名字

尽管可以在层次化的名字中使用没有命名的生成块，但是需要有一个名字，通过这个名字外部的接口可以指向该生成块。

对于一个给定范围内的每个生成结构，都分配了一个数字。在这个范围内，首先出现以文字形式出现的结构，其数字是1；对于该范围的每个子生成结构其值递增1。对于所有未命名的生成块，将其命名为genblk<n>，n为分配给结构的数字。如果这个名字和明确声明的名字冲突，则在数字前一直加0，直到没有冲突为止。

例 5.196 未命名生成块 Verilog HDL 描述的例子。

```
module top;
    parameter genblk2 = 0;
    genvar i;
    // 下面的生成块有隐含的名字 genblk1
    if (genblk2) reg a;                          // top.genblk1.a
    else reg b;                                  // top.genblk1.b
```

```
//下面的生成块有隐含的名字 genblk02,因为已经声明 genblk2 为标识符
if (genblk2) reg a;                          // top.genblk02.a
else reg b;                                  // top.genblk02.b
//下面的生成块有隐含的名字 genblk3,但是有明确的名字 g1
for (i = 0; i < 1; i = i + 1) begin : g1     //块的名字
    //下面的生成块有隐含名字 genblk1
    // 作为 g1 内第 1 个嵌套的范围
  if (1) reg a;                              // top.g1[0].genblk1.a
end
  //下面的生成块有隐含的名字 genblk4,由于它属于 top 范围内的第四个生成块
  //如果没有明确命名为 g1,前面的生成块命名为 genblk3
for (i = 0; i < 1; i = i + 1)
  //下面的生成块有隐含名字 genblk1
  //作为 genblk4 内第一个嵌套的生成块
  if (1) reg a;                              // top.genblk4[0].genblk1.a
  //下面的生成块有隐含的名字 genblk5
  if (1) reg a;                              // top.genblk5.a
endmodule
```

5.12.5 层次化的名字

在 Verilog HDL 描述中,每个标识符应该有一个唯一的层次路径名字。模块层次和模块内所定义的条目,比如任务和命名块定义了这些名字。名字的层次看作一个树形结构,在这个树形结构中,每个模块例化、生成块例化、任务、函数或者命名的 begin-end 或者 fork-join 块,在一个特殊的树形分支上定义了一个新的层次级或者范围。

一个设计描述包含一个或多个顶层模块,每个这样的模块构成一个名字层次的顶层。在一个设计描述或者描述中,这个根或者并行根模块构成了一个或多个层次。在命名的块和任务/函数内的命名块创建了新的分支,没有命名的块是例外,它们所创建的分支只能从块内和由块例化的层次内看到。

注:

(1) 对于简单的标识符可以一个字符或者下划线开始,必须包含有一个字符(a～z、Z～Z、0～9),这些字符之间不允许空格。

(2) 层次化名字通过"."符号进行连接。

例 5.197 模块例化和命名模块 Verilog HDL 描述的例子。

```
module mod (in);
input in;
always @(posedge in) begin : keep
reg hold;
      hold = in;
end
endmodule

module cct (stim1, stim2);
input stim1, stim2;
//例化 mod
  mod amod(stim1), bmod(stim2);
```

```
endmodule

module wave;
reg stim1, stim2;
cct a(stim1, stim2);                          // 例化 cct
initial begin :wave1
    #100 fork :innerwave
            reg hold;
        join
    #150 begin
            stim1 = 0;
        end
    end
    endmodule
```

图 5.42 给出了该 Verilog HDL 所描述模型中的层次。

下面给出了代码中,所有定义对象的层次形式列表

```
wave                    wave.a.bmod
wave.stim1              wave.a.bmod.in
wave.stim2              wave.a.bmod.keep
wave.a                  wave.a.bmod.keep.hold
wave.a.stim1            wave.wave1
wave.a.stim2            wave.wave1.innerwave
wave.a.amod             wave.wave1.innerwave.hold
wave.a.amod.in
wave.a.amod.keep
wave.a.amod.keep.hold
```

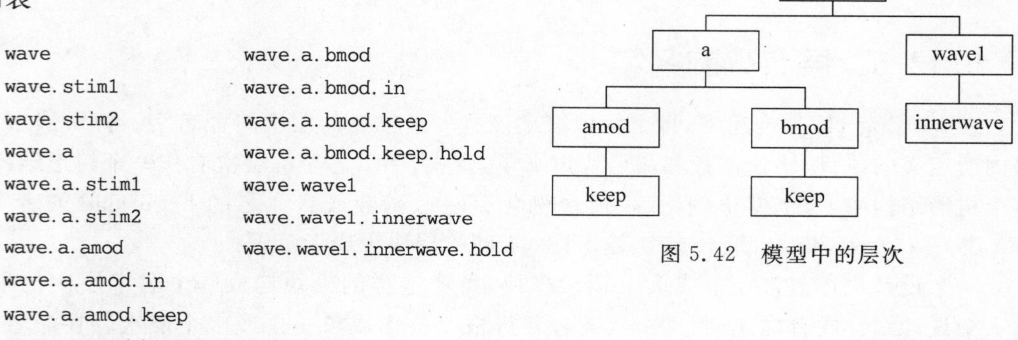

图 5.42 模型中的层次

对层次化名字的引用允许自由访问层次内任何级对象的数据。如果知道一个条目唯一的层次化路径名字,则可以从描述中的任何位置进行采样或者修改空的值。

例 5.198 在层次化结构中修改值 Verilog HDL 描述的例子。

```
begin
    fork :mod_1
        reg x;
        mod_2.x = 1;
    join
    fork :mod_2
        reg x;
        mod_1.x = 0;
    join
end
```

5.12.6 向上名字引用

模块或者模块例化的名字对于识别模块和它在层次中的位置已经足够了;一个更低层的模块,能引用层次中该模块上层模块内的条目;如果知道高层模块或者它的例化名字,则

可以引用它的名字。对于任务、函数、命名的块和生成块，Verilog HDL 将再检查模块内的名字，直到找到名字或者到达了层次的根部。

向上名字引用的格式为

```
scope_name.item_name
```

其中，scope_name 为一个模块例化名字或者一个生成块的名字。

例 5.199 向上名字引用的 Verilog HDL 描述的例子。

```
module a;
integer i;
  b a_b1();
endmodule

module b;
integer i;
  c b_c1(), b_c2();
initial                 // 向下的路径引用,i 的两个复制
    #10 b_c1.i = 2; // a.a_b1.b_c1.i, d.d_b1.b_c1.i
endmodule

module c;
integer i;
initial begin           // i 的本地名字引用的四个复制:
    i = 1;              // a.a_b1.b_c1.i, a.a_b1.b_c2.i,
                        // d.d_b1.b_c1.i, d.d_b1.b_c2.i
    b.i = 1;            //i 的向上的路径引用的两个复制
                        // a.a_b1.i, d.d_b1.i
end
endmodule

module d;
integer i;
    b d_b1();
initial begin           //  i 的每个复制的全路径名字引用
a.i = 1;
a.a_b1.i = 2;
a.a_b1.b_c1.i = 3;
a.a_b1.b_c2.i = 4;
d.i = 5;
d.d_b1.i = 6;
d.d_b1.b_c1.i = 7;
d.d_b1.b_c2.i = 8;
end
endmodule
```

5.12.7 范围规则

在 Verilog HDL 中，下面的元素定义了一个新的范围：

(1) 模块；

(2) 任务；

(3) 函数；

(4) 命名块；

(5) 生成块。

在一个范围内，一个标识符只声明一个条目。这个规则意味着下面情况是非法的：

(1) 在相同的模块内，为两个或者多个变量声明相同的名字，或者命名任务的名字和变量相同。

(2) 一个逻辑门的例化名字和连接到该逻辑门输出网络的名字相同。

(3) 对于生成块来说，上面规则也一样适用，而不考虑生成块是否被例化。对于一个条件生成结构内的生成模块，不适用这个规则。

在一个任务、函数、命名块或者生成块内，如果直接引用一个标识符(没有层次化的路径)，则应该在任务、函数、命名块、生成块内本地声明，或者在包含任务、函数、命名块、生成块的名字树的相同分支内较高层次的模块、任务、函数、命名块、生成块内声明。如果在本地直接声明，则可以使用本地条目；如果没有，则向上查找路径，直到找到该条目的名字或者到达模块边界。这也意味着，在包含模块内的任务和函数可以使用并且修改变量，而不需要通过它们的端口。

图 5.43 内每个长方形表示一个本地范围。

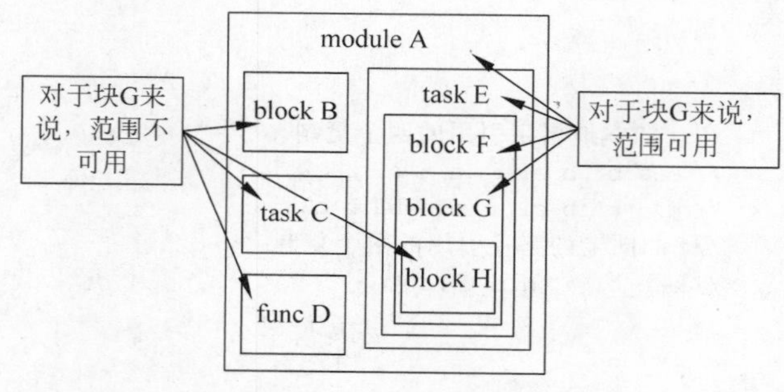

图 5.43 标识符的范围

例 5.200 通过名字访问变量的 Verilog HDL 描述的例子。

```
task t;
reg s;
begin : b
    reg r;
    t.b.r = 0;          //这三行访问相同的变量 r
    b.r = 0;
    r = 0;
    t.s = 0;            // 这两行访问相同的变量 s
    s = 0;
end
endtask
```

5.13 Verilog HDL 设计配置

为了方便设计者和/或者设计小组间共享 Verilog HDL 设计，在 Verilog HDL 中提供了配置的功能。一个配置就是简单的明确规则的集合，用于说明将要使用的正确源文件的描述，这些描述表示一个设计中的每个例子。选择用于一个例化的源文件描述称之为绑定例化。比如：

```
文件 top.v              文件 adder.v           文件 adder.vg
module top();           module adder(...);     module adder(...);
adder a1(...);          // rtl 级加法器         //门级加法器
adder a2(...);          // 描述                 // 描述
endmodule ... ...       endmodule              endmodule
```

考虑在顶层模块中，对于例化 a2 来说，在 adder.vg 中使用门级加法器描述。为了标识这个特殊的例化绑定集合，以及避免必须修改源文件描述来标识一个新的集合，因此使用配置。

5.13.1 配置格式

配置的语法格式为

```
config <config_name>;
    design <lib_name>.<design_name>
    default liblist <new_library_1><library_2>;
    instance <instance_name> liblist <new_library>;
endconfig;
```

其中，config_name 为配置的标识符；lib_name 为库的标识符；design_name 为设计的名字标识符；new_library_1 为新的库名字标识符；instance_name 为例化名字标识符。

对于前面给出的加法器的设计给出一个参考配置，表示为

```
config cfg1;        //指定 rtl 加法器用于 top.a1,门级加法器用于 top.a2
design rtlLib.top;
default liblist rtlLib;
instance top.a2 liblist gateLib;
endconfig
```

(1) 对于这个例子，假设将文件 top.v 和 adder.v(RTL 描述)映射到库 rtlLib；将文件 adder.vg 映射到库 gateLib。

(2) design 关键字，在设计中的顶层模块以及所使用的源文件描述，该描述说明顶层模块描述来自 rtlLib。

(3) default 关键字和 liblist 一起使用，说明默认情况下，top 的所有子例化（例如：top.a1 和 top.a2)来自库 rtlLib。这意味着在 rtlLib 库中，将使用 top.v 和 adder.v 内的描述。

(4) instance 关键字说明，对于特殊的例化 top.a2 来说，描述来自于 gateLib 库中，例化语句覆盖了用于这个特殊例化的默认规则。

下面的配置格式表示将要绑定到设计中子模块的库

```
config <config_name>;
    design <lib_name>.<design_name>
    default liblist <new_library_1><library_2>;
    cell <sub-module_name> use <new_library>.<new_module_name>;
endconfig;
```

5.13.2 库

正如前面所介绍的那样，库是单元的逻辑集合，它们被映射到特殊的源描述文件中。下面的描述

```
lib.cell[:config]
```

当在一个设计中绑定例化时，通过提供引用源文件描述的文件-系统相互独立的名字，支持对源文件进行单独的编译。这种方式也允许多个有不同调用使用模型的工具，共享相同的配置。

当解析一个源描述文件时，解析器先从一个预定义的文件中读取库映射信息，由工具指定这个文件的名字和读取文件的机制。但是，所有兼容的工具都提供一个机制，用于指定用于工具进行特殊调用的一个或者多个映射文件。如果指定了多个映射文件，则按照指定的顺序读取文件。

为了当前的讨论，假设在当前的工作目录下，存在一个名字为 lib.map 的文件，解析器自动地读取该文件。在一个库映射文件内声明一个库的格式

```
library library_identifier file_path_spec [ { , file_path_spec } ]
    [ - incdir file_path_spec { , file_path_spec } ] ;
include file_path_spec ;
```

其中，file_path_spec 指明了指向一个或者多个特殊文件的绝对或者相对路径。可以使用下面的快捷键/通配符：

(1) ?：单个字符的通配符(匹配任何单个字符)；

(2) *：多个字符的通配符(匹配一个目录/文件名内的任何个数的字符)；

(3) …：层次化通配符(匹配任何个数的层次化路径)；

(4) ..：指定父路径；

(5) .：指定包含 lib.map 的目录。

路径"./*.v"和"*.v"是一样的，都是在当前路径中指定带有.v后缀的所有文件。

include 命令，用于插入其他文件中的一个库映射文件的完整内容。

注：

(1) 以"/"结束的路径包含指定路径的所有文件，和"/*"等效。

(2) 不以"/"开始的路径是 lib.map 的相对路径。

(3) 如果编译器不能找到 file_path_spec 指向的路径，则默认编译到名字为 work 的库。

例 5.201 lib.map 文件中库定义 Verilog HDL 描述的例子。

```
library rtlLib *.v;          // 在当前的目录中，匹配所有带.v后缀的文件
library gateLib ./*.vg;      //在当前的目录中，匹配所有带.vg后缀的文件
```

例 5.202 层次化配置 Verilog HDL 描述的例子。

```
config bot;
    design lib1.bot;
    default liblist lib1 lib2;
    instance bot.a1 liblist lib3;
```

```
endconfig

config top;
    design lib1.top;
    default liblist lib2 lib1;
    instance top.bot use lib1.bot:config;
    instance top.bot.a1 liblist lib4;
    //错误——不能从这个配置中为 top.bot.a1 设置 liblist
endconfig
```

从该例子可以看出，对第一个层次内例化一个指定层次路径的实例来说，如果该实例由其他配置说明，则这种方法是错误的。

5.13.3 配置例子

考虑到下面的源文件描述集

```
file top.v
module top(…);
…
adder a1(…);
adder a2(…);
endmodule
module foo(…);
… // rtl
endmodule
```

```
file adder.v
module adder(…);
… // rtl
foo f1(…);
foo f2(…);
endmodule
module foo(…);
… // rtl
endmodule
```

```
file adder.vg
module adder(…);
… // gate-level
foo f1(…);
foo f2(…);
endmodule
module foo(…);
… // gate-level
endmodule
```

```
file lib.map
library rtlLib top.v;
library aLib adder.*;
library gateLib
        adder.vg;
```

例 5.203 默认配置 cfg1 Verilog HDL 描述的例子。

```
config cfg1;
  design rtlLib.top;
  default liblist aLib rtlLib;
endconfig
```

例 5.204 配置 cfg2 Verilog HDL 描述的例子。

```
config cfg2;
  design rtlLib.top ;
  default liblist gateLib aLib rtlLib;
endconfig
```

该例子使用 adder 和 foo 门级描述。

例 5.205 配置 cfg3 Verilog HDL 描述的例子。

```
config cfg3;
  design rtlLib.top ;
  default liblist aLib rtlLib;
cell foo use gateLib.foo;
endconfig
```

该例子使用 adder 的 rtl 级描述和 foo 的门级描述。

例 5.206 配置 cfg4 Verilog HDL 描述的例子。

```
config cfg4
```

```
  design rtlLib.top ;
  default liblist gateLib rtlLib;
instance top.a2 liblist aLib;
endconfig
```

该例子 top. a,adder,使用门级描述。而 top. a2. adder,使用 rtl 级描述。

例 5.207 配置 cfg5 Verilog HDL 描述的例子。

```
config cfg5;
    design aLib.adder;
    default liblist gateLib aLib;
    instance adder.f1 liblist rtlLib;
endconfig
```

该例子对于 f1 使用 rtllib. foo 单元,对于 f2 使用 gateLib. foo 单元。

例 5.208 配置 cfg6 Verilog HDL 描述的例子。

```
config cfg6;
    design rtlLib.top;
    default liblist aLib rtlLib;
    instance top.a2 use work.cfg5:config ;
endconfig
```

该例子使用配置绑定来说明 top. a2 的例化方法。

5.13.4 显示库绑定信息

在仿真期间,为模块例化显示真正的库绑定信息,格式描述符%L 将打印出用于模块例化(包含显示命令)的 library. cell 绑定信息,这类似于用于打印出模块层次化路径的%m 格式符。

也可以使用 VPI 显示绑定信息,存在下面的 VPI 属性用于类型 vpiModule 的对象。

(1) vpiLibrary 为模块编译时用到的库名字。

(2) vpiCell 为绑定到模块例化的元件的名字。

(3) vpiConfig 为配置用于配置绑定模块例化的 library. cell 的名字。

这些属性是字符串类型,类似于 vpiName 和 vpiFullName 属性。

5.13.5 库映射例子

当绑定一个设计时,可以执行基本的库查找顺序的控制。在没有配置的情况下,工具需要有能力使用命令行来指定库的查找顺序,来替代库映射文件的默认顺序。这个机制只包含指定库的名字。

注:推荐所有兼容工具使用“-L<library_name>”指定查找顺序。

例 5.209 指定文件路径 Verilog HDL 描述的例子。

对于给定的下面的文件

```
/proj/lib1/rtl/a.v
/proj/lib2/gates/a.v
```

```
/proj/lib1/rtl/b.v
/proj/lib2/gates/b.v
```

从/proj 库,将解析出下面的绝对文件路径为

```
/proj/lib*/*/a.v = /proj/lib1/rtl/a.v, /proj/lib2/gates/a.v
.../a.v = /proj/lib1/rtl/a.v, /proj/lib2/gates/a.v
/proj/.../b.v = /proj/lib1/rtl/b.v, /proj/lib2/gates/b.v
.../rtl/*.v = /proj/lib1/rtl/a.v, /proj/lib1/rtl/b.v
```

从/proj/lib1 目录,将解析出下面的相对文件路径

```
../lib2/gates/*.v = /proj/lib2/gates/a.v, /proj/lib2/gates/b.v
./rtl/?.v = /proj/lib1/rtl/a.v, /proj/lib1/rtl/b.v
./rtl/ = /proj/lib1/rtl/a.v, /proj/lib1/rtl/b.v
```

例 5.210 解析多个路径 Verilog HDL 描述的例子

对于

```
library lib1 "/proj/lib1/foo*.v";
library lib2 "/proj/lib1/foo.v";
library lib3 "../lib1/";
library lib4 "/proj/lib1/*ver.v";
```

当从目录/proj/tb 进行评估时,下面的源文件将映射到指定的库中

```
../lib1/foobar.v - lib1          // 潜在地匹配 lib1 和 lib3. Because lib1
包含一个文件名,以及 lib3 只说明一个目录; lib1 具有优先权
/proj/lib1/foo.v - lib2          // 比 lib1 和 lib3 路径说明优先级高
/proj/lib1/bar.v - lib3
/proj/lib1/barver.v - lib4       // 比 lib3 路径说明优先级高
/proj/lib1/foover.v - ERROR      // 匹配 lib1 和 lib4
/test/tb/tb.v - work             // 不匹配任何库说明
```

5.14 Verilog HDL 指定块

两种类型的 HDL 结构经常用于描述结构化模型的延迟,比如 ASIC 的逻辑单元,包括:

(1) 分布式延迟。说明在一个模块内,事件通过门和网络所用的时间。

(2) 模块路径延迟。描述一个事件从源端(input 端口/inout 端口)传播到目的端(output 端口/inout 端口)所花费的时间。

指定块描述语句用于描述源端和目的端的路径以及为这些路径分配的延迟,指定块的格式为

```
specify
{
    specparam_declaration
    | pulsestyle_declaration
    | showcancelled_declaration
    | path_declaration
    | system_timing_check
}
endspecify
```

指定块可以完成下面的任务：

(1) 描述贯穿模块的不同路径。

(2) 为这些路径分配延迟。

(3) 执行时序检查。用于保证发生在模块输入端的事件，满足模块所描述器件的时序约束。

例 5.211 指定块 Verilog HDL 描述的例子。

```
specify
  specparam tRise_clk_q = 150, tFall_clk_q = 200;    //指定参数
  specparam tSetup = 70;                              //指定参数
      (clk => q) = (tRise_clk_q, tFall_clk_q);        //分配延迟
      $ setup(d, posedge clk, tSetup);                //时序检查
endspecify
```

5.14.1 模块路径声明

图 5.44 给出了模块路径延迟，图中表示从不同源端口 A、B、C 和 D 到同一个目的端口 Q 的不同路径延迟。

可以通过下面两种方式声明路径延迟：

(1) Souce *>destination，用于在源端和目的端建立一个充分的连接。

(2) Source=>destination，用于在源端和目的端建立一个并行的连接路径。

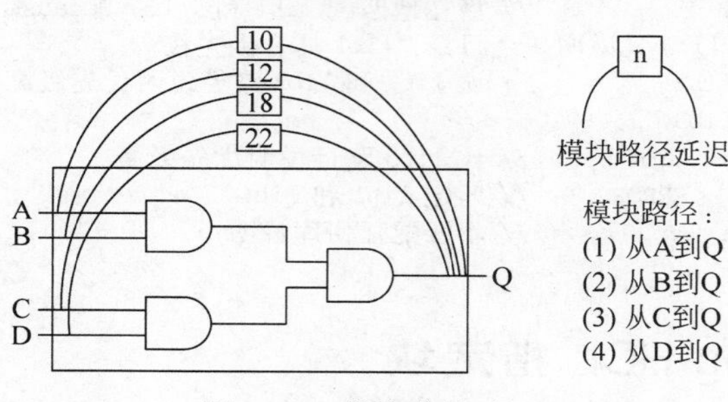

图 5.44 模块路径延迟

例 5.212 模块路径声明 Verilog HDL 描述的例子。

```
(A => Q) = 10;
(B => Q) = (12);
(C, D *> Q) = 18;
```

1. 边沿敏感路径

如果在描述一个模块路径时，在源端使用了一个边沿跳变时，称为边沿敏感路径。边沿敏感路径结构用于建模输入到输出延迟的时序，这个延迟只发生在源端信号指定的边沿到来的时候。

使用 posedge 和 negedge 关键字表示边沿，该关键字后面带有输入/双向(input/inout)端口描述符。如果声明的是向量输入端口描述符，则在最低位检测边沿跳变。格式为

```
( [ edge_identifier ] specify_input_terminal_descriptor =>
( specify_output_terminal_descriptor [ polarity_operator ] : data_source_expression ) )
```

或

```
( [ edge_identifier ] list_of_path_inputs *>
( list_of_path_outputs [ polarity_operator ] : data_source_expression ) )
```

其中,edge_identifier 为 posedge/negedge;specify_input_terminal_descriptor 为输入终端描述符;specify_output_terminal_descriptor 为输出终端描述符;polarity_operator 为极性操作符,+/-表示数据路径是同相/反相;data_source_expression 为数据源端表达式;list_of_path_outputs 为输出路径列表。

例 5.213 敏感路径 Verilog HDL 描述的例子。

```
//在时钟上升沿,将模块路径从 clock 扩展到 out,其上升延迟 10,下降延迟 8。
//数据路径从 in 到 out。
( posedge clock => ( out + : in ) ) = (10, 8);
//在时钟下降沿,将模块路径从 clock 扩展到 out,其上升延迟 10,下降延迟 8。
//数据路径从 in 到 out,in 被反相,然后传输到 out。
( negedge clock[0] => ( out - : in ) ) = (10, 8);
//没有敏感标识符,在时钟发生任何变化时,将模块路径从 clock 扩展到 out。
( clock => ( out : in ) ) = (10, 8);
```

2. 取决于状态的路径

一个取决于状态路径是指,当一个指定条件为真时,可以为一个模块路径分配延迟,其影响通过该路径的信号传播延迟,格式为

```
if ( module_path_expression ) simple_path_declaration
| if ( module_path_expression ) edge_sensitive_path_declaration
| ifnone simple_path_declaration
```

其中,条件表达式可以是下面中的一个:

(1) 标量或者向量 input/inout 端口,或者它们的比特位选择或者部分选择;

(2) 本地定义的变量或者网络或者它们的比特位选择或者部分选择;

(3) 编译时间常数(常数数值或者制定参数)。

如果表达式的评估结果为 x 或者 z,也将其看作是 1。如果条件表达式评估结果为多个比特位,则最低有效位表示结果。

例 5.214 简单依赖状态路径 Verilog HDL 描述的例子。

```
module XORgate (a, b, out);
input a, b;
output out;
xor x1 (out, a, b);
specify
    specparam noninvrise = 1, noninvfall = 2;
    specparam invertrise = 3, invertfall = 4;
    if (a) (b => out) = (invertrise, invertfall);
    if (b) (a => out) = (invertrise, invertfall);
    if (~a)(b => out) = (noninvrise, noninvfall);
    if (~b)(a => out) = (noninvrise, noninvfall);
  endspecify
endmodule
```

例 5.215 描述 ALU 不同操作延迟 Verilog HDL 描述的例子。

```
module ALU (o1, i1, i2, opcode);
input [7:0] i1, i2;
input [2:1] opcode;
output [7:0] o1;
    //删除功能描述
specify
    //加法操作
    if (opcode == 2'b00) (i1,i2 *> o1) = (25.0, 25.0);
    //直通 i1 操作
    if (opcode == 2'b01) (i1 => o1) = (5.6, 8.0);
    //直通 i2 操作
    if (opcode == 2'b10) (i2 => o1) = (5.6, 8.0);
    // 操作码变化的延迟
    (opcode *> o1) = (6.1, 6.5);
    endspecify
endmodule
```

3. 边沿敏感依赖路径

例 5.216 边沿敏感依赖路径 Verilog HDL 描述的例子 1。

```
if ( !reset && !clear )
    (posedge clock => ( out + : in ) ) = (10, 8) ;
```

例 5.217 边沿敏感依赖路径 Verilog HDL 描述的例子 2。

```
specify
   (posedge clk => ( q[0] : data ) ) = (10, 5);
   (negedge clk => ( q[0] : data ) ) = (20, 12);
endspecify
```

例 5.218 边沿敏感依赖路径 Verilog HDL 描述的例子 3。

```
specify
    if (reset)
      ( posedge clk => ( q[0] : data ) ) = (15, 8);
    if (!reset && cntrl)
      ( posedge clk => ( q[0] : data ) ) = (6, 2);
endspecify
```

例 5.219 边沿敏感依赖路径 Verilog HDL 描述的例子 4。

```
specify
    if (reset)
        (posedge clk => (q[3:0]:data)) = (10,5);
    if (!reset)
        (posedge clk => (q[0]:data)) = (15,8);
    endspecify
```

4. ifnone 条件

ifnone 条件用于当用于路径的其他条件都不成立时，指定一个默认的与状态相关的路径延迟。ifnone 条件将指定与状态依赖模块路径相同的模块路径源端和目的端，需要遵守下面的规则：

(1) 只能描述简单模块路径。

(2) 对应于 ifnone 路径的状态依赖路径，可以是简单模块路径或者边沿敏感路径。

(3) 如果没有到 ifnone 模块路径的对应状态依赖路径，则将 ifnone 路径看作是一个无条件的简单模块路径。

(4) 同时为一个模块路径指定一个 ifnone 条件以及为相同的模块路径指定一个无条件的简单路径，这样做是非法的。

例 5.220 带有 ifnone 路径延迟 Verilog HDL 描述的例子。

```
if (C1) (IN => OUT) = (1,1);
ifnone (IN => OUT) = (2,2);

//加法操作
if (opcode == 2'b00) (i1,i2 *> o1) = (25.0, 25.0);
// 直通 i1 操作
if (opcode == 2'b01) (i1 => o1) = (5.6, 8.0);
// 直通 i2 操作
if (opcode == 2'b10) (i2 => o1) = (5.6, 8.0);
//所有的其他操作
ifnone (i2 => o1) = (15.0, 15.0);

(posedge CLK => (Q + : D)) = (1,1);
ifnone (CLK => Q) = (2,2);
```

例 5.221 非法模块路径 Verilog HDL 描述的例子。

```
if (a) (b => out) = (2,2);
if (b) (a => out) = (2,2);
ifnone (a => out) = (1,1);
(a => out) = (1,1);
```

5. 充分连接和并行连接路径

1) 充分连接

操作符“*>”用于在源和目的之间建立充分连接。在一个充分连接中，源端口到目的端口每一位的连接，模块路径源端口不需要和目的模块端口有相同的比特位数。

由于没有限制源信号和目的信号的位宽或位数，充分连接可以处理大多数类型的模块路径。下面的情况要求使用充分的连接：

(1) 描述一个向量和一个标量之间的一个模块路径。

(2) 描述不同位宽向量之间的一个模块路径。

(3) 描述在一个单个语句中，有多个源或者多个目的的一个模块路径。

2) 并行连接

操作符“=>”用于在源和目的之间建立一个并行连接。在一个并行连接中，源端口的每一位将连接到目的端口的每一位，只在包含相同比特位数的源和目的之间创建并行的模块路径。

并行连接比充分连接更加严格，它们只能是一个源和一个目的之间的连接，并且每个信号包含相同的比特个数。因此，一个并行连接只能用于描述两个相同大小向量之间的一个模块路径。由于标量是一个比特位，所以“*>”或者“=>”都可以用于建立两个标量的比特位到比特位之间的连接。

图 5.45 给出在两个 4 比特向量之间使用充分连接和并行连接的区别。

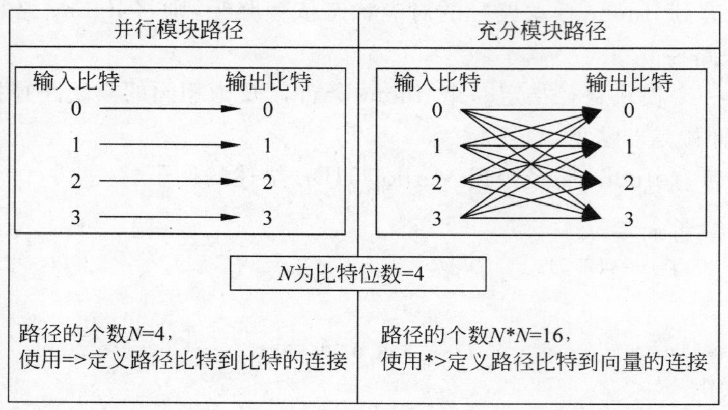

图 5.45 充分连接和并行连接之间的不同

例 5.222 两个 8 位输入和一个 8 位输出的 2∶1 多路复用器 Verilog HDL 描述的例子。

```
module mux8 (in1, in2, s, q) ;
output [7:0] q;
input [7:0] in1, in2;
input s;
//删除功能描述…
specify
        (in1 => q) = (3, 4) ;
        (in2 => q) = (2, 3) ;
        (s *> q) = 1;
endspecify
endmodule
```

例 5.223 多个路径充分连接 Verilog HDL 描述的例子。

```
(a, b, c *> q1, q2) = 10;
```

等效为：

```
(a *> q1) = 10 ;
(b *> q1) = 10 ;
(c *> q1) = 10 ;
(a *> q2) = 10 ;
(b *> q2) = 10 ;
(c *> q2) = 10 ;
```

5.14.2 为路径分配延迟

可以用括号将分配的延迟值括起来，分配给一个模块路径的可能是 1 个、2 个、3 个、6 个或者 12 个延迟值。延迟值是包含文字或者 specparam 的常数表达式，它们也可能是格式为 min:typ:maxing 一个延迟表达式，格式为 min:typ:max。

例 5.224 带延迟格式表达式路径分配 Verilog HDL 描述的例子 1。

```
specify
        // 指定参数
        specparam tRise_clk_q = 45:150:270, tFall_clk_q = 60:200:350;
        specparam tRise_Control = 35:40:45, tFall_control = 40:50:65;
        // 模块路径分配
        (clk => q) = (tRise_clk_q, tFall_clk_q);
        (clr, pre *> q) = (tRise_control, tFall_control);
endspecify
```

1. 指定在模块路径上的跳变延迟

表 5.33 给出了不同的路径延迟值与不同的跳变进行关联的方法。

表 5.33 将路径延迟表达式和过渡关联

跳变	指定路径延迟表达式的个数				
	1	2	3	6	12
0->1	t	trise	trsie	t01	t01
1->0	t	tfall	tfall	t10	t10
0->z	t	trise	tz	t0z	t0z
z->1	t	trise	trise	tz1	tz1
1->z	t	tfall	tz	t1z	t1z
z->0	t	tfall	tfall	tz0	tz0
0->x	*	*	*	*	t0x
x->1	*	*	*	*	tx1
1->x	*	*	*	*	t1x
x->0	*	*	*	*	tx0
x->z	*	*	*	*	txz
z->x	*	*	*	*	tzx

例 5.225 带延迟格式表达式路径分配 Verilog HDL 描述的例子 2。

```
//1 个表达式指定所有的跳变
(C => Q) = 20;
(C => Q) = 10:14:20;
// 2 个表达式指定上升和下降延迟
specparam tPLH1 = 12, tPHL1 = 25;
specparam tPLH2 = 12:16:22, tPHL2 = 16:22:25;
(C => Q) = ( tPLH1, tPHL1 ) ;
(C => Q) = ( tPLH2, tPHL2 ) ;
// 3 个表达式指定上升、下降和 z 跳变延迟
specparam tPLH1 = 12, tPHL1 = 22, tPz1 = 34;
specparam tPLH2 = 12:14:30, tPHL2 = 16:22:40, tPz2 = 22:30:34;
(C => Q) = (tPLH1, tPHL1, tPz1);
(C => Q) = (tPLH2, tPHL2, tPz2);
// 6 个表达式指定跳变到/从 0,1 和 z
specparam t01 = 12, t10 = 16, t0z = 13,
tz1 = 10, t1z = 14, tz0 = 34 ;
```

```
(C => Q) = ( t01, t10, t0z, tz1, t1z, tz0) ;
specparam T01 = 12:14:24, T10 = 16:18:20, T0z = 13:16:30 ;
specparam Tz1 = 10:12:16, T1z = 14:23:36, Tz0 = 15:19:34 ;
(C => Q) = ( T01, T10, T0z, Tz1, T1z, Tz0) ;
// 12 个表达式明确指定所有跳变延迟
specparam t01 = 10, t10 = 12, t0z = 14, tz1 = 15, t1z = 29, tz0 = 36,
t0x = 14, tx1 = 15, t1x = 15, tx0 = 14, txz = 20, tzx = 30 ;
(C => Q) = (t01, t10, t0z, tz1, t1z, tz0,t0x, tx1, t1x, tx0, txz, tzx) ;
```

2. 指定 x 跳变延迟

如果没有明确的指出 x 跳变延迟，则基于下面两个规则计算 x 跳变的延迟值：

(1) 从一个已知状态跳变到 x 将尽可能快地发生，即跳变到 x 使用尽可能短的延迟。

(2) 从 x 到一个已知状态的跳变尽可能地长，即从 x 的任何一个跳变使用尽可能长的延迟。

表 5.34 给出了用于 x 跳变的计算延迟。

表 5.34 用于 x 过渡的计算延迟

x 跳变	延 迟 值
一般的算法	
s->x	最小(s->其他已知的信号)
x->s	最小(其他已知信号->s)
指定的跳变	
0->x	最小(0->z 延迟,0->1 延迟)
1->x	最小(1->z 延迟,1->0 延迟)
z->x	最小(z->1 延迟,z->0 延迟)
x->0	最大(z->0 延迟,1->0 延迟)
x->1	最大(z->1 延迟,0->1 延迟)
x->z	最大(1->z 延迟,0->z 延迟)
使用：(C=>Q)=(5,12,17,10,6,22)	
0->x	最小(17,5)=5
1->x	最小(6,12)=6
z->x	最小(10,22)=10
x->0	最大(22,12)=22
x->1	最大(10,5)=10
x->z	最大(6,17)=17

3. 延迟选择

当一个指定路径的输入必须调度到跳变时，仿真器需要确定所使用的正确延迟。这时可能指定了到一个输出路径的多个输入，仿真器必须确定使用哪个指定的路径。

首先，仿真器要确定所指定的到输出的哪条路径是活动的。活动的指定路径是指输入在最近的时间内经常跳变的路径，以及它们是无条件或者它们的条件为真。在同时出现输入跳变时，可能有很多指定的从输入到输出的路径都是同时活动的。

一旦识别出活动的指定路径，必须选择其延迟。通过比较，从每个指定的路径中，选择当前被调度的指定跳变的正确延迟，并且选择最小的值。

例 5.226 延迟选择 Verilog HDL 描述的例子 1。

```
(A => Y) = (6, 9);
(B => Y) = (5, 11);
```

对于一个 Y,其从 0 到 1 的跳变,如果近期 A 的跳变比 B 更加频繁,则选择延迟 6。否则,选择延迟 5。如果最近它们都同时发生跳变,则选择它们两个上升延迟中最小的,即选择 5。如果 Y 从 1 到 0 跳变,则从 A 中选择下降延迟 9。

例 5.227 延迟 Verilog HDL 描述的例子 2。

```
if (MODE < 5) (A => Y) = (5, 9);
if (MODE < 4) (A => Y) = (4, 8);
if (MODE < 3) (A => Y) = (6, 5);
if (MODE < 2) (A => Y) = (3, 2);
if (MODE < 1) (A => Y) = (7, 7);
```

当 MODE=2 时,前面 3 个指定路径是活动的。上升沿时,将选择延迟 4;下降沿时,将选择延迟 5。

5.14.3 混合模块路径延迟和分布式延迟

如果一个模块,包含模块路径延迟和分布式延迟(模块内例化原语的延迟),将选择每个路径内两个延迟中较大的一个。

图 5.46 所示,从 D 到 Q 的模块路径延迟为 22,但总的分布式延迟的和为 0+1=1。因此,由 D 跳变引起的 Q 的跳变将发生在第 22 个时间单位。

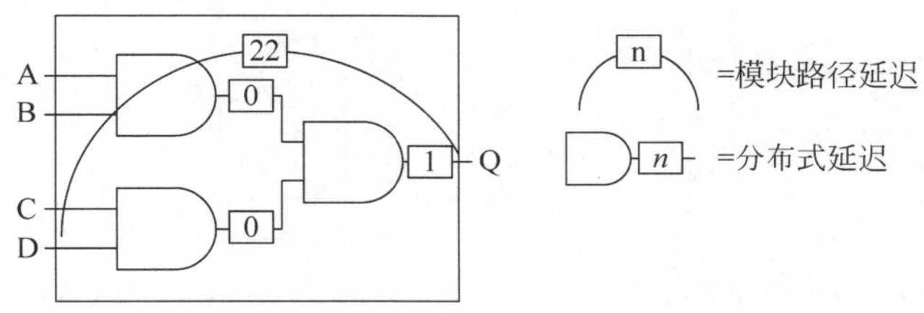

图 5.46 模块延迟比分布式延迟要长

图 5.47 所示,从 D 到 Q 的模块路径延迟为 22,但是沿着模块路径的分布式延迟将为 10+20=30。因此,由 D 跳变,引起的 Q 的跳变将发生在第 30 个时间单位。

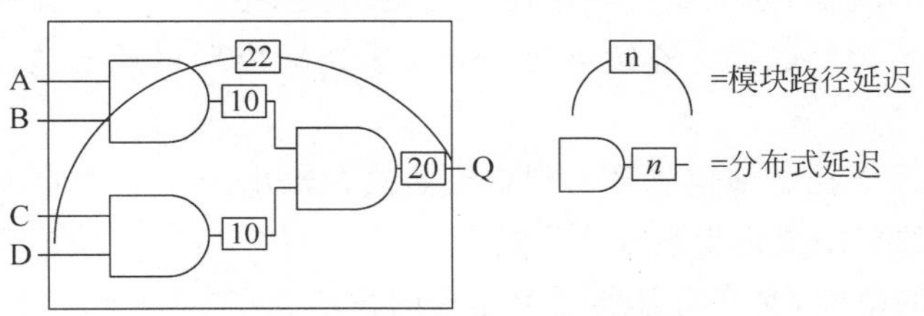

图 5.47 模块延迟比分布式延迟要短

5.14.4 驱动连线逻辑

在模块内,模块路径的输出网络不超过一个驱动器。因此,在模块路径输出时,不允许连线逻辑。

图 5.48 给出了一个连线输出规则的冲突，以及避免规则冲突的一个方法。图 5.48(a)所示，由于路径的确定有两个驱动器，所有任何到 S 的模块路径都是非法的。假设信号 S 是“线与”的，通过放置带有门逻辑的连线逻辑来创建到输出的一个单个驱动器，就能规避这个限制。

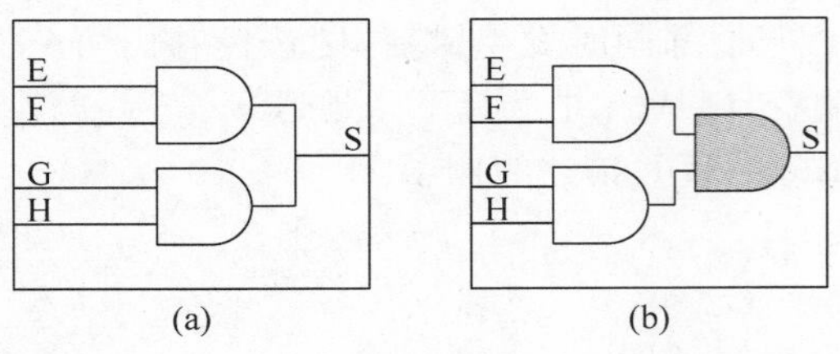

图 5.48　合法和非法模块路径

图 5.49 的描述也是非法的，当把 Q 和 R 布线到一起时，则产生规则冲突条件。尽管在相同的模块内，禁止多个输出驱动器连接到一个路径目的端，但是在模块外是允许的。图 5.50 给出的描述是合法的。

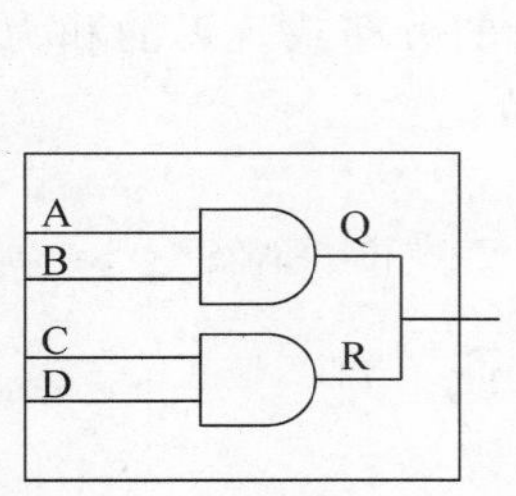

图 5.49　非法模块路径

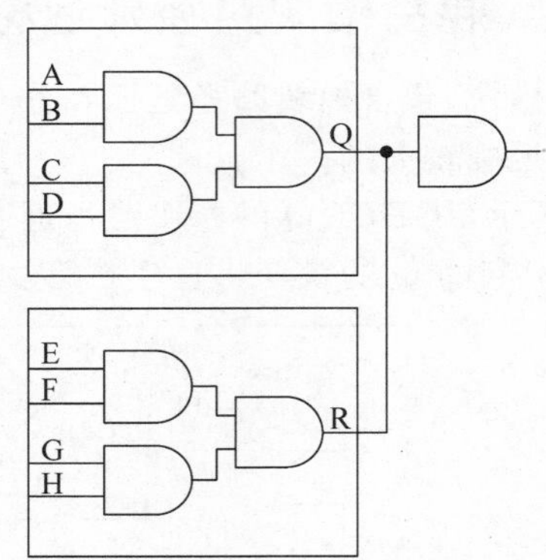

图 5.50　合法的模块路径

5.14.5　脉冲过滤行为的控制

两个连续调度的跳变，如果比模块路径延迟的时间更近，则认为是一个脉冲。默认地，在一个模块路径输出拒绝脉冲。连续跳变不能比模块输出延迟还要接近，这称之为脉冲传播的惯性延迟模型。

脉冲宽度范围用于控制如何管理出现在模块路径输出的一个脉冲，包括：

(1) 脉冲宽度的范围决定拒绝什么样的脉冲。

(2) 脉冲宽度的范围，允许将其传播到路径的目的。

(3) 脉冲宽度的范围，该脉冲将在路径的目的端产生一个逻辑 x。

两个脉冲限制值定义了和每个模块路径跳变延迟相关的脉冲宽度范围，两个脉冲宽度限制范围称为错误限制和拒绝限制。

(1) 错误限制应该至少和拒绝限制的值一样大。

(2) 大于等于错误限制值的脉冲，将不会被过滤掉。

(3) 小于错误限制，但是大于等于拒绝限制值的脉冲，将被过滤为 x。

(4) 小于拒绝限制的脉冲将被拒绝，将不出现脉冲。

默认地，将错误限制和拒绝限制设置为与延迟相等，意味着将拒绝所有小于延迟的脉冲。如图 5.51 所示，脉冲被过滤掉。

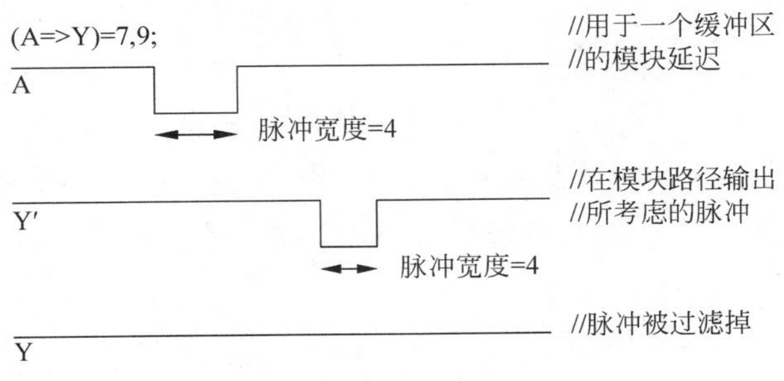

图 5.51 脉冲被过滤掉

1. 修改脉冲的限制值

Verilog HDL 提供了三种方法，用于修改脉冲的限制值：

(1) 通过 specparam 和 PATHPULSE $ 修改。语法格式为

```
PATHPULSE$ = ( reject_limit_value [ , error_limit_value ] )
| PATHPULSE$ specify_input_terminal_descriptor $ specify_output_terminal_descriptor
= ( reject_limit_value [ , error_limit_value ] )
```

其中，reject_limit_value 为拒绝限制值；error_limit_value 为错误限制值；specify_input_terminal_descriptor 为输入终端的描述符；specify_output_terminal_descriptor 为输出终端的描述符。

(2) 调用选项可以指定百分比，用于所有的模块路径延迟，以生成相应的错误限制和拒绝限制。如果错误限制的百分比小于拒绝限制的百分比，则是错误。当出现这种情况时，错误限制百分比等于拒绝限制百分比。当 PATHPULSE $ 和百分比同时出现时，PATHPULSE $ 值优先。

(3) 标准延迟注解可以单个地注解每个模块路径跳变延迟的错误限制和拒绝限制，当 PATHPULSE $ 、百分比和 SDF 注解同时出现时，SDF 注解值优先。

例 5.228 PATHPULSE 修改延迟指定范围 Verilog HDL 描述的例子。

```
specify
    (clk => q) = 12;
    (data => q) = 10;
    (clr, pre *> q) = 4;
specparam
    PATHPULSE$clk$q = (2,9),
    PATHPULSE$clr$q = (0,4),
    PATHPULSE$ = 3;
endspecify
```

在该例子中，通过第一个 PATHPULSE $ ，确定路径 clk=>q 的拒绝值为 2，错误值为 9。通过第二个 PATHPULSE $ ，确定路径 clr=>q 的拒绝值为 0，错误值为 4。路径

data=>q 没有使用 PATHPULSE $ 明确的说明。因此,它得到的拒绝和错误限制值为 3。

2. 基于事件/基于检测的脉冲过滤

从上面可以看出,默认的脉冲过滤行为有两个缺点:

(1) 脉冲过滤到 x 状态,由于 x 状态周期太短以至于不能使用。

(2) 当后沿先于前沿时,不相等的延迟,可能会导致脉冲拒绝。

下面将介绍更详细的脉冲控制能力。

当一个输出脉冲必须过滤到 x 时,如果模块路径输出立即跳变到 x(基于检测),而不是在脉冲的前沿已经调度的跳变时间上(基于事件,on-event),则表达出更大的悲观意见。默认地,脉冲过滤到 x 是基于事件的方法。图 5.52 给出了基于事件和基于检测的时序。

(1) 基于事件。当一个输出脉冲必须过滤到 x 时,脉冲前沿跳变到 x,脉冲后沿从 x 跳变。边沿的跳变时间没有变化。

(2) 基于检测。就像基于事件,基于检测的脉冲过滤,脉冲前沿跳变到 x,脉冲后沿从 x 跳变。但是,当检测到脉冲时,脉冲的前沿的时间立即改变。

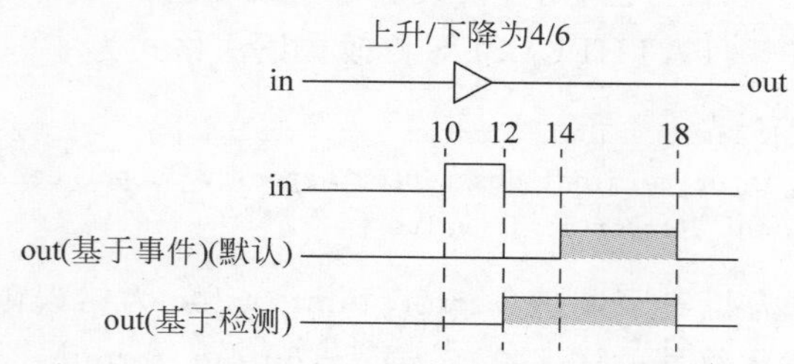

图 5.52 基于事件和基于检测

有两种不同的方法,用于选择基于检测或者基于事件的行为。

(1) 通过使用基于检测或者基于事件调用选项。

(2) 通过使用指定块脉冲类型声明。其格式为

```
pulsestyle_onevent list_of_path_outputs ;
| pulsestyle_ondetect list_of_path_outputs ;
```

3. 负脉冲检测

存在到达一个模块路径输出延迟不相等的可能性。即调度一个脉冲的后沿时间要早于调度一个脉冲的前沿时间,产生一个负脉冲宽度。在通常条件下,如果调度一个脉冲的后沿时间要早于调度一个脉冲的前沿时间,则取消前沿。当脉冲的初始和最终状态是相同的时候,没有发生跳变,并未指示曾经出现一个调度。

通过使用行为的 showcancelled 类型,可以指示一个 x 状态的负脉冲。当一个脉冲的后沿比前沿先调度时,这个类型使得前沿被调度变成 x,后沿被从 x 调度。基于事件脉冲类型,调度到 x 代替调度前沿。基于检测脉冲类型,在检测到负脉冲时立即调度到 x。

通过两种不同的方法,使能 showcancelled 行为:

(1) 使用 showcancelled 和 noshowcancelled 调用选项。

(2) 使用指定块 showcancelled 的声明。其语法格式为

```
showcancelled list_of_path_outputs ;
| noshowcancelled list_of_path_outputs ;
```

图 5.53 给出了 showcancelled 行为 1。

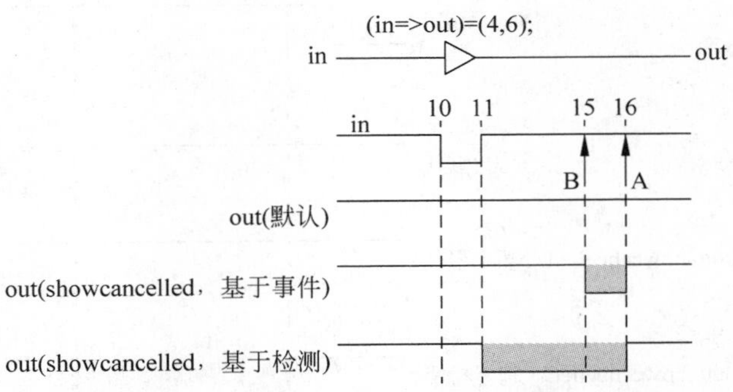

图 5.53 当前事件消除问题和矫正

图 5.54 给出了 showcancelled 行为 2。带有 showcancelled 行为，基于事件类型的缺点是输出脉冲边沿画的比较靠近，最终 X 的状态的周期变得更小。图 5.55 给出了基于检测类型，用于解决这个问题。

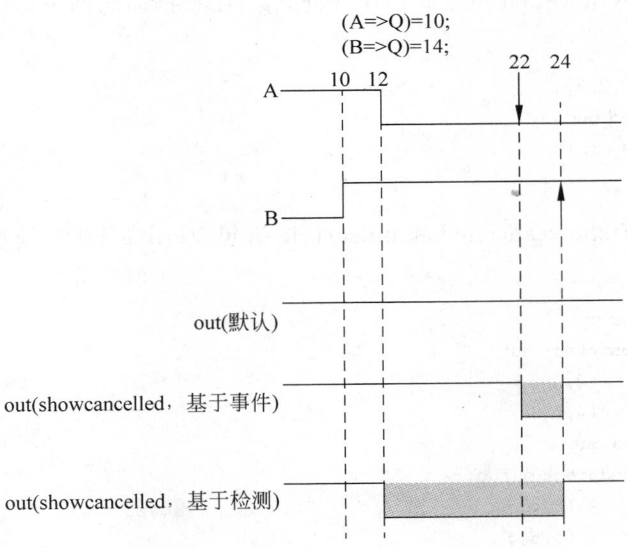

图 5.54 NAND 门的同步输入切换 1

例 5.229 没有脉冲类型和 showcancelled 声明的 Verilog HDL 描述的例子。

```
specify
    (a => out) = (2,3);
    (b  => out) = (3,4);
endspecify
```

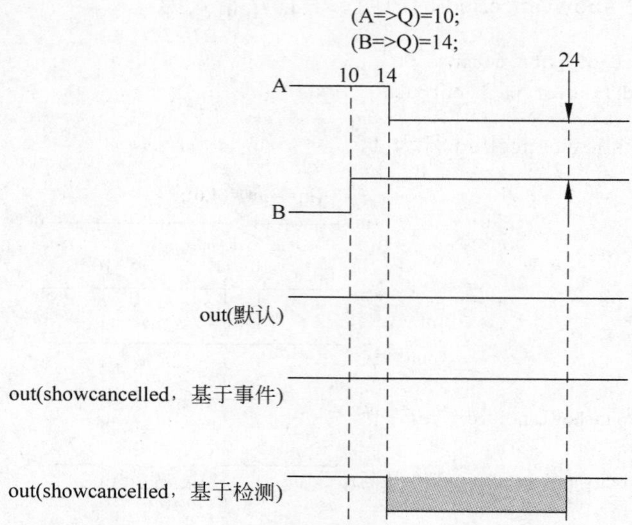

图 5.55　NAND 门的同步输入切换,输出事件在相同时刻调度

在一个模块路径声明中已经出现了一个模块路径输出后,如果在 showcancelled 声明中出现了一个模块路径输出,则出现错误。

例 5.230　showcancelled 不正确使用 Verilog HDL 描述的例子。

```
specify
    (a => out) = (2,3);
    showcancelled out;
    (b  => out) = (3,4);
endspecify
```

例 5.231　带有 showcancelled 和 pulsestyle 语句 Verilog HDL 描述的例子。

```
specify
    showcancelled out;
    pulsestyle_ondetect out;
    (a  => out)  =  (2,3);
    (b  => out)  =  (4,5);
    showcancelled out_b;
    pulsestyle_ondetect out_b;
    (a  => out_b)  =  (3,4);
    (b  => out_b)  =  (5,6);
endspecify

specify
    showcancelled out,out_b;
    pulsestyle_ondetect out,out_b;
    (a  => out)  =  (2,3);
    (b  => out)  =  (4,5);
    (a  => out_b)  =  (3,4);
    (b  => out_b)  =  (5,6);
endspecify
```

5.15 Verilog HDL 时序检查

本节将在指定块内描述进行时序检查的方法，使得信号满足时序约束。为了方便起见，将时序检查分成两组：

（1）第一组从稳定时间窗口来说：

```
$ setup       $ hold       $ setuphold
$ recovery    $ removal    $ recrem
```

（2）第二组从两个事件之间的时间不同来说，用于时钟和控制信号：

```
$ skew        $ timeskew      $ fullskew
$ width       $ period        $ nochange
```

虽然它们以 $ 开头，但是时序检查不是系统任务。注意：没有系统任务会出现在一个指定块中，没有时序检查可以出现在子程序代码中。

5.15.1 使用稳定窗口检查时序

1. $ setup

语法格式为

```
$ setup ( data_event , reference_event , timing_check_limit [ , [ notifier ] ] ) ;
```

其中，data_event 为时间戳事件；reference_event 为时间检查事件；limit 为非负常数表达式；notifier(可选)为 Reg；(beginning of time window) = (timecheck time)-limit；(end of time window) = (timecheck time)。

通常的，时间戳事件为一个数据信号，而时间检查事件为一个时钟信号。

2. $ hold

语法格式为

```
$ hold ( reference_event , data_event , timing_check_limit [ , [ notifier ] ] ) ;
```

其中，data_event 为时间戳事件；reference_event 为时间检查事件；limit 为非负常数表达式；notifier(可选)为 Reg；(beginning of time window) = (timestamp time)；(end of time window) = (timestamp time) + limit。

3. $ setuphold

语法格式为

```
$ setuphold ( reference_event , data_event , timing_check_limit , timing_check_limit
[ , [ notifier ] [ , [ stamptime_condition ] [ , [ checktime_condition ]
[ , [ delayed_reference ] [ , [ delayed_data ] ] ] ] ] ] ) ;
```

其中，reference_event 表示当建立约束是正值的时候，为时间检查或者时间戳事件；当建立约束为负值时，为时间戳事件。data_event 表示当保持约束是正值的时候，为时间检查或者时间戳事件；当保持限制为负值时，为时间戳事件。setup_limit 为常数表达式。hold_limit

为常数表达式。notifier(可选)为 Reg。stamptime_condition(可选)表示用于负的时序检查的时间戳条件。checktime_condition(可选)表示用于负的时序检查的时间检查条件。delayed_reference(可选)表示用于负的时序检查的延迟参考信号。delayed_data(可选)表示用于负的时序检查的延迟数据信号。当建立约束或者保持约束为负值的时候

```
setup_limit + hold_limit > (simulation unit of precision)
```

当建立约束和保持约束为正,数据事件首先发生的时候

```
(beginning of time window) = (timecheck time) - limit
(end of time window) = (timecheck time)
```

当建立约束和保持约束为正,数据事件第二个发生的时候

```
(beginning of time window) = (timestamp time)
(end of time window) = (timestamp time) + limit
```

例 5.232 $setuphold 时序检查 Verilog HDL 描述的例子。

```
$setuphold( posedge clk, data, tSU, tHLD );
```

等效为

```
$setup( data, posedge clk, tSU );
$hold( posedge clk, data, tHLD );
```

4. $removal

语法格式为

```
$removal ( reference_event , data_event , timing_check_limit [ , [ notifier ] ] ) ;
```

其中,data_event 为时间戳事件。reference_event 为时间检查事件。limit 为非负常数表达式。notifier(可选)为 Reg。(beginning of time window) = (timecheck time)-limit。(end of time window) = (timecheck time)。

时间检查事件通常是一个控制信号,比如,清除、复位或者置位,而数据事件通常是一个时钟信号。

5. $recovery

```
$recovery ( reference_event , data_event , timing_check_limit [ , [ notifier ] ] ) ;
```

其中,data_event 为时间戳事件。reference_event 为时间检查事件。limit 为非负常数表达式。notifier(可选)为 Reg。(beginning of time window) = (timecheck time)。(end of time window) = (timecheck time) + limit。

时间检查事件通常是一个控制信号,比如,清除、复位或者置位,而数据事件通常是一个时钟信号。

6. $recrem

```
$recrem ( reference_event , data_event , timing_check_limit , timing_check_limit
[ , [ notifier ] [ , [ stamptime_condition ] [ , [ checktime_condition ]
[ , [ delayed_reference ] [ , [ delayed_data ] ] ] ] ] ] ) ;
```

其中,reference_event 表示当去除(removal)约束是正值的时候,为时间检查或者时间戳事

件；去除(removal)约束为负值时，时间戳事件。data_event 表示当恢复(recovery)约束是正值的时候，为时间检查或者时间戳事件；当恢复(recovery)约束为负值时，时间戳事件。recovery_limit 为常数表达式。removal_limit 为常数表达式。notifier(可选)为 Reg。timestamp_condition(可选)为用于负的时序检查的时间戳条件。timecheck_condition(可选)为用于负的时序检查的时间检查条件。delayed_reference(可选)为用于负的时序检查的延迟参考信号。delayed_data(可选)为用于负的时序检查的延迟数据信号。当去除约束或者恢复约束为负的时候

```
removal_limit + recovery_limit > (simulation unit of precision)
```

当去除约束和恢复约束为正，首先发生数据事件的时候

```
(beginning of time window) = (timecheck time) - limit
(end of time window) = (timecheck time)
```

当去除约束和恢复约束为正，发生第二个数据事件的时候

```
(beginning of time window) = (timestamp time)
(end of time window) = (timestamp time) + limit
```

例 5.233 $recrem 时序检查 Verilog HDL 描述的例子。

```
$recrem( posedge clear, posedge clk, tREC, tREM );
```

等效为

```
$removal( posedge clear, posedge clk, tREM );
$recovery( posedge clear, posedge clk, tREC );
```

5.15.2 用于时钟和控制信号的时序检查

这些检查接受一个或者两个信号，并且验证，它们的跳变永远不会被多个约束分割。对于只指定一个信号的检查，参考事件和数据事件从一个信号中得到。通常，这些检查执行下面的步骤：

(1) 确定两个事件之间经过的时间。

(2) 将经过的时间和指定的限制进行比较。

(3) 如果经过的时间和指定的限制冲突，则报告时序冲突。

抖动检查有两个不同的冲突检测机制，即基于事件和基于定时器。默认地，为基于定时器抖动检查。

(1) 基于事件，即只有在一个信号跳变的时候，执行检查。

(2) 基于定时器，即当等于抖动限制的仿真时间已过时时，执行检查。

$nochange 检查包含三个事件，而不是两个。

1. $skew

语法格式

```
$skew ( reference_event , data_event , timing_check_limit [ , [ notifier ] ] ) ;
```

其中，data_event 为时间戳事件；reference_event 为时间检查事件；limit 为非负常数表达式；notifier(可选)为 Reg；当(timecheck time) - (timestamp time) > limit 时，报告冲突。

在参考信号和数据信号的同时跳变，$ skew 不会报告冲突，甚至在抖动限制值为 0 的时候。

$ skew 时序检查是基于事件的。只有在一个数据事件后，才进行评估。如果没有一个数据事件，$ skew 将不会进行时序检查评估，不会报告时序冲突。相比较的是，$ timeskew 和 $ fullskew 默认是基于定时器的。

一旦检测到参考事件，$ skew 将无限等待一个数据事件，在没有发生数据事件以前，不会报告时序冲突。第二个连续的参考事件，将取消前面所等待的数据事件，开始新的一个。

在一个参考事件后，$ skew 时序检查没有停止数据事件时序冲突的检查。当一个发生在参考事件后的数据事件超过了限制时，则 $ skew 报告时序冲突。

2. $ timeskew

语法格式

```
$timeskew ( reference_event , data_event , timing_check_limit
[ , [ notifier ] [ , [ event_based_flag ] [ , [ remain_active_flag ] ] ] ] ) ;
```

其中，data_event 为时间戳事件。reference_event 为时间检查事件。limit 为非负常数表达式。notifier(可选)为 Reg。event_based_flag(可选)为常数表达式。remain_active_flag(可选)为常数表达式。当(timecheck time) - (timestamp time) > limit 时，报告冲突。参考信号和数据信号的同时跳变，不会引起 $ timeskew 报告冲突，甚至将抖动限制值为 0 的时候。如果一个新的时间戳时间准确地发生在时间限制超时时，$ timeskew 也不会报告一个冲突。

当一个参考事件经过的时间等于限制时，报告一个冲突，并且检查将变成静止的，不会报告更多的冲突(甚至是响应数据事件)，一直到下一个参考事件。然而，如果一个事件发生在限制内，不会报告一个冲突，检查将立即变成静止的；当它的条件为假，并且没有设置 remain_active_flag 时，如果检测到一个有条件的参考事件时，该检查也将变成静止的。

使用 event_based_flag，可以将基于定时器的行为改成基于事件的行为。当同时设置 event_based_flag 和 remain_active_flag 时，它的行为类似于 $ skew；当只设置 event_based_flag 时，它的行为像 $ skew，但是：

(1) 当报告第一个冲突后，变成静止的。

(2) 或者当它的条件为假时，检测到一个有条件的参考事件。

例 5.234 $ timeskew Verilog HDL 描述的例子。

```
$timeskew (posedge CP &&& MODE, negedge CPN, 50,, event_based_flag,remain_active_flag);
```

图 5.56 给出采样 $ timeskew 的图。

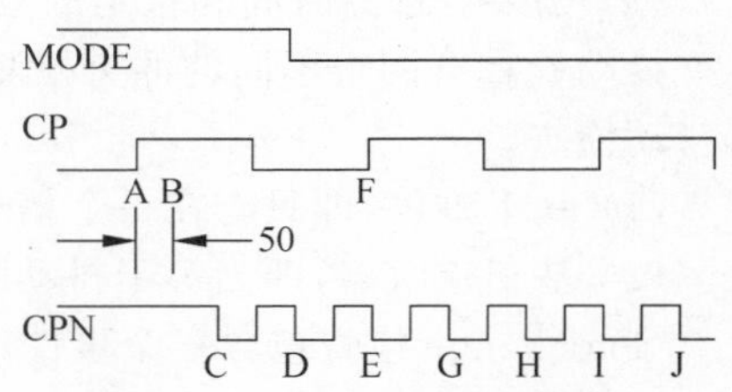

图 5.56 采样 $ timeskew 的图

情况 1 没有设置 event_based_flag，没有设置 remain_active_flag。

当在 A 点时，在 CP 上第一个参考事件后，在 50 个时间单位后，在 B 点报告一个冲突。将 $ timeskew 检查改为静止的，不会报告更多的冲突。

情况 2 设置 event_based_flag，但没有设置 remain_active_flag。

当在 A 点时，在 CP 上第一个参考事件后，在 C 点 CPN 有一个负跳变，则将产生一个时序冲突，将 $ timeskew 检查改为静止的，不会报告更多的冲突。当 MODE 为低时，在 F 点产生第二个参考事件。因此，$ timeskew 检查保持静止。

情况 3 设置 event_based_flag 和 remain_active_flag。

当在 A 点时，在 CP 上第一个参考事件后，在 C、D 和 E 点的 CPN 有三个负跳变，则将产生时序冲突。当 MODE 为假时，由于设置了 remain_active_flag，$ timeskew 保持活动。因此，在 G、H、I 和 J 报告额外的冲突。换句话说，CPN 上的所有负跳变将产生冲突，与 $ skew 的行为一样。

情况 4 没有设置 event_based_flag，设置 remain_active_flag。

$ timeskew 在情况 4 下和情况 1 下有相同的行为。图 5.57 给出了两个情况的不同之处。

尽管 MODE 的条件为假，在 F 点，CP 产生参考事件，由于设置 remain_active_flag，所以不会将 $ timeskew 检查改为静止的。因此，在 B 点报告冲突，然而对于情况 1，由于没有设置 remain_active_flag，在 F 点，$ timeskew 检查将转为静止的，不会报告冲突。

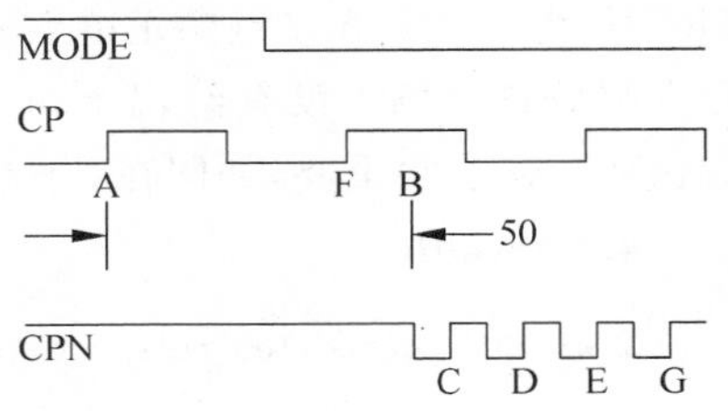

图 5.57 设置 remain_active_flag 时采样 $ timeskew

3. $ fullskew

语法格式为

```
$fullskew ( reference_event , data_event , timing_check_limit , timing_check_limit
[ , [ notifier ] [ , [ event_based_flag ] [ , [ remain_active_flag ] ] ] ] ) ;
```

其中，data_event 为时间戳事件。reference_event 为时间检查事件。limit1 为非负常数表达式。limit2 为非负常数表达式。notifier（可选）为 Reg。event_based_flag（可选）为常数表达式。remain_active_flag（可选）为常数表达式。当（timecheck time）-（timestamp time）> limit 时，报告冲突。

除了参考和数据时间可以以任何顺序跳变外，$ fullskew 类似于 $ timeskew，第一个限制是数据事件跟随参考事件的最大时间，第二个限制是参考事件跟随数据事件的最大时间。

当参考事件在数据事件之前时，参考事件是时间戳事件，数据事件是时间检查事件；当数据事件在参考事件之前时，数据事件是时间戳事件，参考事件是时间检查事件。

一个参考事件或者数据事件是一个时间戳事件，将开始一个新的时序窗口。

例 5.235 $ fullskew 的 Verilog HDL 描述的例子。

```
$fullskew (posedge CP &&& MODE, negedge CPN, 50, 70,, event_based_flag,remain_active_flag);
```

图 5.58 给出采样 $ fullskew 的图。

情况 1 没有设置 event_based_flag。

在 CP 的 A 点，MODE 是真时，开始等待 CPN 上的负跳变。当在 B 点到达 50 个时间单位时，报告冲突。复位检查，并且等待下一个活动的跳变。

CPN 在 C 点，产生一个负跳变，当 MODE 为真的时候，在 CP 上等待一个正的跳变，在 D 点，时间等于 70 个时间单位，MODE 为真。但是，CP 没有正的边沿，因此，报告一个冲突，复位检查，等待下一个活动的跳变。

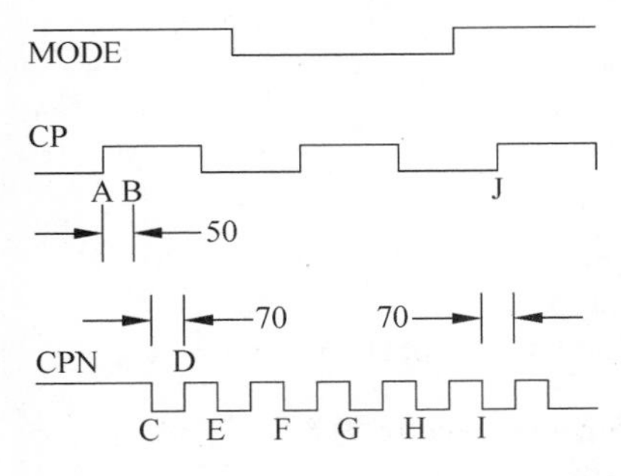

图 5.58 采样 $ fullskew 的图

CPN 在 E 点，也导致一个时序冲突，在 F 点也是这样。这是因为，即使 CP 跳变，但是 MODE 为假。同样的，G 和 H 点的跳变也导致时序冲突，但是 I 点没有，这是因为 CP 跳变时，

MODE 为真。

情况 2 设置 event_based_flag。

在 CP 的 A 点，MODE 是真时，开始等待 CPN 上的负跳变。CPN 在 C 点报告一个时序冲突，这是因为超过了 50 个时间单位。当 MODE 为真，在 C 点的跳变开始等待 70 个时间单位，用于 CP 上的正跳变。但是，CPN 在 C 点到 H 点的跳变，MODE 为真，但是 CP 没有正的跳变，因此，没有报告时序冲突。CPN 在 I 点的跳变，开始等待 70 个时间单位。当 MODE 为真，CP 在 J 点的正跳变满足条件。

尽管这个例子没有给出 remain_active_flag 的作用，但是，在时序检查中这个标志在 $fullskew 非常重要，如同在 $timeskew 时序检查中那样。

4. $width

```
$width ( controlled_reference_event , timing_check_limit[ , threshold [ , notifier ] ] ) ;
```

其中，data_event(隐含)为时间检查边沿触发事件。reference_event 为时间戳边沿触发事件。limit2 为非负常数表达式。notifier(可选)为 Reg。threshold(可选)为非负常数表达式。

$width 时间检查，通过测量从时间戳事件到时间检查事件的时间，监视信号脉冲的宽度。由于数据事件没有传递到 $width，所以从参考事件中得到它，即

```
数据事件 = 带有相反边沿的参考事件信号
```

脉冲宽度必须大于等于限制，这样才能避免一个时序冲突。但是，对于小于门限的毛刺来说，并没有报告冲突。

如果要求一个 notifier 参数时，需要包含门限参数。允许同时不指定这两个参数，此时门限的默认值为 0。如果出现 notifier，则应该有非空的门限值。

例 5.236 $width 的 Verilog HDL 描述的例子。

```
$width (posedge clk, 6, 0, ntfr_reg);
```

例 5.237 $width 合法和不合法的 Verilog HDL 描述的例子。

```
//合法的调用
$width ( negedge clr, lim );
$width ( negedge clr, lim, thresh, notif );
$width ( negedge clr, lim, 0, notif );
// 不合法的调用
$width ( negedge clr, lim, , notif );
$width ( negedge clr, lim, notif );
```

5. $period

语法格式为

```
$period ( controlled_reference_event , timing_check_limit [ , [ notifier ] ] ) ;
```

其中，data_event(隐含)为时间检查边沿触发事件。reference_event 为时间戳边沿触发事件。limit2 为非负常数表达式。notifier(可选)为 Reg。

由于一个数据事件没有传递参数到 $period，所以它从参考事件中得到

```
数据事件 =带有相同边沿的参考事件信号
```

6. $ nochange

其语法格式为

```
$ nochange ( reference_event , data_event , start_edge_offset ,
        end_edge_offset [ , [ notifier ] ] ) ;
```

其中，data_event 为时间戳或者时间检查事件；reference_event 为边沿触发的时间戳和/或者时间检查事件；start_edge_offset 为常数表达式；end_edge_offset 为常数表达式；notifier（可选）为 Reg。

起始边沿和结束边沿可以扩展或者缩小时序冲突的区域，它由边沿之后的参考事件的时间长度确定。

$ nochange 涉及三个跳变，而不是两个跳变。参考事件的前沿定义了时间窗口的开始，参考事件的后沿定义了事件窗口的结束。

时间窗口的结束点由下面确定

```
(beginning of time window) = (leading reference edge time) - start_edge_offset
(end of time window) = (trailing reference edge time) + end_edge_offset
```

例 5.238 $ nochange 的 Verilog HDL 描述的例子。

```
$ nochange( posedge clk, data, 0, 0) ;
```

5.15.3 边沿控制标识符

posedge 和 negedge 关键字可以用于某个边沿控制的描述符。

例 5.239 posedge 和 negedge 的 Verilog HDL 的例子。

```
posedge clr
```

等效为

```
edge[01, 0x, x1] clr
```

类似地

```
negedge clr
```

等效为

```
edge[10, x0, 1x] clr
```

(1) 01：表示从 0 跳变到 1。
(2) 0x：表示从 0 跳变到 x。
(3) 10：表示从 1 跳变到 0。
(4) 1x：表示从 1 跳变到 x。
(5) x0：表示从 x 跳变到 0。
(6) x1：表示从 x 跳变到 1。

5.15.4 提示符：用户定义对时序冲突的响应

时序检查提示符检测到时序检查冲突行为，并且，当发生冲突时，立即采取措施。这个提示符可以用于打印描述冲突或者在器件的输出端传播 x 值的错误信息。

提示符是一个寄存器，在调用时序检查任务的模块中进行声明，将它作为系统时序检查的最后参数传递。当发生时序冲突时，时序检查更新提示符的值。

对所有的系统时序检查来说，提示符是一个可选的参数。

表 5.35 给出了提示符值对时序冲突的响应。

表 5.35 提示符值对时序冲突的响应

BEFORE 冲突	AFTER 冲突	BEFORE 冲突	AFTER 冲突
x	0 或者 1	1	0
0	1	z	z

例 5.240 提示符 Verilog HDL 描述的例子

```
$setup( data, posedge clk, 10, notifier ) ;
$width( posedge clk, 16, 0, notifier ) ;
```

例 5.241 在边沿敏感的 UDP 中使用提示符 Verilog HDL 描述的例子。

```
primitive posdff_udp(q, clock, data, preset, clear, notifier);
output q; reg q;
input clock, data, preset, clear, notifier;
table
        //clock  data  p  c  notifier state  q
        //-------------------------------------------------------
            r      0   1  1     ?   :   ? : 0 ;
            r      1   1  1     ?   :   ? : 1 ;
            p      1   ?  1     ?   :   1 : 1 ;
            p      0   1  ?     ?   :   0 : 0 ;
            n      ?   ?  ?     ?   :   ? : - ;
            ?      *   ?  ?     ?   :   ? : - ;
            ?      ?   0  1     ?   :   ? : 1 ;
            ?      ?   *  1     ?   :   1 : 1 ;
            ?      ?   1  0     ?   :   ? : 0 ;
            ?      ?   1  *     ?   :   0 : 0 ;
            ?      ?   ?  ?     *   :   ? :x ;  // 在任何提示符事件
                                                // 输出 x
  endtable
  endprimitive


  module dff(q, qbar, clock, data, preset, clear);
  output q, qbar;
  input clock, data, preset, clear;
  reg notifier;
  and (enable, preset, clear);
  not (qbar, ffout);
  buf (q, ffout);
  posdff_udp (ffout, clock, data, preset, clear, notifier);
  specify
```

```
        // 定义时序检查 specparam 值
        specparam tSU = 10, tHD = 1, tPW = 25, tWPC = 10, tREC = 5;
        // 定义模块路径延时上升和下降 min:typ:max 值
        specparam tPLHc = 4:6:9 , tPHLc = 5:8:11;
        specparam tPLHpc = 3:5:6 , tPHLpc = 4:7:9;
        // 指定模块路径延迟
        (clock *> q,qbar) = (tPLHc, tPHLc);
        (preset,clear *> q,qbar) = (tPLHpc, tPHLpc);
        //建立时间：数据到时钟，只有当 preset 和 clear 为 1 时.
        $setup(data, posedge clock &&& enable, tSU, notifier);
        //保持时间：时钟到数据，只有当 preset 和 clear 为 1 时.
        $hold(posedge clock, data &&& enable, tHD, notifier);
        // 时钟周期检查
        $period(posedge clock, tPW, notifier);
        // 脉冲宽度 : preset, clear
        $width(negedge preset, tWPC, 0, notifier);
        $width(negedge clear, tWPC, 0, notifier);
        //恢复时间：clear 或者 preset 到时钟
        $recovery(posedge preset, posedge clock, tREC, notifier);
        $recovery(posedge clear, posedge clock, tREC, notifier);
    endspecify
    endmodule
```

注：这个模块只应用到边敏感的 UDP；对于电平敏感的模型，生成一个用于 x 传播的额外模型。

1. 精确仿真的要求

为了精确地建模负值时序检查，应用下面的要求：

(1) 如果在冲突窗口中(除去结束点)信号发生改变，将触发时序冲突。小于两个单位仿真精度的冲突窗口，将不产生时序冲突。

(2) 在冲突窗口内(除去结束点)，锁存数据的值为 1，它是稳定的。

在时序检查中，为了便于建模，产生数据和参考信号的延迟复制版本，这些信号用于运行时内部的时序检查评估。调整内部所使用的建立和保持时间，以移动冲突窗口，使得它和参考信号重叠。

在时序检查中，声明延迟的数据和参考信号。这样，可以在模型的功能实现中使用它们，以保证精确的仿真。如果在时序检查中，没有延迟信号，并且出现负的建立和保持时间，则创建隐含的延迟信号。由于在定义的模块行为中不能使用隐含的延迟信号，这样的一个模型可能有不正确的行为。

例 5.242 隐含延迟信号 Verilog HDL 描述的例子 1。

```
$setuphold(posedge CLK, DATA, -10, 20);
```

为 CLK 和 DATA 创建隐含延迟信号，但是不可能访问它们。$setuphold 检查将正确地评估，但是，功能行为不总是正确的。如果在 CLK 的上升沿和 10 个时间单位后，DATA 跳变，则时钟将不准确地获取先前的 DATA 数据。

例 5.243 隐含延迟信号 Verilog HDL 描述的例子 2。

```
$setuphold(posedge CLK, DATA1, -10, 20);
$setuphold(posedge CLK, DATA2, -15, 18);
```

为 CLK 和 DATA1 和 DATA2 创建隐含延迟信号，即使在两个不同的时序检查中引用 CLK，只创建一个隐含的延迟信号，并且用于所有的时序检查。

例 5.244 隐含延迟信号 Verilog HDL 描述的例子 3。

```
$ setuphold(posedge CLK, DATA1, -10, 20,,,, del_CLK, del_DATA1);
$ setuphold(posedge CLK, DATA2, -15, 18);
```

为 CLK 和 DATA1 创建明确的延迟信号 del_CLK 和 del_DATA1，而为 DATA2 创建了隐含的延迟信号。换句话说，CLK 只创建了一个延迟信号 del_CLK。

信号的延迟版本，不管是隐含的还是明确的，可以用于 $ setup，$ hold，$ setuphold，$ recovery，$ removal，$ recrem，$ width，$ period 和 $ nochange 时序检查，这些检查将相应地调整其限制值。如果调整限制小于等于 0，将限制设置为 0，仿真器将产生一个警告。

信号的延迟版本，不可以用于 $ skew，$ fullskew，$ timeskew 时序检查，因为它可能导致较老信号跳变的翻转，这将使得用于时序检查的提示符在相对于模型的剩余部分的错误时间产生切换。并且，由于正在取消一个时序检查冲突，可能导致跳变到 x。可以通过为每个检查使用单独的提示符来解决这个问题。

对负的时序检查值，可能会出现相互之间的不一致，并且对于延迟信号的延迟值没有解决的方法。在这些情况下，仿真器将产生警告信息。可以将最小的负限制值改为 0，并且重新计算延迟信号的延迟。通过反复计算，直到找到一个解决方案为止。这样，可以解决不一致的问题。因为在最坏情况下，所有负的限制值都变为 0，不需要延迟信号，所以这个过程总是可以找到一个解决方案。

当出现负的限制值的时候，延迟时序检查信号才真正地被延迟。如果一个时序检查信号被多个该信号到输出的传播延迟所延迟，输出将花费比它传播延迟更长的时间来改变。这样，输出的行为就好像它的指定路径延迟等于应用到时序检查信号的延迟。只有为数据信号的每个边沿给出唯一的 setup/hold 或者 removal/recovery 时间时，才产生这种情况。比如

```
(CLK = Q) = 6;
$ setuphold (posedge CLK, posedge D, -3, 8, , , , dCLK, dD);
$ setuphold (posedge CLK, negedge D, -7, 13, , , , dCLK, dD);
```

建立时间是－7(－3 和－7 中，较大的绝对值)，为 dCLK 创建延迟为 7。因此，在 CLK 的正边沿输出 Q 将不会发生变化，直到 7 个时间单位，而不是在指定路径中给出的 6 个时间单位。

2. 负时序检查的条件

通过使用“&&&”操作符，可以使条件与参考和数据信号相关。但是，当建立或者保持时间为负时，条件需要与参考信号和数据信号成对。

下面的 $ setup 和 $ hold 检查将一起工作，作为单个的 $ setuphold，以提供相同的检查。

```
$ setup (data, clk &&& cond1, tsetup, ntfr);
$ hold (clk, data &&& cond1, thold, ntfr);
```

在 $ setup 检查中，clk 是时间检查事件；而在 $ hold 检查中，data 是时间检查事件，不

能用单个的 $ setuphold 表示。因此，提供额外的参数，使得用单个的 $ setuphold 表示成为可能，这些参数是 timestamp_cond 和 timecheck_cond。下面的 $ setuphold 等效于分开的 $ setup 和 $ hold。

```
$ setuphold( clk, data, tsetup, thold, ntfr, , cond1);
```

创建延迟信号只用于参考信号和数据信号，不能用于任何和它们相关的条件信号，用于 timestamp-cond 和 timecheck-cond 域的延迟条件信号，可以通过使它们成为延迟信号的函数来实现。

例 5.245 条件延迟控制 Verilog HDL 描述的例子。

```
assign TE_cond_D = (dTE !== 1'b1);
assign TE_cond_TI = (dTE !== 1'b0);
assign DXTI_cond = (dTI !== dD);
specify
    $ setuphold(posedge CP, D, -10, 20, notifier, ,TE_cond_D, dCP, dD);
    $ setuphold(posedge CP, TI, 20, -10, notifier, ,TE_cond_TI, dCP, dTI);
    $ setuphold(posedge CP, TE, -4, 8, notifier, ,DXTI_cond, dCP, dTE);
endspecify
```

分配语句创建条件信号，它是延迟信号的函数。创建延迟的条件与参考信号和数据信号的延迟版本是同步的，用于执行检查。

第一个 $ setuphold 有负的建立时间。因此，时间检查条件 TE_cond_D 和数据信号 D 相关；第二个 $ setuphold 有负的保持时间。因此，时间检查条件 TE_cond_TI 和参考信号 cp 相关；第三个 $ setuphold 有负的建立时间。因此，时间检查条件 DXTI_cond 和数据信号 TE 相关。

图 5.59 给出了该例子的冲突窗口。

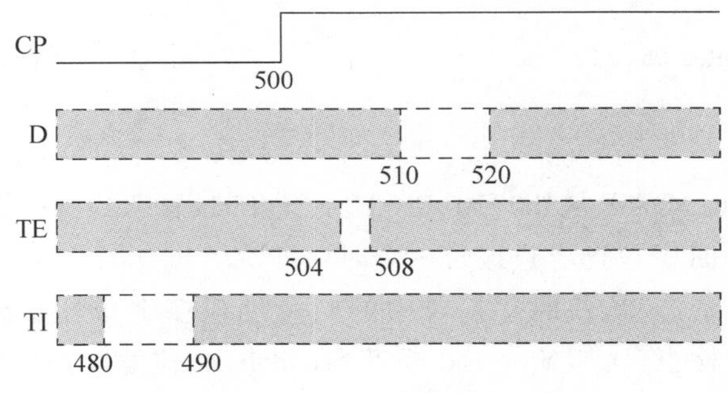

图 5.59 时序检查冲突窗口

下面这些是用于延迟信号所计算的延迟值

```
dCP    10.01
dD     0.00
dTI    20.02
dTE    2.02
```

3. 负时序检查的提示符

由于参考信号和数据信号在内部被延迟，因此时序冲突的检测也被延迟。在负时序检查中，当时序检查检测到一个时序冲突时，提示符寄存器将进行切换，时序冲突发生在延迟信号被调整时序检查值在冲突内测量，而不是在未延迟信号在模型输入被冲突内的原始时序检查值所测量。

5.15.5 使能有条件事件的时序检查

一个称为有条件事件的结构，是指时序检查和一个条件信号相关。在该时序检查中，使用“&&&”操作符。

例 5.246 条件时序检查 Verilog HDL 描述的例子 1。

```
$setup( data, posedge clk &&& clr, 10 ) ;
```

例 5.247 条件时序检查 Verilog HDL 描述的例子 2。

```
$setup( data, posedge clk &&& (~clr), 10 ) ;
$setup( data, posedge clk &&& (clr === 0), 10 );
```

5.15.6 向量信号的时序检查

在时序检查中，某些或者全部信号可以是向量，这将被理解成一个单个的时序检查，将一个向量中的一位或者多位的跳变看作该向量的一个跳变。

例 5.248 向量信号时序检查 Verilog HDL 描述的例子。

```
module DFF (Q, CLK, DAT);
input CLK;
input [7:0] DAT;
output [7:0] Q;
always @(posedge CLK)
Q = DAT;
specify
 $setup (DAT, posedge CLK, 10);
endspecify
endmodule
```

如果在时刻 100 时，DAT 从'b00101110 跳变到'b01010011；在时刻 105 时，CLK 从'0'跳变到'1'，则 $setup 时序检查也只报告一个时序冲突。

仿真器也提供一个选项，使时序检查中的向量创建多个单比特位的时序检查。对于只有单个信号的时序检查，比如 $period 或者 $width，*N* 位宽度的向量导致 *N* 个不同的时序检查。对于两个信号的时序检查，比如：$setup、$hold、$setuphold、$skew、$timeskew、$fullskew、$recovery、$removal、$recrem 和 $nochange，*M* 和 *N* 是时序检查中两个信号的宽度，结果将导致进行 *M* * *N* 个时序检查。如果有一个提示符，则所有的时序检查将触发该提示符。

5.15.7 负时序检查

当使能负时序检查选项时，可以接受 $setuphold 和 $recrem 时序检查，这两个时序检查的行为和对应的负值时一样的。本节介绍 $setuphold 时序检查，但是也同样应用于 $recrem 时序检查。

建立和保持时序检查值定义了一个关于参考信号沿时序冲突窗口。在这个窗口内，数据保持常数。任何在指定窗口内的数据变化，将引起时序冲突。报告时序冲突，并且通过提示符寄存器，在模型中将发生其他行为，比如当检测到一个时序冲突时，迫使一个触发器的输出为 x。

如图 5.60 所示，对于建立和保持时间都为正值时，暗示这个冲突窗口跨越参考信号。

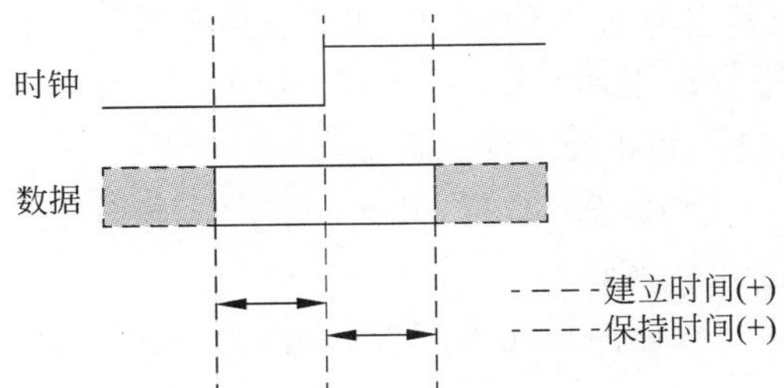

图 5.60 数据约束间隔，正的建立/保持

一个负的建立或者保持时间，意味着冲突窗口移动到参考信号的前面或者后面。由于在器件的内部，内部时钟和数据信号路径的不同，所以可能发生这种情况。图 5.61，给出了数据约束间隔、负的建立时间和保持时间对窗口的影响。

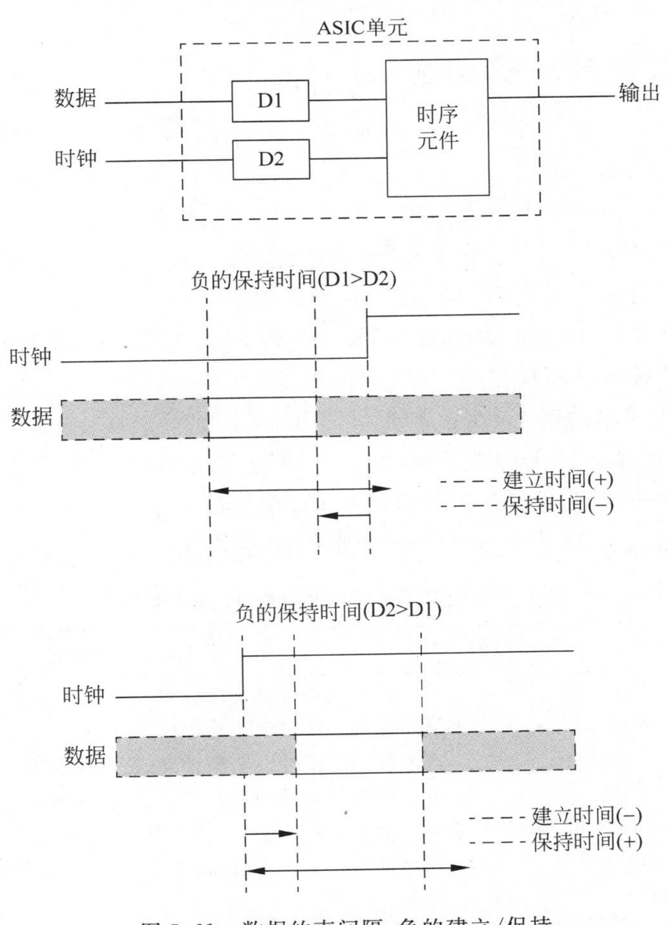

图 5.61 数据约束间隔，负的建立/保持

5.16 Verilog HDL SDF 逆向注解

标准延迟格式(standard delay format,SDF)包含时序值,用于指定路径延迟、时序检查约束和互连延迟。SDF 也包含其他的信息,但是这些信息并不关注 Verilog 仿真。在 SDF 中的时序值,经常来自专用集成电路(application-specific Integrated Circuit,ASIC)延迟计算工具,它利用了连通性、技术和布局几何信息。

Verilog 逆向注解是一个过程,来自 SDF 的时序值用于更新指定路径的延迟、specpararm 值、时序约束值和互连延迟。

SDF 注解器可以将 SDF 数据逆向注解到 Verioog 仿真器。当遇到不能注解的数据时,它将报告警告信息。

一个 SDF 文件可以包含很多结构,它与指定路径延迟、specparam 值、时序检查约束值,或者互连延迟无关,一个例子是 SDF 文件 TIMINGENV 部分内的任何结构。所有与 Verilog 时序无关的结构将要被忽略,并且没有给出任何警告。

在逆向注解的过程中,如果在 SDF 文件中没有为 Verilog 时序值提供相应的值,则不会修改该时序值。并且,不会改变它的预先逆向注解的值。

5.16.1 映射 SDF 结构到 Verilog

SDF 时序值出现在一个 CELL 声明中,它可以包含一个或者多个 DELAY、TIMINGCHECK 和 LABEL 部分。

(1) DELAY 部分包含了用于指定路径和互连延迟的传播延迟值。

(2) TIMINGCHECK 部分包含了时序检查约束值。

(3) LABEL 部分包含了用于 specparams 新的值。

通过将 SDF 结构和相应的 Verilog 声明匹配,将 SDF 逆向注解到 Verilog。然后,用来自 SDF 文件的值来替换已经存在的 Verilog 时序值。

1. 映射 SDF 延迟结构到 Verilog 声明

当注解不是互相延迟的 DELAY 结构时,SDF 注解器查找名字和条件匹配的指定路径。当注解 TIMINGCHECK 结构时,SDF 注解器查找与名字和条件匹配的相同类型的时序检查。表 5.36 给出了 SDF 延迟结构映射到 Verilog 声明。

表 5.36 SDF 延迟结构映射到 Verilog 声明

SDF 结构	Verilog 注解结构
PATHPULSE...	有条件和无条件说明路径脉冲限制
PATHPULSEPERCENT...	有条件和无条件说明路径脉冲限制
IOPATH...	有条件和无条件说明路径延迟/脉冲限制
IOPATH (RETAIN...	有条件和无条件说明路径延迟/脉冲限制,忽略 RETAIN
COND IOPATH...	有条件说明路径延迟/脉冲限制
COND IOPATH RETAIN...	有条件说明路径延迟/脉冲限制,忽略 RETAIN
CONDELSE IOPATH...	ifnone
CONDELSE IOPATH RETAIN...	ifnone,忽略 RETAIN

续表

SDF 结构	Verilog 注解结构
DEVICE...	所有到输出的指定路径，如果没有指定路径，所有原语驱动模块输出
DEVICE port_instance...	如果 port_instance 是一个模块例化，所有指定路径到模块的输出。如果没有指定路径，所有原语驱动模块输出。如果 port_instance 是一个模块例化输出，所有指定路径到那个模块的输出。如果没有指定路径，所有原语驱动那个模块输出

例 5.249 SDF 文件和 Verilog 延迟结构映射的例子 1。

源文件 SDF 信号 sel 匹配源 Verilog 信号，目的 SDF 信号 zout 也匹配目的 Verilog 信号。因此，将 rise/fall 时间(1.3,1.7)注解到指定路径。

SDF 文件

```
(IOPATH sel zout (1.3) (1.7))
```

Verilog 指定路径

```
(sel => zout) = 0;
```

例 5.250 SDF 文件和 Verilog 延迟结构映射的例子 2。

在两个端口之间的有条件的 IOPATH 延迟，将注释到带有相同条件的两个端口之间的 Verilog 指定路径。因此，rise/fall 时间(1.3,1.7)只注解到第二个指定路径。

SDF 文件

```
(COND mode (IOPATH sel zout (1.3) (1.7)))
```

Verilog 指定路径

```
if (!mode) (sel => zout) = 0;
if (mode) (sel => zout) = 0;
```

例 5.251 SDF 文件和 Verilog 延迟结构映射的例子 3。

在两个端口之间的无条件的 IOPATH，将注解到两个相同端口之间的所有 Verilog 指定的路径。因此，rise/fall 时间(1.3,1.7)注解到所有指定路径。

SDF 文件

```
(IOPATH sel zout (1.3) (1.7))
```

Verilog 指定路径

```
if (!mode) (sel => zout) = 0;
if (mode) (sel => zout) = 0;
```

2. 映射 SDF 时序检查结构到 Verilog

表 5.37 给出了通过每个类型的 SDF 时序检查，注解 Verilog 的时序检查。v1 是一个时序检查的第一个值，v2 是第二个值，而 x 表示没有值注解。

表 5.37 映射 SDF 时序检查结构到 Verilog

SDF 时序检查	注解 Verilog 时序检查
SETUP v1...	$ setup(v1), $ setuphold(v1,x)
HOLD v1...	$ hold(v1), $ setuphold(x,v1)
SETUPHOLD v1 v2...	$ setup(v1), $ hold(v2), $ setuphold(v1,v2)
RECOVERY v1...	$ recovery(v1), $ recrem(v1,x)
REMOVAL v1...	$ removal(v1), $ recrem(x,v1)
RECREM v1 v2...	$ recovery(v1), $ removal(v2), $ recrem(v1,v2)
SKEW v1...	$ skew(v1)
TIMESKEW v1...①	$ timeskew(v1)
FULLSKEW v1 v2...①	$ fullskew(v1,v2)
WIDTH v1...	$ width(v1,x)
PERIOD v1...	$ period(v1)
NOCHANGE v1 v2...	$ nochange(v1,v2)

注：①不是当前 SDF 标准的一部分。

时序检查的参考信号和数据信号可以有与它们相关的逻辑条件表达式和边沿。对于没有条件或者边沿的任何信号，一个 SDF 时序检查将匹配所有相应的 Verilog 时序检查，而不考虑是否出现条件。

例 5.252 SDF 时序检查注解到所有 Verilog 时序检查的例子 1。

SDF 文件：

```
(SETUPHOLD data clk (3) (4))
```

Verilog 时序检查：

```
$ setuphold (posedge clk &&& mode, data, 1, 1, ntfr);
$ setuphold (negedge clk &&& !mode, data, 1, 1, ntfr);
```

当在一个 SDF 时序检查中，当条件和/或者边沿与信号有关时，在注解发生前，将在任何相应的 Verilog 时序检查中匹配它们。

例 5.253 SDF 时序检查注解到 Verilog 时序检查的例子 2。

这个例子中，SDF 时序检查注解到第一个 Verilog 时序检查，而不是第二个。

SDF 文件

```
(SETUPHOLD data (posedge clk) (3) (4))
```

Verilog 时序检查

```
$ setuphold (posedge clk &&& mode, data, 1, 1, ntfr);        //注解
$ setuphold (negedge clk &&& !mode, data, 1, 1, ntfr);       //没有注解
```

例 5.254 SDF 时序检查不注解到任何 Verilog 时序检查的例子。

SDF 文件

```
(SETUPHOLD data (COND !mode (posedge clk)) (3) (4))
```

Verilog 时序

```
$ setuphold (posedge clk &&& mode, data, 1, 1, ntfr);        // 没有注解
$ setuphold (negedge clk &&& !mode, data, 1, 1, ntfr);       // 没有注解
```

3. SDF 注解 specparam

SDF LABEL 结构注解到 specparam。当来自 SDF 文件注解到 Verilog 结构时，将重新评估包含一个或多个 specparam 的表达式。下面的例子将给出 SDF LABEL 结构注解到 Verilog 模块的 specparam。当一个时钟跳变时，在过程延迟中使用 specparam 进行控制。SDF LABEL 结构注解 dhigh 和 dlow 的值，用于设置时钟的周期和占空比。

例 5.255 SDF 注解 specparam 的例子 1。

SDF 文件：

```
(LABEL
(ABSOLUTE
(dhigh 60)
(dlow 40)))
```

Verilog 文件：

```
module clock(clk);
output clk;
reg clk;
specparam dhigh = 0, dlow = 0;
initial clk = 0;
always
  begin
   #dhigh clk = 1;              // 在跳变到 1 前，在 dlow 时间内时钟保持低
   #dlow clk = 0;               // 在跳变到 0 前，在 dhigh 时间内时钟保持高
  end;
endmodule
```

例 5.256 SDF 注解 specparam 的例子 2。

在一个指定路径表达式内的 specparm，SDF LABEL 结构用于改变 specparam 的值，将重新评估表达式。

```
specparam cap = 0;
…
specify
    (A => Z) = 1.4 * cap + 0.7;
endspecify
```

4. 互连延迟的 SDF 注解

SDF 互连延迟注解不同于前面所说的三种结构，这是因为不存在对应的 Verilog 声明用于注解互连延迟。在 Verilog 仿真中，互连延迟是一个抽象，用于表示从一个 ouput 或者 inout 模块端口到一个 input 或者 inout 端口的传播延迟。INTERCONNECT 结构包含一个源、一个负载和延迟值，而 PORT 和 NETDELAY 结构只包含一个负载和延迟值。互连延迟只能在两个端口之间进行注解，而不能在原语引脚之间进行注解。表 5.38 给出了注解

DELAY 部分内 SDF 互连结构的方法。

表 5.38 互连延迟的 SDF 注解

SDF 结构	Verilog 注解结构
PORT...	互连延迟
NETDELAY[①]	互连延迟
INTERCONNECT...	互连延迟

注：①只在 OVI SDF 版本 1.0,2.0 和 2.1 和 IEEE SDF 版本 4.0。

互连延迟可以被注解到单个源或者多个源网络。

当正在注解一个 PORT 结构时,SDF 注解器将寻找端口。如果存在的话,将给该端口注解一个互连延迟,这个延迟表示从网络上所有源到那个端口的延迟。

当正在注解一个 NETDELAY 结构时,SDF 注解器将查看是注解到一个端口还是一个网络。如果是一个端口,则 SDF 注解器将一个互连延迟注解到那个端口;如果是一个网络,则它将将一个互连延迟注解到连接该网络的所有负载端口。如果端口或者网络有多个源,则延迟将表示来自所有源的延迟。NETDELAY 延迟只能被注解到 input/output 模块端口或者网络。

在一个网络有多个源的情况下,使用 INTERCONNECT 结构在每个源和负载对之间注解唯一的延迟。当使用这个结构注解时,SDF 注解器将找到源端口和负载端口。如果都存在,则将在两者间注解一个互连延迟。如果没有找到源端口或者源端口和负载端口没有真正的在相同的网络上时,报告警告信息。但是,一定要注解到负载端口的延迟。如果负载端口发生这种情况时,并且该端口是多个源网络的一部分,则将延迟看作好像它是来自所有源端口,它和一个 PORT 延迟注解行为是一样的。源端口是 output 或者 input 端口,而负载端口是 input 或者 inout 端口。

互连延迟共享很多指定路径延迟的特性,用于填充缺失延迟和脉冲限制的指定路径延迟规则同样应用于互连延迟。互连延迟有 12 个跳变延迟,其中的每个都有唯一的 reject 和 error 脉冲限制。

在一个 Verilog 模块中,当在任何一个地方发生对一个注解端口的引用时,不管是在 \$monitor 和 \$display 描述,还是在一个表达式中,都应该提供延迟信号的值。到源的引用将产生一个没有延迟的信号值,而对负载的引用将产生延迟信号值。通常地,在负载前引用层次的信号值,将产生没有延迟的信号值;当在一个负载引用一个信号或者在负载后引用层次化的信号,将生成延迟信号值。在一个层次化端口的注解将影响所有在较高层或者较低层所有连接的端口,取决于注解的方向,在一个层次。来自一个源端口的注解将被理解成,来自此该源端口较高层次或者较低层次。

向上层次注解将被正确地处理,当负载在层次中高于源时,将出现这个情况。到所有端口的延迟,即这些端口在层次上高于负载,或者连接到在层次上高于源的网络,它们与到那个网络的延迟是相同的。

向下层次注解将被正确地处理,当源在层次中高于负载时,将出现这个情况。到负载的延迟理解为来自所有端口,这些端口在源或者高于源,或者连接到在层次上高于源的网络。

允许层次上的重叠注解。当注解到/来自相同的端口,但是其发生在不同的层次级上时,发生这种情况,因此没有对应到相同层次的端口子集。

例 5.257 SDF 注解互连延迟的例子。

该例子中,第一个 INTERCONNECT 语句注解到网络的所有端口,它在或者层次上在 i53/selmode 内;而第二个注解注解到一个端口更小的子集,只有那些在或者层次上在 i53/u21/in 内。

```
(INTERCONNECT i14/u5/out i53/selmode (1.43) (2.17))
(INTERCONNECT i14/u5/out i53/u21/in (1.58) (1.92))
```

5.16.2 多个注解

SDF 注解是一个按顺序处理的过程。来自 SDF 文件的结构,将按照发生的顺序进行注解。换句话说,通过一个后面结构的注解(该注解可以修改(INCREMENT)或者覆盖(ABSOLUTE)它),可以修改 SDF 结构的注解。

例 5.258 多个注解的例子描述 1。

```
(DELAY
    (ABSOLUTE
      (PATHPULSE A Z (2.1) (3.4))
      (IOPATH A Z (3.5) (6.1))
```

该例子首先将脉冲限制注解到一个 IOPATH,然后注解整个 IOPATH,从而覆盖脉冲限制,而这个限制刚刚被注解过。

例 5.259 多个注解的例子描述 2。

```
(DELAY
    (ABSOLUTE
      (PATHPULSE A Z (2.1) (3.4))
      (IOPATH A Z ((3.5) () ()) ((6.1) () ()) )
```

该例子说明,通过使用空的括号,来保持脉冲限制当前的值,而避免覆盖脉冲限制的值。

例 5.260 多个注解的例子描述 3。

```
(DELAY
    (ABSOLUTE
        (IOPATH A Z ((3.5) (2.1) (3.4)) ((6.1) (2.1) (3.4)) )
```

该例子,将前面的注解简化成单个语句。

一个 PORT 注解后面跟着一个 INTERCONNECT 注解,它们指向相同的负载,但只有来自 INTERCONNECT 源的延迟将影响它。

例 5.261 多个注解的例子描述 4。

```
(DELAY
    (ABSOLUTE
        (PORT i15/in (6))
        (INTERCONNECT i13/out i15/in (5))
```

该例子中，一个网络有三个源和一个负载，来自所有源的延迟(除了 i13/out)外，保持 6。

一个 INTERCONNECT 注解后面跟着一个 PORT 注解，将覆盖 INTERCONNECT 注解。

例 5.262 多个注解的例子描述 5。

```
(DELAY
    (ABSOLUTE
        (INTERCONNECT i13/out i15/in (5))
        (PORT i15/in (6))
```

该例子中，来自所有源到负载的延迟将变成 6。

5.16.3 多个 SDF 文件

可以对多个 SDF 文件进行注解，对 $ sdf_annotate 任务的每个调用，将用来自 SDF 文件的时序信息对设计进行注解，注解的值将要修改(INCREMENT)或者覆盖(ABSOLUTE)较早 SDF 文件的值。通过指定区域的层次范围作为到 $ sdf_annotate 的第二个参数，这样不同的 SDF 文件就可以对一个设计的不同区域进行注解。

5.16.4 脉冲限制注解

对于延迟的 SDF 注解(不是时序约束)，通过使用用于 reject 和 error 限制的百分比设置来计算用于脉冲限制注解的默认值。默认限制是 100%，但是，可以通过调用选项修改这些值。比如假设调用选项，将 reject 限制设置为 40%，error 限制设置为 80%。下面的例子，将延迟注解为 5，一个 reject 限制注解为 2，一个 error 限制注解为 4。

例 5.263 脉冲限制注解的例子 1。

```
(DELAY
    (ABSOLUTE
        (IOPATH A Z (5))
```

假定指定路径的延迟初始为 0，下面的注解将导致延迟为 5，脉冲限制为 0。

例 5.264 脉冲限制注解的例子 2。

```
(DELAY
    (ABSOLUTE
        (IOPATH A Z ((5) () ()) )
```

在 INCREMENT 模式下的注解，可能导致脉冲限制小于 0。在这种情况下，将它们调整到 0。比如如果指定路径的脉冲限制都是 3，下面的注解将导致对所有的脉冲限制的值为 0。

例 5.265 脉冲限制注解的例子 3。

```
(DELAY
    (INCREMENT
        (IOPATH A Z (() (-4) (-5)) )
```

这里有两个 SDF 结构，即 PATHPULSE 和 PATHPULSEPERCENT，只注解到脉冲限制，它们不影响延迟。当 PATHPULSE 设置脉冲限制的值大于延迟时，Verilog 将给出相同的行为，这就好像是将脉冲限制设置等于延迟。

5.16.5 SDF 到 Verilog 延迟值映射

Verilog 指定路径和互连，最多有 12 个状态跳变，每一个有唯一的延迟。所有其他结构，比如门原语和连续分配，只有 3 个状态跳变延迟。

对于 Verilog 指定的路径和互连延迟，SDF 提供跳变延迟值的个数可能小于 12 个。表 5.39 给出了 SDF 到 Verilog 延迟值的映射。

表 5.39 SDF 到 Verilog 延迟值的映射

Verilog 跳变	SDF 提供的延迟值的个数				
	1 个值	2 个值	3 个值	6 个值	12 个值
0->1	v1	v1	v1	v1	v1
1->0	v1	v2	v2	v2	v2
0->z	v1	v1	v3	v3	v3
z->1	v1	v1	v1	v4	v4
1->z	v1	v2	v3	v5	v5
z->0	v1	v2	v2	v6	V6
0->x	v1	v1	min(v1,v3)	min(v1,v3)	v7
x->1	v1	v1	v1	max(v1,v4)	v8
1->x	v1	v2	min(v2,v3)	min(v2,v5)	v9
x->0	v1	v2	v2	max(v2,v6)	v10
x->z	v1	max(v1,v2)	v3	max(v3,v5)	v11
z->x	v1	min(v1,v2)	min(v1,v2)	max(v4,v6)	v12

5.17 Verilog HDL 系统任务和函数

根据系统任务和系统函数实现的功能不同，可将其分为以下几类：显示任务、文件输入/输出任务、时间标度任务、仿真控制任务、仿真时间系统函数、可编程逻辑阵列建模任务、随机分析任务、变换函数、概率分布函数、命令行输入和数学函数。

5.17.1 显示任务

显示系统任务用于信息显示和输出。这些系统任务进一步分为：

(1) 显示和写入任务；

(2) 探测监控任务；

(3) 连续监控任务。

1. 显示和写入任务

显示任务将特定信息输出到标准输出设备，并且带有行结束字符；而写入任务输出特定信息时不带有行结束符。$ display 和 $ write 系统任务的语法如下

```
task_name (format_specification1, argument_list1 ,
          format_specification2 , argument_list2 ,
            …,
          format_specification N , argument_list N) ;
```

其中,task_name是如下编译指令的一种:

(1) $display;

(2) $displayb;

(3) $displayh;

(4) $displayo;

(5) $write;

(6) $writeb;

(7) $writeh;

(8) $writeo。

1) 用于特殊字符的转义序列

如表5.40所示,转义序列用于打印特殊的字符。

表5.40 转义序列用于打印特殊的字符

参数	描　述	参数	描　述
\n	换行	\"	字符"
\t	制表符	\ddd	3位八进制数表示的ASCII值
\\	字符\	%%	字符%

例5.266 转义序列用于打印特殊字符Verilog HDL描述的例子。

```
module disp;
initial begin
    $display("\\\t\\\n\"\123");
end
endmodule
```

仿真这个例子,将输出

```
\    \
"S
```

2) 用于指定格式的转义序列

表5.41给出转义序列用于指定格式。

表5.41 转义序列用于格式指定

输出格式符	格式说明
%h 或%H	以十六进制显示
%d 或%D	以十进制显示
%o 或%O	以八进制显示
%b 或%B	以二进制显示
%c 或%C	以ASCII字符形式显示

续表

输出格式符	格式说明
%v 或%V	显示网络信号强度
%l 或%L	显示库绑定信息
%m 或%M	显示分层名字
%s 或%S	以字符串显示
%t 或%T	显示当前时间格式
%u 或%U	未格式化的二值数据
%z 或%Z	未格式化的四值数据

如果没有指定参数格式说明，默认值如下：

(1) $display 与 $write：十进制数。

(2) $displayb 与 $writeb：二进制数。

(3) $displayo 与 $writeo：八进制数。

(4) $displayh 与 $writeh：十六进制数。

表 5.42 给出了用于实数显示的指定格式。

表 5.42 用于实数的指定格式

参　数	描　述
%e 或%E	指数格式显示实数
%f 或%F	十进制格式显示实数
%g 或%G	以上两种格式中较短的格式显示实数

例 5.267 $display 任务的 Verilog HDL 描述。

```
module disp;
reg [31:0] rval;
pulldown (pd);
initial begin
    rval = 101;
    $display("rval =%h hex %d decimal",rval,rval);
    $display("rval =%o octal\nrval =%b bin",rval,rval);
    $display("rval has %c ascii character value",rval);
    $display("pd strength value is %v",pd);
    $display("current scope is %m");
    $display("%s is ascii value for 101",101);
    $display("simulation time is %t", $time);
end
endmodule
```

仿真这个例子，将显示下面的结果

```
rval = 00000065 hex 101 decimal
rval = 00000000145 octal
rval = 00000000000000000000000001100101 bin
rval has e ascii character value
pd strength value is StX
```

```
current scope is disp
e is ascii value for 101
simulation time is          0
```

3）所显示数据的位宽

对于表达式参数，写到输出文件(或者终端)时，自动调整值的位宽。例如，12 位表达式的结果，当以十六进制显示时，分配 3 个字符；当以十进制显示时，分配四个字符，这是因为表达式最大可能的值为 FFF(十六进制)和 4095(十进制)。

当以十进制显示时，将前面的零去掉，用空格代替。对于其他基数，总是显示前面的零。

如下所示，通过在%字符和表示基数的字符之间插入一个 0，覆盖所显示数据自动地调整位宽。

```
$display("d = %0h a = %0h", data, addr);
```

例 5.268 不同数据位宽显示 Verilog HDL 描述的例子。

```
reg [11:0] r1;
initial begin
     r1 = 10;
     $display( "Printing with maximum size - : %d: : %h:", r1,r1 );
     $display( "Printing with minimum size - : %0d: : %0h:", r1,r1 );
end
endmodule
```

仿真后的结果显示为

```
Printing with maximum size - : 10: :00a:
Printing with minimum size - :10: :a:
```

第一个 $display 是标准的显示格式，第二个 $display 使用%0 的格式。

4）未知和高阻值

当一个表达式的结果包含一个未知值或者高阻值的时候，下面的规则应用于显示值：

(1) 对于%d 的格式，规则如下：①如果所有位是未知值，显示单个小写 x 字符。②如果所有位是高阻值，显示单个小写 z 字符。③如果一些而不是全部的位为未知值，显示大写的 X 字符。④如果一些而不是全部的位为高阻值，显示大写的 Z 字符。除非有一些位为未知值，在这种情况下，显示大写字符 X。⑤总是在一个固定宽度的区域向右对齐。

(2) 对于%h 和%o 的格式，规则如下：①每个 4 比特位组表示一个十六进制数字；每个 3 比特位组表示一个八进制数字。②如果一个组内的所有位都是未知值，为该进制的某个数字显示小写字母 x。③如果一个组内的所有位都是高阻值，为该进制的某个数字显示小写字母 z。④如果一个组内的某些位为未知值，为该进制的某个数字显示大写字母 X。⑤如果一个组内的某些位为高阻值，为该进制的某个数字显示大写字母 Z。除非有一些位为未知值，在这种情况下，为该进制的某个数字显示大写字符 X。

例 5.269 显示未知值和高阻值 Verilog HDL 描述的例子。

描述	结果
`$display("%d", 1'bx);`	x
`$display("%h", 14'bx01010);`	xxXa
`$display("%h %o", 12'b001xxx101x01,12'b001xxx101x01);`	XXX 1x5X

5）强度格式

%v 格式用于显示标量网络的强度，对于每个%v 来说，以字符串方式显示。用三个字符格式，报告一个标量网络的强度，前两个字符表示强度，第三个字符便是标量当前的逻辑值，其值为表 5.43 给出的值。

表 5.43 强度格式的逻辑值元件

参数	描 述	参数	描 述
0	用于逻辑 0 值	Z	用于一个高阻的值
1	用于逻辑 1 值	L	用于一个逻辑 0 或者高阻值
X	用于一个未知值	H	用于一个逻辑 1 或者高阻值

前两个字符-强度字符，或者是两个字母助记符或者是一对十进制数字。通常，使用两个字符助记符表示强度信息。然而，少量情况下使用一对十进制数字表示各种信号强度。表 5.44 给出用于表示不同强度级的助记符。

表 5.44 用于信号强度的助记符

助 记 符	强 度 名 字	强 度 级
Su	Supply 驱动	7
St	强驱动	6
Pu	Pull 驱动	5
La	大的电容	4
We	弱驱动	3
Me	中电容	2
Sm	小电容	1
Hi	高阻	0

提供了四种驱动强度和三种电荷存储强度，驱动强度与门输出和连续分配输出关联，电荷存储强度和 trireg 类型网络相关。

对于逻辑 0 和 1 来说，如果信号没有强度范围，则使用一个助记符；否则，逻辑值用两个十进制数字引导，表示最大和最小的强度级。

对于未知值，当 0 和 1 强度元件在相同的强度级时，使用一个助记符；否则，未知值 X 由两个十进制数字引导，分别用于表示 0 和 1 强度级。

高阻强度没有一个已知的逻辑值，用于这个强度的逻辑值是 Z。

对于值 L 和 H，使用一个助记符表示强度级。

例 5.270 强度级显示 Verilog HDL 描述的例子。

```
always
#15 $display($time,,"group = %b signals = %v %v %v",{s1,s2,s3},s1,s2,s3);
```

下面给出了这样一个调用可能的输出

```
0    group = 111 signals = St1 Pu1 St1
15   group = 011 signals = Pu0 Pu1 St1
30   group = 0xz signals = 520 PuH HiZ
45   group = 0xx signals = Pu0 65X StX
```

```
60   group = 000 signals = Me0 St0 St0
```

表 5.45 解释了输出中不同的强度格式。

表 5.45 强度格式的解释

St1	强驱动 1 值
Pu0	一个 pull 驱动 0 值
HiZ	高阻状态
Me0	一个中电容强度的 0 电荷存储
StX	一个强驱动未知值
PuH	1 或者高阻值的 pul 驱动强度
65X	带有一个强驱动 0 元件和一个上拉驱动 1 元件的未知值
520	范围从 pull 驱动到中电容的 0 个值

6) 层次化名字格式

%m 格式标识符不接受一个参数。它使得显示任务打印模块、任务、函数或者命名块层次名字,它调用包含格式标识符的系统任务。当有很多模块例子调用系统任务时,这是非常有用的。一个明确的应用是一个触发器或者锁存器模块内的时序检查消息,%m 格式标识符精确地找到模块例化,该模块例化负责时序检查消息。

7) 字符格式

%s 格式标识符用于打印 ASCII 码的字符,对于每个%s 标识符,以一个字符串显示。参数列表中,相应的参数将跟随字符。将相关的参数理解为一个 8 位十六进制 ASCII 码,每 8 位表示一个字符。如果参数是一个变量,它的值右对齐,最右的值是字符串最后字符的最低有效位。在字符串的末尾不要求终止符,不打印前面的 0。

2. 探测任务

探测任务包含:

(1) $strobe;

(2) $strobeb;

(3) $strobeh;

(4) $strobeo。

这些系统任务在一个选择的时间显示仿真数据。但是,执行这种任务是在该选择时间结束时才显示仿真数据,时间结束意味着完成选择时间内的所有事件的处理。

例 5.271 $strobe 任务的 Verilog HDL 描述。

```
forever @(negedge clock)
    $strobe ("At time %d, data is %h", $time,data);
```

该例子中,在时钟的每个下降沿,$strobe 写时间和数据信息到标准的输出和日志文件。

3. 监控任务

监控任务有:

(1) $monitor;

(2) $monitorb;

(3) $monitorh;

(4) $monitoro。

$monitor 任务提供了监控和显示任何变量或者表达式的值,这些值作为任务指定的参数。这个任务的参数和 $display 系统任务指定参数的行为一样,包括用于特殊字符的转义序列和格式说明。

在任意时刻,对于特定的变量,只激活一个监控任务。

可以用如下两个系统任务打开和关闭监控。

$monitor off;　　//禁止所有监控任务。

$monitor on;　　//使能所有监控任务。

5.17.2 文件输入-输出系统任务和函数

用于文件操作的系统任务和函数分为下面的类型:

(1) 打开和关闭文件的函数和任务;

(2) 输出值到文件的任务;

(3) 输出值到变量的任务;

(4) 从文件中读取值,然后加载到变量或者存储器的任务和函数。

1. 打开和关闭文件

在 Verilog HDL 中,系统函数 $fopen 用于打开一个文件,其语法格式如下

```
<file_descriptor>= $fopen("<file_name>",type);
```

其中,

(1) <file_name>指定被打开的文件名及其路径,是一个字符串,或者是一个 reg,包含一个用于命名所要打开的文件名。

(2) type 文件类型。表 5.46 给出了文件描述符的类型,类型 b 用于区分打开的是文本文件还是二进制文件。

表 5.46 文件描述符的类型

参　　数	描　　述
"r"或者"rb"	打开文件,用于读
"w"或者"wb"	截断到长度零,或者创建文件用于写
"a"或者"ab"	添加,打开用于在文件的末尾写或创建用于写
"r+","r+b"或者"rb+"	打开用于更新(读和写)
"w+","w+b"或者"wb+"	截断或者创建用于更新
"a+","a+b"或者"ab+"	添加,打开或者创建用于在文件末尾更新

(3) file_descriptor 文件描述符。如果路径与文件名正确,则返回一个 32 位的多通道描述符或者一个 32 位的文件描述符。①如果没有指定文件类型,默认打开文件用于写,返回一个多通道的描述符 mcd。mcd 是 32 位 reg,设置其中的一位表示打开哪个文件。mcd 的 LSB 总是引用标准输出。多个用多通道符打开的文件,通过对 mcd 按位 OR,将其写到结果的值中。保留 mcd 的 MSB,总是为 0。用多通道描述符限制打开最多 31 个文件,用于输出。②如果指定 type,则打开指定类型的文件,返回文件描述符 fd。fd 是一个 32 位的

值,保留fd的MSB,总是设置为1。这允许实现文件的输入和输出功能,以确定文件打开的方式。fd剩下的比特位用于表示打开什么文件。

不像多通道描述符那样,文件描述符不能按位OR。

如果不能打开文件,则返回0。通过调用$error,以确定不能打开文件的原因。

3个预先打开的文件描述符,分别是:①STDIN,其值为32'h8000_0000,用于读。②STDOUT,其值为32'h8000_0001,用于写。③STDERR。其值为32'h8000_0002,用于添加。

在Verilog HDL提供了$fclose系统任务,用于关闭文件,其语法格式为

```
$fclose(<file_handle>);
```

当使用多个文件时,为了提高速度,可以将一些不再使用的文件关闭。一旦关闭某个文件,则不能再向它写入任何信息,并且打开的其他文件可以使用该文件的句柄。

2. 文件输出系统任务

显示、写入、探测和监控系统任务都有一个用于向文件输出的相应副本,该副本可用于将信息写入文件。Verilog HDL中用来将信息输出到文件的系统任务有:

(1) $fdisplay;

(2) $fwrite;

(3) $fstrobe;

(4) $fmonitor。

它们具有如下相同的语法格式

```
<task_name>(<file_handles>,<format_specifiers>);
```

其中,<task_name>是上述四种系统任务中的一种。<file_handles>是文件句柄描述符,与打开文件所不同的是,可以对句柄进行多位设置。<format_specifiers>用来指定输出格式。下面的实例将进一步的解释说明。

例5.272 设置多通道描述符Verilog HDL描述。

```
integer
    messages, broadcast,
    cpu_chann, alu_chann, mem_chann;
initial begin
    cpu_chann = $fopen("cpu.dat");
    if (cpu_chann == 0) $finish;
        alu_chann = $fopen("alu.dat");
    if (alu_chann == 0) $finish;
        mem_chann = $fopen("mem.dat");
    if (mem_chann == 0) $finish;
        messages = cpu_chann | alu_chann | mem_chann;
    // broadcast 包含标准的输出
    broadcast = 1 | messages;
end
endmodule
```

例5.273 文件输出系统任务Veriog HDL描述的例子。

```
$fdisplay( broadcast, "system reset at time %d", $time );
```

```
$fdisplay( messages, "Error occurred on address bus",
          " at time %d, address =%h", $time, address );

forever @(posedge clock)
          $fdisplay( alu_chann, "acc =%h f= %h a= %h b= %h", acc, f, a, b );
```

3. 格式化数据到一个字符串的

$swrite 的命令格式如下

```
string_output_task_name ( output_reg , list_of_arguments ) ;
```

其中，string_output_task_name 为输出任务名字，包括 $swrite、$swriteb、$swriteh、$swriteo。output_reg 为输出寄存器变量名字。list_of_arguments 为参数列表。$swrite 的第一个参数是一个 reg 类型的变量，用于保存写入的字符串。

$sformat 的命令格式如下

```
$sformat ( output_reg , format_string , list_of_arguments ) ;
```

这两个命令的主要一个区别是 $sformat 总是理解第二个参数，只有第二个参数作为一个格式化字符串。这个格式参数是一个静态字符串，比如“data is %d”，或者用于保存一个格式化串的 reg，它支持 $display 支持的所有格式描述符。比如

```
$sformat(string, "Formatted %d %x", a, b);
```

4. 从文件中读取数据

1）一次读一个字符

例 5.274　一次读取一个字符 Veriog HDL 描述的例子 1。

```
c = $fgetc ( fd );
```

如果读取发生错误，则将 c 设置为 EOF(−1)。调用 $ferror，可以确定读取错误的原因。

例 5.275　一次读取一个字符 Veriog HDL 描述的例子 2。

```
code = $ungetc ( c, fd );
```

将 c 指定的字符插入到文件描述符 fd 指定的缓冲区，字符将在对该 fd 的 $fgetc 的调用时返回，文件本身并不变化。如果发生错误，则将一个字符扔给一个文件描述符，将 code 设置为 EOF；否则，将 code 设置为 0。

2）一次读一行

例 5.276　一次读一行 Verilog HDL 描述的例子。

```
integer code ;
code = $fgets ( str, fd );
```

从 fd 指定的文件中，将字符读入寄存器类型的 str，直到将 str 填充满，或者读到新的一行，或者遇到 EOF 条件。如果 str 的长度不是整数字节，不使用最高有效的部分字节，这样用于确定宽度。如果发生错误，则将 code 设置为 0；否则，将 code 设置为读取的字符个数。

3）读格式化数据

例 5.277 读格式化数据 Verilog HDL 描述的例子。

```
integer code ;
code = $fscanf ( fd, format, args );
code = $sscanf ( str, format, args );
```

$fscanf 从文件描述符 fd 指定的文件中读；$sscanf 从寄存器类型的 str 中读取。

这些函数读取字符，然后根据格式理解字符，并保存结果。如果参数太小，不能保存转换后的输入，则在通常情况下，传输最低有效位。Verilog HDL 支持任何长度的参数，然而，如果目标是 real 或者 realtime，传输值＋Inf/-Inf。格式可以是字符串常数，也可以是包含一个字符串常数的寄存器。字符串保存转换说明。

格式符包括%、b、o、d、h/x、f/e/g、v、t、c、s、u、z、m。

4）读二进制数据

例 5.278 读二进制数据 Verilog HDL 描述的例子。

```
integer code ;
code = $fread( myreg, fd);
code = $fread( mem, fd);
code = $fread( mem, fd, start);
code = $fread( mem, fd, start, count);
code = $fread( mem, fd, , count);
```

其中，start 是可选项，说明在存储器中加载的第一个元素的地址。count 是可选项，存储器中可以加载的最大的位置的数目。如果加载的是寄存器类型，则忽略 start 和 count。读回的数据是大端方式。从文件加载的是二值数据。如果读取错误，将 code 设置为 0。

5. 文件定位

例 5.279 $ftell Verilog HDL 描述的例子。

```
integer pos ;
pos = $ftell ( fd );
```

pos 返回 fd 所指向文件从开始到当前的位置的编程，将被该文件描述符后面的操作读或写。$fseek 用于重新定位到该位置，任何重定位可以通过 $ungetc 操作取消。如果发生错误，返回 EOF。

例 5.280 $fseek 和 $rewind 的 Verilog HDL 描述的例子。

```
code = $fseek ( fd, offset, operation );
code = $rewind ( fd );
```

设置 fd 指向文件的下一个输入/输出的位置，下一个位置是从开始、从当前或者从文件结束的有符号的距离偏置。由 operation 确定：

（1）当设置为 0 时，位置为偏置字节。

（2）当设置为 1 时，位置为当前位置加偏置。

（3）当设置为 2 时，位置为文件结束位置加偏置。

$rewind 等价于 $fseek(fd,0,0)。

6. 刷新输出

例 5.281 刷新输出 Veriog HDL 描述的例子。

```
$fflush ( mcd );
$fflush ( fd );
$fflush ( );
```

将任何缓冲的输出写入到 mcd 或者 fd 指向的文件。如果没有参数,则写到所有打开的文件。

7. I/O 错误状态

例 5.282 I/O 错误状态 Verilog HDL 描述的例子。

```
integer errno ;
errno =  $ferror ( fd, str );
```

最近的文件 I/O 操作的错误类型的字符串描述,写入到 str 中,它应该至少为 640 比特宽度;错误的代码值保存在 errno 中。如果最近的操作没有错误,则 error 返回 0,将 str 清空。

8. 检测 EOF

例 5.283 检测文件结束 Verilog HDL 描述的例子。

```
integer code;
code =  $feof ( fd );
```

当检测到文件结束时,返回非 0 的值;否则,返回 0。

例 5.284 一个对文件进行读操作 Verilog HDL 描述的例子。

```
module readFile(clk,reset,dEnable,dataOut,done);
parameter size = 4;
  //to Comply with S-block rules which is a 4x4 array will multiply by
// size so row is the number of size bits wide
parameter bits = 8 * size;
input clk,reset,dEnable;
output dataOut,done;

wire [1:0] dEnable;
reg dataOut,done;
reg [7:0] addr;

integer file;
reg [31:0] c;
reg eof;

always@(posedge clk)
begin
  if(file == 0 && dEnable == 2'b10)begin
    file = $fopen("test.kyle");
  end
end
```

```
always@(posedge clk) begin
  if(addr>=32 || done==1'b1)begin
    c<= $fgetc(file);
    eof<= $feof(file);
    addr<= 0;
  end
end

always@(posedge clk)
begin
  if(dEnable == 2'b10)begin
    if($feof(file))
        done<= 1'b1;
    else
        addr<= addr+1;
  end
end
//done this way because blocking statements should not really be used
always@(addr)
begin:Access_Data
  if(reset == 1'b0) begin
    dataOut<= 1'bx;
    file<= 0;
  end
  else
     if(addr<32)
      dataOut<= c[31-addr];
end
endmodule
```

9. 从文件中加载存储器数据

Verilog HDL 中提供两个系统任务，即 $readmemb 和 $readmemh，用于从稳定的文本文件中读取数据，并将数据加载到指定的存储器中。这两个系统任务的区别在于：

(1) $readmemb 要求以二进制数据格式存放数据文件；

(2) $readmemh 要求以十六进制数据格式存放数据文件。

它们具有相同的语法格式，格式为

```
<task_name>(<file_name>,<memory_name>,<start_addr>,<end_addr>);
```

其中，<task_name>用来指定系统任务，为 $readmemb 或 $readmemh。<file_name>读出数据的文件名。<memory_name>为要读入数据的存储器的名字。<start>存储器的起始地址，实际就是建模存储器数组的索引值。<end>存储器的结束地址，实际就是建模存储器数组的索引值。

例 5.285 从文件中读取存储器数据 Verilog HDL 描述的例子。

```
reg [7:0] mem[1:256];

initial $readmemh("mem.data", mem);
initial $readmemh("mem.data", mem, 16);
```

```
initial $readmemh("mem.data", mem, 128, 1);
```

(1) 第一句话，没有显式声明地址，在仿真时间 0 时刻，开始在存储器地址 1 开始加载数据。

(2) 第二句话，声明起始地址，但没有声明结束地址，在地址 16 开始加载数据，连续向上到地址 256。

(3) 第三句话，声明开始地址和结束地址，如果开始地址大于起始地址，则地址递减。在地址 128 开始加载数据，连续向下到地址 1 为止。

10. 从 SDF 文件中加载时序数据

$sdf_annotate 系统任务的语法格式

```
$sdf_annotate ("sdf_file" [ , [ module_instance ] [ , [ "config_file" ]
              [ , [ "log_file" ] [ , [ "mtm_spec" ]
              [ , [ "scale_factors" ] [ , [ "scale_type" ] ] ] ] ] ] ] );
```

其中，sdf_file 为要打开的 sdf 文件名，由字符串表示，或者保存在包含文件名字字符串的寄存器类型中。module_instance 为可选参数，说明在 SDF 文件中注解的范围。SDF 注解器使用指定例化的层次级，运行注解，并且允许数组索引。如果没有指定该参数，SDF 注解器使用包含该系统任务调用的模块作为 module_instance。config_file 为可选字符串参数，提供了一个配置文件的名字，这个文件的信息可以用于提供对注解很多方面的详细控制。log_file 为可选字符串参数，提供了在 SDF 注解期间日志文件的名字。来自 SDF 文件的时序数据的每一个注解，导致在日志文件中的一个入口。mtm_spec 为可选字符串参数，指定 min/typ/max 的哪个将要被注释。表 5.47 给出了 mtm_spec 的参数。scale_factors 为可选的字符串参数，当注解时序值的时候使用 scale_factors，比如“1.6:1.4:1.2”，将使得最小值乘以 1.6，典型值乘以 1.4，最大值乘以 1.2，默认值“1.0:1.0:1.0”。scale_factors 覆盖配置文件中的任何 SCALE_FACTORS。scale_type 为可选的字符串参数，指定将 scale_factor 如何用于 min/typ/max。表 5.48 给出了 scale_type 的参数。

表 5.47 mtm_spec 参数

关 键 字	描 述
MAXIMUM	注解最大值
MINIMUM	注解最小值
TOOL_CONTROL（默认）	注解由仿真器选择的值
TYPICAL	注解典型的值

表 5.48 scale_type 的参数

关 键 字	描 述
FROM_MAXIMUM	将 scale_factor 应用到最大值
FROM_MINIMUM	将 scale_factor 应用到最小值
FROM_MTM（默认）	将 scale_factor 应用到 min/typ/max 值
FROM_TYPICAL	将 scale_factor 应用到典型值

5.17.3 时间标度系统任务

Verilog HDL 提供了两种时间标度任务函数：

(1) $printtimescale;

(2) $timeformat。

1. $printtimescale

$printtimescale 系统任务显示用于特殊模块的时间单位和精度，其语法格式如下

```
$printtimescale(module_hierarchical_name);
```

其中，module_hierarchical_name 为模块层次化名字。如果没有指定参数，则输出包含该任务调用的所有模块的时间单位与精度。

以下面的格式显示时间标度信息

```
Time scale of (module_name) is unit / precision
```

例 5.286 $printtimescale 的 Verilog HDL 描述的例子。

```
`timescale 1 ms / 1 us
module a_dat;
initial
     $printtimescale(b_dat.c1);
endmodule

`timescale 10 fs / 1 fs
module b_dat;
    c_dat c1 ();
endmodule

`timescale 1 ns / 1 ns
module c_dat;
.
.
.
endmodule
```

运行后的显示结果为

```
Time scale of (b_dat.c1) is 1ns / 1ns
```

2. $timeformat

系统任务函数 $timeformat 指定以%t 格式定义如何报告时间信息，该任务语法格式如下

```
$timeformat(<units>,<precision>,<suffix>,<numeric_field_width>);
```

其中，<units>用于指定时间单位，其取值范围 0～−15，各值所代表的时间单位如表 5.49 所示。<precision>指定所要显示时间信息的精度。<suffix>诸如"ms"、"ns"之类的字符。<numeric_field_width>说明时间信息的最小字符数。

表 5.49　各值所代表的时间单位表

取值	时 间 单 位	取值	时 间 单 位
0	1s	−8	10ns
−1	100ms	−9	1ns
−2	10ms	−10	100ps
−3	1ms	−11	10ps
−4	100μs	−12	1ps
−5	10μs	−13	100fs
−6	1μs	−14	10fs
−7	100ns	−15	1fs

例 5.287　$timeformat 的 Verilog HDL 描述的例子。

```
`timescale 1 ms / 1 ns
module cntrl;
initial
    $timeformat(-9, 5, " ns", 10);
endmodule

`timescale 1 fs / 1 fs
module a1_dat;
reg in1;
integer file;
buf #10000000 (o1,in1);
initial begin
    file =  $fopen("a1.dat");
    #00000000 $fmonitor(file,"%m: %t in1 = %d o1 = %h", $realtime,in1,o1);
    #10000000 in1 = 0;
    #10000000 in1 = 1;
end
endmodule

`timescale 1 ps / 1 ps
module a2_dat;
reg in2;
integer file2;
buf #10000 (o2,in2);
initial begin
    file2 = $fopen("a2.dat");
    #00000 $fmonitor(file2,"%m: %t in2 = %d o2 = %h", $realtime,in2,o2);
    #10000 in2 = 0;
    #10000 in2 = 1;
end
endmodule
```

执行完后：

(1) 文件 a1.dat 的内容

```
a1_dat: 0.00000 ns in1 = x o1 = x
a1_dat: 10.00000 ns in1 = 0 o1 = x
a1_dat: 20.00000 ns in1 = 1 o1 = 0
```

```
a1_dat: 30.00000 ns in1 = 1 o1 = 1
```

(2) 文件 a2.dat 的内容

```
a2_dat: 0.00000 ns in2 = x o2 = x
a2_dat: 10.00000 ns in2 = 0 o2 = x
a2_dat: 20.00000 ns in2 = 1 o2 = 0
a2_dat: 30.00000 ns in2 = 1 o2 = 1
```

5.17.4 仿真控制任务

Verilog HDL 提供了两个仿真控制系统任务:

(1) $finish;

(2) $stop。

1. $finish

系统任务 $finish 使仿真器退出,并将控制返回到操作系统,语法格式为

```
$finish [ ( n ) ] ;
```

其中,n=0,不打印任何信息。n=1,打印仿真时间和位置。n=2,打印仿真时间、位置,以及仿真时,CPU 和存储器的利用率。

2. $stop

系统任务 $stop 挂起仿真,在这一阶段,可能将交互命令发送到仿真器。语法格式为

```
$stop [ ( n ) ] ;
```

5.17.5 可编程逻辑阵列建模系统任务

Verilog HDL 提供了一组系统任务用于对可编程逻辑阵列(programmable logic array,PLA)进行建模。表 5.50 给出了 PLA 建模系统任务,语法格式为

```
$array_type$logic$format ( memory_identifier , input_terms , output_terms ) ;
```

其中,

(1) $array_type$logic$format 表示 PLA 系统建模任务类型。

① array_type 包含 sync、async

② logc 包含 and、or、nand、nor

③ format 包含 array、plane。当使用 array 时,只有来自 memory_identifier 比特组合中带有"1"的值和输入数据进行比较。如果使用 plane 时,"0"和"1"都是重要的。对于可以通过"z"和"?"字符指定没有考虑的值。0-输入数据的补;1-输入的真值;x-输入值的最坏情况;z/?不考虑。

表 5.50 PLA 建模系统任务

$async$and$array	$sync$and$array	$async$and$plane	$sync$and$plane
$async$nand$array	$sync$nand$array	$async$nand$plane	$sync$nand$plane
$async$or$array	$sync$or$array	$async$or$plane	$sync$or$plane
$async$nor$array	$sync$nor$array	$async$nor$plane	$sync$nor$plane

(2) memory_identifier 为存储器标识符。将其声明为寄存器类型。它和输入项集合的宽度一样,和输出项的深度一样。可以通过使用系统任务 $readmemb 或 $readmemh,从文本文件中将内容加载到存储器中。也可以通过过程分配语句,将内容分配给 memory_identifier。声明格式为

```
reg [1:n] mem[1:m];
```

(3) input_terms 为输入项集合。

(4) output_terms 为输出项集合。

例 5.288 异步系统和同步系统调用 Verilog HDL 描述的例子。

```
wire a1, a2, a3, a4, a5, a6, a7;
reg b1, b2, b3;
wire [1:7] awire;
reg [1:3] breg;
$async$and$array(mem,{a1,a2,a3,a4,a5,a6,a7},{b1,b2,b3});
```

或者

```
$async$and$array(mem,awire, breg);
```

同步系统调用的例子

```
$sync$or$plane(mem,{a1,a2,a3,a4,a5,a6,a7}, {b1,b2,b3});
```

同步形式用于控制时间,在这个时间时,将重新评估逻辑阵列,然后更新输出。异步形式时,当输入项改变的时候,就自动地执行评估。

例 5.289 PLA 建模的 Verilog HDL 描述的例子 1。

```
module pla(a0, a1, a2, a3, a4, a5, a6, a7, b0, b1, b2);
input a0, a1, a2, a3, a4, a5, a6, a7;
output b0, b1, b2;
reg b0, b1, b2;
reg [7:0] mem[0:2];
initial begin
    mem[0] = 8'b11001100;
    mem[1] = 8'b00110011;
    mem[2] = 8'b00001111;
    $async$and$array(mem, {a0,a1,a2,a3,a4,a5,a6,a7}, {b0,b1,b2});
end
endmodule
```

PLA 有 8 位输入([7:0]) 总线和 3 位输出([0:2])总线,声明为寄存器(b0, b1, b2),这个 PLA 器件是一个异步的逻辑与操作,图 5.61 给出了结构原理图。

该器件的仿真结果表示为

```
A = {a0, a1, a2, a3, a4, a5, a6, a7}
B = {b0, b1, b2}
mem[0] = 8'b11001100;
mem[1] = 8'b00110011;
mem[2] = 8'b00001111;
```

```
A = 11001100 -> B = 100
A = 00110011 -> B = 010
A = 00001111 -> B = 001
A = 10101010 -> B = 000
A = 01010101 -> B = 000
A = 11000000 -> B = 000
A = 00111111 -> B = 011
```

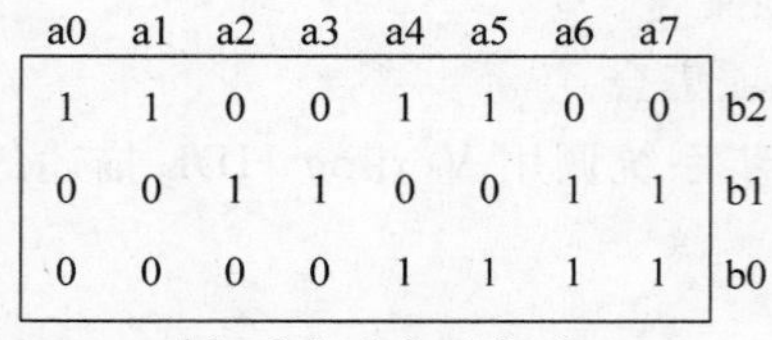

b2=a0 & a1 & a4 & a5
b1=a2 & a3 & a6 & a7
b0=a4& a5 & a6 & a7

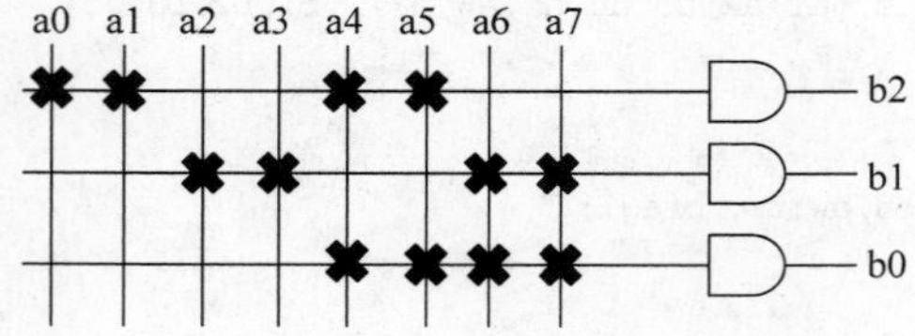

图 5.62 PLA 结构原理图

如果换成了 $async$and$plane,则仿真结果变成

```
A = {a0, a1, a2, a3, a4, a5, a6, a7}
B = {b0, b1, b2}
mem[0] = 8'b11001100;
mem[1] = 8'b00110011;
mem[2] = 8'b00001111;
A = 11001100 -> B = 100
A = 00110011 -> B = 010
A = 00001111 -> B = 001
A = 10101010 -> B = 000
A = 01010101 -> B = 000
A = 11000000 -> B = 000
A = 00111111 -> B = 000
```

这个例子的同步版本表示为

```
module pla(a0, a1, a2, a3, a4, a5, a6, a7, b0, b1, b2);
input a0, a1, a2, a3, a4, a5, a6, a7;
output b0, b1, b2;
reg b0, b1, b2;
reg [7:0] mem[0:2];
initial begin
  mem[0] = 8'b11001100;
  mem[1] = 8'b00110011;
  mem[2] = 8'b00001111;
```

```
forever @(posedge clk)
  $sync$and$array(mem, {a0,a1,a2,a3,a4,a5,a6,a7}, {b0,b1,b2});
end
endmodule
```

例 5.290 PLA 建模 Verilog HDL 描述的例子 2。

PLA 逻辑功能：

```
b[1] = a[1] & ~a[2];
b[2] = a[3];
b[3] =~a[1] & ~a[3];
b[4] = 1;
```

PLA 的关系描述：

```
3'b10?
3'b??1
3'b0?0
3'b???
```

PLA 模型的模块描述：

```
module pla;
`define rows 4
`define cols 3
reg [1:`cols] a, mem[1:`rows];
reg [1:`rows] b;
initial begin
// PLA 系统调用
    $async$and$plane(mem,a[1:3],b[1:4]);
    mem[1] = 3'b10?;
    mem[2] = 3'b??1;
    mem[3] = 3'b0?0;
    mem[4] = 3'b???;
  // 激励源和显示
    #10 a = 3'b111;
    #10 $displayb(a, " -> ", b);
    #10 a = 3'b000;
    #10 $displayb(a, " -> ", b);
    #10 a = 3'bxxx;
    #10 $displayb(a, " -> ", b);
    #10 a = 3'b101;
    #10 $displayb(a, " -> ", b);
end
endmodule
```

运行结果如下

```
111 -> 0101
000 -> 0011
```

```
xxx  -> xxx1
101  -> 1101
```

5.17.6 随机分析任务

Verilog HDL 提供了一个系统任务和函数集合,用于管理队列,这些任务便于实现随机排队模型。

1. $ q_initialize

该系统任务创建一个新的队列,其语法格式为

```
$ q_initialize (q_id, q_type, max_length, status) ;
```

其中,q_id 是一个整数,用于标识一个新的队列。q_type 是一个整数输入。其值标识队列的类型。表 5.51 给出了 $ q_type 值的类型。status 表示该操作成功或者错误状态。max_length 是整数输入,标识队列中允许入口的最大个数。

表 5.51 $ q_type 值的类型

q_type 值	队列类型
1	先进先出
2	后进先出

2. $ q_add

该任务在队列添加入口,其语法格式为

```
$ q_add (q_id, job_id, inform_id, status) ;
```

其中,q_id 是一个整数,用于标识添加到入口的一个队列。job_id 是一个整数输入,标识工作。inform_id 是一个整数输入,和队列入口相关,它的含义由用户定义。比如代表在一个CPU 模型中,一个入口的执行时间。status 表示该操作成功或者错误的状态。

3. $ q_remove

该任务从一个队列中接收一个入口,其语法格式为

```
$ q_remove (q_id, job_id, inform_id, status) ;
```

其中,q_id 是一个整数,用于标识将移除的队列。job_id 是一个整数输入,标识正在移除的入口。inform_id 是一个整数输出,在 $ q_add 时,由队列管理器保存它,它的含义由用户定义。status 表示该操作成功或者错误状态。

4. $ q_full

该系统任务用于检查一个队列是否有空间用于其他入口,其语法格式为

```
$ q_full (q_id, status)
```

其中,status 表示该操作成功或者错误状态。当队列满时,返回 1; 否则返回 0。

5. $ q_exam

该系统任务提供队列 q_id 活动性的统计信息,其语法格式为

```
$ q_exam (q_id, q_stat_code, q_stat_value, status) ;
```

根据 q_stat_code 所要求的信息，返回 q_stat_value。表 5.52 给出了 $q_exam 系统任务的参数值。

表 5.52 $q_exam 系统任务参数

q_stat_code 所要求的值	从 q_stat_value 返回值的信息
1	当前队列长度
2	平均到达时间
3	最大队列长度
4	最短等待时间
5	用于队列内工作的最长等待时间
6	队列中的平均等待时间

6. 状态编码

所有的队列管理任务和函数返回一个输出状态码。表 5.53 给出了状态码的值。

表 5.53 状态码的值

状态码值	含义
0	OK
1	队列满，不能添加
2	未定义的 q_id
3	队列空，不能移除
4	不支持的队列类型，不能创建队列
5	指定的长度不小于等于 0，不能创建队列
6	重复的 q_id，不能创建队列
7	没有足够的存储器，不能创建队列

例 5.291 随机分析任务 Verilog HDL 描述的例子。

```
always @(posedge clk)
begin
  // 检查队列是不是满
 $q_full(queue1, status);
  //如果满，则显示信息和移除一个条目
 if (status) begin
 $display("Queue is full");
 $q_remove(queue1, 1, info, status);
 end
  // 添加一个新的条目到队列 queue1
 $q_add(queue1, 1, info, status);
  // 如果有错误，显示消息
 if (status)
   $display("Error %d",status);
 end
end
```

5.17.7 仿真时间系统函数

Verilog HDL 提供系统函数,用于访问当前仿真时间。

1. $ time

该系统函数,用于返回 64 位的整型与调用该函数模块的时间尺度相关。

例 5.292 $ time 系统函数 Verilog HDL 描述的例子。

```
`timescale 10 ns / 1 ns
module test;
reg set;
parameter p = 1.55;
initial begin
    $ monitor( $ time,,"set = ",set);
    #p set = 0;
    #p set = 1;
end
endmodule
```

该例子的输出

```
// 0 set = x
// 2 set = 0
// 3 set = 1
```

在该例子中,在仿真时间 16ns 时,给寄存器类型变量分配值 0;在仿真时间 32ns 时,分配值 1。由下面的步骤决定 $ time 系统函数返回的时间值:

(1) 仿真时间 16ns 和 32ns,被标定到 1.6 和 3.2,因为用于模块的时间单位是 10ns。因此,这个模块报告的时间值是 10ns 的乘数。

(2) 因为 $ time 系统函数返回一个整数,因此值 1.6 四舍五入到 2,3.2 四舍五入到 3。时间精度不引起这些值的四舍五入。

2. $ stime

该系统函数,用于返回无符号的 32 位整型时间。

3. $ realtime

该系统函数,向调用它的模块返回实时仿真时间与调用该函数模块的时间尺度相关。

例 5.293 $ realtime 的 Verilog HDL 描述的例子。

```
`timescale 10 ns / 1 ns
module test;
reg set;
parameter p = 1.55;
initial begin
    $ monitor( $ realtime,,"set = ",set);
    #p set = 0;
    #p set = 1;
end
endmodule
```

```
//输出结果为:
// 0 set = x
// 1.6 set = 0
// 3.2 set = 1
```

5.17.8 转换函数

有时需要将整数转换成实数，或将实数转换成整数，或者用向量形式来表示实数等，Verilog HDL 提供了下列数字类型转换的功能函数：

(1) $rtoi(real_value)，通过截断小数值将实数转换为整数。

(2) $itor(integer_value)，将整数转换为实数。

(3) $realtobits(real_value)，将实数转换为 64 位的实数向量表示法(实数的 IEEE 745 表示法)。

(4) $bitstoreal(bit_value)，将位模式转换为实数(与 $realtobits 相反)。

例 5.294 $realtobits 和 $bitstoreal 系统函数 Verilog HDL 描述的例子。

```
module driver (net_r);
output net_r;
real r;
wire [64:1] net_r =  $realtobits(r);
endmodule

module receiver (net_r);
input net_r;
wire [64:1] net_r;
real r;
initial assign r =  $bitstoreal(net_r);
endmodule
```

5.17.9 概率分布函数

Verilog HDL 提供了系统函数，根据标准的概率函数，返回整数值。

1. $random 函数

系统函数 $random 提供了生成随机数的机制。该函数返回一个整 32 位有符号的随机数。其语法格式为

```
$random[(seed)]
```

其中，seed 为种子变量。种子变量(必须是寄存器、整数或时间寄存器类型)控制函数的返回值，即不同的种子将产生不同的随机数。如果没有指定种子，每次调用 $random 函数时，根据默认种子产生随机数。

例 5.295 概率分布函数的 Verilog HDL 描述 1。

```
integer Seed, Rnum;
   wire Clk ;
   initial seed = 12;
   always@ (Clk) Rnum =  $random (seed) ;
```

在 Clk 的每个边沿，调用 $random，并返回一个 32 位有符号随机整数。

例 5.296 概率分布函数的 Verilog HDL 描述 2。

```
Rnum = $random(seed) % 11;
```

如果数字在取值范围内，上面的模运算符可产生－10～＋10 之间的随机。

例 5.297 概率分布函数的 Verilog HDL 描述 3。

```
Rnum = $random /2;
```

注：

(1) 数字产生的顺序是伪随机排序的，即对于一个初始种子值产生相同的数字序列。

(2) 并置操作符({ })将 $random 函数返回的有符号整数变换为无符号数。

2. $dist_函数

根据在函数名中指定的概率函数，下列系统函数产生伪随机数：

(1) **$dist_uniform**(seed,start,end)；

(2) **$dist_normal**(seed,mean,standard_deviation,upper)；

(3) **$dist_exponential**(seed,mean)；

(4) **$dist_poisson**(seed,mean)；

(5) **$dist_chi_square**(seed,degree_of_freedom)；

(6) **$dist_t**(seed,degree_of_freedom)；

(7) **$dist_erlang**(seed,k_stage, mean)。

其中，

(1)系统函数的所有参数都是整数值。

(2) 对于函数 exponential、poisson、chi_square、t 和 erlang 来说，其参数 mean、degree_of_freedom 和 k_stage 的值应该大于 0。

(3) 对于每个函数返回一个伪随机数，它们的分布特征由函数名字确定。

(4) 对于 $dist_uniform 函数来说，start 和 end 参数是整数输入，start 的值小于 end 的值。

例 5.298 $dist_函数 Verilog HDL 描述的例子 1。

```
reg [15:0] a ;
initial begin
  a = $dist_exponential(60, 24);
end
```

例 5.299 $dist_函数 Verilog HDL 描述的例子 2。

```
reg [15:0] a ;
initial begin
  a = $dist_erlang(60, 24, 7) ;
end
```

5.17.10 命令行输入

在仿真中，取代读取文件得到使用信息的另一种方法是用带有命令的指定信息来调用仿真器。这个信息是提供给仿真的一个可选参数格式。通过用一个“＋”字符开始，这样这些参数就可以区别于其他仿真器参数。

1. $test$plusargs(string)

$test$plusargs 系统函数为用户指定的 plusarg_string 查找 plusargs 列表，这个字符串不包含命令行前面的"＋"号。如果匹配则返回非零的整数；否则，返回 0。

例 5.300 $test$plusargs 的 Verilog HDL 描述的例子。

```
initial begin
  if ($test$plusargs("HELLO")) $display("Hello argument found.")
  if ($test$plusargs("HE")) $display("The HE subset string is detected.");
  if ($test$plusargs("H")) $display("Argument starting with H found.");
  if ($test$plusargs("HELLO_HERE")) $display("Long argument.");
  if ($test$plusargs("HI")) $display("Simple greeting.");
  if ($test$plusargs("LO")) $display("Does not match.");
end
```

用命令＋HELLO 运行仿真器。运行结果如下

```
Hello argument found.
The HE subset string is detected.
Argument starting with H found.
```

2. $value$plusargs (user_string, variable)

$value$plusargs 系统函数为用户定义的 plusarg_string 寻找 plusargs。系统函数内的第一个参数指定的字符串作为一个字符串或者一个非实数变量(将其理解为一个字符串)，字符串不包含命令行参数前面的"＋"号。在命令行所提供的 plusargs，按照所提供的顺序进行查找。如果提供的 plusargs 中一个字头匹配所提供字符串的所有字符，则函数返回一个非零的整数，字符串的剩余部分转换为 use_string 内指定的类型，结果值保存在所提供的变量中；如果没有找到匹配的字符串，函数返回一个整数 0，不修改所提供的变量。当函数返回 0 的时候，不产生警告信息。

user_string 是下面的格式"plusarg_stringformat_string"，格式化字符串和 $display 系统任务一样。下面是合法的格式：

(1) %d，十进制转换；

(2) %o，八进制转换；

(3) %h，十六进制转换；

(4) %b，二进制转换；

(5) %e，实数指数转换；

(6) %f，实数十进制转换；

(7) %g，实数十进制或者指数转换；

(8) %s，字符串(没有转换)。

来自 plusargs 列表的第一个字符串提供给仿真器，匹配 user_string 指定的 plusarg_string 部分，将是用于转换的可用的 plusarg 字符串；进行匹配 plusarg 的剩余字符串将从一个字符串转换为格式字符串指定的格式，并保存在所提供的变量中；如果没有剩余的字符串，保存到变量的值为 0 或者空的字符串的值。

如果变量的宽度大于转换后的值，则在保存的值前面补零；如果变量不能保留转换后

的值，则把值截断；如果值是负数，值被认为大于所提供的变量；如果在字符串中用于转换的字符是非法的，则将变量的值设置为'bx。

例 5.301　$valueplusarg 的 verilog HDL 描述的例子。

```
`define STRING reg [1024 * 8:1]
module goodtasks;
  `STRING str;
  integer int;
  reg [31:0] vect;
  real realvar;
  initial
    begin
      if ( $value $plusargs("TEST = % d", int))
         $display("value was % d", int);
      else
         $display(" + TEST =  not found");
      #100 $finish;
    end
  endmodule

  module ieee1364_example;
    real frequency;
    reg [8 * 32:1] testname;
    reg [64 * 8:1] pstring;
    reg clk;
    initial
      begin
        if ( $value $plusargs("TESTNAME = % s", testname))
          begin
              $display(" TESTNAME =% s.", testname);
              $finish;
          end
        if (!( $value $plusargs("FREQ + % 0F", frequency)))
              frequency = 8.33333; // 166 MHz
              $display("frequency =% f", frequency);
              pstring = "TEST % d";
        if ( $value $plusargs(pstring, testname))
              $display("Running test number % 0d.", testname);
        end
    endmodule
```

(1) 添加到工具的命令行 plusarg

```
+ TEST = 5
```

输出结果是

```
value was 5
frequency = 8.333330
Running text number x.
```

(2) 添加到工具的命令行 plusarg

```
+ TESTNAME = bar
```

输出结果是

```
+ TEST =  not found
TESTNAME =      bar.
```

(3) 添加到工具的命令行 plusarg

```
+ FREQ + 9.234
```

输出结果是

```
+ TEST =  not found
frequency  =  9.234000
```

(4) 添加到工具的命令行 plusarg

```
+ TEST23
```

输出结果是

```
+ TEST =  not found
frequency  =  8.333330
Running test number 23.
```

5.17.11 数学函数

Verilog HDL 提供了整数和实数函数，数学系统函数可以用在常数表达式中。

1. 整数数学函数

例 5.302 整数数学函数 Verilog HDL 描述的例子。

```
integer result;
result  =  $clog2(n);
```

系统函数 $clog2 将返回基于 2 的对数的计算结果，参数可以是一个整数或者是一个任意宽度的向量值。将参数看作是无符号的数。如果参数值为 0，则产生的结果也为 0。

2. 实数数学函数

表 5.54 给出了 Verilog 到 C 实数数学函数的交叉列表，这些函数接受实数参数，返回实数结果；这些行为匹配等效的 C 语言标准数学库函数。

表 5.54 实数数学函数

Verilog 函数	等效的 C 函数	描 述
$ ln(x)	log(x)	自然对数
$ log10(x)	log10(x)	基 10 对数
$ exp(x)	exp(x)	指数函数
$ sqrt(x)	sqrt(x)	平方根
$ pow(x,y)	pow(x,y)	x 的 y 次幂

续表

Verilog 函数	等效的 C 函数	描　述
$ floor(x)	floor(x)	向下舍入
$ ceil(x)	ceil(x)	向上舍入
$ sin(x)	sin(x)	正弦
$ cos(x)	cos(x)	余弦
$ tan(x)	tan(x)	正切
$ asin(x)	asin(x)	反正弦
$ acos(x)	acos(x)	反余弦
$ atan(x)	atan(x)	反正切
$ atan2(x,y)	atan2(x,y)	(x/y)反正切
$ hypot(x,y)	hypot(x,y)	(x * x+y * y)的平方根
$ sinh(x)	sinh(x)	双曲正弦
$ cosh(x)	cosh(x)	双曲余弦
$ tanh(x)	tanh(x)	双曲正切
$ asinh(x)	asinh(x)	反双曲正弦
$ acosh(x)	acosh(x)	反双曲余弦
$ atanh(x)	atanh(x)	反双曲正切

5.18 Verilog HDL 的 VCD 文件

值变转储(value change dump，VCD)是一种基于 ASCII 码的文件格式，用于记录由 EDA 仿真工具产生的信号信息。提供了两种类型的 VCD：

(1) 四态 VCD 格式

在 1995 年由 IEEE 标准 1364-1995 随 Verilog 硬件描述语言标准制定，表示变量在 0、1、x 和 z 内的变化，没有强度信息。

(2) 扩展的 VCD 格式

在 6 年后，由 IEEE 标准 1364-2001 制定，增加了对信号的强度和方向进行记录的支持。

5.18.1 四态 VCD 文件的创建

如图 5.63 所示，创建四态 VCD 文件的步骤包括：

(1) 在 Verilog HDL 源文件中，插入 VCD 系统任务 $dumpfile，用于定义转储文件以及指定需要转储的变量。$dumpfile 系统任务的格式为

```
$dumpfile ( filename ) ;
```

(2) 运行仿真。

VCD 文件包含了 3 个段，依次如下排列：

(1) 头部信息段。该段包含一个时间戳，一个仿真器版本号和一个时间精度。时间精度用于表示当下面的值发生变化的时候，时间增加的单位。

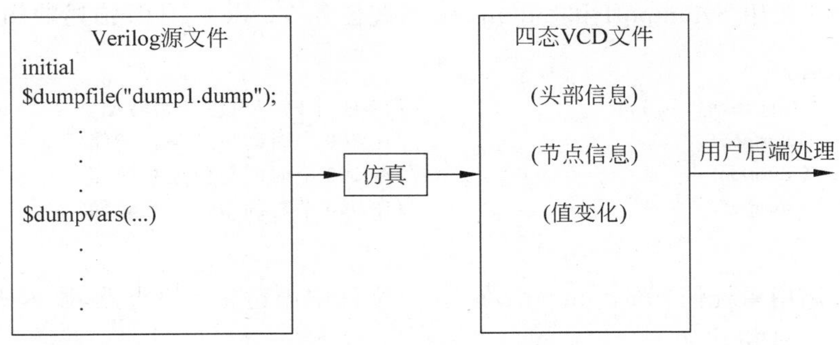

图 5.63 创建四态 VCD 文件

(2) 变量定义段。该段包含了作用域信息以及每个作用域中的信号列表。每个变量都要分配一串任意长度(一个或多个紧密排列)的 ASCII 码标识符,用于下面的的值变化信息段。这个标识符由可打印的 ASCII 字符组成,字符范围从! 到～(十进制的 33 到 126)。

如果几个变量的值一直相同,它们可以共用一个标识符,其作用域,非常像 verilog HDL,包括 module, task, function, 和 fork。

由 $ dumpvars 关键字开始的这个段,定义了所有转储变量的初始值,其语法格式为

```
$ dumpvars ;
```

或者

```
$ dumpvars ( levels [ , list_of_modules_or_variables ] ) ;
```

其中,level 表示每个指定模块例子下面的多少级转储到 VCD 文件中,设置为 0,将指定模块内和指定模块下的所有模块例子的变量转储到 VCD 文件; list_of_modules_or_variables 指明模块的哪个范围需要转储到 VCD 文件中。

这些参数能指定整个模块或者一个模块内的某些变量。

例 5.303 $ dumpvars 系统任务 Verilog HDL 描述的例子 1。

```
$ dumpvars (1, top);
```

例 5.304 $ dumpvars 系统任务 Verilog HDL 描述的例子 2。

```
$ dumpvars (0, top);
```

例 5.305 $ dumpvars 系统任务 Verilog HDL 描述的例子 3。

```
$ dumpvars (0, top.mod1, top.mod2.net1);
```

(3) 值变化。值变化信息段包含了一系列时间排序的变量变化。

注:

(1) 这些部分通过对应的关键字进行区分,通过在词首加 $ 标志(不过变量标志也可以用 $ 开始)标识、VCD 关键字。通常,相应的关键字开始一个段,而关键字 # end 将结束这个段。

(2) 通过空格区分 VCD 语句,VCD 文件中的数据变化敏感。

(3) 通过调用 $ dumpoff 系统任务,暂停转储; 通过调用 $ dumpon 系统任务,继续转储。在停止和继续转储任务期间,不转储任何改变的值。

例 5.306 调用＄dumpoff 和＄dumpon 系统任务 Verilog HDL 描述的例子。

```
initial begin
    #10 $dumpvars( … );                  //在 10 个时间单位开始转储
    #200 $dumpoff;                        //在 200 个时间单位停止转储
    #800 $dumpon;                         //在 800 个时间单位继续转储
    #900 $dumpoff;                        //在 900 个时间单位停止转储
end
```

(4) 通过调用系统任务＄dumpall，在 VCD 文件中创建一个检查点，显示所有选择变量当前的值。其语法格式如下

```
$dumpall ;
```

(5) 通过调用系统任务＄dumplimit，设置 VCD 文件的大小。其语法格式如下

```
$dumplimit ( filesize ) ;
```

当达到设置的 filesize 时，停止转储。在 VCD 中插入一个注释，用来表示达到了转储的限制范围。

(6) 通过调用系统任务＄dumpflush，清空操作系统内的 VCD 文件缓冲区，确保在缓冲区的所有数据保存到 VCD 文件中。其语法格式为

```
$dumpflush ;
```

一个通常的应用是，通过调用＄dumpflush 来更新存储文件。这样，在仿真期间应用程序可以读取 VCD 文件。

例 5.307 调用＄dumpflush 的 Verilog HDL 描述的例子。

```
initial begin
    $dumpvars ;
        .
        .
        .
    $dumpflush ;
    $(applications program) ;
end
```

例 5.308 生成 VCD 文件 Verilog HDL 描述的例子。

```
module dump;
   event do_dump;
   initial $dumpfile("verilog.dump");
   initial @do_dump
     $dumpvars;                          //转储设计中的变量
   always @do_dump                       //在 do_dump 事件时，开始转储
   begin
     $dumpon;                            //第一次不影响
     repeat (500) @(posedge clock);      //转储 500 个周期
     $dumpoff;                           //停止转储
   end
   initial @(do_dump)
     forever #10000 $dumpall;            //所有变量的检查点
endmodule
```

5.18.2 四态 VCD 文件的格式

四态 VCD 文件语法格式为

```
declaration_keyword
[ command_text ]
$ end

simulation_keyword { value_change } $ end
| $ comment [ comment _text ] $ end
| simulation_time
| value_change
```

其中，declaration_keyword 为声明关键字，包括：

(1) $ comment 用于在 VCD 文件中插入一个注释，其语法格式为

```
$ comment comment _text $ end
```

例 5.309 $ comment 的 Verilog HDL 描述的例子。

```
$ comment This is a single - line comment $ end
$ comment This is a
multiple - line comment
$ end
```

(2) $ date 用于表示生成 VCD 文件的时间，其语法格式为

```
$ date date _text $ end
```

例 5.310 $ date 的 Verilog HDL 描述的例子。

```
$ date
June 25, 1989 09:24:35
$ end
```

(3) $ enddefinitions 用于标记头部信息和定义的结束，其语法格式为

```
$ enddefinitions $ end
```

(4) $ scope 定义了转储变量的范围。其语法格式为

```
$ scope scope_type scope _identifier $ end
```

注：scope_type 为类型的范围，包括 module、task、function、module、begin、fork。

例 5.311 $ scope 的 Verilog HDL 描述的例子。

```
$ scope
    module top
$ end
```

(5) $ timescale 标明仿真所用的时间尺度，其语法格式表示为

```
$ timescale time_number time_unit $ end
```

其中,time_number 为 1、10 或 100; time_unit 为 s、ms、us、ns、ps 或 fs。

例 5.312 $timescale 的 Verilog HDL 描述的例子。

```
$timescale 10 ns $end
```

(6) $upscope 表示在一个设计层次中,范围改变到下一个较高的层次,其语法格式表示为

```
$upscope $end
```

(7) $var 打印正在转储变量的名字和标识符码,其语法格式表示为

```
$var var_type size identifier_code reference $end
```

其中,var_type 表示变量类型,包括 event、integer、parameter、real、realtime、reg、supply0、supply1、time、tri、triand、trior、trireg、tri0、tri1、wand、wire、wor; identifier_code 表示使用可打印的 ASCII 字符,所表示变量的名字。①msb index 表示最高有效索引,lsb index 表示最低有效索引。②可以有多个引用名字映射到相同的标识符码。比如在一个电路中,可以将 net10 和 net15 进行互连,因此有相同的标识符码。③可以单独转储向量中的每个位。④标识符是模型中正在转储的变量名字。在 $var 部分,uwire 类型的网络有一个 wire 类型的变量。

例 5.313 $var 的 Verilog HDL 描述的例子。

```
$var
integer 32 (2 index
$end
```

(8) $version 表示用于生成 VCD 文件的 VCD 书写器的版本号,使用 $dunpfile 系统任务创建文件,其语法格式为

```
$version version_text system_task $end
```

例 5.314 $version 的 Verilog HDL 描述的例子。

```
$version
    VERILOG - SIMULATOR 1.0a
        $dumpfile("dump1.dump")
$end
```

simulation_keyword 为仿真关键字,包括:

(1) dunppall 指示所有转储变量当前的值,其语法格式为

```
$dumpall { value_changes } $end
```

例 5.315 $dumpall 的 Verilog HDL 描述的例子。

```
$dumpall 1*@ x*# 0*$ bx (k $end
```

(2) dumppff

指示带有转储所有为 x 的变量,其语法格式为

```
$ dumpoff { value_changes } $ end
```

例 5.316 $dumpoff 的 Verilog HDL 描述的例子。

```
$ dumpoff  x*@ x*# x*$ bx (k  $ end
```

(3) dumpon 指示转储继续,并且列出所有转储变量当前的值,其语法格式为

```
$ dumpon { value_changes } $ end
```

例 5.317 $dumpon 的 Verilog HDL 描述的例子。

```
$ dumpon x*@ 0*# x*$ b1 (k  $ end
```

(4) dumpvars 列出所有转储变量的初始值。其语法格式为

```
$ dumpvars { value_changes } $ end
```

例 5.318 $dumvars 的 Verilog HDL 描述的例子。

```
$ dumpvars x*@ z*$ b0 (k  $ end
```

value_change 为改变的值。

(1) 标量信号的表示。以 0 或 1 开始,后面跟着这个信号的标识符(中间没有空格)。

(2) 矢量(多位)信号的表示。以字符'b'或者'B'开始,后面跟着二进制的的值;然后,在空格后给出这个信号的标识符。

(3) 实数变量值。以'r'或'R'开始,后面跟着%.16g 的 printf()格式数据;然后,在空格后再给出这个变量的标识符。

表 5.55 给出了向左扩展向量值的规则,表 5.56 给出了 VCD 如何将值缩短。

表 5.55 向左扩展向量值的规则

当 值 为	VCD 左扩展	当 值 为	VCD 左扩展
1	0	Z	Z
0	0	X	X

表 5.56 VCD 如何将值缩短

二进制值	扩展填充四位寄存器	在 VCD 文件中显示
10	0010	b10
X10	XX10	bX10
ZX0	ZZX0	bZX0
0X10	0X10	b0X10

注:将事件以和标量相同的格式进行转存,比如 1 * %。然而对于事件来说,值(在该例子中是 1)是不相关的,只有标识符码(在这个例子中是 * %)是重要的,它显示在 VCD 文件中,作为标识符。用于指示在时间步长期间,触发了事件。

例 5.319 四态 VCD 文件的格式。

```
$ date June 26, 1989 10:05:41
$ end
```

```
$version VERILOG-SIMULATOR 1.0a
$end
$timescale 1ns
$end
$scope module top $end
$scope module m1 $end
$var trireg 1 *@ net1 $end
$var trireg 1 *# net2 $end
$var trireg 1 *$ net3 $end
$upscope $end
$scope task t1 $end
$var reg 32 (k accumulator[31:0] $end
$var integer 32 {2 index $end
$upscope $end
$upscope $end
$enddefinitions $end
$comment
 $dumpvars was executed at time '#500'.
 All initial values are dumped at this time.
$end
#500
$dumpvars
x*@
x*#
x*$
bx (k
bx {2
$end
#505
0*@
1*#
1*$
b10zx1110x11100 (k
b1111000101z01x {2
#510
0*$
#520
1*$
#530
0*$
bz (k
#535
$dumpall 0*@ 1*# 0*$
bz (k
b1111000101z01x {2
$end
#540
1*$
#1000
$dumpoff
```

```
x * @
x * #
x * $
bx (k
bx {2
$ end
#2000
$ dumpon
z * @
1 * #
0 * $
b0 (k
bx {2
$ end
#2010
1 * $
```

5.18.3 扩展 VCD 文件的创建

如图 5.64 所示，创建扩展 VCD 文件的步骤包括：

(1) 在 Verilog HDL 源文件中，插入扩展的 VCD 系统任务 $ dumpports，用于定义转储文件以及指定需要转储的变量。$ dumpports 扩展系统任务的格式为

```
$ dumpports ( scope_list , file_pathname ) ;
```

其中，scope_list 为一个或者多个模块标识符。如果指定了多个模块标识符，则用逗号进行分割。如果没有指定 scope_list，则范围是调用该系统任务的模块；file_pathname 可以是双引号的路径名字(字符串)、一个寄存器类型的变量，或者是一个表达式，它指向一个包含端口 VCD 信息的文件。如果没有指定 file_pathname，则写到当前工作目录下的 dumpports.vcd 文件中。如果已经存在该文件，将覆盖该文件。仿真器将执行所有的文件写检查(比如：写权限、正确的路径名)，以及发布错误和警告信息。

(2) 运行仿真。

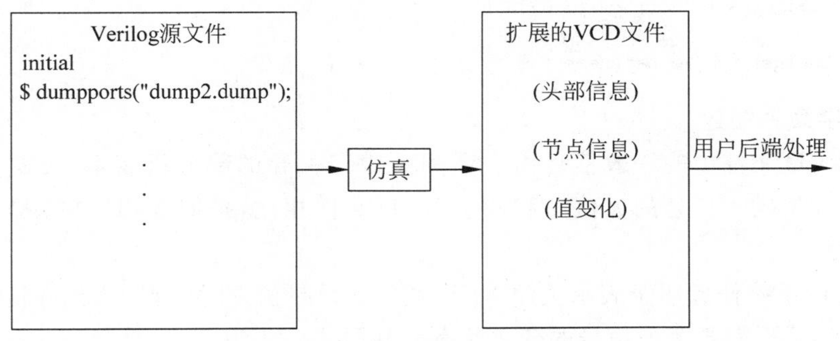

图 5.64 创建扩展 VCD 文件

$ dumpports 系统任务，需要满足下面的规则：

(1) 来自 $ dumpports 调用点模型内的所有端口被看作是基本的 I/O 引脚，应该包含在 VCD 文件中。然而，对于存在于 scope_list 下实例内的任何端口，都不会进行转储。

(2) 可以不为 $dumpports；和 $dumpports()；任务指定任何参数。在这些情况下，使用用于参数的默认值。

(3) 如果第一个参数为空，在指定第二个参数前，使用逗号进行分隔。

(4) 由 scope_list 标识的每个范围都应该是唯一的。如果多次调用 $dumpport，在这些调用内的 scope_list 也应该是唯一的。

(5) 在源代码中，可以使用 $dumpports 任务，该任务也包含 $dumpvars 任务。

(6) 当执行 $dumpports 时，在当前仿真时间单位结束后，启动相关值变化转储。

(7) 在一个模型里，可以多次调用 $dumpports。但是，应该在同一个仿真时间点上执行所有的 $dumpports 任务。不允许多次指定相同的 file_pathname。

1. 停止和继续转储($dumpportsoff/$dumpportson)

$dumpportsoff 和 $dumpportson 系统任务提供了一个方法，为正在转储的端口数据提供对仿真周期的控制。其语法格式为

```
$dumpportsoff ( file_pathname ) ;
$dumpportson ( file_pathname ) ;
```

2. 生成一个检查点($dumpportsall)

$dumpportsall 任务在 VCD 文件中创建一个检查点。用于显示仿真过程中该时间点上所有选择端口的值，并不考虑在上一个时间步长后是否改变这些端口的值。其语法格式为

```
$dumpportsall ( file_pathname ) ;
```

3. 限制转储文件的大小($dumpportslimit)

$dumpportslimit 任务用于控制 VCD 文件的大小，其语法格式为

```
$dumpportslimit ( filesize , file_pathname ) ;
```

4. 在仿真的时候读转储文件($dumpportsflush)

为了改善性能，仿真器经常缓冲 VCD 的输出，每隔一段时间就将缓冲的信息写到文件中，而不是一行一行地写。$dumpportsflush 系统任务将所有端口的值写到相关的文件中，清除一个仿真器的 VCD 缓冲区，其语法格式为

```
$dumpportsflush ( file_pathname ) ;
```

5. 关键字命令描述

在扩展 VCD 文件中的一般信息由一系列关键字引导的部分所表示，关键字提供了在扩展 VCD 文件中插入信息的方法。和四态 VCD 文件相比，扩展 VCD 文件提供了一个额外的关键字命令。

$vcdclose 系统任务用于表示关闭 VCD 文件的最终仿真时间点，这允许精确的记录仿真结束的时间，而不需要考虑信号的变化状态。其语法格式为

```
$vcdclose final_simulation_time $end
```

例 5.320 $vcdclose 的 Verilog HDL 描述的例子。

```
$vcdclose #13000 $end
```

6. VCD 系统任务的一般规则

对于每一个扩展的 VCD 系统任务，应该遵循下面的规则：

(1) 如果指定的 file_pathame 与 $ dumpports 调用内所指定的 file_pathnane 不匹配时，将忽略控制任务。

(2) 如果在任务内没有指定参数，可以使用不带有参数的系统任务名字。比如 $ dumpportsflush 或者 $ dumpportsflush()。在这些情况下，将执行用于参数的默认行为。

5.18.4 扩展 VCD 文件的格式

扩展 VCD 文件的格式类似于四态 VCD 文件。

1. 扩展 VCD 文件语法

其语法格式表示为

```
declaration_keyword
     [command_text]
$ end
simulation_keyword { value_change } $ end
| $ comment [comment_text] $ end
| simulation_time
| value_change
```

其中，declaration_keyword 为声明关键字，包括 $ comment、$ date、$ enddefinitions、$ scope、$ timescale、$ upscope、$ var、$ vcdclose、$ version。command_text 为命令文本，包括：①comment_text；②close_text；③date_section；④scope_section；⑤timescale_section；⑥var_section；⑦ version_section。simulation_keyword 为仿真关键字，包括 $ dumpports、$ dumpportsoff、$ dumpportson、$ dumpportsall。

2. 扩展的 VCD 节点信息

语法格式如下

```
$ var var_type size < identifier_code reference $ end
```

其中，var_type 为唯一的关键字 port。size 表示端口比特位的个数。如果端口是单比特，则值为 1。如果端口是总线，则打印真正的索引。identifier_code 表示一个由“<”符号引导的整数，开始于 0；然后，对于每个端口递增一个单位(以在模块声明中，发现的顺序为准)。reference 为指示端口名字的标识符。

例 5.321 $ dumpports 的 Verilog HDL 描述的例子。

```
module test_device(count_out, carry, data, reset)
output count_out, carry ;
input [0:3] data;
input reset;
…
initial
    begin
      $ dumpports(testbench.DUT, "testoutput.vcd");
…
end
```

例 5.322 在 VCD 文件中产生下面节点信息 Verilog HDL 描述的例子。

```
$ scope module testbench.DUT $ end
$ var port    1 <0      count_out    $ end
$ var port    1 <1      carry        $ end
$ var port    [0:3] <2  data         $ end
$ var port    1 <3      reset        $ end
$ upscope $ end
```

例 5.323 并置端口在扩展 VCD 文件中显示为独立的入口的 Verilog HDL 描述的例子。

```
module addbit ({A, b}, ci, sum, co);
    input A, b, ci;
    output sum, co;
…
```

VCD 文件的输出如下

```
$ scope module addbit $ end
$ var port 1 <0 A $ end
$ var port 1 <1 b $ end
$ var port 1 <2 ci $ end
$ enddefinitions $ end
…
```

3. 值的变化

VCD 值的变化部分的语法形式为

```
pport_value 0_strength_component 1_strength_component identifier_code
```

其中,p 表示端口的关键字,在 p 和 port_value 之间没有空格。port_value 为状态字符,其中包括:①0_strength_component 为八个 Verilog HDL 强度中的一个,说明端口的 strength0 规范。②1_strength_component 为八个 Verilog HDL 强度中的一个,说明端口的 strength1 规范。表 5.57 给出了 Verlog HDL 提供的强度级。identifier_code 为一个"<"符号引导的整数。

表 5.57 Verilog HDL 提供的强度级

值	强度含义	值	强度含义
0	highz	4	large
1	small	5	pull
2	medium	6	strong
3	weak	7	supply

4. 状态字符

根据来自测试平台的输入值,被测器件的输出值和表示未知方向的状态,列出下面的状态信息。

表 5.58 给出输入值字符和含义列表,表 5.59 给出了输出值字符和含义列表,表 5.60

给出了未知方向字符和含义列表。

表 5.58 输入值字符和含义列表

字母	含 义
D	低
U	高
N	未知
Z	三态
d	低(两个或三个驱动器活动)
u	高(两个或三个驱动器活动)

表 5.59 输出值字符和含义列表

字母	含 义
L	低
H	高
X	未知(不考虑)
T	三态
l	低(两个或三个驱动器活动)
h	高(两个或三个驱动器活动)

表 5.60 未知方向字符和含义列表

字母	含 义
0	低(所有输入输出都是 0 值,活动的)
1	高(所有输入输出都是 1 值,活动的)
?	未知
F	三态(输入和输出没有连接)
A	未知(输入 0 和输出 1)
a	未知(输入 0 和输出 X)
B	未知(输入 1 和输出 0)
b	未知(输入 1 和输出 X)
C	未知(输入 X 和输出 0)
c	未知(输入 X 和输出 1)
f	未知(输入和输出都为三态)

5. 驱动器

只根据原语、连续分配和过程连续分配,考虑驱动器。值 0/1 表示所有的输入和输出都是活动的 0/1,0 和 1 是冲突的状态。下面的规则用于冲突:

(1) 如果所有输入和输出驱动带有相同强度范围的相同的值,则有冲突。解决的值是 0/1,强度是两个中更强的。

(2) 如果输入正在驱动一个强的强度(范围)以及输出正在驱动一个弱的强度(范围),解决的值是 d/u,强度是输入的强度。

(3) 如果输入正在驱动一个弱的强度(范围)以及输出正在驱动一个强的强度(范围),解决的值是 l/h,强度是输出的强度。范围是:

(1) 强度支持 7～5(大)：强的强度。

(2) 强度 4～1：弱的强度。

例 5.324 扩展 VCD 文件格式的 Verilog HDL 描述的例子。

```
module adder(data0, data1, data2, data3, carry, as, rdn, reset,test, write);
inout data0, data1, data2, data3;
output carry;
input as, rdn, reset, test, write;
…
```

最终的 VCD 片段：

```
$ scope module testbench.adder_instance $ end
$ var port 1 <0 data0 $ end
$ var port 1 <1 data1 $ end
$ var port 1 <2 data2 $ end
$ var port 1 <3 data3 $ end
$ var port 1 <4 carry $ end
$ var port 1 <5 as $ end
$ var port 1 <6 rdn $ end
$ var port 1 <7 reset $ end
$ var port 1 <8 test $ end
$ var port 1 <9 write $ end
$ upscope $ end
$ enddefinitions $ end

#0
$ dumpports
pX 6 6 <0
pX 6 6 <1
pX 6 6 <2
pX 6 6 <3
pX 6 6 <4
pN 6 6 <5
pN 6 6 <6
pU 0 6 <7
pD 6 0 <8
pN 6 6 <9
$ end
#180
pH 0 6 <4
#200000
pD 6 0 <5
pU 0 6 <6
pD 6 0 <9
#200500
pf 0 0 <0
pf 0 0 <1
pf 0 0 <2
pf 0 0 <3
```

5.19 Verilog HDL 编译器指令

Verilog HDL 编译器指令由重音符"`"开始。

5.19.1 `celldefine 和`endcelldefine

这两个指令用于将模块标记为单元模块，它们表示包含模块定义。某些 PLI 使用单元模块用于这些应用，比如计算延迟。

该命令可以出现在源代码描述中的任何地方。但是，推荐将其放在模块定义的外部。

例 5.325 `celldefine 的 Verilog HDL 描述的例子。

```
`celldefine
   module my_and(y, a, b);
   output y;
   input a, b;
      assign y = a & b;
   endmodule
`endcelldefine
```

5.19.2 `default_nettype

该指令用于为隐含网络指定网络类型，也就是为那些没有说明的连线定义网络类型。它只可以出现在模块声明的外部，允许使用多个`default_netype 指令。

如果没有出现`default_netype 指令，或者如果指定了`resetall 指令，隐含的网络类型是 wire。当`default_netype 设置为 none 时，需要明确地声明所有的网络；如果没有明确的声明网络，则产生错误。`default_netype 指令格式为

```
`default_nettype default_nettype_value
```

其中，`default_nettype_value 的值可以是 wire、tri、tri0、tri1、wand、triand、wor、trior、trireg、uwire、none。

5.19.3 `define 和`undef

1. `define 指令

`define 指令用于文本替换，它很像 C 语言中的 # define 指令。它生成一个文本宏。该指令既可以放在模块定义内部，也可以放在模块定义之外。一旦编译了`define 指令，它在整个编译过程中都有效。

如果已经定义了一个文本宏，那么在它的宏名之前加上重音符号(`)，就可以在源程序中引用该文本宏。

在编译器编译时，将会自动用相应文本块代替字符串宏名。在 Verilog HDL 中的所有编译指令，都看作是预定义的宏名，要将一个编译指令重新定义为一个宏名是非法的。

一个文本宏定义可以带有一个参数。这样，就允许为每一个单独的应用定制文本宏。文本宏定义的语法格式如下

```
`define <text_macro_name><macro_text>
```

其中,<text_macro_name>为文本的宏名字,其语法格式为 text_macro_identifier[<list_of_formal_arguments>]。text_macro_identifier 为宏标识符,要求是简单标识符。<list_of_formal_arguments>为形参列表,一旦一个宏名被定义,就可以在源程序的任何地方使用它,而没有范围限制。

<macro_text>为宏文本,可以是与宏名同行的任意指定文本。①如果指定的文本超过一行,那么需要用反斜杠(\)表示新的一行开始。这样,反斜杠后面的文本也将作为宏文本的一部分,参与替换宏。反斜杠并不参与替换宏,编译时忽略它。②如果宏文本包含了一个单行注释语句(以"//"开始的注释语句),该语句不属于替换文本,编译时不参与替换。③宏文本可以是空白。

例 5.326 `define 的 Verilog HDL 描述的例子 1。

```
`define wordsize 8
reg [1:`wordsize] data;
//定义一个带有可变延迟的 nand 门
`define var_nand(dly) nand #dly
`var_nand(2) g121 (q21, n10, n11);
`var_nand(5) g122 (q22, n10, n11);.
```

例 5.327 `define 的 Verilog HDL 描述的例子 2。

```
`define first_half "start of string
$display(`first_half end of string");
```

例 5.328 `define 的 Verilog HDL 非法描述的例子 3。

```
`define max(a,b)((a) > (b) ? (a) : (b))
n = `max(p+q, r+s) ;
```

将要扩展为:

```
n = ((p+q) > (r+s)) ? (p+q) : (r+s) ;
```

2. `undef 指令

`undef 指令用于取消前面定义的宏。如果先前并没有使用指令`define 进行宏定义,那么使用`undef 指令会导致一个警告。`undef 指令的语法格式如下

```
`undef text_macro_identifier
```

一个取消了的宏没有值,就如同没有定义一样。

```
`define SIZE 8
`define xor_b(x,y) (x & !y)|(!x & y)
//这些文本宏可以用作:
reg [`SIZE - 1 : 0] data_out;
c = `xor_b(a, b);
`undef SIZE
```

5.19.4 `ifdef、`else、`elsif、`endif、`ifndef

1. `ifdef 编译器命令

这些编译指令`ifdef、`else、`endif 用于条件编译,条件编译指令的语法格式如下

```
`ifdef text_macro_identifier
ifdef_group_of_lines
{ `elsif text_macro_identifier elsif_group_of_lines }
[ `else else_group_of_lines ]
`endif
```

其中,text_macro_identifier 为 Verilog HDL 文本宏的名字。ifdef_group_of_lines、elsif_group_of_lines、else_group_of_lines 是 Veriog HDL 源描述的一部分。`ifdef、`else、`elsif、`endif 编译器命令以下面的行为一起工作:①当遇到`ifdef 时,测试`ifdef 文本宏标识符,查看在 Verilog HDL 源文件描述中,是否使用`define 作为一个文本宏名字。②如果定义`ifdef 文本宏标识符,则对`ifdef 所包含的行作为描述的一部分进行编译;如果还有`else 或者`elsif 编译器指令,则忽略这些编译器指令和相关的行组。③如果没有定义`ifdef 文本宏标识符,则忽略`ifdef 所包含的行。④如果有`elsif 编译器指令,测试`elsif 文本宏标识符,查看在 Verilog HDL 源文件描述中,是否使用`define 作为一个文本宏名字。⑤如果定义`elsif 文本宏标识符,则对`elsif 所包含的行作为描述的一部分进行编译;如果还有`else 或者`elsif 编译器指令,则忽略这些编译器指令和相关的行组。⑥如果没有定义第一个`elsif 文本宏标识符,则忽略第一个`elsif 所包含的行。⑦如果有多个`elsif 编译器命令,将按照它们在 Verilog HDL 源文件中的描述顺序和评估第一个`elsif 编译器指令的方法,对这些指令进行评估。⑧如果有一个`else 编译器命令,将`else 所包含的行作为描述的一部分进行编译。

例 5.329 `ifdef 的 Verilog HDL 描述的例子 1。

```
module and_op (a, b, c);
output a;
input b, c;
`ifdef behavioral
    wire a = b & c;
`else
    and a1 (a,b,c);
`endif
endmodule
```

例 5.330 `ifdef 的 Verilog HDL 描述的例子 2。

```
module test(out);
output out;
`define wow
`define nest_one
`define second_nest
`define nest_two
  `ifdef wow
   initial $display("wow is defined");
     `ifdef nest_one
```

```
          initial $display("nest_one is defined");
          `ifdef nest_two
            initial $display("nest_two is defined");
          `else
            initial $display("nest_two is not defined");
          `endif
        `else
          initial $display("nest_one is not defined");
        `endif
      `else
        initial $display("wow is not defined");
        `ifdef second_nest
            initial $display("second_nest is defined");
        `else
            initial $display("second_nest is not defined");
        `endif
    `endif
endmodule
```

2. `ifndef 编译器命令

这些编译指令`ifndef、`else、`endif 用于条件编译，条件编译指令的语法格式如下

```
`ifndef text_macro_identifier
ifndef_group_of_lines
{ `elsif text_macro_identifier elsif_group_of_lines }
[ `else else_group_of_lines ]
`endif
```

其中，text_macro_identifier 为 Verilog HDL 文本宏的名字。ifndef_group_of_lines、elsif_group_of_lines、else_group_of_lines 是 Verilog HDL 源描述的一部分。`ifndef、`else、`elsif、`endif 编译器命令以下面的行为一起工作：①当遇到`ifndef 时，测试`ifndef 文本宏标识符，查看在 Verilog HDL 源文件描述中，是否使用`define 作为一个文本宏名字。②如果没有定义`ifndef 文本宏标识符，则对`ifndef 所包含的行作为描述的一部分进行编译；如果还有`else 或者`elsif 编译器指令，则忽略这些编译器指令和相关的行组。③如果定义了`ifndef 文本宏标识符，则忽略`ifndef 所包含的行。④如果有`elsif 编译器指令，测试`elsif 文本宏标识符，查看在 Verilog HDL 源文件描述中，是否使用`define 作为一个文本宏名字。⑤如果定义了`elsdef 文本宏标识符，则对`elsdef 所包含的行作为描述的一部分进行编译；如果还有`else 或者`elsif 编译器指令，则忽略这些编译器指令和相关的行组。⑥如果没有定义第一个`elsif 文本宏标识符，则忽略第一个`elsif 所包含的行。⑦如果有多个`elsif 编译器命令，将按照它们在 Verilog HDL 源文件中的描述顺序和评估第一个`elsif 编译器指令的方法，对这些指令进行评估。⑧如果有一个`else 编译器命令，将`else 所包含的行作为描述的一部分进行编译。

例 5.331 `ifndef 的 Verilog HDL 描述的例子。

```
module test;
  `ifdef first_block
    `ifndef second_nest
        initial $display("first_block is defined");
```

```
    `else
      initial $display("first_block and second_nest defined");
    `endif
  `elsif second_block
    initial $display("second_block defined, first_block is not");
  `else
    `ifndef last_result
      initial $display("first_block, second_block,"
        " last_result not defined.");
    `elsif real_last
      initial $display("first_block, second_block not defined,"
        " last_result and real_last defined.");
    `else
      initial $display("Only last_result defined!");
    `endif
  `endif
endmodule
```

5.19.5 `include

`include 编译器指令用于在编译期间，插入在另一个文件中的源文件。既可以用相对路径名定义文件，也可以用全路径名定义文件。其语法格式为

```
`include "filename"
```

使用`include 编译器指令的优势主要体现在：

(1) 提供了配置管理不可分割的一部分。

(2) 改善了 Verilog HDL 源文件描述的组织结构。

(3) 便于维护 Verilog HDL 源文件描述。

例 5.332 `include 的 Verilog HDL 描述的例子。

```
`include "parts/count.v"
`include "fileB"
`include "fileB"   // 包含 fileB
```

5.19.6 `resetall

该编译器遇到`resetall 指令时，将所有的编译指令重新设置为默认值。推荐在源文件的开始，放置`resetall。在模块内或者 UDP 声明中放置`resetall 命令，是非法的。其语法格式为

```
`resetall
```

5.19.7 `line

对于 Verilog 工具来说，跟踪 Verilog HDL 源文件的名字和文件的行的行号是非常重要的，这些信息可以用于错误消息或者源代码的调试，Verilog PL1 可以访问它。然而，在很多情况下，Verilog 源文件由其他工具进行了预处理。由于预处理工具可能在 Verilog HDL

源文件中添加了额外的行，或者将多个源代码行组合为一个行，或者并置多个源文件，等等。因此，可能丢失原始的源文件和行信息。

`line 编译器命令可以用于指定的原始源代码的行号和文件名，如果其他过程修改了源文件，这允许定位原始的文件。当指定了新行的行号和文件名，编译器可以正确的识别原始的源文件位置。然而，一个工具不要产生`line 命令。其语法格式为

```
`line number "filename" level
```

其中，number 是一个正整数，用于指定跟随文本行的新行行号。filename 是一个字符串常数，将其看作文件的新名字，文件名可以是全路径名或者相对路径名字。level 为该参数的值，可以是 0、1 或者 2。①当为 1 的时候，当输入一个 include 行后的下面一行是第一行。②当为 2 的时候，当退出一个 inlcude 行后的下面一行是第一行。③当为 0 的时候，指示任何其他行。

例 5.333 `line 的 Verilog HDL 描述的例子。

```
`line 3 "orig.v" 2
// 该行是 orig.v 存在 include 文件后的第 3 行。
```

5.19.8 `timescale

在 Verilog HDL 模型中，所有时延都用单位时间表述；使用`timescale 编译器指令将时间单位与实际时间相关联，该指令用于定义时延的单位和时延精度。`timescale 编译器指令格式为

```
`timescale time_unit/time_precision
```

其中，time_unit 指定用于时间和延迟测量的单位，可选的值为 1、10 或 100。time_precision 用于在仿真前，确定如何四舍五入延迟值。时间分辨率可选的单位包括 s、ms、us、ns、ps 和 fs。

例 5.334 `timescale 的 Verilog HDL 描述的例子 1。

```
`timescale 1 ns / 1 ps
`timescale 10 us / 100 ns
```

例 5.335 `timescale 的 Verilog HDL 描述的例子 2。

```
`timescale 10 ns / 1 ns
module test;
reg set;
parameter d = 1.55;
initial begin
    #d set = 0;
    #d set = 1;
end
endmodule
```

根据时间精度，参数 d 的值从 1.55 四舍五入到 1.6；模块的时间单位是 10ns，精度是 1ns；因此，将参数 d 的延迟从 1.6 标定到 16。

5.19.9 `unconnected_drive 和`nounconnected_drive

当一个模块所有未连接的端口出现在`unconnected_drive 和`nounconnected_drive 指令之间时，将这些未连接的端口上拉或者下拉，而不是按通常的默认值处理。

指令`unconnected_drive 使用 pull1/pull0 参数中的一个，当指定 pull1 时，所有未连接的端口自动上拉；当指定 pull0 时，所有未连接的端口自动下拉。

建议成对使用`unconnected_drive 和`nounconnected_drive 指令，但不是强制要求。在模块外部，成对指定这些指令。

`resetall 指令包括`nounconnected_drive 指令的效果。

例 5.336 nounconnected_drive/`unconnected_drive 的 Verilog HDL 描述的例子。

```
`unconnected_drive pull1
module my_and(y, a, b);
output y;
input a, b;
  assign y = a & b;
endmodule
module test;
reg b;
wire y;
  my_and u1 (y, ,b);
endmodule
`nounconnected_drive
```

5.19.10 `pragma

`pragma 指令是一个结构化的说明，它用于改变对 Verilog HDL 源文件的理解。由这个指令所引入的说明称之为编译指示，不同于 Verilog HDL 标准给出的规范编译指示的结果是指定实现(implement-specified)。其语法格式为

```
`pragma pragma_name [ pragma_expression { , pragma_expression } ]
```

其中，pragma_name 表示编译指示的名字，可以是 $ 开头的系统标识符或者一般标识符。pragma_expression 表示编译指示表达式。

reset 和 resetall 编译指示将恢复默认值以及指示相关的编译指示对 pragma_keywords 状态的影响。

5.19.11 `begin_keywords 和`end_keyword

`begin_keywords 和`end_keyword 一对指令用于指定在一个源代码块中，基于 IEEE Std1364，保留用于关键字的标识符。该对指令只说明那些作为保留关键字的标识符。只能在设计元素(模块、原语和配置)外指定该关键字，并且需要成对使用。其语法格式为

```
`begin_keywords "version_specifier"
    ………………..
`end_keyword
```

其中，version_specifier 可选的版本标识符包括 1364-1995、1364-2001、1364-2001-noconfig、1364-2005。

例 5.337 \`begin_keywords 和\`end_keyword 的 Verilog HDL 描述的例子。

```
`begin_keywords "1364 - 2001"          //使用 IEEE Std 1364 - 2001Verilog 关键字
module m2 ( … );
reg [63:0] logic;                     // logic 不是 1364 - 2001 的关键字
…
endmodule
`end_keywords
```

5.20 Verilog HDL 编程语言接口 PLI

编程语言接口(programming language interface, PLI)提供了通过 C 语言函数对 Verilog 数据结构进行存储、读取操作的方法。

5.20.1 Verilog HDL PLI 发展过程

Verilog 编程语言接口的发展先后经过了三个阶段:

(1) 第一个阶段为任务或函数子程序(称为 TF 子程序),它可以在 C 程序和 Verilog 设计之间传递数据。

(2) 第二个阶段为存取子程序(称为 ACC 子程序),它可以在用户自定义 C 程序和 Verilog 的内部数据表示的接口上使用。

(3) 第三个阶段最初称为 PLI2.0,后来改称为 Verilog 过程接口(Verilog procedual interface,VPI),它进一步扩展了前两代编程语言接口的功能。它是一个针对 C 语言的 Verilog 过程接口,它可以使用数字电路的行为级描述代码直接调用 C 语言的函数,而用到的 C 语言函数也可以调用标准的 Verilog 系统任务。

5.20.2 Verilog HDL PLI 提供的功能

PLI 接口主要提供以下三种功能。

(1) PLI 接口允许用户编写自定义的系统任务和系统函数,用户写出相应的 PLI 程序并连接到仿真器后,就可以在自己书写的 Verilog 程序中使用这些系统任务和系统函数。一旦在仿真过程中调用这些任务或者函数,仿真器就会找到对应的用户所编写的 PLI 程序并执行,从而实现仿真器的定制。

(2) 这个接口还允许用户在自己的 PLI 程序中与仿真器中例化的 Verilog 硬件进行交互,比如读一个线网络的值,向一排寄存器写值,设置一个单元的延迟,等等。

对于 PLI 程序而言,仿真器中的 Verilog 实例完全是透明的,用户可以对这些硬件做任何操作(不能修改硬件结构)。

有了这个功能,用户就可以在自定义的任务/函数中对硬件执行某些用 Verilog 语言难以完成的操作。

(3) 某些特定的操作需要对仿真过程中一些信号的变化做出响应,虽然可以用 always 过程语句来监控少量信号的变化,但如果需要监测大量信号,这种机制并不现实。

PLI 接口提供了一种函数回调的机制解决这个问题,用户可以将某个线网络/寄存器等信号挂上一个 PLI 程序中的 C 函数。每当该信号变化时，就会调用这个函数，从而很方便地对信号进行监控。

除了上面所说的这些机制外，PLI 还能让用户控制仿真的过程，比如暂停、退出、往日志文件里写信息等；还可以采集仿真过程的数据，比如当前仿真时间等等。在实际的 PLI 程序中，同样不可缺少这些程序。

5.20.3 Verilog HDL PLI 原理

编程语言接口 PLI 的工作步骤包括：

(1) 用 C/C++代码编写函数。

(2) 编译这些函数，生成共享的库(在 Windows 环境下为 *.DLL；在 UNIX 下为 *.SO)。仿真器，比如 VCS，允许静态连接。

(3) 在 Verilog HDL 代码中(大部分是 Testbench)使用这些函数。

(4) 基于仿真器，在对 Verilog HDL 代码编译的过程中，将 C/C++函数细节传递给仿真器。这个过程称为链接，设计者需要参考仿真器用户指南，了解进行链接的方法。

(5) 一旦完成链接，就可以像其他 Verilog 仿真一样，运行仿真器。

当仿真器执行 Verilog HDL 代码时，如果仿真器遇到用户定义的系统任务(用 $ 开头)时。将执行控制交给 PLI 例程(C/C++函数)。

如下所示的代码中，在 C 语言中定义了一个函数 hello。当调用该函数时，将打印“Hello Deepak”。这个例子没有使用任务 PLI 内的标准函数(ACC、TF 和 VPI)。

代码清单 5-1 C 代码

```
#include <stdio.h>
void hello () {
  printf ("\nHello Deepak\n");
}
```

代码清单 5-2 Verilog HDL 代码

```
module hello_pli ();
initial begin
   $hello;
   #10 $finish;
end
endmodule
```

上面的例子过于简单。考虑计数器模型编写 DUT 参考模型，并且在 C 中进行检查。然后，将其链接到 Verilog HDL 测试平台。下面给出使用 PLI 编写 C 模型的要求。

(1) 按照调用 C 模型的方法，当输入信号有变化(可能是 wire、reg 或 type)时，执行下面过程。

(2) 在 Verilog HDL 代码中，得到变化信号的值，并传递到 C 代码中。

(3) 从 C 代码中驱动 Verilog HDL 代码中的任何信号值。

在 Verilog PLI 中，提供了例程(函数)集合，用于满足上面的要求。

如图 5.65 所示。使用 PLI 定义计数器测试平台的要求，将调用 PLI 函数 $counter_monitor。在 C 代码中，实现对计数器逻辑和逻辑检查。当检查失败时，停止仿真。

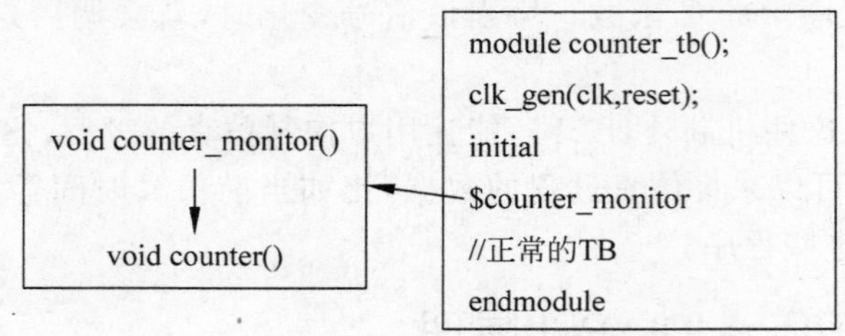

图 5.65 C 和 Verilog HDL 之间的调用

在 C 中写一个计数器是很容易的一件事。但是，在什么时候需要增加计数器的值？这就需要监测时钟信号的变化（注意：在 Verilog HDL 中驱动复位和时钟是一个比较好的方法）。每当时钟发生变化，就执行计数器的功能。

代码清单 5-3 C 代码

```
#include "acc_user.h"

handle clk ;
handle reset ;
handle enable ;
handle dut_count ;
void counter ();

void counter_monitor() {
  acc_initialize();
  clk = acc_handle_tfarg(1);
  reset = acc_handle_tfarg(2);
  enable = acc_handle_tfarg(3);
  dut_count = acc_handle_tfarg(4);
  acc_vcl_add(clk,counter,null,vcl_verilog_logic);
  acc_close();
}

void counter () {
  io_printf("Clock changed state\n");
}
```

代码清单 5-4 Verilog HDL 代码

```
module counter_tb();
  reg enable;
  reg reset;
  reg clk_reg;
  wire clk;
  wire [3:0] count;

initial begin
  enable = 0;
  clk_reg = 0;
  reset = 0;
  $display("%g , Asserting reset", $time);
```

```
  #10 reset = 1;
  #10 reset = 0;
  $display ("%g, Asserting Enable", $time);
  #10 enable = 1;
  #55 enable = 0;
  $display ("%g, Deasserting Enable", $time);
  #1 $display ("%g, Terminating Simulator", $time);
  #1 $finish;
end

always begin
  #5 clk_reg = !clk_reg;
end

assign clk = clk_reg;

initial begin
  $counter_monitor (counter_tb.clk, counter_tb.reset,
   counter_tb.enable, counter_tb.count);
end

counter U(
.clk (clk),
.reset (reset),
.enable (enable),
.count (count)
);

endmodule
```

5.20.4　Verilog HDL VPI 工作原理

Verilog HDL 过程接口 VPI 的工作步骤包括：

(1) 写一个 C 函数。

(2) 用一个新的系统任务关联 C 函数。

(3) 注册(寄存)一个新的系统任务。

(4) 调用系统任务。

1. 写 C 函数

写 C 函数/例程和 PLI2.0 类似，唯一的区别就是需要包含 vpi_user.h，而不是 acc_user.h 和 veriuser.h；也使用 vpi_* 函数访问和修改 Verilog 仿真器内的对象。

代码清单 5-5　C 函数代码

```
#include "vpi_user.h"

void hello() {
  vpi_printf("\n\nHello Deepak\n\n");
}
```

2. 用一个新的系统任务关联 C 函数

为了将C函数和一个系统任务关联,创建一个 s_vpi_systf_data 类型的数据结构,并且指针指向这个结构。在 vpi_user.h 中定义了 vpi_systf_data 数据结构,下面给出了该数据结构。

代码清单 5-6 t_vpi_systf_data 数据结构

```
typedef struct t_vpi_systf_data {
  PLI_INT32 type;              // vpiSysTask, vpiSysFunc
  PLI_INT32 sysfunctype;       // vpiSysTask, vpi[Int,Real,Time,Sized, SizedSigned]Func
  PLI_BYTE8 * tfname;          // First character must be `$'
  PLI_INT32 ( * calltf)(PLI_BYTE8 * );
  PLI_INT32 ( * compiletf)(PLI_BYTE8 * );
  PLI_INT32 ( * sizetf)(PLI_BYTE8 * );    // For sized function callbacks only
  PLI_BYTE8 * user_data;
} s_vpi_systf_data, * p_vpi_systf_data;
```

表 5.61 给出数据结构每一项的含义。

表 5.61 数据结构每一项的含义

数据结构的域	含　义
type	任务-不返回值;函数-返回值
sysfunctype	如果类型是函数,该项表示 calltf 函数返回值的类型
tfname	这个括起来的字符串,定义了系统任务或者函数的名字。第一个字符必须是"$"
calltf	指向应用例程的指针
compiletf	这个域是一个指针指向仿真器每次编译任务/函数例化时,所调用的例程
sizetf	该域是一个指针,指向例程,返回系统任务或者函数值的大小
user_data	该域是一个指针,指向可选的数据。通过调用 vpi_get_systf_info()例程恢复这个数据

代码清单 5-7 用一个新的任务关联关联 C 函数

```
#include "hello_vpi.c"
void registerHelloSystfs() {
  s_vpi_systf_data task_data_s;
  p_vpi_systf_data task_data_p = &task_data_s;
  task_data_p->type = vpiSysTask;
  task_data_p->tfname = "$hello";
  task_data_p->calltf = hello;
  task_data_p->compiletf = 0;
  vpi_register_systf(task_data_p);
}
```

3. 注册一个新的任务

当初始化完 s_vpi_systf_data 数据结构后,必须注册用户的系统任务,这样仿真器就可以执行它。

代码清单 5-8 注册一个新的任务

```
void ( * vlog_startup_routines[ ] ) () = {
   registerHelloSystfs,
   0                          // last entry must be 0
};
```

4. 调用系统任务

可以在初始化块或者在 always 块中，调用用户新系统任务。

```
module hello_pli ();
initial begin
  $hello;
  #10 $finish;
end
endmodule
```

5. 连接仿真器

每个仿真器都有自己的方式，用于将 VPI 例程连接到仿真器。更详细的请参考相关仿真器的用户手册。

第 6 章 基本数字逻辑单元 HDL 描述

CHAPTER 6

任何复杂的数字系统都可以用若干基本组合逻辑单元和时序逻辑单元组合来实现，这两类基本逻辑单元构成复杂数字系统设计的基础。本章分别使用 VHDL 和 Verilog HDL 对基本单元的设计进行详细地描述。

本章除了介绍基本数字逻辑单元的设计外，还详细介绍了复杂数字逻辑单元的设计，这些复杂数字逻辑单元包括存储器、数据运算操作单元和有限自动状态机。

读者在学习本章内容时，要仔细地学习这些数字逻辑单元的设计方法和设计技巧，并能正确使用 HDL 描述数字逻辑单元，为设计复杂数字系统打下坚实的基础。

6.1 组合逻辑电路的 HDL 描述

组合逻辑电路的当前输出状态只决定于当前时刻各个输入状态的组合，而与先前的状态无关。组合逻辑电路主要包括基本逻辑门、编码器、译码器、数据选择器、数据比较器、总线缓冲器等。

6.1.1 逻辑门的 HDL 描述

HDL 语言提供了多种描述风格和不同的逻辑运算运算符，用于对基本逻辑操作进行描述。

例 6.1 基本逻辑门 HDL 描述的例子。

代码清单 6-1 基本门电路的 VHDL 描述

```
Library ieee;
Use ieee.std_logic_1164.all;
Entity gate is
    Port(a, b,c,d : in std_logic;
      o: out std_logic);
 end gate;
 architecture rtl of gate is
  begin
    d<= (not(a and b)) or (b and c and d);
  end rtl;
```

代码清单 6-2　基本门电路的 Verilog HDL 过程分配描述

```
module g1(o,a,b,c,d);
input a,b,c,d;
output reg o;
always @(a or b or c or d)
begin
  o = (~(a&b))|(b&c&d);
end
endmodule
```

代码清单 6-3　基本门电路的 Verilog HDL 连续分配描述

```
module g2(o,a,b,c,d);
input a,b,c,d;
output o;
  assign o = (~(a&b))|(b&c&d);
endmodule
```

代码清单 6-4　基本门电路的 Verilog HDL 门调用描述

```
module g3(o,a,b,c,d);
input a,b,c,d;
output o;
  nand(o1,a,b);
  and(o2,b,c,d);
  or(o,o1,o2);
endmodule
```

6.1.2 编码器 HDL 描述

将某一信息用一组按一定规律排列的二进制代码表示称为编码，典型的有 8421 码、BCD 码等。在使用 HDL 语言描述编码器时可以使用 CASE 或 IF 语句。

例 6.2　8/3 线编码器 HDL 描述的例子（符号如图 6.1 所示）。

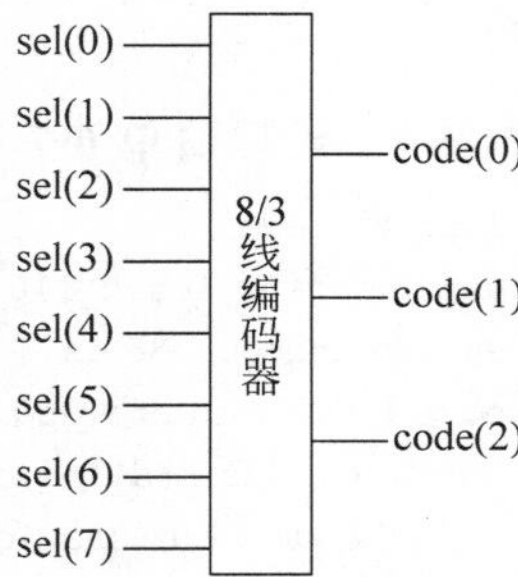

图 6.1　8/3 线编码器电路

代码清单 6-5　8/3 线编码器的 VHDL 描述

```
library ieee;
use ieee.std_logic_1164.all;
entity priority_encoder_1 is
    port ( sel : in std_logic_vector (7 downto 0);
        code :out std_logic_vector (2 downto 0));
end priority_encoder_1;
architecture archi of priority_encoder_1 is
begin
    code <= "000" when sel(0)  =  '1' else
            "001" when sel(1)  =  '1' else
            "010" when sel(2)  =  '1' else
            "011" when sel(3)  =  '1' else
            "100" when sel(4)  =  '1' else
```

```
                "101" when sel(5) = '1' else
                "110" when sel(6) = '1' else
                "111" when sel(7) = '1' else
                "ZZZ";
end archi;
```

代码清单 6-6　8/3 线优先编码器的 Verilog HDL 描述

```
module v_priority_encoder_1(sel,code);
input [7:0] sel;
output [2:0] code;
reg [2:0] code;
always @(sel)
begin
    if (sel[0]) code = 3'b000;
    else if (sel[1]) code = 3'b001;
    else if (sel[2]) code = 3'b010;
    else if (sel[3]) code = 3'b011;
    else if (sel[4]) code = 3'b100;
    else if (sel[5]) code = 3'b101;
    else if (sel[6]) code = 3'b110;
    else if (sel[7]) code = 3'b111;
    else code = 3'bxxx;
end
endmodule
```

6.1.3　译码器 HDL 描述

将某一特定的代码翻译成原始信息的过程称为译码。可以通过译码器电路实现译码过程。译码过程实际上就是编码过程的逆过程，即将一组按一定规律排列的二进制数还原为原始信息的过程。

例 6.3　3/8 译码器的 HDL 描述的例子（符号如图 6.2 所示）。

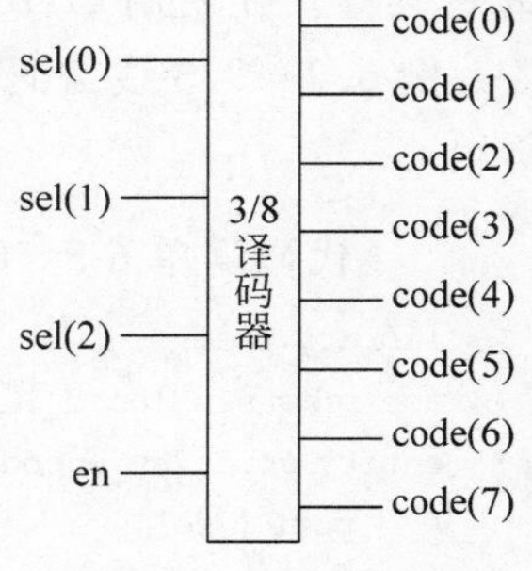

图 6.2　3/8 译码器电路

代码清单 6-7　3/8 译码器的 VHDL 描述

```
library ieee;
use ieee.std_logic_1164.all;
entity encoder_38 is
port ( sel : in std_logic_vector (2 downto 0);
    en : in std_logic;
    code : out std_logic_vector (7 downto 0));
end encoder_38;
architecture rtl of encouder_38 is
begin
process(sel,en)
begin
    if(en = '1') then
        case sel is
            when "000" => code <= "00000001";
            when "001" => code <= "00000010";
```

```
            when "010"  => code <=  "00000100";
            when "011"  => code <=  "00001000";
            when "100"  => code <=  "00010000";
            when "101"  => code <=  "00100000";
            when "110"  => code <=  "01000000";
            when "111"  => code <=  "10000000";
            when others  => code <=  "00000000";
        end case;
     else
         code <= "ZZZZZZZZ";
    end if;
    end process;
    end rtl;
```

代码清单 6-8　3/8 译码器的 Verilog HDL 描述

```
module v_decoders_1 (sel, res);
input [2:0] sel;
output [7:0] res;
reg [7:0] res;
always @(sel or res)
begin
    case (sel)
      3'b000 : res = 8'b00000001;
      3'b001 : res = 8'b00000010;
      3'b010 : res = 8'b00000100;
      3'b011 : res = 8'b00001000;
      3'b100 : res = 8'b00010000;
      3'b101 : res = 8'b00100000;
      3'b110 : res = 8'b01000000;
      default : res = 8'b10000000;
    endcase
end
endmodule
```

例 6.4　二进制转换为七段码 HDL 描述的例子(符号如图 6.3 所示)。

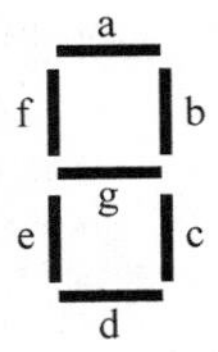

图 6.3　七段数码显示电路

代码清单 6-9　十六进制数共阳极七段数码显示的 VHDL 描述

```
library ieee;
use ieee.std_logic_1164.all;
use ieee.std_logic_unsigned.all;
entity decoder is
    port(hex:  in   std_logic_vector(3 downto 0);
         led : out   std_logic_vector(6downto 0));
end decoder;
architecture rtl of decoder is
begin
  with hex select
      LED <=  "1111001" when "0001",    -- 1
              "0100100" when "0010",    -- 2
```

```
                "0110000" when "0011",     -- 3
                "0011001" when "0100",     -- 4
                "0010010" when "0101",     -- 5
                "0000010" when "0110",     -- 6
                "1111000" when "0111",     -- 7
                "0000000" when "1000",     -- 8
                "0010000" when "1001",     -- 9
                "0001000" when "1010",     -- A
                "0000011" when "1011",     -- b
                "1000110" when "1100",     -- C
                "0100001" when "1101",     -- d
                "0000110" when "1110",     -- E
                "0001110" when "1111",     -- F
                "1000000" when others;     -- 0
    end rtl;
```

代码清单 6-10　十六进制数共阳极七段数码显示的 Verilog HDL 描述

```
module seven_segment_led(o,i);
input[3:0] i; output reg[6:0] o;
always @(i)
begin
  case (i)
      4'b0001 : o = 7'b1111001;                    // 1
      4'b0010 : o = 7'b0100100;                    // 2
      4'b0011 : o = 7'b0110000;                    // 3
      4'b0100 : o = 7'b0011001;                    // 4
      4'b0101 : o = 7'b0010010;                    // 5
      4'b0110 : o = 7'b0000010;                    // 6
      4'b0111 : o = 7'b1111000;                    // 7
      4'b1000 : o = 7'b0000000;                    // 8
      4'b1001 : o = 7'b0010000;                    // 9
      4'b1010 : o = 7'b0001000;                    // A
      4'b1011 : o = 7'b0000011;                    // b
      4'b1100 : o = 7'b1000110;                    // C
      4'b1101 : o = 7'b0100001;                    // d
      4'b1110 : o = 7'b0000110;                    // E
      4'b1111 : o = 7'b0001110;                    // F
      default : o = 7'b1000000;                    // 0
    endcase
  end
endmodule
```

6.1.4　数据选择器 HDL 描述

在数字系统中，经常需要把多个不同通道的信号发送到公共的信号通道上，可以通过数据选择器完成这个功能。在数字系统设计中，常使用 CASE 和 IF-ELSE 语句描述数据选择器。下面给出这两种描述方法。

例 6.5 多路选择器 IF 语句 HDL 描述的例子(符号如图 6.4 所示)。

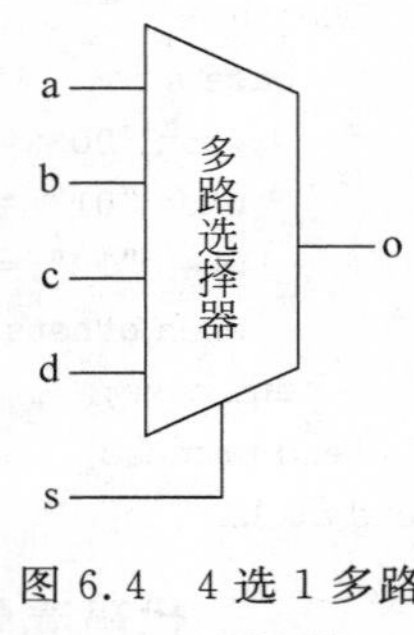

图 6.4 4 选 1 多路选择器

代码清单 6-11 if 语句实现 4 选 1 多路选择器的 VHDL 描述

```
library ieee;
use ieee.std_logic_1164.all;
entity multiplexers_1 is
  port (a, b, c, d : in std_logic;
                s : in std_logic_vector (1 downto 0);
                o : out std_logic);
end multiplexers_1;
architecture archi of multiplexers_1 is
begin
  process (a, b, c, d, s)
  begin
      if (s = "00") then o <= a;
      elsif (s = "01") then o <= b;
      elsif (s = "10") then o <= c;
      else o <= d;
      end if;
  end process;
end archi;
```

代码清单 6-12 使用 if-else 语句实现 4:1 多路选择器的 Verilog HDL 描述

```
module v_multiplexers_1 (a, b, c, d, s, o);
input a,b,c,d;
input [1:0] s;
output reg o;
always @(a or b or c or d or s)
begin
    if (s == 2'b00) o = a;
    else if (s == 2'b01) o = b;
    else if (s == 2'b10) o = c;
    else o = d;
end
endmodule
```

例 6.6 多路选择器 case 语句 HDL 描述的例子。

代码清单 6-13 case 语句实现数据选择器的 VHDL 描述

```
library ieee;
use ieee.std_logic_1164.all;
entity multiplexers_2 is
    port (a, b, c, d : in std_logic;
            s : in std_logic_vector (1 downto 0);
            o : out std_logic);
end multiplexers_2;
architecture archi of multiplexers_2 is
begin
   process (a, b, c, d, s)
```

```
      begin
        case s is
          when "00" => o <= a;
          when "01" => o <= b;
          when "10" => o <= c;
          when others => o <= d;
        end case;
      end process;
end archi;
```

代码清单 6-14　case 语句实现数据选择器的 Verilog HDL 描述

```
module full_mux (sel, i1, i2, i3, i4, o1);
input [1:0] sel;
input [1:0] i1, i2, i3, i4;
output [1:0] o1;
reg [1:0] o1;
always @(sel or i1 or i2 or i3 or i4)
begin
    case (sel)
      2'b00: o1 = i1;
      2'b01: o1 = i2;
      2'b10: o1 = i3;
      2'b11: o1 = i4;
    endcase
end
endmodule
```

例 6.7　三态缓冲区建模多路选择器 HDL 描述的例子。

使用三态缓冲语句也可以描述多路数据选择器，图 6.5 给出了 4 选 1 多路选择器的三态的原理。

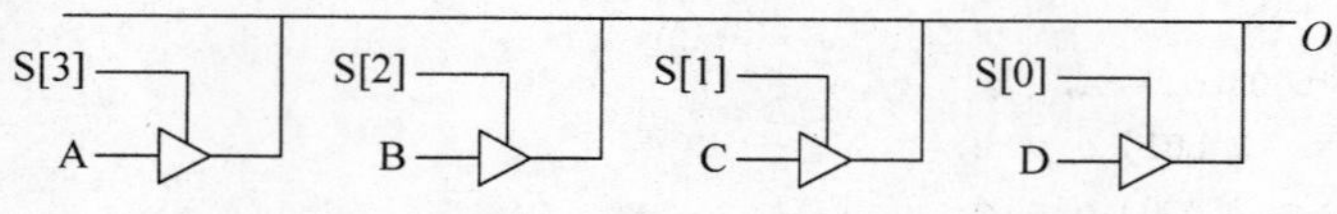

图 6.5　三态缓冲实现 4 选 1 多路选择器

代码清单 6-15　使用三态缓冲实现 4 选 1 多路选择器的 VHDL 描述

```
library ieee;
use ieee.std_logic_1164.all;
entity multiplexers_3 is
   port (a, b, c, d : in std_logic;
         s : in std_logic_vector (3 downto 0);
         o : out std_logic);
end multiplexers_3;
architecture archi of multiplexers_3 is
begin
    o <= a when (s(0) = '0') else 'Z';
    o <= b when (s(1) = '0') else 'Z';
    o <= c when (s(2) = '0') else 'Z';
    o <= d when (s(3) = '0') else 'Z';
end archi;
```

代码清单 6-16 使用三态缓冲实现 4 选 1 多路选择器的 Verilog HDL 描述

```
module v_multiplexers_3 (a, b, c, d, s, o);
input a,b,c,d;
input [3:0] s;
output o;
assign o = s[3] ? a :1'bz;
assign o = s[2] ? b :1'bz;
assign o = s[1] ? c :1'bz;
assign o = s[0] ? d :1'bz;
endmodule
```

6.1.5 数字比较器 HDL 描述

比较器就是对输入数据进行比较,并判断其大小的逻辑单元。在数字系统中,比较器是最基本的组合逻辑单元之一,使用下面的关系运算符>、>=、<、<=、=、/=或!=,描述比较器的功能。

例 6.8 数字比较器 HDL 描述的例子(符号如图 6.6 所示)。

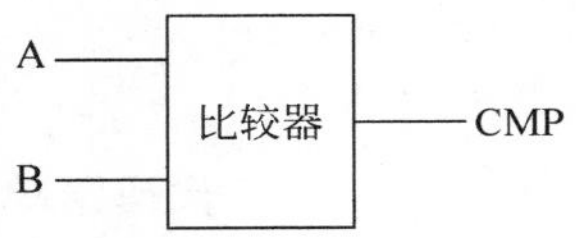

A
B
比较器
CMP

图 6.6 比较器电路

代码清单 6-17 8 位数据比较器的 VHDL 描述

```
library ieee;
use ieee.std_logic_1164.all;
use ieee.std_logic_unsigned.all;
entity comparator_1 is
    port(A,B : in std_logic_vector(7 downto 0);
        CMP : out std_logic);
end comparator_1;
architecture archi of comparator_1 is
begin
 CMP <= '1' when A >= B else '0';
end archi;
```

代码清单 6-18 8 位数字比较器的 Verilog HDL 描述

```
module v_comparator_1 (A, B, CMP);
input [7:0] A;
input [7:0] B;
output CMP;
assign CMP = (A >= B) ? 1'b1 : 1'b0;
endmodule
```

6.1.6 总线缓冲器 HDL 描述

总线是一组相关信号的集合。在计算机系统中,常用的总线有数据总线、地址总线和控制总线。因为总线上经常连接很多不同的设备,所以必须正确地控制总线的输入和输出,这样才不会发生总线访问冲突。

例 6.9 三态输出缓冲区器 HDL 描述的例子(符号如图 6.7 所示)。

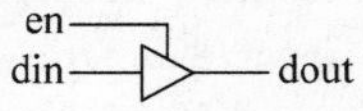

en
din dout

图 6.7 三态控制输出电路

代码清单 6-19 三态缓冲器的 VHDL 进程描述

```
Library ieee;
Use ieee.std_logic_1164.all;
Entity tri_gate is
 Port (en     :  in   std_logic;
      din    :  in   std_logic_vector(7 downto 0);
      dout   :  out  std_logic_vector(7 downto 0));
end tri_gate;
Architecture rtl of tri_gate is
begin
 process(din,en)
   begin
      if(en = '1') then
        dout <= din;
      else
        dout <= 'ZZZZZZZZ';
      end if;
 end process;
end rtl;
```

代码清单 6-20 三态缓冲器的 WHEN－ELSE VHDL 描述

```
Library ieee;
Use ieee.std_logic_1164.all;
Entity tri_gate is
 Port (en     :  in   std_logic;
      din    :  in   std_logic_vector(7 downto 0);
      dout   :  out  std_logic_vector(7 downto 0));
end tri_gate;
Architecture rtl of tri_gate is
begin
 dout <=  din when en  = '1' else 'ZZZZZZZZ';
end rtl;
```

代码清单 6-21 三态缓冲器过程分配的 Verilog HDL 描述

```
module v_three_st_1 (T, I, O);
input T, I;
output reg O;
always @(T or I)
begin
  if (~T) O = I;
  else O = 1'bZ;
end
endmodule
```

代码清单 6-22 三态缓冲器连续分配的 Verilog HDL 描述

```
module v_three_st_2 (T, I, O);
input T, I;
output O;
```

```
assign O = (~T) ? I: 1'bZ;
endmodule
```

例 6.10 双向缓冲器 HDL 描述的例子(符号如图 6.8 所示)。

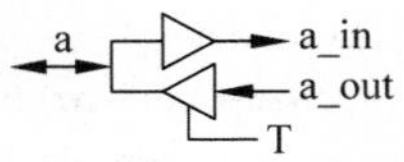

a
a_in
a_out
T

图 6.8 双向 I/O 电路

代码清单 6-23 双向总线缓冲器的 VHDL 描述

```
Library ieee;
Use ieee.std_logic_1164.all;
Entity bidir is
 Port(a      :  inout std_logic_vector(15 downto 0));
end bidir;
architecture rtl of bidir is
  signal a_in : std_logic_vector(15 downto 0);
  signal a_out : std_logic_vector(15 downto 0);
  signal T : std_logic;
begin
  a<= a_out  when T = '0' else "ZZZZZZZZZZZZZZZZ";
  a_in<=a;
end rtl;
```

代码清单 6-24 双向总线缓冲器的 Verilog HDL 描述

```
module bidir(tri_inout,out,in,en,b);
inout tri_inout;
output out;
input in,en,b;
  assign tri_inout = en ? in : 'bz;
  assign out = tri_inout ^ b;
endmodule
```

思考与练习 1 用 HDL 语言设计一个 4∶16 译码器。

6.2 数据运算操作 HDL 描述

数据运算操作主要包含加法操作、减法操作、乘法操作和除法操作,由这四种运算单元和逻辑运算单元一起,可以完成复杂数学运算。HDL 语言中提供了丰富的数据运算操作符。

6.2.1 加法操作 HDL 描述

在使用 HDL 语言描述加法操作时,使用"+"运算符比门级描述更简单。下面给出带进位输入和输出的无符号 8 位加法操作的 HDL 描述。

例 6.11 带进位输入的无符号 8 位加法操作 HDL 描述的例子。

代码清单 6-25 带进位输入和输出的无符号 8 位加法操作的 VHDL 描述

```
library ieee;
use ieee.std_logic_1164.all;
use ieee.std_logic_arith.all;
use ieee.std_logic_unsigned.all;
entity adders_4 is
```

```
  port(A,B,CI : in std_logic_vector(7 downto 0);
      SUM : out std_logic_vector(7 downto 0);
      CO : out std_logic);
end adders_4;
architecture archi of adders_4 is
  signal tmp: std_logic_vector(8 downto 0);
begin
  SUM <= tmp(7 downto 0);
  CO <= tmp(8);
  tmp <= conv_std_logic_vector((conv_integer(A) + conv_integer(B) + conv_integer(CI)),9);
end archi;
```

代码清单 6-26　带进位输入的无符号 8 位加法器的 Verilog HDL 描述

```
module v_adders_2(A, B, CI, SUM);
input [7:0] A;
input [7:0] B;
input CI;
output [7:0] SUM;
   assign SUM = A + B + CI;
endmodule
```

6.2.2　减法操作 HDL 描述

减法是加法的逆运算，可以使用 HDL 语言提供的“－”符号描述减法操作，这比用门级描述更简单。下面给出带借位的无符号 8 位减法器的 HDL 描述。

例 6.12　带借位的无符号 8 位减法器 HDL 描述的例子。

代码清单 6-27　带借位的无符号 8 位减法器的 VHDL 描述

```
library IEEE;
use IEEE.STD_LOGIC_1164.ALL;
use IEEE.STD_LOGIC_UNSIGNED.ALL;
entity adders_8 is
  port(A,B : in std_logic_vector(7 downto 0);
      BI : in std_logic;
      RES : out std_logic_vector(7 downto 0));
end adders_8;
architecture archi of adders_8 is
begin
  RES <= A - B - BI;
end archi;
```

代码清单 6-28　带借位的无符号 8 位减法器的 Verilog HDL 描述

```
module v_adders_8(A, B, BI, RES);
input [7:0] A;
input [7:0] B;
input BI;
output [7:0] RES;
   assign RES = A - B - BI;
endmodule
```

6.2.3　乘法操作 HDL 描述

在 HDL 中，提供了“*”运算符号用于实现乘法操作。FPGA 的优点就是在内部集成了专用乘法器硬核，将在 IP 核的设计中详细讨论硬核概念。

例 6.13　8 位和 4 位无符号数乘法操作 HDL 描述的例子。

代码清单 6-29　8 位和 4 位无符号数乘法操作的 VHDL 描述

```
library ieee;
use ieee.std_logic_1164.all;
use ieee.std_logic_unsigned.all;
entity multipliers_1 is
  port(A : in std_logic_vector(7 downto 0);
       B : in std_logic_vector(3 downto 0);
       RES : out std_logic_vector(11 downto 0));
end multipliers_1;
architecture beh of multipliers_1 is
begin
  RES <= A * B;
end beh;
```

代码清单 6-30　8 位和 4 位无符号数乘法操作的 Verilog HDL 描述

```
module v_multipliers_1(A, B, RES);
input [7:0] A;
input [3:0] B;
output [11:0] RES;
    assign RES = A * B;
endmodul
```

6.2.4　除法操作 HDL 描述

在 HDL 中，提供了相关的除法运算符号，用于实现任意数的除法操作。

例 6.14　无符号 8 位被除数和 8 位除数的除法操作 HDL 描述的例子。

代码清单 6-31　无符号 8 位被除数和 8 位除数的除法操作 VHDL 描述

```
library IEEE;
use IEEE.STD_LOGIC_1164.ALL;
use IEEE.STD_LOGIC_ARITH.ALL;
use IEEE.STD_LOGIC_UNSIGNED.ALL;

entity div is
   Port ( numerator   : in  std_logic_vector(7 downto 0);
          denominator : in  std_logic_vector(7 downto 0);
          quotient    : out std_logic_vector(7 downto 0);
          remainder   : out std_logic_vector(7 downto 0)
          );
end div;

architecture Behavioral of div is
```

```
begin
process(numerator,denominator)
begin
if(denominator/ = "00000000") then
    quotient <= conv_std_logic_vector(conv_integer(numerator)/conv_integer(denominator),8);
    remainder <= conv_std_logic_vector(conv_integer(numerator) rem conv_integer
(denominator),8);
else
    quotient <= "00000000";
    remainder <= "00000000";
end if;
end process;
end Behavioral;
```

代码清单 6-32　无符号 8 位被除数和 8 位除数除法操作的 Verilog HDL 描述

```
module div(
   input [7:0] numerator,
   input [7:0] denominator,
   output [7:0] quotient,
   output [7:0] remainder
   );
assign quotient = numerator/denominator;
assign remainder = numerator % denominator;
endmodule
```

6.2.5　算术逻辑单元 HDL 描述

前面几节介绍了加法器和减法器单元的设计，在此基础上通过增加一些逻辑操作，就可以设计一个称为算术/逻辑单元 ALU 的模块。由于 ALU 包含了所希望实现的功能集的电路，因此很容易替换/扩展该模块以包含更多不同的操作。

类似于前面的复用开关有选择端一样，ALU 也有选择端用于控制所要使用的操作。表 6.1 给出了在 ALU 所要实现的算术和逻辑功能，图 6.9 给出了 4 位 ALU 的符号描述。

表 6.1　ALU 操作

alusel[2:0]	功　能	输　出
000	传递 a	a
001	加法	a＋b
010	减法 1	a－b
011	减法 2	b－a
100	取反	not a
101	逻辑与	a and b
110	逻辑或	a or b
111	逻辑异或	a xor b

在该设计中，由于 ALU 完成 8 种运算功能，所以选择端的位宽为 3 位。此外，ALU 提供 4 位的 y 结果输出和四个标志位。cf 为进位标志，ovf 为溢出标志，zf 为 0 标志（当输出为 0 时，该标志有效），nf 为负标志。

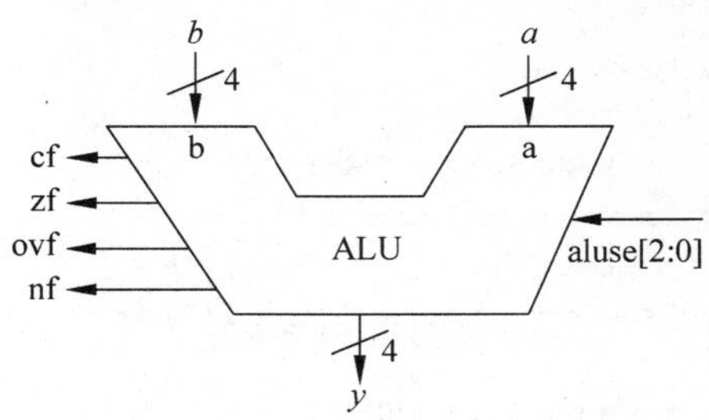

图 6.9　4 位 ALU 符号描述

为了讨论进位标志和溢出标志的不同，首先考虑一个 8 位的加法(最高位为符号位)。当无符号数和的范围超过 255 时，设置进位标志；当有符号数和的范围超过了 $-128\sim+127$ 时，设置溢出标志。考虑下面的几个例子(最高位为符号位)

$$53_{10}+25_{10}=35_{16}+19_{16}=78_{10}=4E_{16},\quad cf=0,\quad ovf=0$$

$$53_{10}+91_{10}=35_{16}+5B_{16}=144_{10}=90_{16},\quad cf=0,\quad ovf=1$$

$$53_{10}-45_{10}=35_{16}+D3_{16}=8_{10}=108_{16},\quad cf=1,\quad ovf=0$$

$$-98_{10}-45_{10}=9E_{16}+D3_{16}=-143_{10}=171_{16},\quad cf=1,\quad ovf=1$$

当满足条件(第六位向第七位进位) xor (第七位向 cf 进位)时，ovf=1。

例 6.15　算术逻辑单元 ALU HDL 描述的例子。

代码清单 6-33　算术逻辑单元 ALU 的 VHDL 描述

```
library IEEE;
  use IEEE.STD_LOGIC_1164.ALL;
  use IEEE.STD_LOGIC_ARITH.ALL;
  use IEEE.STD_LOGIC_UNSIGNED.ALL;

  entity alu4 is
  port(
        a       :   in   std_logic_vector(3 downto 0);
        b       :   in   std_logic_vector(3 downto 0);
        alusel  :   in   std_logic_vector(2 downto 0);
        y       :   out  std_logic_vector(3 downto 0);
        nf      :   out  std_logic;
        zf      :   out  std_logic;
        cf      :   out  std_logic;
        ovf     :   out  std_logic
        );
  end alu4;
  architecture Behavioral of alu4 is
  begin
  process(a,b,alusel)
  variable temp   : std_logic_vector(4 downto 0):= "00000";
  variable y_temp : std_logic_vector(3 downto 0):= "0000";
  begin
    cf <= '0';
       ovf <= '0';
    case alusel is
```

```
    when "000" =>
                y_temp: = a;
    when "001" =>
                temp: = ('0'&a) + ('0'&b);
                y_temp: = temp(3 downto 0);
                cf <= temp(4);
                ovf <= temp(3) xor a(3) xor b(3) xor temp(4);
    when "010" =>
                temp: = ('0'&a) - ('0'&b);
                y_temp: = temp(3 downto 0);
                cf <= temp(4);
                ovf <= temp(3) xor a(3) xor b(3) xor temp(4);
    when "011" =>
                temp: = ('0'&b) - ('0'&a);
                y_temp: = temp(3 downto 0);
                cf <= temp(4);
                ovf <= temp(3) xor a(3) xor b(3) xor temp(4);
    when "100" =>
                y_temp: = not a;
    when "101" =>
                y_temp: = a and b;
    when "110" =>
                y_temp: = a or b;
    when "111" =>
                y_temp: = a xor b;
    when others =>
                y_temp: = a;
  end case;
  nf <= y_temp(3);
  y <= y_temp;
    if(temp = "0000") then
      zf <= '1';
    else
      zf <= '0';
    end if;
end process;
end Behavioral;
```

代码清单 6-34　算术逻辑单元 ALU 的 Verilog HDL 描述

```
module ALU(
input wire [2:0] alusel,
input wire [3:0] a,
input wire [3:0] b,
output reg nf,
output reg zf,
output reg cf,
output reg ovf,
output reg [3:0] y
);
reg [4:0] temp;
always @( * )
```

```
    begin
  cf = 0;
    ovf = 0;
    temp = 5'b00000;
    case (alusel)
          3'b000 : y = a;
          3'b001 :
         begin
            temp = {1'b0,a} + {1'b0,b};
            y = temp[3:0];
            cf = temp[4];
            ovf = y[3] ^ a[3] ^ b[3] ^ cf;
         end
        3'b010 :
         begin
            temp = {1'b0,a} - {1'b0,b};
            y   = temp[3:0];
            cf = temp[4];
            ovf = y[3] ^ a[3] ^ b[3] ^cf;;
         end
        3'b011 :
         begin
            temp = {1'b0,b} - {1'b0,a};
            y = temp[3:0];
            cf = temp[4];
            ovf = y[3] ^ a[3] ^ b[3] ^ cf;
            end
         3'b100 : y = ~a;
         3'b101 : y = a & b;
         3'b110 : y = a | b;
         3'b111 : y = a ^ b;
         default : y = a;
    endcase
    nf = y[3];
    if(y == 4'b0000)
          zf = 1;
    else
          zf = 0;
  end
endmodule
```

思考与练习 2 用 HDL 语言描述 $y=a*b+a*c$ 的实现。

思考与练习 3 用 HDL 语言描述 $y=(a-b)/c$ 除法运算的实现。

6.3 时序逻辑电路 HDL 描述

时序逻辑电路的输出状态不仅与当前逻辑输入变量的状态有关，而且还与系统原来的状态有关。时序逻辑电路最重要的特点是记忆信息。时序逻辑电路主要包括触发器和锁存器、计数器、移位寄存器、脉冲宽度调制等。

6.3.1 触发器和锁存器的 HDL 描述

触发器是时序逻辑电路的最基本单元，触发器具有记忆能力。根据边沿触发、复位和置位方式的不同，触发器可以有多种不同实现方式。

1. D 触发器 HDL 描述

D 触发器是数字电路中应用最多的一种时序电路，表 6.2 给出了带时钟使能和异步复位/置位的 D 触发器的真值表。

表 6.2 D 触发器真值表

输入					输出
CLR	PRE	CE	*D*	*C*	*Q*
1	×	×	×	×	0
0	1	×	×	×	1
0	0	0	×	×	无变化
0	0	1	0	↑	0
0	0	1	1	↑	1

例 6.16 带时钟使能和异步复位/置位的 D 触发器 HDL 描述的例子(符号如图 6.10 所示)。

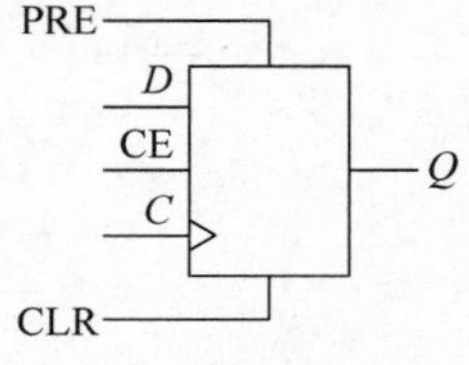

图 6.10 D 触发器电路

代码清单 6-35 带时钟使能和异步复位/置位的 D 触发器的 VHDL 描述

```
Library ieee;
Use ieee.std_logic_1164.all;
Entity fdd is
  Port(clk,d,clr,pre,ce :  in  std_logic;
      q :  out std_logic);
end fdd;
architecture rtl of dff is
  signal q_tmp :  std_logic;
begin
  q<=q_tmp;
  process(clk,clr,pre,c)
  begin
  if(clr='1') then
    q_tmp<='0';
  elsif(pre='1') then
    q_tmp<='1';
  elsif rising_edge(clk) then
    if(ce='1') then
      q_tmp<=d;
    else
      q_tmp<=q_tmp;
    end if;
  end if;
 end process;
end rtl;
```

代码清单 6-36 带时钟使能和异步置位的 D 触发器的 Verilog HDL 描述

```
module v_registers_5 (C, D, CE, PRE, Q);
input C, CE, PRE;
input [3:0] D;
output reg [3:0] Q;
always @(posedge C or posedge PRE)
begin
  if (PRE) Q <= 4'b1111;
  else
    if (CE) Q <= D;
  end
endmodule
```

2. JK 触发器 HDL 描述

JK 触发器要比 D 触发器复杂一些。表 6.3 给出了 JK 触发器的真值表描述。

表 6.3 JK 触发器真值表

输入						输出
R	S	CE	J	K	C	Q
1	×	×	×	×	↑	0
0	1	×	×	×	↑	1
0	0	0	×	×	×	无变化
0	0	1	0	0	×	无变化
0	0	1	0	1	↑	0
0	0	1	1	1	↑	翻转
0	0	1	1	0	↑	1

例 6.17 带时钟使能和异步复位/置位的 JK 触发器的 HDL 描述的例子(符号如图 6.11 所示)。

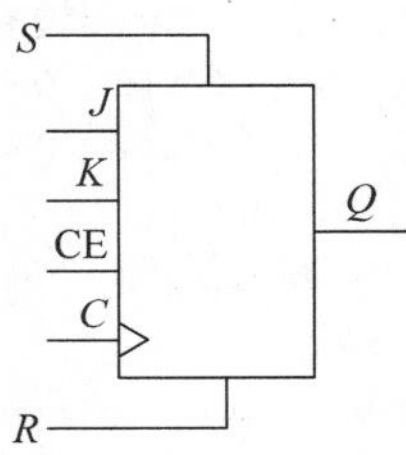

图 6.11 JK 触发器电路

代码清单 6-37 带时钟使能和异步复位/置位的 JK 触发器的 VHDL 描述

```
Library ieee;
Use ieee.std_logic_1164.all;
Entity fdd is
  Port(s,r,j,k,ce,c:  in  std_logic;
                  q :  out std_logic);
end fdd;
architecture rtl of dff is
signal q_tmp : std_logic;
begin
q <= q_tmp;
 process(s,r,c)
 begin
   if(r = '1') then
    q_tmp <= '0';
   elsif(s = '1') then
```

```
        q_tmp <= '1';
      elsif rising_edge(clk) then
       if(ce = '0') then
         q_tmp <= q_tmp;
       else
         if(j = '0' and k = '1') then
            q_tmp <= '0';
          elsif(j = '1' and k = '0') then
            q_tmp <= '1';
          elsif(j = '1' and k = '1') then
            q_tmp <= not q_tmp;
       end if;
      end if;
   end process;
 end rtl;
```

代码清单 6-38　带时钟使能和异步复位/置位的 JK 触发器的 Verilog HDL 描述

```
module JK_FF(CLK,J,K,Q,RS,SET);
input CLK,J,K,SET,RS;
output Q;
reg Q;
always @(posedge CLK or negedge RS or negedge SET)
begin
  if(!RS) Q <= 1'b0;
  else if(!SET) Q <= 1'b1;
  else
    case({J,K})
        2'b00 : Q <= Q;
        2'b01 : Q <= 1'b0;
        2'b10 : Q <= 1'b1;
        2'b11 : Q <= ~Q;
      default: Q <= 1'bx;
    endcase
  end
endmodule
```

3. RS 触发器 HDL 描述

表 6.4 给出了 RS 触发器的真值表描述。

表 6.4　RS 触发器真值表

输　　入			输　　出
R	S	C	Q
0	0	↑	无变化
0	1	↑	1
1	0	↑	0
1	1	↑	不期望

例 6.18 RS触发器HDL描述的例子(符号如图6.12所示)。

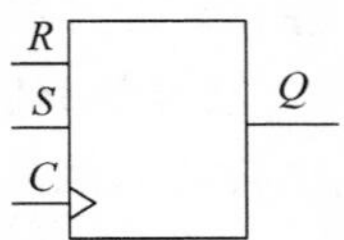

图 6.12 RS触发器的符号描述

代码清单 6-39 RS触发器VHDL的描述

```
library ieee;
use ieee.std_logic_1164.all;
entity rsff is
  port(r, s, clk : in std_logic;
          q, qn :out std_logic);
end rsff;
architecture rtl of rsff is
  signal q_tmp  :  std_logic;
begin
  q<=q_tmp;
  qn=not q_tmp
 process(clk)
 begin
  if rising_edge(clk)then
    if (s = '1'and r = '0') then
        q_tmp<='1';
    elsif (s='0'and r='1') then
        q_tmp<='0';
    elsif (s='0'and r='0') then
        q_tmp<=q_tmp;
    else  null;
    end if;
  end if;
 end process;
end rtl;
```

代码清单 6-40 RS触发器Verilog HDL的描述

```
module rs_ff(
    input r,
    input s,
    input clk,
    output reg q,
    output reg qn
    );
always @( * )
  begin
    qn <=  ~q;
  end
always @(posedge clk)
  begin
    case({r,s})
           2'b00: q <= q;
          2'b01: q <= 1;
          2'b10: q <= 0;
          2'b11: q <= q;
        default: q<=1'bx;
    endcase
  end
endmodule
```

注:在该例子,qn 未严格遵守真值表规划。

4. 锁存器 HDL 描述

锁存器和触发器相比,不同之处就在于触发方式的不同。触发器是靠敏感信号的边沿触发,而锁存器是靠敏感信号的电平触发。

例 6.19 锁存器 HDL 描述的例子。

代码清单 6-41 锁存器 VHDL 的描述

```
Library ieee;
Use ieee.std_logic_1164.all;
Entity latch is
Port(gate,data,set  :    in   std_logic;
                Q   :    out   std_logic);
End latch;
Architecture rtl of latch is
Begin
  process(gate,data,set)
  Begin
      if(set = '0') then
        Q <= '1';
      elsif(gate = '1') then
        Q <= data;
      end if;
    end process;
end rtl;
```

代码清单 6-42 锁存器 Verilog HDL 的描述

```
module v_latches_2 (gate,data,set, Q);
input gate, data, set;
output Q;
reg Q;
always @(gate,data,set)
begin
      if (!set)  Q = 1'b0;
      else if(gate) Q = data;
end
endmodule
```

6.3.2 计数器 HDL 描述

根据计数器触发方式的不同,可以分为同步计数器和异步计数器两种。当赋予计数器更多的功能时,计数器的功能就更加复杂。需要注意的是,计数器是定时器最核心的部分。当计数器输出控制信号时,计数器也就变成了定时器。所以,只要掌握了计数器的设计方法,就可以很容易地设计出满足要求的定时器。本书主要介绍同步计数器的设计。

1. 通用计数器 HDL 描述

一个八进制(计数范围从 0 到 7)计数器表示为一个 3 位二进制计数器。图 6.13 给出了 3 位八进制计数器的状态图。

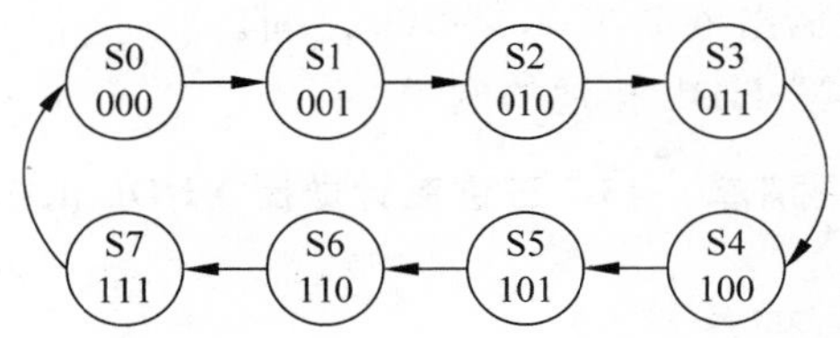

图 6.13　3 位八进制计数器状态图

例 6.20　3 位计数器 HDL 描述的例子。

代码清单 6-43　3 位计数器 VHDL 的描述

```
library IEEE;
use IEEE.STD_LOGIC_1164.ALL;
use IEEE.STD_LOGIC_ARITH.ALL;
use IEEE.STD_LOGIC_UNSIGNED.ALL;
entity count3bit is
   Port ( clr : in  STD_LOGIC;
            clk : in  STD_LOGIC;
            q : inout  STD_LOGIC_VECTOR (2 downto 0));
end count3bit;

architecture Behavioral of count3bit is
begin
   process(clr,clk)
   begin
      if(clr = '1') then
        q <= "000";
    elsif(rising_edge(clk)) then
        q <= q + 1;
    end if;
  end process;
end Behavioral;
```

代码清单 6-44　3 位计数器 Verilog HDL 的描述

```
module count3(
    input wire clk,
    input wire clr,
    output reg [2:0] q
    );
always @(posedge clk or posedge clr)
  begin
    if(clr == 1)
      q <= 0;
    else
      q <= q + 1;
  end
endmodule
```

2. 带模计数器描述

下面以模 5 计数器为例，介绍带模计数器的设计方法。模 5 计数器就是反复的从 0 到

4 计数,即有 5 个状态以及输出范围在 000～100 之间。

例 6.21 五进制计数器 HDL 描述的例子。

代码清单 6-45 五进制计数器 VHDL 的描述

```
library IEEE;
use IEEE.STD_LOGIC_1164.ALL;
use IEEE.STD_LOGIC_ARITH.ALL;
use IEEE.STD_LOGIC_UNSIGNED.ALL;
entity mod5cnt is
    Port ( clr : in  STD_LOGIC;
          clk : in  STD_LOGIC;
          q : inout  STD_LOGIC_VECTOR (2 downto 0));
end mod5cnt;

architecture Behavioral of mod5cnt is
begin
    process(clk,clr)
      begin
          if(clr = '1') then
            q<= "000";
          elsif(rising_edge(clk)) then
              if(q = "100") then
                  q<= "000";
          else  q<= q + 1;
          end if;
      end if;
    end process;
end Behavioral;
```

代码清单 6-46 五进制计数器 Verilog HDL 的描述

```
module mod5cnt(
    input wire clr,
    input wire clk,
    output reg [2:0] q
    );
always @(posedge clr or posedge clk)
  begin
    if(clr == 1)
      q <= 0;
    else if(q == 4)
      q <= 0;
    else
      q <= q + 1;
  end
endmodule
```

3. 时钟分频器描述

本节将给出分频器的设计方法,在该设计中分频器使用 25 位的计数器作为时钟分频因子。该设计将对 50MHz 的时钟分频产生 190Hz 时钟和 47.7Hz 时钟信号。表 6.5 给出了计数器中每个比特位和分频时钟的关系。

表 6.5　分频时钟频率和计数器的关系(输入时钟 50MHz)

$q(i)$	频率/Hz	周期/ms	$q(i)$	频率/Hz	周期/ms
0	2 500 0000.00	0.000 04	12	6103.52	0.163 84
1	1 250 0000.00	0.000 08	13	3051.76	0.327 68
2	6 250 000.00	0.000 16	14	1525.88	0.655 36
3	3 125 000.00	0.000 32	15	762.94	1.310 72
4	1 562 500.00	0.000 64	16	381.47	2.621 44
5	781 250.00	0.001 28	17	190.73	5.242 88
6	390 625.00	0.002 56	18	95.37	10.485 76
7	195 312.50	0.005 12	19	47.68	20.971 52
8	97 656.25	0.010 24	20	23.84	41.943 04
9	48 828.13	0.020 48	21	11.92	83.886 08
10	24 414.06	0.040 96	22	5.96	167.772 16
11	12 207.03	0.081 92	23	2.98	335.544 32

例 6.22　时钟分频器 HDL 描述的例子。

代码清单 6-47　时钟分频器 VHDL 的描述

```
library IEEE;
use IEEE.STD_LOGIC_1164.ALL;
use IEEE.STD_LOGIC_ARITH.ALL;
use IEEE.STD_LOGIC_UNSIGNED.ALL;

entity clkdiv is
   Port ( clk     : in  STD_LOGIC;
          clr     : in  STD_LOGIC;
          clk190  : out  STD_LOGIC;
          clk48   : out  STD_LOGIC);
end clkdiv;

architecture Behavioral of clkdiv is
signal q : std_logic_vector(24 downto 0);
begin
   process(clr,clk)
     begin
        if(clr = '1') then
          q<= (others =>'0');
        elsif(rising_edge(clk)) then
          q<= q + 1;
     end if;
   end process;
   clk190 <= q(17);            -- 190Hz
   clk48 <= q(19);             -- 47.7Hz
end Behavioral;
```

代码清单 6-48　时钟分频器 Verilog HDL 的描述

```
module clkdiv(
 input wire clr,
```

```
  input wire mclk,
  output wire clk190,
  output wire clk48
  );
reg [24:0] q;
always @ (posedge mclk or posedge clr)
begin
  if(clr == 1)
        q <= 0;
  else
        q <= q + 1;
  end

assign clk190 = q[17];
assign clk48 = q[19];
endmodule
```

6.3.3 移位寄存器 HDL 描述

1. 通用移位寄存器 HDL 描述

一个 N 位移位寄存器包含 N 个触发器。如图 6.14 所示，在每一个时钟脉冲到来时，比特数据从一个触发器移动到另一个触发器。如图所示，串行数据 data_in 从移位寄存器的左边输入，在每个时钟边沿到来时，q_3 移动到 q_2，q_2 移动到 q_1，q_1 移动到 q_0 移动过程同时发生。下面用结构化方式对 16 位的移位寄存器进行描述。

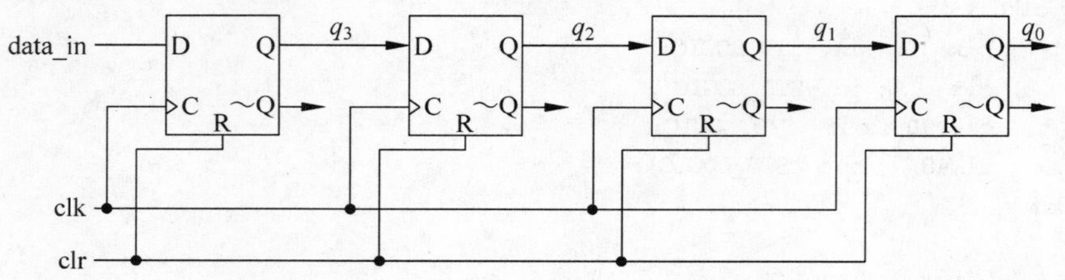

图 6.14 4 位移位寄存器结构

例 6.23 例化元件实现 16 位串入/串出移位寄存器的 HDL 结构化描述例子。

代码清单 6-49 例化元件实现 16 位串入/串出移位寄存器 VHDL 的结构化描述

```
Library ieee;
Use ieee.std_logic_1164.all;
entity shift16 is
  Port ( a,clk   :  in  std_logic;
              b  :  out  std_logic);
end shift8;
architecture rtl of shift16 is
  Component dff
    Port(d,clk   :  in   std_logic;
      q      :  out  std_logic);
End component;
  signal z :  std_logic_vector(15 downto 0);
```

```
begin
  z(0)<=a;
  G1: for i in 0 to 14 generate
        Dffx : dff port map(z(i),clk,z(i+1));
      end generate;
b<=z(15);
end rtl;
```

代码清单 6-50 例化元件实现 16 位串入/串出移位寄存器 Verilog HDL 的结构化描述

```
module shift16(
   input a,
   input clk,
   output b
   );
wire [15:0] z;
assign z[0]=a;
assign b=z[15];
genvar i;
  generate
    for (i=0; i<15; i=i+1)
    begin: g1
       dff Dffx (z[i],clk,z[i+1]);
    end
  endgenerate
endmodule
```

在 HDL 语言中,可以通过下面三种方法描述移位寄存器的功能:预定义的移位操作符描述,FOR 循环语句描述,并置操作符描述。下面举例说明这几种实现方式。

例 6.24 预定义移位操作符实现逻辑左移的 HDL 描述例子。

代码清单 6-51 预定义移位操作符实现逻辑左移 VHDL 的描述

```
library ieee;
use ieee.std_logic_1164.all;
use ieee.numeric_std.all;
entity logical_shifters_2 is
port(DI : in unsigned(7 downto 0);
   SEL : in unsigned(1 downto 0);
   SO : out unsigned(7 downto 0));
end logical_shifters_2;
architecture archi of logical_shifters_2 is
begin
 process(SEL,DI)
 begin
   case SEL is
      when "00" => SO<= DI ;
      when "01" => SO<= DI sll 1;
      when "10" => SO<= DI sll 2;
      when "11" => SO<=DI sll 3;
      when others => SO<= DI ;
   end case;
```

```
  end process;
end archi;
```

代码清单 6-52　预定义移位操作符实现逻辑左移 Verilog HDL 的描述

```
module logical_shifter_3(
   input [7:0] DI,
   input [1:0] SEL,
   output reg[7:0] SO
   );
always @(DI or SEL)
  begin
    case (SEL)
      2'b00: SO = DI;
      2'b01: SO = DI << 1;
      2'b10: SO = DI << 2;
      2'b11: SO = DI << 3;
    default: SO = DI;
  endcase
end
```

例 6.25　for 循环语句实现 16 位移位寄存器 HDL 描述的例子。

代码清单 6-53　for 循环语句实现 16 位移位寄存器 VHDL 的描述

```
library ieee;
use ieee.std_logic_1164.all;
entity shift_registers_1 is
  port(C, SI : in std_logic;
  SO : out std_logic);
end shift_registers_1;
architecture archi of shift_registers_1 is
  signal tmp: std_logic_vector(15 downto 0);
begin
    SO <= tmp(15);
process (c)
begin
  if rising_edge(c) then
      for i in 0 to 14 loop
          tmp(i+1) <= tmp(i);
      end loop;
      tmp(0) <= SI;
      end if;
    end process;
end archi;
```

代码清单 6-54　for 循环语句实现 16 位移位寄存器 Verilog HDL 的描述

```
module shift_registers_1 (
   input c,
   input si,
   output so
   );
reg [15:0] tmp;
```

```
integer i;
assign so = tmp[15];
always @(posedge c)
begin
  for(i = 0;i < 15;i = i + 1)
    tmp[i + 1]<= tmp[i];
  tmp[0]<= si;
end
endmodule
```

例 6.26 并置操作实现 16 位串入和并出移位寄存器 HDL 描述的例子。

代码清单 6-55 并置操作实现 16 位串入和并出移位寄存器 VHDL 的描述

```
library ieee;
use ieee.std_logic_1164.all;
entity shift_registers_5 is
  port(C, SI : in std_logic;
    PO : out std_logic_vector(15 downto 0));
  end shift_registers_5;
architecture archi of shift_registers_5 is
  signal tmp: std_logic_vector(15 downto 0);
begin
  PO <= tmp;
process (C)
begin
  if rising_edge(C) then
    tmp <= tmp(14 downto 0)& SI;
  end if;
end process;
end archi;
```

代码清单 6-56 并置操作实现 16 位串入和并出移位寄存器 Verilog HDL 的描述

```
module shift_register_5(
    input SI,
    input clk,
    output reg[15:0] PO
    );
reg[15:0] temp = 0;
always @(posedge clk)
  begin
    temp <= {temp[14 : 0], SI};
    PO <= temp;
  end

endmodule
```

2. 循环移位寄存器 HDL 描述

如图 6.15 所示，如果 D 触发器的输出 q_0 连接到另一个 D 触发器的输入，则移位寄存器变成了循环移位寄存器。

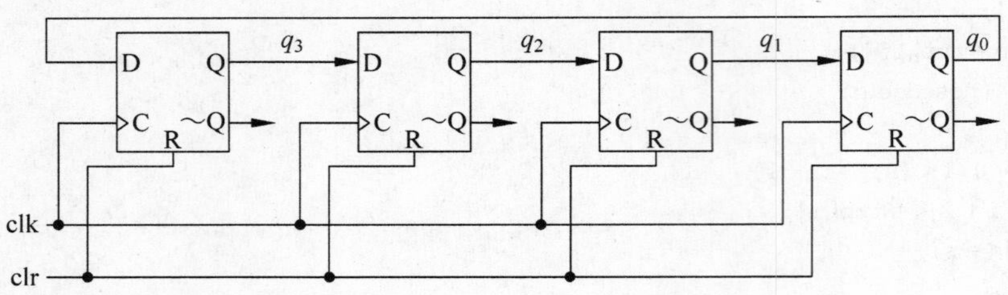

图 6.15　4 位循环移位寄存器结构

例 6.27　4 位右移循环移位寄存器 HDL 描述的例子。

代码清单 6-57　4 位右移循环移位寄存器 VHDL 的描述

```
library IEEE;
use IEEE.STD_LOGIC_1164.ALL;
use IEEE.STD_LOGIC_ARITH.ALL;
use IEEE.STD_LOGIC_UNSIGNED.ALL;

entity ring_shiftreg4 is
  Port ( clk : in   STD_LOGIC;
         clr : in   STD_LOGIC;
         q : inout   STD_LOGIC_VECTOR (3 downto 0));
end ring_shiftreg4;

architecture Behavioral of ring_shiftreg4 is

begin
  process(clr,clk)
  begin
    if(clr = '1') then
        q <= "0001";
    elsif(rising_edge(clk)) then
        q(3) <= q(0);
        q(2 downto 0) <= q(3 downto 1);
    end if;
  end process;
end Behavioral;
```

代码清单 6-58　4 位右移循环移位寄存器 Verilog HDL 的描述

```
module ring4(
    input wire clk,
    input wire clr,
    output reg [3:0] q
    );
always @(posedge clk or posedge clr)
begin
    if(clr == 1)
        q <= 1;
    else
    begin
```

```
            q[3] <= q[0];
            q[2:0] <= q[3:1];
        end
end

endmodule
```

3. 消抖电路 HDL 描述

当按键时，不可避免地出现按键的抖动，需要大约毫秒级的时间按键才能稳定下来。也就是说，输入到 FPGA 的按键信号并不是直接从 0 变到 1，而是在毫秒级时间内在 0 和 1 进行交替变化。由于时钟信号的变化比按键抖动快得多，所以会把错误的信号锁存在寄存器中，这种情况在时序电路里是非常严重的问题。因此，需要设计消抖电路来消除按键的抖动。如图 6.16 所示，该电路可以完成按键的消抖。

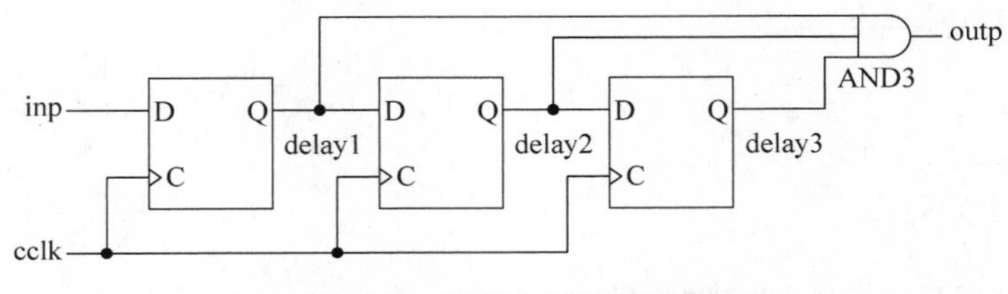

图 6.16 消抖电路设计原理

例 6.28 消抖电路 HDL 描述的例子。

代码清单 6-59 消抖电路 VHDL 的描述

```
library IEEE;
use IEEE.STD_LOGIC_1164.ALL;
use IEEE.STD_LOGIC_ARITH.ALL;
use IEEE.STD_LOGIC_UNSIGNED.ALL;

entity debounce4 is
  Port ( inp : in  STD_LOGIC_VECTOR (3 downto 0);
        cclk : in  STD_LOGIC;
        clr : in  STD_LOGIC;
        outp : out  STD_LOGIC_VECTOR (3 downto 0));
end debounce4;

architecture Behavioral of debounce4 is

signal delay1,delay2,delay3 : std_logic_vector(3 downto 0);

begin
   process(cclk,clr,inp)
    begin
      if(clr = '1') then
        delay1 <= "0000";
        delay2 <= "0000";
        delay3 <= "0000";
```

```
    elsif(rising_edge(cclk)) then
      delay1 <= inp;
      delay2 <= delay1;
      delay3 <= delay2;
    end if;
  end process;
  outp <= delay1 and delay2 and delay3;
end Behavioral;
```

代码清单 6-60　消抖电路 Verilog HDL 的描述

```
module debounce4(
input wire [3:0] inp,
input wire cclk,
input wire clr,
output wire [3:0] outp
);
reg [3:0] delay1;
reg [3:0] delay2;
reg [3:0] delay3;

always @(posedge cclk or posedge clr)
begin
    if(clr == 1)
        begin
            delay1 <= 4'b0000;
            delay2 <= 4'b0000;
            delay3 <= 4'b0000;
        end
    else
        begin
            delay1 <= inp;
            delay2 <= delay1;
            delay3 <= delay2;
        end
end
assign outp = delay1 & delay2 & delay3;
endmodule
```

4. 时钟脉冲电路 HDL 描述

图 6.17 给出了时钟脉冲的逻辑电路。与前面消抖电路不同的是，输入到 AND3 门的 delay3 本身触发器 Q 互补输出端的输出。图 6.18 给出了该电路的行为仿真结果。

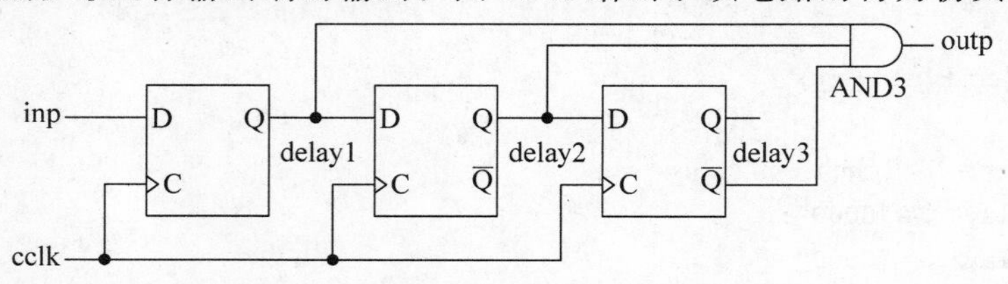

图 6.17　时钟脉冲电路设计原理

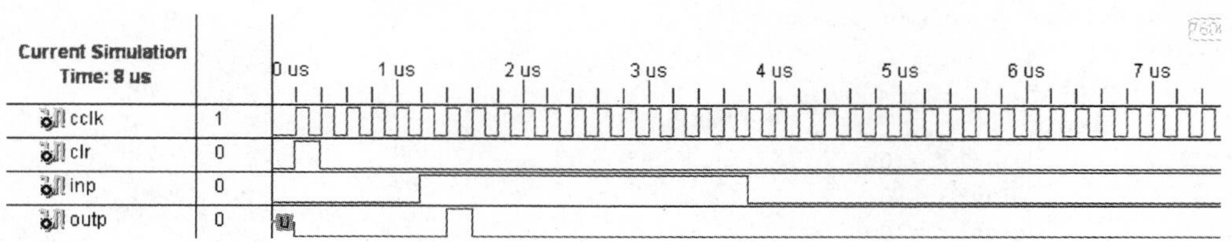

图 6.18 行为仿真图

例 6.29 时钟脉冲生成单元 HDL 描述的例子。

代码清单 6-61 时钟脉冲生成单元 VHDL 的描述

```
library IEEE;
use IEEE.STD_LOGIC_1164.ALL;
use IEEE.STD_LOGIC_ARITH.ALL;
use IEEE.STD_LOGIC_UNSIGNED.ALL;

entity clock_pluse is
    Port ( inp : in  STD_LOGIC;
           cclk : in  STD_LOGIC;
           clr : in  STD_LOGIC;
           outp : out  STD_LOGIC);
end clock_pluse;

architecture Behavioral of clock_pluse is
signal delay1,delay2,delay3 : std_logic;
begin
  process(clr,cclk)
    begin
      if(clr = '1') then
          delay1 <= '0';
          delay2 <= '0';
          delay3 <= '0';
      elsif(rising_edge(cclk)) then
          delay1 <= inp;
          delay2 <= delay1;
          delay3 <= delay2;
      end if;
    end process;
    outp <= delay1 and delay2 and (not delay3);
end Behavioral;
```

代码清单 6-62 时钟脉冲生成单元 Verilog HDL 的描述

```
module clock_pulse(
input wire inp,
input wire cclk,
input wire clr,
output wire outp
);
reg delay1;
reg delay2;
reg delay3;
```

```
always @(posedge cclk or posedge clr)
begin
    if(clr == 1)
        begin
            delay1 <= 0;
            delay2 <= 0;
            delay3 <= 0;
        end
    else
        begin
            delay1 <= inp;
            delay2 <= delay1;
            delay3 <= delay2;
        end
end
assign outp = delay1 & delay2 & ~delay3;
endmodule
```

6.3.4 脉冲宽度调制 PWM HDL 描述

本节将介绍使用脉冲宽度调制(pluse-width modulated,PWM)信号控制直流电机的方法。

当可编程逻辑器件的引脚连接电机或其他大电流负载时,可能会向可编程逻辑器件引脚流入很大的电流,因此最安全和最容易的方法是使用一些类型的固态继电器(solid-state relay, SSR)。如图 6.19 所示,数字电路提供小的电流(5～10mA)引到固态继电器输入引脚 1 和 2,将导通固态继电器内的 LED,来自 LED 的光将打开固态继电器内的 MOSFET,这样将允许引脚 3 和 4 之间流过很大的电流。这种光电耦合器件将数字电路和大电流负载隔离开,因此可以降低电路的噪声和防止大电流对数字电路造成的破坏。

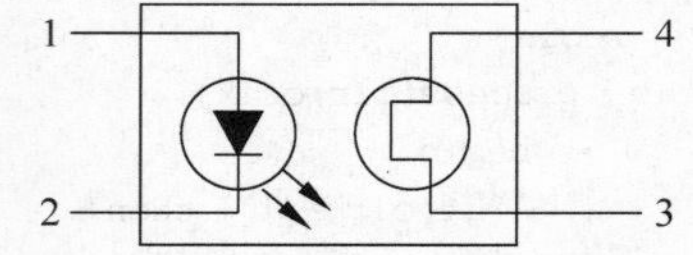

图 6.19 固态继电器

SSR 适合于控制直流负载。然而,一些 SSR 有两个 MOSFET 和背对背的二极管用来控制交流负载。当使用直流或交流 SSR 时,需要确认 SSR 能处理所使用的电压和电流负载。通常,需要为电机提供独立的电源,将它们的地连在一起。

一个例子是使用 G3VM-61B1/E1 固态继电器 SSR,该 SSR 是欧姆龙公司的一个 6 脚的 MOSFET 继电器,能用作直流或交流 SSR。最大的交流负载电压是 60V,最大负载电流是 500mA(将两个 MOSFET 并联后可为直流负载提供 1A 电流)。

直流电机的速度取决于电机的电压,电压越高,电机转动得越快。如果需要电机以恒定的速度旋转,则将 4 脚和电源连接起来,将电机连在 3 脚和地之间(也可以将 3 脚连接到地和将电机连接到引脚 4 和电源之间)。连接到电机的电源极性决定了电机的转动方向。如果转动方向错误,只需要改变电机的两个连接方式。如果使用数字电路改变电机的方向,需要使用 H 桥。SN75440 是一个带有四个半桥驱动器,它能管理两个双向的电机,其供电电压可以到 36V,负载电流可以达到 1A。

通常使用图 6.20 的 PWM 信号波形来控制电机的速度,在该波形中,脉冲周期是恒定的,而称为占空的高电平时间是可变的。占空比表示为

$$占空比 = \frac{占空}{周期} \times 100\% \tag{6-1}$$

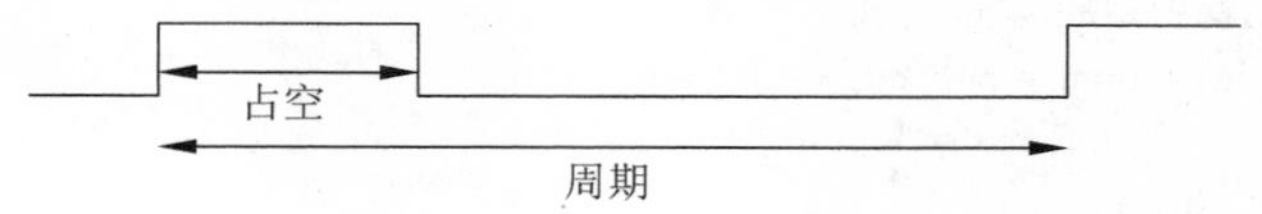

图 6.20　PWM 信号

PWM 信号的直流值与占空比是对应的。一个占空比为 5%的 PWM 信号其直流值为 PWM 信号最大值的 1/2。如果通过电机的电压与 PWM 成正比，由于电机阻抗恒定，流经电机的电流也相应发生变化，因此简单地改变脉冲占空比就可以改变电机的速度。图 6.21 给出了 PWM 用于控制直流电机的电路。

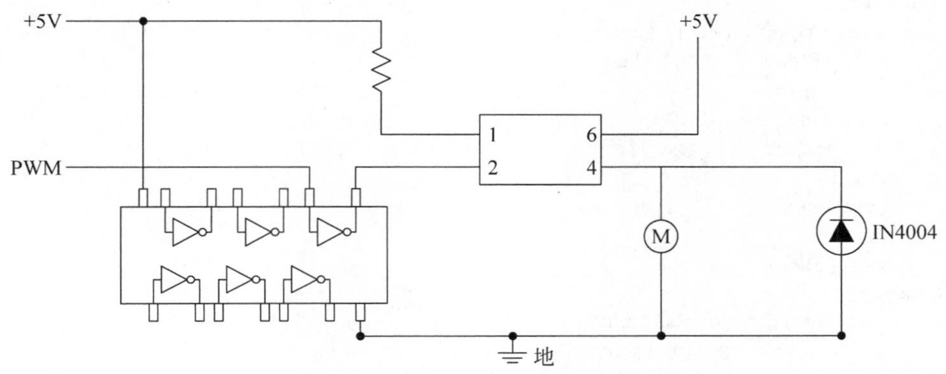

图 6.21　PWM 控制直流电机电路

例 6.30　PWM 控制电机 HDL 描述的例子。

代码清单 6-63　PWM 控制电机 VHDL 的描述

```
library IEEE;
use IEEE.STD_LOGIC_1164.ALL;
use IEEE.STD_LOGIC_ARITH.ALL;
use IEEE.STD_LOGIC_UNSIGNED.ALL;

entity pwm4 is
    Port ( clk : in   STD_LOGIC;
           clr : in   STD_LOGIC;
           duty : in  STD_LOGIC_VECTOR (3 downto 0);
           period1 : in   STD_LOGIC_VECTOR (3 downto 0);
           pwm : out  STD_LOGIC);
end pwm4;

architecture Behavioral of pwm4 is

signal count : STD_LOGIC_VECTOR (3 downto 0);
signal set,reset : std_logic;
begin
    process(clk,clr)
        begin
            if(clr = '1') then
                count <= "0000";
```

```
            elsif(rising_edge(clk)) then
                if(count = period1 - 1) then
                    count <= "0000";
                else
                    count <= count + 1;
                end if;
            end if;
        end process;
        set <= not (count(0) or count(1) or count(2) or count(3));

    process(clk)
    begin
      if(rising_edge(clk)) then
          if(count = duty) then
           reset <= '1';
          else reset <= '0';
          end if;
     end if;
    end process;

    process(clk)
    begin
        if(rising_edge(clk)) then
            if(set = '1') then
               pwm <= '1';
            end if;
            if(reset = '1') then
               pwm <= '0';
            end if;
        end if;
    end process;
end Behavioral;
```

代码清单 6-64　PWM 控制电机 Verilog HDL 的描述

```
module pwmN
# (parameter N  = 4)
(input wire clk,
input wire clr,
input wire [N-1:0] duty,
input wire [N-1:0] period,
output reg pwm
);
reg [N-1:0] count;
always @(posedge clk or posedge clr)
       if(clr == 1)
              count <= 0;
         else if(count == period-1)
              count <= 0;
         else
              count <= count + 1;
always @( * )
       if(count < duty)
```

```
            pwm <= 1;
        else
            pwm <= 0;

endmodule
```

思考与练习 4　用 HDL 语言描述 D 触发器和 JK 触发器。

思考与练习 5　用 HDL 语言设计一个 30 进制的计数器。

思考与练习 6　用 HDL 语言设计一个 100 分频的分频器。

思考与练习 7　使用不同的方法设计一个 32 位的移位寄存器。

6.4 存储器 HDL 描述

存储器按其类型主要分为只读存储器和随机存储器两种，虽然存储器从其工艺和原理上各不相同，但有一点是相同的，即存储器是单个存储单元的集合体，并且按顺序排列，其中由 N 位二进制位构成每一个存储单元，用于表示所存放数据的值。

需要注意的是，虽然在本节给出了存储器的原理描述和实现方法，但在实际中，尤其是在大规模 FPGA 的设计中，设计人员使用于 FPGA 的块存储器资源并通过配置工具生成存储器，因此没有必要用 HDL 语言进行原理和功能的描述。只有使用小规模存储器资源时，才需要使用 HDL 描述分布式存储器。

6.4.1 ROM HDL 描述

在只读存储器中，事先将数据保存到每个存储单元中。在可编程逻辑器件中，提供了不同保持数据的方法。当对 ROM 进行读操作时，只要在控制信号的控制下，对操作的单元给出读取的数值即可。

如图 6.22 给出的 ROM 结构，图中 EN 为 ROM 的使能信号，ADDR 为 ROM 的地址信号，CLK 为 ROM 的时钟信号，DATA 为数据信号。

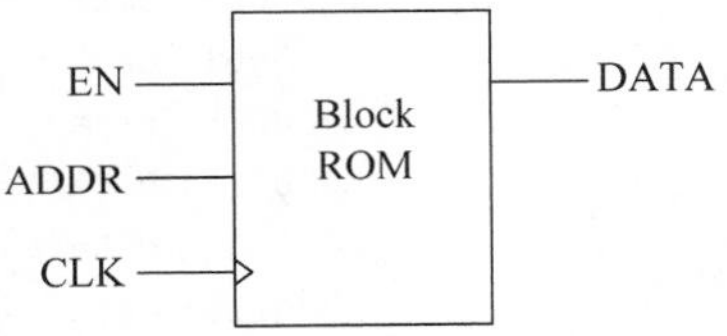

图 6.22　ROM 的结构图

例 6.31　ROM HDL 描述的例子。

代码清单 6-65　ROM VHDL 描述

```
library ieee;
use ieee.std_logic_1164.all;
use ieee.std_logic_unsigned.all;
entity rams_21a is
 port (clk : in std_logic;
      en : in std_logic;
      addr : in std_logic_vector(5 downto 0);
      data : out std_logic_vector(19 downto 0));
end rams_21a;
architecture syn of rams_21a is
type rom_type is array (63 downto 0) of std_logic_vector (19 downto 0);
    signal ROM : rom_type:= (X"0200A", X"00300", X"08101", X"04000", X"08601", X"0233A",
    X"00300", X"08602", X"02310", X"0203B", X"08300", X"04002", X"08201", X"00500",
```

```
    X"04001", X"02500", X"00340", X"00241", X"04002", X"08300", X"08201", X"00500",
    X"08101", X"00602", X"04003", X"0241E", X"00301", X"00102", X"02122", X"02021",
    X"00301", X"00102", X"02222", X"04001", X"00342", X"0232B", X"00900", X"00302",
    X"00102", X"04002", X"00900", X"08201",X"02023", X"00303", X"02433",
    X"00301", X"04004", X"00301", X"00102", X"02137", X"02036", X"00301", X"00102",
    X"02237",X"04004", X"00304", X"04040", X"02500", X"02500", X"02500", X"0030D",
    X"02341", X"08201", X"0400D");
begin
process (clk)
begin
if rising_edge(clk) then
  if (en = '1') then
       data <= ROM(conv_integer(addr));
    end if;
  end if;
end process;
end syn;
```

代码清单 6-66　ROM Verilog HDL 的描述

```
module rams_21a(
   input en,
   input [5:0] addr,
   input clk,
   output reg[19:0] data
   );
always @(posedge clk)
 begin
   if(en)
     case(addr)
         6'b000000: data <= 20'h0200A; 6'b100000: data <= 20'h02222;
         6'b000001: data <= 20'h00300; 6'b100001: data <= 20'h04001;
         6'b000010: data <= 20'h08101; 6'b100010: data <= 20'h00342;
         6'b000011: data <= 20'h04000; 6'b100011: data <= 20'h0232B;
         6'b000100: data <= 20'h08601; 6'b100100: data <= 20'h00900;
         6'b000101: data <= 20'h0233A; 6'b100101: data <= 20'h00302;
         6'b000110: data <= 20'h00300; 6'b100110: data <= 20'h00102;
         6'b000111: data <= 20'h08602; 6'b100111: data <= 20'h04002;
         6'b001000: data <= 20'h02310; 6'b101000: data <= 20'h00900;
         6'b001001: data <= 20'h0203B; 6'b101001: data <= 20'h08201;
         6'b001010: data <= 20'h08300; 6'b101010: data <= 20'h02023;
         6'b001011: data <= 20'h04002; 6'b101011: data <= 20'h00303;
         6'b001100: data <= 20'h08201; 6'b101100: data <= 20'h02433;
         6'b001101: data <= 20'h00500; 6'b101101: data <= 20'h00301;
         6'b001110: data <= 20'h04001; 6'b101110: data <= 20'h04004;
         6'b001111: data <= 20'h02500; 6'b101111: data <= 20'h00301;
         6'b010000: data <= 20'h00340; 6'b110000: data <= 20'h00102;
         6'b010001: data <= 20'h00241; 6'b110001: data <= 20'h02137;
         6'b010010: data <= 20'h04002; 6'b110010: data <= 20'h02036;
         6'b010011: data <= 20'h08300; 6'b110011: data <= 20'h00301;
         6'b010100: data <= 20'h08201; 6'b110100: data <= 20'h00102;
         6'b010101: data <= 20'h00500; 6'b110101: data <= 20'h02237;
```

```
        6'b010110: data <= 20'h08101; 6'b110110: data <= 20'h04004;
        6'b010111: data <= 20'h00602; 6'b110111: data <= 20'h00304;
        6'b011000: data <= 20'h04003; 6'b111000: data <= 20'h04040;
        6'b011001: data <= 20'h0241E; 6'b111001: data <= 20'h02500;
        6'b011010: data <= 20'h00301; 6'b111010: data <= 20'h02500;
        6'b011011: data <= 20'h00102; 6'b111011: data <= 20'h02500;
        6'b011100: data <= 20'h02122; 6'b111100: data <= 20'h0030D;
        6'b011101: data <= 20'h02021; 6'b111101: data <= 20'h02341;
        6'b011110: data <= 20'h00301; 6'b111110: data <= 20'h08201;
        6'b011111: data <= 20'h00102; 6'b111111: data <= 20'h0400D;
      endcase
    end
endmodule
```

虽然该设计给出的是 ROM 的描述方法，但是这种描述方法具有广泛的代表性，尤其是在处理与查找表相关的问题时，经常采用上面的描述方式。

6.4.2 RAM HDL 描述

与 ROM 不同的是，RAM 提供了读和写两种操作，而 ROM 只有读操作。另外，RAM 对读写的时序也有着更严格的要求。

图 6.23 给出了一个单端口 RAM 的结构，图中 EN 为 RAM 使能信号，WE 为 RAM 写信号，DI 为 RAM 数据输入信号，ADDR 为 RAM 地址信号，CLK 为 RAM 时钟信号，DO 为 RAM 数据输出信号。

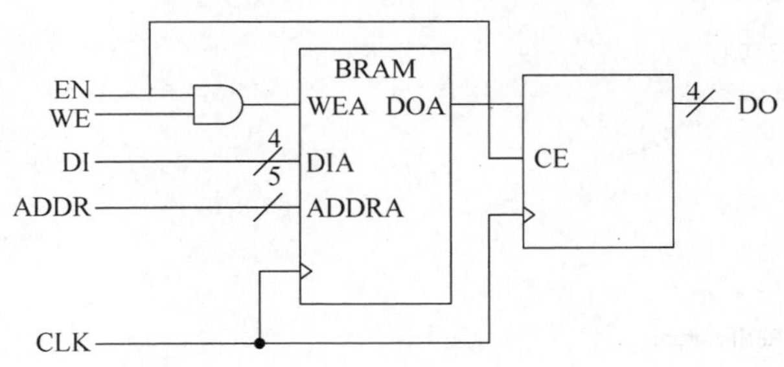

图 6.23 单端口 RAM 的结构

例 6.32 单端口 RAM HDL 描述的例子。

代码清单 6-67 单端口 RAM VHDL 的描述

```
library ieee;
use ieee.std_logic_1164.all;
use ieee.std_logic_unsigned.all;
entity rams_01 is
port (clk : in std_logic;
    we : in std_logic;
    en : in std_logic;
    addr : in std_logic_vector(5 downto 0);
    di : in std_logic_vector(15 downto 0);
    do : out std_logic_vector(15 downto 0));
end rams_01;
```

```
architecture syn of rams_01 is
 type ram_type is array (63 downto 0) of std_logic_vector (15 downto 0);
 signal RAM: ram_type;
begin
  process (clk)
  begin
    if clk'event and clk = '1' then
       if en = '1' then
         if we = '1' then
            RAM(conv_integer(addr)) <= di;
         end if;
       do <= RAM(conv_integer(addr)) ;
    end if;
  end if;
end process;
end syn;
```

代码清单 6-68 单端口 RAM Verilog HDL 的描述

```
module rams_01(
    input clk,
    input we,
    input en,
    input [5:0] addr,
    input [15:0] di,
    output reg[15:0] do
    );
reg [15:0] RAM [63:0];
always @(posedge clk)
 begin
    if(en)
       begin
      if(we)
        RAM[addr] <= di;
         do  <= RAM[addr];
    end
 end
endmodule
```

思考与练习 8 比较 RAM 和 ROM 的特点和区别。

思考与练习 9 用 HDL 语言描述一个 512×16(深度 512,数据宽度 16 比特)的单端口 RAM 存储器。

思考与练习 10 用 HDL 语言描述一个 512×16 的 ROM 存储器。

6.5 有限自动状态机 HDL 描述

有限自动状态机是复杂数字系统中最重要的内容,是实现高效率和高可靠性逻辑控制的重要途径。绝大部分数字系统都是由控制单元和数据单元构成的,数据单元负责数据的处理,而控制单元主要是控制数据单元的操作顺序和数据的传输。在数字系统中,控制单元使用有限状态机实现的。有限状态机通过接收外部信号以及数据单元产生的状态信息，产生用于控制数据单元的信号序列。

6.5.1 FSM设计原理

1. FSM的设计模型

有限状态机可以由标准数学模型定义，此模型包括一组状态、状态之间的一组转换以及与状态转换有关的一组动作。有限状态机可以表示为

$$M=(I,O,S,f,h)$$

其中，$S=\{S_i\}$表示一组状态的集合；$I=\{I_j\}$表示一组输入信号；$O=\{O_k\}$表示一组输出信号；$f(S_i,I_j):S\times I\rightarrow S$为状态转移函数；$h(S_i,I_j):S\times I\rightarrow O$为输出函数。

从上面的数学模型可以看出，有限状态机应该包含三部分，即状态寄存器、下一态转移逻辑、输出逻辑。

描述有限状态机的关键是状态机的状态集合以及这些状态之间的转移关系，描述这种转换关系除了数学模型外，还可以用状态转移图或状态转移表来实现。

状态转移图由三部分组成，即表示不同状态的状态点、连接这些状态点的有向箭头以及标注在这些箭头上的状态转移条件。

状态转移表采用表格的方式描述状态机，状态转移表由三部分组成，即当前状态、状态转移事件和下一状态。

通过比较可以发现，采用状态图可以更加直观地反映状态之间的转换关系，因此在设计时，对于简单的状态变换通常采用状态图的方法进行描述。

有限状态机的设计应遵循以下原则：

(1) 分析控制器设计指标，建立系统算法模型图，即状态转移图；

(2) 分析被控对象的时序状态，确定控制器有限状态机的各个状态及输入、输出条件；

(3) 使用 HDL 语言完成状态机的描述。

采用有限状态机描述有以下几方面的优点：

(1) 可以采用不同的编码风格。在描述状态机时，设计者常采用的状态编码有二进制码、格雷码、One_hot 编码等，用户可以根据自己的需要确定。

(2) 可以实现状态的最小化(如果采用 One_hot 编码，则控制信号数目庞大)。

(3) 设计灵活，将控制单元与数据单元分开。

2. 状态定义及编码规则

设计者在使用状态机之前应该定义状态变量的枚举类型，定义可以在状态机描述的源文件中，也可以在专门的程序包中。

例 6.33 定义状态变量 HDL 描述的例子。

代码清单 6-69 状态变量定义的 VHDL 描述

```
typestate is (s0,s1,s2,s3,s4);
signal current_state, next_state : state;
```

代码清单 6-70 状态变量定义的 Verilog HDL 描述

```
reg[2:0] present_state,next_state;
parameter s0 = 3'b000, s1 = 3'b001, s2 = 3'b010, s3 = 3'b011, s4 = 3'b100;
```

Xilinx ISE 提供了 One_hot、Gray、Compact、Johnson、Sequential、Speed1、User 的编码方式。表 6.6 给出了典型编码格式。

表 6.6 典型编码格式

十进制数	二进制码	Gray 码	Johnson 码	One_hot 码
0	000	000	000	001
1	001	001	001	010
2	010	011	011	100
3	011	010	111	1000
4	100	110		
5	101	111		
6	110	101		
7	111	100		

(1) One_hot 状态编码。One_hot 的编码方案对每一个状态采用一个触发器,即 4 个状态的状态机需 4 个触发器。同一时间,仅一个状态位处于有效电平。在使用 One_hot 状态编码时,触发器使用较多,但逻辑简单,速度快。

(2) Gray 状态编码。Gray 码编码每次仅一个状态位的值发生变化。在使用 Gray 状态编码时,触发器使用较少,速度较慢,不会出现两位同时翻转的情况。采用 Gray 码进行状态编码时,采用 T 触发器是最好的实现方式。

(3) Compact 状态编码。Compact 状态编码能够使所使用的状态变量位和触发器的数目变得最少,该编码技术基于超立方体浸润技术。当进行面积优化时,可以采用 Compact 状态编码。

(4) Johnson 状态编码。Johnson 状态编码能够使状态机保持一个很长的路径,而不会产生分支。

(5) Sequential 状态编码。Sequential 状态编码采用一个可标识的长路径,并采用了连续的基 2 编码描述这些路径,最小化下一个状态等式。

(6) Speed1 状态编码。Speed1 状态编码用于速度的优化,状态寄存器中所用状态的位数取决于特定的有限自动状态机,但一般情况下,它要比 FSM 的状态多。

6.5.2 FSM 的分类及描述

状态机分类很多,主要分为 Moore 状态机、Mealy 状态机和扩展有限状态机,下面就 Moore 状态机和 Mealy 状态机的原理和设计进行详细的介绍。

1. Moore 型状态机

如图 6.24 所示,Moore 型状态机与 Mealy 型状态机的区别在于,Moore 型状态机的输出仅与状态机的当前状态有关,与状态机当前的输入无关。

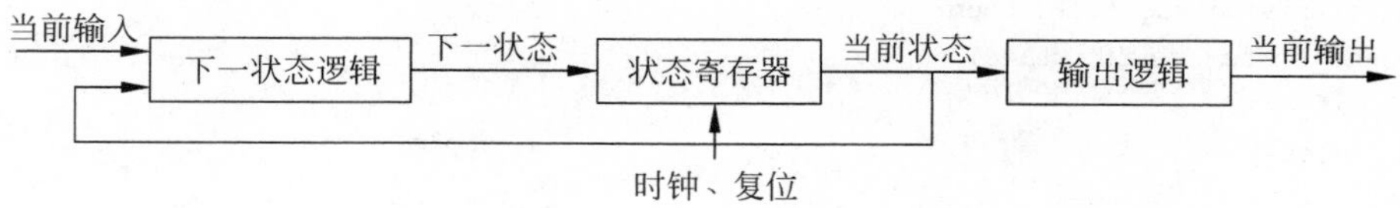

图 6.24 Moore 型状态机

下面以序列检测器为例，说明 Moore 状态机的设计。该序列检测器将检测序列“1101”，当检测到该序列时，状态机的输出为“1”，图 6.25 给出了基于 Moore 状态机的序列检测器的运行原理。

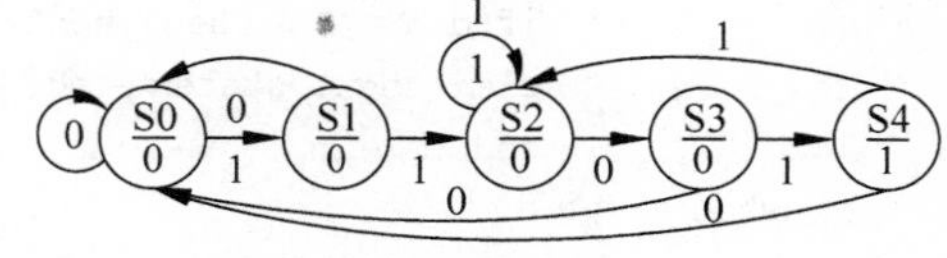

图 6.25 Moore 状态机检测序列

下面对这个状态机进行详细说明：

(1) 初始状态为 S0，如果输入为“1”，则状态迁移到 S1；否则，等待接收序列的头部。

(2) 在状态 S1，如果输入为“0”，则必须返回状态 S0；否则，迁移状态到 S2(表示接收到序列“11”)；

(3) 在状态 S2，如果输入为“1”，则停留在状态 S2；否则，迁移状态到 S3(表示接收到序列“110”)；

(4) 在状态 S3，如果输入为“0”，则必须返回到状态 S0；否则，迁移到状态 S4(表示接收到序列“1101”)；

(5) 在状态 S4，状态机输出为“1”。如果输入为“0”，则必须返回到状态 S0；否则，迁移状态到状态 S2(表示接收到序列“11”)。

例 6.34 Moore 型序列检测器 HDL 描述的例子。

代码清单 6-71 Moore 型序列检测器 VHDL 的描述

```
library IEEE;
use IEEE.STD_LOGIC_1164.ALL;
use IEEE.STD_LOGIC_ARITH.ALL;
use IEEE.STD_LOGIC_UNSIGNED.ALL;

entity seqdeta is
port(
        clk    :    in     std_logic;
        clr    :    in     std_logic;
        din    :    in     std_logic;
        dout   :    out    std_logic
    );
end seqdeta;
architecture Behavioral of seqdeta is
type state is(s0,s1,s2,s3,s4);                        ---声明状态
signal present_state,next_state : state;
begin
process(clr,clk)
begin
  if(clr='1') then                                    --状态寄存器
present_state<=s0;
```

```
  elsif rising_edge(clk) then
present_state <= next_state;
  end if;
end process;

process(present_state,din)                              --下一状态转移逻辑
begin
  case present_state is
    when s0 =>
                if(din = '1') then  next_state <= s1;
                else  next_state <= s0;
                end if;
    when s1 =>
                if(din = '1') then next_state <= s2;
                else next_state <= s0;
                end if;
    when s2 =>
                if(din = '0') then next_state <= s3;
                else next_State <= s2;
                end if;
    when s3 =>
                if(din = '1') then next_state <= s4;
                else next_state <= s0;
                end if;
    when s4 =>
                if(din = '0') then next_state <= s0;
                else next_state <= s2;
                end if;
    when others =>
                next_state <= s0;
end case;
end process;

process(present_state)                                  --输出逻辑与当前输入无关
begin
  if(present_state = s4) then
      dout <= '1';
  else
      dout <= '0';
  end if;
end process;
end Behavioral;
```

代码清单 6-72　Moore 型序列检测器 Verilog HDL 的描述

```
module moore(
input wire clk,
input wire clr,
input wire din,
output reg dout
);
reg[2:0] present_state, next_state;
```

```
parameter  S0 = 3'b000, S1 = 3'b001, S2 = 3'b010,
           S3 = 3'b011, S4 = 3'b100;

always @(posedge clk or posedge clr)
  begin
  if (clr == 1)                                   //声明状态寄存器
              present_state <= S0;
        else
              present_state <= next_state;
  end

always @( * )
  begin
    case(present_state)                           //声明状态转移逻辑
        S0: if(din == 1)
                next_state <= S1;
              else
                next_state <= S0;
        S1: if(din == 1)
                next_state <= S2;
              else
                next_state <= S0;
        S2: if(din == 0)
                next_state <= S3;
              else
                next_state <= S2;
        S3: if(din == 1)
                next_state <= S4;
              else
                next_state <= S0;
        S4: if(din == 0)
                next_state <= S0;
              else
                next_state <= S2;
        default next_state <= S0;
  endcase
end

always @( * )
  begin
    if (present_state == S4)                      //输出逻辑与当前输入无关
        dout <= 1;
    else
        dout <= 0;
  end

endmodule
```

2. Mealy 型状态机

如图 6.26 所示，Mealy 型状态机当前的输出由状态机当前的输入和状态机当前的状态共同决定。

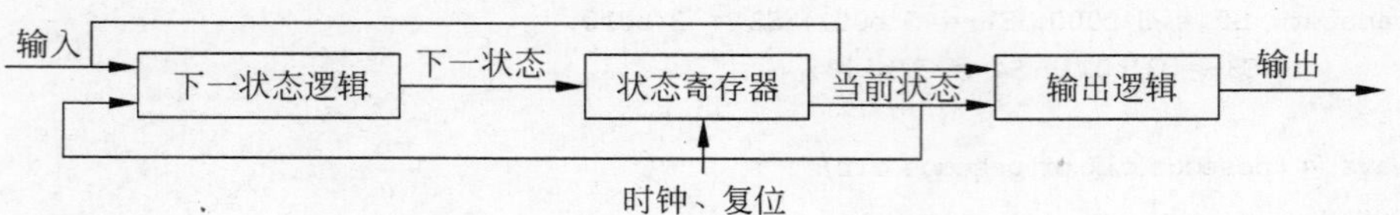

图 6.26　Mealy 型状态机

下面以序列检测器为例，说明 Mealy 状态机的设计。该序列检测器将检测序列“1101”，当检测到该序列时，状态机的输出为“1”，图 6.27 给出了 Mealy 状态机序列检测器的运行原理。

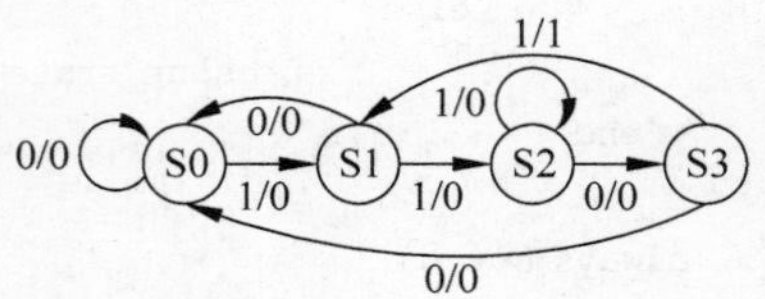

图 6.27　Mealy 状态机检测序列

Moore 状态机检测序列时，使用了 5 个状态，当处于状态 S4 时，输出为“1”。

也可以使用 Mealy 状态机检测序列，当处于状态 S3，且输入为“1”时，输出为“1”。状态迁移的条件表示为当前输入/当前输出。比如当为状态 S3 时(接收到序列“110”)，输入为“1”，输出将变为“1”。下一个时钟沿有效时，状态变化迁移到 S1，输出变为“0”。

为了让输出成为寄存的输出(也就是说状态变化到 S1 时，输出仍然保持“1”)，为输出添加寄存器，即 Mealy 状态机的输出和 D 触发器连接，这样当下一个时钟有效时，状态仍然变化到 S1，但输出被锁存为“1”，即处于保持状态。

例 6.35　Mealy 型序列检测器 HDL 描述的例子。

代码清单 6-73　Mealy 型序列检测器 VHDL 的描述

```
library IEEE;
use IEEE.STD_LOGIC_1164.ALL;
use IEEE.STD_LOGIC_ARITH.ALL;
use IEEE.STD_LOGIC_UNSIGNED.ALL;

entity seqdetb is
port(
        clk     :    in     std_logic;
        clr     :    in     std_logic;
        din     :    in     std_logic;
        dout    :    out    std_logic
    );
end seqdetb;

architecture Behavioral of seqdetb is
type state is(s0,s1,s2,s3);                                   -- 状态定义
signal present_state,next_state : state;
begin
process(clr,clk)                                              -- 状态寄存器
begin
  if(clr = '1') then
    present_state <= s0;
  elsif rising_edge(clk) then
    present_state <= next_state;
```

```
  end if;
end process;

process(present_state,din)                         --状态转移逻辑
begin
  case present_state is
    when s0 =>
              if(din = '1') then next_state <= s1;
              else next_state <= s0;
              end if;
    when s1 =>
              if(din = '1') then next_state <= s2;
              else next_state <= s0;
              end if;
    when s2 =>
              if(din = '0') then next_state <= s3;
              else next_State <= s2;
              end if;
    when s3 =>
              if(din = '1') then next_state <= s1;
              else next_state <= s0;
              end if;
    when others =>
              next_state <= s0;
  end case;
end process;

process(clr,clk)                                   --输出逻辑和当前输入有关
begin
  if(clr = '1') then
      dout <= '0';
  elsif rising_edge(clk) then
    if(present_state = s3 and din = '1') then
        dout <= '1';
    else
      dout <= '0';
    end if;
  end if;
end process;
```

代码清单 6-74　Mealy 型序列检测器 Verilog HDL 描述

```
module seqdetb(
input wire clr,
input wire clk,
input wire din,
output reg dout
);
reg[1:0] present_state, next_state;                //状态定义
```

```
parameter S0 = 2'b00, S1 = 2'b01,
          S2 = 2'b10, S3 = 2'b11;

always @(posedge clr or posedge clk)                          //状态寄存器和输出逻辑
begin
  if(clr == 1)
    present_state <= S0;
  else
    if((present_state == S3) & din == 1)
        begin
            dout <= 1;
            present_state <= next_state;
          end
      else
        begin
            dout <= 0;
            present_state <= next_state;
          end
end
always @( * )                                                  //状态转移逻辑
  begin
  case(present_state)
        S0: if(din == 1)
               next_state <= S1;
              else
                next_state <= S0;
        S1: if(din == 1)
               next_state <= S2;
              else
                next_state <= S0;
        S2: if(din == 0)
               next_state <= S3;
              else
                next_state <= S2;
        S3: if(din == 1)
               next_state <= S1;
              else
                next_state <= S0;
        default next_state <= S0;
 endcase
end
endmodule
```

虽然在这里将两种类型的状态机加以区分,但是在实际状态机的设计中,设计人员无须关注这些差别,只要满足状态机设计规则和状态机的运行条件,采用任何一种方式都可以实现状态机模型。设计人员可以在实际的设计过程中,形成规范的状态机的 HDL 的设计风格。

3. FSM 的描述方式

状态机描述方式有三进程、双进程、单进程三种方式。下面以图 6.28 所示的状态图模型为例，说明单进程、双进程和三进程状态机的描述方式。

该状态机模型包含：

(1) 四个状态，即 s1，s2，s3，s4；

(2) 5 个转移；

(3) 1 个输入“x1”；

(4) 1 个输出“outp”。

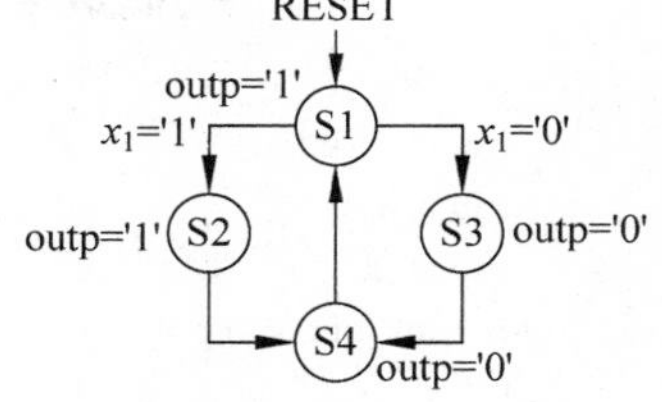

图 6.28　状态图模型

1) 单进程状态机的实现方法

如图 6.29 单进程的 Mealy 状态机所示，采用单进程状态机描述时，状态的变化、状态寄存器和输出功能描述用一个进程进行描述。

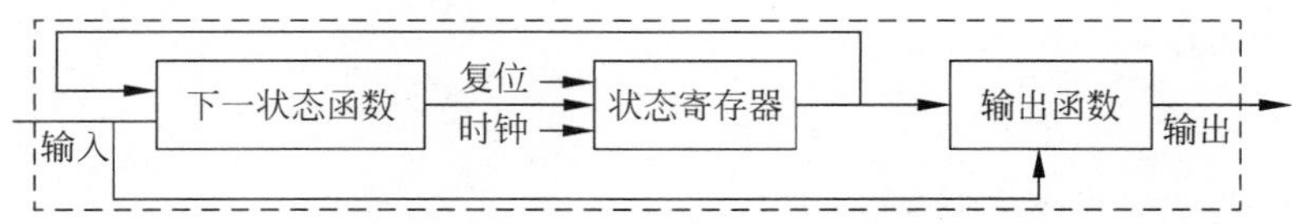

图 6.29　单进程 Mealy 状态机模型

例 6.36　单进程状态机 HDL 描述的例子。

代码清单 6-75　单进程状态机 VHDL 的描述

```
library IEEE;
use IEEE.std_logic_1164.all;
entity fsm_1 is
 port ( clk, reset, x1 : IN std_logic;
      outp : OUT std_logic);
end entity;
architecture beh1 of fsm_1 is
 type state_type is (s1,s2,s3,s4);
 signal state: state_type ;
begin
 process (clk,reset)
 begin
if (reset = '1') then
   state <= s1;
   outp <= '1';
elsif rising_edge(clk)  then
   case state is
     when s1  =>  if x1 = '1' then  state <= s2; outp <= '1';
                  else state <= s3;outp <= '0';
                  end if;
     when s2  =>  state <= s4; outp <= '0';
     when s3  =>  state <= s4;outp <= '0';
     when s4  =>  state <= s1; outp <= '1';
    end case;
  end if;
```

```
 end process;
end beh1;
```

代码清单 6-76　单进程状态机 Verilog HDL 的描述

```
module fsm_1(
   input clk,
   input reset,
   input x1,
   output reg outp
   );
reg [1:0] state;
parameter s1 = 2'b00, s2 = 2'b01,
          s3 = 2'b10, s4 = 2'b11;

initial begin
 state = 2'b00;
end

always @(posedge clk or posedge reset)
begin
 if(reset)
    begin
      state <= s1;
      outp <= 1'b1;
    end
  else
    begin
      case(state)
       s1: begin
             if(x1 == 1'b1)
                begin
                  state <= s2;
                  outp <= 1'b1;
                end
              else
               begin
                state <= s3;
                outp <= 1'b0;
              end
           end
      s2: begin
                state <= s4;
                outp <= 1'b1;
           end
      s3: begin
                state <= s4;
                outp <= 1'b0;
           end
      s4: begin
                state <= s1;
                outp <= 1'b0;
```

```
            end
          endcase
        end
end
endmodule
```

2）双进程状态机的实现方法

如图 6.30 所示，与单进程状态机不同的是，采用双进程状态机时，输出函数用一个进程描述，而状态寄存器和下一状态函数用另一个进程描述。

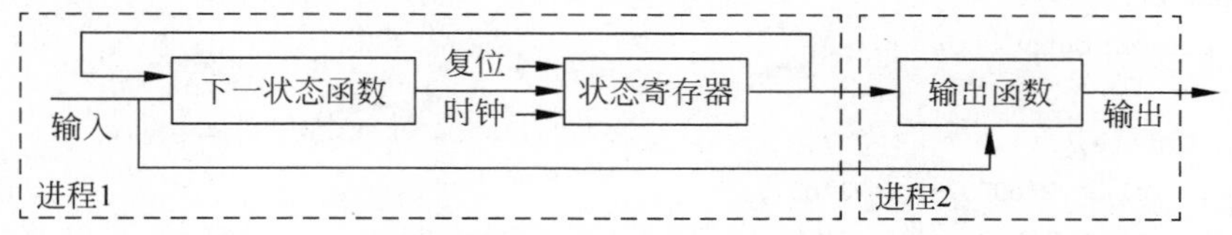

图 6.30 双进程 Mealy 状态机模型

例 6.37 双进程状态机 HDL 描述的例子。

代码清单 6-77 双进程状态机 VHDL 的描述

```
library IEEE;
use IEEE.std_logic_1164.all;
entity fsm_2 is
 port ( clk, reset, x1 : IN std_logic;
        outp : OUT std_logic);
end entity;
architecture beh1 of fsm_2 is
 type state_type is (s1,s2,s3,s4);
 signal state: state_type ;
   begin
   process (clk,reset)
   begin
if (reset = '1') then
  state <= s1;
elsif (clk = '1' and clk'Event) then
 case state is
  when s1  => if x1 = '1' then  state <=  s2; else state <=  s3; end if;
  when s2  => state <=  s4;
  when s3  => state <=  s4;
  when s4  => state <=  s1;
 end case;
end if;
end process;

process (state)
begin
 case state is
  when s1  => outp <=  '1';
  when s2  => outp <=  '1';
```

```
    when s3  => outp <=  '0';
    when s4  => outp <=  '0';
    end case;
  end process;
end beh1;
```

代码清单 6-78　双进程状态机 Verilog HDL 的描述

```
module fsm_2(
    input clk,
    input reset,
    input x1,
    output reg outp
    );
reg [1:0] state;
parameter  s1 = 2'b00, s2 = 2'b01,
           s3 = 2'b10, s4 = 2'b11;

initial begin
    state = 2'b00;
end

always @(posedge clk or posedge reset)
begin
  if(reset)
      state <= s1;
  else
    begin
      case(state)
        s1: if(x1 == 1'b1)
                state <= s2;
            else
                state <= s3;
        s2: state <= s4;
        s3: state <= s4;
        s4: state <= s1;
      endcase
    end
end
    always @(state)
    begin
      case (state)
         s1: outp <= 1'b1;
         s2: outp <= 1'b1;
         s3: outp <= 1'b0;
         s4: outp <= 1'b0;
  endcase
end
endmodule
```

3）三进程状态机的实现规则

如图 6.31 所示，与双进程状态机不同的是，采用三进程状态机时，输出函数用一个进程描述，状态寄存器和下一状态函数也分别用两个进程描述。

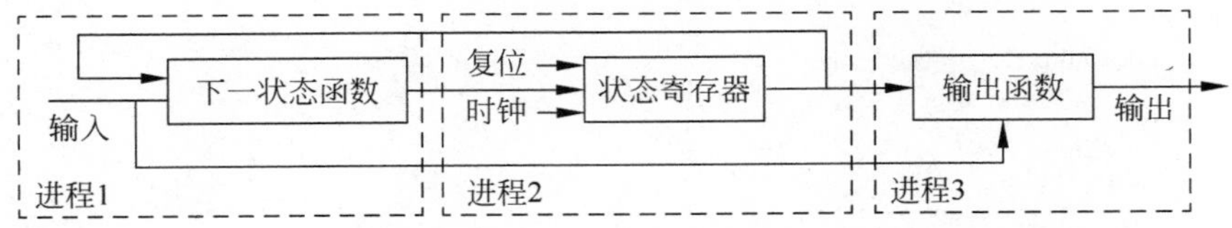

图 6.31　三进程 Mealy 状态机模型

例 6.38　三进程状态机 HDL 描述的例子。

代码清单 6-79　三进程状态机 VHDL 的描述

```
library IEEE;
use IEEE.std_logic_1164.all;
entity fsm_3 is
port ( clk, reset, x1 : IN std_logic;
       outp : OUT std_logic);
end entity;
architecture beh1 of fsm_3 is
  type state_type is (s1,s2,s3,s4);
  signal state, next_state: state_type ;
 begin
 process (clk,reset)
 begin
   if (reset = '1') then
       state <= s1;
   elsif rising_edge(clk) then
       state <=  next_state;
   end if;
 end process;

 process (state, x1)
 begin
   case state is
      when s1  => if x1 = '1' then  next_state <=  s2; else next_state <=  s3;end if;
      when s2  => next_state <=  s4;
      when s3  => next_state <=  s4;
      when s4  => next_state <=  s1;
   end case;
 end process ;

 process (state)
 begin
   case state is
     when s1  => outp <=  '1';
     when s2  => outp <=  '1';
     when s3  => outp <=  '0';
     when s4  => outp <=  '0';
   end case;
 end process;
end beh1;
```

代码清单 6-80　三进程状态机 Verilog HDL 的描述

```
module fsm_3(
    input clk,
    input reset,
    input x1,
    output reg outp
    );
reg [1:0] state;
reg [1:0] next_state;
parameter s1 = 2'b00, s2 = 2'b01,
            s3 = 2'b10, s4 = 2'b11;

    initial begin
       state <= 2'b00;
    end

    always @(posedge clk or posedge reset)
    begin
       if (reset)
       state <= s1;
     else
       state <= next_state;
    end

    always @(state or x1)
    begin
     case (state)
       s1: if(x1 == 1'b1)
               next_state = s2;
            else
               next_state = s3;
        s2: next_state = s4;
        s3: next_state = s4;
        s4: next_state = s1;
      endcase
    end

    always @(state)
    begin
     case (state)
         s1: outp = 1'b1;
        s2: outp = 1'b1;
        s3: outp = 1'b0;
        s4: outp = 1'b0;
     endcase
end
endmodule
```

思考与练习 11　有限自动状态机的分类及其特点。

思考与练习 12　有限自动状态机的编码方式及其特点。

思考与练习 13　有限自动状态机的描述规则及其特点。

思考与练习 14　使用有限自动状态机设计一个“10101”序列检测器。

思考与练习 15　使用有限自动状态机设计交通灯控制器。

第7章 基于HDL数字系统实现

CHAPTER 7

本章将通过一个大的设计工程，说明复杂系统设计的实现过程。内容包含设计所用外设的原理、系统设计原理、创建新的设计工程、基于VHDL的系统设计实现、基于Verilog HDL的系统设计实现。

通过本章内容的学习，帮助读者进一步熟悉两种HDL的使用方法和设计技巧，同时更加熟练掌握Xilinx ISE的系统设计流程。

7.1 设计所用外设的原理

在本章所用到的外设包括LED灯、开关、7段数码管、VGA显示器、UART，下面对这些外设的原理进行详细说明。

7.1.1 LED灯

图7.1给出了Nexys3浇开发板上FPGA和LED灯的接口。通过8个限流电阻，FPGA的引脚U16、V16、U15、V15、M11、N11、R11、T11分别和8个LED连接。当FPGA引脚置高电平时，所对应的LED灯亮；否则，LED灯灭。

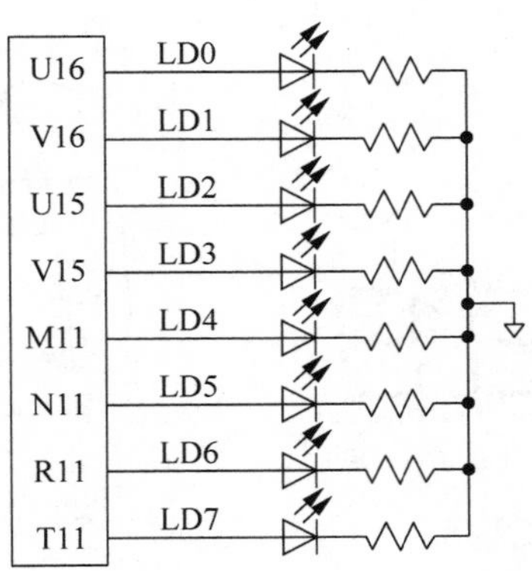

图7.1 Nexys3浇板上FPGA和LED灯的接口

7.1.2 开关

图 7.2 给出了 Nexys3 浇开发板上 FPGA 和开关的接口。通过 8 个限流电阻，FPGA 的引脚 T10、T9、V9、M8、N8、U8、V8、T5 分别和 8 个开关连接。当开关触点在上方时，接入3.3V 电源，通过限流电阻，将逻辑高电平送入对应的 FPGA 引脚；否则，当开关触点在下方时，接入地，通过限流电阻，将逻辑低电平送入对应的 FPGA 引脚。

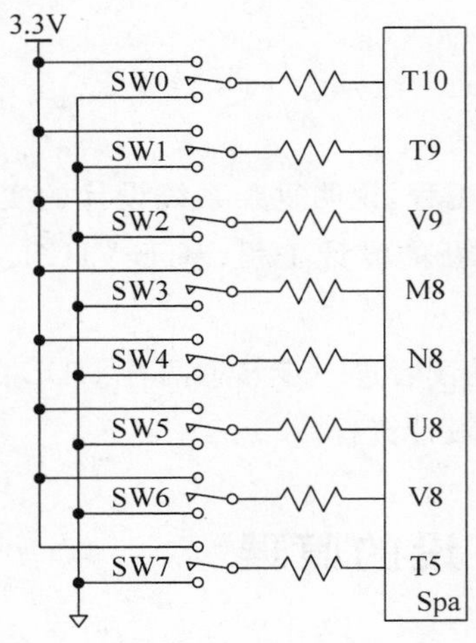

图 7.2 Nexys3 浇板上 FPGA 和开关的接口

7.1.3 七段数码管

Nexys3 浇板子包含一个四位的共阳极七段数码管。如图 7.3 所示，因此七段数码管内每个段的阳极连接在一起，所以是共阳极连接方式。如果要在某个七段数码管上显示正确的值，则共阳极端接入逻辑高电平，给相应段 CA～CG 接入逻辑低电平即可。表 7.1 给出了数字 0～9 和 A～F 所对应 CA～CG 段的值。

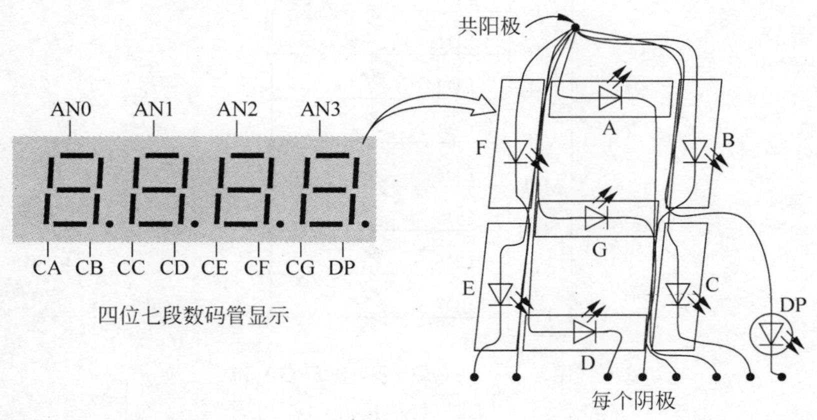

图 7.3 Nexys3 浇板上的四位七段数码管

表 7.1 十六进制数和不同段的对应关系

	CA	CB	CC	CD	CE	CF	CG
0	0	0	0	0	0	0	1
1	1	0	0	1	1	1	1
2	0	0	1	0	0	1	0
3	0	0	0	0	1	1	0
4	1	0	0	1	1	0	0
5	0	1	0	0	1	0	0
6	0	1	0	0	0	0	0
7	0	0	0	1	1	1	1
8	0	0	0	0	0	0	0
9	0	0	0	0	1	0	0
A	0	0	0	1	0	0	0
B	1	1	0	0	0	0	0
C	0	1	1	0	0	0	1
D	1	0	0	0	0	1	0
E	0	1	1	0	0	0	0
F	0	1	1	1	0	0	0

如图 7.4 所示，给出了四个七段数码管和 Nexys3 浇开发板上 FPGA 的接口图，从图中可以看出，FPGA 的 N16、N15、P18 和 P17 引脚通过四个 PNP 晶体管和四个数码管的 AN0、AN1、AN2 和 AN3 进行连接。FPGA 的 T17、T18、U17、U18、M14、N14、L14 和 M13 引脚，通过限流电阻分别连接到七段数码管的 CA、CB、CC、CD、CE、CF、CG 和 DP 段。其中：

(1) 四个晶体管起放大电流的作用，分别驱动四个数码管工作。

(2) 晶体管基极的电阻，用于限流，防止导通晶体管时对 FPGA 引脚造成损害。

当给 FPGA 的 N16、N15、P18 和 P17 引脚设置低电平时，晶体管导通，AN0、AN1、AN2 和 AN3 为高电平。此时，有电流流过七段数码管，即所对应的数码管导通。

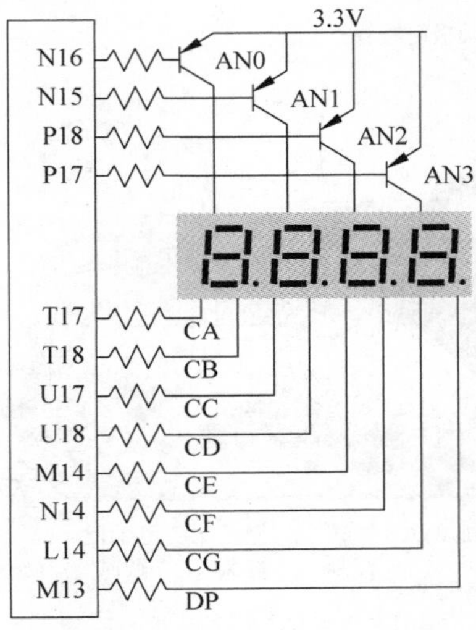

图 7.4 数码管和 FPGA 的接口连接

从上面四个数码管的结构可以看出，四个数码管共享 CA～CG 段。也就是说，如果同时给 N16、N15、P18、P17 引脚施加低电平，并且按照表 6.1 给 CA～CG 不同的值时，在四个数码管上会显示相同的值。为了在四个数码管上显示不同的值，需要轮流导通四个数码管。如图 7.5 所示，首先导通 AN0，维持一个数位周期；然后，依次导通 AN1、AN2 和 AN3，周而复始不断循环。这样，在一个时刻只导通一个数码管。很明显，当刷新周期足够快时，由于人眼的滞后效应，看上去一个数码管是同时显示不同的数字。为了实现这个效果，需要在七段数码管中，设计扫描电路。

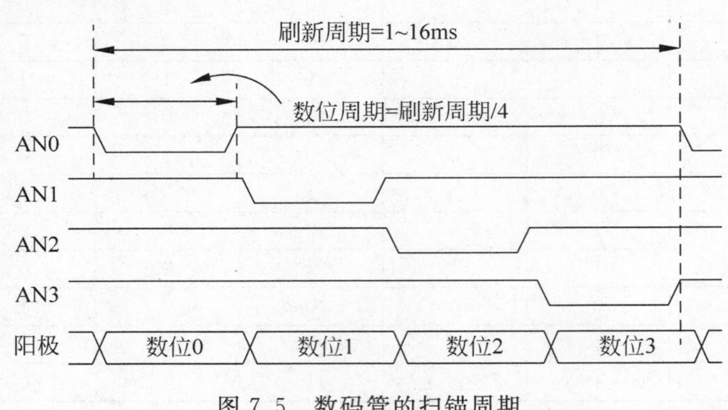

图 7.5 数码管的扫锚周期

7.1.4 VGA 显示器

VGA 信号时序规范由 VESA 组织(http://www.vesa.org)制定。本节给出的 VGA 的时序是 640×480 的驱动模式。

如图 7.6 所示，给出了阴极射线显示管(Cathode Ray Tube, CRT)的结构。基于 CRT 的 VGA 显示原理是，通过调幅将电子束(或者阴极射线)移动到荧光屏上显示信息。LCD 显示使用了一个阵列开关，它们用于在少量的液晶上施加一个电压。因此，基于每个像素改

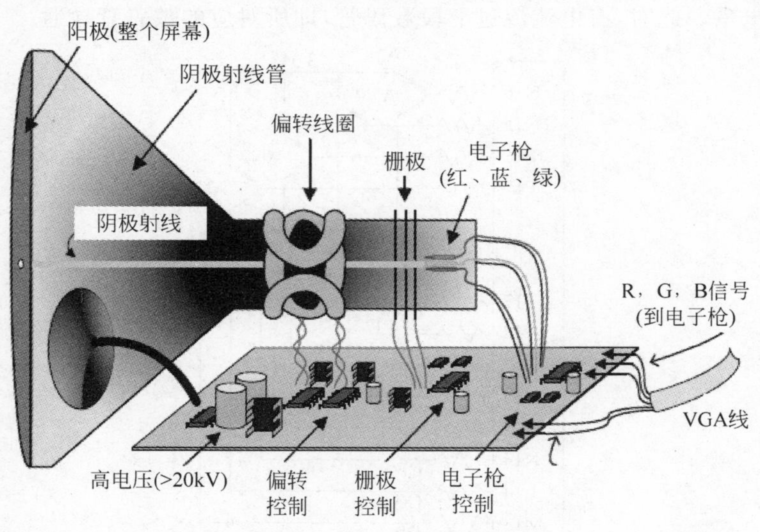

图 7.6 VGA 显示器的原理

变通过晶体的光介电常数。尽管本节的原理基于CRT显示，但是LCD显示也使用和CRT显示相同的时序。彩色CRT使用了三个电子束，包括红、蓝和绿，用于给磷施加能量，它附着在阴极射线管显示末端的内侧。电子枪所发出的电子束精确地指向加热的阴极，阴极放置在靠近称为“栅极”的正电荷的环形板旁。由栅极施加的静电力拖动来自阴极所施加能量的电子射线，并且这些射线由电流驱动到阴极。一开始这些粒子射线朝着栅极加速，但是在更大的静电力的影响下衰减，导致涂磷的CRT表面充电到20kV(或者更高)。当射线穿过栅极时，将其聚焦为一个精准的束，然后将其加速碰撞到附着磷的显示表面。在碰撞点的磷涂层表面发光，并且在电子束消失后，持续几百微秒继续发光。送达阴极的电流越大，磷就越亮。

在栅极和显示表面之间，电子束穿过CRT的颈部，颈部的两个线圈产生了正交的电磁场。由于阴极射线带有电荷粒子(电子)，因此它们被磁场偏转。通过线圈的电流波形产生磁场，用于和阴极射线相互作用，使其以光栅图样方式从左到右，从上到下横穿显示表面。由于阴极射线在显示表面移动，通过增加或者减少进入电子枪的电流，就可以改变在阴极射线碰撞点的显示亮度。

如图7.7所示，给出了VGA扫面波形图。只有在电子束朝前方移动(从左到右，从上到下)时，才显示信息。在电子束返回显示的左边或者上边时，不显示信息。因此，当复位电子束，并且稳定开始新的一行或者通过一个垂直显示时，在空白周期，会丢失很多的显示时

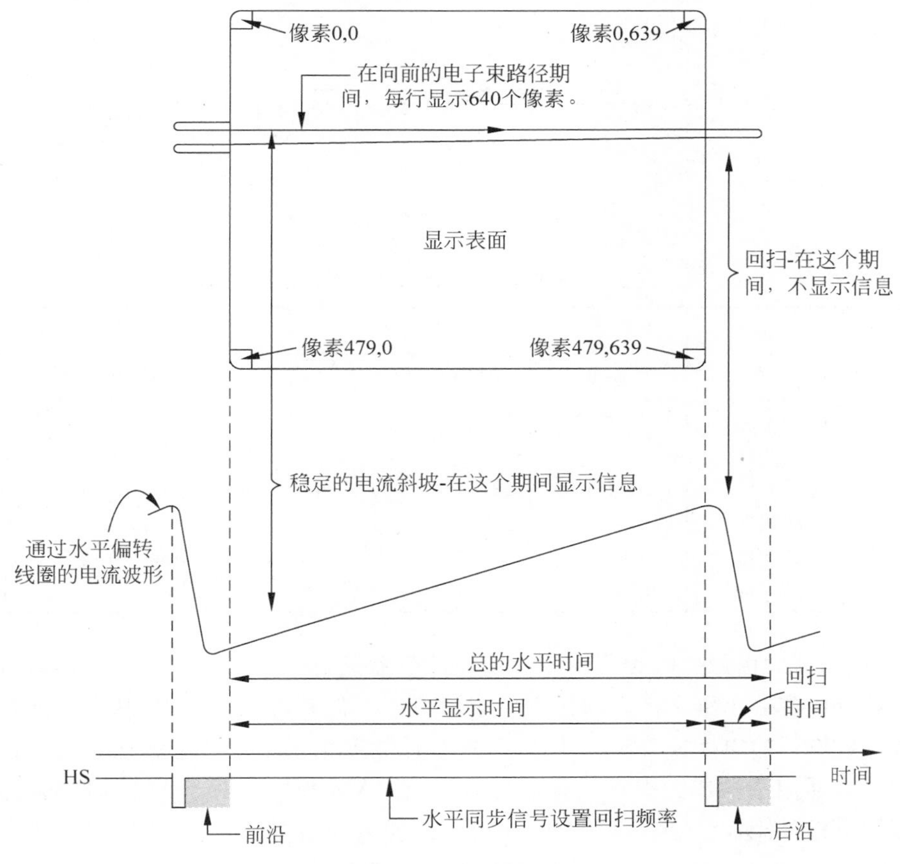

图7.7　VGA扫描波形

间。电子束穿过显示区域的频率等因素决定了显示器的分辨率，目前普遍使用的 VGA 显示器都提供了不同的分辨率。通过产生时序控制光栅图样，VGA 控制器控制了 VGA 的分辨率。VGA 控制器必须在 3.3V(5V)产生同步脉冲，用于设置电流通过线圈的频率，并且保证视频数据正确地应用到电子枪。光栅视频显示定义了行的个数，其对应于穿过阴极的水平行的个数。列的个数，对应于每行的一个区域，给该区域分配一个图像元素或者像素。典型地，从 240 到 1200 行，320 到 1600 列，总的显示大小以及行和列的个数决定了每个像素的大小。

典型地，视频数据原来是一个视频刷新存储器，为每个位置的像素分配一个或者多个字节(典型地，Nexys3 浇开发板上的每个像素使用了 3 位)。当在显示器上移动电子束时，控制器需要对视频存储器进行检索，然后在正确的位置上使用一个预先确定的像素值。

VGA 控制器逻辑必须正确地产生 HS 和 VS 时序信号，并且基于像素来协调视频数据的传输。像素时钟定义了用于显示一个像素信息的时间。VS 定义了显示的刷新频率，或者说以该频率重新绘制所有显示信息。最小的刷新频率是显示器的磷元素和电子束密度的函数。实际上，刷新频率在 50Hz 到 120Hz 之间。在一个给定刷新频率内的显示行数，定义了垂直回扫的频率。对于 640×480 分辨率来说，使用 25MHz 的像素时钟和 60±1Hz 的刷新频率。图 7.8 给出了该模式的时序图，表 7.2 对该模式下的时序关系进行了详细的说明。

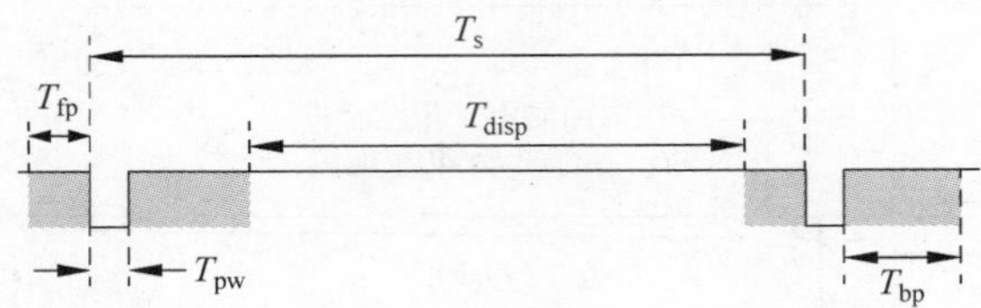

图 7.8 640×480 模式下的时序图

表 7.2 640×480 显示模式的时序说明

符号	参数	垂直同步 VS			水平同步 HS	
		时间	时钟个数	行	时间	时钟个数
T_s	同步脉冲时间的间隔	16.7ms	416 800	521	32μs	800
T_{disp}	显示时间	15.36ms	384 000	480	25.6μs	640
T_{pw}	脉冲宽度	64μs	1600	2	3.84μs	96
T_{fp}	前沿宽度	320μs	8000	10	640ns	16
T_{bp}	后沿宽度	928μs	23 200	29	1.92μs	48

VGA 控制器对由像素时钟驱动的行同步计数器进行解码，以产生 HS 信号时序，这个计数器用于定位在一个给定行内的任意像素位置。类似地，用每个 HS 脉冲所递增的一个垂直同步计数器的输出生成 VS 信号时序，这个计数器用于定位给定的任意行。这两个连续运行的计数器用于构成到保存视频信息的视频 RAM 地址。对于 HS 脉冲的起始和 VS 脉冲的起始，没有说明时序关系。这样，使得设计者可以很容易地设计计数器，用于生成视频 RAM 地址，或者减少用于生成同步脉冲的译码逻辑。

图 7.9 给出了 Nexys3 浇开发板上 FPGA 的引脚和 VGA 接口的连接关系。

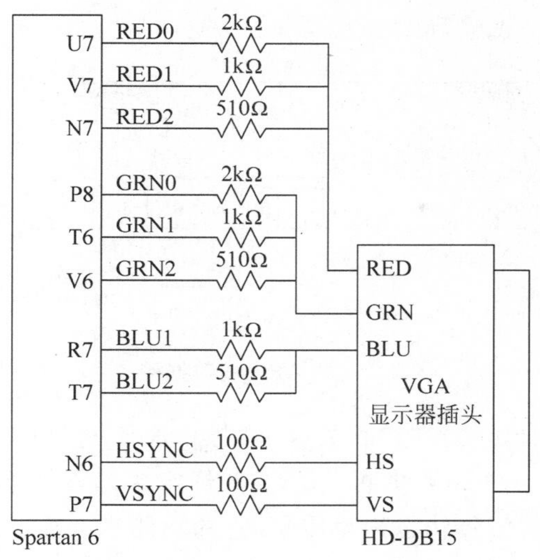

图 7.9　FPGA 和 VGA 接口连接图

7.1.5　通用异步接收发送器

RS-232 是美国电子工业联盟(EIA)制定的串行数据通信的接口标准，原始编号全称是 EIA-RS-232(简称 232，RS232)。它被广泛用于计算机串行接口外设连接。

EIA RS-232C 标准中的 EIA(Electronic Industry Association)代表美国电子工业联盟，RS(Recommended standard)代表推荐标准，232 是标识号，C 代表 RS232 的第三次修改(1969 年)，在这之前，还有 RS232B、RS232A。

目前的最新版本是由美国电信工业协会(Telecommunications Industry Association，TIA，由 EIA 所分出的一个组织)所发布的 TIA-232-F，它同时也是美国国家标准 ANSI/TIA-232-F-1997 (R2002)，此标准于 2002 年进行再次确认。在 1997 年由 TIA/EIA 发布当时的编号则是 TIA/EIA-232-F 与 ANSI/TIA/EIA-232-F-1997。在此之前的版本是 TIA/EIA-232-E。

它规定连接电缆和机械、电气特性、信号功能及传送过程，其他常用电气标准还有 EIA-RS-422-A、EIA-RS-423A、EIA-RS-485。

目前，在 IBM PC 机上的 COM1 和 COM2 接口，就是通常所说的 RS-232C 接口。在 RS-232 中，对电气特性、逻辑电平和各种信号线功能都作了详细描述。

由于 RS-232-C 的重大影响，即使 IBM PC/AT 开始改用 9 针连接器起，目前已不再使用 RS-232 中规定的 25 针连接器，但大多数人仍然普遍使用 RS-232C 来代表此一接口。

如图 7.10 所示，在 RS-232 标准中，每个字符是以一串比特位来一位接一位地串行传输，优点是传输线少，配线简单，传送距离可以较远。最常用的编码格式是异步起停格式，它以一个起始比特位表示传输开始，后面紧跟用于表示一个字符的 7 或 8 位数据比特，然后是可选的奇偶校验比特位，最后是一或两个停止比特位。所以，发送一个字符至少需要 10 个比特位，这样所带来的一个好处是使全部的传输速率，发送信号的速率以 10 进行划分。

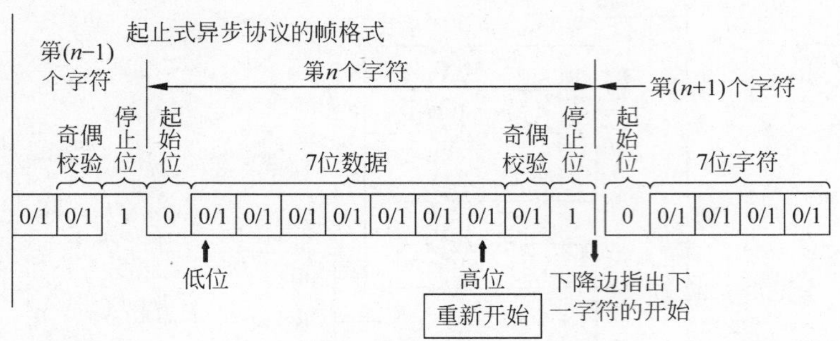

图 7.10 UART 的数据格式

在 RS-232 标准中定义了逻辑“1”和逻辑“0”电平标准、标准的传输速率和连接器类型，信号电平值在正的和负的 3～15V 之间。RS-232 规定接近零的电平是无效的，逻辑“1”规定为负电平，有效负电平的信号状态称为传号，它的功能意义为 OFF，逻辑“0”规定为正电平，有效正电平的信号状态称为空号，它的功能意义为 ON。根据设备供电电源的不同，±5、±10、±12 和±15 这样的电平都是可能的。

传号和空号是从电传打字机中来的术语，电传打字机原始的通信是一个简单的中断直流电路模式，类似于圆转盘电话拨号中的信号。传号状态是指电路是断开的，空号状态是指电路是接通的。一个空号就表明有一个字符要开始发送了，相应的停止的时候，停止位就是传号。当线路中断的时候，电传打字机不打印任何有效字符，周期性地连续收到全零信号。

在进行串行通信时，需要在进行通信的两台设备设置通信号数。最常见的设置包括波特率、奇偶校验位和停止位。

1. 波特率

波特率是指从一设备发到另一设备的波特率，即每秒钟传输比特位的个数。典型地，波特率的值为 300、1200、2400、9600、19200、115200 等。一般情况下，通信两端设备都要设为相同的波特率，但可以设置为自动检测波特率。

2. 奇偶校验

奇偶校验是用来验证数据的正确性，一般不使用奇偶校验。如果使用它，那么既可以做奇校验，也可以做偶校验。奇偶校验是通过修改每一发送字节(也可以限制发送的字节)来工作的。如果不作奇偶校验，那么数据是不会被改变的。在偶校验中，因为奇偶校验位会被置为“1”或“0”(一般是最高位或最低位)，所以数据会被改变以使得所有传送的数位(含字符的各数位和校验位)中“1”的个数为偶数；在奇校验中，所有传送的数位(含字符的各数位和校验位)中“1”的个数为奇数。接受信息的设备可以奇偶校验检查传输是否发送生错误。如果某一字节中“1”的个数发生了变化，那么这个字节在传输中一定有错误发生。如果奇偶校验是正确的，可能没有发生错误也可能发生了偶数个的错误。

3. 停止位

在传输每个字节之后发送停止位，它用来协助接受信息的设备重同步。在传送数据时，RS-232 并不需要另外使用一条专门的传输线来传送同步信号，就能正确地将数据顺利传送到对方，因此叫做异步传输，简称 UART(universal asynchronous receiver transmitter)，不过必须在每一个传输数据的前后都加上同步信号，把同步信号与数据混合之后，使用同一条传输线来传输。比如传输数据“11001010”时，数据的前后就需加入起始位(低)以及停止位(高)等两个比特，值得注意的是，起始信号固定为一个比特，但停止比特则可以是 1、1.5 或者是 2 比特，由使用 RS-232 的传送与接收的两个设备共同确定需注意传送与接受两者的选择必须一致。在串行通信软件设置中 D/P/S 是常规的符号表示。8/N/1(非常普遍)表明 8 位数据，没有奇偶校验，1 位停止位。数据位可以设置为 5、6、7 或者 8 位(不可以大于 8 或小于 5)，奇偶校验位可以设置为无校验、奇校验或者偶校验，奇偶校验可以使用数据中的比特，所以 8/E/1 就表示一共 8 位数据位，其中一位用来做奇偶校验位。停止位可以是 1、1.5 或者 2 位的(1.5 是用在波特率为 60 字/分钟的电传打字机上的)。

4. 流量控制

当需要发送握手信号或数据完整性检测时需要制定其他设置，公用的组合有 RTS/CTS，DTR/DSR 或者 XON/XOFF(实际中不使用连接器管脚而在数据流内插入特殊字符)。接受方把 XON/XOFF 信号发给发送方来控制发送方何时发送数据，这些信号是与发送数据的传输方向相反的。XON 信号告诉发送方接受方准备好接受更多的数据，XOFF 信号告诉发送方停止发送数据直到知道接受方再次准备好。一般不赞成使用 XON/XOFF，推荐用 RTS/CTS 控制流来代替它们。XON/XOFF 是一种工作在终端间的带内方法，但是必须两端都支持这个协议，而且在突然启动的时候会有混淆的可能。XON/XOFF 可以工作于 3 线的接口。RTS/CTS 最初是设计为电传打字机和调制解调器半双工协作通信的，每次它只能一方调制解调器发送数据，终端必须发送请求发送信号然后等到调制解调器回应清除发送信号。尽管 RTS/CTS 是通过硬件达到握手，但它有自己的优势。

注意：Nexys3 开发板通过板上的 UART-USB 转换芯片，将 UART 信号转化成 USB 信号和电脑主机的 USB 连接。这样，对于很多不提供传统 RS-232 9 针/25 针串口的计算机设备来说，省去了需要进行 UART-USB 转接的过程，简化了系统的连接设计。

7.2　系统设计原理

本节将介绍所给出设计实例的设计原理。如图 7.11 所示，该图给出了该设计的构成模块。下面对设计原理进行说明。

1. 分频时钟模块 1

该模块用于将 Nexys3 板卡上提供的 100MHz 时钟进行分频，为 7 段数码管提供扫描时钟，时钟频率为 kHz 级(读者可以进行调整)。

2. 分频时钟模块 2

该模块用于将 Nexys3 浇板卡上提供的 100MHz 时钟进行分频，为 4 位计数器模块提供 Hz 级扫描频率，在该设计中时钟频率为 1Hz。

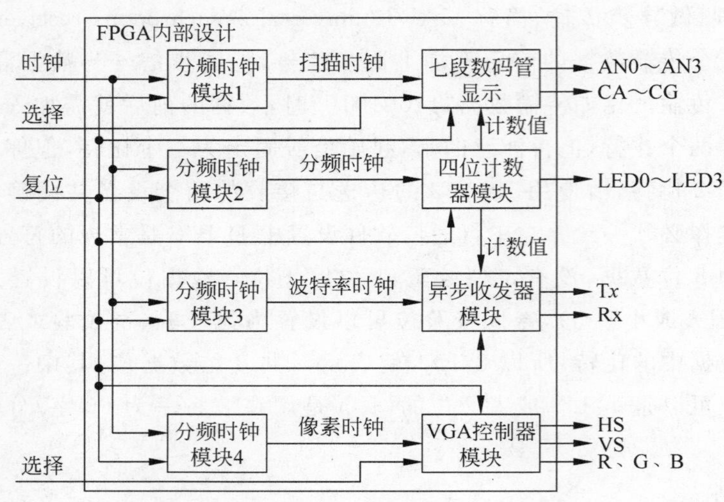

图 7.11 系统设计结构

3. 分频时钟模块 3

该模块用于将 Nexys3 浇板卡上提供的 100MHz 时钟进行分频，为异步收发器模块提供波特率时钟，将异步收发器的波特率确定为 9600bps(波特/秒)。

4. 分频时钟模块 4

该模块用于将 Nexys3 浇板卡上提供的 100MHz 时钟进行分频，为 VGA 控制器提供像素时钟。在该设计中，像素时钟频率为 25MHz。

5. 七段数码管显示模块

该模块所实现的功能包括：

(1) 用于动态显示计数器的值，显示范围由计数器的计数范围确定，动态显示方式是循环左移。

(2) 该模块通过数组保存一组值，并且动态显示所保存的一组值，动态显示方式是循环左移。

(3) 通过外部的选择开关，选择让七段数码管显示计数器的值还是预先保存的一组值。

(4) 为外部七段数码管产生驱动信号，信号包括 AN0～AN1 和 CA～CG。

6. 4 位计数器模块

该模块所实现的功能包括：

(1) 在 1Hz 分频时钟的作用下，实现计数操作。在该设计中，$N=13$，即计数的范围为 0～12。

(2) 将计数器的值送到外部 LED 上进行显示。

(3) 将计数器的值送到外部七段数码管上进行显示。

7. 异步收发器模块

该模块所实现的功能包括：

(1) 实现 RS-232 串口通信协议转换。

(2) 将计数器的值以波特率 9600 发送到 PC 主机的串口，并使用串口软件工具显示所发送的计数值。

8. VGA 控制器模块

该模块所实现的功能包括：

(1) 实现 VGA 控制器的功能。

(2) 在外部选择开关的控制下，在 VGA 上显示不同的图形。

7.3 建立新的设计工程

本节将介绍建立新的设计工程的步骤，其步骤主要包括（请参考 ISE 基本设计流程一章所介绍的步骤）：

(1) 打开 ISE Project Natigator 软件。

(2) 在主界面主菜单下，选择 File->New Project…。

(3) 对于 VHDL 的设计者，输入工程名字为 top_vhdl；对于 Verilog HDL 的设计者，输入工程名字为 top_verilog（注：读者根据需要设置工程路径，不允许中文路径）。

(4) 单击 Next 按钮。

(5) 出现 Project Settings（工程设置）对话框界面，按照 ISE 基本设计流程一章进行设置。其中根据设计者使用的 HDL 语言，在 Preferred Language（喜欢的语言）右侧进行选择：①对于使用 VHDL 的设计者来说，选择 VHDL。②对于使用 Verilog HDL 的设计者来说，选择 Verilog。

(6) 单击 Next 按钮。

(7) 出现 Project Summary（工程总结）对话框界面，该界面给出了前面所设置的工程参数。

(8) 单击 Next 按钮。

7.4 基于 VHDL 的系统设计实现

本节将介绍基于 VHDL 的复杂数字系统的实现方法，内容包括设计分频时钟模块设计和仿真计数器模块、设计顶层模块、设计分频时钟模块设计七段数码管模块、设计分频时钟模块设计通用异步收发器模块、设计分频时钟模块设计 VGA 控制器模块。

7.4.1 设计分频时钟模块 2

本节将添加并实现分频时钟模块 2 的设计。下面给出设计分频时钟模块 2 的步骤，其步骤主要包括：

(1) 按照前面的方法，选择 New Source 选项，出现 Select Source Type（选择源文件类型）对话框界面。在该界面中，按下面参数设置：①类型：VHDL Module。②File name：divclk2。

(2) 单击 Next 按钮。

(3) 出现 Define Module（定义模块）对话框界面。如图 7.12 所示，输入分频时钟模块 2 的端口参数。

Port Name	Direction	Bus
clk	in	
rst	in	
div_clk	out	

图 7.12 分频时钟模块 2 端口设置界面

(4) 单击 Next 按钮。

(5) 出现 New Source Wizard-Summary(总结)对话框界面。

(6) 单击 Finish 按钮。

(7) 按代码清单 7-1 所示,在 divclk2. VHD 文件中添加设计代码。

设计代码清单 7-1

```
library IEEE;
use IEEE.STD_LOGIC_1164.ALL;
use IEEE.STD_LOGIC_UNSIGNED.ALL;
use IEEE.STD_LOGIC_ARITH.ALL;

entity divclk2 is
    Port ( clk    : in  STD_LOGIC;
           rst    : in  STD_LOGIC;
           divclk : out  STD_LOGIC);
    end divclk2;

architecture Behavioral of divclk2 is
signal counter : std_logic_vector(31 downto 0);
signal divclk_tmp : std_logic;
begin
divclk<=divclk_tmp;
process(clk,rst)
begin
  if(rst='1') then
    counter<=x"00000000";
    divclk_tmp<='0';
  elsif rising_edge(clk) then
      if(counter=x"02faf07f") then
          counter<=(others=>'0');
          divclk_tmp<=not divclk_tmp;
      else
          counter<=counter+1;
          divclk_tmp<=divclk_tmp;
      end if;
  end if;
 end process;
end Behavioral;
```

下面对该设计代码进行说明:

（1）在该设计中，输入时钟为 100MHz，输出时钟为 1Hz，其分频因子计算如下

$$\frac{\frac{f_{输入时钟}}{f_{输出时钟}}}{2}-1=N \tag{7-1}$$

经过计算 $N=49999999$，其十六进制表示为：$N=02FAF07F$。

（2）因为在 VHDL 规定，输出信号不能被内部逻辑量读取，所以声明内部信号 divclk_tmp。

（3）该设计为高复位。

7.4.2　设计和仿真计数器模块

本节将设计计数器模块，并通过行为仿真对所设计的计数器模块进行验证。

1. 设计计数器模块

下面将添加并实现计数器模块的设计，给出设计计数器模块的步骤，其步骤主要包括：

（1）按照前面方法，选择 New Source 选项，出现 Select Source Type（选择源文件类型）对话框界面。在该界面中，按下面参数设置：①类型：VHDL Module。②File name：counter4b。

（2）单击 Next 按钮。

（3）出现 Define Module（定义模块）对话框界面。如图 7.13 所示，输入计数器模块的端口参数。

（4）单击 Next 按钮。

Port Name	Direction	Bus	MSB	LSB
clk	in	☐		
rst	in	☐		
counter	out	☑	3	0

图 7.13　计数器端口设置界面

（5）出现 New Source Wizard-Summary（总结）对话框界面。

（6）单击 Finish 按钮。

（7）按代码清单 7-2 所示，在 counter4b. VHD 文件中添加设计代码。

设计代码清单 7-2

```
library IEEE;
use IEEE.STD_LOGIC_1164.ALL;
use IEEE.STD_LOGIC_ARITH.ALL;
use IEEE.STD_LOGIC_UNSIGNED.ALL;
entity counter4b is
     Port ( clk : in   STD_LOGIC;
            rst : in   STD_LOGIC;
            counter : out   STD_LOGIC_VECTOR (3 downto 0));
 end counter4b;

 architecture Behavioral of counter4b is
 signal counter_tmp :   std_logic_vector(3 downto 0);
 begin
  counter <= counter_tmp;
  process(rst,clk)
  begin
    if(rst = '1') then
```

```
                counter_tmp <= "0000";
            elsif rising_edge(clk) then
                if(counter_tmp = "1100") then
                    counter_tmp <= "0000";
                else
                    counter_tmp <= counter_tmp + 1;
                end if;
            end if;
        end process;
end Behavioral;
```

2. 仿真计数器模块

本节将添加模块对所设计的计数器模块进行行为级的验证。下面给出添加计数器仿真模块的步骤，其步骤主要包括：

(1) 将 View 视窗内的单选按钮，由 Implementation 切换到 Simulation。

(2) 按照前面的方法，选择 New Source 选项，出现 Select Source Type(选择源文件类型)对话框界面。在该界面中，按下面参数设置：①类型：VHDL Test Bench。②File name：test_counter4b。

(3) 单击 Next 按钮。

(4) 出现 Associate Source(关联源文件)对话框界面。在该对话框界面内，选择 counter4b，表示新生成测试文件是对所设计 counter4b 模块的验证。

(5) 单击 Next 按钮。

(6) 出现 New Source Wizard-Summary(总结)对话框界面。

(7) 单击 Finish 按钮。

(8) 如图 7.14 所示，在自动打开的 test_counter4b.vhd 文件的第 80 行下面修改 process 进程的内容，用于为 rst 信号设置测试向量(注：注释掉模板内的一些设计代码)。

(9) 保存修改后的文件。

(10) 按前面的方式运行 ISim 工具。如图 7.15 所示，给出了仿真的波形图。

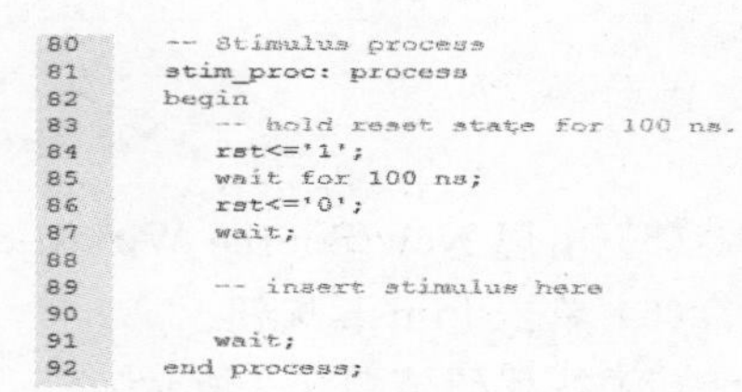
```
80   -- Stimulus process
81   stim_proc: process
82   begin
83      -- hold reset state for 100 ns.
84      rst<='1';
85      wait for 100 ns;
86      rst<='0';
87      wait;
88
89      -- insert stimulus here
90
91      wait;
92   end process;
```

图 7.14 修改仿真文件模板的代码

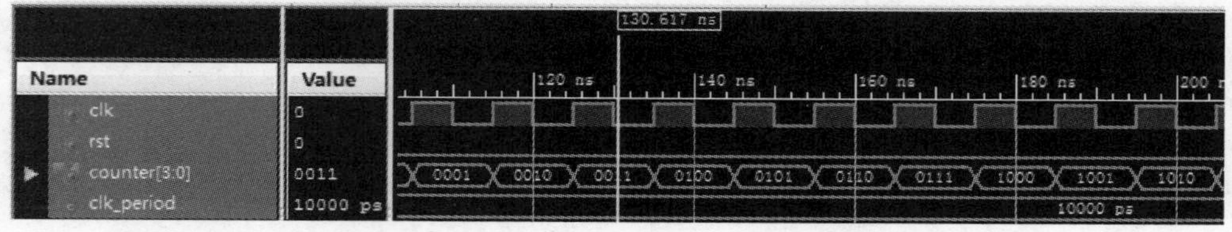

图 7.15 仿真结果图

(11) 关闭仿真界面窗口，退出行为仿真。

7.4.3 设计顶层模块

本节将添加并完成顶层模块的设计。在顶层设计模块中，例化分频器时钟模块 2 和计数器模块。

1. 添加顶层模块

本节将添加顶层模块。下面给出添加顶层设计模块的步骤，其步骤主要包括：

(1) 将 View 视窗内的单选按钮，由 Simulation 切换到 Implementation。

(2) 按照前面的方法，选择 New Source 选项，出现 Select Source Type（选择源文件类型）对话框界面。在该界面中，按下面参数设置：①类型：VHDL Module。②File name：top。

(3) 单击 Next 按钮。

(4) 出现 Define Module(定义模块)对话框界面，如图 7.16 所示，表示 top 模块输入端口。

Port Name	Direction	Bus	MSB	LSB
clk	in	☐		
rst	in	☐		
counter	out	☑	3	0

图 7.16　top 模块端口设置界面

(5) 单击 Next 按钮。

(6) 出现 New Source Wizard-Summary(总结)对话框界面。

(7) 单击 Finish 按钮。

2. 例化分频器时钟模块 2

本节将在顶层模块文件中，添加分频器时钟模块 2 的例化代码。下面给出例化分频器时钟模块 2 的步骤，其步骤主要包括：

(1) 在 Hierarchy 窗口内，选择 divclk2. vhd 文件。

(2) 如图 7.17 所示，在 Hierarchy 窗口下的处理子窗口中，找到并展开 Design Utilities 条目。在展开项中，双击 View HDL Instantiation Template(查看 HDL 例化模板)选项。

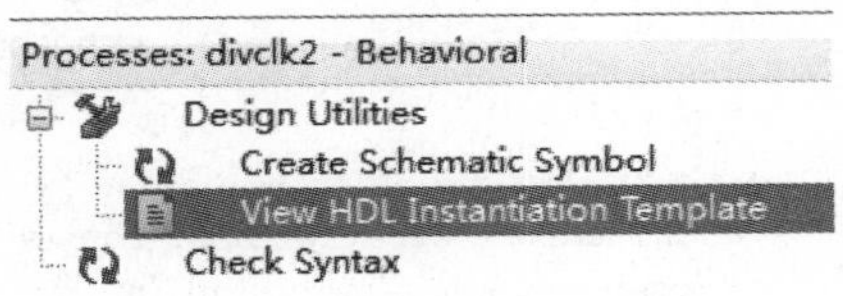

图 7.17　生成 divclk2 的例化模板入口

(3) 自动打开 divclk2. vhi 文件。如图 7.18 所示，该文件给出了 divclk2 模块的例化模板。

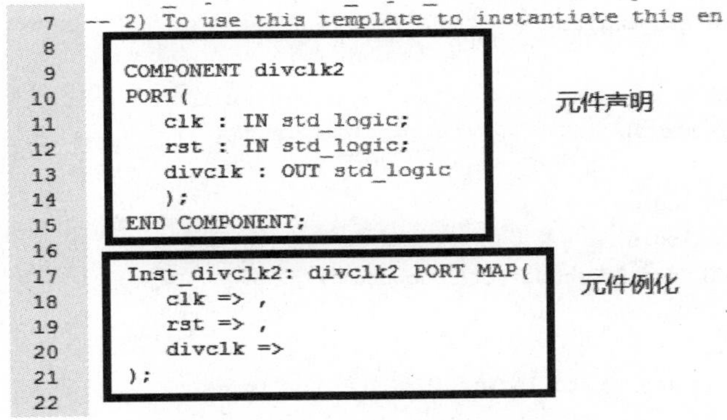

图 7.18　divclk2 例化模板

(4) 打开 top. vhd 文件，按照设计代码清单 7-3 所示，将图 7.18 中的元件声明和元件例化部分，分别复制粘贴到 top. vhd 文件相应的位置。

3. 例化计数器模块

本节将在顶层模块文件中，添加计数器模块的例化代码。下面给出例化计数器模块的步骤，其步骤主要包括：

(1) 在 Hierarchy 窗口内，选择 counter4b. vhd 文件。

(2) 在 Hierarchy 窗口下的处理子窗口中，找到并展开 Design Utilities 条目。在展开项中，双击 View HDL Instantiation Template(查看 HDL 例化模板)选项。

(3) 自动打开 counter4b. vhi 文件，该文件给出了 counter4b 的例化模板。

(4) 打开 top. vhd 文件，按照设计代码清单 7-3 所示，将 counter4b 元件声明和元件例化部分，分别复制粘贴到 top. vhd 文件相应的位置。

4. 完成顶层模块设计

本节将完成最终顶层模块的设计。下面给出完成最终顶层模块设计的步骤，其步骤主要包括：

(1) 在 Hierarchy 窗口下，选中 top. vhd。单击右键，出现浮动菜单。在浮动菜单内，选择 Set As Top Module 选项。该选项用于将 top. vhd 文件设置为顶层设计文件。

(2) 在 top. vhd 文件中，按设计代码清单 7-3 所示，添加设计代码并完成最终的设计。

(3) 保存并关闭 top. vhd 文件

设计代码清单 7-3

```
entity top is
    Port ( clk : in   STD_LOGIC;
           rst : in   STD_LOGIC;
           counter : out   STD_LOGIC_VECTOR (3 downto 0));
end top;

architecture Behavioral of top is
  COMPONENT divclk2
  PORT(
    clk : IN std_logic;
    rst : IN std_logic;
    divclk : OUT std_logic
    );
  END COMPONENT;
   COMPONENT counter4b
  PORT(
    clk : IN std_logic;
    rst : IN std_logic;
    counter : OUT std_logic_vector(3 downto 0)
    );
  END COMPONENT;
  signal divclk_tmp   :   std_logic;
begin
  Inst_divclk2: divclk2 PORT MAP(
    clk => clk,
    rst => rst,
    divclk => divclk_tmp
  );
```

```
  Inst_counter4b: counter4b PORT MAP(
    clk => divclk_tmp,
    rst => rst,
    counter => counter
  );
end Behavioral;
```

5. 对顶层模块进行综合

本节将对顶层模块进行设计综合。下面给出对设计进行综合的步骤，其步骤主要包括：

(1) 在 Hierarchy 窗口下，选中 top. vhd 设计。

(2) 在 Hieryarchy 窗口下的处理子窗口内，选择 Synthesize-XST 选项并单击右键，出现浮动菜单。在浮动菜单内，选择 Process Properties…(处理属性)选项。

(3) 如图 7.19 所示，出现处理属性选项设置对话框界面。在该界面左侧的 Category 窗口内，选择 Synthesis Options(综合选项)条目。在右侧窗口内，将 Keep Hierarchy(保持层次化)条目选项设置为 Yes。该选项表示在综合时，保持设计的层次。

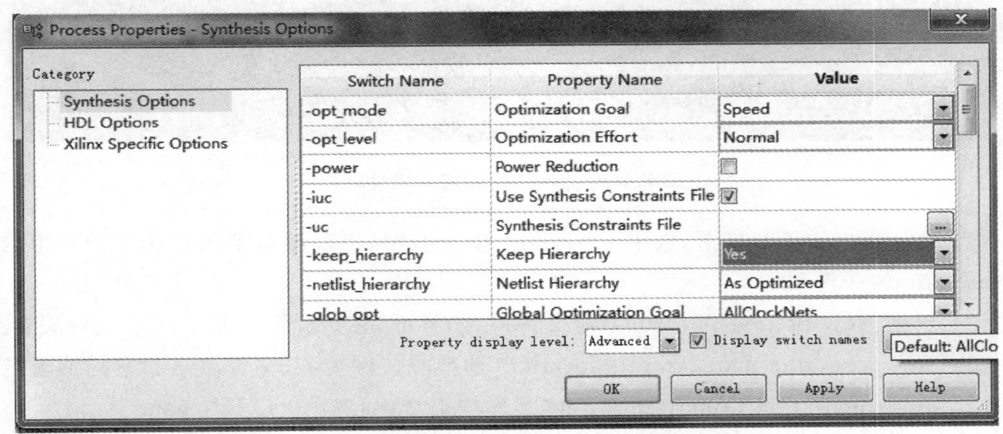

图 7.19　综合属性设置窗口

(4) 单击 OK 按钮，关闭综合属性设置窗口。

(5) 在处理子窗口中，再次选中并双击 Synthesis-XST 选项，ISE 工具开始对设计进行综合。

(6) 在综合完成后，单击 Synthesis-XST 选项前面的"＋"符号，展开综合条目。在展开项中，找到并双击 View Technology Schematic 选项，按照前面所介绍的步骤，打开综合后的 RTL 模块描述。如图 7.20 所示，该图给出了该设计的详细结构。

思考与练习 1　如图 7.20 所示，仔细分析该设计的内部结构。

思考与练习 2　在图 7.20 所示的界面内，用鼠标双击 counter4b 符号，进入 counter4b 模块的内部设计结构，请分析该设计的内部结构(提示：根据状态机的设计原理)。

(7) 关闭图 7.20 的结构图界面。

6. 添加约束文件

本节将添加约束文件，并在约束文件中完成对引脚的约束。下面给出约束引脚的步骤，其步骤主要包括：

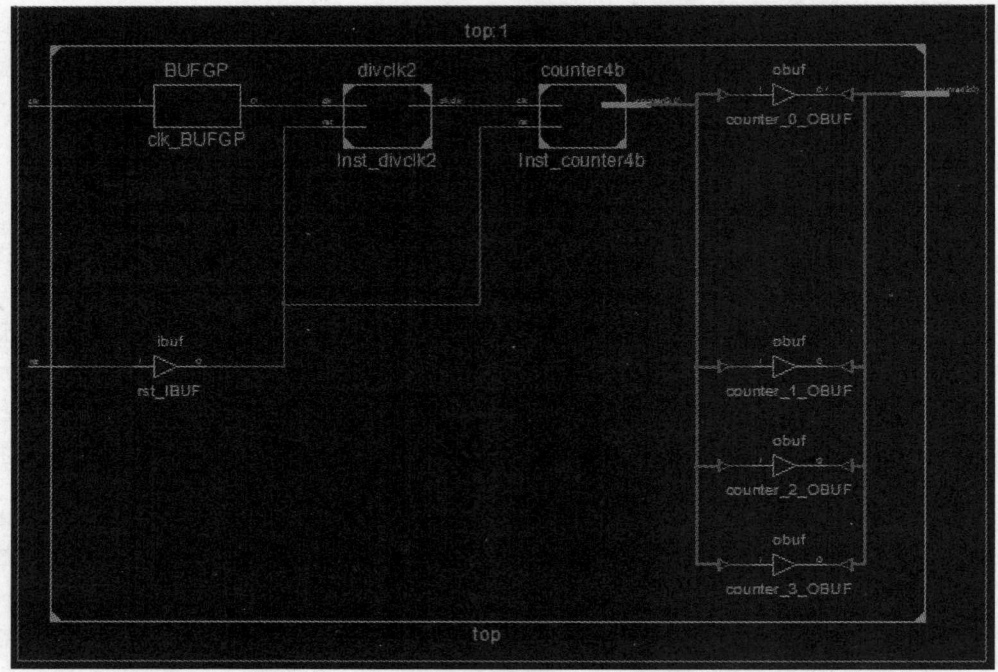

图 7.20　顶层模块的内部设计结构

(1) 在 Hierarchy 窗口下,选中 top. vhd。单击右键,出现浮动菜单。在浮动菜单内,选择 New Source…选项。

(2) 出现 New Source Wizard(新源文件向导)界面,在该界面中按下面参数设置:①在 Select source type, file name and its location(选择源文件类型、文件名字和它的位置)窗口下,选择 Implementation Constraints File(实现约束文件)选项。②File name: top。

(3) 单击 Next 按钮。

(4) 出现 Summay 界面。

(5) 单击 Finish 按钮。

(6) 关闭自动打开的 top. ucf 文件。

(7) 在 Hierarchy 窗口中选中 top. vhd 文件。如图 7.21 所示,在处理子窗口中,选择并展开 User Constraints 选项。在展开项里,选择并双击 I/O Pin Planning(PlanAhead)-Post-Synthesis 选项。

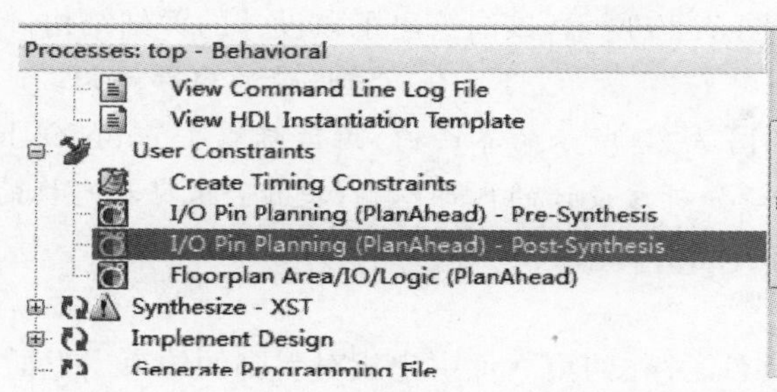

图 7.21　用户约束文件入口

(8) 按照基本设计流程中的步骤,打开约束编辑器界面。按图 7.22 所示,添加用户引脚约束参数。

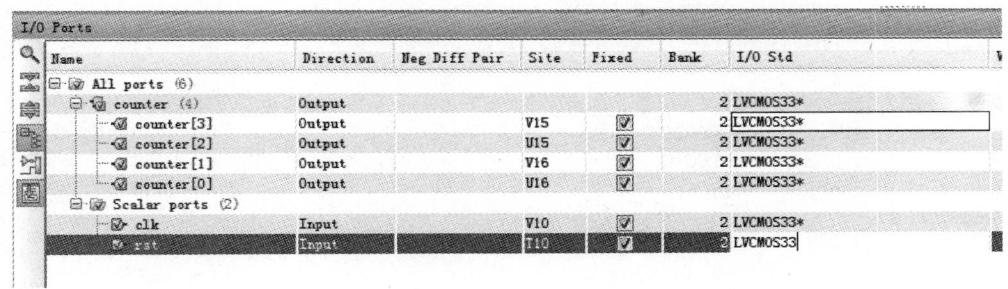

图 7.22　用户引脚约束界面

(9) 保存约束文件,关闭并退出约束编辑器界面。

7. 验证顶层设计

本节将设计下载到 Xilinx 大学计划所提供的 Nexys3 开发板的 FPGA 器件中,对设计进行硬件验证。下面给出对设计验证的步骤,其步骤主要包括:

(1) 按照基本流程所介绍的方法,执行 Implement Design。

(2) 按照基本流程所介绍的方法,执行 Generate Programming File。

(3) 按照基本流程所介绍的方法,打开 iMPACT 工具。

(4) 按照基本流程所介绍的方法,下载配置文件到 FPGA 中验证结果是否满足设计要求。

7.4.4　设计分频时钟模块 1

本节将添加并实现分频时钟模块 1 的设计。下面给出设计分频时钟模块 1 的步骤,其步骤主要包括:

(1) 按照前面的方法,选择 New Source 选项,出现 Select Source Type(选择源文件类型)对话框界面。在该界面中,按下面参数设置:①类型:VHDL Module。②File name:divclk1。

(2) 单击 Next 按钮。

(3) 出现 Define Module(定义模块)对话框界面。如图 7.23 所示,设置分频时钟模块 1 的端口参数。

Port Name	Direction	Bus
clk	in	☐
rst	in	☐
scan_clk	out	☐

图 7.23　分频时钟模块 1 端口设置界面

(4) 单击 Next 按钮。

(5) 出现 New Source Wizard-Summary(总结)对话框界面。

(6) 单击 Finish 按钮。

(7) 按设计代码清单 7-4 所示,在 divclk1. VHD 文件中添加设计代码。

设计代码清单 7-4

```
library IEEE;
use IEEE.STD_LOGIC_1164.ALL;
use IEEE.STD_LOGIC_UNSIGNED.ALL;
use IEEE.STD_LOGIC_ARITH.ALL;

entity divclk1 is
    Port ( clk : in  STD_LOGIC;
           rst : in  STD_LOGIC;
           scan_clk : out  STD_LOGIC);
end divclk1;

architecture Behavioral of divclk1 is
  signal counter : std_logic_vector(19 downto 0);
  signal scan_clk_tmp : std_logic;
begin
  scan_clk <= scan_clk_tmp;
process(clk,rst)
begin
    if(rst = '1') then
          counter <= x"00000";
          scan_clk_tmp <= '0';
    elsif rising_edge(clk) then
       if(counter = x"0f07f") then
         counter <= (others =>'0');
         scan_clk_tmp <= not scan_clk_tmp;
       else
         counter <= counter + 1;
         scan_clk_tmp <= scan_clk_tmp;
       end if;
    end if;
end process;
end Behavioral;
```

(8) 按照前面的方法,为 divclk1 模块生成例化模板。

(9) 打开 top. vhd 文件,在如图 7.24 所示的位置添加 divclk1 的元件声明语句。

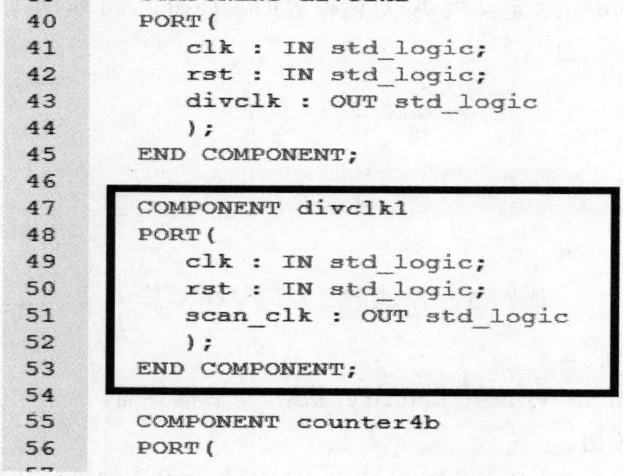

```
COMPONENT divclk2
PORT(
    clk : IN std_logic;
    rst : IN std_logic;
    divclk : OUT std_logic
    );
END COMPONENT;

COMPONENT divclk1
PORT(
    clk : IN std_logic;
    rst : IN std_logic;
    scan_clk : OUT std_logic
    );
END COMPONENT;

COMPONENT counter4b
PORT(
```

图 7.24　添加 divclk1 的元件声明语句

(10) 如图 7.25 所示，在 top. vhd 文件中，添加 scanclk_tmp 信号声明语句。

```
END COMPONENT;
signal divclk_tmp   :  std_logic;
signal scanclk_tmp  :  std_logic;
```

图 7.25 添加信号声明语句

(11) 如图 7.26 所示，在 top. vhd 文件中，添加 divclk1 的元件例化语句和端口映射说明。

```
Inst_divclk2: divclk2 PORT MAP(
    clk => clk,
    rst => rst,
    divclk =>divclk_tmp
);
Inst_divclk1: divclk1 PORT MAP(
    clk =>clk,
    rst =>rst,
    scan_clk =>scanclk_tmp
);
Inst_counter4b: counter4b PORT MAP(
```

图 7.26 添加 divclk1 元件例化语句

(12) 保存并关闭 top. vhd 文件。

7.4.5 设计七段数码管模块

本节将设计和实现在七段数码管上移动显示计数和预置数的结果，下面将详细介绍实现该设计的过程。

1. 添加程序包

本节将添加程序包。该程序包用于实现二进制到七段码的转换。下面给出添加程序包和函数代码的步骤，其步骤主要包括：

(1) 按照前面的方法，选择 New Source 选项，出现 Select Source Type(选择源文件类型)对话框界面。在该对话框界面中，按下面参数设置：①类型：VHDL Package。②File name：lut。

(2) 单击 Next 按钮。

(3) 单击 Finish 按钮。

(4) 在自动打开的 lut. vhd 文件下，按设计代码清单 7-5 所示，添加设计代码。

(5) 保存并关闭 lut. vhd 文件。

设计代码清单 7-5

```
library IEEE;
use IEEE.STD_LOGIC_1164.all;

package lut is
function seg7 (signal a: in std_logic_vector(3 downto 0)) return std_logic_vector;
end lut;

package body lut is
function seg7(signal a: in std_logic_vector(3 downto 0)) return std_logic_vector is
  variable  b:   std_logic_vector(6 downto 0);
begin
```

```
case a is                                          -- - ca cb cc cd ce cf cg
  when  "0000"  =>   b: = "0000001";               -- 0
  when  "0001"  =>   b: = "1001111";               -- 1
  when  "0010"  =>   b: = "0010010";               -- 2
  when  "0011"  =>   b: = "0000110";               -- 3
  when  "0100"  =>   b: = "1001100";               -- 4
  when  "0101"  =>   b: = "0100100";               -- 5
  when  "0110"  =>   b: = "0100000";               -- 6
  when  "0111"  =>   b: = "0001111";               -- 7
  when  "1000"  =>   b: = "0000000";               -- 8
  when  "1001"  =>   b: = "0000100";               -- 9
  when  "1010"  =>   b: = "0001000";               -- A
  when  "1011"  =>   b: = "1100000";               -- b
  when  "1100"  =>   b: = "0110001";               -- c
  when  "1101"  =>   b: = "1000010";               -- d
  when  "1110"  =>   b: = "0110000";               -- e
  when  "1111"  =>   b: = "0111000";               -- f
  when  others =>     b: = "1111111";              -- off
end case;
   return b;
 end seg7;
end lut;
```

2. 添加七段数码管控制模块

本节将添加七段数码管控制模块。下面给出添加七段数码管控制模块的步骤，其步骤主要包括：

(1) 按照前面的方法，选择 New Source 选项，出现 Select Source Type(选择源文件类型)对话框界面。在该界面中，按下面参数设置：①类型：VHDL Module。②File name：seg7display。

(2) 单击 Next 按钮。

(3) 出现 Define Module(定义模块)对话框界面。如图 7.27 所示，设置该模块端口参数。

Port Name	Direction	Bus	MSB	LSB
clk	in	☐		
rst	in	☐	0	0
sel	in	☐		
counter	in	☑	3	0
an	out	☑	3	0
a_g	out	☑	6	0

图 7.27　seg7display 模块端口设置界面

(4) 单击 Next 按钮。

(5) 出现 New Source Wizard-Summary(总结)对话框界面。

(6) 单击 Finish 按钮。

(7) 在 seg7display. vhd 中，按设计代码清单 7-6 所示，添加设计代码。

(8) 保存并关闭该设计文件。

思考与练习 3　请仔细分析该设计的原理，以及设计的实现方法。

设计代码清单 7-6

```
library IEEE;
use IEEE.STD_LOGIC_1164.ALL;
use IEEE.STD_LOGIC_ARITH.ALL;
use IEEE.STD_LOGIC_UNSIGNED.ALL;
use work.lut.all;

entity seg7display is
   Port ( clk : in  STD_LOGIC;
          rst : in  STD_LOGIC;
          sel : in  STD_LOGIC;
          counter : in  STD_LOGIC_VECTOR (3 downto 0);
          an : out  STD_LOGIC_VECTOR (3 downto 0);
          a_g : out  STD_LOGIC_VECTOR (6 downto 0));
end seg7display;

architecture Behavioral of seg7display is
type rom is array (3 downto 0) of std_logic_vector(3 downto 0);
signal data : rom:=("0001","0010","0011","0100");
signal counter1  : std_logic_vector(1 downto 0);
signal tmp :  std_logic_vector(3 downto 0);
constant div        : integer:=13;
begin
process(rst,clk)
begin
if(rst='1') then
    counter1<="00";
elsif rising_edge(clk) then
    counter1<=counter1+1;
end if;
end process;

process(counter1,sel,counter)
begin
  case(counter1) is
when "00"  =>
               an<="0111";
                    if(sel='1') then
                       a_g<=seg7(data(0));
                    else
                       tmp<=conv_std_logic_vector((conv_integer(counter) rem div),4);
                       a_g<=seg7(tmp);
                    end if;
 when "01"  =>
               an<="1011";
                    if(sel='1') then
                       a_g<=seg7(data(1));
                    else
                       tmp<=conv_std_logic_vector((conv_integer(counter+1) rem div),4);
                       a_g<=seg7(tmp);
                    end if;
 when "10"  =>
```

```
                    an<="1101";
                        if(sel='1') then
                            a_g<=seg7(data(2));
                        else
                            tmp<=conv_std_logic_vector((conv_integer(counter+2) rem div),4);
                            a_g<=seg7(tmp);
                        end if;
        when "11" =>
                    an<="1110";
                        if(sel='1') then
                            a_g<=seg7(data(3));
                        else
                            tmp<=conv_std_logic_vector((conv_integer(counter+3) rem div),4);
                            a_g<=seg7(tmp);
                        end if;
        when others =>
                    an<="1111";
                        a_g<="1111111";
        end case;
    end process;
    end Behavioral;
```

3. 添加顶层模块设计代码

本节将在顶层设计模块中添加代码，将七段数码管显示控制模块例化到设计中。下面给出添加顶层模块设计代码的步骤，其步骤主要包括：

(1) 按照前面的方法，生成 seg7display 设计模块的例化模板。

(2) 打开 top. vhd 文件，按照下面添加设计代码：①如图 7.28 所示，在设计实体声明部分添加 sel、an、a_g 端口声明。②如图 7.29 所示，添加 seg7display 元件声明语句，内部信号声明语句和信号赋值语句。③如图 7.30 所示，添加 seg7display 元件例化语句，并修改 counter4b 例化中的 counter 信号映射关系。

```
entity top is
    Port ( clk        : in   STD_LOGIC;
           rst        : in   STD_LOGIC;
           sel        : in   STD_LOGIC;
           counter    : out  STD_LOGIC_VECTOR (3 downto 0);
           an         : out  STD_LOGIC_VECTOR (3 downto 0);
           a_g        : out  STD_LOGIC_VECTOR (6 downto 0));
end top;
```

图 7.28 顶层模块添加端口

```

    COMPONENT seg7display
    PORT(
        clk : IN std_logic;
        rst : IN std_logic;
        sel : IN std_logic;
        counter : IN std_logic_vector(3 downto 0);
        an : OUT std_logic_vector(3 downto 0);
        a_g : OUT std_logic_vector(6 downto 0)
        );
    END COMPONENT;
    signal divclk_tmp   :   std_logic;
    signal scanclk_tmp  :   std_logic;
    Signal counter_tmp  :   std_logic_vector(3 downto 0);
begin
    counter<=counter_tmp;
    Inst_divclk2: divclk2 PORT MAP(
```

图 7.29 顶层模块添加元件声明和内部信号

```
    Inst_counter4b: counter4b PORT MAP(
        clk =>divclk_tmp,
        rst => rst,
        counter =>counter_tmp
    );
    Inst_seg7display: seg7display PORT MAP(
        clk =>scanclk_tmp,
        rst =>rst,
        sel => sel,
        counter =>counter_tmp,
        an =>an,
        a_g =>a_g
    );
end Behavioral;
```

图 7.30　顶层模块添加元件例化和修改信号连接

(3) 保存设计,并关闭该设计文件。

4. 添加引脚约束

本节将在 top.ucf 文件中,添加引脚约束条件和时钟约束条件。下面给出添加引脚约束的步骤,其步骤主要包括:

(1) 按前面的方法,打开 PlanAhead 工具,进入约束编辑器界面。

(2) 如图 7.31 所示,为 an[0]～an[3]、a_g[0]～a_g[6]和 sel 信号添加引脚位置约束和电气特性约束参数设置。

I/O Ports

Name	Direction	Neg Diff Pair	Site	Fixed	Bank	I/O Std
All ports (18)						
a_g (7)	Output				1	LVCMOS33*
a_g[6]	Output		T17	☑	1	LVCMOS33*
a_g[5]	Output		T18	☑	1	LVCMOS33*
a_g[4]	Output		U17	☑	1	LVCMOS33*
a_g[3]	Output		U18	☑	1	LVCMOS33*
a_g[2]	Output		M14	☑	1	LVCMOS33*
a_g[1]	Output		N14	☑	1	LVCMOS33*
a_g[0]	Output		L14	☑	1	LVCMOS33*
an (4)	Output				1	LVCMOS33*
an[3]	Output		P17	☑	1	LVCMOS33*
an[2]	Output		P18	☑	1	LVCMOS33*
an[1]	Output		N15	☑	1	LVCMOS33*
an[0]	Output		N16	☑	1	LVCMOS33*
counter (4)	Output				2	LVCMOS33*
Scalar ports (3)						
clk	Input		V10	☑	2	LVCMOS33*
rst	Input		T10	☑	2	LVCMOS33*
sel	Input		T9	☑	2	LVCMOS33*

图 7.31　在约束编辑器中添加约束条件

(3) 保存设计约束,并退出约束编辑器界面。

(4) 选中 top.ucf 文件,双击打开该文件。如图 7.32 所示,在该文件下面加入约束条件。

```
NET "sel" CLOCK_DEDICATED_ROUTE = FALSE;
PIN "sel_BUFGP/BUFG.O" CLOCK_DEDICATED_ROUTE = FALSE;
```

图 7.32　在约束文件中添加约束条件

(5) 保存并关闭 top.ucf 文件。

(6) 对设计进行综合、实现、生成编程文件和下载设计到 FPGA 器件中验证结果是否满足设计要求。

7.4.6 设计分频时钟模块 3

本节将添加并实现分频时钟模块 3 的设计。下面给出设计分频时钟模块 3 的步骤，其步骤主要包括：

(1) 按照前面的方法，选择 New Source 选项，出现 Select Source Type（选择源文件类型）对话框界面。在该界面中，按下面参数设置：①类型：VHDL Module。②File name：divclk3。

(2) 单击 Next 按钮。

(3) 出现 Define Module（定义模块）对话框界面。如图 7.33 所示，设置模块端口的参数。

图 7.33 分频器模块 3 端口设置界面

(4) 单击 Next 按钮。

(5) 出现 New Source Wizard-Summary（总结）对话框界面。

(6) 单击 Finish 按钮。

(7) 按照代码清单 7-7 所示，在 divclk3.VHD 文件中添加设计代码（波特率时钟设置为 9600Hz）。

设计代码清单 7-7

```
library IEEE;
use IEEE.STD_LOGIC_1164.ALL;
use IEEE.STD_LOGIC_UNSIGNED.ALL;
use IEEE.STD_LOGIC_ARITH.ALL;

entity divclk3 is
    Port ( clk : in  STD_LOGIC;
           rst : in  STD_LOGIC;
           band_clk : out  STD_LOGIC);
end divclk1;

architecture Behavioral of divclk3 is
signal counter : std_logic_vector(23 downto 0);
signal bandclk_tmp : std_logic;
begin
band_clk <= bandclk_tmp;
process(clk,rst)
begin
  if(rst = '1') then
      counter <= x"000000";
    bandclk_tmp <= '0';
elsif rising_edge(clk) then
      if(counter = x"001457") then
        counter <= (others =>'0');
        bandclk_tmp <= not bandclk_tmp;
```

```
    else
        counter <= counter + 1;
        bandclk_tmp <= bandclk_tmp;
    end if;
  end if;
end process;
end Behavioral;
```

(8) 按照前面的方法，为 divclk3 模块生成例化模板。

(9) 打开 top.vhd 文件，在如图 7.34 所示的位置添加 divclk3 元件的声明语句。

```
    COMPONENT divclk1
    PORT(
        clk : IN std_logic;
        rst : IN std_logic;
        scan_clk : OUT std_logic
        );
    END COMPONENT;

    COMPONENT divclk3
    PORT(
        clk : IN std_logic;
        rst : IN std_logic;
        band_clk : OUT std_logic
        );
    END COMPONENT;

```

图 7.34　添加 divclk3 的元件声明语句

(10) 如图 7.35 所示，在 top.vhd 文件中，添加 bandclk_tmp 信号声明语句。

```
    signal scanclk_tmp :  std_logic;
    Signal counter_tmp :  std_logic_vector(3 downto 0);
    signal bandclk_tmp :  std_logic;
begin
```

图 7.35　添加信号声明语句

(11) 如图 7.36 所示，在 top.vhd 文件中，添加 divclk3 元件的例化语句和端口映射说明。

```
Inst_divclk1: divclk1 PORT MAP(
    clk =>clk,
    rst =>rst,
    scan_clk =>scanclk_tmp
);
Inst_divclk3: divclk3 PORT MAP(
    clk =>clk,
    rst =>rst,
    band_clk => bandclk_tmp
);
```

图 7.36　添加 divclk3 元件例化语句

(12) 保存并关闭 top.vhd 文件。

7.4.7　设计通用异步收发器模块

本节将设计通用异步收发器模块，并以 9600 的波特率将计数器值发送到串口终端进行显示。下面详细介绍设计过程。

1. 添加程序包函数

本节将在 lut.vhd 文件的程序包内添加一个新的函数，用于将二进制数转换成 ASCII 码。下面给出添加程序包函数的步骤，其步骤主要包括：

(1) 如图 7.37 所示,单击 Libraries 标签。在 Libraries 窗口中,找到并打开 lut. vhd 文件。

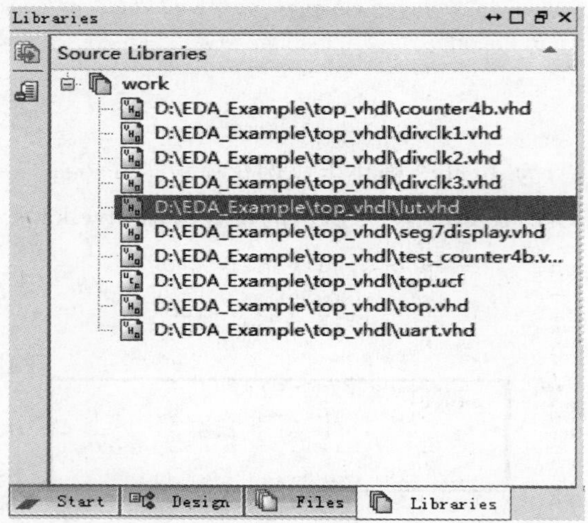

图 7.37 程序包 lut. vhd 入口

(2) 如图 7.38 所示,在第 16 行添加 tran_data 函数声明代码。

```
13 package lut is
14
15 function seg7 (signal a: in std_logic_vector(3 downto 0)) return std_logic_vector;
16 function tran_data (signal a: in std_logic_vector(3 downto 0)) return std_logic_vector;
17 end lut;
18
```

图 7.38 程序包中添加函数声明代码

(3) 如图 7.39 所示,在包体中的第 46 行添加函数实现部分。

```
45
46 function tran_data (signal a: in std_logic_vector(3 downto 0)) return std_logic_vector is
47   variable  data:   std_logic_vector(7 downto 0);
48  begin
49    case a is
50      when  "0000" =>   data:="00110000";  --0
51      when  "0001" =>   data:="00110001";  --1
52      when  "0010" =>   data:="00110010";  --2
53      when  "0011" =>   data:="00110011";  --3
54      when  "0100" =>   data:="00110100";  --4
55      when  "0101" =>   data:="00110101";  --5
56      when  "0110" =>   data:="00110110";  --6
57      when  "0111" =>   data:="00110111";  --7
58      when  "1000" =>   data:="00111000";  --8
59      when  "1001" =>   data:="00111001";  --9
60      when  "1010" =>   data:="01000001";  --A
61      when  "1011" =>   data:="01000010";  --b
62      when  "1100" =>   data:="01000011";  --c
63      when  "1101" =>   data:="01000100";  --d
64      when  "1110" =>   data:="01000101";  --e
65      when  "1111" =>   data:="01000110";  --f
66      when  others =>   data:="00000000";  --off
67 end case;
68     return data;
69 end tran_data;
70 end lut;
```

图 7.39 程序包中添加函数实现代码

(4) 保存并关闭 lut. vhd 文件。

2. 添加通用异步收发器模块

本节将添加并实现通用异步收发器模块的设计。下面给出设计通用异步收发器模块的步骤，其步骤主要包括：

(1) 按照前面的方法，选择 New Source 选项，出现 Select Source Type(选择源文件类型)对话框界面。在该界面中，按下面参数设置：①类型：VHDL Module。②File name：uart。

(2) 单击 Next 按钮。

(3) 出现 Define Module(定义模块)对话框界面。如图 7.40 所示，设置模块端口参数。

clk	in	☐		
rst	in	☐		
counter	in	☑	3	0
tx	out	☐		
rx	out	☐		

图 7.40　uart 模块端口设置界面

(4) 单击 Next 按钮。

(5) 出现 New Source Wizard-Summary(总结)对话框界面。

(6) 单击 Finish 按钮。

(7) 按设计代码清单 7-8 所示，在 uart. VHD 文件中添加设计代码。

思考与练习 4　请分析该设计代码如何将计数器的值发送到串口上。

设计代码清单 7-8

```
library IEEE;
use IEEE.STD_LOGIC_1164.ALL;
use IEEE.STD_LOGIC_ARITH.ALL;
use IEEE.STD_LOGIC_UNSIGNED.ALL;
use work.lut.all;

entity uart is
    Port ( clk : in  STD_LOGIC;
           rst : in  STD_LOGIC;
           counter : in  STD_LOGIC_VECTOR (3 downto 0);
           tx : out  STD_LOGIC);
end uart;

architecture Behavioral of uart is
type state is (ini,ready,trans,finish);
signal next_state      :  state;
signal counter_tmp     :  std_logic_vector(3 downto 0);
signal counter_tmp_1 :  std_logic_vector(7 downto 0);
signal con             :  integer range 0 to 7;
signal a               :  std_logic_vector(3 downto 0):= "0011";
begin
process(clk,rst)
begin
```

```
    if(rst = '1') then
      next_state <= ini;
     con <= 0;
    elsif rising_edge(clk) then
      case next_state is
        when ini =>
                counter_tmp <= counter;
                counter_tmp_1 <= tran_data(counter);
                con <= 0;
                next_state <= ready;
      when ready =>
                tx <= '0';
                next_state <= trans;
      when trans =>
                con <= con + 1;
                tx <= counter_tmp_1(con);
                if(con = 7) then
                   next_state <= finish;
                else
                   next_state <= trans;
                end if;
      when finish =>
                tx <= '1';
                if(counter = counter_tmp) then
                    next_state <= finish;
                else
                    next_state <= ini;
                end if;
     end case;
    end if;
  end process;
  end Behavioral;
```

3. 添加顶层模块设计代码

本节将在顶层模块中添加设计代码。下面给出添加顶层设计代码的步骤,其步骤主要包括:

(1) 按照前面的方法,生成 uart 元件的例化模板。

(2) 打开 top. vhd 文件。

(3) 如图 7.41 所示,在设计实体端口声明中添加 tx 端口声明语句。

```
entity top is
    Port ( clk        : in    STD_LOGIC;
           rst        : in    STD_LOGIC;
           sel        : in    STD_LOGIC;
           counter    : out   STD_LOGIC_VECTOR (3 downto 0);
           an         : out   STD_LOGIC_VECTOR (3 downto 0);
           a_g        : out   STD_LOGIC_VECTOR (6 downto 0);
           tx         : OUT   std_logic);
end top;
```

图 7.41 实体中添加 tx 端口声明

(4) 如图 7.42 所示,添加 uart 元件声明语句。

(5) 如图 7.43 所示,添加 uart 元件例化语句。

```
    );
END COMPONENT;
COMPONENT uart
PORT(
    clk : IN std_logic;
    rst : IN std_logic;
    counter : IN std_logic_vector(3 downto 0);
    tx : OUT std_logic
    );
END COMPONENT;
signal divclk_tmp   :  std_logic;
signal scanclk_tmp  :  std_logic;
Signal counter_tmp  :  std_logic_vector(3 downto 0);
signal bandclk_tmp  :  std_logic;
```

图 7.42　添加 uart 元件声明语句

```
        a_g =>a_g
    );
    Inst_uart: uart PORT MAP(
        clk =>bandclk_tmp,
        rst =>rst,
        counter =>counter_tmp,
        tx =>tx
    );
end Behavioral;
```

图 7.43　添加 uart 元件声明语句和元件例化语句

(6) 保存并关闭 top. vhd 文件。

4. 添加引脚约束

在 top. ucf 文件中，可以添加引脚约束条件。下面给出添加引脚约束的步骤，其步骤主要包括：

(1) 按前面的方法，打开 PlanAhead 工具，进入约束编辑器界面。

(2) 如图 7.44 所示，为 tx 信号添加引脚位置约束和电气特性约束。

Scalar ports (4)

clk	Input	V10	☑	2	LVCMOS33*
rst	Input	T10	☑	2	LVCMOS33*
sel	Input	T9	☑	2	LVCMOS33*
tx	Output	N18	☑	1	LVCMOS33*

图 7.44　在约束编辑器中添加约束条件

(3) 保存并关闭约束器界面。

(4) 对设计进行实现、生成编程文件和下载设计到 FPGA 中，对设计进行验证。

注 1：需要将 Nexys3 开始板的 USB 串口与接收主机 USB 连接，安装驱动程序，并打开软件串口调试工具。

注 2：在串口调试工具中，将数据位设置为 8 位，一个停止位，无奇偶校验，波特率为 9600。

7.4.8　设计分频时钟模块 4

本节将添加并实现分频时钟模块 4 的设计，下面给出设计分频时钟模块 4 的步骤，其步骤主要包括：

(1) 按照前面方法，选择 New Source 选项，出现 Select Source Type（选择源文件类型）对话框界面。在该界面中，按下面参数设置：①类型：VHDL Module。②File name：divclk4。

(2) 单击 Next 按钮。

(3) 出现 Define Module(定义模块)对话框界面。如图 7.45 所示，设置模块端口参数。

Port Name	Direction	Bus
clk	in	☐
rst	in	☐
pix_clk	out	☐

图 7.45 分频器模块 4 端口设置界面

(4) 单击 Next 按钮。

(5) 出现 New Source Wizard-Summary(总结)对话框界面。

(6) 单击 Finish 按钮。

(7) 按设计代码清单 7-9 所示，在 divclk4.VHD 中添加设计代码。

设计代码清单 7-9

```
library IEEE;
use IEEE.STD_LOGIC_1164.ALL;

entity divclk4 is
Port ( clk : in  STD_LOGIC;
       rst : in  STD_LOGIC;
       pix_clk : out  STD_LOGIC);
end divclk4;

architecture Behavioral of divclk4 is

signal clk_div2 : std_logic;
signal clk_div4 : std_logic;
begin
pix_clk <= clk_div4;
process(clk,rst)
begin
if(rst = '1') then
    clk_div2 <= '0';
elsif rising_edge(clk) then
    clk_div2 <= not clk_div2;
end if;
end process;
process(clk_div2,rst)
begin
if(rst = '1') then
    clk_div4 <= '0';
elsif rising_edge(clk_div2) then
    clk_div4 <= not clk_div4;
end if;
end process;
end Behavioral;
```

(8) 按照前面的方法，为 divclk4 模块生成例化模板。

(9) 打开 top.vhd 文件，在如图 7.46 所示的

```
    COMPONENT divclk3
    PORT(
        clk : IN std_logic;
        rst : IN std_logic;
        band_clk : OUT std_logic
        );
    END COMPONENT;
    COMPONENT divclk4
    PORT(
        clk : IN std_logic;
        rst : IN std_logic;
        pix_clk : OUT std_logic
        );
    END COMPONENT;
    COMPONENT counter4b
```

图 7.46 添加 divclk4 的元件声明语句

第 66 行添加 divclk4 的元件声明语句。

(10) 如图 7.47 所示，在 top. vhd 文件的第 103 行，添加 bandclk_tmp 信号声明语句。

```
99      signal divclk_tmp   :  std_logic;
100     signal scanclk_tmp  :  std_logic;
101     Signal counter_tmp  :  std_logic_vector(3 downto 0);
102     signal bandclk_tmp  :  std_logic;
103     signal pixclk_tmp   :  std_logic;
104  begin
```

图 7.47 添加信号声明语句

(11) 如图 7.48 所示，在 top. vhd 文件的第 121 行，添加 divclk4 的元件例化语句和端口映射说明。

```
116     Inst_divclk3: divclk3 PORT MAP(
117        clk =>clk,
118        rst =>rst,
119        band_clk => bandclk_tmp
120     );
121     Inst_divclk4: divclk4 PORT MAP(
122        clk =>clk,
123        rst =>rst,
124        pix_clk =>pixclk_tmp
125     );
```

图 7.48 添加 divclk4 元件例化语句

(12) 保存并关闭 top. vhd 文件。

7.4.9 设计 VGA 控制器模块

本节将设计 VGA 控制器模块，实现在 VGA 上显示图形。下面将详细介绍 VGA 控制的设计过程。

1. 添加 VGA 控制器模块

本节将添加并实现 VGA 控制器模块的设计，该控制器将实现在 VGA 显示器上显示一个红色的圆，其周围是绿色。下面给出设计 VGA 控制器模块的步骤，其步骤主要包括：

(1) 按照前面方法，选择 New Source 选项，出现 Select Source Type(选择源文件类型)对话框界面。在该界面中，按下面参数设置：①类型：VHDL Module。②File name：vga。

(2) 单击 Next 按钮。

(3) 出现 Define Module(定义模块)对话框界面。如图 7.49 所示，设置该模块端口参数。

Port Name	Direction	Bus	MSB	LSB
clk	in	☐		
rst	in	☐		
hs	out	☐		
vs	out	☐		
r	out	☑	2	0
g	out	☑	2	0
b	out	☑	1	0

图 7.49 VGA 模块设置端口界面

(4) 单击 Next 按钮。

(5) 出现 New Source Wizard-Summary(总结)对话框界面。

(6) 单击 Finish 按钮。

(7) 输入设计代码清单 7-10。

思考与练习 5 请仔细分析该设计,说明在 VGA 上实现画圆的方法。

设计代码清单 7-10

```
library IEEE;
use IEEE.STD_LOGIC_1164.ALL;
use IEEE.STD_LOGIC_ARITH.ALL;
use IEEE.STD_LOGIC_UNSIGNED.ALL;

entity vga is
Port ( clk : in  STD_LOGIC;
       rst : in  STD_LOGIC;
       hs : out  STD_LOGIC;
       vs : out  STD_LOGIC;
       r : out  STD_LOGIC_VECTOR (2 downto 0);
       g : out  STD_LOGIC_VECTOR (2 downto 0);
       b : out  STD_LOGIC_VECTOR (1 downto 0));
end vga;

architecture Behavioral of vga is
-- maximum value for the horizontal pixel counter
constant HMAX   : std_logic_vector(9 downto 0) := "1100100000";          -- 800
-- maximum value for the vertical pixel counter
constant VMAX   : std_logic_vector(9 downto 0) := "1000001101";          -- 525
-- total number of visible columns
constant HLINES: std_logic_vector(9 downto 0) := "1010000000";           -- 640
-- value for the horizontal counter where front porch ends
constant HFP    : std_logic_vector(9 downto 0) := "1010010000";          -- 648
-- value for the horizontal counter where the synch pulse ends
constant HSP    : std_logic_vector(9 downto 0) := "1011110000";          -- 744
-- total number of visible lines
constant VLINES: std_logic_vector(9 downto 0) := "0111100000";           -- 480
-- value for the vertical counter where the front porch ends
constant VFP    : std_logic_vector(9 downto 0) := "0111101010";          -- 482
-- value for the vertical counter where the synch pulse ends
constant VSP    : std_logic_vector(9 downto 0) := "0111101100";          -- 484
-- polarity of the horizontal and vertical synch pulse
-- only one polarity used, because for this resolution they coincide.
constant SPP    : std_logic := '0';
-- horizontal and vertical counters
signal hcounter     : std_logic_vector(9 downto 0) := (others => '0');
signal vcounter     : std_logic_vector(9 downto 0) := (others => '0');
-- active when inside visible screen area.
signal video_enable: std_logic;
signal vidon        : std_logic;
signal color        : std_logic_vector(7 downto 0);
```

```
signal x_zone       : std_logic_vector(9 downto 0);
signal y_zone       : std_logic_vector(9 downto 0);
signal x_center     : std_logic_vector(9 downto 0):= "0011001000";        --200
signal y_center     : std_logic_vector(9 downto 0):= "0011001000";        --200
begin
   r<=color(7 downto 5);
      g<=color(4 downto 2);
      b<=color(1 downto 0);
   -- increment horizontal counter at pixel_clk rate
   -- until HMAX is reached, then reset and keep counting
   h_count: process(clk)
   begin
      if(rising_edge(clk)) then
         if(rst = '1') then
            hcounter <= (others => '0');
         elsif(hcounter = HMAX) then
            hcounter <= (others => '0');
         else
            hcounter <= hcounter + 1;
         end if;
      end if;
   end process h_count;

   -- increment vertical counter when one line is finished
   -- until VMAX is reached, then reset and keep counting
   v_count: process(clk)
   begin
  if(rising_edge(clk)) then
     if(rst = '1') then
        vcounter <= (others => '0');
     elsif(hcounter = HMAX) then
        if(vcounter = VMAX) then
           vcounter <= (others => '0');
        else
           vcounter <= vcounter + 1;
        end if;
     end if;
  end if;
end process v_count;

-- The HS is active (with polarity SPP) for a total of 96 pixels.
do_hs: process(clk)
begin
  if(rising_edge(clk)) then
     if(hcounter >= HFP and hcounter < HSP) then
        hs <= SPP;
     else
        hs <= not SPP;
     end if;
  end if;
end process do_hs;
```

```
-- The VS is active (with polarity SPP) for a total of 2 video lines
--  = 2 * HMAX = 1600 pixels.
do_vs: process(clk)
begin
  if(rising_edge(clk)) then
     if(vcounter >= VFP and vcounter < VSP) then
        vs <= SPP;
     else
        vs <= not SPP;
     end if;
  end if;
end process do_vs;

-- enable video output when pixel is in visible area
video_enable <= '1' when (hcounter < HLINES and vcounter < VLINES) else '0';
vidon <= not video_enable when rising_edge(clk);
process(hcounter)
begin
  if(hcounter <= x_center) then
    x_zone <= x_center - hcounter;
  else
    x_zone <= hcounter - x_center;
  end if;
end process;

process(vcounter)
begin
  if(vcounter <= y_center) then
    y_zone <= y_center - vcounter;
  else
    y_zone <= vcounter - y_center;
  end if;
end process;

process(vidon)
begin
if(vidon = '0') then
  if((x_zone * x_zone + y_zone * y_zone)<= 10000) then
    color <= "11000000";
  else
    color <= "00011100";
  end if;
else
    color <= "00000000";
end if;
end process;
end Behavioral;
```

2. 添加顶层模块设计代码

本节将在顶层模块中添加设计代码。下面给出添加顶层设计代码的步骤，其步骤主要包括：

(1) 按照前面的方法，生成 VGA 元件的例化模板。

(2) 打开 top. vhd 文件。

(3) 如图 7.50 所示，在设计实体中的端口声明部分添加 hs、vs、r、g 和 b 端口声明代码。

```
entity top is
    Port ( clk        : in   STD_LOGIC;
           rst        : in   STD_LOGIC;
           sel        : in   STD_LOGIC;
           counter    : out  STD_LOGIC_VECTOR (3 downto 0);
           an         : out  STD_LOGIC_VECTOR (3 downto 0);
           a_g        : out  STD_LOGIC_VECTOR (6 downto 0);
           tx         : OUT  std_logic;
           hs         : OUT  std_logic;
           vs         : OUT  std_logic;
           r          : OUT  std_logic_vector(2 downto 0);
           g          : OUT  std_logic_vector(2 downto 0);
           b          : OUT  std_logic_vector(1 downto 0));
end top;
```

图 7.50 实体中添加 VGA 端口声明

(4) 如图 7.51 所示，在 top. VHD 文件第 104 行添加 vga 元件声明语句。

```
102         );
103     END COMPONENT;
104     COMPONENT vga
105     PORT(
106         clk : IN std_logic;
107         rst : IN std_logic;
108         hs : OUT std_logic;
109         vs : OUT std_logic;
110         r : OUT std_logic_vector(2 downto 0);
111         g : OUT std_logic_vector(2 downto 0);
112         b : OUT std_logic_vector(1 downto 0)
113         );
114     END COMPONENT;
115     signal divclk_tmp   :  std_logic;
116     signal scanclk_tmp  :  std_logic;
```

图 7.51 添加 vga 元件声明语句

(5) 如图 7.52 所示，在 top. VHD 文件第 161 行添加 vga 元件例化语句。

```
159         tx =>tx
160     );
161     Inst_vga: vga PORT MAP(
162         clk =>pixclk_tmp,
163         rst =>rst,
164         hs => hs,
165         vs =>vs,
166         r => r,
167         g => g,
168         b => b
169     );
170
171 end Behavioral;
```

图 7.52 添加 uart 元件例化语句和信号

(6) 保存并关闭 top. vhd 文件。

3. 添加引脚约束

本节将在 top. ucf 文件中，添加引脚约束条件。下面给出添加引脚约束的步骤，其步骤主要包括：

(1) 按前面的方法，打开 PlanAhead 工具，进入约束编辑器界面。

(2) 如图 7.53，为 hs、vs、r、g、b 信号添加引脚位置约束和电气特性约束。

(3) 保存并关闭约束器界面。

(4) 对设计进行实现、生成编程文件和下载到 FPGA 中，对设计进行验证。

注： 将 Nexys 板上的 VGA 接头与 VGA 显示器进行连接，并打开 VGA 显示器。

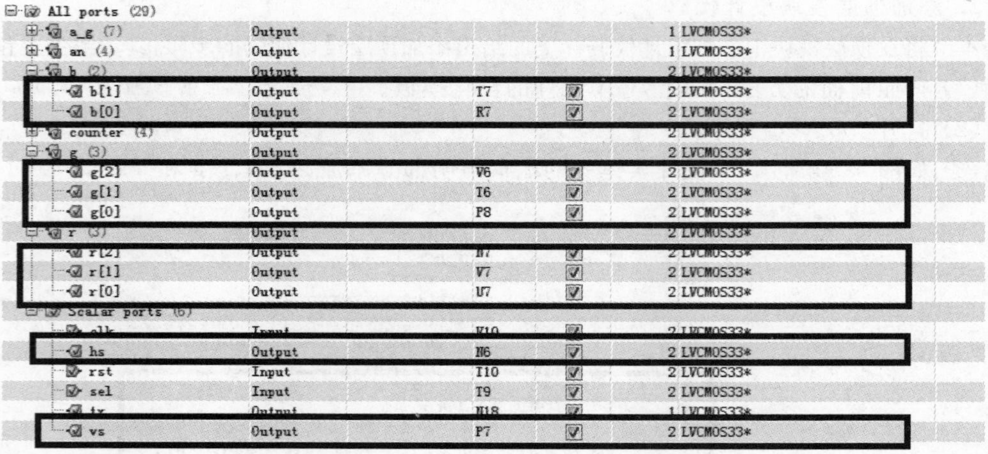

All ports (29)					
a_g (7)	Output			1	LVCMOS33*
an (4)	Output			1	LVCMOS33*
b (2)	Output			2	LVCMOS33*
b[1]	Output	T7	☑	2	LVCMOS33*
b[0]	Output	R7	☑	2	LVCMOS33*
counter (4)	Output			2	LVCMOS33*
g (3)	Output			2	LVCMOS33*
g[2]	Output	V6	☑	2	LVCMOS33*
g[1]	Output	T6	☑	2	LVCMOS33*
g[0]	Output	P8	☑	2	LVCMOS33*
r (3)	Output			2	LVCMOS33*
r[2]	Output	N7	☑	2	LVCMOS33*
r[1]	Output	V7	☑	2	LVCMOS33*
r[0]	Output	U7	☑	2	LVCMOS33*
Scalar ports (6)					
clk	Input	K10	☑	2	LVCMOS33*
hs	Output	N6	☑	2	LVCMOS33*
rst	Input	T10	☑	2	LVCMOS33*
sel	Input	T9	☑	2	LVCMOS33*
tx	Output	N18	☑	1	LVCMOS33*
vs	Output	P7	☑	2	LVCMOS33*

图 7.53 在约束编辑器中添加约束条件

7.5 基于 Verilog HDL 的系统设计实现

本节将介绍基于 Verilog HDL 的复杂数字系统的设计实现，内容包括设计分频器时钟模块、设计和仿真计数器模块、设计顶层模块、设计分频时钟模块、设计七段数码管模块、设计分频时钟模块、设计通用异步收发器模块、设计分频时钟模块、设计 VGA 控制器模块。

7.5.1 设计分频时钟模块 2

本节将添加并实现分频时钟模块 2 的设计。下面给出设计分频时钟模块 2 的步骤，其步骤主要包括：

(1) 按照前面的方法，选择 New Source 选项，出现 Select Source Type(选择源文件类型)对话框界面。在该界面中，按下面参数设置：①类型：Verilog Module。②File name：divclk2。

(2) 单击 Next 按钮。

(3) 出现 Define Module(定义模块)对话框界面。如图 7.54 所示，设置模块端口参数。

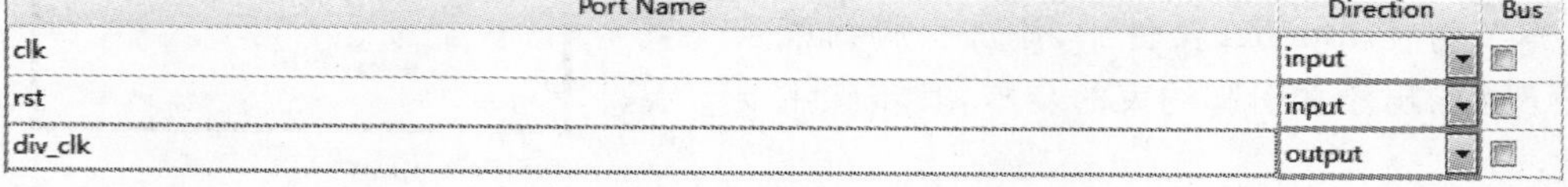

Port Name	Direction	Bus
clk	input	☐
rst	input	☐
div_clk	output	☐

图 7.54 分频器模块端口设置界面

(4) 单击 Next 按钮。

(5) 出现 New Source Wizard-Summary(总结)对话框界面。

(6) 单击 Finish 按钮。

(7) 按设计代码清单 7-11 所示，在 divclk2. v 文件中添加设计代码。

设计代码清单 7-11

```
module divclk2(
      input clk,
      input rst,
      output reg div_clk
      );
reg [31:0] counter;

always @(posedge clk or posedge rst)
begin
if(rst)
      counter <= 32'h00000000;
else
      if(counter == 32'h02faf07f)
      begin
         counter <= 32'h00000000;
         div_clk <= ~div_clk;
      end
    else
         counter <= counter + 1;
end
endmodule
```

① 在该设计中，输入时钟为100MHz，输出时钟为1Hz，其分频因子计算公式如下

$$\frac{\frac{f_{输入时钟}}{f_{输出时钟}}}{2}-1=N$$

经过计算 N＝49999999，其十六进制表示为 N＝02FAF07F。

② 该设计为高复位。

7.5.2　设计和仿真计数器模块

本节将设计计数器模块，并通过行为仿真对设计的计数器模块进行验证。

1. 设计计数器模块

本节将添加并实现计数器模块的设计。下面给出设计计数器模块的步骤，其步骤主要包括：

(1) 按照前面的方法，选择 New Source 选项，出现 Select Source Type(选择源文件类型)对话框界面。在该界面中，按下面参数设置：①类型：Verilog Module。②File name：counter4b。

(2) 单击 Next 按钮。

(3) 出现 Define Module(定义模块)对话框界面。如图 7.55 所示，设置计数器端口参数。

(4) 单击 Next 按钮。

(5) 出现 New Source Wizard-Summary(总结)对话框界面。

(6) 单击 Finish 按钮。

Port Name	Direction	Bus	MSB	LSB
clk	input	☐		
rst	input	☐		
counter	output	☑	3	0

图 7.55　计数器端口设置界面

(7) 按设计代码清单 7-12 所示，在 connter4b.v 文件中添加设计代码。

设计代码清单 7-12

```
module counter4b(
     input clk,
     input rst,
     output reg[3:0] counter
     );
always @(posedge clk or posedge rst)
begin
  if(rst)
      counter <= 4'b0000;
  else
     if(counter == 4'b1100)
       counter <= 4'b0000;
     else
       counter <= counter + 1;
end
endmodule
```

2. 仿真计数器模块

本节将添加模块对计数器模块进行行为级的仿真。下面给出添加计数器仿真模块的步骤，其步骤主要包括：

(1) 将 View 视窗内的单选按钮，由 Implementation 切换到 Simulation。

(2) 按照前面的方法，选择 New Source 选项，出现 Select Source Type(选择源文件类型)对话框界面。在该界面中，按下面参数设置：①类型：Verilog Test Fixture。②File name：test_counter4b。

(3) 单击 Next 按钮。

(4) 出现 Associate Source(关联源文件)对话框界面。在该窗口界面内，选择 counter4b。该选项表示所生成的新测试文件是对 counter4b 设计的验证。

(5) 单击 Next 按钮。

(6) 出现 New Source Wizard-Summary(总结)对话框界面。

(7) 单击 Finish 按钮。

(8) 如图 7.56 所示，在自动打开的 test_counter4b.v 文件的第 41 行下面修改 initial 的内容，以及添加 always 块用于为 clk 信号设置测试向量。

(9) 保存修改后的文件。

(10) 按前面的方式运行 ISim 工具。如图 7.57 所示，给出了仿真的波形图。

(11) 关闭仿真界面窗口，退出行为仿真。

```
initial begin
    // Initialize Inputs
    clk = 0;
    rst = 1;
    // Wait 100 ns for global reset to finish
    #100;
    rst = 0;
    // Add stimulus here
end
always
begin
    clk=0;
    #20;
    clk=1;
    #20;
end
endmodule
```

图 7.56 修改仿真文件模板的代码

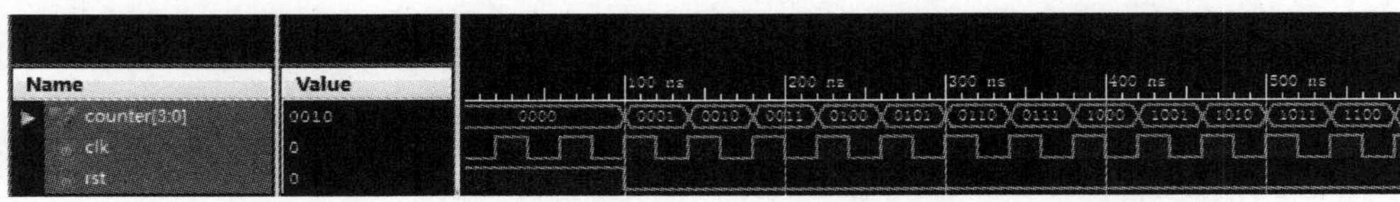

图 7.57 仿真结果图

7.5.3 设计顶层模块

本节将添加并完成顶层模块的设计。在顶层设计模块中,例化分频器时钟模块 2 和计数器模块。

1. 添加顶层模块文件

本节将添加顶层模块文件。下面给出添加顶层设计模块的步骤,其步骤主要包括:

(1) 将 View 视窗内的单选按钮,由 Simulation 切换到 Implementation。

(2) 按照前面的方法,选择 New Source 选项,出现 Select Source Type(选择源文件类型)对话框界面。在该界面中,按下面参数设置:①类型:Verilog Module。②File name:top。

(3) 单击 Next 按钮。

(4) 出现 Define Module(定义模块)对话框界面。如图 7.58 所示,设置模块端口参数。

Port Name	Direction	Bus	MSB	LSB
clk	input	☐		
rst	input	☐		
counter	output	☑	3	0

图 7.58 top 模块端口设置界面

(5) 单击 Next 按钮。

(6) 出现 New Source Wizard-Summary(总结)对话框界面。

(7) 单击 Finish 按钮。

2. 例化分频器时钟模块 2

本节将在顶层模块文件中,添加分频器时钟模块 2 的例化代码。下面给出例化分频器时钟模块 2 的步骤,其步骤主要包括:

(1) 在 Hierarchy 窗口中,选择 divclk2. v 文件。

(2) 如图 7.59 所示,在 Hierarchy 窗口下的处理子窗口中,找到并展开 Design Utilities 选项。在展开条目中,选择并双击 View HDL Instantiation Template(查看 HDL 例化模板)选项。

(3) 打开 divclk2. tfi 文件。如图 7.60 所示,该文件给出了 divclk2 的例化模板。

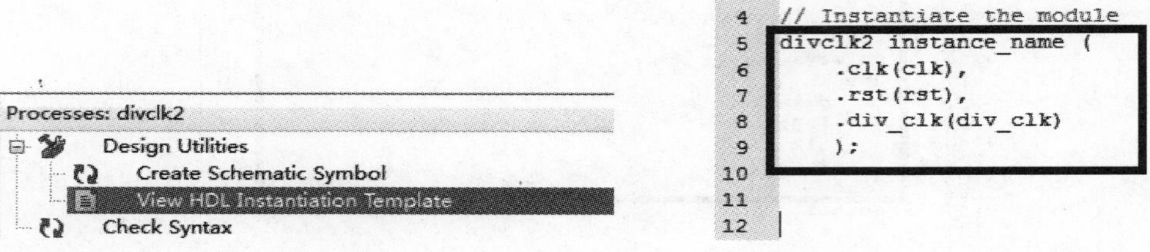

图 7.59　生成 divclk2 的例化模板入口　　　图 7.60　divclk2 例化模板

(4) 打开 top. v 文件。按照设计代码清单 7-13 所示,将图 7.60 中的元件例化语句,复制粘贴到 top. v 文件相应的位置。

3. 例化计数器模块

本节将在顶层模块文件中,添加计数器模块的例化代码。下面给出例化计数器模块的步骤,其步骤主要包括:

(1) 在 Hierarchy 窗口下,选择 counter4b. v 文件。

(2) 在 Hierarchy 窗口下的处理子窗口中,找到并展开 Design Utilities 选项。在展开条目中,双击 View HDL Instantiation Template(查看 HDL 例化模板)选项。

(3) 打开 counter4b. tfi 文件,该文件给出了 counter4b 的例化模板。

(4) 打开 top. v 文件,按照设计代码清单 7-13 所示,将 counter4b 元件例化语句,复制粘贴到 top. v 文件相应的位置。

4. 完成顶层模块设计

本节将完成最终顶层模块的设计。下面给出完成最终顶层模块设计的步骤,其步骤主要包括:

(1) 在 Hierarchy 窗口下,选中 top. v 文件。单击右键,出现浮动菜单。在浮动菜单内,选择 Set As Top Module 选项。该选项用于将 top. v 文件设置为顶层设计文件。

(2) 在 top. v 文件中,按设计代码清单 7-13 所示,添加设计代码完成最终的设计。

(3) 保存并关闭 top. v 文件

设计代码清单 7-13

```
module top(
     input clk,
     input rst,
     output [3:0] counter
     );
 wire div_clk;
 divclk2 Inst_divclk2 (
     .clk(clk),
     .rst(rst),
     .div_clk(div_clk)
     );
```

```
counter4b Inst_counter4b(
    .clk(div_clk),
    .rst(rst),
    .counter(counter)
    );
endmodule
```

5. 对顶层模块进行综合

本节将对顶层模块进行设计综合。下面给出对设计进行综合的步骤，其步骤主要包括：

(1) 在 Hierarchy 窗口下，选中 top. v。

(2) 在 Hieryarchy 窗口下的处理子窗口内，选择 Synthesize-XST 选项。并单击右键，出现浮动菜单。在浮动菜单内，选择 Process Properties…(处理属性)选项。

(3) 如图 7.61 所示，出现处理属性选项设置对话框界面。在该界面左侧的 Category 窗口内，选择 Synthesis Options(综合选项)条目。在右侧窗口内，将 Keep Hierarchy(保持层次化)条目选项设置为 Yes，该选项表示在综合时，保持设计的层次。

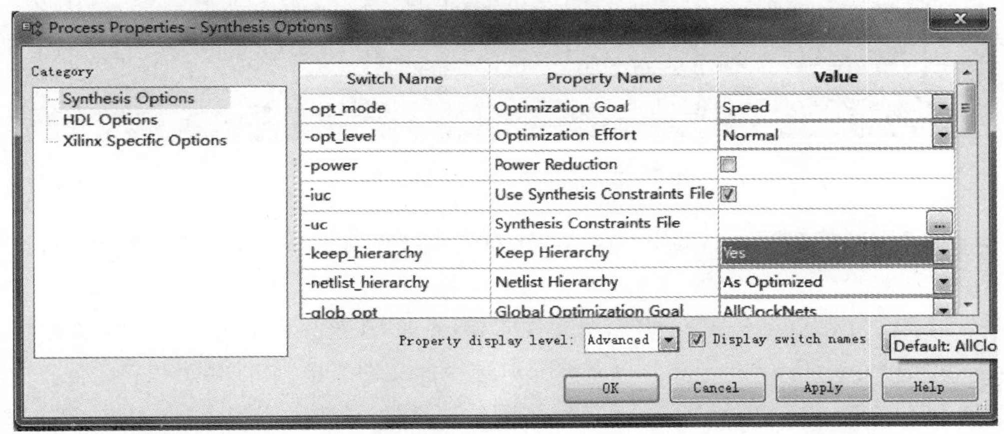

图 7.61 综合属性设置窗口

(4) 单击 OK 按钮，关闭综合属性设置窗口。

(5) 在处理子窗口中，再次选中并双击 Synthesis-XST 选项，ISE 工具开始对设计进行综合。

(6) 在综合完成后，单击 Synthesis-XST 选项前面的"+"符号，展开综合条目。在展开项中，找到并双击 View Technology Schematic 选项。按照前面所介绍的步骤，打开综合后的 RTL 模块描述。如图 7.62 所示，该图给出了该设计的详细结构。

思考与练习 6 如图 7.62 所示，仔细分析该设计的内部结构。

思考与练习 7 在图 7.62 所示的界面内，用鼠标双击 counter4b 模块符号，进入 counter4b 模块的内部设计结构，请分析该设计的内部结构(提示：根据状态机的设计原理)。

(7) 关闭图 7.62 的结构图界面。

6. 添加约束文件

本节将添加约束文件，并在约束文件中完成对引脚的约束。下面给出约束引脚的步骤，其步骤主要包括：

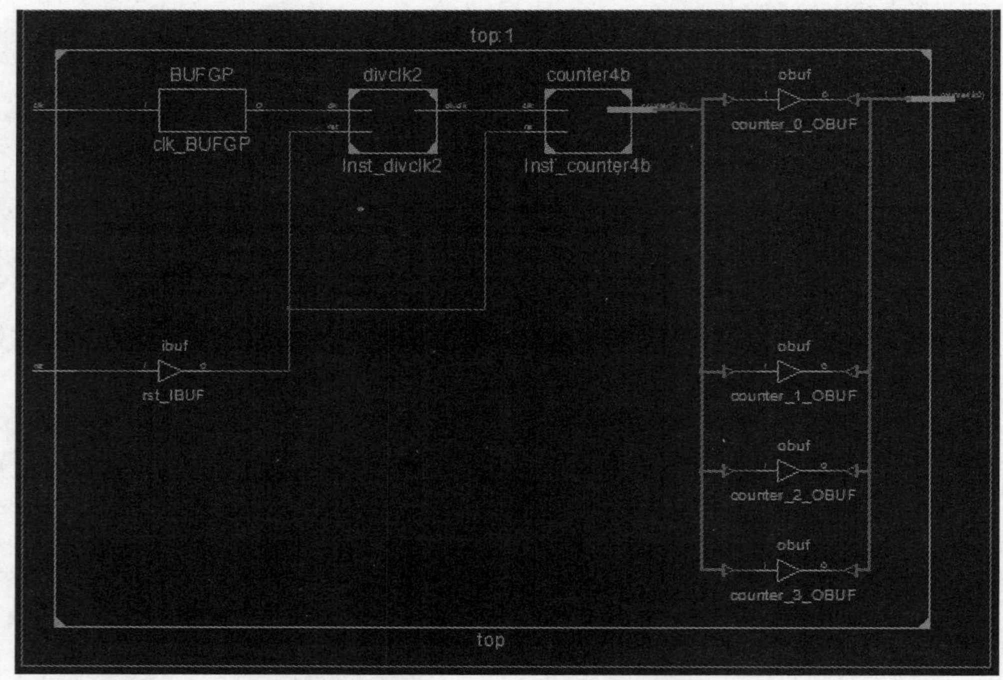

图 7.62　顶层模块的内部设计结构

(1) 在 Hierarchy 窗口下，选中 top. v，单击右键出现浮动菜单。在浮动菜单内，选择 New Source…选项。

(2) 出现 New Source Wizard(新源文件向导)界面，在该界面中按下面参数设置：①在 Select source type, file name and its location(选择源文件类型、文件名字和它的位置)窗口下，选择 Implementation Constraints File(实现约束文件)选项。②File name: top。

(3) 单击 Next 按钮。

(4) 出现 Summay 界面。

(5) 单击 Finish 按钮。

(6) 关闭自动打开的 top. ucf 文件。

(7) 如图 7.63 所示，在 Hierarchy 窗口中选中 top. v 文件。在处理子窗口中，选择并展开 User Constraints 选项。在展开项里，选择并双击 I/O Pin Planning(PlanAhead)-Post-Synthesis。

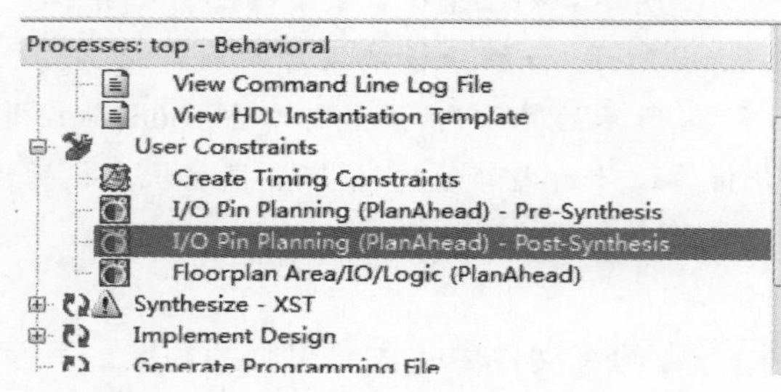

图 7.63　用户约束文件入口

（8）按照基本设计流程中的步骤，打开约束编辑器界面。按图 7.64 所示，添加用户引脚约束参数。

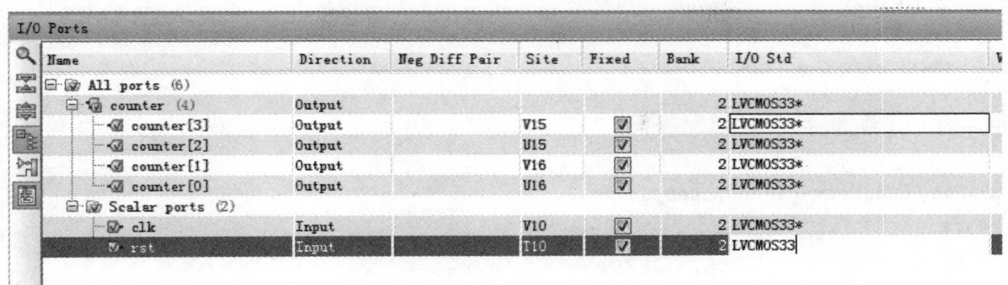

图 7.64　用户引脚约束界面

（9）关闭并退出约束编辑器界面。

7. 验证顶层设计

本节将设计下载到 Xilinx 大学计划 Nexys3 开发板的 FPGA 器件中，对设计进行硬件验证。下面给出对设计验证的步骤，其步骤主要包括：

（1）按照基本流程所介绍的方法，执行 Implement Design。

（2）按照基本流程所介绍的方法，执行 Generate Programming File。

（3）按照基本流程所介绍的方法，打开 iMPACT 工具。

（4）按照基本流程所介绍的方法，下载配置文件到 FPGA 中。

7.5.4　设计分频时钟模块 1

本节将添加并实现分频时钟模块 1 的设计。下面给出设计分频时钟模块 1 的步骤，其步骤主要包括：

（1）按照前面的方法，选择 New Source 选项，出现 Select Source Type（选择源文件类型）对话框界面。在该界面中，按下面参数设置：①类型：Verilog Module。②File name：divclk1。

（2）单击 Next 按钮。

（3）出现 Define Module（定义模块）对话框界面。如图 7.65 所示，设置模块端口参数。

（4）单击 Next 按钮。

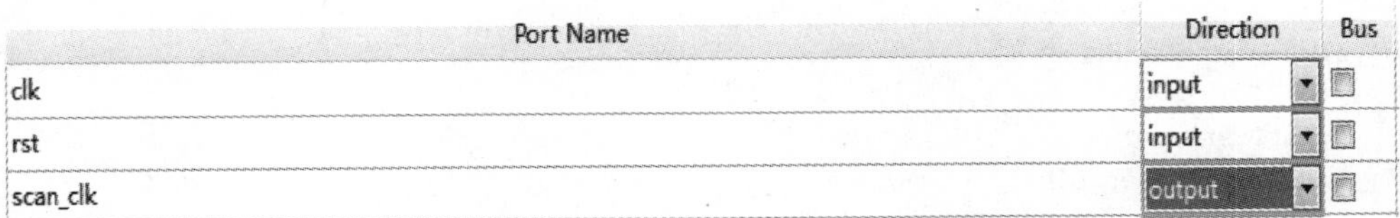

Port Name　Direction　Bus
clk　input
rst　input
scan_clk　output

图 7.65　分频器模块 1 端口设置界面

（5）出现 New Source Wizard-Summary（总结）对话框界面。

（6）单击 Finish 按钮。

（7）按设计代码清单 7-14 所示，在 divclkl. v 文件中添加设计代码，并保存设计文件。

设计代码清单 7-14

```
module divclk1(
     input clk,
     input rst,
     output reg scan_clk
     );
reg [19:0] counter;

always @(posedge clk or posedge rst)
begin
if(rst)
     counter <= 20'h00000;
else
     if(counter == 20'h0f07f)
     begin
          counter <= 20'h00000;
          scan_clk <= ~scan_clk;
       end
     else
       counter <= counter + 1;
end
endmodule
```

(8) 按照前面的方法,为 divclk1 模块生成例化模板。

(9) 打开 top.v 文件,按设计代码清单 7-15 所示,在 top.v 文件中添加设计代码。

设计代码清单 7-15

```
module top(
     input clk,
     input rst,
     output [3:0] counter
     );
wire div_clk;
wire scanclk;
divclk2 Inst_divclk2 (
     .clk(clk),
     .rst(rst),
     .div_clk(div_clk)
     );
divclk1 Inst_divclk1 (
     .clk(clk),
     .rst(rst),
     .scan_clk(scan_clk)
     );

counter4b Inst_counter4b(
     .clk(div_clk),
     .rst(rst),
     .counter(counter)
     );
endmodule
```

(10) 保存并关闭 top. v 文件。

7.5.5 设计七段数码管模块

本节将设计和实现在七段数码管上移动显示计数和预置值的结果，下面将详细介绍实现该设计的过程。

1. 添加七段数码管控制模块

本节将添加七段数码管控制模块文件。下面给出添加七段数码管控制模块的步骤，其步骤主要包括：

(1) 按照前面的方法，选择 New Source 选项，出现 Select Source Type(选择源文件类型)对话框界面。在该界面中，按下面参数设置：①类型：Verilog Module。②File name：seg7display。

(2) 单击 Next 按钮。

(3) 出现 Define Module(定义模块)对话框界面。如图 7.66 所示，设置模块端口参数。

Port Name	Direction	Bus	MSB	LSB
clk	input	☐		
rst	input	☐		
sel	input	☐		
counter	input	☑	3	0
an	output	☑	3	0
a_g	output	☑	6	0

图 7.66 seg7display 模块端口设置界面

(4) 单击 Next 按钮。

(5) 出现 New Source Wizard-Summary(总结)对话框界面。

(6) 单击 Finish 按钮。

(7) 按设计代码清单 7-16 所示，在 seg7display. v 文件中添加设计代码。

(8) 保存并关闭该设计文件。

思考与练习 8 请仔细分析该设计的原理，以及设计的实现方法。

设计代码清单 7-16

```
module seg7display(
  input clk,
  input rst,
  input sel,
  input [3:0] counter,
  output reg[3:0] an,
  output reg[6:0] a_g
  );
reg[1:0] counter1;
parameter N = 4;
parameter data = 16'h1234;
reg [N-1 : 0] rom [N-1 :0];
integer i;
function [6:0] seg7;
```

```
input [3:0] x;
begin
  case (x)
  0         : seg7 = 7'b0000001;
  1         : seg7 = 7'b1001111;
  2         : seg7 = 7'b0010010;
  3         : seg7 = 7'b0000110;
  4         : seg7 = 7'b1001100;
  5         : seg7 = 7'b0100100;
  6         : seg7 = 7'b0100000;
  7         : seg7 = 7'b0001111;
  8         : seg7 = 7'b0000000;
  9         : seg7 = 7'b0000100;
  'hA       : seg7 = 7'b0001000;
  'hB       : seg7 = 7'b1100000;
  'hC       : seg7 = 7'b0110001;
  'hD       : seg7 = 7'b1000010;
  'hE       : seg7 = 7'b0110000;
  'hF       : seg7 = 7'b0111000;
  default : seg7 = 7'b0000001;
  endcase
end
endfunction
initial
begin
   counter1 = 2'b00;
      for(i = 0;i < N;i = i + 1)
      rom[i] = data[(15 - 4 * i) - :4];
end
always @(posedge clk)
begin
    counter1 <= counter1 + 1;
end
always @( * )
case(counter1)
  2'b00    :
       begin
              if(sel)
                  a_g = seg7(rom[0]);
              else
                  a_g = seg7(counter % 13);
                  an = 4'b0111;
      end
  2'b01    :
       begin
               if(sel)
                  a_g = seg7(rom[1]);
              else
                  a_g = seg7((counter + 1) % 13);
                  an = 4'b1011;
              end
```

```
2'b10    :
     begin
            if(sel)
               a_g = seg7(rom[2]);
           else
               a_g = seg7((counter + 2) % 13);
               an = 4'b1101;
    end
2'b11    :
     begin
             if(sel)
               a_g = seg7(rom[3]);
            else
               a_g = seg7((counter + 3) % 13);
               an = 4'b1110;
             end
default :
     begin
                 a_g = seg7(0);
                 an = 4'b1111;
    end
endcase

endmodule
```

2. 添加顶层模块设计代码

本节将在顶层设计模块中添加代码，将七段数码管显示控制模块例化到设计中。下面给出添加顶层模块设计代码的步骤，其步骤主要包括：

(1) 按照前面的方法，生成 seg7display 设计模块的例化模板。

(2) 打开 top. v 文件，按照设计代码清单 7-17 所示，在 top. v 文件中添加设计代码。

设计代码清单 7-17

```
module top(
    input clk,
    input rst,
     input sel,
    output [3:0] counter,
     output [3:0] an,
     output [6:0] a_g
    );
wire div_clk;
wire scan_clk;
divclk2 Inst_divclk2 (
    .clk(clk),
    .rst(rst),
    .div_clk(div_clk)
    );
divclk1 Inst_divclk1 (
    .clk(clk),
    .rst(rst),
```

```
        .scan_clk(scan_clk)
        );

    counter4b Inst_counter4b(
        .clk(div_clk),
        .rst(rst),
        .counter(counter)
        );
    seg7display Inst_seg7display (
        .clk(scan_clk),
        .rst(rst),
        .sel(sel),
        .counter(counter),
        .an(an),
        .a_g(a_g)
        );
    endmodule
```

(3) 保存并关闭 top.v 文件。

3. 添加引脚约束

本节将在 top.ucf 文件中,添加引脚约束条件和时钟约束条件,给出添加引脚约束的步骤,其步骤主要包括:

(1) 按前面的方法,打开 PlanAhead 工具,进入约束编辑器界面。

(2) 如图 7.67,为 an[0]~an[3]、a_g[0]~a_g[6]和 sel 信号添加引脚位置约束和电气特性约束。

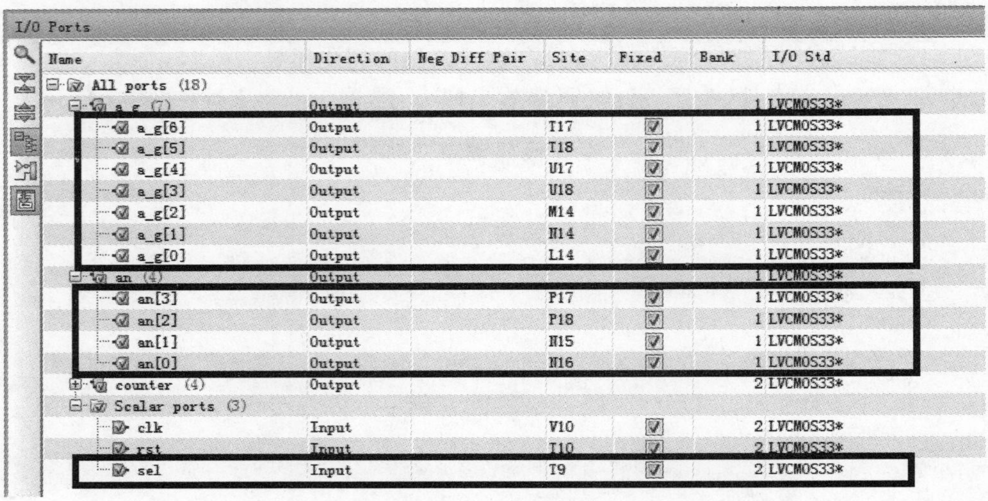

I/O Ports

Name	Direction	Neg Diff Pair	Site	Fixed	Bank	I/O Std
All ports (18)						
a_g (7)	Output				1	LVCMOS33*
a_g[6]	Output		T17	☑	1	LVCMOS33*
a_g[5]	Output		T18	☑	1	LVCMOS33*
a_g[4]	Output		U17	☑	1	LVCMOS33*
a_g[3]	Output		U18	☑	1	LVCMOS33*
a_g[2]	Output		M14	☑	1	LVCMOS33*
a_g[1]	Output		N14	☑	1	LVCMOS33*
a_g[0]	Output		L14	☑	1	LVCMOS33*
an (4)	Output				1	LVCMOS33*
an[3]	Output		P17	☑	1	LVCMOS33*
an[2]	Output		P18	☑	1	LVCMOS33*
an[1]	Output		N15	☑	1	LVCMOS33*
an[0]	Output		N16	☑	1	LVCMOS33*
counter (4)	Output				2	LVCMOS33*
Scalar ports (3)						
clk	Input		V10	☑	2	LVCMOS33*
rst	Input		T10	☑	2	LVCMOS33*
sel	Input		T9	☑	2	LVCMOS33*

图 7.67　在约束编辑器中添加约束条件

(3) 保存设计约束,并退出约束编辑器界面。

(4) 保存并关闭 top.ucf 文件。

(5) 对设计进行综合、实现、生成编程文件和下载设计到 FPGA 器件中,验证设计结果是否满足要求。

7.5.6　设计分频时钟模块 3

本节将添加并实现分频时钟模块 3 的设计。下面给出设计分频时钟模块 3 的步骤，其步骤主要包括：

(1) 按照前面方法，选择 New Source 选项，出现 Select Source Type(选择源文件类型)对话框界面。在该界面中，按下面参数设置：①类型：Verilog Module。②File name：div3。

(2) 单击 Next 按钮。

(3) 出现 Define Module(定义模块)对话框界面。如图 7.68 所示，设置模块端口参数。

Port Name	Direction	Bus
clk	input	☐
rst	input	☐
band_clk	output	☐

图 7.68　分频器模块 3 端口设置界面

(4) 单击 Next 按钮。

(5) 出现 New Source Wizard-Summary(总结)对话框界面。

(6) 单击 Finish 按钮。

(7) 按设计代码清单 7-18 所示，在 div3.v 文件中添加设计代码(注：波特率时钟 9600Hz)。

设计代码清单 7-18

```
module div3(
  input clk,
  input rst,
  output reg band_clk
  );
reg [23:0] counter;

always @(posedge clk or posedge rst)
begin
if(rst)
    counter <= 24'h000000;
else
    if(counter == 24'h001457)
       begin
        counter <= 24'h000000;
         band_clk <= ~band_clk;
        end
     else
        counter <= counter + 1;
end

endmodule
```

(8) 按照前面的方法，为 div3 模块生成例化模板。

(9) 在 top. v 文件中,按设计代码清单 7-19 所示,添加 div3 元件例化代码。

设计代码清单 7-19

```
module top(
    input clk,
    input rst,
     input sel,
    output [3:0] counter,
     output [3:0] an,
     output [6:0] a_g
    );
wire div_clk;
wire scan_clk;
wire band_clk;
divclk2 Inst_divclk2 (
    .clk(clk),
    .rst(rst),
    .div_clk(div_clk)
    );
divclk1 Inst_divclk1 (
    .clk(clk),
    .rst(rst),
    .scan_clk(scan_clk)
    );
div3 Inst_divclk3 (
    .clk(clk),
    .rst(rst),
    .band_clk(band_clk)
    );
counter4b Inst_counter4b(
    .clk(div_clk),
    .rst(rst),
    .counter(counter)
    );
seg7display Inst_seg7display (
    .clk(scan_clk),
    .rst(rst),
    .sel(sel),
    .counter(counter),
    .an(an),
    .a_g(a_g)
    );
endmodule
```

(10) 保存并关闭 top. v 文件。

7.5.7 设计通用异步收发器模块

本节将设计通用异步收发器模块,并以 9600 的波特率将计数值发送到串口终端进行显示,下面详细介绍设计过程。

1. 添加通用异步收发器模块

本节将添加并实现通用异步收发器模块的设计。下面给出设计通用异步收发器模块的步骤,其步骤主要包括:

(1) 按照前面方法,选择 New Source 选项,出现 Select Source Type(选择源文件类型)对话框界面。在该界面中,按下面参数设置:①类型:Verilog Module。②File name:uart。

(2) 单击 Next 按钮。

(3) 出现 Define Module(定义模块)对话框界面。如图 7.69 所示,设置模块端口参数。

Port Name	Direction	Bus	MSB	LSB
clk	input	☐		
rst	input	☐		
counter	input	☑	3	0
tx	output	☐		

图 7.69 uart 模块端口设置界面

(4) 单击 Next 按钮。

(5) 出现 New Source Wizard-Summary(总结)对话框界面。

(6) 单击 Finish 按钮。

(7) 按设计代码清单 7-20 所示,在 uart. v 文件中添加设计代码。

思考与练习 9 请分析该设计代码如何将计数器的值发送到串口上。

设计代码清单 7-20

```
module uart(
    input clk,
    input rst,
    input [3:0] counter,
    output reg tx
    );
reg[1:0] state;
reg[3:0] counter_tmp;
reg[7:0] counter_tmp_1;
integer con;
parameter ini = 2'b00,ready = 2'b01,trans = 2'b10, finish = 2'b11;

function [7:0] tran_data;
input [3:0] a;
begin
  case(a)
    4'b0000 :  tran_data = 8'h30;                //0
    4'b0001 :  tran_data = 8'h31;                //1
    4'b0010 :  tran_data = 8'h32;                //2
    4'b0011 :  tran_data = 8'h33;                //3
    4'b0100 :  tran_data = 8'h34;                //4
    4'b0101 :  tran_data = 8'h35;                //5
    4'b0110 :  tran_data = 8'h36;                //6
    4'b0111 :  tran_data = 8'h37;                //7
    4'b1000 :  tran_data = 8'h38;                //8
```

```
        4'b1001 :  tran_data = 8'h39;                              //9
        4'b1010 :  tran_data = 8'h41;                              //A
        4'b1011 :  tran_data = 8'h42;                              //b
        4'b1100 :  tran_data = 8'h43;                              //c
        4'b1101 :  tran_data = 8'h44;                              //d
        4'b1110 :  tran_data = 8'h45;                              //e
        4'b1111 :  tran_data = 8'h46;                              //f
        default :  tran_data = 8'h00;                              //off
      endcase
    end
    endfunction

    initial
    begin
      con = 0;
    end

    always @(posedge clk or posedge rst)
    begin
    if(rst)
        state <= ini;
    else
        case (state)
          ini     :
                    begin
                    counter_tmp <= counter;
                         counter_tmp_1 <= tran_data(counter);
                         con <= 0;
                         state <= ready;
                  end
           ready   :
                    begin
                      tx <= 1'b0;
                         state <= trans;
                       end
           trans   :
                    begin
                      con <= con + 1;
                        tx <= counter_tmp_1[con];
                           if(con == 7)
                            state <= finish;
                          else
                            state <= trans;
                       end
           finish :
                    begin
                         tx <= 1'b1;
                         if(counter == counter_tmp)
                           state <= finish;
                         else
                           state <= ini;
```

```
                    end
    endcase
end

endmodule
```

2. 添加顶层模块设计代码

本节将在顶层模块中添加设计代码。下面给出添加顶层设计代码的步骤,其步骤主要包括:

(1) 按照前面的方法,生成 uart 元件的例化模板。

(2) 打开 top. v 文件,按设计代码清单 7-21 所示,并添加 uart 例化代码。

设计代码清单 7-21

```
module top(
     input clk,
     input rst,
   input sel,
     output [3:0] counter,
    output [3:0] an,
    output [6:0] a_g,
    output tx
     );
 wire div_clk;
 wire scan_clk;
 wire band_clk;
 divclk2 Inst_divclk2 (
     .clk(clk),
     .rst(rst),
     .div_clk(div_clk)
     );
 divclk1 Inst_divclk1 (
     .clk(clk),
     .rst(rst),
     .scan_clk(scan_clk)
     );
 div3 Inst_div3 (
     .clk(clk),
     .rst(rst),
     .band_clk(band_clk)
     );
 counter4b Inst_counter4b(
     .clk(div_clk),
     .rst(rst),
     .counter(counter)
     );
 seg7display Inst_seg7display (
     .clk(scan_clk),
     .rst(rst),
     .sel(sel),
     .counter(counter),
     .an(an),
```

```
        .a_g(a_g)
        );
    uart Inst_uart (
        .clk(band_clk),
        .rst(rst),
        .counter(counter),
        .tx(tx)
        );
    endmodule
```

(3) 保存并关闭 top.v 文件。

3. 添加引脚约束

本节将在 top.ucf 文件中,添加引脚约束条件,下面给出添加引脚约束的步骤,其步骤主要包括:

(1) 按前面的方法,打开 PlanAhead 工具,进入约束编辑器界面。

(2) 如图 7.70 所示,为 tx 信号添加引脚位置约束和电气特性约束。

Scalar ports (4)					
clk	Input	V10	☑	2	LVCMOS33*
rst	Input	T10	☑	2	LVCMOS33*
sel	Input	T9	☑	2	LVCMOS33*
tx	Output	N18	☑	1	LVCMOS33*

图 7.70 在约束编辑器中添加约束条件

(3) 保存并关闭约束器界面。

(4) 对设计进行实现、生成编程文件和下载到 FPGA 中,对设计进行验证。

注 1:需要将 Nexys 开发板的 USB 串口与接收主机 USB 连接,安装驱动程序,并打开软件串口调试工具。

注 2:在串口调试工具中,将数据位设置为 8 位,一个停止位,无奇偶校验,波特率为 9600。

7.5.8 设计分频时钟模块 4

本节将添加并实现分频时钟模块 4 的设计,下面给出设计分频时钟模块 4 的步骤,其步骤主要包括:

(1) 按照前面方法,选择 New Source 选项,出现 Select Source Type(选择源文件类型)对话框界面。在该界面中,按下面参数设置:①类型:Verilog Module。②File name:divclk4。

(2) 单击 Next 按钮。

(3) 出现 Define Module(定义模块)对话框界面。如图 7.71 所示,设置模块端口参数。

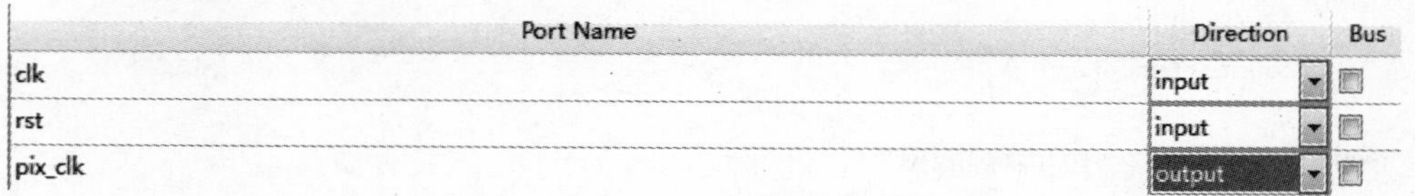

图 7.71 分频器模块 4 端口设置界面

(4) 单击 Next 按钮。

(5) 出现 New Source Wizard-Summary(总结)对话框界面。

(6) 单击 Finish 按钮。

(7) 按设计代码清单 7-22 所示,在 divclk4. v 文件中添加设计代码。

设计代码清单 7-22

```
module divclk4(
    input clk,
    input rst,
    output reg pix_clk
    );
reg clk1;
always @(posedge clk or posedge rst)
begin
 if(rst)
   clk1 <= 1'b0;
 else
   clk1 <= ~clk1;
end

always @(posedge clk1 or posedge rst)
begin
 if(rst)
   pix_clk <= 1'b0;
 else
   pix_clk <= ~pix_clk;
end
endmodule
```

(8)按照前面的方法,为 divclk4 模块生成例化模板。

(9) 打开 top. v 文件,按设计代码清单 7-23 所示,添加 divclk4 的元件例化语句。

设计代码清单 7-23

```
module top(
    input clk,
    input rst,
     input sel,
    output [3:0] counter,
     output [3:0] an,
     output [6:0] a_g,
     output tx
    );
wire div_clk;
wire scan_clk;
wire band_clk;
wire pix_clk;
divclk2 Inst_divclk2 (
    .clk(clk),
    .rst(rst),
    .div_clk(div_clk)
    );
divclk1 Inst_divclk1 (
    .clk(clk),
```

```
        .rst(rst),
        .scan_clk(scan_clk)
        );
    div3 Inst_divclk3 (
        .clk(clk),
        .rst(rst),
        .band_clk(band_clk)
        );
    divclk4 Inst_divclk4 (
        .clk(clk),
        .rst(rst),
        .pix_clk(pix_clk)
        );

    counter4b Inst_counter4b(
        .clk(div_clk),
        .rst(rst),
        .counter(counter)
        );
    seg7display Inst_seg7display (
        .clk(scan_clk),
        .rst(rst),
        .sel(sel),
        .counter(counter),
        .an(an),
        .a_g(a_g)
        );
    uart Inst_uart (
        .clk(band_clk),
        .rst(rst),
        .counter(counter),
        .tx(tx)
        );
    endmodule
```

(10) 保存并关闭 top.v 文件。

7.5.9 设计 VGA 控制器模块

本节将设计 VGA 控制器模块,实现在 VGA 上显示图形,下面将详细介绍 VGA 控制的设计过程。

1. 添加 VGA 控制器模块

本节添加并实现 VGA 控制器模块的设计,该控制器将实现在 VGA 显示器上显示一个红色的圆,其周围是绿色。下面给出设计 VGA 控制器模块的步骤,其步骤主要包括:

(1) 按照前面方法,选择 New Source 选项,出现 Select Source Type(选择源文件类型)对话框界面。在该界面中,按下面参数设置:①类型:Verilog Module。②File name:vga。

(2) 单击 Next 按钮。

(3) 出现 Define Module(定义模块)对话框界面。如图 7.72 所示,设置模块端口参数。

Port Name	Direction	Bus	MSB	LSB
clk	input	☐		
rst	input	☐		
hs	output	☐		
vs	output	☐		
r	output	☑	3	0
g	output	☑	3	0
b	output	☑	2	0

图 7.72　VGA 模块端口设置界面

(4) 单击 Next 按钮。

(5) 出现 New Source Wizard-Summary(总结)对话框界面。

(6) 单击 Finish 按钮。

(7) 按设计代码清单 7-24 所示，在 vga.v 文件中添加设计代码。

思考与练习 10　请仔细分析该设计，说明在 VGA 上画圆的方法。

设计代码清单 7-24

```
module vga(
    input clk,
    input rst,
    output reg hs,
    output reg vs,
    output [3:0] r,
    output [3:0] g,
    output [2:0] b
    );
//maximum value for the horizontal pixel counter
parameter HMAX = 10'b1100100000;                          // 800
//maximum value for the vertical pixel counter
parameter VMAX = 10'b1000001101;                          // 525
//total number of visible columns
parameter HLINES = 10'b1010000000;                        // 640
// value for the horizontal counter where front porch ends
parameter HFP = 10'b1010010000;                           // 648
//value for the horizontal counter where the synch pulse ends
parameter HSP = 10'b1011110000;                           // 744
//total number of visible lines
parameter VLINES = 10'b0111100000;                        // 480
// value for the vertical counter where the front porch ends
parameter VFP = 10'b0111101010;                           // 482
//value for the vertical counter where the synch pulse ends
parameter VSP = 10'b0111101100;                           //484
//polarity of the horizontal and vertical synch pulse
// only one polarity used, because for this resolution they coincide.
parameter SPP = 1'b0;

// horizontal and vertical counters
reg [9:0] hcounter = 10'b0000000000;
```

```
reg [9:0] vcounter = 10'b0000000000;

// active when inside visible screen area.
wire video_enable ;
reg vidon;
reg [7:0] color;
reg [9:0] x_zone;
reg [9:0] y_zone;
parameter x_center = 10'b0011001000;                    //200
parameter y_center = 10'b0011001000;                    //200
assign r = color[7:5];
assign g = color[4:2];
assign b = color[1:0];
// increment horizontal counter at pixel_clk rate
// until HMAX is reached, then reset and keep counting
always @(posedge clk or posedge rst)
begin
if(rst)
hcounter <= 10'b0000000000;
else
   if(hcounter == HMAX)
   hcounter <= 10'b0000000000;
else
   hcounter <= hcounter + 1;
end

//increment vertical counter when one line is finished
//(horizontal counter reached HMAX)
//until VMAX is reached, then reset and keep counting
always @(posedge clk or posedge rst)
begin
if(rst)
vcounter <= 10'b0000000000;
else
  if(hcounter == HMAX)
    if(vcounter == VMAX)
       vcounter <= 10'b0000000000;
    else
       vcounter <= vcounter + 1;
end
//The HS is active (with polarity SPP) for a total of 96 pixels.
always@(posedge clk)
begin
  if((hcounter >= HFP) && (hcounter < HSP))
    hs <= SPP;
  else
    hs <= ~SPP;
end

// The VS is active (with polarity SPP) for a total of 2 video lines
// = 2 * HMAX = 1600 pixels.
```

```
always@(posedge clk)
begin
  if((vcounter >= VFP) && (vcounter < VSP))
        vs <= SPP;
  else
        vs <= ~SPP;
end

//enable video output when pixel is in visible area
assign video_enable = ((hcounter < HLINES) && (vcounter < VLINES))? 1'b1: 1'b0;
always@(posedge clk)
begin
  vidon <= ~video_enable;
end

always @(hcounter)
begin
if(hcounter <= x_center)
    x_zone = x_center - hcounter;
else
    x_zone = hcounter - x_center;
end

always@(vcounter)
begin
if(vcounter <= y_center)
    y_zone = y_center - vcounter;
else
    y_zone = vcounter - y_center;
end

always @( * )
begin
if(vidon == 1'b0)
  if((x_zone * x_zone + y_zone * y_zone)<= 10000)
  color = 8'b11000000;
  else
    color = 8'b00011100;
else
    color = 8'b00000000;
end

endmodule
```

2. 添加顶层模块设计代码

本节将在顶层模块中添加设计代码。下面给出添加顶层设计代码的步骤，其步骤主要包括：

(1) 按照前面的方法，生成 vga 元件的例化模板。

(2) 打开 top. v 文件，按设计代码清单 7-25 所示添加 vga 例化代码。

设计代码清单 7-25

```
module top(
    input clk,
    input rst,
     input sel,
    output [3:0] counter,
     output [3:0] an,
     output [6:0] a_g,
     output tx,
     output hs,
     output vs,
     output [2:0] r,
     output [2:0] g,
     output [1:0] b
    );
wire div_clk;
wire scan_clk;
wire band_clk;
wire pix_clk;
divclk2 Inst_divclk2 (
    .clk(clk),
    .rst(rst),
    .div_clk(div_clk)
    );
divclk1 Inst_divclk1 (
    .clk(clk),
    .rst(rst),
    .scan_clk(scan_clk)
    );
div3 Inst_divclk3 (
    .clk(clk),
    .rst(rst),
    .band_clk(band_clk)
    );
divclk4 Inst_divclk4 (
    .clk(clk),
    .rst(rst),
    .pix_clk(pix_clk)
    );

counter4b Inst_counter4b(
    .clk(div_clk),
    .rst(rst),
    .counter(counter)
    );
seg7display Inst_seg7display (
    .clk(scan_clk),
    .rst(rst),
    .sel(sel),
    .counter(counter),
```

```
    .an(an),
    .a_g(a_g)
    );
uart Inst_uart (
    .clk(band_clk),
    .rst(rst),
    .counter(counter),
    .tx(tx)
    );
vga Inst_vga(
    .clk(pix_clk),
    .rst(rst),
    .hs(hs),
    .vs(vs),
    .r(r),
    .g(g),
    .b(b)
    );
endmodule
```

(3) 保存并关闭 top.v 文件。

3. 添加引脚约束

本节将在 top.ucf 文件中,添加引脚约束条件和时钟约束条件。下面给出添加引脚约束的步骤,其步骤主要包括:

(1) 按前面的方法,打开 PlanAhead 工具,进入约束编辑器界面。

(2) 如图 7.73 所示,为 hs、vs、r、g、b 信号添加引脚位置约束和电气特性约束。

(3) 保存并关闭约束器界面。

(4) 对设计进行实现、生成编程文件和下载到 FPGA 中,对设计进行验证。

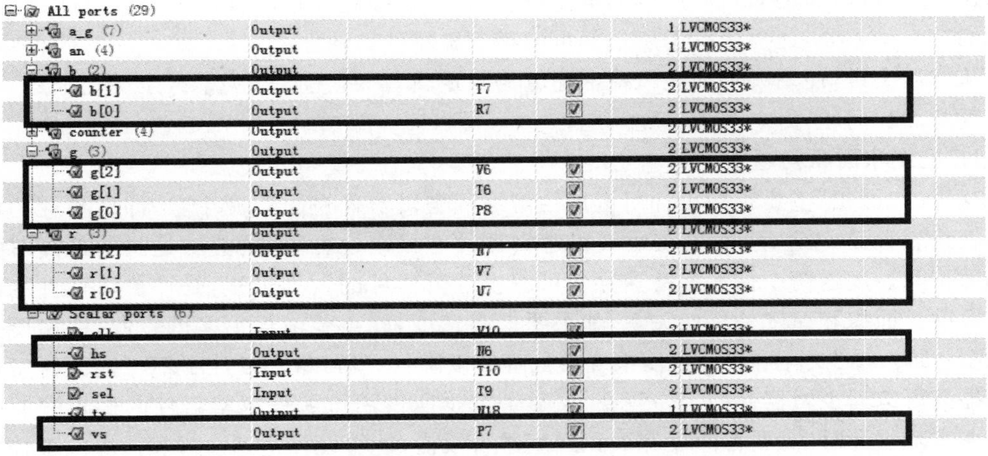

All ports (29)				
a_g (7)	Output			1 LVCMOS33*
an (4)	Output			1 LVCMOS33*
b (2)	Output			2 LVCMOS33*
b[1]	Output	T7	☑	2 LVCMOS33*
b[0]	Output	R7	☑	2 LVCMOS33*
counter (4)	Output			2 LVCMOS33*
g (3)	Output			2 LVCMOS33*
g[2]	Output	V6	☑	2 LVCMOS33*
g[1]	Output	T6	☑	2 LVCMOS33*
g[0]	Output	P8	☑	2 LVCMOS33*
r (3)	Output			2 LVCMOS33*
r[2]	Output	N7	☑	2 LVCMOS33*
r[1]	Output	V7	☑	2 LVCMOS33*
r[0]	Output	U7	☑	2 LVCMOS33*
Scalar ports (6)				
clk	Input	V10	☑	2 LVCMOS33*
hs	Output	N6	☑	2 LVCMOS33*
rst	Input	T10	☑	2 LVCMOS33*
sel	Input	T9	☑	2 LVCMOS33*
tx	Output	N18	☑	1 LVCMOS33*
vs	Output	P7	☑	2 LVCMOS33*

图 7.73　在约束编辑器中添加约束条件

注: 将 Nexys3 浇板上的 VGA 接头与 VGA 显示器进行连接,并打开 VGA 显示器。

第8章 数字系统高级设计技术

CHAPTER 8

本章首先介绍HDL高级设计技术。在高级设计技术中,主要对提高HDL性能的一些设计方法进行了详细介绍,包括逻辑复制和复用技术、并行和流水技术、同步和异步单元处理技术、逻辑处理技术。

本章对IP核设计技术也进行了详细介绍,其内容包括IP核分类、IP核优化和IP核生成。

本章最后对现场可编程门阵列的调试方法也进行了说明,以帮助读者了解现场可编程门阵列的调试方法。

8.1 HDL高级设计技巧

HDL代码风格是指两个方面的内容,一方面是HDL语言描述规范,即在使用HDL语言描述逻辑行为时,必须遵守HDL语言的词法和句法规范,该描述风格不依赖于EDA软件工具和可编程逻辑器件类型,仅仅是HDL语言的代码风格;另一方面则是HDL语言对特定逻辑单元的描述风格,即用HDL语言的哪一种描述风格进行逻辑行为描述,才能使电路描述得更准确,布局布线后产生的电路设计最优,该描述风格不仅需要关注EDA软件在语法细节上的差异,还要依赖于所选择可编程逻辑器件的硬件结构。

从本质上讲,使用哪种描述风格描述电路的逻辑行为,主要取决于两个关键问题,一个是速度和面积问题,另一个是功耗问题。

1. 速度和面积问题

这里的"面积"主要是指设计所占用的可编程逻辑器件逻辑资源个数,即所消耗的触发器和查找表数目;"速度"是指在可编程逻辑器件上稳定运行时,所能够达到的最高时钟频率。面积和速度这两个指标始终贯穿着可编程逻辑器件的设计过程,是评价设计性能的最主要标准。面积和速度呈反比关系,如果要提高速度,就需要消耗更多的资源,即需要更大的面积;如果减少了面积,就会使系统的处理速度降低。所以,在设计中不可能同时实现既显著提高可编程逻辑器件的工作频率,又显著减少所占用可编程逻辑器件的逻辑资源的数目。在实际设计时,需要在速度和面积之间进行权衡,使得设计达到面积和速度的最佳结合点。通过采用逻辑复制和复用技术、并行和流水线技术、同步和异步电路处理技术、逻辑结构处理技术等方法,在速度和面积之间进行权衡,达到最佳的性能和资源要求。

2. 功耗问题

随着可编程逻辑器件工作频率的不断提高,功耗成为一个引起数字系统设计人员密切关注的问题。由于可编程逻辑器件工作频率的提高，逻辑单元的切换频率也明显提高，因此会增加可编程逻辑器件的功耗。这样，就存在着频率和功耗之间的矛盾。因此，必须在逻辑单元的切换速度和功耗之间进行权衡。通过合理的规划和设计，减少逻辑单元不必要的切换。这样，就可以在一定程度上降低功耗。由于这个问题相对复杂，在本章中不进行详细讨论，对这方面感兴趣的读者可以参考相关书籍。

8.1.1 逻辑复制和复用技术

本节将介绍逻辑复制和复用技术。

1. 逻辑复制技术

逻辑复制是通过增加面积而改善设计时序的优化方法，经常用于调整信号的扇出。扇出是指某一器件的输出可以驱动与之相连的器件个数的能力。众所周知，一个器件的扇出数是有限制的，扇出数目越多，所要求器件的驱动能力越大。在可编程逻辑器件芯片内，如果一个逻辑单元的扇出个数过多，就会降低其工作速度，并且会对布线造成困难。因此，在可编程逻辑器件逻辑资源允许的情况下，要尽量降低扇出数。如图 8.1 所示，D 触发器需要一个很大的扇出驱动下一级逻辑。

如果逻辑单元有很高的扇出数目，则要在逻辑单元的输出添加额外的输出缓存器。以增强输出的驱动能力，但这会显著增加输出部分信号传输时延。如图 8.2 所示，通过逻辑复制后，D 触发器的扇出数目大大降低。通过逻辑复制，使用多个相同的信号来分担驱动任务。这样，每路信号的扇出就会变低，就不需要额外的缓冲器来增强驱动，即可减少信号的路径延迟。

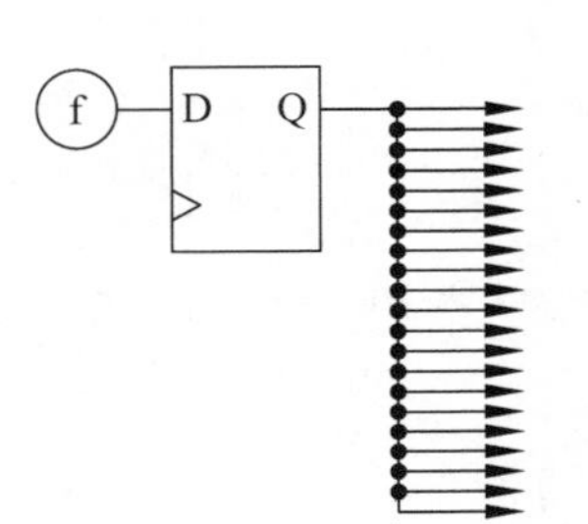

图 8.1 未采用逻辑复制的单个 D 触发器扇出

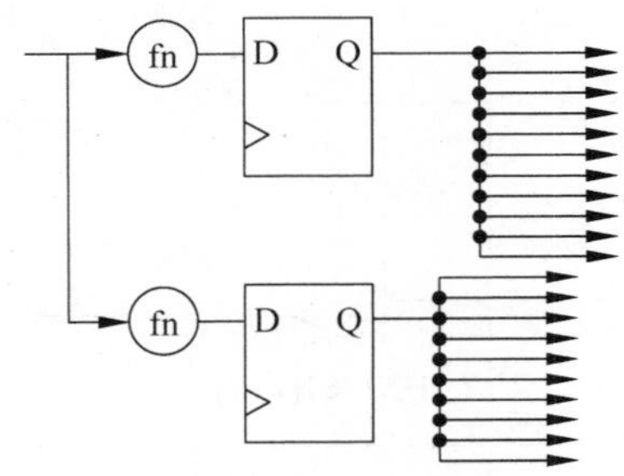

图 8.2 采用逻辑复制后的双 D 触发器扇出

通过逻辑单元复制技术，可以减少逻辑单元的扇出数，因此解决了以下两方面的问题：

(1) 减少网络延迟；

(2) 多个器件分布在不同的区域，这样可以大大降低布线阻塞情况的发生。

必须注意，在使用逻辑复制技术减少扇出数目时，如果涉及到异步单元，则必须对该单元进行同步处理。

很多厂商的 EDA 软件，都具有调整逻辑单元扇出的功能，软件可以根据实际情况对逻辑单元的扇出数目进行处理。在设计小规模的数字系统时，设计人员可以不需要专门处理这个问题，而由 EDA 软件自动进行处理。

2. 逻辑复用技术

逻辑复用是指在完成相同功能时，减少所使用的逻辑单元数目。通过逻辑复用技术，可以在不影响设计性能的情况下，大大降低对逻辑资源的消耗。下面通过一个共享加法器的例子来说明这个问题。

如图 8.3 所示的先加法后选择的结构。在实现这样一个功能时，需要使用两个加法器和一个选择器。如图 8.4 所示，对该结构进行优化设计，被加数 A1 和 C1 通过一个选择器送到加法器的一个输入端，加数 B1 和 D1 通过另一个选择器送到加法器的另一个输入端，然后进行加法运算，很明显，这样处理后可以节省一个加法器资源。在 FPGA 内选择器的资源远远多于加法器资源。

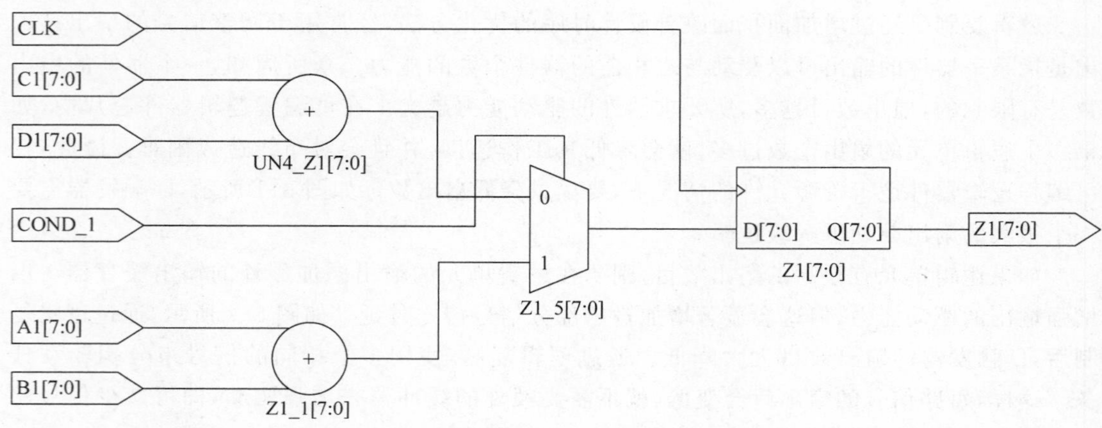

图 8.3 先加后选择的结构

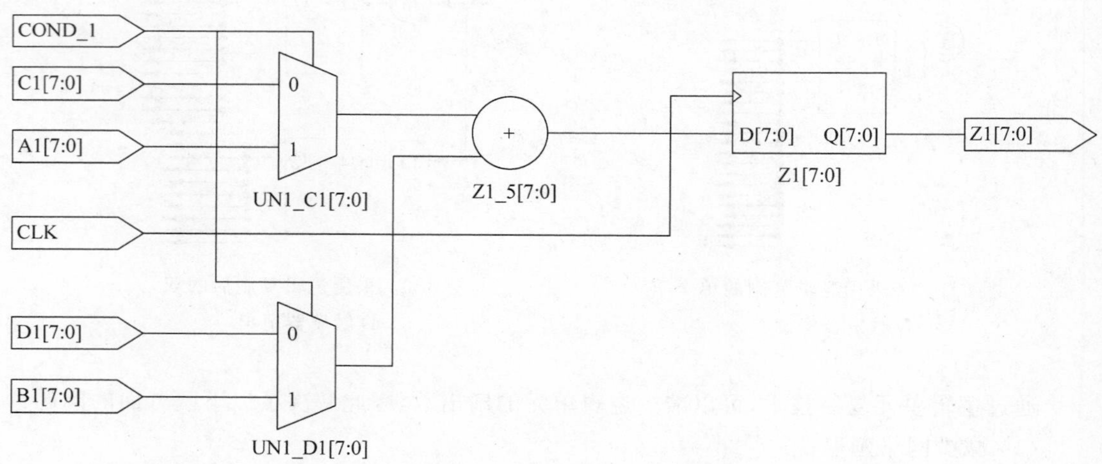

图 8.4 先选择后加的结构

8.1.2 并行和流水线技术

在设计数字系统时，为了提高可编程逻辑器件的运行性能，在完成相同的逻辑功能的情况下，还采用并行和流水线设计技术。

1. 并行设计技术

串行设计是最常见的一种处理数据流的设计方法。当一个功能模块对输入数据的处理是分步实现，而后一步骤与前一步骤有数据关联时，对功能模块的设计就需要采用串行设计的思想。

并行处理就是用多个处理流程同时处理到达的数据流，以提高对多数据流的处理能力。并行处理要求这些处理任务之间是不相关的，即这些任务之间没有数据依赖关系。如果数据流之间存在相互依赖，那么用并行处理的方法就很难提高对数据流的处理效率。下面以一个复杂的乘法运算为例，说明并行处理技术的使用。

首先给出该运算的数学表达式

$$y = a_0 \times b_0 + a_1 \times b_1 + a_2 \times b_2 + a_3 \times b_3$$

图 8.5 给出了实现该功能的并行结构。通过使用多个乘法器，使得四个乘法运算可以同时进行。需要注意的问题是，这种并行处理速度的提高是以牺牲面积为代价的。这也是可编程逻辑器件比 CPU 在数据处理方面具有更多优势的原因。

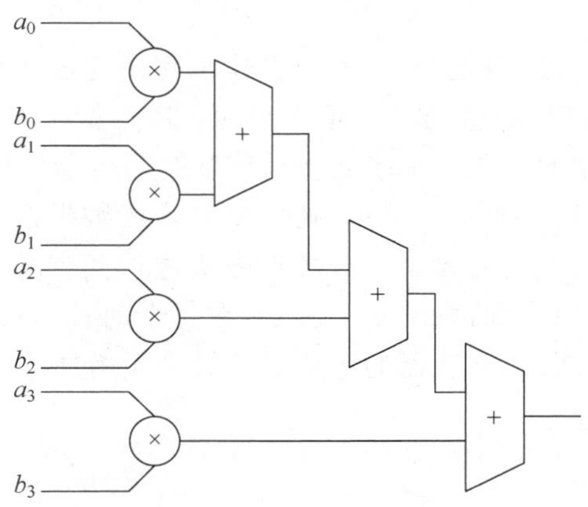

图 8.5 并行乘法的实现结构图

2. 流水线设计技术

流水线设计类似于生产流水线，即生产线上的工人按照一定的顺序在规定的时间内完成相应的工作任务。采用流水线设计方法，从宏观上来看每一个事件的平均处理时间为一个基本时间单位。流水线的设计要求将事件分成的 n 个处理步骤，并且在处理时间上具有同样的数量级，这样的处理规则是为了保证流水线不会因处理时间的差异而发生流水线阻塞。图 8.6 给出了流水线处理的结构图。

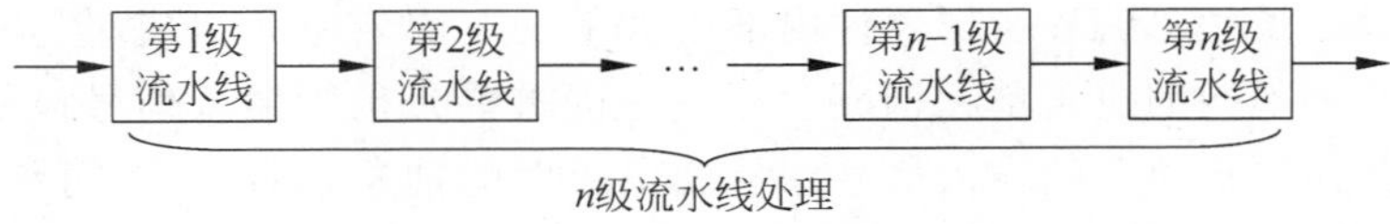

图 8.6 流水线处理结构图

采用流水线设计可以在不提高系统运行频率的情况下，获得更好的吞吐量性能。假设在串行设计中系统处理性能与系统运行频率成正比关系，那么对于流水线设计来说，在不提高系统运行频率的情况下，n 级流水线的处理性能可以表示为

$$处理效能=系统运行频率×流水线级数 \tag{8-1}$$

由此可见,在不提高系统运行频率的情况下,提高流水线的级数将成倍地提高系统的吞吐量。流水线的设计需要遵循下面的规则:

(1) 只有对那些能分成 n 个步骤完成,并且对每个步骤都使用固定相同处理时间的操作来说,才能采用流水线设计;

(2) 由于可编程逻辑器件资源的限制,因此流水线级数也有限制;

(3) 对于存在处理分支预测流水线设计,流水线处理性能还取决于分支预测算法的设计。

流水线能动态地提高器件性能,它的基本思想是对经过多级逻辑的长数据通路进行重新构造,把原来必须在一个时钟周期内完成的操作分成在多个周期内完成。这种方法允许更高的工作频率,因而提高了数据吞吐量。由于可编程逻辑器件内的寄存器资源非常丰富,所以对数字系统设计而言,流水线是一种先进的而又不耗费过多器件资源的结构。但是采用流水线后,数据通道将会变成多时钟周期,所以要特别考虑设计的其余部分,解决增加通路带来的延迟。

流水线的基本结构是将适当划分的 N 个操作步骤串连起来。流水线操作的最大特点是数据流在各个步骤的处理,从时间上看是连续的;其操作的关键在于时序设计的合理安排,以及前后级接口间数据的匹配。如果前级操作的时间等于后级操作的时间,直接输入即可;如果前级操作时间小于后级操作时间,则需要对前级数据进行缓存,才能输入到后级;如果前级操作时间大于后者,则需要串并转换等方法进行数据分流,然后再输入到下一级。下面以流水线乘法器的实现为例,如图 8.7 所示,在每个时钟节拍下,该流水线乘法器的每一段均可以得到一个乘法结果,乘法器的运算吞吐量大大增加。

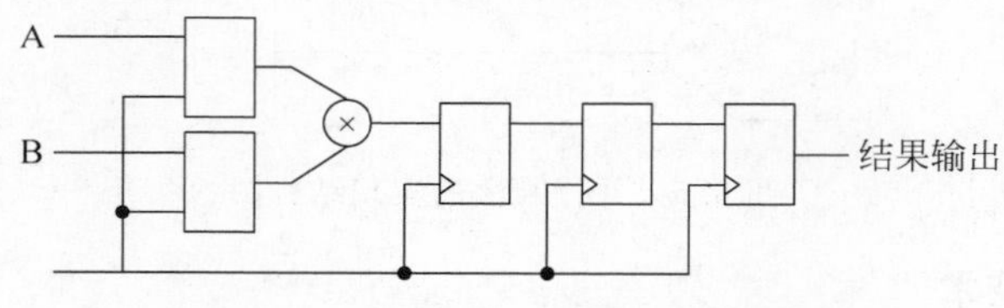

图 8.7 流水线乘法器的结构图

8.1.3 同步和异步单元处理技术

1. 同步单元处理技术

在复杂数字系统中,可编程逻辑器件通常完成一些复杂的计算工作,如复杂的数字信号处理和逻辑行为。虽然可编程逻辑器件内部由大量的逻辑宏单元组成,但是这些宏单元基本上由有限的几种不同的逻辑单元构成。每一种逻辑单元包含输入信号以及输出信号,输出信号又作为其他逻辑单元的输入信号。从逻辑层面的抽象来看,一个可编程逻辑器件看成数量众多的逻辑门构成的网络,这些逻辑门的输入和输出通过金属导线相连构成了完成特定逻辑功能或是算法的网络。在可编程逻辑器件内部,成百上千万的逻辑门之间的信号传递决定了逻辑门的时延以及系统最后的运行速度。集成电路系统中有些信号的传递可以同时进行,但是有的信号的传递必须遵循严格的先后关系,这样才能保证系统运行结果的正确性(也就是说系统运行的结果是可以被重复的,系统在确定条件下运行的结果是确定的,而不是随机的)。这就需要使用同步机制来保证电路各个部分的逻辑处理按照特定的顺序进行。

同步电路和异步电路的区别在于触发逻辑单元是否与驱动时钟同步。从行为上说,就是所有电路是否在同一时钟沿的触发下同步地处理数据。同步复位和异步复位电路是同步电路和异步电路中两个典型的逻辑单元。在同步复位的 HDL 进程描述代码中,敏感向量表中有一个时钟作为敏感输入信号;而在异步复位的 HDL 进程描述代码中,敏感向量表中有复位和时钟两个敏感输入信号。在同步复位电路中,当复位信号有效时,必须要等到时钟的沿有效时,才能处理复位信号相关逻辑行为;而在异步复位电路中,当复位信号有效时,立即处理复位信号相关逻辑行为。

在实际的数字系统中,常存在多个时钟源驱动多个逻辑单元的情况,因此实际的数字系统应该是一个异步的系统。对于这样的系统可以采用先局部同步处理,然后对全局异步单元加入异步单元同步化处理机制来实现。

通常情况下,同步电路采用的都是全同步,图 8.8(a)给出了同步系统的状态机模型,该模型的第一部分称为组合逻辑部分,它由若干组合逻辑电路构成;第二部分称为时钟驱动存储单元,简单地说就是寄存器,它用于存储组合逻辑的输出结果;第三部分是时钟分配网络,它不参与任何实际的逻辑行为,只是产生并分配参考时钟。时钟分配网络的任务是产生控制整个同步电路的时钟,并将时钟正确地分配到每一个寄存器。

同步系统中包括由组合逻辑部分完成的逻辑运算,以及由存储单元实现对于逻辑运算结果的保存:由时钟信号控制实际的存储过程,并发生在信号从逻辑门的输出端输出稳定后。在该模型中,当每个时钟周期开始时,输入信号以及存储单元存储的数据输入组合逻辑,经过一定逻辑门以及传输的时延后,组合逻辑产生结果输出并保持稳定,在这个时钟周期的结束时将输出组合逻辑的结果并保存到存储单元,在下一个时钟周期重新参与组合逻辑的操作。

数字系统可以看成是由一系列同时执行组合逻辑操作的计算单元组成,图 8.8(b)给出的本地数据通路就是对模型的抽象。从图中可以看出,将组合逻辑的时延限制在一个时钟周期内。在此本地数据通路的始端,前端寄存器 Rs 是存储单元,用于在时钟周期开始的时候给组合逻辑提供部分或是全部的输入信号,同时在本地数据通路的末端,将组合逻辑的结果在时钟周期的结束时正确地保存于末端寄存器 Rd 中。在本地数据通路中,每一个寄存器既是组合逻辑的输入端——数据的提供源,也是组合逻辑的输出端——输出数据的接收端。由于它们在电路中所处的位置不同,因此同样的寄存器,其功能也不尽相同。

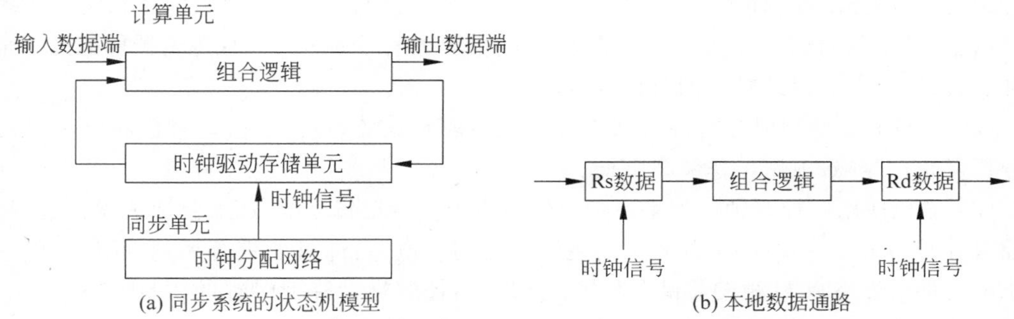

图 8.8　同步系统的结构原理

为了使同步系统具有良好的可控性，系统时钟提供了一种时间窗的机制保证可有足够的时间让信号在逻辑门以及逻辑门之间的连线上传播，并成功保存在寄存器内，实际上这个时间窗就是数据信息的建立和保持时间。

在设计数字系统和选择时钟工作频率时，要满足以下两个方面的要求：

(1) 系统的时钟频率尽可能的高。这样，在给定的时间内，逻辑电路可以完成更多的运算。

(2) 有足够的时间窗。这样，保证组合逻辑的输出信号都能在当前时钟周期结束前以及下一个时钟周期开始前到达目标寄存器。

综合上述，同步电路具有以下几个方面的优点：

(1) 同步系统易于理解和描述，并且同步系统中的各个参数以及变量定义都十分明确；

(2) 同步系统可以减少非确定因素诸如组合逻辑的时延对系统的影响，这就保证了系统按照确定的行为运行，并且保证系统正确执行设计的算法；

(3) 同步系统可以很好地处理组合逻辑电路所产生的"毛刺"，只要进行合理的采样，就可以消除组合逻辑电路中的"毛刺"；

(4) 同步系统的状态完全由存储单元中所存储的数据决定，这大大简化了系统的设计、调试以及测试。

正如任何事物都不能十全十美，在同步电路也存在着以下的缺点：

(1) 同步系统最高工作频率，取决于这些通路上具有最大时延的组合逻辑(称为关键路径)的工作频率。同步系统要求系统中的所有通路以最坏情况下的关键路径工作频率来工作。在设计中，绝大多数的路径都具有很小的时延，也就是可以采用更小的时钟周期，而那些极少数的具有最大时延的路径限制了系统的最高工作频率。

(2) 同步系统中，时钟信号需要被分配到数以万计的分布于器件内不同位置的存储寄存器中，因此消耗很大一部分面积以及电能来分配时钟网络。

(3) 同步系统的可靠性依赖于对系统时延要求的正确评估(这种评估可以通过EDA软件中的时序分析工具计算得到)。当系统的时延大于系统的工作周期时，同步系统将变得不稳定甚至不可用。

经过上面的分析，在数字系统中同步电路的设计应遵循以下准则：

(1) 在设计中尽量使用单时钟，且走全局时钟网络。在单时钟设计中，很容易将整个设计同步于驱动时钟，使设计得到简化。连接在全局时钟网络的时钟是性能最优、最便于预测的时钟，具有最强的驱动能力，不仅能保证驱动每个寄存器，且时钟漂移可以忽略。在多时钟应用中，要做到局部时钟同步。在设计中，应将时钟信号通过可编程逻辑器件的专用全局时钟引脚送入，以获得低抖动的时钟信号。

(2) 尽量避免使用混合时钟沿来采样数据或驱动电路，使用混合时钟沿将会使静态时序分析复杂，并导致电路工作频率降低。

(3) 避免使用门控时钟。如果一个时钟节点由组合逻辑驱动，那么就形成了门控时钟。门控时钟常用来减少功耗，但其相关的逻辑不是同步电路，即可能带有毛刺，而任何的一点点小毛刺都可以造成D触发器错误翻转；此外，门控逻辑会降低时钟的质量，产生毛刺，并降低偏移和抖动等性能指标，所以应尽可能避免使用门控时钟。

(4) 尽量不要在模块内部使用计数器分频产生所需时钟。各个模块内部各自分频会导致时钟管理混乱，不仅使时序分析变得复杂，产生较大的时钟漂移，而且浪费了宝贵的时序裕量，降低了设计可靠性。在对性能要求较高的应用场合，可以通过时钟使能电路实现分频功能。

对于一些时钟频率不高的应用场合，仍然可以通过使用计数的方法实现分频的功能。

2. 异步单元处理技术

在实际的设计过程中，不可避免地要接触到异步单元，比如在设计模块与外围芯片的通信过程中，不可避免遇到跨时钟域的情况。

异步时序单元指的是在设计中有两个或两个以上的时钟，且时钟之间频率不同或相位不同。异步时序设计的关键就是将数据或控制信号正确地进行跨时钟域传输，也就是在异步单元之间引入局部同步化的处理机制。

在异步电路的处理中，主要是数据的建立和保持时间参数的处理。在可编程逻辑器件内，每一个触发器都给定了建立和保持时间参数。在这个时间参数范围内，数据信息不允许变化。如果违反这个规则，那么将出现数据的亚稳定状态。

如图 8.9 所示，一个信号从一个时钟域过渡到另一个时钟域时，如果仅用一个触发器锁存数据，那么用时钟 b_clk 进行采样将可能出现亚稳态。这也是信号在跨时钟域时应该注意的问题。

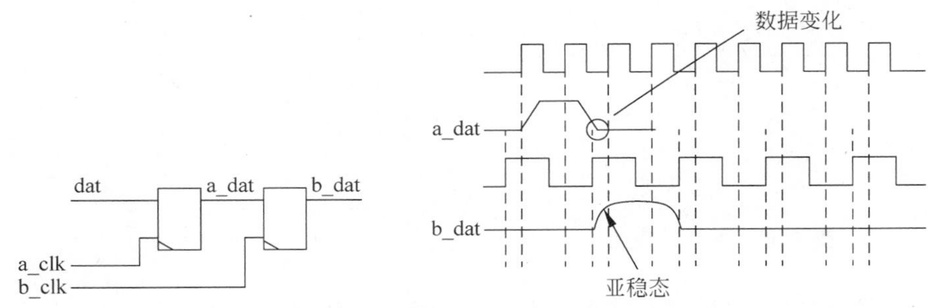

图 8.9　单锁存器法产生的问题

为了避免亚稳态问题，通常采用的方法是双锁存器法。如图 8.10 所示，即在一个信号进入另一个时钟域之前，将该信号用两个锁存器连续锁存两次，最后得到的采样结果就可以消除亚稳态问题。

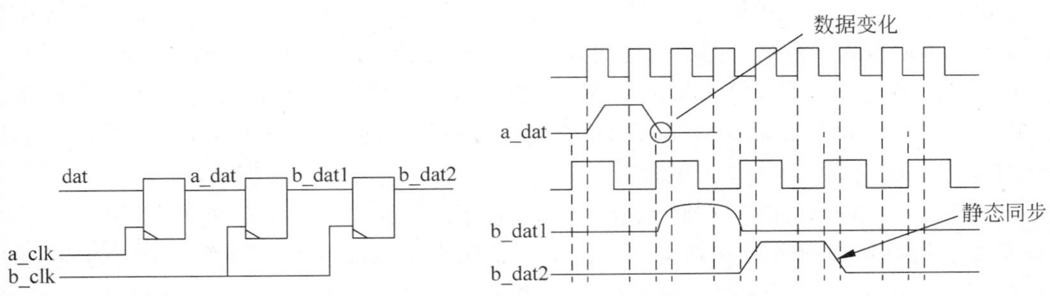

图 8.10　双锁存器法解决亚稳态问题

在异步电路中，最常使用的另一种方法是使用异步 FIFO 对跨越不同时钟域的数据信息进行处理，图 8.11 给出了该处理方法的结构图。其中的输入数据以时钟 clk1 为基准，而输出数据以时钟 clk2 为基准。当使用异步 FIFO 单元时，只要合理地控制数据输入和数据输出的流量(常用的方法使用 FIFO 的满、空标志),那么就可以使跨越不同时间域的数据能够以不同的数据率实现对信息的处理以及数据的交换。

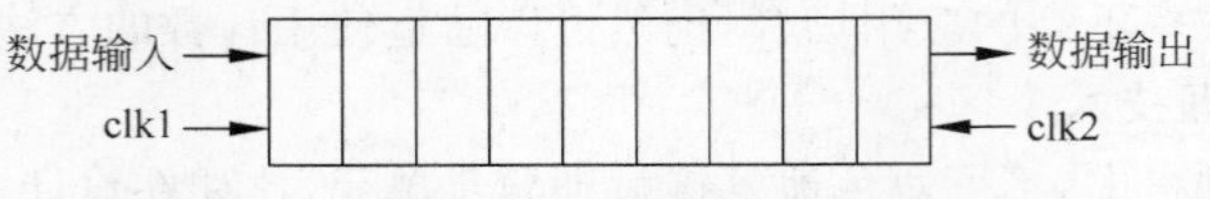

图 8.11 异步 FIFO 处理跨不同时钟域数据

8.1.4 逻辑处理技术

1. 逻辑结构设计方法

逻辑结构主要分为链状结构和树状结构,一般来说,链状结构具有较大的时延,而树状结构具有较小的时延。所谓的链状结构主要指数据是串行执行的,树状结构是串并结合的模式。对于 Z<=A+B+C+D 运算过程,图 8.12 给出了链状结构图,图 8.13 给出树状结构图。

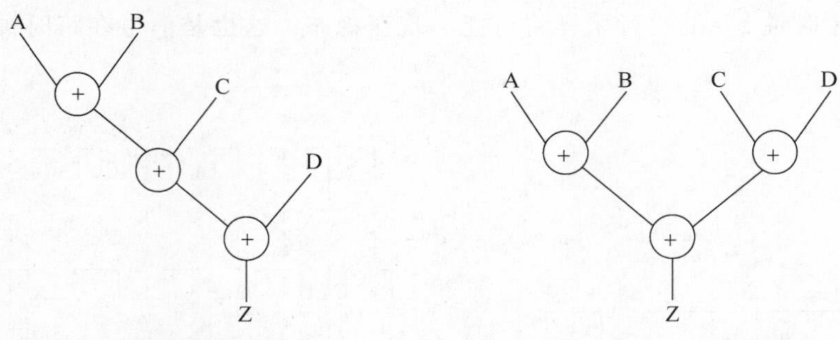

图 8.12 链状结构图　　　　图 8.13 树状结构图

从上例可以明显看出树状结构的优势,它能够在消耗同等资源的情况下,缩短路径延迟,从而提高电路吞吐量。在使用 HDL 语言描述逻辑功能时,要尽量采用树状结构进行描述,以减少时间延迟(某些情况不遵守该规则)。

2. if 和 case 语句的使用

1) if 和 case 语句特点

if 语句指定了一个有优先级的编码逻辑,而 case 语句生成的逻辑是并行的,不具有优先级。if 语句可以包含一系列不同的表达式,而 case 语句比较的是一个公共的控制表达式。

if-else 结构速度较慢,但占用的面积小,如果对速度没有特殊要求而对面积有较高要求,则可用 if -else 语句完成编解码。case 结构速度较快,但占用面积较大,所以用 case 语句实现对速度要求较高的编解码电路。

嵌套的 if 语句如果使用不当,就会导致设计的更大延时。为了避免较大的路径延时,最好不要使用特别长的嵌套 if 结构。当使用 if 语句来实现那些对延时要求苛刻的路径时,应将最高优先级给最迟到达的关键信号。在实际的数字系统中根据速度和面积的要求,常常在设计中同时使用 case 和 if 混合语句。

2) 避免出现锁存器

锁存器是电平触发的存储器,触发器是边沿触发的存储器。在同步电路设计中要尽量避免出现锁存器。在 HDL 设计中,很容易出现由于条件判断语句表述的不完整,而出现锁存器。锁存器和D触发器的逻辑功能基本相同，都可保存数据，且锁存器的资源更少的情况集成度更高。但是，锁存器对毛刺敏感，不能异步复位，因此在上电后处于不确定的状态。

此外，锁存器还会使静态时序分析变得非常复杂，不具备可重用性。在FPGA芯片中，基本的单元是由查找表和触发器组成的，若生成锁存器反而需要更多的资源。因此，在设计中需要避免产生锁存器。

思考与练习1　说明逻辑复制和复用技术的原理和应用方法。

思考与练习2　说明并行和流水线的概念，并举例说明其应用。

思考与练习3　说明同步单元和异步单元的概念。

思考与练习4　说明同步单元的优点、缺点及设计规则。

思考与练习5　说明异步单元的处理方法。

思考与练习6　说明if和case语句的区别和应用。

思考与练习7　说明在使用if和case语句中防止产生锁存器的方法。

8.2　IP核设计技术

本节介绍IP核分类、IP核优化和IP核生成。

8.2.1　IP核分类

现在的FPGA设计，规模巨大而且功能复杂，设计人员不可能从头开始进行设计。现在采用的方式是，在设计中尽可能使用现成的功能模块，当没有现成的模块可以使用时，设计人员才需要自己花时间和精力设计新的模块。

EDA设计人员把这些现成的模块通常称为IP(intellectual property)核。IP核来源主要包括：

(1) 前一个设计创建的模块。

(2) 可编程逻辑器件生产厂商的提供。

(3) 第三方IP厂商的提供。

IP核是具有知识产权核的集成电路芯核总称，是经过反复验证过的、具有特定功能的宏模块，与芯片制造工艺无关，可以移植到不同的半导体工艺中。到了片上系统阶段，IP核设计已成为ASIC电路设计公司和FPGA供应商非常重要的任务，所能提供的IP核的资源数目，也体现着厂商的实力。对于FPGA开发软件，其提供的IP核越丰富，用户的设计就越方便，其市场占有率就越高。目前，IP核已经成为系统设计的基本单元，并作为独立设计成果被交换、转让和销售。

从IP核的提供方式上，通常将其分为软核、硬核和固核这3类。从完成IP核所花费的成本来讲，硬核代价最大；从使用灵活性来讲，软核的可复用使用性最高。

1. 软核

在EDA设计领域，软核指的是综合之前的寄存器传输级(RTL)模型。在FPGA设计中，指的是对电路的硬件语言描述，包括逻辑描述、网表和帮助文档等。软核只经过功能仿真，以及经过综合和布局布线后才能使用。其优点是灵活性高、可移植性强，允许用户自配置；缺点是对模块的预测性较低，在后续设计中存在发生错误的可能性，有一定的设计风险。软核是IP核中一种最广泛的形式。

2. 固核

在EDA设计领域中，固核指的是带有平面规划信息的网表。在FPGA设计中，可以看作带有布局规划的软核，通常以RTL代码和对应具体工艺网表的混合形式提供。将RTL描述结合具体标准单元库进行综合优化设计，形成门级网表，再通过布局布线工具即可使用。和软核相比，固核的设计灵活性稍差，但在可靠性上有较大提高。目前，固核也是IP核的主流形式之一。

3. 硬核

在EDA设计领域中，硬核指经过验证的设计版图。在FPGA设计中，指布局和工艺固定、经过前端和后端验证的设计。设计人员不能对硬核进行修改。不能修改的原因有两个：首先是系统设计对各个模块的时序要求很严格，不允许打乱已有的物理版图；其次是保护知识产权的要求，不允许设计人员对其有任何改动。IP硬核不允许修改的限制使对其复用有一定的困难，因此只能用于某些特定应用，使用范围较窄。

8.2.2 IP核优化

最长见到的情况就是IP核的厂商从RTL级开始对IP进行人工的优化，设计者可以通过下面的几种途径购买和使用IP模块：

(1) IP模块的RTL代码。

(2) 未布局布线的网表级IP核。

(3) 布局布线后的网表级IP核。

1. 未加密的RTL级IP

在很少的情况下，设计者可以购买到未加密的源代码RTL级的IP模块，并将这些IP模块集成到设计的RTL级代码中，这些IP核已经经过了仿真、综合和验证。但一般情况下，设计者很难得到复杂IP核的RTL级描述，如果设计者想这样做的话，必须和IP核的提供厂商签订一个叫NDA(nondisclosure agreements)的协议。

在这一级上的IP核，设计者很容易地根据自己的需要修改代码，满足自己的设计要求。但是与后面优化后的网表IP相比，资源需求和性能方面的效率会比较低。

2. 加密的RTL级IP

可编程逻辑器件厂商开发了自己的加密算法和工具，这样的RTL代码只能由自己的综合工具进行处理。

3. 未布局布线的网表IP

对于设计者最普遍的方式就是使用未经加密布局布线的网表IP，这种网表进行了加密处理，以EDIF格式或者可编程逻辑器件厂商自己的专用格式。厂商已经对IP进行了人工的优化，使得在资源利用和性能方面达到最优。但是设计者不能根据自己的设计要求对核进行适当的裁减，并且IP模块同某一特定厂商和具体的器件关联。

4. 布局布线后的网表级IP

在一些情况下，设计者可能需要购买和使用布局布线后和加密的网表级IP，布局布线后的网表级IP可以达到最佳的性能。在一些情况下，LUT、CLB和其他构成IP核的部分，它们内部的位置是相对固定的，但是它作为一个整体可以放在可编程逻辑器件的任意位置，并且它们有 I/O 引脚的位置约束。在这种情况下，设计者只能对其进行调用，不得对其进行任何的修改。

8.2.3 IP 核生成

很多 FPGA 厂商提供了一个专门的 IP 核生成工具，有时候 EDA 厂商、IP 厂商和一些独立的设计小组也提供了 IP 核生成工具。这些核生成软件是参数化的，由用户指定相关参数。

当使用 IP 核生成器时，设计者从 IP 模块/核列表中选择自己需要的一个 IP 核，并设置相应的参数。然后，对一些 IP 核，生成器要求设计者从功能列表中选择是否包含某些功能。比如，FIFO 模块，需要用户选择是否进行满空的计数。通过这种设置方式，IP 核生成器可以生成在资源需求和性能方面效率最高的 IP 核/模块。

根据生成器软件的代码源和 NDA 的要求不同，核生成器输出可能是加密或未加密的 RTL 级源代码，也可能是未经布局布线的网表或布局布线的网表文件。

思考与练习 8　说明 IP 核的分类。

思考与练习 9　比较并说明不同类型 IP 核的特点。

8.3 可编程逻辑器件调试

当配置文件下载到可编程逻辑器件时，最重要的问题就是调试了，这也是设计者所面临的最头痛的问题。由于可编程逻辑器件内部集成了大规模的逻辑单元，无法知道内部众多信号的逻辑运行状态，因此一旦输出逻辑和设计要求不一致时，必须花费大量的时间查找问题。图 8.14 给出了这样的一种情况，即只能通过测试仪器或软件知道输入端口和输出端口，但并不知道内部逻辑的运行情况。如图 8.15 所示，设计人员最容易想到的做法，就是通过连线将内部逻辑引到输出端口。但这样做的一个最大的缺点，就是占用了大量的“I/O 资源”，因此限制了可以从内部逻辑引线的数目。

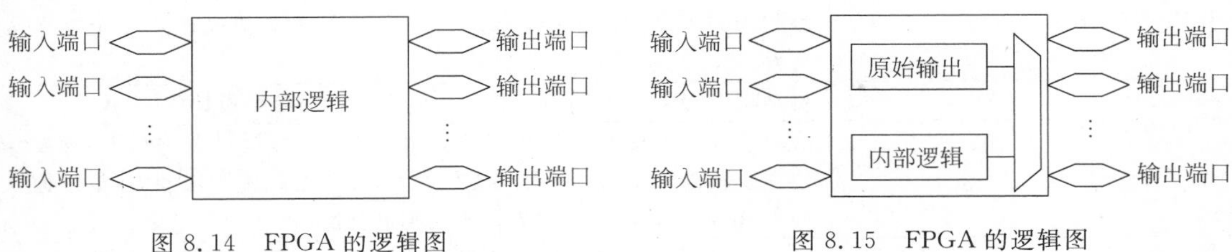

图 8.14　FPGA 的逻辑图　　　　图 8.15　FPGA 的逻辑图

8.3.1 多路复用技术的应用

为了减少占用调试需要占用的资源，可以采用多路复用技术，即使用同一组输出引脚输出几组信号。这样做仍然会占用一些 I/O 引脚，但是数目会减少，使得系统具有良好的可见性并且切换的速度很快。但是这种方法不够灵活，并且在设计时，由于考虑到复用的控制问题,也会增加设计代码的复杂度。同时,一旦在调试完毕,不需要这些所增加的额外设计,如果删除这些额外的设计,则需要重新布局布线,可能会产生新的问题。

8.3.2 虚拟逻辑分析工具

随着调试技术的不断完善,Xilinx 公司推出了 ChipScope Pro 在线逻辑分析仪软件工具,其原理就是使用 FPGA 内的没有使用的剩余逻辑资源完成对需要分析数据的捕捉,并且将这些数据存储在 FPGA 内部的 BRAM 中。需要注意的是,由于 CPLD 器件内部没有 RAM 资源,所以不能在 CPLD 上使用虚拟逻辑分析工具。

如图 8.16 所示,要使虚拟逻辑分析仪正常工作,必须要有触发条件。当且仅当触发条件满足要求时,才能锁定需要观察的数据,并将锁定的数据保存在 FPGA 内部的 BRAM 中,通过 JTAG 端口读取这些捕获的数据。

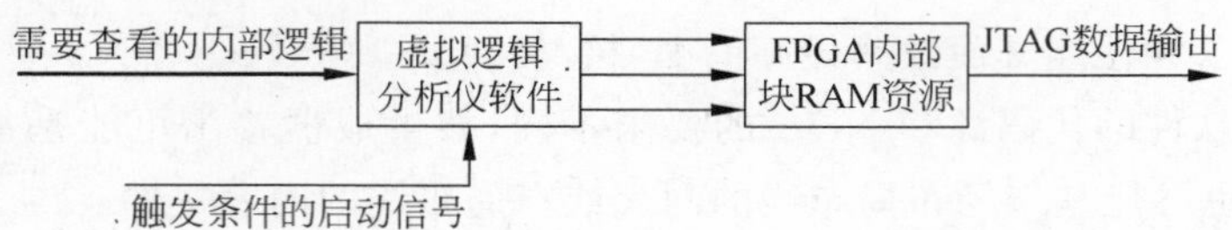

图 8.16 虚拟逻辑分析软件工具原理

通过虚拟逻辑分析工具可以大大降低调试的难度,从一定意义上说,省掉了一些复杂的逻辑仿真环节,提高了调试的效率,大大降低了调试的成本。所以,虚拟逻辑对提高 FPGA 的设计和调试作出了很大的贡献。

8.3.3 ChipScope Pro 调试工具概述

表 8.1 描述了各种 ChipScope Pro 软件工具及内核功能。

表 8.1 各种 ChipScope Pro 软件工具及内核功能

工 具	描 述
Xilinx CORE Generator	为 ICON、ILA、VIO 和 ATC2 核提供产生核的能力,Xilinx 核产生器是 ISE 软件工具安装的一部分
IBERT Core Generator	提供 IBERT 核的全设计产生能力,设计者选择 RocketIO 收发器和参数来调节设计,Core Generator 使用 ISE 工具集来产生一个配置文件
Core Inserter	自动将 ICON,ILA,ATC2 核插入到设计者的综合设计中
Analyzer	为 ILA、IBA/OPB、IBA/PLB、VIO 和 IBERT 核提供器件配置,触发建立以及跟踪显示。各种核提供触发,控制及踪迹捕获能力,集成控制内核(ICON)与专用边界扫描引脚进行通信
Engine JITAG(CseJtag) Tcl Scripting Interface	CseJtag 脚本 Tcl 命令界面使得与位于 Tcl shell 中的 JTAG 链中的器件进行交互成为可能

图 8.17 给出了 ChipScope Pro 系统的结构图。设计者通过使用核产生器来创建核并将它们实例化为 HDL 源码,可以将 ICON、ILA、VIO 及 ATC2 内核(统称 ChipScope Pro 核)嵌入到设计中;也可以使用核插入工具将 ICON、ILA、VIO 及 ATC2 核直接插入到综合后设计网表中。通过使用 ISE 的实现工具对设计进行布局布线。下一步,设计者将位流下

载到器件中，利用分析仪软件对设计进行测试和分析。

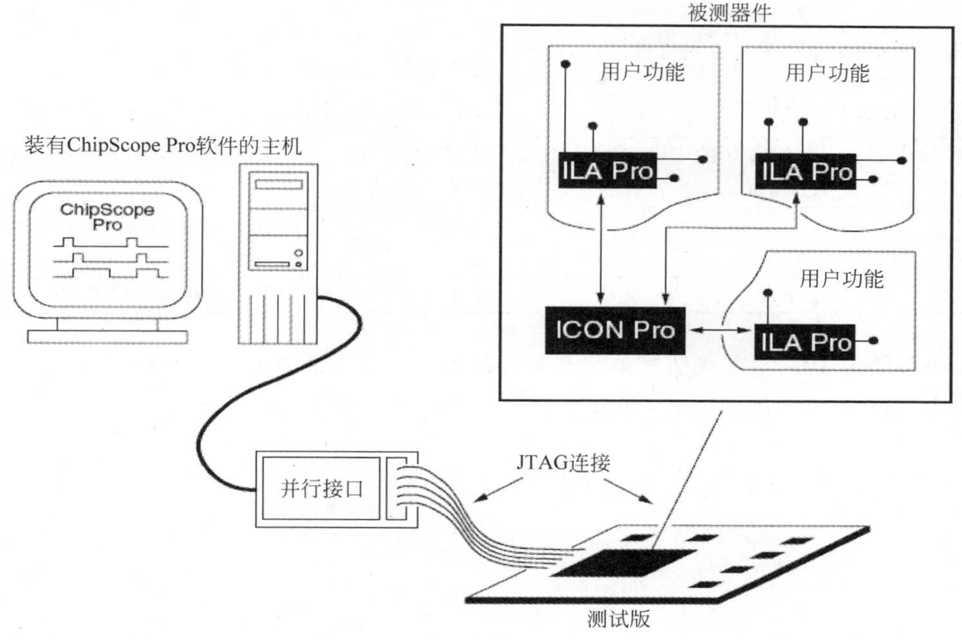

图 8.17　ChipScope 硬件系统结构

该逻辑分析仪支持下列的下载电缆，用于 PC 与 JTAG 边界扫描链中的器件之间的通信：平台电缆 USB，并行电缆Ⅵ，并行电缆Ⅲ，MultiPRO(只有 JTAG 模式)。

如表 8.2 所示，分析仪及内核包含许多特征，设计者需要对它们的逻辑进行验证。设计者可选数据通道范围为 1 到 1024，采样缓冲器大小从 256 至 131 072。设计者可以实时改变触发器条件而不影响它们的逻辑，它引导设计者修改触发器并分析捕获的数据。

表 8.2　ChipScope Pro 的特性与优点

特　　性	优　　点
1～1024 个用户可选数据通道	准确地捕获宽数据总线功能
设计者可选的采样缓冲器大小从 256 至 131 072	大的采样尺寸增加了捕获罕见事件的准确性和概率
多达 16 个单独的触发端口，每一个设计者可选的宽度为 1 至 256 通道(总数多达 4096 个触发通道)	多个单独的触发端口增加了事件检测的灵活性且降低了对采样存储的需求
每个触发端口多达 16 个单独的匹配单元，对应每个触发条件的 16 个不同的比较	每个触发器端口有多个匹配单元，增加了事件检测的灵活性同时保存了宝贵的资源
对于设计时钟速率大于 500MHz 的情况，所有的数据和触发操作是同步的	高速触发事件检测和数据捕获的能力
触发条件执行一个布尔方程或者一个多达 16 个匹配函数的触发序列	使用一个布尔方程或一个 16 级的触发序列器可以合并多达 16 个触发端口匹配函数
数据存储的限制条件执行一个多达 16 个匹配函数的布尔方程	可以使用布尔方程确定哪些数据样本将被捕获并存储在片上存储器中，从而将多达 16 个触发端口匹配函数合并起来

续表

特　性	优　点
触发器和存储限制条件是在系统可改变的，而不影响设计逻辑	逻辑分析时不必单步或停止设计
易于使用的图形界面	引导设计者选择正确选项
每个器件有多达15个独立的ILA、IBA/OPB、IBA/PLB、VIO或ATC2核	为了更加准确，一个大的设计可以分割为段逻辑和更小的测试单元
多个触发器设置	记录时间、匹配事件数、更大的准确性和灵活性的范围
可以从Xilinx网站上下载	从ChipScope套件中可以容易地获得工具

思考与练习 10　简要说明可编程逻辑器件各种调试方法以及它们的特点。

思考与练习 11　简要说明 ChipScope Pro 在线逻辑分析仪的功能。

第9章 基于IP核数字系统实现

CHAPTER 9

Xilinx 的可编程逻辑器件，尤其是现场可编程门阵列(FPGA)，包含了大量的逻辑设计资源，典型地，如 LUT、CLB、IOB 和布线资源。与过去 FPGA 主要用于实现接口逻辑相比，目前 FPGA 用于实现更复杂的数字系统。FPGA 内一些更复杂的结构资源，必须先进行配置，然后通过 HDL 语言的元件例化语句添加到设计中。

本章使用 Archiecture Wizard 配置时钟资源以及使用 CORE Generator 工具配置和使用计数器和存储器资源，并且在 Xilinx XUP 提供的 Nexys3 平台上进行验证。

通过本章内容的学习，掌握配置和例化 IP 核的方法，并且能在设计中高效地使用 HDL 和 IP 的混合设计方法。

9.1 建立新的设计工程

下面给出建立新设计工程的步骤，其步骤主要包括：

(1) 按照前面的方法，打开 ISE 设计工具。

(2) 在 ISE 主界面主菜单下，选择 File→New Project。

(3) 出现 Create New Project 对话框界面，按下面设置参数：①Name：ip_vhdl(对于 VHDL 设计者)；或者 ip_verilog(对于 Verilog HDL 设计者)。②Location：E:\EDA_Example。③Top-level source type：HDL。

(4) 单击 Next 按钮。

(5) 出现 Project Settings 对话框界面，按下面参数配置：① Family：Spartan6。②Device：XC6SLX16。③ Package：CSG324。④ Speed：-3。⑤ Synthesis Tool：XST (VHDL/Verilog)。⑥Simulator：ISim(VHDL/Verilog)。⑦Preferred Language：VHDL (对于 VHDL 设计者)；或者 Verilog(对于 Verilog HDL 设计者)。⑧其余按默认参数设置。⑨单击 Next 按钮。⑩出现 Project Summary 对话框界面。⑪单击 Finish 按钮。

9.2 添加和配置时钟 IP 核

本节将添加和配置时钟资源。下面给出添加和配置时钟资源的步骤，其步骤主要包括：

(1) 在 Hierarchy 窗口下，选中 xc6slx16-3csg324 图标。单击右键，出现浮动菜单。在浮动菜单内，选择 New Source…选项。

(2) 出现 New Source Wizard 对话框界面，按下面参数设置：①在 Select Source Type 窗口下，选择 IP(CORE Generator & Architecture Wizard)。②File name：clkip。

(3) 单击 Next 按钮。

(4) 出现 Select IP 对话框界面。如图 9.1 所示，在 View by Function 标签窗口下，找到并展开 FPGA Features and Design。在展开项中，找到并展开 Clocking 选项。在展开项中，选择 Clocking Wizard 条目。

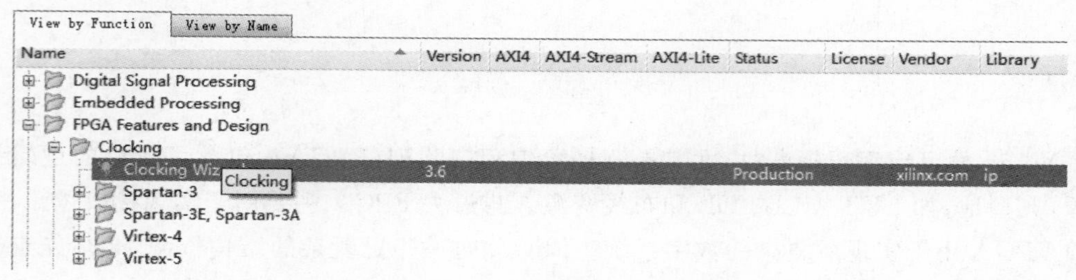

图 9.1　时钟配置入口界面

(5) 单击 Next 按钮。

(6) 出现 Summary 对话框界面。

(7) 单击 Finish 按钮。

(8) 出现第一个 Clocking Wizard 配置对话框界面，该界面用于设置与输入时钟相关的参数，在该界面中默认时钟输入频率为 100MHz(该输入时钟频率设置和 Nexys3 板卡上时钟输入频率一致)。

(9) 单击 Next 按钮。

(10) 出现第二个 Clocking Wizard 配置对话框界面，该界面用于设置输出时钟。如图 9.2 所示，在 Requested 下面将 CLK_OUT1 的值修改为 5.000。

Output Clock	Output Freq (MHz)		Phase (degrees)		Duty Cycle (%)		Drives	Use Fine Ps
	Requested	Actual	Requested	Actual	Requested	Actual		
CLK_OUT1	5.000	5.000	0.000	0.000	50.000	50.0	BUFG	☐

图 9.2　修改 CLK_OUT1 参数

(11) 单击 Next 按钮。

(12) 出现第三个 Clocking Wizard 配置对话框界面，在该界面用于设置 I/O 和反馈。该界面中，可以看到 RESET 和 LOCKED 两个可选的端口，其中：①RESET 是外部提供的复位信号。②LOCKED 信号为锁相环锁定信号。

(13) 单击 Next 按钮。

(14) 出现第四个 Clocking Wizard 配置对话框界面，该界面用于设置 DCM_SP。在该界面中，显示了所使用的 DCM_SP 时钟资源以及通过计算得到的时钟参数值。

(15) 单击 Next 按钮。

(16) 出现第五个 Clocking Wizard 配置对话框界面，该界面总结了时钟的设置和端口的命名。

(17) 单击 Next 按钮。

(18) 出现第六个 Clocking Wizard 配置对话框界面,该界面显示了将要生成的文件,其中重要的文件:①. veo(例化模版文件);②. v/. vhd(源文件);③. ucf(核约束文件)。

(19) 单击 Generate 按钮。

(20) 可以看到在 Hierarchy 窗口内,新添加了 clkip. xco 文件。

图 9.3 给出了所生成时钟核的功能。

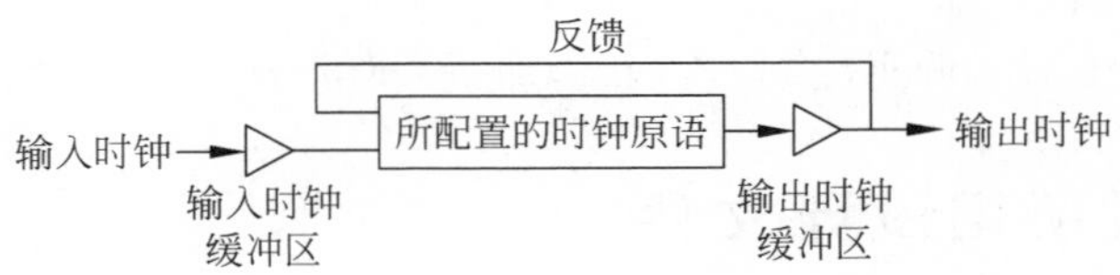

图 9.3 生成的时钟核的功能

虽然 FPGA 内的时钟原语的功能不尽相同。但是,它们都有以下的功能:

(1) 时钟的倍频,即输出时钟频率是输入时钟频率的 2 倍。

(2) 时钟的分频,即按照分频因子的设置,对输入时钟进行分频,然后再送给输出。

(3) 时钟相位的移动,即按照设置的相移值,对输入/输出时钟的相位进行移动。

(4) 时钟频率的合成,即按下面的公式得到输出时钟频率

$$f_{\text{out}} = \frac{f_{\text{in}} \cdot M}{N}$$

其中,M 为倍频因子;N 为分频因子;f_{in}为输入时钟频率;f_{out}为输出时钟频率。

9.3 添加和配置计数器 IP 核

本节将添加和配置计数器资源,该计数器将实现从 0～D 的递增计数。下面给出添加和配置计数器资源的步骤,其步骤主要包括:

(1) 在 Hierarchy 窗口下,选中 xc6slx16-3csg324 图标;单击右键,出现浮动菜单;在浮动菜单内,选择 New Source…选项。

(2) 出现 New Source Wizard 对话框界面,按下面参数设置:①在 Select Source Type 窗口下,选择 IP(CORE Generator & Architecture Wizard)。②File name: counterip。

(3) 单击 Next 按钮。

(4) 出现 Select IP 对话框界面。如图 9.4 所示,在 View by Function 标签窗口下,找到并展开 Basic Elements 选项。在展开项中,找到并展开 Counters。在展开项中,选中 Binary Counter。

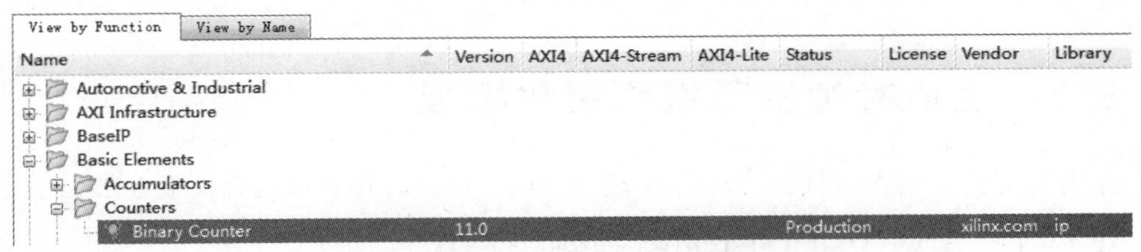

图 9.4 计数器配置入口界面

(5) 单击 Next 按钮。

(6) 出现 Summary 对话框界面。

(7) 单击 Finish 按钮。

(8) 出现 Binary Counter 配置对话框界面,在该界面中,按如下参数设置:①Output Width:4。②Increment Value:1。③选中 Restrict Count 前面的复选框。④Final Count Value:D。⑤Count Mode:UP。⑥其余按默认参数设置。

(9) 单击 Generate 按钮。

(10) 可以看到在 Hierarchy 窗口内,新添加了 clkip.xco 文件。

9.4 生成顶层设计文件

本节将生成顶层设计文件。下面给出生成顶层文件的步骤,其步骤主要包括:

(1) 在 Hierarchy 窗口下,选中 xc6slx16-3csg324 图标。单击右键,出现浮动菜单。在浮动菜单内,选择 New Source…选项。

(2) 出现 New Source Wizard 对话框界面,按下面参数设置:①在 Select Source Type 窗口下,选择 VHDL Module/Verilog Module。使用 VHDL 语言的读者选择 VHDL Module;使用 Verilog HDL 语言的读者选择 Verilog Module。②File name:top。

(3) 单击 Next 按钮。

(4) 出现 define Module 对话框界面。①对于使用 VHDL 的读者,按照图 9.5 所示,设置顶层端口参数。②对于使用 Verilog 的读者,按照图 9.6 所示,设置顶层端口参数。

Port Name	Direction	Bus	MSB	LSB
clk	in	☐		
rst	in	☐		
counter	out	☑	3	0

图 9.5 VHDL 顶层模块端口设置界面

(5) 单击 Next 按钮。

(6) 出现 Summary 界面。

(7) 单击 Finish 按钮。

Port Name	Direction	Bus	MSB	LSB
clk	input	☐		
rst	input	☐		
counter	output	☑	3	0

图 9.6 Verilog 顶层模块端口设置界面

9.5 生成时钟资源模块例化模板

本节将分别介绍在 VHDL/Verilog 设计环境下生成时钟资源例化模板方法。

9.5.1 生成 VHDL 时钟资源例化模板

本节将在 VHDL 设计环境中,生成时钟资源例化模板。下面给出生成时钟资源例化模板的步骤，其步骤主要包括：

(1) 在 ISE 主界面左侧的 Hierarchy 窗口中，选择 clkip. xco 文件。

(2) 如图 9.7 所示，在 Hierarchy 窗口下面的处理子窗口中，找到并展开 CORE Generator 选项。在展开项中，找到并双击 View HDL Instantiation Template 选项。

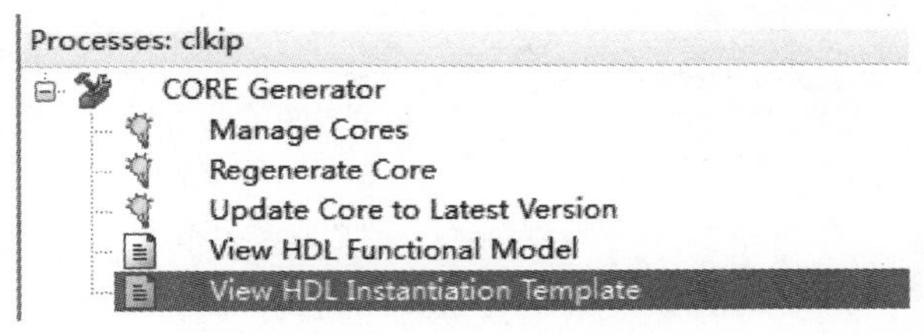

图 9.7 生成 HDL 例化模板入口

(3) 自动打开 clkip. vho 文件。如图 9.8 所示，分别为 clkip 的元件声明和元件例化语句。

```
-- The following code must appear in the VHDL architecture heade
------------- Begin Cut here for COMPONENT Declaration ------ CO
component clkip
port
 (-- Clock in ports
  CLK_IN1           : in     std_logic;
  -- Clock out ports
  CLK_OUT1          : out    std_logic;
  -- Status and control signals
  RESET             : in     std_logic;
  LOCKED            : out    std_logic
 );
end component;

-- COMP_TAG_END ------ End COMPONENT Declaration ------------
-- The following code must appear in the VHDL architecture
-- body. Substitute your own instance name and net names.
------------- Begin Cut here for INSTANTIATION Template ----- IN
your_instance_name : clkip
  port map
   (-- Clock in ports
    CLK_IN1 => CLK_IN1,
    -- Clock out ports
    CLK_OUT1 => CLK_OUT1,
    -- Status and control signals
    RESET  => RESET,
    LOCKED => LOCKED);
-- INST_TAG_END ------ End INSTANTIATION Template ------------
```

图 9.8 生成时钟资源的 VHDL 例化模板

9.5.2 生成 Verilog HDL 时钟资源例化模板

本节将在 Verilog HDL 设计环境中，生成时钟资源例化模板。下面给出生成时钟资源例化模板的步骤，其步骤主要包括：

(1) 在 ISE 主界面左侧的 Hierarchy 窗口下，选择 clkip. xco 文件。

(2) 如图 9.9 所示，在 Hierarchy 窗口下面的处理子窗口中，找到并展开 CORE Generator 选项。在展开项中，找到并双击 View HDL Instantiation Template 选项。

(3) 自动打开 clkip. veo 文件。如图 9.9 所示,为 clkip 的元件例化语句。

```
  clkip instance_name
    (// Clock in ports
     .CLK_IN1(CLK_IN1),       // IN
     // Clock out ports
     .CLK_OUT1(CLK_OUT1),      // OUT
     // Status and control signals
     .RESET(RESET),// IN
     .LOCKED(LOCKED));        // OUT
// INST_TAG_END ------ End INSTANTIATION Template --------

```

图 9.9　生成时钟资源的 Verilog 例化模板

9.6　生成计数器模块例化模板

本节将分别介绍在 VHDL/Verilog 设计环境下生成计数器例化模板方法。

9.6.1　生成 VHDL 计数器例化模板

本节将在 VHDL 设计环境中,生成计数器例化模板。下面给出生成计数器例化模板的步骤,其步骤主要包括:

(1) 在 ISE 主界面左侧的 Hierarchy 窗口中,选择 counterip. xco 文件。

(2) 在 Hierarchy 窗口下面的处理子窗口中,找到并展开 CORE Generator 选项。在展开项中,找到并双击 View HDL Instantiation Template 选项。

(3) 自动打开 counterip. vho 文件,如图 9.10 所示,分别为 counterip 的元件声明和元件例化语句。

```
------------- Begin Cut here for COMPONENT Declaration ------ COMP_TAG
COMPONENT counterip
  PORT (
    clk : IN STD_LOGIC;
    q : OUT STD_LOGIC_VECTOR(3 DOWNTO 0)
  );
END COMPONENT;
-- COMP_TAG_END ------ End COMPONENT Declaration ------------

-- The following code must appear in the VHDL architecture
-- body. Substitute your own instance name and net names.

------------- Begin Cut here for INSTANTIATION Template ----- INST_TAG
your_instance_name : counterip
  PORT MAP (
    clk => clk,
    q => q
  );
-- INST_TAG_END ------ End INSTANTIATION Template ------------
```

图 9.10　生成计数器的 VHDL 例化模板

9.6.2　生成 Verilog HDL 计数器例化模板

本节将在 Verilog HDL 设计环境中,生成计数器例化模板。下面给出生成计数器例化模板的步骤,其步骤主要包括:

(1) 在 ISE 主界面左侧的 Hierarchy 窗口中,选择 counterip. xco 文件。

(2) 如图 9.11 所示，在 Hierarchy 窗口下面的处理子窗口中，找到并展开 CORE Generator 选项。在展开项中，找到并双击 View HDL Instantiation Template 选项。

(3) 自动打开 counterip.veo 文件。如图 9.11 所示，为 counterip 的元件例化语句。

```
counterip your_instance_name (
  .clk(clk), // input clk
  .q(q) // output [3 : 0] q
);
```

图 9.11　生成计数器 Verilog 例化模板

9.7　创建 HDL 时钟分频模块

前面的时钟 IP 模块将外部 100MHz 分频得到 5MHz 时钟。从理论上来说，这个时钟直接驱动计数器模块是没有问题的。但是，在本设计中，将要使用 Nexys3 板上的 LED 灯验证设计的正确性。所以，需要将 5MHz 时钟再进行分频，将其变成 1Hz 时钟，以方便在 LED 灯上观察结果。

本节将分别使用 VHDL 语言和 Verilog 语言设计一个分频模块，将时钟 IP 模块输出的 5MHz 进行分频，得到 1Hz 时钟。下面给出使用 HDL 语言设计时钟分频模块的步骤，其步骤主要包括：

(1) 在 Hierarchy 窗口下，选中 xc6slx16-3csg324 图标，单击右键，出现浮动菜单。在浮动菜单内，选择 New Source…选项。

(2) 出现 New Source Wizard 对话框界面。按下面参数设置：①在 Select Source Type 窗口下，选择 VHDL Module/Verilog Module。使用 VHDL 语言的读者选择 VHDL Module；使用 Verilog HDL 语言的读者选择 Verilog Module。②File name：div_clk 。

(3) 单击 Next 按钮。

(4) 出现 define Module 对话框界面。①对于使用 VHDL 的读者，按照图 9.12 所示，设置模块端口参数。②对于使用 Verilog 的读者，按照图 9.13 所示，设置模块端口参数。

Port Name	Direction	Bus
clk	in	☐
rst	in	☐
divclk	out	☐

图 9.12　VHDL 分频模块端口设置界面

(5) 单击 Next 按钮。

(6) 出现 Summary 界面。

(7) 单击 Finish 按钮。

(8) 添加 VHDL/Verilog 设计代码。

Port Name	Direction	Bus
clk	input	☐
rst	input	☐
divclk	output	☐

图 9.13　Verilog 分频模块端口设置界面

① 对于使用 VHDL 语言的读者，按设计代码清单 9-1 所示，添加设计代码。

设计代码清单 9-1 div_clk. vhd

```
library IEEE;
use IEEE.STD_LOGIC_1164.ALL;
use IEEE.STD_LOGIC_UNSIGNED.ALL;
use IEEE.STD_LOGIC_ARITH.ALL;
-- Uncomment the following library declaration if using
-- arithmetic functions with Signed or Unsigned values
-- use IEEE.NUMERIC_STD.ALL;

entity div_clk is
    Port ( clk : in  STD_LOGIC;
           rst : in  STD_LOGIC;
           divclk : out  STD_LOGIC);
end div_clk;

architecture Behavioral of div_clk is
signal counter : std_logic_vector(23 downto 0);
signal divclk_tmp : std_logic;
begin
divclk <= divclk_tmp;
process(clk,rst)
begin
if(rst = '1') then
 counter <= x"000000";
  divclk_tmp <= '0';
elsif rising_edge(clk) then
if(counter = x"26259f") then
    counter <= (others =>'0');
     divclk_tmp <= not divclk_tmp;
 else
    counter <= counter + 1;
     divclk_tmp <= divclk_tmp;
 end if;
end if;
end process;
end Behavioral;
```

② 对于使用 Verilog HDL 语言的读者，按设计代码清单 9-2 所示，添加设计代码。

设计代码清单 9-2　div_clk. v

```
module div_clk(
    input clk,
    input rst,
    output reg divclk
    );

reg [23:0] counter;
always @(posedge clk or posedge rst)
begin
```

```
if(rst)
    ounter <= 24'h000000;
else
if(counter == 24'h26259f)
   begin
    counter <= 24'h000000;
     divclk <= ~divclk;
    end
 else
    counter <= counter + 1;
end
endmodule
```

(9) 按前面的方法，分别为 div_clk.vhd 和 div_clk.v 文件生成例化模板。

9.8 完成顶层设计文件

本节将在 top.vhd/top.v 文件中，完成所有模块的例化，实现最终的设计。

(1) 对于使用 VHDL 的读者，打开 top.vhd 文件。按设计代码清单 9-3 所示，添加设计代码。

设计代码清单 9-3 top.vhd

```
library IEEE;
use IEEE.STD_LOGIC_1164.ALL;

entity top is
    Port ( clk : in  STD_LOGIC;
           rst : in  STD_LOGIC;
           counter : out  STD_LOGIC_VECTOR (3 downto 0));
end top;

architecture Behavioral of top is
component clkip
port
 (-- Clock in ports
  CLK_IN1               : in     std_logic;
  -- Clock out ports
  CLK_OUT1              : out    std_logic;
  -- Status and control signals
  RESET                 : in     std_logic;
  LOCKED                : out    std_logic
 );
end component;

COMPONENT div_clk
PORT(
        clk : IN std_logic;
        rst : IN std_logic;
        divclk : OUT std_logic
        );
```

```
END COMPONENT;

COMPONENT counterip
  PORT (
    clk : IN STD_LOGIC;
    q : OUT STD_LOGIC_VECTOR(3 DOWNTO 0)
  );
END COMPONENT;
signal divclk    : std_logic;
signal clk_out1 : std_logic;
signal locked    : std_logic;
begin
Inst_clkip : clkip
port map
   ( -- Clock in ports
    CLK_IN1  => clk,
    -- Clock out ports
    CLK_OUT1  => clk_out1,
    -- Status and control signals
    RESET    => rst,
    LOCKED  => locked
);
Inst_div_clk: div_clk
PORT MAP(
        clk  => clk_out1,
        rst  => locked,
        divclk  => divclk
    );
Inst_counterip : counterip
  PORT MAP (
    clk  => divclk,
    q  => counter
  );
end Behavioral;
```

(2) 对于使用 Verilog HDL 的读者,打开 top. v 文件。按设计代码清单 9-4 所示,添加设计代码。

设计代码清单 9-4　top. v

```
module top(
    input clk,
    input rst,
    output [3:0] counter
    );
wire clk_out1;
wire locked;
wire divclk;
clkip Inst_clkip
   (// Clock in ports
    .CLK_IN1(clk),                                    // IN
    // Clock out ports
    .CLK_OUT1(clk_out1),                              // OUT
    // Status and control signals
    .RESET(rst),                                      // IN
```

```
    .LOCKED(locked)
     );                                                     // OUT
    div_clk Inst_div_clk (
        .clk(clk_out1),
        .rst(locked),
        .divclk(divclk)
        );
    counterip Inst_counteip (
      .clk(divclk),                                         // input clk
      .q(counter)                                           // output [3 : 0] q
);
endmodule
```

9.9　添加顶层引脚约束文件

本节将添加约束文件，并在约束文件中添加引脚约束。下面给出约束引脚的步骤，其步骤主要包括：

(1) 在 Hierarchy 窗口下，选中 top. vhd，单击右键，出现浮动菜单。在浮动菜单内，选择 New Source…选项。

(2) 出现 New Source Wizard(新源文件向导)界面，在该界面中按下面参数设置：①在 Select source type, file name and its location(选择源文件类型、文件名字和它的位置)窗口下，选择 Implementation Constraints File(实现约束文件)选项。②File name：top。

(3) 单击 Next 按钮。

(4) 出现 Summay 界面。

(5) 单击 Finish 按钮。

(6) 关闭自动打开的 top. ucf 文件。

(7) 在 Hierarchy 窗口中，选中 top. vhd/top. v 文件。在处理子窗口中，选择并展开 User Constraints 选项。在展开项里，选择并双击 I/O Pin Planning(PlanAhead)-Post-Synthesis。

(8) 按照基本设计流程中的步骤，打开约束编辑器界面，按图 9.14 所示，添加用户引脚的约束参数。

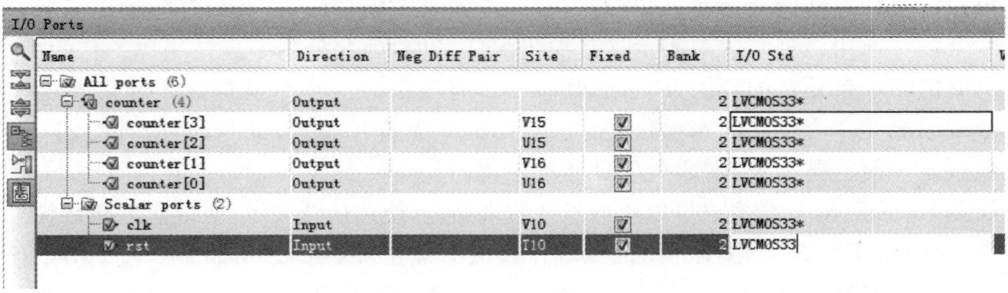

I/O Ports

Name	Direction	Neg Diff Pair	Site	Fixed	Bank	I/O Std
All ports (6)						
counter (4)	Output				2	LVCMOS33*
counter[3]	Output		V15	✓	2	LVCMOS33*
counter[2]	Output		U15	✓	2	LVCMOS33*
counter[1]	Output		V16	✓	2	LVCMOS33*
counter[0]	Output		U16	✓	2	LVCMOS33*
Scalar ports (2)						
clk	Input		V10	✓	2	LVCMOS33*
rst	Input		T10	✓	2	LVCMOS33

图 9.14　用户引脚约束界面

(9) 按照基本设计流程中的步骤，对设计进行综合、实现、生成可编程文件，并将设计下载到 Nexys3 浇平台的 FPGA 芯片内，对设计进行验证，验证结果是否满足设计要求。

(10) 关闭并退出约束编辑器界面。

第 10 章 数模混合系统设计

CHAPTER 10

本章首先介绍模数转换器和数模转换器的工作原理，在此基础上设计数字电压表和信号发生器。

本章分别使用并行 ADC 和串行 ADC 实现数字电压表，在介绍并行 ADC 实现数字电压表时，使用了 VHDL 语言；在介绍串行 ADC 实现数字电压表时，使用了 Verilog HDL 语言。

在介绍信号发生器的设计时，分别给出了 VHDL 和 Verilog HDL 的设计代码。

读者通过该章内容的学习，掌握通过可编程逻辑器件数模混合器件实现数模混合系统的方法，为进一步设计复杂数模混合系统打下良好基础。

10.1 模数转换器原理

数模转换器(analog-to-digital converter)，简称为 ADC 或者 A/D，用于将连续的模拟信号转换为数字形式的离散信号。典型的，模拟数字转换器将模拟信号转换为表示一定比例电压值的数字信号。然而，有一些模拟数字转换器并非纯的电子设备，例如旋转编码器，也可以看作模拟数字转换器。在应用时，不同 ADC 在输出数字信号时，可能采用不同的编码格式。

10.1.1 模数转换器的参数

下面介绍 ADC 转换器中几个重要的参数。

1. 分辨率

模拟数字转换器的分辨率是指，对于所允许输入的模拟信号范围，它能输出离散数字信号值的个数。通用二进制数来表示这些输出的信号值，因此分辨率经常用比特作为单位，且这些离散值的个数是 2 的幂次方。例如，一个具有 8 位分辨率的模拟数字转换器可以将模拟信号编码成 256 个不同的离散值，从 0 到 255(即无符号整数)或从 −128 到 127(即带符号整数)，至于使用哪一种，则取决于具体的应用。

如图 10.1 所示，分辨率也可以用电气性质来描述，使用伏特表示，使得输出离散信号产生一个变化所需的最小输入电压的差值被称作最低有效位(least significant bit, LSB)电压。这样，模拟数字转换器的分辨率 Q 等于 LSB 电压。模拟数字转换器的电压分辨率由下面等式确定

$$Q=\frac{V_{\text{RefHi}}-V_{\text{RefLow}}}{2^N}$$

其中，V_{RefHi} 和 V_{RefLow} 是转换过程所允许电压的上下限；N 是模拟数字转换器的分辨率，以比特为单位。

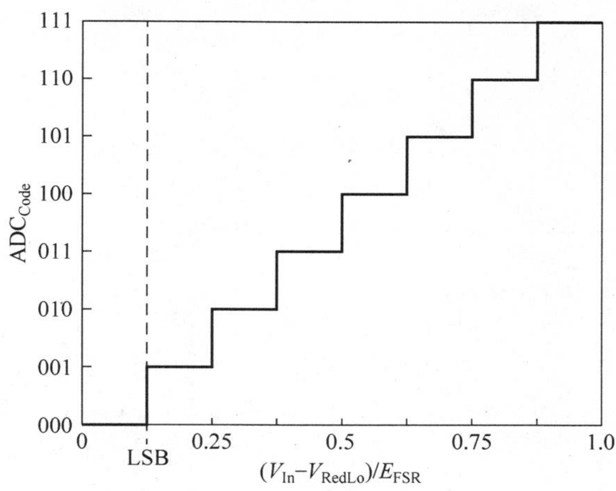

图 10.1　ADC 分辨率的表示

2. 响应类型

大多数模拟数字转换器的响应类型为线性，这里的线性是指输出信号的大小与输入信号的大小成线性比例。一些早期的转换器的响应类型呈对数关系，由此来执行 A-律算法或 μ-律算法编码。

3. 误差

模拟数字转换器的误差有若干种来源，量化错误和非线性误差(假设这个模拟数字转换器标称具有线性特征)是任何模拟数字转换中都存在的内在误差。

4. 采样率

模拟信号在时域上是连续的，因此可以将它转换为时间上离散的一系列数字信号。因此，要求定义一个参数来表示获取模拟信号上每个值并表示成数字信号的速度，通常将这个参数称为 ADC 的采样率或采样频率。

根据奈奎斯特采样定理，当采样频率大于所采样模拟信号最高频率的两倍时，信号才不会发生频谱混叠失真。

10.1.2　模数转换器的类型

下面给出几种典型的 ADC 转换器。

(1) Flash ADC。图 10.2 给出了 Flash ADC 的原理图。

(2) 逐次逼近寄存器型 ADC(successive approximation register，SAR)。图 10.3 给出了 SAR ADC 的原理图。

(3) Σ-Δ ADC(sigma-delta ADC)。图 10.4 给出了 Σ-ΔADC 的原理图。

(4) 积分型 ADC(integrating ADC)。图 10.5 给出了积分型 ADC 的原理图。

(5) 数字跃升型 ADC(digital ramp ADC)。图 10.6 给出了数字跃升型 ADC 的原理图。

思考与练习 1　请说明 ADC 的典型参数以及其含义。

思考与练习 2　请分析上面所给出 ADC 的内部结构，并说明其工作原理。

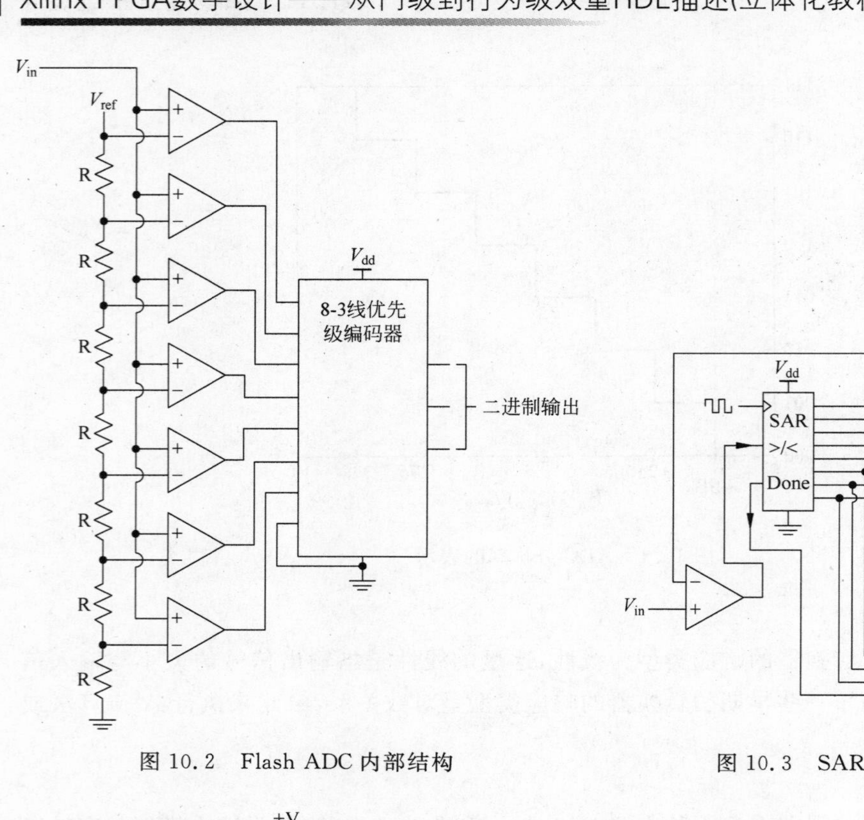

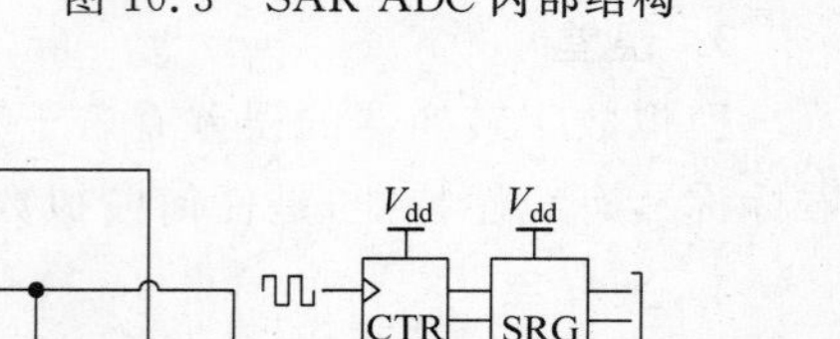

图 10.2 Flash ADC 内部结构

图 10.3 SAR ADC 内部结构

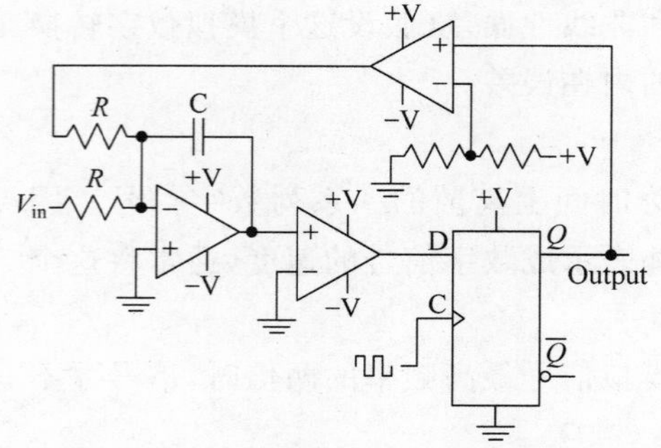

图 10.4 Σ-Δ ADC 内部结构

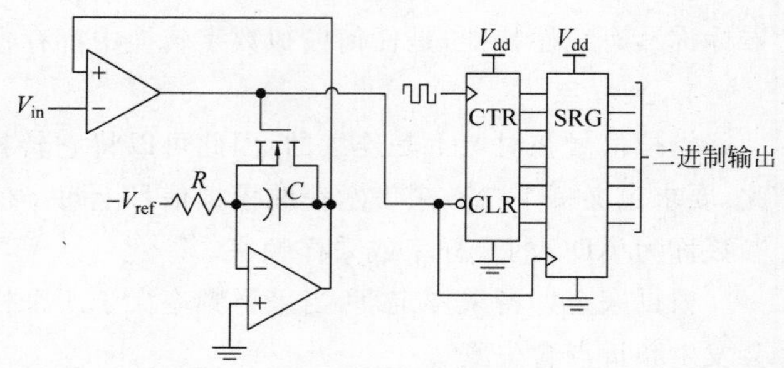

图 10.5 积分型 ADC 内部结构

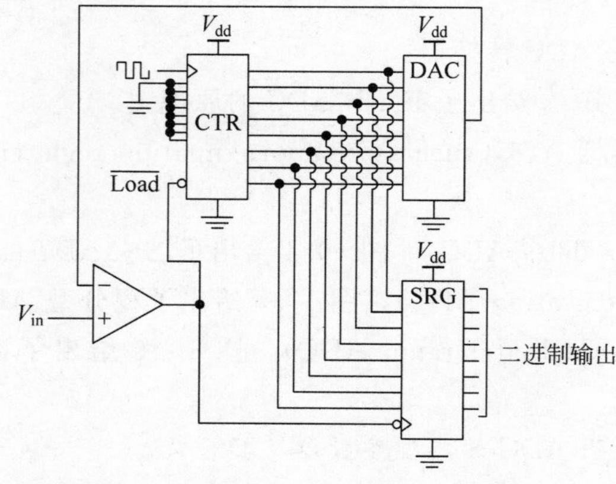

图 10.6 数字跃升型 ADC 内部结构

10.2 数模转换器原理

数字模拟转换器(digital to analog converter,DAC)是一种将抽象的有限精度数据(例如固定小数点的二进制数)数字信号转换为模拟信号(以电流、电压或电荷的形式)的器件。特别地,数字模拟转换器常用来将有限精度时间序列转换成连续的物理信号。

数字模拟转换器以均匀时间间隔输出模拟电压值,如图10.7所示,其输入值以一定时序输入并锁存在转换器中,然后每完成一次转换,转换器的输出值都迅速从上一个输出值更新为当前锁存数值所对应的模拟信号。这样,输出电压在一小段时间内保持在恒定值,直到下一个新的输入值转换完成。输出信号类似阶跃函数,这相当于一个零阶保持器的功能,这将会对还原的模拟信号的频率响应造成影响。

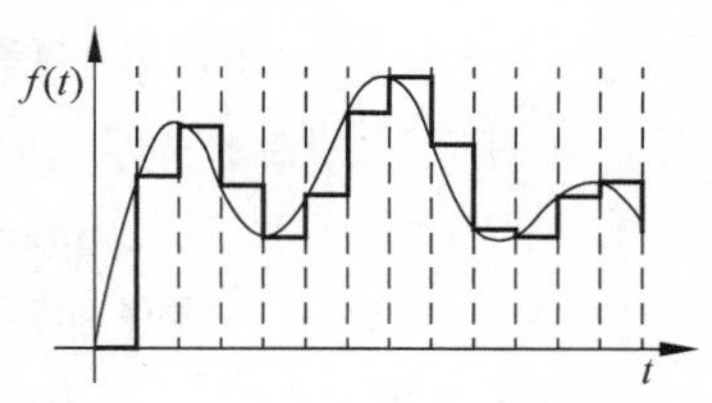

图10.7 DAC输出波形图

数字模拟转换器输出阶跃函数序列或方波脉冲产生了奈奎斯特频率以上的谐波,在需要的应用场合中,通过低通滤波器滤除这些成分通常。

10.2.1 数模转换器的参数

数模转换器的主要指标包括以下几项。

1. 分辨率

是设计的转换输出可能值的个数,这也可以通过转换器使用的位数来表达(等于以2为底数,所有可能输出值个数的对数)。例如,一个1位的数字模拟转换器只能产生2个输出电平值,而8位的数字模拟转换器则可以产生256个输出电平值。数字模拟转换器的分辨率与其达到的有效位有关。

2. 最大采样率

数字模拟转换器能够正常工作并产生正确输出的最大工作速率,采样定理定义了采样率和被采样信号带宽的关系。

3. 单调性

转换器的模拟输出值只与数字输入值具有相同方向的变化,例如,当输入信号增加,其输出值在生产正确的输出信号之前绝不会下降。这一性质对于转换器工作在低频信号源或作为数字可编程元件是关键。

4. 总谐波失真

这个参数描述了数字模拟转换器信号失真和噪声情况,它由所需信号中的谐波失真、噪声功率占总功率的百分比值来表示,它在动态和小信号数字模拟转换应用中是个重要参数。

5. 动态范围

描述了数字模拟转换器能够输出的最大和最小信号差值,以分贝表示。这个参数还和分辨率和噪声有关。

其他参数还包括相位失真和抖动,这些参数在某些应用中也十分关键,例如无线数据传输、复合视频技术等。

10.2.2 数模转换器的类型

DAC 的常见类型包括以下几种。

1. 脉冲宽度调制

是最简单的数字模拟转换器，恒定的电流或电压通过低通模拟滤波器，输出特定脉冲宽度的波形(宽度常常通过数字信号控制)，不同占空比波形的平均值就形成了连续变化的电压值。脉冲宽度调制技术常用于电动机的速度调控和其他许多类似的应用。

2. R-2R 梯形(R-2R ladder)数字模拟转换器

如图 10.8 所示，R-2R 梯形 DAC 是一种阻值为 R 和 2R 的电阻反复级联结构的二进制加权数字模拟转换器。这样能够改善转换的精确度。然而，转换过程所需的时间相对较长，这是因为每一个 R-2R 结构连接将导致更大的 RC 时间常数。

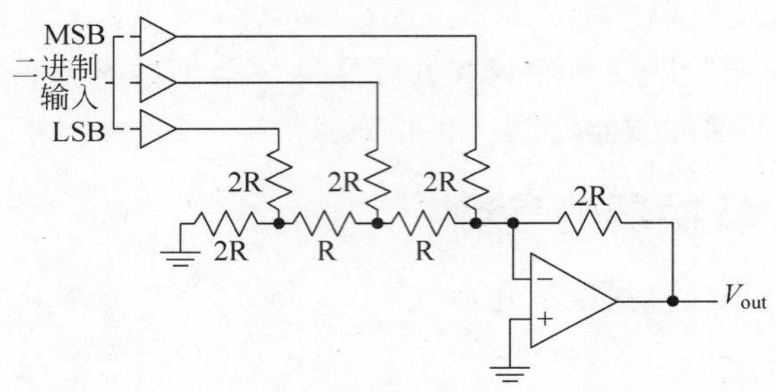

图 10.8 R-2R 梯形 DAC 内部结构

3. 过采样或插值数字模拟转换器(例如 Δ-Σ 模拟数字转换器)

采用了脉冲密度转换技术，过采样技术使得应用低分辨率数字模拟转换器成为现实的选择。

4. 二进制加权数字模拟转换器

如图 10.9 所示，这种类型的转换器的每一位都具有单独的电子转换模块，然后进行求和，电压或电流求和后输出。这是速度最快的转换方法之一，但是它不得不牺牲一定的精确度，因为这必须要求每一位的电压或电流的精确度都很高。即使能够满足上述要求，这样的设备也很昂贵，因此这类转换器的分辨率通常限制在 8 位。

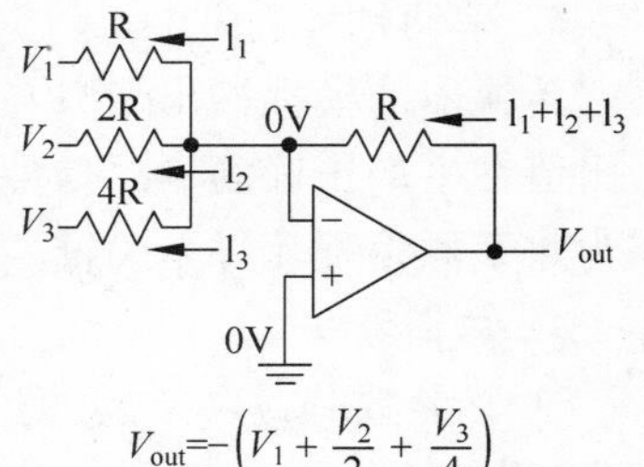

图 10.9 二进制加权 DAC 内部结构

5. 逐次逼近或循环数字模拟转换器

6. 元编码数字模拟转换器

7. 混合数字模拟转换器

思考与练习 3 请说明 DAC 的典型参数以及含义。

思考与练习 4 请分析图 10.8 给出的 R-2R 梯形 DAC 的结构和工作原理。

10.3 基于并行 ADC 的数字电压表的设计

本节将介绍数字电压表的实现方法，内容包括数字电压表的功能和结构、ADC0809 原理、控制模块结构和设计实现。

10.3.1 数字电压表的功能和结构

数字电压表是一个模拟和数字混合系统，该数字电压表测量模拟直流信号的电压幅度，并在数码管上显示测量得到的电压幅度值。

1. 数字电压表的功能

数字电压表主要有以下几个功能：

(1) 模拟信号通过 ADC0809 转换为离散的数字量，设计模块和 ADC0809 通过并口连接，并且向 ADC0809 发出控制信号。

(2) 数字电压表设计模块，将外部的时钟信号分频后得到合适的采样时钟送给 ADC0809。

(3) 每当 ADC0809 完成一次模/数转换过程后，设计模块对采样数据进行处理，并通过 3 个 7 段数码管显示测量的直流电压值。

2. 数字电压表的结构

图 10.10 给出了数字电压表的结构图。该设计结构和所使用的硬件系统实验平台有关读者在使用不同的硬件平台时，可对本章的设计进行修改。

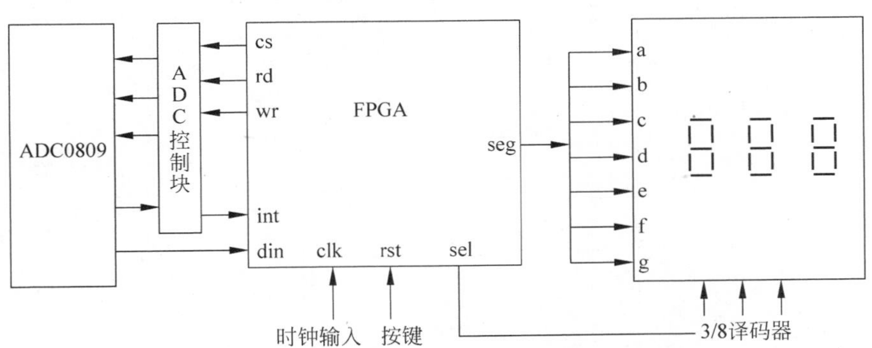

图 10.10 数字电压表的结构

从图中可以看出，在给定的实验平台上，在 FPGA 和 ADC0809 之间加入了 ADC 控制模块。由于额外设计该模块，使 FPGA 产生 ADC 控制模块可以识别的信号，然后送到 ADC0809。图中 FPGA 设计部分和 ADC 控制模块、7 段数码管、外部时钟信号、按键进行连接。

10.3.2 模块设计

本节介绍数字电压表控制信号、ADC 转换原理和控制模块结构。

1. 数字电压表控制信号

该数字电压表的控制逻辑由 FPGA 完成，该模块的输入和输出接口由下面信号组成：

1）输入信号

(1) 外部时钟信号(clk)。

(2) 外部复位信号(rst)。

(3) ADC 转换后的数字信号(din)。

(4) ADC 转换完的中断信号(int)。

2）输出信号

(1) ADC 片选信号(cs)。

(2) ADC 读信号(rd)。

(3) ADC 写信号(wr)。

(4) 7 段数码管选择信号(sel)。

(5) 7 段数码管段选信号(seg)。

2. ADC0809 原理

如图 10.11 所示，ADC0809 是 CMOS 的 8 位 A/D 转换器，片内有 8 路模拟开关，可控制 8 个模拟量中的一个进入转换器中。ADC0809 的分辨率为 8 位，转换时间约 100μs，含锁存控制的 8 路多路开关，输出由三态缓冲器控制，单＋5V 电源供电。通过 Ref＋和 Ref－，输入片外＋5V 的参考电压。

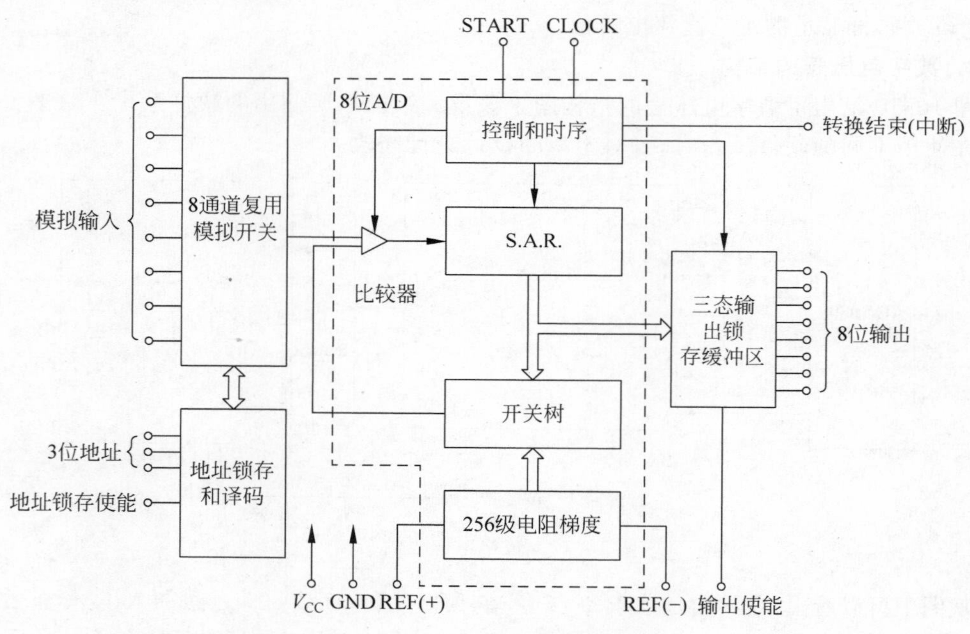

图 10.11 ADC0809 结构图

如图 10.11 所示，START 是转换启动信号，高电平有效；ALE 是 3 位通道选择地址(ADDC、ADDB、ADDA)信号的锁存信号。当模拟量送至某一输入端(如 IN1 或 IN2 等)，由 3 位地址信号选择该输入端，由 ALE 锁存地址信号；EOC 是转换情况状态信号，当启动转换约 100μs 后，EOC 产生一个负脉冲，表示转换结束；在 EOC 的上升沿后，若使输出使能信号 OE 为高电平，则控制打开三态缓冲器，把转换好的 8 位数据结果输出至数据总线。至此，ADC0809 完成一次转换过程。

3. 控制模块结构

图 10.12 给出了数字电压表控制部分的内部模块结构,该数字电压表控制部分由 ADC 控制模块、显示控制模块、采样时钟生成模块、扫描时钟生成模块组成。

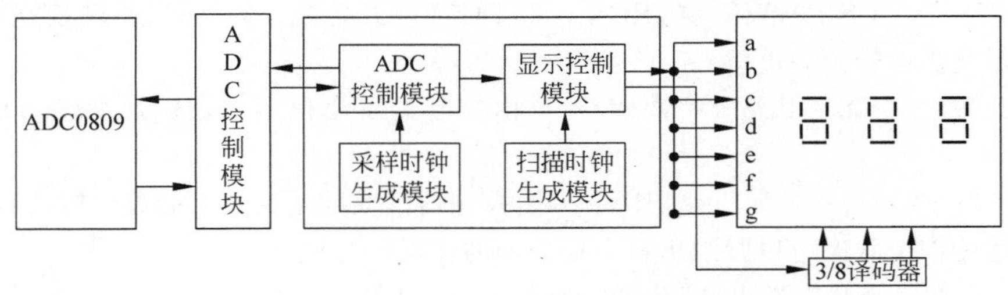

图 10.12　数字电压表控制部分的内部模块结

1) ADC 控制模块

ADC 控制模块产生 ADC 控制模块需要的控制信号,同时读取 ADC 转换后的中断信号和数据信号。

该设计采用了特定的硬件平台,该系统的 ADC 控制模块接收 cs、rd、wr 和 int 信号。图 10.13 给出了 ADC 控制模块的控制信号时序关系。

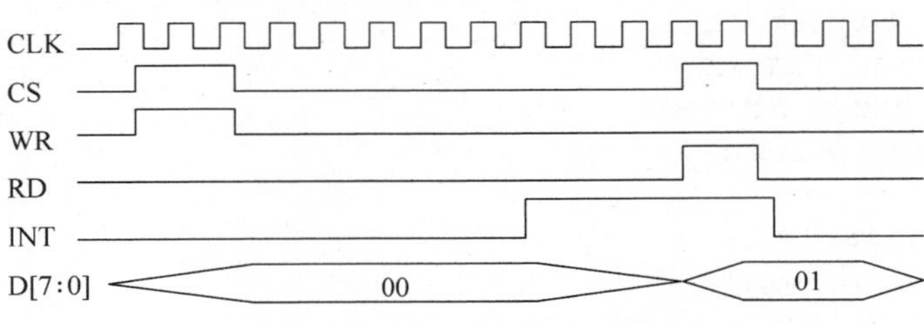

图 10.13　模块的控制信号时序

2) 显示控制模块

显示控制模块产生 7 段数码管显示所需要的管选信号 sel 和段选信号 seg。

3) 采样时钟生成模块

采样时钟生成模块对外部输入的 1MHz 信号进行分频后,为 ADC0809 产生合适的采样时钟信号。

4) 扫描时钟生成模块

扫描时钟生成模块对外部输入的 1MHz 信号进行分频后,为 7 段数码管正确显示测量值产生合适的扫描时钟信号。

10.3.3　设计实现

本节将介绍数字电压表的具体实现方法。

1. ADC 控制模块原理及实现

由图 10.13 可知,当 CS 和 WR 同时为高电平时,ADC0809 开始转换,当转换完成后,INT 引脚输出高电平,等待读取 ADC 转换完的数据;当 CS 和 RD 同时为高电平时,通过数据总线 D[7..0]从 ADC0809 读出数据。整个过程由 S0、S1、S2、S3 四个状态构成,各状态实现的控制行为如下：

(1) 状态 S0。CS=1,WR=1,RD=0(由控制器发出开始信号,要求 ADC0809 开始进行模/数信号的转换)。

(2) 状态 S1。CS=0,WR=0,RD=0 (ADC0809 开始数据转换过程,转换完毕后 INT 信号将由低电位翻转到高电位)。

(3) 状态 S2。CS=1、WR=0、RD=1(由控制器发出信号,以读取 ADC0809 的转换数据)。

(4) 状态 S3。CS=0、WR=0、RD=0(由控制器读取数据总线上的数字转换数据)。

由上述的四个状态可以归纳出整个控制器的逻辑行为包括：

(1) 负责在每个状态送出 ADC0809 所需的 CS、WR、RD 控制信号。

(2) 在状态 S1 时,查看 INT 信号是否由低变高,以便确认转换过程是否结束。

(3) 在状态 S3,读取转换完的数字信号。

下面给出 ADC 控制模块的 VHDL 描述。

注：完整设计工程在本书提供资料的 voltage_measure_vhdl 目录下。

代码清单 10-1　ADC0809_controller. vhd

```
library IEEE;
use IEEE.STD_LOGIC_1164.ALL;
use IEEE.STD_LOGIC_ARITH.ALL;
use IEEE.STD_LOGIC_UNSIGNED.ALL;
entity ADC0809_controller is
port(
     clk  :  in std_logic;
     rst  :  in std_logic;
     int  :  in std_logic;
     cs   :  out std_logic;
     wr   :  out std_logic;
     rd   :  out std_logic;
     din  :  in  std_logic_vector(7 downto 0);
     dout :  out std_logic_vector(7 downto 0));
 end ADC0809_controller;
 architecture Behavioral of ADC0809_controller is
   type state_type is (s0,s1,s2,s3);
   signal state : state_type ;
   signal d_buffer : std_logic_vector(7 downto 0);
 begin
  process(rst,clk)
  begin
    if(rst = '0')then
             state <= s0;
             cs <= '0';
             wr <= '0';
             rd <= '0';
    elsif(rising_edge(clk))then
             case state is
               when s0   =>
```

```
                        cs <= '1';
                        wr <= '1';
                        rd <= '0';
                        state <= s1;
                when s1  =>
                        cs <= '0';
                        wr <= '0';
                        rd <= '0';
                        if(int = '1') then
                          state <= s2;
                        else
                          state <= s1;
                        end if;
                when s2  =>
                        cs <= '1';
                        wr <= '0';
                        rd <= '1';
                        state <= s3;
                when s3  =>
                        cs <= '0';
                        wr <= '0';
                        rd <= '0';
                        d_buffer <= din;
                        dout <= d_buffer;
                        state <= s0;
            end case;
        end if;
    end process;
end Behavioral;
```

2. 显示控制模块原理及实现

对 8 位的 ADC0809 而言，它的输出数字编码共有 $2^8=256$ 种，其输入电压和转换数字编码的对应关系由下式确定

$$\frac{V_{IN}}{V_{fs}-V_Z}=\frac{D_X}{D_{MAX}-D_{MIN}}$$

式中，V_{IN}为输入到 ADC0808 的电压；V_{fs}为满量程电压；V_Z 为 0 电压；D_X 为输出的数字量；D_{MAX}为最大数字量；D_{MIN}为最小数字量。

假设输入信号为 0～5V 电压范围，参考电压($V_{ref}/2$)为 2.50V 时，则它的最小输出电压是 5V/256＝0.01953V，即表示 ADC0809 所能转换的最小电压值，在该设计中取最小电压间隔为 0.02V，若 ADC0809 收到的信号是 01110110(76H)，则其对应的电压值为

$$76\text{H}\times 0.02\text{V} = 2.36\text{V}$$

实现电压值与 BCD 码的对应关系有多种方法，如查表法、比较法等。查表法需要写大量的数据，比较麻烦。在本设计中，使用了比较法。下面给出比较法实现 BCD 码和电压值对应关系的原理。

例如 10100101 表示 $165\times 2=(330)_{10}=(101001010)_2$，$(165\times 5.0)/255=3.26$，用三个七段数码管显示，分离 326 ＝0011，0010，0110。

(1) 将1010高四位,0101低四位分离,分别用两个部分BCD码表示(真实值扩展2倍)。①0101表示0000,0000,1010,BCD码1(低四位乘2);②1010表示0011,0010,0000,BCD码2(高四位左移4位后,乘2)。

(2) 下面实现BCD码1+BCD码2。

BCD码的加法实际上就是十进制的加法,由于BCD码在0~9之间,所以加法运算要符合BCD码的运算规则。在两个BCD码相加时,进行如下判断:①当BCD>9时,BCD+6->BCD,并且+1进位;②当BCD<9时,按普通加法运算处理。

BCD1+BCD2的实现过程如下

```
    0000,0000,1010
+   0011,0010,0000
------------------
    0011,0010,1010
+   0000,0000,0110
------------------
    0011,0011,0000
```

下面给出该比较法的VHDL描述。

代码清单10-2 display_controller.vhd

```
library IEEE;
use IEEE.STD_LOGIC_1164.ALL;
use IEEE.STD_LOGIC_ARITH.ALL;
use IEEE.STD_LOGIC_UNSIGNED.ALL;
library work;
use work.disp_driver.all;
entity disp_controller is
  port(   rst :   in std_logic;
          scan_clk :   in std_logic;
          din :   in   std_logic_vector(7 downto 0);
          sel :   out std_logic_vector(1 downto 0);
          seg :   out std_logic_vector(6 downto 0);
          dp   :   out std_logic);
  end disp_controller;
 architecture Behavioral of disp_controller is
  signal  vol_value : std_logic_vector(7 downto 0);
  signal  bcd_value : std_logic_vector(11 downto 0);
  signal  bcd_h,bcd_l : std_logic_vector(11 downto 0);
  signal  scan_out : std_logic_vector(1 downto 0);
 begin
   process(rst,scan_clk)
   begin
     if(rst = '0')then
      vol_value <= "00000000";
      bcd_value <= "000000000000";
     elsif(rising_edge(scan_clk))then
      vol_value <= din;
      bcd_h <= bin_bcd(vol_value(7 downto 4),'1');
      bcd_l <= bin_bcd(vol_value(3 downto 0),'0');
```

```
        bcd_value <= bcd_h + bcd_l;
            if(bcd_value(3 downto 0)>"1001")then
                bcd_value <= bcd_value + "000000000110";
            end if;
            if(bcd_value(7 downto 4)>"1001")then
                bcd_value <= bcd_value + "000001100000";
            end if;
        end if;
    end process;

    process(scan_clk)
    begin
      if(rising_edge(scan_clk))then
          if(scan_out = "10")then
            scan_out <= "00";
          else
            scan_out <= scan_out + '1';
          end if;
      end if;
  end process;

  process(scan_out)
  begin
    case  scan_out is
      when  "00"  =>
                    seg <= display(bcd_value(3 downto 0));
                    sel <= "00";
                    dp <= '0';
      when  "01"  =>
                    seg <= display(bcd_value(7 downto 4));
                    sel <= "01";
                    dp <= '0';
      when  "10"  =>
                    seg <= display(bcd_value(11 downto 8));
                    sel <= "10";
                    dp <= '1';
      when  others  =>
                    seg <= display("1111");
                    sel <= "11";
                    dp <= '1';
    end case;
  end process;
end Behavioral;
```

3. 程序包的设计

在该设计中，在处理数码管显示部分时会多次使用到 BCD 码到 7 段码，为了提高对程序代码的复用和减少程序代码长度，在设计中将 BCD 码到 7 段码的转换过程通过函数调用实现。下面给出在程序包中的函数声明过程。

代码清单 10-3 display_driver. vhd

```
library IEEE;
use IEEE.STD_LOGIC_1164.all;
package disp_driver is
    function display(a : in std_logic_vector(3 downto 0) ) return std_logic_vector;
    function bin_bcd(bin : in std_logic_vector(3 downto 0); flag : std_logic) return std_logic
_vector;
end disp_driver;

package body disp_driver is
  function bin_bcd(bin : std_logic_vector;flag : std_logic) return std_logic_vector is
    variable  bcd_x : std_logic_vector(11 downto 0);
  begin
       if(flag = '0')then
            case bin is
              when  "0000" => bcd_x: = "000000000000";
              when  "0001" => bcd_x: = "000000000010";
              when  "0010" => bcd_x: = "000000000100";
              when  "0011" => bcd_x: = "000000000110";
              when  "0100" => bcd_x: = "000000001000";
              when  "0101" => bcd_x: = "000000001010";
              when  "0110" => bcd_x: = "000000001100";
              when  "0111" => bcd_x: = "000000001110";
              when  "1000" => bcd_x: = "000000010000";
              when  "1001" => bcd_x: = "000000010010";
              when  "1010" => bcd_x: = "000000100000";
              when  "1011" => bcd_x: = "000000100010";
              when  "1100" => bcd_x: = "000000100100";
              when  "1101" => bcd_x: = "000000100110";
              when  "1110" => bcd_x: = "000000101000";
              when  "1111" => bcd_x: = "000000110000";
              when others  => bcd_x: = "111111111111";
            end case;
      elsif(flag = '1')then
            case  bin is
             when  "0000"  => bcd_x: = "000000000000";
             when  "0001"  => bcd_x: = "000000110010";
             when  "0010"  => bcd_x: = "000001100100";
             when  "0011"  => bcd_x: = "000010010110";
             when  "0100"  => bcd_x: = "000100101000";
             when  "0101"  => bcd_x: = "000101100000";
             when  "0110"  => bcd_x: = "000110010010";
             when  "0111"  => bcd_x: = "001000100100";
             when  "1000"  => bcd_x: = "001001010110";
             when  "1001"  => bcd_x: = "001010001000";
             when  "1010"  => bcd_x: = "001100100000";
             when  "1011"  => bcd_x: = "001101010010";
             when  "1100"  => bcd_x: = "001110000100";
             when  "1101"  => bcd_x: = "010000010110";
             when  "1110"  => bcd_x: = "010001001000";
```

```
            when  "1111"  => bcd_x: = "010010000000";
            when others   => bcd_x: = "111111111111";
        end case;
      end if;
      return  bcd_x;
    end bin_bcd;

function display  (a : std_logic_vector ) return std_logic_vector is
    variable r : std_logic_vector(6 downto 0);
begin
    case a  is
      when "0000"  => r: = "0111111";
      when "0001"  => r: = "0000110";
      when "0010"  => r: = "1011011";
      when "0011"  => r: = "1001111";
      when "0100"  => r: = "1100110";
      when "0101"  => r: = "1101101";
      when "0110"  => r: = "1111101";
      when "0111"  => r: = "0000111";
      when "1000"  => r: = "1111111";
      when "1001"  => r: = "1101111";
      when others  => r: = "1111111";
    end case;
  return r;
 end display;
end disp_driver;
```

4. 顶层模块设计

在子模块设计完成后，通过使用 VHDL 语言的元件例化语句，采用 VHDL 的模块化的设计风格，将子模块连接起来，最后形成顶层的完整设计。下面给出顶层设计的 VHDL 描述代码。

代码清单 10-4 top. vhd

```
library IEEE;
 use IEEE.STD_LOGIC_1164.ALL;
use IEEE.STD_LOGIC_ARITH.ALL;
use IEEE.STD_LOGIC_UNSIGNED.ALL;
entity top is
port( rst   :  in std_logic;
      clk   :  in std_logic;
      int   :  in std_logic;
      cs    :  out std_logic;
      wr    :  out std_logic;
      rd    :  out std_logic;
      din   :  in   std_logic_vector(7 downto 0);
      sel   :  out std_logic_vector(1 downto 0);
      seg   :  out std_logic_vector(6 downto 0);
      dp    :  out std_logic);
 end top;
 architecture Behavioral of top is
```

```
    signal d : std_logic_vector(7 downto 0);
    component  adc0809_controller
    port(
        clk  :  in std_logic;
        rst  :  in std_logic;
        int  :  in std_logic;
        cs   :  out std_logic;
        wr   :  out std_logic;
        rd   :  out std_logic;
        din  :  in  std_logic_vector(7 downto 0);
        dout :  out std_logic_vector(7 downto 0)
        );
    end component;
    component  disp_controller
    port(
        rst :  in std_logic;
        scan_clk :  in std_logic;
        din :  in std_logic_vector(7 downto 0);
        sel :  out std_logic_vector(1 downto 0);
        seg :  out std_logic_vector(6 downto 0);
        dp   :  out std_logic);
      end component;
begin
Inst_adc0809_controller1: adc0809_controller
port map(
        clk  => clk,
        rst  => rst,
        int  => int,
        cs  => cs,
        wr  => wr,
        rd  => rd,
        din  => din,
        dout  => d
        );
Inst_disp_controller1:disp_controller
port map(
        rst => rst,
        scan_clk => clk,
        din => d,
        sel  => sel,
        seg  => seg,
        dp  => dp
        );
end Behavioral;
```

思考与练习 5 修改设计,使用 ADC0809 实现对交流信号幅度和频率的测量和显示。

10.4 基于串行 ADC 的数字电压表的设计

本节介绍 TLC549 串行 ADC 的原理,说明基于串行 A/D 的模数混合系统的设计原理,并使用 Verilog HDL 实现数字电压表的设计。

10.4.1　系统设计原理

该系统的原理包括 TLC549 A/D 转换器原理和 FPGA 系统的设计原理。通过 FPGA 对串行 A/D 进行有效控制，并将采集的数据进行显示，实现数模混合系统。下面将介绍这两部分的设计原理。

1. 串行 A/D 转换器设计原理

如图 10.14，TLC549 是一个 8 位串行 A/D 变换器。其接口信号包括：

(1) REF＋，REF－分别为参考电压的正负输入端。

(2) ANALOG IN 为模拟信号输入端。

(3) V_{CC}为电源输入端。

(4) GND 为地端。

(5) I/O CLOCK 为 A/D 转换器的时钟输入端。

(6) CS 为 A/D 的片选信号输入端。

(7) DATA OUT 为 A/D 转换器的串行数据输出端。

REF+ 1　8 V_{CC}
ANALOG IN 2　7 I/O CLOCK
REF− 3　6 DATA OUT
GND 4　5 $\overline{CS}$

图 10.14　TLC549 的接口

TLC549 工作时序如图 10.15 所示，该芯片必须输入 CLOCK 时钟信号和控制端 CS 信号，才能将转换好的数字信号输出。由时序图可知，当 CS 为低电平时，在时钟下降沿，串行 ADC 将转换后的数字数据以串行方式送出，串行数据高位在前，低位在后。当 CS 为高电平时，串行 ADC 停止输出数据。CS 为高电平的时间必须大于 17μs，CLOCK 时钟信号的最高频率不能大于 1.1MHZ。

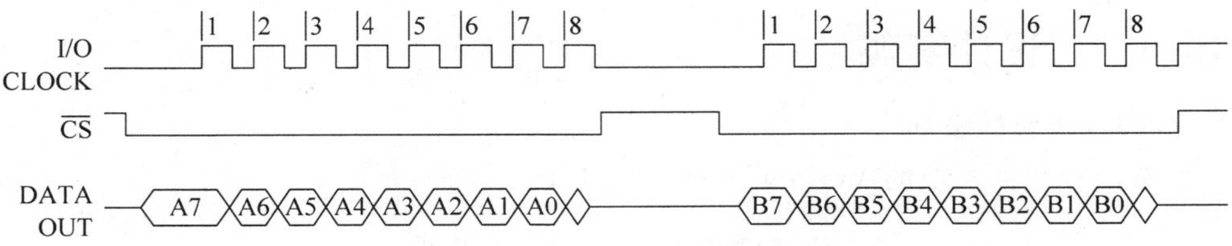

图 10.15　TLC549 接口控制逻辑

2. FPGA 系统设计原理

如图 10.16 所示，在该设计中，FPGA 主要完成下面两个功能：

(1) 给 TLC549 芯片提供输入时钟信号 sclk 和片选信号 ncs 信号。ncs 和 sclk 信号必须满足时序要求，才能保证从 TLC549 芯片的 DATAOUT 引脚正确地输出采样数据。

(2) 完成采集数据的串并转换、数据处理和显示。只有完成这两个功能，系统才能实现对采集数据的处理和显示的功能。

该系统的接口信号包括：

1) 输入信号

(1) 系统复位信号输入信号(clr)。

(2) 外部系统时钟输入信号(sysclk)。

(3) 来自 A/D 的串行数据输入信号(sdin)。

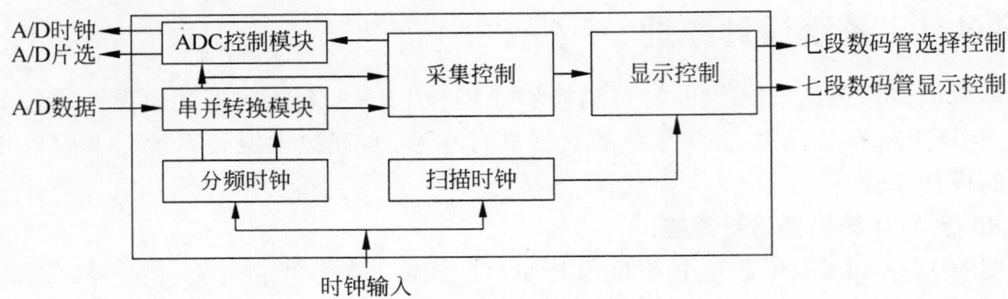

图 10.16 FPGA 控制逻辑图

2）输出信号

（1）七段码显示输出信号信号(seg(6:0))。

（2）七段数码管选择输出信号(sel(1:0))。

（3）七段数码管小数点输出信号(dp)。

（4）A/D 片选控制端的输出信号(ncs)。

（5）A/D 输入时钟的输出信号(sclk)。

3. 系统硬件连线方法

（1）sdin、ncs、sclk 分别接 TLC549 串行 A/D 的 I/O CLOCK、CS 和 DATA OUT 端。sel、seg[6..0]和 dp 分别接 7 段数码管的扫描输入端 SEL[1..0]和 g～a、dp；sysclk 接 8kHz 时钟；clr 接一拨码开关(低电平时可以正常工作)；V_{ref}按合适的参考电压端。

（2）将模拟信号连接到串行 A/D 数据采集输入端 A_IN+，并不断调节可调电位器，观测最终的显示结果。

10.4.2 设计实现

1. 分频器模块的设计

下面给出分频器模块的 Verilog HDL 设计代码。

代码清单 10-5 ioclk.v 文件

```
module ioclk(sysclk,iosclk);
input sysclk;
output reg iosclk;
integer count;
reg clk;
always @ (posedge sysclk)
begin
  if(count == 124) begin
    count <= 0;
    iosclk <= ~iosclk;
  end
  else
    count <= count + 1;
end
endmodule
```

2. 串行转并行模块的设计

下面给出串行转并行模块的 Verilog HDL 设计代码。

代码清单 10-6 control549_serial_to_parallel.v 文件

```
module control549_serial_to_parallel(clk,clr,sdin,ncs,sclk,flgo,pdout);
input clk;                    // external clock signal -- 64hz
input clr;                    // clear signal
input sdin;                   // serial data from tlc1549
output ncs;                   // ouput to tlc549 to generate cs
output sclk;                  // output to tlc549 to generate sclk
output flgo;                  // parallel data output flag,for data processing
output reg [7:0] pdout;       // parallel data output for processing
reg[7:0] q;
reg[3:0] count;
wire flg;
integer i;
assign flg = count[3];
assign ncs = count[3];
assign flgo = flg;
assign sclk = clk;
always @(posedge clr or posedge clk)
begin
  if(clr) q <= 8'b00000000;
  else begin
   if(flg == 1'b0) begin
   q[0]<= sdin;
       for(i = 1;i <= 7;i = i + 1)
           q[i]<= q[i - 1];
  end
  else q <= 8'hz;
end
end

always @(posedge flg)
begin
  pdout <= q;
end

always @(posedge clr or negedge clk)
begin
  if(clr) count <= 4'b0000;
  else begin
   if(count == 4'b1001) count <= 4'b0000;
   else count <= count + 1;
end
end
endmodule
```

3. 显示和控制模块的设计

下面给出显示和控制模块的 Verilog HDL 设计代码。

代码清单 10-7　led_disp. v 文件

```
module led_disp(din,flgin,led_scan_clk,sel,seg,dp);
input[7:0] din;
input flgin;
input led_scan_clk;
output reg[1:0] sel;
output reg[6:0] seg;
output reg dp;
reg[7:0] vol_value;
reg [11:0] bcd_value;
reg [11:0] bcd_h,bcd_l;
reg [1:0] scan_out;
always @(posedge flgin)
begin
  vol_value<=din;
end

always @(posedge led_scan_clk)
begin
bcd_h<=bin_bcd(vol_value[7:4],1'b1);
bcd_l<=bin_bcd(vol_value[3:0],1'b0);
bcd_value<=bcd_h+bcd_l;
    if(bcd_value[3:0]>4'b1001)
        bcd_value<=bcd_value+12'h006;
    if(bcd_value[7:4]>4'b1001)
        bcd_value<=bcd_value+12'h060;
end

always @(posedge led_scan_clk)
begin
  if(scan_out==2'b10) scan_out<=2'b00;
  else scan_out<=scan_out+1;
end

always @(scan_out)
  begin
    case (scan_out)
        2'b00  :  begin
                    seg<=display(bcd_value[3:0]);
                    sel<=2'b00;
                  end
        2'b01  :  begin
                    seg<=display(bcd_value[7:4]);
                    sel<=2'b01;
                  end
        2'b10  :  begin
                    seg<=display(bcd_value[11:8]);
                    sel<=2'b10;
                  end
         default : begin
```

```
                seg <= display(4'b111);
                sel <= 2'b11;
                dp <= 1'b1;
              end
    endcase
end

function[11:0] bin_bcd;
  input[3:0] bin;
  input flag;
   if(flag == 1'b0)
begin
   case (bin)
      4'h0     : bin_bcd = 12'h0;
      4'h1     : bin_bcd = 12'h2;
      4'h2     : bin_bcd = 12'h4;
      4'h3     : bin_bcd = 12'h6;
      4'h4     : bin_bcd = 12'h8;
      4'h5     : bin_bcd = 12'ha;
      4'h6     : bin_bcd = 12'hc;
      4'h7     : bin_bcd = 12'he;
      4'h8     : bin_bcd = 12'h10;
      4'h9     : bin_bcd = 12'h12;
      4'ha     : bin_bcd = 12'h20;
      4'hb     : bin_bcd = 12'h22;
      4'hc     : bin_bcd = 12'h24;
      4'hd     : bin_bcd = 12'h26;
      4'he     : bin_bcd = 12'h28;
      4'hf     : bin_bcd = 12'h30;
      default : bin_bcd = 12'hfff;
     endcase
end
else if(flag == 1'b1)
 begin
   case (bin)
      4'h0     : bin_bcd = 12'h00;
      4'h1     : bin_bcd = 12'h32;
      4'h2     : bin_bcd = 12'h64;
      4'h3     : bin_bcd = 12'h96;
      4'h4     : bin_bcd = 12'h128;
      4'h5     : bin_bcd = 12'h160;
      4'h6     : bin_bcd = 12'h192;
      4'h7     : bin_bcd = 12'h224;
      4'h8     : bin_bcd = 12'h256;
      4'h9     : bin_bcd = 12'h288;
      4'ha     : bin_bcd = 12'h332;
      4'hb     : bin_bcd = 12'h352;
      4'hc     : bin_bcd = 12'h384;
      4'hd     : bin_bcd = 12'h416;
      4'he     : bin_bcd = 12'h448;
      4'hf     : bin_bcd = 12'h480;
```

```
            default : bin_bcd = 12'hfff;
          endcase
        end
    endfunction

    function[6:0] display;
    input[3:0] a;
     case (a)
         4'h0    :    display = 7'b0111111;
         4'h1    :    display = 7'b0000110;
         4'h2    :    display = 7'b1011011;
         4'h3    :    display = 7'b1001111;
         4'h4    :    display = 7'b1100110;
         4'h5    :    display = 7'b1101101;
         4'h6    :    display = 7'b1111101;
         4'h7    :    display = 7'b0000111;
         4'h8    :    display = 7'b1111111;
         4'h9    :    display = 7'b1101111;
         default:     display = 7'b1111111;
     endcase
  endfunction
endmodule
```

4. 顶层模块的设计

下面给出顶层模块的 Verilog HDL 设计代码。

代码清单 10-8　top. v 文件

```
module top(sysclk,clr,sdin,ncs,sclk,sel,seg,dp);
input sysclk;
input clr;
input sdin;
output ncs;
output sclk;
wire clk_64;
wire flag;
output[1:0] sel;
output[6:0] seg;
output dp;
control549_serial_to_parallel Inst_control1549_serial_to_parallel
   (
    .clk(clk_64),
    .clr(clr),
    .sdin(sdin),
    .ncs(ncs),
    .sclk(sclk),
    .flgo(flag),
    .pdout(data)
    );
led_disp Inst_led_disp
   (
    .din(data),
    .flgin(flag),
```

```
    .led_scan_clk(sysclk),
    .sel(sel),
    .seg(seg),
    .dp(dp)
    );
ioclk Inst_ioclk
   (
    .sysclk(sysclk),
    .iosclk(clk_64)
    );
endmodule
```

思考与练习 6　修改设计,使用 TLC549 实现对交流信号幅度和频率的测量和显示。

10.5　基于 DAC 的信号发生器的设计

本节将介绍函数信号发生器的原理,并分别使用 VHDL 和 Verilog HDL 语言产生正弦波、三角波和方波,并在硬件平台上进行验证。

10.5.1　函数信号发生器设计原理

本节介绍 DAC 转换器的原理和函数信号生成原理。

1. D/A 转换器工作原理

AD558 是一款完整的电压输出 8 位数模转换器,它将输出放大器、完全微处理器接口以及精密基准电压源集成在单芯片上,无须外部元件或调整,就能以全精度将 8 位数据总线与模拟系统进行接口。图 10.17 给出了 AD558 的符号图,该芯片的接口信号包括:

(1) DB0-DB7 为 8 位的数字量输入端口,为 D/A 提供数字量输入。

(2) CS 为 D/A 芯片选输入信号。

(3) CE 为 D/A 芯片使能输入信号。

(4) V_{out} SENSE 为 D/A 芯片的电压感应端,通常和 V_{out} 连接在一起。

(5) V_{out} SELECT 为输出电压选择端,用来调整输出电压的范围。

CS 信号和 CE 信号一起实现对 DAC 数据进行控制,表 10.1 给出了 AD558 控制逻辑真值关系。图 10.18 给出了 AD558 的控制逻辑。

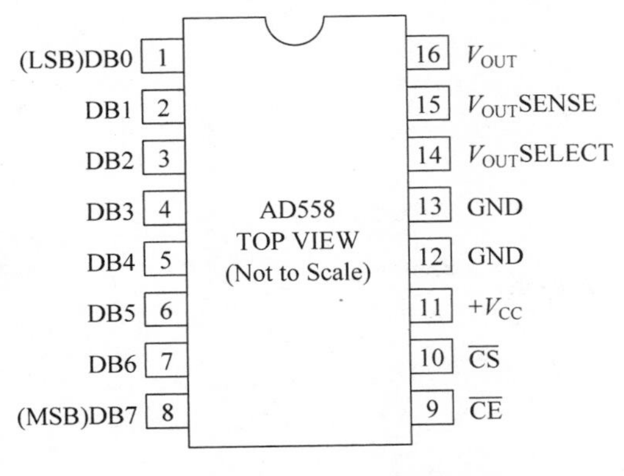

图 10.17　AD558 接口符号

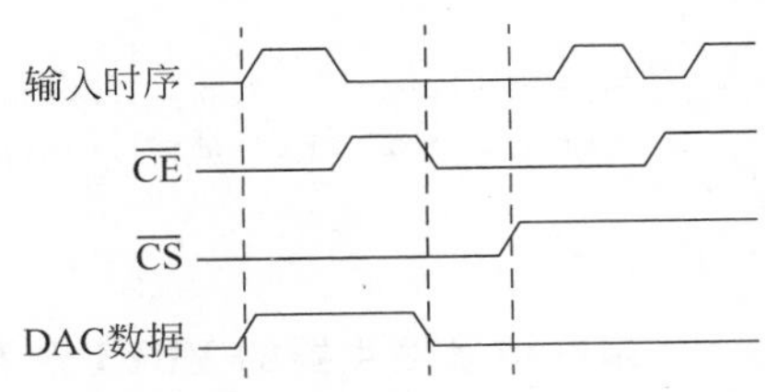

图 10.18　AD558 控制逻辑

表 10.1　AD558 控制逻辑真值表

输入数据	CE	CS	DAC 数据	锁存条件
0	0	0	0	透明
1	0	0	1	透明
0	g	0	0	正在锁存
1	g	0	1	正在锁存
0	0	g	0	正在锁存
1	0	g	1	正在锁存
×	1	×	以前数据	被锁存
×	×	1	以前数据	被锁存

注：g 为正沿跳高的逻辑门限；×表示任意值。

2. 函数信号生成原理

本设计要求使用硬件平台上现有的 D/A 转换器 AD558 来产生三种波形，即正弦波、三角波、方波。下面介绍三种波形的产生原理：

(1) 三角波产生的原理比较简单可以采用 0～255～0 的循环/加减法计数器实现。

(2) 方波产生原理让计数器在 0 和 255 时各保持输出半个周期。

(3) 正弦波一般采用查表法来实现，正弦表值可以用 MATLAB、C 等程序语言生成。

在一个周期取样点越多则输出波形的失真度越小，但是点越多存储正弦波表值所需要的空间就越大，编写就越麻烦。在要求不是很严格的条件下取 64 点即可，可以用 C 语言实现正弦表的方法。

10.5.2　设计实现

本节将给出正弦信号系数的 C 语言程序、信号发生器的 VHDL 和 Verilog HDL 设计代码。

1. 生成正弦信号系数的 C 语言代码

下面给出生成正弦信号系数的 C 语言代码。

代码清单 10-9　sina.c 文件

```
#include <stdio.h>
#include "math.h"
main ( )
{
  int i; float s ;
  for(i = 0; i < 64;i++)
  {
    s = sin (atan(1) * 8 * i/64);
    printf(" %d : %d;\n", i,(int)((s + 1) * 63/2));
  }
}
```

2. 函数信号发生器的 VHDL 代码

下面给出函数信号发生器的 VHDL 代码。

代码清单 10-10 fun_gen.vhd 文件

```
library IEEE;
use IEEE.STD_LOGIC_1164.ALL;
use IEEE.STD_LOGIC_ARITH.ALL;
use IEEE.STD_LOGIC_UNSIGNED.ALL;

entity fun_gen is
port(
        clk   : in  std_logic;
        rst   : in  std_logic;
        tr    : in  std_logic;
        sq    : in  std_logic;
        si    : in  std_logic;
        data  : out std_logic_vector(7 downto 0));
end fun_gen;

architecture Behavioral of fun_gen is

  signal  trw  : integer range 0 to 255;
  signal  sqw  : integer range 0 to 255;
  signal  count : std_logic_vector(5 downto 0);
  type state is (s1,s2);
  signal next_state : state;
  type rom_type is array (63 downto 0) of std_logic_vector (7 downto 0);
  signal  add  : integer range 0 to 63;
  signal ROM : rom_type:= (X"FF",X"FE",X"FC",X"F9",X"F5",X"EF",X"E9",X"E1",
                           X"D9",X"CF",X"C5",X"BA",X"AE",X"A2",X"96",X"89",X"7C",X"70",
                           X"63",X"57",X"4B",X"40",X"35",X"2B",X"22",X"1A",X"13",X"0D",
                           X"08",X"04",X"01",X"00",X"00",X"01",X"04",X"08",X"0D",X"13",
                           X"1A",X"22",X"2B",X"35",X"40",X"4B",X"57",X"63",X"70",X"7C",
                           X"89",X"96",X"A2",X"AE",X"BA",X"C5",X"CF",X"D9",X"E1",X"E9",
                           X"EF",X"F5",X"F9",X"FC",X"FE",X"FF" );

begin

  process(clk,rst,tr)
   begin
    if(tr='1')then
       if(rst='1')then
           next_state<=s1;
           trw<=0;
       elsif rising_edge(clk) then
            case next_state  is
             when s1  =>
                       if(trw=255)then
                            trw<=254;
                            next_state<=s2;
                       else
                            trw<=trw+1;
                       end if;
```

```
                 when   s2  =>
                               if(trw = 0)then
                                      trw <= 1;
                                      next_state <= s1;
                               else
                                      trw <= trw - 1;
                               end if;
                 when others  =>
                 end case;
            end if;

         end if;
    end process;


  process(clk,rst,sq)
  begin
      if(sq = '1')then

         if(rst = '1')then
              sqw <= 0;
           elsif rising_edge(clk) then
               if(count <"100000") then
                   sqw <= 0;
                else
                   sqw <= 255;
                end if;
                count <= count + 1;
           end if;

        end if;
     end process;

  process(clk,rst,si)
  begin
     if(si = '1')then

          if(rst = '1')then
            add <= 0;
          elsif rising_edge(clk) then
             if(add = 63)then
                add <= 0;
              else
                add <= add + 1;
              end if;
          end if;


      end if;
  end process;
```

```
process(clk)
begin
if rising_edge(clk)then
   if(tr = '0' and sq = '0' and si = '0')then
         data <= "00000000";
    elsif(tr = '1' and sq = '0' and si = '0') then
        data <= CONV_STD_LOGIC_VECTOR(trw,8);
    elsif(tr = '0' and sq = '1' and si = '0')then
         data <=   CONV_STD_LOGIC_VECTOR(sqw,8);
    elsif(tr = '0' and sq = '0' and si = '1') then
              data <= ROM(add);
    end if;
end if;
end process;
end Behavioral;
```

3. 函数信号发生器的 Verilog HDL 代码

下面给出函数信号发生器的 Verilog HDL 代码。

代码清单 10-11　fun_gen.v 文件

```
module fun_gen(clk,rst,tr,sq,si,data);
input clk,rst;
input tr,sq,si;
output reg[7:0] data;
integer trw;
integer sqw;
integer add;
reg[5:0] count;
reg state;
parameter s1 = 1'b0;
parameter s2 = 1'b1;
reg[7:0] rom[63:0];
initial begin
rom[0] = 8'hff;  rom[1] = 8'hfe;   rom[2] = 8'hfc;  rom[3] = 8'hf9;
rom[4] = 8'hf5;  rom[5] = 8'hef;   rom[6] = 8'he9;  rom[7] = 8'he1;
rom[8] = 8'hd9;  rom[9] = 8'hcf;   rom[10] = 8'hc5; rom[11] = 8'hba;
rom[12] = 8'hae; rom[13] = 8'ha2;  rom[14] = 8'h96; rom[15] = 8'h89;
rom[16] = 8'h7c; rom[17] = 8'h70;  rom[18] = 8'h63; rom[19] = 8'h57;
rom[20] = 8'h4b; rom[21] = 8'h40;  rom[22] = 8'h35; rom[23] = 8'h2b;
rom[24] = 8'h22; rom[25] = 8'h1a;  rom[26] = 8'h13; rom[27] = 8'h0d;
rom[28] = 8'h08; rom[29] = 8'h04;  rom[30] = 8'h01; rom[31] = 8'h00;
rom[32] = 8'h00; rom[33] = 8'h01;  rom[34] = 8'h04; rom[35] = 8'h08;
rom[36] = 8'h0d; rom[37] = 8'h13;  rom[38] = 8'h1a; rom[39] = 8'h22;
rom[40] = 8'h2b; rom[41] = 8'h35;  rom[42] = 8'h40; rom[43] = 8'h4b;
rom[44] = 8'h57; rom[45] = 8'h63;  rom[46] = 8'h70; rom[47] = 8'h7c;
rom[48] = 8'h89; rom[49] = 8'h96;  rom[50] = 8'ha2; rom[51] = 8'hae;
rom[52] = 8'hba; rom[53] = 8'hc5;  rom[54] = 8'hcf; rom[55] = 8'hd9;
rom[56] = 8'he1; rom[57] = 8'he9;  rom[58] = 8'hef; rom[59] = 8'hf5;
rom[60] = 8'hf9; rom[61] = 8'hfc;  rom[62] = 8'hfe; rom[63] = 8'hff;
end
```

```
always @ (posedge clk or posedge rst)
begin
if(rst) begin
  state <= s1;
  trw <= 0;
end
else begin
   if(tr == 1) begin
  case (state)
    s1:  begin
              if(trw == 255) begin
                  trw <= 254;
                   state <= s2;
                end
                else
                  trw <= trw + 1;
         end
   s2:  begin
         if(trw == 0) begin
            trw <= 1;
            state <= s1;
             end
         else
            trw <= trw - 1;
         end
    endcase
   end
 end
end

always @ (posedge rst or posedge clk)
begin
  if(rst) sqw <= 0;
  else begin
    if(sq == 1'b1) begin
     if(count < 6'b10000) sqw <= 0;
      else sqw <= 255;
      count <= count + 1;
    end
  end
end

always @ (posedge rst or posedge clk)
begin
  if(rst) add <= 0;
  else begin
   if(si == 1'b1) begin
  if(add == 63) add <= 0;
  else add <= add + 1;
  end
 end
```

```
end
always @ (posedge clk)
begin
  if(tr == 1'b0 && sq == 1'b0 && si == 1'b0)
    data <= 8'h00;
  else if(tr == 1'b1&& sq == 1'b0 && si == 1'b0)
    data <= trw;
  else if(tr == 1'b0 && sq == 1'b1 && si == 1'b0)
    data <= sqw;
  else if(tr == 1'b0 && sq == 1'b0 && sq == 1'b1)
    data <= rom[add];
end
endmodule
```

思考与练习 7 修改设计，产生可变频率的正弦信号、方波信号和三角波信号。

思考与练习 8 修改设计，产生调幅 AM 信号。

第11章 软核处理器PicoBlaze原理及应用

CHAPTER 11

随着现场可编程门阵列功能不断增强，其应用范围扩展到了嵌入式系统领域。Xilinx公司的嵌入式解决方案以四类RISC结构的微处理器为核心，涵盖了系统硬件设计和软件调试的各个方面。四类嵌入式内核分别为PicoBlaze、MicroBlaze、PowerPC、Cortex-A9双核，其中PicoBlaze和MicroBlaze是软核处理器，PowerPC和Cortex-A9双核为硬核处理器。

本章以Xilinx公司8位微控制器PicoBlaze软核处理器为核心，介绍了基于FPGA的片上可编程系统的原理及实现方法。

通过本章内容的学习，重点掌握片上可编程系统的本质，理解软件和硬件协同设计的思想以及以软件为中心的系统设计方法。

11.1 片上可编程系统概论

本节介绍片上MCU和专用MCU的比较以及片上MCU和片上逻辑的比较。

11.1.1 片上MCU和专用MCU的比较

目前有很多8位的微控制器结构和指令集，使用FPGA可以高效地实现任何8位的微控制器，并且可以使用FPGA软核支持流行的指令集，比如PIC、8051、AVR、6502、8080、Z80和Cortex_Mo微控制器。为什么使用PicoBlaze微控制器，而不使用更流行的指令集呢？

PicoBlaze微控制器是专门为Xilinx的Spartan和Virtex系列的FPGA结构设计和优化的，它紧凑而强大的结构，比流行的8位微控制器消耗更少的FPGA资源。而且，PicoBlaze微控制器提供了在FPGA内可用的、免费的、源码级的HDL文件。

一些独立的微控制器变种由于“过时”而导致“不好的名声”，由于PicoBlaze提供HDL源码，这样PicoBlaze微控制器可以适应未来的Xilinx FPGA芯片，使得该控制器对“过时”有更好的“免疫力”，并且可以进一步地降低成本和扩展特性。

在PicoBlaze和MicoBlaze处理器出现前，微控制器存在于FPGA外部，需要和其他FPGA的功能进行连接，这样就限制了接口的整体性能。相比较之下，PicoBlaze微控制器充分地嵌入在FPGA内，可以灵活地片上连接其他的FPGA资源，在FPGA内保留的信号提高了整体的性能。由于使用了集成在FPGA内的单片解决方案，PicoBlaze降低了系统的成本。

PicoBlaze微控制器有高效的资源，因此，可以复杂地应用分配到多个PicoBlaze微控制器，其中的每个微控制器实现一个特定的功能，比如键盘和显示控制，或者系统的管理。

11.1.2 片上 MCU 和片上逻辑的比较

在实际中，微控制器和 FPGA 成功地实现了任何数字逻辑功能。然而，在成本、性能和易用方面，它们有自己独特的优势。微控制器很好地适用于控制应用，特别是在较宽的变化要求方面。要求使用 FPGA 实现微控制器是相对固定的，相同的 FPGA 逻辑可以被各种微控制器指令"重用"，对程序存储器的要求随着复杂度的增加而增加。

使用汇编代码对控制序列或者状态机编程比在 FPGA 逻辑内创建相同的结构要容易很多。

微控制器在性能方面受到限制，每个指令按顺序执行。当一个应用的复杂度增加后，要求实现应用的指令也会随着增加，系统性能就会相应地降低。相比较下，在一个 FPGA 内的性能是更加灵活的。比如，根据性能的要求，一个算法可以顺序或者完全并行的实现。并行的实现速度会更快，但是会占用更多的逻辑资源。

嵌入在 FPGA 内的微控制器提供了最好的解决方案。在 FPGA 内的微控制器实现非"苛刻"时序要求的复杂控制功能，可以用其他 FPGA 逻辑更好的实现"苛刻"时序或数据通道功能。比如，一个微控制器不能响应毫秒级内的事件，而 FPGA 逻辑在几十个纳秒时间内响应多个同步事件。反过来，一个微控制器在执行格式或者协议转换方面成本较低，并且比较简单。表 11.1 给出了 PicoBlaze 微控制器和 FPGA 逻辑在各方面进行比较的优势和缺点。

表 11.1 PicoBlaze 微控制器和 FPGA 逻辑在各方面的比较

	PicoBlaze 微控制器	FPGA 逻辑
优势	① 容易编程，在控制方面和状态机应用方面有优势 ② 当复杂度增加时，在资源要求方面保持不变 ③ 逻辑资源可重用，对较低性能功能应用方面有优势	① 具有较高的性能 ② 优良的并行操作 ③ 能在成本和性能之间进行权衡，使用顺序或并行实现 ④ 对多个同步输入可快速响应
劣势	① 顺序执行； ② 随着复杂度的增加，性能降低； ③ 对同步输入的响应较慢	① 对控制和状态机编程比较困难 ② 随着复杂度的增加，所占用的逻辑资源也随之增加

思考和练习 1 说明片上可编程系统的含义。

思考和练习 2 说明 MCU 和硬件逻辑在实现数字系统应用的优点和缺点。

11.2 PicoBlaze 处理器原理及结构分析

本节将介绍 PicoBlaze 处理器特点、PicoBlaze 处理器应用框架和 PicoBlaze 处理器内部结构。

11.2.1 PicoBlaze 处理器特点

PicoBlaze 是 8 位微处理器，在 Xilinx 公司的 Virtex、Spartan-Ⅱ系列以上 FPGA 与 CoolRunner-Ⅱ系列以上的 CPLD 器件设计中以 IP 核的方式提供，使用是免费的。PicoBlaze 起初命名为 KCPSM，是 constant(K) coded programmable state machine 的简称，意为常量编码可编程状态机。KCPSM 还有个别称叫 Ken Chapman's PSM，Ken Chapman 是 Xilinx 的微控制器设计者之一。

PicoBlaze 处理器在处理解决方案时具有以下几个优点：

(1) 免费的 PicroBlaze 核。PicoBlaze 控制器是一个可综合的 VHDL 或 Verilog 源代码，该核可以移植到 Xilinx 公司未来的产品中，并且 Xilinx 公司提供免费的 PicoBlaze 控制器源代码。

(2) 容易使用的汇编器。PicoBlaze 的汇编器是(KCPSM3)一个简单的 DOS 程序，无论程序代码有多长，该汇编器编译程序的时间小于 3 秒，能产生 VHDL，Verilog 和 M(用于 system generator)文件。其他的开发工具包括图形化的集成开发环境 IDE，图形化的指令集仿真器 ISS，HDL 源代码和仿真模型。本章采用 DOS 环境的汇编器。

(3) 高性能。PicoBlaze 处理器每秒能执行 44～100 百万条指令(具体的指令数取决于采用 FPGA 芯片的类型和速度等级)。

(4) 较小的逻辑资源消耗。PicoBlaze 处理器占用 192 个切片，消耗 Spartan-3 XC3S200 器件大约 5%的逻辑资源。由于该处理器只占用很小部分的 FPGA 和 CPLD 资源，所以设计者可以使用多个 PicoBlaze 处理器用于处理更长的任务或者保持任务的隔离和可预测。

(5) 100%嵌入式能力。PicoBlaze 核嵌在 FPGA 或 CPLD 内部，不需要外部的资源，通过将额外的逻辑和微控制器的输入和输入端口连接后，可扩展其基本功能。

11.2.2 PicoBlaze 处理器应用框架

PicoBlaze 模块不需要外部支持，并且可以直接与其他逻辑相连接，图 11.1 给出了 PicoBlaze IP Core 的应用框架。

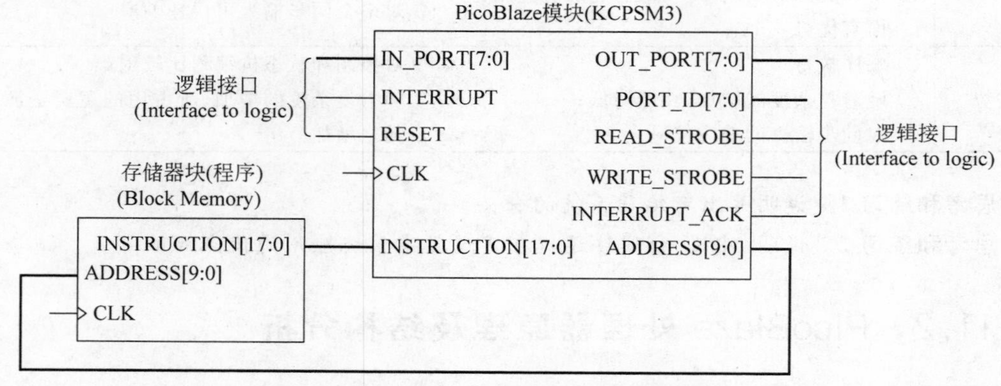

图 11.1 PicoBlaze 模块 IP Core 应用框架

如图 11.2 所示，给出了 PicoBlaze 的 VHDL 代码描述。如图 11.3 所示，给出了 PicoBlaze 的 Verilog HDL 代码描述。表 11.2 对 PicoBlaze 应用的 IP Core 框架的接口进行说明。

```
component kcpsm3
    Port (        address : out std_logic_vector(9 downto 0);
               instruction : in std_logic_vector(17 downto 0);
                   port_id : out std_logic_vector(7 downto 0);
              write_strobe : out std_logic;
                  out_port : out std_logic_vector(7 downto 0);
               read_strobe : out std_logic;
                   in_port : in std_logic_vector(7 downto 0);
                 interrupt : in std_logic;
             interrupt_ack : out std_logic;
                     reset : in std_logic;
                       clk : in std_logic);
    end component;
```

(a) kcpsm3 元件声明语句

```
processor: kcpsm3
    port map(         address => address,
                  instruction => instruction,
                      port_id => port_id,
                 write_strobe => write_strobe,
                     out_port => out_port,
                  read_strobe => read_strobe,
                      in_port => in_port,
                    interrupt => interrupt,
                interrupt_ack => interrupt_ack,
                        reset => reset,
                          clk => clk);
```

(b) kcpsm3 元件例化语句

图 11.2　PicoBlaze 的 VHDL 代码

```
module kcpsm3(
output [9:0] address,
input  [17:0] instruction,
output  [7:0] port_id,
output        write_strobe,
output  [7:0] out_port,
output        read_strobe,
input   [7:0] in_port,
input         interrupt,
output        interrupt_ack,
input         reset,
input         clk) ;
```

图 11.3　PicoBlaze 的 Verilog HDL 代码

表 11.2 PicoBlaze 模块 IP Core 框架接口说明

端　口	功　能	I/O
address	10 位地址线	输出
instruction	18 位指令输入	输入
port_id	I/O 地址控制	输出
write_strobe	写选通控制	输出
read_strobe	读选通控制	输出
interrupt_ack	中断响应	输出
out_port	8 位输出接口	输出
in_port	8 位输入接口	输入
interrupt	中断输入	输入
reset	复位	输入
clk	时钟输入	输入

11.2.3 PicoBlaze 处理器内部结构

图 11.4 给出了 PicoBlaze 8 位微处理器内部结构，PicoBlaze 处理器由 16 个寄存器、算术逻辑单元(ALU)、程序流控制标志和复位逻辑、输入/输出(I/O)、中断控制器、程序流控制单元和程序计数器等模块构成，下面对其内部结构进行详细的说明。

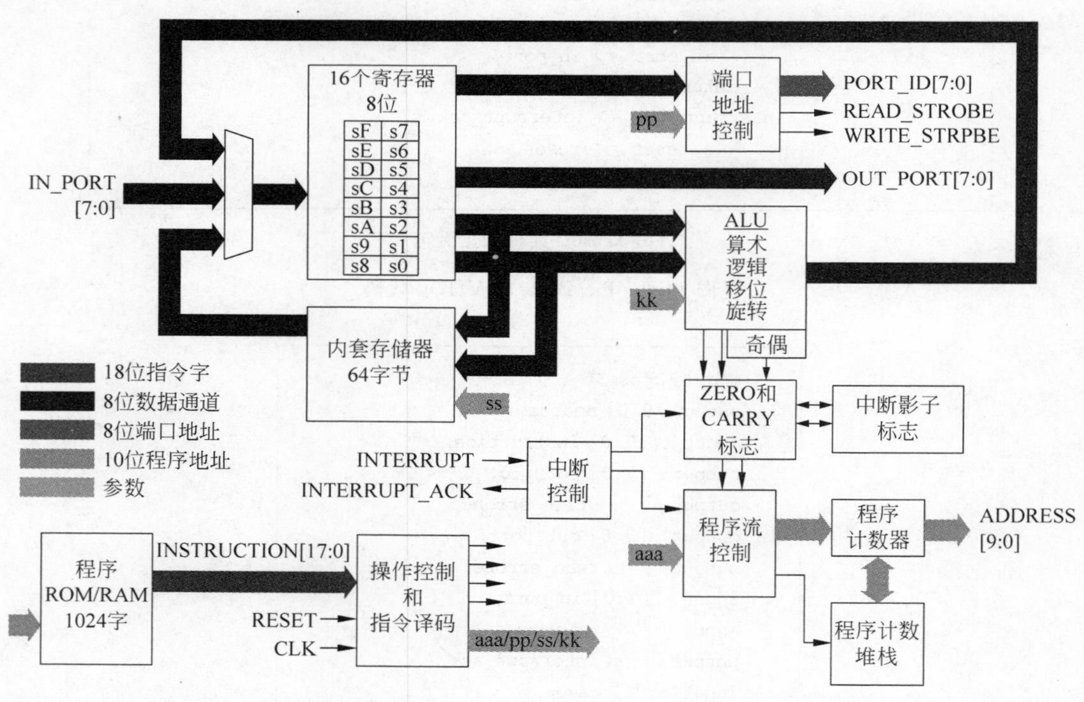

图 11.4 KCPSM3 内部结构示意图

1. 程序空间

KCPSM3 支持程序指令深度可以到 1024(使用一个 BRAM)，多个 KCPSM3 处理器可以用于处理不同的任务。

2. 通用寄存器

16 个 8 位的通用寄存器，标号 s0～sF(在汇编中可能被重新命名)。所有的操作所使用的寄存器是非常灵活的(没有专用的或优先级)。在 KCPSM3 中没有累加器，任何一个寄存器都可作为累加器。

3. 算术逻辑单元

(1) 提供很多简单的操作，所有操作使用一个来自 sX 的操作数，结果返回到该寄存器。对需要两个操作数的操作，第二个操作数来自 sY 寄存器或 8 位常数 kk。

(2) ADD 和 SUB 操作可以包括进位标志作为一个输入(ADDCY 和 SUNCY)，用于支持宽度大于 8 的算术操作。

(3) LOAD、AND、OR、XOR 提供了位操作和测试功能，支持移位和旋转操作。

(4) COMPARE 和 TEST 指令可以测试寄存器的内容(不改变器内容)，确定奇偶性。

4. 标志和程序流控制

ALU 的运算结果影响 ZERO 和 CARRY 标志位。CARRY 也可以用于捕获在移位和旋转指令操作时，位移出寄存器的操作。在 TEST 指令，CARRY 标志也用来标识是否 8 位的暂时结果是奇校验。

该标志也用来控制程序的执行序列。JUMP 跳转到程序空间的绝对地址，CALL 和 RETURN 提供子自程序功能(代码段)，堆栈支持 31 个嵌套的子程序级。

5. 复位

使处理器返回到初始状态。程序从 00 开始，禁止中断，状态标志和 CALL/RETURN 栈复位，不影响寄存器内容。

6. 输入/输出

PicoBlaze 提供 256 个输入端口和 256 个输出端口。端口总线提供一个 8 位地址值，与一个读选通或写选通脉冲信号一起指定访问端口。这个端口地址值或为一确定值或由任意一寄存器中内容指定，或者用 16 个寄存器中的任何一个((sY))来指定。

(1) INPUT 指令将端口值送到任何一个寄存器中，输入操作用一个 READ_STROBE 脉冲标识(不总是需要)，但可以表示处理器接收到数据。

(2) OUTPUT 指令将任何一个寄存器送到端口值中，输出操作用一个 WRITE_STROBE 脉冲标识，接口逻辑使用该信号以保证将有效的数据送到外部的系统。典型地，WRITE_STROBE 用于时钟的使能或写使能。

7. 内嵌存储器

PicoBlaze 有一个内部的 64 字节的通用存储器，可以使用 STORE 指令将 16 个寄存器中的任意一个寄存器的内容写入 64 个地址位置中；FETCH 指令将存储器中任一个位置的内容写入到 16 个寄存器中的任意一个寄存器中。这允许在处理器边界内有更多的变量，也用于保留所有的 I/O 空间用于输入和输出信号。

8. 中断

处理器提供单独的 INTERRUPT 信号。如果需要，可以使用一个简单的逻辑连接多个信号。默认禁止中断，在程序中可以使能/禁止中断。当检测到活动的中断时，KCPSM3 处理初始化"CALL 3FF"指令。3FF 是一个子程序能调用的最后存储器的位置，在该位置定义了跳转到中断服务程序 ISR 的入口地址。

INTERRUPT_ACK 输出产生脉冲,自动保护 ZERO 和 CARRY 标志,并且禁止其他中断。RETURNI 指令保证在结束 ISR 时,恢复状态标志,并说明使能/禁止未来的中断。

思考和练习 3 说明 PicoBlaze 软核处理器的主要特性。

思考和练习 4 理解和掌握 PicoBlaze 软核处理器的内部结构和 CPU 的结构本质。

11.3 PicoBlaze 处理器指令集

本节介绍 PicoBlaze 指令集、控制程序转移指令、中断指令、逻辑操作指令、算术运算指令、循环转移指令、输入和输出指令。

11.3.1 PicoBlaze 指令集

表 11.3 给出所有代表十六进制的 PicoBlaze 操作码的指令。其中:

(1) sX 和 sY 中的 X 和 Y 分别表示寄存器的编号,范围为 0～F。

(2) kk 表示常量。

(3) pp 表示端口地址,范围为 00～FF。

(4) aaa 表示地址,范围为 000～3FF。

表 11.3 PicoBlaze 处理器指令集

控制程序转移指令	循环转移指令	逻辑操作指令	算术运算指令
JUMP aaa	SR0 sX	LOAD sX,kk	ADD sX,kk
JUMP Z,aaa	SR1 sX	AND sX,kk	ADDCY sX,kk
JUMP NZ,aaa	SRX sX	OR sX,kk	SUB sX,kk
JUMP C,aaa	SRA sX	XOR sX,kk	SUBCY sX,kk
JUMP NC,aaa	RR sX	TEST sX,kk	COMPARE sX,kk
CALL aaa	SL0 sX	LOAD sX,sY	ADD sX,sY
CALL Z,aaa	SL1 sX	AND sX,sY	ADDCY sX,sY
CALL NZ,aaa	SLX sX	OR sX,sY	SUB sX,sY
CALL C,aaa	SLA sX	XOR sX,sY	SUBCY sX,sY
CALL NC,aaa	RL sX	TEST sX,sY	COMPARE sX,sY
	中断指令	存储指令	输入/输出指令
RETURN	RETURNI ENABLE	STORE sX,ss	INPUT sX,pp
RETURN Z	RETURNI DISABLE	STORE sX,(sY)	INPUT sX,(sY)
RETURN NZ			OUTPUT sX,pp
RETURN C	ENABLE INTERRUPT	FETCH sX,ss	OUTPUT sX,(sY)
RETURN NC	DISABLE INTERRUPT	FETCH sX,(sY)	

11.3.2 控制程序转移指令

1. JUMP 指令

如图 11.5 所示,在正常情况下,程序计数器 PC+1,指向下一条将要执行的指令。寻址空间为1024，程序计数器的位宽为10比特。当PC中地址值为3FF时，增加1，地址变为000。JUMP指令能通过指定一个新的地址来修改这种顺序。一个按条件转移的JUMP指令，只有在检测到ZERO标志位或者CARRY标志位有效时，才能被执行，执行结果不会影响标志位的状态。

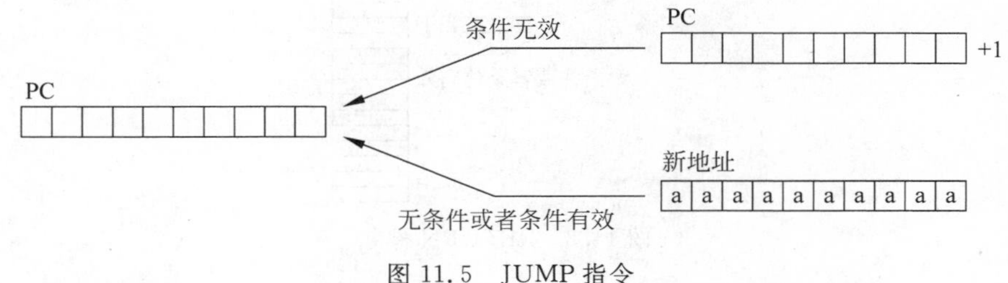

图11.5 JUMP指令

如图11.6所示，每条JUMP指令必须以3个十六进制值的方式指定10位的地址值。编译器支持使用标号以简化编程。

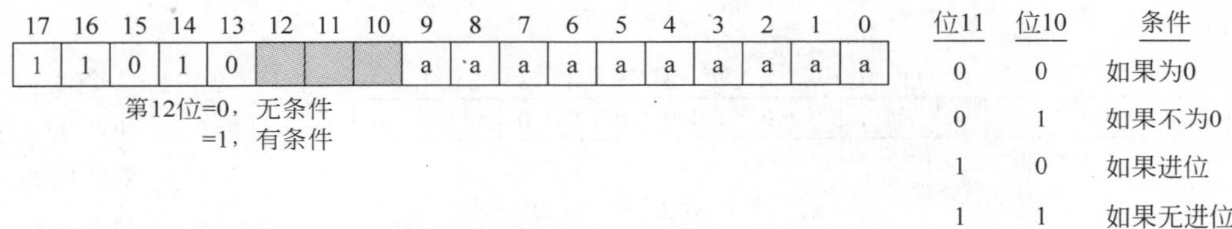

图11.6 JUMP指令说明

2. CALL指令

如图11.7所示，相对JUMP指令而言，CALL指令的操作更为简单，它通过指定一个新的地址来修改程序正常执行的顺序，也可以条件化CALL指令。除了提供一个新地址，CALL指令还要将程序计数器(PC)中的当前值压入程序计数器堆栈保存。CALL指令的执行不会影响标志位的状态。

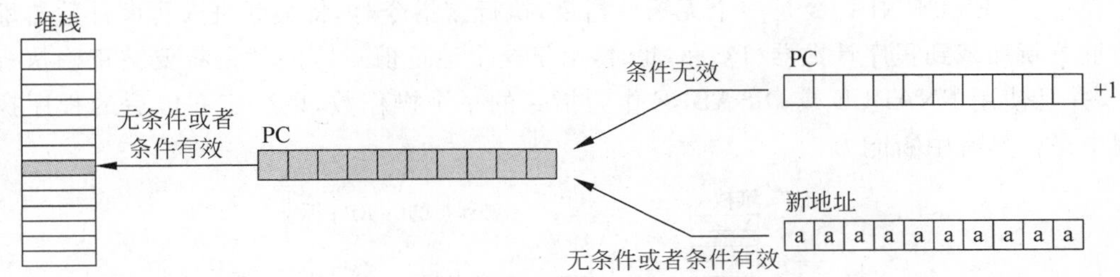

图11.7 CALL指令

每个CALL指令必须以3个十六进制值的方式指定10位的地址值。编译器支持使用标号以简化编程。其指令格式与Jump类似，但其指令的17～13比特编码为11000。

3. RETURN指令

如图11.8所示，返回指令RETURN是对CALL调用指令的补充，RETURN指令可以条件化。执行RETURN指令时，最后进入程序计数器堆栈的值增加1，作为新的程序计数器(PC)的值，确保程序在调用CALL指令运行子程序以后，继续正确执行下一条指令。

RETURN 指令的执行不会影响标志位的状态。

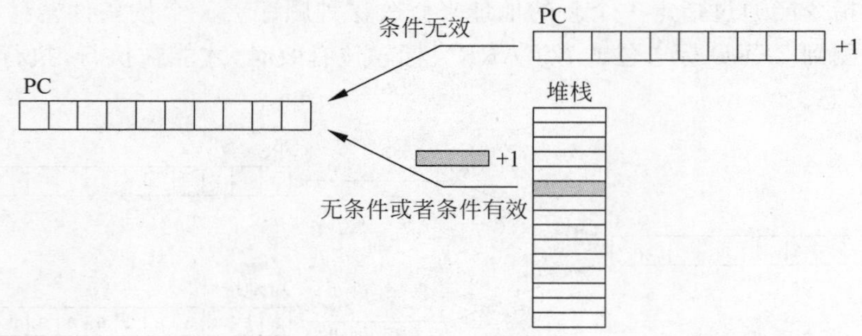

图 11.8　RETURN 指令

如图 11.9 所示，编程者必须确定只有在响应当前的 CALL 调用指令时，才执行 RETURN 指令，以保证程序计数器堆栈中有效的地址值(如图 10.9)由堆栈循环执行，连续为响应 RETURN 指令提供的是不确定的值。每条 RETURN 指令只给出了标志位的检测条件。

17	16	15	14	13	12	11	10	9	8	7	6	5	4	3	2	1	0
1	0	1	0	1				0	0	0	0	0	0	0	0	0	0

第12位=0，无条件
=1，有条件

位11	位10	条件
0	0	如果为0
0	1	如果不为0
1	0	如果进位
1	1	如果无进位

图 11.9　RETURN 指令说明

11.3.3　中断指令

1. RETURNI 指令

如图 11.10 所示，RETURNI 指令是由 RETURN 指令变化而来的，用于终止一个中断服务程序。RETURNI 指令是一个无条件指令，执行该指令时，将最后进入程序计数器堆栈的地址重新加载到程序计数器(PC)。此时，由于这个地址值对应的就是将要被正确执行的指令，并且使用 ENABLE 或 DISABLE 作为指令的一个操作数，以决定在以后的程序执行过程中是否具有中断能力。

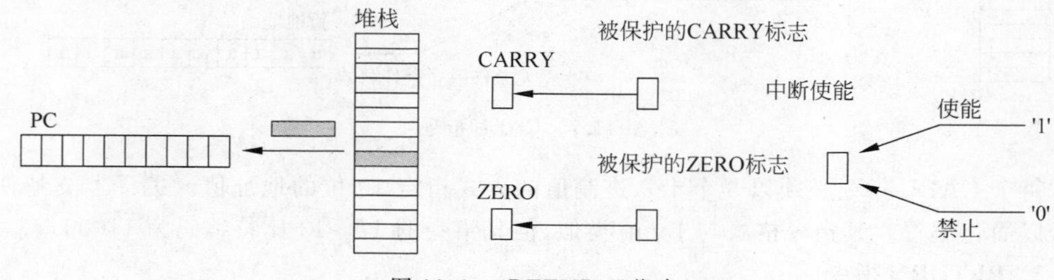

图 11.10　RETURNI 指令

如图 11.11 所示，编程者必须确定 RETURNI 指令只用于响应一个中断，在每条 RETURNI 指令中必须指出是否屏蔽中断。

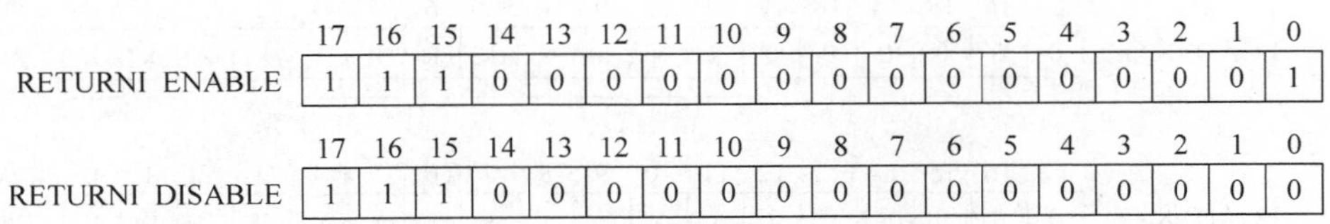

图 11.11 RETURNI 指令说明

2. 使能中断和禁止中断指令

如图 11.12 和图 11.13 所示，这些指令用于设置和复位 INTERRUPT ENABLE 标志位。在使用 ENABLE INTERRUPT 指令之前，在中断地址向量(3FF)处必须要有一段对应中断程序的入口地址，绝对不要在执行中断服务程序的同时使用使能中断指令。

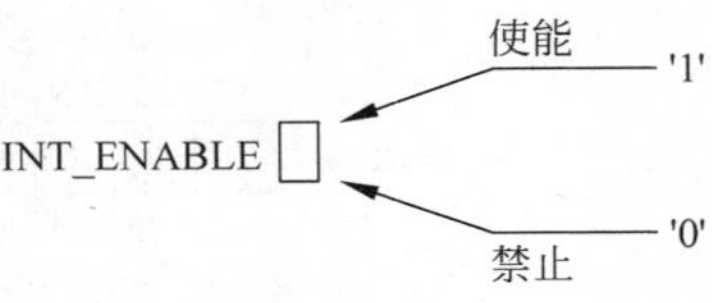

图 11.12 使能中断和禁止中断指令

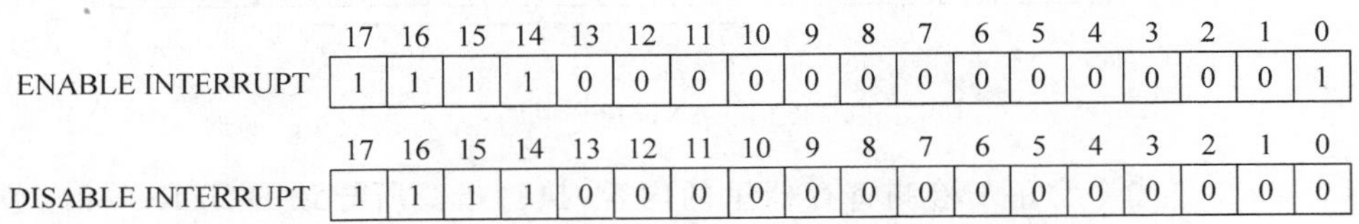

17 16 15 14 13 12 11 10 9 8 7 6 5 4 3 2 1 0
ENABLE INTERRUPT
1 1 1 1 0 0 0 0 0 0 0 0 0 0 0 0 0 1
DISABLE INTERRUPT
1 1 1 1 0 0 0 0 0 0 0 0 0 0 0 0 0 0

图 11.13 使能中断和禁止中断指令说明

11.3.4 逻辑操作指令

1. LOAD 指令

如图 11.14 所示，LOAD 指令用于加载寄存器中的内容，新指定的值可以是一个常量值，也可以是其他寄存器中的内容。

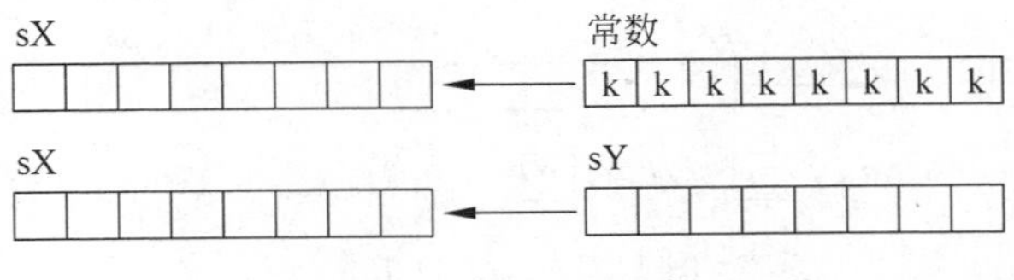

图 11.14 LOAD 指令

由于执行 LOAD 指令不会影响标志位的状态，所以 LOAD 指令常常用在程序执行的任一阶段对寄存器的内容进行重新排序或赋值。LOAD 指令可以指定一个常量值，但不会影响程序的代码长度和运行性能，在执行给寄存器赋值或清零操作时，很显然会用到该指令。

如图 11.15 所示，每条 LOAD 指令必须以“s”后面加上一个十六进制数的格式来表示指令中第一操作数的寄存器，将指令执行结果送入该寄存器中。指令中的第二操作数可以是与第一个操作数类似的格式定义的寄存器，也可以是使用两个十六进制数的格式指定一个 8 位的常量值。编译器支持寄存器命名和使用常量标号以简化编程。

2. AND 指令

如图 11.16 所示，AND 指令可以实现两个操作数之间的位逻辑与操作，例如，00001111 AND 00110011 得到的结果为 00000011。指令中第一个操作数为任意寄存器，并保存指令执行结果，第二操作数可以是寄存器，或者是一个 8 位的常量值。AND 指令的执行会影响

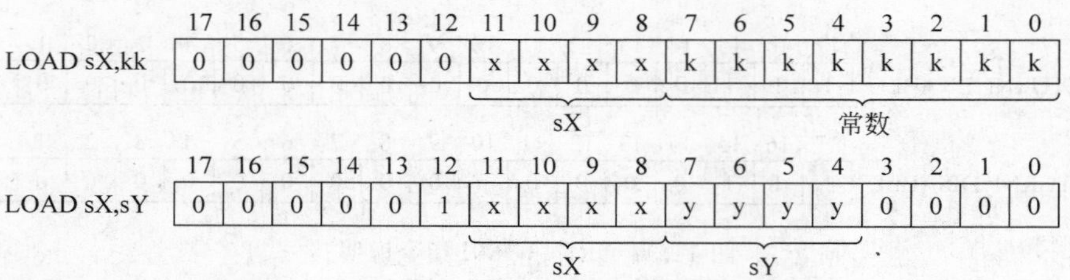

图 11.15 LOAD 指令说明

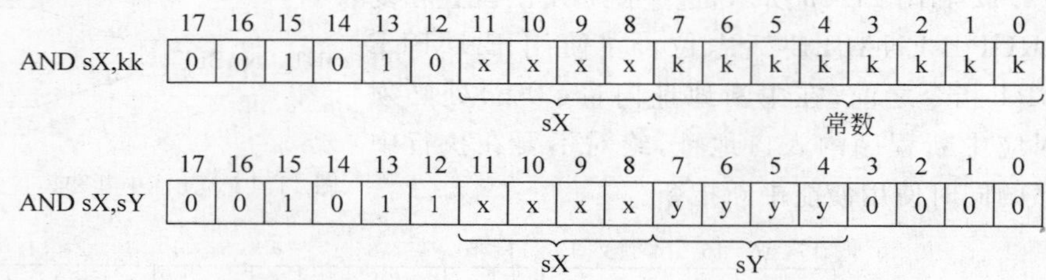

图 11.16 AND 指令说明

状态标志。AND 指令常用于检测寄存器里的内容,执行指令所导致的 ZERO 标志位状态的变化用于控制程序流。

如图 11.17 所示,每个 AND 指令必须以"s"后面加上一个十六进制数的格式来表示指令中第一操作数的寄存器,指令执行结果送入该寄存器。指令中的第二操作数可以是与第一个操作数类似的格式定义的寄存器,也可以是使用两个十六进制数的格式指定一个 8 位的常量值。编译器支持寄存器命名和使用常量标号以简化编程。

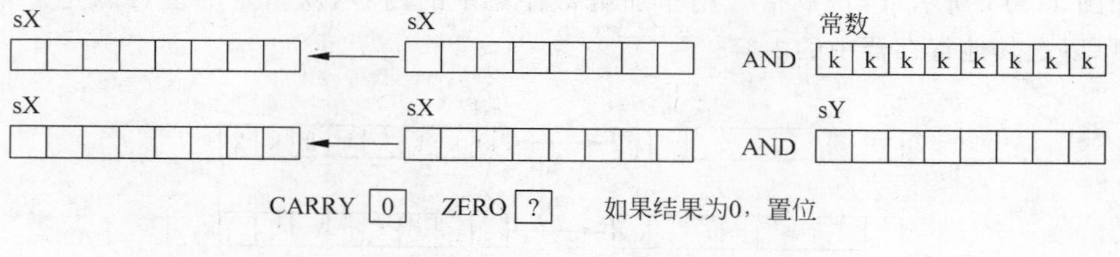

图 11.17 AND 指令

3. OR 指令

如图 11.18 所示,OR 指令可以实现两个操作数之间的位逻辑或操作,例如,00001111 OR 00110011 得到的结果为 00111111。指令中第一个操作数为任意寄存器,并保存指令执行结果,第二操作数可以是寄存器,或者是一个 8 位的常量值。OR 指令的执行会影响状态标志,OR 指令常用于设置寄存器内容值的任意位,用于控制程序流。

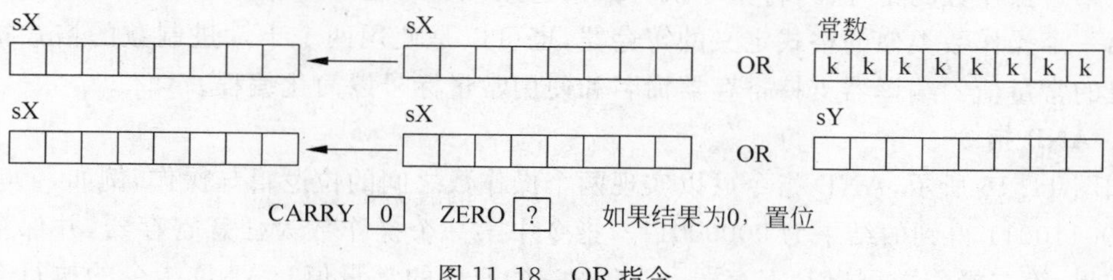

图 11.18 OR 指令

如图 11.19 所示，每个 OR 指令必须以“s”后面加上一个十六进制数的格式来表示指令中第一操作数的寄存器，指令执行结果送该寄存器。指令中的第二操作数可以是与第一个操作数类似的格式定义的寄存器，也可以是使用两个十六进制数的格式指定一个 8 位的常量值。编译器支持寄存器命名和使用常量标号以简化编程。

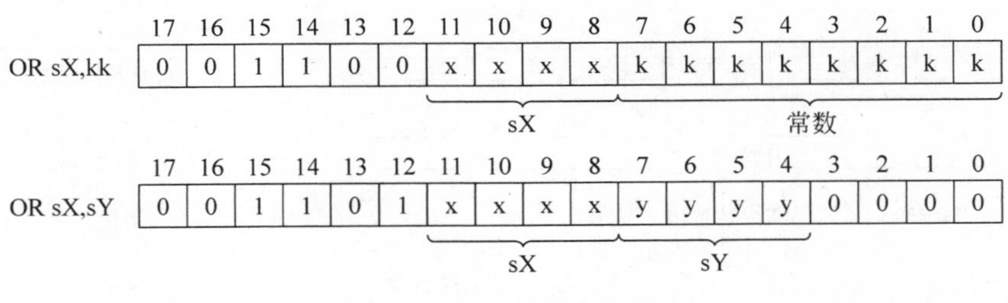

图 11.19 OR 指令说明

4. XOR 指令

如图 11.20 所示，XOR 指令可以在实现两个操作数之间的位逻辑异或操作，例如，00001111 XOR 00110011 得到的结果为 00111100。指令中第一个操作数为任意寄存器，并保存指令执行结果，第二操作数可以是寄存器，或者是一个 8 位的常量值。XOR 指令的执行会影响状态标志，XOR 指令常用于对寄存器内容的按位取反，用于控制程序流。

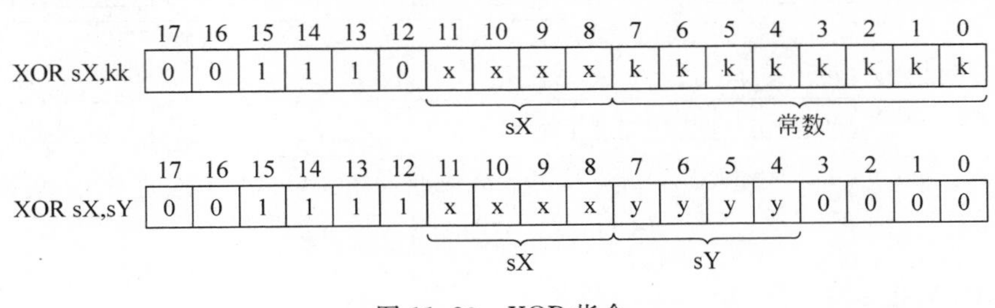

图 11.20 XOR 指令

如图 11.21 所示，每个 XOR 指令必须以“s”后面加上一个十六进制数的格式来表示指令中第一操作数的寄存器，指令执行结果送该寄存器。指令中的第二操作数可以是与第一个操作数类似的格式定义的寄存器，也可以是使用两个十六进制数的格式指定一个 8 位的常量值。编译器支持寄存器命名和使用常量标号以简化编程。

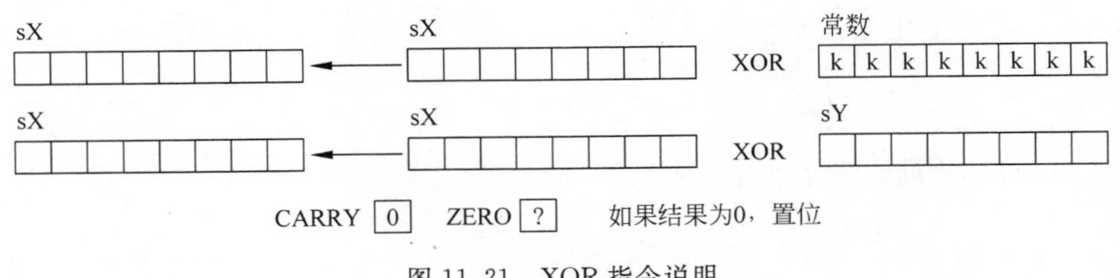

图 11.21 XOR 指令说明

11.3.5 算术运算指令

1. ADD 指令

如图 11.22 所示，ADD 指令执行两个操作数之间的 8 位加法操作。指令中第一操作数位任意寄存器,并保存指令执行结果;第二操作数可以是寄存器,或者是一个8位的常量值。ADD指令的执行会影响状态标志。注意,ADD指令的执行不会将CARRY进位作为一个输入,因此在执行ADD指令前,不用检查标志位是否符合执行条件。ADD指令能够指定任意常量值,在生成控制序列或计数器时十分有用。

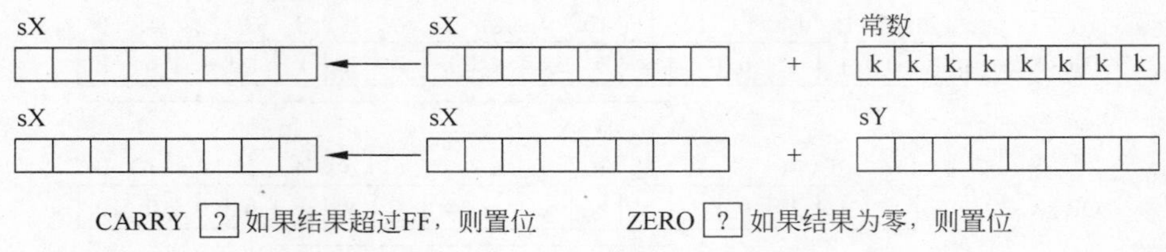

图 11.22 ADD 指令

如图11.23所示,每个ADD指令必须以"s"后面加上一个十六进制数的格式来表示指令中第一操作数的寄存器,指令执行结果送该寄存器。指令中的第二操作数可以是与第一个操作数类似的格式定义的寄存器,也可以是使用两个十六进制数的格式指定一个8位的常量值。编译器支持寄存器命名和使用常量标号以简化编程。

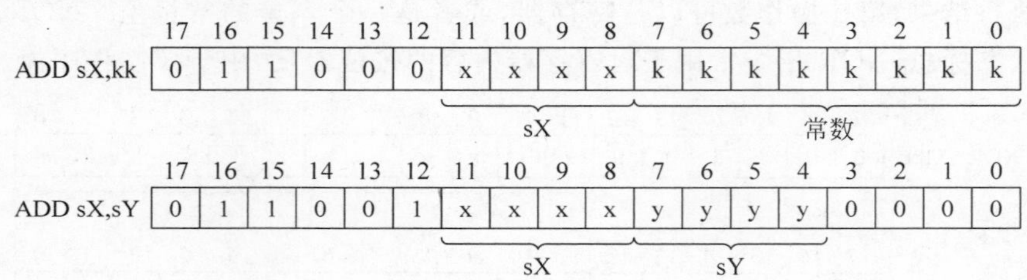

图 11.23 ADD 指令说明

2. ADDCY 指令

如图11.24所示,ADDCY指令执行两个操作数之间的8位带CARRY进位加法操作。指令中第一操作数位任意操作数,并保存指令执行结果;第二操作数可以是寄存器,或者是一个8位的常量值。ADDCY指令的执行会影响状态标志。ADDCY操作用于实现超过8位的加法器和计数器功能。

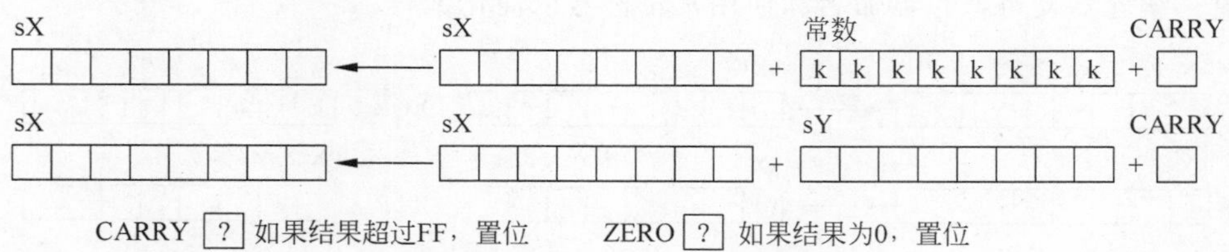

图 11.24 ADDCY 指令

如图11.25所示,每个ADDCY指令,必须以"s"后面加上一个十六进制数的格式来表示指令中第一操作数的寄存器,指令执行结果送该寄存器。指令中的第二操作数可以是与第一个操作数类似的格式定义的寄存器,也可以是使用两个十六进制数的格式指定一个8位的常量值。编译器支持寄存器命名和使用常量标号以简化编程。

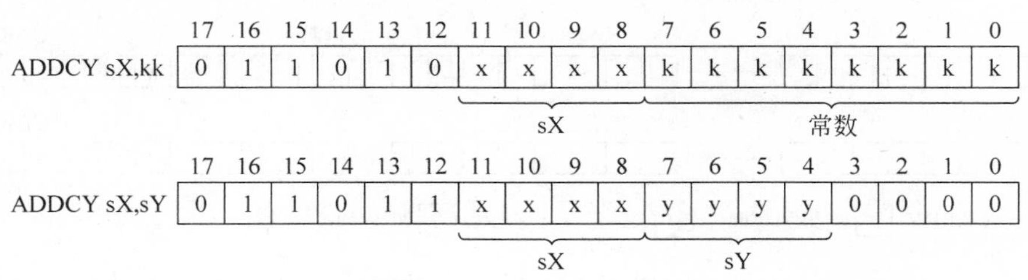

图 11.25 ADDCY 指令说明

3. SUB 指令

如图 11.26 所示，SUB 指令执行两个操作数之间的 8 位减法操作。指令中第一操作数为任意寄存器，并保存指令执行结果；第二操作数可以是寄存器，或者是一个 8 位的常量值。SUB 指令的执行会影响状态标志。注意，SUB 指令的执行不会将 CARRY 进位作为一个输入，因此在执行 SUB 指令前，不用检查标志位是否符合执行条件。指令执行发生下溢时，将 CARRY 进位置位。例如，当寄存器 s05 中的值为 27H 时，执行指令 SUB s05,35 后，s05 中的值为 F2H，同时置位 CARRY 进位标志。

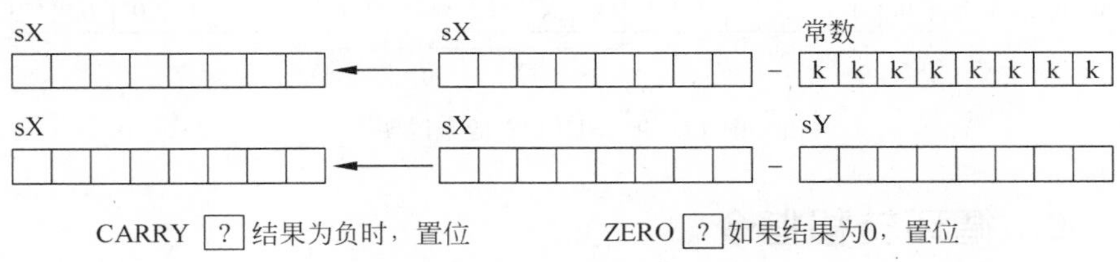

图 11.26 SUB 指令

如图 11.27 所示，每个 SUB 指令必须以"s"后面加上一个十六进制数的格式来表示指令中第一操作数的寄存器，指令执行结果送该寄存器。指令中的第二操作数可以是与第一个操作数类似的格式定义的寄存器，也可以是使用两个十六进制数的格式指定一个 8 位的常量值。编译器支持寄存器命名和使用常量标号以简化编程。

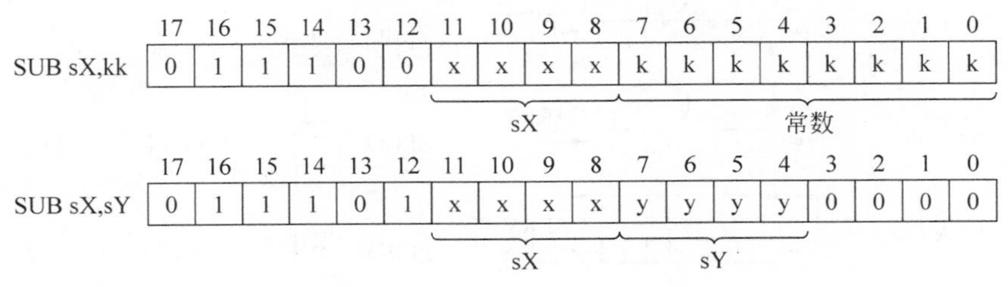

图 11.27 SUB 指令说明

4. SUBCY 指令

如图 11.28 所示，SUBCY 指令执行两个操作数之间的 8 位带 CARRY 借位减法操作。指令中第一操作数为任意寄存器，并保存指令执行结果；第二操作数可以是寄存器，或者是一个 8 位的常量值。SUBCY 指令的执行会影响状态标志，SUBCY 操作用于生成超过 8 位的减法器和向下计数器功能。

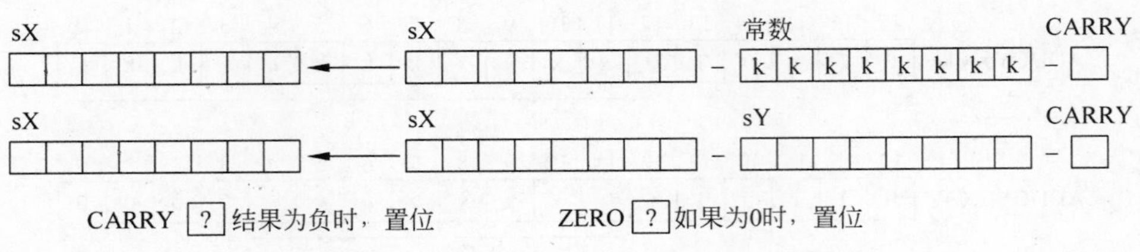

图 11.28　SUBCY 指令

如图 11.29，每个 SUBCY 必须以"s"后面加上一个十六进制数的格式来表示指令中第一操作数的寄存器，指令执行结果送该寄存器。指令中的第二操作数可以是与第一个操作数类似的格式定义的寄存器，也可以是使用两个十六进制数的格式指定一个 8 位的常量值。编译器支持寄存器命名和使用常量标号以简化编程。

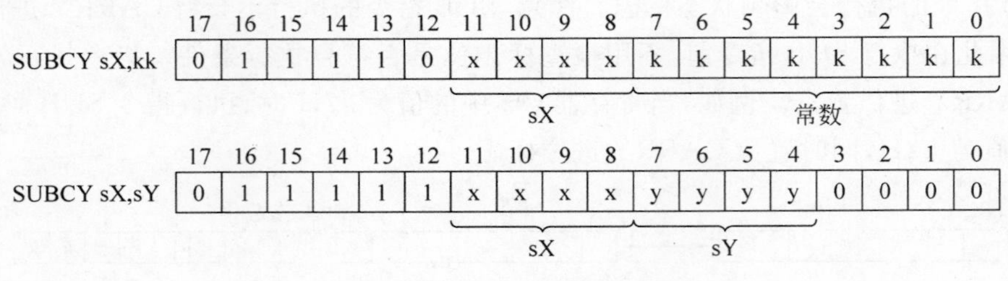

图 11.29　SUBCY 指令说明

11.3.6　循环转移指令

1. SR0,SR1,SRX,SRA,RR 指令

如图 11.30 所示，循环右转移指令组可以修改单个寄存器的内容，组中指令的执行将会影响标志位的状态。

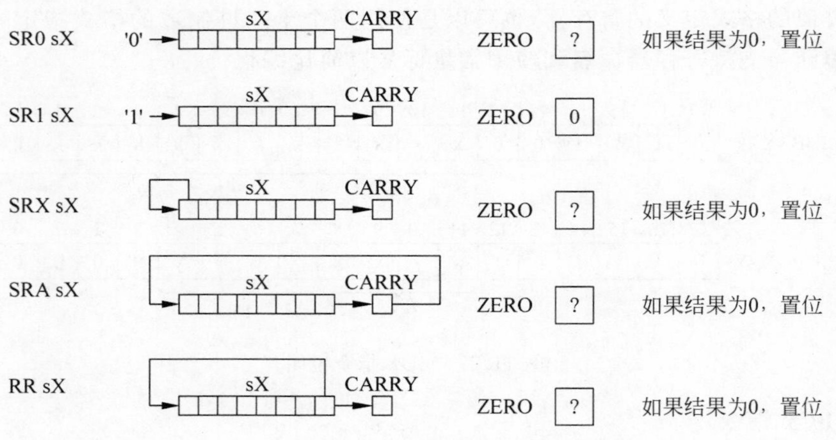

图 11.30　循环右转移指令

如图 11.31 所示，每条指令必须以"s"后面加上一个十六进制的格式表示寄存器。编译器支持寄存器命名以简化编程。

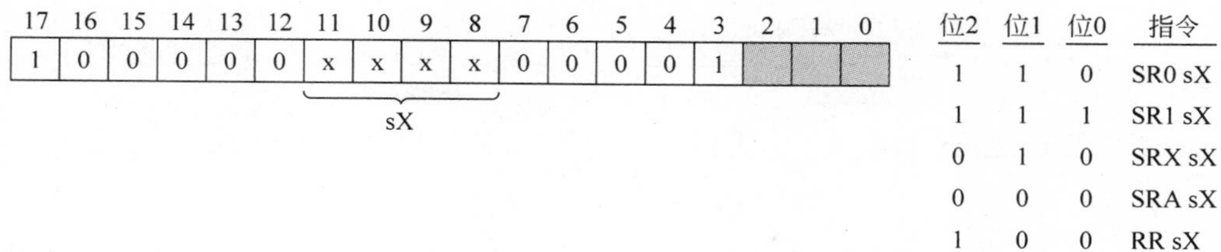

图 11.31 循环右转移指令说明

2. SL0,SL1,SLX,SLA,RL 指令

如图 11.32 所示,循环左转移指令组可以修改单个寄存器的内容,组中指令的执行会影响标志位的状态。

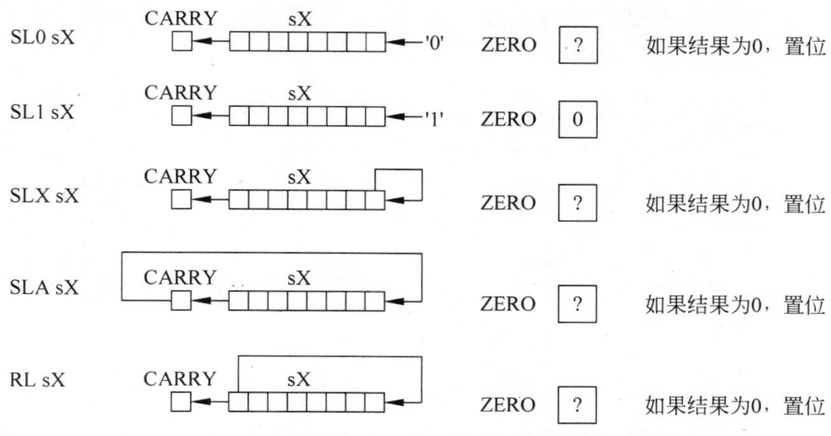

图 11.32 循环左转移指令

如图 11.33 所示,每条指令必须以"s"后面加上一个十六进制的格式表示寄存器。编译器支持寄存器命名以简化编程。

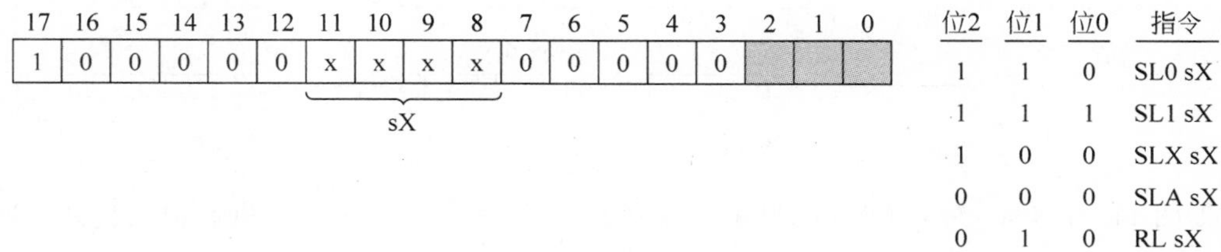

图 11.33 循环左转移指令说明

11.3.7 输入和输出指令

1. INPUT 指令

如图 11.34 所示,INPUT 指令将模块外部的数据值传送到 PicoBlaze 内的寄存器中。端口地址(范围为 00～FF)为一个常量值,或者间接取用其他寄存器中的内容值。INPUT 操作不会影响标志位状态。

通过用户接口逻辑对 PORT_ID 端口地址值进行解码,并且为 IN_PORT 提供正确的

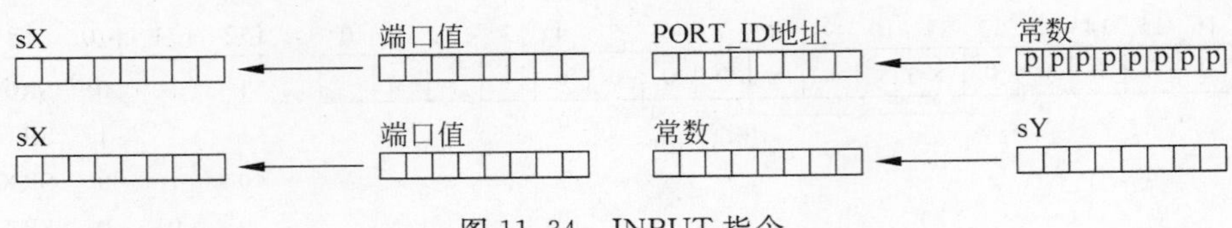

图 11.34　INPUT 指令

数据。在进行 INPUT 操作时，需要对 READ_STROBE 置位，但在大多数应用中并不一定要通过接口逻辑对这个选通信号解码。不论怎样，如在读取一个 FIFO 缓冲器时，这个信号对于确定数据是否已经读取非常有用。

如图 11.35 所示，每条 INPUT 指令必须以"s"后面加上一个十六进制数的格式表示目标寄存器，以类似的方式使用一个寄存器值来指定输入端口地址，或者是用一个十六进制数表示的一个 8 位常量值来指定端口地址。编译器支持寄存器命名和使用常量标号以简化编程。

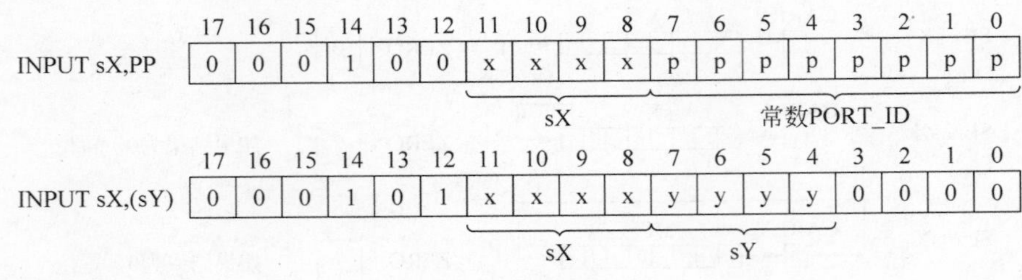

图 11.35　INPUT 指令说明

2. OUTPUT 指令

如图 11.36 所示，OUTPUT 指令将 PicoBlaze 内部寄存器中的内容传输到外部逻辑中。端口地址(范围 00～FF)定义为一个常量值，或者间接取用其他寄存器中的内容值。OUTPUT 操作不会影响标志位状态。

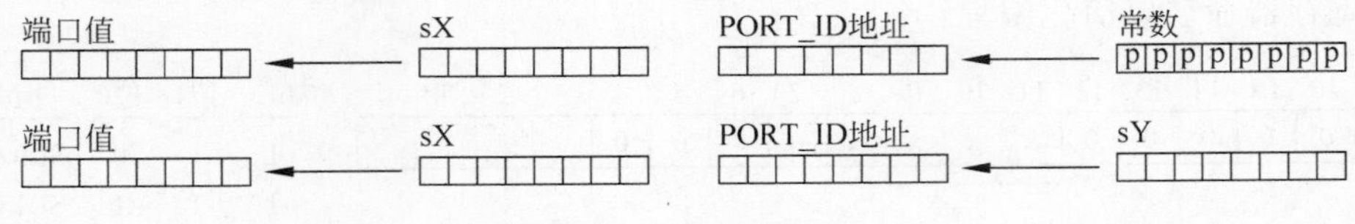

图 11.36　OUTPUT 指令

如图 11.37 所示，每条 OUTPUT 指令必须以"s"后面加上一个十六进制数的格式说明目标寄存器，以类似的方式使用一个寄存器值来指定输入端口地址，或者是用一个十六进制数表示的一个 8 位常量值来指定端口地址。编译器支持寄存器命名和使用常量标号以简化编程。

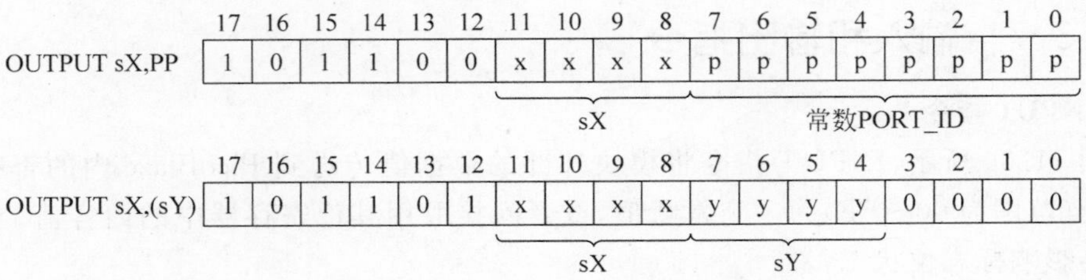

图 11.37　OUTPUT 指令说明

思考和练习 5 分析 PicoBlaze 指令，说明其指令的特征。

11.4 PicoBlaze 处理器汇编程序

本节将介绍 KCPSM3 汇编器原理及操作、KCPSM3 编程语法、KCPSM3 中断处理、KCPSM3 中 CALL/RETURN 栈、KCPSM3 共享程序空间、KCPSM3 输入/输出端口设计等内容。

11.4.1 KCPSM3 汇编器原理及操作

KCPSM3 汇编器提供一个简单的 DOS 可执行文件 KCPSM3. EXE，并带有三个模板文件 ROM_form. vhd、ROM_form. v 和 ROM_form. coe。使用 KCPSM3 汇编器时，必须将这些文件保存到用户的工作目录下。

如图 11.38 所示，具体操作步骤为：

(1) 可以用标准的 Notepad 或者 Wordpad 工具或记事本编写程序，以. psm 为扩展名保存(注意文件名不能超过 8 个字符)。

(2) 打开一个 DOS 对话框，并定位到当前的工作路径下，然后运行汇编器“kcpsm3 <filename>[. psm]”来汇编所编写的程序(运行速度很快，不超过 3 秒)。

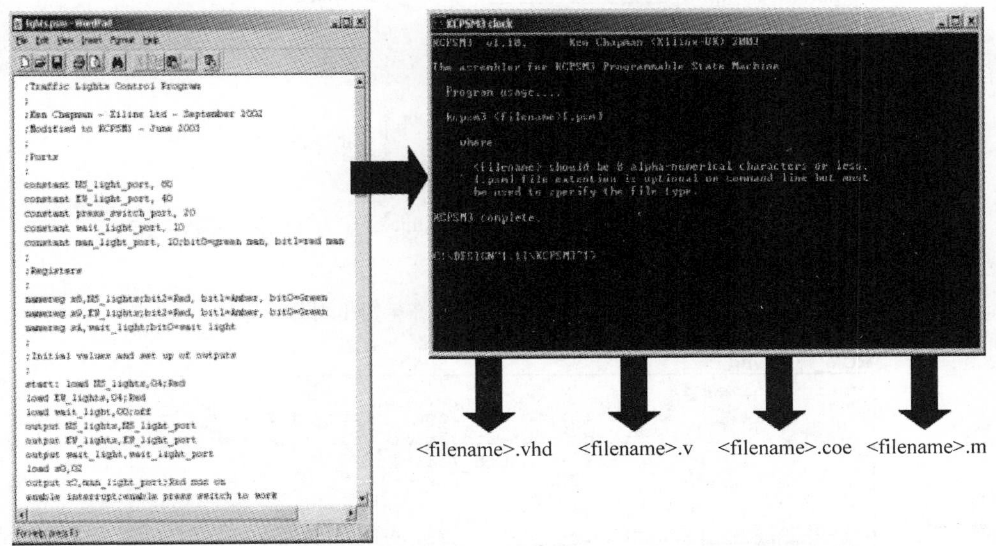

图 11.38 KCPSM3 汇编器图示

如图 11.39 所示，当遇到错误时，汇编器将停下来，显示一个短消息来帮助判断引起错误的原因。汇编器将显示遇到问题的行，设计者根据错误提示修改错误后，重新运行汇编器程序。

KCPSM3 汇编器通过 4 输入文件产生 15 个输出文件(每次运行 KCPSM3 汇编器时，都会覆盖以前的输出文件)，图 11.40 给出了输入文件通过 KCPSM3 后输出一些文件。

(1) 图 11.41 给出 ROM_form. vhd 文件的格式，该文件提供模板，用于汇编器产生的 HDL 文件，该文件将 Spartan 和 Virtex 系列 FPGA 单端口 BRAM 配置为 ROM。可以通过修改该模板来定义设计者需要的存储方式。

运行过程 / 运行中 / 错误信息

```
KCPSM3
03A JUMP NZ, inner_short;inner loop complete after 1004 clock cycles
03B SUB s1, 01;outer loop 250x1004 clock cycles
03C JUMP NZ, inner_short;inner loop complete after 1,000,000 clock cycles
03D SUB s2, 01
03E JUMP NZ, outer_short
03F RETURN
3E0 ADDRESS 3E0
3E0 ;
3E0 ;Long delay for sequencing of lights.
3E0 ;approx 30 seconds at 10MHz
3E0 ;
3E0 delay_30sec: LOAD s3, 1E
3E1 inner_long: CALL delay_1second

ERROR - Address is not 3-digits: delay_1second

      Provide a correct absolute address in range 000 to 3FF or
      a matching line label. Note that labels are case sensitive.

Please correct and try again.

KCPSM3 complete.

C:\DESIGN~1.1I\kcpsm3\ASSEMB~1>
```

图 11.39　汇编器提示错误信息

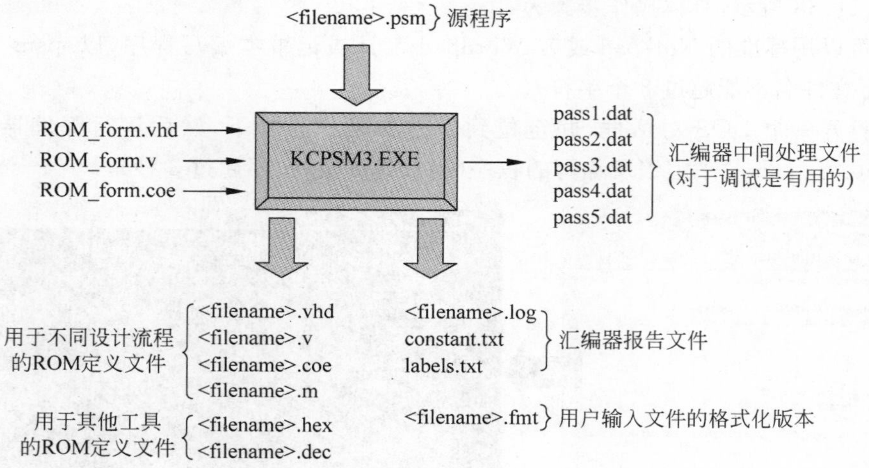

图 11.40　KCPSM3 汇编器产生输出文件

ROM_form.vhd

```
entity {name} is
    Port (      address : in std_logic_vector(9 downto 0);
            instruction : out std_logic_vector(17 downto 0);
                    clk : in std_logic);
    end {name};
--
architecture low_level_definition of {name} is
.
.
attribute INIT_00 of ram_1024_x_18 : label is  "{INIT_00}";
attribute INIT_01 of ram_1024_x_18 : label is  "{INIT_01}";
attribute INIT_02 of ram_1024_x_18 : label is  "{INIT_02}";
```

图 11.41　ROM_form. vhd 文件

汇编器读取 ROM_form. vhd 模板，将其信息复制到输出文件<filename>. vhd，不进行其语法的检查。该文件中包含了一些特殊的文本串，包含{}。

```
Attribute AttributeName of ObjectList : ObjectType is AttributeValue;
```

汇编器使用{begin template}来标识 VHDL 定义开始的地方，然后理解和使用合适的信息来替换所有其他特殊的串。{name}用“输入程序.psm”的名字替换。

(2) 如图 11.42 所示，ROM_form.v 文件，该文件也用于提供模板，用于汇编器产生的 Verilog 文件，该文件将 Spartan 和 Virtex 系列的 FPGA 的双端口 BRAM 配置为 ROM。可以通过修改该模板来定义设计者需要的存储方式。

ROM_form.v

```
module {name} (address, instruction, clk);

input [9:0] address;
input clk;

output [17:0] instruction;
.
.
.
defparam ram_1024_x_18.INIT_00  = 256'h{INIT_00};
defparam ram_1024_x_18.INIT_01  = 256'h{INIT_01};
defparam ram_1024_x_18.INIT_02  = 256'h{INIT_02};
```

图 11.42　ROM_form.v 文件

如图 11.43 所示，ROM_form.coe 文件，该文件为汇编器生成的系数文件提供模板，该模板文件为 Spartan 和 Virtex 系列的 FPGA 定义了一个双端口存储器。

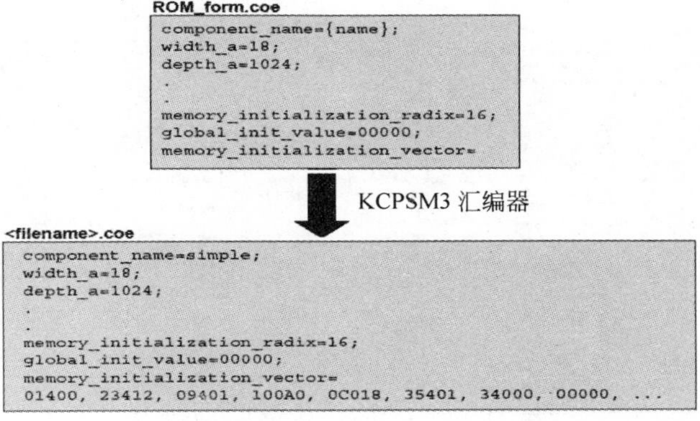

ROM_form.coe

```
component_name={name};
width_a=18;
depth_a=1024;
.
.
memory_initialization_radix=16;
global_init_value=00000;
memory_initialization_vector=
```


<filename>.coe

```
component_name=simple;
width_a=18;
depth_a=1024;
.
.
memory_initialization_radix=16;
global_init_value=00000;
memory_initialization_vector=
01400, 23412, 09401, 100A0, 0C018, 35401, 34000, 00000, ...
```

图 11.43　ROM_form.coe 文件

汇编器读取 ROM_form.coe 模板，将其信息复制到输出文件<filename>.vhd，不进行其语法的检查。{name}用“输入程序.psm”的名字替换。

文件的最后一行关键字“memory_initialization_vector＝”用于核生成器标识后面的数据值，汇编器将添加 1024 个所要求的值。

如图 11.44 所示，<filename>.fmt 文件，当一个程序通过汇编器编译后，除了生成.vhd、.v 和.coe 文件之外，还生成其他文件来帮助编程者。<filename>.fmt 文件就是其中一个，该文件是对原始的.psm 文件的格式化，使源文件看上去更加规范，方便检查程序是否编写正确，该文件主要做了以下格式化：

(1) 标注和注释格式化；

(2) 将指令格式化为大写字母格式；

(3) 正确隔开操作数；

(4) 以 sX 格式命名寄存器;

(5) 将十六进制常量转换为大写字母格式。

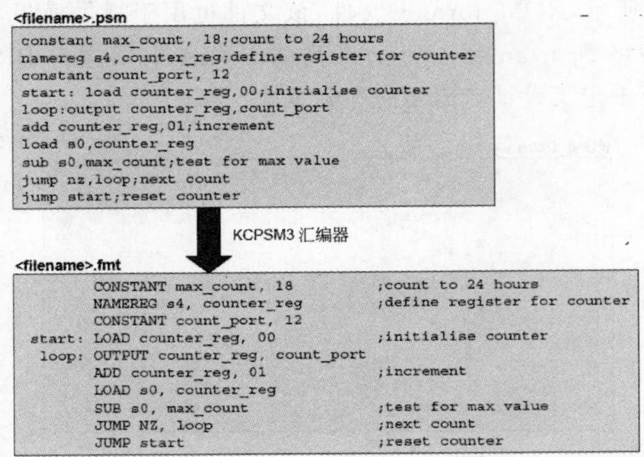

<filename>.psm

```
constant max_count, 18;count to 24 hours
namereg s4,counter_reg;define register for counter
constant count_port, 12
start: load counter_reg,00;initialise counter
loop:output counter_reg,count_port
add counter_reg,01;increment
load s0,counter_reg
sub s0,max_count;test for max value
jump nz,loop;next count
jump start;reset counter
```


<filename>.fmt

```
        CONSTANT max_count, 18          ;count to 24 hours
        NAMEREG s4, counter_reg         ;define register for counter
        CONSTANT count_port, 12
 start: LOAD counter_reg, 00            ;initialise counter
  loop: OUTPUT counter_reg, count_port
        ADD counter_reg, 01             ;increment
        LOAD s0, counter_reg
        SUB s0, max_count               ;test for max value
        JUMP NZ, loop                   ;next count
        JUMP start                      ;reset counter
```

图 11.44 ＜filename＞. fmt 文件

如图 11.45 所示,＜filename＞. log 文件,该文件提供了汇编器执行过程中的详细信息。

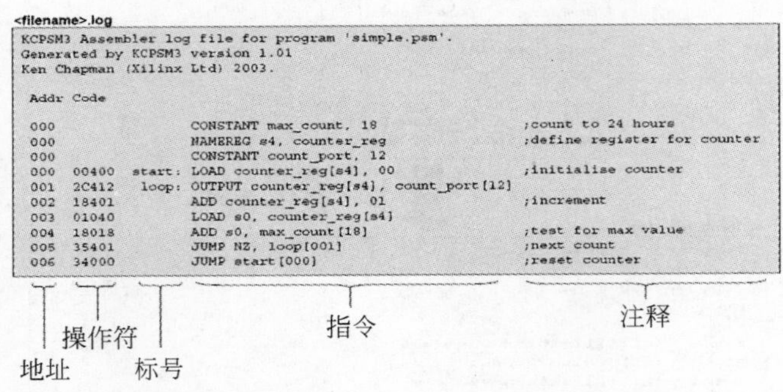

<filename>.log

```
KCPSM3 Assembler log file for program 'simple.psm'.
Generated by KCPSM3 version 1.01
Ken Chapman (Xilinx Ltd) 2003.

 Addr Code

 000                   CONSTANT max_count, 18                  ;count to 24 hours
 000                   NAMEREG s4, counter_reg                 ;define register for counter
 000                   CONSTANT count_port, 12
 000  00400  start:    LOAD counter_reg[s4], 00                ;initialise counter
 001  2C412   loop:    OUTPUT counter_reg[s4], count_port[12]
 002  18401            ADD counter_reg[s4], 01                 ;increment
 003  01040            LOAD s0, counter_reg[s4]
 004  18018            ADD s0, max_count[18]                   ;test for max value
 005  35401            JUMP NZ, loop[001]                      ;next count
 006  34000            JUMP start[000]                         ;reset counter
```


图 11.45 ＜filename＞. log 文件

如图 11.46 所示,constant. txt 文件和 labels. txt 文件,这两个文件提供了行标号的列表和它相关的地址,以及常数的列表和值。

constant.txt

```
Table of constant values and their specified constant labels.

18  max_count
12  count_port
```

值　常量标号

labels.txt

```
Table of addresses and their specified labels.

000  start
001  loop
```

地址　行标号

图 11.46 constant. txt 文件和 labels. txt 文件

如图 11.47 所示，为 pass.dat 文件。该文件是汇编器的内部文件，用来表示汇编过程中的中间步骤，可不去理会这些文件，但它们能帮助识别汇编器如何理解翻译程序的。当开始汇编时，自动删除这些文件。

Part of **pass1.dat**

```
       LABEL-
INSTRUCTION-add
    OPERAND1-counter_reg
    OPERAND2-01
     COMMENT-;increment
```

Part of **pass5.dat**

```
     ADDRESS-002
       LABEL-
   FORMATTED-ADD counter_reg, 01
   LOGFORMAT-ADD counter_reg[s4], 01
 INSTRUCTION-ADD
    OPERAND1-counter_reg
   OP1 VALUE-s4
    OPERAND2-01
   OP2 VALUE-01
     COMMENT-;increment
```

图 11.47　pass.dat 文件

11.4.2　KCPSM3 编程语法

KCPSM3 编程有以下基本语法：

(1) 没有空行。汇编器将自动删除空行。如果需要保持一行，可以用一个空注释(用分号“;”)标识。

(2) 注释。用分号“;”开始，汇编器将忽略注释。

(3) 寄存器。所有寄存器必须用 s 定义，后面跟 16 进制数 0～F，汇编器接受大小写的混合输入，但是将其转换为 sX 格式。

(4) 常数。常数用两个 16 进制数表示，范围 00～FF，汇编器接受大小写的混合输入，但是将其转换为大写。

(5) 标号。标号是用户定义的字符串，区分大小写，中间不能有空格，支持下划线符号。

(6) 行标号。如图 11.48 所示，用来标识一个程序行，用于 JUMP 和 CALL 指令的参考，行标号后面跟一个冒号“:”。

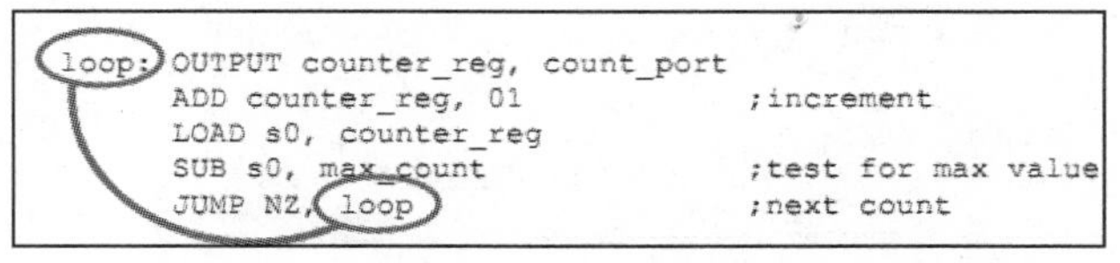

```
loop: OUTPUT counter_reg, count_port
      ADD counter_reg, 01              ;increment
      LOAD s0, counter_reg
      SUB s0, max_count                ;test for max value
      JUMP NZ, loop                    ;next count
```

图 11.48　行标号示例

(7) 汇编器允许使用空格和 Tab 字符，但是指令和第一个操作数之间必须至少有一个空格。对于两个操作数的指令，两个操作数之间必须用逗号分割。

(8) 如图 11.49 所示，汇编器接受大小写混合编程，但是自动地将其转化为大写。

为了帮助和方便设计者编写程序，该编译系统支持如下 3 个汇编程序说明命令(即宏命令)：

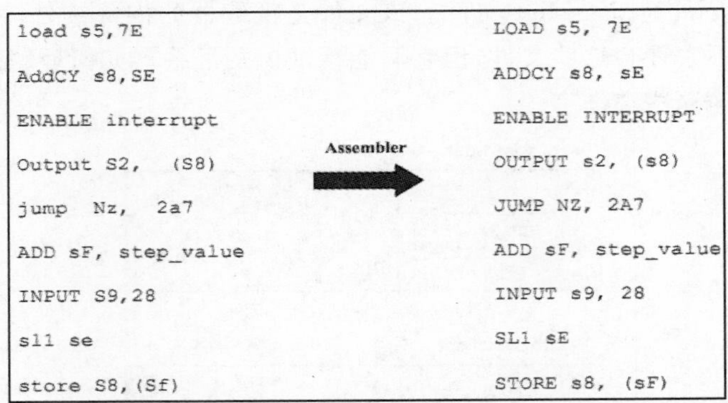

图 11.49 大小混合编程示例

(1) 常量指令。如图 11.50 所示,常数是全局的,即使在程序的末尾定义常数,也能在程序的任何地方使用它。

```
            CONSTANT light_port, 03      ;light sensor port
            CONSTANT light_sensor, 01    ;bit0 is light sensor
            CONSTANT temp_sensor, 40     ;temperature sensor port
            NAMEREG sF, light_count_msb  ;16-bit light pulse counter
            NAMEREG sE, light_count_lsb
            NAMEREG sD, new_temp         ;current temperature
            CONSTANT peak_temp, 2E       ;peak temperature memory
light_test: INPUT s1, light_port         ;test for light
            TEST s1, light_sensor
            JUMP Z, temp_test            ;jump if no light
            ADD light_count_lsb, 01      ;increment counter
            ADDCY light_count_msb, 00
 temp_test: INPUT new_temp, temp_sensor  ;read temperature
            FETCH s2, peak_temp
            COMPARE s2, new_temp         ;compare with peak value
            JUMP NC, light_test          ;new value is smaller
            STORE new_temp, peak_temp    ;write new peak value
            JUMP light_test
```

图 11.50 常量指令示例

(2) NAMEREG 指令。如图 11.51 所示,该指令可以为 16 个寄存器重新命名。

```
            CONSTANT light_port, 03      ;light sensor port
            CONSTANT light_sensor, 01    ;bit0 is light sensor
            CONSTANT temp_sensor, 40     ;temperature sensor port
            NAMEREG sF, light_count_msb  ;16-bit light pulse counter
            NAMEREG sE, light_count_lsb
            NAMEREG sD, new_temp         ;current temperature
            CONSTANT peak_temp, 2E       ;peak temperature memory
light_test: INPUT s1, light_port         ;test for light
            TEST s1, light_sensor
            JUMP Z, temp_test            ;jump if no light
            ADD light_count_lsb, 01      ;increment counter
            ADDCY light_count_msb, 00
 temp_test: INPUT new_temp, temp_sensor  ;read temperature
            FETCH s2, peak_temp
            COMPARE s2, new_temp         ;compare with peak value
            JUMP NC, light_test          ;new value is smaller
            STORE new_temp, peak_temp    ;write new peak value
            JUMP light_test
```

图 11.51 NAMEREG 指令示例

(3) 地址(ADDRESS)指令。如图 11.52 所示,地址指令使汇编程序可以从新的地址开始处理后续的指令,这对于将子程序放置到特殊位置非常有用,对处理中断也很重要。地址必须是 2 个十六进制的数值,取值范围为 00～FF。

```
     JUMP NZ, inner_long
     RETURN
     ;Interrupt Service Routine
ISR: LOAD wait_light, 01                      ;register press of switch
     OUTPUT wait_light, wait_light_port ;turn on light
     RETURNI DISABLE                          ;continue light sequence but no more interrupts
     ADDRESS 3FF                              ;Interrupt vector
     JUMP ISR
     ;end of program
```

图 11.52　地址指令示例

如图 11.53 所示，LOG 文件给出了地址指令被用于迫使最后一条指令进入程序存储器的最高位置，这是一个激活中断后程序计数器必须指向的地址。

```
3E3  357E1        JUMP NZ, inner_long[3E1]
3E4  2A000        RETURN
3E5               ;Interrupt Service Routine
3E5  00A01   ISR: LOAD wait_light[sA], 01                       ;register press of switch
3E6  2CA10        OUTPUT wait_light[sA], wait_light_port[10] ;turn on light
3E7  38000        RETURNI DISABLE                                ;continue light sequence but...
3FF               ADDRESS 3FF                                    ;Interrupt vector
3FF  343E5        JUMP ISR[3E5]
3FF               ;end of program
```

图 11.53　地址指令示例 2

11.4.3　KCPSM3 中断处理

1. 中断使能

如图 11.54 所示，通过 ENABLE INTERRUPT 指令使能处理中断。当不允许中断时，通过 DISABLE INTERRUPT 指令禁止中断。通过 RETURNI ENABLE/DISABLE 指令，可以从中断程序返回主程序。

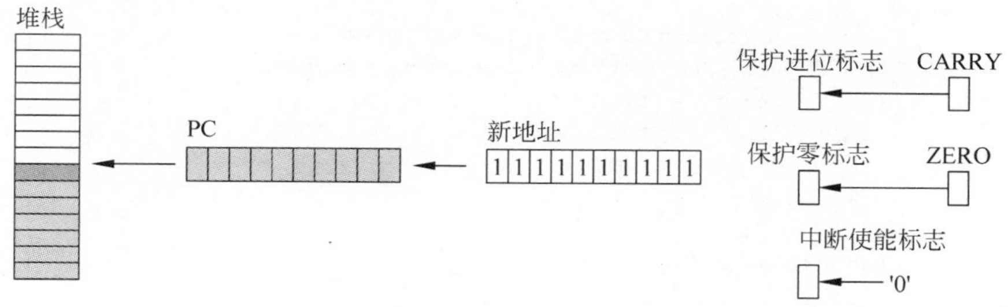

图 11.54　中断处理过程

当产生中断时，PicoBlaze 进行下面的操作：

(1) 将程序计数器入栈，保护 CARRY 和 ZERO 标志。

(2) 禁止中断输入。

(3) 程序计数器的值为“3FF”。

2. 中断处理基本方法

当产生中断时，PC 跳到 3FF 的地方，所以必须保证在此位置有一个跳转到用于处理中断的中断服务程序的跳转向量。没有 JUMP 指令，程序将转向 00。

中断服务程序可以放在程序的任何位置，中断服务程序执行所要求的任务，用 RETURNI 结束中断程序。

如图 11.55 所示，一个简单的中断的处理过程，PicoBlaze 处理器使用寄存器 s0 以 7 为一个计数周期，轮流向 waveform_port（端口地址 02h）输出数值 AA 或 55。当中断信号到来时，PicoBlaze 模块停止向 waveform_port 输出数值，将中断寄存器 sA 加 1 并将 sA 中的计数值输出到 counter_port（端口地址 04h）上。

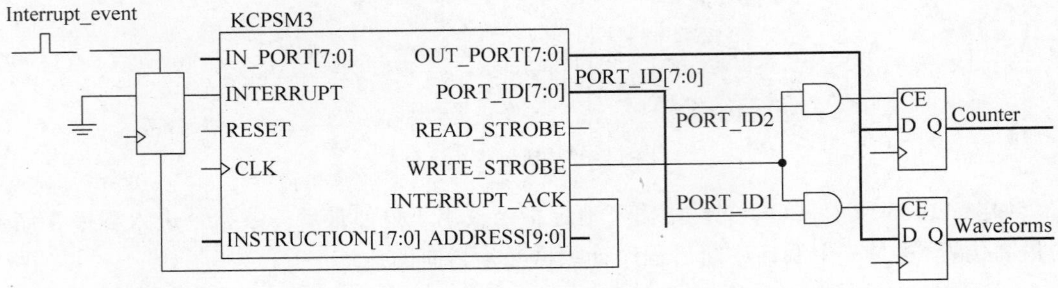

图 11.55 中断处理示例

如图 11.56 所示，图中的 HDL 语言描述的程序用于在处理器端口增加获取数据的寄存器(通过仔细选择端口地址简化了译码逻辑的设计)。

```
IO_registers: process(clk)
begin

  if clk'event and clk = '1' then

    -- waveform register at address 02
    if port_id(1) = '1' and write_strobe = '1' then
      waveforms <= out_port;
    end if;

    -- Interrupt Counter register at address 04
    if port_id(2) = '1' and write_strobe = '1' then
      counter <= out_port;
    end if;

  end if;

end process IO_registers;
```

(a) 对端口操作的 VHDL 描述

```
always @(posedge clk) begin

    // waveform register at address 02
    if(port_id[1] == 1'b 1 && write_strobe == 1'b 1)
    begin
          waveforms <= out_port;
    end

    // Interrupt Counter register at address 04
    if(port_id[2] == 1'b 1 && write_strobe == 1'b 1)
          begin
          counter <= out_port;
          end
end
```

(b) 对端口操作的 Verilog HDL 描述

图 11.56 对端口操作的 HDL 描述

图 11.57 给出了中断控制接口的 HDL 语言描述代码。

```
interrupt_control: process(clk)
  begin

    if clk'event and clk = '1' then
      if interrupt_ack = '1' then
        interrupt <=  '0';
       elsif interrupt_event = '1' then
        interrupt <=  '1';
       else
        interrupt <=  interrupt;
      end if;
    end if;

  end process interrupt_control;
```

(a) 中断控制接口的 VHDL 描述

```
always @(posedge clk) begin
     if(interrupt_ack  ==  1'b 1)
     begin
            interrupt <=  1'b 0;
     end
     else if(interrupt_event  ==  1'b 1)
     begin
            interrupt <=  1'b 1;
     end
     else
     begin
            interrupt <=  interrupt;
     end
   end
```

(b) 中断控制接口的 Verilog HDL 描述

图 11.57 中断控制接口的 HDL 描述

3. 中断服务汇编程序

如图 11.58 所示,图中给出的汇编语言实现向端口写数据和计数器递增的功能要求。同时,可以看到在地址 2B0 处强制汇编中断服务程序。基于较低的地址段产生波形。

如图 11.59 所示,通过 Modelsim-XE 仿真运行得到波形图。该图显示在执行上面给出的程序示例遇到中断发生时,PicoBlaze 的运行情况。HDL 文件 testbanch 用于波形仿真。通过观察地址总线可以看到程序中运行波形生成指令,其中 AA 被写入端口 02,在延时循环中不断重复出现地址 005 和 006。当接收到中断请求脉冲信号时,PicoBlaze 模块需要花费几个时钟周期才能响应这个脉冲信号,强制将地址变为 3FF。从 3FF 由 Jump 指令跳转到 2B0 执行中断服务程序,将中断寄存器(sA)的计数值(此处为 03)写入端口 counter_port(04h)。

```
000                     ;Interrupt example
000                     ;
000                     CONSTANT waveform_port, 02
000                     CONSTANT counter_port, 04
000                     CONSTANT pattern_10101010, AA
000                     NAMEREG sA, interrupt_counter
000                      ;
000  00A00        start: LOAD interrupt_counter[sA], 00
001  002AA               LOAD s2, pattern_10101010[AA]
003  3C001               ENABLE INTERRUPT
003                      ;
003  2C202   drive_wave: OUTPUT s2, waveform_port[02]
004  00007               LOAD s0, 07
005  1C001         loop: SUB s0, 01                       } 延时循环
006  35405               JUMP NZ, loop[005]               }
007  0E2FF               XOR s2, FF
008  34003               JUMP drive_wave[003]
009                      ;
2B0                      ADDRESS 2B0   ——> 中断服务例程
2B0  18A01  int_routine: ADD interrupt_counter[sA], 01
2B1  2CA04               OUTPUT interrupt_counter[sA], counter_port[04]
2B1  38001               RETURNI ENABLE
2B3                      ;
3FF                      ADDRESS 3FF              } 在地址3FF处的中断向量表,
3FF  342B0               JUMP int_routine[2B0]    } 在服务例程中引入Jump指令
```

图 11.58　中断服务程序

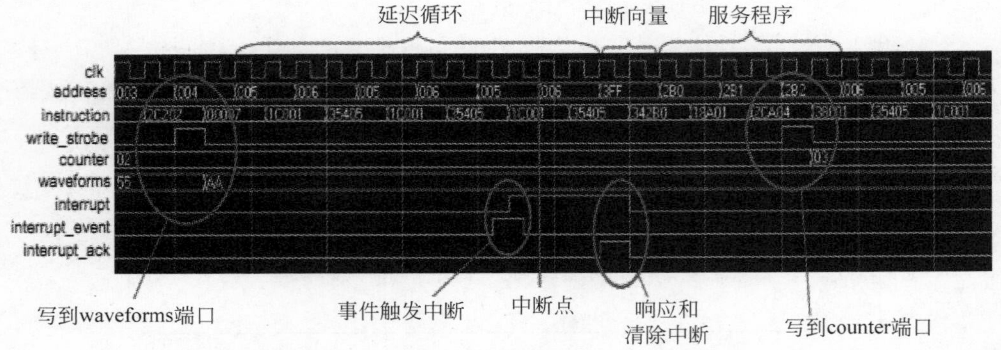

图 11.59　仿真中断操作波形图

4. 中断脉冲的时延

从上面给出的仿真波形图可以看到,在整个执行过程中,每条指令的执行都需要 2 个时钟周期。在加入中断处理后,采用 1 个时钟周期的脉冲中断信号是非常冒险的。从图 11.60 中可以确切地看到,中断信号占用的时钟周期数以及 KCPSM3 对于中断的真实响应速度。因此,建议中断信号保持至少 2 个 KCPSM3 上升沿时钟周期,改进中断服务程序通知外部逻辑中断已得到响应的方法,有以下几种改进方法:

(1) 中断服务程序写一个指定端口通知中断已经得到响应,并复位驱动脉冲;

(2) 读一个指定端口以确定中断,使用 READ_STROBE 作为寄存器复位脉冲;

(3) 译码地址总线以确认当激活中断时,当前地址总线上地址的值为 3FF。

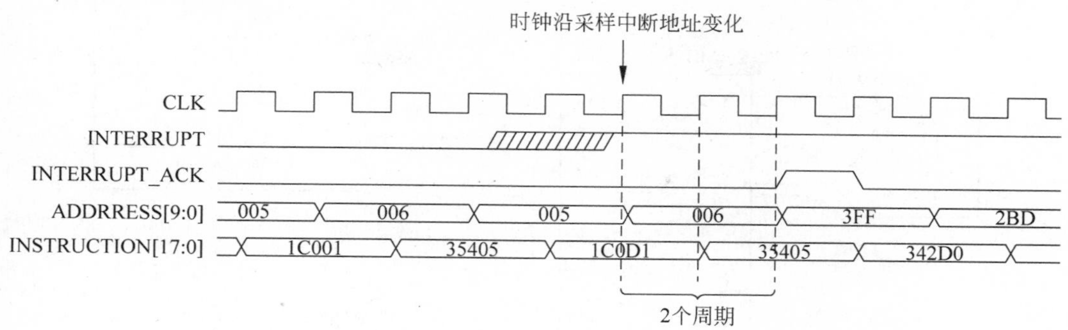

图 11.60　中断脉冲的延迟

11.4.4　KCPSM3 中 CALL/RETURN 栈

PicoBlaze 包含一个自动的嵌入式的堆栈。当遇到 CALL 指令时，保存程序计数器(PC)的值，并在执行 RETURN(RETURNI)指令时恢复 PC 的值。不需要初始化堆栈(或者用户的控制)，堆栈可以支持最多 31 级的嵌套的子程序。

如图 11.61 所示的例子可以说明这个问题。

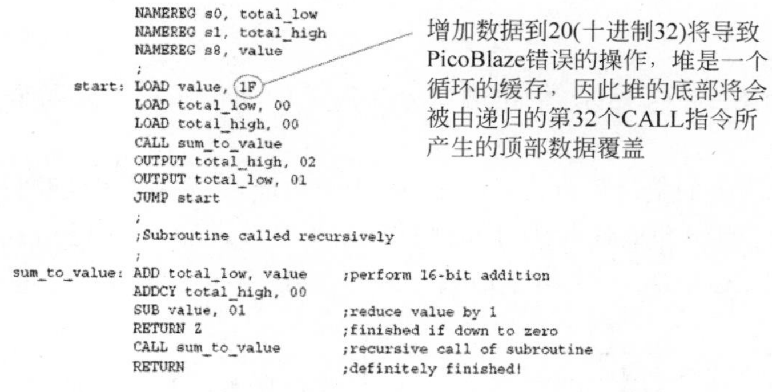

```
              NAMEREG s0, total_low
              NAMEREG s1, total_high
              NAMEREG s8, value
              ;
       start: LOAD value, 1F
              LOAD total_low, 00
              LOAD total_high, 00
              CALL sum_to_value
              OUTPUT total_high, 02
              OUTPUT total_low, 01
              JUMP start
              ;
              ;Subroutine called recursively
              ;
sum_to_value: ADD total_low, value      ;perform 16-bit addition
              ADDCY total_high, 00
              SUB value, 01             ;reduce value by 1
              RETURN Z                  ;finished if down to zero
              CALL sum_to_value         ;recursive call of subroutine
              RETURN                    ;definitely finished!
```


图 11.61　CALL/RETURN 堆栈测试示例

11.4.5　KCPSM3 共享程序空间

为了更容易实现设计以及满足系统的性能要求，经常需要在一个可编程芯片内使用多个 KCPSM3 IP 核。在 SPARTAN 或者 Virtex 系列的 FPGA 芯片内使用一个 BRAM 来提供 1024 个地址空间。

图 11.62 给出一个 KCPSM3 共享程序空间的方法。两个 KCPSM3 的地址范围都是 000-3FF，并且都只采用低 9 位的地址线。此时，中断也能正常工作，但是中断矢量必须选择地址为 1FF 处(有效存储位置的最后)。

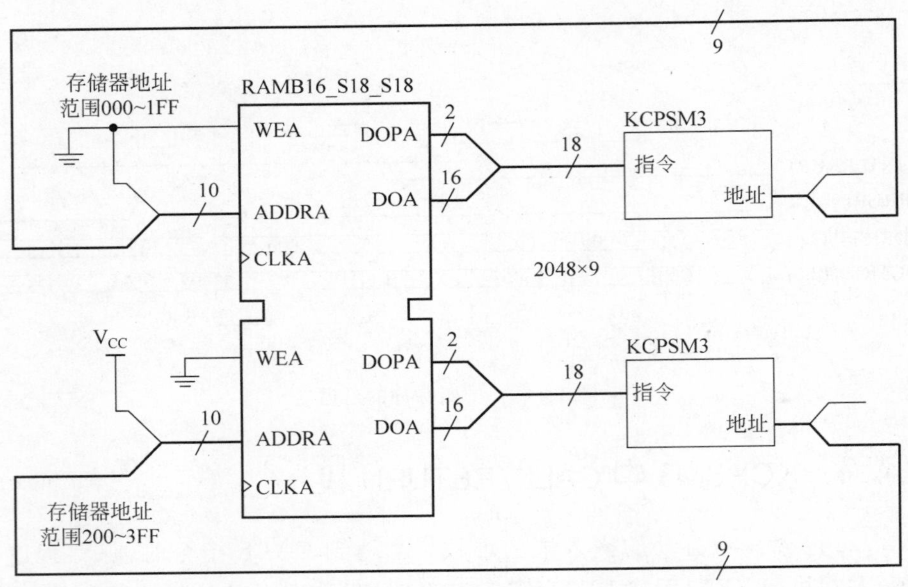

图 11.62 共享程序空间的示例

11.4.6 KCPSM3 输入/输出端口设计

1. 输出端口

如图 11.63 和图 11.64 所示,输出端口分为简单的输出端口及带解码和高性能的输出端口。

对于少于 8 个输出的端口可以尝试分配 one-hot 地址,然后确保只解码正确的 PORT_ID 信号,这省去大量的逻辑和地址解码,同时降低了 PORT_ID 总线上的负载。

在程序中使用 CONSTANT 指令增加代码可读性,并且确保使用了正确的端口。

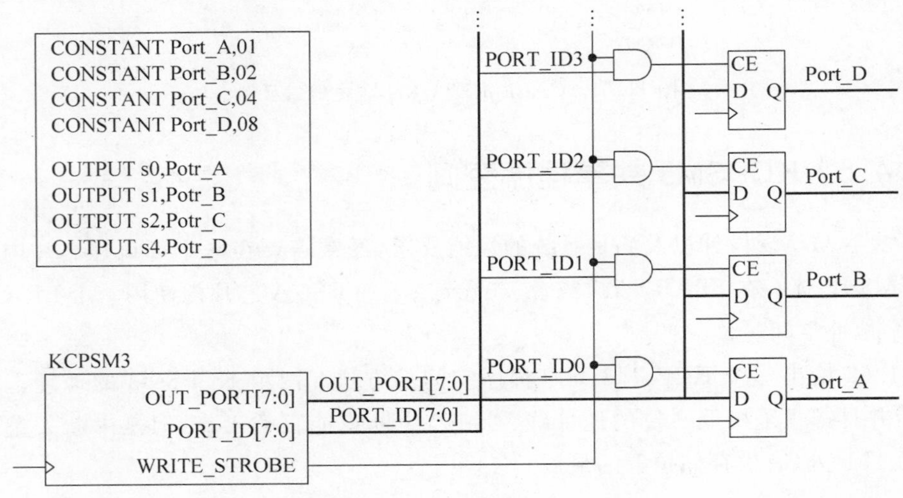

图 11.63 简单的输出端口示例

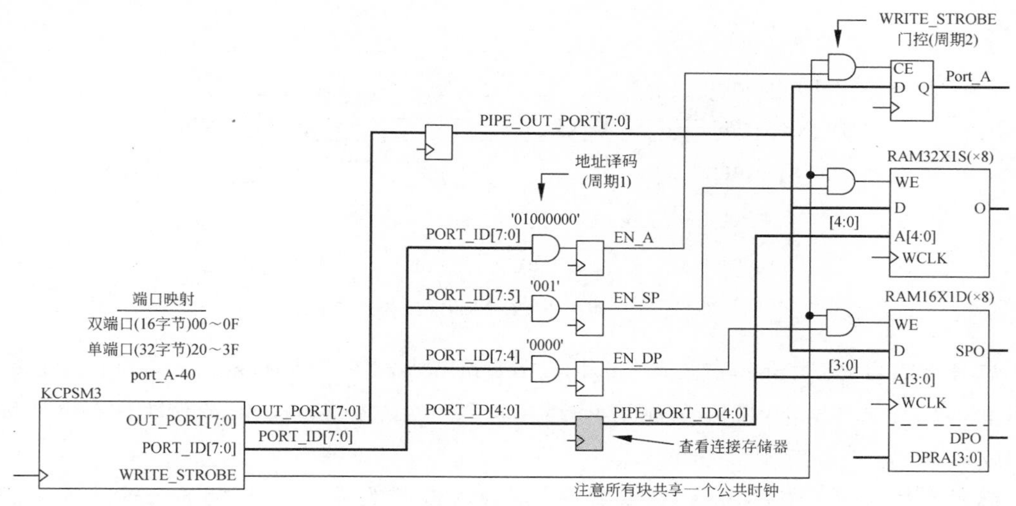

图 11.64　带解码和高性能的输出端口示例

2. 输入端口

输入端口也分为简单的输入端口及复杂的输入端口。

图 11.65 所示，对于少于 8 个的简单输入端口，使用多路复用开关将其接入输入端口。建议检查综合的结果，以确保特殊的 MUXF5 和 MUXF6 用于构建高效的多路复用结构。一般在程序中使用 CONSTANT 来定义多路开关。

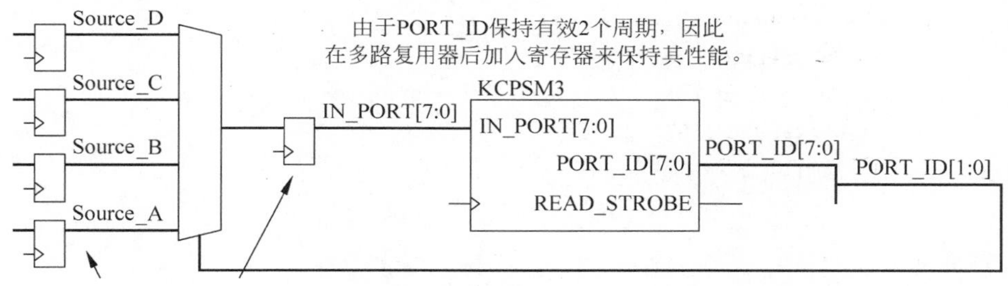

图 11.65　简单输入端口示例

有时候，需要一个电路，该电路提供数据到 KCPSM3 处理器，用于确认已经读取数据。一个典型的例子是使用 FIFO 缓冲区，可以准备下一个被读取的数据。图 11.66 给出其结构图，图 11.67 给出时序图。

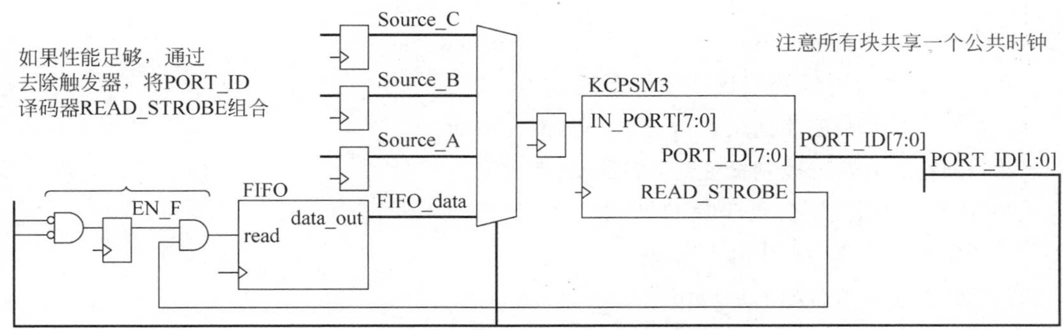

图 11.66　使用 FIFO 缓冲区示例结构图

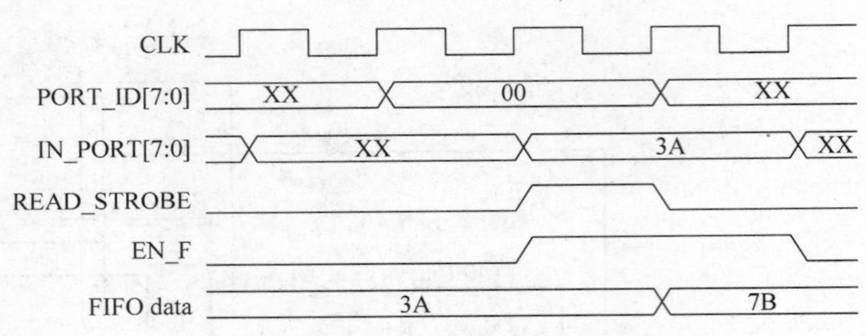

图 11.67　使用 FIFO 缓冲区示例时序图

思考与练习 6　打开本书提供的 xilinx_ref_picoblaze 目录下的 xilinx picoblaze. ppt，根据该 ppt，运行该目录下，提供的 vhdl/verilog 教学实例。掌握 picoBlaze 的软件和硬件协同设计方法。

思考与练习 7　在 Xilinx XUP 提供的 Nexys3 开发平台上实现下面设计要求。在 PicoBlaze 外部设计串口的收发控制器（参考本书提供的 picoblaze_vhdl 和 picoblaze_verilog 参考例子），波特率设置为 9600bps，8 个数据位，一个停止位，无奇偶校验。当系统运行时，在 PC 的串口调试工具（超级终端）上显示下面的信息

```
************************************
 This System is designed by xxx and xxx      (注：xxx 由具体名字替换)
          System main menu
******************************  ****
 1. Control traffic light
 2. Display color on VGA
 3. Display time on SEG7
 4. PWM control LED
 >
```

1）解释功能

（1）表示控制交通灯。

（2）表示在 VGA 上显示彩条，横或者竖或者两个的叠加。

（3）在 7 段数码管上显示当前的时间。

（4）使用 PWM 自动地控制 LED 的变化，PWM 自动地增加/减，PWM 的频率是 100Hz。

2）在>提示符后输入

（1）1A 表示交通灯处于自动运行模式。

（2）1M1 表示人工控制交通灯，东西亮，南北灭。

（3）1M2 表示人工控制交通灯，东西灭，南北亮。

（4）1MA 表示交通灯处于夜间模式。

（5）2R 表示在 VGA 上显示横条。

（6）2C 表示在 VGA 上显示竖条。

（7）2A 表示在 VGA 上显示横条和竖条的叠加。

(8) 3A 表示显示当前的默认时间(格式是 Time is XX：XX：XX)。

(9) 3 xx:xx:xx 表示设置当前的时间并显示。

(10) 4A 表示 LED 的变化由强变弱。

(11) 4S 表示 LED 的变化由弱变强。

(12) EXIT 表示重新运行系统初始化。

3) 要求当输入命令出错时,有相应的措施。

附录 APPENDIX

Verilog HDL (IEEE 1364—2005)关键字列表

always
and
assign
begin
buf
bufif0
bufif1
case
casex
casez
cmos
deassign
default
defparam
disable
edge
else
end
endcase
endodule
endfunction
endprimitive
endspecify
endtable
endtask
event
for
force
forever
fork
function
highz0
highz1
if
ifnone
initial
inout
input
integer
join
large
macromodule
medium
module
nand
negedge
nmos
nor
not
notif0
notif1
or
output
parameter
pmos
posedge
primitive
pull0
pull1
pullup
pulldown
rcmos
real
realtime
reg
release
repeat
rnmos
rpmos
rtran
rtranif0
rtranif1
scalared
small
specify
specparam
strong0
strong1
supply0
supply1
table
task
time
tran
tranif0
tranif1
tri
tri0
tri1
triand
trior
trireg
vectored
wait
wand
weak0
weak1
while
wire
wor
xnor
xor

参考文献

[1] Clint Cole. Real Digital, A Hand-on Approach to Digital Design[M]. 西安：西安电子科技大学出版社,2009.

[2] 何宾. EDA原理及VHDL实现[M]. 北京：清华大学出版社,2011.

[3] 何宾. EDA原理及Verilog实现[M]. 北京：清华大学出版社,2011.

[4] 何宾. EDA原理及应用实验教程[M]. 北京：清华大学出版社,2009.

[5] IEEE Standard VHDL Language Reference Manual (IEEE Std 1076, 2000 Edition). Design Automation Standards Committee(DASC) of the IEEE Computer Society. Jan,2000.

[6] IEEE Standard for Verilog Hardware Description Language(IEEE Std 1364-2005). Design Automation Standards Committee(DASC) of the IEEE Computer Society. April,2006.